Second Edition

콘크리트

Concrete

정영수·김진근·최석환
하재담·박홍근 공역

Sidney Mindess

J. Francis Young

David Darwin

PEARSON

도서출판 동화기술

Authorized translation from the English language edition, entitled CONCRETE, 2nd Edition, 0130646326 by MINDESS, SIDNEY; YOUNG, J. FRANCIS, published by Pearson Education, Inc, publishing as Prentice Hall, Copyright (c) 2003

KOREAN language edition published by PEARSON EDUCATION KOREA LTD, and DONGHWA TECHNOLOGY PUBLISHING Copyright (c) 2008

Prentice Hall
is an imprint of

PEARSON

www.pearsonhighered.com

Preface

Portland cement concrete is foremost among the construction materials used in civil engineering projects around the world. The reasons for concrete's preeminence are varied, but among the more important are the economic and widespread availability of its constituents; its versatility and adaptability, as evidenced by the many types of construction in which it is used; and the minimal maintenance requirements during service. As is the case with any material, its successful use depends upon an intelligent application of its properties in design and the supply of a uniform, high quality product. Concrete is unique among major construction materials in that it is generally designed specifically for a particular project using locally available materials. Therefore, the project engineer has full control and responsibility over the final material used in construction. If concrete is not properly designed for the service conditions and is not properly handled and cured, it will result in substandard performance. For example, when concrete bridge decks and pavements commonly require extensive maintenance 5~10 years after placement, it is a clear indication that the material is not being used to its full potential. It is thus essential that engineers acquire a thorough understanding of the material properties of concretes and the procedures that are essential to providing a material of the required quality and durability.

In the past, concrete technology has been taught largely as an empirical science. However, there is a body of chemical and physical principles underlying the behavior of concrete that are now relatively well understood. As with the first edition, it is the aim of this text to present a unified view of concrete behavior in light of these principles, rather than as a series of more or less unrelated facts. For instance, the material on the workability of concrete is prefaced by a general discussion of the principles of rheology; mechanical properties are discussed from the point of view of concrete as a composite (or multiphase) material; and the underlying chemistry of hydration and microstructure of the hardened cement paste are emphasized.

This book is designed primarily for use at the undergraduate level, but it should also serve as a guide for the professional engineer who did not take a formal course on concrete in college. The text is based on the authors' considerable experience in teaching the principles of concrete at the undergraduate level. It includes the most up-to-date information available on new concrete materials, and considerable attention is given to the role of specifications for concrete and concrete materials and the use of test methods for determining concrete properties.

To provide a comprehensive treatment, more material is included than can be covered in detail in one semester. Therefore, the instructor will have to choose to omit certain topics. Chapter 4 contains more chemistry than might be considered desirable for an undergraduate course and could be treated in less detail by concentrating only on the reactions of the principal cement compounds. Also, those sections in Chapter 16 dealing with mechanisms of shrinkage, strain-rate dependence, and creep could be omitted if desired, although they contribute to a more basic understanding of the material. Chapters 21 and 22 could be passed over without loss of continuity, while parts of Chapters 15, 18 and 20 could also be omitted, depending on the instructor's interests and the emphasis of the curriculum.

The book is divided into three main parts:

1. The properties of the constituent materials: cements, hardened cement paste, aggregates, water and admixtures.
2. Proportioning of concrete mixes and construction practices: mixing, transporting, placing and consolidating, and curing.
3. The properties of hardened concrete: strength and fracture, fatigue, creep and drying shrinkage, and durability.

In view of the fact that SI units are in use in Canada, and are being adopted in the United States, we have chosen to use SI units as the primary system. Conversion to the English system is given throughout the text, as appropriate. Numerical problems have been given using both sets of units.

Throughout the text, reference is made to national standards developed by the American Society for Testing and Materials (ASTM) and the Canadian Standards Association (CSA). Also, considerable use is made of the recommendations and reports of the American Concrete Institute (ACI). ASTM and ACI documents are the principal standards in the United States, but are also widely used elsewhere. In preparing the text, reference was made to the most up-to-date editions of the standards and recommendations available. These are subject to frequent revision and the reader should therefore refer to the most recent editions, which may differ in some details from those referred to in the text.

A selected bibliography is provided with each chapter as a guide to further reading and to provide a point of entry to the original scientific literature. Some exercises are given at the end of each chapter. Selection of these has been difficult since the subject does not lend itself to numerical problems, but they have been chosen to emphasize the important aspects of each chapter.

It has been 22 years since publication of the first edition. Much progress has been made in many areas of concrete technology, necessitating some modification in coverage. For those familiar with the first edition, very little has been removed. The text now contains new, separate chapters on mineral admixtures, cement-polymer composites, and fiber reinforced concrete, subjects that had been included as part of other chapters in the first edition. The chapters on cements, aggregates, chemical admixtures, concrete construction practices, and durability have undergone major revisions and the information on architectural concrete has been moved into Chapter 20 on Concrete for Special Applications. Several chapters that addressed the response of concrete to stress have been consolidated into a single, thoroughly revised, chapter. And, the text now includes an all new chapter on high-strength concrete.

Special thanks are due to the following reviewers for their many helpful comments and suggestions: Raymond A. Cook, University of New Hampshire; John E. Haddock, Purdue University; Kevin J. Folliard, University of Texas at Austin; Daniel C. Jansen, Tufts University;

Jerry Rose, University of Kentucky; Surendra P. Shah, Northwestern University; and especially Leslie J. Struble and Anne werner, University of Illinois at Urbana-Champaign. The support provided by ACI and ASTM by allowing us to use many figures and tables found in their documents is gratefully acknowledged. Special thanks are also due to Steven H. Kosmatka of the Portland Cement Association for providing many of the photographs that appear in the text, as well as access to the latest industry data on cement production. Finally, we would like to thank Carolyn Wiley for her invaluable assistance in the preparation of the manuscript.

Sidney Mindess
J. Francis Young
David Darwin

역자 서문

콘크리트는 현대 인류문명의 근간이 되는 중요한 건설재료입니다. 콘크리트는 오랫동안 발전되어 왔고 광범위하게 사용되어 왔음에도 불구하고 여전히 규명되어야 할 내용이 많이 남아 있을 만큼 복잡한 재료이기도 합니다. 이는 콘크리트 자체의 재료적 거동이 매우 복잡하기도 하고, 아울러 공장 제품이라기보다는 사용자가 현장에서 필요에 따라 만들어서 사용하는 맞춤 제품에 가깝기 때문입니다. 따라서 이러한 품질의 다양성과 재료적 가변성을 이해하고, 그를 바탕으로 사용 목적을 만족시키는 콘크리트를 생산하고, 여러 특성을 설계에 반영할 수 있도록 지속적으로 노력해야 합니다.

원 저서 CONCRETE는 1980년대 초 초판이 발간된 이래 세계적으로 많은 호평을 받아왔는데, 2003년에 이르러서야 개정판(2판)이 출간되었습니다. 오랜 시간이 지나면서 이루어진 콘크리트분야의 눈부신 연구성과를 반영하면서 책의 내용에서도 많은 변화가 있었습니다. 쉽지 않은 내용을 다양한 자료를 통해서 논리적이고 이해하기 쉽게 설명한 것이 이 책의 장점입니다. 복잡한 역학적인 거동과 여러 화학적인 반응을 이해하기 쉽게 풀어서 설명한 명저라고 생각합니다. 이것이 바로 이 책을 번역해서 출간하기로 역자들이 마음을 합한 이유이기도 합니다.

이 역서는 대학 및 대학원에서 콘크리트를 공부하는 학생에서부터 실무에서 일하는 기술자에 이르기까지 콘크리트의 근본적인 성질을 논리적으로 이해하기 원하는 모든 사람들에게 폭 넓게 사용될 수 있으리라 생각합니다. 원 저서가 북미의 설계기준 및 시험법 등을 바탕으로 설명하고 있으므로, 이에 관련된 국내의 기준들을 보완하여 기술하였습니다. 그러나 이러한 작업이 쉽지만은 않아서 아쉽고 부족한 점이 많습니다. 이러한 부분은 독자 여러분의 성원에 힘입어 앞으로 개정하고자 하니 지속적인 관심을 부탁드립니다. 끝으로 이 책을 출간하는데 많은 도움을 주신 도서출판 동화기술 및 최병훈 부사장께 깊은 감사를 드립니다.

역자 씀

차 례

1 Chapter 콘크리트 재료

2 Chapter 시멘트와 콘크리트 개발의 역사

3 Chapter 시멘트

4 Chapter 포틀랜드시멘트의 수화

13 Chapter 콘크리트의 역학적 거동

14 Chapter 굳은 콘크리트의 시험

15 Chapter 품질관리

16 Chapter 시간 의존적 변형

CHAPTER 1

콘크리트 재료

Concrete as a Material

콘크리트는 우리가 일상생활을 할 때 직·간접적으로 관련되지 않는 것이 없을 정도로 현대 사회의 근간이 되는 재료이다. 우리는 매일 콘크리트 구조물 안에서 살고, 일하고, 공부하고, 놀기도 한다. 또한 콘크리트로 만들어진 도로와 교량을 이용하여 이동한다.

콘크리트로 만들어진 고속도로를 이용하는 트럭과, 콘크리트 침목으로 만들어진 철길을 이용하는 기차가 우리가 사용하는 물건들을 운반한다. 또한 콘크리트 방파제가 보호하고 있는 항구의 콘크리트 피어에 정박하는 배가 이러한 물건들을 운반하고, 콘크리트 활주로를 이용하는 비행기가 운반한다. 마시는 물도, 곡물을 경작할 때 사용하는 물도 대형 콘크리트 댐에서 공급되는 물이며, 이러한 물은 콘크리트 배수로를 따라 공급되고, 또한 댐의 물은 전기를 생산하는 데도 사용된다. 또 전기는 콘크리트로 만들어진 화력발전소에서 석탄을 태워 생산되기도 하고, 대형 철근 콘크리트 용기 내에 원자력을 이용하여 생산되기도 한다. 그리고 석유 생산에 있어서도 시추 및 생산에서 사용되는 대형 플랫폼 건설에서도 콘크리트는 중요한 재료이다(그림 1.1 참조).

우리는 일상생활에서 콘크리트라는 재료는 당연하게 여기고, 좀 더 획기적인 충격을 주는 기술에만 감동하는 경향이 있다. 그러나 아직까지 남아있는 로마시대 구조물의 대부분이 현재 콘크리트의 전신인 고대시멘트 콘크리트에 의한 것이듯이, 현대 인류 문명에서 콘크리트가 큰 역할을 하고 있는 것이 사실이다. 'concrete'라는 말은 라틴어 'concretus'에서 왔는데, 이 concretus는 '함께 자라나는 것'이라는 의미이다.

1.1 콘크리트의 성질 (The Nature of Concrete)

콘크리트는 시멘트 또는 결합재와 물이 섞인 매트릭스 재료와 그 속에 박힌 골재로 이루어진 복합재료이다(표 1.1 참조). 이 때 매트릭스 재료의 역할은 골재 입자들 사이의 공간을 채우고 결합시키는 것이다. 골재로 사용되는 재료는 다양하나, 대부분 자연의 암석으로부터 생산되고 근본적으로 안정된 충전재료이며, 편리상 굵은골재와 잔골재로 분류한다. 시멘트 또한 매우 다양한 화학 성분으로 구성되며 '시멘트(cement)'란 모든 결합재를 대표하는 용어이다. 따라서 특별한 결

그림 1.1
Hibernia의 중력식 해상 가스 플랫폼 구조물. (Photofraph courtesy of Hoff Consulting LLC, Clinton, MS.)

표 1.1 콘크리트에 대한 정의

콘크리트	= *충전재료*	+ *결합재*
포틀랜드시멘트 콘크리트	= 골재 (굵은골재와 잔골재)	+ 포틀랜드시멘트 풀
모르타르	= 잔골재	+ 시멘트 풀
시멘트 풀	= 시멘트	+ 물

합재를 의미할 때는 특별히 주의하여 사용하여야 한다. 일반적으로 결합재로서 포틀랜드시멘트, 칼슘알루미네이트 시멘트 또는 폴리머 레진을 많이 사용하며, 이 결합재에 따라 각각 포틀랜드시멘트 콘크리트, 칼슘알루미네이트 시멘트 콘크리트, 폴리머 콘크리트 등으로 콘크리트를 분류한다. 현재 콘크리트 공사의 95% 이상은 포틀랜드시멘트 콘크리트를 사용하고 있다. 따라서 다른 종류의 시멘트 콘크리트와 구별하여 사용되는 경우를 제외하고 '포틀랜드(portland)'라는 말을 생략하고 일반적으로 시멘트 콘크리트 또는 콘크리트라고 한다.

1.2 콘크리트의 장점 (Advantages of Concrete)

콘크리트는 표 1.2에서 볼 수 있듯이 어떠한 재료보다도 가장 널리 사용되는 건설재료이다. 콘크리트는 다양한 목적으로 사용될 수 있기 때문에 다른 주요 건설 재료인 목재, 강재, 아스팔트, 석재보다도 훨씬 널리 사용되고 있다. 이렇게 콘크리트는 우수하기 때문에 2000년에 콘크리트 및 콘크리트 제품 생산에 사용된 시멘트는 미국과 캐나다의 경우 각각 1억 5백만 톤, 8백만 톤에 이른다.

이렇게 대량으로 사용되는 것으로 볼 때도 콘크리트는 매우 많은 장점을 갖고 있다는 것을 알 수 있으며, 콘크리트의 주요 장·단점은 표 1.3에 기술되어 있다. 또 콘크리트의 일반적 특성은 표 1.4에, 그리고 다른 건설 재료와 비교한 내용은 표 1.5에 각각 기술되어 있다.

그러나 사용 재료와 배합에 따라서 콘크리트의 성질은 여기에서 주어진 숫자와 많이 다를 수 있다. 예를 들어서 10 MPa 이하 혹은 100 MPa 이상의 강도를 가지고 거기에 따라서 탄성계수도 변하게 되는 콘크리트를 배합설계할 수 있다는 것을 이 책에서 설명한다.

우리가 원하는 형태와 크기로 무엇이든지 만들 수 있는 능력은 콘크리트가 갖고 있는 매우 중요한 특성으로서, 이 장점은 다른 모든 단점을 능가할 수 있다. 콘크리트는 아아치, 기둥 또는 복잡한 쉘 구조도 만들 수 있으며, 또 댐, 교각, 교대 등 대형의 일체 구조물도 만들 수 있다. 대부

표 1.2 미국에서 건설공사에서 사용된 재료의 양 (2000년)

	부피		*무게*	
재료	10^6 m^3	10^6 ft^3	10^6 metric tons	10^6 tons
목재	107	3780	-	-
콘크리트	275	9700	640	700
시멘트	33	1180	105	116
강재	2	60	13	15
벽돌	-	-	39	43
석재	0.3	12	1	1
비철금속	-	-	2	2
아스팔트	-	-	29	32

표 1.3 건설재료로서 콘크리트의 장·단점

장점	*단점*
타설하기가 쉽다.	인장강도가 낮다.
경제적이다.	연성이 낮다.
내구적이다.	부피변화가 불안정하다.
내열성이 좋다.	무게에 비해 강도가 낮다.
에너지 효율이 좋다.	
현장에서 제조 가능하다.	
심미적이다.	

분 재료는 현장에서 구할 수 있어 가격 경쟁력도 갖추고 있다. 즉 시멘트 가격은 50~70원/kg, 골재 가격은 15~20원/kg 정도이다. 더구나 현장에서 생산되기 때문에 구조물에 따라 자유롭게 맞추어 시공할 수 있다. 한편 현장에서 생산되기 때문에 콘크리트의 품질을 조심스럽게 제어하여야 하는 어려운 점도 동시에 갖고 있다. 주위 환경 조건이 계속 변하기 때문에 전체 공사 기간 동안 콘크리트 관리를 일정하게 한다는 것은 힘든 일이다. 또 콘크리트 구성 재료에 대한 특성은 잘 파악되어 있지 않은 경우가 많으며, 이로 인해 콘크리트 특성에 큰 변화를 일으키기도 한다. 그리고 현장에 감독자가 없고 기술력이 충분하지 않는 작업자가 작업을 하는 경우 예기치 않은 결과를 낳을 수도 있다.

콘크리트는 공장 제품을 사용할 수도 있는데, 유럽의 경우 표준화된 값싼 건축용 프리캐스트 제품이 널리 사용되고 있으며, 미국에서도 많이 개발되어 있다. 프리캐스트 콘크리트 블록은 건축 구조 부재로서 인기리에 사용되고 있으며, 콘크리트 파이프도 하수구, 상수도 등 수자원 구조물에 널리 사용되고 있다. 프리캐스트 프리스트레스트 콘크리트 보, 판넬 등도 여러 가지 형태로 다양한 구조물에 사용되고 있다. 이러한 프리캐스트 콘크리트는 현장 타설 콘크리트와 비교할 때 보

표 1.4 콘크리트의 일반적 특성

압축강도	= 35 MPa (5000 lb/in^2)
휨강도	= 6 MPa (800 lb/in^2)
인장강도	= 3 MPa (400 lb/in^2)
탄성계수	= 28 GPa (4×10^6 lb/in^2)
포아송비	= 0.18
파괴될 때의 인장변형률	= 0.001
열팽창 계수	= 10×10^{-6}/°C (5.5×10^{-6}/°F)
극한 수축변형률	= 0.0~0.1%
밀도	
보통 콘크리트	= 2300 kg/m^3 (145 lb/ft^3)
경량 콘크리트	= 1800 kg/m^3 (110 lb/ft^3)

표 1.5 콘크리트와 다른 건설재료와의 비교

재료	*밀도* (kg/m³)	*인장강도* (MPa)	*탄성계수* (GPa)	*열팽창 계수* (10^{-6}/°C)	*열전도율* (W/m·K)	*에너지효율* (GJ/m³)
알루미늄						
순수 알루미늄	2800	100	70	23	220	360
합금	2800	300	70	23	125	360
강철						
연강	7800	400	210	12	50	300
경강	7800	1900	210	12	50	300
유리	2500	60	65	6	3	50
목재						
연한 목재	350	50	5.5	-	0.2~0.6	-
강한 목재	700	100	10	-	0.2~0.6	-
플라스틱 (폴리스티렌)	1000	~50	~3	72	0.1	-
암석 (화강암)	2600	~20(~25[a])	~50	7-9	3	-
콘크리트	2300	3(35[a])	~25	10	3	3.4

[a] 압축강도

다 정확한 치수로 일정하게 제작할 수 있으나, 일반적으로 기술 수준이 더 높아야 하고 복잡한 제작 기구가 필요하기도 하다.

실제 품질이 좋은 콘크리트는 매우 내구성이 높은 재료이기 때문에 구조물이 사용조건 내에서 적절히 설계되고, 시공되었다면 특별한 유지관리에 대한 조치 없이도 상당 기간 동안 사용할 수 있다. 적절한 골재를 사용하고 시멘트 풀의 화학성분과 미세구조를 적절히 조정하면, 콘크리트는 동결 융해, 마모 등 물리적인 공격뿐만 아니라, 시멘트 풀에 영향을 미치는 용해된 황산염 또는 산, 그리고 특정 골재를 침식하는 공극의 고농도 알카리 용액 등에 의한 화학적 공격에 대해서도 저항할 수 있다. 또한 무기 혼화재료를 적절히 사용함으로써 콘크리트의 내구성을 크게 향상시킬 수 있다. 콘크리트는 매우 심한 부식 환경에 놓여 있지 않는 한 구조용 강재와는 달리 특별한 방청 도료가 필요 없으며, 또한 내화성이 매우 높은 재료이다. 매우 높은 온도에 노출되면 콘크리트가 비록 심하게 손상을 받으나, 강구조물이 복원 불가능한 손상을 입을 수 있는 시간 동안에도 콘크리트 구조물은 구조적인 일체성을 유지할 수 있다.

전체 재료비 중에 에너지 비용이 차지하는 비율이 매우 높고 또한 에너지 사용으로 이산화탄소(지구온난화에 영향을 미치는)가 발생하기 때문에 건설재료에 대한 에너지 요구량을 주의깊게 살펴야 한다. 이러한 면에서 콘크리트는 다른 어떠한 건설재료보다도 뛰어나다(표 1.5 참조). 첫째, 표에서 볼 수 있듯이 콘크리트는 강재보다도 훨씬 작은 양의 에너지를 사용하여 생산된다.

즉 강재는 300 GJ/m^3 의 에너지가 요구되나, 콘크리트의 구성성분인 시멘트를 생산할 때는 단지 22 GJ/m^3의 에너지가 필요하다. 철근콘크리트 재료에 대해서 요구되는 에너지는 주로 시멘트와 철근이 생산될 때 필요한 에너지인데, 이는 그에 상당하는 구조용 강재보다는 훨씬 작은 에너지가 요구된다. 둘째로 에너지 요구량은 무기질 혼화재료인 플라이애쉬, 고로슬래그, 실리카퓸 등을 대체 사용함으로써 크게 줄일 수 있다. 다른 산업의 부산물로 생산되는 이러한 혼화재료를 사용함으로써 동일한 콘크리트 강도를 얻기 위해 필요한 시멘트 사용량을 줄일 수 있고, 시멘트 외에 추가 사용하여 강도를 더 높일 수 있기 때문에 결과적으로 에너지 요구량을 줄일 수 있는 것이다. 고강도 콘크리트를 사용함으로써 더 작은 단면적의 부재를 설계할 수 있고, 이로 말미암아 콘크리트의 사용량을 줄일 수 있다. 셋째, 콘크리트 건물은 콘크리트의 열특성 때문에 사용할 때 에너지 효율이 더 뛰어나다. 콘크리트는 열전도가 천천히 일어나기 때문에 추운 겨울에 밖으로 열이 손실되는 것을 상당히 막을 수 있으며, 이러한 특성은 건물을 설계할 때 이용될 수 있다. 마지막으로, 그렇다고 제일 중요하지 않은 것이 아니지만 콘크리트는 색, 표면 질감, 형태 등을 자유롭게 표현할 수 있어 미적 표현에 있어서도 다른 재료에 비해 자유롭다. 이러한 모든 장점으로 인해서 콘크리트는 다량으로 또한 다양하게 응용되어 사용되고 있다.

1.3 콘크리트의 한계 (Limitations of Concrete)

그러나 콘크리트도 약점을 갖고 있어 어떠한 경우에는 사용하는데 제한이 있을 수 있으므로, 설계할 때 이를 고려하여야 한다. 콘크리트는 매우 낮은 인장 저항 능력을 갖고 있는 취성 재료이다. 따라서 지반 위에 직접 놓이는 무근콘크리트 슬래브와 같이 매우 낮은 휨인장응력을 받는 경우를 제외하고 일반적으로 인장력을 받지 않도록 설계하여야 하며, 인장력은 철근이 저항하도록 하여야 한다. 이러한 인장력에 의해 콘크리트에 균열이 발생하며, 낮은 연성으로 인하여 강재에 비하여 충격 저항성과 인성이 매우 낮다. 압축력에는 강하다고 하지만, 콘크리트는 낮은 강도/무게 비를 갖고 있기 때문에 큰 하중을 지지하기 위해서 상대적으로 큰 단면이 필요하다. 그러나 콘크리트는 다른 재료에 비하여 값이 매우 싸기 때문에 이러한 단점을 극복하고 있다.

또 다른 단점은 부피 변화에 대하여 불안정하기 때문에 설계할 때와 시공할 때 이러한 점을 고려하여야 한다. 콘크리트는 목재와 유사한 부피 안정성을 보이며, 이는 일반적 사용조건에서 부피가 안정되어 있는 강재와는 많이 다르다. 콘크리트는 상온에서 수분의 손실로 인하여 상당한 양의 회복되지 않는 수축이 발생하며, 일반적인 사용조건에서도 상당히 큰 크리프 변형을 일으킨다.

콘크리트에 대한 이러한 문제점을 파악하여 적절한 설계를 통해 또 적절한 재료와 시공 방법을 선택함으로써 문제를 일부 줄일 수 있다. 많은 연구가 이 분야에 수행되어 이러한 문제들은 상당히 개선되었으며, 이제 일부 지역의 경우 압축강도 100 MPa까지의 레미콘이 보편적으로 생산되고 있다. 또 지난 30여 년 동안 섬유 보강 콘크리트, 수축 보상 콘크리트, 라텍스 콘크리트 등 특수콘크리트가 개발되었다. 또 휨강도가 150 MPa을 초과하는 시멘트를 사용한 재료와 인장 변형률이 1%를 초과하는 시멘트를 사용한 재료가 개발되기도 하였다.

참고문헌

Beijer, O., "Energy Consumption Related to Concrete Structures," *Journal of the American Concrete Institute*, Vol. 72, No. 11, pp. 598-600(1975).

Hoff, G. C., "Concrete for Off-Shore Structures," in *Advanced in Concrete Technology*, 2d ed., ed. V. M. Malhotra. Publication No. MSL94-1 (IR), CANMET, Natural Resources Canada, Ottawa, Canada (1994).

Pomeroy, C. D., "Concrete as an Alternative Material," *Proceedings, Institution of Mechanical Engineers*, Vol. 192, pp. 135-144 (1978).

콘크리트 *Concrete*

CHAPTER 2

시멘트와 콘크리트 개발의 역사

Historical Development of Cement and Concrete

유사 이래 건설 기술자들은 석재와 벽돌을 서로 접착시킬 수 있는 재료를 개발하려고 노력하여 왔다. 이러한 공법이 개발된다면 접착제를 사용하지 않고 석재 블록을 조심스럽게 차곡차곡 쌓아야만 하는 기존의 공법보다 훨씬 쉽고 다양하게 사용될 수 있을 것이었다. 고대 이집트 시대부터 벽돌을 서로 접착하기 위해서 사용되었던 진흙 자체 혹은 여기에 짚을 섞어서 사용한 것이 아마도 가장 오래된 접착 재료일 것이다. 그러나 소성 가공되지 않은 벽돌과 진흙은 물에 대한 저항성이 없기 때문에 이러한 시공 방법은 매우 건조한 기후의 지역에서만 사용이 가능하였다.
바빌로니아와 앗시리아 사람들은 석재나 벽돌을 접착시키기 위하여 자연으로부터 얻은 유기 결합재인 역청 재료(bitumen)를 사용하기도 하였다. 오늘날에도 이와 유사하게 구조부재를 접착시키는데 에폭시와 같은 여러 가지 유기결합재를 사용하고 있다. 그러나 이 장에서는 석회미분말로 만들어진 시멘트의 발전에 한정하여 설명하고자 한다. 특히 물과 만나 경화되는 수경시멘트(hydraulic cement)에 한정하여 설명하고자 한다.

2.1 수화되지 않는 시멘트 (Nonhydraulic Cements)

모르타르 제조에 사용된 시멘트로서 초기의 칼슘 재료는 석고와 석회이었다. 피라미드(약 B.C. 3000)를 건설할 때 이집트 사람들은 석고 모르타르(gypsum mortar)를 사용하였다. 이 재료는 불순분을 가진 석고를 태워 만들었으며, 태울 동안 없어진 물을 배합할 때 다시 채워줌으로써 소성 석고를 결정체로 만들 수 있었던 것이다.

$$2CaSO_4 \cdot 2H_2O \xrightarrow[\sim 130°C]{heat} 2CaSO_4 \cdot \tfrac{1}{2}H_2O + 3H_2O \tag{2.1}$$

이 소성 석고는 태우는 온도가 약 130°C 정도로서 상대적으로 낮기 때문에 석회 대신에 사용되었다. 석고 모르타르와 같은 재료는 물속에서 매우 잘 용해되어 경화가 일어나지 않기 때문에 수화되지 않는(nonhydraulic) 재료로 분류된다.

석회 모르타르(lime mortar)는 이집트에서 로마시대에 사용되었으나, 이보다 훨씬 이전에 크레타 섬, 키프로스 섬, 그리스와 중동 지역에서 사용되었다(B.C. 6,000~12,000년). 이러한 재료는 석회석을 태워 만들었다.

$$CaCO_3 \xrightarrow[\sim 1000^\circ C]{heat} CaO + CO_2 \tag{2.2}$$

석회 모르타르는 공기 중에서 경화하기 때문에 '기건 모르타르 (air mortar)'라고도 한다. 이 때 경화는 주로 배합수의 증발에 의해 일어나며, 그 후 다음과 같은 탄산화 반응이 진행된다.

$$CaO + H_2O \rightarrow Ca(OH)_2 \xrightarrow{CO_2} CaCO_3 + H_2O \tag{2.3}$$

이와 같은 반응은 표면 부분에 한정되지만, 모르타르를 고형화시키는 데 도움을 준다. 그러나 석회 모르타르가 잘 다져지면 이산화탄소가 표면 깊숙이까지 침투하지는 못한다. 또한 굳은 석회 모르타르에 물이 침투하는 것은 꽤 어렵지만 물속에서는 경화가 일어나지 않는다. 따라서 보통의 석회는 수경성 재료가 아니다. 그러나 이 방법으로 잘 만들어진 모르타르가 가끔 매우 견고하였기 때문에 한 때는 모르타르 제조 과정에 비법이 있는 것으로 알려지기도 하였다. Marcus Vitruvius[1)]는 로마의 건물 벽체에 사용한 여러 가지 마감 재료에 대하여 그 차이점을 상세히 기

그림 2.1
님(Nimes)의 수로인 가르교(Pont du Gard)

1) Vitruvius, *The Ten Books of Architecture*, BK. II, Ch. VI(New York: Dover, 1960), pp. 46-47.

술하면서 뛰어난 점을 강조하였다. 그러나 이 모르타르의 뛰어난 성능은 석회를 만들 때에 어떠한 비법이 있는 것이 아니라 잘 비비고 다져서 생겨났다는 것이 지금에 와서 알려지게 되었다. 로마의 콜로세움과 님(Nimes)에 있는 수로인 가르교(Pont du Gard)(그림 2.1)는 적어도 로마시대에 사용한 모르타르의 뛰어난 품질을 입증할 수 있는 구조물들이다.

2.2 수경성 석회 (Hydraulic Limes)

그리스 사람들과 로마 사람들은 모두 점토질의 불순분을 포함하고 있는 석회석을 소성하여 수경성 석회(hydraulic lime)를 제조하였다. 또한 그들은 일부 화산재를 잘 부수어 석회, 모래와 함께 섞어 사용하면 보통의 석회 모르타르보다도 더 강도가 높을 뿐만 아니라 물에 대한 저항성능도 크다는 것을 알았다. 그리스 사람들은 산토린 섬(Santorin)에서 화산재를 운반하여 사용하였고, 로마 사람들은 나폴리 만 근처에서 운반하여 사용하였다. 로마 사람들이 사용한 화산재 중에서 가장 품질이 좋은 것이 베수비오 산(Vesuvius) 근처인 포츠올리(Pozzuoli) 계곡에서 나왔기 때문에 일반적으로 이와 같은 화산재를 '포졸란(pozzolana)'이라고 부르고 있다. 이 재료에 대하여 Vitruvius는 B.C. 1세기 후반에 다음과 같이 설명하고 있다.

> '놀라운 결과를 가져오는 자연산 재료가 있는데, 이러한 재료는 Baiea 근처와 베수비오 산 주위에서 생산된다. 이 재료는 석회와 잡석을 함께 사용하면 여러 종류의 건물뿐만 아니라 물속에서도 잘 굳기 때문에 바다에 건설되는 구조물에도 사용 가능하고 충분한 강도를 발휘한다.'

그러므로 포졸란 석회 모르타르는 수로교의 라이닝, 수조, 교각, 방조제와 같은 수리 구조물에 널리 사용되었다. 또한 Vitruvius는 자연 상태의 포졸란을 구할 수 없다면, 소성한 벽돌을 잘게 부수어 사용함으로써 비슷한 효과를 얻을 수 있다는 것을 알았다. 로마 사람들 역시 이러한 수경성 모르타르를 일종의 콘크리트를 만드는데 사용하였다. 고대 건물 중 가장 잘 보존된 건물의 하나인 A.D. 2세기의 판테온(Pantheon)(그림 2.2)은 대부분이 콘크리트로 만들어졌으며, 지름이 44 m인 돔 지붕은 리브 단면에 콘크리트를 부어 경화시켜서 만들었다.

중세 시대를 지나면서 시멘트 재료의 품질은 대체적으로 퇴보되었다. 소성 석회 가공 기술은 거의 없어졌고, 타일을 가루로 만든 혼합물(혹은 포졸란)은 첨가되지 않았다. 고품질의 모르타르는 A.D. 14세기 전까지는 다시 나타나지 않았는데, A.D. 14세기가 포졸란의 사용이 재도입된 때이다. 18세기가 되어서야 비로소 위의 시멘트 재료들의 성질을 이해하려고 노력하기 시작했다. 1756년에는 John Smeaton(자신을 토목 엔지니어라 지칭한 최초의 인물)이 영국 Cornwall 해안의 Eddystone 등대를 개축하기 위한 기술자로 임명되었다. 일반적으로 사용되는 석회 모르타르를 사용했을 때 물의 작용에 저항하지 못하는 것을 알고, Smeaton은 다양한 석회와 포졸란을 가

그림 2.2
판테온(Pantheon)의 내부. (Giovanni Paolo Panini; National Gallery of Art, Washington, DC, Samuel H. Kress Collection.)

지고 광범위한 일련의 실험을 수행하였다. 그리고 그는 점토 재료 성분을 많이 포함하고 있는 석회암이 모르타르에 사용하기에 최적이라는 것을 발견하였다. 이것이 수경성 석회를 구성하는데 무엇이 중요한 요소인지를 깨달은 최초의 일이었다. 결국, Smeaton은 이탈리아에서 수입한 포졸란을 수경성 석회와 혼합하여 만든 모르타르를 이용하였다. 이렇게 재건된 Eddystone 등대는 126년 간 기능을 수행하다가 이후 좀 더 현대적인 구조물로 대체되었다.

2.3 포틀랜드시멘트의 개발 (Development of Portland Cement)

이러한 개척적인 연구 이후로, 여러 가지가 뒤를 이어 빠르게 밝혀졌다. 영국 출신의 James Parker는 1796년에 점토질을 포함하고 있는 석회암 불순물 덩어리를 소성하여 제조한 천연의 수경성 시멘트(가끔 Roman cement로 잘못 전해지고 있다)로 특허를 취득하였다. 6년 후에 이와 비슷한 공정이 프랑스에서도 시작되었다. 1813년 프랑스에서는 Vicat(아직도 시멘트 응고 시간을 결정하기 위해 사용하고 있는 침을 개발한 사람)이 석회암과 점토의 합성 혼합물을 소성하여 인공 수경성 석회를 만들었다. 그리고 1822년에 James Frost가 영국으로 이 방법을 도입하였다.

마침내, 1824년에 영국 Leeds 지방의 건설기술자인 Joseph Aspdin이 “포틀랜드(portland)” 시멘트로 특허를 취득하였다. “포틀랜드”라는 이름은 Aspdin이 지었는데, 자신이 만든 굳은 시멘트와 그 당시 인기가 있었던 포틀랜드 섬에서 채석된 석회암의 색깔이 비슷하다고 해서 그렇게 지었다. 포틀랜드 섬에서 채석된 석회암은 영국 남부지방에서 18~19세기 건축물에 많이 사용되었다. Aspdin의 시멘트는 잘게 부순 석회암(그 당시 도로에서 분말 또는 진흙 상태로 채취 가능하였던)을 소성하고 거기에 잘게 쪼갠 점토를 혼합한 후, 그 혼합물을 이산화탄소가 다 사라질 때까지 소성로에서 가열하여 만들었다. 그리고 그 혼합물을 미세하게 갈아서 시멘트로서 사용하였다. Aspdin은 소성하는 동안 소성로에 어떤 비밀스런 물질을 뿌리는 체하여 그의 제작물을 최대한 신비스럽게 한 것으로 유명하다. Aspdin이 만든 시멘트의 정확한 성질이 무엇이 되었든, 그는 이를 상업적으로 성공시켰다.

진정한 포틀랜드시멘트는 Aspdin의 특허를 따라 만들 수 있을 것 같지 않은데, 그 이유는 제대로 된 클링커가 되기에는 온도가 충분히 높지 않기 때문이다. 1845년에 Isaac Johnson은 원재료를 처음으로 클링커로 만드는 온도까지 소성해서 현대적 의미의 포틀랜드시멘트를 제조하였다고 주장하였다. 그 시대에 만들어진 몇몇 구조물에 대한 암석 분류학적 조사결과는 그의 주장을 뒷받침하고 있다.

포틀랜드시멘트는 유럽(Aspdin의 아들 William의 적지 않은 노력으로)과 북아메리카에서 빠르게 사용되었다. 천연 시멘트는 석회와 실리카를 적절하게 포함하고 있는 점토질의 석회암을 소성하여 만들어진다. 그러나 소성 온도가 충분히 높지 않아서 화학적 결합이 부분적으로만 가능하였다. 따라서 천연 시멘트는 수경성 석회와 포틀랜드시멘트의 중간 쯤 되는 생성물이다. 천연 시멘트는 1818년 미국에서 제조되었으나, 포틀랜드시멘트에 대한 미국의 첫 특허(David Saylor에 의해)는 1871년이나 되어서 나왔다. 캐나다에서는 석회와 수경성 시멘트가 1830년 정도에 처음으로 제조되었다. 19세기 후반에는 미국이 영국과 유럽으로부터 다량의 포틀랜드시멘트를 수입하였다. 1890년 쯤, 미국 내 생산이 시작되고 나서는 미국 내에서 생산된 포틀랜드시멘트가 급속도로 수입을 대체하였고, 주요 건설 시장이 천연 시멘트에서 포틀랜드시멘트로 대체되었다(표 2.1).

그림 2.3

Smeaton의 Eddystone 등대. (John Smeaton, *A narrative of the building and a description of the construction of the Eddystone lighthouse with stone*, London, 1791. Print courtesy of the Department of Special Collections, Kenneth Spencer Research Library, University of Kansas, Lawrence, KS.)

표 2.1 미국과 캐나다의 시멘트 생산량 (톤)

	미국			캐나다		
	천연 시멘트	포틀랜드시멘트		천연 시멘트	포틀랜드시멘트	
연도		수입	국내		수입[a]	국내
1880	450,000	18,000	4,500	-	1,600	-
1890	1,270,000	360,000	54,000	14,500	20,000	-
1900	1,810,000	270,000	1,540,000	20,000	60,000	46,000
1915	90,000	~ 900	14,100,000	-	4,500	910,000
1930	N.A.[b]	N.A.[b]	30,500,000	-	22,700	1,720,000
1950	540,000	41,000	42,100,000	-	227,000	2,630,000
1975	-	943,000	59,000,000	-	421,000	9,400,000
2000	-	21,200,000	88,800,000	-	628,000	12,600,000

[a]천연 시멘트와 포틀랜드시멘트 합계
[b]자료 없음

포틀랜드시멘트를 제조하는데 필요한 장비 측면에서도 큰 발전이 있었다. 원래, 포틀랜드시멘트는 수직 소성로에서 만들어졌다. 그로 인한 손실이 많았는데, 그 이유는 소성로는 새로운 시멘트를 만들기 전에 그 속이 완전히 비워져야 했기 때문이다. 회전식 소성로는 1886년 처음으로 소개되었고, 곧 영국의 Ransome이 이 방식으로 만족할만한 소성로를 만들어 냈다. 미국에서는 1909년, 토마스 에디슨(Thomas Edison)이 회전식 소성로에 관한 여러 특허를 얻었고, 여러 해 동안 시멘트 회사를 성공적으로 운영하였다. 응고 시간을 늘리기 위해 처음으로 석고를 클링커와 함께 분쇄한 것도 미국에서였다.

포틀랜드시멘트의 제조와 함께, 재료를 시험하고 그 성질을 규명하는 연구가 시작되었다. 원래, 모르타르로 벽돌을 서로 붙여 캔틸레버 보를 만들고 스스로 버틸 수 있는 길이를 측정하여 인장시험을 하였으며, 이것이 모르타르의 인장강도에 비례하는 것으로 간주되었다. 인장강도와 압축강도에 관한 체계적인 시험은 1836년 독일에서 처음으로 수행되었다. 여러 나라에서 수행된 다양한 시험법을 거쳐 1900년경에 시멘트에 관한 기본적인 시험법이 표준화되었다. 물론 그 시험법들은 그 후 계속 수정되어 왔고, 필요에 따라 새로운 시험법도 추가되었다.

2.4 콘크리트용 혼화재료 (Concrete Admixtures)

콘크리트에 사용되는 혼화재료의 역사는 콘크리트의 역사와 거의 같다. 콘크리트의 성능을 향상시키기 위하여 로마 사람들은 동물의 기름, 우유, 피 등을 사용한 것으로 알려지고 있다. 비록 이러한 재료는 콘크리트의 워커빌리티를 향상시키기 위하여 사용된 것으로 추측되지만, 피는 헤모글로빈 성분으로 인해 매우 효과적인 공기연행제이므로 내구성도 많이 향상되었을 것이다.

화학 혼화제에 대한 체계적 연구는 1930년대 공기연행제가 사용되기 시작하면서 이루어졌다. 이 공기연행제의 발견은 정말 우연에 의한 것이었다. 시멘트 분쇄 공정에서 보조재료로 우지(쇠기름)를 사용하기도 하였는데, 우지를 사용한 시멘트가 동결융해 저항성이 매우 높다는 것이 밝혀졌다. 또 오래된 분쇄기로부터 분쇄 공정 동안 기름이 새어나와 시멘트에 스며든 경우에도 비슷한 효과가 생겼다. 이로부터 AE혼화제(air-entraining agents)의 개발이 이루어졌다. 옛날 그리스 사람들과 로마 사람들은 수경성 석회를 사용할 때 화산재도 섞어 사용하기도 하였다. 이와 같이 화산재를 사용한 것은 지금 우리가 콘크리트의 성능 향상을 위해 플라이애쉬와 고로슬래그를 사용하는 것과 같은 개념이다. 현재 대부분의 콘크리트에는 적어도 한 개 이상의 혼화재료가 콘크리트 제조에 들어간다.

2.5 요약 (Summary)

지금까지 시멘트와 콘크리트의 역사에 관해서 꼭 필요한 부분만 간략하게 기술하였다. 비록 로마시대 이후 시멘트와 콘크리트에 대하여 많은 것이 연구되어 왔지만, 아직도 밝혀져야 할 것이 많다. 현재 우리가 수행하고 있는 많은 연구는 지난 세기 Vicat, Michaelis, Le Châtelier 등에 의한 연구 결과에 근거하고 있다. 그들은 처음으로 시멘트 특성에 대한 화학적, 물리적 분석에 근거하여 시멘트의 기본 성분과 제반 성질에 대하여 체계적으로 연구하였다. 또한 이러한 연구는 앞선 연구자들인 Vitruvius와 Smeaton 등의 연구에 근거한 것이었음을 잊지 않아야 한다. 이와 같은 과학적 접근법에 의해서만이 재료의 성질을 미래의 요구에 부합할 수 있도록 개선하는 것이 가능할 것이다.

참고문헌

ACI Committee 120, *Selected References on the History of Concrete*, B-14, American Concrete Institute, Farmington Hills, MI (1982).

Cohen, E., and R. C. Heun, "100 Years of Concrete Building Construction in the United States," *Concrete International*, Vol. 1, No. 3, pp. 38-46 (1979).

Francis, A. J., *The Cement Industry 1796-1914: A History*, David & Charles, Inc., N. Pomfret, VT (1977).

Gonnerman, H. F., *Development of Cement Performance Tests and Requirements*, Bulletin of Research Department No. 93. Portland Cement Association, Skokie, IL (1958).

Kesler, C. E., "Reinforced Concrete Materials - A Remarkable Heritage," *Journal of the Structural Division*, ASCE, Vol. 103, No. ST4, pp. 747-757 (1977).

Klemm, W. A., "Cementitious Materials: Historical Notes," pp. 1-26 in *Materials Science of Concrete I*, ed. J.P. Skalny, American Ceramic Society, Westerville, OH (1989).

Malinowski, R., "Concretes and Mortars in Ancient Aqueducts," *Concrete International*, Vol. 1, No. 1, pp. 66-76 (1979).

Malinowski, R., and Y. Garfinkel, "Prehistory of Concrete," *Concrete International*, Vol. 13, No. 3, pp. 62-68 (1991).

Peterson, M., "Thomas Edison's Concrete Houses," *Invention and Technology*, pp. 50-56 (Winter 1996).

Stonehouse, D. H., *Cement in Canada*, Mineral Bulletin MR 133. Mineral Resources Branch, Department of Energy, Mines and Resources, Ottowa (1973).

콘크리트 *Concrete*

CHAPTER

3 시멘트

Cements

토목 및 건축공사의 광범위한 영역에서, 때로는 특수한 공학적 용도로 여러 가지 종류의 시멘트가 사용되고 있다. 시멘트의 화학 조성은 시멘트의 종류에 따라 매우 다양하지만 현재 사용되고 있는 콘크리트 거의 대부분이 포틀랜드시멘트로 제조된다. 따라서 이 장에서는, 포틀랜드시멘트의 조성에 대하여 상세하게 서술하고 특수한 시멘트에 대해서는 간결하게 설명한다. 포틀랜드(Portland)라는 명칭은 원래 상표명이므로 성분이나 성질을 나타내는 말은 아니었다. 요즘은 성질이 서로 비슷한 일련의 시멘트군을 지칭하는 용어로 사용된다. 특정 용도에 사용하기 위해서는 구성 성분을 조정하여 여러 가지 포틀랜드시멘트를 제조할 수 있는데, 이에 대한 방법은 뒤에 설명한다.

3.1 포틀랜드시멘트의 제조 (Manufacture of Portland Cement)

포틀랜드시멘트의 제조는 원료가 충분히 공급될 수만 있다면 기본적으로 매우 쉬운 편이다. 석회석과 점토를 적당량 혼합하여, 두 재료가 화학적으로 반응하여 칼슘 실리케이트(calcium silicate)가 생성되는 온도 영역인 1400~1600°C 까지 킬른(kiln)에서 가열(소성, clinkering)하는 것이 일반적인 제조 공정이다. 실제로는 많은 양의 재료를 이용하고 또한 고온이 필요한 공정이기 때문에, 적절한 품질관리를 유지하기 위해서는, 각 공정 단계마다 상당한 주의가 필요하다.

원재료

고품질의 시멘트를 제조하기 위해서는, 균질하고도 적절한 순도를 가지는 원료가 요구된다. 백토, 퇴적 쉘 및 석회질의 진흙이 있기는 하지만, 산화칼슘(생석회, calcium oxide)의 원료로서 가장 일반적으로 사용되는 것은 석회석(탄산칼슘, calcium carbonate)이다. 시멘트 공장이 적절한 고순도 석회석이 대량으로 매장되어 있는 곳에 주로 위치하고 있는 것도 실리카는 가까운 어디서나 많이 채취할 수 있기 때문이다. 철을 함유한 알루미노 실리케이트(aluminosilicate)는 일반적으로 실리카의 중요한 공급원이다. 점토 혹은 침적토는 이미 미세한 분말 상태이기 때문에 선호되고

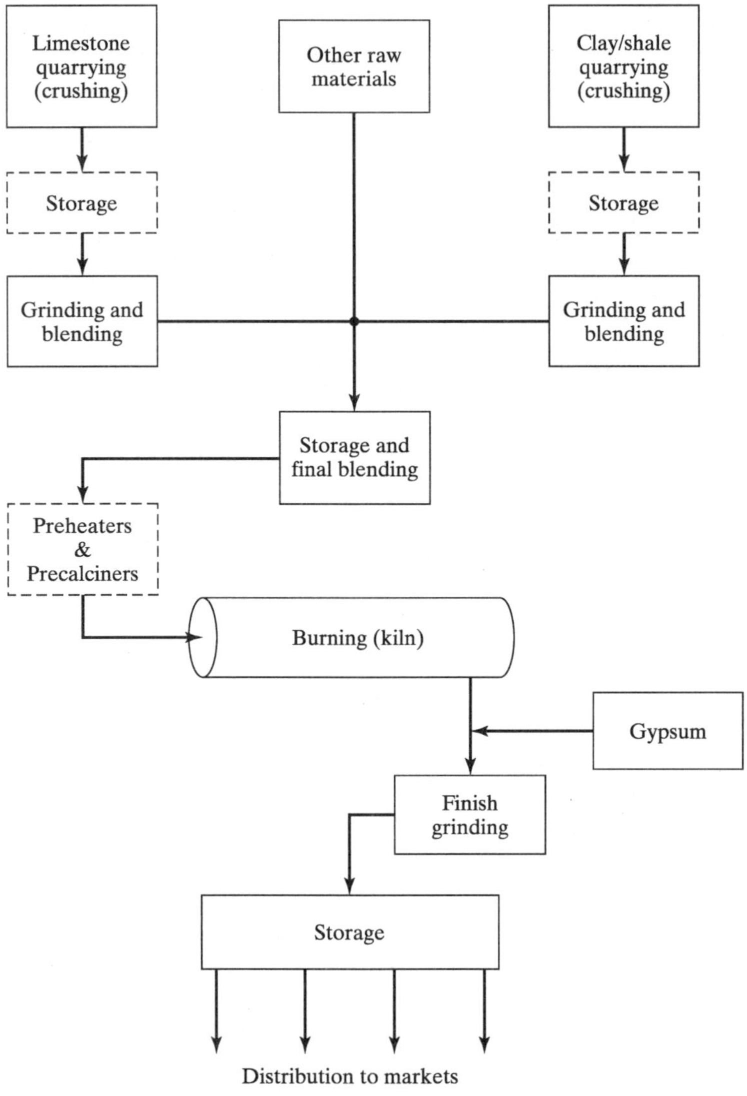

그림 3.1
시멘트 제조공정 개략도

있으며, 이와 아울러 혈암, 편암 및 점토를 함유한 다른 암석 종류도 사용되고 있다.

규산질 원료에 함유되어 있는 철 및 알루미나는 포틀랜드시멘트의 강도에 거의 영향을 미치지 않으나, 내구성 및 비정상적 응결 문제를 발생시킬 수 있다. 따라서 순수한 실리카(규석)를 사용하면 보다 양질의 시멘트를 제조할 수 있을 것이다. 하지만 경제성 있는 순수 실리카 공급원이 부족하고 자연에서 순수한 실리카의 주된 형태인 석영은 상대적으로 반응성이 작고 석회와 실리카로만 이루어진 혼합물은 융해 온도(2000°C 이상)가 매우 높기 때문에 장시간의 소성 공정을 거쳐야만 두 성분이 서로 반응하는 단점이 있다. 반면 알루미늄과 산화철은 원재료의 일부분에 대한 융해 온도를 실용적인 소성온도로 낮추는 융제(fluxing agent)로서 작용하게 된다. 따라서 실제 시멘트 제조 공정에선 알루미노 실리케이트를 원재료로 사용하는 것이 보편적이다. 또한 석영과 산화철을 소량 투입하여 부족한 SiO_2 및 Fe_2O_3를 보충하는 방법도 미국 서부 지역에서는 보편적으로 사용되고 있다.

원료 조제

원료공정의 목적은 킬른에 투입되는 원료가 일정한 조성을 가지고, 완전히 분쇄되어 혼합된 상태로 만드는 데 있다. 원료공정이 완벽하지 못하면 조성이 다르고 특성을 예측하기 어렵다. 예를 들면, 원료의 조성이 많이 다른 경우 생산된 시멘트의 여러 화학 성분의 비가 달라지므로 성능을 확실하게 예측하기 어렵다. 주원료 혼합물에 대한 최적 연소 온도는 원료 조성에 따라 달라진다. 더구나 입자의 크기가 너무 크면, 킬른 속에 있는 동안 화학결합이 완전하게 일어나지 않아서 시멘트의 성능저하로 이어진다.

이 단계의 정확한 공정순서는 원료, 설비 및 공장 구조에 따라 다르며 공장별로 상당히 다를 수 있다. 습식공정에서는 계획된 원료 조합을 확보하기 위해서 각 원료를 채석, 분쇄, 저장한다. 원료는 미분쇄 과정 중 혹은 각 재료를 따로 분쇄한 후에 서로 섞는다. 예를 들면, 점토는 물리적으로 섞기만 해도 미분의 슬러리 상태로 만들 수 있다. 석회석은 별도의 습식 분쇄를 통해서 슬러리 상태로 만든다. 원재료를 슬러리 형태로 다루는 것이 원료를 섞고 성분을 조정하는 데는 매우 편리하지만, 킬른에서 다량의 수분을 증발시키기 위해서는 많은 열이 필요하기 때문에 비용이 상당히 증가하게 된다. 따라서 습식공정의 최종 단계에서는 슬러리의 수분량을 상당히 감소시켜야 한다.

규산질 원료가 점토질 암석인 경우, 물리적인 분쇄가 요구되어 습식공정의 이점을 얻을 수 없다. 분쇄기의 발달로 인해서 습식공정은 비경제적이고도 구식이 되었고, 현대적인 시멘트 공장은 건식공정을 이용한다. 건식 분쇄에 요구되는 추가적인 에너지보다 킬른에서 절약되는 에너지가 훨씬 더 많다. 그러나 건식공정에서도 원재료를 킬른 내에서 용이하게 취급하기 위해서 수분을 첨가하는 경우도 있다. 원료의 특성에 따라 석회질 암석과 점토질 암석을 같이 분쇄할 것인지 아니면 따로 분쇄할 것인지를 결정하게 된다. 건식공정에서는 원료가 제대로 혼합되고, 또한 미세분말이 과다하게 유실되지 않도록 주의를 기울여야 한다. 과잉 분쇄와 분진을 관리하기 위하여 분급시설을 갖춘 폐쇄회로 분쇄기가 일반적으로 사용된다. 분쇄된 재료는 사일로에 저장하며, 킬른 투입 직전의 최종 사일로로 보내는 과정에서 마지막으로 혼합한다.

일부 공장에서는 반건식공정이 사용된다. 반건식공정에서는 건식공정과 동일하게 원료를 준비한 후 최종적으로 킬른에 투입하기 전에 12~14%의 수분을 첨가해서 작은 덩어리로 만든다. 다른 방법으로는 젖은 슬러리를 킬른에 넣기 전에 탈수시키는 것도 있다.

소성 공정

원료를 적합하게 분쇄하고 혼합하였다면 이제 킬른에 원료를 공급할 차례이다. 여기서의 열처리를 클링커 소성이라고 하며, 소성(용해가 발생하지 않은 상태) 혹은 융해(완전한 용해가 발생한 상태)와 구별한다. 시멘트 킬른에서는 부분적인 용해가 일어나며 투입 원료의 약 25%만이 액체 상태로 존재하게 되는데, 이때에 필요한 화학반응이 진행된다. 킬른은 강철로 제조된 긴 원통형인데, 내부는 내화 벽돌이 둘러져 있고, 약간의 경사를 갖고 있다. 회전 속도는 시간당 60~200회 정도이다. 구형 킬른은 직경이 6 m, 길이가 180 m 이상으로 건식공정에서 하루 5,000톤 이상의 생산 능력을 갖는다. 원료는 킬른 상단(inlet)으로 투입되며 회전과 경사를 이용해서 킬른 하단(outlet)으로 이동시킨다. 원료가 킬른 내에서 체류하는 시간은 습식공정에서는 2.0~2.5시간이다. 건식공정에서는 그 시간이 1.0~1.5시간 정도인데, 예열실(suspension preheater)을 갖춘 경우에는 체류시간을 최고 20분으로 줄일 수 있으며 킬른의 길이도 80 m 미만으로 줄일 수 있다.

킬른의 하단(outlet)에서 연료와 공기를 혼합하여 주입하고, 킬른에서 굴뚝으로 배기가스를 배기 시키면서 연소가 이루어진다. 일반적으로 사용되는 연료는 석탄 분말이지만 중유 혹은 천연가스 등도 가격이 적절하고 공급이 가능하면 사용할 수 있다. 시멘트 킬른은 매우 효율적인 유기물 연소기로서 일부 회사는 폐타이어나 폐유 등을 보조원료로 사용하기도 한다. 원료는 단계적으로 온도가 높은 지역으로 이송된다(그림 3.2). 킬른 내에서의 연소 과정은 탈수, 하소, 클링커 소성, 냉각의 4 단계로 구분할 수 있으며, 원료의 전체적인 연소에 있어서 각 단계가 모두 중요하다. 킬른의 뒷부분에서 빠져나오는 배기가스의 온도는 250~450°C로 원료의 온도를 급격히 상승시켜 원료 중의 자유수가 탈수된다. 습식공정에서의 탈수영역은 총 킬른 길이의 1/3~1/2에 이를 수 있는데, 킬른의 내부에 체인(chain)과 같은 열교환기를 설치해서 탈수효율을 증가시킬 수 있다. 건식 킬른의 탈수영역은 총 킬른 길이의 1/4 이내로 줄어들며, 아울러 최근의 공장들은 예열실을 사용하고 있다(그림 3.3). 이 경우 원료는 수 초 만에 하소 온도로 가열되고, 뜨거운 가스가 흐르는 일련의 사이클론을 통과하면서 아래로 이동하게 된다. 일단 자유수가 탈수되면, 원료는 하소 온도까지 급격히 가열되는데, 점토질 원료에서 최초 탈수는 600°C에서 발생하고 석회석에서는 900°C에서 이산화탄소가 분해된다. 하소대(calcination zone)는 총 킬른 길이의 절반이 넘으며, 원료는 새로운 화학결합을 일으킬 수 있는 반응성 산화물로 바뀐다.

하소는 비교적 저온에서 일어나므로, 발열량이 적은 저급 연료를 태울 수 있는 특수로에서 수행될 수 있다. 이러한 노를 하소로(precalciner)라 하며 예열실과 킬른 사이에 위치한다. 초기의 화학반응은 하소대의 마지막 영역인 1200°C 정도에서 일어나는데, 여기서 칼슘 알루미네이트상과 페라이트상이 고체 형태로 반응을 일으킨다. 이 화합물은 용매로 반응하는데, 클링커 소성이 시작

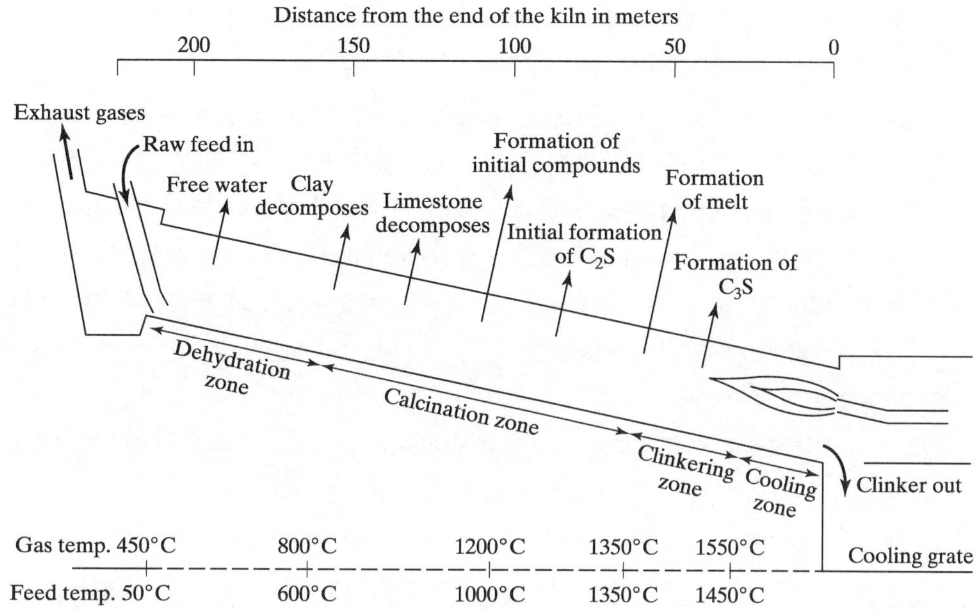

그림 3.2
전형적인 건식 로터리 킬른에서의 조건 및 반응 개략도. 예열기를 사용하는 경우, 탈수와 초기 하소는 킬른 외부의 예열실에서 일어난다.

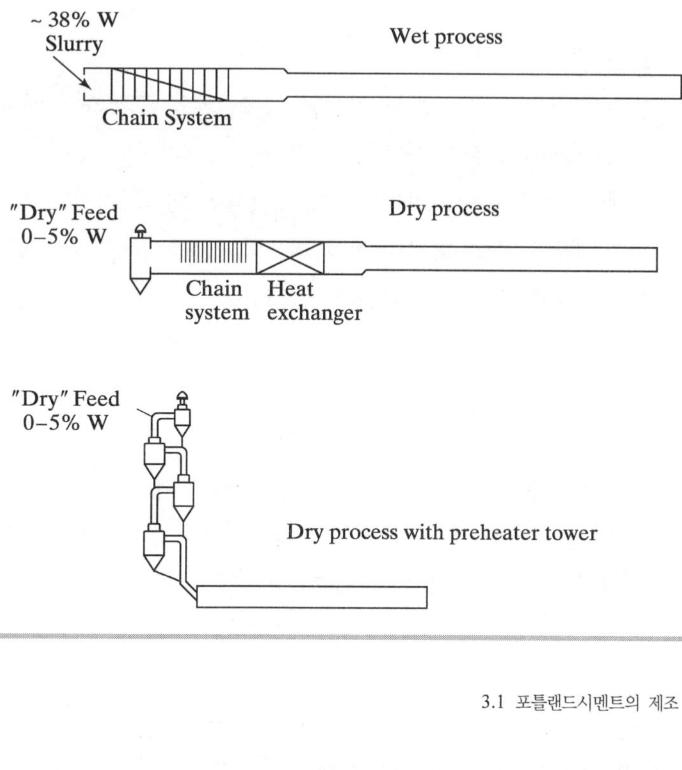

그림 3.3
구식과 최신 킬른의 비교(W=주입 재료의 함수량)

되는 1350°C 정도에서 녹게 된다. 이 부분은 총 킬른 길이의 1/4 정도밖에 차지하지 않지만, 최종 화학결합물인 칼슘 실리케이트가 생성되는 부분으로 시멘트 킬른의 핵심 부분이라 할 수 있다.

이 부분에서 원료의 온도가 1400~1600°C까지 가열되며 체류시간은 15~45분 정도이다. 현대적 공장에서는 화학결합과 소성이 킬른 내에서만 이루어지므로 킬른 길이를 100 m 이하로 줄일 경우 처리 능력이 높아지고 소요 에너지량은 줄어들게 된다. 원료가 킬른의 마지막 수 미터에 해당하는 화염을 통과하면서 온도가 급격히 내려가는데, 이 부분이 냉각대(cooling zone)이다. 여기서 용융상태의 재료는 다시 굳어지면서 클링커(clinker) 덩어리를 생성하게 되는데, 최종 온도는 1000~1200°C 정도이다. 클링커의 냉각속도는 최종 시멘트의 반응성에 많은 영향을 미친다.

최종 공정

킬른에서 최종적으로 만들어지는 생성물을 클링커(clinker)라 하는데, 아직 추가 공정이 남아 있다. 클링커는 짙은 회색의 직경 6~50 mm의 다공성 결정체로 아직 뜨거운 상태여서 공기나 물을 분사하여 냉각시킨다. 클링커를 분쇄기로 옮겨서 분쇄하면 우리에게 익숙한 미분이 된다. 시멘트의 급결(flash set)을 방지하기 위해 소량의 석고를 클링커와 혼합하여 분쇄한다. 첨가하는 석고의 양으로 알루민산 삼석회의 초기 반응을 적절하게 조절하는 것이다. 포틀랜드시멘트는 클링커와 석고를 혼합 분쇄한 것이며 석고 없이는 시멘트의 역할을 못하는 클링커 분말일 뿐이다. 분쇄한 시멘트를 대형 사일로에 저장하게 되는데, 여기서 시멘트를 최종 혼합하게 된다. 이렇게 하면 제조 중에 필연적으로 발생하는 화학성분 및 소성조건의 차이를 희석시킬 수 있기 때문에 시멘트 품질을 보다 균질하게 만들 수 있다.

품질 관리

포틀랜드시멘트의 제조는 복잡한 화학반응을 포함하기 때문에 제조공정의 모든 단계에서 주의깊게 관리되어야 한다. 완제품을 포함한 모든 생산 공정에서 원재료의 화학적 분석이 이루어지며, 이에 대한 자동분석 제어기술이 개발되어 있다. 하지만 소성 공정이 매우 복잡하여 아직 완전하게 이해되지 않고 있기 때문에 최적의 가동 조건을 결정하기 위해선 시행착오로부터 얻은 경험과 수동적인 관리 감독이 여전히 필요하다.

경제적 고려 사항

로터리 킬른에서 높은 온도를 유지해야 하기 때문에 포틀랜드시멘트 제조는 에너지 집약적인 공정이다(표 3.1). 습식공정은 탈수를 위해 추가적인 에너지가 필요하기 때문에 비경제적이다. 예열실에서는 원료가 로터리 킬른에 주입 전에 탈수가 일어나고 아울러 부분적으로 소성도 일어나므로 매우 에너지 효율적인 열교환기라 할 수 있다. 따라서 현대식 공장에는 예열실이 거의 기본적으로 설치되어 있다. 이와 더불어 여러 개량된 기술이 사용되면서, 평균 연료 소비량은 미국에서는 5.4 MJ/kg, 일본에서는 4.5 MJ/kg 그리고 독일에서는 4.2 MJ/kg 정도이다. 하소로와 예열기를 같이 사용하면 킬른의 생산 능력을 50% 이상 증가시킬 수 있다. 현대식 시멘트 공장은 에너지 효율이 가장 높은 대규모 열가공 공정 중의 하나이며, 이론적인 연료 요구량은 1.7MJ/kg 정도이다. 일부 습식공정 공장에서는 원료로서 폐기물(용제, 폐타이어 등)을 사용함으로써 낮은 열 효율에도 불구하고 경제성을 유지하고 있다. 연료비가 낮을 뿐만 아니라 폐기물 처리비용을 통해 연료비를 보상받을 수도 있다.

표 3.1 미국 시멘트산업에서의 평균 에너지 소비량[a]

	습식공정	*건식공정*	*전체 공장*
연료(MJ/kg)	6.06	4.41	4.47
전력(kWh/t)	142	156	153
연료+전력(MJ/kg)	6.56	4.97	5.32

[a] 1999년 U.S. Cement Industry Fact Sheet, 2001 ed., Portland Cement Assoc., Skokie, IL.
[b] kWh/톤

3.2 포틀랜드시멘트의 조성 (Composition of Portland Cement)

화합물 조성

시중에서 구입해서 사용할 수 있는 보통 포틀랜드시멘트의 대표적인 조성이 표 3.2에 주어져 있다. 불순문을 제외하였기 때문에 질량의 합이 100%가 되지는 않는다. 칼슘 실리케이트가 시멘트의 3/4를 차지하면서 결합재로서의 품질을 결정하기 때문에 칼슘 실리케이트 시멘트로 부르는 것이 더 합리적일 것이다. 시멘트와 유사한 화학 조성을 지니는 19세기의 천연 시멘트와 포틀랜드시멘트의 가장 큰 차이점은 킬른 온도 1400°C에서 생성되는 규산 삼석회(C_3S, tricalcium silicate)의 유무일 것이다.

표 3.2 보통 포틀랜드시멘트의 대표적인 조성[a]

화학명	*화학식*	*약식 기호*	*질량(%)*
규산 삼석회	$3CaO{\cdot}SiO_2$	C_3S	55
규산 이석회	$2CaO{\cdot}SiO_2$	C_2S	18
알루민산 삼석회	$3CaO{\cdot}Al_2O_3$	C_3A	10
철알루민산 사석회	$4CaO{\cdot}Al_2O_3{\cdot}Fe_2O_3$	C_4AF	8
이수석고 (석고)	$CaSO_4{\cdot}2H_2O$	$C\bar{S}H_2$	6

[a] 3.2절의 '규격 및 특성' 부분 참조. 미 서부 기준.

이러한 화합물의 화학식은 요업 및 시멘트 화학에서 빈번히 사용되는 정통적인 산화물 표기법을 이용한다. 표 3.3에서 보듯이 각각의 산화 화합물을 하나의 문자로 줄여서 표기하고 그 뒤에 그 화합물의 개수를 아래첨자로 써넣는 독특한 방법을 사용한다. 시멘트 화학에서 중요한 탄산염과 황산염을 약식 기호로 표기하기 위해서는 CO_2와 SO_3를 사용하여야 하므로, 이는 $\overline{C}$와 $\overline{S}$로 약식 표기한다. 따라서 탄산칼슘($CaCO_3$)은 $CaO \cdot CO_2$ 혹은 $C\overline{C}$로 표기하고, 석고($CaSO_4 \cdot 2H_2O$)는 $CaO \cdot SO_3 \cdot 2H_2O$ 혹은 $C\overline{S}H_2$로 약식 표기할 수 있다.

표 3.3 포틀랜드시멘트의 대표적인 산화물 조성

산화물	*약식 기호*	*명칭*	*질량(%)*
CaO	C	석회	64.67
SiO_2	S	실리카	21.03
Al_2O_3	A	알루미나	6.16
Fe_2O_3	F	산화철	2.58
MgO	M	산화마그네슘	2.62
K_2O	K	산화칼륨	0.61
Na_2O	N	산화나트륨	0.34
SO_3	$\overline{S}$	삼산화유황	2.03
CO_2	$\overline{C}$	이산화탄소	-
H_2O	H	물	-

표 3.2에 표기한 것과 같은 화합물 조성을 직접 분석해서 얻는 것이 가능하기는 하지만, 이 방법은 복잡하여 특별한 숙련이 필요하고 또한 고가의 장비가 요구된다. 따라서 표준적인 방법(일반적으로 X-ray 형광 분광학)을 이용하는 산화물 분석과 이상적인 복합 화학량론에 의거하여 추정 계산한다. 이러한 분석 결과는 시멘트 생산자로부터 입수할 수 있는데, 표 3.3이 전형적인 산화물 분석결과이다.

화합물 조성으로부터 각 상(phase)를 산출하는 데는 보그(Bogue) 계산식을 사용하여(포틀랜드시멘트의 화합물 조성을 파악하는 것의 장점을 최초로 주장한 R. H. Bogue의 이름을 딴 것이다.) 더 정교한 분석 기술도 개발되었지만, ASTM C 150에서 제안하고 있는 간단한 보그 계산식으로도 화합물 조성을 파악하는데 큰 어려움이 없다. 다음은 보그 계산식에 필요한 식이다. (C_2S, A, F, C_3S의 양은 질량 백분율을 나타낸다.)

Case A:

$$A/F \geq 0.64$$

$$C_3S = 4.071C - 7.600S - 6.718A - 1.430F - 2.852\overline{S}$$

$$C_2S = 2.867S - 0.7544C_3S$$

$$C_3A = 2.650A - 1.692F$$

$$C_4AF = 3.043F$$

Case B:* $A/F \geq 0.64$

$$C_3S = 4.071C - 7.600S - 4.479A - 2.859F - 2.852\bar{S}$$
$$C_2S = 2.867S - 0.7544C_3S$$
$$C_3A = 0$$
$$C_4AF^* = 2.100A + 1.702F$$

보그 계산식 (Case A)을 사용하여 표 3.3의 산화물 분석을 수행하면, 다음과 같은 화합물 조성을 구할 수 있다. C_3S = 52.6; C_2S = 20.6; C_3A = 12.0; C_4AF = 7.9.

ASTM에 의한 분류

포틀랜드시멘트의 화합물 조성을 이해하면 시멘트의 특성을 예상할 수 있다. 더 중요한 것은 화합물 조성을 조정함으로써 특수한 용도에 맞게 시멘트의 특성을 수정할 수 있다는 것이다. 이것은 제 4장에서 상세하게 논의할 내용이지만 여기서 간략히 알아보도록 한다.

시멘트의 수화반응 포틀랜드시멘트를 물과 혼합하면 화합물은 화학반응을 일으키며 이 화학반응으로 인하여 콘크리트는 굳게 된다. 물과 반응하는 것을 수화(hydration)라 칭하며 수화로 생성된 새로운 고체물질을 통칭해서 수화 생성물(hydration product)이라고 한다. 수화를 포함한 모든 화학반응은 화학량론 반응, 반응률, 그리고 반응열을 이용해서 설명할 수 있다. 또한 시멘트 화학의 경우 수화 생성물이 수화된 시멘트의 강도에 기여를 하는지 파악하는 것이 중요하다. 시멘트 화합물의 수화 특성을 표 3.4에 정리하였다.

순수 시멘트 화합물의 수화속도가 그림 3.4a에 주어져 있다. 여기서 C_3A와 C_3S가 가장 반응성이 높고, C_2S는 훨씬 천천히 반응한다는 것을 알 수 있다. 또한 C_3A에 석고를 첨가하면 초기 수화가 지연되는 것을 알 수 있다. C_4AF에 대한 정량적인 자료는 없지만, C_4AF + 석고 + 물의

표 3.4 시멘트 주요 화합물의 수화 특성

화합물	*반응속도*	*발열량*	*시멘트에 기여도*	
			강도	*발열*
C_3S	중간 정도	중간 정도	큼	큼
C_2S	느림	적음	초기는 적고, 장기적으로 큼	적음
$C_3A+C\bar{S}H_2$	빠름	매우 많음	적음	매우 큼
$C_4AF+C\bar{S}H_2$	중간 정도	중간 정도	적음	중간 정도

* Case B에서 C_4AF의 조성은 Case A의 경우와는 다르다. C_2F가 있을 수도 있으며, 이도 계산에 포함되었다.

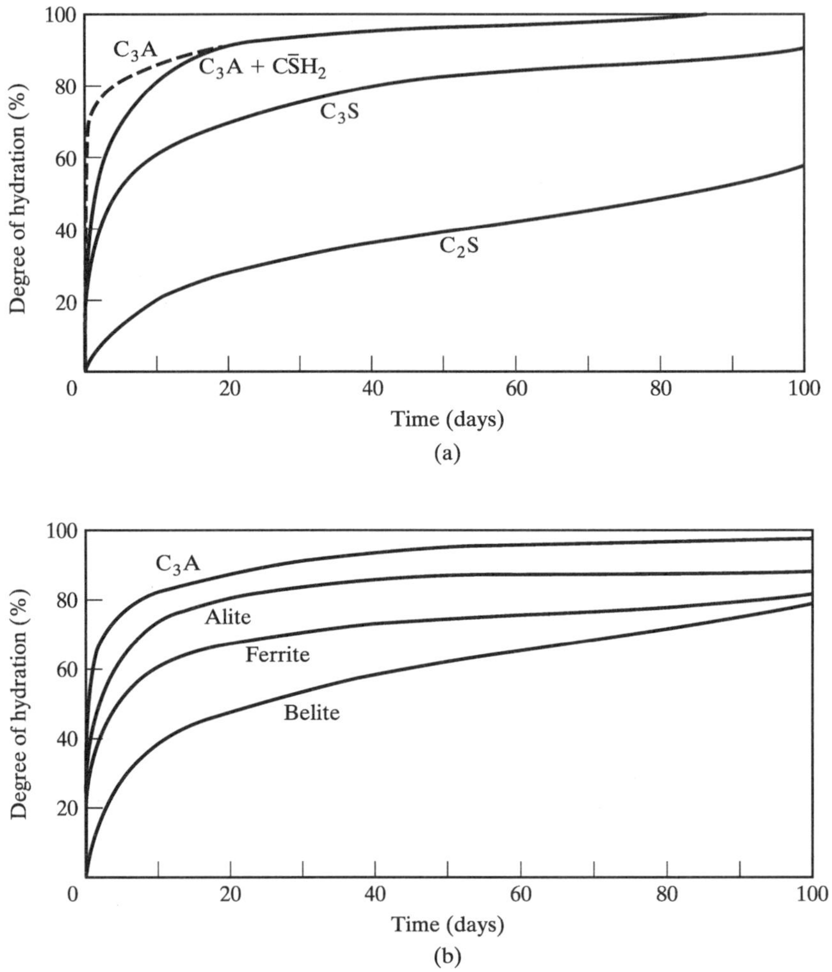

그림 3.4
시멘트 화합물의 수화속도: (a) 순수 화합물의 페이스트 (b) 1종 시멘트의 페이스트

반응은 C_3S의 반응보다 약간 느리다. 그러나 석고가 첨가되지 않으면 C_4AF의 수화가 더 빠르게 진행된다. 포틀랜드시멘트 내에서 화합물의 수화속도가 그림 3.4b에 주어져 있는데, 여기서 알라이트(불순물을 함유한 C_3S) 및 벨라이트(불순물을 함유한 C_2S)는 순수 화합물일 경우보다 반응이 더 빠른데 비하여, C_4AF(페라이트 상)는 C_3S보다 더 느리게 수화한다는 것으로 볼 수 있다. 수화속도는 특정 시멘트의 조성에 따라 달라진다. C_3A와 C_4AF는 시멘트 수화 중에 물 뿐만 아니라 석고와 반응한다. 그러나 그림 3.5에서 알 수 있듯이, 반응속도와 강도 발현이 반드시 직접적인 관계를 가지는 것은 아니다. 포틀랜드시멘트에서 강도발현은 규산 칼슘(calcium silicate)이 대부분 차지한다는 것은 명백하다; C_3S가 대부분의 초기 강도(초기 3~4주) 발현에 기여하며, 최

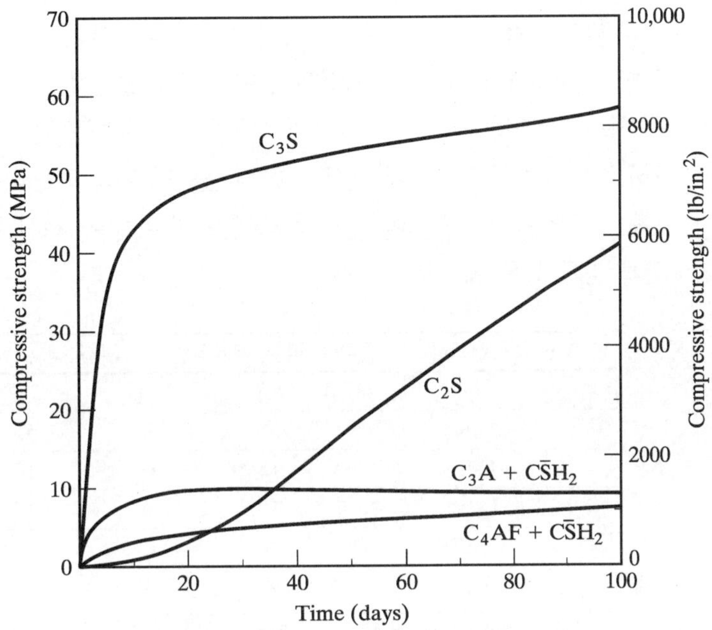

그림 3.5
시멘트 화합물의 종류별 압축강도 발현

종 강도에는 C_3S 및 C_2S가 동시에 영향을 미친다.

포틀랜드시멘트의 수화반응은 열을 발산하는 발열반응(exothermic)이다. 따라서 경화 과정에서 내부에서 생성된 열로 인하여 콘크리트의 온도는 지속적으로 상승한다. 온도상승 정도는 발열속도와 열이 외부로 빠져나가는 속도에 의하여 상대적으로 정해지기 때문에 발열속도는 중요한 값이다. 각 화합물이 전체적인 발열속도에 미치는 영향은 수화열, 수화속도, 시멘트 내에서 각 화합물이 차지하는 구성비에 의해서 결정된다. 다중 회귀분석에 의하면 시멘트의 수화열(J/g)에는 다음과 같은 관계가 있다.

$$H_{3\text{days}} = 240(C_3S) + 50(C_2S) + 880(C_3A) + 290(C_4AF) \tag{3.1a}$$

$$H_{1\text{year}} = 490(C_3S) + 225(C_2S) + 1160(C_3A) + 375(C_4AF) \tag{3.1b}$$

여기서 C_3S, C_2S 등은 질량 백분율이다. 식 (3.1b)의 계수들은 각 순수 화합물이 완전하게 수화했을 경우의 수화열과 비슷하다(표 4.3 참조). 표 3.3에서 계산된 화합물 조성을 이용해서 3일 수화열과 1년 후 수화열을 구해보면 각각 265 J/g 및 473 J/g 이다.

ASTM에 의한 시멘트의 종류 시멘트 화합물의 일반적인 역할을 알고 나면, 화합물 성분비를 조정하여 시멘트의 성질을 바꿀 수 있다. 대부분의 국가에서 상업적으로 그렇게 하고 있다. 미국에서는 화합물 조성과 분말도가 서로 다른 5종류의 포틀랜드시멘트가 ASTM에 구분되어 있으며,

대표적인 화학조성과 특성은 표 3.5와 같다. 카나다 표준협회도 유사한 기준을 가지고 있다.

ASTM 1종 시멘트는 특수한 성질이 요구되지 않는 일반 공사에 가장 보편적으로 사용되는 것이다. 그러나 프리캐스트 제품과 같이 거푸집 순환율이 높아야 되거나, 저온에서 콘크리트를 타설하는 경우처럼 빠른 강도 발현이 요구되는 경우에는 3종 시멘트가 적합하다. C_3S 함유량을 증가시켜서 그렇게 만드는데, 분말도를 더 높이면 더욱 효율적이다. 분말도를 증가시키면 물과 접촉하는 표면적이 커져서 수화 및 강도발현이 빨라진다. 24시간 만에 3종 시멘트의 강도는 1종 시멘트 강도의 두 배 정도가 된다.

표 3.5 포틀랜드시멘트 종류에 따른 대표적인 조성과 특성 (ASTM)

	1종	*2종*	*3종*	*4종*	*5종*
C_3S	55	55	55	42	55
C_2S	18	19	17	32	22
C_3A	10	6	10	4	4
C_4AF	8	11	8	15	12
$C\bar{S}H_2$	6	5	6	4	4
분말도(블레인, m^2/kg)	365	375	550	340	380
1일 압축강도(MPa)[a]	15	14	24	4	12
7일 수화열(J/g)	350	265	370	235	310

[a] ASTM C 109 50 mm 입방체 모르타르 기준

C_3S 함유량이 많고 수화속도가 빠른 경우에는 발열속도도 빠르다. 만약 단열상태와 같이 수화열이 외부로 빠져나가지 못하면 그림 3.6처럼 온도가 상당히 올라갈 수 있다. 매스 콘크리트처럼 열이 외부로 빠져나갈 수 있는 표면적보다 부피가 상대적으로 큰 경우는 실제로 단열 상태에 근접하게 된다. 높은 내부 온도는 콘크리트가 비교적 굳지 않은 상태인 초기 며칠 동안 주로 발생하므로 즉각적인 손상을 주지는 않는다. 그러나 열이 하강하는 과정에서 콘크리트가 강성을 확보하면서 온도응력으로 인한 인장 균열이 발생하게 된다. 이 때문에 3종 시멘트는 교각 혹은 기초 등과 같이 타설 단면이 0.5 m 이상이 되는 경우에는 사용하지 않아야 한다. 1종 시멘트와 같이 발열 속도가 더 완만한 경우에도 열이 빨리 빠져나가지 못하거나 단위 시멘트양이 많은 경우에는 문제가 될 수 있다. 두껍게 타설한 경우에는 온도가 30°C 이상 올라가는 것으로 관측되었다.

온도 균열은 단위시멘트양이 적게 사용되었음에도 불구하고 콘크리트 댐의 타설 초기에 빈번히 발생한다. 이 문제는 4종 시멘트인 저열 포틀랜드시멘트가 개발되면서 대부분 해결되었다. C_3S와 C_3A가 초기 수화열의 원인이므로 이들의 함유량을 줄임으로써 수화열을 줄일 수 있다(그림 3.6). 4종 시멘트를 사용하면서 초기 온도 및 열 발산을 적절하게 조절하면 매스콘크리트의 온도균열을 막을 수 있다. C_3S의 양이 적어서 경화 속도가 느리지만, 매스콘크리트의 경우엔 이것은 큰 문제가 되지 않는다.

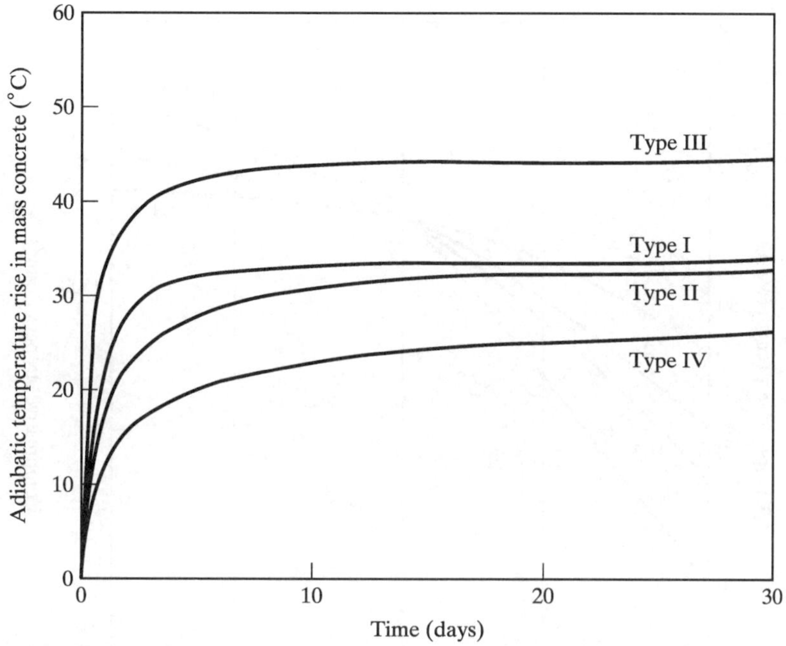

그림 3.6
단열상태 매스 콘크리트의 온도상승 이력 [*Concrete Manual*, 8th ed., Bureau of Reclamation, Denver, CO (1975).]

콘크리트 타설 후 초기 재령에서 문제가 되었던 또 하나는 콘크리트가 황산염을 포함한 물 또는 토양에 노출되어 열화(deterioration)가 일어나는 것이었다. 해수의 경우가 그런 가혹한 환경조건의 예에 해당하는데, 특히 구조물이 바다의 만조와 간조 사이의 조간대에 있어 건습이 반복되는 경우에 특히 심각한 문제를 초래할 수 있다. 그리고 많은 경우 지하수는 고농도의 황산염을 포함하고 있으므로 바닷물에 완전히 잠기는 경우보다는 더 가혹은 조건이라 할 수 있다. 제 4장에서 자세히 설명하겠지만, 황산염 침식은 C_3A의 수화 생성물과 반응하는 과정을 포함한다. 용이하진 않지만, C_3A를 C_4AF로 변환시켜서 그 양을 줄이는 것이 황산염 침식을 줄이는 효율적인 방안이다. 실험에 의하면, 5종 시멘트와 같이, C_3A 함유량을 5% 이하(무게비로 계산하여)로 줄이고, 물-시멘트비가 낮다면(제 18장 참조), 대부분의 혹독한 환경조건에서도 만족할 만한 성능을 발휘한다(10.3절의 표 10.7 참조). C_3A 함유량이 다소 많은 8%까지도 황산염 함유량이 적은 경우에는 큰 문제가 되지 않는다. 4종 시멘트도 황산염에 대해 어느 정도 저항성을 갖고 있다. 하지만 강도발현 속도가 느린 것이 단점이어서 2종 시멘트가 개발되었다. 이 시멘트는 C_3S 함유량이 4종 시멘트보다 많아 강도발현이 양호하지만 수화열이 더 높고, 5종 시멘트와 비슷한 성능을 발휘하지만 황산염에 대한 저항능력은 낮다. 2종 시멘트는 낮은 수화열이 요구되는 경우에 사용되지만 강도발현 속도도 보통이다.

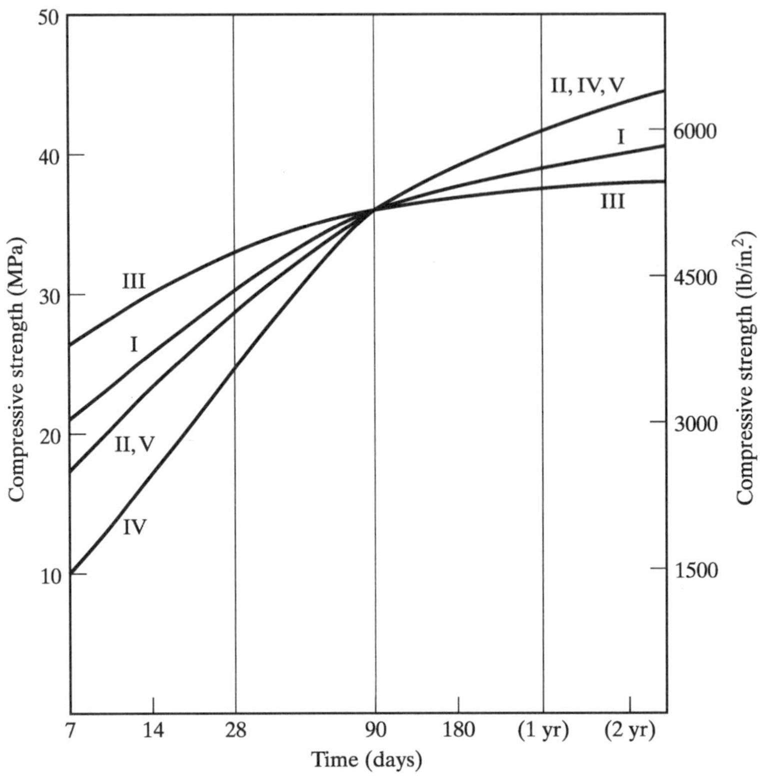

그림 3.7
시멘트의 종류에 따른 압축강도 특성: ϕ150×300mm, 시멘트는 다르지만 골재는 같은 종류임 [*Concrete Manual*, 8th ed., Bureau of Reclamation, Denver, CO (1975).]

규격 및 특성 표 3.5는 대표적인 화학조성을 보인 것으로 각 시멘트 종류 내에서 화학조성은 많은 차이가 있을 수 있다. 예를 들면, 3종 시멘트는 분말도가 더 높지만 1종 시멘트와 화학조성이 비슷하다. 그러나 일부 시멘트 제조회사에서는 C_3S 함유량을 60% 혹은 그 이상까지 증가시킨 경우도 있다. ASTM 기준에는 모든 종류의 시멘트에 대해서 요구되는 화학적인 조건이 명시되어 있지만(3.5절 참조), 표 3.9에서 보듯이 화학 조성에 대한 제한은 없다. ASTM 기준은 실제적인 화학 조성에 상관없이 특정 물리적 특성(표 3.10에 주어진 것)을 만족시키기 위한 성능 기준이라 할 수 있다. 다른 대부분의 규정들도 이와 같은 개념을 채택하여 화학 조성에 대해서는 유연한 입장을 취하고 있다. ASTM에 규정되어 있는 시멘트가 모두 시중에서 널리 유통되는 것은 아니다. 특정 종류의 시멘트를 제조하기 위해서는 원료 조성 및 소성 조건이 변경되어야 하며 또한 별도의 저장시설이 요구된다. 시멘트 회사로서는 적절한 시장이 형성되지 않으면 여러 종류의 시멘트를 생산하기 위해서 시간과 비용을 투자하지 않을 것이다. 따라서 미국에서는 주로 1종

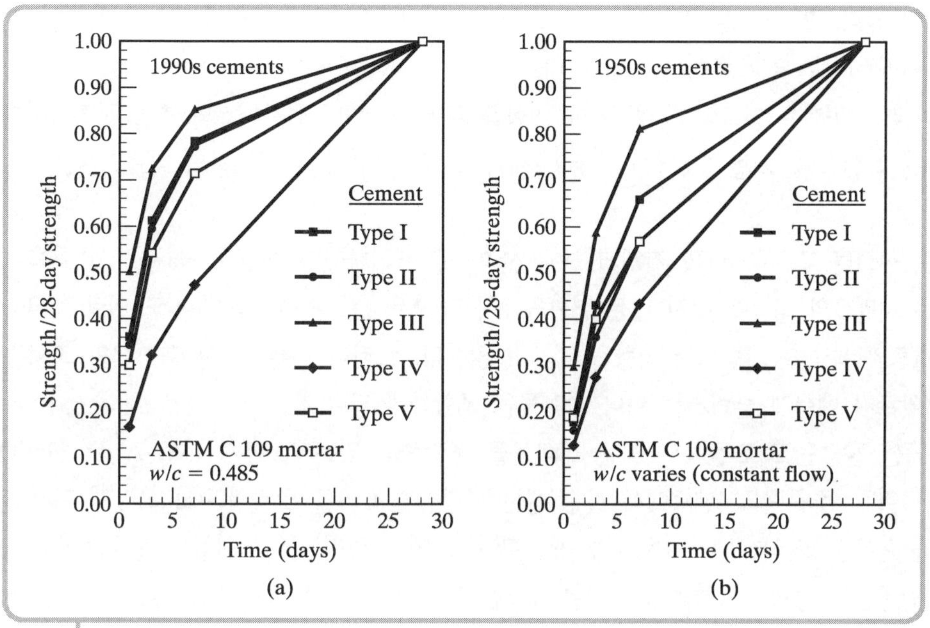

그림 3.8
포틀랜드시멘트의 평균 강도발현 곡선 (*Concrete Technology Today*, PCA, July, 1996) (a)1990년대 시멘트 (b)1950년대 시멘트

시멘트와 3종 시멘트만이 유통되고 있으며, 5종 시멘트는 일부 지역에 한정되어 생산되고 있으며 또한 4종 시멘트도 거의 생산되지 않는다. 미국 서부에서는 2종 시멘트, 사실 그 보다 1/2종 시멘트(1종 및 2종 시멘트의 기준을 모두 만족하는)가 1종 시멘트보다 더 보편적으로 사용된다. 그것은 이를 제조하기 위한 원료를 쉽게 구할 수 있기 때문이다. 특정 시멘트의 성질을 필요로 하지만 시멘트가 없으면 1종 시멘트에 혼화재를 첨가해서 성질을 조정할 수 있다. 이에 대해서는 제 5장과 제 8장에서 설명한다. 성능기반 기준인 ASTM C 1157는 광물계 혼화재를 섞은 포틀랜드시멘트에 대한 내용이며, 순수한 포틀랜드시멘트에도 적용할 수 있다. 여기에 대해서는 제 5장에서 설명한다.

포틀랜드시멘트의 종류는 시멘트 수화를 일부 조절하기 위하여 개발되었으며, 함유비율은 다르지만 동일 화합물로 구성되어 있어 굳은 콘크리트의 특성은 매우 유사하다. 모든 종류의 포틀랜드시멘트에서 C_3S와 C_2S의 합은 무게를 기준으로 75% 정도로 거의 비슷하기 때문에 초기 강도발현 속도는 서로 많이 다르더라도 콘크리트(혹은 모르타르)의 최종 강도는 서로 비슷하다. 이것을 그림 3.7에서 확인할 수 있는데, 강도 발현이 느린 경우가 오히려 장기강도가 더 높기도 하다.

다섯 종류의 포틀랜드시멘트의 성질은 건설 시장 요구 및 규정(ASTM C 150)의 변화에 따라서 변경되어 왔다. 이러한 변화는, 1950년대와 1990년대에 제조된 시멘트를 비교해 보면 알 수 있다(그림 3.8). 3종 시멘트를 제외하고, 1990년대 시멘트는 1950년대 시멘트보다 C_3S 함유량이 더 많다. 또한 모든 종류의 시멘트에서 1990년대에 제조된 시멘트의 분말도가 더 높으며, 3종 시멘트의 경우는 특히 더 그러하다.

이러한 변화는 강도와 응결시간에 영향을 주어, 1990년대 시멘트의 초결과 종결시간이 일률적으로 더 짧으며, 그림 3.8에서 보듯이 재령 28일 대비 재령 7일 강도 비율도 훨씬 더 크다.

불순 산화물 표 3.3에 몇 가지의 불순 산화물을 표기하였다. MgO, Na_2O 및 K_2O와 같은 산화물은 시멘트의 성능에 적지 않은 영향을 미친다. Mn_2O_3, P_2O_5 및 TiO_2도 미량 함유되어 있으나 시멘트의 특성에는 중요한 영향을 미치지 않는다. 로터리 킬른에서는 화학적인 조성을 근사적으로 맞추기 때문에 클링커는 여타 산화물을 포함하게 된다.

규산 칼슘은 3% 정도의 불순 산화물을 포함하고 있는데, 이는 주로 Al_2O_3, Fe_2O_3, 그리고 MgO이다. 포틀랜드시멘트에서 불순 성분을 함유한 C_3S를 알라이트(alite)라 하며 또한 불순 성분을 함유한 C_2S를 벨라이트(belite)라 한다. 앞에서 설명했듯이 이들은 순수한 C_3S 및 C_2S 보다 반응성이 높아 더 빠르게 수화한다(그림 3.4). C_3A는 무게의 10% 정도에 해당하는 SiO_2와 Fe_2O_3을 포함한다. 반면에 C_4AF는 상당한 양의 SiO_2와 MgO를 포함하고 있다. 포틀랜드시멘트의 회색 색상은 C_4AF에 있는 MgO 때문이며, 순수한 C_4AF의 색상은 진한 갈색이나 MgO가 있으면 검은색이 되고, MgO 함유량이 적으면 갈색을 띠게 된다.

불순 성분이 없는 경우라도 다른 시멘트 화합물과는 달리 C_4AF는 정확한 화학량론을 가지고 있지 않다. C_4AF는 C_2F와 C_2A(가설) 사이의 연속 고용체 구성의 중간체 정도로 알려져 있으며, 대부분의 포틀랜드시멘트에서 그 조성은 C_6AF_2와 C_6A_2F의 중간 범위에 있고 정확하게 C_4AF로 존재하는 경우는 거의 없다. 이로 인하여 조성이 분명한 경우와 구분하기 위해서 페라이트 상(ferrite phase) 또는 페라이트 고용체(ferrite solid solution)라고 부른다. 페라이트상의 반응속도는 철 함유량이 증가할수록 떨어진다. 철 함유량이 많은 페라이트상은 5종 시멘트와 같이 철 함유량이 많은 시멘트에 많으며, 일부 5종 시멘트에는 페라이트상과 더불어 C_2F도 함유되어 있을 수 있다.

경험적으로 시멘트에서 MgO의 함유량을 제한하는 것이 필요하다. 그렇지 않으면 모르타르나 콘크리트는 팽창하기 시작하고, 굳은 후에 결국 균열이 생기게 된다. 이를 불안정성(unsoundness)이라고 하며, MgO의 대부분이 결정질 MgO(periclase MgO)로 존재하는 경우에 발생한다. 일반적으로 MgO는 상당히 빠르게 $Mg(OH)_2$로 수화한다. 그러나 킬른 내에서 고온에서 소성되어지면 반응성이 현저하게 떨어져 시멘트 풀이 경화하고 난 후에 수화가 일어난다. 다음 반응은 고체 부피 팽창을 수반하는데, 결정질 MgO 입자가 팽창 중심이 되어 매트릭스 내의 응력을 발생시켜 최종적으로 균열을 유발시킨다.

$$M + H \rightarrow MH \tag{3.2}$$

MgO 함유량이 규정(6% 미만)을 만족하더라도 클링커 내의 페리클레이스 결정체의 크기가 크면 불안정성이 생기게 된다. 따라서 시멘트는 오토클레이브 팽창도 시험을 통과해야 한다. 이 시험에서는 콘크리트를 높은 온도에서 양생하여 팽창을 촉진시키게 된다. 이 시험을 통해 페리클레이스와 마찬가지로 팽창을 유발하는 유리 석회(미결합 상태의 CaO)의 영향도 평가할 수 있다. 유리 석회량을 특별히 제한하는 기준은 없지만 일반적으로 0.5% 미만이다. 이것이 1.5% 이상이면 소성공정의 관리가 부실한 것이며 불안정성과는 별도로 전반적인 성능이 저하된다.

불안정성의 다른 형태로 석고량이 많아 발생하는 부피 팽창으로 인한 페이스트의 강도 저하를 들 수 있다. 이것은 에트린자이트(ettringite)의 생성에 의해서 발생하며, 따라서 SO_3 함유량을 제한하고 있다. 최대 강도와 최저 건조수축을 확보하기 위한 최적의 석고 함유량이 시멘트 종류별로 제안되고 있다. 최적 석고 함유량은 기준에서 허용하는 환산 SO_3의 양보다 적지만, 황산염 함유량이 많은 클링커인 경우에는 최적 석고 함유량을 첨가하면 규정된 SO_3 함유량을 초과할 수도 있다.

알칼리(Na_2O와 K_2O)의 존재는, 일반적으로, 특정한 골재를 사용하여 알칼리 골재 반응(제 7장 참조)을 일으키는 경우를 제외하면, 특별한 문제를 발생시키지 않으며 이런 종류의 반응성 골재를 사용하는 경우에는 저알칼리시멘트를 사용하여야 한다(표 3.9 참조). 그러나 저알칼리시멘트를 경제적으로 생산하는 것이 점점 더 어려워지고 있는데, 이것은 저알칼리 원료가 부족한 점도 있고 또한 오늘날의 시멘트 제조 공정이 클링커 내에 알칼리를 농축시키는 경향이 있기 때문이다. 원료에 포함된 대부분의 알칼리는 증발하여 예전의 공장에서는 굴뚝을 통해 배출되었다(배출가스가 식으면서 알칼리가 다시 농축되며, 이제는 환경법에 따라서 제거해야 한다.). 예열실이 있는 킬른에서는 알칼리는 가스로 농축되어 유입되는 원료를 통하여 순환하면서 알칼리양이 증가하고 또한 예열실 내벽에 적층된다. 황이 많이 함유된 석탄을 사용하는 경우에도 시멘트 내의 알칼리양은 증가한다. 추가되는 알칼리는 대부분 시멘트 화합물 내의 불순물이 아닌 알칼리 염의 형태(free alkili)로 존재한다. 이렇게 알칼리양이 많은 시멘트는 종종 초기 강도 발현이 더 빠르며, 응결 문제를 발생시킬 수도 있다.

포틀랜드시멘트를 농축 염산에 녹였을 때 남는 불용 잔분의 양은 0.75% 미만으로 제한되어 있다(ASTM C 150). 이것은 비활성 재료가 과도하게 포함되는 것을 막기 위한 것이다. 불용 잔분의 일부는 반응하지 않은 실리카이지만, 대부분은 첨가되는 석고에서 나온 것이다.

3.3 특수 시멘트 (Modified Portland Cements)

현재까지 논의된 5종류의 시멘트는 4개의 주요 화합물인 C_3S, C_2S, C_3A 및 C_4AF로 구성되어 있으며 구성비가 서로 다르다. 이 이외에도 클링커에 다른 재료를 첨가하거나 소성공정에서 다른 화합물이 생성되면서 만들어진 몇 가지 다른 포틀랜드시멘트가 있다. 이런 시멘트를 통칭해서 변형 포틀랜드시멘트(특수 시멘트, modified portland cement)라고 부르는데, 이것은 이들도 기본적으로 칼슘 실리케이트 시멘트이기 때문이다.

혼합시멘트

5종류의 포틀랜드시멘트에 포졸란 재료나 고로슬래그 미분말을 첨가하여도 기존의 특성을 만족시킬 수 있다. 이들은 내구성을 증가시키거나 새로운 성질을 부여할 목적으로 사용할 수 있는데 이러한 시멘트를 혼합시멘트(blended cement)라 한다. 광물계 혼화재에 대해서 설명할 때 자세하게 설명한다(제 5장). 대표적인 혼합시멘트로는 플라이애쉬 시멘트 및 고로슬래그 시멘트가 있다. 미국에서는 혼합시멘트의 사용은 비교적 드물지만 유럽에서는 거의 모든 시멘트가 혼합시멘트이다.

팽창 시멘트

포틀랜드시멘트 콘크리트의 최대 약점은 건조로 인해서 부피가 수축하고, 완전히 혹은 부분적으로 구속된 경우에 인장균열이 발생할 수 있다는 것이다. 균열은 미관상 좋지 않을 뿐 아니라 구조의 안전에 문제가 발생할 수 있어 설계 및 시공단계에서 제어되어야 한다. 균열은 수처리 구조물 혹은 물이 침투하면 안 되는 구조물에서 특히 유해하다. 그림 3.9a에서 개략적으로 보였듯이 초기 수화 및 경화 중의 체적 팽창은 수축을 상쇄할 수 있다. 습윤 양생을 실시하면 보통 포틀랜드시멘트는 매우 적은 양의 팽창이 일어나지만, 그림 3.9b에서 보는 것과 같이, 초기 팽창이 늘어나도록 만들어서 이후에 수축을 조절하도록 만들 수 있다. 이러한 시멘트는 미국에서 개발되어 1960년대 말부터 생산이 시작되었다. 건조수축을 상쇄하기 위해서 주로 사용되므로 이를 일반적으로 수축보상 시멘트(shrinkage-compensating cement)라고 부른다.

조성 수경성 팽창 시멘트의 조성은 ASTM C 845, Type E-1을 만족하여야 하며, 이 부류의 시멘트는 모두 수화 첫 주에 많은 양의 에트린자이트가 발생하면서 팽창하게 된다. 팽창 시멘트는 에트린자이트를 생성하는 알루민산염 화합물의 특성에 따라 K형, M형 및 S형으로 분류한다.

$$\text{calcium aluminate} + \overline{S} + H \rightarrow \text{ettringite} \qquad (3.3)$$

칼슘 알루미네이트는 시멘트의 C_3A를 대체하고, 칼슘 실리케이트는 장기재령에서 재료 특성을 결정한다.

K형(E-1)은 미국에서 주로 사용되고 있으며, 칼슘 설포알루미네이트(calcium sulfoaluminate) ($C_4A_3\overline{S}$), 무수석고($C\overline{S}$), 그리고 유리 석회가 에트린자이트의 생성 및 팽창에 기여한다.

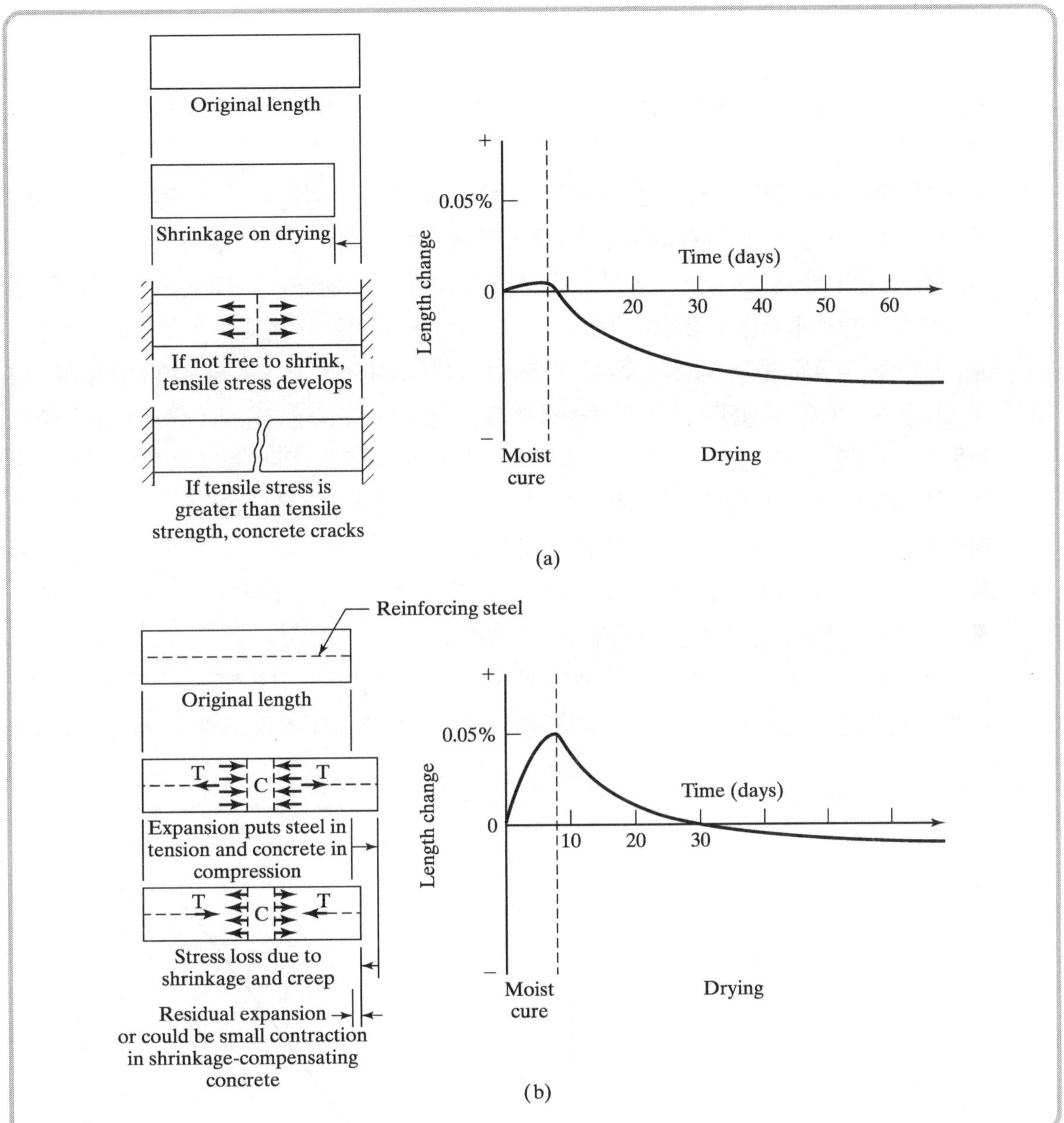

그림 3.9
콘크리트의 건조수축 (a) 1종 포틀랜드시멘트 (b) 팽창 시멘트
[M. Polivka and C. Willson, *Klein Symposium on Expansive Cement Concretes*, SP-38, ed. S. P Shah, American Concrete Institute, Farmington Cills, MI, p.235 (1973).]

M형은 석고와 모노칼슘 알루미네이트(CA)를 사용하며, S형은 C_3A의 함유량이 20% 정도로 매우 높다. 원칙적으로 큰 체적 팽창을 일으키는 모든 반응이 팽창 시멘트의 기본이 될 수 있으며, MgO 혹은 CaO를 이용한 조성도 연구되었다. 일본에서는 포틀랜드시멘트에 석회를 혼합하여 만

든 팽창 시멘트도 상용되고 있다.

팽창 메커니즘 에트린자이트의 형성으로 인해서 생길 수 있는 팽창은 일반적으로 철근을 사용해서 제어한다. 철근은 시멘트의 전체적인 체적 팽창을 구속하기 때문에 콘크리트 내부에 약간의 프리스트레스가 발생한다. 팽창력을 구속하기 때문에 철근은 인장력을 그리고 콘크리트는 압축력을 받게 된다. 보통 170~700 kPa의 압축응력이 발생하는데, 일반적으로 이것은 건조수축에 의해서 인장 균열이 발생하는 것을 막을 수 있는 충분한 크기이다. 철근이 배근된 상황에서 콘크리트는 압축력을 받거나 작은 인장력을 받게 된다. 슬래브 하부지반의 마찰 혹은 거푸집도 팽창을 일부 구속하는 역할을 한다. 정확한 프리스트레스는, 그림 3.10에서 보는 바와 같이, 팽창재의 양 및 철근량에 의하여 결정된다. 구속이 충분하지 않은 경우에는 수축균열을 막지 못하며, 극단적인 경우에는 과도한 내부 팽창으로 인해서 스스로 파괴가 일어나기도 한다. 반면에 필요 이상의 추가적인 구속은 경제적인 손실을 초래할 수 있다. 프리스트레스는 철근 방향으로 그리고 철근 근처에서만 발생한다. 따라서 철근을 정확히 배근하는 것이 구속을 제대로 하기 위해서 중요하며, 철근 배근이 제대로 되지 않으면 필요한 양만큼의 프리스트레스가 도입되지 않거나 부등 팽창으로 인한 뒤틀림 현상 등 복잡한 문제가 발생할 수 있다.

건조하기 전의 팽창량은 팽창재료의 양에 달려있으며, 콘크리트의 건조기간이 연장되어도 약간의 압축력이 남아 있도록 팽창재료의 양을 선택해야 한다. 최대의 잔류 프리스트레스가 남도록

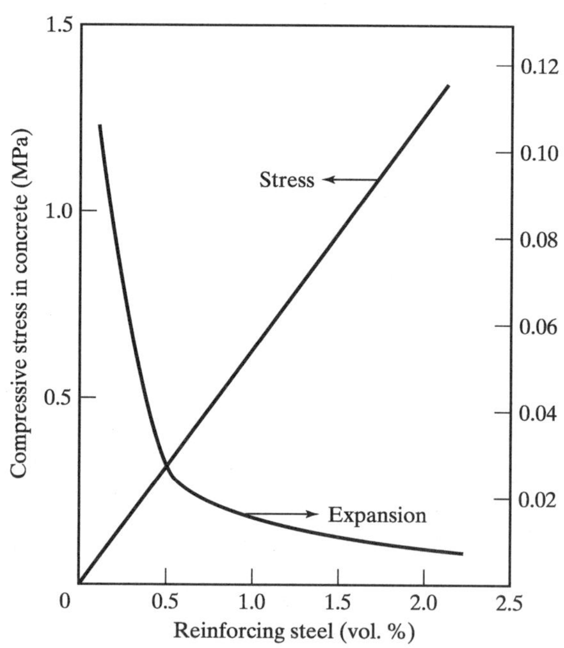

그림 3.10
콘크리트의 팽창 및 프리스트레스의 도입에 미치는 철근의 영향
[*New Materials in Concrete Construction*, University of Illinois at Chicago, p. 13-II (1972).]

하기 위해서는 어느 정도의 팽창은 허용되어야 한다. 수축 보상에 있어 적절한 프리스트레스를 발현시키는 것이 매우 중요한 요소이다. 그림 3.9b에서 보는 바와 같이 팽창 시멘트를 사용한 경우의 콘크리트도 보통 포틀랜드시멘트를 사용한 경우만큼 수축이 발생한다. 그러나 잔류 인장응력의 크기는 처음에 도입된 프리스트레스(압축응력)로 인해서 매우 작아진다.

팽창 제어 팽창 시멘트를 성공적으로 사용하기 위해서는 수화 중에 시멘트의 팽창을 적절하게 제어해야 하는데, 여러 변수에 민감하게 영향을 받는다(표 3.6).

표 3.6 팽창 시멘트에서 팽창에 영향을 미치는 인자

분류	*세부 인자*
철근 배근	철근량, 배근 위치
배합	시멘트양, 시멘트의 분말도, *w/c*, 혼화재료
운반 및 양생	혼합, 운송 및 타설 시간, 습윤양생 기간, 양생온도

생성되는 에트린자이트양은 시멘트양을 조절하거나 팽창재료의 양을 바꿔서 제어한다. 이것의 전제 조건은 에트린자이트가 생성되는 초기 7일 동안 적절한 습윤양생이 수행되어야 한다는 것이다. 팽창 시멘트에 있어서 습윤 양생은 일반적인 포틀랜드시멘트를 사용한 경우보다 더 중요하며, 양생기간 동안 수화를 위해서 더 많은 양의 물이 필요하다. 이것은 에트린자이트를 생성하는 데는 배합수로는 충분하지 않을 정도의 많은 물이 필요하기 때문이다. 그림 3.11에서 보는 바와 같이 양생 방법에 따라 팽창량이 다르다는 것을 알 수 있다(제 12장 참조). 물-시멘트 비가 커지면 팽창량은 감소한다.

쓸모 있는 에트린자이트의 생성에 영향을 미치는 요인도 있다. C_3S의 수화와 더불어 콘크리트가 경화된 후에 형성된 에트린자이트만이 전체적인 체적 팽창 및 프리스트레스에 기여를 하고, 콘크리트가 아직 소성상태에 있을 때에 생성된 에트린자이트는 전혀 쓸모가 없다. 그림 3.12에 보인 것은 온도가 팽창에 미치는 영향을 보인 한 예이다. 온도 21°C에서보다 38°C에서 수화는 더 빠르게 진행된다. 따라서 팽창 속도도 더 빠르지만, 굳지 않은 상태에서 생성된 에트린자이트량이 많아 최종 팽창량은 오히려 더 적다. 시멘트 분말도가 높으면 팽창량이 감소하는 것도 마찬가지로 초기 수화속도가 빠르기 때문이다. 혼화재료도 최초 에트린자이트 생성 및 팽창을 방해할 수도 있으며, 특정 혼화재의 영향은 일반적으로 그것이 응결을 촉진시키느냐 아니면 지연시키느냐에 따라 다르다. 혼화재료를 사용할 경우에는 시험을 통하여 이를 검증하여야 한다.

특성 팽창 시멘트 콘크리트의 물리적, 공학적 특성은 1종 시멘트 콘크리트와 유사하기 때문에 만약 별도의 자료가 없으면 강도, 크리프, 수축 등에 관해서는 일반적인 경험식을 이용할 수 있다. 압축강도, 발열속도, 슬럼프 손실 및 황산염 침식 저항성 등에 있어서는 다소간의 차이가 관

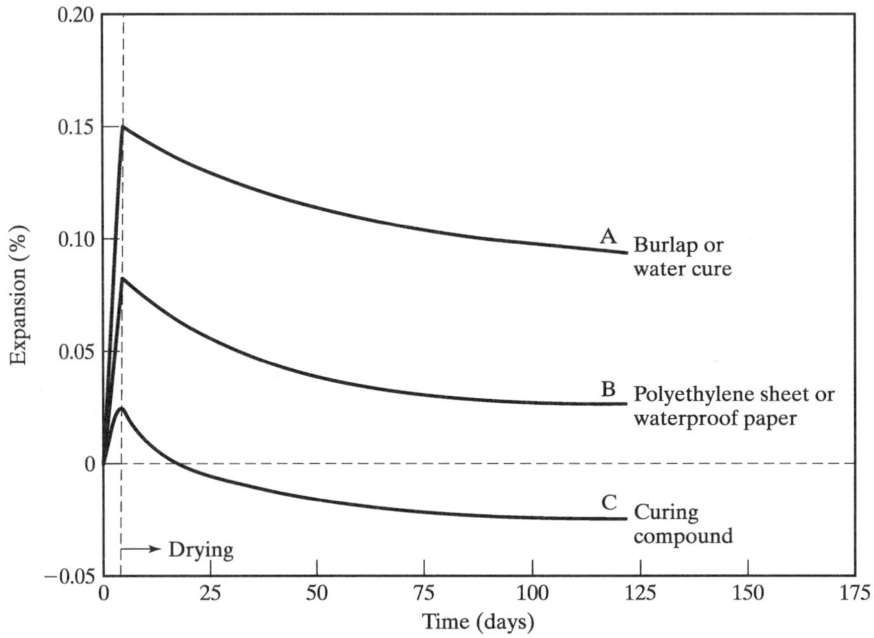

그림 3.11
양생조건에 따른 팽창 시멘트 콘크리트의 팽창 이력
[Journal of the Construction Division, ASCE, Vol. 102, No. CO1, pp. 41-49 (1976).]

찰되고 있다. K형 팽창 시멘트로 만들어진 콘크리트는 압축강도가 1종 시멘트 콘크리트보다 3.5~7.0 MPa 정도 더 높다. 물-시멘트비가 낮고 단위 시멘트양이 많은 경우에 특히 강도 증가가

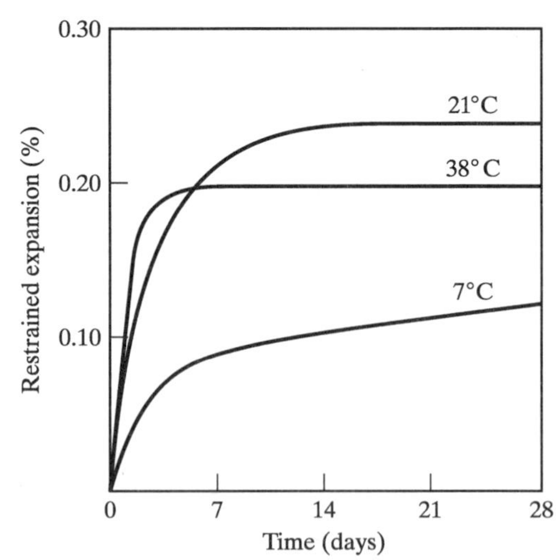

그림 3.12
K형 팽창 시멘트 콘크리트의 습윤양생 동안 양생온도가 팽창에 미치는 영향
[*Klein Symposium on Expansive Cement Concretes*, SP-38, ed. S. P. Shah, American Concrete Institute, Farmington Hills, MI, p. 250 (1973).]

크다. 이것은 에트린자이트 생성량이 많기 때문이지만, 블리딩이 발생하지 않아 시멘트 풀의 미세 구조가 균질하게 형성되기 때문이기도 하다(제 9장 참조). 블리딩이 줄어든 것은 에트린자이트가 일찍 결정화되었기 때문인데, 이로 인해서 슬럼프 손실이 더 많이 생기고 배합수가 더 많이 필요하게 된다.

팽창 시멘트는 알루민산 함유량이 많아 일반적으로 황산염에 대한 저항성이 없다. 그러나 $C_4A_3\overline{S}$가 많고, C_3A 함유량이 적은 일부 K형(E-1) 팽창 시멘트의 경우에는 에트린자이트가 시멘트 풀에서 안정된 상태로 존재하기 때문에 황산염에 대한 저항성이 있을 수도 있다.

용도 팽창 시멘트는 다양한 콘크리트 구조물에서 사용되고 있다. 미국에서 자주 쓰이는 경우 중 하나는 주차장 구조물에서 누수를 억제하고 자동차를 보호하기 위해서 사용하는 것이다. 대표적인 주차장 적용사례는 미국 시카고의 O'Hare 국제 공항 주차장에 90,000 m^3의 수축 보상 콘크리트를 사용한 것이다. 수축 제어 줄눈은 열팽창 제어줄눈 혹은 다른 시공 줄눈과 통합될 수 있으며, 수축 제어 줄눈을 제거할 수 있으면 콘크리트 포장에서 매우 큰 이점이 될 수 있다. 이 재료를 사용한 가장 큰 포장 공사는 아마도 미국 Dallas-Fort Worth의 Love Field 공항의 포장 공사일 텐데, 여기에는 115,000 m^3의 수축보상 시멘트가 사용되었다. 1992년에는 미국 Cincinnati 공항의 터널에 58,000 m^3가 적용되었다. 수축보상 시멘트는, 물 저장 탱크, 수영장 및 스케이트장처럼 방수가 중요한 경우에 사용될 수 있다.

자체응력 시멘트(Self-Stressing Cements)

위에서 언급한 것과 같이 수축 보상 메커니즘은 화학적 반응에 의해서 도입된 프리스트레스가 부등수축 변형률로 인해서 생긴 인장응력을 상쇄시키는 것이다. 만약 프리스트레스가 더 크게 발현되면 수축이 일어난 후의 잔류 압축응력이 물리적 프리스트레싱과 마찬가지로 설계에 사용될 수 있다. 설계에 필요한 양만 충족시킬 수 있다면 프리스트레스의 출처는 중요하지 않으나, 프리스트레스를 물리적인 수단을 이용해서 외부에서 도입하는 것보다 자체응력 시멘트를 이용해서 내부에서 생성하는 것이 설계조건을 만족시키기는 더 어렵다. 자체응력 시멘트는 잠재적인 팽창력이 매우 크며 또한 팽창에 영향을 주는 요인에 더 민감하다. 자기 응력 시멘트의 성공적인 사용을 위해서는 철근 배근 위치, 배합 및 양생조건 등에 대하여 세심한 주의를 기울여야 한다. 더욱이 현실적으로 도달할 수 있는 프리스트레스 수준은 3.5 MPa 미만으로 비교적 낮다. 화학적 프리스트레싱이 사용되는 부재로 압력 파이프, 물탱크, 터널 라이닝 및 건물의 프리캐스트 부재를 들 수 있다.

칼슘 설포알루미네이트(아윈) 시멘트

아윈 시멘트는 황산칼슘을 원료에 첨가하여 $C_4A_3\bar{S}$가 로터리 킬른 안에서 생성되게 만든 것이다. 이것은 K형 시멘트 속의 화합물과 성분이 동일하지만 생성량은 훨씬 더 많다. 이 과정에서 황산칼슘 ($C\bar{S}$, 불용성 무수석고) 또한 생성되며, 분쇄할 때 이를 첨가하기도 한다. 표 3.7이 전형적인 조성이며, 여기서 보듯이 칼슘 실리케이트는 C_3S가 아니라 C_2S로 생성되는데 이는 킬른 내에서 C_3S와 $C_4A_3\bar{S}$가 공존할 수 없기 때문이다. 이 때 유리 석회는 생성되지 않는다. 석회가 적은 경우의 수화반응에서 에트린자이트는 짧고 두꺼운 침상의 형태로 생성되며 팽창성이 감소되고, 강도는 증진되는 특성을 갖는다.

특성 및 조성 초기의 강도 발현 특성은 플루오르알루미네이트 시멘트와 유사하며(그림 3.13), 응결 3시간 안에 7 MPa을 초과하는 강도를 얻을 수 있다. 에트린자이트의 생성에는 높은 수화열이 수반되지만, 초기 수화열이 소멸된 후 이어지는 C_2S의 수화는 추가적인 온도 상승을 유발하지 않는다. 배합에서 수산화칼슘의 함량이 적기 때문에 C_2S가 있으면 시멘트 풀의 내구성은 증가되

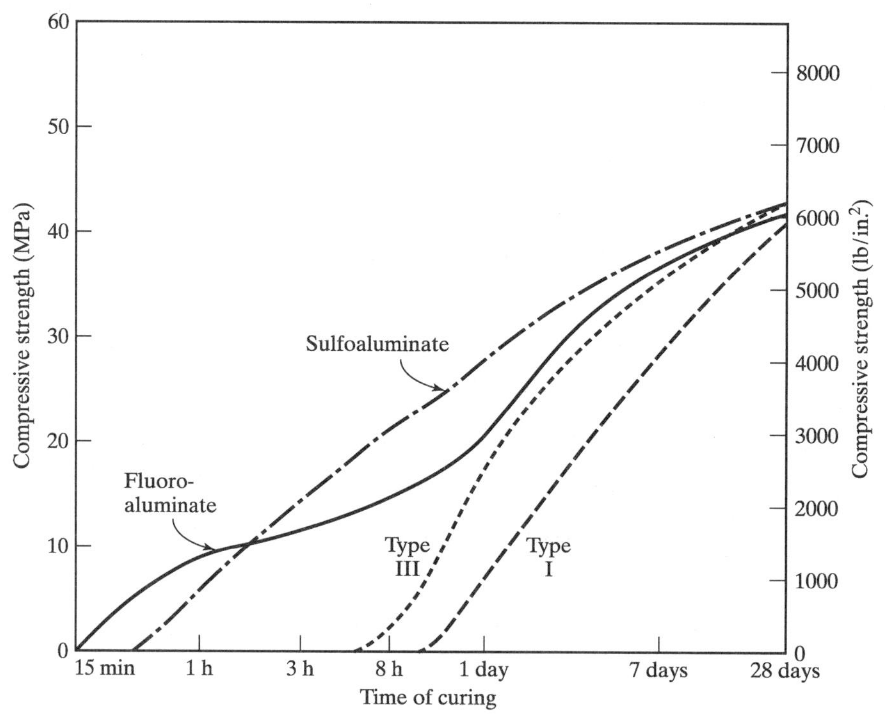

그림 3.13
여러 종류의 조강형 시멘트를 사용한 콘크리트의 강도발현 특성
[W. Perenchio in *New Materials in Concrete Construction*, University of Illinois at Chicago, p. 12-IV (1972).]

지만, 장기적인 황산염 저항성은 별로 높지 않다. 크리프 및 건조수축은 3종 시멘트 콘크리트보다 더 낮다고 알려져 있다.

표 3.7 응결촉진 시멘트의 대표적인 조성

화합물	*설포알루미네이트*	*플루오르알루미네이트*	*1종(비교용)*
C_3S	-	60	55
C_2S	30	5	19
C_3A	-	-	8
C_4AF	5	8	10
$C_4A_3\overline{S}$	55	-	-
$C_{11}A_7 \cdot CaF_2$	-	20	-
총 SO_3	10	10	5

칼슘 플루오르알루미네이트 시멘트 (Calcium Fluoroaluminate Cement)

이 시멘트는, C_3A를 새로운 화합물인 칼슘 플루오르알루미네이트($C_{11}A_7 \cdot CaF_2$)로 치환하여 제조한 변형된 포틀랜드시멘트로서 로터리 킬른에서 직접 생산하거나 플루오르알루미네이트 성분을 1종 클링커와 혼합하여 제조할 수 있다. $C_{11}A_7 \cdot CaF_2$는 C_3A보다 더 급격히 물과 반응한다. 사실 수화가 너무 빠르게 일어나서 황산 이온이 존재하지 않으면 급결이 발생하게 된다. 황산 이온과 반응해서 에트린자이트를 형성하는 반응도 매우 급격히 일어나서, 석고가 적절하게 응결을 지연시키지 못한다. 이는 황산 이온의 수준을 적절하게 유지될 수 있을 만큼 석고가 빨리 용해되지 못하기 때문이다. 따라서 급결을 피하기 위해서는 황산칼슘 반수화물(석고) 혹은 황산나트륨과 같이 더 용해성이 높은 염을 사용해야 한다. 가용성 황산염을 사용하면 응결시간을 2~40분 정도 제어할 수 있으며(그림 3.14 참조), 구연산과 같은 유기물을 사용하면 추가적으로 응결을 지연시킬 수 있다. 따라서 이 시멘트를 정규 응결용 시멘트(regulated-set cement)라고도 부른다. 강도 증진을 위해서 추가적인 에트린자이트를 생성하고자 할 때는 약한 가용성의 무수석고($C\overline{S}$)를 첨가해서 황산 이온을 공급한다.

응결이 일어난 후 강도는 급속히 발현되며 1시간 내에 7 MPa에 도달할 수 있다(그림 3.13). 초기의 강도 증진은 $C_{11}A_7 \cdot CaF_2$의 반응으로 인해 생성된 에트린자이트로 인한 것이다. 일단 이 반응이 느려지면, 그 이후 C_3S가 통상적인 수화반응을 일으킬 때까지 강도 증진도 느려진다.

특성 초기 강도의 정도는 사용된 플루오르알루미네이트의 양에 의해서 결정된다. 그 양은 시멘트 중의 플루오르알루미네이트의 함량을 조정하거나 콘크리트의 시멘트양을 변화시켜서 조절할 수 있다. 시멘트 무게의 50%를 $C_{11}A_7 \cdot CaF_2$로 치환하면 1시간 만에 20 MPa 이상의 강도를 얻을 수 있다. 일반적으로 초기 강도가 높으면 응결 시간도 비교적 짧아진다. 구연산 등을 사용하

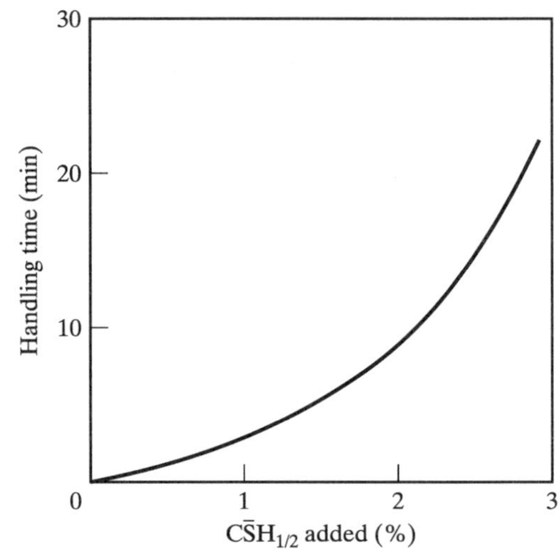

그림 3.14
황산칼슘 반수화물(석고)이 칼슘 플루오르알루미네이트 시멘트의 작업시간에 미치는 영향. [*New Materials in Concrete Construction*, University of Illinois at Chicago, p. 10-IV (1972).]

여 응결시간을 늦추면 요구강도에 도달하는 시간도 지연된다. 적절한 응결시간과 최소한의 강도 발현을 임의로 조절하기 위해서는 시멘트의 조성을 적절히 조절해야 한다.

칼슘 플루오르알루미네이트, $C_{11}A_7 \cdot CaF_2$의 반응에는 3종 시멘트보다도 더 높은 수화열이 수반된다. 작은 양의 응결조절 시멘트 덩어리도 만져보면 금세 따뜻해지는 것을 알 수 있다. 콘크리트의 온도가 4˚C 이하로 떨어진다면 급속한 강도발현은 일어나지 않는데, 이런 높은 발열 속도는 겨울철에 콘크리트의 온도를 적절하게 유지하는데 도움이 된다. 대부분의 콘크리트 특성은 보통 포틀랜드시멘트와 거의 비슷하지만, 알루미산 함유량이 많아서 황산염 저항성이 낮은 것으로 확인되고 있다.

용도 응결조절 시멘트를 처음 적용한 예 중의 하나는 팽창질석 골재를 사용한 경량 골재 단열 바닥판 콘크리트였다. 이 경우 많이 사용되고 있는 석고 플라스터와 마찬가지로 빠른 응결이 일어나서 타설은 빠르고, 방수는 더 잘 된다. 그러나 시멘트의 매우 빠른 강도발현은 도로 포장, 교량 바닥판 보수, 프리캐스트 설치작업, 숏크리트 및 슬립 폼 공법 등 여러 용도로 이용될 수 있다.

기타 용도 시멘트

속경성 시멘트(rapid setting and hardening cement) 몇 시간 내에 상당히 높은 강도가 요구되는 경우도 있다. 낮은 물-시멘트비, 경화온도의 상향 조정, 응결촉진제를 사용해서 속경 시멘트를 만들 수도 있지만, 이런 용도를 위해 제조된 특수시멘트도 있다. 단순히 3종 시멘트의 분말도를 높이거나(700~900 m^2/kg) 촉진제와 혼합분쇄하거나, 혹은 둘 다를 동시에 적용한다. 앞의 두 절에서 설명했듯이 에트린자이트를 초기에 형성하여 높은 초기 강도를 발현하는 방법도 이용되는데,

대표적인 방법이 1종 시멘트에 석고를 혼합하는 것이다. 인산 마그네슘 시멘트도 이러한 목적으로 사용된다.

백색 시멘트 백색 시멘트는 심미적인 효과를 낼 수 있기 때문에 건축가들이 매우 선호하는 시멘트이다. 특히, 골재 노출 콘크리트 및 안료를 첨가한 컬러 콘크리트에 적격이다. 시멘트에서 철분을 제거하면 흰색이 된다. 따라서는 백색 시멘트는 C_3A 함유량이 높고 C_4AF가 없는 1종 혹은 3종 시멘트이다. 고령석 혹은 고령토와 같이 철분 성분이 없는 점토를 사용하여야 하며, 요구되는 알루미나양을 만족하기 위하여 보오크사이트(산화알루미늄)를 사용하기도 한다. 분쇄할 때는 철로 인한 오염을 방지하기 위하여 특수 볼밀(분쇄기)을 사용하여야 한다. 비싼 원료를 사용하며 제조 공정도 변경해야 하므로 백색 시멘트는 가격이 비싸다.

조적용 시멘트(masonry cement) 벽돌이나 콘크리트 블록을 제조하기 위한 모르타르는 특별한 작업성, 성형성 및 보수성(water retention)이 요구된다. 조적용 시멘트는 ASTM C 91(국내는 KS L 5219)의 규격을 만족하여야 품질이 보장된다. 이것은 기본적으로 1종 시멘트에 석회, 활석, 점토, 플라이애쉬, 슬래그 혹은 미분 석회석 등과 같은 미분쇄된 재료와 공기연행제를 혼합해서 만든다. 이러한 미분 첨가재로 인해서 시멘트는 점착성이 좋아져서 벽돌이나 콘크리트 블록의 접착성이 개선되고 블리딩이 줄어들며 흡수로 인한 수분 손실이 감소한다. 또한 공기연행제는 동결융해에 대한 저항성을 높인다.

유정 시멘트 유정(oil well)을 밀폐할 때 사용되는 시멘트는 고온과 고압에서도 서서히 경화되어야 하며 또한 매우 부식성이 높은 조건에서도 안정적이어야 한다. 미국 석유 협회(API)에서는 유정의 깊이에 따라 적용할 수 있는 시멘트를 9종류로 구분하고 있다. 일반적으로 C_3A 함유량이 낮은 포틀랜드시멘트에 응결 지연제를 사용하여 제조한다.

깊이가 증가할수록 C_3A가 없는 시멘트를 사용한다. 일반적으로 지하수에는 황산염이 포함되어 있는데 이런 시멘트는 황산염에 대한 저항성이 높다. 매우 깊은 유정의 온도는 260°C를 초과하는 경우도 있으며 이 온도에서 응결시간을 지연시키기 위하여 C_2S 함유량이 높은 시멘트가 사용된다. 유정 시멘트는 단위수량이 많은 슬러리 상태로 펌핑되는데, 벤토나이트와 같은 미분의 점토 및 유기 응집제를 사용해서 펌핑 중 재료분리 및 수분 손실을 줄인다. 중요한 것은 관입시험으로 측정되는 응결시간이 아니라, 슬러리를 얼마나 오랫동안 펌핑할 수 있는지를 결정하는 응집시간(thickening time)이다.

천연 시멘트 미국에서 초기의 시멘트 생산에는, 포틀랜드시멘트의 원료와 조성이 유사한, 점토질

석회석인 시멘트암이 사용되었다. 시멘트암은 지금의 포틀랜드시멘트에서 제조되는 온도보다 낮은 온도에서 소성되었기 때문에 C_3S는 매우 소량 생성되었고 주로 C_2S 함유량이 많았다. 조성 배합이 이루어지지 않았기 때문에 경화 속도가 느리고 성능에도 변화가 있었다. 현재는 사용되지 않는다.

3.4 포틀랜드시멘트 이외의 무기질 시멘트 (Non-Portland Inorganic Cements)

포틀랜드시멘트 이외에도 일정 용도로 사용되는 시멘트가 있다. 자주 볼 수는 없지만 조성 및 특성에 대하여 간단하게 설명하도록 한다.

칼슘 알루미네이트 시멘트(Calcium Aluminate Cement)

고알루미나 시멘트(High Alumina Cement)라고도 알려져 있는 칼슘 알루미네이트 시멘트(CAC)는 널리 사용되고 있으며 일부 국가에서는 구조용으로도 사용되고 있다. 원래는 황산염에 대한 저항성을 갖는 시멘트로 개발되었으나 현재는 주로 내화성 콘크리트에 사용되고 있다.

조성 및 화학 풍부한 철분이 함유된 CAC의 제조에서는, 포틀랜드시멘트와 달리 원료가 킬른에서 완전히 용해된다. 그러나 원료 알갱이가 특수 제작된 킬른에서 소결과정을 거칠 때, 철분 함유량이 적은 CAC가 생성된다. 주요 화합물은 모노칼슘 알루미산염(CA)이며, 기타 대표적인 화합물은 표 3.8과 같다. 그러나 화학조성은 시멘트마다 많이 다르다. 예를 들어 철분 함유량은 15%에서 2% 미만까지 다양하다. 초기 무반응 기간 후 CA는 매우 급속히 수화하며, 따라서 CAC의 응결시간은 포틀랜드시멘트와 비슷하지만 초기강도 발현은 매우 빠르다. 그림 3.15에서 보는 바와 같이, 포틀랜드시멘트의 7일 강도를 24시간 내에 발현할 수 있으며 이는 최종 강도의 75% 정도 수준이다. 또한 높은 수화열로 인하여 낮은 외기 온도에서의 강도 발현도 포틀랜드시

표 3.8 알루미나 시멘트의 대표적인 조성 (%)

화합물	*철분-풍부*	*철분-결핍*
CA	60	70
C_2S	10	-
C_2AS (gehlinite)	5-20	5
CA_2	-	20
$C_{12}A_7$, FeO (wustite), C_4AF, Pleochroite	10-25	< 5

멘트보다 훨씬 양호하다.

CAC의 전이 CA의 수화반응으로 C-A-H(칼슘 알루미네이트 수화물)가 생성되며 조성은 수화온도에 의하여 달라진다.

$$CA + H \begin{cases} \xrightarrow{<10°C} CAH_{10} \\ \xrightarrow{10\sim30°C} C_2AH_8 + AH_3 \\ \xrightarrow{>30°C} C_3AH_6 + 2AH_3 \end{cases} \tag{3.4}$$

보통의 외기 온도에서는 CAH_{10} 및 C_2AH_8가 혼합되어 생성되는 것이 보통이다. 이들 두 가지 수화 생성물은 C_3AH_6에 비하여 준(準)안정적인 수화물이다. 만일 온도가 30˚C 이상이 되면 둘 다 C_3AH_6로 변환한다. 이러한 변환을 전이(conversion)라 하는데, 고형 수화물의 부피가 줄어들기 때문에 강도 저하가 수반된다. 이러한 과정은 시험을 통하여 측정할 수 있듯이, 공극률이 증가하여 초기 페이스트 미세 구조가 붕괴되기 때문에 나타나는 것이다. 공극률의 증가는 단지 강도에만 영향을 주는 것이 아니라, 철근 부식을 촉진시키기 때문에 매우 중요한 요인이다. 고온 습윤 환경에 노출되면 수화물의 전이가 촉진되지만, 20˚C 정도만 되어도 느려진다. 이것은 초기 수화반응에서의 급격한 발열로 인하여 콘크리트의 내부 온도가 쉽게 30˚C 이상 올라가며 이로 인해서 전이가 시작되기 때문이다. 일단 C_3AH_6가 응집이 되면 저온에서도 계속 형성된다.

전이로 인한 강도 저하는 다음 두 가지 방법으로 제어할 수 있다. 콘크리트를 80°C 이상에서 습윤양생하는 경우 C_3AH_6가 직접적으로 형성되면서 안정되고 견고한 미세구조를 형성한다. 물-시멘트비가 0.4 이하로 유지되면, 25°C 이하에서의 전이로 의한 강도 손실이 최소화되고 또한 이런 강도 저하도 일시적인 것이다(그림 3.15 참조). 이것은 공극률이 증가하게 되면 미반응 상태의 시멘트가 수화반응을 시작해서 공극률이 다시 줄어들기 때문이다. 전이로 인한 결과를 이해하고 그것을 제어할 수 있지만 대부분의 국가에서는 CAC을 사용하지 않고 있다. CAC는 주로 고온에 노출되는 콘크리트 및 모르타르, 혹은 내화 벽돌에 사용된다. 특히 저온에서도 강도발현이 높아서 신속 보수공사에 유리하지만, 이어지는 전이로 인해서 내구성 측면에서 문제를 안고 있다.

석고 플라스터(gypsum plaster)

플라스터 제품은 내벽 마감재, 건식 벽체제품, 칸막이 공사 등 구조적인 성능이 별로 요구되지 않는 건축공사에 광범위하게 사용되고 있다. 플라스터는 황산칼슘 이수화물(석고)의 생성으로 인해서 강도가 발현되는 황산칼슘 시멘트이다. 플라스터는 천연석고를 적절하게 제어하면서 가열하면 형성되는 β-반수황산칼슘 생성물이다(β-calcium sulfate hemihydrate, $CaSO_4 \cdot \frac{1}{2}H_2O$). 물과

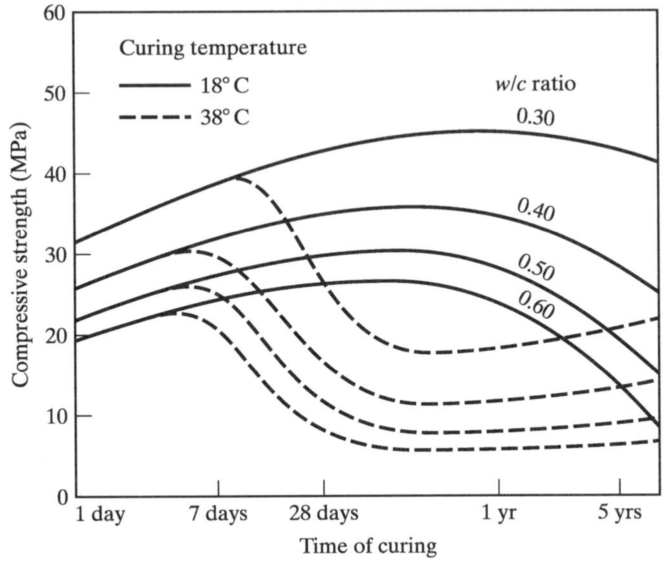

그림 3.15
CAC 콘크리트의 양생온도에 따른 강도 발현

혼합하면 석고는 재수화 작용에 의해서 복원된다. 만약 소성온도가 너무 높으면 반응속도가 훨씬 낮은 무수석고가 형성된다. 150°C 이하의 온도에서는 탈수가 천천히 일어나지만, 완전하게 분해하기 위해서 이 온도 범위를 사용해야 한다.

$$\underset{\text{gypsum}}{C\bar{S}H_2} \underset{H_2O}{\overset{150°C}{\rightleftarrows}} \underset{\substack{\beta\text{-hemihydrate}\\ \text{or plaster}}}{CSH_{1/2}} \xrightarrow{300°C} \underset{\text{anhydrite}}{C\bar{S}} \tag{3.5}$$

석고 플라스터의 장점은 응결이 빨라서 강도발현이 빠르다는 것이다. 응결시간은 제조 공정을 통해서 조절하거나 혹은 특수 혼화재료를 사용해서 제어할 수 있다. 구조재료로서 석고 플라스터의 주된 단점은 물에 대한 저항성이 약하다는 것이다. 석고는 물에 잘 용해되므로 물과 접촉하는 곳에는 사용이 어렵다. 석고로부터 나오는 침출수에는 황산 이온이 많이 들어있으며, 플라스터도 포틀랜드시멘트 콘크리트와 유사하게 황산염 침식을 받게 된다.

기타 시멘트

마그네슘 옥시 클로라이드 시멘트(Sorel 시멘트) 또는 인산염을 결합한 시멘트(고속도로용 신속 보수 재료)와 같은 비포틀랜드계 무기질 시멘트도 있지만 이 책에서는 다루지 않는다.

3.5 포틀랜드시멘트의 규격 및 시험 (Specifications and Tests of Portland Cement)

포틀랜드시멘트는 철저한 품질관리를 하면서 생산되어야 하기 때문에 시멘트의 화학적 및 물리적 요구 기준이 제정되어 있다. 따라서 시멘트가 품질 조건을 만족하는지를 비교적 쉽고 빠르게 확인할 수 있는 많은 표준 시험방법도 개발되었다. 국가마다 서로 다른 시험방법 및 기준이 있으며 같은 나라 내에서도 자주 바뀐다. 아쉽게도 서로 다른 시험방법에서 나온 결과를 직접적으로 비교하는 것이 불가능한데, 이것은 시험방법이 시멘트의 기본특성을 시험하는 것이 아니기 때문이다. 단지 시멘트가 특정 기준을 만족하는지에 관한 정보만 제공한다.

표 3.9a 포틀랜드시멘트의 화학적 기준 (ASTM C 150)

Cement Type	*I and IA*[f]	*II and IIA*	*III and IIIA*	*IV*	*V*	*Remarks*
Standard requirements						
Silicon dioxide (SiO_2), min., %	-	20.0	-	-	-	
Aluminum oxide (Al_2O_3), max., %	-	6.0	-	-	-	
Ferric oxide (Fe_2O_3), max., %	-	6.0	-	6.5	-	
Magnesium oxide (MgO), max., %	6.0	6.0	6.0	6.0	6.0	
Sulfur trioxide (SO_3), max., %						
When ($3CaO \cdot Al_2O_3$) is 8% or less	3.0	3.0	3.5	2.3	2.3	
When ($3CaO \cdot Al_2O_3$) more than 8%	3.5	N.A.[a]	4.5	N.A.	N.A.	
Loss on ignition, max., %	3.0	3.0	3.0	2.5	3.0	
Insoluble residue, max., %	0.75	0.75	0.75	0.75	0.75	
Tricalcium silicate (C_3S), max., %[b]	-	-	-	35[d]	-	
Dicalcium silicate (C_2S), min., %[b]	-	-	-	40[d]	-	
Tricalcium aluminate (C_3A), max., %[b]	-	8	15	7	5	
Tetracalcium aluminoferrite+ 2(tricalcium aluminate) (C_4AF+ $2C_3A$) or solid solution (C_4AF+ C_2F) as applicable, max., %	-	-	-	-	20	
Optional requirements[c]						
Tricalcium aluminate (C_3A), max., %	-	-	8	-	-	For moderate sulfate resistance
Tricalcium aluminate (C_3A), max., %	-	-	5	-	-	For high sulfate resistance
Sum of tricalcium silicate and tricalcium aluminate, max., %	-	58[d]	-	-	-	For moderate heat of hydration
Alkalies (Na_2O + $0.685K_2O$), max., %	0.60[e]	0.60[e]	0.60[e]	0.60[e]	0.60[e]	Low-alkali cement

[a] N.A., not applicable.
[b] The expressing of chemical limitations by means of calculated compounds does not necessarily mean that the oxides are entirely present as such compounds, or that the compounds have the exact stoichiometry implied.
[c] These apply only when specifically requested.
[d] This limit applies when a limit on heat of hydration is not specified.
[e] This limit may be specified when the cement is to be used in concrete with aggregates that may be deleteriously reactive.
[f] Types IA, IIA, and IIIA are air-entraining cements.
[g] Reprinted, with permission, from the American Society for Testing and Materials, 100 Barr Harbor Drive, West Conshohcken, PA 19428. Copyright

같은 성질에 관한 것일지라도 시험 방법에 따라 결과가 완전히 다르게 나올 수 있기 때문에, 시멘트의 특성에 대해 기술하는 경우엔 사용된 시험방법도 표기하여야 한다. 북미에서는 가장 일반적인 시험방법이 ASTM에 의해서 제안된 것이며, 이 책에서도 시험방법이 많이 다른 경우를 제외하고는 주로 이 방법에 대해서 설명한다. 국내에서는 KS기준에 의한다(표 3.9b).

화학적 요구조건

포틀랜드시멘트의 화학적 요구조건은 표 3.9와 같이 ASTM C 150(KS L 5201)에 명시되어 있다. 기준을 만족하는 허용 값이 상당히 넓게 정해져 있는데, 이것은 화학적 조성이 상당히 다르더라도 목표한 물리적 요구조건을 얻을 수 있기 때문이다. 모든 시멘트에서 동일하게 요구되는 유일한 기준은 MgO 및 SO_3의 양이며, 선택적으로 알칼리도 이에 포함된다.

물리적 요구조건

포틀랜드시멘트에 대한 물리적인 요구조건이 좀 더 중요한 의미를 가지며, 이것은 ASTM C 150 (국내는 KS L 5201) 및 표 3.10에 기술되어 있다. 이 요구조건에 대한 시험방법을 다음에 기술하고 있다.

표 3.9b 포틀랜드시멘트의 화학적 요구조건 (KS L 5201)

항목		*1종*	*2종*	*3종*	*4종*	*5종*
실리카 (SiO_2)	%		20.0 이상			
산화알루미늄 (Al_2O_3)	%		6.0 이하			
산화제이철 (Fe_2O_3)	%		6.0 이하			
산화마그네슘 (MgO)	%	5.0 이하	5.0 이하	5.0 이하	5.0 이하	5.0 이하
삼산화황 (SO_3)						
C_3A 8% 이하	%	3.0 이하	3.0 이하	3.5 이하	2.3 이하	2.3 이하
C_3A 8% 초과	%	3.5 이하		4.5 이하		
강열 감량	%	3.0 이하	3.0 이하	3.0 이하	2.5 이하	3.0 이하
C_3S	%				35.0 이하	
C_2S	%				40.0 이상	
C_3A	%		8.0 이하	15.0 이하	7.0 이하	5.0 이하
$C_3S + C_3A$	%		58.0 이하			
$C_4AF + 2{\cdot}C_3A$ 혹은 $C_4AF + C_2F$ 고용체	%					25.0 이하

표 3.10 포틀랜드시멘트의 물리적 표준 기준 (ASTM C 150)

Cement Type	*I*	*IA*[f]	*II*	*IIA*	*III*	*IIIA*	*IV*	*V*
Standard requirements								
Air content of mortar,[a] vol. %								
Max.	12	22	12	22	12	22	12	12
Min.	-	16	-	16	-	16	-	-
Finess, specific surface, m^2/kg (alternative methods)								
Turbidimeter test, min.	160	160	160	160	-	-	160	160
Air permeability test, min.	280	280	280	280	-	-	280	280
Autoclave expansion, max., %	0.80	0.80	0.80	0.80	0.80	0.80	0.80	0.80
Strength, not less than the values shown for the ages indicated below								
Compressive strength, MPa ($lb/in.^2$)								
1 day	-	-	-	-	12.0 (1740)	10.0 (1450)	-	-
3 days	12.0 (1740)	10.0 (1450)	10.0 (1450) 7.0[b] (1020)	8.0 (1160) 6.0[b] (870)	24.0 (3480)	19.0 (2760)	-	8.0 (1160)
7 days	19.0 (2760)	16.0 (2320)	17.0 (2470) 12.0[b] (1740)	14.0 (2030) 9.0[b] (1310)	-	-	7.0 (1020)	15.0 (2180)
28 days	-	-	-	-	-	-	17.0 (2470)	21.0 (3050)
Time of setting (alternative methods)								
Gillmore test								
Initial set, min., not less than	60	60	60	60	60	60	60	60
Final set, min, not more than	600	600	600	600	600	600	600	600
Vicat test								
Initial set, min., not less than	45	45	45	45	45	45	45	45
Final set, min, not more than	375	375	375	375	375	375	375	375
Optional requirements[c]								
False set, final penetration, min., %	50	50	50	50	50	50	50	50
Heat of hydration[d]								
7 days, max, kJ/kg (cal/g)	-	-	290(70)	290(70)	-	-	250(60)	-
28 days, max, kJ/kg (cal/g)	-	-	-	-	-	-	290(70)	-
Strength, not less than values shown								
Compressive strength, MPa ($lb/in.^2$) 28 days	28.0 (4060)	22.0 (3190)	28.0 (4060) 22.0[b] (3190)	22.0 (3190) 18.0[b] (2610)	-	-	-	-
Sulfate expansion[e], 14 days, max., %	-	-	-	-	-	-	-	0.040

[a] Compliance with the requirements of this specification does not necessarily ensure that the desired air content will be obtained in concrete.

[b] When the optional heat of hydration or the chemical limit on (C_3S + C_3A) is specified.

[c] These apply only when specifically requested.

[d] When the heat of hydration is specified, C_3A and (C_4AF + $2C_3A$)

[e] When sulfate expansion is specified, C_3A and (C_4AF + $2C_3A$) are not limited

[f] Types IA, IIA, and IIIA are air-entraining cements.

[g] Reprinted, with permission, from the American Society for Testing and Materials, 100 Barr Harbor Drive West Conshohocken, PA 19428. Copyright.

표 3.10b 포틀랜드시멘트의 물리적 요구조건(KS L 5201)

항목			1종	2종	3종	4종	5종
분말도	비표면적(Blaine) cm^2/g		2800 이상	2800 이상	3300 이상	2800 이상	2800 이상
안정도	오토클레이브 팽창도	%	0.8 이하	0.8 이하	0.8 이하	0.8 이하	0.8 이하
응결시간	길모어 초결	분	60 이상	60 이상	60 이상	60 이상	60 이상
	길모어 종결	시간	10 이하	10 이하	10 이하	10 이하	10 이하
	비카 초결	분	45 이상	45 이상	45 이상	45 이상	45 이상
	비카 종결	분	375 이하	375 이하	375 이하	375 이하	375 이하
수화열 cal/g	7 일		-	70 이하	-	60 이하	-
	28 일		-	80 이하	-	70 이하	-
압축강도 kgf/cm^2	1 일		-	-	130 이상	-	-
	3 일		130 이상	110 이상	250 이상	-	90 이상
	7 일		200 이상	180 이상	280 이상	75 이상	160 이상
	28 일		290 이상	285 이상	310 이상	180 이상	210 이상

분말도

이미 설명했듯이 포틀랜드시멘트 생산의 마지막 과정은 클링커와 석고를 분쇄하는 것이다. 시멘트의 분말도는 수화반응 동안 시멘트의 거동에 상당한 영향을 미친다.

1. 가장 중요한 특성은 분말도가 증가함에 따라 수화속도가 증가하여 강도 발현 속도 및 수화열 발현 속도가 빨라진다.
2. 분말도가 증가하면 블리딩이 줄어드는 경향이 있지만, 높은 분말도의 비연행 콘크리트에서는 워커빌리티를 유지하기 위한 배합수량이 많아져서 건조수축이 증가하는 경향이 있다.
3. 분말도가 높은 시멘트는 콘크리트의 동결융해에 대한 내구성을 감소시킨다.
4. 분말도가 증가하면 반응할 수 있는 C_3A가 많아져서, 응결을 적절히 조절하기 위해서는 훨씬 더 많은 석고가 필요하다.

분말도에 있어 비표면적(시멘트 1 g 혹은 1 kg에 들어있는 모든 입자 표면적의 합)과 입경 분포(particle size distribution) 두 가지가 중요한 요소이다. 그러나 요즘은 비표면적 하나만을 분말도 기준으로 사용하는 것이 일반적이다. 비록 완전히 다른 입경 분포를 가진 시멘트가 동일한 비표면적을 가질 수도 있지만, 비표면적은 시멘트의 분말도에 관한 가장 유용한 기준이라 할 수 있다. 또한 입경 분포를 측정할 수는 있지만 아직까지 시멘트의 최적 입도곡선에 대해서는 의견이 분분하다. 시멘트의 입경이 불규칙한 경우엔 측정 방법에 따라서 결과가 달라진다. 이것은 서로 다른 측정 방법이 서로 다른 특성을 측정하는 경향이 있으며, 또한 수학적 관계를 전개하기 위한 가정도 서로 다르기 때문이다. 따라서 비표면적을 표기하는 경우 측정방법도 같이 표기하여야 여러 시멘트를 서로 비교할 수 있어 품질관리 및 연구에 도움이 된다. 시멘트의 분말도를 측정하는 ASTM 및 KS 시험방법으로는 탁도계 시험(turbidimeter) 및 공기투과시험(permeability test)이 있다.

바그너 탁도계 바그너 탁도계(Wagner turbidimeter, ASTM C 150)로 비표면적을 측정하는 시험방법은 높은 유리 용기에 등유를 채우고 시멘트를 주입한 후, 가로방향으로 빛을 통과시켜서 반대편에 있는 광전자 셀에 비춘다. 빛의 강도를 측정함으로써 빛과 교차하는 입자의 단면적을 측정할 수 있다. 이 시험방법은, 작은 구형의 입자가 점성이 있는 매질 내에서 중력에 의하여 떨어지는 경우, 그 입자는 최종적으로 다음과 같은 일정한 속도를 가진다는 스토크스의 법칙(Stokes's law)을 이용한다.

$$V = \frac{2ga^2(d_1 - d_2)}{9\eta} \tag{3.6}$$

여기서 g는 중력 가속도, a는 입자의 반지름, d_1은 입자의 밀도, d_2는 점성 매질의 밀도, 그리고 η 는 점성도이다. 주어진 시간에 등유 표면 아래 일정 높이에서의 값을 읽어서, 비표면적과 입경분포를 구한다. 이 계산에서는 입자가 원형이고, 흐름은 완전 점성유동이며, 또한 크기가 0~7.5 μm인 입자는 전부 일정하게 3.75 μm로 가정하고 있다.

탁도계를 이용해서 구한 결과는 시멘트의 강도와 잘 일치하지는 않지만 시멘트의 상대적인 분말도를 신속하게 측정할 수 있으며 재현성(reproducible)도 좋다. 퇴적방법을 이용해서 입경 분포를 신속하게 측정할 수 있는 자동 측정 장비도 있지만 표준 시험법으로 공인되어 있는 것은 아니다.

블레인 공기 투과 측정기(Blaine air-permeability apparatus) 비표면적을 측정하기 위한 공기투과 시험방법(ASTM C 204, KS L 5106)에서는 다공성 분말 압축체(bed) 내의 입자의 표면적과 압축체를 통과하는 공기 속도 사이의 관계를 이용한다. Carman이 제안한 기본식은 KS에 다음과 같이 표현되어 있다.

$$S = \frac{14}{\rho(1-e)}\sqrt{\frac{e^3taP}{\mu vl}} \tag{3.7}$$

여기서 분말의 비표면적이 $S(\mathrm{cm^2/g})$이고 밀도가 $\rho(\mathrm{g/cm^3})$이다. μ는 동점성도이다. 공극률이 e가 되도록 분말을 압축하여 단면적 $a(\mathrm{cm^2})$, 높이 $l(\mathrm{cm})$인 압축체를 만들고, 여기에 공기 부피

v(cm^3)를 t(sec)시간 동안에 통과시키기 위해서 필요한 공기 압력을 P(g/cm^3)라 한다. 블레인 방법은 공기를 압축체에 일정한 속도로 통과시키는 것이 아니라 표준 공극률을 가지는 압축체에 주어진 공기량을 일정하게 속도를 줄이면서 통과시켜 소요시간 t를 측정한다. 비표면적 S는 다음 관계식에서 계산된다.

$$S = K\sqrt{t} \tag{3.8}$$

여기서 표면적, K는 상수인데 바로 측정되는 것이 아니고, 시료를 표면적이 이미 알려진 표준 시료와 비교하여 결정한다.

요약하면 바그너와 블레인 방법은 둘 다 비표면적 측정에 사용될 수 있는 방법이다. 블레인 방법으로 구한 값은 일반적으로 바그너 방법으로 구한 값보다 1.8배 크며, 이것은 서로 다른 이론에 근거하여 계산하기 때문이다. 블레인 방법이 일반적으로 더 많이 사용되지만, 이의가 있을 경우에는 바그너 방법을 사용해서 결정한다.

시멘트 풀에 대한 시험

표준 반죽질기(consistency) 시멘트 풀에 대한 일반적인 두 가지 물리적인 요구조건은 응결시간과 안정도(soundness)인데, 이는 시멘트 풀에 포함되어 있는 물의 양에 의하여 좌우된다. 따라서 시험을 수행할 때의 함수량을 정의하는 것이 필요하다. 이것을 표준 반죽질기(연도)라 하며 ASTM C 187(KS L S102)에 의하여 측정할 수 있다. 이 시험에서는 그림 3.16과 같은 비카침 장치를 사용하여, 직경 10 mm의 표준봉에 300 g의 하중을 가하였을 때 굳지 않은 시멘트 풀 내로 침투하는 깊이를 측정한다. 30초 동안에 10±1 mm를 하강하면 이 페이스트가 표준 반죽질기를 지녔다고 말한다. 일반적으로 표준 반죽질기에 요구되는 물량은 건조한 시멘트 무게의 약 24~33%이다. 이 시험방법은 시멘트 풀의 소성을 측정하는 것으로 시멘트의 특정 품질과는 상관이 없으며, 시험 당시의 온도 및 다짐방법 등에 매우 민감하게 반응한다.

응결시간 시멘트의 응결과 경화와 관련된 화학적 반응에 대해서는 제 4장에서 설명한다. 여기서는 응결시간을 측정하는 방법에 대해서만 설명한다. 여기서 정의하는 응결시간 자체가 절대적인 중요성을 가지는 것은 아니다. 응결시간은 시멘트에 물을 첨가한 후부터 강도가 발현될 때까지의 일반적인 관계 내에서 임의의 두 점을 정의한 것에 불과하기 때문이다.

1. 초결(initial set)은 페이스트가 상당히 굳어져서 더 이상 성형이 되지 않는다는 것을 나타낸다.
2. 종결(final set)은 시멘트가 일정 하중을 견딜 수 있는 수준까지 경화되었다는 것을 나타

낸다.

주로 시멘트의 품질관리를 위하여 응결시험을 수행한다. 일반적으로, 초결은 2~4시간 사이에 발생하며, 종결은 5~8시간 사이에 발생한다. 일반적으로 단위 수량이 많은 콘크리트에서 응결이 늦어지는 경향이 있다. 시멘트 풀의 응결시간은 일반적으로 두 가지 방법을 이용해서 측정한다. 둘 다 보통의 반죽질기를 지니는 페이스트를 이용해서 시험한다.

비카 침에 의한 응결시간(ASTM C 191, KS L 5108). 그림 3.16의 비카 침(Vicat needle) 장치를 사용하는데, 직경 1 mm 표준 침을 사용해서 침투시험을 수행한다(그림 3.16c). 표준 침투침이 시멘트 풀 내로 25 mm 침투할 때의 시점을 초결이라고 하며, 표준 침이 내려가는 것이 눈에 보이지 않으면 종결이 일어난 것이다.

길모어 침에 의한 응결시간(ASTM C 266, KS L 5103). 이 시험방법은 그림 3.17과 같은 장치를 사용하는데 비카 방법만큼 널리 사용되지 않으며 결과도 서로 다르다. 초결시간은 직경 2.12 mm, 무게 113.4 g의 초결 길모어 침(Gillmore Needle)이 더 이상 침투하지 못하는 시점이다. 종결시간은 직경 1.06 mm, 무게 453.6 g의 종결 길모어 침이 침투하지 못하는 시점으로 정의한다.

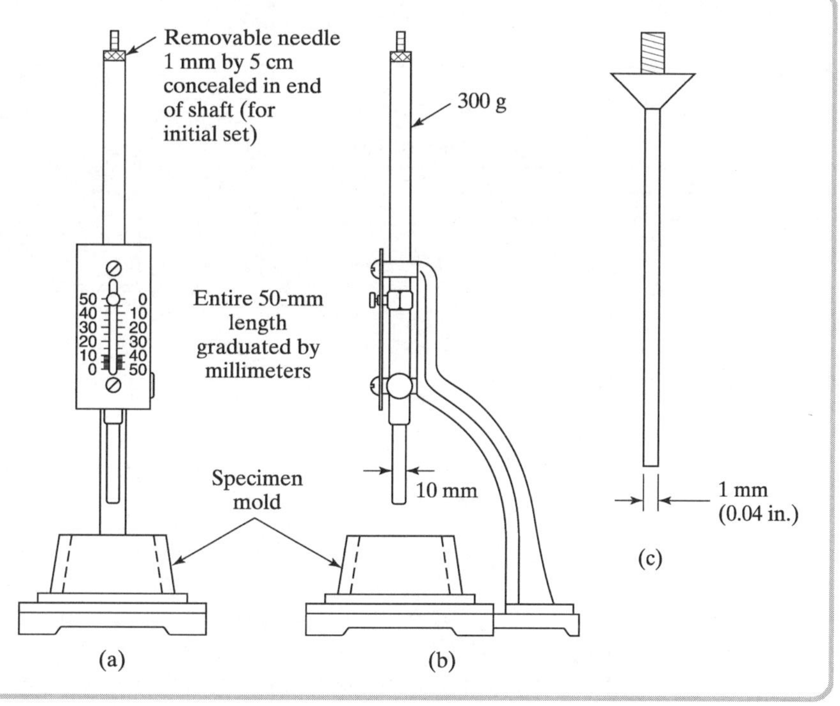

그림 3.16
비카(Vicat) 시험 장치
(a, b) 반죽질기 시험 장치의 정면도 및 측면도
(c) 종결시간 측정에 사용되는 표준 침

길모어 방법에 의한 응결시간은 비카 방법에 의한 응결 시간보다 다소 긴 경향이 있다. 최근의 연구는 비카 침 방법에 의해서 결정된 응결시간이 페이스트의 유동성 변화와 밀접한 관계가 있다는 것을 보여주고 있다.

조기 경화(early stiffening) 시멘트 풀이 너무 이른 시기에 굳어지는 문제는 다음 두 가지로 구분해서 설명할 수 있다(자세한 내용은 제 9장을 참조한다.).

1. 위응결(false set): 열이 별로 발생하지 않으면서도 시멘트 풀이 급격히 굳어가는 현상을 말한다. 물을 보태지 않고, 비빔을 더 해줌으로써 굳어지는 것을 막고 반죽질기를 회복할 수 있다.
2. 급결(flash set): 시멘트 풀에서 상당한 열이 발생하면서 급격히 굳어지는 현상을 말한다. 굳어지는 것을 막을 수 없으며, 반죽질기를 회복할 수 없다.

초기 경화는 ASTM C 451에 의하여 비카 시험 장치를 사용하여 측정한다. 비빔 후 20초 동안에 침투하는 깊이가 32±4 mm 정도에 이르도록 충분히 물을 공급해서 페이스트를 준비한다. 최종 침투 깊이는 비빔 후 5분이 지난 후에 결정된다. 결과는(최종 침투 깊이/최초 침투 깊이)×100%로 구한다. 이 시험법을 사용하여 시멘트가 표 3.10의 기준을 만족하는지를 검사한다. 또한 이 시험은 시멘트에서 초기 경화가 일어날 가능성이 있는지에 대한 정보를 제공한다. 비록 위

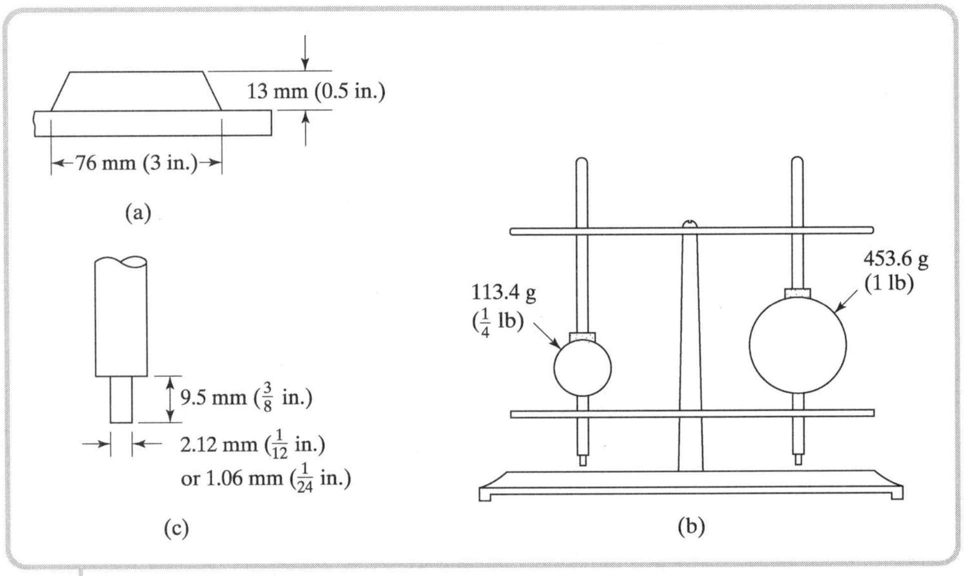

그림 3.17
길모어 시험 장치: (a) 시험 패드, (b) 표준 침의 무게, (c) 표준 침의 상세도

응결이 시멘트의 운반 및 취급을 어렵게 만들 수는 있지만, 콘크리트의 품질을 나쁘게 만드는 것은 아니다. 타설하기 전 충분히 교반되는 레미콘 트럭이나, 펌핑처럼 타설 전 재비빔을 하는 경우는 위응결이 발생하지 않는다. 통상적으로 급결 문제가 더 심각하며, 이로 인해 시멘트는 표 3.10의 응결 요구조건을 만족하기 어렵게 된다.

불안정도 시멘트 풀의 불안정성(unsoundness)은 응결 후 발생하는 과도한 체적 변화에 기인한다. 아무리 느리더라도 상당한 팽창이 있는 경우, 콘크리트에서 균열과 붕괴가 발생한다. 시멘트의 불안정도는 MgO 혹은 유리 석고에 의한 장시간에 걸친 느린 수화에 의하여 발생하며, 또한 석고와 C_3A의 반응으로 인해 발생한다. 이러한 팽창 반응은 매우 느리기 때문에 불안정성은 수개월 혹은 수년이 지나야 나타나게 된다. 따라서 품질관리 차원에서 불안정도를 일찍 파악하기 위해서는 촉진 시험방법이 필요하다. 수년에 걸쳐서 여러 종류의 불안정도 시험방법이 개발되었는데, 그 중 한 가지 방법이 주로 사용되고 있다.

오토클레이브 팽창시험(ASTM C 151, ASTM C 150)은 초과 CaO 및 MgO에 의한 불안정도를 감지하는 시험방법이다. 보통의 반죽질기를 가지는 시멘트 풀을 만들어서 24시간 동안 양생한다. 이 후 탈형하여 길이를 측정한 후 오토클레이브에 넣는다. 오토클레이브 내의 증기압이 45~75분 만에 2 MPa에 도달하도록 온도를 올린다. 이 압력을 3시간 동안 유지한 후, 1시간 반 만에 압력을 없앨 수 있는 속도로 식힌다. 그 후, 공시체를 물 속에서 냉각시켜 15분 후에 23°C에 도달하도록 한다. 그 후 다시 15분이 흐른 후에 공시체의 길이를 재 측정한다. 이 때 팽창률이 0.8% 이하가 되어야 시멘트는 규격을 만족한다.

이 촉진 시험법이 실제 사용조건을 모사하는 것은 결코 아니며, 팽창량은 시멘트의 분말도, C_3A 함유량 등 여러 요인에 의하여 영향을 받는다. 따라서 이러한 시험법은 특정 시멘트의 불안정도에 대한 절대적인 평가라기보다는 단지 하나의 지표로 사용할 수 있다. 그러나 팽창시험 결과가 변하면 이는 시멘트 제조 공정에서 어떤 변화가 일어났다는 것을 나타내므로, 이러한 시험법은 중요한 품질관리 수단으로 사용될 수 있다.

수화열 수화열은 시멘트의 조성에 따라 크게 변하며, 주로 C_3A 및 C_3S로 인해서 발생한다(식 (3.1a) 및 (3.1b), 그리고 그림 3.6 참조). 또한 분말도도 발열 속도에 중요한 영향을 미친다. 분말도가 높으면 수화 속도는 상승하지만, 장시간에 걸친 총 수화열에는 특별히 영향을 미치지 않는다. 수화열은 주어진 온도에서 포틀랜트 시멘트의 응결과 경화 동안에 발생한 발열량으로 정의할 수 있으며, 수화되지 않은 시멘트를 기준으로 J/g으로 표시한다. 일반적으로 ASTM C 186(KS L 5121)의 규정에 따라서 시험을 수행한다. 이것은 기본적으로 건조한 시멘트의 용해열을 7일과 28일 동안 부분 수화된 시멘트의 용해열과 비교한다. 이 때 수화열은 적절한 수화기간 동안 건조된 시멘트와 부분 수화된 시멘트 사이의 용해열의 차이이다. 표 3.10에서 보는 바와 같이, 2종 및 4종 시멘트만이 수화열에 대한 요구조건이 규정되어 있다.

모르타르 시험

시멘트에 관한 기준이 요구하는 시험법을 보면 페이스트 자체를 이용하는 것도 있고, 모르타르를 이용하는 경우도 있다. 그러한 시험법의 경우 사용된 잔골재에 영향을 받기 때문에 표준사를 사용하여야 한다. 미국의 경우 일리노이주 Ottawa에서 나는 천연 실리카 모래인데, ASTM C 778에 제시된 대로 150 μm와 1.18 mm 사이의 특정 입도를 가져야 한다. 국내 기준의 경우 표준사는 주문진산 천연모래로, KS L 5100에 시멘트 강도 시험용 표준사가 규정되어 있다.

모르타르 플로우(Mortar Flow) 시멘트 풀과 마찬가지로 모르타르의 여러 특성들도 반죽질기 혹은 물-시멘트비에 영향을 받는다. 모르타르 시험법에 대한 기준 중에 일부는 물-시멘트비를 고정하는 반면, 다른 것은 반죽질기를 기준으로 정해져 있다. 모르타르의 반죽질기는 모르타르 플로우로 표현되는데, 이는 ASTM C 1437(국내 KS L 5109)에 정해져 있다. 국내의 기준을 보면, 모르타르는 물-시멘트비 48.5%에, 표준사는 질량비로 시멘트의 2.45배로 하여 준비하고, 하부 직경 102 mm, 상부 직경 69.8 mm, 깊이 50.8 mm의 원뿔대 몰드에 부어넣고 다짐한다. 원뿔대 몰드를 높이 12.7 mm에서 낙하할 수 있고, 회전운동을 왕복운동으로 바꿀 수 있는 플로우 테이블에 놓고 15초에 25회 낙하한다. 플로우는 낙하 전후의 모르타르의 직경비를 백분율로 표현한다.

강도 시험 시멘트는 주로 구조재료로서 사용되므로, 강도가 가장 중요한 특성이다. 따라서 다음의 두 질문에 관한 답을 주기 위해서 많은 강도 시험법이 개발되었다고 할 수 있다.

1. 특정 시멘트를 사용해서 만들어진 콘크리트의 강도가 얼마인가?
2. 시멘트에 따라서 어떻게 달라지는가?

제 13장에서 자세히 설명하겠지만, 아쉽게도 강도는 매우 쉽게 정의될 수 있는 특성이 아니다. 강도 측정에 영향을 미칠 수 있는 요인은 물-시멘트비, 시멘트-잔골재비, 잔골재의 종류 및 입도, 비빔 및 성형 방법, 양생조건, 시편의 크기 및 형상, 시험 당시의 함수량, 가압조건, 재령 등이다. 이러한 많은 영향 요인이 있기 때문에 정해진 시험방법을 잘 따라서 시험을 수행하여야 한다. 시험 방법 자체에 대해서 설명하기 전에, 영향 요인 중 하나인 잔골재와 재령에 대해서 좀 더 알아본다.

시멘트에 관한 시험이 시작된 이래, 강도 시험을 시멘트 풀, 모르타르 중에 어느 쪽을 이용해서 수행해야 할 것인지에 관해서 계속 논란이 있었다. 강도 시험을 수행하는데 있어서, 잔골재를 사용하면 여러 가지 추가적인 변수가 발생하기 때문에 페이스트를 이용한 강도 시험이 가장 논리적이겠지만, 오늘날 페이스트를 이용한 시험은 별로 사용되지 않는다. 문제는 시멘트 풀을 취급하고 시험하는 것이 어려워 시험결과에서 많은 편차가 발생한다. 또한 페이스트 시험에서는 같은 결과를 주는 시멘트라 할지라도 모르타르로 사용하면 상당히 다를 수 있으므로 모르타르 시험이 시멘트 품질을 평가하는데 더 신뢰성있는 기준을 제공한다. 순수한 시멘트 풀을 이용한 시험은 연구 목적으로만 사용된다. 그러나 모르타르를 사용하는 경우에는 잔골재를 기준에 따라 매우 신중하게 선택해야 한다.

수화된 시멘트는 재령에 따라 강도가 증가하기 때문에 시험을 수행하는 재령을 반드시 명시해야 한다. 일반적으로 재령 3, 7 및 28일에 해당하는 최소 강도가 명시된다. 추가로 조강시멘트(3종 시멘트)는 재령 1일 강도 기준이 있으며, 저발열시멘트(4종 시멘트)는 수화가 느리게 일어나므로 재령 90일 강도를 요구하는 경우도 있다. 표 3.10에 ASTM C 150 기준이 주어져 있다. 단순하게 특정 재령에서의 강도 자체보다는 강도-재령 관계가 어떤 형태를 가지느냐하는 것이 보다 중요하다는 것을 기억해야 한다. 강도는 압축, 인장, 휨 하중을 받을 때 측정할 수 있다.

압축강도 압축강도는 시멘트 규격이 요구하는 것 중에서 가장 기본적인 강도이다. ASTM C 109에 기술되어 있는 방법은 50 mm 입방체 모르타르 시편을 사용한다. 표준 Ottawa 모래를 사용하며 잔골재/시멘트의 비는 2.75:1이다. *w/c*비는 포틀랜드 시멘트를 사용할 경우는 0.485이고, 공기연행 포틀랜드시멘트를 사용할 경우는 0.460이다. (배합수 요구량을 모르타르 플로우를 기준으로 표현하는 규정도 있다.) 모르타르를 정해진 시간에 따라 배합하고 몰드에 다진 다음 24시간 동안 습윤 양생실에 둔다. 이후 탈형한 다음 시험 전까지 23°C의 포화 석회수(lime water)에서 양생한다. 습윤 상태로 시험을 실시하며 구형으로 고정된 재하판을 갖는 시험 장비를 이용한다. 재하 속도는 시편이 20~80초 사이에 파괴가 일어날 정도로 한다.

또 다른 방법으로는 휨 시험에서 깨진 부분을 사용해서 하는 것이 있다(ASTM C 349). 원래 휨 시편의 크기는 40 × 40 × 160 mm이며, 깨진 양쪽 부분 모두 시험한다. 두 시편은 모두 40 × 50.8 mm의 직사각형 형태로 시험한다. 이렇게 변형된 입방체를 이용해서 측정한 강도는 표준 입방체 시편 강도와 바로 비교할 수 없다. 변형된 입방체 시편에 대한 압축강도 S_c는 다음과 같이 계산한다.

$$S_c = 0.62P \quad \text{(kPa)} \tag{3.9}$$

여기서 P는 최대 하중의 크기이며 단위는 뉴턴(N)이다.

국내의 기준을 보면, 510 g의 시멘트와 표준사의 비를 1 : 2.45, 물-시멘트 비를 48.5%로 맞추어 강제식 믹서로 KS L 5109에 규정한 방법대로 기계적으로 혼련한 모르타르에 대하여 플로우를 측정하고 다시 중속으로 15초간 혼련한 후 50 mm 입방형의 성형용 형틀을 이용해서 2단 채움 및 탬퍼를 사용한 다짐법으로 공시체를 성형한다. 이 때 성형은 처음 반죽이 끝난 후 2분 15초 이내에 시작하도록 한다. 각 재령에 대해서 3개의 시편을 제작해야 하며, 제작된 시험체는 24시간 습기함에서 습윤 양생후 23±2°C의 항온 수중으로 각 재령까지 양생한다. 압축강도를 측정할 때 시험체에 가하는 하중은 최대 하중이 20~80초 이내에 도달하도록 지속적으로 가해야 한다. 압축강도는 다음 식으로 표현된다.

$$R_c = \frac{F_c}{25} \tag{3.10}$$

여기서 R_c는 압축강도(kgf/cm^2)이고, F_c는 최대 하중(kgf)이다.

휨강도 휨강도 시험(사실 휨을 받을 때의 인장강도를 측정)은 최근에 특히 유럽에서 많이 사용된다. 이것은 앞에서 설명한대로 같은 시편을 변형 입방체 방법을 이용해서 압축강도 시험에도 사용할 수 있기 때문이다. ASTM C 348에 따르면, 유럽의 방법과는 약간 다르지만, 시편을 40 × 40 × 160 mm로 제작한다. 모르타르의 배합비 및 혼합은 압축시험에서와 같다. 이후 3점 재하 시험을 수행하여 휨강도를 계산한다.

그러나 기억해야 할 것은 이러한 시험법들을 이용해서 결정한 모르타르의 강도는 동일 시멘트를 사용해서 만든 콘크리트의 강도와 직접적으로 연관 지을 수 없다는 것이다. 따라서 모르타르에 대한 강도 시험은 주로 품질 관리 차원에서 실시한다. 콘크리트의 강도 시험은 콘크리트 자체를 이용한 시험에 의해서만 구할 수 있다. 또한 여기서 설명하는 시험법이나 기준은 보통강도 콘크리트에서 사용될 시멘트를 기준으로 개발된 것이다. 제 19장에서 설명하는 고강도 콘크리트에서도 이들 방법이 최적이라고 말할 수는 없다.

모르타르의 공기량 모르타르의 공기량을 측정(ASTM C 185, KS L 3136)하는 목적은 시멘트가 함유할 수 있는 연행공기량을 측정하는데 있다. 보통 시멘트에서는 불필요한 공기가 함유되지 않은 것을 확인할 수 있고, 공기연행 시멘트에서는 추가된 공기량이 정확한지 확인할 수 있다. 콘크리트의 공기량은 많은 요인에 의하여 변화하므로 모르타르 시험에서 구한 공기량과 밀접하게 연관 지을 수는 없다. 그러나 ASTM C 150은 모르타르의 최대 및 최소 공기량을 규정하고 있다. 국내 KS F 5201은 모르타르의 공기량에 대해서는 규정하고 있지 않다.

시험에 사용되는 모르타르는 시멘트와 표준사를 이용해서 만드는데, 표준사는 입도가 No. 16

과 No. 30 사이인 것을 사용한다(ASTM C 778). 또한 플로우가 87.5±7%가 되도록 수량을 조절한다. 이후 모르타르를 가볍게 다져 400 ml 컵을 채우고 무게를 잰다. 이렇게 측정된 밀도와, 별도의 공기가 없는 배합을 이용해서 측정한 밀도를 기준으로 연행된 공기의 부피를 계산한다. 그러나, 잔골재의 함유량이 많은 경우에(종종 생기는 경우인데), 공기량이 매우 높을 수 있어 이 방법으로 측정하는 것은 쉽지 않다.

국내의 기준은 다음과 같다. 먼저 시멘트 350 g에 표준사 1400 g을 혼합한 후, 플로우가 87.5±7%가 되도록 물을 넣는다. 모르타르 부피 400 ml에 해당하는 무게를 측정한 후, 용기에 세 번으로 나누어 넣고, 각 층을 주걱으로 20회 찍으면서 용기의 내벽 주위를 완전히 한 바퀴 돈다. 모르타르의 공기량은 다음 식에 따라 계산한다.

$$\text{공기량}(\%) = 100 - \omega\left(\frac{182.7 + P}{2000 + 4P}\right) \tag{3.11}$$

여기에서 ω는 모르타르 400 ml의 무게(g)이고, P는 시멘트 무게를 기준으로 한 혼합수의 비율(%)이다.

황산염 팽창 황산염 침식에 대한 저항성을 정확하게 평가할 수 있는 시험법은 적절한 게 없으나, ASTM C 452에 의하여 시험할 수 있으며, 이를 통해 4종 시멘트의 사용에 필요한 유용한 정보를 얻을 수 있다. 시멘트와 석고를 적절히 혼합해서 SO_3가 무게비로 7.0%가 포함되도록 만든 모르타르봉에 대해서 팽창을 측정한다. 모르타르봉은 25 × 25 × 285 mm의 크기로 만드는데, 표준사를 사용하며, 표준사/(시멘트+석고) 비가 2.75, 그리고 물/(시멘트+석고) 비가 0.485가 되도록 한다. 제작된 시험체는 23°C에서 수중 양생하면서 각 재령별 길이변화를 측정한다. 팽창률이 시멘트의 황산염 저항성에 대한 척도가 되며, 재령 14일에서 이 값이 0.045%를 넘지 않아야 한다.

참고문헌

포틀랜드시멘트(Portland Cements)

ACI Committee 225, "Guide to the Selection and Use of Hydraulic Cements (ACI 225 R-99)," *ACI Manual of Concrete Practice,* Part 1, American Concrete Institute, Farmington Hills, MI (2001).

Bhatty, J. I., F. M. Miller, and S. H. Kosmatka, (eds.) *Innovations in Portland Cement Mannfacture,* SP-400, Portland Cement Assoc., Skokie, IL (2002).

Bye, G. C., *Portland Cement: Composition, Production and Properties,* 2d, ed. Thomas Telford, London (1999).

Jackson, P J., "Portland Cement: Classification and Manufacture," *Lea's Chemistry of Cement and Concrete,* 4th ed., ed. P C. Hewlett, Arnold, London and Wiley, New York, pp. 25-94 (1998).

Kurdowski, W., "Cement Manufacture," *Structure and Performance of Cements," 2d* ed., eds. J. Bensted and P Barnes, Spon Press, London, pp. 114-139 (2002). Taylor, H. E W., *Cement Chemistry, 2d* ed., Thomas Telford (1997).

특수 시멘트(Special Cements)

ACI Committee 223, "Standard Practice for the Use of Shrinkage Compensating Concrete (ACI 223-98)," *ACI Manual of Concrete Practice,* Part 1, American Concrete Institute, Farmington Hills, MI (2001).

Bensted, J., "Special Cements," *Lea's Chemistry of Cement and Concrete,* 4th ed., ed. P C. Hewlett, Arnold, London and Wiley, New York, pp. 779-836 (1998).

Bensted, J., "Calcium Aluminate Cements," *Structure and Performance of Cements, 2d* ed., eds. J. Bensted and P. Barnes, Spon Press, London, pp. 114-139 (2002).

Lawrence, C. D., "The Production of Low-Energy Cements," *Lea's Chemistry of Cement and Concrete,* 4th ed., ed. P C. Hewlett, Arnold, London and Wiley, New York, pp. 421-470 (1998).

Nelson, E. B., *Well Cementing,* Schlumberger Educational Services, Houston, TX (1990).

Scrivener, K. L., and A. Capmas, "Calcium Aluminate Cements," *Lea's Chemistry of Cement and Concrete,* 4th ed., ed. P. C. Hewlett, Arnold, London and Wiley, New York, pp. 709-778 (1998).

문제

3.1. 다음과 같은 산화물 조성을 지닌 포틀랜드시멘트의 화합물 조성을 계산하라.
   a. C = 64.15%, S = 21.87%, A = 5.35%, F = 3.62%, $\overline{S}$ = 2.53%
   b. C = 64.15%, S = 21.37%, A = 5.35%, F = 3.62%, $\overline{S}$ = 2.53%
   c. C = 64.15%, S = 21.87%, A = 6.02%, F = 2.63%, $\overline{S}$ = 2.84%
   d. C = 63.54%, S = 23.09%, A = 3.61%, F = 6.38%, $\overline{S}$ = 2.29%

3.2. 다음과 같은 화합물 조성을 지닌 포틀랜드시멘트의 3일 후 수화열을 계산하라.
   a. C_3S = 55%, C_25 = 24%, C_3A = 10%, C_4AF = 9%
   b. C_3S = 27%, C_2S = 51%, C_3A = 7%, C_4AF = 13%

3.3. 다음 시멘트는 시멘트 종류(1종~5종) 중에서 어느 것에 해당하는가?
   a. C_3S = 55%, C_2S = 21%, C_3A = 11%, C_4AF = 8%, 분말도 480 m^2/kg
   b. C_3S = 55%, C_2S = 22%, C_3A = 10%, C_4AF = 8%, 분말도 380 m^2/kg
   c. C_3S = 44%, C_2S = 34%, C_3A = 4%, C_4AF = 13%, 분말도 370 m^2/kg
   d. C_3S = 30%, C_2S = 45%, C_3A = 6%, C_4AF = 12%, 분말도 320 m^2/kg

3.4. 포틀랜드시멘트 클링커와 석고를 혼합 분쇄하는 목적은 무엇인가?

3.5. 팽창 시멘트의 양생에 특별히 신경을 써야 하는 이유는 무엇인가?

3.6. 팽창 시멘트 콘크리트가 경화 중에 구속이 되어야 하는 이유는 무엇인가?

3.7. 어떤 종류의 시멘트가 겨울철 도로 보수에 적합한가?

3.8. 알루미나 시멘트가 구조용으로 적합하지 않는 이유는 무엇인가?

3.9. 포틀랜드시멘트를 시험할 때, 표준 시험법을 정확하게 따라 해야 하는 이유는 무엇인가?

3.10. 포틀랜드시멘트의 특성을 평가하는 표준 시험법으로 얻은 결과를 통하여 콘크리트의 거동을 정확히 예측할 수 있는가?

3.11. 포틀랜드시멘트에서 C_3A는 쓸모있는 성분인가?

3.12. 시멘트 사용에서 에트린자이트의 역할은 무엇인가?

콘크리트 *Concrete*

CHAPTER 4

포틀랜드시멘트의 수화

Hydration of Portland Cement

4.1 수화반응 (Chemistry of Hydration)

시멘트와 물 사이에 일어나는 화학적, 물리적 반응에 의해 응결과 경화가 일어난다. 따라서 시멘트와 콘크리트의 제 특성을 이해하려면 수화에 대한 화학적 반응을 정확히 이해하여야 하며, 이에 대한 내용이 이 장에서 자세히 다루어질 것이다. 제 3장에서 이미 기본적인 화학 반응을 설명했으며, 이후에는 특히 혼화재료와 내구성을 다룰 때 그 내용을 다시 언급할 것이다.

순수 시멘트 성분의 수화

시멘트 수화반응은 주로 시멘트를 구성하는 각 성분의 수화에 대한 연구를 통해 파악되었다. 즉, 각 성분의 수화는 포틀랜드시멘트 내의 다른 성분과는 관계없이 독립적으로 일어난다는 가정에 근거하였다. 이 가정은 수화되는 성분 사이의 상호 작용이 중요한 결과를 가져올 수도 있기 때문에 완전히 옳은 것은 아니나, 어떻게 시멘트가 수화하는가를 이해하는 데는 적절한 가정이라 할 수 있다.

규산 칼슘(calcium silicate) 아래 식 (4.1)과 식 (4.2)에서 나타나듯이 2종류의 규산 칼슘(칼슘 실리케이트)의 수화반응은 비슷한 형태의 화학식으로 표현된다. 다만 반응에 의해 생성되는 수산화칼슘의 양이 다르다.

$$\underset{\text{규산 삼석회}}{2C_3S} + \underset{\text{물}}{11H} \rightarrow \underset{\text{C-S-H 겔}}{C_3S_2H_8} + \underset{\text{수산화칼슘}}{3CH} \tag{4.1}$$

$$\underset{\text{규산 이석회}}{2C_2S} + \underset{\text{물}}{9H} \rightarrow \underset{\text{C-S-H 겔}}{C_3S_2H_8} + \underset{\text{수산화칼슘}}{CH} \tag{4.2}$$

주된 수화 생성물은 규산 칼슘 수화물(calcium silicate hydrate, C-S-H gel)로서, 이 수화물의 구성은 상당히 크게 변할 수 있으나 대략 $C_3S_2H_8$으로 표현할 수 있다. 특히 물의 양은 변화가 심하며 여기서는 완전 함습된 경우이다. 이에 대한 보다 상세한 설명은 4.2절에서 다룬다. 이 $C_3S_2H_8$은 그 크기가 1 μm 이하의 매우 작은 콜로로이드 상의 입자로서 견고하지 못한 결정체이다. 따라서 이 입자를 C-S-H 또는 C-S-H 겔이라고 부른다. 이 수화 생성물의 성질에 대한 것은 나중에 자세하게 설명한다. 반면에 수산화칼슘(calcium hydroxide)은 형태가 견고한 결정체이다.

앞의 두 반응은 발열 반응으로서 반응을 하는 동안 열을 발생시킨다. 외부로 열이 빨리 발산되지 않는 한 이 열로 인해 콘크리트의 내부 온도가 높아진다. 실험실에서는 열량계(calorimeter)를 이용해서 온도를 일정하게 유지하는데 필요한 열전도율을 측정함으로써 수화의 진행을 파악할 수 있다. 그 반응 과정은 그림 4.1과 같은 열량 곡선(calorimetric curve)를 이용해서 편리하게 나타낼 수 있는데, 이 곡선은 시간에 따른 발열 속도를 나타낸다. 그 열량은 반응 속도에 비례하고, 가장 주된 성분인 C_3S의 경우에는 쉽게 계측할 수 있다. 물과 섞으면 최초 약 15분간 갑작스럽게 열이 발생한다(Stage 1). 그 다음에 반응이 거의 일어나지 않는 잠재기(Stage 2)가 따르며, 이 기간이 있기 때문에 포틀랜드시멘트가 수 시간 동안 소성상태로 있어 타설이 가능하다. 2～4시간 후에 C_3S가 다시 활기차게 반응하면 이 잠재기가 끝나고 초결이 일어난다. 실리케이트(silicate, 규산염)는 빠르게 수화가 진행되어, 가속기(Stage 3) 종반에 가장 빠른 속도에 도달한다. 4～8시간 후인 이 때가 열 발생률이 최대가 되며, 초기 경화가 시작하는 종결(final set)이 된다. 이후 반응률은 서서히 줄어들고(Stage 4), 18～36시간 내에 안정기(Stage 5)에 이른다.

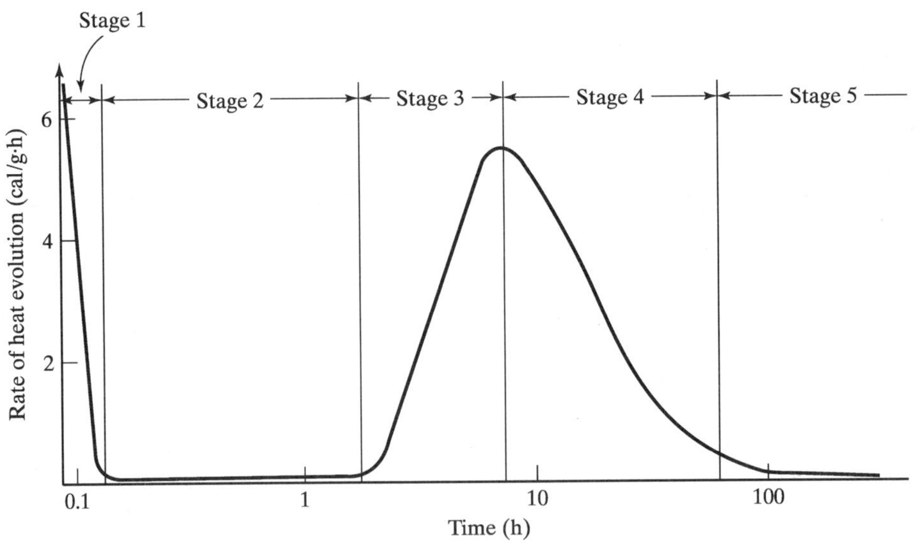

그림 4.1
규산 삼석회(tricalcium silicate)의 수화 동안의 발열 속도

표 4.1에 나타낸 바와 같이 다음과 같은 반응이 각 단계별로 일어난다. 물과 접촉하는 순간에 C_3S 입자 표면으로부터 칼슘이온과 수산화이온이 급속히 방출되어 수 분 내에 pH가 12 이상이 되어 매우 강한 알카리성 용액이 된다. 이 가수분해는 급속히 줄어드나, 잠재기 동안에도 계속 된다. 칼슘과 수산화 농도가 어떤 임계값에 도달하여 용액으로부터 수화 생성물인 CH와 C-S-H가 결정체로 만들어지기 시작하면, 다시 C_3S가 급속히 반응하기 시작한다. 잠재기는 이와 같이 수화 생성물의 결정체가 만들어지기 위해서 필요한 용액 속의 이온이 임계값에 도달할 때까지 시간이다. 이러한 현상은 많은 화학 반응에서도 보이며, 결정핵 제어(nucleation control)로 알려져 있다. CH는 용액으로부터 결정체가 되나, C-S-H는 C_3S 표면으로부터 생겨나 C_3S 입자를 도막으로 덮는다. 수화가 계속되면 이 수화물 층은 더욱 두꺼워져 물이 미수화된 C_3S에 접촉하는 것을 방해하며, 계속 수화가 일어나려면 이온이 이 층 내로 확산되어 이동하여야 한다. 결국 이 C-S-H 층 내로 이동하는 질량이 반응률을 결정하게 되고, 수화는 확산에 의해 결정된다. 확산에 의한 반응은 상당히 느리며, 확산 장벽층이 증가할수록 더욱 느려져, 100% 수화에 점점 다가간다.

C_2S의 수화도 비슷하나, C_3S보다 반응성이 작은 성분이므로 수화가 훨씬 더 느리다. C_2S의 수화에 의해 발생되는 열량도 C_3S에 비해 낮아서, 열량계를 이용해서 실험적으로 계측하기가 쉽지 않다.

화학반응은 온도에 민감하며, 온도가 올라가면 반응 속도도 증가한다. 수화반응에도 똑같은 현상이 일어나나, 반응 단계에 따라 온도에 대한 민감도가 달라진다. 수화가 일어날 때 온도에 가장 민감한 시기는 단계3으로서 이 때는 화학적으로 반응이 제어되는 시기이다. 수화가 완전히 확산에 의해 좌우되는 단계5에서는 온도에 훨씬 덜 민감하다. 물론 이 때도 수화 생성물을 통한 확산계수는 온도에 의해 좌우된다. 그림 4.2는 온도에 따른 C_3S의 수화량을 비교한 것인데, 온도가 미치는 전체적인 영향을 확인할 수 있다. 약 100°C까지는 수화의 가수분해는 근본적으로 같으며, C-S-H의 구성이 약간 달라진다. 그러나 오토클레이브 양생처럼 더 높은 온도에서는 화학반응이 다르며, 이에 대한 내용은 제 12장에서 상세히 다룬다.

알루민산 삼석회(tricalcium aluminate) 포틀랜드시멘트에서 C_3A의 수화에는 석고가 용해되면서

표 4.1 칼슘 실리케이트의 수화 순서

반응 단계	*반응 속도*	*화학 반응*	*관련 콘크리트 성질*
1. 초기 가수분해	화학적 제어; 빠름	초기 가수분해; 이온의 용해	
2. 잠재기	핵 제어; 느림	이온의 용해가 계속 됨	초결 결정
3. 가속	화학적 제어; 빠름	초기 수화물 생성	종결 및 초기 경화 속도 결정
4. 감속	화학적 및 확산 제어; 느림	수화물 생성 계속 됨	초기 강도 발현 속도 결정
5. 안정기	확산 제어; 느림	수화물 생성이 느려짐	후기 강도 발현 속도 결정

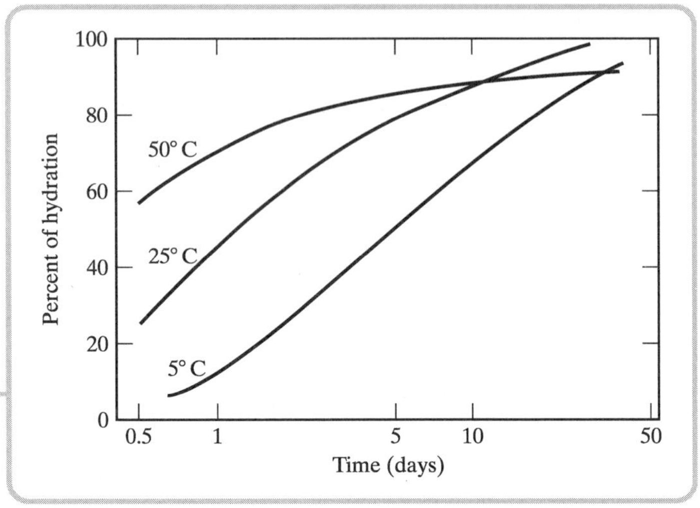

그림 4.2
온도가 규산 삼석회(tricalcium silicate)의 수화에 미치는 영향

나오는 황산 이온과 반응하는 것이 포함된다. 이 반응이 표 4.2에 정리되어 있다. 초기의 주된 반응은 다음과 같다.

$$\underset{\text{알루민산 삼석회}}{C_3A} + \underset{\text{석고}}{2C\bar{S}H_2} + \underset{\text{물}}{26H} \rightarrow \underset{\text{에트린자이트}}{C_6A\bar{S}_3H_{32}} \tag{4.3}$$

이 칼슘 설포알루미네이트 수화물(calcium sulfoaluminate hydrate)의 정확한 명칭은 6-calcium aluminate trisulfate-32-hydrate이며, 일반적으로 에트린자이트(ettringite)라고 불린다. 에트린자이트는 같은 성분을 가지고 있는 천연 광물질의 이름이다. 화학식을 종종 $C_3A \cdot 3C\bar{S} \cdot H_{32}$라고 표현한다. 에트린자이트는 황산염이 충분히 공급되는 경우에만 안정된 수화물이 된다(표 4.2 참조). C_3A가 완전히 수화되기 전에 황산염이 전부 소모된다면 에트린자이트는 황산염이 적게 포함된 다른 칼슘 설포알루미네이트 수화물로 변한다:

$$2C_3A + C_6A\bar{S}_3H_{32} + 4H \rightarrow 3C_4A\bar{S}H_{12} \tag{4.4}$$

이 2차 생성물을 tetracalcium aluminate monosulfate-12-hydrate 혹은 간단하게 모노설포알루미네이트(monosulfoaluminate)라고 부른다(이런 성분을 가진 광물질로는 알려진 게 없다). 이것을 $C_3A \cdot C\bar{S} \cdot H_{12}$라고도 쓴다. C_3A의 수화반응에서, 배합수 내에서 석고가 용해되면서 공급될 수 있는 황산 이온보다 더 빠른 속도로, 황산 이온이 소모된다면 모노설포알루미네이트는 에트린자이트보다 먼저 생길 수도 있다. 에트린자이트가 형성되려면 일정 농도 이상의 황산 이온이 필요하다.

식 (4.3)과 (4.4)에서 설명한 수화반응은 둘 다 발열반응이다. 에트린자이트가 생성되면 C_3A

표 4.2 C_3A로부터 수화물 생성

$C\bar{S}H_2/C_3A$ 몰(mole) 비	생성된 수화물
3.0	에트린자이트
3.0-1.0	에트린자이트+모노설포알루미네이트
1.0	모노설포알루미네이트
<1.0	모노설포알루미네이트 고용체(역주: 2가지 이상의 물질이 혼합하여 완전히 균일한 고체상이 되는 고체)
0	C_3AH_6(hydrogarnet)

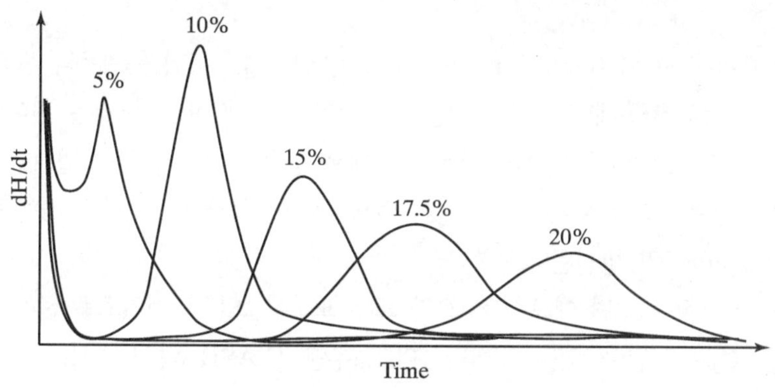

그림 4.3
석고가 있는 경우, 규산 삼석회의 수화 동안 발열 속도
(각 곡선마다 %는 첨가된 석고의 무게 비이다.)

주위에 확산 장벽을 형성하게 되어 C_3A의 수화를 느리게 만든다. 이는 규산 칼슘의 수화에서 볼 수 있는 C-S-H의 거동과 비슷하다. 이러한 장벽은 모노설포알루미네이트로 변하면서 없어지고, C_3A의 반응이 다시 빨라진다. 따라서 C_3A의 수화 작용에 대한 열량곡선(그림 4.3)은 C_3S의 열량곡선과 형태는 유사하나, 반응 자체는 상당히 다르고 방출되는 열량도 훨씬 더 크다. 열량곡선에서 첫 번째 최고점은 10~15분 안에 끝나지만 두 번째 최고점이 생기는 시간은 제공되는 황산염의 양에 달려있다. 석고가 많으면 많을수록 에트린자이트는 더 오랫동안 안정된 상태로 있게 된다. 석고가 에트린자이트를 생성하는데 전부 소모된 후에, 에트린자이트는 모노설포알루미네이트로 바뀌게 되는데, 대부분의 시멘트에서 이 시간은 12~36시간 내이다.

대부분의 시멘트에 포함된 석고의 양은 알루미늄 이온을 모두 소모해서 에트린자이트를 생성할 만큼 충분하지 않으므로 모노설포알루미네이트가 생성된다. 모노설포알루미네이트에 황산 이온을 새로 공급한다면 에트린자이트는 다시 생성된다.

$$C_4A\bar{S}H_{12} + 2C\bar{S}H_2 + 16H \rightarrow C_6A\bar{S}_3H_{32} \tag{4.5}$$

이렇게 에트린자이트가 다시 생성될 수 있으므로, 포틀랜드시멘트가 외부에서 공급된 황산 이온에 노출되면 황산염 침식을 받게 된다(제 18장 참조).

초기에 C_3A와 물은 활발하게 반응하여 칼슘 알루미네이트 수화물이 빠르게 생성되면서 급결이 발생하므로(제 9장), 이를 완화하기 위해서 석고를 첨가한다.

$$C_3A + 21H \rightarrow C_4AH_{13} + C_2AH_8 \tag{4.6}$$

이 수화물은 불안정하므로 나중에 C_3AH_6(hydrogarnet)로 전환된다.

$$C_4AH_{13} + C_2AH_8 \rightarrow 2C_3AH_6 + 9H \tag{4.7}$$

이것은 고알루미나 시멘트(high alumina cement)에서 볼 수 있는 반응과 완전히 같은 것이다. 그러나 반응이 너무 빠르게 일어나기 때문에 순수한 C_3A 페이스트에서는 제대로 강도가 발현되지 않는다. 석고가 있더라도 C_3A의 반응성이 매우 높으면(비록 급결이 일어날 정도는 아니더라도), 황산염이 없는 수화물의 생성이 완전히 억제되지는 않으므로, 수화된 시멘트 속에 적은 양의 C_3AH_6(hydrogarnet)가 발견된다.

석고의 양이 매우 적으면 에트린자이트가 모두 모노설포알루미네이트로 전환된 후에도 아직 반응하지 않은 C_3A가 남아 있을 것이다. 이 경우엔 $C_4A\bar{S}H_{12}$와 C_4AH_{13} 사이의 고용체(solid solution)가 형성되는데, 이 두 수화물은 같은 결정 구조를 가진다. 그 고용체는 $C_3A(C\bar{S},CH)H_{12}$이며, 다음이 그 반응이다.

$$C_4A\bar{S}H_{12} + C_3A + CH + 12H \rightarrow 2C_3A(C\bar{S},CH)H_{12} \tag{4.8}$$

페라이트 상(Ferrite Phase) 석고의 존재 여부에 무관하게, C_4AF는 C_3A와 비슷한 수화물을 생성한다. 반응은 더 느리고 열 발생도 더 적은데, C_4AF는 급결이 일어날 만큼 빠르게 수화하지 않으며, 또한 석고는 C_4AF의 수화를 C_3A에서보다도 훨씬 더 많이 늦추기 때문이다. 페라이트상의 성분이 바뀌면 수화 속도만 달라지는데, 철분의 양이 많아질수록 수화는 더 느려지기 때문이다. 수화반응 동안에 산화철(iron oxide)은 알루미나와 같은 역할을 하는 것이 분명하다(즉, 수화물에서 F는 A를 대체할 수 있다). 식 (4.9a) 및 (4.9b)에서 볼 수 있듯이 석회가 충분하지 않기 때문에 칼슘 설포알루미네이트가 생성되면서 비결정질의 철 수화물 혹은 알루미나수화물도 생성된다.

$$C_4AF + 3C\bar{S}H_2 + 21H \rightarrow C_6(A,F)\bar{S}_3H_{32} + (F,A)H_3 \tag{4.9a}$$

$$C_4AF + C_6(A,F)\bar{S}_3H_{32} + 7H \rightarrow 3C_4(A,F)\bar{S}H_{12} + (F,A)H_3 \tag{4.9b}$$

이 식에서 $C_6(A,F)\overline{S}_3H_{32}$와 같은 표현은 성분 중 산화철과 알루미나는 서로 바뀔 수 있다는 것을 의미하나, A/F비가 모(母)화합물에서와 반드시 같다는 것을 의미하지는 않는다. 표현 (F,A)는 생성물에 철분이 더 많다는 것을 의미한다.

경험적으로 보면 C_3A 함량이 작고, C_4AF 함량이 많은 시멘트가 황산염 침식에 훨씬 더 높은 저항성을 보인다. 이것은 식 (4.5)에 주어진 것과 같은 반응, 즉 모노설포알루미네이트에서 에트린자이트가 형성되는 반응이 일어나지 않는다는 것을 의미한다. 그 이유는 아직 규명되지 않고 있는데, 이는 아마 철분이 치환된(iron-substituted) 모노설포알루미네이트는 반응을 일으켜서 에트린자이트를 형성할 수 없는 것으로 보이기 때문이다. 대신에 비결정의 $(F,A)H_3$가 식 (4.5)의 반응이 일어나는 것을 어떤 식으로든 억제하고 있는 것으로 보인다.

특수한 알루민산 화합물 칼슘 플루오르알루미네이트 혹은 설포알루미네이트에서도 특수한 화학반응에 의해서 에트린자이트가 생성된다. C_3A의 수화반응처럼 황산 이온이 부족하면 대부분의 경우 모노설포알루미네이트를 생성하게 된다. 정규 응결용 시멘트(regulated-set cement)에서 이 반응은 몇 시간이 지난 후, 반수석고(hemihydrate)는 대부분 반응하고, 황산염이 용해가 잘 되지 않는 무수석고(anhydrite)에 의해서 공급될 때만 일어난다. 팽창 시멘트에서는 몇 주가 지난 후 팽창이 완전히 끝나기 전까지는 이러한 전환이 일어나지 않는다. 그러나 일부 E-1(K)종 시멘트에서는 에트린자이트가 안정된 상태로 남는다. 상당한 양의 모노설포알루미네이트가 존재하는 한 식 (4.5)에 의해서 에트린자이트로 복원될 가능성이 항상 있다. 따라서 그런 시멘트는 황산염 침식을 받기 쉽기 때문에 황산염이 많은 환경에 노출되지 않도록 하여야 한다.

포틀랜드시멘트의 수화

반응 속도 최초 며칠 동안의 수화 속도는 대략 $C_3A > C_3S > C_4AF > C_2S$ 순이다. 그러나 각 성분의 반응성은 분말도와 클링커의 냉각 속도에 영향을 받기 때문에, 시멘트가 다르면 각각의 수화 속도도 달라질 수 있다는 것을 알아야 한다. 불순물이 존재하거나 다른 시멘트 성분이 존재하면 이것도 영향을 미친다. 예를 들어 얼라이트(alite)나 벨라이트(belite)는 구조 속에 불순물 원자(impurity atoms)가 포함되어 있기 때문에 순수 C_3S나 C_2S보다 수화가 빠르다. C_3A 및 페라이트상의 수화는 불순 산화물에 의해서 영향을 받는다.

성분 사이의 상호 작용 첫 부분에서 가정한 것이 시멘트의 각 성분의 수화는 독립적으로 일어난다는 것이었는데, 대부분의 경우 이 가정은 합리적이긴 하지만 전적으로 옳은 것은 아니다. 예를 들어보면 C_3A와 C_4AF는 황산 이온을 두고 서로 경쟁하지만, 반응성이 더 높은 C_3A가 C_4AF보다 더 많은 황산 이온을 사용한다. 따라서 C_4AF가 예상보다 작은 양의 에트린자이트를 생성하기 때문에 C_4AF의 반응성이 증가하는 결과를 가져온다. 석고는 규산 칼슘의 수화 속도를 빠르게 하는데, 규산 칼슘도 수화반응 동안에 황산염을 필요로 한다.

C-S-H 구조에는 상당한 양의 황산염, 그리고 알루미나 및 철분이 포함된다. 시멘트 풀 속에 생성되는 설포알루미네이트의 양은 시멘트 구성 성분을 기초로 이론적으로 계산한 양의 반도 안 되는 것으로 보인다.

또 다른 예는 시멘트 풀이 최대 강도를 발현하는데 요구되는 최적의 석고량과 관련한 것이다. 이와 관련된 한 가지 설명을 보면, 석고량이 너무 많으면 시멘트 풀이 굳어진 후에 에트린자이트가 과도하게 생성되어 구속되지 않은 팽창이 일어나면서 시멘트 풀의 미세구조가 파괴되고, 반면에 석고량이 너무 적으면 C_3S의 수화에서 단계2가 끝나기 전에 모노설포알루미네이트 고용체(식 (4.8))가 생성되어 이로 인해서 석회가 소모되면서 C_3S 수화물의 핵형성이 방해를 받아 단계3이 늦춰진다는 것이다. 또 다른 설명을 보면 석고는 C_3S의 수화를 가속시키지만 동시에 C-S-H의 구조 속에 황산 이온이 생기므로 C-S-H의 원래 강도가 낮아진다는 것이다. 최대 강도를 발현시키기 위한 최적의 석고량은 각 재령마다 서로 다르므로, 두 가지 설명 모두 현상을 설명하는데 도움이 된다. 강도와는 다른 값이지만, 건조수축을 최소화하는 최적 석고량이 있다는 것을 C-S-H와 황산 이온 사이의 상호작용으로 설명할 수 있다.

수화열(Heat of Hydration) 모든 수화반응에는 열이 발생한다. 수화열(ΔH)[1]은 반응이 일어난 무수 화합물(anhydrous compound)의 단위 질량당 방출된 열량의 측정 기준이다. 이것은 수화

표 4.3 시멘트 성분의 수화열

반응	완전한 수화에 대한 $\Delta H (J/g)$ [a]			
	순수 성분		클링커[b,d]	시멘트[c,d]
	계산	측정	측정	측정
$C_3S \rightarrow C\text{-}S\text{-}H + CH$	~380	520	570	490
$C_2S \rightarrow C\text{-}S\text{-}H + CH$	~170	260	260	225
$C_3A \rightarrow C_4AH_{13} + C_3AH_8$	~1160	-	-	-
$\rightarrow C_3AH_6$	900	880	840	-
$\rightarrow$ 에트린자이트	1670	1670	-	-
$\rightarrow$ 모노설포알루미네이트	1150	1140	-	1170
$C_4AF \rightarrow C_3(A,F)H_6$	420	420	335	-
$\rightarrow$ 모노설포알루미네이트	-	-	-	380
$\rightarrow$ 에트린자이트	730	-	-	-

[a] 발열 반응을 말하므로 값들은 음(-)이 되어야 하지만, 통상 (-)부호 없이 쓰인다.
[b] 재령 1년 된 분쇄 클링거 페이스트 (석고 첨가 않음)
[c] 수화가 완전히 일어난 재령 1년 된 시멘트 풀
[d] 다중 선형 회귀 분석을 이용해서 각각의 열 발생량 결정

1) 수화열은 반응의 엔탈피(enthalpy)이다. 일반적으로 kJ/mole로 표현되나, 시멘트는 여러 성분이 혼합된 재료이므로 몰(mole) 개념은 사용될 수 없다.

동안에 화학적 결합이 형성 혹은 파괴되면서 에너지가 재분배된 후 남은 잔류에너지를 나타낸다. ΔH는 엔탈피(enthalpy)로서, 제 3장에서 설명했듯이(표 4.3 참조), 실험을 통해서 측정하거나 계산해서 구할 수 있는 열역학적 양이다.

실제적으로 수화로 인해서 발생하는 열이 중요한 이유에 대해서는 이미 설명했다. 시멘트 구성 성분, 각 성분에서 일어난 수화 정도, 그리고 반응에 대한 ΔH가 주어지면, 임의의 시각에서 포틀랜드시멘트의 수화열을 이론적으로 계산하는 것이 가능하다. 가장 많은 열을 발생시키는 성분이 C_3S와 C_3A이며, 초기 수화에서 특히 그러하다. 시멘트에 대한 전형적인 열량 곡선은 그림 4.4와 같다; 일반적으로 C_3S와 C_3A에 의한 열 발생 부분은 서로 구분이 가능하다.

4.2 수화 생성물의 성질 (Properties of the Hydration Products)

수화된 시멘트 풀 안에 생성된 여러 수화물은 서로 성질이 상당히 다르며, 각 성분의 거동이 시멘트 풀의 전체 거동에 영향을 미친다. 이 절에서는 각 수화 생성물의 성질을 간단하게 살펴보고자 한다. 이들에 대한 물리적인 상호관계는 미세구조를 설명하는 절에서 살펴볼 수 있으며, 표 4.4에 중요한 성질들이 요약되어 있다.

C-S-H

구성 성분 규산 칼슘 수화물은 명확하게 정의되는 화합물이 아니다. 식 $C_3S_2H_8$은 근사적인 표현일 뿐이고, 화학 성분비는 변화가 심하다. C/S비는 일반적으로 1.5보다 크며, 1.5~2.0 사이이

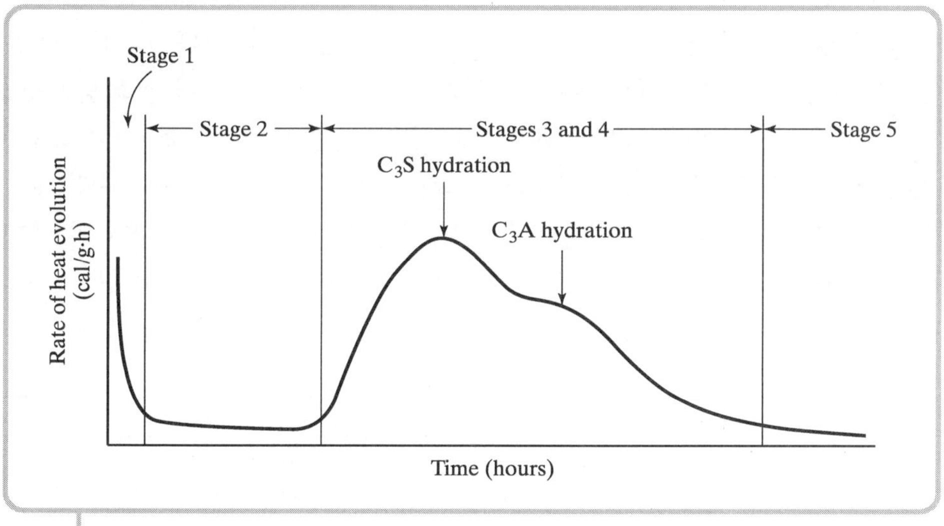

그림 4.4
포틀랜드시멘트의 수화반응 동안의 발열 속도

표 4.4 포틀랜드시멘트 화합물의 수화물 성질 요약

화합물	*비중*	*결정도 (crystallinity)*	*형태*	*결정의 일반적인 크기*	*관측 장비*[a]
C-S-H	2.3~2.6[b]	매우 나쁨	가시 모양의 돌기; 형상 미결정	1×0.1 μm (두께는 0.01 μm보다 작음)	SEM, TEM
CH	2.24	매우 나쁨	공극이 없고 줄무늬 모양	0.01~0.1 mm	OM, SEM
에트린자이트	~1.75	좋은	가늘고 긴 각주 바늘 형태	10 × 0.5 μm	OM, SEM
모노설포알루미네이트	1.95	보통-좋음	얇고 육각형의 판 모양; 불규칙한 로제트 형태	1 × 1 × 0.1 μm	SEM

[a] OM, 광학현미경(optical microscopy); SEM, 주사형전자현미경(scanning electron microscopy); TEM, 투과형전자현미경(transmission electron microscopy).
[b] 함수량에 영향을 받는다.

다. 이것은 여러 가지에 의해 영향을 받는다: 시멘트 풀의 재령, 수화 온도, *w/c*비, 그리고 수화물에 포함된 불순 산소의 양과 종류 등이다.

함수량에서는 변화가 더욱 심하여 앞에서 언급한 요인뿐만 아니라 건조 정도에도 영향을 받는다. 대부분의 수화 화합물과는 다르게 C-S-H는 정해진 수화 상태가 없으며, C-S-H가 건조되면 수증기의 특정 부분 압력(상대 습도; 주어진 온도에서 수증기의 부분압력과 포화증기압의 비로 정의된다.)에서 물이 빠져나와 특정 수화물로 가지는 않는다. 대신에 상대 습도가 100% RH에서 진공 혹은 가열을 이용한 강한 건조에 도달할 때까지 연속적으로 수분 손실이 일어난다. 이것은 C-S-H에 결합된 수분은 여러 가지 상태로 존재하기 때문이다. 수증기압이 감소함에 따라 수분이 연속적으로 줄어들므로 함수량을 결정할 때는 기준이 되는 건조 상태를 정하는 것이 필요하다. 가장 많이 사용되는 것이 D-drying(표 4.5 참조)인데, 가장 엄격한 진공 건조 방법이다. 이 방법은 잔류 수분의 손실이 매우 느리게 일어나므로 시멘트 풀을 미분말로 갈아서 건조시키더라도 며칠 걸린다. 105°C에서 노건조(oven drying)시키는 것이 더 편리하고 대부분의 경우 이것으로 충분하다. 노건조는 진공 건조와 비슷한 함수량을 얻을 수 있고, 24시간 가열하면 수분이 완전히 제거되므로 속도가 훨씬 빠르다. D-drying된 재료에서 측정된 C-S-H 함수량은 $C_3S_2H_3$에 해당한다. 그러나 굳은 시멘트 풀에서 C-S-H는 포수상태(혹은 거의 포수상태)이므로 부피를 계산할

표 4.5 C-S-H와 수화된 시멘트의 함수량을 측정하는데 사용되는 표준 건조 조건

건조 형태	*온도*	*조건*
D-drying	상온	진공 상태에서 드라이아이스 위에서 −78°C를 유지한다.
노건조	105°C	대기압 상태에서 오븐에서 가열한다.
용매 치환	상온	메탄올이나 이소프로파놀(isopropanol)에 며칠 동안 담근다.

때는 식 (4.1)과 (4.2)를 이용해야 한다.

물리적인 거동 C-S-H는 조성이 변하기 때문에 결정이 분명한 재료가 아니다. 사실 근본적으로 비결정질로서, 형태가 정해지지 않은 아주 작고 불규칙한 입자 더미이다. 입자는 너무 작기 때문에 전자-광학 기법을 이용해야만 관찰할 수 있으며, 이마저도 완전하게 분석할 수 있는 것은 아니다. 불규칙한 돌기(aciculae) 혹은 장식끈 같은 형태는 건조 과정으로 인해서 형성된 것이다. C-S-H의 형태가 이렇게 매우 잘게 나눠져 있기 때문에 수화된 시멘트 풀은 표면적이 매우 크다. 상온에서 만들어진 대부분의 C-S-H 시편은 표면적이 400 m^2/g에 이른다. 이런 큰 표면적은 콜로이드(colloids)의 특성이다.

C–S–H 구조 모델 비결정질이고 구성이 가변적이고 형태가 제대로 분리되지 않기 때문에 C-S-H는 파악하기 어려운 재료이다. 실험 결과를 해석하는 것도 항상 논쟁거리이다. 관측된 실험 결과에 부합하도록 구조의 여러 양상을 강조한 개념적인 모델들이 여럿 제안되었다. 정확하다고 말할 수 있는 모델은 없지만, 좋은 모델은 재료의 거동에 대한 추가적인 통찰을 가능하게 하며 여태까지 알지 못하고 있는 성질을 예측하는데도 도움이 된다. 새로운 자료가 생기면 모델은 이를 반영하여 보완되어야 한다. 다음은 여러 모델을 기초로 해서 단순하게 묘사한 것이다.

C-S-H는 퇴적 점토 구조(degenerate clay structure)를 가진다고 생각할 수 있다. 이것은 층 구조를 가진다는 것을 의미한다(그림 4.5 참조). 잘 결정화된 점토 광물이 그림 4.5a와 같은 구조를 지녔다. 샌드위치에서 빵과 속이 층을 이루고 있는 형상으로 생각하면 된다. 빵 부분은 특정 방향으로 포개져 있는 규화알루민산(silicoaluminate) 쉬트로 구성되어 있다. 속 부분은 금속 이온으로 구성되어 있는데, 금속 이온의 양전하 입자와 쉬트의 잔류 음전하 입자 사이에 발생하는 상대적으로 약한 정전기 인력으로 쉬트는 서로 결합되어 있다. 또한 층 사이에 수분도 존재한다. 점토에 따라서는 층이 팽창하면서 수분을 추가로 수용하므로, 결정이 팽창하게 된다. 건조하면서 층간 수분이 소실되면 층이 다시 주저앉으면서 결정이 수축하게 된다. 이로 인해서 점토는 건습이 반복되면 부피의 변화가 큰데, C-S-H도 비슷한 거동을 보인다.

C-S-H에서는 빵 부분은 규산 칼슘 쉬트이고, 속 부분은 추가적인 칼슘 이온과 물 분자이다. 그러나 잘 결정화된 점토 광물과는 다르게 쉬트는 뒤틀어지고 무작위로 배열되어 있어 (구성에서 임의적인 변화가 많아서) 서로 깔끔하게 맞지 않는다. 이것을 도식적으로 표현한 것이 그림 4.5b이다. 결국 쉬트 사이의 공간은 불규칙하고 크기도 서로 많이 다르다. (점토 광물을 복사지를 쌓아놓은 형상으로도 유추할 수 있다. 구겨진 종이를 쌓았다면, 이를 펴서 다시 쌓더라도 완전히 편평해 지지는 않으며 서로 무작위로 정렬될 것이다. 이것이 C-S-H의 구조이다.)

규산 칼슘 쉬트 사이의 공간은 C-S-H 고유의 공극이다. 공극을 층간 공극 (I), 미세공극 (M),

독립적인 모세관 공극(P) 등 3가지로 구분할 수 있다. 모세관 공극은 다량의 수분이 함께 움직이며, 공극이 차거나 비워질 때 수분 곡면(meniscus)이 형성되는 공간이다. 미세공극은 인접하는 면이 서로 너무 가깝기 때문에 수분이 수면 곡면을 형성할 수 없어서 다량의 수분이 함께 움직일 때와는 다른 거동을 보인다. 미세공극 속의 수분은 반발력을 가해서 층이 떨어지게 만든다. 반발력은 상대습도에 달려있으며, 50% RH 이하에서는 사라진다. 미세공극을 형성하는 쉬트가 특정 방향을 유지한 채 가깝게 접근하면 점토와 같은 층간 간격 (I)을 형성하면서 이 시점에서 서로 부착될 것이다. 층간 부착은 반데르발스(van der Waals) 부착의 한 형태로 간주할 수 있다. 또한 쉬트는 약한 층간 부착과는 별도로 종종 강한 이온-공유 결합을 통해서 직접 부착될 수 있다.

수분의 상호 작용 수분은 C-S-H의 구조 및 거동과 관련해서 매우 중요한 역할을 하는데, 이는 수분이 표면과 강한 상호작용(수소결합을 통해서)을 하고, 또한 분자의 크기가 작기 때문이다. 따라서 수분은 재료의 모든 표면에 접근할 수 있으며, 또한 대부분의 다른 분자들이 접근할 수 없는 층간 영역도 접근할 수 있다. C-S-H는 다른 콜로이드와 마찬가지로 높은 잠재 에너지를 가진

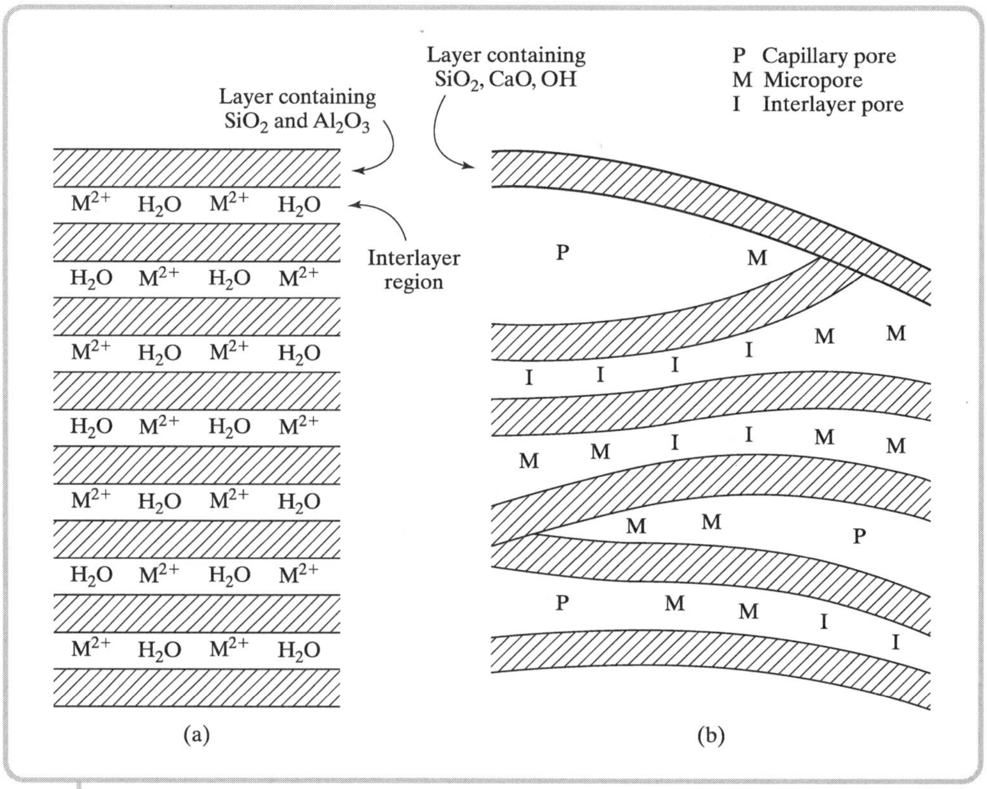

그림 4.5
시멘트 풀 안의 C-S-H에 대한 개념적인 모델: (a) 결정화가 잘 된 점토 광물; (b) 결정화가 잘 안된 C-S-H

재료인데, 이는 큰 표면적과 나쁜 결정도(crystallinity)에서 기인한 추가 에너지 때문이다. 잠재 에너지를 낮추는 방향으로 외부 조건에 반응하여, 이온-공유 결합을 증가시킨다. 즉, 표면적을 줄이고 원자의 순서를 더 좋게 만듦으로 해서 그렇게 된다. 예를 들어 습윤 양생을 연장시키거나 양생 온도를 높이면 C-S-H의 구조의 안정성이 높아지고 건조과 같은 이어지는 환경 변화에 대한 저항성이 높아진다.

수분은 C-S-H 속에 여러 형태로 들어 있는데, 격리된 모세관 공극에 다량의 수분으로, 표면 사이(미세공극) 혹은 표면에 물리적으로 흡착되어, 그리고 고형물과 구조적으로 결합되어(층간 수분), 또한 고형 격자 안에 알칼리수(hydroxyl water)로 존재한다. 이러한 각 형태 간에 분명한 구분은 없으며 점진적으로 바뀔 뿐이다. 따라서 수분의 종류를 구분하기 위한 보편적인 실험 방법은 없다. C-S-H에서 수분이 제거되면서 입자 혹은 층이 재배열될 수 있다. 예로 모세관 공극에서 수분이 빠져나가면 표면장력으로 인해서 압축응력이 발생하고, 층간 혹은 표면에서 수분이 빠져나가면 부착이 달라지는 것으로 생각된다. 이온-공유, 반데르발스, 혹은 층간. C-S-H가 처음에 생성되어 완전히 포화되었을 때는 표면적이 750 m^2/g을 넘지만 건조 방법과 건조의 정도에 따라서 나중에 크게 줄어든다는 증거가 있다. 부착의 변화는 구조에도 영구적인 변화를 가져오며, 습한 C-S-H를 더 높은 온도에 노출시키면 비슷한 변화가 생긴다. 시멘트 풀을 건조시키는 여러 일반적인 방법이 표 4.5에 요약되어 있다. 용매 치환이 미세구조 변화를 가장 적게 일으키는 건조 방법이다.

수산화칼슘(Calcium Hydroxide)

C-S-H와는 달리 수산화칼슘은 화학량론(stoichiometry)이 성립하는 결정화가 잘 된 재료이다. 결정은 육안으로도 볼 수 있을 정도로 크며 종종 콘크리트에 형성된 공극 내부로도 자라며, 확연한 육각형의 층 구조를 띤다. 시멘트 풀 내에서는 결정은 크게 자라지 않고, 모양도 확연하지 않지만, 저배율의 현미경 아래에서도 확인할 수도 있다. 4.3절에서 설명한대로, 수산화칼슘은 시멘트 풀 내에서 균일한 결정을 형성하지 않는다.

에트린자이트(Calcium Sulfoaluminates)

에트린자이트는 육각형 결정으로 결정화하지만 형상비(길이와 지름의 비)가 훨씬 더 큰 바늘 모양이다. 구체적인 형상은 결정이 자라는데 필요한 공간과 이온 공급에 의해 결정된다. 보통의 포틀랜드시멘트에서는 에트린자이트 결정은 길고 가는 침상(needle)이며(그림 4.6a), 크기는 통상 10×0.5 μm 정도이다. 팽창 시멘트에서는 많은 양이 빠르게 생성되는데, 모양이 더 짧고 두꺼우며 서로 섞여서 자란다. 일반적으로 개개의 결정은 광학 현미경으로 볼 수 있을 정도로 크지 않다. 그렇지만 황산염 침식을 받아서 성능저하가 일어난 일부 콘크리트에서는 중심에서 자라나온

(a)

(b)

그림 4.6

수화된 시멘트 풀 안의 에트린자이트의 SEM 사진: (a) 포틀랜드시멘트 풀 내에 에트린자이트가 처음에 형성된 모양(오른쪽에 CH 결정이 줄무늬 모양으로 보임); 그리고 (b) C_3A에서 형성된 모노설포알루미네이트.

에트린자이트 침상 결정체 다발을 광물학적 분석(phetrographic examination)으로 종종 관찰할 수 있다. 굳은 콘크리트에서 에트린자이트 결정 덩어리가 균열과 공극을 채우는 것을 자주 볼 수 있으며, 에트린자이트는 건조되면 결정수의 많은 부분이 빠져나간다.

모노설포알루미네이트 혹은 그 고용체는 처음에 형성되면 불규칙한 판형의 클러스트 혹은 로제트 형상이다. 뒤에 잘 다듬어진, 매우 얇은 육각형 판 형상(그림 4.6b)으로 자라는데 너무 작아서 광학 현미경으로는 관찰할 수 없다. 원래는 이 판 형상이 결정화가 잘 되어있으나 포틀랜드시멘트 풀 안에서는 불순물 때문에 결정도가 줄어든다. $C_4A\overline{S}H_{12}$, C_4AH_{13}, 그리고 C_2AH_8는 서로 구조적으로 관련이 있고 같은 종류의 결정을 형성하는데, 건조시키면 모두 수분이 빠져나간다. 결정 구조는 점토 구조와 유사한 층 배열을 가지고 있다. 양으로 하전된 칼슘 하이드록시알루미네이트(calcium hydroxyaluminate) 층은 층 사이에서 물과 함께 음이온(OH^-, SO_4^{2-}, $Al(OH)_4^-$ 등)과 균형을 이룬다.

4.3 수화된 시멘트 풀의 미세구조 (Microstructure of Hydrated Cement Pastes)

수화물의 성질이 수화된 시멘트 풀의 성질에 영향을 미치는 것은 분명하지만, 수화물이 서로 어떻게 짜 맞추어져서 시멘트 매트릭스를 형성하는지를 알아야 굳은 시멘트 풀의 거동을 제대로 이해할 수 있다. 미세구조 발전 과정에 대한 다음 설명은 SEM 관찰을 기반으로 한 것이다. 그림 4.7은 수화가 진행되면서 구조가 형성되는 과정을 도식적으로 보인 것이다. 수분은 처음에 유동적인 시멘트 풀 안에서 시멘트 입자를 분리시키고(그림 4.7a), 시간이 지나면서 연속적인 매트릭스를 형성하면서 남은 시멘트 입자와 결합한다(그림 4.7b-d). 이것은 처음 시멘트 성분보다 비중이 낮아지면서(3.2에서 약 2.0 정도로) 더 많은 부피를 수화물이 차지하기 때문이다.

그림 4.8은 초기 재령 및 후기 재령에서 수화된 시멘트 풀의 미세구조이다. 그림 4.8a는 파괴면인데, 모든 성분에 대한 형태 및 배열을 확인할 수 있다. 그림 4.8b는 시멘트 풀을 임의의 방향으로 잘라서 연마한 것으로 전체적인 미세구조를 더 잘 보여주고 있는데, 매우 복잡하다는 것을 알 수 있다.

C-S-H

C-S-H는 수화된 시멘트 풀에서 부피의 반 이상을 차지하기 때문에 가장 중요한 성분이다. 미세구조 안에서 C-S-H는 두 가지 형태로 구분할 수 있다.

초기 생성 C-S-H 초기에 수화가 진행되는 동안 C-S-H는 입자 표면에서부터 주변의 수분으로 채워진 공간 속으로 자라는데, 밀도가 낮은 얇은 sheets모양이다. 이런 형태의 외부 생성 C-S-H

(초기 생성)는 미세 공극이 많으며, 건조하게 되면 여러 형태(그림 4.8a에 보인 것 같은)로 재배열되는데 공극이 더 커진다. 이 C-S-H도 많은 불순물(알루미늄, 황산염, 알칼리)을 포함하며, 나노미터 수준에서 아마도 $C_4A\bar{S}H_{12}$와 섞여 있는 것으로 보인다. 이 가변성이 있는 C-S-H를 석기(groundmass) 혹은 UDP(undesignated product)라고 부르기도 한다.

후기 생성 C–S–H 수화가 확산에 의해서 제어되는 단계가 되면 C-S-H는 수화되는 입자 둘레에 조밀한 막 형태로 생성되는데, 후기 생성물 혹은 내부 생성물이라고 부른다. 이 막은 이후 수화에서 확산 장벽을 형성하여 시간이 지나면서 두꺼워지고 바깥쪽 뿐만 아니라 안쪽으로도 자란다. 이 막은 입자의 원래 모양을 유지하며, 수화되지 않은 부분을 둘러싸고 있는 것을 그림 4.8b에서

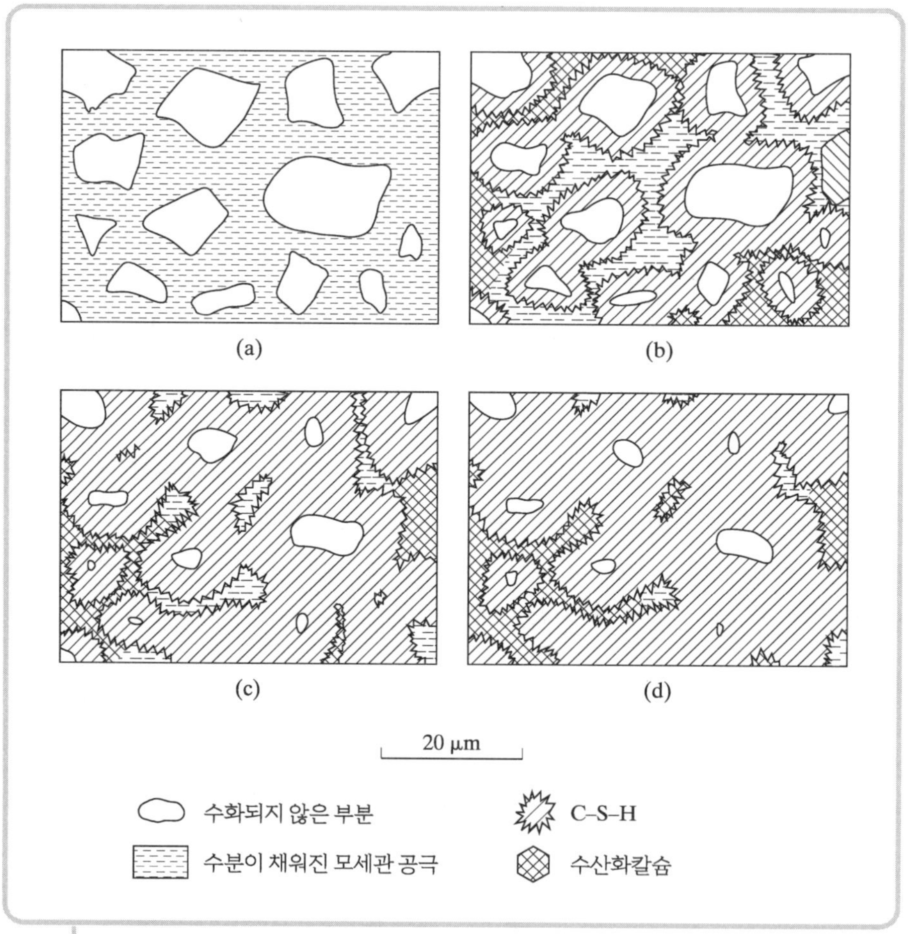

그림 4.7
포틀랜드시멘트 풀 안에 형성된 미세구조의 도식적인 표현: (a) 초기 배합; (b) 7일; (c) 28일; 그리고 (d) 90일. (에트린자이트(Calcium sulfoaluminates)는 별도로 결정화하지만 단순화하기 위해서 C-S-H의 일부분으로 포함시켰다.)

(a)

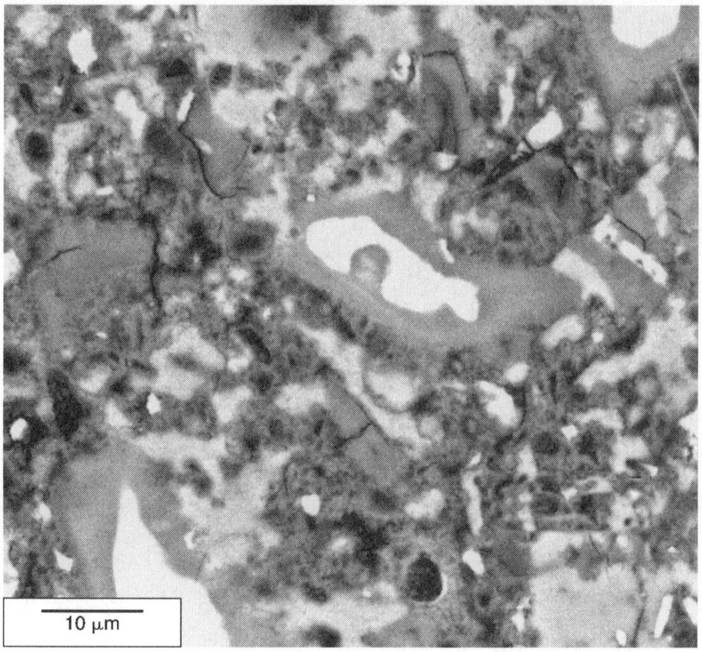

(b)

그림 4.8
수화된 시멘트 풀의 SEM 사진: (a) 재령 3일 이내의 시멘트 풀의 파괴면으로, 수분으로 채워진 공극 안으로 바늘처럼 자라고 있는 에트린자이트, 납작한 CH 결정, 그리고 확실하지 않은 형태의 C-S-H를 볼 수 있다. (Paul Stutzman, National Institute of Standards and Technology.) (b) 재령 28일의 시멘트 풀을 자르고 연마한 단면인데, 큰 입자의 가운데 흰 부분은 수화되지 않은 부분이고, 이를 둘러싼 어두운 부분이 C-S-H이다(phenograins). 석기(groundmass)에는 C-S-H, 회색으로 보이는 CH, 그리고 검게 보이는 모세관 공극 등이 섞여 있다. [D. Darwin, M.N. Abou-Zeid, and K.W. Ketcham, Proc., 16th International Conference on Cement Microscopy, International Cement Microscopy Assoc., Ducanville, TX (1994).]

확실히 볼 수 있다. 이런 확실한 모양을 피노그레인(phenograin)이라고 부르지만, 이 용어 자체는 구성 성분과는 상관없이 석기(groundmass)와 현저히 다른 모양에 대하여 사용된다. 이 후기 생성 C-S-H는 밀도가 더 높고 불순물이 더 작으며 건조되는 과정에서 발생하는 물리적인 변화에 대한 저항성이 더 크다. 이 C-S-H는 배열이 더 안정적이며 나노미터 크기의 결정도가 관찰되는데, 일부는 CH를 포함한다. 수화가 진행되면서 혹은 *w/c*가 감소하면서 후기 생성 C-S-H의 비율은 증가한다.

수산화칼슘

수산화칼슘 결정은 시멘트 풀 고형 부피의 20~25%를 차지한다. C_3S의 수화 단계3에서 많은 수산화칼슘 결정이 핵을 형성하면서 모세관 공극 내로 자란다. 크기가 광학 현미경으로 바로 볼 수 있을 정도인데, 이를 통해서 독립적인 결정이 점차 시멘트 풀 속으로 어떻게 퍼져 나가는지를 분명히 볼 수 있다(그림 4.9a와 b). 결정의 특징적인 줄무늬 모양은 시멘트 풀 내에서 결정에 파괴가 일어나는 형상에 따른 결과이다. 수산화칼슘은 빈 공간이 있는 곳에서만 자란다. 다른 수산화칼슘 결정에 의해서 저지되면 성장을 멈추거나 다른 방향으로 자라게 된다. 수화 중인 시멘트 입자를 만나면 그림 4.9c에서 볼 수 있듯이 바로 그 입자 둘레에 자라게 된다.

종종 수산화칼슘이 시멘트 입자를 완전히 둘러싸기도 하는데, 그러면 시멘트 풀 안에서 결정이 차지하는 유효 부피는 증가한다. 더 중요한 것은 수화에서 자라난 수산화칼슘은 순수 결정과는 상당히 다르게 거동할 수 있다는 것이다. 수산화칼슘의 형태는 여러 가지인데, 같은 크기의 작은 결정, 크고 편평한 판 형태의 결정, 크고 얇은 긴 모양의 결정, 그리고 이들의 여러 중간 형상을 띤다. 형태는 배합비 및 수화 온도에 영향을 특히 많이 받는다.

에트린자이트(Calcium Sulfoaluminates)

칼슘 설포알루미네이트는 시멘트 풀에서 10~15%의 고형 부피를 차지하며, 상대적으로 양이 적은 성분에 속한다. 따라서 수화된 시멘트 풀의 미세구조에서 (비록 성질이 그렇다는 뜻은 아니지만) 차지하는 비중이 작기 때문에 그림 4.7에서 생략되었다. 아주 초기의 시멘트 풀에서 에트린자이트가 바늘과 같은 형상으로 시멘트 입자 사이의 모세관 공극 안으로 자라고 있는 것을 SEM 사진에서 볼 수 있다(그림 4.8a). 이것이 나중에 판 형태의 모노설포알루미네이트로 전환된다(그림 4.6b). 양쪽 상태 모두 시멘트 풀 내에서 잘 분산되어 있으며, 일부는 나노미터 수준에서 C-S-H와 섞여서 존재한다.

수화되지 않은 부분

시멘트의 수화가 잘 일어난 경우에도 큰 시멘트 입자 중에는 수화되지 않은 부분이 존재한다. 수산화칼슘에 막혀서 완전한 수화가 일어나지 않을 수도 있고, 시멘트 풀 내에 빈 공간이 충분하지 않아서 그럴 수도 있다.

공극률

공극률도 미세구조에서 주요한 요소 중의 하나이다. 수화가 진행되면 SEM 사진에서 볼 수 있듯이 모세관 공극이 감소한다는 것을 강조했는데, 공극의 크기 분포도 역시 중요하다. 그러나 실험 수행 및 결과 해석이 어렵기 때문에 공극의 크기를 측정하고 체계화하는 것은 복잡하다. 크게 두 가지 문제가 있다. 하나는 측정을 하려면 시멘트 풀을 건조시켜야 하는데, 건조 과정에서 공극의 구조가 변하게 되는 것이다. 두 번째는 확실한 기하학적인 공극의 모양을 가정해야 하지만 SEM 사진을 보면 공극은 매우 불규칙한 모양의 공간이 네트워크처럼 연결되어 있다. 그럼에도 불구하고 공극 구조에 대한 유용한 평가 방법을 찾을 수 있다.

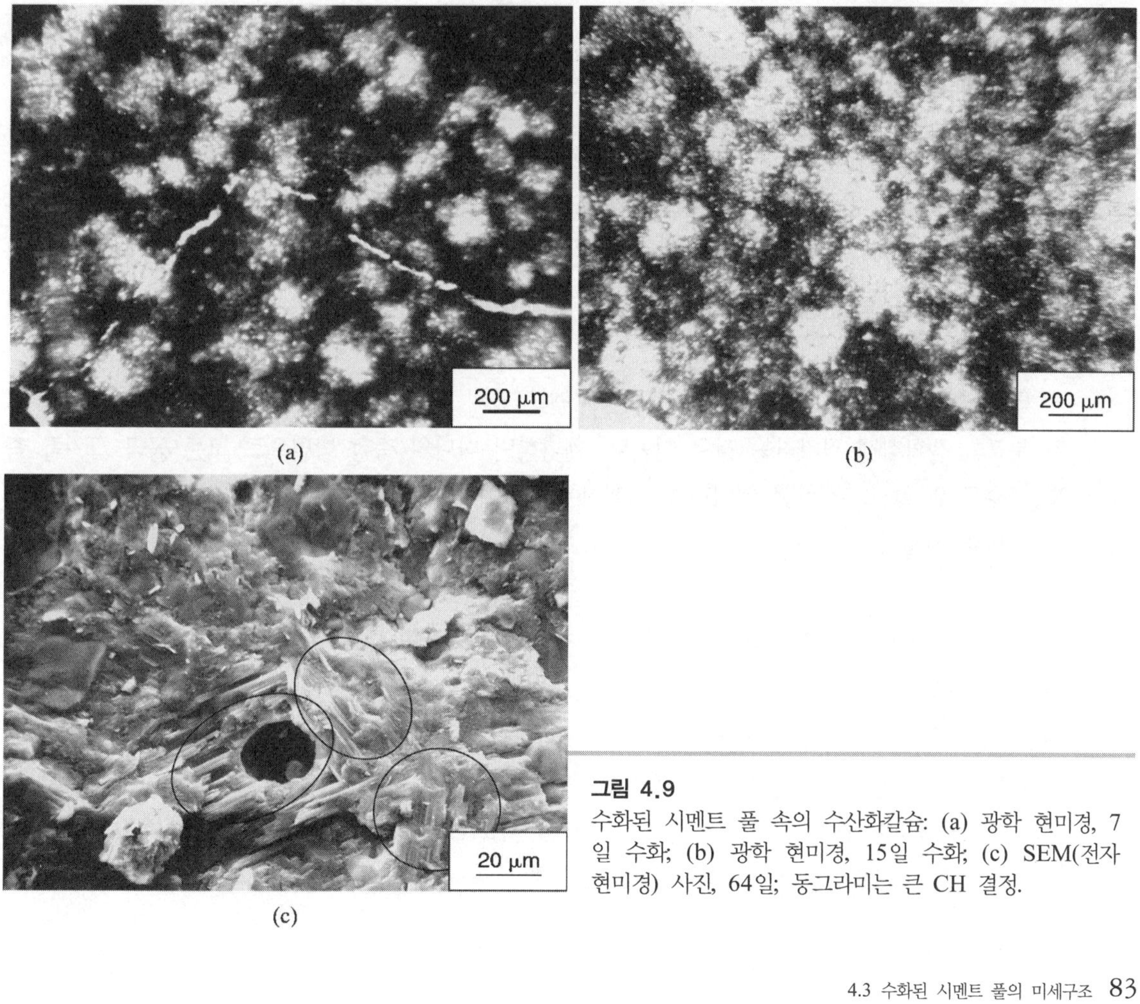

그림 4.9
수화된 시멘트 풀 속의 수산화칼슘: (a) 광학 현미경, 7일 수화; (b) 광학 현미경, 15일 수화; (c) SEM(전자 현미경) 사진, 64일; 동그라미는 큰 CH 결정.

분류 표 4.6은 시멘트 풀 내에서 공극을 분류하는 한 방법이다; 여기서 볼 수 있듯이 공극의 크기는 지름이 10 μm에서부터 0.0005 μm(0.5 nm)보다 작은 것까지 그 범위가 매우 넓다. 따라서 공극에 들어있는 수분은 여러 다른 역할을 수행한다. 수화된 시멘트 풀 내에서 모세관 공극(capillary pores)과 겔 공극(gel pores)을 구분하는 것이 좋다. 모세관 공극은 수분이 채워졌던 공간이 남은 부분으로, 수화가 일부 덜 일어난 시멘트 입자 사이에 존재한다. 겔 공극은 본질적으로 C-S-H의 일부로 간주된다. SEM 사진에서 볼 수 있는 공극은 모세관 공극이다. 겔 공극은 SEM으로는 확인할 수 없으며 C-S-H가 차지하는 부피 내에 포함된다. 성숙한 시멘트 풀 내에는 상당량의 공극이 C-S-H 내에 존재한다. 공극의 크기 스펙트럼은 연속적이기 때문에, 모세관 공극과 겔 공극 사이의 크기 구분은 다분히 임의적이다.

표 4.6 수화된 시멘트 풀 내의 공극 크기 분류

명칭	지름	설명
모세관 공극	10,000~50 nm (10~0.05 μm)	큰 모세관 (거시공극)
	50~10 nm	중간 크기 모세관(큰 중간공극)
겔 공극	10~2.5 nm	작고 격리된 모세관(작은 중간공극)
	2.5~0.5 nm	미세공극
	≤ 0.5 nm	층간 공간(interlayer spaces)

모세관 공극을 모세관 효과(즉, 수면 곡면 생성)가 발생하는 공극으로 좀 더 정밀하게 정의한다면, 겔 공극 속에는 작은 모세관 공극이 포함된다는 것도 알아야 한다. 그러나 모세관 공극 시스템은 공극이 서로 연결된 네트워크로 이를 통해서 수분 이동 및 이온 확산이 비교적 쉽게 일어난다.

표 4.7에서 보듯이 모든 크기의 공극은 시멘트 풀의 성질에 영향을 미친다. 그러나 공극의 크기 분포를 정확하게 평가하는 것은 어렵다. 왜냐하면 하나의 측정 방법으로 모든 공극 크기를 측정할 수도 없고, 또한 실험 데이터를 해석하는 것도 어렵기 때문이다. 따라서 공극을 비교할 때는 주의를 기울여야 한다.

측정 굳은 시멘트 풀의 공극 크기 분포를 측정하는데 주로 사용되는 방법으로 두 가지가 있는데, 수은 주입 공극 측정법과 물리적 가스 흡착법이 그것이다. 수은 주입 공극 측정은 외부 압력(주입)을 이용해서 수은을 시멘트 풀의 공극 시스템 안으로 밀어 넣는 것이다. 시멘트 풀은 수은에 젖지 않기 때문에 비표면적 증가효과를 극복하려면 힘을 가해야 한다. 가해야 하는 압력은 공극의 반지름에 반비례한다. 흡착법에서는 모세관 응축(capillary condensation)을 이용해서 압축 증기(가스)로 공극을 채우는데, 이 과정은 표면력에 의해서 저절로 일어난다.

표 4.7 공극의 크기가 수화된 시멘트 풀의 성질에 미치는 영향

분류	*수분의 역할*	*영향을 받는 성질*
거시공극(Macropores) 큰 중간공극(Large mesopores)	다량의 수분으로 거동 작은 표면장력 발생	침투성; 확산 거시공극(macropores)이 없는 경우의 침투성; 80% RH 이상에서의 건조수축
작은 중간공극(Small mesopores)	큰 표면장력 발생	80% RH와 50% RH 사이에서의 건조수축
미세공극(Micropores)	강하게 흡착된 수분; 수분 곡면이 형성되지 않음.	모든 RH에서 건조수축; 크리프

모세관 공극 시스템을 이해하는 데는 수은 공극 측정법이 더 낫고, 겔 공극 시스템(작은 중간공극 및 미세공극)을 보다 정확히 측정하는 데는 흡착법이 더 낫다. 두 방법 모두를 사용할 수 있는 공극의 크기 범위가 있지만 서로 잘 맞지는 않는다. 이에는 몇 가지 이유가 있다. 첫 번째로 측정하기 전에 시멘트 풀을 확실하게 건조시켜야 한다. C-S-H 안의 물리적 변화는 공극의 크기 분포에 영향을 주는데, 특히 미세공극(micropore)과 중간공극(mesopore) 범위에서 더 그렇다. 두 번째로 두 방법에서 물리적인 과정이 상당히 다르다. 수은은 공극 시스템을 통해서 외부로부터 흘러들어와 채워져야 하기 때문에 공극의 크기 분포는 실제로는 공극의 부피와 연결되어 있는 입구의 크기 분포라고 할 수 있다. 이것은 침투 작용이므로 서로 연결된 네트워크가 필요하다. 모세관 응축은 조건을 만족하면 시멘트 풀 내의 모든 곳에서 동시에 발생한다. 세 번째로 두 방법 모두 간단한 공극의 형상을 가정해야 하지만, SEM을 통해서 관찰해보면 실제는 매우 불규칙한 모양이다.

그림 4.10은 수화 기간이 서로 다른 시멘트 풀에 대한 수은 공극 측정 곡선을 나타낸 것이다. 공극의 총 부피가 감소할 뿐만 아니라 공극 시스템이 더 조밀해진다. 거시공극(macropores)의 부피는 급격하게 감소하지만, 작은 공극의 분포는 영향을 덜 받는다. 같은 수화도를 기준으로 *w/c*비를 줄여가면서 측정해도 비슷한 곡선들을 얻게 된다. 첫 번째 변곡점인 경계 지름(threshold diameter)의 크기는 침투가 일어나는 시점을 나타낸다. 가장 경사가 급한 점 $[dV/d(\ln d)]$은 공극 시스템에서 최대 침투가 일어나게 하는 공극 입구의 평균 크기를 나타내는데, 이를 "연속(혹은 임계) 공극 지름(continuous(or critical) pore diameter)" (d_c)라고 일컫는다.

공극 용액 모세관 공극에 포함된 액체는 순수한 수분이 아니라 수화된 시멘트 풀과 평형을 이루고 있는 이온 용액(ionic solution)이다. 높은 압력을 이용해서 액체를 시멘트 풀 밖으로 짜내어 구성 성분을 확인할 수 있다. 순수한 규산 칼슘에 의해서 만들어진 시멘트 풀 안의 용액은 근본

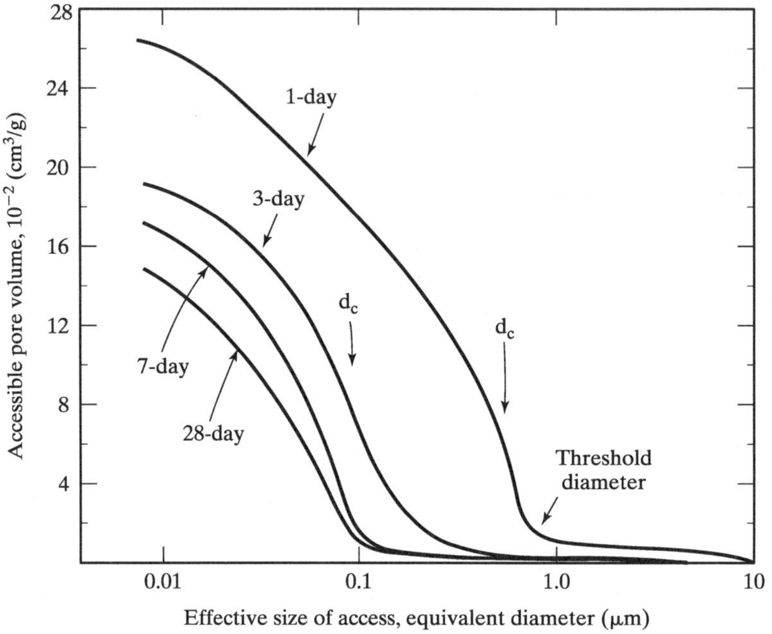

그림 4.10
포틀랜드시멘트 풀에 대한 수은 주입 공극 측정 곡선

적으로 포화된 수산화칼슘[약 1.2 g/l, 혹은 0.02 M (pH>12)]이다. 시멘트 풀 안에서 용액의 화학 성분은 석고 및 가용성 알칼리, 특히 황산칼륨(알케나이트)이 있으면 변하게 된다(그림 4.11 참조). 잠재기의 마지막 부분에서도 수산화칼슘은 여전히 최대 포화상태를 유지하고 있다는 것을 분석을 통해서 알 수 있다. 에트린자이트가 형성되면서 황산염이 완전히 소모된 후의 공극 액체는 알칼리 수산화물 용액이 되는데, 그 농도는 시멘트의 알칼리 함량에 의해서 결정된다. 저알칼리 시멘트에서는 0.2 M 정도의 알칼리 수산화물(pH>13)이며; 고알칼리 시멘트에서는 0.5 M (pH>13.5)을 넘는다.

계면변화영역 (Interfacial Transition Zone)

수화된 시멘트 풀의 미세구조는 골재, 섬유, 그리고 철근 등과 같은 매입된 재료 근처에서는 매우 달라진다. 이 부분을 계면변화영역(ITZ)이라고 부르며, 매입된 재료의 표면 주위에 방향성이 있는 수산화칼슘 결정이 밀집되어 형성되기 때문에 경우에 따라서는 쉽게 확인할 수 있다. 모든 ITZ의 일반적인 양상을 보면 매입 재료 표면 근처에서 공극률이 늘고, 또한 반응하지 않은 시멘트가 줄어든다. 둘 다 시멘트 입자가 매입 재료 둘레에 효율적으로 밀집될 수 없기 때문에 생긴 결과로, 이것이 잘 알려진 "벽면 효과(wall effect)" 현상이다. 이로 인해서 경계면에서 국부적인

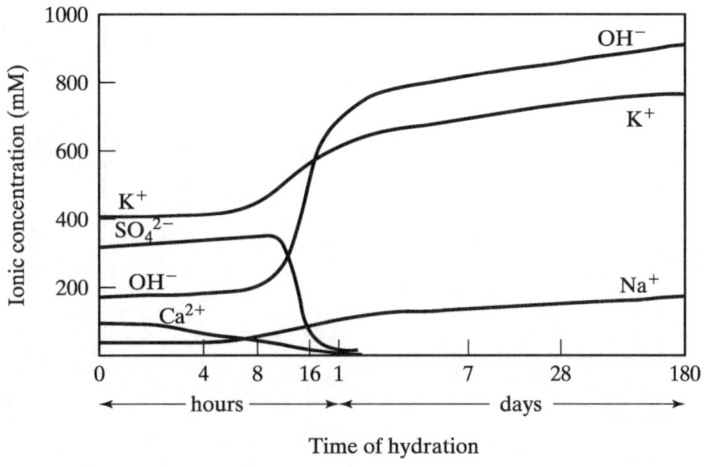

그림 4.11
알칼리 함량이 상당히 높은 경우에서 시멘트 풀의 수화에 따른 공극 용액 성분의 변화의 일반적인 모습.

*w/c*비가 따로 존재하고, 이것은 국부적인 블리딩에 의해서 더욱 커질 수 있다. 그림 4.12에 보인 ITZ 구성 내역은 ITZ의 깊이를 정의하는데 사용되며, 일반적으로 폭이 20~40 μm이다.

ITZ의 상세한 구조는 상당히 복잡하고 변화가 심하며, 항상 두께가 일정한 것도 아니고 표면의 일부에서는 아예 없는 곳도 있다. 따라서 ITZ의 두께는 통계적인 수치이다. 두께는 골재(혹은 섬유)의 크기 및 모양 그리고 그것의 부피비, *w/c*비, 배합 및 타설 과정 등 여러 가지에 의해서 영향을 받는다. 수산화칼슘의 결정 및 에트린자이트는 매입 재료 표면 근처의 빈 공간에 바로 형성될 수 있다. 큰 결정을 형성할 수 있는 능력이 있기 때문에 수산화칼슘이 주로 생성되는데, 표면에 대략 수직 방향으로 좋은 방향성을 보이면서 생성된다.

ITZ는 미세구조에서 매우 중요한 부분으로서 콘크리트의 성질을 변화시키는데 중요한 역할을 담당한다. 어떤 경우에는 아주 지배적인 요인이 된다. 예를 들어서 모르타르에서 수은 공극 측정을 실행해 보면 경계면 공극은 서로 연결된 거시공극(macroporosity)이며, 따라서 침투성에 큰 영향을 미친다. 고강도를 얻기 위해서도(특히 인장에서) 시멘트 풀-골재 사이의 부착 강도를 제한하는 ITZ를 줄이거나 없애는 것이 필요하다.

미세구조에 대한 컴퓨터 시뮬레이션

미시적인 관찰을 통해서 미세구조에 대한 정성적인 평가를 잘 내릴 수 있다. 쉽지는 않지만 이미지 분석을 통해서 주요 구성 성분의 비율을 정량적으로 결정하는 것이 가능하다. 상당 기간동안 수학적인 모델(주로 실험적인 모델)이 개발되어 수화와 미세구조가 성질에 미치는 영향을 양적으로 계산하는데 사용되었다. 여기에 컴퓨터가 사용되면서 모델이 더욱 세련되었다. 최근에는 컴퓨터를 이용해서 미세구조의 형성 과정을 시뮬레이션함으로써 전체 미세구조와 성질 사이의 상관관계

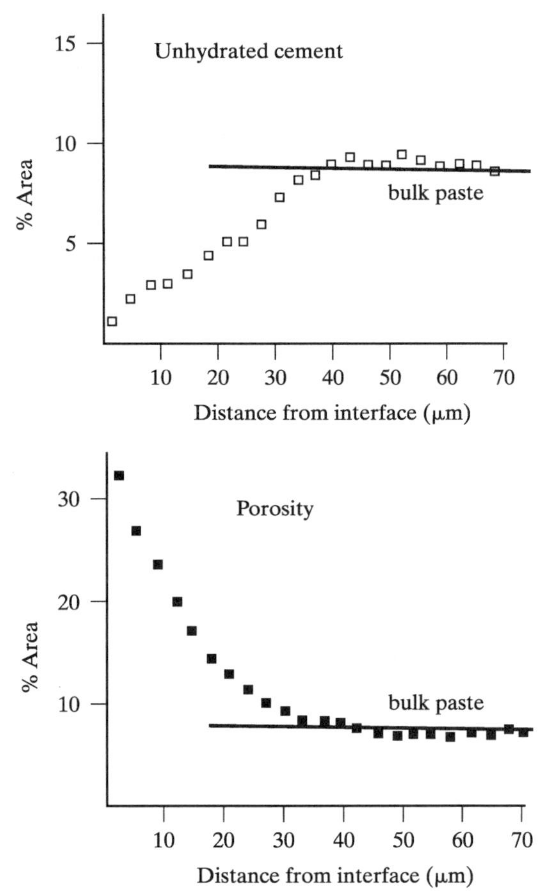

그림 4.12
골재 입자 주변에서 시멘트 풀 성분의 부피비 변화. ITZ는 30~40 μm이다.

에 대해서 정량적으로 설명하고 있다. 이 중 가장 성공적인 것이 디지털 이미지를 이용한 모델인데, 여기서는 재료를 픽셀로 표시하고 수화 작용을 묘사하는 일련의 알고리즘을 통해서 이를 조작한다.

에폭시 수지에 분산되어 있는 시멘트 입자의 미시적인 이미지를 이용해서, 시멘트 풀 내의 입자의 크기 분포, 모양, 배열, 그리고 입자 내의 시멘트 화합물 분포를 모델링한다. 각 성분은 동시에 일련의 수화작용을 거치는데, 각자의 수화 방정식을 따른다. 각 수화반응은 시멘트 성분의 노출된 표면에서 픽셀이 용해되고, 이들이 적절한 방정식에 의거해서 수화 생성물 픽셀로 전환되며, 또한 이들이 랜덤워크 과정(random walk process)을 통해서 수화 생성물이 자라는 위치로 이동되는 과정을 포함한다. 수화는 임의의 사이클 후에 멈출 수 있다. 미세구조는 3차원이고 수학적으로 표현되기 때문에 각 성분 및 모세관 공극의 부피, 그리고 공간에서의 상호 위치에 관한 완전한 정보를 얻을 수 있다. 미세 구조 내의 임의의 구성 성분에 대해서 다른 조작을 수행해서 제반 특성에 관한 정보를 얻는 것이 가능하다. 말할 것도 없이 이러한 시뮬레이션에는 많은 컴퓨

터 메모리가 필요하므로 슈퍼컴퓨터가 이용되어야 한다.[2)]

시뮬레이션 결과로 얻은 미세구조를 그림으로 표현해 보면 미시적 이미지 분석에서 본 것들과 잘 일치한다. 이 모델을 통해서 *w/c*비 및 수화도의 차이가 미세구조에 어떠한 영향을 미치는지 정량적으로 나타내 보여줄 수 있다. 크기 제한 때문에 모르타르만 현실감 있게 모델링할 수 있지만, 시멘트 풀 내에 모델 골재를 포함하도록 시뮬레이션을 확장시킬 수 있다. 골재 입자를 먼저 배치한 후 시멘트 입자를 그 사이에 무작위로 밀어 넣는다. 그러면 계면변화영역이 자동적으로 생성된다.

4.4 수화된 시멘트 풀의 성질 (Properties of Hydrated Cement Pastes)

수화동안의 부피 변화

수화가 일어나는 동안 미세구조에서 생기는 중요한 변화는 공극이 점차 감소한다는 것이다. 각 시멘트 성분의 수화 생성물은 성분 자체보다 비중은 더 작고 비체적은 더 크다(표 4.8 참조). 따라서 모든 수화반응에서 고형물의 부피가 증가한다.

팽창 반응 잠재적인 부피 변화에도 관심이 가지만, 그러한 변화가 드러나는 과정도 역시 관심을 끈다. 미세구조를 설명할 때 언급했듯이 CH는 고형 입자 주위에 자라든지 아니면 그런 장애물 방향으로는 성장을 멈추든지 한다. C-S-H도 마찬가지다. 따라서 규산 칼슘이 수화된 이후에도 전체 부피는 늘어나지 않는다. 수화 생성물은 시멘트 풀 내에서 허용된 공간만 사용할 뿐이며, 이것은 배합수가 차지하고 있던 공간이다. 수화가 완전히 끝나기 전에 이 공간이 다 사용되면, 더 이상 수화는 진행되지 않는다.

그러나 알루미네이트 상에서 에트린자이트가 생성되면 전체적으로 팽창한다. 공간이 충분하지 않으면 에트린자이트 결정이 생성되면서 압력을 발생시킨다. 아직 굳지 않은 시멘트 풀 내에서는 에트린자이트가 형성될 수 있는 공간이 많으며, 아울러 방해되는 시멘트 입자를 옆으로 밀어내서 공간을 추가로 만들 수 있다. 그러나 일단 시멘트 풀이 굳어지기 시작하면 에트린자이트가 계속 형성되는데 필요한 추가적인 공간은 시멘트 풀의 전체 부피가 팽창되면서 만들어진다.

이러한 전체적인 팽창이 팽창 시멘트에서 어떻게 유용하게 이용되는지에 대해서 알아보았다. 그러나 구속되지 않으면 내부의 팽창은 내부에 응력을 발생시켜서 시멘트 풀에 균열을 발생시켜서 손상을 일으킨다. 일반적으로 포틀랜드시멘트 풀의 수화에서 에트린자이트의 결정화로 인해서 전체적인 팽창이 거의 일어나지 않는데, 이는 시멘트 풀이 굳은 이후로는 매우 작은 양만이 생성되기 때문이다. 그러나 석고를 너무 많이 첨가하면 응결이 일어난 이후에도 오랫동안 에트린자이

2) 개인용 컴퓨터에서 실행할 수 있는 간단한 2차원 교육용 버전은 NIST에서 구할 수 있다.

표 4.8 수화에서 발생하는 부피 변화를 결정하는 물리적인 데이터

초기 시멘트 화합물			*수화 생성물*		
		몰 부피			*몰 부피*
화합물	*비중*	$(GMW/\rho)^a$ 10^{-6} m^3	*화합물*	*비중*	$(GMW/\rho)^a$ 10^{-6} m^3
C_3S	~3.15	~72.4	C-S-H	2.0^b	125^b
C_2S	3.28	52.4	CH	2.24	33.2
C_3A	3.03	89.1	$C_6AS_3H_{32}$	1.78	715
C_4AF	~3.73	~128	C_4ASH_{12}	2.02	313
M	3.58	11.0	MH	2.37	24.2
CSH_2	2.32	74.2	C_4AH_{13}	~2.02	~260
$CSH_{1/2}$	2.74	52.9	C_2AH_8	1.95	165
포틀랜드 시멘트	3.15	-	C_3AH_6	2.52	150

[a] GMW, 그램분자량(gram molecular weight); ρ, 밀도(g/m^3).
[b] C-S-H의 함수량에 영향을 받는 값인데, 구조 속의 "겔 공극"의 양과 관련이 있다. 값은 $C_3S_2H_8$에 대한 것이다.

트가 계속 형성되며, 이로 인해서 시멘트 풀의 압축강도가 낮아질 정도로 손상을 일으키며 심한 경우에는 균열이 발생한다. 이로 인해서 ASTM C 150에는 SO_3의 양을 제한하고 있다.

수산화마그네슘 및 수산화칼슘도 제한된 공간에서 결정이 형성되면 비슷한 압력을 발생시킨다. 압력의 크기는 수화와 연관된 자유 에너지 변화량에 비례한다. 이러한 현상은 상당히 일반적이어서 얼음 결정이 콘크리트 내부에서 성장하면서 팽창해서 동해를 일으키거나, 현장에서 염분이 결정화되면서 환경조건에 따라서는 콘크리트 구조물의 성능저하를 유발하는 경우 등에서 볼 수 있다(제 18장).

부피 변화 계산

공극률은 시멘트 풀의 성질, 특히 강도와 내구성에 큰 영향을 미치므로 공극률에 관한 정보는 매우 유용하다. 시멘트 풀 내의 총 공극률(공극의 크기 분포는 아니고)은 상당히 쉽게 계산할 수 있다. 성분 구성 및 각 성분의 수화도를 알면, 종류별 비중을 이용해서 수화 방정식으로부터 부피 변화 및 공극량을 계산하는 것이 가능하다.

그러나 복잡한 계산 방식을 이용하는 대신에 모든 종류의 시멘트(1종~5종)에 적용할 수 있는 일련의 간단한 방정식이 T.C. Powers에 의해서 제안되었다. 이 방정식들은 실험 결과에서 얻은 경험식이다. 주어진 형태로 보면 시멘트의 수화도만 알면 방정식을 쉽게 풀 수 있다. 그림 4.13은 구성 재료간의 부피 관계를 표현한 것인데, 미세구조는 실제와 다르게 단순화한 것이다. 수화된 시멘트 부분은 C-S-H, CH, 그리고 설포알루미네이트를 포함한 모든 수화 생성물을 포함하며 이들을 따로 구분하지 않는다.3)

3) Power는 수화된 부분을 "시멘트 겔"이라고 불렀다. 각 재료의 구성비는 수화 방정식을 사용해서 구할 수 있다.

수분은 두 가지로 구분하는데, 증발수(evaporable water)는 포화된 시멘트 풀을 D-drying(혹은 노건조)하면 제거되며, 비증발수(nonevaporable water)는 D-drying한 시멘트 풀을 1000°C까지 가열하면 제거된다(표 4.5 참조). 증발수는 에트린자이트에 들어 있는 결정수(hydrate water)뿐만 아니라 모세관 공극과 겔 공극(층간 공극 포함)에 들어있는 물을 포함한다. 비증발수는 수화 생성물에 구조적으로 결합된 수분을 근사적으로 측정한다. 비증발수(w_n)는 수화도에 비례한다. 따라서

$$w_n = 0.24\alpha \text{ g/g (original cement)} \tag{4.10}$$

여기서 α는 수화도(degree of hydration)(즉, 수화된 시멘트의 비)이다. 시멘트가 완전히 수화되면(α=1.0), 시멘트 1 g마다 비증발수 0.24 g이 결합된다. α를 실험을 통해서 결정하기 위해서 식 (4.10)을 사용한다. 모든 수화 화합물[4]과 결합하는 증발수의 양(에트린자이트의 결정수도 포함)은

$$w_g = 0.18\alpha \text{ g/g (original cement)} \tag{4.11}$$

여기서 w_g는 겔 수(gel water)이고, 주로 C-S-H와 결합한다.

수화 생성물(시멘트 겔)의 총 부피는

$$V_{hp} = 0.68\alpha \text{ cm}^3 / 2\text{(original cement)}^{5)} \tag{4.12}$$

증발수의 비중을 1.0으로 볼 수 있으므로, 겔 공극(V_g)의 부피도 식 (4.11)을 사용해서 결정할 수 있으며, 처음 시멘트양을 기준으로 cm^3/g으로 표현된다. 겔 공극률(P_g)을 V_{hp}에 대한 비로 표현하면

$$P_g = \frac{w_g}{V_{hp}} = 0.26 \tag{4.13}$$

이 비는 정상적으로 수화된 모든 시멘트에 대해서 일정한 값이다. 따라서 수화 생성물 부피의 약 1/4이 공극 부피이다.

모세관 공극 부피는

$$V_c = \frac{w}{c} - 0.36\alpha \text{ cm}^3\text{/g (original cement)} \tag{4.14}$$

4) 이 수분은 시멘트 겔에 내재된 공극에 들어있다(즉, 겔 공극).
5) 여기서는 원래 사용된 단위를 사용했다; 적절한 SI 단위는 m^2/g이다.

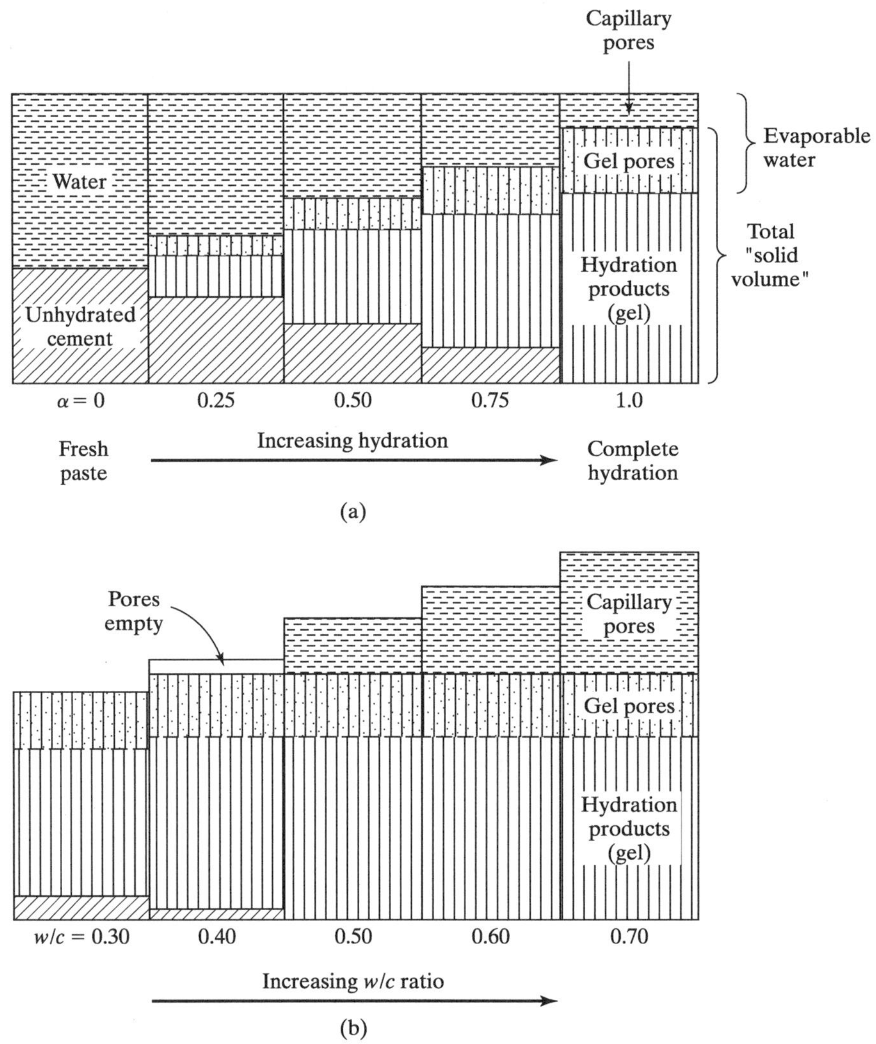

그림 4.13
수화된 시멘트 풀의 구성 성분 사이의 부피 관계: (a) w/c=0.5로 일정; (b) w/c비가 변함 ($\alpha = 1.0$).

여기서 w는 처음에 시멘트 풀에 들어간 물의 양이다. 따라서 w/c는 우리에게 익숙한 물-시멘트 비(무게 기준)이며, 이는 모세관 공극률에 큰 영향을 미친다.

수화되지 않은 시멘트가 차지하는 부피는

$$V_u = (1-\alpha)v_c \text{ cm}^3/\text{g (original cement)} \tag{4.15}$$

여기서 v_c는 시멘트의 비체적(specific volume, 비중의 역수)이며 약 0.32이다(표 4.7 참조). 수

화가 시작되기 전에는 V_u는 단순히 v_c와 같다. 그러므로 시멘트 풀의 원래 부피는

$$V_p = w/c + v_c \ \text{cm}^3/\text{g (original cement)} \tag{4.16}$$

시멘트 풀의 *w/c*비가 증가함에 따라 모세관 공극률도 증가한다. 모세관 공극률은

$$P_c = V_c / V_p = \frac{w/c - 0.36\alpha}{w/c + 0.32} \tag{4.17}$$

Power는 겔 공극비도 도입하였는데, 모세관 공극률을 나타내는 것으로 다음과 같이 정의된다.

$$X = \frac{\text{겔 부피(겔 공극 포함)}}{\text{겔 부피} + \text{모세관 공극의 부피}} = \frac{0.68\alpha}{0.32\alpha + w/c} \tag{4.18}$$

식 (4.10)~(4.18)을 사용하면 여러 α 및 *w/c*비에 대한 시멘트 풀의 구성 재료의 부피를 각각 계산하는 것이 가능하다. 이렇게 해서 만든 것이 그림 4.13이다. 지금의 계산은 전체적인 팽창은 일어나지 않으며, 또한 수화는 상온 근처에서 일어난다고 가정한다. 또 다른 하나는 밀봉 상태에서 수화된다고 가정한다. 다시 말하면 양생 기간 동안 외부에서 추가로 공급되는 수분이 없으며 증발로 인해서 손실되는 것도 없다. 그림 4.13에서는, 식 (4.14)에 나타나 있듯이, *w/c*와 α가 모세관 공극률에 미치는 영향을 분명하게 볼 수 있다.

$w/c = 0.5$, $\alpha = 0.75$를 기준으로 예시적으로 계산해 보면 다음과 같다.

$$w_n = 0.24 \times 0.75 = 0.18 \text{g/g (original cement)}$$
$$w_g = 0.14 \text{g/g (original cement)}$$
$$V_g = 0.14 \ \text{cm}^3/\text{g (original cement)}$$
$$V_{hp} = 0.68 \times 0.75 = 0.51 \ \text{cm}^3/\text{g (original cement)}$$
$$V_c = 0.50 - (0.36 \times 0.75) = 0.33 \ \text{cm}^3/\text{g (original cement)}$$
$$V_u = 0.25 \times 0.32 = 0.08 \ \text{cm}^3/\text{g (original cement)}$$
$$P_g = 0.26 (\alpha\text{와 무관함})$$
$$P_c = 0.33/(0.50 + 0.32) = 0.40$$
$$X = 0.51/[(0.32 \times 0.75) + 0.50] = 0.69$$

최소 w/c 비 물-시멘트비가 작으면 수화 생성물이 형성될 수 있는 공간이 충분하지 않으므로 수화가 완전하게 일어날 수 없다. 이 기준을 이용해서 완전한 수화가 일어나는 범위에서의 최소 *w/c*비를 결정할 수 있다. 식 (4.14)에서 $P_c = 0$, $\alpha = 0$으로 두면 결과는 0.36이다. 그러나 수화 생성물은 겔 공극이 포화된 상태에서 형성되어야 하므로 완전한 수화에 필요한 수량은,

$$w_{\min} = (w_n + w_g)\text{g/g (original cement)} \tag{4.19a}$$

혹은

$$(w/c)_{\min} = 0.42\alpha \tag{4.19b}$$

따라서 완전한 수화($\alpha = 1$)를 위해서는 w/c비는 0.42 보다 작아서는 안 된다.

자기건조(Self-Desiccation) 겔에 필요한 공간은 수분이 차지하는 공간보다 작으므로 주어진 수분이 다 사용되더라도 공간은 아직 남게 된다. 이것이 의미하는 바는 w/c비가 0.42보다 작으면 시멘트 풀은 자기건조를 일으키며, 양생 기간 동안 수분이 추가로 공급되지 않는 한 남은 모세관 공극의 일부는 비게 된다. 실제 현장에서는 시멘트 풀의 수분은 증발, 거푸집 혹은 지반으로의 흡수 등으로 인해서 물리적으로 손실이 일어나므로 자기건조를 막기 위한 유효 최소 w/c비는 0.42보다 더 크다.

그러므로 고강도 콘크리트와 같이 w/c비가 매우 낮으면 수화되지 않은 시멘트가 시멘트 풀 안에 남게 된다. 분명한 것은 높은 극한 강도를 얻기 위해서 수화가 완전하게 일어나야 하는 것은 아니다. 사실은 그 반대이다. 모세관 공극률이 작은 경우 수화되지 않은 시멘트 비율이 높으면 강도가 높아진다. 일반적인 콘크리트에 대해서 현장에서 자기건조가 문제가 되는 경우는 별로 없다. 이것은 습윤 양생을 제대로 하지 않아서 발생하는 문제가 훨씬 심각하기 때문에 다른 영향은 이에 가려지기 때문이다. 그러나 w/c비가 낮은 경우에는 습윤 양생을 수행하더라도, 자기건조가 중요한 문제가 될 수 있다(특히 실리카퓸을 함유한 경우). 이는 밀집된 미세구조 안으로 수분이 침투하는 것이 어렵기 때문이다. 내부의 상대습도가 75~80%로 떨어져서 발생하는 전체적인 수축(bulk shrinkage)을 자기수축(autogenous shrinkage)이라고 한다(그림 4.14). 이러한 수축을 구속하면 내부에 미세균열이 발생할 수 있다. 그러나 그것이 콘크리트의 성능에 미치는 영향은 아직 완전히 규명되지 않고 있다.

수화 생성물이 시멘트 풀의 성질에 미치는 영향

이제 굳은 시멘트 풀은 여러 성분으로 이루어진 복잡한 혼합물이라는 것을 이해할 수 있다. 미시적인 관점에서 보면 시멘트 풀은 비균질적이고 이방성인 복합 매트릭스로 간주되어야 한다. 그러나 거시적인 관점에서 보면 시멘트 풀 내에 수화 생성물은 인접해서 섞여서 자라고 또한 고루 분산되어 있기 때문에 균질하고 등방성인 재료로 가정하는 것이 가능하다. 수화된 시멘트 풀의 성질을 이해하고 예측하려면 시멘트 풀의 구성 요소의 성질을 고려해야 한다. 시멘트 풀 성분 구성이 미치는 영향에 대한 일반적인 사항을 여기서 언급하고, 다음에 추가적으로 더 설명하고자 한다. 시멘트 풀 매트릭스에서 C-S-H가 많은 부분을 차지하므로 시멘트 풀의 성질에 절대적인 영

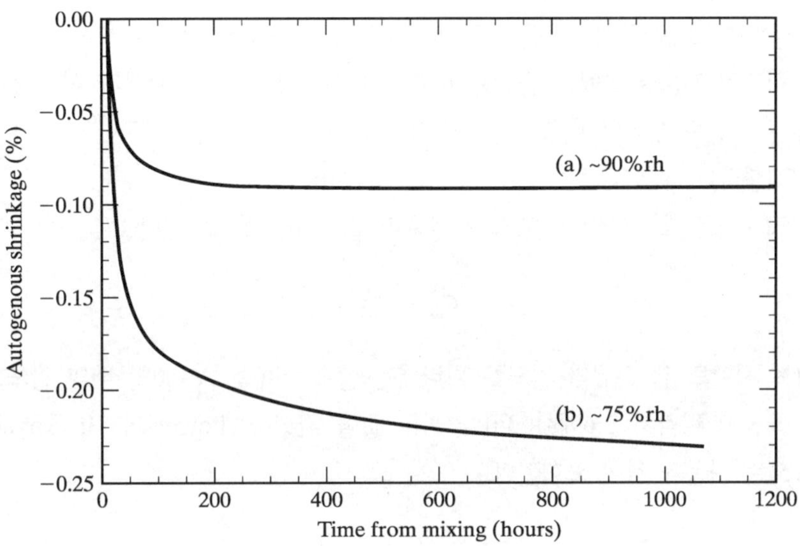

그림 4.14
근사적인 내부 RH에 대한 시멘트 풀의 자기수축 (*w/c*비=0.2): (a) 순수한 시멘트 풀; (b) 실리카퓸 첨가. [H.Ai, Ph.D. Thesis, University of Illinois at Urbana-Cha MPaign (2000).]

향을 미친다고 가정하는 것은 적절하다. 사실이 그러하며, 단지 다른 구성 요소들이 시멘트 풀의 성질에 어느 정도까지 영향을 줄 수 있느냐 하는 문제만 남는다.

화학적 부착 재료의 화학적 부착 특성은 그 재료가 다른 응력 상태에 보이는 역학적 반응 및 역학적인 반응을 나타내는 여러 요인들 사이의 상호관계를 결정한다. 과거에는 시멘트 풀의 인장강도가 매우 낮은 것은 C-S-H의 콜로이드 입자들 사이에 작용하는 반데르발스의 힘 때문이라고 생각했다. 그러나 굳은 시멘트 풀은 유기질 폴리머(반데르발스 결합에 의해서 지배되는)보다는 세라믹 재료(역학적인 거동이 이온-공유 결합에 의해서 지배되는)와 더 닮았다는 것이 이제 알려져 있다. 콘크리트의 인장강도가 낮은 것은 원자 결합에서보다는 훨씬 큰 규모로 결함이 존재하기 때문이다(제 13장 참조). 그럼에도 불구하고 총 결합에너지의 1/3내지 1/4 정도는 반데르발스 힘에 의한 것으로 생각된다. 반데르발스 결합은 콘크리트 특유의 크리프 및 건조수축 거동, 그리고 그 거동에 미치는 수분의 역할 등에 영향을 미친다(그리고 역학적인 성질에 미치는 영향을 더 작다).

공극률 및 공극 구조

겔 공극비 Powers와 Brownyard(1946-47)는 포틀랜드시멘트 모르타르의 압축강도는 겔 공극비에 정비례해서 증가하며, 재령, 초기 *w/c*비, 그리고 시멘트 종류에는 무관하다는 연구결과를 발표했다. 겔 공극비[식 (4.18)]는 고형 수화 생성물의 부피와 수화물이 생성되는 공간의 비를 말한다. 다시 말하면 겔 공극비는 시멘트 풀의 모세관 공극률을 α 및 w/c를 사용해서 표현한 것이다. 수화가 시작되기 전($\alpha = 0$)에는 공간은 배합수가 차지하고 있다. 수화가 어느 정도 진행되면 공간은 수화된 시멘트 부피와 배합수가 차지한다(1 cm^3의 시멘트가 완전히 수화되면 약 2.1 cm^3의 공간을 차지한다).

압축강도(σ_c')와 겔 공극비의 관계는 다음과 같이 표현할 수 있다.

$$\sigma'_c = AX^n \tag{4.20}$$

여기서 A는 시멘트 겔 고유의 강도를 나타내는 상수이며(즉, $X = 0$일 때의 강도), n은 상수로서 시멘트의 특성에 따라서 2.6에서 3.0 사이의 값을 가진다. Powers와 Brownyard가 밝힌 관계(그림 4.15)는 다음과 같이 표현된다.

$$\sigma'_c = 235X^3 \text{ MPa} \tag{4.21}$$

이 식은 배합설계나 재령과는 무관하다. 그러나 이 결과는 50 mm 입방체 모르타르 시편을 사용

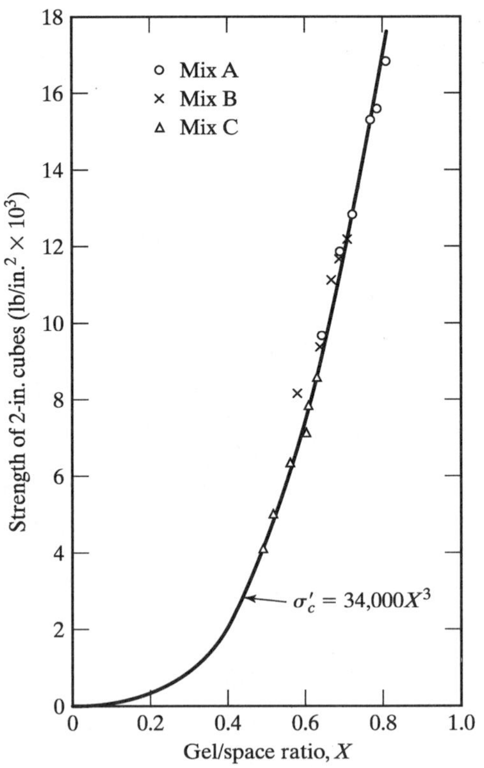

그림 4.15
시멘트-모래 모르타르에 대한 압축강도와 겔 공극비의 관계; σ_c'=압축강도 (lb/in.^{2}); X=겔 공극비.
[T.C. Powers, *Journal of the American Ceramic Society*, Vol. 41, No. 1, pp. 1-6 (1958).]

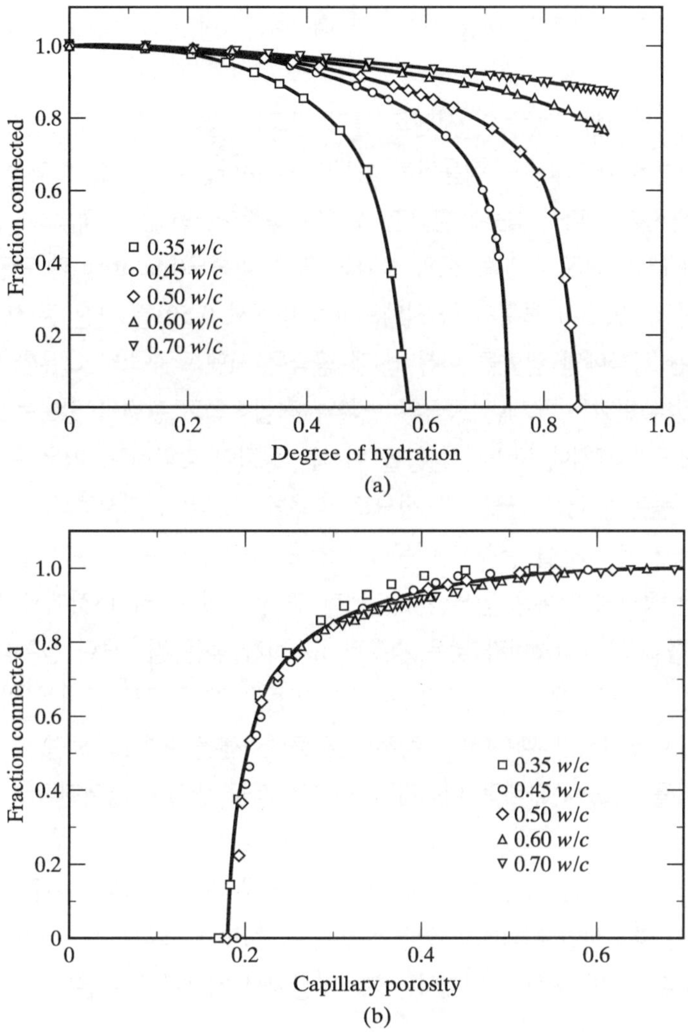

그림 4.16
(a) 수화 및 *w/c*비가 모세관 공극계의 연결에 미치는 영향.
(b) 공극률을 기준으로 그리면 하나의 곡선을 형성한다. (E.J.Carboczi의 컴퓨터 시뮬레이션 모델링 결과)

해서 구한 것이다. 시멘트 풀만 사용하거나 시편의 모양이 달라지면, 전체적인 경향은 같더라도 상수의 값은 달라질 것으로 생각된다. 또한 겔 공극비 개념은 시멘트 성분과 완전히 무관하지는 않는데, C_3A 함량이 높으면(특히 C_3A가 7% 이상이면) 임의의 X를 기준으로 보면 강도는 더 낮아진다.

지금까지의 논의에서 겔 공극을 고형 C-S-H의 일부분으로 간주했다. 굳은 시멘트 풀의 주성성분인 C-S-H가 심한 다공체이므로 시멘트 풀의 고유 강도가 비교적 낮은(235 MPa) 이유가 설명된다. 강도를 총 공극(즉, 모세관 공극 + 겔 공극)의 함수로 표현하는 것도 가능하지만, 겔 공극은 C-S-H 부피에서 일정한 비를 차지하기 때문에, 그렇게 표현하는 것이 별 이점이 없다.

수분 이동 특성 앞에서 말했듯이 시멘트 풀의 강도는 궁극적으로 공극률에 달려있다. 공극률은 다른 다공성 재료에서도 그대로 적용되는 성질이며, 수화물의 정확한 화학적인 특성은 덜 중요하다. 시멘트를 완전히 수화시키는데 필요한 수분이 충분하다면 (이론적으로) 겔 공극률은 w/c비와 무관하며(식 (4.13)), 단지 시멘트 풀의 수화도 혹은 성숙도(maturity)와 관련이 있다. 따라서 그림 4.13에서 볼 수 있듯이 보통의 물-시멘트비(0.40에서 0.50)를 가진 콘크리트에 추가로 수분을 공급하면 모세관 공극에만 영향을 미친다. 겔 공극은 시멘트 구조의 고유한 일부분이므로 콘크리트의 여러 성질의 변화는 모세관 공극의 변화와 직접적으로 관련이 있다는 것을 뜻한다. 표 4.7에서 보듯이 공극의 크기에 따라서 영향을 미치는 성질이 달라진다. 매우 큰 공극 혹은 국부적인 공극률이 매우 높은 영역은 균열 시작점으로 작용할 수 있다. 거시공극(macropores)은 수분 혹은 용존 이온이 시멘트 풀을 통해서 이동하는 것을 제어하게 된다. 수은 주입이 되는 0.1 μm 이상 혹은 연속된 공극의 지름은 침투성과 밀접한 관련이 있다. 제 18장에서 설명하겠지만, 수화가 잘 된 시멘트 풀을 보면 w/c비가 낮은 경우가 w/c비가 높은 경우보다 침투성이 자리수 3개 정도 더 낮다. 이것은 큰 공극은 고립되므로, 수분의 이동은 겔 공극을 통해서 이루어지는데, 이런 이동은 어렵사리 이루어지기 때문이다. 컴퓨터 시뮬레이션을 통해서 보면, 그림 4.16에서 보듯이 총 모세관 공극률이 20% 아래로 내려가면 공극은 서로 연결이 끊어진다.

건조수축 건조수축은 중간공극계(mesopore system)에 의해서 좌우되는데, 미세공극(micropores) 내에서 일어나는 부수적인 변화에도 영향을 받는다. 반면에 크리프는 주로 미세공극(micropores)에 의해서 좌우된다. 이 현상에 대해서는 제 16장에서 자세하게 다룬다.

수산화칼슘의 역할 수산화칼슘은 공극의 부피를 줄이기 때문에 강도 증진에 기여한다. 적절한 강성을 지니는(화학적인 성분은 무관하다) 임의의 고형 물질을 이용해서 공극률을 줄이면 강도는 증가한다. 그러나 C-S-H보다 용해성이 높기 때문에 내구성에는 좋지 않은 영향을 미친다. 수산화칼슘이 빠져나가면 매트릭스가 약해질 뿐 아니라 침투성 및 확산율이 높아지기 때문에 나쁜 외부 물질이 들어갈 수 있게 된다. 수산화칼슘은 알칼리 저지 기능을 가지고 있어서 산의 침투를 느리게 하며 철근의 표면을 부동태화 해서 녹이 스는 것을 방지하지만, 알칼리 골재 반응에는 좋지 않은 영향을 미친다.

칼슘 설포알루미네이트의 역할 칼슘 설포알루미네이트 수화물(에트린자이트)도 역시 시멘트 풀의 성질에 영향을 미친다. 가장 중요한 효과라 할 수 있는 황산염 침식을 포함하여 에트린자이트의 형성과 팽창으로 인한 여러 결과에 대해서 다루었다. 에트린자이트나 모노설포알루미네이트의 생성은 굳지 않은 콘크리트의 유동성에 영향을 미칠 수 있다. 비록 에트린자이트가 초기 강도 발현에 기여하지만 과도하게 생성되면 추후 강도 감소로 이어진다.

수분의 역할 수분은 극성 분자(polar molecule)이다. 따라서 수화된 시멘트 풀 내에서 수산화된 부분과 강한 2차 반응(예로 수소결합)을 일으킨다. 앞에서 살펴보았듯이 극성이 강하고 분자의 크기가 작기 때문에 수분은 C-S-H의 구조 내에서 독특한 역할을 하며, 따라서 콘크리트의 성질에 중요한 영향을 미친다. 물로 포화된 콘크리트는 건조한 콘크리트보다 압축강도가 20% 정도 낮다. 이는 다음 3가지 이유 때문일 것이다. (1) 흡착된 수분이 제거되면 C-S-H 입자가 서로 더 가까워져서 반데르발스 결합력이 증가함으로 인해서 더 강한 시스템을 구성한다; (2) 응력이 가해지면 수분이 Si-O-Si결합을 약하게 한다; 그리고 (3) 수분이 윤활제 역할을 해서 기계적인 맞물림을 약하게 한다.

제 16장에서 설명하듯이, C-S-H에 있는 수분은 크리프 및 건조수축과 관련해서 중요한 부분이다. 수분의 강한 수소 결합으로 인해서 표면 장력이 매우 크며, 이로 인해서 큰 모세관 응력이 발생한다. 미세공극(micropores) 내의 수분의 이동은 이러한 부피 변화에 아주 큰 영향을 미친다. 표면에 대한 수분의 강한 친화도는 혼화제와 관련해서 중요한 내용인데, 이는 화학 혼화제는 그 자체가 강한 극성 분자가 되어야 하기 때문이다.

참고문헌

Bentz, D. P., E. Schlangen, and E. 1. Garboczi, "Computer Simulations of Interfacial Zone Microstructure and Its Effect on the Properties of Cement-Based Composites," in *Materials Science of Concrete IV*, eds. J. P. Skalny and S. Mindess, pp. 155-200, American Ceramic Society, Westerville. OH (1995).

Garboczi, E. J., "Electronic Monograph on Cement and Concrete," http://ciks.nist.gov/monograph/

Garboczi. E. J., and D. P. Bentz, "Computational Materials Science of Cement-Based Materials," *Materials Research Society Bulletin*, pp. 50-54 (March 1993).

Garboczi, E. J., and D.P:Bentz, "Fundamental Computer Simulation Models for Cement-Based Materials," in *Materials Science of Concrete II*, ed. J. P. Skalny and S. Mindess, pp. 249-278, American feramic Society, Westerville, OH (1991).

Gartner, E. M., J. F. Young, D. Damidot, and I. Jawed, "Hydration of Portland Cement" in *Structure and Performance of Portland Cements*, 2nd Ed., eds. J. Bensted and P. Barnes, pp. 57-113, Spon Press, London (2002).

Jennings, H. M., and P. D. Tennis, "Model for the Developing Microstructure in Portland Cement Pastes." *J. American Ceramic Society*, Vol.77, No. 12, pp. 3161-72 (1994).

Lange D. A., and P. Stutzman, "Evolution of Cement Microstructure," http://cee.co.uiuc.edu/lange/micro/

Maso, J. C. (ed.). *Interfaces in Cementitious Composites*, E & Fn Spon, London (1992).

Mindess, S., "Interfaces in Concrete," in *Materials Sciene of Courrere I*, ed. J. P. Skalny, pp. 163-180, American Ceramic Society, Westervitle. OH (1989).

Odler, 1., "Hydration, Setting and Hardening of Portland Cement," *Lea's Chemistry of Cement and Concrete*, 4th ed., ed. P. C. Hewlett, Arnold, London and Waley, New York, pp. 241-298 (1998).

Parrott, L., "Modelling the Development of Microstructure," in *Proceedings, Conference on Manufacture and Use of Cements*, pp. 43-73, Engineering Foundation. NY (1986).

Scrivener, K. L., "The Microstructure of Concrete," in *Materials Science of Concrete I.*, ed. J. P. Skalny, pp. 127-162, American Ccramic Society. Westerville, OH (1989).

Taylor, H. F. W., *Cement Chemistry*, Thomas Telford, London. UK (1997).

Young, J. F., "The Microstructure of Hardened Cement Paste," in *Creep and Shrinkage in Concrete Structures*, eds Z. P, Bazant and F. H. Wittmann. pp. 1-22, John Wiley and Sons (1982).

문제

4.1. 온도가 포틀랜드시멘트의 수화에 미치는 영향을 설명하라.

4.2. 굳은 시멘트 풀에 대한 황산염 침식과 관련된 화학 반응에 대해서 설명하라.

4.3. 시멘트 수화에서 C_3A와 C_4AF의 역할에 대해서 설명하라.

4.4. 포틀랜드시멘트의 수화에서 석고가 하는 역할에 대해서 설명하라.

4.5. C-S-H와 CH의 성질을 비교하고, 이들이 굳은 시멘트 풀의 성질에 미치는 영향을 설명하라.

4.6. C-S-H와 같이 비표면적(100-400 m^2/g)이 매우 높은 재료의 공학적인 특성은 무엇이라고 생각하는가?

4.7. 시멘트 풀의 공극률을 측정하는데 있어서 어려운 점은 어떤 것인가?

4.8. 굳은 시멘트 풀에서 공극을 어떻게 분류하는지 설명하라.

4.9. $\alpha = 0.8$, $w/c = 0.45$일 때, (a) 수화 생성물의 부피; (b) 모세관 공극률; 그리고 (c) 겔 공극비를 계산하라.

4.10. w_n=0.14, w/c=0.42일 때, 문제 4.9를 다시 계산하라.

4.11. w/c비가 0.27로 낮아진다면 문제 4.9는 어떻게 되는가?

4.12. w/c=0.30, 0.40, 0.50, 그리고 0.60일 때, 문제 4.9를 다시 계산하라.

콘크리트 *Concrete*

CHAPTER 5

혼화재 및 혼합시멘트

Mineral Admixtures and Blended Cements

콘크리트에 미분쇄 재료를 첨가하는 것은 오늘날 확립된 방법이다. 이러한 재료는 총체적으로 광물계 혼화재 혹은 보조 시멘트재(supplementary cementing material)로 불린다. 혼화재료는 주된 사용 목적은 시멘트의 대체재료, 굳지 않은 콘크리트의 작업성 향상, 콘크리트의 내구성을 증대하는데 있다. 광물계 혼화재는 다음과 같이 3 분류로 구분할 수 있다.

1. 포졸란 재료
2. 시멘트계 재료(결합재)
3. 미반응성 재료

유럽에서 상용되는 모든 시멘트는 포틀랜드시멘트에 광물계 혼화재를 혼합한 혼합시멘트이지만 미국에서는 별로 사용되지 않는다. 미국에서는 위의 분류 1, 2는 레미콘에서 시멘트 보조 재료(supplementary cementing material)로 사용하는 것이 일반적이다. 어느 쪽이든 그 결과는 같은데, 광물계 혼화재는 수화되는 포틀랜드시멘트와 화학적으로 반응하여 페이스트의 미세구조를 변화시킨다.

광물계 혼화재를 사용하면 몇 가지 장점이 있다. 내구성 향상과 같은 기술적인 장점에 대해서는 자세히 설명할 것이다. 그러나 많은 레미콘 공장에서는 단순히 경제적 이점을 고려하여 시멘트보다 단가가 낮은 플라이애쉬를 첨가한다(고로슬래그 미분말의 단가는 시멘트와 비슷하지만 실리카퓸은 훨씬 더 비싸다). 광물계 혼화재는 환경친화적인 재료라 할 수 있는데, 이는 폐기물을 활용하는 장점뿐만 아니라 시멘트를 제조할 때 필요한 에너지 소비 및 CO_2 배출량이 줄어들기 때문이다.

석회석 미분말, 실리카 가루, 소석회 등이 분류 3의 미반응성 재료에 포함된다. 비록 미반응성이라고 분류되지만, 조건이 맞으면 시멘트와 약간 반응하는 종류도 있다. 이러한 종류는 포틀랜드시멘트와 혼합하여 워커빌리티 및 보수성(water retension)을 향상시킨 조적용 시멘트 제조에 사용된다. 이러한 미세 재료를 사용하는 주목적이 워커빌리티를 향상시키는 것이기 때문에 워커빌리티 개선재(workability aids)라고도 불리며 색상 안료도 여기에 속한다.

이 장에서는 포졸란 및 시멘트계 재료에 한하여 설명하는데, 먼저 재료의 종류에 대해서 살펴본 후 혼합시멘트의 사용에 대하여 설명한다.

5.1 포졸란 재료 (Pozzolanic Materials)

역사와 기원

그리스인들은 산토린 섬의 화산재를 수경성 석회에 첨가하여 사용하였다(같은 재료가 파르테논과 수에즈 운하에 사용되었다). 로마인은 이러한 그리스의 기술을 받아들이고 확장하여 그들의 제국 곳곳에서 생산되는 여러 종류의 재를 사용하였다. 포졸란(pozzolan)이란 명칭은 나폴리만에 위치한 도시인 포졸리(Pozzuoli)에서 유래되었는데, 이곳은 베수비오산에서 온 풍화된 재(응회암)가 많이 퇴적되어 있는 곳이다(Smeaton의 Eddystone 등대 건축에 현재 Civitavecchia 도시 근교의 포졸란이 사용되었다). 천연 혹은 산업 공장에서 발생되는 일부 반응성 알루미노 규산염을 포졸란 재료라고 하며(표 5.1), 재료는 시멘트 분말도에 맞게 분급되거나 분쇄되어 사용한다.

천연 포졸란 천연적으로 발생된 포졸란은 1930년대와 1940년대에 미국 서부에서 댐 구조물의 매스콘크리트에 건설에 광범위하게 사용되었다. 그러나 1910년부터 2년 동안 로스앤젤레스의 수로 건설에 최초로 현대적 의미로 포졸란이 사용되었으며, 또한 금문교 및 샌프란시스코-오클랜드 교량에 황산염 저항성 향상 및 수화열 저감 목적으로 사용되었다. 1935년 보네빌 댐에서 여러 매스콘크리트 댐 중에서 처음으로 천연 포졸란이 수화열을 제어하기 위하여 사용되었다. 공사 지역에서 재료를 조달하였는데, 대부분 화산재이지만 규조토 및 오팔 재료가 일부 사용되었다. 일부 재료는 점토 광물 불순물을 활성화시켜서 포졸란 반응도를 향상시키기 위해서 소성되어야 했다. 로마인은 화산재를 대신하여 도기류에서 분쇄된 타일 가루의 형태로서 소성점토를 사용하였다. 이것은 현재 메타카올린(metakaolin)의 형태로 건설현장에서 사용되고 있다.

표 5.1 일반적인 포졸란 재료

분류	*대표적인 재료*	*반응 성분*
천연 재료	화산재	유리질 알루미노 규산염
	풍화 화산재	유리질 알루미노 규산염, 제올라이트
	속돌	유리질 알루미노 규산염
	규조토	비결정질 수화된 실리카
	규질암 및 혈암	수화된 실리카 겔
부산물	플라이애쉬	유리질 알루미노 규산염
	실리카퓸	비결정질 실리카
	왕겨재	비결정질 실리카
	소성 점토	비결정질 알루미노 규산염(메타카올린)

부산물 재료 일반적으로 오늘날 사용되고 있는 포졸란은 쉽게 구할 수 있는 부산물 재료들이다. 가장 많이 사용되는 플라이애쉬는 무기질이고, 불연성인데, 화력발전소에서 석탄을 태운 뒤 남는 것이다. 연소할 때, 굴뚝을 통하여 대기 중으로 배출되는 재의 미립자를 냉각 후 집진장치로 포집한 것이다. 플라이애쉬는 건설현장에서 매우 다양하게 사용되고 있으며 레미콘 공장에서 일반적으로 콘크리트 제조에 첨가하고 있는 플라이애쉬의 사용 목적은 주로 경제성(시멘트 가격의 반이 안 된다.) 때문이지만 기술적인 이점도 많이 있다. 미국에서는 현재 매년 2억 5,000만톤 이상의 플라이애쉬가 생산되므로 콘크리트에서 소모할 수 있는 양을 훨씬 넘는다. 그러나 일부는 이산화 황산을 제거하기 위하여 집진기를 통하는데도 불구하고 유리 석회, 황산 칼슘 혹은 아황산염이 함유되어 있는 등 여러 가지 이유에서 콘크리트에 활용할 수 없는 경우가 많기 때문에 품질을 확인한 후 사용하여야 한다.

실리카퓸은 실리콘 금속 및 합금 등을 제조할 때에 발생되는 부산물로 폐가스 중에 포함되어 있는 SiO_2를 집진기로 모아서 얻어지는 초미립자의 산업부산물로 미국에서는 매년 약 200,000톤의 실리카퓸이 발생된다. 왕겨재는 특정한 연소 조건에서 벼 껍질을 태워서 유기물을 제거하고 남은 실리카질의 부산물이다. 여기에는 다른 어느 작물보다 많은 20% 정도의 SiO_2를 함유되어 있다. 벼 껍질은 전 세계적으로 매년 약 9,000만 톤이 생산되며 미국에서의 생산량은 2% 미만이다. 또한 점토를 700~900°C로 소성하여 매우 반응성이 높은 비결정질 알루미노 규산염(메타카올린)을 생산할 수 있다.

포졸란 반응

포졸란의 주성분인 비결정질 혹은 유리질 실리카는 시멘트의 규산 칼슘의 수화반응으로 생성된 수산화칼슘과 다음과 같이 반응한다.

$$CH + S + H \rightarrow C\text{-}S\text{-}H \tag{5.1}$$

플라이애쉬나 천연 포졸란을 사용하였을 경우 C-S-H의 수화물에서 C/S 몰비가 약간 작기는 하지만, 그 구성이 일반적인 수화로 생성된 C-S-H 수화물과 별 차이 없다. 그러나 실리카 함유량이 많아서 반응성이 매우 큰 포졸란(실리카퓸, 왕겨재 등)은 C/S 몰비가 상당히 달라서 1.0에 근접하며, H/S 몰비는 또한 약간 작다. 이것은 C-S-H와 2차 포졸란 반응이 발생한다는 것을 의미한다. 따라서 전체적인 반응은 다음과 같이 표현할 수 있다.

$$C_3S + 2S + 10.5H \rightarrow 2[CSH_{3.5}] \tag{5.2}$$

일반적으로 포졸란 재료 중의 소량의 반응성 알루미나는 C-S-H 수화물의 일부로서 실리카를 대체한다. 천연 포졸란 또는 소성 점토와 같이 포졸란 재료가 다량의 반응성 알루미나를 함유하고 있으면 별도의 2차 반응이 발생하며 C-A-H 수화물이 생성된다.

$$CH + A + H \rightarrow C\text{-}A\text{-}H \tag{5.3}$$

생성되는 C-A-H 수화물의 정확한 구성은 포졸란의 성분에 따라 다르다. 포졸란의 구성 성분에 따라서 C_2AH_8, C_2ASH_8(겔레나이트 수화물)과 같은 AFm 화합물이나 모노설포알루미네이트가 생성된다.

식 (5.1)이 주된 포졸란 반응으로 반응속도는 C_2S의 느린 수화반응과 비슷하다. C_2S의 반응열이 약 −43 kJ/몰인데 비하여 CH의 반응열은 그 보다 작은 −12 kJ/몰 정도이다. 따라서 포졸란의 첨가는 시멘트에서 C_2S의 함유량을 증가시키는 것과 비슷한 효과가 있기 때문에 초기 수화열 및 초기 강도는 감소하지만 장기강도는 증가한다. 포졸란 반응의 활성화 에너지는 약 30 kJ/몰이다. 포졸란 반응으로 고형 부피가 증가되기 때문에 페이스트의 공극은 결국 줄어들어서 순수 페이스트와 비교해서 강도 및 내구성이 증가한다.

포졸란 반응의 진행 정도는 시간에 따라 줄어드는 수산화칼슘의 양을 보면 알 수 있다. 그런 분석 결과를 도식적으로 나타낸 것이 그림 5.1인데, 실리카퓸, 소성 점토는 높은 반응성을 나타낸다. 이론적으로는 수화작용으로 생성된 모든 수산화칼슘이 반응하는 것이 가능하지만 실제로는 그렇지 않다. 사실 포졸란 반응 속도가 느리기 때문에 습윤양생을 연장하여야 포졸란을 첨가한 효과를 기대할 수 있다. 만약 습윤양생이 충분하지 못하면 포졸란은 비시멘트계 채움재로 작용한다. 포졸란 반응은 일반적인 수화반응보다 온도에 더 민감하기 때문에 증기양생을 하면 매우 빨리 진행된다.

포졸란 활성도(pozzolanic capacity)는 일반적으로 $Ca(OH)_2$와의 직접적인 반응을 검사하고 석회(lime)의 소모량(혹은 강도발현)을 파악해서 시험한다. 표 5.2에서 보는 바와 같이 C등급 플라이애쉬는 F등급 플라이애쉬보다 낮은 활성도를 보이는데 이것은 석회가 많이 포함되어 있기

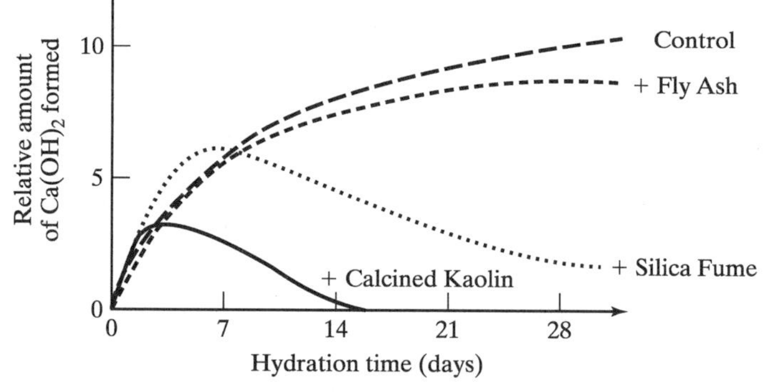

그림 5.1
여러 종류의 포졸란 재료의 반응성 비교

표 5.2 포졸란의 일반적인 포졸란 활성도

종류	$Ca(OH)_2$ *소비량*(mg/g)
고로슬래그	40
실리카퓸	400
플라이애쉬	850부산물
메타카올린	1000

때문이다. 플라이애쉬에 의한 $Ca(OH)_2$의 소비량은 고로슬래그보다 많다. 알루미나 함유량이 높은 포졸란은 C-A-H 수화물의 생성을 위하여 요구되는 알루미나 양이 많아 활성도가 높다.

조성

화학 분석 표 5.3에서 보는 바와 같이, 포졸란은 여러 종류가 있기 때문에 화학 성분도 매우 다양하다. 이런 이유로, 플라이애쉬 및 천연 포졸란에 관한 내용을 담고 있는 ASTM C 618 기준은, 비록 산성 무수화합물(SiO_2+$A1_2O_3$+Fe_2O_3, acid oxide)의 합이 70% 이상(C등급 플라이애쉬에서는 50% 이상)이어야 한다는 화학적인 요구 조건이 있기는 하지만, 기본적으로 성능 기준이다. 그러나 이 조건은 모든 이들 산화물이 포졸란 반응에 참가한다는 비현실적인 가정이 들어있다. ASTM의 기준에서 주된 조항은 ASTM C 311에 따라서 측정한 7일 혹은 28일에서의 강도 반응지수(activity index)가 최소 75%가 되어야 한다는 것이다. 이 지수는 시멘트의 20%를 포졸란으로 치환한 경우와 포졸란을 포함하지 않은 두 경우에 있어서의 입방형 모르타르의 압축강도를 비교한다. 다른 조항들은 황산염 침식과 같은 다른 공학적인 성능과 관련이 있다.

표 5.3 포졸란의 일반적인 화학조성

종류	SiO_2	Al_2O_3	Fe_2O_3	CaO	Na_2O	K_2O	*탄소*
화산 흑요석	50~70	15~20	1~6	2~10	2~4	2~10	-
화산 응회암	45~75	10~20	1~10	1~10	<2	2~7	-
규조토	~85	~2	~2	<1	-	-	-
플라이애쉬 - F등급	>50	20~30	<20	<5	가변적	가변적	<5
- C등급	>30	15~25	<10	20~30	가변적	가변적	<1
실리카퓸	85~98	<2	<10	-	가변적, 낮음	가변적, 낮음	<2
왕겨재	85	-	-	<1	1~4	3~10	3~18
소성 점토	~55	35~45	<10	-	<1	<1	-

결정질 성분 종합적인 화학분석은 도움은 되겠지만 포졸란의 특성을 제대로 파악하지 못한다. 양질의 포졸란은 많은 반응성 유리질 혹은 비결정질 재료를 포함하고 있다. 예를 들어 양질의 실리카퓸은 98% 이상의 비결정질 실리카를 함유하고 있고 플라이애쉬 및 천연 포졸란은 일반적으로 다량의 불활성 결정질을 함유하고 있다. 그림 5.2에서 보는 바와 같이, XRD분석에 의하여 결정질 불순물을 구분할 수 있다. 비결정질 혹은 유리질 부분은 봉우리 모양을 형성하는데, CaO 함

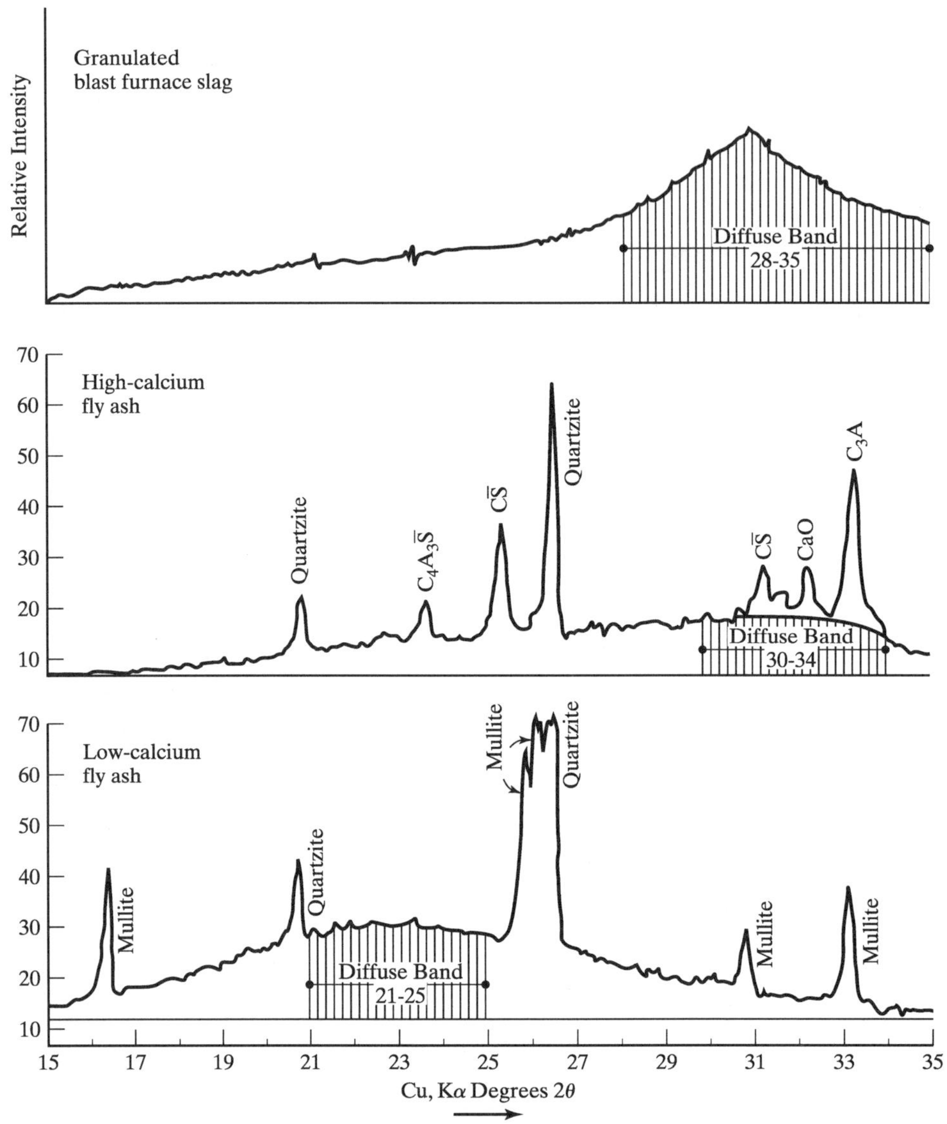

그림 5.2
플라이애쉬 및 고로슬래그 미분말의 X선 회절(XRD) 분석

유량에 따라 위치가 달라진다. 봉우리 위에 뾰족하게 튀어나온 부분을 기준으로 결정 상태를 찾으며, 전문 분석연구실에서 유리질 성분의 함량과 결정 상태에 관한 정보를 분석할 수 있다.

양질의 F등급 플라이애쉬는 70~90%의 석영(quartz), 멀라이트(mullite), 적철광(hematite), 자철광(magnetite)이 주 결정체로 유리질이 냉각된 것이다. 일부 C등급 플라이애쉬는 C_4A_3S, C_3A 및 C_2S를 함유하고 있는 경우도 있어 수분을 가하면 굳어지는 시멘트계 재료와 비슷한 특성을 보이지만, 다른 것들은 수분만으로는 반응을 일으키지 않는다. 일반적으로 말해서 높은 요구수량, 조기 경화, 급결 등의 문제를 피하기 위해서는 C등급 플라이애쉬는 사용하지 않는 것이 좋다.

천연 포졸란은 유리질 성분이 50~90% 정도를 차지하고 있다. 주 결정질 화합물은 석영, 장석(feldspar)이지만, 일부 응회암에는 결정질이 포졸란으로 작용할 수 있는 제올라이트도 포함되어 있다.

미량 성분 구성 성분과 관련해서 몇몇 다른 고려 사항도 있다. 많은 포졸란이 알칼리 산화물(akali oxide)을 함유하고 있다. 플라이애쉬의 경우 정전 집진기의 효율을 높이기 위해서 수용성 염이 첨가되는 경우가 종종 있기 때문에 이것이 콘크리트의 응결 속도에 영향을 미치는 경우도 있다. 천연 포졸란의 경우 알칼리 산화물은 불용성 형태로 있으며 만일 나오더라도 반응 중에만 방출된다. 알칼리 골재반응을 제어하기 위하여 포졸란을 첨가하기 때문에 더 이상의 알칼리를 첨가하는 것은 역효과를 발생시킨다. 포졸란을 이러한 용도로 사용하는 경우엔, 콘크리트 내의 알칼리 총량에서 차지하는 비율을 계산하기 위해서, 알칼리 함량을 알아야 한다.

부산물 재료의 상당수는 미연탄소(unburned carbon)를 함유하고 있다. 실리카퓸은 1~2%, 플라이애쉬는 0.5~5.0%(가끔은 25%까지), 왕겨재는 3~18% 정도의 미연탄소를 함유하고 있다. 탄소가 다량 함유되어 있는 일부 플라이애쉬의 경우엔 정전 분리를 이용하여 함유량을 줄이면 콘크리트에서 사용하기 적당하게 만들 수 있다. (왕겨재는 높은 포졸란 활성도에도 불구하고 대규모 상업 용도의 사용을 금지하고 있는 이유는 탄소 함유량이 많기 때문이다. 특수 용광로를 사용해서 비결정질 실리카가 결정화되지 않는 충분히 낮은 온도에서 섬유소를 분해해서 잔존 탄소를 완전히 제거하여야 한다.) 탄소 함유량은 강열 감량(loss of ignition)으로부터 알 수 있다. 잔존 탄소량과 관련된 주된 관심사는 공기 연행에 좋지 않는 영향을 미친다는 것이다. 공기연행제의 사용량을 증가시켜야 하고, 극단적인 경우에는 요구되는 공기량을 연행시킬 수 없을 수도 있다. 또한 철분의 함량은 색상에 큰 영향을 미치지만, 탄소도 색상에 영향을 미친다. 따라서 포졸란의 색은 매우 밝은 흰색에서 거의 검은색까지 매우 다양하다. ASTM C 618은 강열 감량을 통해서 탄소의 양을 제한하고 있으며, 알칼리의 양에 대해서서도 선택적으로 제한할 수 있다. 또한 오토클레이브 팽창 시험을 통해서 SO_3함유량도 제한함으로써 페리클레이스의 수화로 인해서 생길 수 있는 불안정성을 줄이고 있다. KS F 5405에서는 강열 감량을 5%로 제한하고 있으며, SO_3함유량도 제한하고 있다.

물리 특성 포졸란이 효과적이기 위해서는 미분 상태에 있어야 한다. 대부분의 천연재료는 시멘트 분말도 정도로 분쇄되어야 하지만, 산업 부산물은 종종 매우 미분의 입자이기 때문에 따로 분쇄하지 않아도 된다. 표 5.4는 여러 재료를 비교한 것인데, 여기에서 보듯이 입자는 형상학적으로 매우 다르다. 구형 입자는 워커빌리티에 좋은 영향을 미치므로 매우 바람직하고, 납작하거나 세포질 형상의 입자는 요구 수량이 증가한다. 그림 5.3은 플라이애쉬와 실리카퓸의 일반적인 모양이다. ASTM C 618은 45 μm체에 남는 재료의 양을 제한하고 있지만, 이것은 입자의 크기와 모양에 대한 평가로는 부적절한 내용이다. 더 유용한 기준은 표면적인데, 이는 포졸란 반응도가 반응에 이용될 수 있는 표면적의 크기에 비례하기 때문이다. 왕겨재는 세포질 형상 때문에 평균 입경에 비해서 표면적이 매우 크다. 따라서 반응도는 매우 높으나 요구되는 수량도 많아진다.

그림 5.4와 같은 입도 분포 해석은 더욱 유용한데, 실리카퓸은 입자가 매우 작기 때문에 반응도가 매우 높다. 그러나 이렇게 입자가 작으면 취급하는 것이 매우 어려워 슬러리 상태가 아니면 주로 응고 처리된 상태로 사용된다. 응고된 재료는 콘크리트 비빔에서 다시 분산되도록 해야 한다. 거의 완전하게 분산되지 않으면 실리카퓸을 첨가하는 이점이 대부분 없어질 것이다. 그러나 분산되지 않고 뭉쳐져 있는 경우를 종종 볼 수 있다. 실리카퓸은 매우 미분의 재료이기 때문에 시멘트 입자 사이를 매울 수 있는 능력이 있다. 이러한 입자 충전 특성은, 소성 점토에서도 어느 정도는 기대할 수 있지만, 다른 포졸란 재료와 구분되는 면이라 할 수 있다. 입자 충전(particle packing)으로 인해서 블리딩이 줄어들고, 모세관 공극 평균 입경이 감소하고 요구되는 물의 양도 줄어든다. 현저한 효과를 보기 위해서는 시멘트 질량의 5~10%를 사용해야 하며, 시멘트와 실리카퓸 모두를 분산시키기 위하여 감수제를 사용하여야 한다. 그렇게 하면 *w/cm*(물-결합재비) 0.25 이하에서도 좋은 유동성을 유지할 수 있다. 공기 분급기를 이용해서 얻은 5 μm 이하의 플라이애쉬를 사용한 경우에도 이런 입자 충전 효과를 얻을 수 있다.

표 5.4 포졸란의 물리 특성

종류	*평균입경* (μm)	*비표면적* (m^2/g)	*입자 모양*	*밀도*
포틀랜드시멘트	10~15	<1	각형, 불규칙	~3.2
천연 포졸란	10~15*	<1	각형, 불규칙	가변적
플라이애쉬(C등급 및 F등급)	10~15	1~	대부분 구형	2.2~2.4
실리카퓸	0.1~0.3	15~25	구형	2.2
왕겨재	10~20*	50~100	셀모양, 불규칙	<2.0
소성 점토	1~2	~15	판형	2.4

* 분쇄 후

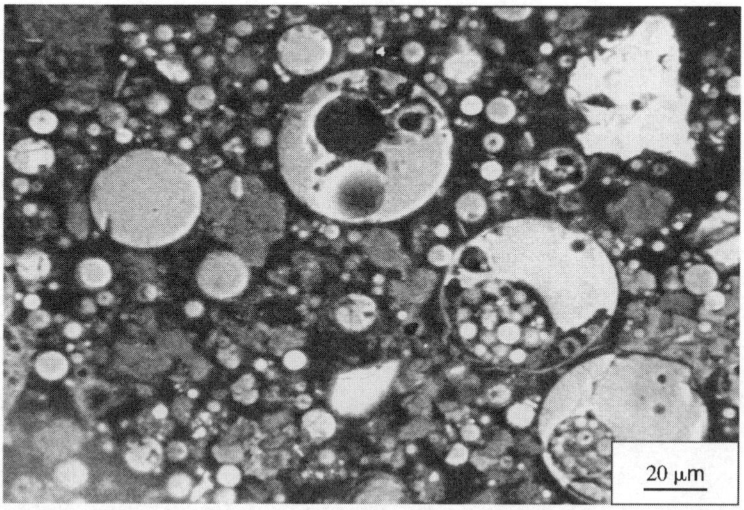

(a)

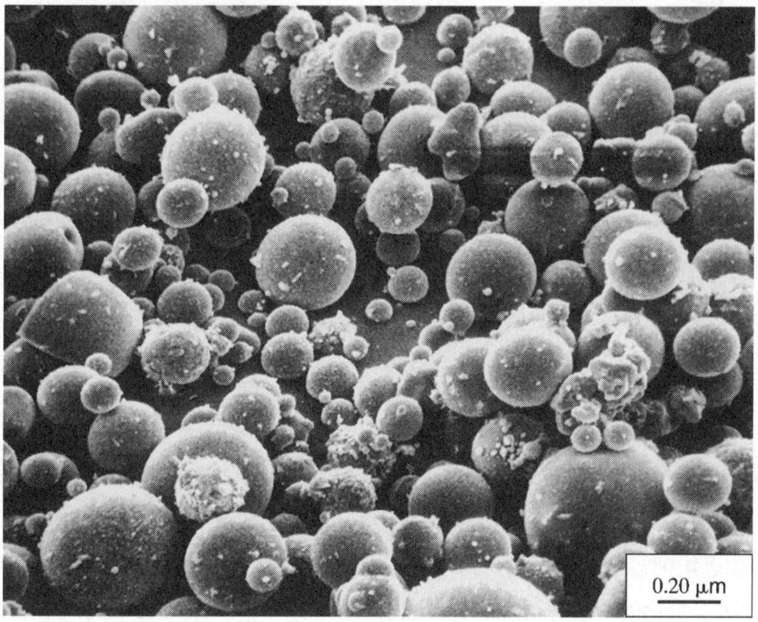

(b)

그림 5.3
플라이애쉬 및 실리카퓸의 형상

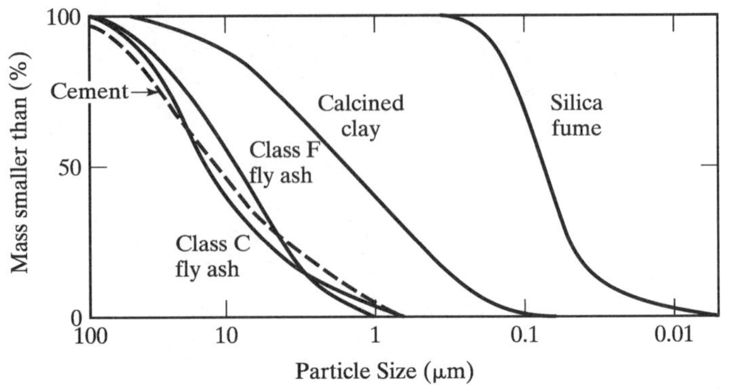

그림 5.4
포졸란 재료의 일반적인 입도 분포

5.2 고로슬래그 (Blast Furnace Slag)

성분

슬래그는 야금술 과정에서 발생되는 부산물로 광석에서 금속을 생산하거나 금속의 불순물을 정제하는 과정에서 생성된다. 석회를 포함하고 있는 용융 무기질이 금속의 불순물을 추출하는 과정에서 사용되는데 이것이 냉각과정에서 굳어진 것이다. 콘크리트에 사용되는 슬래그는 광석으로부터의 용광로에서 선철을 생산하는 과정에서 발생된다. 제강 슬래그(선철에서 강재로 변환하는 과정) 혹은 니켈 또는 동을 생산하는 과정에서 발생되는 슬래그는 철분이 많이 들어있어서 콘크리트에서 사용하기 적합한 성분은 아니다. 그러나 선광으로 줄일 수 있다면 사용할 수도 있다. 고로슬래그 미분말에는 석회, 실리카 및 알루미나가 풍부하다. 전형적인 질량 백분율은 CaO = 35~45%, SiO_2 = 32~38%, Al_2O_3 = 8~16%, MgO=5~15%, Fe_2O_3 < 2%이며 또한 유황이 1~2% 정도 함유되어 있다(잔류 철분은 일반적으로 산화 제2철(ferric oxide)이 아니라, 황화 제1철(ferrous sulfide)의 형태이다). ASTM C 989는 유황(sulfur)의 양을 황화물(sulfide)의 2.5%, 그리고 황산염(sulfate)의 4.0%로 제한하고 있다. KS F 2563에서는 SO_3를 4.0%로 제한하고 있다.

공기 중에서 서랭되면 용융 슬래그는 결정화되면서 황장석, 몬티셀라이트와 같은 비활성 칼슘 규산마그네슘과 소량의 C_2S, C_3S, CS와 규산 칼슘을 형성하기 때문에 반응성 알루미노규산염 유리질을 생성하기 위해서는 담금질(quenching)을 해야 한다. 담금질에는 물을 사용하며, 입상화 혹은 펠릿화(pelletization) 과정 중 하나를 이용한다. 입상화 과정에서는 용융 슬래그를 고압수로 분쇄하고 물에 담그는데, 이 후 4 mm 정도의 입자를 시멘트 분말도 정도까지 분쇄한다. 그림 5.5에서 보는바와 같이, 최근에는 물을 적게 소비하는 펠릿화 과정을 사용한다. 4 mm 이하의 작은 입자는 분쇄하여 광물계 혼화재료로 사용되며, 다공성이고 일부 결정화된 큰 입자는 경량 골재로 사용된다. 따라서 수경성을 띠어서 혼화재료로 사용될 수 있게 하기 위해서 고로슬래그를

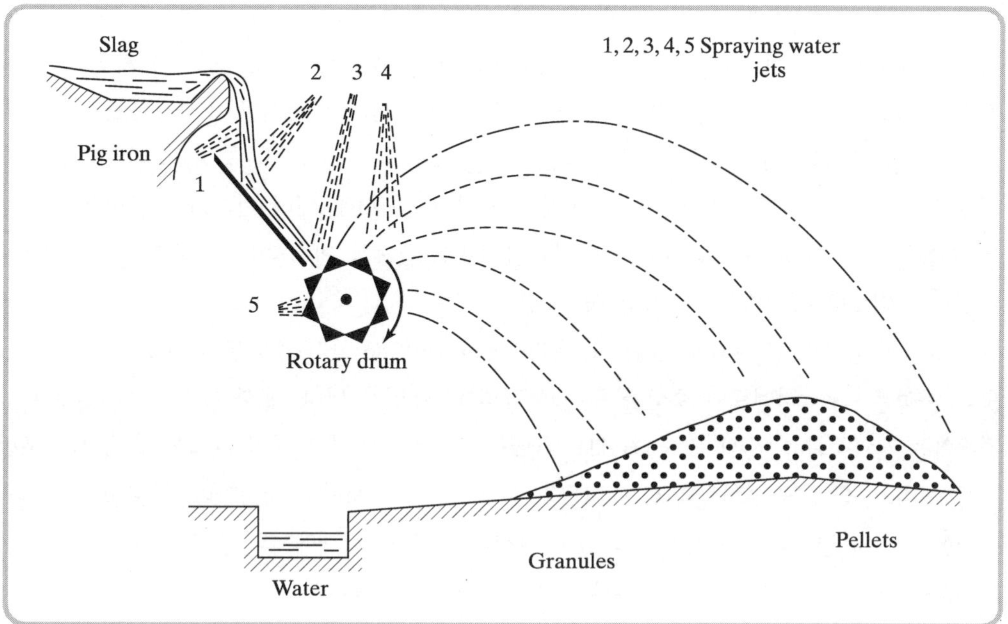

그림 5.5
급랭 슬래그 방법의 모식도. 고압수에 의하여 ~~용융~~ 슬래그는 급랭되고 회전 드럼에 의하여 파쇄 된다. [*Journal of Materials Education*, Vol. 5, No. 5, pp. 687-714 (1983).]

담금질을 하고 분쇄하여야 한다; 앞으로 이 책에서 슬래그라는 용어는 이러한 상태를 의미하는 것으로 한다.

슬래그에 따라서 반응성은 매우 많이 다르다. 비록 슬래그의 유리질 성분이 매우 중요한 요인으로 알려져 있지만, 구성 성분과 반응성 사이에 신뢰할 만한 정량적인 관계는 아직 없다. ASTM C 989는 슬래그를 50% 치환한 모르타르의 강도와 시멘트만 100% 사용한 모르타르의 강도의 비를 기준으로 반응성을 평가한다. 표 5.5는 그 활성도 지수(activity index)를 보인 것이며, KS F2563에서도 활성도 지수 기준을 정해두고 있다.

표 5.5 고로슬래그 활성도 지수(%)

종류	*분말도*(m^2/kg)	*재령 7일*	*재령 28일*	*재령 91일*
1종	80~100	95 이상	105 이상	105 이상
2종	60~80	75 이상	95 이상	105 이상
3종	40~60	55 이상	75 이상	95 이상

슬래그의 수화반응

급랭된 유리질 슬래그는 물과 매우 천천히 반응하여 슬래그를 단독으로 사용하는 경우, 포틀랜드 시멘트 콘크리트의 28일 강도 수준에 도달하기 위해서는 수개월이 소요될지도 모른다. 이것은 초기 수화반응에서 슬래그 입자 주위에 생성되는 비결정 실리카 및 알루미나로 인해서 불침투성 피복이 형성되기 때문으로 보인다. 알칼리 성분을 이용하여 슬래그를 활성화할 필요가 있으며, 알칼리 자극제로는 NaOH, Na_2CO_3, 또는 $NaSiO_3$와 같은 수용성 나트륨 염류를 사용하거나 수산화칼슘을 이용할 수 있다. (황산칼슘도 슬래그를 활성화시킬 수 있지만 일반적으로 사용되지 않는다.) 나트륨 염류에 의한 활성은 매우 유용하지만 특수 목적에만 사용되며, 일반적으로 주된 활성제는 포틀랜드시멘트의 수화반응으로 인하여 생성된 $Ca(OH)_2$이며 알칼리 수산화물이 일부 역할을 수행한다. 비록 시멘트의 10~20%만이 활성제로 필요한 양이지만, 슬래그 혼합시멘트에는 일반적으로 이보다 훨씬 많은 양이 들어있다.

슬래그의 수화로 인하여 C-S-H 및 AFm(monosulfate)상이 수화물로 생성된다. C-S-H 수화물의 구성은 순수 시멘트의 수화물 구성과 달리 C/S 비가 낮다. 또한 슬래그와 시멘트를 혼합한 경우에는, 저 석회 C-S-H 및 $Ca(OH)_2$ 혼합물이 안정적이지 못하기 때문에 슬래그도 포졸란 반응을 보이고, C-S-H 수화물의 C/S 비율이 1.7 정도까지 서서히 상승한다. 반응성 슬래그의 수화속도는 C_2S의 경우와 비슷하며 수화열도 유사하다. 초기 단계에서의 슬래그 수화 반응 에너지는 55 kJ/g이며, 이는 시멘트의 반응 에너지인 40 kJ/g보다 높다.

5.3 혼합시멘트 (Blended Cements)

국내에서 사용되는 대표적인 포졸란 재료는 플라이애쉬로 주로 콘크리트의 혼화재료로 사용되고 있으며 고로슬래그는 포틀랜드시멘트에 혼합 분쇄하여 고로슬래그 시멘트로 판매되고 있다. 국내에서 KS L 5210에 고로슬래그 시멘트, KS L 5211에 플라이애쉬 시멘트 및 KS L 5401에 포틀랜드 포졸란 시멘트를 규정하고 있다.

미국에서는 포졸란과 슬래그를 주로 광물계 혼화재로 사용하고 일부 포틀랜드-포졸란, 포트랜드-슬래그 혼합시멘트가 생산된다. 개나다에서는 포틀랜드-실리카퓸 혼합시멘트도 생산된다. 혼합시멘트는 ASTM C 595 혹은 성능기반 기준인 ASTM C 1157을 만족해야 한다. 표 5.6은 C 595에서 규정한 혼합시멘트의 종류이다. 혼화재료를 혼합하는 방식에서는 영향이 별로 없고, 혼

표 5.6 혼합시멘트(ASTM C 595)

구분	*종류*	*혼합률(%)*	*ASTM C 150*
I(PM)	수정 포졸란	<15	II
IP	포틀랜드 포졸란	15~40	IV or V
I(SM)	수정 고로슬래그	<25	II
IS	포틀랜드 고로슬래그	25~70	IV or V
S	고로슬래그	>70	IV or V

각 혼합시멘트는 다음과 같은 명칭이 추가로 붙기도 한다:
MS = 중간 내황산염, MH = 중용열, A=공기연행

합되는 양에 의해서 성능에 차이가 있다. 혼합시멘트를 사용하면 편리하고 품질관리가 용이하며 레미콘 공장에서 추가로 재료를 혼합할 필요가 없다. 그러나 포졸란이나 슬래그의 함유량이 미리 고정되어 있기 때문에 특정 응용 조건에서는 최선이 아닐 수도 있다.

C 595에서 구성 성분을 규정하고 있기는 하지만, 동일한 시험법과 성능에 대한 동일한 기준을 적용하고 있기 때문에, C 150과 마찬가지로 여전히 성능기반이라 할 수 있다. C 1157은 구성 성분에 규정이 없어 순수한 성능 기반 기준이라 할 수 있다. 이 기준에서는 6개의 유형이 일정 요구조건을 만족한다(표 5.7). 혼합되는 광물계 혼화재 및 시멘트의 종류에 대해서는 규정되어 있지 않다. 기준의 요구 조건은 표 5.8에 명기되어 있다. ASTM C 1157은 성능 기준을 보여주는 것이며, 점점 보편화되면서 결국 C 150을 대체할 것이다.

5.4 혼화재료의 배합 (Proportioning with Mineral Admixtures)

광물계 혼화재는 두 가지 방법으로 사용될 수 있다. 하나는 콘크리트에 첨가재로 사용하는 것이고, 다른 하나는 치환재로 사용하는 것이다. 첨가재 개념은 내구성 때문에 시멘트의 최소량이 정해져 있는 경우에 작업성을 향상시키기 위하여 주로 사용되며, 치환재 개념은 시멘트를 치환하여 수화열을 저감하거나 내구성을 향상시키기 위하여 사용된다. 첨가재 개념으로 사용하는 경우에는 시멘트양은 동일하게 유지되며 포졸란은 잔골재를 효과적으로 치환한다. 치환재 개념으로 사용하는 경우에는 혼합시멘트와 마찬가지 개념으로 시멘트에 대신해서 사용된다. 그러나 치환이 부피가 아니라 질량을 기준으로 이루어지기 때문에 잔골재량은 여전히 영향을 미친다. 항상 혼화재료가 시멘트보다 비중이 낮기 때문에 치환하는 혼화재료의 부피가 치환되는 시멘트의 부피보다 더 크다. *w/c*비는 결합 작용을 하는 모든 재료를 고려하여 계산되기 때문에 *w/cm*이 된다. 여기서 *cm*은 결합재(시멘트계 재료, cementitious materials)를 의미한다. 광물계 및 화학적 혼화재료는 종종 함께 사용된다.

고함량 플라이애쉬 콘크리트

고로슬래그가 가지는 근본적인 시멘트적 특성 때문에 시멘트를 대량 치환할 수 있으나, 포졸란은 그와 반응하는 페이스트 내의 $Ca(OH)_2$의 양에 의해서 제한을 받는다. 이론적으로는 무게비로 시멘트의 약 25%를 치환하는 F등급 플라이애쉬와 반응할 수 있는 $Ca(OH)_2$만이 존재한다. 그러나 플라이애쉬를 50% 이상 사용하고도 내구적인 구조용 콘크리트를 만들 수 있다. 고성능감수제의 사용 및 플라이애쉬가 워커빌리티에 미치는 좋은 영향으로 인해서 35% 이하의 물-결합재비로도 사용할 수 있는데, 이 경우 반응하지 않는 플라이애쉬의 양이 더 많아지는 면이 상쇄된다고 할 수 있다. 반응하지 못하고 남는 플라이애쉬는 충전재로 작용하여 경화체 내에 일체로 부착된다.

표 5.7 수경성 시멘트(ASTM C 1157)

구분	종류	ASTM C 150
GU	일반	I
HE	조강	III
MS	중간 내황산염	II
HS	내황산염	V
MH	중용열	II
LH	저열	IV

표 5.8 물리적 요구 사항에 대한 표준치 (ASTM C 1157)

시멘트 종류		GU	HE	MS	HS	MH	LH
분말도[a]	오토클레이브 팽창도 (최대, %)	0.80	0.80	0.80	0.80	0.80	0.80
응결시간 (비카 시험)	초결(최대, 분)	45	45	45	45	45	45
	종결(최대, 시간)	420	420	420	420	420	420
강도 범위[b] (최소, MPa)	1일	-	10	-	-	-	-
	3일	10	17	10	5	5	-
	7일	17	-	17	10	10	-
	28일	-	-	-	17	-	17
수화열 (최대, kJ/kg)	7일	-	-	-	-	290	250
	28일	-	-	-	-	-	290
모르타르봉 팽창률 (최대, %)	14일	0.02	0.02	0.02	0.02	0.02	0.02
황산염 팽창률[c] (최대, %)	6개월	-	-	0.10	0.05	-	-
	1년	-	-	-	0.10	-	-
ASR 팽창률[d] (최대, %)	14일	0.02	0.02	0.02	0.02	0.02	0.02
	56일	0.06	0.06	0.06	0.06	0.06	0.06
추가적인 물리특성	초기경도/최종 관입(최소, %)	50	50	50	50	50	50
	28일 압축강도(최소, MPa)	28	-	28	-	22	-

[a] 45 μm 체가름 시험결과와 분말도는 기본적으로 시험하여 보고하여야 한다.
[b] 압축강도 범위로 이 보다 더 높은 범위는 자세히 기술하여야 한다.
[c] HS(조강)시멘트는 6개월 팽창률이 만족하면 1년 팽창률은 보고하지 않아도 된다.
[d] ASR 반응성 골재를 사용한 경우에 시멘트를 시험하여야 한다.

그림 5.6에서 보는 바와 같이 28일까지의 압축강도는 낮지만 장기강도는 만족할만 하다. 따라서 이러한 배합은 높은 초기 강도가 필요하지 않은 매스콘크리트에 적당하다. 낮은 수화열 역시 그런 콘크리트에 유리하다.

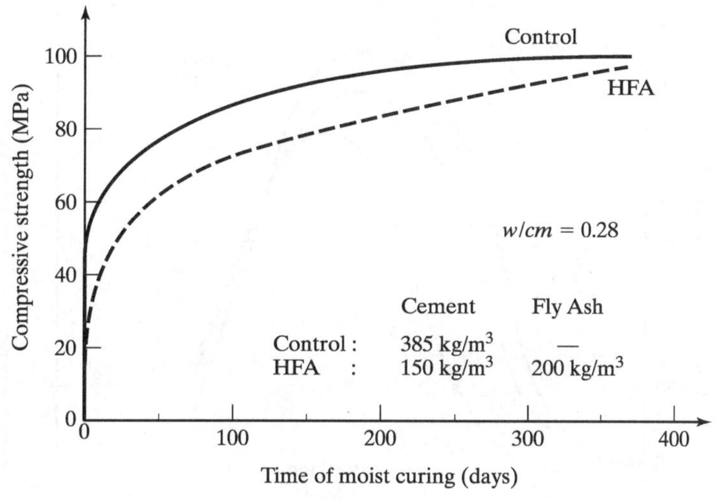

그림 5.6
기준 콘크리트 대비 고함량 플라이애쉬 콘크리트(HFA)의 강도 발현

5.5 굳지 않은 혹은 경화되는 콘크리트 특성에 미치는 영향 (Effects on Properties of Fresh and Hardening Concrete)

수화열

광물계 혼화재는 전체적으로 수화열을 줄인다. 특히 발열 속도를 느리게 하여 경화되는 콘크리트의 온도 상승을 제어한다. 광물계 혼화재를 사용하는 것은 시멘트의 C_2S 함유량을 높이는 것과 비슷하기 때문에 1종 시멘트를 2종 혹은 4종 시멘트로 효과적으로 바꾸게 된다. 미국에서는 매스콘크리트에 포졸란을 사용함으로써, 유정(oil-well)에 사용하는 경우를 제외하고는, 4종 시멘트를 생산을 하지 않게 되었다. 그러나 캐나다에서는 여전히 생산되고 있다. 일반적으로 포졸란 반응으로 인한 발열량이 낮은 것으로 생각되지만, 중량을 기준으로 환산하면 사실 더 높을 것이다. 그러나 반응이 느리고 열이 천천히 방출되기 때문에 매스콘크리트에서의 온도 상승은 항상 작다(그림 5.7 참조).

작업성

광물계 혼화재는 결합재의 양을 늘리거나, 거친 배합(예를 들어서, 거칠고 모난 모래를 사용한 콘크리트 혹은 섬유보강 콘크리트)에서의 워커빌리티를 증가시키거나, 내부 온도의 큰 상승 없이 고강도를 얻는데 사용된다. 플라이애쉬 및 실리카퓸은 입자의 형태가 구형이어서 워커빌리티에 특히 유리하며 고강도 콘크리트 제조에는 필수적인 재료이다. 구형 입자는 작은 볼베어링 같이 작용하여 입자간의 마찰을 감소시키기 때문에 플라이애쉬를 사용하면 같은 슬럼프를 유지하면서

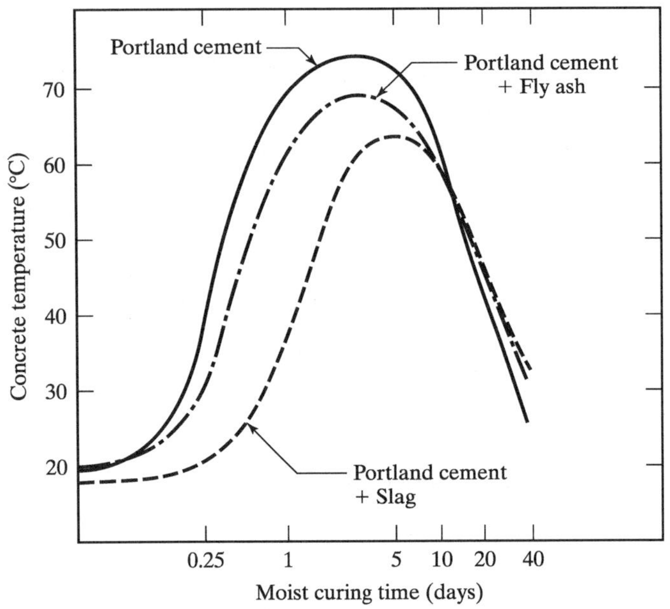

그림 5.7
플라이애쉬 및 슬래그를 혼입한 매스콘크리트의 온도상승. 1종 시멘트, $w/c = 0.5$
[*Proceedings of the Institution of Civil Engineers*, Part 2, pp. 777-800 (Sept. 1980).]

도 물-결합재비를 줄일 수 있다. 고성능감수제를 사용하면 플라이애쉬를 시멘트 무게의 25%까지 치환하고도 w/c비 0.35 이하의 콘크리트 제조가 가능하다.

이런 측면에서, 감수제와 같이 사용하는 경우에는, 실리카퓸이 더욱 좋다. 왜냐하면 마이크론 단위 이하의 작은 입자에서 요구되는 높은 수량을 줄이기 위해서는 화학적인 분산이 필요하기 때문이다. 실리카퓸은 시멘트 입자 사이를 채워 윤활제와 같은 역할을 한다. 실리카퓸은 100 MPa 이상의 고강도 콘크리트에 제조에는 필수적인 재료이다. 실리카퓸의 높은 분말도는 블리딩과 재료분리를 방지하지만 소성수축 균열을 발생시키기 쉬우며, 실리카퓸을 포함하는 콘크리트는 점성이 커서 마무리 작업을 더 어렵게 한다.

공기연행

광물계 혼화재를 사용한 콘크리트는, w/cm비가 0.24 이하인 경우를 제외하고는, 동결융해에 대한 저항성 향상을 위하여(제 8, 18장 참조) 공기를 연행을 하여야 한다(제 19장 참조). 광물계 혼화재를 첨가하면 특정 공기량을 얻는 데 필요한 공기연행제의 양이 변화한다. 플라이애쉬 혹은 왕겨재의 미연탄소는 공기연행을 강하게 억제하며, 탄소가 없는 포졸란도 공기 연행에 영향을 미칠 수 있다. 따라서 공기연행제의 사용량을 증가시켜야 하며, 반드시 배합 시험을 통하여 확인하여야 한다.

미세 구조

광물계 혼화재는 시멘트 경화체의 미세 구조를 상당히 변화시킨다. C-S-H 수화물의 증가로 인하여 미세 구조는, 특히 반응성이 높은 미분의 포졸란이 사용되었을 때, 매우 균질해 진다. 잔여 $Ca(OH)_2$ 결정은 일반적으로 더 작고 조직 형태가 변경될 수 있다. 미세 구조에 미치는 주된 영향은 공극 구조의 변경이다. 혼화재의 반응으로 공극률(C-S-H의 밀도는 수산화칼슘의 비중보다 더 작다) 및 공극 크기가 감소한다. 그러나 공극률을 감소시키기 위해서는 습윤양생을 연장해서 포졸란 반응이 많이 일어날 수 있게 해야 한다. 물-결합재비를 줄이면 공극률이 더 크게 줄어든다. 실리카퓸의 충전효과는 공극의 크기를 줄이는데 특히 효과적이며, 따라서 실리카퓸은 철근을 향한 염화물 침투 속도를 줄이기 위해서 교량의 바닥판 등에 광범위하게 사용된다. 그림 5.8은 공극 크기 분포에 대한 광물계 혼화재의 영향을 보여주고 있다.

강도 발현

광물계 혼화재를 사용한 콘크리트는 시간이 지나면서 광물계 혼화재를 사용하지 않은 콘크리트보다 더 높은 강도를 발현한다. 그림 5.9에서 보는 바와 같이, 혼화재의 활성도에 따라 초기 강도 발현이 달라진다. 낮은 초기 강도는 고성능감수제를 사용하여 물-결합재비를 낮춤으로써 상쇄시킬 수 있다. 일부 광물계 혼화재는 초기 재령에서는 반응을 하지 않는 첨가재처럼 존재하여, 시멘트는 높은 유효 *w/c*비 내에서 반응한다. 그러나 실리카퓸, 소성 점토, 왕겨재와 같은 매우 반응

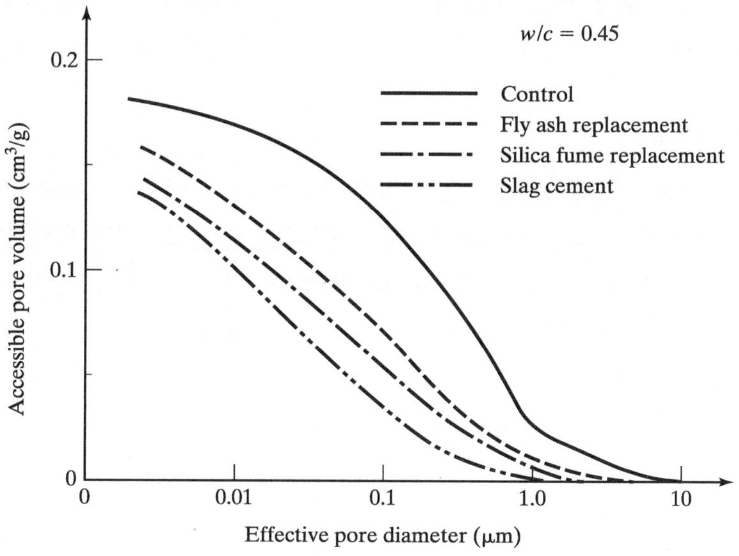

그림 5.8
광물계 혼화재를 사용한 시멘트 풀의 공극 분포.
(수은압입법, mercury intrusion porosimetry)

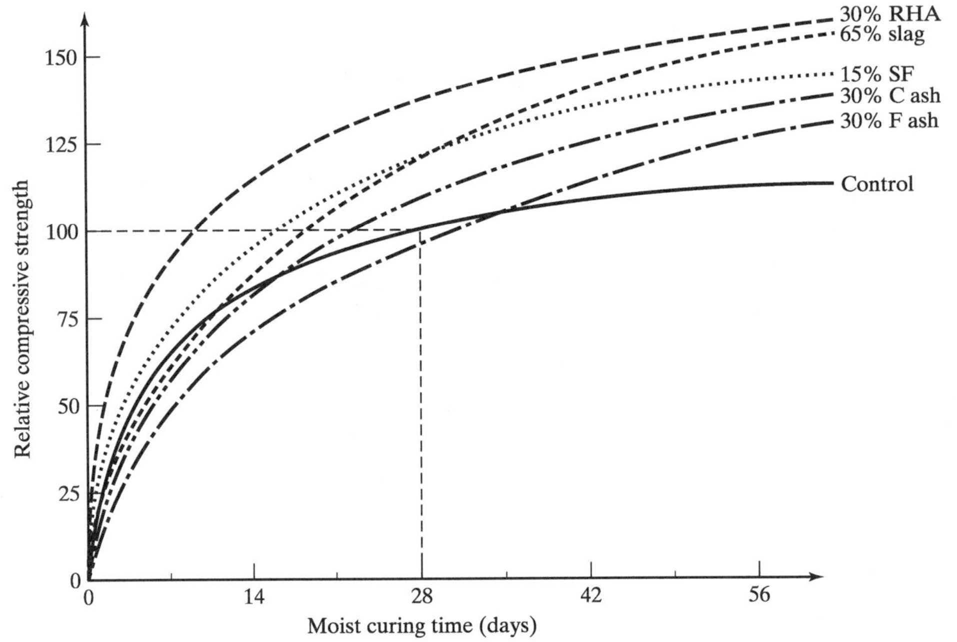

그림 5.9
혼화재료 종류에 따른 압축강도 발현 비교
(RHA=왕겨재; SF=실리카퓸; C ash=C등급 플라이애쉬; F ash=F등급 플라이애쉬)

성이 높은 포졸란은 응결시간을 약간 단축시켜서 조기 강도발현에 기여한다. 이러한 포졸란은 시멘트의 수화반응에 바로 영향을 미쳐, 며칠 내로 강도 증진에 기여하기 시작한다.

건조수축 및 크리프

일단은 광물계 혼화재를 첨가하는 것은 콘크리트의 건조수축 및 크리프에는 큰 영향을 미치지 않는다고 말할 수 있다. 따라서 대부분의 경우 기존의 일반 콘크리트와 동일한 값을 사용하면 될 것이다. 그러나 만약 체적변화가 매우 중요한 경우라면 예상되는 사용조건에서 정확한 거동을 시험을 통하여 예측하여야 한다. 이론적으로는 C-S-H 수화물이 증가하고 공극구조가 미세해지면 체적이 증가할 것이라고 예상할 수 있다. 그러나 물-결합재비, 혼화재 사용량, 건조 혹은 재하 전의 반응량 등 많은 인자들이 수축 및 크리프에 영향을 미친다.

내구성

광물계 혼화재는 황산염 저항성의 향상, 알칼리 골재 반응의 조절, 염소이온 확산의 감소, 백화현상의 감소 등 콘크리트 내구성을 향상시키기 위해서 광범위하게 사용되고 있다. 내구성 향상은 수산화칼슘(수화 생성물 중 가장 용해성이 높음)의 감소, 공극 구조 변경, 물-결합재비의 감소를

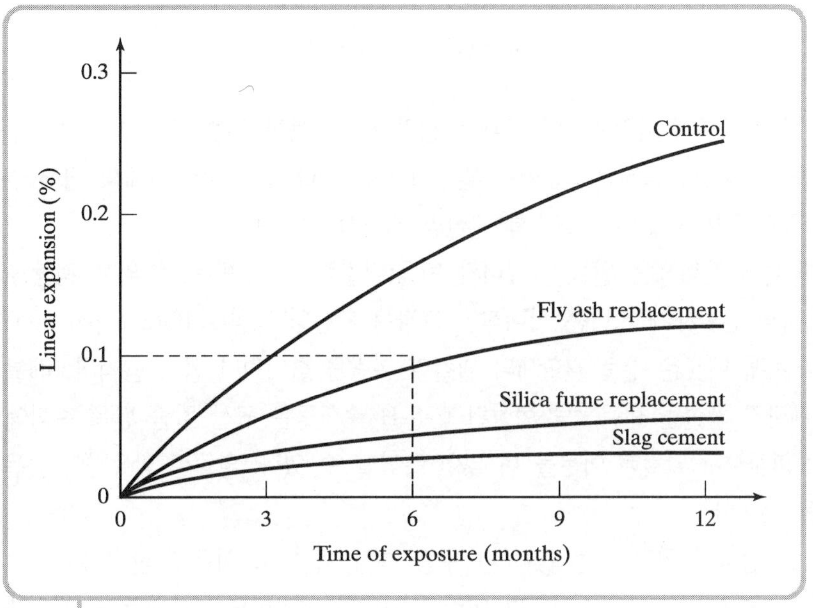

그림 5.10
광물계 혼화재 종류에 따른 황산염에 대한 팽창률 (ASTM 시험)

통해서 얻어진다. 미국에서 포졸란은 캘리포니아에서 구조물의 황산염 침식에 대한 저항성을 높이기 위해서 사용되었다. 포졸란은 에트린자이트 생성을 여러 과정에서 감소시킨다. 첫째로 포졸란은 콘크리트의 투수성을 저감시키기 때문에 수용성 황산염이 침투하는 것을 억제하며, 두 번째로 포졸란은 수산화칼슘의 양을 줄여서 수용성 황산염으로부터 석고가 생성되는 것을 억제한다. 석고는 에트린자이트를 생성하는데 필요한 성분이다. 세 번째로 시멘트를 치환함으로써 실질적인 C_3A 함유량을 저감시킬 수 있다. 수산화칼슘을 줄이는 것은 매우 중요한 측면인데, 수산화칼슘은 시간이 경과함에 따라 용해되어 공극률과 투수성이 커지기 때문이다. 이 경우 황산염 이온은 보다 쉽게 콘크리트에 침투하게 되고 수산화칼슘이 칼슘이온을 제공하면 황산염 이온과 반응하여 석고로 농축되고 이것이 결국은 반응을 통하여 에트린자이트를 생성하게 된다. 그림 5.10에서 보듯이 광물계 혼화재를 사용하여 황산염 침식으로 인한 팽창량을 줄일 수 있다. 5종 시멘트에 광물계 혼화재를 함께 사용하면 황산염에 대한 저항성을 한층 더 향상시킬 수 있다.

모든 포졸란이 같은 수준의 황산염 저항성을 가지는 것은 아니다. 알루미나 함유량이 높은 포졸란 재료는, 잠재적으로 에트린자이트 생성이 가능한, C-A-H 수화물(식 (5.3))을 생성할 수 있기 때문이다. 또한 F등급 플라이애쉬는 CaO의 함량이 많아서 포졸란 반응에서 수산화칼슘의 소모량이 줄어든다. 1970년대에 미국(Bureau of Reclamation)에서는 구조물의 황산염 침식 저항성을 높이는데 사용되는 플라이애쉬의 적절성을 평가하면서 다음과 같은 경험적인 저항 계수(resistance factor)를 제안하였다.

$$R = (\mathrm{CaO}\text{-}5) / \mathrm{Fe_2O_3} \tag{5.4}$$

이 식은 서로 다른 플라이애쉬의 효과를 평가하는 유용한 기준이다. Al_2O_3의 함량이 식에 비록 명시적으로 나타나지 않지만 그 양은 일반적으로 CaO, Fe_2O_3에 의해서 정해진다. 그림 5.11에서 보는 바와 같이 R값이 작을수록 황산염 저항성이 좋다.

또한 광물계 혼화재는 알칼리 실리카 반응(알칼리 골재 반응)에 의한 팽창을 줄인다(제 7장 참조). 각각의 혼화재가 지니는 상대적인 효과는 황산염 팽창(sulfate expansion)에 미치는 영향에 필적하는데, 이것은 주로 결합재의 알칼리 총량을 줄이거나 공극 용액의 pH를 줄이는 결과를 말한다. 게다가 포졸란 반응으로 형성된 C-S-H 수화물은 규산 칼슘 단독 수화에 의해서 형성된 C-S-H 수화물보다 알칼리 이온을 더 많이 흡착할 수 있다. 알칼리 함유량이 높은 혼화재료는 효과가 작을 것이다.

화학적인 침식에 있어서 콘크리트의 수송 특성, 투수성, 이온 확산 등은 침식 속도를 정하는 성질들인데, 공극의 크기가 줄어들면 이러한 능력이 전반적으로 줄어든다. 광물계 혼화재를 사용했을 때 염화물 침투가 줄어드는 것은 염소 이온 확산 능력이 줄어들기 때문이다. 대표적인 데이터가 그림 5.12에 주어져 있다.

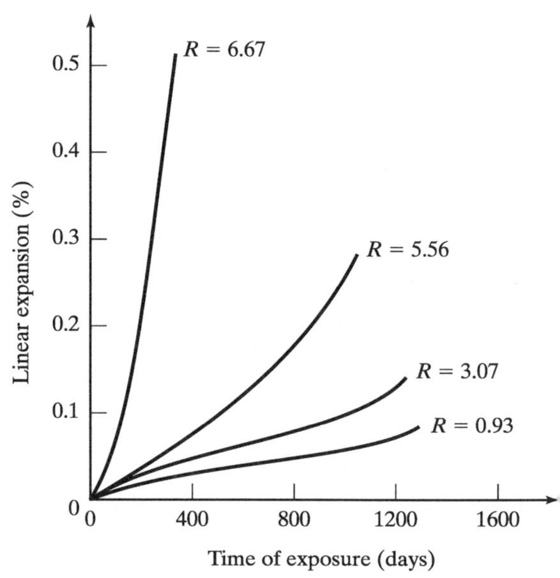

그림 5.11
C등급 플라이애쉬를 사용한 콘크리트의 황산염에 대한 팽창률 [*Cement Concrete and Aggregates*, Vol. 2, pp. 20-30, (1980).]

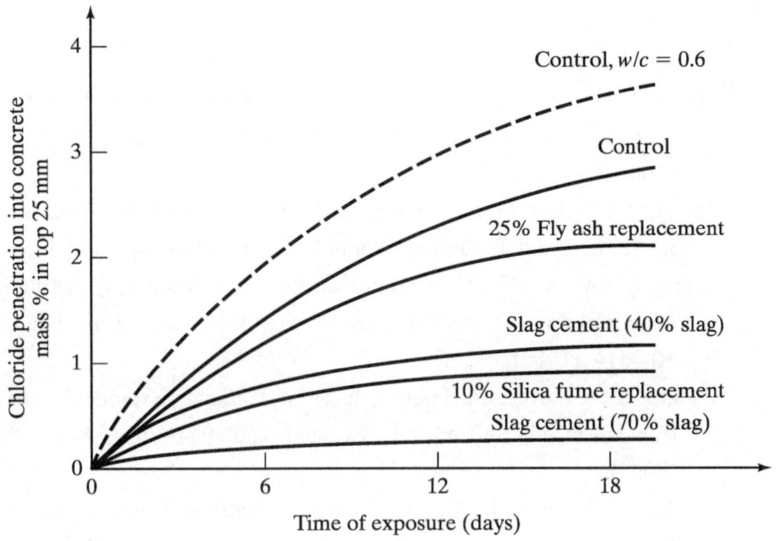

그림 5.12
광물계 혼화재를 사용한 콘크리트의($w/c = 0.5$) 염화물 침투성 비교

참고문헌

ACI Committee 232, "Use of Fly Ash in Concrete (ACI 232.2R-96)," *ACI Manual of Concrete Practice,* Part 1, American Concrete Institute, Farmington Hills, MI (2001).

ACI Committee 232, "Use of Raw or Processed Natural Pozzolans in Concrete (ACI 232.1R-00)," American Concrete Institute, Farmington Hills, MI (2000).

ACI Committee 233, "Ground, Granulated Blast Furnace Slag as a Cementitious Constituent in Concrete (ACI 233R-95)," *ACI Manual of Concrete Practice,* Part 1, American Concrete In stitute, Farmington Hills, MI (2001).

ACI Committee 234, "Guide for the Use of Silica Fume in Concrete (ACI 234R-96)," *ACI Manual of Concrete Practice,* Part 1, American Concrete Institute, Farmington Hills, MI (2001).

Cong, X., S. Gong, D. Darwin, and S. L. McCabe, "Role of Silica Fume in Compressive Strength of Cement Paste, Mortar and Concrete," *ACI Materials Journal, Vol.* 89, No. 4, pp. 375-387 (1992).

Fidjestol, P., and R. Lewis, "Microsilica as an Addition," in *Lea's Chemistry of Cement and Concrete,* 4th ed., ed. P C. Hewlett, Arnold, London, pp. 675-708 (1998).

Helmuth, R. A., *Fly Ash in Cement and Concrete,* Portland Cement Assoc., Skokie, IL (1987).

Jones, J. R., "Metakaolin as a Pozzolanic Addition to Concrete," *Structure and Performance of Cements,* 2nd ed., eds. J. Bensted and P. Barnes, Spon Press, London, pp. 372-398 (2002).

Justnes, H., "Condensed Silica Fume as Cement Extender," *Structure and Performance of Cements*, 2nd ed., eds. J. Bensted and P. Barnes, Spon Press, London, pp. 399-408 (2002).

Lang, E., "Blast Furnace Cements," *Structure and Performance of Cements,* 2nd ed., eds. J. Bensted and P. Barnes, Spon Press, London, pp. 310-325 (2002).

Langley, W. S., G. G. Carette, and V. M. Malhotra, "Structural Concrete Incorporating High Volumes of ASTM Class F Fly Ash," *ACI Materials Journal, Vol.* 86, No. 5, pp. 507-514 (1989).

Luke, K., "Pulverised Fuel Ash as a Cement Extender," *Structure and Performance of Cements,* 2nd ed., eds. J. Bensted and P Barnes, Spon Press, London, pp. 353-371 (2002).

Malhotra, V M., ed., *Supplementary Cementing Materials for Concrete,* CANMET, Energy Mines and Resources Canada, Ottawa, Ontario, Canada (1987).

Malhotra, V. M., V. S. Ramachandran, R. F. Feldman, and P C. Aitcin, *Condensed Silica Fume in Concrete,* CRC Press, Boca Raton, FL (1987).

Massazza, F., "Pozzolana and Pozzolanic Cements," in *Lea's Chemistry of Cement and Concrete,* 4th ed., ed. P. C. Hewlett, Arnold, London, pp. 471-632 (1998).

Massazza, F., "Properties and Applications of Natural Pozzolans," *Structure and Performance of Cements,* 2nd ed., eds. J. Bensted and P. Barnes, Spon Press, London, pp. 326-352 (2002).

Mehta, P. K., "Rice Husk Ash - A Unique Supplementary Material," in *Advances in Concrete Technology,* 2nd ed., ed. V. M. Malhotra, Publ. No. MSL 94-1 (IR), Natural Resources Canada. Ottawa, Ontario, Canada, pp. 419-444 (1994).

Moranville-Regourd, M., "Cements Made from Blast-Furnace Slag," in *Lea's Chemistry of Cement and Concrete,* 4th ed., ed. P C. Hewlett, Arnold, London, pp. 633-675 (1998).

Sarkar, S. L., and S. N. Ghosh, eds., *Mineral Admixtures in Cement and Concrete,* Vol. 4 of *Progress in Cement and Concrete,* ABI Books, New Delhi, India (1993).

문제

5.1. 실리카퓸과 F등급 플라이애쉬의 주된 차이점은 무엇인가?

5.2. 일부 C등급 플라이애쉬가 결합재 특성을 가지는 이유는 무엇인가? 또한 이것은 장점으로 작용하는가?

5.3. 포졸란 반응과 슬래그 반응의 차이점을 설명하라.

5.4. 고로슬래그의 입상화(granulation) 혹은 펠릿화(pelletization) 처리의 목적은 무엇인가?

5.5. 플라이애쉬가 굳지 않은 콘크리트에 어떤 좋은 영향을 미치는지 설명하라.

5.6. 콘크리트의 황산염 침식 저항성을 높이기 위해서는 플라이애쉬보다 고로슬래그를 사용하는 것이 더 나은 이유는 무엇인가?

5.7. 다음과 같은 용도로는 어떤 혼합시멘트를 사용하겠는가?
(a) 매스콘크리트
(b) 중간 정도의 황산염에 노출된 경우
(c) 알칼리 골재 반응의 방지
(d) 철근의 부식 방지
(e) 매우 심한 정도의 황산염에 노출된 경우

콘크리트 *Concrete*

CHAPTER

6 배합수

Water

물은 콘크리트를 제조할 때 중요한 하나의 요소이며, 또한 중요한 역할을 한다. 물의 특성을 이해하면 콘크리트나 구조재료에 있어서 물의 영향을 이해하는데 큰 도움이 될 것이다. 물은 건설과정에 있어서 중요한 역할도 하지만 구조물과 도로 등에 있어서 아주 좋지 않은 영향도 준다. 즉 물은 동결융해에 의한 파손과 강재 부식에 절대적인 영향을 주며, 모든 물질을 잘 용해시켜 구조물과 구조부재에 있어서 수분의 이동에 의해 손상의 원인을 제공하기도 한다. 재료로서 물의 특성을 이 장에서 간단히 설명하고, 그 다음 콘크리트를 제조할 때 요구되는 조건들에 대하여 설명하고자 한다.

6.1 재료로서의 물 (Water as a Material)

물 분자

잘 알려져 있듯이 물은 수소 두 원자와 산소 한 원자가 화학적 결합으로 분자를 이루고 있으며, 세 원자가 재료로서 그 특성을 나타내는 혼합 궤도의 한 분자를 이루고 있다. 그림 6.1에서 볼 수 있듯이 2개의 전자로 이루어진 4개의 궤도가 2개의 직교 평면에 위치하고 있다. 수소 원자를 가진 2개의 궤도 즉 결합혼합(bond hybrids)은 순수 양의 전하를 갖고 있는 것으로 거동하고, 반면 또 다른 2개 즉 고립혼합(lone pair hybrids)은 음의 전하를 갖는다. 산소와 수소 원자핵 사이의 거리는 대략 1×10^{-10} m 이다. 전하의 차이에 의해 하나의 물 분자의 고립혼합과 다른 물 분자의 결합혼합이 결합된다. 이렇게 되어 물이나 얼음에서 한 원자에 다른 4개가 연결된 4면체 모양의 형상을 보인다. 고립혼합과 결합혼합 궤도 사이의 이러한 강한 결합은 분자들 사이에 강한 점성력을 주는 수소결합(hydrogen bonds)을 형성시킨다. 이와 같은 강한 수소결합에 의해 물은 높은 비열(4.18 J/g/°C 또는 1 cal/g/°C) 뿐만 아니라 높은 용해열(334 J/g 또는 79.7 cal/g)과 기화열(2258 J/g 또는 539 cal/g)을 갖는 특성이 있다. 또한 물은 다른 재료와 다양한 형태의 결합을 한다.

얼음

물의 결정 구조는 온도와 압력의 함수이다. 다른 결정 구조는 다항체이다. 첫 번째 결정구조는

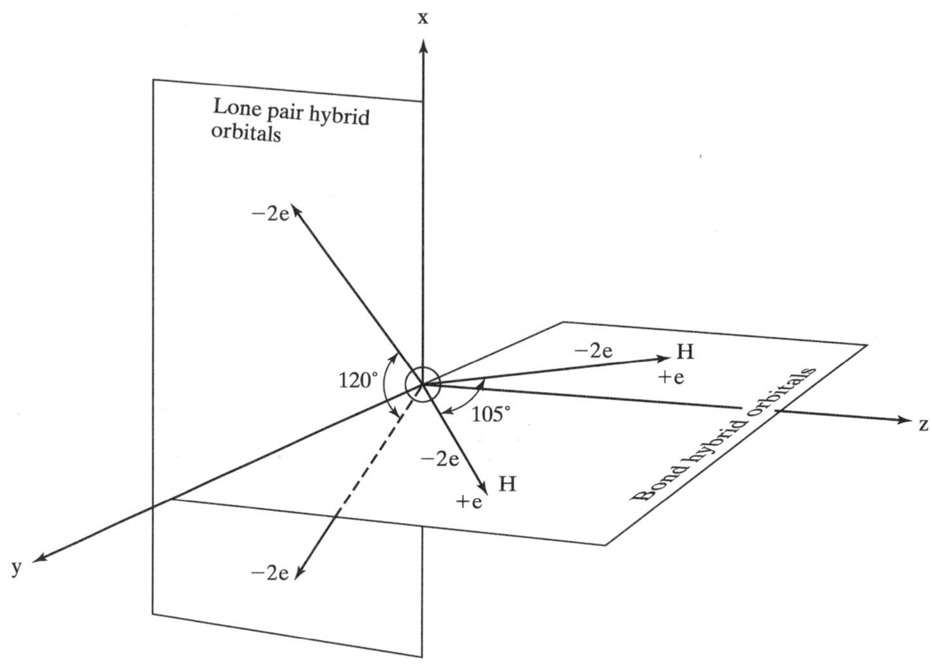

그림 6.1
물 분자 모델 (혼합궤도 방향)

대기 상태에서 ice I으로 알려진 구조이다. 이 구조는 고립쌍이 다른 분자의 H-O와 결합하여 O-H-O 형태를 이루거나 수소이온이 고립쌍과 결합하여 O-H-O 형태를 이루는 수소결합에 의해 유지된다. 이러한 6각형의 결정구조는 그림 6.2에 나타나 있다. 결정은 빈 샤프트(vacant shaft)로 인하여 액상의 물에 비하여 밀도가 감소되고 부피가 약 9% 증가한다. 산소 원자 사이의 중심간 거리는 2.76×10^{-10} m이다. 이러한 부피의 증가로 인하여 얼음은 물에 뜰 수 있고 이러한 성질을 가진 물질은 많지 않다(다이아몬드, 실리콘, 게르마늄).

물의 빙점은 표준 기압에서 0˚C이며 압력이 증가할수록 감소한다. 콘크리트와 같은 다른 물질 내부의 물의 빙점은 기포와 공극 크기의 함수로서 기포나 공극의 크기가 감소하면 낮아진다. 따라서 콘크리트 내부의 자유수는 0˚C에서도 거의 얼지 않으며 얼음은 핵(seed)이 없으면 형성되지 않는다. 핵이 없으면 물은 액체 상태로 과냉각된다. 물이 얼게 되면 물은 순수한 상태가 된다. 즉 어떤 다른 용해질도 결정구조에 결합되지 않는다. 이러한 물질들은 결정 주위에 더 높은 밀도 상태로 있게 된다. 예를 들어 빙산은 얼음의 형태로 순수한 물로 구성되어 있으며, 소금물(salt-laden brine)도 포함되지만 결정 구조의 일부분은 아니다. 얼음의 형성과정은 물을 순수하게 만드는 하나의 방법이다.

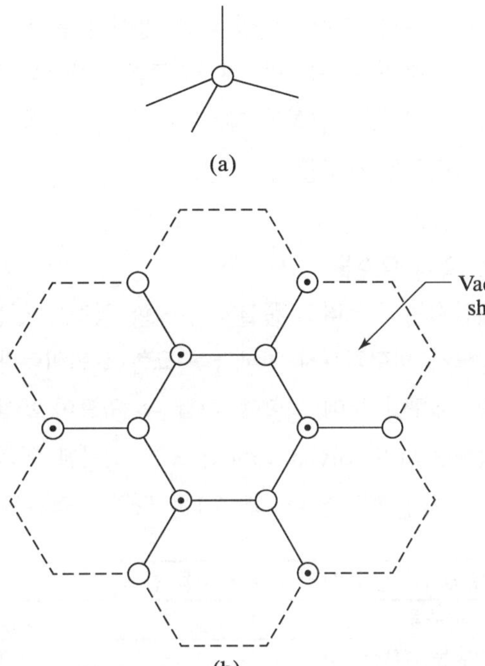

그림 6.2
(a) 물분자; (b) c 결정 축에서 본 얼음의 육각형 격자 구조

액상 물(Liquid Water)

액체 상태의 물은 상온 이하에서 각 분자가 다른 4개의 분자와 동일하게 놓여있다(coordinate). 분자군(clusters of molecules)은 끊임없이 해체되었다가 재편성된다. 얼음이 녹으면서 분자들의 움직임이 증가하여 부피가 커지려는 경향이 있으나 결정이 깨지면서 결정 사이의 빈 공간이 줄어들게 되어 결과적으로 부피가 감소하게 된다. 물은 0°C부터 4°C까지 치밀한 구조이며, 4°C에서 가장 치밀한 구조이다. 4°C가 넘으면 분자들의 움직임이 증가하여 부피가 증가하게 되지만 이러한 증가량은 얼음 과정 중의 결정화로 인한 부피 증가에 비하여 매우 작은 편이다. 온도가 0°C에서 4°C로 증가함에 따라 부피가 0.013% 감소하고 4°C에서 100°C까지 증가함에 따라 부피가 0.31% 증가한다. 25°C가 넘으면 각 분자가 100°C에서 가스로 될 때까지 점진적으로 4면체(tetrahderal) 구조가 붕괴된다.

물은 강력안 용매(solvent)이고 석고와 석회와 같은 건설 재료를 쉽게 용해시키는 물질이다. 수화반응 중에 생산되는 석회(수산화칼슘; CH)는 콘크리트 밖으로 용해될 수 있다.

6.2 물의 품질 (Water Quality)

물이 콘크리트의 중요한 구성 성분이지만 콘크리트 품질과 거의 관계가 없기 때문에 물의 품질은 크게 중요하지 않다. 나쁜 품질의 물을 알맞은 양만큼 사용하는 것보다 좋은 품질의 물을 너무 많이 사용함으로써 훨씬 나쁜 품질의 콘크리트가 제조된다. 물의 품질에 관한 대략적인 법칙은 "마실 수 있는 물이면, 콘크리트를 만드는데 그 물을 사용할 수 있다."이다. 대부분의 콘크리트는 상수도 물을 사용하여 제조되지만 음용수의 기준을 통과하지 않은 물을 사용하고도 좋은 품질의 콘크리트를 제조할 수 있다.

물 속의 불순물

배합수는 콘크리트 품질에 유해한 영향을 주는 불순물에 의해 문제가 발생할 수 있다. 요구되는 강도가 발현되는지 여부가 중요한 요인이더라도 배합수 내에 포함된 불순물은 응결시간, 건조수축, 내구성 등에 영향을 미칠 수 있으며 백태를 야기할 수도 있다. 많은 부유 물질이나 과도한 용해물질(dissolved solids) 또는 상당한 양의 유기물(organic materials)을 함유한 물은 배합수로서 적당하지 않다. 표 6.1은 다양한 불순물에 대한 함유량의 한계값을 나타내고 있다.

표 6.1 배합수 내의 불순물 허용 한도

불순물	*최대 허용한도 s(ppm)*	*비고*
부유물 (혼탁)	2000	실트, 점토, 유기물
조류	500~1000	연행 공기
탄산염	1000	응결 시간 감소
중탄산염	400~1000	칼슘, 마그네슘의 중탄산염에 대해 400 ppm
황산 나트륨	10,000	초기 강도 증가, 장기 강도 감소
황산 마그네슘	40,000	
염화 나트륨	20,000	응결시간 감소, 초기강도 증가, 장기강도 감소
염화 칼슘	~50,000	
염화 마그네슘	40,000	
Iron salts	40,000	
인산염, 비산염, 붕산염	500	응결 지연
아연, 구리, 납, 망간, 주석 염	500	
무기산	10,000	pH 3.0보다 낮음
수산화나트륨	500	
황산 나트륨	100	콘크리트 시험 필요
당(sugar)	500	응결 거동에 영향을 미침

부유물

점토나 실트는 2000 ppm 정도까지 허용된다. 더 많은 부유물이 들어 있다면 물의 양이 많아져야 하지만 이로 인하여 건조수축이 증가하거나 백태가 발생할 수 있다. 흙탕물은 사용하기 전에 침전기를 이용하여 깨끗이 한 경우에만 사용하고, 조류나 다른 유기물은 쉽게 침전되지 않기 때문에 문제가 생길 수 있으므로 사용하지 않는 것이 바람직하다. 유기물은 배합수가 쉽게 고알카리가 되기 때문에 배합하는 동안 용해될 수 있고, 그 후로 시멘트 경화체 사이에 끼어들어 응결과 강도발현을 지연시킬 수도 있다. 또한 과도한 공기를 연행하여 강도를 감소시킬 수 있으며 반대로 공기연행제의 작용을 방해할 수도 있다.

용해 물질

용해 물질의 성질에 따라 달라지기는 하지만 2000 ppm 이하의 용해 물질을 함유하고 있는 물은 대부분의 경우에 안전하게 사용할 수 있다. 100 ppm 정도의 황화나트륨은 문제를 야기할 수 있다. 34,000 ppm(3.4%) 정도의 용해성 염을 포함하고 있는 바닷물의 경우 다음 절에 기술된 조치를 취한다면 바닷물도 사용할 수 있다. 때로 용해성 염은 촉진재로서 혼화제로 사용되기도 한다. 용해성 탄산염과 중탄산염은 응결시간을 빠르게 하기도 하지만 과도한 탄산염과 황산염은 28일이나 장기 강도를 저하시킬 수 있다.

용해성 무기질 염은 응결과 콘크리트 경화를 지연시킬 수 있다. 아연, 구리, 납의 염, 망간과 주석뿐만 아니라 인산염(phosphates), 비산염(arsenates), 그리고 붕산염(borates) 역시 이러한 것으로 분류된다. 이러한 성분들은 일반적으로 500 ppm 정도는 허용된다. 비록 탄광 지역의 물이 금속성 염을 상당량 포함하고 있지만, 이러한 성분들은 처리되지 않은 산업 폐수에 500 ppm 정도 함유되어 있다.

pH가 3.0 정도인 산성수도 배합수로 사용할 수 있는데 이 정도의 산성은 콘크리트에 발생하는 문제보다 물을 다루는데 문제가 발생할 수 있다. 유기산(organic acids)은 콘크리트의 응결과 경화에 영향을 줄 수 있다. 500 ppm 보다 많은 양의 나트륨과 칼슘 수산화물을 포함하고 있는 알카리성 물은 급결(quick set)을 야기하여 강도 저하를 가져올 수 있다.

바닷물

바닷물은 대부분 황산염과 염화나트륨, 염화마그네슘에 해당하는 용해성 염을 포함하고 있다(표 6.2). 따라서 염화 이온의 촉진 기능으로 응결이 빠르고 조기에 강도가 발현되지만 황산염의 영향으로 에트린자이트의 결정화를 연장함으로써 28일 강도는 줄어든다. 일반적으로 10%에서 20%정도 강도 감소가 일어나기 때문에 물-시멘트비를 조정함으로써 이러한 강도 감소를 보상할 수 있다. 염화이온에 의해 철근이 부식할 위험이 있기 때문에 프리스트레스트 콘크리트에는 바닷물을 사용하면 안 된다. 바닷물은 일반 철근콘크리트에만 허용된다. 치밀하고 품질이 좋은 콘크리트로 적절한 보호 피복을 하면 부식의 위험을 최소화할 수 있으나, 바닷물로 만들어진 콘크리트 내부에 있는 철근을 신뢰성 있게 보호하기 어렵다. 따라서 불가피한 상황이 아니면 철근콘크리트

표 6.2 바닷물에 포함된 일반적인 성분

성분	*함유량 (ppm)*
염화나트륨	27,000
염화마그네슘	3,200
황산마그네슘	2,200
황산칼슘	1,100
염화칼슘	500
총 용해성 염	34,000

구조물에 바닷물을 사용하지 않는 것이 가장 좋은 방법이다. 바닷물을 사용함으로써 백화와 마감에 문제가 생길 수도 있다.

용해성 유기물

색이 있는 자연수는 일반적으로 시멘트 수화를 지연시키는 용해성 유기물(대부분 타닌산과 부식산)이 들어 있다. 산업 폐기물에서 발생하는 많은 유기물은 시멘트 수화에 심각한 영향을 끼치거나 과도한 양의 공기를 연행하게 된다. 펄프와 종이, 제혁(tanning), 그리고 음식 공정 산업에서 나오는 폐기물에서 응결 지연이나 공기 연행 혼화제를 만드는데 필요한 화학물질을 얻을 수 있다. 따라서 처리되지 않은 산업 폐수는 주의를 기울여야 하지만, 하수 처리를 거친 폐수는 유기물 문제에서는 좀 덜 위험하다.

시험

음용수는 시험할 필요가 없다. ASTM C 94와 ACI 설계기준은 물이 음용수가 아닐 때 시험을 하도록 규정하고 있다. 두 기준 모두 물을 ASTM C 109에 따라 모르타르의 강도에 미치는 영향을 바탕으로 평가하고 있다. ASTM C 94는 응결시간(ASTM C 191에 따라 측정)이 음용수를 사용하여 제조한 시편에 비하여 1시간 빠르거나 1시간 30분 늦으면 안 된다는 규정을 추가적으로 두고 있다. ASTM C 94에서 의문수(즉, 색이 있거나, 냄새가 있거나, 맛이 있거나 의심스러운 물)를 사용하여 제조한 모르타르 시편의 7일 강도가 음용수를 사용하여 제조한 모르타르 시편의 7일 강도보다 최소 90% 이상이어야 한다. ACI 설계기준은 다음과 같은 조건에서 비음용수의 사용을 허용하고 있다. 먼저 배합설계가 사용하고자 하는 비음용수를 기준으로 만들어진 것이고, 또한 비음용수를 사용하여 만든 모르타르 입방공시체의 7일 및 28일 강도가 음용수를 사용하여 만든 모르타르 입방공시체 강도의 90% 이상일 때 비음용수의 사용을 허용하고 있다.

참고문헌

Concrete Manual, 8th ed. U.S. Bureau of Reclamation, Denver, CO (1975)

Eisenberg, D., and W. Kauzman, *The Structure and Properties of Water*, Oxford University Press, New York and Oxford, U.K. (1969).

Pierce, J. S., "Mixing and Curing Water for Concrete, "*Significance of Tests and Properties of Concrete and Concrete-Making Materials*, ASTM STP 169C, eds. P. Klieger and J. F. Lamond, American Society for Testing and Materials, Philadelphia, PA, pp. 765-773 (1994).

문제

6.1. 물은 얼 때 왜 팽창하는가?

6.2. 바닷물을 철근콘크리트를 만드는데 사용할 수 있는가? 바닷물을 사용함으로써 발생할 수 있는 문제에 대하여 논하라.

6.3 산업폐수를 콘크리트 배합수로서 사용할 수 있는가?

6.4 많은 양의 부유 무기물을 함유하고 있는 폐기물(wastes)은 콘크리트를 제조하는데 사용될 수 있는가?

콘크리트 *Concrete*

CHAPTER 7

골 재

Aggregates

골재는 일반적으로 콘크리트 체적의 약 70~80%를 차지하고 있으며, 콘크리트의 특성에 가장 큰 영향을 미치는 중요한 재료로 간주되고 있다. 이들 골재는 대체로 천연 암석(쇄석 혹은 천연 자갈)과 천연 모래로부터 생산된 입상 재료(granular materials)들이지만, 경량 콘크리트에 주로 사용되고 있는 슬래그, 팽창 점토(expanded clay) 혹은 혈암(shale)과 같은 합성 재료(synthetic material)들도 포함한다. 골재는 콘크리트를 저렴하게 생산할 수 있게 할 뿐만 아니라 콘크리트의 안정성(stability), 마모저항성 등을 향상시키는데도 기여한다. 골재가 콘크리트의 역학적 및 물리적 특성에 미치는 영향(표 7.1)은 다음 장에서 상세히 설명할 예정이다. 이 장에서는 골재와 관련된 배합설계 및 내구성에 영향을 미치는 골재의 특성에 대해서 설명할 것이다. 고강도 콘크리트에서 골재의 강도는 매우 중요한 역할을 하지만, 콘크리트 강도와 배합설계는 근본적으로 골재

표 7.1 골재의 물성에 의하여 영향을 받는 콘크리트의 성질

콘크리트의 특성	*관계된 골재의 물성*
내구성	
동결융해	안정도, 공극률, 공극 구조, 침투성 포화도, 인장강도, 표면결과 구조, 진흙 광물질
습윤 건조	공극구조, 탄성계수
온도상승 저하	온도팽창계수
침식	경도
알칼리 골재 반응	특별한 실리콘 성분의 존재
강도	강도, 표면결, 청소정도, 입자모양, 최대 크기
건조수축과 크리프	탄성계수, 입자모양, 입도, 청소정도, 최대 크기, 진흙광물의 존재
온도팽창계수	온도팽창계수, 탄성계수
온도전도성	온도전도성
비열	비열
단위중량	비중, 입자모양, 입도, 최대 크기
탄성계수	탄성계수, 포아송비
마찰저항	표면마무리정도
경제성	입자모양, 입도, 최대 크기, 요구되는 처리량, 확보 가능 여부

성분과는 관계가 없다. 그러나 내구성은 골재의 영향을 받을 수 있다. 골재로 특별한 암석 혹은 광물학적(mineralogical) 종류가 요구되지 않지만, 일부 골재의 구성 성분은 현장에서 문제를 일으킬 수 있는 것으로 알려져 있으며 이는 추후에 설명하고자 한다. 즉, 어떤 특성(일례로서 고밀도 혹은 작은 온도팽창계수)의 콘크리트를 만들기 위해서는 적절한 종류의 암석이 필요할 수도 있다. 그러나 특별한 요구 사항이 없는 경우에는 대부분의 암석으로부터 ASTM C 33을 만족시키는 골재를 생산할 수 있다. 그러므로 골재는 일반적으로 광물학에 근거하여 분류하지 않으며, 가장 단순하고 유용한 분류 방법은 비중에 의한 분류이다. 암석에 관한 재료적 특성은 이 책에서는 다루고 있지 않지만, ASTM C 294는 주요 암석 형상과 보통 골재의 구성 성분을 설명하고 있다. 골재는 무게에 따라 중량(heavyweight), 보통 중량(normal-weight), 경량(lightweight)으로 구분된다. 그러나 골재는 일반적으로 무게에 관계없이 사용되므로, 이 장에서는 미국 및 캐나다에서 생산되는 약 90%의 콘크리트에 사용되는 보통 골재에 대해서 다루고 있다.

골재는 단단하고 강하며, 불순물이 없고 화학적으로도 안정해야 한다. 약하고, 다공질의 암석은 강도와 마모 저항성에 한계가 있으므로 배합할 때 부서지기 쉽고, 미세 물질이 증가함으로 워커빌리티에 나쁜 영향을 미칠 수 있다. 또한 일정한 방향으로 쉽게 부서지는 암석들도 강도 및 마모 저항성에 한계가 있다. 그러므로 쉽게 부서지고 약한 성분을 매우 많이 포함하고 있는 골재는 피하든가 제거하는 것이 가장 바람직하다. 골재는 불순물인 실트, 점토, 오물(dirt), 유기물질 등이 없어야 한다. 이들 불순물이 골재의 표면을 덮고 있다면, 이로 인하여 콘크리트와 골재가 분리될 수 있으므로 강도 저하를 일으킬 수 있다. 실트, 점토 혹은 미세 물질들은 콘크리트를 생산할 때 필요한 물의 양을 증가시키며, 유기 물질은 시멘트의 수화작용을 방해할 수도 있다. 골재를 평가하기 위하여 미국 및 캐나다에서 사용되는 표준 시험방법들을 부록에 열거하였다.

7.1 배합설계를 위한 특성 (Properties Required For Mix Design)

바람직한 콘크리트 배합을 위하여 검토해야 할 골재의 특성들은 (1) 형상 및 결(texture), (2) 입도 분포, (3) 함수량, (4) 비중, 및 (5) 체적 단위중량(bulk unit weight)이다. 이들 특성들은 굳지 않은 콘크리트의 워커빌리티에 영향을 미친다.

형상 및 결(Shape and Texture)

워커빌리티 영향 골재의 형상 및 구조는 시멘트 풀(cement paste)을 통하여 굳지 않은 콘크리트의 워커빌리티에 영향을 미친다. 시멘트 풀은 배합할 때 골재들을 감싸고 또한 골재 입자들의 상호 마찰을 감소시키는 윤활유 역할을 해야 하므로 충분한 양이어야 한다. 우수한 워커빌리티를 갖는 이상적인 골재들은 상대적으로 매끄러운 표면(표 7.1)을 갖고 둥근 모습(치밀하고 거의 동

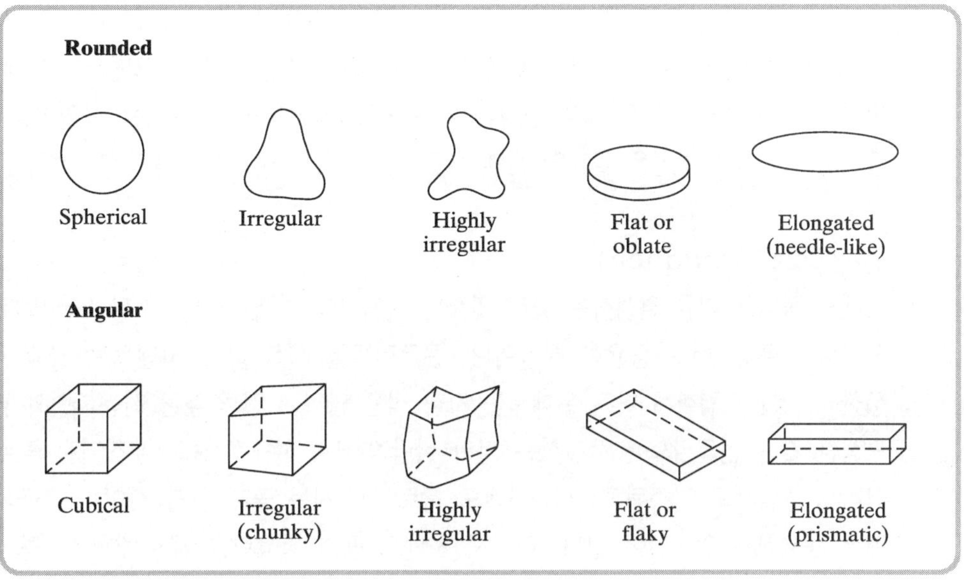

그림 7.1
골재 형상 분류

그란)에 가까운 형상을 갖는 것이다. 대체로 천연 모래 및 자갈들은 이러한 둥근 형태로 되어 있다. 쇄석은 매우 모난 형상(뾰족한 가장자리 및 모서리)으로 거친 표면 구조를 갖고 있다. 이러한 쇄석들은 유사한 형상을 이루고 있을 때도 이웃 골재들이 움직이는 것을 심하게 방해한다. 이들은 체적 대비 큰 표면적을 갖고 있으므로 골재의 표면적을 충분히 감싸기 위해서는 더 많은 시멘트 풀이 필요하다. 움푹 들어간 표면과 날카로운 끝을 갖는 매우 불규칙한 골재들은 배합 및 운반될 때 이들 사이에 더 큰 상호 간섭을 일으킨다. 납작하고 혹은 가늘고 긴 골재들은 골재간의 간섭을 일으키고, 체적 대비 표면적을 증가시켜 많은 시멘트 풀을 요구하기 때문에 제거하는 것이 좋다. 또한 이러한 골재들을 포함하고 있는 콘크리트는 운반하는 동안 골재 분리 현상을 일으키는 경향이 매우 크다. 파쇄한 암석에서 납작하고 혹은 가늘고 긴 입자들이 발견되는 것은 약하고 균열을 갖고 있는 암석임을 가리키는 것일 수 있다. 골재의 거친 표면은 운반할 때 큰 윤활력을 요구함으로 골재의 표면 구조는 콘크리트의 워커빌리티에서 또 하나의 매우 중요한 요소이다. 쇄석은 천연 모래 및 자갈보다 더 거친 표면을 갖고 있으며, 이는 쇄석의 표면이 풍화작용으로 충분히 매끄럽게 마모되지 않았기 때문이다. ASTM C 1252는 잔골재의 공극량에 의한 영향을 측정하여, 표면 구조와 입자 형태를 간접적으로 분석하는 방법을 장려하고 있지만, 이들에 대한 실험방법 및 상세한 용어는 ASTM에서 정의되어 있지 않다. 그러나 표 7.2에 주어진 바와 같이 영국 기준은 유용한 관련 용어와 함께 분류 체계를 갖고 있다.

역학적 특성 영향(Effect on Mechanical Properties) 잔골재의 형태 및 구조는 콘크리트의 워커빌리티에만 영향을 미치나, 굵은골재의 특성은 부착력에 영향을 미침으로써 콘크리트의 역학적 특성에 영향을 미칠 수 있다. 골재의 형상은 시멘트 풀과의 부착력에 이용될 수 있는 표면적을 증가시킴으로써 강도 특히 인장강도에 유리하게 작용한다. 그러나 골재의 극단적인 형상은 내부의 높은 응력 집중과 낮은 강도를 일으킬 수 있다. 거친 구조의 표면적은 역학적으로 부착력을 향상시킬 것이다. 시멘트 풀과 골재와의 계면에서 화학적인 상호작용이 일어날 수 있기 때문에, 골재의 광물학적 특성은 골재와 시멘트 풀과의 부착강도에 매우 중요한 역할을 한다.

입도(Size Gradation)

시멘트 풀의 조건을 결정하는 골재 입자의 크기 분포와 입도는 우수한 워커빌리티의 콘크리트를 생산하기 위한 매우 중요한 특성이다. 콘크리트를 생산할 때 시멘트는 가장 비싼 재료임으로, 생산 가격을 저렴하게 하기 위해서는 가장 적은 양의 시멘트 풀을 사용하면서 필요한 강도와 내구성을 갖는 콘크리트를 생산하는 것이 바람직하다. 시멘트 풀로 부착되는 골재들은 하나의 콘크리트 결합체로 간주됨으로써, 시멘트 풀로 채워지는 골재 입자 사이의 공극과 골재의 입도는 매우 중요하게 인식되어 왔다. 따라서 시멘트 풀의 소요량은 채워져야 할 공극과 시멘트 풀로 감싸야 할 골재의 전체 표면적의 크기에 좌우된다. 대체로 둥근 골재 입자들 사이의 공극은 입자들이 균일한 규격일 때 최대가 된다(그림 7.2a). 다양한 크기의 입자들을 사용할 경우에는 작

표 7.2 콘크리트를 위한 골재의 입자모양의 분류와 표면결

<table>
<tr><th colspan="4">입자모양의 분류</th></tr>
<tr><th colspan="2">분류</th><th>설명</th><th>예</th></tr>
<tr><td colspan="2">둥금</td><td>물의 마모에 의하여 형성</td><td>강자갈, 또는 바다자갈, 사막모래, 해안모래, 풍화 모래</td></tr>
<tr><td colspan="2">불규칙</td><td>자연적으로 불규칙하거나 또는 마모에 의하여 일부가 둥근 모서리를 가짐</td><td>이외의 자갈, 모래</td></tr>
<tr><td colspan="2">각짐</td><td>평면들로 이루어진 외관과 각진 모서리</td><td>모든 종류의 파쇄 골재, 파쇄 슬래그</td></tr>
<tr><td colspan="2">얇음</td><td>다른 크기에 비하여 상대적으로 두께가 얇다.</td><td>결로 이루진 암석</td></tr>
<tr><td colspan="2">길이가 김</td><td>다른 크기에 비하여 길이가 긴 주로 각진 암석</td><td>-</td></tr>
<tr><td colspan="2">길고 얇음</td><td>두께보다 폭이 넓고 길이가 김</td><td>-</td></tr>
<tr><th colspan="4">골재의 표면결</th></tr>
<tr><th>그룹</th><th>표면결</th><th>특성</th><th>예</th></tr>
<tr><td>1</td><td>유리같음</td><td>조개형 파쇄</td><td>흑 플린트, 흑요암, 유리질 슬래그</td></tr>
<tr><td>2</td><td>부드러움</td><td>물에 마모되어 층결이 생기거나 매우 가는 입자의 암석</td><td>자갈, 흑규석, 점판암, 대리석, 일부 유문암</td></tr>
<tr><td>3</td><td>알갱이같음</td><td>다소 둥근입자를 보이는 파쇄</td><td>사암, 어란암(오울라이트, oolite)</td></tr>
<tr><td>4</td><td>거침</td><td>크리스털 성분을 포함하지 않는 세립 또는 중간 입자의 거친 파쇄</td><td>현무암, 규장암(felsites), 반암(porphyry), 석회석</td></tr>
<tr><td>5</td><td>크리스탈</td><td>쉽게 관찰이 가능한 크리스털 성분을 포함</td><td>화강암, 반려암, 편마암</td></tr>
<tr><td>6</td><td>벌집모양</td><td>공극이나 구멍을 가짐</td><td>벽돌, 부석(pumice), 기포 슬래그(foamed slag), 클링커, 팽창 점토</td></tr>
</table>

은 입자들이 큰 입자 사이의 공극을 채우(그림 7.2b)므로 시멘트 풀의 양을 감소시킨다. 최대 골재 규격(그림 7.2c)이 큰 것을 사용하면 공극이 감소될 수 있다. 주어진 최대 골재 규격을 사용하여 공극을 최소화하기 위한 이론적인 입도 곡선은 간단히 입자들의 기하학적 형상을 이용하여 만들 수 있다. 이러한 분포의 골재는 콘크리트의 워커빌리티를 불리하게 할 수 있으므로, 워커빌리티와 경제성 사이에 적절히 절충하는 골재를 선택해야 할 것이다. 이는 제 10장에서 상세히 설명할 것이다.

체 분석(Size Analysis) 골재의 입도(grading)는 체 분석에 의해서 결정된다. 골재의 대표적인 샘플을 체의 눈금이 내려가면서 작아지도록 쌓은 일련의 체들을 통과시킨다. 골재는 굵은골재와 잔골재로 구분하는 것이 편리하다. 굵은골재는 5 mm(4번) 체를 통과하지 못하고 체에 남는 것이고, 반면에 잔골재는 5 mm(4번) 체를 통과하는 것이다. 통상적인 체의 규격은 표 7.3에 주어져 있으며, 표준체의 명칭은 밀리미터 그리고 마이크로미터로 나타낸 공칭 눈금에 기초한다. 체의 다

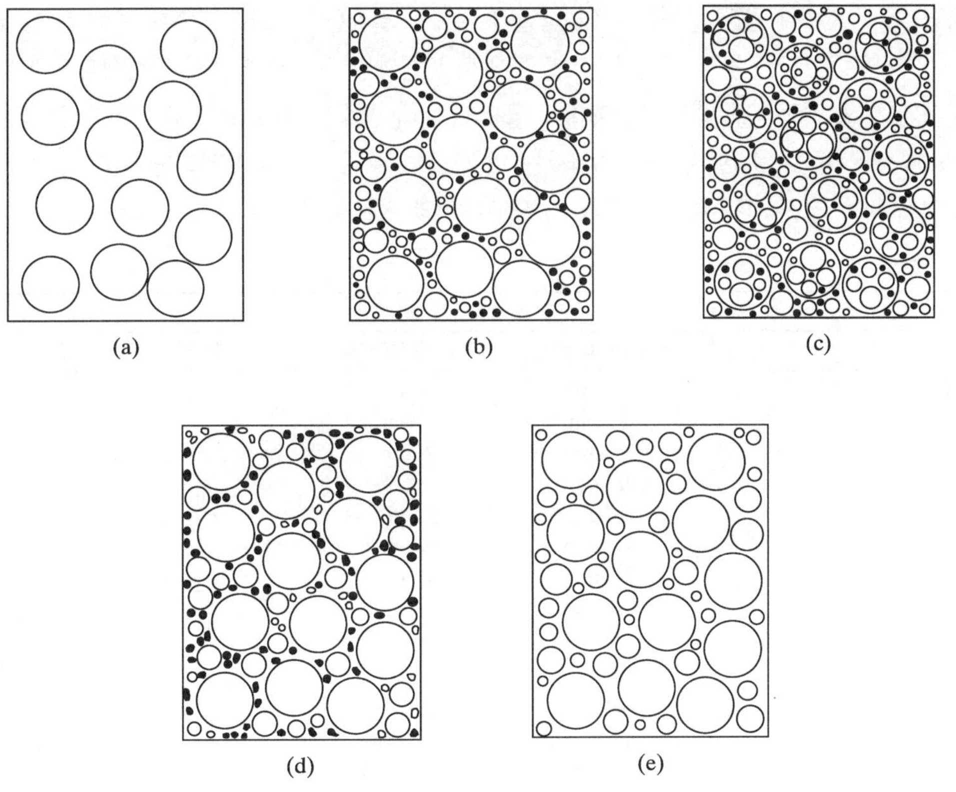

그림 7.2
조합된 골재의 입도 개요도

른 명칭은 큰 체의 경우는 인치로 나타낸 눈금의 크기에 기초하고, 작은 체의 경우는 인치당 눈금의 수량에 기초한다. 잔골재의 입도를 구하기 위해서 사용되는 체의 눈금 크기는 연이은 큰 체의 눈금 크기에 절반이다. 굵은 체의 경우를 크기 순서로 정리하면 미국의 경우 9.5 mm, 19 mm, 37.5 mm 및 75 mm(3/8 in., 3/4 in., 1 1/2 in., 그리고 3 in.)이고, 우리나라의 경우 10, 20, 40, 80 mm이다. 앞의 크기 순서로 정리된 체들은 표준체 시리즈(standard series)이고, 반면에 다른 경우는 하프 사이즈(half sizes) 체로 불리어 진다.

골재의 최대 치수(Maximum Aggregate Size) 굵은골재의 최대 치수는 콘크리트의 시멘트 풀에 영향을 미치며, 굵은골재의 최적 입도는 골재의 최대 크기에 따라 좌우된다. ASTM C 125에 정의된 바와 같이 굵은골재의 최대 치수는 전체 시료가 통과되는 가장 작은 체의 눈금이다. 이는 매우 적은 양이 남는 체의 골재는 콘크리트의 특성에 실제적으로 큰 영향을 미치지 않으리라는 것을 고려한 것이다. 따라서 공칭 최대 치수는 전체 시료가 통과할 수 있는 가장 작은 체의 눈금을 사용하는 것이 통상적이다. 그러나 반드시 그럴 필요는 없다. 통상적으로 약 5~10% 무게의 시료가 체에 남을 수도 있다. ASTM의 입도 요구 사항은 공칭 최대 치수에 기초한 것이다. 공칭 최대 치수의 골재 선택은 작업 조건에 의해서 결정된다. 골재 치수가 너무 크면, 임의 부재 단면에서의 콘크리트는 과도하게 큰 골재 입자 때문에 부재 단면으로서 바람직하지 않다. 이러한 문제의 발생 가능성을 방지하기 위하여 골재의 최대 치수는 거푸집 면 사이의 가장 작은 치수의 1/5보다 크지 않아야 한다. 슬래브에서는 이 규정이 부재 두께의 1/3로 완화될 수 있다. 또한 큰 골재 입자는 철근 사이 혹은 철근과 거푸집 사이의 좁은 간격을 막아서 콘크리트를 타설할 때 바

표 7.3 콘크리트용 골재의 체분석을 위한 ASTM 체 규격

	ASTM 체 크기	*환산단위(inch)*	*체 구멍의 호칭크기, in.*
굵은골재	75 mm	3 in.	3
	63 mm[a]	2½ in.	2.5
	50 mm[a]	2 in.	2
	37.5 mm	1½ in.	1.5
	25 mm[a]	1 in.	1
	19 mm	¾ in.	0.75
	12.5 mm[a]	½ in.	0.50
	9.5 mm	$\frac{3}{8}$ in.	0.375
잔골재	4.75 mm	No. 4(3/16 in.)	0.187
	2.36 mm	No. 8	0.0937
	1.18 mm	No. 16	0.0469
	600 μm[b]	No. 30	0.0234
	300 μm[b]	No. 50	0.0124
	150 μm[b]	No. 100	0.0059

[a] 절반크기
[b] 1000 μm=1.0 mm.

람직하지 않은 골재 분리현상을 일으킬 수 있다. 이러한 문제점들을 방지하기 위하여 공칭 최대 치수는 이웃하는 철근 사이 및 철근과 거푸집 사이의 최소 순간격의 3/4을 초과하지 않아야 한다. 이 두 가지 규정으로 인하여 대부분의 현장은 최대 골재 치수를 40 mm 이내로 제한한다. 골재 규격에 제한이 없는 무근 매스 콘크리트에는 큰 규격의 골재를 사용할 수 있다. 레디믹스트 콘크리트에서 대부분의 장비는 50 mm까지의 굵은골재 최대 치수를 다루지만, 매스 콘크리트에 사용되는 장비는 150 mm의 굵은골재를 다룬다. 이는 매스콘크리트에서는 큰 규격의 골재를 사용할 수 있는 대형 장비의 사용이 가능하기 때문이다. 그러나 실험용 콘크리트에 사용되는 대부분의 장비는 골재의 최대치수를 40 mm까지만 사용하도록 설계되어 있다. 그래서 더 큰 크기의 골재는 실험 전에 분류하여 제거해야 한다.

이미 기술한 바와 같이 골재의 최대 치수가 크면, 배합에 필요한 시멘트 풀의 양은 적어진다. 임의 워커빌리티와 시멘트양을 갖는 콘크리트의 강도는 골재규격이 커짐에 따라 증가하며, 이는 물-시멘트 비가 작아질 수 있기 때문이다(그림 7.3). 그러나 골재규격이 커짐에 따라 증가된 내부 응력은 강도를 낮추는 경향이 있으며, 이 현상은 부배합 콘크리트에서만 종종 볼 수 있다. 매스 콘크리트와 같이 시멘트양이 적은 콘크리트는 강도가 지속적으로 증가하는 현상을 보여준다. 만

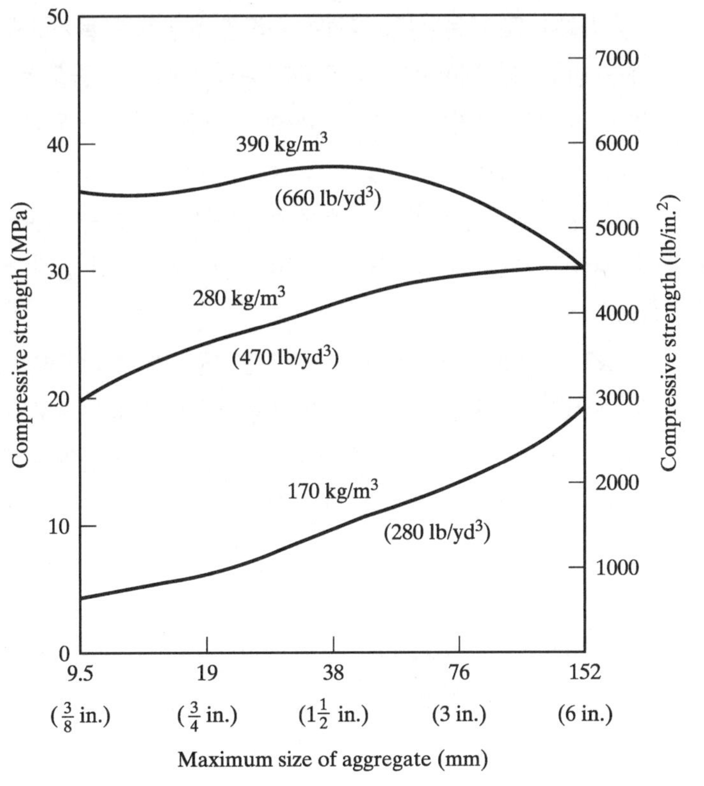

그림 7.3
시멘트양 및 골재 크기에 따른 콘크리트의 28일 압축강도
[*Symposium on Mass Concrete*, SP-6, American Concrete Institute, Detroit, MI, pp.219-256(1963).]

약 물-시멘트 비가 작지 않다면, 콘크리트의 강도는 골재최대규격이 커짐에 따라 감소할 것이다. 결론적으로 고강도 콘크리트(70 MPa 이상)를 얻기 위해서는 10 mm 정도의 최대 골재 규격을 사용해야 한다. 이는 제 9장에서 더욱 자세히 논의할 것이다.

일반적으로 최대 골재 크기를 크게 하는 것이 콘크리트의 내구성을 향상시키는데, 이는 화학적, 물리적 영향을 받는 시멘트 풀을 적게 사용할 수 있기 때문이다. 그러나 만약 골재가 동결융해로 인한 손상에 민감하다면 최대 골재 크기를 작게 하는 것이 제 18장에서 논의하는 것처럼 내구성을 향상시킨다.

입도곡선(Grading Curves) ASTM C 136 기준에 따라, 체분석이 완료됐을 때, 각 체에 남아있는 골재의 중량을 시료 전체 무게에 대한 백분율로 나타낸다. 이는 각 체에 남아있는 골재들의 누적백분율 또는 각 체를 통과한 골재의 누적백분율을 계산하는데 사용할 수 있다(표 7.6). 그림 10.1에서처럼 이 수치들은 입도곡선을 얻기 위해 체의 크기에 따라 도식적으로 표시할 수 있다(10.2절). 세로축에는 누적 통과 백분율을 사용하는 것이 통상적이다. 연속되는 표준체눈의 크기는 가로축에 선형적으로 표시된다. 그리고 각 체눈의 크기가 2의 배수로 되어 있기 때문에 반 대수 형태의 그림으로 나타내는 것이 효과적이다. 그러므로 대수단위로 표시하기 위하여 하프 사이즈(half sizes) 체는 표준체 시리즈 사이에 표시하는 것이다.

ASTM C 33은 실제 경험에 기초한 잔골재와 굵은골재에 대한 입도한계를 두고 있다. 이 한계는 잔골재에 대해서는 표 7.4에, 다양한 종류의 공칭 굵은골재에 대해서는 표 7.5에 정리되어 있다. 이것을 보면 상당히 광범위한 입도한계가 제공되었다는 것을 볼 수 있다. 이는 골재의 형상과 구조면에서의 차이점을 보정하기 위한 것이다. 만약 골재가 ASTM C33 입도한계를 만족하지 않는다고 반드시 그 골재로 콘크리트를 만들 수 없다는 것은 아니다. 이러한 경우에는 콘크리트가 더 많은 시멘트 풀을 요구하고, 취급과 타설 동안 골재분리가 일어나기 쉽다는 것을 의미하는 것이다.

골재의 입도가 일정하게 확보된다면 균질의 콘크리트를 쉽게 유지할 수 있다. 상당히 많은 양의 콘크리트를 다루는 큰 현장에서는 균일한 입도를 유지하기 위해 일부의 굵은골재들을 혼합하여 사용하는 것이 유리할 수 있다. 이는 레미콘 공장에서 적용하는 통상적인 공정으로서 이는 사용되는 골재의 입도 변화에 따른 보정 작업을 생략함으로써 경제적인 콘크리트를 생산할 수 있기 때문이다.

조립률(Fineness Modulus) 입도곡선을 나타내기 위하여 단일 변수를 사용하는 것이 입도의 균일성을 확인하는데 유용할 수 있다. 조립률은 다음과 같이 정의된다.

표 7.4 잔골재의 ASTM 입도 제한 값[b]

체 크기	*% 통과율*[a]
9.5 mm	100
4.75 mm (No. 4)	95~100
2.36 mm (No. 8)	80~100
1.18 mm (No. 16)	50~85
600 μm (No. 30)	25~60
300 μm (No. 50)	10~30
150 μm (No. 100)	2~10

[a] 두 번의 연속적인 체가름에서 45% 이상이 확보되어야 한다.
[b] ASTM C 33, "Standard Specification for Concrete Aggregates." 자료 참조, Copyright ASTM INTERNATIONAL.

표 7.5 굵은골재의 ASTM 입도 제한 값[b]

크기 번호[a]	*최대호칭 크기*	*각 체의 통과율 %* 63 mm (2½ in.)	50 mm (2 in.)	37.5 mm (1½ in.)	25 mm (1 in.)	19.5 mm (¾ In.)	12.5 mm (½ in.)	9.5 mm (⅜ in.)	4.75 mm (No. 4)	2.36 mm (No. 8)	1.18 mm (No. 16)
357	50 mm(2 in.)	100	95-100	⋯	35-70	⋯	10-30	⋯	0-5	⋯	⋯
467	37.5 mm(1½ in.)	⋯	100	95-100	⋯	35-70	⋯	10-30	0-5	⋯	⋯
57	25 mm(1 in.)	⋯	⋯	100	95-100	⋯	25-60	⋯	0-10	0-5	⋯
67	19 mm(¾ in.)	⋯	⋯	⋯	100	90-100	⋯	20-55	0-10	0-5	⋯
7	12.5 mm(½ in.)	⋯	⋯	⋯	⋯	100	90-100	40-70	0-15	0-5	⋯
8	9.5 mm(⅜ in.)	⋯	⋯	⋯	⋯	⋯	100	85-100	10-30	0-10	0-5

[a] 선택된 등급. 다른 ASTM 크기번호는 다음과 같다. 1 (90-37.5 mm), 2(63-37.5 mm), 3(50-25 mm), 4(37.5-19 mm), 5(25-12.5 mm), 56(25-9.5 mm), 6(19-9.5 mm)
[b] 자료 출처 : ASTM C33, "Standard Specification for Concrete Aggregate." Copyright ASTM INTERNATIONAL

$$\mathrm{FM} = \frac{\Sigma\,(\text{각 표준체 남은 양의 누적 백분율})}{100} \tag{7.1}$$

여기서 사용된 표준체는 2의 배수로 커지며, 150 μm(NO.100), 300 μm(NO.50), 600 μm (NO.30), 1.18 mm(NO.16), 2.36 mm(NO.8), 그리고 4.75 mm(NO.4), 9.5 mm(3/8 in), 19 mm(3/4in), 37.5 mm(1 1/2 in), 그리고 더 큰 규격의 체들을 말한다. 조립률은 일반적으로 잔골재에 대해서 계산된다. 그러나 굵은골재도 1.18 mm(NO.16)에서 150 μm(NO.100)까지 규격의 각 체에 100% 남는다고 가정하여 계산할 수 있다. 굵은골재에 대한 조립률은 다음과 같다.

$$\mathrm{FM} = \frac{\Sigma(2.36\ \text{mm를 포함한 표준체에 남는 누적 백분율} + 400)}{100} \tag{7.1a}$$

잔골재의 조립률은 2.3과 3.1사이에 있어야 한다(표 7.6의 예시 참조). 작은 값은 고운 입도를 나타내는 반면에 큰 값은 거친 재료라는 것을 나타낸다. 상대적으로 작은 변화가 예상될 때 조립률은 입도의 불변성을 확인하는데 사용될 수 있다. 그러나 각기 다른 원산지의 골재 입도를 비교하는 데 사용해서는 안 된다. 조립률은 매우 근사적인 입도측정법이다. 같은 조립률을 갖는 두 골재도 매우 다른 입도곡선을 가질 수 있다.

잔골재의 조립률은 배합비를 결정할 때 필요하다. 왜냐하면 모래의 입도는 콘크리트의 워커빌리티에 가장 큰 영향을 주기 때문이다. 모래가 더 가늘수록(더 작은 조립률일수록), 워커빌리티를 향상시키는 데 필요한 입자의 종류가 커진다. 이것은 콘크리트에서 굵은골재의 양을 증가시키고 잔골재의 양을 감소시킨다.

ASTM C 33은 조립률이 배합설계에서 사용된 값으로부터 0.2 이상 변하지 않도록 요구하고 있다. 조립률의 큰 변화는 바람직하지 않은 워커빌리티의 변화를 일으키어, 재배합을 요구할 수 있다. 굵은골재의 조립률은 배합설계에 사용하지 않는다.

기타 입도 요구조건(Other Grading Requirements) 잔골재의 경우에는 ASTM은 다양한 입도분포를 허용하고 있다. 어떤 시방서는 둥근 자갈과 모래, 혹은 모난 쇄석과 가공된 모래의 사용 여건에 따라 매우 작은 범위의 조립률로 제한을 두고 있다. 300 μm(NO.50)와 150 μm(NO.100) 체를 통과하는 잔골재는 콘크리트의 워커빌리티, 마감, 블리딩 등에 영향을 미친다. 콘크리트는 우수한 응집성과 소성을 위하여 적절히 고운 재료가 필요하다. ASTM에서 허용하는 300

표 7.6 조립률 계산[a]

	체 크기	*남은 무게* *(g)*	*남은 양* *(wt. %)*	*누적 남은 양* *(%)*	*누적통과양* *(%)*
굵은골재	75.0	0	0	0	100
	37.5	42	4	4	96
	19	391	39	43	57
	9.5	350	35	78	22
	4.75	180	18	96	4
	2.36	20	2	98	2
	시료 무게	1000 g		319	
				+ 400(1.18 mm에서부터 150 μm까지의 가는체로부터	
				Σ = 719	
	최대 호칭크기 = 37.5 mm (1½ in.) 조립률 = 719/100 = 7.19				
잔골재	4.75	9	2	2	98
	2.36	46	9	11	89
	1.18	97	19	30	70
	600	99	20	50	50
	300	120	24	74	26
	150	90	18	92	8
	시료 무게	500 g		Σ = 259	
	조립률 = 259/100 = 2.59				

[a] 국내는 75, 40, 20, 10, 5, 2.5, 1.2, 0.6, 0.3, 0.15 mm의 10개의 체를 1조로 하여 체가름 시험한 후, 각 체에 남는 누계량의 전 시료에 대한 중량 백분율의 합으로 계산한다.

μm(NO.50) 체의 통과율이 10%인 골재는 흙손마감이 필요한 콘크리트 바닥면 또는 매끄러운 표면을 원할 때 사용하지 않는 것이 좋다. 이런 경우에는, 300 μm(NO.50) 체 통과율이 최소 15%, 150 μm(NO.100) 체 통과율이 3% 이상인 잔골재를 사용하는 것이 좋다. 반면에, 워커빌리티를 향상시키는 성분들인 광물계 혼화재, 공기연행제, 또는 높은 시멘트 함유량을 갖는 콘크리트는 더 가는 골재들을 감소하거나 생략할 수도 있다. 그러나 ASTM에서는 75 μm (NO.200) 체를 통과한 매우 가는 골재는 대부분의 콘크리트에서는 5% 이하로, 마모되기 쉬운 콘크리트의 경우에는 3% 이하로 제한하고 있다. 그 이유는 종종 미분말로 불리는 재료는 표면적이 커서 매우 높은 함수비를 요구하고, 이들은 콘크리트 상면에 시멘트 입자 대신 위치하여 마모저항성을 감소시키기 때문이다. 천연골재의 미분말은 점토질이 풍부한 경향이 있으므로 콘크리트 체적의 불안정성을 증가시킬 수도 있다.

ASTM C 33에서 규정된 잔골재와 굵은골재에 대한 입도조건 자체는 콘크리트가 원하는 특성을 갖도록 하는 것을 보장하지는 않는다. 제 10장에서 상세히 논의할 것이지만, 약 90년 전의 시방서는 '골재 조합(combined aggregate)'의 입도에 대해서 규정하고 있다. 근본적인 목표는 낮은 공극률과 최소량의 시멘트를 사용하는 콘크리트를 생산할 수 있는 조밀한 입도의 골재를 얻는 것이었다. 실제적으로는 이 접근 방법은 워커빌리티가 부적절한 콘크리트를 만들기 때문에 사용되지 못하였다. 그러나 이것은 혼합골재를 사용할 수 없다는 것을 의미하는 것은 아니다. 예를 들면, 그림 10.2에서 보인 바와 같이 혼합 골재의 입도는 워커빌리티, 경제성, 그리고 강도를 최적화하기 위하여 사용될 수 있다(10.2절 참조).

불연속 입도(Gap Grading) 불연속 입도는 한 종류 이상의 중간 크기의 입자가 누락된 골재의 입도로서 정의한다(그림 7.2d와 e). 골재를 혼합하여 적절한 입도의 골재를 얻을 수 있을 때, 불연속 입도의 골재는 경제적인 콘크리트를 생산하는데 사용될 수 있다. 임의 워커빌리티에 대하여 상대적으로 소량의 모래를 사용할 수 있으며, 이로 인하여 임의 슬럼프에 대해서 적은 양의 시멘트 또는 낮은 물-시멘트 비를 사용할 수 있다. 그러나 임의 크기의 골재를 빠뜨리는 것은 높은 워커빌리티를 요구하는 배합에서 심각한 골재분리 문제를 일으킬 수 있다. 그러므로 불연속 입도의 골재는 주로 진동으로 다져지는 매우 낮은 워커빌리티의 된배합(stiff mix) 콘크리트에 추천되며, 이 때 골재분리를 피할 수 있도록 배합설계는 세심하게 관리해야 한다. 불연속 입도의 골재를 포함하는 콘크리트는 연속적인 입도의 골재를 갖는 콘크리트보다 특성상 우수하지는 않다. 특성을 향상시키기 위한 콘크리트의 요구조건은 임의 시멘트양과 슬럼프를 갖는 콘크리트에 대한 물-시멘트 비를 감소시키는 것이다. 불연속 입도의 골재는 종종 더 나은 골재노출 마감 콘크리트를 위하여 사용된다.

불연속 입도의 특별한 경우로서 잔골재 없는 콘크리트(no-fines concrete)는 모든 잔골재가 빠진 것이다(그림 7.2e). 예상할 수 있듯이, 이 콘크리트는 굳지 않은 상태에서는 점착성이 거의 없으며, 무공극 상태로 다짐할 수 없다. 결론적으로, 잔골재 없는 콘크리트는 저강도이며, 고투수성 재료로서 굵은골재는 가벼운 봉다짐 혹은 자중에 의해 다져지고, 모르타르보다 시멘트 풀에 의해서 결합되지만 골재사이에 공극이 완전히 채워지지 않는다. 잔골재 없는 콘크리트의 장점은 저밀도, 낮은 건조수축, 그리고 높은 절연성을 갖고 있는 것이며, 구조적인 요구 조건이 크지 않는 구조물에 사용될 수 있다.

함수량(Moisture Contents)

골재는 약간의 다공성[1)]을 갖고 있기 때문에, 물이 입자 내부로 흡수될 수 있다. 또한 물은 습윤막의 형태로 입자표면에 남아 있을 수 있다. 그러므로 야적된 골재는 다양한 함수량을 가질 수 있으며, 함수량에 대한 정보는 반드시 알아야 한다. 왜냐하면 골재가 물을 흡수하고자 하는 경향이 있는 경우에는, 콘크리트의 물-시멘트 비를 효율적으로 낮추고 워커빌리티를 감소시키기 위하여 골재로 흡수되는 물은 시멘트 풀로부터 제외해야 하기 때문이다. 반대로, 과잉 수량이 골재표면에 있다면, 여분의 물은 시멘트 풀에 추가되어 콘크리트의 물-시멘트 비는 요구 값보다 더 높아질 것이기 때문이다.

함수상태(Moisture States) 그림 7.4에서 보인 바와 같이 골재의 함수 상태는 편의상 4가지로 정의한다.

1. 절대건조상태(Oven Dry : OD). 일정한 중량을 위하여 105°C의 오븐에서 가열함으로써

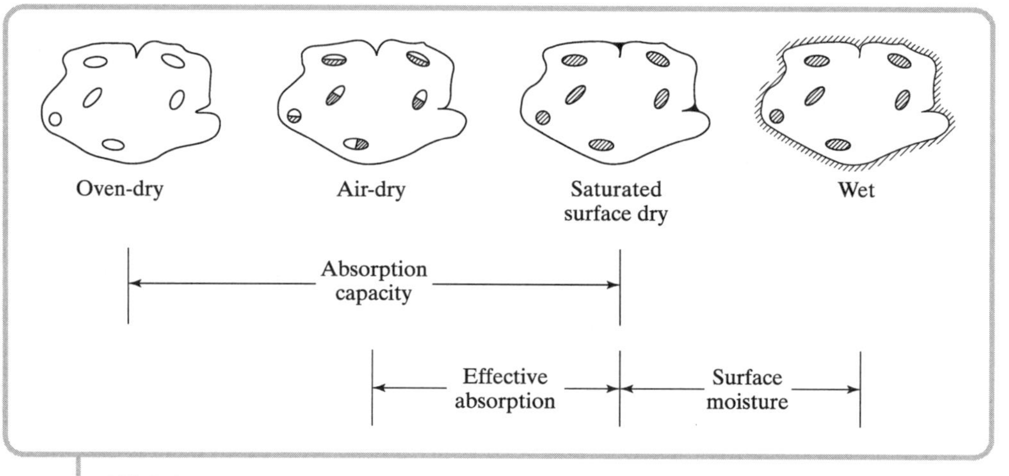

그림 7.4
골재의 습윤 상태

1) 표면까지 연결된 공극만 고려한다.

모든 수분이 골재로부터 제거된 상태이다. 모든 공극이 비어있는 상태이다.

2. 대기건조상태(Air Dry : AD). 골재 표면의 모든 수분이 제거된 상태이다. 그러나 골재 내부 공극의 수분은 부분적으로 가득 차 있는 상태이다.
3. 표면건조포수상태(Saturated-Surface-Dry : SSD). 모든 공극이 물로 가득 찬 상태로서 골재 표면에 습윤막은 없는 상태이다.
4. 절대습윤상태(Wet). 골재 표면에 습윤막이 형성되어 있고 모든 공극이 물로 완전하게 가득 차있는 상태이다.

위의 4가지 상태 중, OD와 SSD상태는 표준 함수량에 해당하고, 두 가지 상태 모두 함수량 계산에 기준이 되는 상태로써 사용할 수 있다. 야적된 골재에서의 AD상태와 절대습윤상태는 다양한 함수량을 나타낸다. 함수량 계산에 기준이 되는 상태로 SSD상태를 선택하는 것은 다음과 같은 이유로 바람직하다.

1. 콘크리트에서 골재의 평형함수상태를 표현한다. 즉, 골재는 물을 흡수하지도 않고 시멘트 풀에 물을 추가하지도 않는다.
2. 현장에서의 골재 함수량은 OD상태보다 SSD상태에 더 가깝다.
3. 골재의 겉보기 비중(bulk specific gravity : BSG)은 SSD상태에서 변위법(displacement method)으로 더욱 정확하게 결정되어 진다.
4. 함수량은 변위법을 사용해서 겉보기 BSG의 측정값으로부터 직접 계산될 수 있다.

SSD상태를 사용하는 방법의 가장 큰 단점은 실제의 SSD상태를 만들기 어렵고 그러한 상태를 만들기 위해서는 기술과 경험을 필요로 하는 것이다. 이런 이유로 많은 사람들은 기준 상태로 OD상태를 사용하는 것을 선호한다. 다음에 기술하는 내용은 기준 상태로서 SSD상태를 사용하는 것이다. 그러나 OD상태를 사용하는 대체 방법은 이 장의 부록에 요약정리하였다.

흡수율과 표면수량(Absorption and Surface Moisture) 시멘트 풀에 추가하거나 제거해야 할 골재에서의 수분량을 계산하기 위해서 세 가지의 양을 정의하는 것이 편리하다. 이들은 흡수율(absorption capacity; A), 유효흡수율(effective absorption; EA), 표면수량(surface moisture; SM)이다.

흡수력(A 혹은 흡수율)은 골재가 흡수할 수 있는 최대 수분량을 나타낸다. 이것은 SSD상태와 OD상태사이의 중량 차이로부터 계산되며, OD상태의 중량백분율을 표현하면,

$$A = \frac{W_{\text{SSD}} - W_{\text{OD}}}{W_{\text{OD}}} \times 100\% \tag{7.2}$$

여기서 W_{SSD}와 W_{OD}는 각각 SSD상태와 OD상태의 골재 중량을 나타낸다. 흡수력은 배합설계의 계산에 사용되고, SSD상태에서 OD상태로 변환하기 위해서, 혹은 반대의 경우로 변환하기 위해 사용될 수 있다 [$W_{SSD}=W_{OD}(1 + A/100\%)$]. 대부분의 보통 중량 골재(잔골재 또는 굵은골재)는 약 1~2%의 범위의 흡수 능력을 갖고 있다. 지나치게 높은 흡수력은 공극이 큰 골재를 나타내며, 이는 내구성 문제가 발생할 가능성을 갖고 있는 것이다(경량 골재는 일반적으로 매우 높은 흡수력을 갖고 있다).

유효흡수율(EA)는 골재가 AD상태에서 SSD상태로 변환하기 위해 필요한 물의 양을 나타내며, SSD중량의 비율로 나타내면,

$$EA = \frac{W_{\text{SSD}} - W_{\text{AD}}}{W_{\text{SSD}}} \times 100\% \tag{7.3}$$

콘크리트 배합에서 SSD상태의 골재 중량(W_{agg})을 위하여 유효흡수율은 표면건조상태 골재를 SSD상태의 골재로 만들기 위해 흡수해야 할 물의 중량(W_{abs})을 계산하는데 사용될 수 있다.

$$W_{\text{abs}} = \frac{(\text{EA})W_{\text{agg}}}{100} \tag{7.4}$$

그러므로 배합할 때 표면건조상태 골재의 중량은 요구하는 SSD상태의 골재 중량(W_{agg})에서 W_{abs}를 뺀 값과 같으나, 배합수는 W_{abs} 만큼 증가될 것이다.

만약 배합할 때 골재가 OD상태에 가깝다면 골재를 SSD상태로 변화시키기 위해 필요한 모든 수량을 흡수하는 데는 시간이 걸린다. 이러한 경우에는 유효흡수율은 30분 동안 골재가 흡수할 물의 양을 나타낸다고 생각하면 될 것이다. 30분 이후의 추가적인 흡수 작용은 천천히 일어날 것이다. 그러나 이 흡수 작용은 콘크리트 워커빌리티의 점차적인 감소를 수반한다.

표면수량(SM)은 SSD상태를 초과하는 물을 나타내며, SSD중량의 비율로 표현하면,

$$SM = \frac{W_{\text{wet}} - W_{\text{SSD}}}{W_{\text{SSD}}} \times 100\% \tag{7.5}$$

이는 골재와 함께 콘크리트에 추가되는 물(W_{add})을 계산하는데 사용된다.

$$W_{\text{add}} = \frac{(\text{SM})W_{\text{agg}}}{100\%} \tag{7.6}$$

이 경우에, 절대습윤상태의 골재중량은 W_{agg}와 W_{add}의 합과 같으나, 표면수량을 계산하기 위해서는 배합수는 W_{add}만큼 감소될 수 있다.

AD상태와 절대습윤상태 모두 야적된 골재의 상태를 나타내기 때문에, 식 (7.3)에서 (7.6)은 일반적으로 표시될 수 있으며, 골재의 함수량(MC)은 다음과 같다.

$$\text{MC} = \frac{W_{\text{stock}} - W_{\text{SSD}}}{W_{\text{SSD}}} \times 100\% \tag{7.7}$$

여기서 W_{stock}는 야적된 상태의 골재의 중량이다. 만약 함수량이 양수이면 표면수량이고, 음수이면 유효흡수율이다. 그러므로

$$W_{\text{MC}} = \frac{(\text{MC})W_{\text{agg}}}{100\%} \tag{7.8}$$

여기서 골재와 관련된 총 수분량인 W_{MC}는 함수량이 양수이면 양수(즉, 추가량)이고, 함수량이 음수이면 음수(즉, 흡수량)가 된다.

잔골재 팽창작용(Bulking of Sand) 야적된 굵은골재는 일반적으로 1% 미만의 유효흡수율을 갖는 AD상태에 있다. 그러나 잔골재는 대체로 2~6% 정도의 표면수를 갖는 습윤 상태로 있다. 표면수는 잔골재의 골재분리를 억제함으로 이로운 효과가 있다. 잔골재가 높은 표면수를 갖는 이유는 얇은 표면수막에 추가하여 잔골재가 요철 형상을 함으로써 작은 입자들 사이의 빈틈을 물로 채울 수 있기 때문이다(그림 7.5b). 이러한 잔골재의 요철 모양의 형상은 이웃 입자들을 서로 떨어뜨리면서 골재의 겉보기 부피를 증가시킴으로 골재입자들 사이에 수분막을 더 두껍게 형성하는 것이다(그림 7.5d).

이 현상은 팽창작용(bulking)으로 알려져 있고, 체적으로 배합할 때 상당한 오차를 일으킬 수 있다. 그러므로 골재는 거의 언제나 중량으로 계량되고 단위중량의 측정은 항상 절대건조상태로 이루어져야 한다. 모래가 물로 포화되었을 때 요철의 형상은 파괴되고 체적은 보통의 상태로 되돌아간다. 굵은골재는 수분막의 두께에 비교해서 입자크기가 크기 때문에 매우 적은 체적 팽창 현상을 보여준다. 이는 요철 형상의 효과가 적기 때문이다.

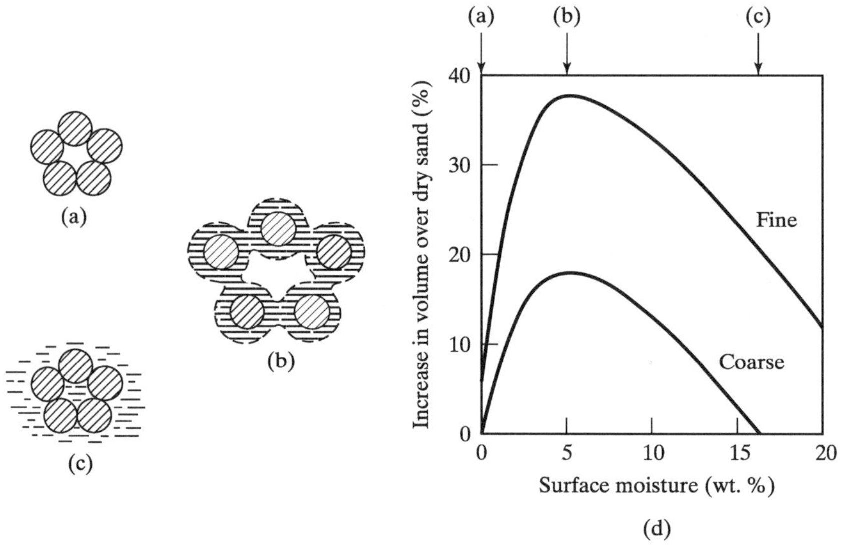

그림 7.5
잔골재의 팽창작용 현상

비중(Specific Gravity)

골재의 밀도는 배합설계에서 중량-체적 관계를 설정하기 위해 비중으로 표현되고 골재 밀도는 무차원의 비로 나타낸다.

$$SG = \frac{\text{고체의 밀도}}{\text{물의 밀도}} \tag{7.9}$$

밀도는 물 안에서의 배수량으로 결정되기 때문에 비중은 자연적으로 쉽게 계산될 수 있으며 어떤 단위체계로서 사용할 수 있다. 골재는 다공성을 가지고 있으므로 비중 값을 측정할 때 포함해야 한다. 또한 골재 입자의 공극들이 투과성 공극인지 불투과성 공극인지를 구별할 필요가 있다. 불투과성 공극은 골재의 체적 일부로 생각하게 될 것이다. 그러므로 우리는 투과성 공극을 제외하고 골재 체적만을 말하는 겉보기 비중(ASG)과 골재 부피에 공극의 부피를 포함시킨 체적 비중(BSG) 사이의 차이를 구분할 수 있다.

$$ASG = \frac{\text{골재의 중량(고형 부분만)}}{\text{골재의 부피(고형 부분만)}} \cdot \frac{1}{\rho_{water}} \tag{7.10}$$

$$BSG = \frac{\text{골재의 중량(고형 부분+공극)}}{\text{골재의 부피(고형 부분+공극)}} \cdot \frac{1}{\rho_{water}} \tag{7.11a}$$

$$= \frac{\text{골재의 중량(고형 부분+공극)}}{\text{치환된 수분의 양}} \tag{7.11b}$$

골재가 콘크리트에서 차지하는 유효체적은 공극을 포함하고 있기 때문에, BSG의 값은 이용할 때 실제적으로 사용하는 값이다. BSG값에 대한 공극의 기여도는 골재 중량에 대한 공극 매체의 기여도에 좌우되고 있음을 식 (7.11)에서 볼 수 있다. 만약 공극 부분이 물로 채워지면, 공극 부분이 비어있을 때 제외될 무게에 해당하는 정도의 기여도가 있을 것이다.

$$\text{ASG} > \text{BSG}_{\text{SSD}} > \text{BSG}_{\text{OD}} \tag{7.12}$$

그러나 콘크리트 골재로 사용되는 대부분의 암석 공극률은 약 1~2% 정도이기 때문에 모든 비중 값들은 대체로 비슷하다. 그러나 이것은 BSG값이 함수량에 많이 좌우되는 경량 콘크리트에 해당되는 것이 아니다. 대부분 암석의 BSG값은 약 2.5~2.8 정도로서 이 범위 이하의 값은 아마도 큰 공극률을 보일 것이다. 그러나 골재의 BSG값은 콘크리트의 성능과 직접적으로 관련되지는 않으므로 규정된 값이 아니다. BSG값을 명시하는 주된 이유는 콘크리트의 최소 밀도가 요구되는 경우로서 이는 BSG값이 콘크리트의 밀도와 직접적으로 관련되기 때문이다.

BSG의 결정(Determination of BSG) SSD상태에서의 골재의 BSG_{SSD}는 ASTM C 127과 C 128에 규정된 배수량에 의해 결정된다. 사용되는 기본 식은 식 (7.11b)이다. ASTM C 127에서 굵은골재는 공기 중에서의 무게(W_{air})와 물에서의 무게(W_{water})로 측정되고 배수된 물의 무게는 다음과 같이 도출된다.

$$W_{\text{displ}} = W_{\text{air}} - W_{\text{water}} \tag{7.13}$$

배수된 물의 무게는 물론, 숫적으로는 골재의 체적과 같은 배수된 물의 부피(SI단위)와 같다. ASTM C 128에서는 비중병을 물로 가득 채워서 무게를 측정한 후 다시금 SSD상태의 모래로 채운 비중병을 물을 가득 채우고 다시 무게를 측정한다. 관련 식은 다음과 같다.

$$W_{\text{displ}} = (W_{\text{sand}} + W_{\text{pyc}}) - W^{*}_{\text{pyc}} \tag{7.14a}$$

여기서 W_{sand}는 SSD상태의 모래의 무게이고 W_{pyc}는 물만 차있는 비중병의 무게이다. W^{*}_{pyc}는 모래와 물이 들어있는 비중병의 무게이다. 식 (7.14a)는 다음과 같이 정리할 수 있다.

$$W_{\text{displ}} = W_{\text{water}} - W^{*}_{\text{water}} \tag{7.14b}$$

여기서 W_{water}와 W^*_{water}는 각각 모래가 비워진 그리고 채워진 비중병에서의 물의 무게이다.

OD상태의 골재에서는 배수법은 성공적으로 사용될 수는 없으며 이는 측정되는 동안 흡수가 발생하기 때문이다. BSG값은 OD에서는 다양하고 SSD상태에 적합하다는 것을 나타내기 위해 BSG_{SSD}로 표시한다.

BSG_{OD}는 식 (7.11b)에서 분모를 절대건조상태의 골재의 무게로 대체함으로써 계산될 수 있다. 식 (7.10)의 ASG값은 골재의 무게는 절대건조상태의 무게이며 배수된 물의 중량은 SSD상태의 골재에 의해 배수된 물의 무게(W_{displ})에서 공극부분의 물의 무게($W_{SSD}-W_{OD}$)를 고체입자만 고려한 값이다.

함수량 측정(Measurement of Moisture Contents) 골재의 함수량 측정은 SSD상태의 골재의 BSG를 결정하는데 사용된 배수량을 사용함으로써 편리하게 구할 수 있다. 잔골재에서 표면수를 결정하는 절차는 ASTM C 70에 명시되어 있다. 그러나 이 방법의 원칙은 잔골재와 굵은골재의 표면수 또는 유효흡수량을 결정하는데 사용될 수 있다. 야적된 골재에 대해서 다음 관계식이 적용된다.

$$W_{stock} = W_{SSD} + W_{MC} \tag{7.15}$$

W_{MC}는 습윤 상태에서는 양수, AD상태에서는 음수가 된다. 일반적으로 이들 값은 측정은 골재의 BSG를 결정하는 방법으로 해결된다. (골재는 측정하는 동안 SSD상태에 있다고 가정한다.) 그러므로 식 (7.11b)를 사용하여 굵은골재에 대해서 다음과 같은 식이 도출된다.

$$BSG_{SSD} = \frac{W_{SSD}}{W_{displ}} \tag{7.16a}$$

BSG_{SSD}를 계측하는 실험에서 확실한 무게는 W_{SSD}이지만 식 (7.15)는 합리적이지 않다. 그러나 W_{displ}은 W_{SSD}로 표현될 수 있다.

$$BSG_{SSD} = \frac{W_{SSD}}{W_{SSD} - W^*_{SSD}} \tag{7.16b}$$

여기서 W^*_{SSD}는 수중에서의 SSD골재의 중량이다. 이 값은 골재가 측정 전에 SSD상태에 있기 때문에 실험을 통해 실제적으로 측정될 수 있다. (이것은 항상 습윤 상태의 골재에서는 가능하지만 만약 골재가 매우 건조하고 흡수가 천천히 진행되면 오차가 발생한다. 이는 일반적인 현상은 아니다.)

그러므로 두 값 BSG_{SSD}와 W^*_{SSD}를 이용하여 W_{SSD}를 구하기 위해 식 (7.16b)는 재정리될 수 있다.

$$W_{\mathrm{SSD}} = \frac{(W^*_{\mathrm{SSD}} \times \mathrm{BSG}_{\mathrm{SSD}})}{\mathrm{BSG}_{\mathrm{SSD}} - 1} \tag{7.17a}$$

식 (7.17a)는 식 (7.15)에서 $\mathrm{W_{MC}}$를 구하는데 이용될 수 있으며, W_{MC}는 W_{SSD}의 백분율로 표현될 수 있다(두 표면수 및 유효 흡수율).

잔골재의 경우에는, W_{displ}을 구하기 위하여 식 (7.14a)를 수정할 수 있다. W_{sand}는 W_{stock}이기 때문에 다음 식을 사용해야 한다.

$$W_{\mathrm{displ}} = (W_{\mathrm{SSD}} + W_{\mathrm{pyc}}) - W^*_{\mathrm{pyc}} \tag{7.17b}$$

W^*_{pyc}는 실험으로 측정되고 W_{pyc}는 $\mathrm{BSG_{SSD}}$를 측정하는데 사용한 실험을 통해서 알게 된다. W_{SSD}는 알지 못하지만 식 (7.17b)를 식 (7.16a)에 대입하고 정리를 하면 다음 식으로 구할 수 있다.

$$W_{\mathrm{SSD}} = \frac{(W^*_{\mathrm{pyc}} - W_{\mathrm{pyc}})\mathrm{BSG}_{\mathrm{SSD}}}{\mathrm{BSG}_{\mathrm{SSD}} - 1} \tag{7.18}$$

단위중량(Unit Weight)

단위중량(UW)은 골재부피에 대한 중량으로 정의할 수 있다. 이것은 밀도의 값이므로 체적 밀도(bulk density)라고도 불리지만, 이 용어는 아주 다른 값인 겉보기 비중(체적 비중, bulk specific gravity)과 유사하므로 좋은 선택은 아닐 것이다. 단위중량은 골재가 콘크리트에서 차지하고 있는 체적을 효율적으로 측정하고 골재 입자와 골재 입자들의 공극을 포함한다. 단위중량은 부피를 알고 있는 용기를 채워서 중량을 측정하면 간단하게 구할 수 있다(ASTM C 29). 그러나 다짐의 정도에 따라 공극량은 변하며 따라서 단위중량도 변화되는 것은 당연하다. ASTM 표준법은 봉다짐을 규정하고 있다(경량 골재의 단위중량은 어떠한 다짐 없이 느슨하게 채워진 상태에서 결정된다). 골재의 중량은 골재의 함수량에 좌우되기 때문에 일정한 함수량이 요구된다. 절대건조상태의 골재가 ASTM C 29에서 요구되고 있으며, 굵은골재의 단위중량은 부피법에 의한 배합설계에서 필요하다.

모르타르로 채워져야 하는 공극은 단위중량을 이용해서 계산될 수 있다. $\mathrm{kg/m^3}$ 단위의 단위중량은 부피 $1\ \mathrm{m^3}$ 내에 골재(W_a)의 무게와 같다.

$$\text{전체부피} = V_a + V_v = 1\ \mathrm{m^3} \tag{7.19}$$

$$V_v = (1 - V_a)\ \mathrm{m^3} \tag{7.20}$$

그러므로 여기서 V_a와 V_a는 골재와 공극의 부피를 나타낸다.

$$V_a = \frac{W_a}{\text{BSG} \times \rho_w} \text{m}^3 \tag{7.21}$$

여기서 ρ_w는 kg/m^3 단위로 물의 밀도이고, BSG는 건조 상태에서의 겉보기 비중을 나타낸다.

$$V_v = 1 - \frac{W_a}{\text{BSG} \times \rho_w} \text{m}^3 \tag{7.22}$$

$$V_v = 1 - \frac{\text{UW}}{\text{BSG} \times \rho_w} \text{m}^3 \tag{7.23}$$

$$\text{공극률} = \frac{\text{BSG} \times \rho_w - \text{UW}}{\text{BSG} \times \rho_w} \times 100 \tag{7.24}$$

ASTM의 입도 한계 내에 있는 보통 잔골재와 굵은골재의 단위중량은 일반적으로 1450~1750 kg/m^3 범위 내에 있다. 그러나 잔골재 및 굵은골재를 혼합한 골재의 단위중량은 잔골재 함유량이 총 골재 무게의 35~40%를 차지할 때 최대 단위중량을 보여주고 있다(그림 7.6 참조). 식 (7.22)로부터 이 최대 값은 시멘트 풀로 채워야 하는 최소 공극률에 해당된다는 것을 알 수 있다(근사적으로 양 골재의 BSG가 같다고 가정). 그러므로 가장 경제적인 콘크리트는 총 골재 중에서 잔골재가 40% 정도를 차지하는 경우이다. 이는 시멘트가 최소량으로 필요하기 때문이다.

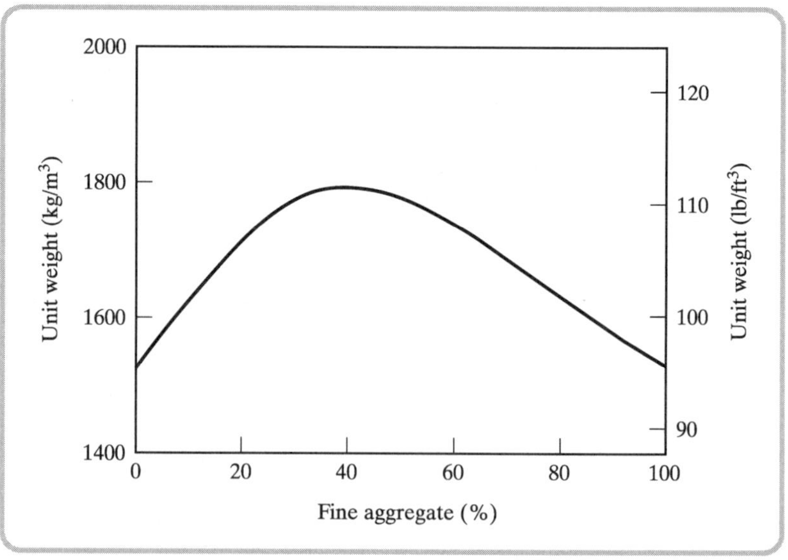

그림 7.6
잔골재와 굵은골재 혼합물의 건비빔 골재의 단위중량 변화량

7.2 골재의 내구성 (Durability Of Aggregates)

골재는 콘크리트의 대부분을 차지하고 있기 때문에 골재의 내구성이 부족하면 콘크리트는 심각한 문제를 야기할 수 있다. 다행히, 대부분의 북미 지역에서 골재의 내구성에 관한 문제는 거의 없다. 일부 다른 지역에서는 골재의 이런 문제를 해소하기 위해 특별한 체가름 시험이 정기적으로 필요로 하고 또한 바람직하지 않은 골재의 나쁜 영향을 제거하기 위하여 특별한 조치방안이 필요하다. 후자의 조치방안은 좋은 질의 골재가 어디에 있는지와 문제가 없는 골재를 사용하도록 하는 것이 특별히 중요하다. 골재의 내구성 결핍은 물리적인 원인과 화학적인 원인으로 나눌 수 있다. 전자는 물리적인 마모 뿐만 아니라 동결융해 혹은 건습 작용에 대한 민감도에 관한 것이다. 화학적인 내구성 문제는 시멘트-골재 반응의 다양한 형태에 관련이 있다.

골재의 내구성 측정에 사용되는 다양한 절차 중에 현장 성능시험이 가장 좋은 방법이다. 차선책은 콘크리트에 타설된 골재를 평가하는 시험이다. 그러나 이 시험은 골재에 직접적으로 수행하는 시험보다 많은 시간이 필요하다. 그러므로 많은 내구성 실험은 골재 자체에 직접적으로 적용하는 방법으로 개발되었다. 철저한 암석 분류조사 방법을 통하여 골재의 잠재적 내구성에 대해 많은 것을 알 수 있으므로 긴 시간이 요구되는 시험을 생략할 수도 있다. 골재를 평가할 때는 반드시 ASTM C 702와 D 75에 규정되어 있는 적절한 시료 추출 방법을 따라야 한다.

물리적인 내구성(Physical Durability)

안정(Soundness) 환경적인 변화와 함께 체적변화가 콘크리트의 품질 저하를 일으키면 '불안정 상태'에 있다고 정의한다. 체적변화는 반복적인 동결융해 및 건습작용으로부터 발생할 수 있다. 다행히, 건습작용으로 인한 상당한 체적변화를 일으키는 암석은 매우 드물다. 그러므로 안정성은 주로 동결융해에 대한 저항성의 문제이고, 콘크리트 열화의 대표적인 두 가지 결함인 표면 팝 아웃현상과 포장에서의 D형 균열의 주요 원인이다. 골재의 동결융해에 대한 민감도에 영향을 주는 요소는 경화된 시멘트 풀에 영향을 주는 요소와 비슷하며 제 18장에서 자세히 언급할 것이다. 간략히 말하면, 골재의 저항성은 골재 내부의 수분이 얼어서 부피증가를 일으킬 때 높은 내부 응력이 발생하는가에 좌우된다. 이 응력은 골재의 공극성, 투수성, 포화도 및 크기의 함수이다. 동결융해에 따른 피로가 발생하지 않을 골재의 한계 크기는 계산될 수 있다(제 18장 참조). 비록 계산한 대부분의 골재 크기는 실제 사용되고 있는 보통 크기보다 더 크지만, 충분히 암밀이 되지 않은 퇴적암인 규혈암, 유사사암, 사암, 혈암 그리고 석회암 등에서 골재의 한계 크기는 보통 사용되는 최대 골재크기[12∼25 mm(1/2 in∼1 in)]보다 작을 수 있다. 골재의 동결융해 저항성은 몇 가지 방법으로 평가할 수 있다. 안정도 시험(ASTM C 88)은 포화된 골재의 냉각된 결정체의 수량을 조사할 것을 제안하고 있다. 이 시험은 나트륨 또는 황산마그네슘의 포화용액에 골재를 침수시키고 오븐에서 건조시키는 조작을 하는 것이다. 이를 규정된 횟수의 반복조작 시험 후에 손실된 중량을 결정한다. 공극 부분에 있는 소금 결정체는 냉각으로 인하여 골재 입자가 파손을 일으킨 것으로 가정할 수 있다. 그러나 이 가정에 대한 실제적인 정당성은 없다. 그리고 골재를 시멘트 풀과 별도로 시험하는 것도 현실성이 떨어지는 시험이며, 시험결과는 시험실간 결과의 큰 변이도 및 시험과 실제 결과간의 상호연관성도 좋지 못하다.

비구속 동결융해 실험(CSA A23.2-24A)은 굵은골재의 황산염에 대한 안정도 시험을 대신하는 시험으로서 캐나다에서 사용되고 있다. 시료는 체가름을 24시간동안 3%의 염화나트륨 용액에 포화시키고, 배수시키고, 플라스틱 병에 밀봉시킨다. 그 병을 −18°C(0°F)에서 5번 주기로 동결융해 과정을 실시한 후 골재입도의 변화는 현장 조건과 잘 부합하는 중량손실 백분율을 계산하는데 이용되고 있다. 이 시험은 안정도 시험보다 시험실간 결과의 변이도가 매우 작은 값을 보이고 있다.

콘크리트 골재를 시험하는 방법(ASTM C 666, C 682)은 ASTM C 88 또는 CSA A23.2-24A보다 더욱 광범위하게 적용되고 선호되는 방법이다. 그러나 실제 온도의 변화를 반영하는 어려움이 시험 결과와 실제 거동과의 상호연관성을 생각보다 낮게 하고 있다. 이러한 결점에도 불구하고, D형 균열에 대한 민감도에 관해서는 우수한 상호연관성을 보여주고 있으며 제 18장에서 더 자세히 언급할 것이다.

마모 저항성(Wear Resistance) 콘크리트의 마모 저항성은 17.2절에 상세히 언급했으며 골재는 콘크리트 표면의 마모 저항성 결정에 매우 중요한 역할을 하는 것은 당연하다. 우수한 골재는 단단하고 치밀해야 하며, 그리고 약하고 다공성 유해입자들이 없어야 한다. 골재의 마모 저항성은 로스엔젤레스 마모시험으로 평가(ASTM C 131, C 535)할 수 있으며, 이 시험은 규정된 시간동안 강철볼로 볼밀링하고, 1.70 mm(NO.12)체보다 큰 시료로 체가름하며, 중량손실을 측정하는 과정으로 구성되어 있다. 이 시험은 현장에서의 콘크리트 마모 조건과 많은 연관성은 없으나, 골재를 다루는 동안 골재가 부서지는 경향을 측정하는 좋은 시험방법이다. 콘크리트 자체의 마모 저항성 평가를 할 수 있는 우수한 시험방법이다(제 17장 참조). 또한 골재의 형상과 구조에 좌우되는 시멘트 풀과 골재의 부착력은 고려되어야 한다.

마이크로-데발 실험(CSA A23.2-23A)은 잔골재의 황산염 안정성에 관한 시험을 대신하여 캐나다에서 사용되고 있다. (후자 방법은 동결융해 저항성보다 잔골재의 충격 저항성을 측정하는 실험에 도움이 된다.) 마이크로-데발 실험은 80 μm 체보다 가는 시료는 세척하여 제거하고, 오븐 건조시켜 24시간동안 물에 500 g의 시료를 침수시키고, 그리고 9.5 mm의 스테인리스 볼이 1250 g 들어있는 2L의 스테인리스 드럼통 안에 시료를 넣어서 100 rpm의 속도로 15분 동안 회전하는 과정을 포함한다. 이 과정을 거친 시료는 다시 80 μm보다 체로 체가름하여 손실량을 백분율로 계산한다. 이 실험은 골재를 습윤 상태에서 실험을 하기 때문에, 건조 상태로 실험을 하는 로

스엔젤레스 마모 시험 방법보다 더욱 어려운 시험이다. 시험실간 시험 결과는 낮은 변이도를 보이고 콘크리트의 건조수축을 일으키는 잔골재의 특성을 측정하는 좋은 방법이다. 1500 g의 시료를 95~105분 동안 회전(최대 골재 규격에 좌우됨), 1.25 mm 체에 체가름 하는 과정 등을 변경한 시험 방법(CSA A23.2-29A)은 굵은골재에 사용된다. 마이크로-데발 실험과 비구속 동결융해 실험(CSA A23.2-29A)의 결과는 그림 7.7에서 콘크리트 현장 거동 결과와 비교하고 있다.

화학적 저항성(Chemical Resistance)

대부분의 화학적 내구성 문제는 골재에 있는 실리카와 시멘트에 함유되어 있는 알칼리 사이의 반응으로 발생한다. 가장 빈번하게 발생하는 현상은 알칼리 골재 반응(또는 알칼리 실리카 반응이라고도 함)이며, 그 밖의 흔하지 않은 반응도 최근에 밝혀져 있으며 함께 검토하고자 한다. 간혹 다른 형태의 화학적 문제가 발생하기도 하는데, 일례로 황철광(FeS)은 칼슘 수산화물이 있을 때 활동적으로 반응하여 철황산염을 만들며 궁극적으로는 철수산화물을 형성한다. 이 반응은 팝아웃과 얼룩을 일으킬 수 있다. 많은 양의 천연 석고는 황산염 침투를 일으키고, 소량의 아연과 납은 때때로 골재 산지에서 발견되며 이들은 콘크리트의 응결과 조기 경화를 상당히 지연시킨다.

알칼리 골재 반응(Alkali-Aggregate Reaction) 미국에서는 1920년 후반부터 1940년 초에 지어

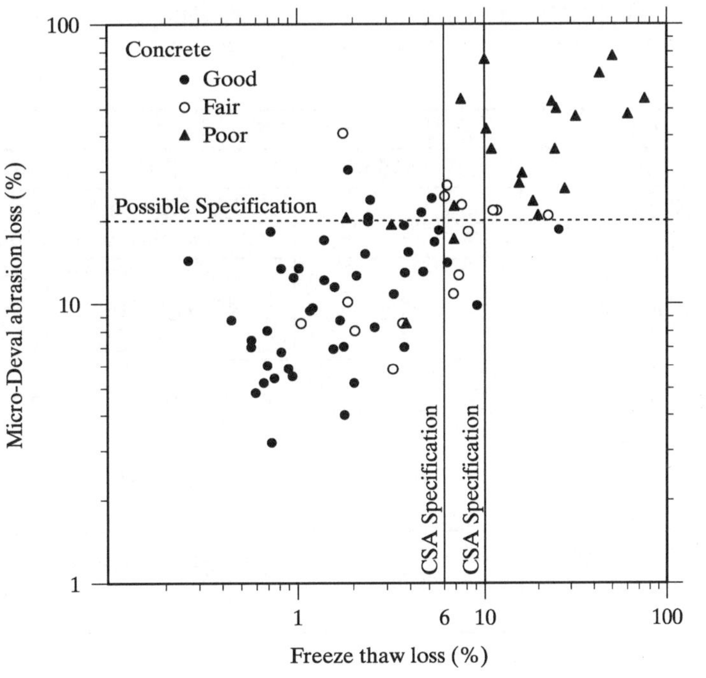

그림 7.7
굵은골재의 동결융해 손실에 대한 마이크로-데발 마모 손실의 성능 비교 [C. A. Rogers and S. A. Senior, "Recent Developments in physical Testing of Aggregates to Ensure Durable Concretes," *Advances in Cement and Concrete*, eds. M.W. Grutzeck and S. L. Sarkar, American Society of Civil Engineers, New York. pp.338-361(1994).]

진 콘크리트 구조물에서 알칼리 골재 반응에 의한 많은 피해사례가 보고되었다.[2] 이러한 피해는 콘크리트 표면에 그물형 균열(map cracking 또는 pattern cracking ; 그림 7.8)이 넓게 발생되

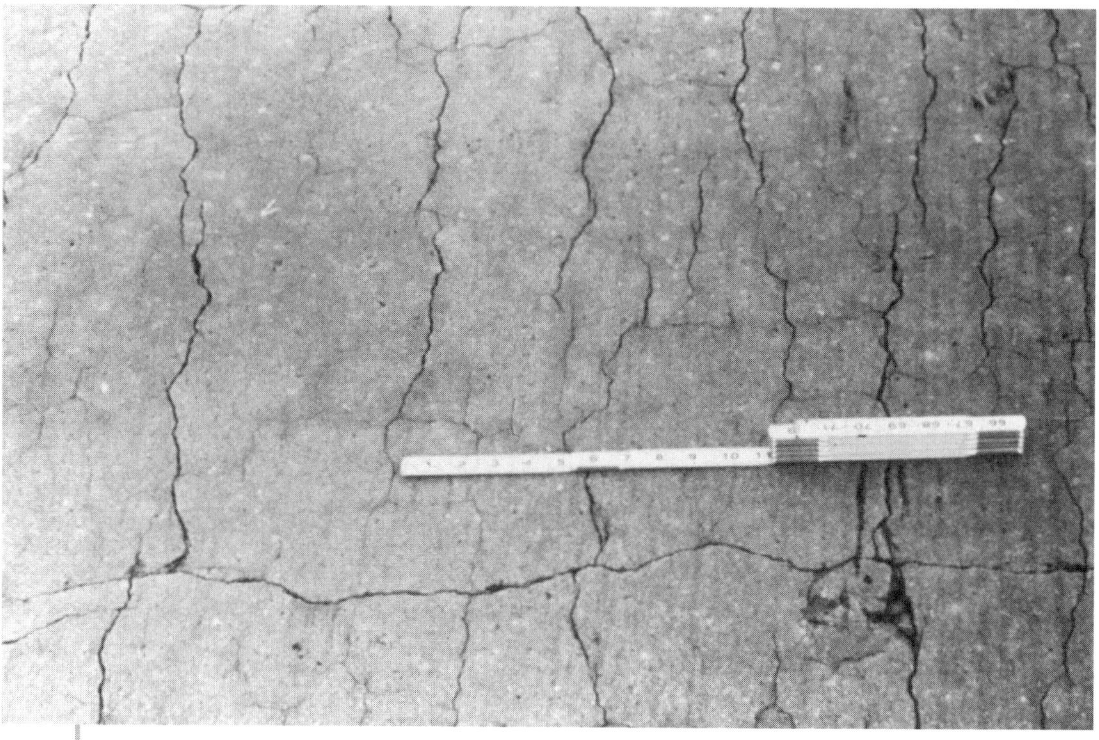

그림 7.8
알칼리 골재 반응에 의한 그물형 균열의 사례

표 7.7 알칼리 골재 반응을 일으키는 암석에서의 반응성 실리카의 형태

반응성성분	*물리적 형태*	*함유된 암석의 종류*	*분포*
단백석(opal)	비결정(amorphous)	규산질(오팔계 석회석, 흑규석(chert), 혈암(hale), 플린트(flint))	널리분포함
물유리(silica glass)	비결정	화산유리((유문암, 안산암, 석영안산암(데싸이트)) 및 응회암, 합성 유리	화산지대에서 발생된 강자갈로서 유리성분을 포함
옥수(chalcedony)	부분결정 석영(poorly crystallized quartz)	규산질 석회석 및 사암, 흑규석, 플린트	널리분포함
크리스토발라이트 인규석(cristobalite tridymite)	결정(crystalline)	오팔계 암석, 소성된 세라믹	흔하지 않음
석영	결정	규암(석영암), 모래, 사암, 여러 화성암 및 변성암(예로 화강암 및 편암)	흔하지만, 큰 변형을 받을 때나, 미소 크리스탈 결정체인 경우에만 반응성임

2) T.E. Stanton, Proceedings ASCE, Vol.66, pp. 1781-1811 (1940).

어 전 구조물에 균열을 발생시키는 것이다. 이는 종종 콘크리트 표면에 팝아웃 또는 박리현상 그리고 균열을 통하여 젤이 돌출되는 현상을 수반한다. 이런 피해 사례는 Kansas, Nebraska, Alabama, Georgia 지역 뿐만 아니라 미국의 서부와 남서부 지역에서 주로 발생한다.

1940년 초 Stanton에 의한 연구는 이러한 피해는 시멘트에 함유된 알칼리와 골재내의 반응성 있는 실리카 사이의 화학적 반응으로 인한 팽창에 기인한 것으로 진단하였다(표 7.7). Stanton은 골재 내에 반응성이 있는 실리카의 보통 형태로서 오팔과 규질암(chert)을 발견하였다. 그러나 해당 실리카의 형태는 광범위하며 자연적으로 일어나는 화산유리(volcanic glasses)가 반응성이 있는 실리카에 넓게 분포된 형태이다. 다양한 형태의 실리카는 각기 다른 반응성을 갖고 있으며, 결정체 형성(crystallinity), 내부 다공성, 결정체 크기, 그리고 내부 결정의 변형률의 정도에 좌우되는 것으로 보인다. 오팔은 천연 실리카 중 가장 반응성이 좋으며 비결정질이고 다공성이 있다. 규산과 칼륨을 포함하고 있는 용기용 유리(붕규산염: borosilicate)는 매우 반응성 있는 재료이다. 골재들은 서로 다른 속도로 알칼리 골재 반응을 일으키며, 알칼리 골재 반응으로 인한 피해는 구조물이 완공된 후에도 수년 동안 뚜렷하게 발생하지 않는다는 사실이 오랜 시간에 걸쳐서 밝혀졌다. 1930~1940년 동안에 대부분의 구조물 피해는 1~10년 이내에 발생하였으며 이는 아마도 오팔을 포함하는 골재를 포함하고 있었기 때문이었다. 그러나 그 후에 진단된 많은 경우에는 심각한 열화현상은 준공 후 15~40년까지는 발생하지 않았는데, 이는 낮은 반응성 때문으로 추측된다. 캐나다에 있는 허드만(Hurdman) 교량의 경우에는 교량이 준공된 후 50년 동안에도 이러한 문제는 보고되지 않았다. (그 교량은 그 후 30년 동안 사용되었다.)

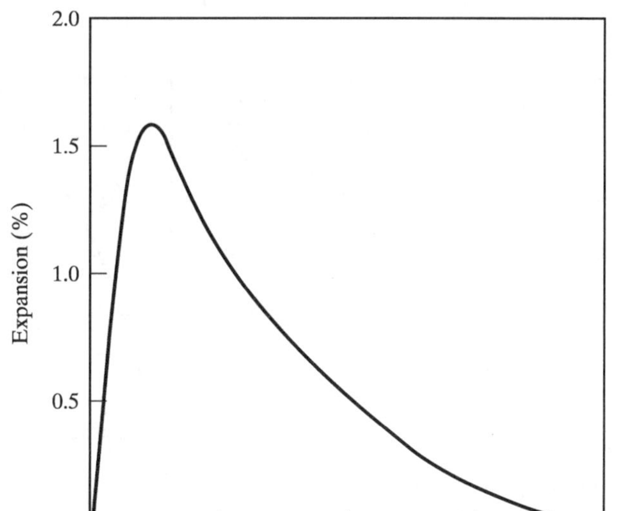

그림 7.9
알칼리 골재 반응의 골재의 반응성 실리카에 대한 콘크리트 팽창 관계
[H. Woods. *Durability of Concrete Construction*, Monograph No.4., American Concrete Institute. Detroit. Mich(1968).]

팽창에 영향을 주는 요인(Factors affecting expansion) Stanton은 알칼리 골재반응에 의한 팽창을 제어하는 요인들을 결정할 수 있었다. (1) 반응성이 있는 실리카 성질, (2) 반응성이 있는 실리카의 양, (3) 반응성이 있는 물질의 입자크기, (4) 유용한 알칼리의 양, 그리고 (5) 유용한 수분량. 논의한 반응성이 있는 실리카의 성질 이외에도 실리카의 양이 매우 중요한 요인이다. 그림 7.9의 참고문헌은 최대 팽창은 특정한 실리카 함유율(최악 상태의 가능성)에서 발생하며 높은 비율로 팽창이 감소하는 것을 보여주고 있다. 최악 상태(최적 상태의 반대) 가능성은 반응성이 있는 실리카의 형태, 알칼리성, 그리고 물-시멘트 비에 따라 변한다. 최악 상태 가능성은 2~10% 범위 내에 있지만 100%가 될 수도 있다. 반응성이 있는 물질의 입자크기 또한 중요한 요인으로서 (그림 7.10) 입자크기가 감소함에 따라 팽창이 증가한다. 시멘트와 콘크리트의 알칼리성분도 또한 중요한 요인이다. Stanton은 0.6%의 Na_2O 등가량 3) 이하에서는 유해한 팽창은 발생하지 않는다는 것을 실험적으로 확인하였다(그림 7.11). 최근의 많은 연구는 알칼리에 대한 반응성 실리카

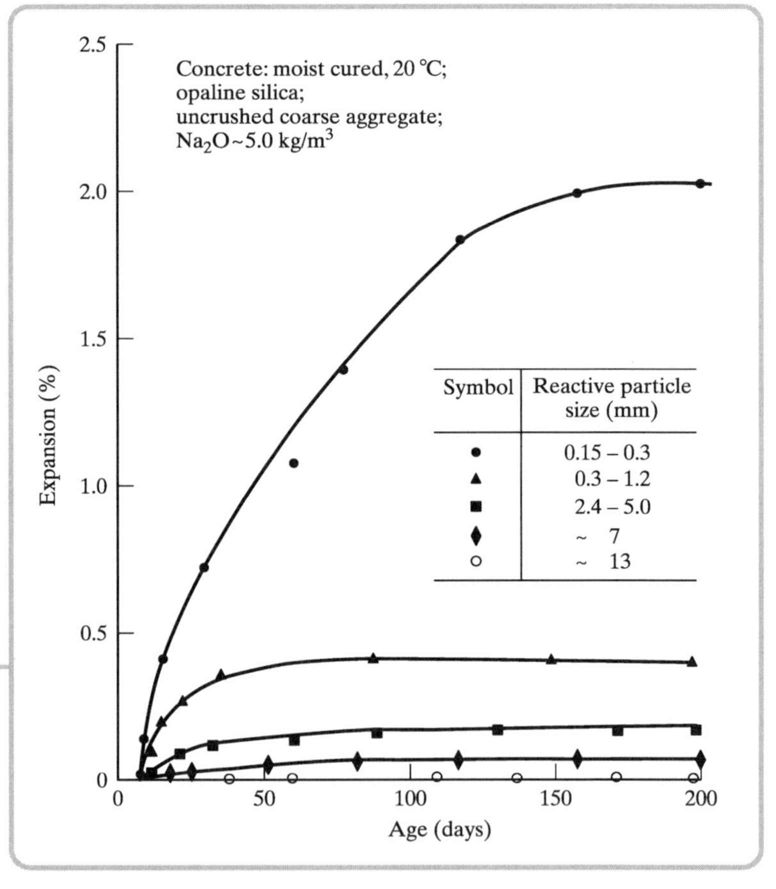

그림 7.10
팽창과 재령의 관계에 반응성 입자 크기의 영향 ; w/c=0.4 골재/시멘트=3 [D. H. Hobbs. *Alkali Silica Reaction in Concrete*, Thomas Telford, London(1988).]

3) Na_2O 등가량은 Na_2O + $0.658K_2O$로 주어진다. 0.658은 Na_2O와 K_2O의 분자 무게의 차를 고려한 값이다. 따라서 $0.658K_2O$는 K_2O의 무게에 해당하는 Na_2O와 같다.

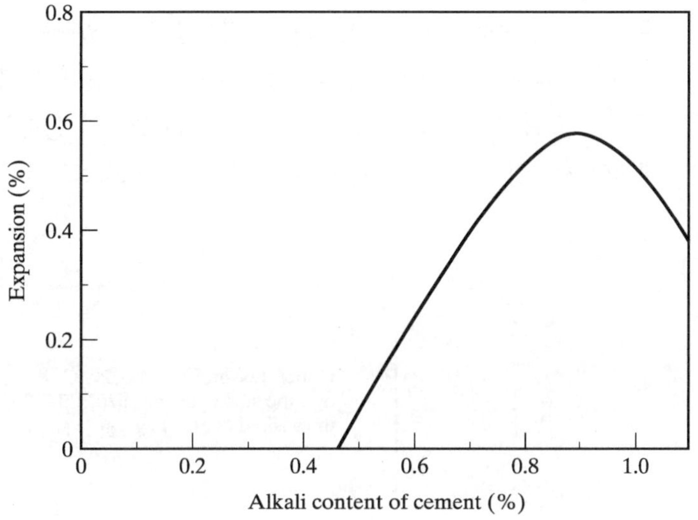

그림 7.11
알칼리 골재 팽창에서 시멘트의 알칼리 성분에 대한 팽창률
[H. Woods. *Durability of Concrete Construction*, Monograph No.4., American Concrete Institute. Detroit. Mich(1968).]

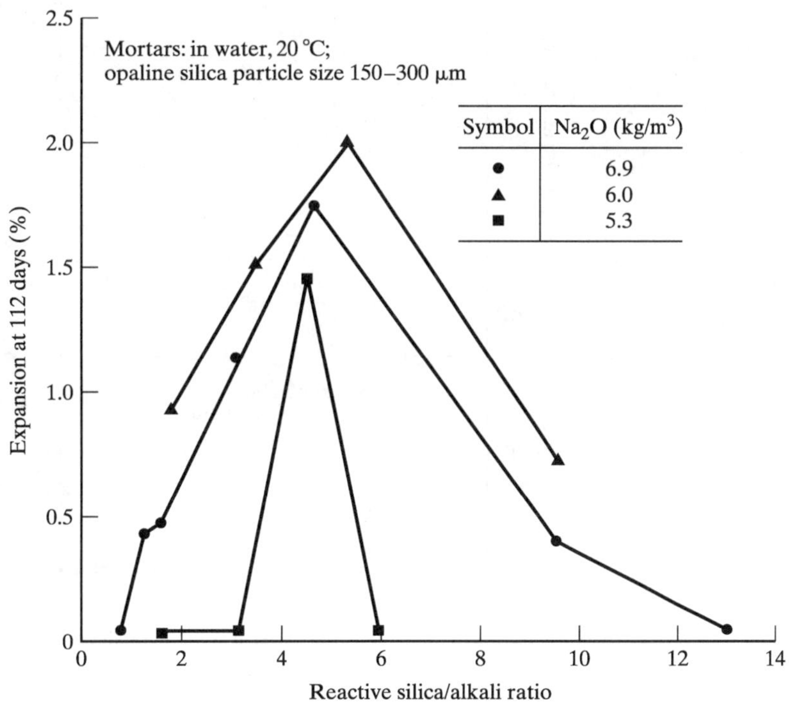

그림 7.12
반응성 실리카/알칼리 비에 대한 팽창률 [D. H. Hobbs. *Alkali Silica Reaction in Concrete*, Thomas Telford, London(1988).]

의 비율(그림 7.12)과 체적에 대한 질량 백분율로 콘크리트의 총 알칼리 성분량(그림 7.13)은 모두 화학반응 생성물의 특성에 중요한 역할을 하고 있다는 것을 보여주고 있다. 그림 7.13에서 보는 바와 같이, 안전한 조건을 위해서는 총 Na_2O 등가량의 상한값은 4 kg/m^3인 것으로 보인다. 그림 7.9~7.12에서의 곡선의 형태는 반응성 성분의 물리적, 화학적 성질에 따라 변한다. 마지막으로 알칼리 골재 반응이 진행되려면 콘크리트 내에 충분한 수분이 있어야 한다.

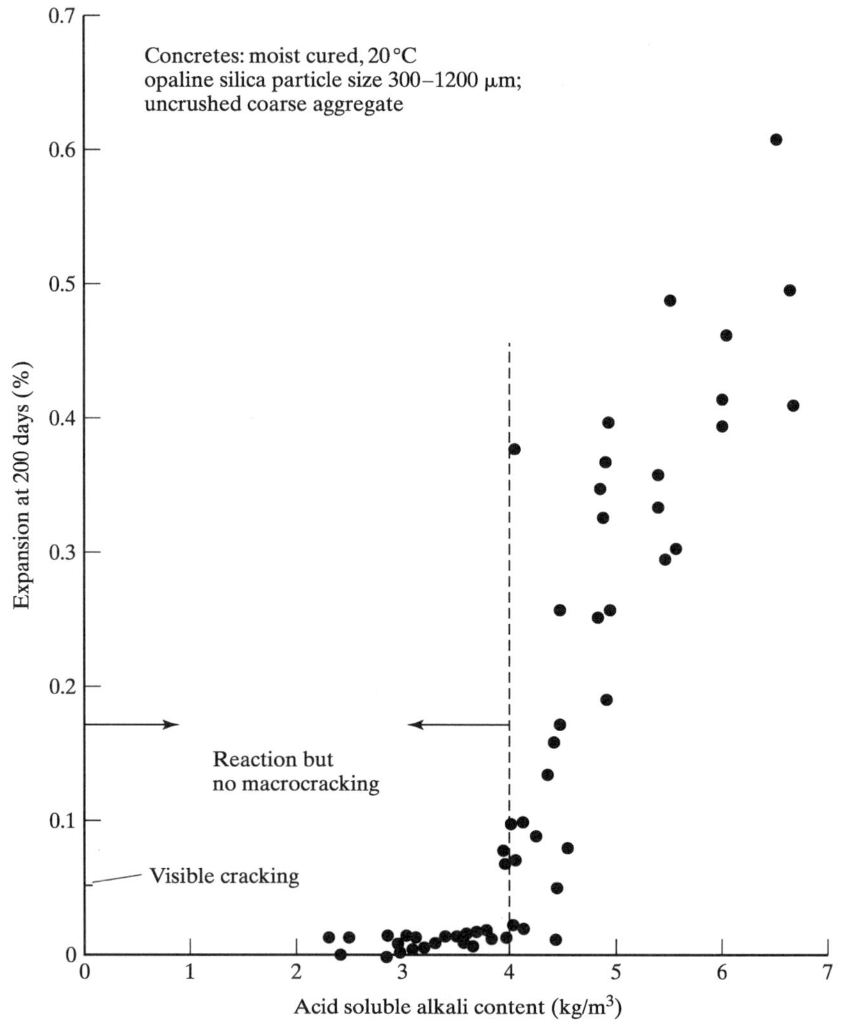

그림 7.13
산성의 용해 알칼리의 함수로서 재령 200일에 대한 팽창
[D. H. Hobbs. *Alkali Silica Reaction in Concrete*, Thomas Telford, London(1988).]

알칼리 골재 반응의 메커니즘(Mechanism of alkali–aggreagte reaction) 이전 실험 자료들은 알칼리-실리카 반응을 실질적으로 제어하는 기초로서 이용되어 왔으며, 문제의 원인에 대해서는 상세히 설명하지 않았다. 다음의 설명은 Helmuth와 Stark[4)]의 다양한 연구의 종합 결론에 기초를 두고 있다. 이들 연구에서는 기본 메커니즘은 Powers와 Steinour[5)]가 개발한 모델에 의해 설명하였다.

Helmuth와 Stark는 알칼리 골재반응은 두 가지 성분의 겔(gel)을 생산함을 관찰하였다. 즉 한 가지 성분은 팽창성이 없는 칼슘-알칼리 실리카-수산화물(C-N(K)-S-H)이고 다른 성분은 팽창성이 있는 알칼리-실리카-수산화물(N(K)-S-H)이다. 알칼리-실리카 반응이 콘크리트에 발생할 때, 팽창성이 없는 C-N(K)-S-H 성분도 항상 형성한다. 이 성분만 발생된다면 이 반응은 안전하지만, 두 가지 겔이 형성되면 불안전하다. 중요 요인은 알칼리와 반응성 실리카의 상대적인 양이며, 전체적인 반응은 일련의 중복된 과정으로 진행된다.

1. H_2O와 Na^+, K^+, Ca^+, OH^-, 그리고 $H_3SiO_4^-$이온(용해된 실리카)으로 구성된 용액에서, 반응성 실리카는 중합반응, 용해반응, 팽창 현상을 보인다. 팽창은 콘크리트에 손상을 일으킬 수 있으나, 가장 중요한 체적 변화는 반응 생성물의 팽창에 의해 발생된 균열로부터 기인하는 것이다.

2. 알칼리와 칼슘 이온은 알칼리가 포함된 C-S-H성분으로 생각될 수 있는 팽창성이 없는 C-N(K)-S-H겔을 생성하면서 팽창된 골재로 퍼져 들어간다. 칼슘량은 알칼리 농축량에 좌우되며 이는 CH의 용해성이 알칼리 농축량에 반비례하기 때문이다.

3. 용액은 C-N(K)-S-H 겔의 다공층을 통해 실리카로 퍼져 나간다. 알칼리의 농축성과 발산속도에 따라 결과는 안전하거나 불안전할 수 있다. 만약, 물이 없는 겔의 무게를 측정해서 CaO가 53% 이상의 C-N(K)-S-H으로 구성되면 팽창성이 없는 겔만이 생성될 것이다. 그러나 높은 알칼리 농축의 경우에는 소량의 칼슘을 포함하고 있는 혹은 포함하고 있지 않은 팽창성 N(K)-S-H 겔을 생성하면서 CH의 용해성은 저하된다. N(K)-S-H 겔 자체는 매우 낮은 점성을 가지고 골재로부터 쉽게 떨어져 흩어지나 C-N(K)-S-H의 존재는 점성이 증가하고 다공성이 감소된 혼합 겔을 생성한다.

---

4) R. Helmuth and D. Stark, "Alkali-Silica Reactivity Mechanisms는," Materials Science of Concrete III, ed. J. Skalny, American Ceramics Society, Westerville, Ohio, pp.131-208 (1992).

5) T. C. Powers and H. H. Steinour, *Journal of the American Concrete Institute*, Proc. Vol.51, pp. 497-516, 785-811 (1955).

4. N(K)-S-H 겔은 삼투현상으로 물을 흡수하며, 이것은 부피 증대와 콘크리트의 국부 인장응력을 일으키어 결국은 균열을 초래한다. 시간이 지나면서 균열은 반응 생성물로 채워지며 이는 초기에 형성된 위치로부터 압력을 받으면서 점차적으로 흘러나온다.

첫 번째 단계는 용액의 알칼리성에 좌우된다. 또한 이 단계에서는 비록 용해성 있는 알칼리 이온이 용액의 알칼리성(OH^-)을 제어하지만, 본질적으로 용해성 있는 알칼리 이온을 포함하지 않는다. 시멘트의 알칼리도가 높을수록, 비결정질의 실리카의 용해성과 용해되는 속도는 커질 것이다. 또한, 결정질의 실리카는 주변 매개물 pH값의 영향을 받을 것이지만 크지는 않다. 골재의 다공성에 의하여 초기 반응 단계의 속도와 범위가 결정되며, 또한 입자에서 혹은 초기에 표면에만 발생하는 지가 결정된다.

칼슘이온은 수화성 시멘트 풀에 항상 어느 정도 존재하며, CH는 골재입자 표면에 우선적으로 형성되는 경향이 있다. 그러므로 Ca^{2+}이온은 2, 3단계에서 겔의 C-N(K)-S-H성분을 형성하는데 이용된다. C-N(K)-S-H가 단일 성분을 나타내는 지는 실리카와 알칼리의 상대적 양에 좌우된다. 낮은 S/N비의 경우에는 용액의 pH값은 높고 칼슘의 용해성이 낮아서 N(K)-S-H을 생성하게 된다. 다소 높은 S/N비의 경우에는 반응성 실리카의 증가가 총 반응 생성물의 증가를 가져온다. 그러나 꽤 높은 S/N비의 경우에는 용액의 pH값이 감소하고, 용액의 칼슘량과 겔의 팽창성 없는 C-N(K)-S-H성분이 증가함으로 많은 부분의 알칼리가 구속된다. 이는 그림 7.9에서 보여주는 바와 같이 최악 상태 발생 가능성을 설명하고 있다.

높은 알칼리성 환경의 3단계에서 생성된 겔은 낮은 pH값에서 생성된 겔보다 더욱 조밀하다. 이 조밀한 겔은 용해성 수화 실리카성분이 골재입자의 주변에서 떨어져 나가는 것을 막아주는 역할을 한다. 4단계에 발생된 삼투압은 콘크리트에 균열을 발생시킬 만큼 충분히 크다. 흥미로운 것은 콘크리트에 압축력이 가해지면 알칼리-실리카 반응은 천천히 진행되거나 혹은 멈추는 것이다.

촉진 시험은 염류 형태의 알칼리는 알칼리-실리카반응을 촉진시킬 수 있다는 것을 보여주고 있다. 한편, 포졸란(반응성 실리카, 제 5장)은 적절한 양으로 사용될 때 격렬한 반응 작용이 감소된다는 것은 오래 전에 입증되었다. 그러나 포졸란은 무제한의 알칼리(해수에 노출된 구조물)가 있는 상태에서는 비효과적일 것이다. 매우 작은 실리카 입자(그림 7.10에 나타난 입자크기 이하)는 해로운 영향 없이 빠른 반응 작용을 촉진시키며, 이 경우에 반응은 4단계에서 빠르게 진행한다. 그리고 반응 생성물을 고르게 분포시키며 겔의 점성에 적은 영향(국부 농축 변화 및 삼투압의 감소)을 초래하여 반응 생성물이 잘 분포된다.

알칼리 골재 반응의 억제(Control of alkali–aggregate reaction) 알칼리–골재반응에 영향을 주

는 요인에 관한 정보는 콘크리트에 미칠 영향을 제어하기 위해 사용될 수 있으며, 다음과 같은 (1) 용액의 pH 제어, (2) 알칼리 농축의 제어, (3) 반응성 실리카 양의 제어, (4) 함수량 제어, 그리고 (5) 알칼리-실리카 겔의 대체 등의 접근이 사용될 수 있다.

광물계 혼화재(플라이애쉬, 고로슬래그 미분말, 실리카퓸)은 알칼리-골재반응의 영향을 줄여주는데 사용되어 왔다(그림 7.14a 참조). 광물계 혼화재의 유익한 영향은 (1) 시멘트의 일부를 광물계 혼화재로 대체, (2) 용액의 pH값 감소, (3) 칼슘 용해성의 증가, 그리고 (4) 3단계에서 팽창성 있는 N(K)-S-H 대신에 팽창성 없는 C-N(K)-S-H의 형성 등이 있다. 많은 양의 포졸란 또는 슬래그는 반응 작용을 성공적으로 제어한다는 것이 알려져 왔다. 일례로 15~20%의 시멘트를 F등급 플라이애쉬로 대체함으로 적절한 보호막을 이룰 수 있으며, 높은 석회 성분을 사용함으로써 C등급 플라이애쉬는 보통 35~40%의 상당히 큰 시멘트 대체에 의해 보호막을 이룰 수 있다. C등급 플라이애쉬의 효율성이 낮은 이유는 알칼리-실리카 반응을 제어하는 실리카의 양을 줄일 수 있는 석회 성분에 의해 구속된 플라이애쉬에 실리카가 많은 부분을 차지하기 때문이다. 낮은 효율성 때문에 C 등급의 플라이애쉬 사용은 반응성 골재를 내포하고 있는 콘크리트에서는 금지되고 있다. 플라이애쉬의 알칼리 또한 효율성을 감소시킨다. 실리카퓸은 굳지 않은 콘크리트에서 C-N(K)-S-H를 생성하는 급속한 반응을 일으키게 하는 매우 큰 표면적과 높은 실리카 함유율로 인하여 알칼리 골재 반응을 조절하는데 매우 효과적이다. 10~15%의 시멘트를 대신하여 사용하는 것이 일반적이다. 어떠한 조건이든 충분한 포졸란을 사용해야 한다. 이는 반응성 실리카의 첨가는 활발한 알칼리-실리카 반응(그림 7.9)을 감소시키는 것이 아니라 증가시키기 때문이다. 슬래그를 사용할 때는 50% 이상의 대체량이 통상적이다. 광물계 혼화재를 사용하기 전에는 알칼리 골재 반응을 조절할 수 있는 실용성을 검토하기 위하여 콘크리트 다른 구성 성분들과 실험을 해야 한다.

알칼리 농도는 0.6 wt.% Na_2O 등가량(그림 7.14b) 이하의 저알칼리 시멘트를 사용함으로써 조절이 가능하다. 그러나 시멘트의 알칼리 성분량은 제조 기술과 환경보호 규정의 변화로 인해 증가하고 있다. 그러므로 저알칼리 시멘트에 추가하여 Types IP와 IS와 같은 혼합된 시멘트는 알칼리 골재 반응의 억제하는 가능한 수단으로 고려될 수 있다. 여골재(marginal aggregate) 사용의 증가와 함께 시멘트의 높은 알칼리 함유량은 알칼리-실리카 반응이 계속적인 문제가 될 수 있게 한다.

알칼리 골재반응으로 인한 손상은 저알칼리 시멘트가 사용된 콘크리트에서 관찰되었고, 이는 시멘트의 알칼리 함유율이 적절한 변수가 아니고 콘크리트의 총 알칼리 함유량이 더 중요함을 지적한 것이다. 알칼리는 시멘트에서 뿐만 아니라, 혼화제, 광물계 혼화재 그리고 골재 자체에서도 나올 수 있는 것이다. 뉴질랜드의 알칼리가 풍부한 현무암[6]은 저알칼리 시멘트를 사용함에도 불

6) R. Goguel and N. B. Milestone, "Auckland Basalts as a Source of Alkali in Concrete," *Proc.*, Third CANMET/ACI Industrial Conference on Advances in Concrete Technology, ACI SP-171, American Concrete Institute, Farmington Hills, MI, pp. 429-443 (1997).

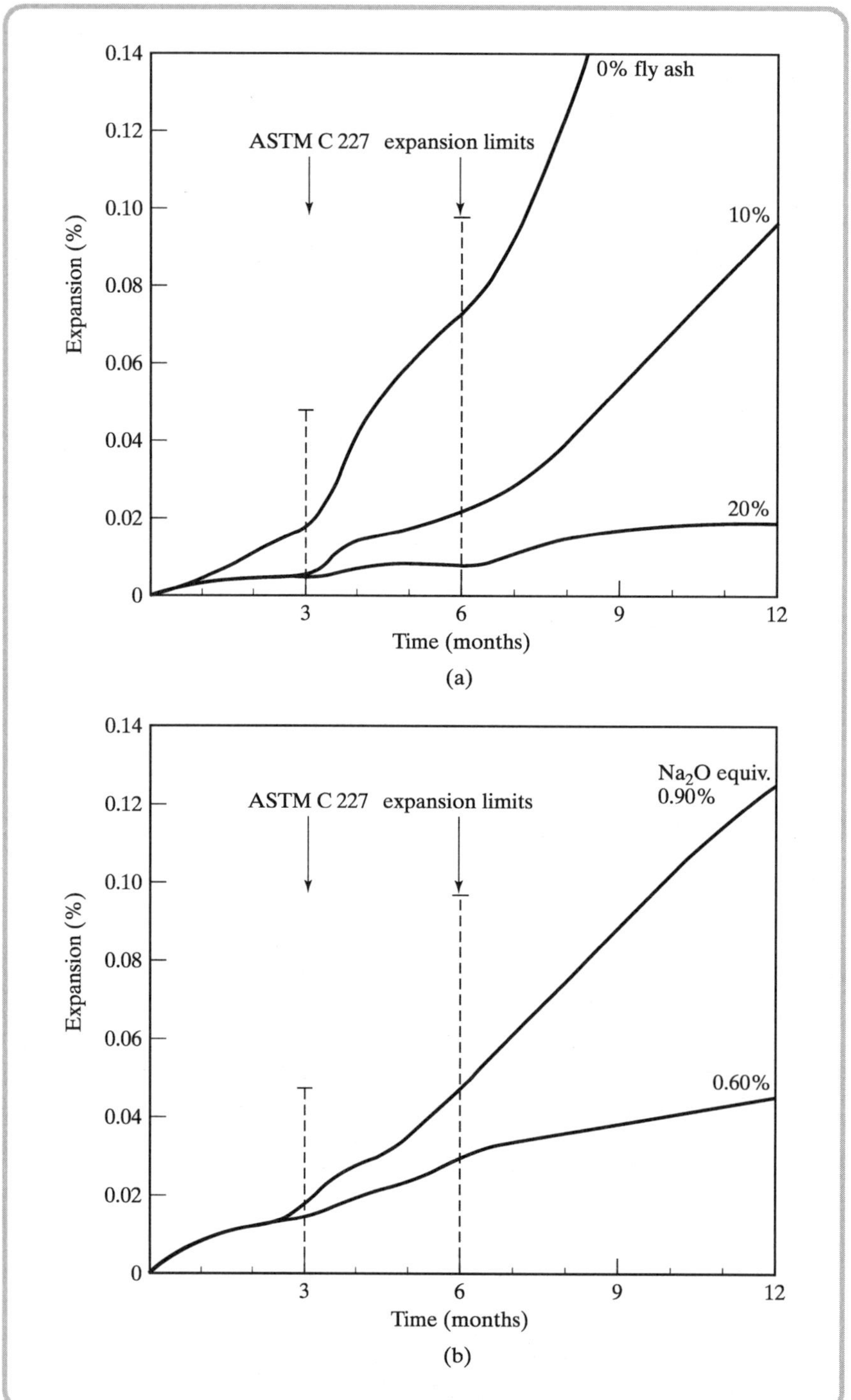

그림 7.14

알칼리 골재 반응에서 포졸란 및 시멘트의 알칼리 성분의 영향. (a) 포졸란 첨가 영향, (b) 알칼리-골재 반응에서 시멘트의 알칼리 성분 영향. [D. Stark, in *proceedings, Fourth International Conference on the Effects of Alkalis in Cement and Concrete*, Purdue University, W. Lafayette, Ind. (1978).]

구하고 알칼리 골재반응을 일으키는 알칼리를 함유하고 있음을 보였다. 높은 시멘트 함유량을 갖고 있는 콘크리트는 낮은 시멘트 함유량을 갖는 콘크리트보다 더 많은 문제를 일으키는 것으로 생각된다. 이러한 이유로 반응성 골재를 사용할 때, 3 kg/m^3(그림 7.13의 4 kg/m^{3}보다 낮은)는 안전하고 실제적인 총 알칼리의 상한값을 나타낸다.

실질적인 최선의 해결책은 암석 분류 자료와 사용 실적에 근거하여 반응에 민감한 골재를 사용하지 않는 것이다. 강자갈은 상대적으로 적은 양의 반응성 입자를 함유하고 있기 때문에 가장 위험한 골재로 간주된다. 골재의 선별처리 후에 따른 세심한 암석 분류 조사는 생산자가 안전한 수준 이하로 팽창이 일어나게 하는 반응성 성분들의 수량과 크기를 제어할 수 있게 한다.

낮은 물–시멘트비의 콘크리트는 불투수성을 갖고 있으며, 알칼리-실리카 겔이 팽창하는 데 필요한 물을 억제하면서 반응을 천천히 진행시키며, 외부로부터 수분이 공급되지 않으면 유해한 팽창은 일어나지 않을 것이다. 리튬(lithium)과 바륨(barium) 염분은 알칼리 골재 팽창을 억제하는 첨가제로 사용되고 있으며, 이 첨가로 팽창하지 않는 리튬과 바륨 규산 수산화물이 우선적으로 형성되기 때문에 효율적이다. 리튬 성분을 함유한 유리성분은 모르타르에서 팽창을 일으키지 않는 것으로 알려져 있다.

골재의 평가(Evaluation of aggregate) 골재의 반응 가능성을 평가하는 가장 좋은 방법은 현장 성능을 조사하는 것이다. 그러나 장기간의 데이터가 용이하지 않을 때는 실험실 결과가 현장 거동을 정확하게 예측할 수는 없지만 짧은 기간의 실험실 자료가 골재의 반응 가능성을 평가를 하는데 사용될 수 있다. ASTM C 289는 분말로 된 골재를 규산 수산화물(sodium hydroxide)과 혼합할 때 실리카의 용해성을 측정하는 신속한 화학 시험으로 시험 결과들은 반응성을 평가하는 데 이용된다. 특정 무기물들이 시험을 간섭할 수 있으므로 시험 결과를 평가할 때 암석 분류 조사가 수행되어야 한다. 그럼에도 시험 결과는 알칼리 반응성의 신뢰할 수 있는 지표가 될 수는 없다. 더 정확한 시험은 모르타르 봉(ASTM C 227)에서 유해한 팽창을 조사하는 것이다. 이 시험에서는 굵은골재는 부수어서 미세입자로 만든 후에 현장에서 사용할 시멘트로 표준 모르타르 봉(25×25×285 mm)에 함께 타설하는 것이다. 모르타르 봉은 알칼리 골재 반응을 촉진시키기 위하여 38°C(100°F)의 습윤 상태로 보관하며, 팽창은 3개월 후에는 0.05%, 또는 6개월 후에 0.1%에 초과해서는 안 된다. 그러나 유해한 팽창은 6개월 후에 발생할 수 있고(그림 7.14) 또한 봉의 골재 함유량은 최악 상태 가능성과 매우 다를 수도 있기 때문에 언제나 신뢰할 수 있는 시험은 아니다. 이 방법은 특히 미세한 결정체(micro-crystalline) 혹은 압력을 받는 석영(strained quartz)을 포함하는 골재에 대해서는 신뢰성이 없는 것이 입증되었다.

ASTM C 1293과 CSA A23.2-14는 단면이 75×75 mm이고 길이가 275 mm에서 405 mm인 콘크리트 사각 공시체를 제작할 때 시멘트의 알칼리양을 인위적으로 1.25%까지 증가시킨 후 장기간의 시험을 수행하는 것이다. 사각 공시체는 38°C에서 100%의 상대습도에서 저장된다. 굵은골재를 평가할 때는 무반응성 잔골재를 사용하고, 잔골재를 평가할 때는 무반응성 굵은골재를 사용해야 한다. 1년 후(ASTM C 1293) 혹은 2년 후(CSA A23.2-28A)의 팽창은 0.04%보다 작아야 한다. 시험이 더 현실적이고 기간도 더 오래일수록 이 시험방법은 모든 종류의 골재에 일반적으로 적용할 수 있다.

ASTM C 1260(CSA A23.2-25)는 알칼리 노출을 향상시킨 촉진 시험 방법이다. 80°C(176°F)에서 1-N 규산 수산화물(sodium hydroxide) 용액에 저장된 모르타르 봉의 팽창은 1, 3, 7, 10일과 14일 후에 측정된다. NaOH 용액은 높은 알칼리 함유량을 갖고 있으며, 이 때 14일 후의 팽창은 0.10%에 이르러서는 안 된다. 0.20% 이상의 팽창은 문제가 있는 골재임을 뜻하고 반면에 0.10과 0.20%사이의 팽창을 보인 골재는 현장에서 다양한 거동을 보일 수 있다. 이는 ASTM C 227에 의해 규정되지 않았던 골재를 포함해서 다양한 반응성 골재에 대한 신속하고 효과적인 시험 방법이다.

골재로 파이렉스(Pyrex) 유리를 사용하는 모르타르 봉 시험은 알칼리 골재 반응을 억제하는 무기 혼화재의 효율성을 평가하기 위한 기본적인 시험이다. 효율적인 팽창은 포졸란 없이 고알칼리 시멘트로 만들어진 모르타르 봉에서 측정된 값의 고로슬래그의 경우 25%, 혹은 실리카퓸의 경우 20%까지 감소되어야 하는 것이다. 슬래그의 경우 현장에서 사용할 시멘트와 슬래그에 대한 시멘트 비율이 알려지면 14일 후에 최대 0.20%의 팽창이 기준이 된다. 플라이애쉬와 천연 포졸란을 효율적으로 사용하기 위해서는 팽창이 저알칼리 시멘트를 사용한 공시체에서 측정된 값보다 크지 않아야 한다. 파이렉스 유리는 알칼리를 포함하고 현실적이지 못한 상황이기 때문에 일부 연구자들은 기준 골재로서 높은 반응성의 천연 오팔을 선호한다.

기타 알칼리-실리카 반응(Other Alkali-Silica Reactions) Kansas, Nebraska, Iowa, Missouri, 그리고 미국 Wyoming 지역들의 하천에 있는 골재들은 알려지지 않은 시멘트-골재 반응에 민감하다. 입도분포로 모래-자갈 골재로 알려진 이 재료는 규산질이 많이 함유되어 있고 콘크리트에 사용할 때 그물망 균열을 발생시키는 요인이다. 저알칼리 시멘트나 포졸란을 사용하여 이들 균열 문제는 감소될 수 있지만 방지할 수는 없다. 이들 골재의 약 30%를 비반응성의 부순 석회석으로 대체하면 효율적인데 이는 반응성 실리카의 사용량을 감소시키기 때문이다(그림 7.9). 반응은 한 가지 원인에 의한 결과는 아닌 것으로 알려져 있으며, 대부분의 경우 특히 증발로 인하여 알칼리 성분이 콘크리트 표면 근처에 집중될 때 알칼리 골재 반응은 매우 중요한 문제이며 또한 건조수축과 동결융해 현상도 일어난다.

모르타르 봉 시험은 모래-자갈 골재의 반응성을 평가하기 위하여 수정된 방법으로 사용되고 있다(ASTM C 342). 55°C(131°F)에서 저장하고, 건조과정도 이 규정에 포함되어 있다. 그러나 반응 가능성을 평가하기 위한 더욱 신뢰할 수 있는 결과는 암석 분류 시험(ASTM C 295)과 표준 모르타르 시험(ASTM C 227)을 현장 기록과 결합함으로써 구할 수 있다.

또 다른 종류의 알칼리-실리카 반응은 Nova Scotia와 캐나다 동부지역뿐 아니라 다른 나라의 구조물에서 확인되고 있다. 암석 형태는 유사사암(graywacke), 규질 점토암(argillite), 천매암(phyllite), 침적암(siltstone) 등으로 주로 점토성분으로 구성된 퇴적암이다. 점토 무기물(caly mineral)의 박락(exfoliation)을 일으키는 주요 원인은 알칼리–실리케이트 반응 문제이다(점토는 층간 격자 실리케이트 구조이다). 이는 보통 빈틈없이 단단하게 다져지는 점토 무기질이 편평하고 판형 입자로 분리되는 현상에 의해서 설명될 수 있다. 이 반응은 알칼리-실리카 반응의 영향이 수년 동안 뚜렷하지 않을 만큼 매우 느리게 진행한다. 그러나 팽창 현상은 계속적으로 일어나며 알칼리 골재 반응도 동시에 발생하는데, 이는 미세한 결정의 석영이 종종 암석에 함유되어 있기 때문이다.

알칼리–탄산염 반응(Alkali–Carbonate Reaction) 탄산염암을 포함한 팽창 반응은 미국의 중서부와 동부 지역, 그리고 캐나다의 동부 지역에서 발생하고 있다. 문제가 된 암석은 점토를 포함하고 있는 백운석 석회암(dolomitic limestone; $CaMg(CO_3)_2$)이나 이러한 종류의 모든 반응성 암석이 유해한 팽창을 일으키는 것은 아니다. 팽창을 일으키는 암석은 (1) 매우 가는 입자를 가진 백운석(dolomite)(작은 결정체), (2) 상당한 양의 작은 입자의 방해석(calcite), (3) 풍부한 간격재의 점토(interstitial clay), (4) 점토 모체에 균일하게 분산된 백운석(dolomite)과 방해석의 결정체 등과 같은 특징을 가지고 있다. 이 반응은 아직도 잘 이해되지 않고 있지만, 다음과 같은 화학 반응에 따라 백운석화가 발생하고 있음을 밝히고 있다.

$$\underset{\text{백운석(페이스트로부터)}}{CM\bar{C}_2} + \underset{\text{수활석}}{NH(\text{or } KH)} \rightarrow \underset{\text{(브루사이트)}}{MH} + \underset{\text{방해석}}{C\bar{C}} + \underset{\text{가용성 탄산염}}{N\bar{C}} \tag{7.25}$$

알칼리 탄산염(NC)은 후에 칼슘 수산화물과 반응하여 알칼리 수산화물을 생성한다. 이 생성물은 다시금 백운석화 반응에 이용된다.

$$N\bar{C} + CH \rightarrow NH + C\bar{C} \tag{7.26}$$

식 (7.25)은 팽창성 반응을 보이는 것이며, 반응 속도는 결정체의 크기와 동반하는 방해석의 농축도에 좌우된다. 백운석/방해석의 비가 약 1.0이고, 결정체의 크기는 40 μm보다 작고, 점토함유율이 약 5∼25%일 때 백운석화는 가장 빠르게 진행한다. 물은 팽창반응이 일어나는데 반드시 필요하며, 큰 골재 입자가 작은 입자보다 더 큰 손상을 일으킬 수 있다. 점토의 정확한 역할은 분명하지 않으나 점토는 백운석화로 인한 팽창이 내부균열을 일으킬 수 있도록 탄산염(carbonate)

의 조직을 구조적으로 취약하게 하는 것으로 알려져 있다. 다른 작용은 백운석화는 팽창하는 점토를 형성하기 위하여 알칼리 철이온과 반응할 수 있는 활성화 상태에서 점토를 노출시키는 것이다. 그러나, 점토는 반투막의 역할이 가능함으로 백운석화 반응에서 생성된 가용성의 알칼리 탄산염을 포함하는 삼투 조직을 구성시킨다. 필요한 점토량은 탄산염에서의 백운석 양에 좌우된다.

알칼리-탄산염 반응은 시멘트의 알칼리 함유량을 적게 유지하거나 또는 반응성 골재를 쉽게 반응을 일으키지 않는 물질로 희석시킴으로써 억제될 수 있다. 알칼리-골재(실리카) 반응과는 달리, 반응성 골재가 최악 상태로 되는 가능성은 없으나, 적절한 보호를 위하여 시멘트의 알칼리 함유량을 0.4%정도로 낮게 유지될 수 있게 한다. 염화나트륨을 포함하는 제설제의 알칼리는 백운석화 반응에 NH를 제공하여 저알칼리 시멘트를 사용할 때에도 문제를 악화시킨다. 포졸란은 알칼리-탄산염 반응을 제어하는데 효과적이지 않다.

현장 자료들은 탄산염 암석의 반응성을 측정하는 가장 좋은 방법이다. 현장 자료가 용이치 않을 때는, 나트륨 수산화물 용액에 저장된 암석 공시체(ASTM C 586) 또는 100%의 상대 습도와 23°C(ASTM C 1105)조건으로 저장된 골재로 제작한 콘크리트 사각 공시체의 팽창량을 측정함으로써 반응 가능성을 결정할 수 있다. 0.1%보다 큰 팽창량의 암석 공시체는 콘크리트로 시험하는 것이 더 확실하다. 콘크리트 각주공시체의 팽창량이 3개월 동안에 0.015%, 6개월에 0.025%, 또는 1년에 0.03%보다 클 경우에는 현장 시멘트를 사용할 때 유해한 것으로 생각된다 (ASTM C 1105).

유해한 물질(Deleterious Substances) 만족스러운 성능을 위하여 콘크리트용 골재는 해로운 물질이 없어야 한다. ASTM C 33는 노출 형태와 용도에 따라 한계값을 제안하고 있으며, 불순물과 불건전 입자 등 두 가지로 분류하고 있다.

불순물(Impurities) 불순물은 고체물질 또는 가용성 재료로 분류될 수 있다. 고체물질은 일반적으로 75 μm(NO.200) 체를 통과하는 매우 가늘게 분쇄된 상태로 존재한다. 이러한 물질은 워커빌리티가 좋은 콘크리트를 위해 필요한 수분량을 증가시키고, 많은 양을 사용할 때 경화된 콘크리트의 마모 저항성을 감소시킨다. 미세 입자는 큰 골재 입자표면에 부착하여 골재와 콘크리트를 분리시키고 강도저하를 일으키는 경향이 있다. 이 분류에 속하는 물질들은 보통 실트, 쇄석가루, 그리고 유기물질 등이다. 유기물질은 알칼리 시멘트 풀과 화학적으로 반응하여 경화과정을 간섭하면서 가용성의 유기 혼합물을 형성한다. 바다에서 준설된 골재를 사용할 때는 염분 오염으로 인한 심각한 문제를 피하기 위하여 철저히 세척해서 사용해야 한다. 의도하지 않은 화학적 문제가 발생하지 않도록 골재의 운반과 저장에는 세심한 주의를 기울여야 한다.

표 7.8 굵은골재의 유해 성분의 제한 값[a]

	최대허용비율(%)			
	굵은골재		*잔골재*	
재료	*내마모성콘크리트*[b]	*일반구조용*	*내마모성콘크리트*[b]	*일반구조용*
진흙덩어리와 부서지기 쉬운 입자	2.0	5.0[c]	3.0	3.0
석탄과 갈탄	0.5	0.5	0.5	1.0
흑규석(Chert)	5.0	5.0[d]	-	-
75 μm(No. 200) 체보다 미세한 물질	1.0	1.0	3.0	5.0

[a] 이 숫자는 심한 환경에 노출된 콘크리트에 적용하며, 그렇지 않은 경우에는 제한값을 증가시킬 수 있다.
출처: ASTM C 33, "Standard Specification for Concrete Aggregates." Copyright ASTM INTERNATIONAL.
[b] 마모와 지속적으로 수분에 노출되는 콘크리트(즉, 도로, 교량 바닥판, 커브 등)
[c] 건축마감용 콘크리트에 대해서는 2.0
[d] 건축마감용 콘크리트에 대해서는 3.0

불건전 입자(Unsound particles) 골재에는 다양한 불건전한 입자들이 소량으로 존재할 수 있다. 점토덩어리, 목재, 그리고 석탄과 같은 약한 입자들은 표면에 구멍(pitting)과 박리 현상을 일으킬 수 있다. 석탄은 수분이 있는 경우 팽창되고 또한 응결과 경화를 방해하는 좋지 못한 유기 혼합물을 발생시킨다. 우수한 피복 표면을 위해서는 혈암과 경석(pumice)과 같은 약하고 부서지기 쉬운 저밀도의 입자는 피해야 한다. 황화물(sulfide), 석고, 그리고 규질암과 같은 반응성 물질은 이미 논의한 바와 같이 문제를 발생시킬 수 있다.

7.3 비표준 골재 (Nonstandard Aggregates)

골재 선별 처리(Aggregate Beneficiation)

ASTM 시험이 실시된 후, 골재가 현장에서 요구하는 시방 기준을 만족시키지 못하면 현장 기술자는 두 가지 문제에 직면하게 된다. 골재의 현장 반입을 차단하거나 현장 시방 기준을 만족할 수 있게끔 적절한 조치를 강구해야 한다. 골재 공급이 부족할 경우에는 골재를 선별 처리하는 것이 유일한 해결책이 될 수 있다. 그러나 이 방법은 골재 가격이 추가되어 콘크리트 생산 가격을 증가 시킬 것이다. 몇 가지 가능한 선별대책을 표 7.9에 요약하였다.

이 과정은 건전한 재료도 제거하지만 연약하고 부서지기 쉬운 입자도 파쇄에 의해서 제거할 수 있다. 연약하고 가벼운 입자는 작은 비중으로 인하여 다양한 방법의 분리 기법으로 제거될 수 있으며, 중력 분리법(heavy-media separation)에 의해 용액 위로 떠오르는 가벼운 입자를 제거시킬 수 있다. 제거되는 입자의 밀도는 용액의 비중을 변화함으로써 제어할 수 있으며, 이것은 중량 골재의 질을 향상시키기 위한 유용한 방법이다. 역류하는 물의 흐름 혹은 공기 흐름은 굵은골재로부터 목재나 가벼운 물질들을 제거해준다. 골재층 내부를 통하는 물의 연직진동 혹은 수직파동 움직임은 가벼운 물질들을 가장 위에 위치시키면서 밀도의 크기에 따라 층을 형성하게 한다. 탄성분류

표 7.9 골재의 선별 처리

처리 방법	*제거 대상*
파쇄	부서지기 쉬운 입자
중력분리법	경량입자
공기흐름 및 물흐름 처리법	경량입자
물진동법	경량입자
탄성분류법	경량입자
세척 및 문지름	표면 코팅, 가늘게 분리된 재료, 유기물
선별분쇄와 혼합	유해성분의 조절 및 제거

법은 비중분류의 건식방법이다. 골재를 경사진 철판 위에 떨어지게 하면 입자들의 반발력은 탄성계수에 따라 변한다. 큰 탄성계수를 갖는 단단하고 밀도가 큰 입자는 낮은 탄성계수의 약하고 다공성 입자들보다 반발력이 크다. 그러므로 분류 작업을 할 때 수집통을 적절한 곳에 위치시켜야 한다. 이 방법에 의해 목재류, 석탄, 점토, 사암, 규질암, 혈암, 백암(chalk)과 같은 물질들은 제거할 수 있다.

가늘게 분쇄된 물질 혹은 표면 코팅은 제거해야 하지만 특별한 세척 및 문지르는 방법을 사용해야 한다.

골재의 우수한 입도 분포를 위하여 골재의 선별 분쇄와 혼합 과정이 요구될 수도 있다. 화학적 반응이 우려된다면, 골재의 구성 성분에 대한 세심한 검사를 해야 한다. 선별 채석에 의해서 유해한 골재를 제거할 수 있으며, 혼합과 분쇄를 제어함으로써 유해한 물질을 안전하게 크기별로 집결시킬 수 있다.

골재로 쓰이는 폐기물(Waste Materials as Aggregates)

콘크리트 골재로서 고형 폐기물을 사용하는 방안은 증가하고 있는 고형 폐기물 문제에 대한 미래지향적 해결책이다. 고형 폐기물의 사용은 새로운 발상은 아니며 산업 폐기물은 콘크리트 혼화재의 주성분이다. 즉 플라이애쉬는 수십 년 동안 콘크리트의 포졸란 재료로 사용되었으며, 슬래그는 골재와 시멘트 재료로 사용되었다. 그리고 깡통은 보강을 위한 강섬유로 가공 절단되어 사용되었으며, 많은 양의 고형 폐기물을 재활용할 수 있는 실질적인 방안은 주로 콘크리트용 골재에 집중되어 사용되었다.

고형 폐기물은 많은 종류가 있다(표 7.10). 이들은 도시와 가정의 쓰레기, 벽돌 및 콘크리트와 같은 건축 폐기물, 슬래그와 플라이애쉬와 같은 산업 부산물, 광산에서의 잔해물과 같은 버려진 재료 등이다.

콘크리트용 골재로 폐기물을 사용하고자 할 때 고려해야 할 세 가지의 중요한 점은 (1) 경제성, (2) 다른 재료들과의 친화성, (3) 콘크리트에 미치는 특성 등이다. 폐기물을 경제적으로 사용

표 7.10 콘크리트의 골재로써 고려되어 왔던 일반적인 폐기물

재료	*구성*	*관련 산업*	*연간 생산량* (10^6 *tons*)
광폐기물	자연 암석	광산 및 광물질 처리	2000
고로슬래그	칼슘 및 마그네슘 석영 유리의 규산염(silicate) 혹은 알루미노 규산염(aluminosilicate)	철강	30
철강 슬래그	규산염, 알루미노 규산염, 유리	철강 처리공정	30
하부 애쉬(Bottom ash)	석영 유리	발전	15
플라이애쉬	석영 유리	발전	60
도시 폐기물	종이, 유리, 플라스틱, 금속	상업용 혹은 가정용 폐기물	200
소각로 잔해	용기 유리, 금속, 석영 유리	도시 및 산업	5
건물 잔해	벽돌, 콘크리트, 철근	건물 해체	25

하기 위해서는 이용 가능한 양, 운송되는 양, 선별 처리 정도, 그리고 배합설계 요구사항 등을 검토해야 한다. 예를 들어, 광산 폐기물은 콘크리트로 재활용이 가능한 장소에서 멀리 떨어져 있으므로 비싼 운송비용이 필요하다. 불량한 물체와 유용한 재료로 분리하는 과정은 다른 용도로 사용하지 않는 한 비용이 소요된다(도시 폐기물 중 유리 및 철재류를 종이류, 플라스틱류, 유기 폐기물로부터 분리).

분쇄된 용기로부터의 유리들은 납작하고 긴 입자들을 가지며 이들은 소요 시멘트양을 증가시키고 표면이 거친 콘크리트를 만든다.

폐기물들은 배합에 사용된 다른 구성 성분들에게 나쁜 영향을 주지 말아야 한다. 그러나 대부분의 폐유리들은 알칼리 골재 반응을 쉽게 일으켜 내구성 문제를 야기시킨다. 이 때 포졸란으로서 플라이애쉬(폐기물)를 사용하면 이를 막을 수 있다. 광산 폐기물은 다량의 납과 아연을 내포하고 있으며 이들은 시멘트의 응결을 방해하기도 한다. 또 소각로에서 잔류물로 존재하는 알루미늄은 내구성 문제를 일으킬 수 있으며, 특히 염화물이 있을 때 문제가 된다.

마지막으로 폐기물이 콘크리트의 특성에 미치는 영향을 반드시 고려해야 한다. 예를 들어, 양질인 암석의 탄성계수에 비해 작은 탄성계수를 갖는 유리는 콘크리트의 탄성계수를 작게 한다. 분쇄된 콘크리트를 골재로 재활용하고 있는데, 이들 콘크리트의 강도와 강성은 천연 골재를 사용한 콘크리트의 약 2/3 정도의 값을 갖는다. 이러한 현상은 고무와 플라스틱과 같은 저강도 및 저강성 재료를 사용할 때 분명하게 확인할 수 있다. 강도보다 높은 탄력이 요구되는 콘크리트에 폐타이어들을 사용하고 있는데 이런 경우 대개 콘크리트 품질이 떨어진다. 또한 폐기물은 특별한 경량 혹은 중량 골재를 만들 때 사용될 수 있으며 다음에 설명할 것이다.

콘크리트에 고형 폐기물을 성공적으로 사용하기 위해서는 사용 후에 예상되는 잠재적인 문제점, 콘크리트의 특성에 미치는 변화를 조사하여 이러한 조건들을 수용할 수 있는 콘크리트를 개

발해야 하는 것이다. 즉 폐기물 재료의 이러한 특성은 내구성 문제로 인하여 외부에 노출되는 콘크리트에서는 고려할 필요가 있으나 기후 변화의 영향을 받지 않은 내부 콘크리트에서는 검토할 필요가 없을 수 있다. 따라서 내부 칸막이 벽체 혹은 노반 등의 구조적으로 중요한 구조물이 아닌 경우의 구조물에 많이 사용할 수 있으며, 예를 들어 골재는 온도 또는 건전한 단열재로의 특별한 특성으로 적절하게 사용될 수 있을 것이다. 그러나 문제점들을 균형잡힌 시각에서 검토하기 위해서는, 폐기물을 콘크리트에 사용하는 것은 고체 폐기물을 처리하는 한 방법에 불과하며, 고체 폐기물의 처리 문제는 어떤 한 방법에 의해서 해결될 수 없는 매우 많은 양임을 주지하여야 한다.

경량 골재와 중량 골재

이 장의 앞부분에서, 골재의 가장 보편적인 분류법은 비중(bulk specific gravity)에 기초함을 언급하였으며, 중량(heavyweight), 보통(normal-weight), 경량(lightweight) 골재로 구분하였다. 밀도의 차이는 단위중량이 다양한 콘크리트를 생산하는데 사용될 수 있다. 다양한 종류의 경량 골재와 중량 골재는 이 장에서 설명하고 있으며, 이들을 사용한 콘크리트에 관한 특성은 20장에서 언급될 것이다.

경량 골재(Lightweight Aggregates) 경량 골재는 합성재료 혹은 천연재료일 수 있다. 경량 골재의 공통적인 특성은 높은 다공성을 갖는 것으로서 이는 경량 골재가 작은 비중을 갖는 주요 원인이 되는 것이다. 그러나 고체 매트릭스 또한 낮은 밀도의 재료인 경우도 있다. 표 7.11은 콘크리트에 사용되는 여러 종류의 경량 골재를 요약하여 보여주고 있다.

많은 경량 골재(PN으로 명칭됨)는 콘크리트용 골재로 사용하기 위하여 규정된 공정을 거친

표 7.11 경량 골재의 특성

골재	*골재 건조단위중량* (kg/m³)	(lb/ft³)	*출처*[a]	*흡수량* (Wt. %)
팽창 혈암, 점토, 점판암	550-1050	35-65	PN	5-15
기포 슬래그	500-1000	31-62	S	5-25
소결된 플라이애쉬	600-1000	37-62	S	14-24
박리 질석(exfoliated vermiculite)	65-250	4-16	PN	20-35
팽창 진주암(expanded perlite)	65-250	4-16	PN	10-50
부석	-	-	N	-
팽창 유리	250-500	16-31	S	5-10
팽창 폴리스틸렌 구슬	30-50	2-9	S	-
벽돌 쇄석	~750	~45	S	19-3
부순 돌	1450-1750	90-110	N	0.5-2.0

[a] PN, 처리된 천연재료; N, 천연재료; S, 인조재료
[b] 비교를 위한 천연재료

천연재료이지만 대부분의 경우는 합성재료이다. 팽창 점토(expanded clay), 혈암, 혹은 슬레이트(slate)는 구조용 콘크리트에 사용되는 가장 일반적인 경량 골재의 형태이다. 골재의 원재료들을 소요 크기대로 분쇄하거나 혹은 작은 입자로 부수어서 1000~1200°C(1830에서 2190°F)로 가열한다. 이 온도에서 원재료들은 팽창될 것이다. 즉, 팝콘처럼 확대된 크기로 부풀어질 것이다. 팽창은 입자 내에 기체가 신속하게 생성됨으로써 일어나는 것이다(기체는 재료 내부의 유기물질의 자연 발생적인 산화에 의해서 혹은 의도적으로 첨가될 수도 있다). 골재는 팽창 온도에서 부분적으로 용해를 일으키는 합성물이다. 재료의 낮은 점착력은 팽창을 허용하고, 내부의 기체가 신속하게 외부로 유출되지 못하도록 불투수성 점성막이 외표면에 형성된다.

많은 합성 경량 골재는 유사한 화학작용 기술에 의해 생성된다. 진주암(perlite, volcanic glass), 슬래그(규산 칼슘 유리: calcium dilicate glasses), 혹은 유리 폐기물 등은 팽창될 수 있다. 물이나 공기는 팽창 작용의 매개체로 사용될 수 있는데, 진주암은 재료 내부의 수화수(결정수, hydrate water)가 팽창 작용의 원인이 된다. 경석(pumice), 화산암재(scoria), 응회암(tuffs) 등은 자연적으로 팽창된 용암이다. 또한 팽창 질석(expanded vermiculite)은 수화수 손실로 인하여 팽창된다. 질석은 납작하고 다층 구조의 점토 광물이며, 층과 층사이의 물의 손실은 인접한 층을 서로 밀어내게 하여 체적을 약 30배 정도로 증가시킨다.

경량 골재의 구조와 모양은 매우 다양하며, 이는 생산 과정 중에 적용된 기술의 결과이다. 경량 골재는 모양이 모가 나있고 매우 불규칙할 수도 있으며, 이는 골재와 혼합되는 콘크리트의 워커빌리티를 결정하는 데 기여한다. 더욱 중요한 것은 골재의 공극률인데 경량 골재는 내부로 연결된 많은 공극 때문에 높은 흡수력을 가진다. 이것은 콘크리트 배합비에 대한 일부 변경이 요구된다. 그러나 어떤 경우에는 경량 골재 내부로의 수분 침투는 골재의 외부 표면이 용해된 물질의 보호막으로 억제될 수도 있다. 이러한 경우에 경량 골재는 혼합과정 중 비록 부서지더라도 효과적인 높은 흡수력을 갖지는 못한다. 경량 콘크리트에서 골재의 흡수력에 의한 슬럼프 값 감소는 중대한 문제가 될 수 있으나, 이러한 문제는 배합 전 골재에 충분한 물을 뿌려두면 완화시킬 수 있다.

경량 골재는 ASTM C 330(구조용 콘크리트), C 331(벽돌), 그리고 C 332(절연 콘크리트)에 의해 분류된다. 이들 규격은 경량 골재는 나무, 톱밥, 코르크와 같은 물질들을 제외시킨 주로 경량 다공질의 그리고 낟알의 무기물 재료로 구성되어야 한다고 규정하고 있다. 유기물은 젖은 상태에서는 팽창할 수도 있지만 경화 과정이 지연되는 가능성을 억제시킬 수 있다면 사용될 수 있다.

중량 골재(Heavyweight Aggregates) 중량 골재는 큰 비중을 갖는 물질로 구성된다(표 7.12). 이들은 합성재료이거나 천연재료일 수도 있다. 그러나 합성골재는 콘크리트의 단위 중량이 4000 kg/m^{3}보다 클 때에만 사용된다. 다른 재료의 선택은 역학적인 특성 뿐만 아니라 유용성과 가격

표 7.12 중량 골재의 물리적 특성

재료	*화학조성*	*분류*[b]	*겉보기 비중 (bulk specific gravity)*	*단위중량* (kg/m^3)
침철광(goethite)	$Fe_2O_3 \cdot H_2O$	N	3.5-3.7	2100-2250
갈철광(limonite)	Impure Fe_2O_3	N	3.4-4.0	2100-2400
중정석(barite)	$BaSO_4$	N	4.0-4.6	2300-2550
티탄철광(ilmenite)	$FeTiO_3$	N	4.3-4.	2550-2700
자철광(magnetite)	Fe_3O_4	N	4.2-5.2	2400-3050
적철광(hematite)	Fe_2O_3	N	4.9-5.3	2900-3200
인회질철(ferrophosphorus)	Fe_2O_3-P_2O_3	s	5.8-6.8	3200-4150
강(steel)	Fe (철강조각)	s	6.2-7.8	3700-4650

[a] ASTM C 637 and C 638
[b] N, 자연생성; S, 인공처리

에 의해 결정되며 중량콘크리트는 대부분 방사능 차폐를 위해 사용된다(17.3절과 20.2절). ASTM C 637은 방사능 차폐를 위해 사용되는 골재에 대해서 기술하고 있으며, 큰 체적대비 질량을 요구하는 경우에 중량 골재를 사용한다.

마모와 마찰-저항 골재(Abrasion and Skid-Resistant Aggregates)

중장비 산업공장의 바닥면 상부 혹은 큰 마모 저항성이 요구되는 경우에 특수한 골재들이 사용될 수 있다. 생석회 보크사이트(calcined bauxite) 혹은 강옥(corundum), 금강사(emery), 금속, 수석(flint), 석영 등과 같이 단단하고, 조밀하고, 강한 재료들이 이들 특수 골재에 해당된다. 시멘트 풀 및 시멘트 풀과 골재의 접착 강도는 골재의 강도보다 더 중요하다. 상당한 마모와 연마가 발생한 노후 포장 콘크리트에서 골재는 마찰 저항의 중요한 요인이다. 골재는 마모와 연마되는 속도가 다른 단단한 광물과 약한 광물로 혼합되는 것이 좋다. 잔골재는 굵은골재보다 단단한 광물을 더 많이 함유하고 있는 경향이 있기 때문에 3 mm~10 mm 범위 내의 잔골재를 많이 포함한 골재는 마찰 저항이 향상된다.

여골재 (Marginal Aggregates)

과거에는 콘크리트에 문제를 유발시키는 골재는 제외시키거나 혹은 사용 전에 수차례의 선별처리 과정을 요구하는 등의 경향이 있었다. 일부 나라에서 골재의 고갈 현상이 점점 증가함에 따라 최근에는 골재로 사용되지 않았던 암석에도 관심이 증가하고 있다(일례로 혈암). 여골재로 분류할 때, 주로 (1) 바람직한 콘크리트의 특성, (2) 골재의 취약성, (3) 골재의 선별처리, (4) 콘크리트의 보호 수단으로서의 용도 등의 항목을 검토하고 있다:

우선 주지해야 할 사항은 어떤 골재는 일부의 콘크리트에는 사용할 수 있지만, 그 외의 콘크리트에는 사용하지 못하는 경우도 있다는 것이다. 예를 들면, 큰 다공성 재료를 포함하고 있는 골재는 35 MPa 이상의 강도가 요구되는 콘크리트에는 사용할 수 없으나, 내구성에 문제가 없다면 저강도 콘크리트에 충분히 사용할 수도 있다. 내구성 문제를 갖는 골재도 풍화작용에 노출되지 않는 콘크리트에 충분히 사용할 수 있다.

현재 콘크리트용 골재는 내구성 평가를 포함한 다양한 표준 시험에 관한 기준인 ASTM C 33 혹은 C 330 을 충족해야 한다. 시험 결과는 예상되는 사용성 상태로 혹은 골재의 성능으로써 고려되어야 한다. 이미 언급했던 것처럼 어떤 시험은 한계가 있으므로 비록 만족스럽지 못한 결과의 여골재인 경우 더 향상되고 정확한 시험방법을 개발하여 평가하는 것이 바람직하다. 예를 들면, 내구적인 이판암(shale)은 광물학적 분석, 내구성, 역학적 퇴화 등의 일련의 시험에 의해서 확인될 수 있는 것으로 밝혀졌다. 철저한 암석학적 분류는 여골재를 적절하게 평가하기 위해서는 필수적이며, 숙련되고 경험있는 암석분류학자에 의해 특수한 용도로 사용할 골재가 적절한지를 평가하는 것이 그리고 내구성 문제 가능성을 식별하는 것이 많은 도움이 될 것이다.

특히 선별 처리과정의 검토는 여골재에 적용된다. 밀도 분류법은 만족스럽지 않은 골재를 제거하는 데 성공적으로 이용될 수 있고, 이용가능한 채석장을 선택적으로 사용할 수 있다. 다른 구제 방안은 여골재를 사용해야만 할 때 적절한 보호책을 취하는 것이다. 예를 들면, 플라이애쉬의 혼입은 잠재적 알칼리 골재 반응에 대한 대비책이 되며, 쇄석 골재의 최대 크기를 가능한 한 작은 크기로 생산함으로써 동결융해 문제를 방지할 수 있다.

여골재를 사용하게 되면 세심한 보호관리, 충분한 사전계획, 정교함, 많은 비용이 필요하다. 여골재를 사용하려면 추가적인 시험과 면밀한 품질관리가 필요하다. 그러나 추가되는 비용은 품질이 우수한 골재를 도입하는 비용보다 적을 수 있다. 즉 시간이 지남에 따라 골재의 기본적인 특성을 이용하는 우수한 시험방법의 개발 및 부족한 내구력을 갖는 성분의 거동을 제어할 수 있는 새로운 공법의 개발이 기대되고 있다.

장 부록(Chapter Appendix)

노건조 상태에 기초한 함수량 결정(Determination Of Moisture On An Oven-Dry Basis)

노건조 상태에 기초하여 함수량을 표현할 때, 흡수량(A), 유효 흡수량(EA), 표면습도(SM)는 다음과 같이 표현된다.

$$\mathrm{A} = \frac{W_{\mathrm{SSD}} - W_{\mathrm{OD}}}{W_{\mathrm{OD}}} \times 100\% \tag{7A.1}$$

$$\text{EA} = \frac{W_{\text{SSD}} - W_{\text{AD}}}{W_{\text{OD}}} \times 100\% \quad (7A.2)$$

$$\text{SM} = \frac{W_{\text{wet}} - W_{\text{SDD}}}{W_{\text{OD}}} \times 100\% \quad (7A.3)$$

식 (7A.2) 및 (7A.3)는 분모가 OD 상태의 중량인 것을 제외하고는 SSD 상태에서의 정의와 같다. 대부분의 골재에 해당되는 것처럼 SSD와 OD 사이의 차이가 적다면(1~2%), SSD 혹은 OD 상태에서 계산된 유효흡수량 및 표면 습도의 실제의 차이는 무시할 수 있다.

OD 상태에서 계산할 때 전체 습도량(total moisture)은 일반적으로 다음과 같다.

$$\text{TM} = \frac{W_{\text{stock}} - W_{\text{OD}}}{W_{\text{OD}}} \times 100\% \quad (7A.4)$$

따라서 TM이 기건상태의 골재로부터 계산되면 유효 흡수량은,

$$\text{EA} = \text{A} - \text{TM} \quad (7A.5)$$

TM이 젖은 상태의 골재로부터 계산되면,

$$\text{SM} = \text{TM} - \text{A} \quad (7A.6)$$

혹은 일반적으로 표현하면 야적된 골재의 함수량은 다음과 같다.

$$\text{MC} = \text{TM} - \text{A} \quad (7A.7)$$

함수량이 양이면, MC는 표면습도를 나타내고 음이면 식 (7A.7)은 유효 흡수량을 나타낸다.

참고문헌

골재 특성(Aggregate Properties)

ACI Committee 221, "Guide for Use of Normal Weight Aggregates in Concrete (ACI 221 R-89)." *ACI Manual of Concrete Pracitce*, American Concrete Institute, Dertoit, MI (1996).

Rogers, C. A., and Senior, S. A., "Recent Developments in Physical Testing of Aggregates to Ensure Durable Concrete," *Advances in Cement and Concrete*, eds. M. W. Grutzeck and S. L. Sarkar, American Society of Civil Engineers, New York, pp. 338-361 (1994).

Significance of Tests and Properties of Concrete and Concrete-Making Materials, eds. P.

Kliegen and J. F. Lamond, ASTM STP 169C, American Society for Testing and Materials, Philadelahia, PA (1994).

골재 내구성(Aggregate Durability)

ACI Committee 201, "Guide to Durable Concrete," (ACI 201.2R-92), *ACI Manual of Concrete Practice*, American Concrete Institute, Detroit, MI(1996).

Alkalis in Concrete, ed. V. H. Dodsin, ASTM STP 930, American Society for Testing and Materials, Philadelphia, PA(1986).

Helmuth, R., and Stark, D., "Alkali-Silica Reactivity Mechanisms." *Materials Science of Concrete III*, ed. J. Skalny, American Ceramic Society, pp. 131-208 (1992).

Hobbs, D. W., *Alkali-Silica Reaction*, Thomas Telford, London (1988).

Lane, D. S., "Alkali-Silica Reactivity : An Overview of a Concrete Durability Problem," *Materials, Performance and Prevention of Deficiencies and Failures*, American Society of Civil Engineers, New York, pp. 231-244 (1992).

Wood, H., *Durability in Concrete Construction*, Monograph No.4, American Concrete Institute, Detroit, MI (1968).

골재 생산 및 선별처리(Aggregate Production and Beneficiation)

Goldbeck, A. T., "Crushed Stone Production," *Journal of the American Concrete Institute*, Vol. 25, Proceedings Vol. 50, pp. 761-722 (1954).

Walker, S., "Production of Sand and Gravel," *Journal of the American Concrete Institute*, Vol. 26, Proceedings Vol. 51, pp. 165-178 (1954).

특수 골재(Special Aggregates)

Berger, R. L., "Synthetic Aggregates," in *New Materials for Concrete Construction*(proceedings of a conference, December 1971), ed. S. P. Shah. University of Illinois at Chicago Circle, Chicago (1972).

Frondistou-Yannas, S. A., "Recycled Concrete as a New Aggregate," *Progress in Concrete Technology*, ed. V. M. Malhotra, CANMET, Ottawa, ON, pp. 639-684 (1980).

Cutt, W., "Aggregates from Waste Materials," *Chemistry and Industry*, pp. 439-447 (1972).

Harrison, W. H., "Synthetic Aggregate Sources and Resources," *Concrete*, Vol. 8, No. 11, pp. 41-44 (1974).

Johnston, D. D., "Waste Glass as Coarse Aggregate for Concrete," *Journal of Testing and Evaluation*, Vol. 2, No. 5 pp. 340-350 (1974).

Recycling of Demolished Concrete and Masonry, ed. T. C. Hansen, TILEM Report No. 6, Chapman and Hall, London (1994).

문제

7.1. 표 7.4에 주어진 잔골재의 입도 한계값을 위한 입도 곡선을 그려라.

7.2. 골재의 최대 치수 37.5 mm와 25 mm에 대해서, 표 7.5에 주어진 굵은골재의 입도 한계에 대한 입도 곡선을 그려라.

7.3. 두 종류의 모래가 다음의 백분율을 가지고 있다. 각 모래의 조립률을 계산하라.

a. 4.75 mm(No. 4) = 97%, 2.36 mm(No. 8) = 95%
1.18 mm(No. 16) = 92%, 600 μm(No. 30) = 85%
300 μm(No. 50) = 30%, 150 μm(No. 100) = 5%

b. 4.75 mm(No. 4) = 95%, 2.36 mm(No. 8) = 75%
1.18 mm(No. 16) = 45%, 600 μm(No. 30) = 20%
300 μm(No. 50) = 10%, 150 μm(No. 100) = 3%

7.4. 두 종류의 500 g 모래 시료가 각 체에 남는 양이 다음과 같다. 각 모래의 조립률을 계산하라.

a. 4.75 mm(No. 4) = 15 g, 2.36 mm(No. 8) = 60 g
1.18 mm(No. 16) = 100 g, 600 μm(No. 30) = 105 g
300 μm(No. 50) = 130 g, 150 μm(No. 100) = 90 g

b. 4.75 mm(No. 4) = 5 g, 2.36 mm(No. 8) = 55 g
1.18 mm(No. 16) = 70 g, 600 μm(No. 30) = 105 g
300 μm(No. 50) = 200 g, 150 μm(No. 100) = 65 g

7.5. SSD 상태의 굵은골재 1000 g의 시료를 물에 잠기었을 때의 무게는 633 g이었다. 골재의 겉보기 비중(bulk specific gravity, SSD)을 계산하라.

7.6. 문제 7.5와 같은 골재의 야적장으로부터 취한 1000 g의 시료를 물에 잠기었을 때의 무게는 637 g이었다. 야적장 골재의 함수량을 계산하라.

7.7. SSD 상태의 모래 500 g의 시료를 병에 넣고 물로 채운 후 무게는 1697 g이었다. 물로 채운 병의 무게는 1390 g이었다. 모래의 겉보기 비중(bulk specific gravity, SSD)을 계산하라.

7.8. 문제 7.7과 같은 모래 500 g의 시료를 야적장으로부터 채집하여 병에 넣고 물로 채운 후 무게는 1691 g이었다. 야적장 모래의 함수량을 계산하라.

7.9. 문제 7.5의 굵은골재 시료를 105°C로 밤새 건조시킨 후의 무게는 985 g이었다. 골재의 흡수능력을 계산하라.

7.10. 문제 7.6과 같이 야적장에서 취한 1000 g의 굵은골재 시료를 105°C로 밤새 건조시킨 후의 무게는 992 g이었다. OD 기준으로 유효 흡수량을 계산하라(문제 7.6의 답과 비교하라).

7.11. 문제 7.7과 같은 모래 시료를 105°C로 밤새 건조시킨 후의 무게는 495 g이었다. 모래의 흡수능력을 계산하라.

7.12. 문제 7.8과 같이 야적장에서 취한 1000 g의 모래 시료를 105°C로 밤새 건조시킨 후의 무게는 972 g이었다. 모래의 표면 수량을 계산하라(문제 7.8의 답과 비교하라).

7.13. 0.90%의 유효 흡수율을 갖는 1080 g의 자갈과 2.51%의 표면 흡수율을 갖는 720 g의 모래 혼합물을 콘크리트 배합에 첨가하였다. 일정한 물-시멘트 비를 유지하기 위하여 첨가하는 물에 고려해야 할 보정량을 계산하라.

7.14. 흡수량은 골재의 전체 공극률의 척도로 사용할 수 있는가?

7.15. 콘크리트 배합에서 노건조 골재를 사용하면 어떤 결과가 생길 수 있는가?

7.16. 골재를 배합할 때 체적보다 무게로 계량하는 것이 더 바람직한 이유는 무엇인가?

7.17. 조립률은 잔골재의 특성을 완전하게 설명할 수 있는가?

7.18. No. 200번체를 통과하는 재료의 양을 조절하는 것이 중요한 이유는 무엇인가?

7.19. 40%의 모래와 60%의 자갈의 혼합 골재의 단위질량이 1920 kg/m^{3}이다. 모래와 자갈의 겉보기 비중이 각각 2.60과 2.70일 때 혼합물의 체적 공극률을 계산하라.

7.20. 알칼리 골재 반응을 제어하는 전략을 제안하고 그 이유를 설명하라.

7.21. 콘크리트 골재로서 사용이 적합한 폐 재료를 어떻게 판단할 수 있는가?

7.22. 어느 농부가 토막 낸 옥수수 속대를 골재로 사용할 것을 제안한다. 이것이 골재로 적절한 재료라고 생각하는가? 이렇게 만든 corncrete(옥수수콘크리트)는 어디에 사용할 수 있다고 생각하는가?

7.23. 다른 타이어 판매상도 문제 7.22의 농부와 유사한 것을 제안하지만, 이번엔 잘게 부순 폐타이어를 사용한다. 본인의 의견을 제시하라.

콘크리트 *Concrete*

CHAPTER

8 화학 혼화제

Chemical Admixtures

ASTM C 125에 의한 혼화재료의 공식적인 정의는 "물, 골재, 수경성 시멘트 및 섬유보강재 외의 재료로서 콘크리트 혹은 모르타르의 구성 성분이며 비빔 직전 혹은 비빔 중에 첨가하는 재료"이다. 이 정의는 현대 콘크리트 기술에 사용되는 재료를 광범위하게 포함하는데, 미분의 고형 물질(광물계 혼화재) 혹은 수용성 화합물(화학 혼화제)을 포함한다. 광물계 혼화재는 제 5장에서 설명하였다. 특수 콘크리트 제조에 사용되는 혼화재료인 폴리머 라텍스 및 수축보상제는 해당되는 장에서 언급할 것이다. 이 장에서는 비빔 중에 용액으로 첨가되는 수용성 혼화제에 대해서 주로 설명하고, 일부 광물계 혼화재에 대해서도 부가적으로 설명하겠다.

8.1 정의 및 분류 (Definitions and Classifications)

'addition'과 'additive'라는 두 가지의 거의 비슷한 용어를 자주 접하게 된다. 'additive'(첨가제)라는 용어는 예전 용어로서 요즘은 'admixture'(혼화재료)가 대신 사용되고 있다. 'addition'(첨가제)는 ASTM C 219에 의하면, "제조 공정 중에 수경성 시멘트에 일정량 같이 분쇄하거나 혼합하는 것으로, 시멘트의 제조 및 취급 성능을 좋게 하기 위한 'processing addition'(처리성 첨가제)으로 혹은 완성품의 품질을 변화시키기 위한 'functional addition'(기능성 첨가제)으로 사용되는 재료이다." 기능성 첨가제는 레미콘 공장이나 공사 현장에서 첨가되는 대신에 시멘트 공장에서 제조 과정 중에 첨가되는 혼화재료를 말한다. 따라서 공기연행 첨가제(air entraining addition)가 들어있는 1A종 시멘트는 1종 포틀랜드시멘트에 공기연행제(air entraining admixture)를 넣은 경우와 동일하게 작용해야 한다. '처리성 첨가제'의 예로는 분쇄 조제(grinding aid)가 있으며, 이론적으로는 이것이 최종 시멘트 품질에 영향을 주지는 않는다.

콘크리트용 혼화제로 매우 다양한 제품이 있으며, 많은 경우 제품의 성분 구성은 각 회사가 소유권을 가지고 있다. 하지만 대부분은 다음과 같은 3종류로 분류할 수 있다.

1. 공기연행제(air-entraining agent)(ASTM C 260): 콘크리트의 동결융해 저항성을 향상시키기 위해서 첨가된다.
2. 응결조절제(set-controlling admixture)(ASTM C 494): 응결을 조절하거나 조기 경화(early hardening)를 유도하기 위해서 사용한다.

3. 유동화제(plasticizing admixture) 혹은 감수제(ASTM C 494, C 1017): 수용성의 폴리머로 슬럼프를 증대시켜서 워커빌리티를 좋게 한다. 특히 185mm 이상(flowing concrete, C 1018)의 슬럼프에서 혹은 요구되는 워커빌리티에 대한 단위수량 감소 목적(C 494)으로 사용된다.

기타 혼화제(miscellaneous admixture)는 위의 분류에 포함되지 않는 혼화제로 주로 특수 목적으로 사용된다.

8.2 혼화제의 사용 (Use of Admixtures)

화학 혼화제의 종류가 매우 많은 것은 그것을 사용해서 콘크리트의 거의 모든 특성을 어느 정도 변경시킬 수 있기 때문이다(표 8.1 참조). 따라서 콘크리트 제조 중에 혼화재료를 사용하는 이유가 다양해지는 것도 자명하다. 화학 혼화제는 굳지 않은 콘크리트의 작업성 혹은 다짐성능 향상, 굳은 콘크리트의 성능 향상 혹은 건설비용의 저감을 위하여 사용된다. 주의할 점은 혼화재료가 잘못된 배합설계 혹은 부주의한 시공문제를 해결하는 만병통치약이 아니라는 것이며, 이 경우엔 단지 개선을 통해서 문제를 해결할 수 없다는 것을 알아야 한다.

사용상 주의사항

현장에서 콘크리트 기술자들로부터 화학 혼화제를 사용해서 콘크리트의 응결 혹은 다른 종류의 문제를 해결한 사례를 들을 수 있다. 하지만 화학 혼화제가 콘크리트에 어떻게 작용하는지를 제

표 8.1 콘크리트 특성 향상을 위한 화학 혼화제의 종류

특성	*혼화제 종류*	*ASTM 규격*
작업성	감수제	C 494
	유동화제	C 1017
	공기연행제	C 260
	펌핑 조제	-
	수중불분리제	-
응결 조절	응결촉진제	C 494
	응결지연제	C 494
	응결 확장제	-
강도	감수제	C 494
내구성	공기연행제	C 260
	감수제	C 494
	방청제	-

대로 이해하지 못해서 생기는 문제도 자주 있다. 따라서 기술자는 화학 혼화제를 사용하기 전에 다음의 몇 가지 사항에 대해서 주의를 기울여야 한다.

1. 혼화제가 규격(KS 등)에 부합하는 것인지 확인하여야 한다. 제조사는 제품에 대한 기술적인 자료를 제공하여야 하며 여기에는 다음과 같은 내용이 포함되어야 한다. (a) 혼화재료가 콘크리트의 특성에 미치는 주된 기능 (b) 혼화재료가 미치는 추가적인 유익한 혹은 유해한 영향, (c) 재료의 물리적 특성, (d) 작용 성분의 농도, (e) 염화물, 황산염, 황화물, 질산염 혹은 암모니아 등과 같은 잠재적으로 유해한 물질의 존재 여부, (f) pH, (g) 사용자를 위한 취급상의 잠재적인 위험, (h) 저장 조건 및 유효기간, (i) 콘크리트에 혼입할 때 재료의 준비 과정 및 사용 절차, (j) 규정된 사용조건에서 추천 사용량, 최대 사용량 및 과다 사용할 때의 문제점.
2. 사용량은 제조사의 지침에 따라야 하지만, 원하는 효과를 확인하기 위하여 적절한 시험을 수행하여야 한다. 특히 중요한 점은 현장 재료를 사용하고 현장 조건에서 시험을 수행해야 하는데, 이는 혼화제가 미치는 영향은 시멘트의 성분, 골재 특성 및 불순물, 배합설계, 여타 혼화재료의 존재 여부, 믹서의 종류 및 비빔 시간, 투입 시기, 콘크리트의 온도, 외기 조건 등 여러 요인에 의해서 결정되기 때문이다.
3. 신뢰할 수 있는 방법으로 혼화재료의 정확한 사용량이 혼입되는 것을 확인하여야 한다. 이는 공기연행제 및 화학 혼화제를 사용하는 경우에 특히 중요한데, 이 경우 사용량이 시멘트 질량의 0.1%에도 못 미치는 정도이기 때문이다. 이 경우엔 쉽게 과다 혼입될 수 있으며, 예상하지 못한 나쁜 결과를 가져올 수 있다.
4. 혼화재료가 콘크리트의 여타 특성에 좋지 않은 영향을 미치는지를 검토해야 한다. 일부 혼화재료는 다른 범주의 성분을 포함하고 있으며, 그 효과는 온도에 따라서 현저하게 변할 수 있다.

기준 및 시험

콘크리트에 사용되는 혼화재료가 많이 개발되고 있지만, 일부는 산업 부산물에서 유래되며 이들은 복잡한 성분의 혼합물이다. 제조사는 원하지 않는 부작용을 완화하는 한편 품질을 일정하게 만들기 위해서 이들을 다른 화학물질과 혼합한다. 따라서 대부분의 혼화재료의 성분은 복합적인 성분의 혼합물이다. 따라서 혼화재료에 대한 지침은 성능기반 지침으로, 관심있는 성질에 대한 최소 변화량(예를 들어 응결시간의 지연) 및 다른 특성의 변화량(강도 등)을 정한다. 예를 들면 공기연행제는 성능기반 규격인 ASTM C 260에 부합하여야 하며, 이는 ASTM C 233에 의하여 시험되어야 한다. 여기서 제일 중요한 시험은 촉진 동결융해에 노출된 콘크리트의 성능에 관한 시험이다(ASTM C 666). 여기서 화학 혼화제를 공기연행제의 기준으로 선택된 중화된 빈솔 레진(neutralized vinsol resion)과 비교한다. ASTM C 226이 공기 연행 첨가제에 대한 적절한 기준이다.

8.3 공기연행제 (Air-Entraining Admixtures)

콘크리트가 가지는 주된 약점의 하나는 포화상태 혹은 포화근접상태에서 동결융해가 반복적으로 가해지면 손상을 입을 가능성이 있다는 것이다. 적절한 조치가 취해지지 않는 경우, 콘크리트는 한 번의 겨울철 노출에도 크게 파손될 수 있으며, 이런 급속한 열화로 인해서 포장, 댐, 기초 등 주된 응용 분야에서 콘크리트의 사용이 배제될 수도 있다. 벽돌, 세라믹 타일 등 모든 다공성 재료는 동결융해작용에 대해서 저항성을 가지도록 특별히 설계되지 않는 한 같은 결함을 가지고 있다. 그림 8.1에서 보는 바와 같이 다행히도 콘크리트는 공기연행제를 첨가해서 동해에 대한 저항성을 가지도록 만들 수 있다. 미국 북부 및 캐나다에서는 외기에 노출된 콘크리트에 대해서는 공기를 연행해야 한다. 동해 방지에 대한 메커니즘은 제 18장에 자세히 설명되어 있다. 여기에서는 공기연행제가 콘크리트 특성에 미치는 영향에 대해서만 논의하기로 한다.

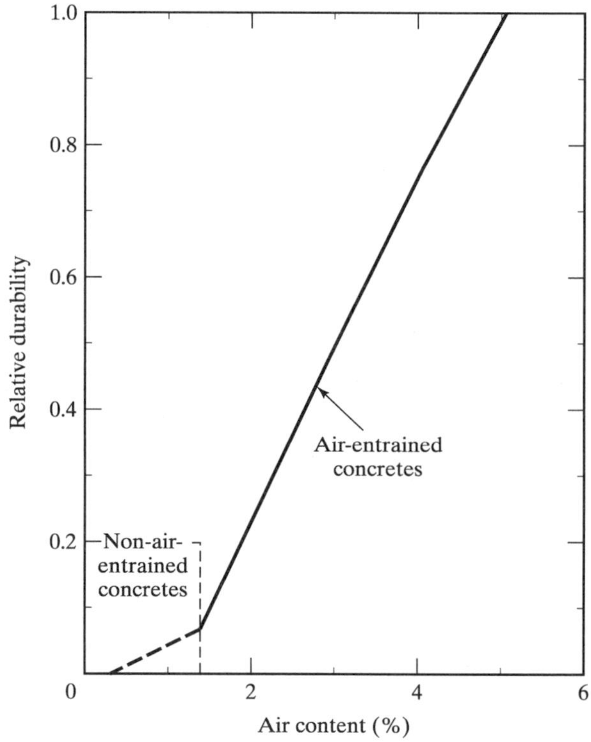

그림 8.1
콘크리트의 동결융해 저항성에 미치는 공기량의 영향

공기연행제는 비빔 중에 콘크리트에 혼입되는 공기량을 증가시킨다. 동결융해에 대하여 최적의 저항성을 가지는 공기량은 모르타르의 9%인 것이 확인되었다(표 8.2). 실제로는 공기는 페이스트 부분에 연행된다. 일상적인 현장 시험에서 가장 쉽게 측정할 수 있는 공기량은 콘크리트의 부피에 대한 비율로서 표현된 공기량이다. 만족할만한 동결융해 저항성을 확보하기 위한 공기량은 콘크리트 부피의 2~8% 정도이며, 구체적인 양은 굵은골재의 최대치수에 따라 달라진다. 이것은 굵은골재의 최대치수가 작을수록 워커빌리티를 확보하기 위해서는 보다 많은 양의 페이스트가 요구되기 때문이다. 공기량에는 비빔 중에 페이스트에 자연스레 혼입되는 갇힌 공기도 같이 포함된다. 의도적으로 연행시킨 공기는 미세한 공기 기포로 페이스트 내에 존재하며, 콘크리트 전체 부피의 3~4% 정도의 공기량을 증가시킨다.

표 8.2 최적 동결융해저항성을 위한 콘크리트의 공기량 (C: 307kg/m^3)[a]

G_{max} (mm)	ACI 추천 연행공기량 (± 1%)	공기량 측정결과 (%)				기포 간격계수 (mm)
		갇힌 공기량	연행 공기량			
			콘크리트	모르타르	페이스트	
65	4.0	0.5	4.5	9.1	16.7	0.18
40	5.0	1.0	4.5	8.5	16.4	0.20
20	6.0	2.0	5.0	8.3	16.9	0.23
10	7.5	3.0	6.5	8.7	19.7	0.28
모르타르	-	-	-	9.0	23.0	0.30

[a] ASTM STP 169C, American Society for Testing and Materials, West Conshohocken, PA, pp 484-490 (1994).

연행 기포 구조

만족스러운 콘크리트의 동결융해 저항성을 얻기 위하여 연행 기포 구조는 매우 중요하다. 공기연행 콘크리트는 기포의 크기가 매우 작아서 비연행 콘크리트와 육안으로는 식별할 수 없다. 그림 8.2에서 보는 바와 같이, 현미경으로 관찰해보면 미세한 기포가 전체 페이스트에 걸쳐서 무작위로 분산되어 있는 것을 볼 수 있으며, 0.05에서부터 1.25 mm 크기의 작은 구형이다. 마치 페이스트가 작은 거품과 혼합되어 있는 듯이 보이며, 사실이 그러하다. 공기연행제는 물에 거품을 발생시키고 기포를 안정시켜서 경화 중에 페이스트 내에 고정시킨다. 좋은 기포 구조는 콘크리트 입방미터 중에 글자 그대로 수백만 개의 기포가 들어있는 것이다.

좋은 기포 구조를 형성하기 위한 인자로서 중요한 것은 간격계수(spacing factor), 비표면적 및 기포 빈도(bubble frequency) 등으로 현미경 관찰에 의해 구할 수 있다(ASTM C 457). 간격계수는 페이스트 중 임의의 위치에서부터 가장 근접한 기포의 면까지의 평균거리이며, 그림 8.3에서 보는 바와 같이 동결융해에 대한 저항성을 가지기 위해서는 0.2 mm를 초과해서는 안 된다.

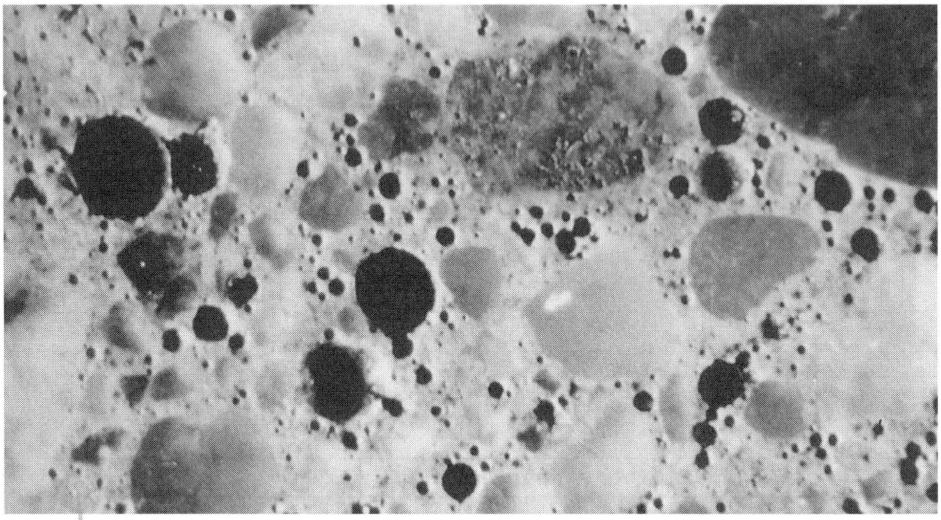

그림 8.2
공기 연행 콘크리트의 현미경 관찰

비표면적 및 기포 빈도는 서로 관련이 있으며 기포의 평균 입경을 반영한다. 저항성이 있는 기포 구조가 되기 위해서는 비표면적은 25 mm^2/mm^3 이상이어야 하며 또한 기포 빈도는 0.3~0.6 mm^{-1} 이어야 한다. 간격계수가 일반적으로 가장 많이 사용하는 인자이지만(그림 8.3 및 표 8.2 참조), 세 가지 조건 모두를 만족하여야 제대로 공기가 연행된 콘크리트가 만들어진다. 그렇게 하면 전체 페이스트를 보호하는 잘 분포된 미세 기포 시스템이 형성된다. 믿을만한 제조사에서 생산되는 공기연행제를 사용하여 표 8.2에 주어진 추천 공기량을 유지하면 그러한 값을 얻을 수 있다. 현

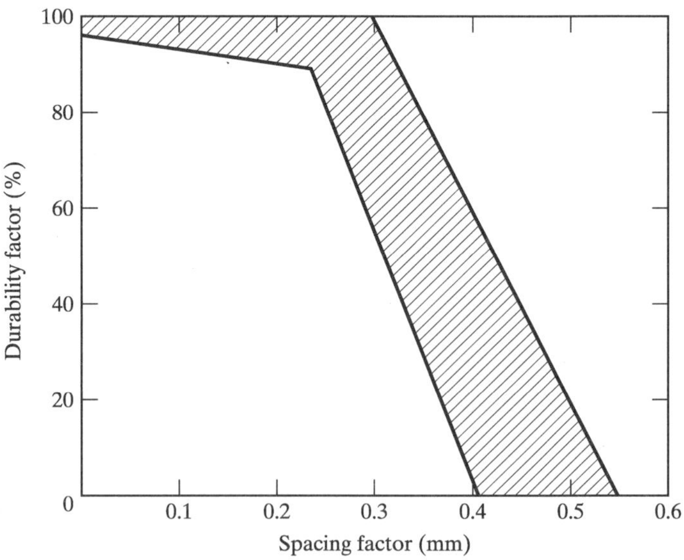

그림 8.3
기포 간격계수와 동결융해에 대한 내구성지수와의 관계

미경 관찰을 통하여 이러한 수치를 정량적으로 점검할 수 있으며(ASTM C 457), 현장에서는 일반적으로 총 공기량만 관리한다. 고성능감수제를 사용한 콘크리트와 같이 일부 콘크리트는 비록 공극 인자에 대한 기준 값들을 초과해도 좋은 동결융해 저항성을 보일 수 있다.

공기연행제의 성분

공기연행제는 안정적인 기포를 형성할 수 있게 하는 화합물을 포함해야 한다. 물속에서 거품이 형성되는 것은 일시적인 현상이며, 물의 높은 표면 장력이 기포의 표면이 되는 기체와 액체의 경계면 생성을 방해한다. 교반 중에 안정적인 기포가 발생할 수 있으려면 표면 장력으로 표현되는 에너지 장벽을 극복할 수 있어야 한다. 공기연행제에는 계면활성제(surface active agent)가 들어 있는데, 이것이 기포와 물의 경계에 집중되면서 표면 장력을 감소시켜 기포의 형성을 용이하게 하고 기포 발생 후 안정화시키는 역할을 한다. 계면활성제의 분자구조는, 그림 8.4a에서 보는 바와 같이, 한쪽 끝에는 물에 녹기 쉬운 친수기(hydrophilic)와 다른 쪽 끝에는 물에 반발되는 소수기(친유기, hydrophobic)로 형성되어 있다. 그림 8.4b에서 보는 바와 같이 계면활성제 분자는, 기포와 물의 경계에서, 친수기 부분은 물로 향하고 소수기 부분은 공기로 향하면서 정렬되는 경향이 있다.

카르본산(carboxylic acid) 또는 설폰산기(sulfonic acid)가 일반적으로 분자의 친수성과 관련이 있는데, 지방성 소수기 혹은 방향족 탄화수소와 결합한다. 공기연행제는 따라서 합성 세제와 매우 밀접한 관계가 있지만, 합성 세제의 기포 발생 능력은 단지 계면활성 특성의 부작용일 뿐이

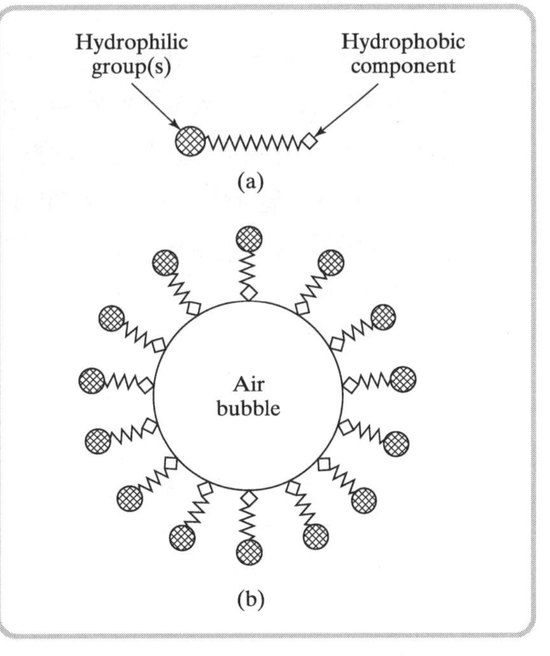

그림 8.4
계면활성제 분자에 의한 공기 연행의 개념도
(a) 계면활성제 분자의 특성, (b) 안정된 공기 기포

다. 그러나 대부분의 가정용 세제는 공기연행제로 사용될 수 없는데, 그 이유는 기포의 크기가 너무 크며, 또한 콘크리트가 경화되는 중에 그대로 안정적으로 남아있지 않기 때문이다.

대부분의 공기연행제는 펄프, 종이, 석유, 동물 처리과정 등의 다른 산업의 부산물로부터 제조되기 때문에 주요 작용 성분은 전체 중의 일부분이다. 그렇지만 공기연행제는 계면에서만 작용하기 때문에 적은 양으로 충분한 효과를 발휘한다. 일반적인 사용량은 시멘트 질량의 0.005~0.05%에 불과한 양이어서 정확성을 기하기 위해서 통상 물에 희석하여 배합수에 같이 콘크리트 믹서에 투입하여 사용한다. 일부 제조사는 공기연행제를 시멘트와 같이 분쇄 첨가하여, 별도로 혼화재로 첨가하지 않고서도, 비빔 중에 공기를 연행할 수 있게 만든다. 이러한 시멘트를 IA, IIIA 등과 같이 표현한다. 그러나 항상 충분한 공기를 연행시키지 못할 수도 있으므로 현장 조건에서 시험을 거치기 전에는 사용하지 말아야 한다. 이러한 한계로 인해서 공기연행 시멘트는 주로 작은 현장에 국한되어 사용된다.

공기 연행에 영향을 미치는 인자

연행 공기량은 여러 요인에 영향을 받기 때문에 공기연행제는 항상 현장 조건에서 시험이 수행되어야 한다(그림 8.5 참조). 공기연행제 사용량은 공기량을 맞추기 위하여 조절할 수 있다. 사용량을 증가시키면 공기량은 증가하고 기포 크기는 줄어들고 간격계수는 감소한다. 그러나 상용 혼화제에 들어있는 계면활성제의 종류가 여러 가지이기 때문에 현장 조건이 각 혼화제에 미치는 영향도 다르다.

재료 공기연행제의 공기 연행 능력은 배합에서 사용되는 콘크리트 재료에 영향을 받는다. 미세하게 분쇄된 시멘트는 분말도가 높은 시멘트보다 공기 연행이 적게 된다. 비슷한 이유로 잔골재에서 미분이 많거나 플라이애쉬 등 미분의 광물계 혼화재를 첨가하면 공기 연행이 적게 된다. 그림 8.5c에서 보는 바와 같이 잔골재량이 많으면 콘크리트의 연행 공기량은 증가하나 입도 분포(0.3~0.6 mm의 입자가 가장 효과적이다) 및 입형도 영향을 미친다. 배합수 및 골재 속의 불순물은 공기량을 증가시킬 수도 있고 감소시킬 수도 있다.

공기연행제와 함께 다른 혼화제를 사용할 경우엔 공기 연행 능력에 영향을 미칠 수 있기 때문에 주의해야 한다. 일반적으로 감수제를 사용하는 경우에는 공기연행제 사용량을 감소하여도 동일 공기량이 확보된다. 일부 화학 혼화제(예로 고성능감수제)는 공기연행제와 반응하여 공기 연행을 방해하기도 하기 때문에, 이 경우에는 공기연행제를 먼저 첨가하여 공기를 연행시킨 후 별도로 첨가하는 것이 바람직하다. 플라이애쉬 내의 미연탄소는 공기 연행을 억제한다.

시멘트양은 총 연행 공기량에 큰 영향을 미친다. 같은 양의 공기연행제를 사용할 경우, 빈배합 콘크리트가 부배합 콘크리트보다 연행이 더 많이 되며, 물-시멘트비가 낮은 콘크리트에서는 물-시

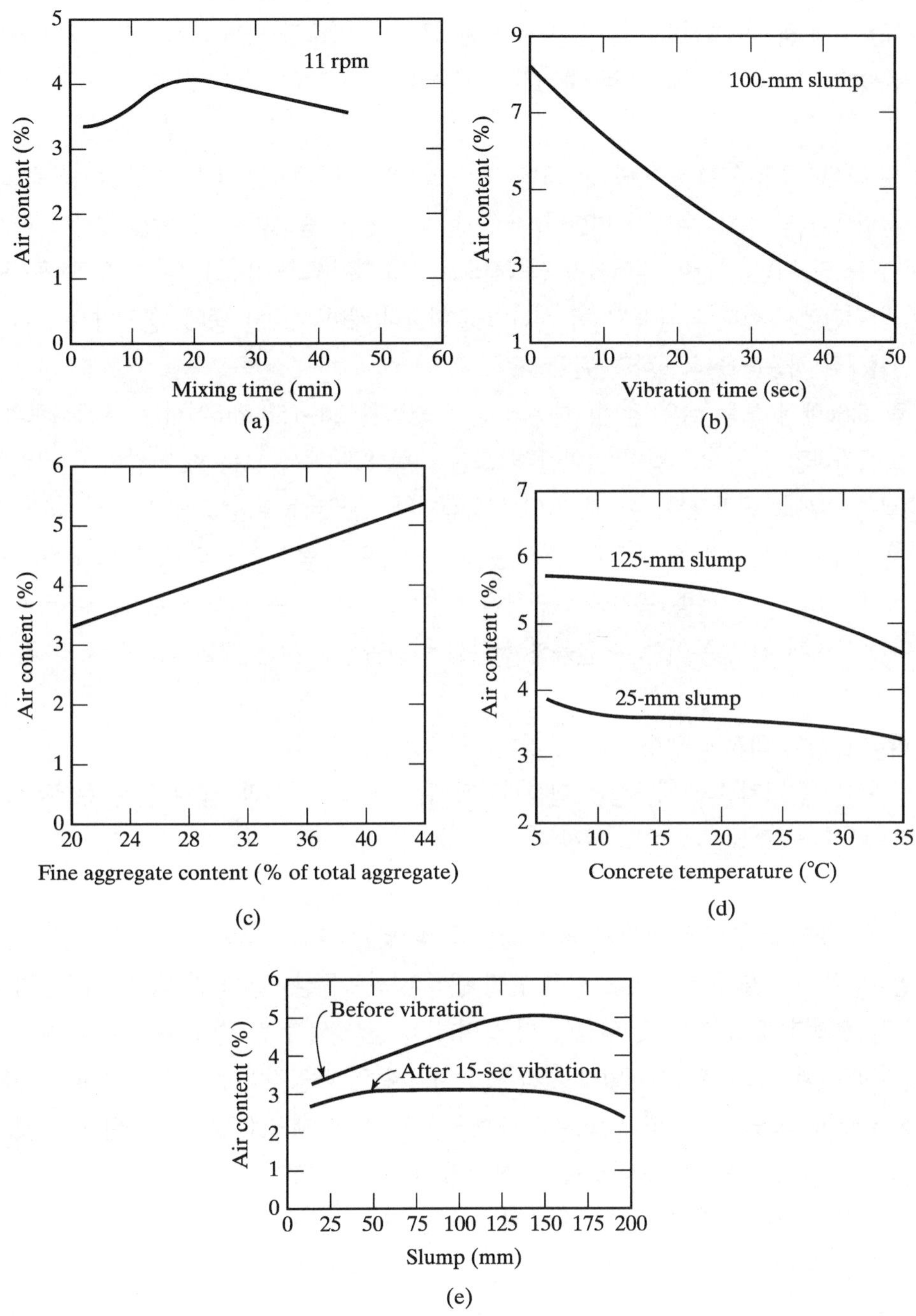

그림 8.5
연행 공기가 콘크리트의 특성에 미치는 영향
(a) 비빔 시간, (b) 진동시간, (c) 잔골재량, (d) 콘크리트 온도, (e) 콘크리트 슬럼프

멘트비가 높은 콘크리트에 비하여 연행이 적게 된다(후자에서는 잔골재량이 높은 경우가 많다). 그렇지만 전체 공기량에서의 이러한 차이가 반드시 간격계수가 바뀌었다는 것을 의미하지는 않는다. 왜냐하면 기포의 크기도 바뀔 수 있기 때문이다.

비빔 및 다짐 공기 연행은 비빔 중 교반 중에 발생하며 공기량은 믹서 종류, 비빔 속도 및 비비는 콘크리트의 양 등에 의하여 변한다. 또한 비빔 시간도 중요하다: 처음엔 시간에 따라 공기량이 증가하지만 비빔 시간이 길어지면 점차적으로 감소한다(그림 8.5a). 일반적으로 공기량은 보통의 비빔 시간에서 최대가 되며, 비빔 시간이 길어져서(레미콘 배달 중에) 공기량 손실이 발생하면 공기연행제의 사용량을 조절하면 된다.

그림 8.5e에서 보는 바와 같이, 보통의 슬럼프 범위 25~150 mm에서는, 콘크리트의 초기 슬럼프가 증가하면 연행 공기량이 많아진다. 또한 그림 8.5d에서 보는 바와 같이, 콘크리트의 온도도 중요한 인자로 공기량은 온도와 반대로 움직인다. 콘크리트의 온도를 10에서 38°C로 증가시키면 공기량은 거의 절반으로 떨어진다. 온도의 영향은 슬럼프에 따라다. 그림 8.5b,e에서 보는 바와 같이 진동 또한 최종 공기량에 영향을 미친다. 그러나 큰 기포가 주로 제거되며 진동다짐 시간이 과도하게 긴 경우에만, 동결융해 저항성에 영향을 미치는 미세 기포가 제거 된다.

콘크리트 특성에 미치는 영향

공기연행제는 콘크리트의 내구성을 향상시키기 위해서 첨가되지만, 굳지 않은 콘크리트 및 굳은 콘크리트에 다른 중요한 영향도 미친다.

굳지 않은 콘크리트 연행 공기는 높은 슬럼프 및 낮은 슬럼프 모두에서 굳지 않은 콘크리트의 워커빌리티와 점성을 향상시킨다. 공기 연행 콘크리트는 동일 슬럼프인 경우, 워커빌리티가 비연행 콘크리트보다 좋고 타설 및 다짐이 더 용이하다. 출하 및 운반 중에 블리딩 및 재료분리는 매우 적어진다. 페이스트의 양이 일정할 경우, 3~4%의 연행 공기량(총 공기량은 4~7%)은 슬럼프를 35~50 mm 정도 증가시키며, 정확한 슬럼프는 배합 및 재료에 따라 좌우된다. 이것은 부분적으로는, 감수제와 마찬가지 방식으로, 고체-액체 경계에서 계면 활성제가 작용을 하기 때문이다(8.4절 참조). 그러나 워커빌리티가 개선되는 주된 이유는 미세 기포가 타설 과정에서 마찰이 적고 탄성적인 미세 입자로 작용해서 골재 입자 사이의 상호작용을 줄여주기 때문이다. 따라서 공기연행제는 마치 모래가 과잉 함유된 배합처럼 작용하고, 이러한 이점은 미분이 부족한 빈배합 혹은 거친 배합에서 가장 분명하다.

공기연행제를 사용해서 슬럼프를 증가시키기 보다는, 원하는 슬럼프를 얻기 위해서 잔골재량과 단위수량을 감소시키는 것이 더 일반적이다. 공기량이 4% 증가하면 단위수량은 일반적으로

12~25 kg/m^3 정도 감소한다. 이것으로 연행 공기에 의한 강도 저하를 부분적으로 상쇄한다. 연행 공기는 동결융해에 대한 대비가 아니라도 워커빌리티를 향상시키기 위하여 사용될 수 있다. 이것은 단위 시멘트양이 적은 배합 또는 골재의 입도가 좋지 않거나 골재의 질이 거친 배합에서 특히 효과적이다. 공기 연행은 균질하고 다짐이 잘된 콘크리트를 만들 수 있게 해준다.

굳은 콘크리트

연행 공기로 인하여 발생되는 추가적인 공극은 콘크리트의 강도에 나쁜 영향을 미친다. 더 낮은 물-시멘트비를 사용할 수 있기 때문에 이로 인해서 모세관 공극이 줄어들고, 따라서 공극률의 증가가 일부분 상쇄된다. 일반적으로 일정한 물-시멘트비에서 공기 연행 콘크리트의 강도는 10~20% 정도 저하된다. 경험에 의하면 연행 공기량 1%마다 5% 정도의 강도저하가 일어난다. 그러나 공기량 및 슬럼프가 일정하다면 그 영향이 훨씬 적으며, 빈배합(단위시멘트양 300 kg/m^3 이하)에서는 강도에 별로 영향을 주지 않는다. 그런 경우에는 양호한 동결 저항성을 얻기 위해서는 더 높은 공기량이 필요하고 이로 인한 강도 저하는 *w/c*비를 줄여야 완전히 상쇄된다. 그림 8.6에서 보는 바와 같이 콘크리트가 좋은 내구성을 지니기 위해서 필요한 최적의 공기량이 존재한다. 공기량이 과다하면 강도가 급격히 저하하여 동결로 인해 발생하는 응력에 대한 저항성이 감소한

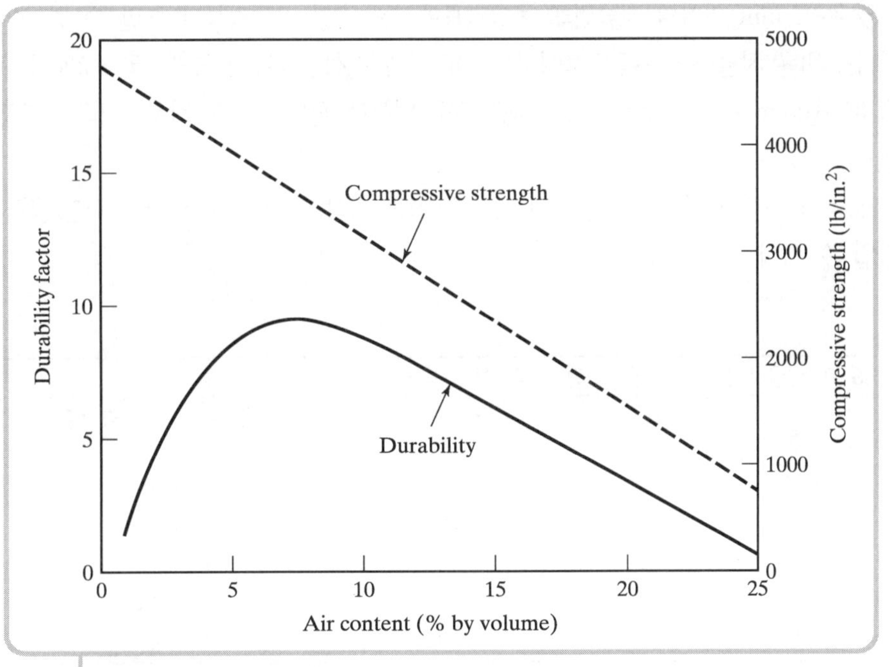

그림 8.6
연행공기가 동결융해에 대한 내구성 및 강도에 미치는 영향(물-시멘트비, 슬럼프 및 잔골재량 일정) (Concrete Manual, 8`h ed. U.S. Bureau of Reclamation. Denver, CO, 1975.)

다. 공기량이 많으면 일반적으로 간격계수가 작아지는 것이 아니라 기포 크기가 커진다. 연행 공기는 동결융해에 대한 저항성이 향상될 뿐만 아니라 포장 혹은 교량 바닥판에 적용되는 제설제의 영향으로 인해서 생기는 표면 박리(salt scaling)에 대한 저항성이 향상된다. 또한 황산염 침식에 대한 저항성도 향상된다. 낮은 물-시멘트비를 사용할 수 있기 때문에 다짐 특성이 좋아져서 침투성이 줄어들기 때문에 유해한 성분에 대한 저항성이 전반적으로 향상된다.

추천 공기량

물이 얼 때 페이스트에서 물이 빠져나와서 들어갈 수 있는 공간을 조밀하게 분포된 기포가 제공하기 때문에 콘크리트를 동해로부터 보호하게 된다. 이 메커니즘에 대해서 그리고 간격계수가 중요한 이유에 대해서도 제 18장에서 자세히 다룬다. 그러나 실제는 총 공기량을 측정하여 판단하며(표 8.2), 이는 여러 요인에 영향을 받으며 간격계수와 직접적으로는 관계가 없을 수도 있다. 이 중요한 측면에 대한 예가 표 8.3에 주어져 있다. 공기량이 일정하면 물-시멘트비가 커질수록 간격계수가 커져서(기포 크기도 커진다) 동결융해에 대한 저항성이 감소한다. 물-시멘트비가 크면 주어진 간격계수를 유지하기 위하여 공기량을 증가시켜야 한다고 추론할 수 있다. 따라서 표 8.2의 추천 공기량은 잘 판단하여 사용되어야 한다. 동결융해가 자주 반복되거나, 제설제가 사용되거나, 황산염에 노출되는 가혹한 조건에서는 반드시 적용되어야 한다. 물-시멘트가 낮고 단위시멘트 양이 많은 25 mm 이하의 저슬럼프 콘크리트에서는 추천 공기량보다 줄일 수 있다. 이런 콘크리트에서는, 비록 저슬럼프 콘크리트에서의 공기량이 추천값보다 낮지만, 표 8.2에서 더 큰 슬럼프(예로 85~100 mm)에 해당하는 추천 공기량을 얻는데 필요한 양을 사용하고도 적절한 기포 구조를 얻을 수 있다.

만약 공기 연행이 단지 워커빌리티 및 취급성을 향상시키기 위해서라면 추천 공기량을 1/3 정도 줄일 수 있다.

표 8.3 물-시멘트비별 공기연행 콘크리트의 특성

w/c	*공기량 (%)*	*기포 간격계수 (mm)*	*동결융해 1회당 팽창률 (%)*
0.35	4.8	0.11	0.00004
0.45	4.7	0.14	0.00014
0.55	5.2	0.15	0.00021
0.65	4.9	0.18	0.00026
0.75	5.3	0.23	0.00036

8.4 감수제 (Water-Reducing Admixtures)

명칭이 의미하는 것과 같이 감수제는 주어진 슬럼프를 얻는데 필요한 물의 양을 줄일 수 있다. 이 특성은 여러 가지 이점을 가져다준다. 시멘트양을 고정하고, 목표하는 슬럼프를 수량을 줄여서 얻을 수 있으면 실질적으로 물-시멘트비를 줄인다는 것을 의미하고 따라서 강도, 불투수성, 내구성이 향상되는 것을 의미한다. 혹은 목표하는 슬럼프를 물-시멘트를 변경하지 않고 단위시멘트양을 감소하여 달성할 수도 있다. 감수제는 경제적인 이유(가장 비싼 재료인 시멘트를 줄여서) 혹은 기술적인 이유(수화열 저감 등)로 사용될 수 있다. 결론적으로 감수제는 단위 시멘트양 혹은 단위 수량을 증가시키지 않고 슬럼프를 증가시킬 수 있어 타설이 어려운 경우에 용이하다. (이렇게 사용되는 것은 유동화제(plasticizer)라고도 불린다.)

감수제 분류

표 8.4에서 보는 바와 같이 감수제는 크게 세 분류로 나눌 수 있다. 일반 혹은 고성능감수제의 좋아진 성능은 응결시간과 연행공기에 악영향을 주지 않으면서 슬럼프를 증가시킬 수 있다는 것이다.

감수제(Low-Range (Regular) Admixture) 감수제는 ASTM C 494의 A형(KS F 2560)에 명시되어 있으며 표준형 외에도 지연형(ASTM C 494의 D형) 및 촉진형(ASTM C 494의 E형)이 있다. ASTM C 494는 성능기반 규격으로 슬럼프를 동일하게 유지할 때의 최소 감수율을 정하고 있고, 다른 조건(블리딩량, 응결시간의 차, 압축강도비, 길이변화 등)은 범위 내에만 들면 된다. 수량을 일정하게 하고 워커빌리티를 높이기 위해서 사용한다면 유동화제(plasticizer)로 작용한다. 같은 수량을 기준으로 해서는 슬럼프 증가량에 대한 한계값은 정하지 않고 있다. KS F 2560에 의하면, 감수율이 4% 이상이면 감수제로 분류되며(ASTM C 494에 의해서는 5%이다), 이 규격에 의하면 여러 종류의 AE제도 감수제로 분류될 수 있다. 보통 감수제는 일반적인 사용

표 8.4 감수제 분류 및 대표적인 효과

분류	*명칭*	*사용량 (%)*	*슬럼프 증가량 (mm)*	*감수효과*		*규격*
				(%)	*w/c*	
감수제	보통	0.1	50~85	4 이상	-0.05	KS F 2560
AE감수제	일반	0.5	50~100	10 이상	-0.10	
	고성능	1.0	>100	18 이상	-0.15	
Low-range	저범위	0.1	50-85	5-10	-0.05	ASTM C 494
Mid-range	중범위	0.5	50-100	10-15	-0.10	-
High-range	고성능	1.0	>100	15-30	-0.15	ASTM C 494, C 1017

량에서 5~10% 정도의 감수율을 지니고 있다. 일정한 혼화제의 사용량에 따른 감수효과는 감수제 종류, 시멘트 분말도, 배합, 콘크리트 온도 및 투입시간 등에 따라 좌우된다. 또한 시멘트의 조성도 중요할 수 있다; C_3A의 초기 수화 중에 감수제가 시멘트의 표면에서 떨어져 수화 생성물에 흡착될 수 있어서, C_3A가 많거나 알칼리가 많은 시멘트에서는 감수율이 적어지는 것이 확인되었다.

고성능감수제 (High-Range Water Reducers) 고성능감수제는 12~30% 정도의 단위수량을 감수할 수 있는 높은 감수율의 특성을 지니고 있다. ASTM C 494[Type F는 표준형, Type G는 지연형] 혹은 KS F 2560에 명시되어 있는 것처럼 표준형과 지연형으로 나눌 수 있다. 고성능감수제는 물-결합재비 40% 이하에서도 우수한 워커빌리티를 줄 수 있기 때문에 고강도콘크리트를 제조하는데 종종 사용된다. 또한 단위 수량을 줄이지 않고 사용하면, 슬럼프가 매우 큰 (150-250 mm) 콘크리트를 제조할 수 있다. 이 경우 콘크리트는 액체처럼 흐르고 진동 다짐 없이 거푸집에 잘 채워진다. 매우 워커빌리티가 좋은 콘크리트를 유동화콘크리트(flowing concrete)라고 하며 190 mm 이상의 슬럼프가 요구된다. 따라서 일반적으로 고성능감수제(superplasticizer)라고 불린다. 고성능 감수제는 ASTM C 1017을 만족해야하며, 슬럼프 증가를 기준으로 성능 기준을 제시한다. ASTM C 1017과 C 494를 만족하는 혼화제 사이에 근본적인 차이는 없으며, 유동화효과를 기준으로 한 특정 성능 기준을 명시하기 편리하도록 두 기준을 모두 유지하고 있다.

감수 작용기구

감수제는 음전기를 띤 유기 분자로 주로 고체-물의 계면에 흡착된다. 고체 입자의 표면에는 양 혹은 음의 잔류 전하가 존재한다. 시멘트 풀에서는 인접한 입자간의 정전기적 인력으로 인하여 입자가 뭉치게 된다(그림 8.7a). 상당한 양의 물이 여기에 뭉치고 고체 표면에 흡착된다. 따라서 페이스트와 콘크리트의 점성을 줄이는데 사용되는 물의 양이 줄어든다. 감수제 분자는 이러한 표면 전하를 중화시켜서 모든 표면이 같은 극의 일정한 전하를 띠도록 만든다. 이제 입자는 서로 반발하고 페이스트 내에서 고르게 분산된다(그림 8.7b). 따라서 대다수의 물은 시멘트 풀 혹은 콘크리트의 점성을 감소시키는데 사용될 수 있다. 이러한 표면 작용은 시멘트 입자 및 광물계 혼화재에서 현저한데, 이는 미세 입자에서 응집현상이 일반적이기 때문이다. 예를 들어, 분산제 혹은 유동화제의 첨가로 적은 양의 물을 사용함에도 불구하고 점토를 슬러리 상태로 분산할 수 있으며 동일한 개념으로 콘크리트 기술에 적용하여 단위수량이 적어도 워커빌리티를 확보할 수 있다. 일부 최근에 개발된 혼화제는 음전하를 띤 폴리머를 사용한다. 이 경우 정전기적 반발력 이외에 입체 반발(steric repulsion) 작용도 있어 입자간의 반발 작용을 증가시킨다.

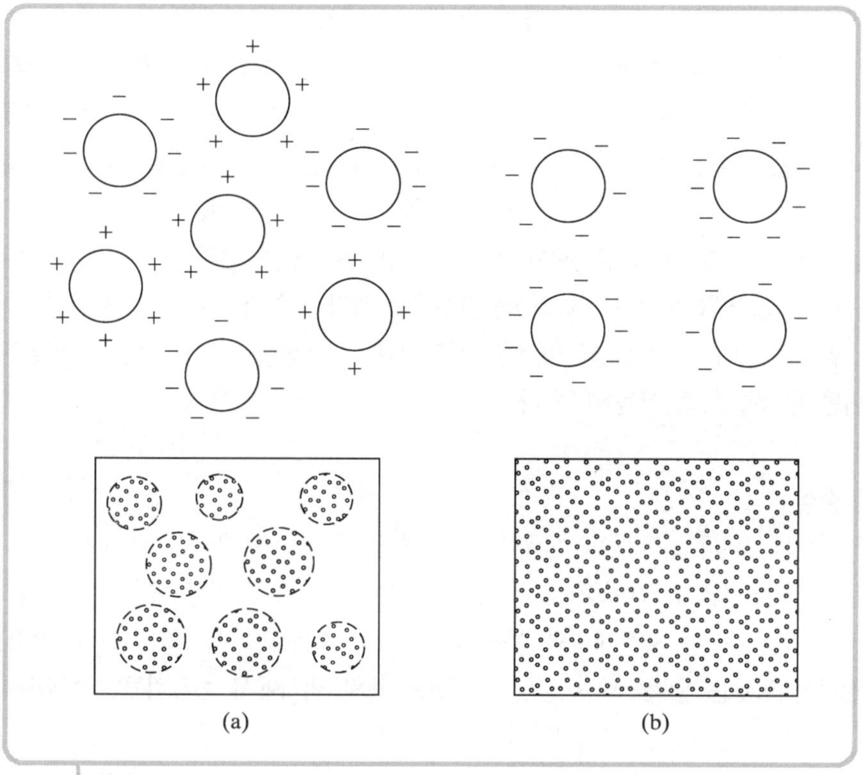

그림 8.7
감수제의 분산작용 : (a) 응집된 페이스트, (b) 분산된 페이스트

성분

감수제는 반응성 성분을 기준으로 다음과 같이 (1) 리그노 설포네이트; (2) 하이드로-카르복실 산 및 염; (3) 폴리사카라이드에서 도출된 수산기 폴리머(hydroxylated polymers) 등 세 가지로 분류할 수 있다. 거의 모든 고성능감수제는 분자질량은 낮은 합성 폴리머로 구성되어 있으며 일반적으로 다음과 같이 (a) 나프탈렌 설포네이트 축합물; (b) 멜라민 설포네이트 축합물; (c) 리그노 설포네이트(부작용을 없애기 위하여 정화); (d) 폴리카르복실 등 네 가지가 있다. 감수제는 주로 정전기적 반발력에 의하여 작동하며, 폴리카르복실계는 입체 반발 작용도 있어 입자간의 반발 작용이 증가된다. 시멘트 입자의 분산으로 인해서 응결 지연 및 공기량 과다 등의 부작용도 발생하지만 전통적인 유동화제의 경우보다는 문제가 적은 편이다.

굳지 않은 콘크리트에 미치는 특성

높은 슬럼프 콘크리트는, 어려운 타설 현장(예를 들면, 매우 과밀 배근 부위) 및 적절한 진동이 이뤄질 수 없는 타설 현장(예를 들면, 수중 타설), 또는 타설을 용이하도록 개선(예를 들면, 펌핑) 해야 하는 곳에 이점을 가지고 사용될 수 있다. 150 mm를 초과하는 슬럼프는 종래의 감수제를 사용하면서 단위시멘트양 및 잔골재량을 많이 사용해서 만들 수 있다. 고성능감수제를 사용하면 일반적인 슬럼프 콘크리트 배합비를 사용하고도 과도한 재료분리와 블리딩 없이 보다 높은 슬럼프를 얻을 수 있다. 그러한 유동화 콘크리트는 트레미 타설, 콘크리트의 빠른 펌핑, "자기충전(self-leveling)" 작업 등에 특히 적합하다. 합리적인 출발점은 펌핑을 목적으로 설계된 슬럼프 85 mm의 일반적인 배합이다(즉, 잔골재량이 약간 높은). 초기 배합 후에 원하는 수준으로 슬럼프를 높이기 위해 혼화제를 첨가한다. (이것은 배합수와 같이 첨가되는 다른 화학 혼화제와는 구분되는 면이다.) 만일 콘크리트에 고성능감수제를 과다 투여하게 되면, 유동성이 너무 심해 재료분리가 일어날 것이다. 다행히도 이것은 콘크리트가 점착성을 회복할 만큼 굳어질 때까지 계속해서 비비면 문제를 바로 잡을 수 있다.

슬럼프 손실

급속한 슬럼프 손실은 고유동화 콘크리트에서 주된 문제일 수 있다(그림 8.8 참조). 슬럼프 손실은 모든 높은 슬럼프 콘크리트가 갖고 있는 문제이지만, 일부 고성능감수제를 사용하면 더 나빠질 수 있다. 이 문제는 필요하다면 현장에서 추가로 혼화제를 첨가를 하거나, 혼화제 첨가를 타설 직전까지 미루는 방법으로 해결할 수 있다. 트럭 믹서에서 콘크리트에 혼화제를 잘 섞으면, 콘크리트 특성(그림 8.8)을 변화시키지 않고서도 추가적인 반복 첨가가 가능하다. 또한 조금씩 나눠서 첨가하는 방법도 사용할 수 있다. 지연제(ASTM C 494 G형)는 슬럼프 손실을 감소시키지만, 최근의 고유동화제는 장시간 높은 슬럼프를 유지할 수 있도록 만들어져 있기 때문에 레미콘 공장에서 첨가하는 것이 보다 효과적이다. 이러한 개념이 그림 8.8에 설명되어 있다.

지연 특성을 갖는 혼화제가 가끔 워커빌리티 문제를 야기하는 경우가 있다. 이는 C_3A의 초기

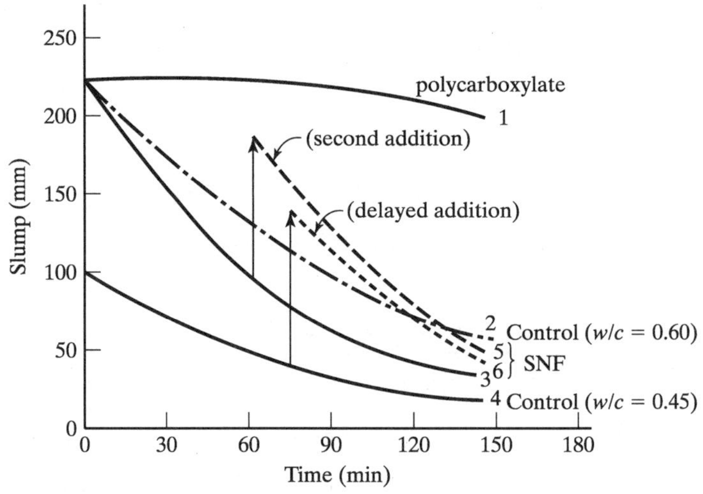

그림 8.8
고성능감수제의 효과에 대한 개략도. (4)를 제외한 모든 곡선은 225 mm 슬럼프 콘크리트이다. 배합 (1), (2) 및 (3)에 동일한 높은 슬럼프를 부여하기 위해서 첨가량을 조정하였다. 고슬럼프 조정 배합(2)는 $w/c = 0.60$이 필요하다. 술폰산 나프탈렌-포름알데히드 축합물(SNF)계 혼화제(3)의 급속한 슬럼프 손실은 추가 첨가(5)나 저 슬럼프 콘크리트(6)에 지연 첨가해서 보상할 수 있다.

수화가 촉진되어서 발생한다. 극단적인 경우에는 급결이 일어날 수도 있다. 혼화제의 첨가를 늦추어서 이 문제를 개선할 수 있을 것이며, 혹은 다른 혼화제를 사용할 수도 있다. 워커빌리티를 회복시키기 위하여 물을 추가해서 되비빔하는 것은 물-시멘트비가 증가하기 때문에 바람직하지 않은 방법이다. 과도한 응결지연이 일어나지 않으면, 되비빔할 때 감수제를 추가로 사용해서, 첨가해야 하는 물을 줄이거나 넣지 않을 수도 있다.

블리딩과 공기연행

감수제는 슬럼프로 표현되는 콘크리트의 워커빌리티를 개선하는 반면, 반드시 점착성을 향상시키는 것은 아니다. 히드록옥시 카복실산(hydroxycarboxylic acid)계 혼화제는 블리딩을 증가하는 경향이 있기 때문에 높은 슬럼프 콘크리트의 경우 주의해서 사용해야 한다. 고성능감수제를 이용해서 제대로 설계된 유동화 콘크리트는 재료 분리가 일어나지 않을 것이지만, 많은 양을 사용하면 과도한 블리딩과 재료 분리가 일어나므로 피해야 한다. 리그노 설포네이트계(lignosulfonate-based) 혼화제에서는 혼화제가 공기를 연행하기 때문에 블리딩이 덜 일어나는 경향이 있다. 일반적인 감수제는, 그 자체의 공기연행 능력에 상관없이, 공기연행제와 동시에 투여하면, 특정 공기량을 얻는데 필요한 공기연행제의 사용량은 줄어든다. 이것은 공기연행제가 시멘트의 고형 표면에 더 이상 흡착되지 않아서 모두 공기-물 계면에서 작용할 수 있기 때문이다. 반면에 고성능감수제는 공기 연행을 방해하는 특성을 가지고 있으므로 공기연행제를 고성능감수보다 미리 첨가하여 안정한 기포 구조를 얻을 수 있도록 해야 한다.

응결 지연

대부분의 저범위 (그리고 일부 중범위) 감수제는 응결지연제로도 작용한다. 길어진 응결시간이 불편하다면, 지연 효과를 상쇄시키기 위하여 촉진제를 같이 넣거나 순수 응결촉진을 유도하는 혼화제를 만들 수도 있다. 그러나 비지연형 혼화제라도 낮은 경화 온도에서는 지연을 일으키는 경향을 보인다. 물을 처음 첨가한 뒤 몇 분을 기다린 후 혼화제를 첨가하면 잠재적인 감수량이 증가하고, 공기연행량이 늘어나며, 응결지연이 늘어난다(만일 통상적인 첨가에서도 일어난다면)는 것이 밝혀졌다.

굳은 콘크리트에 미치는 영향

압축강도 혼화제를 수량을 줄이기 위해서 사용하면, 압축강도는 증가할 것으로 예상된다. 과도한 지연이 일어나지 않으면 압축강도의 증가는 하루 만에라도 관찰될 수 있다. 압축강도는 줄어든 물-시멘트비 만으로도 25% 이상이 증가된다. 아마 이것은 시멘트가 분산되면서 좀 더 균일한 미세구조가 형성되기 때문일 것이다. 일부 사람들은 시멘트의 효율성이 증가하는 현상으로 설명한다. 따라서 낮은 물-시멘트비에서 사용하면 고성능감수제는 1종 시멘트를 초조강 시멘트로 변화시켜서 3종 시멘트의 강도 발현을 초과할 수 있게 만든다. 이것은 시멘트의 효율성도 나아지고 공극률도 크게 줄어서 생긴 결과이며, 수화 속도는 반드시 빨라지는 것은 아니다. 조강 시멘트(3종)와는 달리 낮은 시멘트양을 유지하면 강도 발현은 빠르지만 발열속도는 증가하지 않는다.

고강도 콘크리트 물-시멘트비가 0.40 이하로 낮아지면 높은 강도를 얻을 수 있다. 과도한 열을 발생시키지 않고 경제적으로 이렇게 만들려면 적절한 슬럼프를 유지하면서 시멘트 함량은 보통의 수준을 유지해야 한다. 감수제는 이러한 목적을 달성하는데 적합하고 28일 압축강도가 80 MPa을 넘는 대부분의 콘크리트에서 사용된다. 또한 낮은 물-시멘트비는 초기 재령에서 강도발현 속도를 향상시키며, 프리캐스트 콘크리트 공장에서 상당히 유용하다. 높은 물-시멘트비(예를 들면, 0.50)를 사용하면 8일간 양생 후 얻을 수 있는 압축강도를 24시간 일반 양생 후 얻는 것이 가능하다. 증기양생을 사용하면 더 큰 폭으로 증가한다.

기타 특성 감수제를 사용하면 콘크리트의 건조수축과 크리프가 증가한다는 말이 종종 있다. 그러나 시험결과는 이와 다르며, 시멘트의 종류와 특정 혼화제에 좌우된다. 수축 속도가 증가하는 것은 종종 관찰되나, 90일 건조 후에는 수축량에서 거의 차이가 없다. 크리프에서는 더 분명하지 못하여 혼화제에 따라 크리프가 증가할 수도 있고 감소할 수도 있다. 만일 건조수축 또는 크리프 값이 중요하다면 그 영향을 평가하기 위하여 시험을 수행해야만 하고, 필요하다면 값을 줄이도록 콘크리트를 설계해야 한다. 물-시멘트비를 줄이고 더욱 균질한 기공 구조를 형성시킨다는 것은 감수제를 사용하여 투수성을 감소시킬 수 있다는 의미이고, 이는 전반적으로 내구성을 향상시키게 된다. 콘크리트는 물론 동해 방지를 위해 공기를 연행해야하지만, 양호한 동결저항성이 요구되는 간격계수는 일반적인 콘크리트에서 요구되는 값보다 높다.

8.5 응결조절용 혼화제 (Admixtures for Set Control)

응결지연제

지연제는 고온이 지니는 응결시간 감소 효과를 상쇄하거나 비빔과 타설 사이에서 불가피하게 지연이 생길 때 사용할 수 있다. 굳지 않은 콘크리트의 소성상태를 연장하는 것은 매스 콘크리트를 타설할 때에 이점이 된다. 다음 리프트가 타설되기 전에 첫 번째 리프트가 굳으면서 생기는 콜드 조인트(cold joint)는 이어지는 리프트에 진동을 주어 함께 혼합함으로써 제거할 수 있다. 응결지연제는 수평 슬래브를 타설할 때 일어날 수 있는 거푸집 처짐 현상에 의한 균열을 방지하기 위해서도 사용될 수 있다. 응결되었으나 거의 강도를 갖지 않은 콘크리트는, 이어지는 타설로 인해서 거푸집이 처지면서 균열이 생기기 쉽다. 소성기간(plastic period)이 길어지면, 콘크리트는 균열이 발생시키지 않으면서 처짐을 일으킬 수 있다.

성분 응결지연제(ASTM C 494의 Type B)는 화학 조성에 따라 분류된다. 주요 종류는 (1) 리그노 술폰산(lignosulfonic acid) 및 그들의 염; (2) 하이록시 카복실산(hydroxycarboxylic acid) 및 그들의 염; (3) 설탕 및 그들의 파생물; (4) 인산염과 유기 포스포네이트(phosphonate) 염; 그리고 (5) 아연, 납, 주석과 같은 양쪽성 금속염이다. 또한 종류 1~3에 속하는 화학 제품은 감수 능력을 가지고 있어서 감수 응결지연제(ASTM C 494 Type D)로서 분류된다.

작용 기구

C_3S 수화에 대한 영향 응결지연제는 잠재기(단계 2)의 길이를 연장하여서 C_3S의 초기 수화속도를 늦춘다. 따라서 관입 시험이나 칼로리메터로 측정할 수 있는 응결시간, 그리고 초기 강도 발현이 지연된다. 유기 응결지연제는 수산화칼슘의 핵에 강력하게 흡착되어 더 큰 결정으로 수산화칼슘이 자라는 것을 막는다. 따라서 이러한 영향이 극복될 때까지 수화의 진행이 억제된다. 그러므로 첨가된 응결지연제의 양에 따라 2단계의 길이가 결정된다. 일단 3단계가 시작되면 수화는 정상적으로 다시 진행된다. 무기 응결지연제를 사용하면 내용이 더 복잡해진다. 왜냐하면 응결지연제가 C_3S 입자 주위에 코팅을 형성하면서 수화반응 속도를 매우 느리게 하기 때문이다.

연장된 응결 조절 콘크리트에 응결지연제를 많이 투여하여 응결을 완전히 멈추게 만들 수 있다. 콘크리트가 트럭에서 굳어질지도 모를 때 많이 투여하기도 하고, 설탕 한 봉지를 첨가해서 비상사태를 해결할 수도 있다. 심지어 탄산음료가 더 효과적일 수도 있다. 왜냐하면 탄산음료는 설탕뿐만 아니라 인산이나 구연산을 함유하고 있는데, 이들이 모두 응결지연제이기 때문이다.

특정 시간에 응결이 시작되도록 설계된 2가지 구성 화합물로 이루어진 확장 응결조절제(extended set-control admixture)를 사용하면, 보다 체계적인 방법으로 응결을 지연시킬 수 있다. 먼저 몇 시간 또는 몇 일 동안 콘크리트 응결을 지연시킬 수 있는 많은 양의 지연제(안정제)를 첨가한다. 적당한 시간에 응결촉진제(활성제)를 투여하여 몇 시간 내에 도로 응결이 시작되도록 만든다. 실무에서 아무 지연제라도 과량 투여할 수 있지만 복잡한 상황을 피하고 예측 가능한 성능을 발휘하도록 하기 위해서 카르복실산(carboxylic acid)과 유기 포스포네이트(phosphonates) 혼합물을 사용한다. 이 혼화제들이 장거리 운반 또는 시공이 지연될 때에 콘크리트를 보호하기 위해서 사용될 수 있지만, 주로 레미콘 공장에서 남은 콘크리트를 보관하고, 매일 작업이 종료될 때에 트럭을 세척해야 하는 것을 생략하기 위해서 사용한다. 매일 작업이 종료될 때에 지연제를 믹서 트럭에 첨가하고, 이튿날 아침 트럭에 넣는 첫 번째 배치의 콘크리트에 촉진제를 첨가한다. 촉진제를 사용하지 않고서, 시멘트를 더 첨가하거나 새 콘크리트 배치를 첨가해서 수화를 회복시킬 수도 있다.

C_3A 수화에 대한 영향 응결지연제는 C_3A와 관련된 알루미네이트 상(aluminate phase)의 수화를 지연하는 경향이 있다. 그러나 C_3A와 응결지연제 사이의 상호 작용은 아주 복잡하며, 비록 전체적인 수화는 지연된다고 해도, 어떤 경우에는 초기 반응이 촉진될 수도 있다. 또한 초기 C_3A 수화 생성물이 형성되는 동안 혼화제가 그 수화 생성물에 흡착될 수도 있다. C_3A-혼화제 상호 작용은 다음의 현상들과 관련이 있다.

1. 응결지연제의 효과는 시멘트의 C_3A 양과 관련이 있다. (C_3A의 수화 생성물이 생성되는 동안 많은 응결지연제가 용액에서 제거되기 때문에 C_3S의 수화를 지연시키는데 사용되는 응결지연제가 줄어든다.)
2. 굳지 않은 콘크리트에 지연제를 첨가하는 시기를 몇 분 늦추면 효과는 증가한다(그림 8.9 참조). (혼화제가 첨가되기 전에 일부 수화 생성물이 이미 형성되었기 때문에, 용액에서 제거되는 지연제의 양이 줄어든다.)
3. 특정 시멘트에서는 응결지연제가 이상응결 문제를 일으킬 수도 있는데, 초기 급결과 이상응결지연 모두가 관찰되었다. 동일한 시멘트 제조 장비에서 생산된 시멘트도 함유되어 있는 SO_3의 양에 따라서 감수제와 상이한 반응을 보인다. (응결지연제가 C_3A의 수화속도를 변경시키면 알루미네이트/황산염 비율에서 균형이 깨질 수 있다.)
4. 혼화제가 응결시간을 연장시킬 수는 있으나, 콘크리트를 취급하고 타설하는 동안의 그 시간은 아니다. (C_3A의 초기 반응을 촉진시키는 것은 워커빌리티에 영향을 주어 슬럼프 손실을 촉진시킬 수 있다.)
5. 지연제는 팽창 시멘트의 거동에 영향을 줄 수 있다. (에트린자이트의 생성 속도가 변화된다.)

더불어 시멘트 중의 알칼리 산화물의 양은 응결지연제의 효과에 영향을 준다. 정확한 원인은 알 수 없지만 알칼리 황산염의 존재가 C_3A의 수화에 영향을 준다. 또한 알칼리가 혼화제를 분해시키는 것으로 간주되었다. 응결지연제는 시멘트 조성에 매우 민감하기 때문에 현장에서 사용되는 시멘트를 고려해서 판단해야 한다. 혼화제-시멘트 사이에 호환성이 부족하면 시멘트 혹은 혼화제 중에 하나를 바꾸면 문제를 해결할 수 있다.

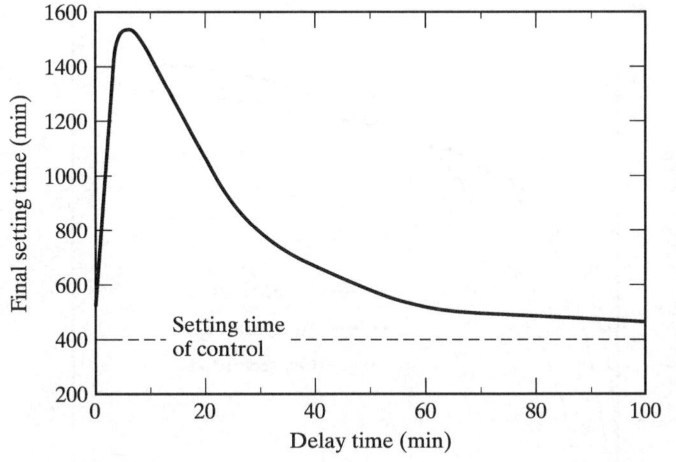

그림 8.9
응결지연제의 지연 첨가가 혼화제의 응결 지연 능력에 미치는 영향

콘크리트 특성에 대한 영향 응결지연제가 공기연행에 미치는 영향을 고려해야 한다. 특히 혼화제가 감수 특성을 가지고 있으면 더욱 그러하다. 이상응결이 생기지 않는 경우에도, 응결지연제는 굳지 않은 콘크리트에서 워커빌리티 손실 속도를 증가시킬 수 있다. 이런 일이 일어나면 비록 응결시간이 연장되었다고 해도 콘크리트를 취급하고 타설할 수 있는 시간은 줄어든다.

앞에서 언급한 바와 같이, 첫 번째 물을 첨가한 후, 응결지연제의 첨가를 몇 분간 늦추면 응결 지연은 늘어난다. 지연효과는 10분 동안(혼화제 종류와 첨가량에 따라서 달라짐)은 빠르게 증가하고 그 다음은 점차 감소한다(그림 8.9 참조). 따라서 과도하게 응결시간을 연장하지 않고 그리고 경화 콘크리트의 성능을 손상시키지 않으면서도(물을 보태면 손상이 생긴다), 굳지 않은 콘크리트의 되비빔 동안 추가적으로 감수제를 사용할 수 있다.

응결지연제가 사용되면, 물-시멘트비를 같이 줄이지 않는 한, 콘크리트의 1일 강도의 감소를 예상해야 한다. 그러나 과잉 첨가되지 않는 한 8일 내에 지연되지 않은 콘크리트의 강도에 가까워진다(그림 8.10 참조). 응결지연제는 최종 압축강도 및 약간의 휨강도를 증가시킨다고 알려져 있다. 비록 응결조절제가 건조수축과 크리프를 증가시킨다고 보고되고 있지만, 그 영향은 크지 않으며, 배합설계, 수화 시간, 건조 시간, 재하 시간 등에 따라서 달라진다. 실험 결과에 따르면 혼화제가 건조수축과 크리프의 속도를 증가시키기는 하나 최종값은 그렇지 않다.

응결촉진제

응결촉진제(set-accelerating admixture)를 고려할 때, 정상적인 응결 및 강도발현 과정을 촉진시

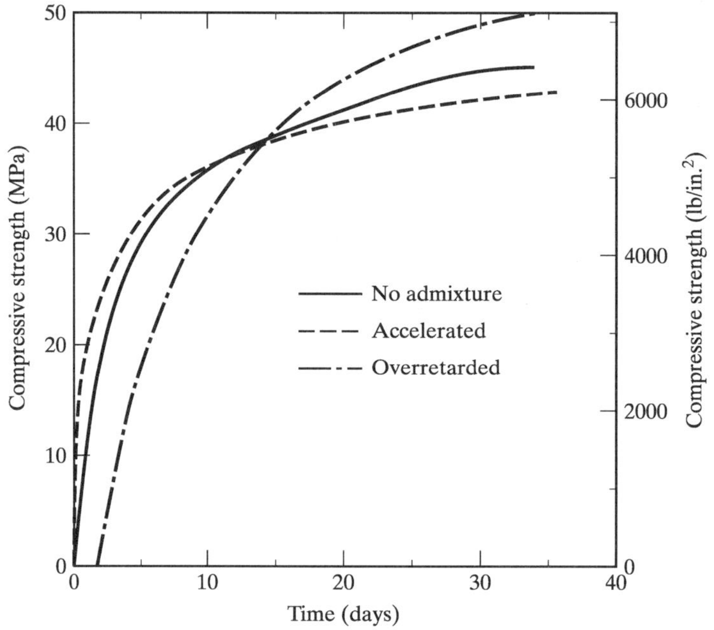

그림 8.10
응결조절제가 콘크리트의 강도발현에 미치는 영향

키는 혼화제와 통상 보통 포틀랜드시멘트와 상관없는 심한 급결성을 제공하는 혼화제를 구분하는 것은 중요하다. 급결제(quick-setting admixture)는 응결시간이 몇 분에 불과하여 숏크리트(shotcreate) 공사에 응용되는데 정수압 상태에서의 누설 차단과 높은 급결성이 요구되는 일반적인 긴급보수에 사용된다. 보통의 응결촉진제를 사용하면 평면 마감작업을 보다 일찍 끝낼 수 있고, 조기에 거푸집을 제거해도 시공 하중을 견딜 만한 강도를 일찍 얻을 수 있기 때문에 공사를 신속하게 수행할 수 있다. 응결촉진제는 저온에서 기인된 느린 수화속도를 부분적으로 극복하고 동결 손상에 대한 보호가 필요한 기간을 단축시키기 때문에 동절기 콘크리트 공사에 도움이 된다. 그러나, 뒤에 설명하겠지만, 응결촉진제는 콘크리트 성질에 좋지 않은 영향을 미치기 때문에 사용 시 주의해야 한다.

화학조성 응결촉진제는 (1) 수용성 무기질 염, (2) 수용성 유기화합물, 그리고 (3) 기타 고형물 등 세 그룹으로 나눌 수 있다. 많은 수용성 무기질 염은 콘크리트의 응결과 경화를 어느 정도 촉진하는데, 일반적으로 칼슘염이 가장 효과적이다. 염화칼슘은 같은 첨가량에서 다른 응결촉진제보다 응결이 빠르기 때문에 가장 많이 사용되고 또한 가격도 비교적 싼 편이다. 철근 콘크리트에서는 염화칼슘 대신에 부식을 촉진하지 않는 아질산 칼슘을 사용한다(뒷부분 설명 참조). 수용성 탄산염, 알루미네이트, 불화물, 철분염은 급결성을 가지고 있다. 탄산 나트륨과 알루민산 나트륨은 급결을 촉진하기 위해 사용되는 숏크리트용 혼화제의 가장 일반적인 성분이다.

많은 종류의 유기 화합물이 응결촉진 특성을 가지고 있다(비록 지연제로 작용하는 것이 훨씬 더 많긴 하지만). 상업적인 용도로는 대부분 트리에탄올아민(triethanolamine), 포름산 칼슘(calcium formate), 및 아세트산 칼슘(calcium acetate)이 사용되며, 전자는 감수제에서 응결지연 작용을 상쇄시키기 위해서 사용되고 트리에탄올아민이 촉진제로 분류되기는 하지만 최근의 연구에 의하면 포틀랜드시멘트와의 반응이 약간 복잡한 것으로 나타났다. 사용량에 따라 지연이 생길 수도 있고 급결이 일어날 수도 있다.

고형물질은 촉진제로 자주 사용되지는 않는다. 칼슘 플루오로알루미네이트(calcium fluoro-aluminate) 또는 칼슘 설포알루미네이트(calcium sulfoaluminate)(제 3장 참조)는 속경성 혼화제로서 사용될 수 있다. 칼슘 알루미네이트 시멘트(calcium aluminate cement)를 첨가하면 포틀랜드시멘트가 급결하고, 여기에 빠른 수화를 위해서 비빔할 때 잘게 분쇄된 완전히 수화가 된 시멘트를 첨가함으로써 콘크리트를 만들 수 있다. 미세하게 분쇄된 탄산염(칼슘 또는 마그네슘), 규산염 광물과 실리카는 응결시간을 감소시키는 것으로 알려져 있다.

작용 형태 종래의 응결촉진제는 응결지연제와 정반대의 작용을 한다. 즉 응결촉진제는 C_3S의 수화 속도와 강도발현 속도를 증가시킨다(그림 8.10 참조). 일반적으로, 잠재기는 짧아지고, 단계 3과 단계 4에서의 수화 속도는 증가한다. 이것은 칼슘 염을 포함한 경우이다. 응결촉진제를 첨가하면 수산화칼슘 결정이 핵을 형성하고 자라는 속도가 빨라진다. 유기 촉진제는 C_3S의 수화 속도를 증가시키는 것으로 생각된다. 급결 혼화제는 물과 접촉하자마자 매우 빠른 수화를 촉진함으로써 C_3A의 급결을 일으킨다. 또한 C_3A의 수화에 영향을 미치는 혼화제는 팽창 시멘트의 팽창 특성에도 영향을 미칠 것으로 예상할 수 있다.

콘크리트 특성에 대한 영향 비록 시험 배치를 사용해서 점검을 해봐야 하지만, 일반적으로 응결촉진제는 공기 연행에 대하여 역효과를 주지는 않는다. 응결촉진제를 사용하면 콘크리트를 취급하고 타설할 수 있는 시간이 줄어들 것이고 따라서 시공 계획을 잘 세워야 한다. 초기 급결이 일어나면 응결촉진제에 약간의 물을 추가해야 할지도 모르지만, 감수제를 넣어서 조제할 수 있다. 일반 응결촉진제를 사용하면 1일 강도가 증가하지만, 혼화제의 종류 및 사용량, 그리고 온도에 따라 증가량이 달라진다. 염화칼슘을 '최적'으로 첨가하면(시멘트 무게의 2%) 콘크리트 1일 강도는 약 2배로 증가할 것이다(양생온도에 영향을 받는다). 이러한 강도의 증가는 시간이 경과함에 따라 감소되어, 후기 강도(28일 혹은 그 이후)는 응결촉진제를 사용하지 않은 콘크리트의 강도보다 낮다(그림 8.10 참조). 이러한 후기 강도의 감소는 초기 촉진 효과가 클 때 더욱 현저하다. 극단적인 경우가 급결제를 사용했을 때의 강도로, 비록 일부 강도가 매우 빠르게 발현된다 하더라도 1일 강도는 더 낮아지는 경우도 있다.

응결촉진제는 건조수축과 크리프를 증가시킨다고 하지만, 응결지연제에서 언급한 바와 같이, 영향을 받는 것은 최종값이 아니라 변형의 속도이다. 그러나 초기 수축은 구속된 콘크리트에서 높은 인장응력을 초래하며, 결과적으로 균열의 증가를 가져온다. 콘크리트에서 염화칼슘을 사용하면 황산염 침식에 대한 콘크리트의 저항력이 감소되고, 알칼리 골재 반응을 일으키는 경우라면 그것이 더 악화된다는 것이 실험을 통해서 밝혀졌다. 급결제가 강도에 나쁜 영향을 미친다면 급결제는 콘크리트 또는 모르타르의 내구성을 감소시키는 것으로 예상할 수 있다. 염화칼슘은 콘크리트를 변색시킬 수 있으므로 치장 콘크리트(architectural concrete)에서는 절대로 사용해서는 안 된다.

철근의 부식 염화칼슘을 사용하면 생기는 주된 단점은 염화칼슘이 콘크리트에 매설된 금속의 부식 속도를 증가시키는 경향이 있다는 것이다. 먼 과거에는 밀실한 콘크리트에서 적절한 피복두께를 사용하는 한 염화칼슘의 첨가(시멘트 중량의 최고 2%까지)는 일반 철근 콘크리트에서 사용해도 안전한 것으로 간주되었다. 그러나 콘크리트 표준시방서는 프리스트레스트 콘크리트와 철근 콘크리트에서 사용할 수 없는 콘크리트의 염화물 함량에 대한 한계를 두고 있다. 그런 경우에는 비염화물계 응결촉진제를 사용하여야 한다.

8.6 기타 혼화제 (Miscellaneous Admixtures)

콘크리트와 모르타르의 거동과 성능을 특수하게 변경하는데 사용되는 혼화제가 많이 있다. 여기서는 중요한 몇 가지에 대해서만 설명한다.

점성조절제(viscosity modifier)

고분자, 수용성 폴리머가 물의 점성을 올리기 위해 사용된다. 그러한 혼화제는 콘크리트의 재료분리와 블리딩 경향을 감소시키면서 굳지 않은 콘크리트의 응집력을 증가시킨다. 이 혼화제는 낮은 시멘트양을 가진 빈배합 콘크리트, 수중 타설 콘크리트와 펌핑 타설 콘크리트 또는 그라우트의 특성을 개선할 때에 유용하다. 후자의 경우, 혼화제는 재료 분리 경향을 감소시킬 뿐만 아니라, 윤활 특성을 개선하여 펌핑 압력을 감소시킨다. 이러한 이유로, 이 혼화제를 흔히 펌핑 조제(pumping aid)라고 한다. 이러한 종류의 혼화제를 수중 타설 콘크리트의 점착력을 증진시키기 위해서 사용할 때는 수중불분리제(antiwashout admixture)로 분류한다.

일반적으로 이용되는 소재는 폴리에틸렌 산화물, 셀룰로오스 에테르, 해초에서 얻어지는 알기네이트(alginates), 천연 검, 및 폴리 아크릴 아미드(polyacrylamides) 또는 폴리비닐 알코올

(polyvinyl alcohol) 등이다. 다른 소재는 미분쇄된 고형물로 점토, 석회, 폴리머 에멀션 등이다. 고형물질은 콘크리트의 강도를 감소시키는 경향이 있으므로 강도가 그다지 중요하지 않은 그라우트에서 주로 사용된다.

방동제(antifreezing admixture)

콘크리트를 매우 추운 날 타설하면, 응결촉진제를 사용한다 하더라도 적절한 강도를 얻기 전에 굳지 않은 콘크리트는 여전히 동결될 수 있다. 이것을 피하기 위해서 물의 빙점을 낮추는 혼화제가 개발되었으며, 콘크리트가 동결 효과에 저항할 소정의 강도를 얻는 것이 가능하도록 한다. 방동제는 주위 온도가 오랜 기간 빙점 이하로 남아 있는 곳에서 사용된다. 고분자 알콜(예를 들어 폴리에틸렌 글리콜)과 같은 방동 화합물을 빙점을 낮추기 위해 첨가한다. 고농도 염화물, 질산염, 또는 아질산염 (또는 이들의 혼합물)은 물의 빙점을 조금 낮추지만, 수화열의 방출을 촉진한다. −20°C까지 내려간 콘크리트를 보호하기 위해서는 상당히 많은 양을 사용해야 한다(시멘트 무게의 5~10%). 만족스러운 응결조절과 경화가 이루어지도록 혼화제를 조제하여야 한다.

이 혼화제는 러시아에서는 인기가 있지만 미국에서는 널리 사용되지 않는다. 왜냐하면 알래스카 및 일부 극지방을 제외하고는 겨울 기후가 그다지 춥지 않기 때문이다. 다른 지역에서는 인공적으로 가열을 하거나 날씨가 충분하게 누그러질 때까지 기다리는 것을 택한다. 콘크리트의 수화열을 적절하게 분배하고 단열을 하면 −5°C까지 내려가도 콘크리트를 동결로부터 보호할 수 있고, 일반 응결촉진제를 사용해서 초기 수화 속도를 빠르게 할 수도 있다.

팽창제

콘크리트에서 팽창을 일으키는 혼화제는 굳지 않은 콘크리트 및 굳은 콘크리트 모두에서 일어날 수도 있는 수축을 상쇄시키기 위해서 사용되며, 크게 3 종류가 있다.

1. 침하를 조절하고 응결에 앞서 팽창하는 발포제(gas-forming admixture)
2. 굳지 않은 콘크리트의 블리딩에 의한 침하를 방지하고, 굳은 상태에서 팽창을 가져오는 팽창성 수화물을 형성하는 혼화제
3. 굳은 상태에서만 팽창을 제어하는 혼화제

이러한 혼화제는 프리스트레싱 긴장재의 그라우팅, 콘크리트 보수, 볼트 또는 케이블의 정착에서 널리 사용된다. 그 혼화제를 이용하면 좋은 부착력을 보장하고, 블리딩을 감소시키고 건조수축 균열을 최소화시킬 수 있다.

발포제(gas-forming admixture) 발포제는 단열용 경량 기포 콘크리트(lightweight cellular concrete)를 생산하기 위해 사용된다. 가장 일반적인 발포제는 거친 알루미늄 분말인데, 높은 pH에서 반응하여 수소를 발생시킨다.

$$Al + 2OH^- + 2H_2O \rightarrow Al(OH)_4^- + H_2 \uparrow \tag{8.1}$$

마그네슘과 아연도 비슷한 반응을 보이지만 알루미늄이 가장 보편적으로 사용된다. 응결이 일어나기 전에 원하는 부피 팽창이 일어나도록 수소 생성 속도를 조절하여야 한다. 수소 생성 속도는 온도, 굳지 않은 콘크리트(또는 그라우트)의 pH, 발포제의 반응성, 및 콘크리트(그라우트)의 반죽질기에 좌우된다. 다른 가스 생성 성분으로는 활성탄소 또는 코크스(공기를 방출), 과산화수소(O_2), 및 분자 중에 N-N 결합을 가진 화합물(N_2) 등이다. 특수 유기 발포제는 안정적인 큰 기포를 생산하기 위해 사용되는데, 콘크리트 배합에서 기포를 혼합하거나, 비빔할 때 기포가 생산되게 한다.

팽창성 수화물 이 혼화제에서는 2 가지 주요 화학반응이 이용된다. 첫 번째는 칼슘 설포알루미네이트(C_4A_3S) 30%, 석고($CaSO_4$) 50%와 산화칼슘(CaO) 20%의 혼합물로부터 에트린자이트를 생성하는 것인데, 이것이 수축보상 시멘트의 기본이다. 이 반응을 일으키는 혼화제를 포틀랜드 시멘트와 같이 사용하면, Type E-1(K) 시멘트를 대체하는 수축보상 시멘트를 만들 수 있다. 두 번째는 유리 석회의 반응성을 조절하여(> 80% CaO) $Ca(OH)_2$를 생성하는 것이다. 이 성분은 굳지 않은 콘크리트에서 블리딩을 줄일 수 있을 만한 충분한 반응성을 갖고 있지만, 전체적인 부피 팽창은 시멘트 내에서 C_3S가 수화되어 매트릭스가 굳어지면서 시작된다. 철이 산화되어 수화된 산화 제2철(녹)이 되는 것은 훨씬 반응이 느려서 경화가 시작된 후에야 일어난다. 산화 속도는 부식 촉진제 혹은 방청제를 사용해서 제어한다.

방청제

방청제(corrosion inhibitor)는 콘크리트 내에서 철근이 부식되는 경향을 감소시키는 혼화제이다. 이런 혼화제가 부식 작용을 완전하게 방지하지는 못하지만, 부식 속도를 줄여서 콘크리트에서 주된 손상이 생기지 않게 하거나 최소한 많이 줄어들게 한다. 표 8.5에 요약된 것과 같이 방청제는 부식 과정을 억제하는 방법에 따라 분류된다. 양극 방청제(anodic inhibitor)가 가장 널리 사용된다. 아질산 칼슘(calcium nitrite)은 방청제로서 뿐만 아니라 비염화물계 응결촉진제로서도 판매된다. (이것이 철근을 부식으로부터 보호하는 방법에 대해서는 제 18장에 서술되어 있다.) 만일 콘크리트에 사용되는 골재가 알칼리 골재 반응을 일으킬 가능성이 있으면 나트륨 염을 사용하는 것은 피하는 것이 좋다.

알칼리 골재 반응 억제제(aggregate-reaction inhibiting admixture)

리튬염과 바륨염은 알칼리-실리카반응과 관련된 팽창 및 균열을 줄일 수 있다. 알칼리-실리카 겔이 불용성 리튬염 또는 바륨염으로 변환되면서 그렇게 줄어드는 것으로 보인다. 리튬염과 철염(ferric salt)은 알칼리-탄산염 작용에서 생기는 팽창을 줄이는 데 효과적이다. 리튬염이 비싸기는 하지만 가장 효과적이다.

수축저감제

가장 새로운 종류의 상업적인 화학 혼화제는 굳은 콘크리트가 건조하면서 발생하는 수축량을 줄여주는 것이다. 굳지 않은 콘크리트에 특정 수용성 유기 화합물을 추가하면 수축이 30~50% 정도 줄어든다. 이것을 이용하여 콘크리트를 사후 처리할 수도 있는데, 이것은 수분 증발과 그에 따른 수축이 단지 표면 가까이에서 일어나는 바닥 슬래브와 같은 경우에 유용한 방법이다.

방습제

혼화제를 첨가하여 콘크리트가 방수가 되게 하는 것은 가능하지 않다. 콘크리트는 다공성 재료이기 때문에, 수압이 작용하면 물은 콘크리트에 침투한다. 콘크리트를 통과하는 물의 침투를 줄이는 최선의 방법은 광물계 혼화재를 사용하고 물-시멘트비를 낮추며 양생을 잘 하는 것이다. 그러나

표 8.5 방청제의 종류

종류	*예*	*첨가**	*작용 모드*
양극 방청제	아질산 칼슘 크롬산 나트륨 안식향산 나트륨(sodium benzoate) 염화제1주석(stannous chloride)	0.5-2 2-4 6-8 2-4	보호막의 형성을 촉진한다.
음극 방청제	NaOH 또는 Na_2CO_3 아닐린 유도체(Aminobenzene)	2-4	pH를 높이고, Fe^{2+}의 용해도를 낮춘다. 음극에 흡착되는 양자 수용체(proton acceptor).
혼합형 방청제	Aminobenzenethiol		양극 및 음극 양쪽에서 흡착된다. (아민 그룹은 음극, 티올(thiol)그룹은 양극에서 흡착된다.)

*시멘트 질량의 %

표 8.6 방습제의 종류

화학 조성	*작용 방법*
액체 지방산(스테아린산, 올레산, 카프르산)	칼슘염을 혈성하기 위해 $Ca(OH)_2$와 반응한다.
스테아린산 부틸 에멀션	스테아린산 칼슘을 형성하기 위해 $Ca(OH)_2$와 서서히 반응한다.
왁스 에멀션	소수층에 합체한다.
식물성 또는 동물성 지방 에멀션	지방 막을 형성한다.
스테아린산 칼슘 또는 알루미네이트	시멘트 풀에 소수성을 부여한다.

콘크리트의 소수성(hydrophobic)을 증가시켜 빗물이나 지하수의 침투에 더 잘 저항하게 만들 수 있다. 이런 목적으로 소수성 혼화제(표 8.6 참조)를 첨가하는 것이 도움이 되며, 이것을 방습제(damp-proofing admixture)라고 부른다. 이 혼화제는 공극의 표면이 젖지 않도록 한다(즉, 공극면과 물의 접촉 각도를 크게 한다). 이것은 표면장력을 이기고 공극에 침투하는데 요구되는 외력의 크기를 증가시킨다.

참고문헌

일반(General)

ACI Committee 212, "Admixtures for Concrete (ACI 212.3R-91)," *ACI Manual of Concrete Practice*, Part 1, American Concrete Institute, Detroit, MI (2001).

Edmeades, R. M. and P C. Hewlett, "Cement Admixtures." *Lea's Chemistry of Cement and Concrete*, 4th ed., ed. P. C. Hewlett, Arnold, London, pp. 837-902 (1998).

Hewlett, P. C., and J. F. Young, "Physico-chemical Interactions between Chemical Admixtures and Portland Cement," *Journal of Materials Education*, Vol. 9, No. 4, pp. 389-433 (1989).

Ramachandran, V. S., ed., *Concrete Admixtures Handbook*, Noyes Publications, Park Ridge, NJ (1984).

Rixom, M. R., and N. P. Mailvaganam, *Chemical Admixtures for Concrete*, 2d ed., E & FN Spon, London (1986).

공기연행제(Air-Entraining Admixtures)

Attiogbe, E. K., "Isn't it Time to Let $\bar{L}$ Go?," *Concrete International*, Vol. 20, No. 10, pp. 39-43 (1998).

Dolch, W. L., "Air Entraining Admixtures," in *Concrete Admixtures Handbook*, ed. V. S. Ramachandran, Noyes Publications, Park Ridge, NJ, pp. 269-302 (1984).

Philleo, R. E., "Freezing and Thawing Resistance of High Strength Concrete," *NCHRP Synthesis* 129, Transportation Research Board, Washington, D.C. (1986).

감수제(Water-Reducing Admixtures)

Collepardi, M., "Water Reducers/Retarders," in *Concrete Admixtures Handbook*, ed. V. S. Ramachandran, Noyes Publications, Park Ridge, NJ, pp. 116-210 (1984).

Malhotra, V M., E. E. Berry, and T. A. Wheat, "Superplasticizers in Concrete," *Proceedings of International Symposium, Ottawa*, 1988 (2 vols.). CANMET, Department of Energy, Mines and Resources, Ottawa, Canada (1988), also published in part as ACI SP-62, American Concrete Institute, Detroit, MI (1989).

Nmai, C. K., T. Schlagbaum, and B. Violetta, "A History of Mid-Range Water Reducing Admixtures," *Concrete International*, Vol. 20, No. 4, pp. 45-50 (1998).

Ramachandran, V S., V. M. Malhotra, C. Jolicoeur, and N. Spirit, *Superplasticizers:*

Properties and Applications in Concrete. Pull. No. MTL-14 (TR), CANMET National Resources Canada, Ottawa, Canada (1998).

응결조절제(Set-Modifying Admixtures)

Ramachandran, V S., *Calcium Chloride in Concrete Science and Technology*, Applied Science Publishers, London (1986).

Rear, K., and Chin, D., "Non-Chloride, Accelerating Admixtures for Early Compressive Strength," *Concrete International*, Vol. 12, No. 10, pp. 55-58 (1990).

기타 혼화재료(Miscellaneous Admixtures)

ACI Committee 212, "Admixtures for Concrete (ACI 212.3R-91)," *ACI Manual of Concrete* Practice, Part 1, American Concrete Institute, Farmington Hills, MI (2001).

Mailvaganam, N. P, "Miscellaneous Admixtures," in *Concrete Admixtures Handbook*, ed. V. S. Ramachandran, Noyes Publications, Park Ridge, NJ, pp. 480-558 (1984).

Nmai C., R. Tomita, F. Hondo, and F. Buffenbarger, "Shrinkage-Reducing Admixtures," *Concrete International*, Vol. 20, No. 4, pp. 31-38 (1998).

Saucier, K. L., and R. D. Neeley, "Antiwashout Admixtures for Concrete," *Concrete International*, Vol. 9, No. 5, pp. 42-47 (1987).

문제

8.1. 주어진 혼화제가 콘크리트에 적합한지를 판단하기 위해서 어떤 시험을 수행하겠는가?

8.2. 두 가지 이상의 혼화제를 동시에 사용할 경우에 어떤 문제가 발생할 수 있는가?

8.3. 혼화제의 사용량을 정확하게 계량하는 것이 중요한 이유는 무엇인가?

8.4. 높은 대기 온도가 혼화제의 거동에 어떤 영향을 미치는가?

8.5. 합성세제로 작용하는 모든 물질이 콘크리트용 공기연행제로 적합한 것은 아니다. 이유는 무엇인가?

8.6. 어떤 경우에 감수제를 사용하면 좋은가?

8.7. 고성능감수제를 사용할 때 잠재적인 단점은 무엇인가?

8.8. 고성능감수제가 일반 감수제보다 더 효과적인 이유는 무엇인가?

8.9. 응결촉진제와 응결지연제를 함께 사용하면 좋은 경우도 있는가?

8.10. 시멘트 조성이 응결지연제의 효과에 영향을 미칠 수 있는 이유는 무엇인가?

8.11. 응결촉진제로서 $CaCl_2$를 사용하면 무슨 문제가 있는가? 이것을 대체할 만한 혼화제는 무엇인가?

8.12. 방습제는 물과 콘크리트 표면의 접촉각을 120°C로 만든다. 바람을 동반한 비가 콘크리트 내로 침투할 때 저항능력을 계산하라. (풍속 km/h를 기준으로) 물의 표면 장력은 82 mJ/m^2이고 빗방울의 평균 충격압은 풍속 km/h당 1.4 mJ/m^2이다. [힌트: 라플라스 방정식 $P = (-2\gamma\cos\theta)/r$를 적용한다.]

CHAPTER 9

굳지 않은 콘크리트

Fresh Concrete

굳지 않은 콘크리트(fresh concrete)의 특성이 중요한 이유는 굳은 콘크리트(hardened concrete)의 특성에 영향을 미치고, 또한 콘크리트의 다루기와 다짐 작업에 필요한 장비를 선택하는데 영향을 미치기 때문이다. 그러므로 콘크리트를 만들 때 고려해야 할 두 가지 기준이 있다.

1. 콘크리트가 아직 소성상태일 때에 해당하는 단기적인 요구사항으로 뭉뚱그려서 워커빌리티(workability)라고 일컫는다.
2. 강도, 내구성, 체적 안정성(volume stability)과 같은 굳은 콘크리트에 대한 장기적인 요구사항이다.

제 10장의 콘크리트의 배합 문제에서 설명할 것이지만, 불행하게도 위의 두 기준은 서로 보완적인 것이 아니라서 이 둘 사이에 절충이 필요하다. 이 장에서는 오직 콘크리트의 단기적인 요구사항에 대해서만 다룬다.

주어진 작업에서 만족스러운 품질의 굳은 콘크리트가 되기 위해서는 굳지 않은 콘크리트가 다음 사항을 만족해야 한다.

1. 배합 및 운반이 쉬워야 한다.
2. 배치 내에서, 또한 여러 배치(batch) 간에 균일해야 한다.
3. 설계대로 거푸집을 완전히 채울 수 있는 유동성(flow property)을 가져야 한다.
4. 과도한 에너지를 사용하지 않고도 완전히 다질 수 있어야 한다.
5. 타설과 압밀 동안 재료분리가 일어나지 않아야 한다.
6. 거푸집을 이용하거나, 흙손 혹은 어느 표면처리 방법을 사용하더라도 적절한 마감성을 지녀야 한다.

9.1 워커빌리티 (Workability)

워커빌리티의 정의(Definition of Workability)

굳지 않은 콘크리트 품질 평가를 위한 여러 관점은 각각 다른 조건을 요구하므로 일반적으로 다양한 용어가 사용되고 있다. 이들 용어는 콘크리트의 다른 면을 각각 강조하고 있다. 즉 반죽질기(consistency), 유동성(flowability), 이동성(mobility), 펌프 압송성(pumpability), 다짐성(compactability), 마감성(finishability) 그리고 거칠기(harshness)이다. 이 용어들은 주관적이고 정성적이며, 사람들이 서로 다른 의미로 받아들일 수 있기 때문에 별로 유용하지는 않다. 이 책에서는 언급한 콘크리트의 모든 특성을 나타내기 위하여 워커빌리티란 용어를 사용하였다. 조금 더 명확히 이야기하면, 워커빌리티는 일반적으로 콘크리트를 재료분리 없이 완전히 다지기 위하여 요구되는 에너지 혹은 역학적인 일의 양으로 정의된다. 콘크리트의 최종 강도가 대체로 다짐 정도의 함수이기 때문에 이것은 유용한 정의라고 할 수 있다. 콘크리트에서는 공극량이 조금 증가(혹은 상대밀도의 감소)해도 강도는 많이 줄어든다.

유동학의 기본원리(Basic Principles of Rheology)

워커빌리티를 측정하는 다양한 방법에 대하여 논하기 전에, 응력이 작용할 때 재료의 유동과 변형을 다루는 과학인 유동학의 기본원리에 대해서 아는 것이 도움이 될 것이다. 가장 기본적인 형

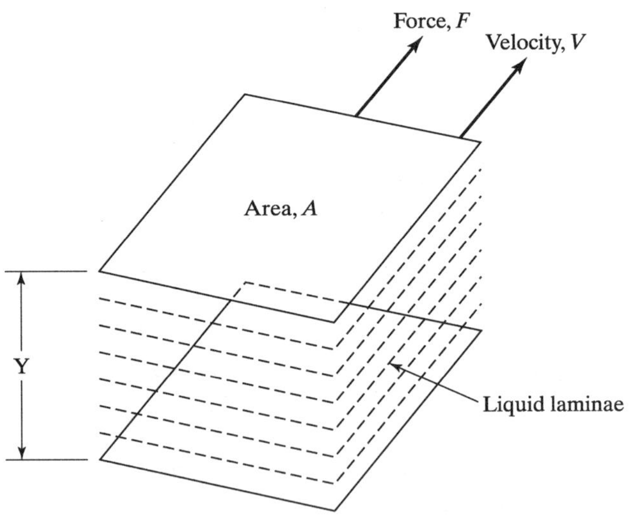

Shear stress, $\tau = \frac{F}{A}$

Rate of shear, $\dot{\gamma} = \frac{dV}{dY}$

Coefficient of viscosity, $\eta = \frac{\tau}{\dot{\gamma}}$

그림 9.1
점성흐름의 뉴턴 법칙

태의 흐름은 그림 9.1에서 보여주는 바와 같이 뉴턴(Newton)의 점성흐름(viscous flow)을 따르는 것이다. 이 법칙은 유체의 인접한 층들 사이의 전단을 고려해서 유도된 것이며 다음과 같이 쓸 수 있다.

$$\tau = \eta\dot{\gamma} \tag{9.1}$$

여기서, τ는 전단응력, η는 점성계수, $\dot{\gamma}$는 전단속도 혹은 속도기울기이다. 식 (9.1)로부터 전단속도와 전단응력의 관계 그림은 그림 9.2a에서 보는 것처럼 기울기 $1/\eta$로 원점을 지나는 직선으로 주어질 것이다. 그러므로 콘크리트를 뉴턴 유체(newtonian fluid)로 가정할 수 있다면, 상응하는 한 쌍의 τ와 $\dot{\gamma}$를 측정해서 직선을 정의할 수 있다. 워커빌리티는 이렇게 단일점(single-point)

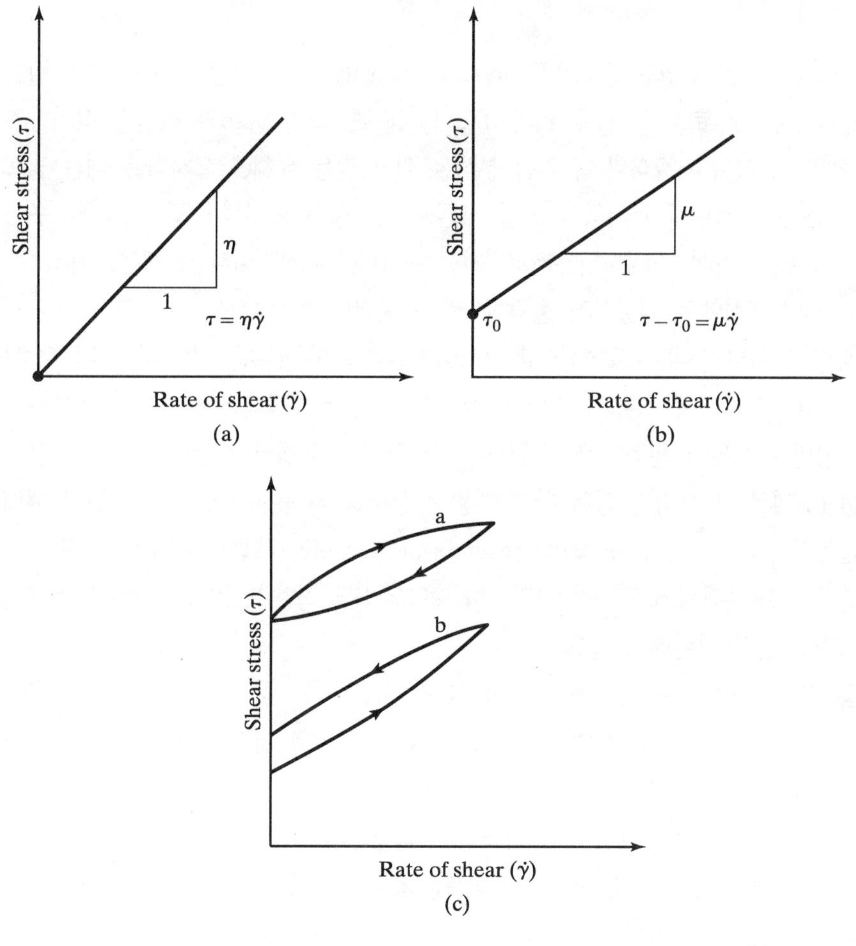

그림 9.2
유동성 모델:(a) 뉴턴 유체;(b) 빙함 모델;(c)요변성

방식으로 결정하는 것으로 충분하다.

유체 내부에 부유 입자가 매우 묽게 포함되어 있는 경우에는, 입자 간에 작용하는 힘이 없으며, 이 경우에는 뉴턴의 방정식이 성립한다. 부유 입자의 양이 약간 증가하면 단지 점성계수만이 증가한다(즉, 그림 9.2a에서 선의 기울기가 감소). 그러나 부유 입자의 부피가 큰 유체의 경우에는 뉴턴 모델은 성립하지 않는다. 굳지 않은 콘크리트는 매우 농도가 높은 현탁액이라 할 수 있다. 대체로 물과 고체물질의 부피 비는 약 4.5:1 정도이다. 이런 재료들은 고체 입자 간에 작용하는 힘이 있다. 이는 뉴턴 유체에서처럼 단지 점성력만을 증가시키는 것이 아니라 흐름운동의 형태도 변화시킨다. 특히 굳지 않은 콘크리트는 전단 저항강도 τ_0가 있으므로 흐름이 발생하기 위해서는 흐름에 의한 전단력이 이 저항강도보다 반드시 커야 한다. 이런 형태의 거동은 일반적으로 빙함 모델(Bingham model)로 설명하고 있다.

$$\tau - \tau_0 = \mu\dot{\gamma} \tag{9.2}$$

여기서 τ_0는 항복강도, μ는 소성점도(plastic viscosity)이다. 그림 9.2b는 이와 같은 거동을 보여주고 있다. 이런 재료는 두 상수 τ_0와 μ로 정의되며, 그림 9.2b의 직선을 정의하기 위해서는 두 쌍의 τ와 $\dot{\gamma}$의 값이 필요하다. 단일점 분석은 이와 같은 유체를 묘사하는 데는 별로 유용하지 않다. 굳지 않는 콘크리트의 거동을 빙함 모델을 이용해서 합리적으로 근사화할 수 있다는 증거는 상당히 많다. 따라서 현재 사용되고 있는 단일점 워커빌리티 시험은, 재료 거동을 유동학(rheology)의 관점에서 적절하게 정량화하지는 못한다.

또 다른 용어의 정의는 요변성(thixotropy)이다. 요변성(혹은 전단력 감소) 재료는 전단응력을 받을 때 절대 점도가 감소되고, 전단응력이 제거되면 점차적으로 점성을 회복하는 재료를 말한다. 이러한 영향은 시간 의존적이다. 그림 9.2c가 요변성 유체의 흐름곡선이다. 완전한 요변성 유체는 곡선 (a)에서 보인 바와 같이 완전히 원래 상태로 되돌아간다. 만약 완전히 원래 상태로 돌아가지 않는다면(곡선 b), 유사 요변성(pseudo-thixotropic) 재료로 간주된다. 이는 입자간 끌어당기는 힘과 약한 부착력에 기인하는 것이다. 콘크리트도 요변성 거동을 보이는데, 이것은 콘크리트의 타설과 다짐과 관련해서 중요하다.

콘크리트의 진정한 유동성 특성을 측정하기 위한 여러 장치들이 최근에 개발되었다. 이들 중에는 그림 9.3에서 개요를 보여준 것처럼 특별한 형상의 날개(impeller)를 굳지 않는 콘크리트 시료 속으로 내려 집어넣는 것이 있다. 날개의 회전속도가 증가하면 수직 샤프트에 작용하는 비틀림이 증가하는데, 이로부터 날개 속도와 비틀림 간의 관계를 구할 수 있다. 이들 자료로부터 콘크리트의 유동 저항성(그림 9.2에서 항복강도 τ_0에 관련됨)과 비틀림 점성(그림 9.2에서 소성점성 μ에 관련됨)을 계산할 수 있다.

또 다른 상용 장치는 동일 축을 가지는 실린더로 구성된 점도 측정계(viscometer)이다. 이는

그림 9.4에 개요를 보인 것처럼, 회전하는 외부 실린더의 속도에 따라서 내부 고정 실린더에 발생하는 비틀림을 계측하고 그리는 것이다. 콘크리트의 유동성 특성은 비틀림과 회전속도에 대한 관계에서 구할 수 있다.

그러나 아직도 어떤 시험 장치도 표준화되어 있지 못하고 여러 장치에서 얻은 결과도 괜찮은 정도이나 서로 잘 일치하지는 않는다. 굳지 않은 콘크리트의 특성을 평가하기 위한 유동성 시험은 앞으로 증가하겠지만, - 특히 특수 콘크리트인 초고강도콘크리트, 유동성콘크리트, 자기충전콘크리트 등에서 - 현존하는 시험법들은 주로 실험실 연구 목적으로만 적절한 실정이다.

워커빌리티에 영향을 주는 요인(Factors Affecting Workability)

콘크리트의 워커빌리티는 많은 요인의 영향을 받으며, 이들은 배합의 함수비, 배합비, 골재 특성, 시간, 온도, 시멘트의 특징, 혼화재료 등이다.

배합의 함수량 콘크리트의 워커빌리티를 지배하는 가장 중요한 요인은 함수량이다. 함수량의 증가는 콘크리트의 유동성과 다짐 작업을 쉽게 이루어지게 한다. 그러나 함수량의 증가는 강도 저하 외에도 재료 분리(굵은골재가 가라앉음)와 블리딩을 일으킬 수 있다.

일반적으로 어떤 입자들이든지 모아서 작업이 되도록 하는 소성상태를 만들기 위해서는 일정량의 물이 필요하다. 우선 입자 표면에 흡착될 물이 충분히 있어야 한다. 그런 연후에 물은 입자 사이의 간격을 채우고, 추가된 물은 입자들의 표면에 수막을 형성해서 입자들을 서로 분리함으로써 미끄러운 윤활 역할을 한다. 따라서 비표면적이 더 큰 미세 입자들일수록 더 많은 양의 물을 필요로 한다. 반면에 어느 정도의 미세 재료가 포함되지 않으면, 콘크리트가 소성화되기 어렵다. 따라서 배합의 함수량은 골재의 입도와 별개로 생각할 수 없다. 최적의 워커빌리티를 위해서는 골재의 입도가 작을수록 함수량은 더 높아야 한다.

골재의 영향(Influence of Aggregate) 골재가 콘크리트의 워커빌리티에 미치는 영향을 고려할 때 두 가지 중요한 요인이 있는데, 이는 골재의 양, 그리고 잔골재와 굵은골재의 상대적인 비율이다. 일정한 물-시멘트(w/c)비에서 시멘트양에 대한 골재량의 증가는 워커빌리티를 저하시킨다. 또한 입도가 더 작으면 더 많은 양의 시멘트가 필요하다. 배합에서 잔골재가 부족하면 콘크리트가 거칠고, 재료분리가 일어나기 쉽고, 마감 손질이 어려운 콘크리트가 된다. (거친 배합은 모르타르 혹은 골재에서 미세분의 부족 때문에 요구되는 반죽질기를 충족하지 못하는 배합이다.) 반면에 잔골재량이 너무 많으면(oversanded) 작업하기 쉬운 배합이 되지만, 침투성이 커지고 비경제적인 콘크리트가 된다.

그러나 단지 잔골재와 굵은골재의 비를 검토하는 것만으로는 충분하지 않다. 입도 분포가 다

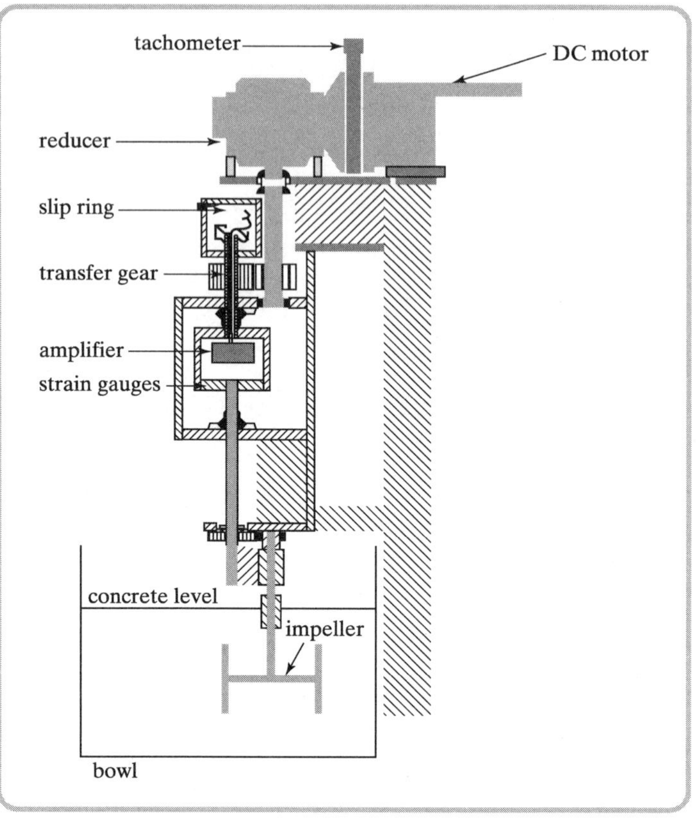

그림 9.3
콘크리트 유량계(rheometer)의 개요도

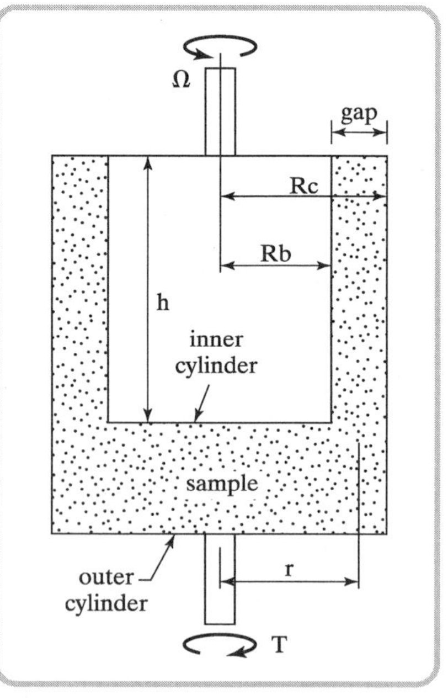

그림 9.4
동축 실린더형 점도 측정계의 개요도

른 모래는 서로 다르게 거동한다. 이것을 조립률(finess modulus; F.M.)이라고 일컫는데, 제 7장에서 자세히 설명했다.

골재 입자의 모양과 결도 워커빌리티에 영향을 미친다. 일반적으로 입자가 더 둥글수록 콘크리트의 워커빌리티는 더 커진다. 이것은 부분적으로 둥근 입자는 볼-베어링(ball-bearing)으로 작용하기 때문이다. 반면에 모난 입자는 역학적인 상호 맞물림(interlock)과 이로 인한 내부 마찰을 극복하기 위하여 더 많은 일이 요구된다. 둥근 입자는 체적에 비해서 표면적이 상대적으로 더 적으므로 입자를 감싸는데 필요한 모르타르의 양이 더 적고, 이로 인해서 워커빌리티가 더 나아진다. 평평하고 길쭉한 입자가 굵은골재에 포함되어 있을 때는 모래, 시멘트, 그리고 물의 양을 늘려야 한다. 또한 쇄석과 같은 거친 입자보다는 매끄러운 입자를 사용하면 워커빌리티가 더 낫다.

골재의 공극률 또한 워커빌리티에 영향을 미친다. 만약 골재가 많은 물을 흡수한다면, 워커빌리티 확보에 사용되는 물의 양이 줄어든다. 따라서 골재에 흡수되는 물을 포함해서 말하는 총 함수량(total water content)과 워커빌리티 및 *w/c*비를 결정하는데 사용되는 자유 함수량(free water content)은 서로 구분해야 한다.

시간과 온도(Time and Temperature) 그림 9.5에서 보인 바와 같이, 대기 온도가 증가하면 워커빌리티가 감소한다는 것은 다양하게 입증되고 있다. 이는 대기 온도가 올라가면 수분 증발속도 및 수화속도가 빨라지기 때문이다. 이는 매우 따뜻한 기후에서는 동일한 워커빌리티를 유지하기 위해서는 더 많은 물을 사용해야 한다는 것을 의미한다. 또한 온도가 증가할수록 일정 양의 슬럼프 값을 변화시키는데 필요한 물의 양도 증가한다. 반면에, 적어도 단시간 동안에는, 워커빌리티 자체는 대기 온도에 영향을 받지 않는다는 증거도 있다. 따라서 온도가 주요인이 될 경우에는,

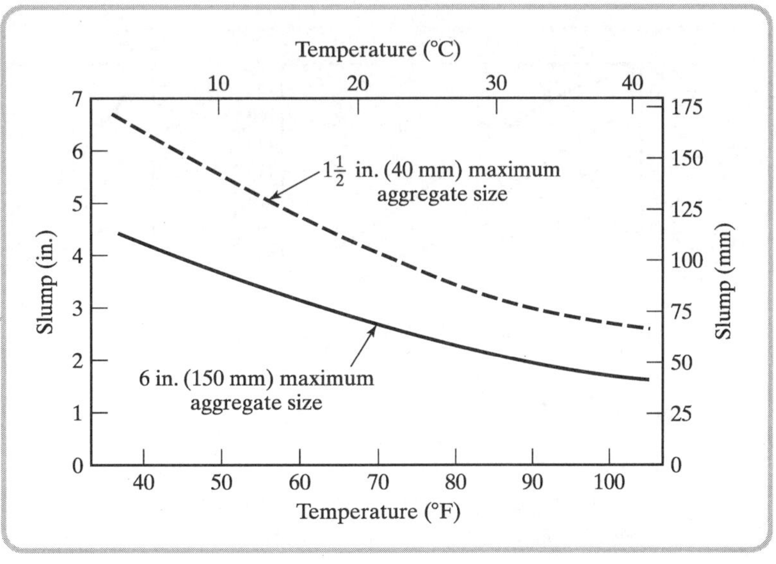

그림 9.5
콘크리트의 슬럼프와 온도 관계곡선. 각각의 곡선은 12종의 시멘트로부터 구한 결과의 평균이다.
[*Concrete Manual, 8th ed., U.S. Bureau of Reclamation*, Denver, CO (1975).]

현재 사용되는 재료를 이용한 현장시험을 통해서 대기 온도가 미치는 영향을 파악해야 한다. 대기 온도와 워커빌리티의 관계는 제 11장에서 상세히 설명한다.

워커빌리티의 손실(Loss of Workability) 유동성이 있는 시간 동안에도 워커빌리티는 시간에 따라 점차적으로 감소할 것이다. 이는 부분적으로 휴면기에도 천천히 지속되는 C_3S와 C_3A의 수화작용에 기인하며, 또한 증발 또는 흡수를 통해서 일어나는 콘크리트의 수분 손실에 기인하는 것이다. 또한, 입자표면의 형성된 수화 생성물 때문에 입자간의 상호 작용도 변한다. 이 슬럼프 값의 손실은 대체로 시간에 따라 선형적이지만 배합 직후 30분~1시간 사이에 최대로 된다. 타설할 때의 슬럼프 값이 가장 중요하기 때문에 배합비를 선택할 때 슬럼프 값의 손실을 반드시 고려해야 한다. 콘크리트의 온도가 높을 때, 그리고 촉진제가 사용될 때는 슬럼프 손실이 증가하며, 양쪽 모두 응결시간(setting time)은 줄어든다. 감수제 혹은 지연제를 사용하면, 응결시간은 변하지 않거나 오히려 늘어나지만, 슬럼프 손실은 급격하게 발생할 수 있다. 빈배합(적은 시멘트양)이거나 *w/c*비가 큰 경우가 워커빌리티의 감소율은 적다. 같은 종류의 시멘트라도 상표에 따라 화학조성이 다르기 때문에 이로 인한 영향도 크다(그림 9.6).

콘크리트 배합설계가 적절하지 못하다면, 타설 전에 워커빌리티를 회복하기 위하여 물을 추가해서 콘크리트를 되비빔(retempering)해야 할 지 모른다. 이러한 되비빔은 *w/c*비를 증가시키므로, 시멘트를 추가하지 않는 한 콘크리트 특성에 매우 나쁜 영향을 미치므로 절대로 못하게 해야 한다.

시멘트의 특성(Cement Characteristics) 워커빌리티를 결정할 때 시멘트의 특성은 골재의 특성

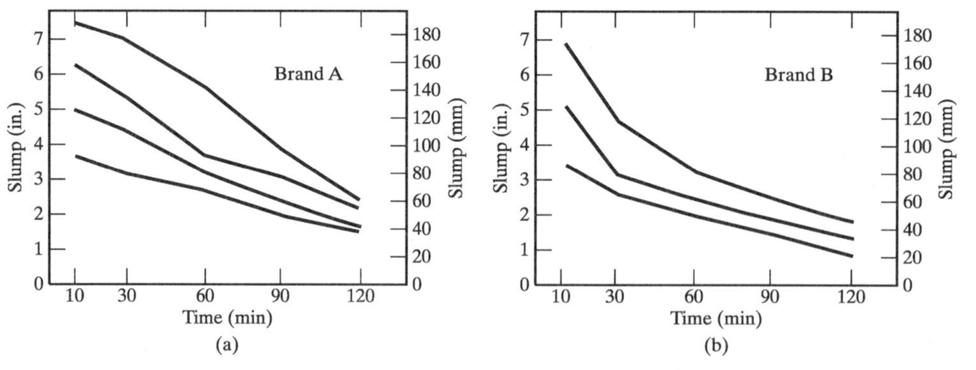

그림 9.6
서로 다른 회사의 1종 시멘트에 대한 21°C에서의 콘크리트 슬럼프 손실 [R.W. Previte, *Journal of the American Concrete Institute*, Vol. 74, No. 8, p. 361 (1977).]

보다는 다소 중요성은 떨어진다. 그러나 3종 시멘트(조강시멘트)의 분말도 증가는, 주어진 *w/c* 비에서, 워커빌리티를 감소시킬 것이다. 왜냐하면 이 시멘트는 비표면적이 크고 수화가 빨라서 더 많은 양의 물을 필요로 하기 때문이다. 만약 시멘트가 현장에 고온의 상태(특히 100˚C 이상으로)로 반입되면 더 빠른 수화작용과 물의 증발로 인하여 상당한 워커빌리티의 손실이 발생할 수 있다. 더욱이 60~80˚C 이상의 온도에서는 급결(flash set)이 발생할 수도 있다.

혼화재료(Admixtures) 다양한 혼화재료들에 대해서는 제 5, 8장에서 이미 논의된 바 있다. 거친 배합에 추가적인 미세 재료를 공급하는데 광물계 혼화재들이 종종 사용된다. 광물계 혼화재가 단순히 시멘트의 일부를 대체하는 경우에는 워커빌리티에 거의 영향이 없다. 공기연행제, 감수제 그리고 응결 지연제 등은 모두 워커빌리티를 향상시킬 것이다. 그러나 화학혼화제는 시멘트나 골재에 따라 다르게 반응하며, 어떤 경우에는 워커빌리티 손실을 악화시킬 수 있다. 특히, 고성능 콘크리트 배합을 위해 다량의 고성능감수제를 사용할 때는 시멘트-고성능감수제 사이의 적합성을 검토해야 한다. 아직까지는 고성능감수제가 특정 시멘트와 어떻게 반응을 일으키는지 정확히 예측할 수가 없기 때문에 실내 및 현장 시험 등을 통하여 경험적으로 분석해야 한다.

재료분리와 블리딩(Segregation and Bleeding)

재료분리(segregation)는 굳지 않은 콘크리트에서 구성 성분들이 분리되는 것을 말하는 것으로서 비균일한 배합이 된다. 일반적으로 재료분리는 굵은골재와 모르타르가 분리되는 것을 의미한다. 재료분리는 두 형태로 나눌 수 있다. 무거운 입자들이 굳지 않은 콘크리트의 아래로 가라앉는 것과 전체 콘크리트에서 굵은골재가 분리되는 것으로 후자의 경우는 부적절한 타설과 진동다짐에 기인한다. 재료분리에 관한 정량적인 시험법은 없지만 재료분리 현상이 발생했을 경우에는 상당히 분명하게 볼 수가 있다. 재료분리를 증가시키는 요인들에 관하여 Popvics[1]는 다음과 같이 정리하였다.

1. 골재의 최대치수(25 mm보다 큰)및 큰 입자들의 비율이 큰 경우
2. 잔골재의 비중에 비하여 상대적으로 굵은골재의 비중이 큰 경우
3. 미세 재료(모래, 시멘트)의 양을 줄인 경우
4. 입자의 모양이 매끄럽고 둥근 것 대신에 모나고 거친 것을 사용한 경우
5. 너무 수분이 많거나 너무 건조한 배합

1) S.Popovics, in *Proceedings of a RILEM Seminar, March 22-24, 1972, Leeds*, Vol.3, The University, Leeds, pp.6.1-1~6.1-37 (1973).

미분말의 광물계 혼화재 또는 공기연행제를 사용하면 재료분리가 줄어드는 경향이 있으나, 취급 및 타설을 신중히 하는 것이 더 중요하다. 재료분리를 방지하기 위한 올바른 콘크리트 취급 방법은 제 11장에서 상세히 기술할 것이다.

블리딩(beeding)은 콘크리트가 다져진 후, 그러나 응결되기 전에, 내부의 배합수가 상승하는 운동으로 정의할 수 있다. 배합 재료 중 가장 가벼운 구성요소인 물이 다른 구성 재료들과 분리되는 것이므로 블리딩은 재료분리의 한 형태이다. 콘크리트 표면 위의 떠오른 물이 블리딩의 가장 일반적인 징후이다. 블리딩은 일반적으로 골재가 굳지 않은 콘크리트 내부에 정착할 때 모든 배합수를 수용하지 못하는 현상에서 기인한다. 품질이 좋은 콘크리트에서도 약간의 블리딩을 볼 수 있으며, 이 경우 전체 콘크리트 표면 위로 배합수가 적은 양으로 균일하게 누출된다.

반면에 블리딩은 분리된 국부적으로 위치한 통로를 통해 발생하며, 통로의 입구에 작은 구멍들이 형성된다. 콘크리트의 위층은 물-시멘트비가 매우 큰 시멘트 풀이 되며, 이로 인하여 콘크리트는 취약해지고, 공극이 많아지고 내구성이 떨어지는 것이다. 큰 골재 또는 철근 아래에 물이 모이면서 콘크리트 내에 취약한 부분을 만들고 부착력을 감소시킨다(그림 9.7). 덥고, 건조한 날씨에 종종 발생하는 현상으로서 블리딩에 의해 발생한 물이 블리딩 속도보다 빠르게 증발한다면 소성수축 균열이 일어난다(제 16장). 때때로 작은 골재의 찌꺼기들이 콘크리트 표면으로 쌓이게 되면 취약하고 내구성 없는 표면으로 되기도 하며, 또는 염분이 콘크리트 표면에 결정화되면 탄산칼슘($CaCO_3$)을 형성하게 되는데 이것을 레이턴스(laitance)라고 부른다. 이런 현상이 계속 타설되는 콘크리트 면에서 발생하면, 그 위에 타설되는 콘크리트와의 부착력을 저하시키는 결과를 초래할 것이다. 이런 현상이 플랫 슬래브의 표면에서 발생하면 표면은 가루덩어리(dusting), 즉

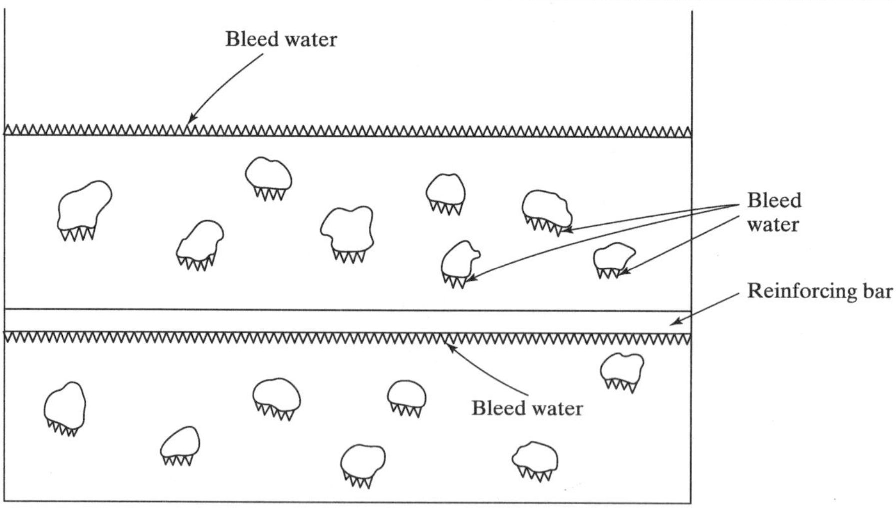

그림 9.7
콘크리트의 블리딩의 여러 형태

건조하고 푸석 푸석한 층이 굳은 콘크리트의 표면에 형성되어 그 모습으로 계속 남아있게 된다. 그러면 재료의 성능저하(deterioration)는 레이턴스와 소성수축의 복합적인 현상에 의해서 발생하게 된다. 따라서 표면을 솔질하고 세척해서 레이턴스를 항상 제거해야 한다. 블리딩 현상은 아래와 같은 여러 방법으로 감소시킬 수 있다.

1. 시멘트 분말도를 증가시키거나 혹은 포졸란 또는 미분말의 광물계 혼화재를 사용하는 방법
2. 알칼리 함량이 높은 시멘트 또는 C_3A 함량이 많은 시멘트(바람직하지 않은 효과가 있을 수 있음)를 사용하여 시멘트의 수화반응 속도를 증가시키거나, 혹은 혼화재로서 염화칼슘($CaCl_2$: 이 또한 바람직하지 않을 수 있음)을 사용하는 방법
3. 매우 효과적인 방법으로서 공기를 연행시키는 방법
4. 워커빌리티를 만족스럽게 유지할 수 있는 범위 내에서 함수량을 줄이는 방법

블리딩의 속도와 총 블리딩량은 모두 ASTM C232에 설명된 절차에 따라 측정할 수 있다. 이 방법은 먼저 내경 254 mm(10 in), 높이 279 mm(11 in)의 용기 안에 콘크리트 시료를 다짐한다. 그러고 나서 수분 증발을 방지하기 위해 용기를 씌운다. 표면으로 떠오르는 블리딩수(bleeding water)를 처음 40분 동안은 매 10분마다 조심스레 계량한 후 제거하고, 그 이후에는 매 30분마다 블리딩이 중단될 때까지 계량한 후 제거한다. 이로부터 총 블리딩량과 블리딩 속도가 결정된다. 다짐봉을 이용해서 콘크리트를 다지는 경우와 진동을 이용해서 다지는 경우의 두 가지 절차가 설명되어 있는데, 일반적으로 이 두 가지 다짐 방법에 의한 결과는 서로 다르다.

9.2 워커빌리티 측정 (Measurement of Workability)

지금까지 설명한 바와 같이 굳지 않은 콘크리트에서 '워커빌리티'란 용어는 많은 요인들에 의해서 영향을 받는 여러 특성들에 적용된다. 콘크리트의 워커빌리티는 적어도 세 가지 독립적인 성질을 측정해야 한다고 제안되고 있다.

1. 다짐성; 콘크리트의 다짐 및 공극의 제거가 쉬운 정도
2. 유동성; 콘크리트가 거푸집이나 철근 주위로 채워지고 재성형될 수 있는 정도
3. 안정성; 콘크리트를 취급하고 진동 다짐하는 동안에 재료분리가 없이, 안정하고 응집력이 있고 그리고 균질한 덩어리로 유지되는 능력

수년 동안 많은 종류의 워커빌리티 측정 방법들이 제안되었으나, 거의 모든 방법이 경험적인

것이었다. 이들 시험 방법 중 몇 가지만 표준화되었으며 나머지는 매우 제한적으로 사용되어 왔다. 표준화된 시험 방법 중 어느 것도 굳지 않은 콘크리트의 근본 특성을 기준으로 워커빌리티를 측정하지는 못한다. 더욱이 모든 방법들이 단일점 시험 방법이기 때문에 빙함 모델(제 9.1절)을 따르는 콘크리트와 같은 재료의 특성을 표현하지는 못한다. 이용 가능한 시험방법들도 각기 콘크리트의 다른 특성을 측정하기 때문에 서로 쉽게 비교할 수도 없다.

그럼에도 불구하고, 콘크리트의 워커빌리티를 측정하는 것은 매우 중요하다. 따라서 좀 더 나은 시험 방법이 개발될 때까지는 몇몇 표준화된 시험방법들을 이용해야 한다. 이용할 수 있는 대부분의 시험 방법은 최소한 임의의 배합에 대한 워커빌리티 변동 값에 관한 정보를 주기 때문에 품질관리 수단으로는 유용하다. 매우 습윤한 콘크리트로부터 매우 건조한 콘크리트에 이르기까지 모든 종류의 콘크리트에 적용할 수 있는 시험 방법은 없고, 각각의 시험 방법은 비교적 좁은 범위 내의 워커빌리티에만 적용될 수 있다.

수년간 개발되어온 콘크리트의 워커빌리티 측정 방법들을 다음과 같이 나누어 설명한다: (1) 주관적인 평가, (2)슬럼프 시험, (3)다짐도 시험, (4)유동성 시험, (5)재성형 시험 (6) 기타 시험

주관적인 평가

굳지 않은 콘크리트에 대한, 숙련된 기술자에 의한 주관적인 평가 방법이 물론 가장 오래된 방법이며, 적어도 정량적인 시험에 대한 보조 수단으로 널리 사용되고 있다. 일부 기술자들은 여전히 배합할 때 그리고 타설할 때 콘크리트가 거동하는 모양을 보고 직접 판단하는 것을 선호한다. 콘크리트는 양호한, 보통의, 그리고 불량한 워커빌리티를 가진 것으로 설명하든지 혹은 물기가 많은, 건조한, 그리고 소성 상태 등으로 설명할 수 있을 것이다. 유감스럽게도, 이 용어들은 사람마다 다른 것을 의미하기 때문에 별로 도움이 되지 않는다. “모르타르는 가볍게 쳤을 때 간처럼 떨릴 정도로 충분히 물기가 있어야 한다.”라고 묘사된 오래된 교재로부터 워커빌리티를 이해해야 하는 기술자에게는 매우 유감스러운 일이다.[2)]

슬럼프 시험

슬럼프 시험은 단연 가장 오래되고 광범위하게 사용되고 있는 워커빌리티 시험 방법이다. 이것은 1922년 ASTM에 처음으로 소개되었으며 현재는 ASTM C 143에 기술되어 있다. 이 단순한 시험의 주요 기구는 원추형 형상의 속이 빈 몰드로서 그림 9.8에 치수가 표시되어 있다. 몰드에 같은 높이의 세 층의 콘크리트 시료로 채워서, 각각의 층은 직경 16 mm(5/8 in) 강봉으로 25회씩 봉다짐 한다. 몰드를 수직 방향으로 들어 올린 후, 몰드의 높이와 남겨진 콘크리트 시료의 높이와의 차이로 슬럼프를 결정한다. 처음 콘크리트를 타설해서 몰드 콘을 제거할 때까지의 최대 소

2) L. C. Sabin, Cement and Concrete, Archibald Constable and Co., London, 1905.

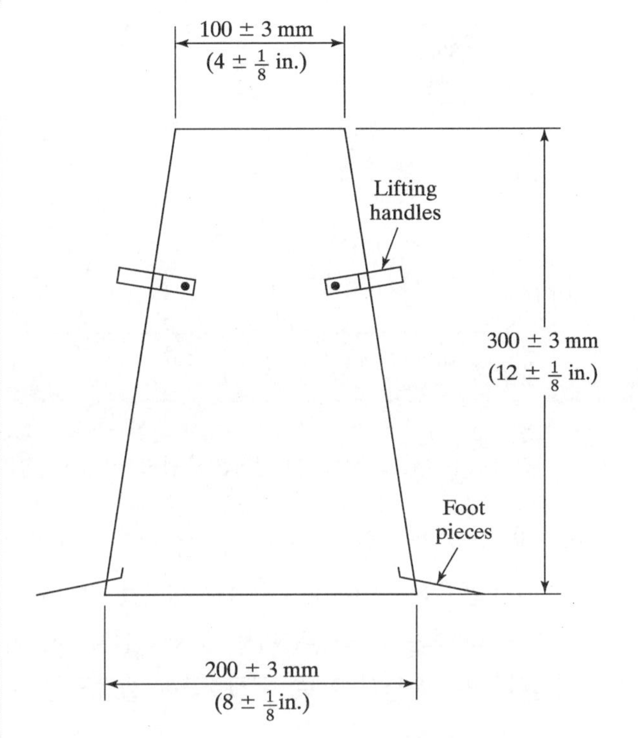

그림 9.8
슬럼프 콘

요시간은 2분 30초이다. 만약 콘의 한쪽 면에서 콘크리트 시료가 확실하게 전단변형을 일으켰다면 그 실험은 무시하고 다시 실험을 수행해야 한다. 만약 이 같은 전단변형이 계속 발생한다면, 이 시험법은 그 콘크리트 배합에 적합하지 않다는 것을 의미한다.

슬럼프 시험은 자중에 의해 아래로 흐르는 것에 대한 콘크리트의 전단저항 능력의 척도로 생각할 수 있다. 배합에 따라 그림 9.9에서 보는 바와 같이 세 가지 형태의 슬럼프가 발생할 수 있다. 진정한(true) 슬럼프는 일반적으로 부서짐 없이 콘크리트 시료가 아래로 가라앉는 경우이다. 전단(shear) 슬럼프는 흔히 콘크리트의 점착력이 부족한 경우에 발생하며, 거친 배합이나 혹은 재료분리가 일어날 수 있는 배합에서 발생하는 경향이 있다. 전단 슬럼프는 콘크리트가 타설에 적절하지 않음을 나타내는 것이지만, 정상적인 배합에서도 전단 슬럼프 현상을 가끔 볼 수 있다. 붕괴(collapse) 슬럼프는 일반적으로 빈배합, 거친 배합 또는 매우 물기가 많은 배합에서 나타난다. 반면에 약 200 mm의 슬럼프 값을 가지도록 설계된 많은 현대적 고성능 콘크리트가 이러한 형태의 슬럼프 거동을 보이고 있다.

슬럼프 시험과 관련해서 많은 어려운 점이 있다. 이 시험은 순전히 경험적인 것이고, 콘크리트를 다지기 위해서 요구되는 에너지양을 기준으로 한, 앞에서 기술한 워커빌리티 정의와는 관련이 없는 것이다. 다른 골재나 배합 특성을 가진, 매우 다른 반죽질기를 가지는 콘크리트에서도 같은

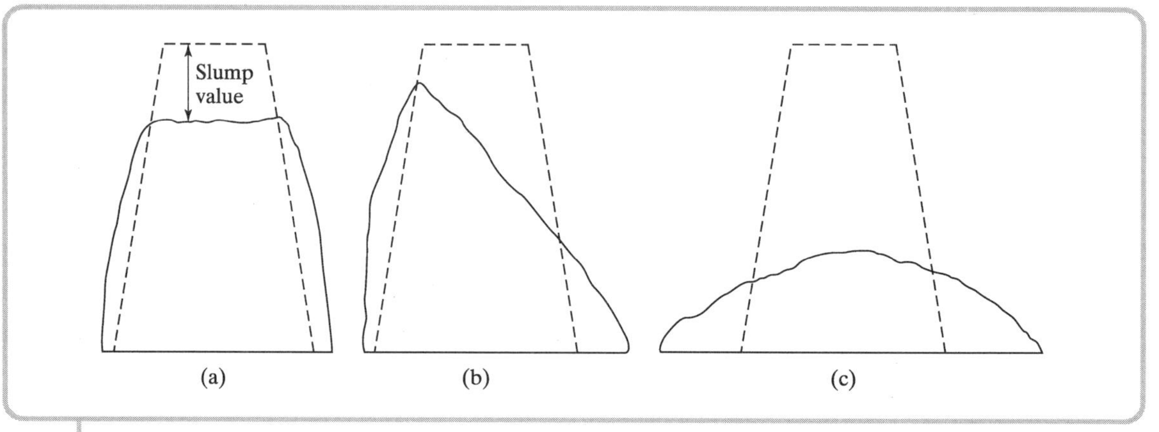

그림 9.9
콘크리트의 슬럼프 형태: (a) 진정한 슬럼프 (b) 전단 슬럼프 (c) 붕괴 슬럼프

슬럼프 값이 계측될 수 있다. 이것은 그림 9.10에 묘사되어 있다. 오른 쪽에서 보이는 콘크리트는 워커빌리티에 관해서 추가적인 정보를 보여주기 위하여 막대로 옆을 천천히 두드린 것이다. 위쪽 콘크리트는 최소량의 미세 재료와 물을 사용한 매우 거친 배합이다. 아래쪽은 소성을 띠며 점성이 있다. 분명히 이 두 콘크리트는 슬럼프 값이 같지만 같은 목적으로 사용될 수는 없다. 더

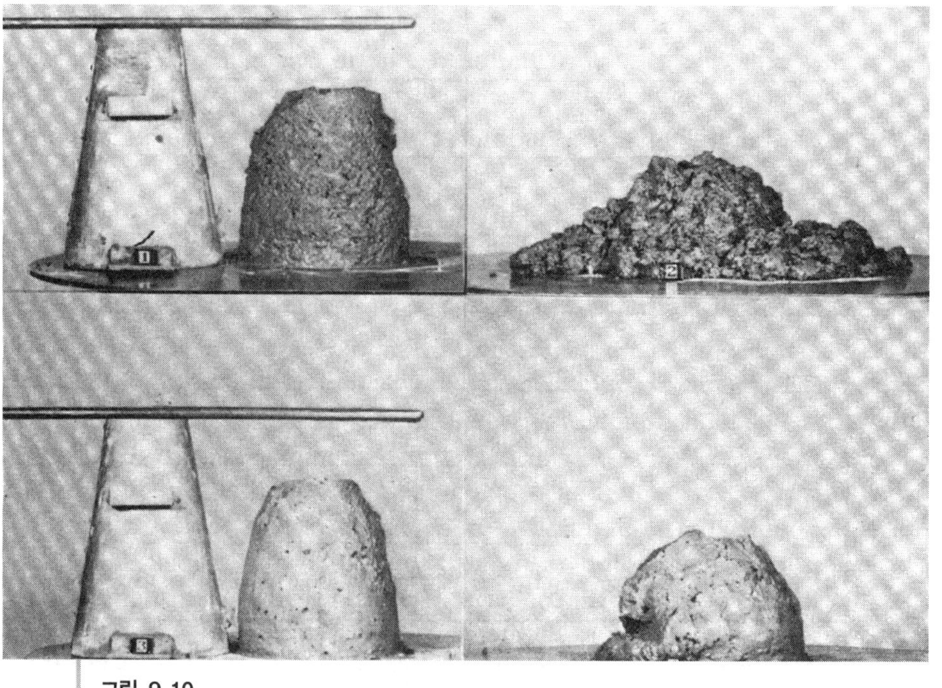

그림 9.10
반죽질기별 슬럼프 결과 [*Concrete Manual*, 8th ed., U.S. Bureau of Reclamation, Denver, CO (1975).]

욱이 슬럼프 값이 영인 낮은 워커빌리티를 가지는 두 콘크리트를 달리 구분할 수 없다. 25 mm 이하의 슬럼프를 가지는 콘크리트는 다른 시험 방법을 사용해야 할 것이며, 된 콘크리트를 다지기 위해서는 진동이 필요하기 때문에, 진동을 포함하는 방법이 바람직하다. 숙련된 기술자는 슬럼프 시험을 적절하게 재현할 수 있지만, 슬럼프 값은 시험 과정에서의 변화에 매우 민감하기 때문에, 다른 기술자가 시험을 수행하면 같은 콘크리트임에도 25 mm 이상의 슬럼프 차가 통상 생긴다. 앞에서 워커빌리티-시간 관계를 기술할 때 언급한 바와 같이, 배합 후 시험 때까지의 경과된 시간에 따라 슬럼프 값은 상당히 달라진다.

이러한 제한 조건들에도 불구하고, 슬럼프 시험은 유용한 정보를 준다. 일반적으로, 비슷한 슬럼프를 가지는 콘크리트는 비슷하게 사용될 수 있다. 더 중요한 것은 슬럼프 값은 매우 유용한 품질 관리 수단이라는 것이다. 주어진 공사에서 슬럼프의 변화는 일반적으로 사용된 골재, 물의 양, 혹은 혼화재료의 양에 변화가 있음을 나타낸다. 슬럼프의 변화는 배합에 문제가 있을 수 있음을 경고하는 것으로 필요에 따라 보완책을 세울 수 있다.

다짐도 시험(Compaction Tests)

콘크리트의 강도는 상대 밀도에 대략 비례한다. 콘크리트의 다짐도를 측정하는 시험은 이미 정의한 바 있는 워커빌리티의 정의에 매우 근접하며, 콘크리트의 특성을 파악할 수 있는 매우 유용한 방법이다. 여러 가지 다짐도 시험방법이 제안되었으며 그 중 가장 보편적인 것은 다짐계수 시험이다.

다짐계수 시험 다짐계수 시험(compacting factor test)은 1947년 영국에서 개발되었으며, 시험장치는 그림 9.11과 같다. 상부 호퍼(hopper)에 콘크리트를 완전히 채운 다음 하부 호퍼와 원주형 몰드에 차례로 떨어뜨리는 것이다. 실린더에서 넘치는 콘크리트는 제거한 후에, 실린더 안에 남아 있는 콘크리트와 실린더 안에 완전히 다져넣은 같은 콘크리트의 비로 다짐계수를 정의한다.

시험 기구는 현장에서 사용하기에는 적합하지는 않으며, 또한 배합된 콘크리트, 특히 공기연행제를 사용한 콘크리트는 호퍼의 측면에 달라붙으므로 막대로 두드려 주어야 한다. 또한 다짐계수가 같은 배합이라 할지라도 다짐을 위하여 같은 양의 일이 필요한 것은 아니다. 일부 기관에서는 이 시험 방법(무 슬럼프 콘크리트의 배합지침인 ACI 211.3R, Guide for Selecting Proportions for No-Slump Concrete에서 언급하고 있는 시험법 중 하나)이 매우 건조한 배합에는 적절한 것으로 인식하고 있으나, 다른 기관들은 표준 배합에만 적용되어야 한다고 생각하고 있다. 더욱이, 골재의 최대치수가 커지면 시험 기기도 커져야 하므로 40mm보다 큰 골재의 경우에는 비현실적이다.

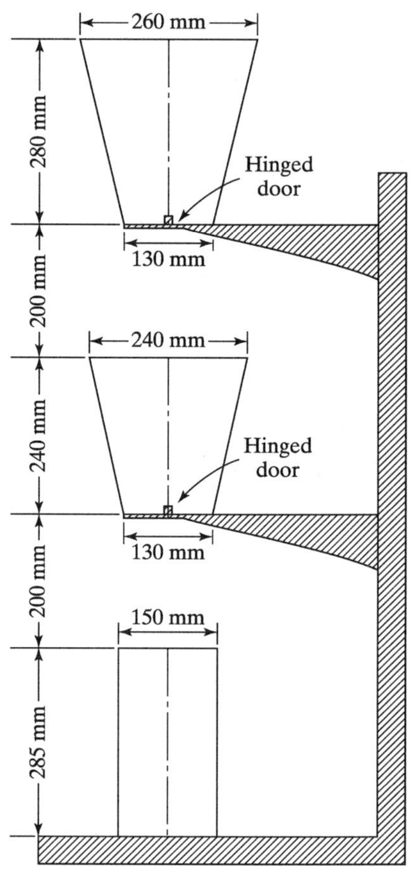

그림 9.11
다짐계수 시험기구

유동성 시험

유동성 시험(flow test)은 흔들림 또는 연속적인 진동 조건에서 콘크리트가 퍼지는 능력을 측정하는 것이며, 이 시험을 통해 콘크리트의 재료분리 발생 가능성을 알 수 있다. 많은 시험 방법들이 있지만, ASTM에서 인정된 것은 하나도 없다. 그러나 1973년까지 ASTM C 124에 유동성-테이블(flow-table) 시험이 기술되었으며, 이는 현재도 간혹 사용된다. 이 시험에서는 콘크리트 시료를 하부 지름이 254 mm, 상부 지름이 171 mm, 그리고 높이 127 mm인 원추모양의 콘(cone)에 타설한다. 이를 드롭 판(drop table) 위에서 타설하고, 이것을 캠샤프트(cam shaft)를 회전하여 높이 12.7 mm에서 15초 안에 15회 떨어뜨린다. 유동성은 퍼진 콘크리트의 증가된 지름을 최초 지름에 대한 백분율로 표현한다. 마찬가지로, 같은 유동성을 갖는 콘크리트도 현장에서 완전히 다른 워커빌리티를 보일 수 있다. 비슷한 시험들이 유럽 일부 지역에서 여전히 사용되고 있다. 예를 들면, 콘크리트의 반죽질기에 대한 유동성 시험은 독일의 DIN 1048, Part 1, Chapter 3.1.2 에 설명되어 있다.

재성형 시험(Remolding Tests)

재성형 시험은 콘크리트가 흐르는데 필요한 일의 양 뿐만 아니라, 새로운 형상을 형성하는데 필요한 일의 양을 측정하기 위해서 개발된 것이다. 이 시험은 실험실에서 실제 현장 조건을 만들기 위한 것이다. 많은 시험 방법이 개발되었으나, 오직 베베(Vebe) 시험만이 가끔 사용되고 있다.

베베 시험(Vebe Test) 베베 반죽질기 측정기(Vebe consistometer)는 1940년에 개발되었으며, 매우 건조한 배합에서 반죽질기의 차이를 결정하는 데는 아마도 가장 적절한 시험법일 것이다. 세 가지 다른 형태의 시험 방법이 있는데, 첫 번째 방법(그림 9.12)은 유럽에서 널리 사용되고 있다. 그러나 이 방법은 골재의 최대 치수가 40 mm보다 작은 콘크리트에만 적용할 수 있다. 표준 슬럼프 콘에 타설한 후, 몰드를 빼고, 투명한 디스크를 콘의 상부에 올려놓는다. 그런 다음 투명한 디스크의 하부 표면이 그라우트로 완전히 덮일 때까지 일정한 진동수와 강도로 콘을 진동시킨다. 그때까지 걸린 시간을 초로 나타낸 것이 베베 시간(Vebe time)이다. 이 시험은 대개 5~30 초 정도의 베베 시간을 갖는 콘크리트에 가장 적절하다. 이 시험에서 어려운 점이 있다면 모르타르로 젖은 디스크의 상태가 균일하지 않아서 시험이 끝난 시점을 정하는 것이 어렵다는 것이다.

두 번째 그리고 세 번째 방법은 롤러 다짐 콘크리트(roller-compacted concrete: 제 11장 참조)의 반죽질기를 평가하도록 개발된 것이며, ASTM C 1170에 설명되어 있다. "시험 방법 A"

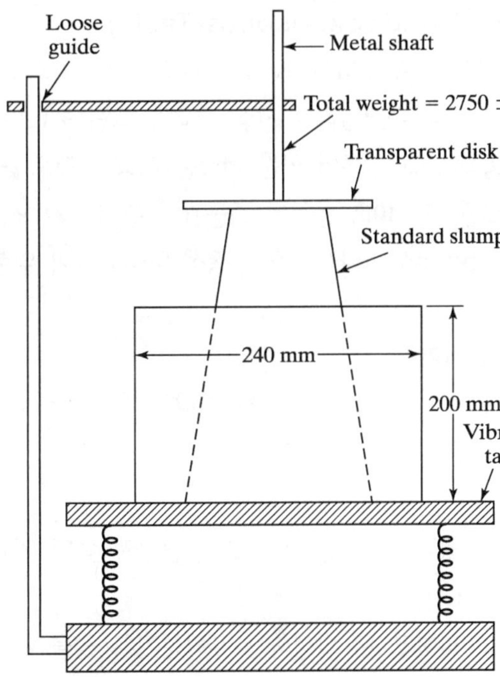

그림 9.12
베베 기구

는 “매우 된 상태에서부터 극도로 건조한 반죽질기까지”에 해당하는 콘크리트에 사용되는 것이다. 그림 9.12에서 보인 원주형 용기에 콘크리트를 채우고, 용기 내부 중심에 위치하고 지름이 229±3 mm인 플라스틱 바닥판 위에 22.7 kg(50-lb) 무게의 부가하중을 올려놓는다. 몰드 벽체와 올린 부가하중 사이의 원환형의 공간에 모르타르가 채워질 때까지 시험 장치를 진동시킨다. 이 때 소요된 시간을 실험 A에 대한 베베 반죽질기(Vebe consistency) 시간으로 규정한다. 진동 시간은 최대 2분을 사용해야 하고, 그 후에도 공간이 채워지지 않으면 콘크리트의 상태를 기록해야 한다. “시험 방법 B”는 “된 상태에서부터 매우 된 상태의 반죽질기까지”에 해당하는 콘크리트에 사용된다. “시험 방법 B”는 “시험 방법 A”와 유사하지만 부가하중이 없다는 것이 다르다. 전체 베베 시간이 2분 미만이면, 2분이 될 때까지 계속 진행하여 베베 밀도(Vebe density)를 얻는다. 두 방법 모두 골재의 최대 치수로는 50 mm를 사용한다. 골재가 이보다 더 큰 경우에는 습식 체가름(wet sieving)을 사용해서 골재의 최대 치수를 줄이도록 한다. ACI 211.3R은 ASTM C 1170에 기술되어 있는 시험 방법을 채택하고 있다.

타우로우 드롭 판(Thaulow Drop Table) 이 시험도 무 슬럼프(no-slump) 콘크리트를 위하여 ACI 211.3R이 제안하고 있다. 이 시험은 베베 시험과 유사하나 콘크리트 시료의 형태가 베베 시험의 슬럼프 콘 형태에서 원주형 형태로 변경된 것이다. 이 시험에서도 드롭 판이 사용되며, 재성형에 필요한 10 mm 높이에서의 낙하 횟수를 기록한다.

기타 시험(Miscellaneous Tests)

1997년에 ASTM의 표준(ASTM C 1362)으로 채택되었고 “유동성(flow)” 시험으로 불리고 있는 최근의 워커빌리티 시험 개요가 그림 9.13에 주어져 있다. 시험 장치는 일부 구멍이 난 외측 중공관과 그 안쪽에 있는 떠있는 계량 막대로 구성되어 있다. 시험 장치를 굳지 않은 콘크리트에 삽입한 후, 40초 동안에 중공관에 흘러 들어오는 콘크리트의 양을 계량한다. 유동성(워커빌리티)이 증가함에 따라 더 큰 유동성(flow) 값이 읽힌다.

다른 시험

지금까지 콘크리트의 워커빌리티를 측정하는 다른 여러 방법들이 제안되어 왔다. 거기에는 다음과 같은 방법들이 포함된다.

1. 몰드 안의 콘크리트를 변형시키는 데 필요한 일의 양을 측정하는 변형 시험(deformation test)
2. 낙하될 때 발생하는 재료분리의 양을 기준으로 콘크리트의 점착력을 측정하는 낙하 시험

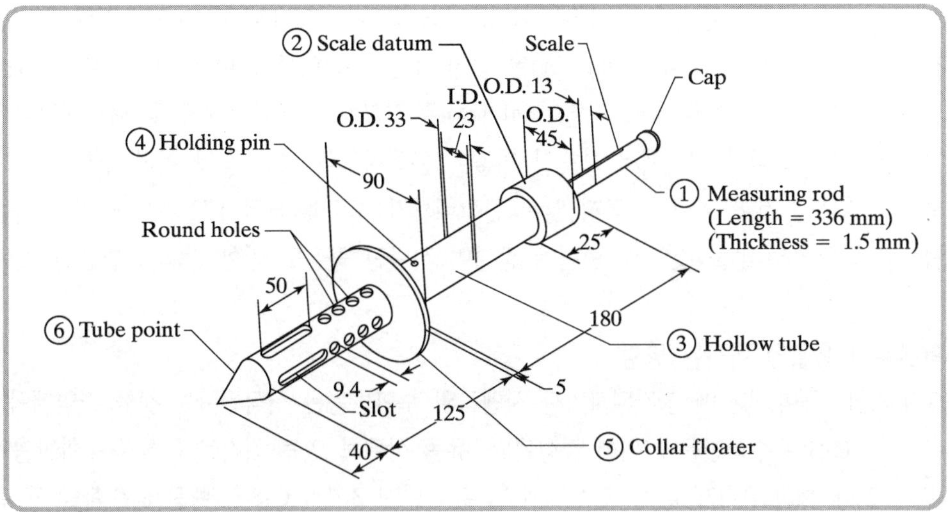

그림 9.13
유동성 시험기구

(drop test)

3. 콘크리트 믹서 내에서 콘크리트를 배합하기 위해 요구되는 일의 양, 즉 통상적으로 믹서를 회전시키는데 필요한 동력의 크기를 계측하는 믹서 시험(mixer test)

요약(Summary)

1. 지금까지 설명했던 모든 시험들은 경험적인 방법으로서 콘크리트의 유동학적인 특성을 근원적인 방법으로 측정하는 것은 아니다.
2. 어느 시험 방법도 모든 콘크리트에 적용할 수는 없다. 완전히 다른 워커빌리티를 갖는 콘크리트에서도 같은 시험 결과를 얻을 수 있다.
3. 특정 콘크리트 배합에 대한 품질 관리의 수단으로 유용하게 사용될 수 있으며, 측정값이 변하면 배합에서 어떤 변화가 생겼다고 짐작할 수 있다.

9.3 콘크리트 응결 (Setting of Concrete)

응결(setting)은 굳지 않은 콘크리트에서 강성(rigidity)이 발현되는 시점으로 정의된다. 응결은 경화(hardening)와는 다른데, 경화는 유용하고 예측 가능한 강도가 발현되는 것을 의미한다. 응결은 경화에 앞서서 일어나지만 두 현상 모두 계속되는 시멘트의 수화 반응에 의해 영향을 받는 점진적인 변화라는 것을 강조하고 싶다. 응결은 완전한 유동 상태와 완전히 굳어진 상태 사이의 과도기로 볼 수 있다. 응결 시간(제 3장에서 설명함)을 측정하기 위하여 사용되는 관입 시험

(penetration test)법들은 완전히 임의적이다. 그림 9.14는 ASTM C 403에 따라 계측한 초결과 종결을 표시한 것이다. 초결(initial set)은 굳지 않은 콘크리트를 더 이상 적절하게 취급/타설할 수 없을 때의 시간을 나타내고, 종결(final set)은 경화가 시작되는 시간을 나타낸다고 간주하는 것이 편리하다. 그러나 그림에서 보듯이 이들이 콘크리트의 성질 중에 어떤 구체적인 변화를 정확하게 나타내는 것이 아니다. 굳지 않은 콘크리트가 초결에 도달하기 이전에 이미 측정될 만한 슬럼프가 남아있지 않을 것이고, 반면에 종결이 지나면 측정될 만한 강도가 발현될 것이다.

수화반응이 응결에 미치는 영향

C_3S의 역할 물이 믹서에 첨가되자마자 시멘트의 수화반응은 시작된다는 것을 기억해야 한다. 응결은 주로 C_3S의 수화반응에 의해 결정된다. 유동 상태로 있는 기간은 C_3S의 수화반응에서 잠재기(단계 2)에 해당한다(제 4장). 잠재기가 끝나고 단계 3에서 C_3S가 빠르게 수화할 때 응결이 일어난다. 대략적으로 초결은 단계 3의 시작점에 그리고 종결은 단계 3의 중간점에 해당한다. 따라서 초결은 콘크리트에서 급격하게 온도가 상승하는 시점이고, 종결에서 상승속도가 최고에 이른다. 또한 응결이 되면 시멘트 풀을 통하는 전기 전도성은 감소하고, 음파의 전달속도는 증가한다. 이 성질을 측정해서 응결을 확인하는 적절한 시험 기준을 정하는데 사용할 수 있다.

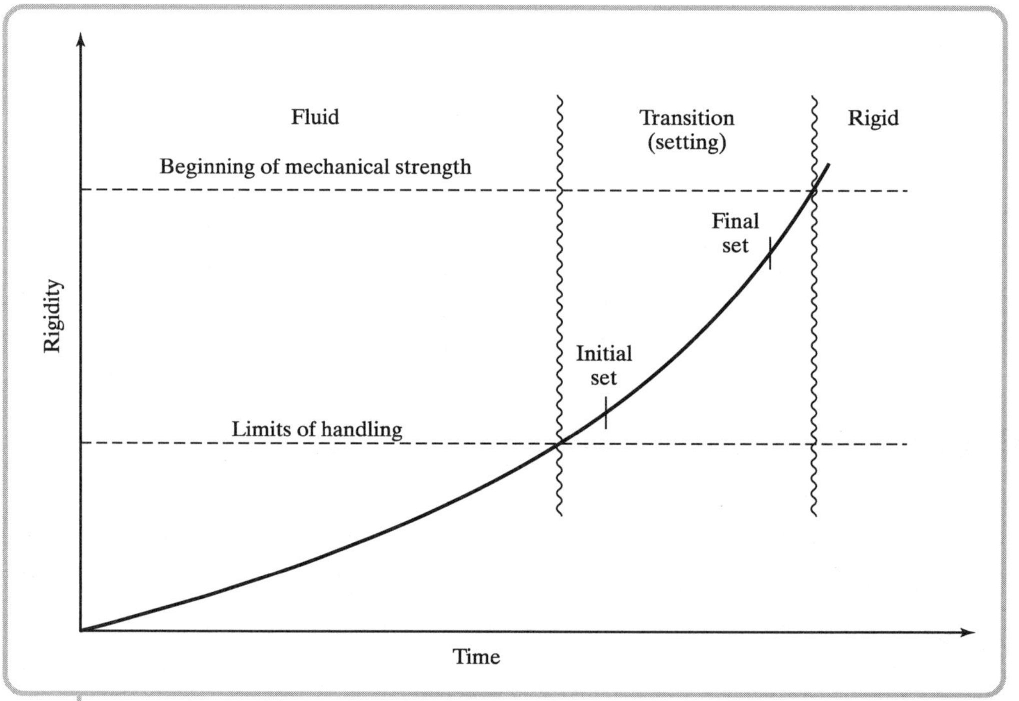

그림 9.14
응결과 경화 과정

C_3A와 석고의 역할 보통 포틀랜드시멘트(5종류의 시멘트)를 사용할 경우에는, 뒤에서 설명할 비정상적인 응결을 제외하고는, C_3A가 응결 거동에 미치는 영향은 상대적으로 적다. 석고는 현대의 시멘트에서는 반드시 포함된다. 석고는 C_3A와 반응하여 응결시간을 조절한다. 많은 양의 에트린자이트가 급격히 형성되면, 알루미네이트 상이 팽창시멘트의 경우처럼 초결과 종결 시간이 줄어들 것이다. 극단적인 경우(예를 들어, 정규 응결용 시멘트; regulated-set cements)에는 에트린자이트 형성이 응결을 완전히 좌우한다.

비정상 응결 현상(Abnormal Setting Behavior)

콘크리트의 비정상 응결은 예전에는 성가신 문제였지만 지금은 드물게 발생하는 현상이다. 그림 9.15는 서로 다른 형태의 비정상 응결 현상을 보여 주고 있다. 이런 현상은 혼화재료(특히, 지연제)가 사용되는 상태에서 흔히 발생한다. 주요한 두 형태의 비정상 응결은 위응결(false set)과 급결(flash set)이다.

위응결(false set) 배합이 완료된 후 콘크리트가 짧은 시간 내에 급격히 굳을 수도 있다(그림 9.15). 콘크리트의 유동성은 재비빔으로 인해 복원된 후 정상적으로 응결된다. 따라서 위응결은 다른 문제보다는 그냥 성가신 일이다. 위응결은 주로 석고의 결정화로 인해서 발생하므로 석고응결(plaster set)이라고 불린다. 석고가 클리커와 함께 분쇄될 때 분쇄기 안의 재료는 분쇄하는 동안 높은 에너지가 투입되기 때문에 온도가 매우 높아진다. 이때의 온도는 충분히 높기 때문에(~120°C), 식 (3.5)의 첫 부분(3.4절)에 준해서, 석고는 부분적으로 탈수가 발생하면서 황산칼슘 반수화물(분말 석고)로 변한다. 이런 현상은 소성로(킬른)에서 높은 온도의 클링커에 석고를 첨가하는 경우에도 발생한다. 물이 첨가되면, 반수화물은 다시 석고로 재수화(rehydrate)하여 단단한 결정체의 매트릭스로 된다. 그러나 콘크리트에는 아주 적은 양의 석고가 생성되기 때문에 실제는 매우 적은 강도가 발현되고 재비빔에 의해 석고응결은 쉽게 중단시킬 수 있다. 분쇄 시작 이전에 크링커의 온도를 제한하고 분쇄기를 냉각시킴으로써 반수화물의 형성을 최소화시킬 수 있다. 적은 양의 반수화물이 여전히 형성될 수 있겠지만 비빔을 계속하면 대부분 재수화하므로 해가 없다. 그러나 지연제는 비빔이 끝날 때까지 반수화물의 재수화작용을 지연시킬 것이다. 이 경우에는 일반적으로 만족스러운 거동을 하는 시멘트도 위응결 현상을 일으킬 수도 있다.

위응결은 배합이 종료된 후 과도한 에트린자이트의 생성에 의해서도 일어날 수 있다. 에트린자이트도 석고와 유사한 모양의 결정구조를 가지므로 비슷한 방식으로 석고응결(plaster set)을 일으킬 수 있다. 에트린자이트는 비빔 동안 결정화가 가장 빠르게 일어나나, 혼합재의 첨가로 인해서 생성이 늦어지거나 연장되면 위응결이 일어날 수 있다. 응결 지연제가 C_3A의 초기 수화를 가속화시켜 에트린자이트의 생성을 증가시킴으로써 위응결을 일으킬 수 있다는 증거도 있다(제 8

장). 일부 고 알칼리 시멘트의 경우는 신제나이트(syngenite $KC\overline{S}_2H$)가 생성되면서 위응결을 일으킬 수도 있다.

석고, 에트린자이트 또는 신제나이트 결정체가 형성될 수 없을 때도 콘크리트는 때때로 비정상적인 응결을 보인다. 비정상적으로 높은 표면 전하가 모이면 시멘트 반죽은 뭉치고 높은 요변성(thixotropy; 틱소트로피; 휘젓거나 흔들면 액화하고 정지하면 다시 겔로 돌아가는 성질)을 일으키게 한다. 이러한 현상을 요변 응결(thixotropic set)이라고 한다.

급결(Flash Set) 시멘트에서 C_3A가 매우 반응성이 높으면 급결(flash set, quick set)이 발생할 것이다. 급결은 많은 양의 모노설포알루미네이트(monosulfoaluminate) 혹은 칼슘 알루미네이트(calcium aluminate) 수화물의 생성으로 일어난다. 이 응결은 소정의 강도가 이미 발현되어 추

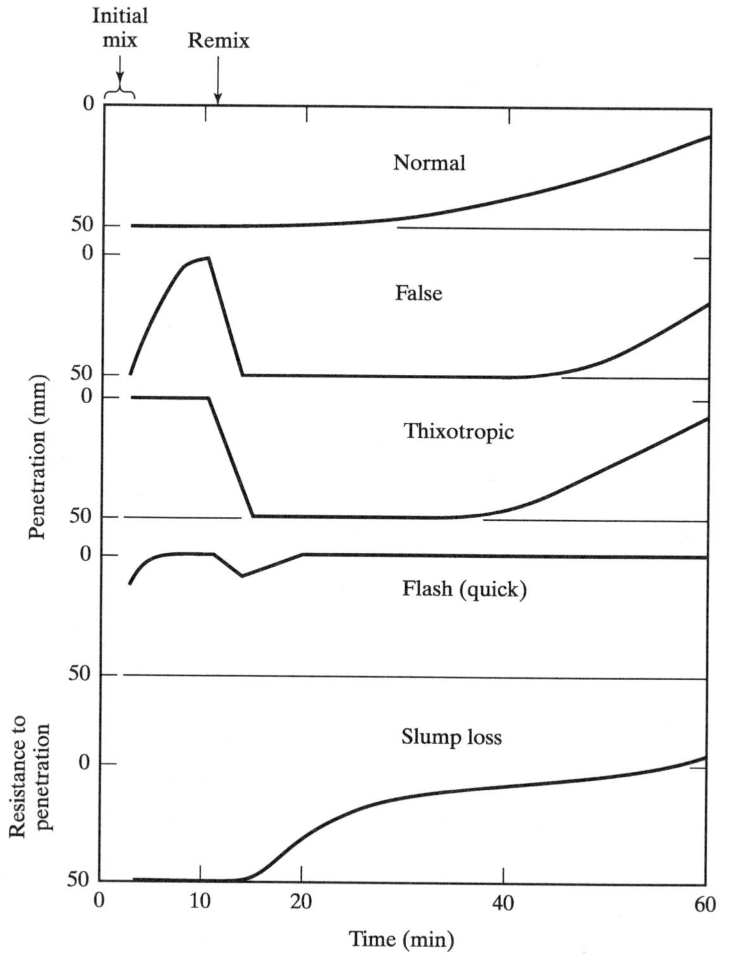

그림 9.15
시멘트 모르타르의 응결 형태와 콘크리트의 슬럼프 손실에 관한 개략도

가적인 비빔으로도 중단되지 않고 빠르게 일어난다. 따라서 급결은 위응결보다 더 심각한 문제이다. 다행히도 C_3A의 수화작용을 제어하기 위해서 석고를 사용하는 보통 포틀랜드시멘트에서는 급결은 대부분 사라졌다. 그러나 때로는 혼화제가 C_3A의 수화작용을 급결을 일으킬 수 있는 수준까지 증가시키는 경우도 있다. C_3A와 석고의 함량이 높을 때 에트린자이트가 생성되면 급결 현상을 일으킬 수 있다.

비정상적인 응결의 방지 비정상적인 응결 문제는 사용하는 혼화재료를 빼거나 다른 것으로 바꾸거나, 아니면 시멘트에 첨가되는 석고의 양을 변경하든가 하여 간단하게 해결할 수 있다. 혼화재료를 첨가하기 전에 시멘트(주로 C_3A)를 먼저 약간 수화시키면 비정상 응결 문제를 해결할 수 있다는 연구도 있다. 이는 혼화재료를 약간 늦게 첨가시키면 된다.

9.4 굳지 않은 콘크리트에 대한 시험 (Tests of Fresh Concrete)

굳지 않은 콘크리트에 대한 시험은 주로 품질관리 수단으로, 그리고 혼화재료를 포함하여 적절한 배합비를 유지하기 위하여 수행되어 왔다. 다음은 굳지 않은 콘크리트에 대한 시험이 유용한 두 가지 이유이다.

1. 굳지 않은 콘크리트에 대한 시험결과는 굳은 콘크리트의 거동을 예측하는 자료를 제공한다.
2. 굳지 않은 콘크리트의 특성이 변했다는 것은 콘크리트의 배합이 바뀐 것을 암시하므로 필요한 경우 대책을 세울 수 있다.

이미 기술한 것처럼 굳지 않은 콘크리트에 대한 가장 일반적인 시험은 슬럼프 시험(워커빌리티 시험)이다. 이 절에서는 그 외 다른 특성들에 대해서 설명한다.

굳지 않은 콘크리트 시료

콘크리트는 시멘트, 골재, 물, 그리고 혼화재료로부터 만들어진 제품이다. 이 성분들의 구성은 질적, 양적인 면에서 변화가 있을 수 있다. 그러므로 굳지 않은 콘크리트에 대한 시험에서 첫 번째로 고려해야 할 점은 시험에 사용된 콘크리트가 배치를 진정 대표하는 것이어야 한다는 것이다. 물론 이는 판단과 경험의 문제이며, "대표성"을 정의할 수 있는 신속하고도 명확한 규칙을 만드는 것은 어렵다. 또한 시료는 상당히 여러 곳에서 채취해야 하는데, 통상적으로 115 m^3 의 콘크리트 타설마다 적어도 하나의 시료를 채취해야 한다.

굳지 않은 콘크리트의 시료 채취에 대한 전형적인 기준이 ASTM C 172에 주어져 있다. 이는 고정식(stationary) 믹서 및 트럭(truck) 믹서로부터, 그리고 중앙혼합식(central-mixed) 콘크리트를 운반하는 장비로부터 시료를 채취하는 방법에 관한 내용을 다룬다. 규정을 보면 합성(composite) 시료를 사용할 것을 요구한다. 즉 콘크리트를 타설하는 동안에 여러 곳에서 시료를 채취한 후 이를 합해서 시료를 만든다. 시료를 채취할 때의 문제점은 거푸집 혹은 지반에 의해서 오염되지 않아야 하고 시료채취 동안 재료분리가 발생하지 않아야 한다는 것이다. 워커빌리티는 시간에 따라 빠르게 변하기 때문에 시료채취는 가능한 한 신속하게, 즉 15분 이내에 마치는 것이 또한 중요하다. 강도시험에는 최소 0.03 m^3의 시료가 필요하고, 공기량 및 슬럼프 시험에는 이 보다 적은 양을 사용해도 된다.

서로 다른 배치의 콘크리트도 균일해야 할 뿐만 아니라 같은 배치 내의 콘크리트도 부분별 내부 변화(배치 내부 변이도: "within-batch" variation)가 매우 작아야 하는 것이 중요하다. 이는 오래된 혹은 낡은 장비를 사용했을 때 또는 장비의 유지관리가 제대로 이루어지지 않는 경우에 심각해진다. ASTM C 94는 레디 믹스트(ready-mixed) 콘크리트에 대한 허용 변화량에 대해서 엄격하게 규정하고 있다. 시료는 배치의 처음과 마지막 부분을 대표하는 두 곳에서 채취해야 한다. 이 두 시료를 개별적으로 시험하는데, 그 시험결과에 대한 균일성 요구조건이 표 9.1이다.

제 15장에서 상세히 기술할 것이지만, 물론 콘크리트 시험 결과와 품질에서 다소의 차이가 생기는 것을 예상할 수 있다. 그렇지만 콘크리트는 특성의 변화가 적을수록 더 좋은 품질이라는 것이 일반적인 규칙인 것이다.

응결시간(Time of Setting)

콘크리트 응결시간은 임의 측정 값이지만 다음과 같은 중요한 효용성이 있다. 즉,

1. 배합과 운반 시간 조절을 돕기 위하여
2. 다양한 응결조절 혼화재료(지연제 혹은 촉진제)의 효율성을 계량하기 위하여
3. 마무리 작업에 대한 일정을 세우는데 도움을 주기 위하여

앞에서 설명했듯이 시멘트의 응결시간을 측정하는 두 가지의 시험방법이 있으나, 이들은 콘크리트의 응결 시간과는 상관이 없다. 이러한 이유로 ASTM C 403은 현재의 시험방법을 기술하고 있다. 이 관입시험법(penetration test)은 콘크리트의 슬럼프가 0 이상이고, "콘크리트의 모르타르 부분에 대한 시험 결과가 필요한 정보를 제공할 수 있는 경우"에만 제한적으로 사용해야 한다.

간단히 말해서, 시험은 첫째로 콘크리트의 모르타르를 4.75 mm(No. 4) 체에 통과시키게 하는 과정, 둘째로 용기 안에 모르타르를 넣고 봉으로 다지는 과정, 셋째로 핀을 모르타르 안으로 25.4

표 9.1 콘크리트 균질성 확보를 위한 요건 (ASTM C 94)[a]

시험	*콘크리트 배치의 두 곳에서 채취한 시료에 대한 실험결과에서 최대 허용오차로 표현된 요건*
공기가 없는 상태에서 계산된 세제곱 미터당 무게(kg/m^3)	16
공기량, 콘크리트 체적비 %	1.0
평균 슬럼프가 100 mm 보다 작은 경우 슬럼프(mm)	25
평균 슬럼프가 100~150 mm 인 경우 슬럼프(mm)	38
No. 4(4.75 mm) 체에 걸러진 각 시료의 무게에 대한 굵은골재의 양 %	6.0
모든 비교 시료의 평균값에 대한 무공기 모르타르[b] 의 단위 중량의 비율 %	1.6
모든 비교 시료의 평균값에 대한 각 시료[c] 의 7일 평균압축강도의 비율 %	7.5[d]

[a] Copyright ASTM INTERNATIONAL.
[b] "Test for Variability of Constituents in Concrete," Designation 26, *Concrete Manual*, 8th ed. U.S. Bureau of Reclamation, Denver, CO (1975)
[c] 각 시료에 대하여 3개 이상의 원주공시체가 제작 실험된다.
[d] 7일 압축강도 실험의 결과가 나오는 동안 믹서의 임시 승인이 부여될 수 있다.

mm(1 in) 관입시키는 데 필요한 힘의 크기를 계측하는 과정 등으로 구성된다. 645 mm^{2}부터 16 mm^{2}의 지압면적을 갖는 제거 가능한 핀을 사용한다. 시험은 일정한 간격으로 수행하면서, 시간에 따른 관입 저항력의 관계 곡선을 구해야 한다. 초결과 종결 시간은 관입 저항력이 각각 3.5 MPa과 27.6 MPa일 때의 시간으로 정의한다. 이 값들은 임의적이지만, 개략적으로 3.5 MPa은 콘크리트가 진동을 받아도 더 이상 소성화가 되지 않는 상태에 대한 값이고, 27.6 MPa은 콘크리트 강도가 약 700 KPa에 해당하는 값이다.

ASTM C 403은 숏크리트(shotcrete) 배합에도 적용되었는데(제 11장), 이것이 ASTM C 1117이다. 여기서도 마찬가지로 표준침의 관입에 대한 숏크리트 판의 저항력을 시간의 함수로 계측한다.

공기량(Air Content)

AE(air-entraining)제에 대해서는 이미 제 8장에서 설명하였으며, 공기연행이 내구성에 미치는 효과는 제 18장에서 설명한다. 이 절에서는 콘크리트 내의 공기량을 측정할 수 있는 기술에 대해서만 언급한다. 공기연행 콘크리트(air-entrained concrete) 내에는 두 형태의 공기가 있는데, 이는 연행 공기(entrained air)와 갇힌 공기(entrapped air)이다. 다음에 설명하는 시험 방법들은 연행 공기와 갇힌 공기를 구분할 수 없으며, 단지 전체 공기량을 측정한다. 또한 공기량을 콘크리트의 체적에 대한 비율로 나타내나, 공기는 단지 시멘트 풀 내에만 존재한다. 시멘트의 공기 연행 잠재능력을 결정할 수 있는 시험 방법을 이미 기술한 바 있다. 불행하게도 요구를 만족시키는 공기 연행 시멘트도 여전히 콘크리트의 소요 공기량을 제공하지는 못할 수도 있다.

콘크리트의 총 공기량을 측정하는 주된 시험 방법으로 세 가지가 있는데, 이들은 중량, 체적,

그리고 압력에 의한 측정 방법이다.

중량 측정에 의한 방법(Gravimetric Method) 중량 측정에 의한 방법은 가장 오래되고도 가장 간단한 공기량 측정 방법(ASTM C 138)이다. 이 방법은 기본적으로 공기를 포함하고 있는 콘크리트의 단위중량과 공기 없는(air-free) 콘크리트의 단위중량을 비교한다. 공기 없는 콘크리트의 단위중량은 배합 재료의 구성비와 비중을 이용해서 계산한다. 공기량, A는 다음과 같이 구해진다.

$$A = \frac{T - W}{T} \times 100 \tag{9.3}$$

여기서, T는 공기 없는 콘크리트의 이론적인 중량이고, W는 콘크리트의 단위중량이다. 이 방법은 주어진 배합 재료로 만들 수 있는 굳지 않은 콘크리트의 체적과 시멘트양 뿐만 아니라 단위중량을 결정하는 데도 사용할 수 있다. 이 시험은 배합 성분들의 정확한 비중을 알아야 하기 때문에 현장에서 사용하기에는 적절하지 않다. 또한 골재의 배합비 및 함수비를 정확히 알아야 하기 때문이다. 경량 골재의 경우에는 골재의 비중을 정확히 아는 것은 매우 어렵기 때문에 이 시험을 사용할 수 없다. 그러나 이 방법은 다른 요소들을 정확히 계량할 수 있는 실험실 작업에서는 적당한 것이다.

부피 측정에 의한 방법(Volumetric Method) 부피 측정에 의한 방법(ASTM C 173)은 공기를 내포하고 있는 굳지 않은 콘크리트의 부피와 같은 콘크리트를 물에서 교란하여 공기를 축출한 콘크리트의 부피를 비교하는 것이다. 이 시험은 그림 9.16에 보여주는 것과 같은 장치를 사용한다.

굳지 않은 콘크리트 시료는 적어도 0.002 m^3 부피의 계량 용기 안에서 잘 다진다. 계량 용기 안의 초과량의 콘크리트는 걷어낸 후, 상부 용기를 고정시키고 물과 이소프로필 알코올(isopropyl alcohol: 추후 기포를 제거하기 위함)을 시험 기구 상단 위치까지 채운다. 그런 다음 시험기구 일체를 뒤집고 심하게 흔들어서 콘크리트 안에 포함된 공기가 완전히 콘크리트로부터 빠져나와 시험기구의 윗부분에 모이도록 한다. 시험기구 상부를 느슨하게 하고, 시험기구 상단의 목부분에 모여 있는 용액의 눈금을 직접 읽어서 콘크리트의 공기량을 계측한다. 시험기구를 다시금 봉합하고, 계측 값이 수렴할 때까지 시험을 반복한다. 이 시험에서 어려운 점은 콘크리트로부터 공기를 제거하기 위해서는 상당한 육체적 노력이 필요하다는 것이다.

압력 측정에 의한 방법(Pressure Method) 굳지 않은 콘크리트의 공기량을 측정하는데 사용되는 방법 중에서 현장에서 가장 보편적으로 사용되는 것이 압력 측정에 의한 방법(ASTM C 231)이다. 이 방법의 기본은 압력을 받는 콘크리트의 부피 변화를 측정하는 것이다. 이 때 부피 변화는

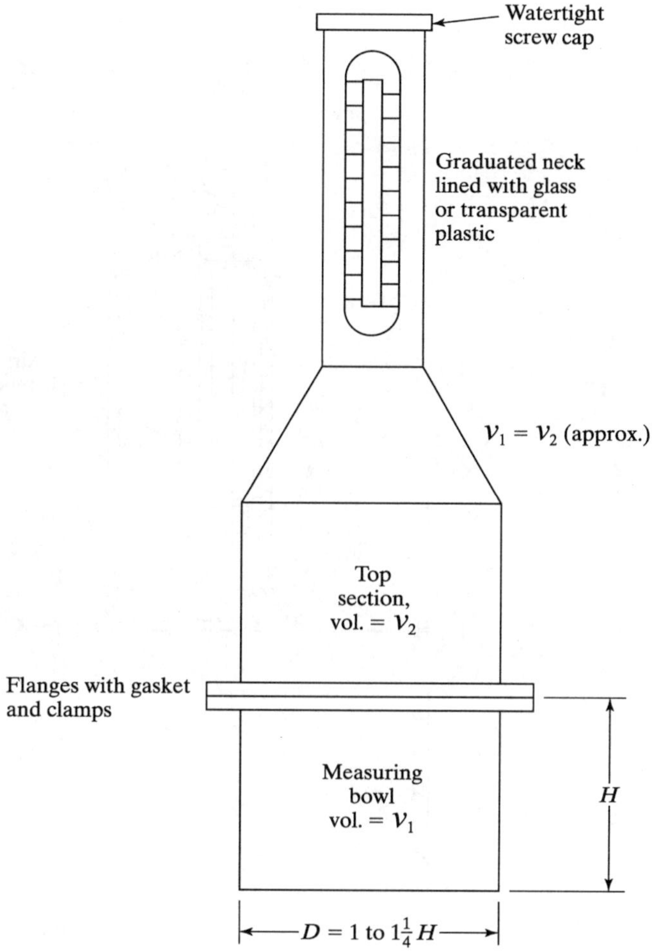

그림 9.16
부피 측정법을 이용해서 굳지 않은 콘크리트 공기량을 측정하는 기구

전적으로 공기의 압축에 의한 것이라고 가정하고, 여기에 보일의 법칙(Boyle's law)을 적용해서 공기량을 계산할 수 있다.

그림 9.17에 보인 것과 유사한 시험 기구가 사용된다. 콘크리트를 계량 용기 안에 압밀시키고, 가장자리까지 수평을 유지하도록 초과 콘크리트를 걷어낸 후 장치를 조립한다. 작은 개폐구를 통해서 물을 주입하고, 압력을 가하고, 공기 방출구 밸브를 이용하여 압력을 조절한다. 압력을 뺀 후 공기량을 읽는다. 이 값은 겉보기 공기량(apparent air content) A_1 이다(다공성 골재에서 골재 자체의 공기량 A_2도 비슷하게 구할 수 있다). 순 공기량(true air content)은 단순히 $A_1 - A_2$이다. 이 방법의 주된 장점은 배합 성분들의 비중, 함수량, 배합비 등을 알 필요가 없다는 것이다. 콘크리트의 공기량이 시험 기구의 측정 범위를 초과한다면, 낮은 압력을 선택해서 측정을 여러 번 나누어 할 수 있다.

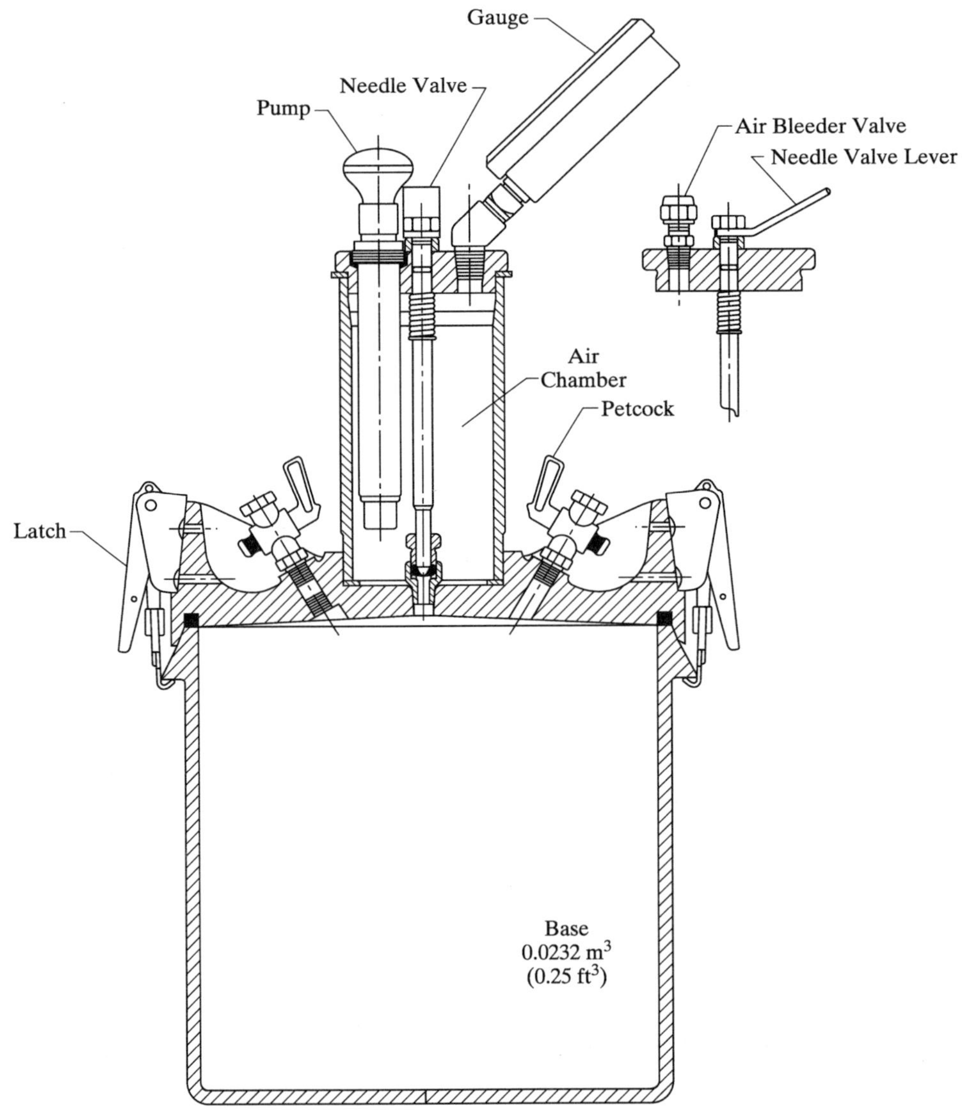

그림 9.17
입력 측정법에 의한 공기량 측정기구, B형(Type B). (Forney Press-Aire Meter에서 인용)

지금까지 기술한 시험법은 콘크리트에 포함된 전체 공기 부피를 측정한다는 것을 강조하고 싶다. 공극의 특성에 대한 정보는 주지 않는다. 그러나 제 8장에서 본 것처럼 공극 체계의 특성(공극의 크기와 간격)은 콘크리트의 내구성을 결정하는 중요한 것이다. 이를 알기 위해서는 굳은 콘크리트 공극 체계를 직접 조사해 보아야 한다. 이는 ASTM C 457(8.3절)에 제시된 과정을 통해서 가능할 것이다.

단위 중량과 부피(Unit Weight and Yield)

굳지 않은 콘크리트의 밀도(단위중량)는 부피를 알고 있는 콘크리트의 무게를 측정하여 구할 수 있다. 공기량 측정을 위한 콘크리트를 측정 바로 전에 무게를 재는 것이 일반적인데, 이는 그 때의 콘크리트의 체적을 알고 있기 때문이다. 콘크리트 내의 연행공기는 무게에는 아니더라도 부피에는 영향을 미치기에 단위 중량 계산에 영향을 미친다. 단위중량은 같은 재료로 만든 콘크리트에서는 공기량에 대한 대략적인 척도로 사용될 수 있다.

단위중량은 콘크리트 배치의 생산량(부피)을 산출하는 데도 사용될 수 있다.

$$V=\frac{w}{\text{unit weight}}\,\text{m}^3 \tag{9.4}$$

여기서 w는 물도 포함하여 콘크리트 구성 재료의 총 중량이다.

부피 :

$$Y=\frac{V}{w_{\text{cem}}}\,\text{m}^3/\text{kg} \tag{9.5}$$

처럼 주어진 일정 중량의 시멘트로서 생산 가능한 콘크리트의 부피를 나타낼 수도 있다.

굳지 않는 콘크리트의 신속한 분석

지금까지 설명한 시험방법들은 시험하는 콘크리트의 배합비가 규정된 것과 실제로 같다는 것을 확인하고자 하는 비간접적인 방법이다. 사실 콘크리트 배합에서 모든 성분들에 대한 배합비를 결정할 수 있다면 품질관리 요구사항은 대체로 만족시킬 수 있다. 그러고 나서 예측하지 못한 사고로 인해서 콘크리트가 제대로 경화되지 않는 것을 막기 위해서 임의의 재령(예를 들면 양생 후 7일)에서 간단한 강도시험을 수행하는 것으로 충분할 것이다. 사실, 두 가지 가장 중요한 변수인 시멘트 함유량 및 물-시멘트 비를 직접적으로 계측하는 시험도 매우 유용할 것이다. 그러나 충분히 정밀도가 높으면서도 비교적 쉽게 수행할 수 있는 시험법이 아직까지는 없다. 더욱이 콘크리트에 포함된 혼화재료의 종류나 양을 결정할 수 있는 적절한 시험 방법이 아직 없다(많은 혼화재료에서 그 정확한 화학적 구성 성분이 주의깊게 보호되고 있는 비밀이기 때문에 더 복잡한 문제가 된다).

참고문헌

Bartos, P., ed., *Fresh Concrete Properties and Tests*, Elsevier, London (1992).

Beampre, D., and Mindess, S., "Rheology of Fresh Concrete : Principles, Measurement and Applications" in *Materials Science of Concrete V*, J., Skalny and S. Mindess. (ed.), American Ceramic Society, Westercille, OH, pp.149-190 (1998).

Concrete Manual, 8th ed., U. S. Bureau of Reclamation, Denver, CO (1975).

Powers, T. C., *The Properties of Fresh Concrete*, John Wiley & Sons, Inc., New York, Chaps. 4, 10 (1968).

Scanlon, J. T., "Factors Influencing Concrete Workability," *Significance of Tests and Properties of Concrete and Concrete-making Materials*, West Conshohocken, PA, pp. 49-64 (1994).

Tattersall, G. H., and Banfill, P. F. G., *The Rheology of Fresh Concrete*, Pitman, London (1983).

Tattersall, G. H., *Workability and Quality Control of Concrete*, Chapman and Hall, London (1991).

문제

9.1. 현재 사용되고 단일점 워커빌리티 시험방법이 내포하는 의미에 대해서 설명하라.

9.2. 북미에서 슬럼프 시험이 널리 사용되는 이유는 무엇인가?

9.3. 슬럼프 손실이란 무엇이며, 이는 어떤 요인들에 의해서 영향을 받는가?

9.4. 콘크리트의 함수량을 변화시키지 않고 콘크리트의 워커빌리티를 변화시킬 수 있는 방안은 무엇인가?

9.5. 블리딩으로 인해서 실제 어떤 결과가 발생하는가?

9.6. 응결의 과정을 설명하라.

9.7. 초결과 종결의 측정값은 수화과정의 주요 변화점에 해당되는가?

9.8. 위응결, 급결, 그리고 소성 응결을 비교해서 설명하라.

9.9. 굳지 않은 콘크리트에 대한 시험을 수행하기 위한 시료를 채취하는 과정의 중요성에 대해서 설명하라.

9.10. 연행공기와 갇힌 공기를 구분해서 측정할 수 있는 공기량 시험방법이 있으면 좋을까?

콘크리트 *Concrete*

CHAPTER 10

배합 설계
Proportioning Concrete Mixes

콘크리트의 배합비를 결정하는 것을 배합설계(mix design)라고 일컫는데, 배합설계의 절차는 (1) 콘크리트의 각 구성 재료(시멘트, 골재, 물, 혼화재료) 선택 및 (2) 워커빌리티, 강도, 내구성을 고려하여 가능한 한 가장 경제적인 콘크리트가 되도록 이들의 분량("비율")을 결정 등 두 단계로 구분된다. 배합비는 사용되는 구성 재료와 직접적인 관련이 있고, 또한 구성 재료는 콘크리트의 용도에 영향을 받는다. 콘크리트의 건조수축 및 크리프를 최소화하고, 특수한 화학적인 환경을 고려하는 설계도 수행한다. 배합설계에 대한 이론적인 연구는 많이 진행되었지만 아직 많은 부분 경험에 의존하고 있다. 또한 콘크리트의 여러 성질이 중요하기는 하지만 대부분의 배합설계는 워커빌리티와 주어진 재령에서의 압축강도를 얻는데 초점이 맞추어져 있는데, 이렇게 하면 다른 성질들은 만족한다고 가정할 수 있기 때문이다(동결 융해 저항성이나 화학적 침식에 대한 저항성과 같은 내구성 문제는 예외이다). 많이 쓰이는 배합설계법에 들어가기 전에 설계에서 기본적으로 고려해야 할 사항에 대해서 좀 더 자세하게 알아볼 필요가 있다.

10.1 기본적인 고려 사항 (Basic Considerations)

경제성

콘크리트의 가격은 재료의 가격, 노동력, 그리고 장비비 등으로 구성된다. 그러나 특수한 경우를 제외하고는 노동력과 장비비는 제조하는 콘크리트의 종류와 품질에 크게 영향을 받지 않는다. 따라서 서로 다른 배합비에 따른 상대적인 가격을 결정하는 데는 재료비가 가장 중요하다. 시멘트의 가격이 골재의 가격보다 훨씬 비싸기 때문에 콘크리트의 가격을 줄이기 위해서는 시멘트의 양을 줄이는 것이 가장 중요하다. 적절하게 타설할 수 있는 범위 내에서 슬럼프를 가능한 한 작게 하고, 가능한 한 골재의 최대치수를 크게 하고, 또한 굵은골재와 잔골재의 비를 최적으로 선택하고, 필요하면 적절한 혼화재료를 이용하여 그렇게 만들 수 있다. 여기서 언급해야 할 것은 시멘트양을 줄이면 가격적인 측면 외에도 다른 이점이 있다는 것인데, 일반적으로 건조수축 및 수화열이 줄어든다. 그러나 시멘트양이 너무 적으면 콘크리트의 초기 강도가 줄어들고, 또한 균질하지 못한 콘크리트가 되어 더 큰 문제를 야기할 수 있다.

특정 배합설계에 대한 경제성은 현장에서의 품질관리 능력과 함께 고려되어야 한다. 제 15장에서 설명하겠지만, 콘크리트의 평균 강도는 자체의 가변성을 고려하여 설계기준강도보다 더 커야 한다. 타설하는 양이 적을 때는 "과다설계"를 하는 쪽이 제조 비용을 줄이기 위해서 품질관리 프로그램을 도입하는 것보다 더 쌀 것이다.

워커빌리티(workability)

사용 가능한 장비를 이용해서 타설 및 다짐을 수행할 수 있어야 제대로 설계된 배합이라고 할 수 있다. 마감성(finishability)도 적절해야 하고, 재료 분리 및 블리딩도 최소화되어야 하며, 일반적으로 적절하게 타설할 수 있는 범위 내에서 워커빌리티가 최소로 되도록 제조해야 한다. 광물계 혼화재를 사용하지 않는 콘크리트에서 워커빌리티를 유지하기 위해서 필요한 수량은 시멘트보다는 골재의 특성에 의해서 결정된다. 워커빌리티를 향상시켜야 한다면 모르타르의 양을 늘리는 방향으로 배합설계를 다시 수행하는 것이 바람직하며, 단순히 물을 더 보태거나 잔골재를 더 추가하는 것은 바람직하지 않다. 따라서 좋은 콘크리트 배합을 확보하기 위해서는 배합설계를 수행하는 사람과 시공사간 협조가 필수적이다. 어떤 경우에는 약간 비경제적인 배합설계가 최선의 선택일 수가 있다. 현장에서 물을 더 추가하지 않아도 필요한 워커빌리티는 만족할 수 있도록 신중하게 계획을 세워야 한다.

강도 및 내구성

일반적으로, 콘크리트 시방기준에서는 최소 압축강도가 명시된다. 그리고 물-시멘트비와 최소 시멘트양에 대한 기준이 명시된 경우도 있다. 이러한 요구조건들은 서로 모순되지 않아야 한다. 제 19장에서 살펴보겠지만 28일 강도가 항상 가장 중요한 것은 아니며, 다른 재령에서의 강도가 설계를 좌우할 수도 있다. 시방기준은 동결융해 저항성이나 화학적 침식과 같은 내구성 조건도 만족하도록 요구하고 있다. 이 조건을 만족하려면 물-시멘트비 및 시멘트 사용량을 제한해야 하고 또한 혼화재료를 추가해야 할 경우도 있을 것이다. 따라서 배합설계의 과정은 이러한 모든 조건들이 만족되도록 해야 하고, 이 조건들을 동시에 모두 최적으로 만족시킬 수는 없기 때문에 약간의 타협(강도와 워커빌리티 사이 같이)이 필요하기도 하다. 비록 완벽한 콘크리트 배합을 만들었다 하더라도 타설, 마감, 그리고 양생이 적절하게 수행되지 않으면, 콘크리트는 제 기능을 수행할 수 없다는 것을 명심해야 한다.

10.2 배합설계 기본 (Fundamentals of Mix Design)

대부분의 이론적인 연구에서 볼 수 있는 배합설계에 관한 두 가지 관점은 배합수의 양과 골재의 입도이다. 대부분의 경험적인 배합설계법은 이 두 가지를 기준으로 설명하고 있다.

물-시멘트비

Duff Abrams는 1918년 콘크리트의 강도에 관한 "콘크리트의 강도는 단지 하나의 변수에 의해서 결정된다 — 물-시멘트비."[1]라는 소위 물-시멘트비 법칙을 발표하였는데, 그것은 다음과 같은 식으로 표현된다.

$$\sigma_c = \frac{A}{B^{1.5(w/c)}} \tag{10.1}$$

여기서 σ_c=주어진 재령에서의 압축강도, A=실험 상수, B=주로 시멘트의 특성과 관련된 상수, 그리고 w/c=무게를 기준으로 한 물-시멘트비이다. 일반적으로 A는 96.5 MPa, 그리고 B는 시멘트의 종류와 관련이 있는데 4 정도를 사용한다. 강도가 물-시멘트비에 반비례한다는 이 연구결과는 현재의 대부분의 배합설계법의 기본이 되었다. Powers와 Brownyard[2]는 물-시멘트비가 시멘트 풀의 공극률을 결정한다는 사실로 그 이유를 설명했으며, 이미 제 4장에서는 겔공극비(gel/space ratio) 개념을 기준으로 이에 대해서 설명하였다. 물론 식 (10.1)은 시멘트의 성숙도(수화도)를 이용해서 정규화(normalize)해야 한다. 그리고 물-시멘트비는 공극률을 결정하기 때문에 콘크리트의 내구성에도 큰 영향을 미친다는 것을 부연하며, 이에 대한 자세한 내용은 제 18장에서 다룬다.

골재의 입도

골재의 입도를 적절하게 정해서 조직을 치밀하게 만드는 것이 업계의 대체적인 관심사였다. Fuller와 Thompson은 1907년에 다음과 같은 "이상적인" 곡선을 제안했다.

$$P_t = \left(\frac{d}{D}\right)^{1/2} \tag{10.2}$$

여기서 P_t=굵기가 d보다 작은 골재비, D=골재의 최대치수이다. Andreassson은 다음과 같은 보다 일반적인 식을 제안하였는데, Fuller곡선은 이 식의 특수한 한 경우라 할 수 있다.

$$P_t = \left(\frac{d}{D}\right)^{q} \tag{10.3}$$

1) 1896년 Feret는 콘크리트의 강도를 시멘트-공극률비로 표현한 더 일반적인 "법칙"을 만들었으며, 에이브럼의 법칙(Abram's law)은 그 한 경우에 해당한다.
2) T. C. Powers and T. L. Brownyard, "Studies of the Physical Properties of Hardened Portland Cement Paste," Bulletin 22, Research Laboratories of the Portland Cement Association(1948).

여기서 q는 0과 1사이의 값이다.

D보다 작은 범위에서 모든 골재의 크기가 동시에 존재한다면 공극은 q의 함수가 되어 q가 줄면 같이 준다. 콘크리트에서는 q의 값으로 1/3과 1/2 사이의 값이 사용되고 있지만 Fuller와 Thompson은 현실적으로 최소 1/2 정도를 제안했다. 그 이유는 공극을 최소화하는 것은 시멘트의 사용량이 줄어 경제적이긴 하지만, 워커빌리티가 나빠지기 때문이다. 또한 입자가 매우 가늘면 조직이 치밀하게 형성되지 않고, 평균 입자 크기가 줄어들면 충전 밀도(packing density)도 줄어들기 때문이다. 콘크리트의 성능을 향상시키기 위해서 ASTM C 33(그리고 CSA A2.31)은 잔골재의 2~10%는 150 mm (No. 100), 그리고 10~30%는 300 mm (No. 50) 체를 각각 통과해야 한다고 규정하고 있다. 그림 10.1에서 보듯이 ASTM C 33에서 사용된 입도 분포는 Fuller 곡선을 근사적으로 나타낼 수 있을 뿐이다.

Shilstone[3)]은 혼합 골재 입도를 이용해서 콘크리트의 워커빌리티, 경제성, 강도를 최적화할 수 있는 경험적인 방법을 개발했다. 그림 10.2처럼 혼합 골재를 세 구간으로 분류했는데, 크기가 9.5 mm 이상인 경우(채움재로 Q로 표시), 2.36 mm(No. 8)체와 9.5 mm사이(중간 입자로 배합의 유동성에 도움이 된다. I로 표시), 2.36 mm보다 작은 입자(워커빌리티에 도움이 되며 W로 표

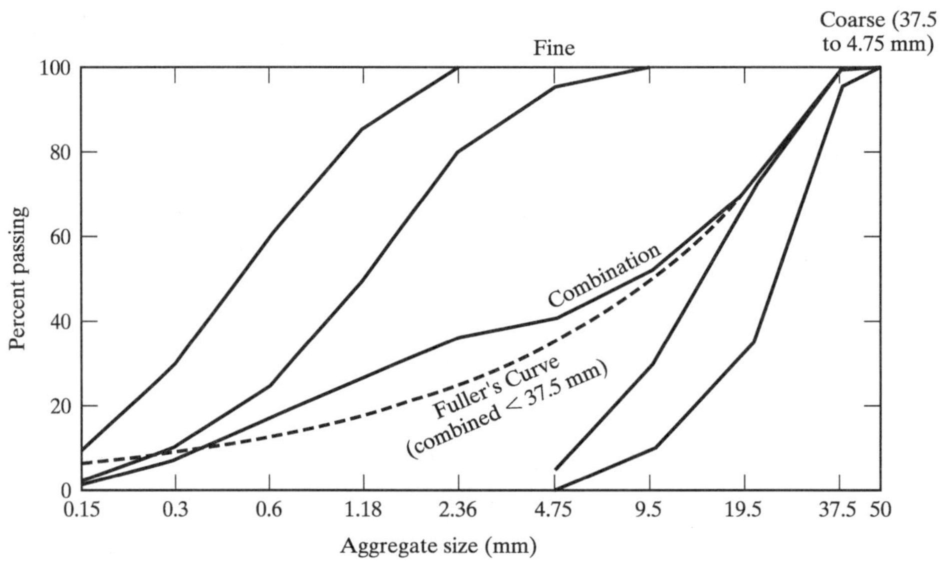

그림 10.1
잔골재 및 굵은골재의 입도 한계를 표시한 입도 분포 곡선(ASTM C 33).
혼합 입도 곡선(ASTM 기준의 중간영역에 해당하는 잔골재 40%, 굵은골재 60% 혼합)과 그에 해당하는 Fuller-Thompson의 "이상적인" 입도 분포 곡선도 같이 그렸다.

3) J. M. Shilstone, Sr., "Concrete Mixture Optimization," Concrete International, Vol. 12, No. 6, pp. 33-39 (June 1990)

시)이다. Shilstone의 연구에 따르면 실험적으로 최적인 혼합 골재 입도는 워커빌리티 계수

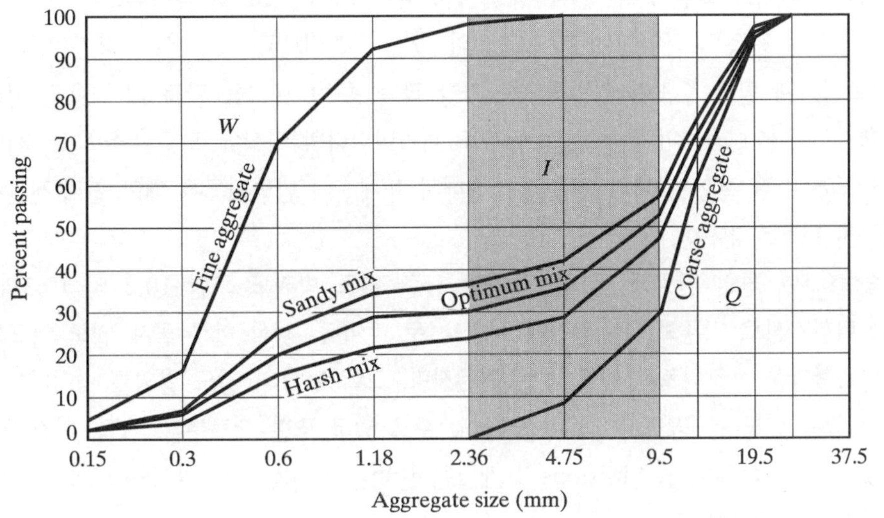

그림 10.2
혼합 골재 입도 곡선. 워커빌리티(*W*), 중간 입자(*I*), 훌륭한 채움재(*Q*)의 역할에 도움이 되는 골재의 크기를 함께 표시했다. (Adapted from J. M. Shilstone, Sr.)

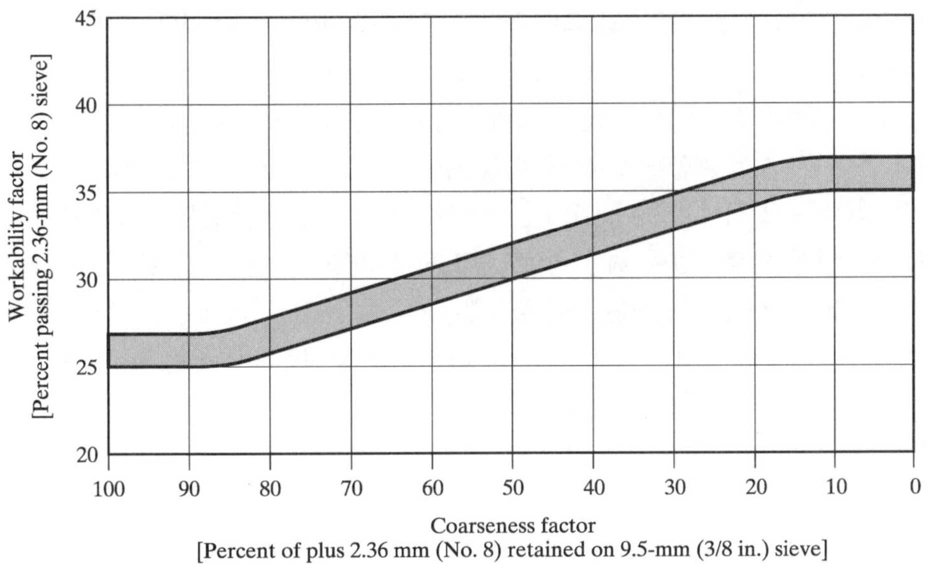

그림 10.3
최적의 콘크리트 배합을 위한 골재의 입도 분포를 거칠기 계수를 기준으로 표시한 그림 (Adapted from J. M. Shilstone, Sr.)

(workability factor, 2.36 mm(No. 8) 체를 통과하는 골재의 비율 = $W/(Q+I+W)$)와 거칠기 계수(coarseness factor, 9.5 mm 체에 남는 골재와 2.36 mm(No. 8)체에 남는 골재의 무게비 = $Q/(Q+I)$)의 관계로 표현할 수 있다. 그림 10.3에서 회색 띠로 표시된 부분에 속하는 배합을 이용하면 고주파 진동 다짐이 용이한 점착성이 있는 콘크리트를 만들 수 있고, 주어진 시멘트양을 기준으로 할 때 필요 수량이 일반적으로 가장 작다. 그림 10.3을 만들 때 사용된 콘크리트는 시멘트 함량이 335 kg/m^{3}이다. 시멘트 입자도 워커빌리티의 향상에 도움이 되므로, 시멘트 함량이 변하면 그에 따라 혼합 골재의 W값을 조정해서 W계수에 반영되도록 해야 한다(잔골재와 시멘트의 비중차를 고려하여).

그림 10.1에 보인 잔골재 및 굵은골재에 대한 입도 범위도 그림 10.2 및 10.3의 혼합 입도 곡선과 마찬가지로 이론보다는 경험에 기반을 둔 것이다. 사실 아무 골재 입도 분포를 사용하더라도 만족할만한 콘크리트를 만들 수는 있겠지만, 그림 10.1의 입도 범위를 벗어나면(혹은 이 범위 내에 있는 입도 분포일지라도) 비경제적일 수도 있고 또한 재료분리, 다짐, 마감 등을 잘 처리하는 것이 어려울 것이다. Shilstone이 개발한 방법은 비교적 최근의 연구로서 콘크리트 업계에서 표준화된 것은 아니다.

10.3 ACI 배합 설계 (ACI Method of Mix Design)

배합 설계를 수행하는 방법에는 여러 가지가 있다. 그들을 직접 비교하기는 어렵지만 대략 비슷한 배합비를 주며, 이를 이용하면 모두 적당한 콘크리트 배합이 가능하다. 북미지역에서 가장 많이 사용되는 배합은 ACI Standard Practice 211.1의 내용인데, 여기서 자세히 설명한다. 그러나 모든 배합설계법은 초기의 근사적인 배합비만 알려줄 뿐이라는 점을 명심해야 한다. 따라서 실험실이나 현장에서 시험 배합을 수행하고 이를 통해서 요구되는 콘크리트를 만들 수 있도록 필요에 따라서 배합비를 조정해야 한다. 주어진 재료에 따라서는 상당한 편차가 있을 수 있다. 따라서 구입해서 사용하는 각 재료에 대한 경험자료가 축적되면 이를 반영하기 위해서 ACI법에서 사용되는 여러 표의 내용을 수정하는 것이 필요하다.

앞에서 언급했듯이 작업 지시서에는 최소 시멘트양, 물-시멘트비, 슬럼프, 공기량, 골재의 최대 치수, 강도, 혼화재료의 사용을 비롯한 필요한 여러 조건이 명시되어 있을 것이다. 그러나 요구사항에 무관하게 배합중량은 다음에 설명된 단계를 따라서 가장 잘 구할 수 있다[대부분의 경우 부피보다 무게를 기준으로 계산하는 것이 더 낫다(제 11장)]. 이렇게 하면 사용할 재료의 특성을 적절하게 고려해서 필요한 배합을 만들 수 있다. 요약하면 배합설계는 (1) 설계 변수의 결정 - 골재의 특성, 골재의 최대 치수, 슬럼프, 물-시멘트비, 혼화재료; (2) 배합중량의 결정; 그리고 (3) 이렇게 계산한 배합설계를 기준으로 시험 배합을 실시해서 배합중량을 조정하는 순서로 구성된다.

배합설계 순서

1. **필요한 정보.** 배합설계를 실시하기 전에 사용할 재료의 성질 및 타설할 구조물에 대해서 알아야 한다. 재료의 성질은 잔골재 및 굵은골재에 대한 체가름 분석, 굵은골재의 단위 중량, 겉보기 비중, 골재의 흡수율 등이다. 구조물에 대한 정보는 구조 부재의 유형과 크기, 철근 사이의 최소 간격, 콘크리트 강도, 콘크리트의 노출 환경 등이다.

2. **슬럼프 결정.** 일반적으로 슬럼프는 콘크리트를 취급하고 타설하는 방법을 고려하여 작업의 성격에 따라 정해진다. 그러나 슬럼프가 주어져 있지 않으면 진동 다짐을 사용할 경우에 적용하는 표 10.1에서 적절한 값을 선택할 수 있다. 일반적으로는 적절하게 타설할 수 있는 범위 내에서 가장 작은 슬럼프를 선택해야 한다. 그러나 이것은 최소 슬럼프를 표 10.1에서 무조건 선택해야 한다는 뜻은 아니다. "적절한 타설"이라는 것은 현장 상황을 고려한다는 뜻이고, 이는 때에 따라서는 추천 값의 최대 값에 가까운 슬럼프를 선택해야 해야 할 때도 있다. 슬럼프를 작게 선택해서 설계를 하고, 감수제를 이용해서 값을 높이는 방법이 점점 보편화되고 있다.

표 10.1 작업에 따른 슬럼프 추천 값

작업의 종류[a]	*슬럼프(mm)*[b]	
	최대[c]	*최소*
철근콘크리트 기초벽 및 기초판	75	25
무근콘크리트 기초판, 케이슨, 그리고 하부구조 벽체	75	25
보 및 철근콘크리트 벽체	100	25
건물 기둥	100	25
포장 및 슬래브	75	25
매스 콘크리트	50	25

[a] ACI 211.1에서 인용
[b] 화학 혼화제를 사용하는 경우 슬럼프를 증가시킬 수 있다; 단, 물-시멘트비 혹은 물-결합재비는 같거나 더 작아야 하고, 재료분리 가능성이나 과도한 블리딩이 없어야 한다.
[c] 진동다짐 외의 방법으로 다짐을 할 경우엔 25 mm 더 증가시킬 수 있다.

3. **골재의 최대 치수.** 일반적으로 선택 가능한 최대 치수 중에서 가장 큰 값을 선택해야 한다. 그러면 필요한 시멘트양을 최소화할 수 있다. 골재의 최소 치수(7.1절 참조)에 관한 조건은 다음과 같다:

a. 철근콘크리트(혹은 PS콘크리트)에서 최대 치수는 거푸집 사이 최소 간격의 1/5을 넘어서는 안 된다. 또한 철근, 강연선, 다발 철근, 철근과 거푸집 간의 최소 순간격의 3/4을 넘어서도 안 된다.[4)]

4) ACI 211.1과 ACI 318에서는 철근과 거푸집 사이의 간격을 기준으로 한 간격 제한이 없다. 이 경우 골재가 철근과 거푸집 표면 사이에 끼여서 공극 및 곰보가 생길 수 있다.

b. 슬래브에서는 최대 치수가 깊이의 1/3을 넘지 않아야 한다.

경험으로 보아서 타설할 때에 공극이나 곰보(honeycomb)가 생기지 않으면 이 조건들을 완화시킬 수 있다. 또한 같은 물-시멘트비에서는 골재의 최대 치수가 작을수록 압축강도가 더 커진다. 따라서 골재의 최대 치수를 줄여서 설계하는 경향을 볼 수 있는데, 이는 고강도콘크리트에서 보다 확연하다(제 19장 참조). 많은 경우 사용할 수 있는 가장 큰 치수는 19 혹은 25 mm이다. 같은 현장에서 구조물의 부위에 따라서 골재의 최대 치수를 달리 정하는 것은 좋은 생각이 아니라는 것을 알아야 한다. 왜냐하면 혼돈을 일으켜서 실수를 할 확률이 높아지기 때문이다.

4. **배합수 및 공기량 산정.** 제 9장에서 살펴보았듯이 콘크리트의 워커빌리티는 주로 시멘트 풀과 연관이 있으며, 연행 공기량, 골재의 입도, 골재의 최대 치수, 골재의 모양, 선택한 슬럼프에 해당하는 소요 배합수량을 표 10.2에서 구할 수 있다. 이 표는 공기연행 콘크리트(air-entrained concrete)나 비연행 콘크리트로 나누어 적용할 수 있으며, 여러 해 동안의 경험을 토대로 만들어진

표 10.2 슬럼프 및 골재의 공칭 최대 치수에 따른 배합수 및 공기량의 근사값[a,b]

	배합수(kg/m³), 골재의 최대 치수별, 그리고 콘크리트 단위 부피당						
슬럼프(mm)	*9.5 mm*	*12.5 mm*	*19 mm*	*25 mm*	*37.5 mm*	*50 mm*[c]	*75 mm*[c]
			비연행 콘크리트(Non-Air-Entrained Concrete)				
30-50	210	200	185	180	160	155	130
80-100	225	215	200	195	175	170	145
150-180	240	230	210	205	185	180	160
비연행 콘크리트에 포함된 공기량에 대한 근사치, %	3	2.5	2	1.5	1	0.5	0.3
			공기연행 콘크리트(Air-Entrained Concrete)				
30-50	180	175	165	160	145	140	120
80-100	200	190	180	175	160	155	135
150-180	215	205	190	185	170	165	155
			노출정도에 따른 평균 총 공기량의 추천 값, %				
약한 노출	4.5	4.0	3.5	3.0	2.5	2.0	1.5[d]
보통 노출	6.0	5.5	5.0	4.5	4.5	4.0	3.5[d]
심한 노출[e]	7.5	7.0	6.0	6.0	5.5	5.0	4.5[d]

[a] ACI 211.1에서 인용

[b] 이 배합수량은 시험배합에서 시멘트 계수들을 얻는데 사용한다. 입도가 규정 범위 내에 들고 비교적 모양이 좋고, 모난 모양의 굵은골재에 대한 최대 값에 해당한다.

[c] 골재의 최대 치수가 37.5 mm 이상인 경우에는 37.5 mm 이상의 입자를 습식 선별(wet screening)한 후에 슬럼프를 측정하였다.

[d] 콘크리트에 입자가 큰 골재가 포함된 경우에 해당하며, 공기량을 측정하기 전에 37.5 mm 체를 이용해서 습식 선별하며, 37.5 mm 보다 작은 부분에 예상되는 공기 비율은 37.5 mm 열에 있는 값을 사용한다. 그러나 초기 배합 계산에서는 공기량을 전체에 대한 비율로 포함시켜야 한다.

[e] 이것은 모르타르에서는 9%의 공기량이 필요하다는 기준에 의한 값이다. 만일 모르타르 부피가 현재 방법에서 결정된 것과 현저하게 다르다면, 실제 모르타르 부피의 9%를 필요 공기량으로 하는 것이 바람직 할 것이다.

것이다. 그렇지만 표 10.2에 의존하지 말고 실제 사용할 재료를 기준으로 한 경험을 바탕으로 이 값을 다시 정하는 것이 바람직하다. 감수제를 사용하는 경우엔 줄어드는 수량만큼 배합수의 양을 줄여야 한다. 표 10.2는 비연행 콘크리트에 포함되어 있을 갇힌 공기(entrapped air)의 양에 대한 근사적인 값도 표시되어 있으며, 골재의 최대 치수 및 세 단계의 서로 다른 노출 환경에 따라 (필요하면) 공기 연행 수준을 제시하고 있다. 현장에서는 슬럼프를 높여달라는 요구가 자주 있으므로(시멘트 풀의 양을 늘리는 대신에 단순히 물을 더 사용해서 물-시멘트비가 높아져서 강도가 저하되는 일이 종종 있다), 공기량과 배합수량을 가장 불리한 조합으로 엮어서 강도에 어떤 영향을 미치는지 시험배합을 통해서 알아둘 필요가 있다. 즉, 최대 허용 공기량과 최대 허용 슬럼프를 사용하는 것이다. 그러면 강도를 과대 평가하는 일을 막을 수 있다.

5. 물–시멘트비 혹은 물–결합재비. 적절한 물-시멘트비(*w/c*) 및 물-결합재(*w/cm*)는 강도 및 내구성을 고려하여 결정한다.

a. *강도.* 사용 재료를 기준으로 한 강도와 물-시멘트비 사이의 관계 자료가 없으면, 표 10.3을 이용해서 28일 압축강도를 안전측으로 추정할 수 있는데, 1종 시멘트만 사용하는 경우와 포졸란을 같이 사용하는 경우 모두 적용할 수 있다[5]. 물론 작업이 28일 강도를 기준으로 하지 않는 경우(예를 들어 거푸집을 제거하는 날짜를 기준으로 하는 경우)도 있고, 일반적으로 자주 사용되는 것이 아닌 시멘트(2, 3, 4 혹은 5종 시멘트), 고로슬래그, 과량의 포졸란이 사용되는 설계도 있을 것이다. 이 때는 표 10.3을 이용할 수 없다. 따라서 이 경우나

표 10.3 물-시멘트비 혹은 물-결합재비와 콘크리트의 압축강도 사이의 관계[a]

28일 압축강도[b]	*물-시멘트비, 무게 기준*	
	비연행 콘크리트	*공기연행 콘크리트*
45 MPa	0.37	-
40 MPa	0.42	-
35 MPa	0.47	0.39
30 MPa	0.54	0.45
25 MPa	0.61	0.52
20 MPa	0.69	0.60
15 MPa	0.79	0.70

[a] ACI 211.1에서 인용

[b] 표 10.2에 보인 공기량 이하에 해당하는 콘크리트에 대한 평균 강도 추정값이다. ASTM C 31에 의거해서 습윤양생한 150 × 300 mm 콘크리트 원주공시체를 사용하여 강도를 측정하였다.

5) 비록 ACI 21.11에서는 고로슬래그에 대해서는 언급하고 있지만, 여기서 설명하고 있는 절차는 모든 광물계 혼화재에 동일하게 적용할 수 있다.

설계가 휨강도 조건에 의해서 지배될 경우에는 설계자가 별도로 자료를 마련해야 한다. 현장에서 실제 사용되는 재료를 이용해서 적절한 강도, 시간, 물-결합재비 사이의 관계를 파악하는 것이 제일 바람직하다. 그렇게 하면 혼화재료가 미치는 영향도 알아낼 수 있다.

b. *내구성.* 만일 동결융해, 해수, 황산염 등에 노출되는 심한 노출의 경우엔 표 10.4의 좀 더 엄격한 물-시멘트비가 적용된다. 그러나 시방서마다 약간 다르게 규정되어 있다. 예를 들어 CSA Standard A23.1에는 심한 노출 상황에서 최대 허용 물-시멘트비, 콘크리트 강도, 공기량을 선택하는 방법을 좀 더 구체적으로 설명하고 있다. 이것이 표 10.5와 표 10.6이다. 표 10.7은 ACI 기준인데, 콘크리트가 노출된 흙 및 지하수에 포함된 황산염의 농도에 따른 요구 값인데, 사용 시멘트의 종류도 고려하고 있다(제 18장 참조).

표 10.4 심한 노출 상태의 콘크리트에 대한 최대 허용 물-시멘트비 혹은 물-결합재비 [a,b]

구조물의 종류	*구조물이 항상 혹은 자주 젖고, 동결융해에 노출된 경우*	*구조물이 해수나 황산염에 노출된 경우*
단면이 얇거나(경계석, 창문턱, 받침, 장식) 피복두께가 25 mm 미만인 경우	0.45	0.40[d]
다른 모든 단면	0.50	0.45[d]

[a] ACI 211.1에서 인용.
[b] ACI Committee 201, Durability of Concrete in Service 인용. 시멘트외의 시멘트계 혼화재료는 ASTM C618 및 C989를 만족해야 한다.
[c] 공기연행 콘크리트이어야 한다.
[d] 내황산염 시멘트(ASTM C150의 2종 혹은 5종)를 사용할 경우엔 허용 물-시멘트비 혹은 물-결합재비를 0.05 증가시킨다.

6. **시멘트 혹은 결합재의 양 산정.** 수량과 물-시멘트비(4 및 5단계)가 결정되면, 단위 부피당 콘크리트에 대한 시멘트양 혹은 시멘트와 광물계 혼화재를 합한 양은 필요 수량을 물-시멘트비로 나누어서 구할 수 있다. 그러나 많은 시방서들이 최소 시멘트양을 규정하고 있다. 그것은 마감, 수직면의 품질, 워커빌리티 등에서 만족할 만한 결과를 얻기 위한 것이다; 또한 현장에서 수량을 늘림으로써 강도가 낮아지게 되는 것을 막아준다.

시멘트의 일부를 광물계 혼화재로 치환할 때는 무게를 기준으로 하거나 부피를 기준으로 할 수 있다. 일반적으로 무게를 기준으로 한 방법이 사용된다. 포틀랜드시멘트 및 혼화재료는 각각 비중이 다르기 때문에 무게 및 부피비는 서로 다르다.

다음 식을 이용하면 부피비 F_w와 무게비 F_v 사이의 관계를 구할 수 있다.

표 10.5 구조물의 종류 및 노출 정도에 따른 최소 설계기준강도 및 최대 허용 물-결합재비 [a]

노출 정도 [b]	*노출 조건*	*최소 28일 설계기준강도, MPa*	*최대 물-결합재비*	*공기량 분류*
C-1	동결융해에 대한 노출과는 무관하게 염화물에 노출되고, 구조적으로 보강된 콘크리트. 예로 교량의 바닥판, 주차건물 바닥판, 램프, 조간대(tidal zone) 내에 있는 해양구조물의 일부	35	0.40	[c]
C-2	동결융해 및 염화물에 노출되고, 구조적으로 보강되지 않은 콘크리트(예로 무근콘크리트). 예: 포장, 보도, 경계석, 홈통.	32	0.45	1
C-3	동결융해에는 노출되어 있지 않지만, 연속적으로 염화물에 잠겨 있는 콘크리트. 예: 해양구조물의 수중 부분	30	0.50	2
C-4	동결융해에 노출되어 있지 않고 염화물에 노출된 구조적으로 보강되지 않은 콘크리트. 예: 실내 주차장 바닥 콘크리트.	25	0.55	2
F-1	습윤상태로 동결융해에 노출되지만 염화물에는 노출되지 않는 콘크리트. 예: 외벽 및 외측 기둥.	30	0.50	1
F-2	비습윤상태로 동결융해에 노출된 콘크리트. 예: 외벽 및 외측 기둥.	25	0.55	2
N	동결융해나 염화물에 노출되지 않는 콘크리트. 예: 내부 슬래브, 내벽, 내부 기둥.	구조 설계에 의거	구조 설계에 의거	

[a] CSA Standard A23.1, Concrete Materials and Methods of Concrete Construction에서 인용

[b] C등급은 염화물 노출과 관련이 있다. F등급은 동결융해 노출에만 관련이 있다. N등급은 염화물 혹은 동결융해에 노출되지 않는 경우이다.

[c] 분류1은 동결융해에 노출된 콘크리트에 적용하고 분류2는 동결융해에 노출되지 않는 콘크리트에 적용한다(표 10.6 참조).

표 10.6 표 10.5에 분류된 여러 노출 수준에 따른 총 공기량 [a]

공기량 분류	*굵은골재의 공칭 최대 치수에 따른 콘크리트의 공기량, %*		
	10 mm	*14~20 mm*	*28~40 mm*
1	6~9	5~8	4~7
2	5~8	4~7	3~6

[a] CSA Standard A23.1에서 인용. 표 10.5의 주해 참조.

$$F_w = \frac{1}{1+\left(\frac{G_c}{G_p}\right)\left(\frac{1}{F_v}-1\right)} \tag{10.4}$$

$$F_v = \frac{1}{1+\left(\frac{G_p}{G_c}\right)\left(\frac{1}{F_w}-1\right)} \tag{10.5}$$

표 10.7 황산염에 노출된 콘크리트에 대한 기준[a]

황산염 노출 정도	흙 속의 수용 황산염(SO_4), 중량 퍼센트	물 속의 황산염(SO_4), ppm	시멘트 종류	최대 물-결합재비, 중량 기준, 보통 중량 골재 콘크리트[b]	보통 중량 및 경량 골재 콘크리트의 최소 설계기준강도, MPa[b]
무시할 정도	$0.00 \leqq SO_4 < 0.10$	$0 \leqq SO_4 < 150$	-	-	-
보통	$0.10 \leqq SO_4 < 0.20$	$150 \leqq SO_4 < 1500$	2종, IP[e](MS[f]), IS[g](MS), P[h](MS), 1종(PM[i])(MS), 1종(SM[j])(MS)	0.50	28
심한 노출	$0.20 \leqq SO_4 \leqq 2.00$	$1500 \leqq SO_4 \leqq 10,000$	5종	0.45	31
극심한 노출	$SO_4 > 2$	$SO_4 > 10,000$	5종+포졸란[d]	0.45	31

[a] ACI 318에서 인용.
[b] 투수성을 줄이거나 철근의 부식 및 동결융해에 대한 저항성을 높이기 위해서는 물-결합재비를 낮게 하거나 강도를 높이는 것이 필요하다.
[c] 해수
[d] 5종 시멘트를 사용한 콘크리트에 혼합했을 경우 황산염에 대한 저항성이 높아진다는 시험결과가 있는 포졸란
[e] IP: portland pozzolan cement. 포졸란 재료의 함량이 혼합시멘트의 질량에서 15~40% 차지.
[f] MS: moderate sulfate resistant cement. 중간정도 내황산염 시멘트.
[g] IS: portland blast furnace slag cement. 고로슬래그가 질량기준 25~70%.
[h] P: portland pozzolan cement. 포졸란 재료의 함량이 혼합시멘트의 질량에서 15~40% 차지.
[i] PM: pozzolan modifed portland cement. 포졸란 재료의 함량이 15% 이하.
[j] SM: slag modified portland cement. 고로슬래그 함량이 질량 기준으로 25% 이하.

여기서 F_w와 F_v는 전체 결합재 중에서 광물계 혼화재의 비를 각각 부피 혹은 무게로 표시한 값이다. G_c는 시멘트의 비중(3.5 정도), G_p는 광물계 혼화재의 비중이다.

결합재의 양을 계산할 때, 먼저 총 결합재의 무게를 100% 시멘트, C_T를 기준으로 계산한 후, 각각의 결합재의 양을 소요 무게비 혹은 부피비를 기준으로 계산하는 것이 가장 쉽다. 무게를 기준을 할 때, 포졸란의 무게는 $P = F_w C_T$이고 시멘트의 무게는 $C = (1 - F_w) C_T$이다. 부피를 기준으로 하면, $P = F_v (G_p / G_c) C_T$, $C = (1 - F_v) C_T$이다. 대부분의 일반적인 광물계 혼화재는 포트랜드 시멘트보다 비중이 작기 때문에, 무게를 기준으로 치환하면 치환되는 시멘트보다 부피가 더 크다.

7. **굵은골재량 산정.** 경험적으로 봐서 표 10.8을 기준으로 최대 치수 및 입도에 따라서 골재의 부피(건조기준)6)를 결정하면 적절한 배합을 얻을 수 있다. 워커빌리티가 같다면 굵은골재의 부피는 골재의 최대 치수와 잔골재의 조립률에만 관계가 된다. 콘크리트 단위부피당 필요한 굵은골재의 OD중량은 표 10.8에서 읽은 값에다가 골재의 건조 상태에서의 단위중량(kg/m^3)을 곱해주기만 하면 된다. OD에서 SSD중량으로 변환하기 위해서는 식 (7.2)처럼 (1 + A/100)을 곱한다(7.1절).

6) 대기 건조(air-dry)가 아닌 노건조(oven-dry) 상태

표 10.8 콘크리트 단위 부피당 굵은골재의 부피[a]

골재의 최대 치수(mm)	*잔골재의 조립률별 콘크리트 단위 부피당 굵은골재의 건조 체적*[b]			
	2.40	*2.60*	*2.80*	*3.00*
9.5	0.50	0.48	0.46	0.44
12.5	0.59	0.57	0.55	0.53
19	0.66	0.64	0.62	0.60
25	0.71	0.69	0.67	0.65
37.5	0.76	0.74	0.72	0.70
50	0.78	0.76	0.74	0.72
75	0.82	0.80	0.78	0.76
150	0.87	0.85	0.83	0.81

[a] ACI 211.1에서 인용.
[b] 부피는 ASTM C29의 설명대로 건조 상태의 골재를 기준으로 한다. 콘크리트 포장에서 요구되는 것과 같이 워커빌리티가 낮은 콘크리트에서는 이 값을 10%정도 증가시킬 수 있다. 반대로 과밀 배근된 곳에 타설할 경우나 펌프 압송으로 타설할 경우에는 10%까지 줄일 수 있다.

표 10.9 굳지 않은 콘크리트에 대한 대략적인 중량

골재의 최대 치수(mm)	*비연행 콘크리트(kg/m³)*	*공기연행 콘크리트(kg/m³)*
9.5	2285	2200
12.5	2315	2230
19	2355	2280
25	2375	2285
37.5	2420	2320
50	2445	2345
75	2490	2400

[a] ACI 211.1에서 인용.
[b] 시멘트양 330 kg/m³, 슬럼프 75~100 mm, 골재의 겉보기 비중 2.7을 기준으로 식 (10.6) 및 (10.7)을 이용해서 계산한 값

8. 잔골재량 산정. 지금까지 잔골재를 제외한 모든 재료의 무게를 결정했다. 잔골재량은 다음 두 가지 방법을 이용해서 구할 수 있다.

a. *"질량"("중량")법.* 이 방법은 굳지 않은 콘크리트의 무게(m³당)를 알아야 한다. 사용하는 재료를 기준으로 한 이전의 자료를 이용해서 산정하든지, 표 10.9를 이용해서 초기값을 추정할 수 있다.

굳지 않은 콘크리트의 정확한 무게는 다음과 같이 구할 수 있다.

$$U_m = 10G_a(100-\overline{A}) + C_m\left(1-\frac{G_a}{G_c}\right) - W_m(G_a-1)\ \text{kg/m}^3 \tag{10.6}$$

여기서 U_m=굳지 않은 콘크리트의 무게, kg/m^3; G_a=잔골재 및 굵은골재를 혼합한 골재의 겉보기 비중(SSD)[7]에 대한 가중 평균(weighted average); G_c=시멘트의 비중(3.15정도); $\overline{A}$=공기량, %; W_m=배합수의 양, kg/m^3; 그리고 C_m=시멘트양, kg/m^{3}이다.

만일 굳지 않은 콘크리트의 무게에 대한 초기 추정 값이 별로 좋지 않을 때는, 다른 방법을 사용해서 G_a를 구한다. 잔골재의 무게는 굳지 않은 콘크리트의 전체 무게에서 여타 사용 재료의 무게를 빼서 구한다.

b. *"부피"법.* 이것이 더 정확한 방법이라 할 수 있는데, 각 재료가 차지하는 부피를 알아야 한다. 다시 말하면, 결합재, 배합수, 공기, 그리고 굵은골재의 부피를 전체 부피에서 빼면 남는 것은 잔골재의 부피이다. 잔골재의 무게는 여기에다가 잔골재의 밀도를 곱해서 구한다.

여기서 설명한 골재량을 계산할 때는 골재의 SSD 상태의 무게를 기준으로 하는 것이 가장 좋지만 OD 상태의 무게를 기준으로 계산할 수도 있다. 이 경우엔 굵은골재의 흡수율을 측정하고 OD 상태의 겉보기 비중을 이용해서 OD 상태의 무게로 변환한다.

9. **골재의 함수량에 대한 보정.** 시멘트 풀에 포함된 실제 수분량은 골재의 함수량에 영향을 받는다. 골재가 대기 건조되었다면 수분을 어느 정도 흡수할 것이기 때문에 물-시멘트비가 낮아지고 워커빌리티가 감소한다. 반면에 골재가 많이 젖어 있는 상태이면 표면의 수분이 시멘트 풀로 이동하면서 물-시멘트비 및 워커빌리티가 증가하고 강도는 감소한다. 따라서 이러한 영향을 고려하여 배합 중량을 보정해야 한다. 보정을 하더라도 SSD를 기준으로 한 실제 배합비는 변함이 없다.

10. **시험 배치.** 이제 각 재료에 대한 배합비를 산정했기 때문에 이 값을 이용해서 시험 배치(trail batch)를 만드는데, 배합수는 필요한 슬럼프를 얻는데 요구되는 양만큼(허용 물-시멘트비를 넘어도) 사용한다. 이 배치는 실험실 혹은 현장에서 만들 수 있다. 이렇게 만든 배치로 슬럼프, 단위 중량, 생산량, 공기량 등을 측정하고 재료분리 가능성 및 마감 특성을 파악한다. 그러고 나서 배치 중량과 단위 중량을 이용해서 각 재료의 단위 부피당 무게를 계산한다. 시험 배치에 사용된 각 재료의 무게에다 단위 부피당 시험 배치의 수를 곱하면 된다(시험 배치에서 콘크리트의 부피는 시험 배치의 총무게를 단위 중량으로 나누어서 구한다).[8] 마지막으로 28일(혹은 다른 날짜) 압축강도(혹은 휨강도)를 구한다. 초기 추정 값으로 만족되지 않는 배합 요구 조건에 대해서는 다

7) 골재가 SSD외의 상태이면 적절한 BSG가 사용되어야 한다.
8) 콘크리트 단위 부피당(m^3) 각 재료의 중량은 시험 배치 전체의 중량에서 각 재료가 차지하는 중량비에다 콘크리트의 밀도(kg/m^3)를 곱해서도 구할 수 있다.

음과 같이 보정한다.

a. 슬럼프를 조정해야 한다면, 배합수를 6 kg/m^3 증가 혹은 감소시키면 슬럼프는 25 mm 정도 증가 혹은 감소한다는 경험을 기준으로 배합수의 양을 결정할 수 있다. 만일 물의 양을 줄여야 원하는 슬럼프를 얻는다면 설계 물-시멘트비를 유지할 수 있도록 시멘트의 양을 줄이는 것이 가능하다(시멘트양에 관한 제한 조건이 있다면 그것을 만족하는 범위에서). 만일 원하는 슬럼프를 얻기 위해서 배합수의 양을 늘려야 한다면, 물-시멘트비도 증가하게 된다. 이 경우엔 설계 물-시멘트비를 유지할 수 있도록 시멘트를 추가해야 한다. 그렇지 않으면 전 배합설계를 다시 수행해야 한다.

b. 연행 공기의 양을 원하는 만큼 얻지 못했을 경우엔 공기연행제의 양을 다시 산정해야 한다. 그러고 나서 공기 연행이 1% 감소하거나 증가하면 그에 따라서 배합수는 3 kg/m^{3}를 증가시키거나 감소시켜야 한다. 이것은 연행 공기가 워커빌리티에 미치는 영향을 고려한 것이다.

c. 중량법을 사용하였고, 굳지 않은 콘크리트의 무게에 대한 추정 값이 옳지 않다면, 시험 배치의 단위 중량으로부터 다시 추정하는데, 공기량 변화도 고려한다.

d. 모든 변경은 부피도 변화시킨다. 따라서 새 배치 중량을 계산해야 하는데, 앞에서 설명한 단계5 이후를 따라 한다.

배합 설계 예

다음 예제를 통해서 배합 설계의 과정을 살펴본다. 지상 구조물의 외측 기둥을 타설하기 위한 콘크리트가 필요하며, 비에 젖기도 하고 상당한 수준의 동결융해도 예상되는 위치에 있다. 콘크리트의 28일 평균 압축강도는 30 MPa[9]이어야 한다. 그리고 타설 조건을 고려하여 슬럼프는 75~100 mm 정도이어야 한다. 기둥은 정사각형 기둥으로 한 변의 길이가 635 mm이며, 골재 크기를 고려한 최소 순간격이 50 mm이다. 사용 재료는 다음과 같다.

시멘트: 1종 시멘트, 비중=3.15

잔골재: 겉보기 비중(SSD)=2.63; 흡수율=1.3%; 표면수=SSD 상태를 기준으로 4.2%; 조립률=2.70

굵은골재: 최대 치수=19 mm; 겉보기 비중(SSD)=2.68; 흡수율=1.0%, 표면수=SSD 상태를 기준으로 0.5%; 건조 단위 중량=1600 kg/m^3

굵은골재 및 잔골재의 체가름 결과는 ASTM C33에서 제시한 범위를 만족한다. 이상에서 주어

9) 이 값은 배합강도로 설계기준강도와는 차이가 있다. (제 15장 참조).

진 조건을 기준으로 앞에서 설명한 순서에 따라서 배합 설계를 수행한다.

단계 1: *사용 재료에 대한 정보.* 주어져 있다.

단계 2: *슬럼프 결정.* 슬럼프도 주어져 있으며, 표 10.1을 만족한다.

단계 3: *골재의 최대 치수.* 골재의 최대 치수 19 mm는 거푸집 사이 최소 단면의 1/5, 최소 순간격의 3/4 조건을 만족한다.

단계 4: *배합수 및 공기량 산정.* 콘크리트가 동결융해에 노출되므로 공기가 연행되어야 한다. 표 10.2에서 심한 노출에 해당하는 공기량은 6.0%이다; 배합수량은 180 kg/m^{3}이다.

단계 5: *물-시멘트비.* 표 10.3를 이용해서 28일 압축강도 30 MPa에 대해서 요구되는 물-시멘트비를 (안전측으로) 예측하면 0.45이다. 이 값은 표 10.4(혹은 표 10.5)에 주어진 내구성 기준을 만족한다.

단계 6: *시멘트양 산정.* 단계 4와 5에 따른 요구 시멘트양은 180/0.45=400 kg/m^{3}이다.[10)]

단계 7: *굵은골재량 산정.* 표 10.8에서 잔골재의 조립률 2.70에 대한 값을 보간해서 읽으면 콘크리트 단위 부피당 굵은골재의 건조 체적은 0.63이다. 그러므로 굵은골재의 부피는 0.63 m^3/m^{3}이다. 굵은골재의 OD중량은 0.63×1600=1008 kg이고, SSD중량은 1008×1.01=1018 kg이다.

단계 8: *잔골재량 산정.* 잔골재량은 질량(중량)법 혹은 절대 부피법을 이용해서 구한다.

a. *질량(중량)법.* 표 10.9에서 콘크리트의 무게의 추정 값은 2280 kg/m^{3}이다. 일반적으로 첫 번째 추정에서는 식 (10.6)을 이용한 더 정확한 계산이 필요하지 않지만 여기서는 그 식을 이용해서 계산한다:

$$U_m = (10)(2.66)(100-6) + 400(1-2.66/3.15) - 180(2.66-1)$$
$$= 2264 \text{ kg/m}^3$$

이미 결정된 무게는 배합수=180 kg, 시멘트=400 kg, 굵은골재(SSD)=1018 kg. 따라서 잔골재(SSD)의 무게는 2264 - 180 - 400 - 1018 = 666 kg.

b. *부피법.* 물, 시멘트, 그리고 굵은골재의 무게와 비중을 알고, 공기량을 알기 때문에 단위 부피당(m^3) 각 재료가 차지하는 부피를 계산할 수 있다.

---

10) 만일 문제에서 15%(중량 기준)의 시멘트를 플라이애쉬로 치환한다면 결합재의 총 중량은 변하지 않는다. 플라이애쉬의 무게는 0.15×400=60 kg/m^3, 시멘트의 무게는 0.85×400=340 kg/m^{3}이다. 만일 부피를 기준으로 15%를 치환한다면, 플라이애쉬의 무게는 0.15(G_p/G_c)(C_T)이다. 플라이애쉬의 G_p=2.30이면, 0.15(2.30/3.15)400=44 kg/m^{3}가 된다. 15% 중량을 기준으로 한 치환과 마찬가지로 시멘트양은 340 kg/m^{3}이다(플라이애쉬를 부피를 기준으로 치환하면 콘크리트 내의 시멘트 풀의 부피는 같지만 치환된 플라이애쉬가 차지하는 중량비 및 총 결합재의 무게는 줄어든다).

물: 180/1000	=	0.180 m^3
시멘트: 400/(1000×3.15)	=	0.127 m^3
굵은골재(SSD)[11]: 1018/(1000×2.68)	=	0.380 m^3
공기: 0.06	=	0.060 m^3
합	=	0.747 m^3

따라서 잔골재의 부피는 1 - 0.747 = 0.253 m^3이다. 잔골재의 SSD중량은 0.253 × 2.63 × 1000 = 665 kg. 이 값은 질량법에 의거해서 계산한 결과와 궁극적으로 같다.

단계 9: *골재의 함수량에 대한 보정.* 현장에서의 골재는 SSD 상태도 아니고 OD 상태도 아니므로 골재에 포함된 함수량을 고려하여 골재의 무게를 보정해야 한다. (매우 건조한 골재는 비빔 중에 수분을 흡수하므로 이것도 감안해야 함에 유의한다.) 표면수만 고려한다; 흡수 수분은 배합수의 일부가 아니다. 주어진 골재의 함수량을 기준으로 골재의 무게를 보정하면 다음과 같다(7.1절 참조).

굵은골재(습윤 상태)	=1018(1.005)	=1023 kg/m^3
잔골재(습윤 상태)	=665(1.042)	=693 kg/m^3

굵은골재에서 0.5%, 잔골재에서 4.2%의 표면수가 존재한다. 배합수(별도로 추가하는)의 양은

$$180 - 1018(0.005) - 665(0.042) = 147 \text{ kg/m}^3$$

따라서 단위 부피당 추정 배합 중량은 다음과 같다.

물(추가량)	= 147 kg
시멘트	= 400 kg
굵은골재(습윤)	= 1023 kg
잔골재(습윤)	= 693 kg
합	= 2263 kg

단계 10: *시험 배치.* 계산한 배합비를 이용해서 시험 배치를 만든다. (단위 중량도 포함하여) 콘크리트의 여러 성질을 목표한 바와 비교하고, 배합 설계를 수정한다. 이 과정을 설명하기 위해서 다음과 같은 배합 설계 결과를 가정한다.

설계한 대로 작은 시험 배치(0.015 m^3)를 만들었다. 목표 슬럼프는 100 mm이고 목표 공기량은 6%이다. 시험 배치를 만들면서 원하는 슬럼프를 얻기 위해서는 물이 좀 더 필요했다. 콘크리트의 최종적인 특성은 슬럼프=75 mm, 공기량=5%, 단위 중량=2286 kg/m^3이다. 시험 배합에 사용된 각 재료의 무게는 골재의 SSD 상태를 기준으로 다음과 같다.

11) 골재의 겉보기 비중이 OD를 기준으로 주어진다면 굵은골재의 부피를 계산하는 데는 OD중량이 사용되어야 하며, 잔골재의 중량도 OD를 기준으로 결정된다.

시멘트:	6.00 kg
굵은골재(SSD):	15.27 kg
잔골재(SSD):	9.98 kg
물(습윤 상태의 골재 표면수를 포함하여):	2.84 kg
총 배치 중량:	34.09 kg

시공사의 요구에 의해서 공기연행제 0.23 L/m³를 첨가하였다.
배치 중량과 단위 중량을 이용해서 단위 부피(m³)당 실제 사용량을 구할 수 있다.:

$$\text{Batch factor} = \frac{2286\ \text{kg/m}^3}{34.09\ \text{kg/batch}} = 67.06\ \text{batches/m}^3$$

시멘트:	6.00×67.06=402 kg
굵은골재(SSD):	15.27×67.06=1024 kg
잔골재(SSD):	9.98×67.06=669 kg
물:	2.84×67.06=190 kg

물을 추가하였고 공기량이 줄었기 때문에 각 재료의 실제 중량은 처음과 달라졌다는 점에 유의한다.

원하는 슬럼프, 공기량, 그리고 물-시멘트비를 얻기 위해서 이제 배합 설계를 수정해야 한다.

100 mm의 슬럼프에 해당하는 수량은 190 kg/m³+6 kg/m³[슬럼프를 75 mm에서 증가시키기 위해서] − 3 kg/m³[실제 공기량 5%를 목표 공기량 6%로 증가시켰을 때의 슬럼프 증가분을 고려하여] = 193 kg/m³.

이제 배치 중량을 단계 5에서부터 다시 계산한다.

단계 5: w/c=0.45는 동일

단계 6: 시멘트양=193/0.45=429 kg

단계 7: 굵은골재량(SSD)=1018 kg은 동일

단계 8: 잔골재량(SSD): 여기서는 "부피"법을 사용한다.

물: 193/1000	=	0.193 m³
시멘트: 429/(1000×3.15)	=	0.136 m³
굵은골재(SSD): 1018/(1000×2.68)	=	0.380 m³
공기: 0.06	=	0.060 m³
합:	=	0.769 m³

잔골재의 절대 용적 = 1 − 0.769 = 0.231 m³. 잔골재의 SSD중량 = 0.231 ×2.63 ×1000 = 608 kg.

공기연행제. 제 8장에서 설명한대로 연행공기량은 온도, 슬럼프, 골재의 입도 등 콘크리트의 여러 성질과 관련이 있다. 가장 영향을 많이 미치는 두 가지는 공기연행제의 양(쉽게 예상할 수 있듯이)과 시멘트의 양(시멘트의 양을 증가시키면 연행공기의 양이 줄어드는 경향이 있다)이다. 사용 공기연행제의 양은 초기의 사용량에다가 (1) 목표 공기량과 실제 공기량의 비, 그리고 (2) 새 시멘트양과 초기 시멘트양의 비를 곱해서 구한다.

$$\text{공기연행제의 양} = 0.23\left(\frac{6}{4}\right)\left(\frac{429}{400}\right) = 0.37\ \text{L/m}^3$$

이제 시험 배치를 다시 만들어서 콘크리트의 성질을 점검해야 한다. 슬럼프, 공기량, 단위 중량 외에 점착성, 마감성, 강도도 점검해야 한다.

10.4 한국 콘크리트표준시방서 배합설계

배합설계법은 사용 재료의 특성, 요구 조건 등이 바뀜에 따라 계속 변화하고 있다. 이 절에서는 콘크리트 표준시방서(2003)에 의해서 배합설계를 수행하는 방법에 대하여 기술한다.

배합설계 순서

1. **배합강도** 구조물에 사용된 콘크리트의 압축강도가 설계기준강도보다 작아지지 않도록 현장 콘크리트의 품질변동을 고려하여 콘크리트의 배합강도(f_{cr})를 설계기준강도(f_{ck})보다 충분히 크게 정해야 한다. 콘크리트 표준시방서에서는 콘크리트의 배합강도는 3개 시험값의 평균이 설계기준강도 이하로 내려갈 확률이 1% 이하이어야 하며 또한 각 시험값은 설계기준강도보다 3.5 MPa 작게 될 확률이 1% 이하이어야 한다. 위의 두 조건을 충족하기 위해서 콘크리트 배합강도는 다음 두 식에 의한 값 중 큰 값으로 정한다. 참고적으로 현재 개정 중인 2008년도 콘크리트표준시방서에서는 아래의 조건은 현장 배치 플랜트를 이용하는 경우로 한정하고 있고 레디믹스트 콘크리트를 사용하는 경우에는 1회의 시험결과는 구입자가 지정한 호칭강도 값의 85 % 이상이어야 하며 또한 3회의 시험결과의 평균값은 구입자가 지정한 호칭강도의 값 이상이어야 한다.

$$f_{cr} = f_{ck} + 1.34s\ \text{(MPa)} \tag{10.7}$$

$$f_{cr} = (f_{ck} - 3.5) + 2.33s\ \text{(MPa)} \tag{10.8}$$

여기서 s는 압축강도의 표준편차(MPa)이다. 콘크리트 압축강도의 표준편차는 실제 사용한 콘크리트의 30회 이상의 시험 실적으로부터 결정하는 것을 원칙으로 한다. 그러나 압축강도의 시험횟수가 29회 이하이고 15회 이상인 경우는 그것으로 계산한 표준편차에 표 10.10의 보정계수를 곱한 값을 표준편차로 사용할 수 있다.

표 10.10 시험횟수가 29회 이하일 때 표준편차의 보정계수[a]

시험횟수[b]	*표준편차의 보정계수*
15	1.16
20	1.08
25	1.03
30 이상	1.00

[a] 콘크리트 표준시방서(2003)
[b] 명시되지 않은 시험횟수에 대해서는 직선 보간한다.

콘크리트 압축강도의 표준편차를 알지 못할 때, 또는 압축강도의 시험횟수가 14회 이하인 경우, 콘크리트의 배합강도는 표 10.11에 의하여 정한다.

표 10.11 압축강도의 시험횟수가 14회 이하인 경우의 배합강도[a]

설계기준강도 f_{ck} (MPa)	*배합강도 f_{cr} (MPa)*
21 미만	f_{ck} + 7
21 이상 35 이하	f_{ck} + 8.5
35 초과	f_{ck} + 10

[a] 콘크리트 표준시방서(2003)

2. 물-시멘트비 물-시멘트비는 소요의 강도, 내구성 및 수밀성 등을 고려하여 정한다.
콘크리트의 압축강도를 기준으로 물-시멘트비를 정하는 경우 그 값은 다음과 같이 정한다.

① 압축강도와 물-시멘트비와의 관계는 시험에 의하여 정하는 것을 원칙으로 한다. 이 때 공시체는 재령 28일을 표준으로 한다.

② 배합에 사용할 물-시멘트비는 기준 재령의 시멘트-물비와 압축강도와의 관계식에서 배합강도에 해당하는 시멘트-물비 값의 역수로 한다.

콘크리트의 내구성을 기준으로 물-시멘트를 정하는 경우 다음의 사항을 고려하여 정한다.

① 콘크리트의 내동해성을 기준으로 하여 물-시멘트비를 정할 경우 그 값은 표 10.12의 값을 초과하지 않아야 한다.

② 콘크리트의 황산염에 대한 내구성을 기준으로 하여 물-시멘트비를 정할 경우 그 값은 표 10.13의 값을 초과하지 않아야 한다.

③ 제빙화학제가 사용되는 콘크리트의 물-시멘트비는 45 % 이하로 한다.

④ 해양구조물에 쓰이는 콘크리트의 물-시멘트비를 정할 경우 그 값은 표 10.14의 값을 초과하지 않아야 한다.

⑤ 콘크리트의 탄산화 저항성을 고려해야 하는 경우 물-시멘트비는 55 % 이하로 한다.

표 10.12 내동해성을 기준으로 하여 물-시멘트비를 정하는 경우의 AE콘크리트의 최대 물-시멘트비(%)[a]

구조물의 노출상태 \ 기상조건 / 단면	기상작용이 심한 경우 또는 동결융해가 종종 반복되는 경우		기상작용이 심하지 않은 경우, 빙점 이하의 기온으로 되는 일이 드문 경우	
	얇은 경우[c]	보통의 경우[d]	얇은 경우[c]	보통의 경우[d]
① 계속해서 또는 종종 물로 포화되는 부분[b]	45	50	50	55
② 보통의 노출상태에 있으며 ①에 해당하지 않는 경우	50	55	55	60

[a] 콘크리트 표준시방서(2003)
[b] 수로, 수조, 교대, 교각, 옹벽, 터널의 라이닝 등으로서 수면에 가까워 물로 포화되는 부분 및 이들 구조물 외에 보, 슬래브 등으로서 수면으로부터 떨어져 있기는 하나 융설, 유수, 물보라 등 때문에 물로 포화되는 부분
[c] 단면 두께가 0.2 m 이하인 구조물
[d] 단면이 두꺼운 경우에도 보통의 경우와 같다.

표 10.13 황산염을 포함한 용액에 노출된 콘크리트의 최대 물-시멘트비[a]

황산염 노출정도	토양내의 수용성 황산염(SO_4) 질량(%)	물 속의 황산염(ppm)	시멘트 종류	물-시멘트비 (물-결합재비) (%)
무시할 수 있음	0.00~0.10	0~150	-	-
보 통[b]	0.10~0.20	150~1,500	보통포틀랜드시멘트+포졸)[c] 플라이애쉬시멘트 중용열포틀랜드시멘트 고로슬래그시멘트	50
심 함	0.20~2.00	1,500~10,000	내황산염포틀랜드시멘트	45
매우 심함	2.00 초과	10,000 초과	내황산염포틀랜드시멘트 +포졸란[d]	45

[a] 콘크리트 표준시방서(2003)
[b] 바닷물은 노출 정도를 보통으로 함.
[c] 여기서 포졸란이란 플라이애쉬, 고로슬래그 미분말 등의 혼화재를 말한다.
[d] 황산염에 대한 저항성을 개선시킬 수 있다는 입증된 자료가 있거나 실험에 의해 그 효과가 증명된 포졸란을 말한다.

표 10.14 해양구조물의 내구성으로 정하여진 AE콘크리트의 최대 물-시멘트비(%)[a,d]

환경구분 \ 시공조건	일반 현장시공의 경우	공장제품 또는, 재료의 선정 및 시공에서 공장제품과 동등 이상의 품질이 보증될 때
(a) 해 중	50	50
(b) 해상 대기중[b]	45	50
(c) 물보라 지역[c]	45	45

[a] 콘크리트 표준시방서(2003)
[b] 해상 대기중이란 물보라의 위쪽에서 항상 조풍을 받으며 파도의 물보라를 가끔 받는 열악한 환경을 말한다.
[c] 물보라 지역은 평균 만조면에서 파고의 범위에, 간만대 지역은 평균 간조면에서 평균만조면 사이의 범위로서, 조석의 간만, 파랑의 물보라에 의한 건습의 반복작용을 받는 내구성 면에서 가장 열악한 환경이기 때문에 콘크리트 속의 강재 부식, 동해, 화학적 침식 등의 손상을 받을 가능성이 크다.
[d] 실적, 연구성과 등에 의하여 확증이 있는 경우 최대 물-시멘트비를 이 값에 5 % 더한 값으로 할 수 있다. 콘크리트의 수밀성을 기준으로 물-시멘트비를 정할 경우, 그 값은 50 % 이하로 한다.

3. 단위수량 단위수량은 작업이 가능한 범위 내에서 될 수 있는 대로 적게 되도록 시험을 통해 정한다. 또한 단위수량은 굵은골재의 최대치수, 골재의 입도와 입형, 혼화재료의 종류, 콘크리트의 공기량 등에 따라 다르므로 실제의 시공에 사용되는 재료를 사용하여 시험을 실시한 다음 정한다. 콘크리트 표준시방서에서는 표 10.15의 단위수량과 잔골재율의 대략값을 제시하고 있으며, 이 표의 값은 골재로서 보통 입도의 모래(조립률 2.8 정도) 및 자갈을 사용한 물-시멘트비 55 % 정도, 슬럼프 약 80 mm의 콘크리트에 대한 것이며, 사용재료 또는 콘크리트의 품질이 이 조건과 다를 경우에는 표 10.16과 같이 보정한다.

표 10.15 콘크리트의 단위 굵은골재용적, 잔골재율, 단위수량의 대략값[a]

굵은골재의 최대치수 (mm)	단위 굵은 골재용적 (%)	AE제를 사용하지 않은 콘크리트			AE콘크리트				
		갇힌공기 (%)	잔골재율 S/a (%)	단위수량 W (kg)	공기량 (%)	양질의 AE제를 사용한 경우		양질의 AE감수제를 사용한 경우	
						잔골재율 S/a (%)	단위수량 W (kg)	잔골재율 S/a (%)	단위수량 W (kg)
15	58	2.5	49	190	7.0	47	180	48	170
20	62	2.0	45	185	6.0	44	175	45	165
25	67	1.5	41	175	5.0	42	170	43	160
40	72	1,2	36	165	4.5	39	165	40	155

[a] 콘크리트 표준시방서(2003)

표 10.16 배합 보정방법[a,b]

구 분	S/a의 보정(%)	W의 보정 (kg)
모래의 조립률이 0.1 만큼 클(작을) 때마다	0.5 만큼 크게(작게)한다.	보정하지 않는다.
슬럼프값이 1cm 만큼 클(작을) 때마다	보정하지 않는다.	1.2%만큼 크게(작게)한다.
공기량이 1% 만큼 클 (작을) 때마다	0.5~1.0만큼 작게(크게)한다.	3%만큼 작게(크게)한다.
물-시멘트비가 0.05 클 (작을) 때마다	1만큼 크게(작게)한다.	보정하지 않는다.
S/a가 1% 클(작을) 때마다	보정하지 않는다.	1.5kg만큼 크게(작게)한다.
부순돌을 사용할 경우	3~5만큼 크게한다.	9~15만큼 크게한다.
부순모래를 사용할 경우	2~3만큼 크게한다.	6~9만큼 크게한다.

[a] 콘크리트 표준시방서(2003)
[b] 단위 굵은골재용적에 의하는 경우에는 모래의 조립률이 0.1만큼 클(작을) 때마다 단위 굵은골재용적을 1%만큼 작게(크게) 한다.

4. 단위시멘트양 단위시멘트양은 원칙적으로 단위수량과 물-시멘트비로부터 정하며 소요의 강도, 내구성, 수밀성, 균열저항성, 강재를 보호하는 성능 등을 갖는 콘크리트가 얻어지도록 시험에 의하여 정한다. 단위시멘트양의 하한값 혹은 상한값이 규정되어 있는 경우에는 이들의 조건을 충족하여야 한다.

5. **굵은골재의 최대치수** 굵은골재의 최대치수는 부재 최소치수의 1/5, 철근피복 및 철근의 최소 순간격의 3/4을 초과해서는 안 된다. 굵은골재의 최대치수는 표 10.17의 값을 표준으로 한다.

표 10.17 굵은골재의 최대치수[a]

구조물의 종류	*굵은골재의 최대치수(mm)*
일반적인 경우	20 또는 25
단면이 큰 경우	40
무근콘크리트	40 부재 최소치수의 1/4을 초과해서는 안 됨

[a] 콘크리트 표준시방서(2003)

6. **슬럼프** 콘크리트의 슬럼프는 운반, 타설, 다지기 등의 작업에 알맞은 범위 내에서 될 수 있는 대로 작은 값으로 정한다. 콘크리트를 타설할 때의 슬럼프 값은 표 10.18을 표준으로 한다. 콘크리트의 슬럼프 시험은 KS F 2402에 따르며 된 반죽의 콘크리트에 대해서는 슬럼프 시험 대신에 KS F 2427, KS F 2428과 KS F 2452의 규정에 따라 시험할 수 있다.

표 10.18 슬럼프의 표준값(mm)[a]

종 류		*슬럼프 값*
철근콘크리트	일반적인 경우	80~150
	단면이 큰 경우	60~120
무근콘크리트	일반적인 경우	50~150
	단면이 큰 경우	50~100

[a] 콘크리트 표준시방서(2003)

7. **잔골재율** 잔골재율은 소요의 워커빌리티를 얻을 수 있는 범위 내에서 단위수량이 최소가 되도록 시험에 의해 정한다. 잔골재율은 사용하는 잔골재의 입도, 콘크리트의 공기량, 단위시멘트양, 혼화재료의 종류 등에 따라 다르므로 시험에 의해 정한다. 공사 중에 잔골재의 입도가 변하여 조립률이 ±0.20 이상 차이가 있을 경우에는 워커빌리티가 변화하므로 배합을 수정할 필요가 있다. 이 때 잔골재율에 대해서도 그 적합 여부를 시험에 의해 확인해 놓을 필요가 있다. 콘크리트 펌프시공의 경우에는 콘크리트 펌프의 성능, 배관, 압송거리 등에 따라 적절한 잔골재율을 결정한다. 유동화콘크리트의 경우, 유동화 후 콘크리트의 워커빌리티를 고려하여 잔골재율을 결정할 필요가 있다. 고성능AE감수제를 사용한 콘크리트의 경우로서 물-시멘트비 및 슬럼프가 같으면, 일반적인 AE감수제를 사용한 콘크리트와 비교하여 잔골재율을 1~2 % 정도 크게 하는 것이 좋다.

8. **AE콘크리트의 공기량** AE제, AE감수제 또는 고성능AE감수제를 사용한 콘크리트의 공기량은 굵은골재 최대치수와 내동해성을 고려하여 표 10.19와 같이 정하며, 운반 후 공기량은 이 값에서 ±1.5 % 이내이어야 한다. AE콘크리트의 공기량은 같은 단위 AE제량을 사용하는 경우라도 여러

조건에 따라 상당히 변화하므로 AE콘크리트 시공에서는 반드시 KS F 2409 또는 KS F 2421에 따라 공기량 시험을 하여야 한다.

표 10.19 AE콘크리트 공기량의 표준값[a]

굵은골재의 최대치수(mm)	*공기량(%)*	
	심한 노출[b]	*보통 노출*[c]
10	7.5	6.0
15	7.0	5.5
20	6.0	5.0
25	6.0	4.5
40	5.5	4.5

[a] 콘크리트 표준시방서(2003)
[b] 동절기에 수분과 지속적인 접촉이 이루어져 결빙이 되거나, 또는 제빙화학제가 사용되는 경우
[c] 동절기에 가끔 수분과 접촉하여 결빙되지만, 제빙화학제를 사용되지 않는 경우

9. **혼화재료의 단위량** AE제, AE감수제 및 고성능AE감수제 등의 단위량은 소요의 슬럼프 및 공기량을 얻을 수 있도록 시험에 의해 정한다. 이외의 혼화재료의 단위량은 시험결과나 기존의 경험 등을 바탕으로 효과를 얻을 수 있도록 정한다. 제빙화학제에 노출된 콘크리트에 있어서 플라이애쉬, 고로슬래그 미분말 또는 실리카퓸을 시멘트 재료의 일부로 치환하여 사용하는 경우 이들 혼화재의 사용량은 표 10.20의 값을 초과하지 않도록 한다.

표 10.20 제빙화학제에 노출된 콘크리트에서의 최대 혼화재 비율[a]

혼화재의 종류	*시멘트와 혼화재 전체에 대한 혼화재의 질량백분율(%)*
플라이애쉬	25
고로슬래그 미분말	50
실리카퓸	10
플라이애쉬, 고로슬래그 미분말 및 실리카퓸의 합계	50b
플라이애쉬와 실리카퓸의 합계	35b

[a] 콘크리트 표준시방서(2003)
[b] 플라이애쉬와 실리카퓸은 시멘트와 이들 혼화재를 합한 질량에 대해 각각 25 % 및 10 %를 넘지 않아야 한다.

10. **배합의 표시법** 배합의 표시법은 일반적으로 표 10.21에 따른다. 시방배합에서 잔골재는 5 mm 체를 전부 통과하는 것을 말하고, 굵은골재는 5 mm 체에 전부 남는 것을 말하며, 잔골재 및 굵은골재는 각각 표면건조포화상태로서 나타낸다.

표 10.21 배합의 표시법[a]

굵은골재의최대치수 (mm)	슬럼프 범위 (mm)	공기량 범위 (%)	물-시멘트 비[1)] W/C (%)	잔골재율 S/a (%)	단위량 (kg/m^3)						
					물	시멘트	잔골재	굵은골재 G		혼화재료	
					W	C	S	mm~mm	mm~mm	혼화재[b]	혼화제[c]

[a] 콘크리트 표준시방서(2003)
[b] 포졸란반응성 및 잠재수경성을 갖는 혼화재를 사용할 경우 물-시멘트비는 물-결합재비가 된다.
[c] 같은 종류의 재료를 여러 가지 사용할 경우에는 각각의 난을 나누어 표시한다. 이 때 사용량에 대하여는 ml/m^3 또는 g/m^3로 표시하며, 희석시키거나 녹이거나 하지 않은 것으로 나타낸다.

앞에서 계산한 단위재료량에 근거하여 시험비빔을 하여 목표로 하는 슬럼프, 공기량 등의 굳지 않은 콘크리트의 특성과 차이가 발생하면 배합을 조정하여 슬럼프, 공기량, 적당한 워커빌리티가 얻어질 때까지 시험비빔을 수행한다.

시험비빔을 통하여 굳지 않은 콘크리트의 특성이 만족할 수준이면 배합강도를 만족할 수 있는 물-시멘트비를 구하여야 한다. 이를 구하기 위해서는 배합강도가 발현될 수 있다고 생각되는 물-시멘트비 범위 내에서 3 종류 이상의 다른 물-시멘트비를 사용한 콘크리트에 대하여 공시체를 제작하여 압축강도 시험을 한다. 여기로부터 시멘트-물비와 재령 28일 강도의 관계식을 구하여 최종 물-시멘트비를 구하여 최종 시방배합표를 도출한다.

시방배합을 현장배합으로 고칠 경우에는 골재의 함수상태, 잔골재 중에서 5 mm 체에 남는 굵은골재량, 굵은골재 중에서 5 mm 체를 통과하는 잔골재량 및 혼화제를 희석시킨 희석수량 등을 고려한다.

한국 콘크리트표준시방서 배합설계 방법은 콘크리트표준시방서 2003년도 개정판(116~121쪽)에 상세하게 설명되어 있다. 배합설계에 관한 예제는 콘크리트표준시방서 해설편에 잘 설명되어 있으므로 이를 참조하기 바란다.

참고문헌

Concrete Materials and Methods of Concrete Construction, CSA Standard A23.1-94. Canadian Standards Association, Rexdale, Ontario (1994).

Day, K. W., *Concrete Mix Design, Quality Control and Specification*. E & FN Spon, London, (1995).

de Larrard, F., *Concrete Mixture Proportioning: A Scientific Approach*. E & FN Spon, London, (1999).

Kosmatka, S. H., B. Kerkhoft, and W. C. Panarese, *Design and Control of Concrete Mixtures*, 14th ed., Portland Cement Association, Skokie, IL (2002).

Kosmatka, S. H., W. C. Panarese, K. D. Gissang, and N. F. Mac Leod, *Design and Control of Concrete Mixtures*, 6th Canadian ed., Canadian Portland Cement Association, Ottawa, Ontario (1995).

Powers, T. C., *The Properties of Fresh Concrete*. John Wiley & Sons, Inc., New York (1968).

Proportioning Concrete Mixes, SP-46. American Concrete Institute, Detroit, MI (1974).

Shilstone, J. M., Sr., "Concrete Mixture Optimization," *Concrete International*, Vol. 12, No. 6, pp. 3339 (June 1990).

Standard Practice for Selecting Proportions for Normal, Heavyweight, and Mass Concrete, ACI 211.1. American Concrete Institute, Farmington Hills, MI (1991).

문제

10.1. 콘크리트 배합 설계는 무엇을 기준으로 수행하는가?

10.2. 표 10.3의 비연행 콘크리트를 이용해서 주어진 물-시멘트비에 대한 에이브럼의 *w/c* 법칙(Abram's law)을 계산하고, 얻은 강도를 표의 값과 비교하라.

10.3. 식 (10.3)을 이용해서 입도 곡선을 그려라. q=0.33, 0.5, 0.67을 사용하고, 골재의 최대 치수는 25 mm이다. 결과를 ASTM 입도 범위(혹은 KS 입도 범위)와 비교하라.

10.4. 건물의 내측 기둥에 사용될 공기연행 콘크리트의 배합을 설계하라. 골재의 최대 치수는 25 mm이고, 28일 압축강도는 35 MPa이다. 재료의 조건은 다음과 같다:
시멘트: 어느 종류든 비중이 3.15
굵은골재: 겉보기 비중(SSD)=2.90, 흡수량=0.5%, 유효 흡수량=0.3%, 건조 단위 중량=1700 kg/m^3
잔골재: 겉보기 비중(SSD)=2.62, 흡수량=1.2%, 표면수=2.8%, 조립률=2.80
추천 슬럼프 범위에서 상한값을 선택하라. 주어진 함수량을 기준으로 결과를 제시하라.

10.5. 문제 10.4에서 주어진 겉보기 비중이 OD 상태를 기준으로 한 값이라 하고, 총 함수량이 0.8%(굵은골재) 및 2.5%(잔골재)일 때, 배합 설계를 다시 수행하라.

10.6. 문제 10.4에서 시멘트 중량의 15%를 비중이 2.2인 플라이애쉬로 치환하여 배합 설계를 다시 수행하라. 결과를 골재의 SSD 상태를 기준으로 제시하라.

10.7. 28일 압축강도가 30 MPa인 콘크리트의 배합 설계를 수행하라. 골재의 최대 치수는 19 mm이다. 콘크리트는 동결융해에 노출된 기둥 타설에 사용되며 황산염이 0.3% 함유된 흙에 접해 있다. 재료의 성질은 다음과 같다:
시멘트: 어느 종류든 비중이 3.15
굵은골재: 겉보기 비중(SSD)=2.65, 흡수량=1.5%, 표면수=1.0%, 건조 단위 중량=1700 kg/m^3.
잔골재: 겉보기 비중(SSD)=2.75, 흡수량=1.0%, 표면수=3.0%, 조립률=2.70.
추천 슬럼프 범위에서 상한값을 선택하라. 주어진 함수량을 기준으로 결과를 제시하라.

10.8. 문제 10.7에서 골재의 겉보기 비중이 OD 상태를 기준으로 한 값이라 하고, 총 함수량이 1.0%(굵은골재) 및 3.0%(잔골재)일 때, 배합 설계를 다시 수행하라.

10.9. 문제 10.7에서 시멘트 부피의 10%를 비중이 2.4인 플라이애쉬로 치환하여 배합 설계를 다시 수행하라. 결과를 골재의 SSD 상태를 기준으로 제시하라.

10.10. 다음에 주어진 배치 중량(m^3, SSD 기준)은 ACI 211.1을 기준으로 선정한 것인데, 이를 이용하면 단위 중량이 2280 kg/m^3, 슬럼프가 75 mm, 그리고 공기량은 5%인 콘크리트가 된다.

시멘트: 408 kg/m^3(비중 3.15).

물: 163 kg/m^3

굵은골재: 1018 kg/m^3[19 mm, 겉보기 비중(SSD)=2.62, 흡수율=3.8%, 건조 단위 중량=1505 kg/m^3].

잔골재: 653 kg/m^3[겉보기 비중(SSD)=2.58, 흡수율=1.0%, 조립률=2.50].

공기연행제: 0.30 L/m^3.

a. 콘크리트의 부피를 계산하라.

b. 단위 부피(m^3)를 기준으로 실제 배합비를 구하라.

c. 100 mm의 슬럼프와 6½%의 공기량을 가진 콘크리트를 만들려고 한다. 배치량(m^3, SSD 기준)을 계산하라.

10.11. 다음에 주어진 배치 중량(m^3, SSD 기준)은 ACI 211.1을 기준으로 선정한 것인데, 이를 이용하면 단위 중량이 2270 kg/m^3, 슬럼프가 50 mm, 그리고 공기량은 4%인 콘크리트가 된다.

시멘트: 340 kg/m^3(비중 3.15).

물: 163 kg/m^3.

굵은골재: 983 kg/m^3[19 mm, 겉보기 비중(SSD)=2.58, 흡수율=3.5%, 건조 단위 중량=1505 kg/m^3].

잔골재: 740 kg/m^3[겉보기 비중(SSD)=2.62, 흡수율=1.5%, 조립률=2.70].

공기연행제: 0.30 L/m^3.

a. 콘크리트의 부피를 계산하라.

b. 단위 부피(m^3)를 기준으로 실제 배합비를 구하라.

c. 100 mm의 슬럼프와 6½%의 공기량을 가진 콘크리트를 만들려고 한다. 배치량(m^3, SSD 기준)을 계산하라.

CHAPTER 11

콘크리트 건설 공사

Concrete Construction Practice

고품질의 콘크리트는 단지 적절한 배합으로만 생산되지는 않는다. 구조물에 타설되는 콘크리트는 균일한 품질을 가져야 하고, 공극과 불연속성이 없고, 적절하게 양생되어야 한다. 콘크리트 배합설계는 강도와 내구성에 매우 중요하지만, 콘크리트를 배합, 취급, 타설할 때 충분하게 주의하지 않으면 좋은 배합설계의 콘크리트를 저 품질의 콘크리트로 만들 수 있다. 이 장에서는 콘크리트 배합 및 비비기, 다양한 방법의 운반, 타설, 다짐 및 마감 공사에 대해서 토의할 것이다. 양생방법은 제 12장에서 설명한다. 이 장은 구조물에 타설되는 콘크리트가 정확한 배합비로 구성 재료들이 균일하게 배합되어 시방서를 만족시키는 콘크리트를 생산하는 데 목적이 있다.

11.1 배합계량과 비빔 (Batching and Mixing)

배합계량(Batching)

골재와 시멘트를 배합할 때 체적에 의해서 계량하는 것은 큰 오차를 유도할 수 있으므로 무게에 의해서 계량하는 것이 가장 바람직하다. 물과 액체 혼화제만은 체적에 의해서 정확하게 계량될 수 있다. 골재의 함수비가 변화가 있을 때 무게에 의한 배합은 골재와 물의 배합되는 무게를 빠르고 편리하게 조정할 수 있다. 환경적 혹은 실용적인 면으로 믹서에 약간의 세척용 물을 유지하는 것이 바람직하므로 이러한 세척용 물도 배합할 때 반드시 고려해야 한다. 재료량은 매우 정확하게 계량되어야 하는데, 통상적으로 사용되는 오차범위는 표 11.1에 제시되어 있으며, 이는 ASTM C 94, 레디 믹스트 콘크리트용 시방서(Specifications for Ready-Mixed Concrete) 에 기초한 것이다. 계량 장비는 가장 적은 양으로 배합할 때의 오차범위 이내로 계량할 수 있어야 한다. 비록 포대 시멘트에 대한 미국 ASTM의 허용오차, 3%는 표 11.1에서 추천된 허용오차보다 클 수도 있지만, 작은 현장에서는 포대 시멘트를 사용할 수 있다(포대도 계량되어야 한다).

표 11.1 콘크리트 배치[a] 구성재료의 허용 오차

	개별[b]	*총합*[b]
시멘트	±1%	±1%
물	±1%	±3%
골재	±2%	±1%
혼화제	±3%	N.R. [c]

[a] 배치의 무게는 저울 용량의 30% 이상이어야 한다.
[b] 개별은 각 구성재료의 분리된 중량을 말하며, 총합은 모든 종류(세척수 포함)의 물, 잔골재와 굵은 골재의 포졸란, 시멘트의 총 중량을 의미한다.
[c] 포졸란을 제외하고 바람직하지 않다.

결합재의 취급(Handling Cementitious Materials) 시멘트와 포졸란은 취급의 어려움과 수화반응의 시작을 방지하기 위하여 건조하게 유지해야 한다. 각 결합재는 별도로 계량 및 보관되어야 하고, 취급 장비도 이들 재료들이 눌리고 뭉치는 현상을 방지하도록 설계되어야 한다.

포대 시멘트는 받침대 위에 보관되어야 하고 습기로부터 보호되어야 한다. 응고에 의해서 야기되는 취급의 어려움을 방지하기 위하여, 포대 시멘트는 60일 기간까지는 14 포대 이하로 쌓아서 보관해야 하고, 그 이상의 기간 동안에는 7포대 이하로 쌓아서 보관해야 한다. 만약 보관 응고(warehouse pack)가 발생하였다면, 시멘트를 건조하게 유지했을 경우에 한하여 굳어진 시멘트를 여러 번 뒤집어 부수어서 사용할 수 있다. 보관 응고로 굳어진 시멘트는 손가락 사이에 꽉 쥐어서 가루로 만듦으로써 수화작용이 발생한 것과 구별할 수 있다. 보관 응고가 발생한 시멘트는 덩어리 없는 분말로 만들 수 있으나 습기를 먹은 시멘트는 그렇게 만들 수 없다.

골재의 취급(Handling of Aggregate) 대표적인 시료로부터 골재 특성을 얻기 위하여, 제 7장에서는 적절하게 시료를 채취하는 방법의 중요성을 강조하였다. 그러나 골재를 취급할 때 골재 크기별로 분리되는 현상을 방지하기 위한 적절한 예방조치를 하지 않았다면, 앞의 적절한 시료채취 방법도 별 의미가 없을 것이다. 그림 11.1은 크기별 골재 분리현상을 피하기 위한 여러 가지 적절한 골재 취급방법을 나타내었다. 어떤 설비는 굵은골재를 미리 굵은골재, 중간골재, 잔골재로 구분하여 이러한 문제를 최소화하고 있다. 그 다음에 적절한 입도는 계량으로 만들어 질 수 있다. 잔골재의 분리는 잔골재를 습윤 상태로 유지함으로써 억제할 수 있다. ±0.2%보다 큰 조립률(fineness modulus)의 변화를 야기하는 잔골재의 입도분포의 변이는 배합비를 결정할 때 보정해야 하며, 골재의 입도분포는 적어도 매일 검사해야 한다. 날씨에 대해서 골재를 보호하고 그리고 적절한 배수설비를 설치함으로써 골재의 함수량이 크게 변동하는 것을 제거할 수 있다. 배합할 때 계량을 잘 관리하기 위하여 함수량 변화에 대한 적절한 허용오차를 고려해야 한다. 제 7장에서 언급한 바와 같이, 이러한 변동들은 잔골재에서 매우 크므로 따라서 모래의 혹은 가장 작은 굵은골재의 일부의 함수율을 관찰하는 설비를 자동 배치 공장에 설치한다. 이러한 설비는 표준

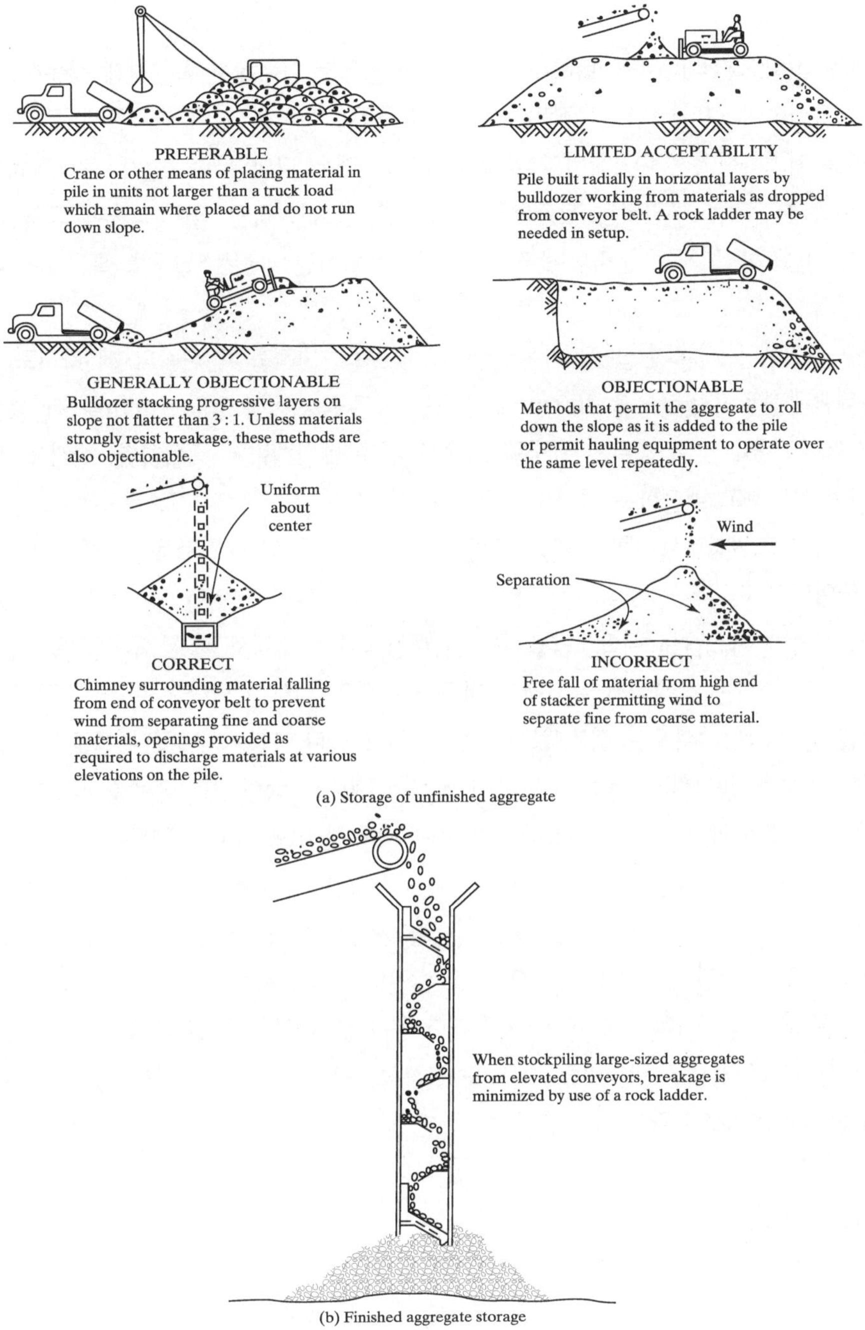

그림 11.1

골재의 취급과 저장. [ACI Committee 304. "Guide for Measuring, Mixing, Transporting, and Placing Concrete (ACI 304R-00)." *ACI Manual of Concrete Practice*, Part2. American Concrete Institute, Farmington Hills, MI (2001).]

함수량 시험을 수행하여 정기적으로 검사해야 한다.

배합계량 장비(Batching Equipment) 규정된 허용오차 이내에서 확실하게 작동하는 배합계량 장비를 사용하여야 한다. 이러한 장비는 배합 재료들이 장애물 없이 자유롭게 움직이도록 하여 재료분리를 최소화해야 한다. 장비의 배열과 형태는 매우 다양할 수 있으나 각 재료들이 계량기를 거친 다음 혼합기로 투입되는 저장소가 있어야 한다. 전형적인 장비 모습이 그림 11.2에 나타나 있으며, 시멘트는 별도로 분리하여 계량하는 것이 좋지만 골재는 별도로 혹은 누적하여 계량하는 것이 좋다.

현재 사용되는 재료 취급 장치는 일반적으로 수동, 반자동, 전자동의 세 가지로 나눌 수 있다. 수동 배합계량은 일반적으로 400 m^3에 준하는 작은 작업현장 및 15 m^3/h의 저 생산량인 경우에 적합하고, 그렇지 않은 경우는 반자동 혹은 전자동 배합계량이 적합하다. 반자동 장치는 재료를 계량기로 투입하고 배출하는 과정이 수동으로 시작되지만, 자동적으로 종료된다. 전자동 시스템은 하나의 시작 스위치로서 계량 과정을 작동시키는 것이다. 양 시스템들은 배합계량기가 동시에 재료가 투입되고 배출되는 것을 방지하고, 허용오차를 유지하기 위한 연동장치가 필요하다. 적절히 설계된 자동화 시스템은 배합계량을 규정된 허용오차 이내에서 빠른 속도로 유지할 수 있다.

배합계량 장비는 청결하게 유지해야 하고 정기적인 검사를 받아야 한다. 중량 계량기 또는 다른 측정 장비들의 정확도는 정기적으로 검사되어야 한다. 이는 시멘트나 포졸란과 같은 미립자를 계량할 때 특히 중요하다. 이는 미립자의 분진에 대해서 중량 계량장비를 적절하게 보호하지 않으면 이들이 장비의 오작동을 유발하기 때문이다. 비산(free fall) 시멘트를 제거하는 것은 과도한 분진 및 재료손실을 피할 수 있다. 이러한 미세 재료를 적절하게 배출하는 것은 문제가 될 수 있으므로, 진동 및 통기(aeration)에 의해 이들을 완전하게 배출시킬 수 있다. 혼화제용 계량 장비는 더욱 자주 유지관리와 보정을 해야 한다. 장비의 오작동은 혼화제의 과도한 투입을 초래하고 이는 굳은 혹은 굳지 않은 콘크리트에 심각한 문제를 일으킬 수 있다. 액체 계량 분배 장비는 펌프를 손상시키고 밸브를 막아버릴 수 있는 점착성 침전물이 쌓이는 것을 방지하기 위하여 정기적으로 물로 세척해야 한다.

비빔 (Mixing)

균일한 콘크리트를 생산하기 위해서는 철저한 비빔으로 배합 재료를 완전하게 혼합하는 것이 필수적이다. 또한 부적절한 비빔은 강도 저하를 야기할 뿐만 아니라 계량 간 재료의 변동성 또는 계량된 재료 내에서의 변동성을 크게 한다. 그러나 과도하게 긴 시간의 비빔은 콘크리트의 품질을 향상시키지 않고, 오히려 저하시킬 수 있다. 비정상적인 장시간의 비빔은 공기량의 감소와 골재의 분리를 야기할 수도 있다.

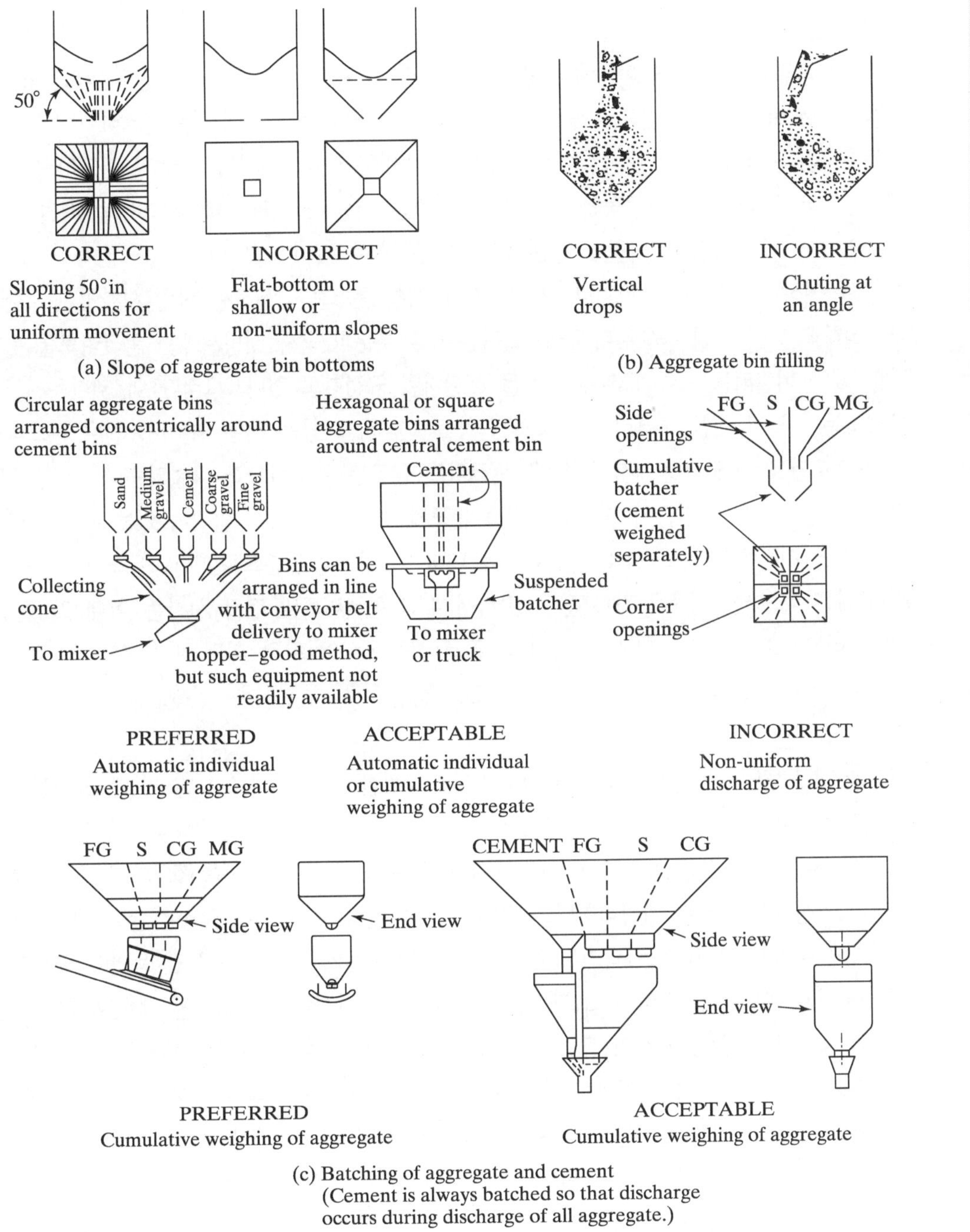

그림 11.2
배합 방법. [ACI Committee 304. "Guide for Measuring, Mixing, Transporting, and Placing Concrete (ACI 304R-00)." *ACI Manual of Concrete Practice*, Part2. American Concrete Institute, Farmington Hills, MI (2001).]

비빔 시간 최적의 비빔 시간은 믹서기의 크기, 믹서기의 상태, 회전속도, 용량, 배합 재료의 특성에 좌우된다. 따라서 가장 효율적인 비빔 시간은 현장에서 사용하는 각 배치에서 재료의 변동성과 비빔 조건을 검토하여 현장에서 평가되어야 한다. 빈비빔(lean mix), 건비빔(dry mix), 거친 비빔(harsh mix)은 장시간의 비빔을 요구한다. 모난 골재로 만들어지는 콘크리트는 둥근 자갈로 만들어지는 콘크리트보다 더 많은 시간 동안에 비벼야 한다. 믹서에 1 m^3의 콘크리트가 한 번에 채워진다고 가정할 때, 경험적인 최소 비빔 시간은 처음 1 m^3의 콘크리트 비빔 시간이 1분이면 추가의 1 m^3의 콘크리트 비빔 시간은 15초를 추가하는 것이다.

종종 예상치 못한 공사 지연과 허술한 시공 계획 등으로 실제로는 비빔 시간이 과도한 경우가 부적절하게 비비는 경우보다 더 자주 일어난다. 대부분의 공사 시방서에는 콘크리트를 비비기 시작할 때와 배출되는 사이의 최대 시간을 제한하여 규정하고 있다. 그러나 이 제한은 콘크리트가 응결하는 속도에 대한 콘크리트 온도의 영향을 고려하고 있는 것이 아니다. 높은 콘크리트 온도는 작업시간을 크게 제한하지만, 낮은 콘크리트 온도는 콘크리트가 타설되는 시간, 압송되는 시간, 마감되는 시간을 연장시킨다. 콘크리트 온도가 4°C에서 32°C 범위에 있을 때 콘크리트 비빔 최대 취급 시간은 대체로 24°C 콘크리트에 대하여 1시간을 기준으로 하고, 온도가 2.8°C 증가(감소)함에 따라 15분 감소(증가)시킨다. 따라서 4°C 콘크리트의 취급 시간은 최대 2시간 45분까지, 그리고 32°C에서는 최대 15분이다. 콘크리트 온도에 따라 최대 비빔 시간을 조절하는 것은 콘크리트 품질을 유지관리하기 위한 좋은 방법으로 이용할 수 있다.

믹서에 재료 투입(Charging the Mixer) 전체적인 비빔 공정은 재료 투입 및 배출 과정이 포함되며, 총 시간은 실제적인 비빔 시간보다 약 2~3배 정도이다. 믹서에 재료를 투입함으로써 재료들은 일부 혼합되며, 비빔 공정은 용도에 따라 변할 수도 있지만, 골재를 첨가하기 전에 약 10%의 배합수를 첨가하는 것이 바람직하다. 배합수는 믹서 안으로 잘 투입되어야 한다. 이 때 배합수는 마지막에 투입할 약 10%는 남겨두고, 고형의 배합 재료가 첨가되는 시간 동안에 균등하게 배분하여 투입되어야 한다. 단일 배합 계량(특히, 시멘트를 마지막으로 첨가할 때)임에도 다양한 콘크리트를 생산할 수 있는 경사형 드럼을 갖고 있는 트럭 믹서의 경우에는 사전 배합이 매우 중요하다. 최초 10%의 골재를 첨가한 후에 고형의 배합 재료를 동시에 투입하는 것은 균일성 문제를 최소화할 수 있다. 무기물 혼화재료는 일반적으로 시멘트와 함께 첨가하지만 수용성 혼화재료는 배합수에 녹여서 투입해야 한다. 만약 한 가지 이상의 수용성 혼화재료를 사용하고자 하면 그들을 따로 따로 계량하여야 하고, 사전에 혼합하지 않고 동시에 각각의 배합계량(batch)에 첨가하여야 한다. 두 번째 혼화재료가 첨가되기 전에 첫 번째 혼화재료가 고형의 배합재료와 상호작용을 일으키게 함으로써 두 혼화재료 간의 불리한 상호작용을 피할 수 있다.

믹서의 종류(Types of Mixers) 오늘날 다양한 콘크리트 믹서가 있다. 이들은 일반적으로 3 종류로 구분할 수 있으며, 드럼형 믹서, 팬형 믹서, 그리고 연속형 믹서이다. 이러한 믹서의 용량은 9 m^3(12 yd^3)에 달하는 것도 있으나, 실험용 믹서는 0.003 m^3(0.1 ft^3) 정도로서 적은 양을 다루기 위해 제작되었고, 이동식 믹서(planetary mixer)는 모르타르를 비비기 위해 제작되었다 (ASTM C 305).

드럼형 믹서는 비빔 작업 동안 투입 재료가 마지막까지 교환을 확실하게 하기 위하여 내부에 고정 날개(blade)를 부착하고 있는 것이 바람직한 형태이나, 어떤 형태는 나선형의 날개를 갖는 수평축이 드럼 안에서 회전하기도 한다. 일반적으로 작은 작업에 사용되던 경사형 드럼도 큰 크기로도 구할 수 있으며, 이러한 믹서는 건비빔에서 빠르고 깨끗하게 배출하는 장점을 갖고 있다. 수평형 드럼은 배출구를 비비는 콘크리트에 끼워 넣어서 배출하든가 혹은 회전방향을 반대로 함으로써 콘크리트가 믹서로부터 빠져 나오게 하는 것이다. 슬립폼 페이버(slipform paver)는 타설한 콘크리트를 막대기나 스크루를 사용하여 펼쳐지게 하고 진동시키는 장치에 부착된 드럼형 믹서이다.

팬형 믹서는 특히 빈비빔과 건비빔에 좋다. 따라서 팬형 믹서는 용량이 크고 다소 불편한 배출 공정으로 다소 불리하지만 프리캐스트 콘크리트 공장에서 일반적으로 사용된다. 팬형 믹서의 날개는 수직 축이 회전할 때 고정된 팬에서 콘크리트를 교반할 수 있도록 조립하여 고정되어 있다. 다른 형태는 중심이 다르게 설치된 날개가 회전하는 팬 내부에서 회전하는 것이다. 소규모 팬형 믹서는 광범위한 배합 종류에도 일관된 콘크리트를 생산하기 때문에 실험실의 시험 비빔에 널리 사용되고 있다.

연속형 믹서의 경우 배합 재료를 컨베이어에 의하여 배합 통에 투입시킨다. 콘크리트는 배합 통을 통과하여 배출될 때까지 나선형 날개에 의해 배합되어 진다. 콘크리트는 컨베이어의 상대적인 속도를 조정함으로써 적절한 비율로 조절되기 때문에 배합비는 정확히 부피에 의한 것이어야 한다. 따라서 골재가 균일하지 않고 그리고 모래의 함수비가 팽창(7.1 절)에 의해 야기되는 오차를 피하기 위해 일정하게 유지하지 않으면 균일한 콘크리트를 생산하는 것은 매우 어렵다. 컨베이어는 정확하게 재료를 투입하기 위하여 잘 유지되어야 한다. 연속형 믹서는 롤러다짐 콘크리트와 함께 매스 콘크리트 시공 현장과 같이 콘크리트를 계속적으로 타설하는 것이 바람직한 현장에서 사용하는 것이 바람직하다. 이동 가능한 연속형 믹서는 장기간 동안 적은 양의 콘크리트를 생산할 때 편리한 장비이다.

레디믹스트 콘크리트(Ready-Mixed Concrete) 북미에서는 대부분의 콘크리트는 꽤 많은 인구가 살고 있는 모든 지역에서 사실상 찾아 볼 수 있는 배치 플랜트에서 생산된 콘크리트로 타설된다. 레디믹스트 콘크리트는 소규모 혹은 대규모 작업 모두에 사용되고 있다. 레디믹스트 콘크리트의 장점은 양질의 콘크리트를 만들 수 있는 자동화 설비 및 오랫동안 일할 수 있는 숙련공을 갖추고 있는 것뿐만 아니라 복잡한 건설 현장에서 재료 보관을 하지 않을 수 있는 것이다. 배치 플랜트가 건설현장에서 적당한 거리 내에 있어야 하기 때문에, 멀리 떨어진 현장에는 배치 플랜트를 현장에 설치해야 한다. 중앙식 배치 플랜트에 의해 콘크리트를 취급하는 방법은 여러 가지가 있으며, 이들은 센트럴 배합(central-mixed), 트랜싯 배합(transit-mixed), 쉬링크 배합(shrink-mixed), 트럭 배합(truck-mixed) 등이다.

센트럴 배합(central-mixed) 콘크리트는 공장에서 완전히 혼합하고, 트럭 믹서는 오직 교반하면서 운반하기만 한다. 이 때 콘크리트가 움직이지 않을 때 일어나는 슬럼프 손실을 감소시키고 그리고 골재 분리를 방지하기 위하여 운반 중의 콘크리트는 적절하게 교반해 주어야 하고, 현장에서 콘크리트를 재혼합할 필요가 있을 때는 트럭을 사용할 수 있다. 트랜싯 배합(transit-mixed) 콘크리트는 현장으로 콘크리트를 운반하는 중에 부분적으로 또는 완전하게 혼합된다. 쉬링크 배합(shrink-mixed) 콘크리트는 전체 부피를 감소시키기 위해 공장에서 부분적으로 혼합하며, 트럭 믹서에서 혼합을 완료하는 것이다.

트럭 배합(truck-mixed) 콘크리트는 중앙 배치 플랜트에서 재료를 투입한 후, 이동 믹서 내에서 완전하게 혼합하는 것이다. 트럭 혼합의 장점은 배합수를 고형의 배합재료와 별도로 보관하면서, 현장에서 콘크리트를 타설하기 직전에 혼합한다는 것이다. 그러므로 운반 혹은 타설 중에 발생할 수 있는 공사 지연으로 인한 문제를 피할 수 있다. 물론 골재는 표면건조 상태이어야 하고, 따라서 시멘트의 수화작용은 시멘트가 골재와 접촉할 때 시작된다. 그러나 대부분의 경우, 콘크리트는 운반 중에 부분적으로 혹은 전체적으로 혼합되고 현장에서 완전하게 혼합되고, 트럭 믹서로 운반될 수 있는 콘크리트의 양은 혼합 방법에 따라 좌우된다. 운반 중의 적절한 교반을 위하여, 센트럴 배합 콘크리트의 부피는 트럭 믹서 드럼의 총 부피의 80%로 제한하는 것이 바람직하다. 드럼은 믹서뿐만 아니라 교반 장치로도 사용되어야 하므로, 다른 방식의 배합계량을 위해서는 콘크리트의 양을 드럼 체적의 63%로 제한하고 있다. ASTM C 94는 콘크리트를 혼합한 후 1시간 반 이내에 혹은 드럼이 300회전을 하기 전에 타설할 것을 규정하고 있다. 그러나 만약 콘크리트가 배합계량에서 배합수의 추가없이 타설하기에 충분히 질다면 구매자가 이러한 제한 규정을 고려하지 않을 수 있도록 규정하고 있다. ASTM C 94는 구매자가 콘크리트를 빨리 경화하는 것을 원할 때 다른 배합시간을 정할 수 있도록 규정하고 있다.

재배합(Remixing) 레디믹스트 콘크리트가 현장에 공급될 때, 슬럼프를 확보하기 위하여 타설 전에 종종 재배합한다. 만약 이러한 경우가 발생하면, 최소 배합시간의 적어도 1/2이 재배합 시간 동안에 일어나도록 그리고 총 회전수도 규정값을 넘지 않도록 초기 혼합이 이루어지도록 해야 한다. 현장에서는 타설 전에 규정된 특성을 얻기 위하여 배합 계량된 콘크리트에 배합 재료들을(특히 물) 더 첨가하는 것이 통례이며, 현장에서는 종종 이러한 일이 발생한다. 콘크리트는 소요 수준의 워커빌리티를 얻기 위해 현장에서 적절하게 추가되는 고성능감수제를 제외하고, 현장에서 재료를 투입하는 것을 방지하고 있는데, 이는 문제만을 일으킬 수 있기 때문이다. 현장에서 다른 배합 재료를 정확히 계량하는 것은 어렵고 품질관리에 문제를 일으킨다. 콘크리트 배합은 타설 시간에 정확한 특성을 얻을 수 있도록 계획되어야 하고, 타설할 때 규정된 슬럼프보다 더 큰 슬럼프로 계획하는 것은 보통 일어날 수 있는 슬럼프 손실을 감안한 것으로 볼 수 있다.

11.2 운반 (Transportation)

콘크리트를 취급하는 방법은 매우 다양하고, 취급 방법의 선택은 주로 콘크리트의 양, 건설 현장의 규모 및 형태, 현장의 지형도, 배치 플랜트의 위치, 상대적인 비용에 좌우된다. 재료적인 관점에서 운반 방법은 날씨의 영향(덥고, 춥고, 습하고)으로부터 콘크리트를 보호해야 하며, 과도한 흔들림 혹은 진동이 부적절한 재료 분리를 야기시키지 않도록 해야 한다. 요약하자면, 운반 방법은 콘크리트 품질을 유지할 수 있는 방법을 선택하고, 가능한 장비를 사용하기 위해서 콘크리트 품질을 저하시켜서는 안 된다. 운반 방법은 표 11.2에 보인 바와 같이, 대체로 4가지로 분류되며, 차량 운반(wheeled transports)식, 버켓식, 컨베이어 및 슈트식, 펌프식 등이다.

배치 플랜트로부터 현장까지 콘크리트 운반은 일반적으로 교반을 위한 회전식 드럼을 장착하고 있는 레디믹스트 트럭에 의해 이루어진다. 덤프 트럭을 사용할 때는 과도한 슬럼프 손실과 재료 분리를 피하기 위하여 장시간 운반을 방지해야 한다. 인접한 배치 플랜트로부터 콘크리트를 운반하기 위해서는 버켓식, 공중 케이블식 또는 트럭식을 사용할 수 있다.

표 11.2 콘크리트 운반의 일반적인 방법

방법	*적용*	*용량*	*비고*
트럭(교반)	레미콘	2~9 m^3	운반시간은 1.5시간 까지
트럭 또는 열차(무교반)	가까운 거리의 배치 플랜트에서 현장까지		질은 반죽이나 매우 건조한 반죽(슬럼프의 범위는 12~50 mm)은 피한다.
버켓	현장에서 사용, 가까운 거리의 배치 플랜트에서 운송할 수 있다.	6 m^3 까지	크레인이나 호이스트가 필요함
동력 수레	현장	약 0.3 m^3	작은 경사가 필요하며, 수직 이동은 제한된다.
수동 수레	현장	약 0.2 m^3	
컨베이어 벨트	현장	약 0.2 m^3	최대 성능을 제공한다. 진반죽은 피하고, 된반죽 사용. 슬럼프는 50~100 mm
펌프	현장	120 m^3/h 까지	반죽은 펌프 압송을 위하여 특별히 설계되어야 한다.

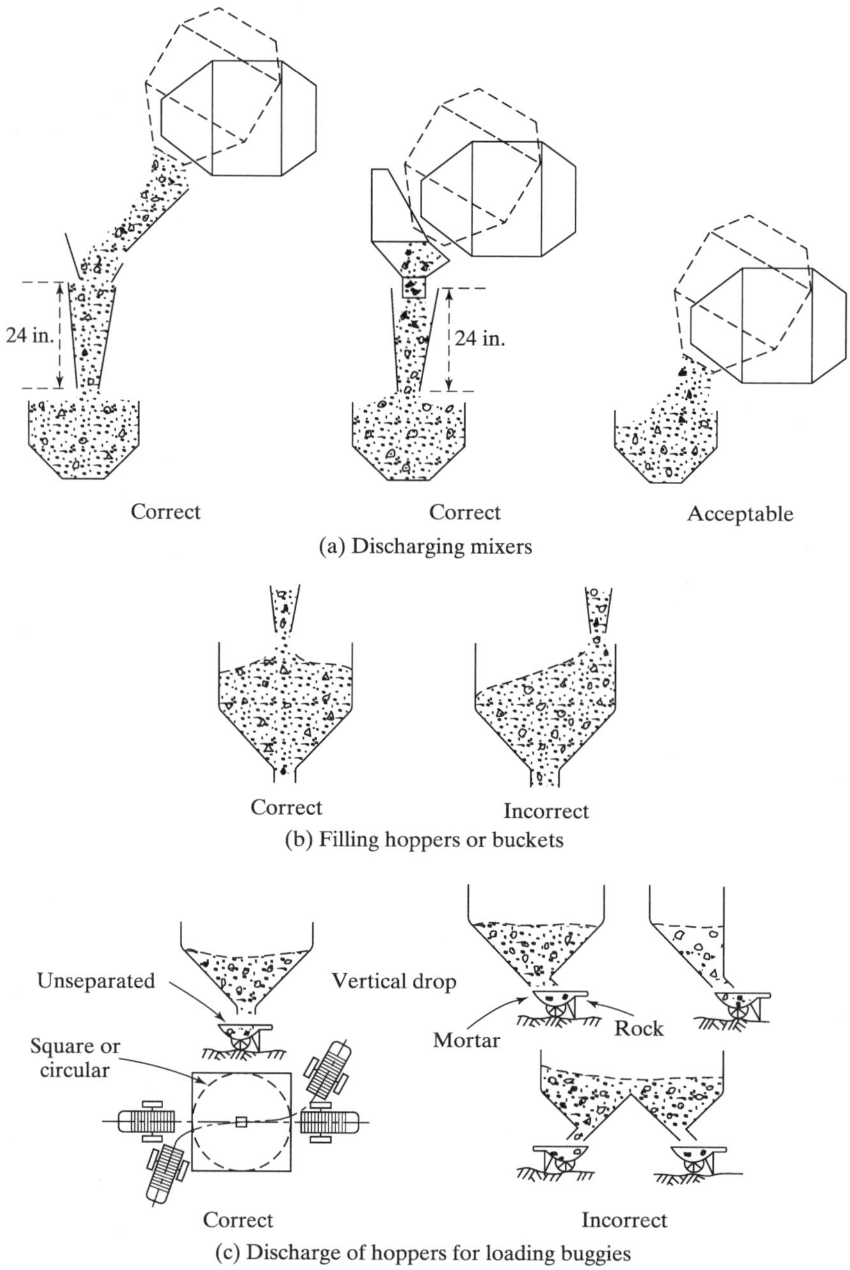

그림 11.3
콘크리트의 취급

버켓은 호이스트, 크레인, 공중 케이블을 사용하여 콘크리트를 현장에 운반할 수 있는 다목적인 방법으로서, 한번에 6 m^3에 달하는 큰 용량을 수평 혹은 수직으로 운반할 수 있다. 버켓은 배출 공정이 적절하게 조절되고 그리고 배출할 때 재료분리가 발생하지 않도록 설계되어 있다. 버켓은 배출구 쪽이 경사지게 되어 있고, 콘크리트는 그림 11.3에서 보는 것처럼 수직으로 배출되고, 버켓은 유사한 방법으로 믹서로부터 재료가 투입되기도 한다.

수동 및 동력 손수레는 좋은 지형의 현장에서 적은 양의 콘크리트를 운반하는데 사용될 수 있다. 이들은 수평 혹은 약간 경사진 지역에서만 사용될 수 있다.

벨트 컨베이어도 수평 및 수직으로 콘크리트를 운반하는데 사용할 수 있으나, 운반할 때 특별한 주의가 필요하다. 배출하면서 혹은 컨베이어 사이의 전달 과정에서 재료 분리가 발생하기 쉽다. 특히, 컨베이어의 경사도가 매우 크다면, 습식 배합 또는 빈배합은 재료분리를 일으키기 쉽다. 모르타르가 벨트에 부착되는 것을 방지하기 위하여 주의를 해야 하며, 배출되는 위치에서 들러붙은 모르타르는 긁어내야 한다. 콘크리트는 상대적으로 얇게 퍼져 있으므로 더운 날씨인 경우 수분 손실과 온도 증가에 민감하며, 이로 인하여 슬럼프 손실이 촉진될 수 있다. 따라서 운반 벨트는 직사광선과 바람으로부터 보호되어야 하고, 이 방법은 매우 더운 날씨에서는 적절한 방법이 아니다. 슈트식은 배출되는 위치의 아래로 콘크리트를 타설할 경우에 사용될 수 있으며, 이 방법도 위와 유사한 불리한 점을 갖고 있는 방법이다.

펌프 압송(Pumping) 펌프 압송되는 콘크리트는 강관이나 유연한 관을 통한 압력으로 운반되며, 현장 내의 원하는 곳에 타설된다. 이 방법은 매우 다용도로 사용할 수 있고, 특히 터널과 같이 협소한 장소인 경우에 사용하기가 좋다. 콘크리트는 꽤 먼 거리인 대체적으로 수평으로는 450 m 이상, 수직으로는 150 m 이상으로 펌프 압송된다. 특수한 고압펌프를 사용하면 수평으로 1400 m, 수직으로 420 m 만큼 먼 거리도 운반할 수 있다.

펌핑 장비(Pumping Equipment) 북미에서 주로 사용되는 콘크리트 펌프 형태는 피스톤 펌프이다(그림 11.4). 이 펌프는 두 개의 피스톤과 동시에 움직이는 주입 및 배출 밸브가 있으며, 각각의 피스톤은 후진할 때에는 주입 밸브가 열리면서 콘크리트가 호퍼(hopper)로부터 실린더로 빨려오고, 반면에 전진할 때는 배출 밸브가 열리면서 콘크리트를 파이프라인으로 강제로 압송되는 것이다. 피스톤들은 반대 방향으로 움직이면서 콘크리트가 꾸준하게 압송되게 한다. 피스톤과 밸브는 가솔린 엔진, 디젤엔진 혹은 전기 모터에 의하여 공급되는 힘으로 항상 유압으로 작동된다.

콘크리트 파이프라인은 강관 혹은 내구성이 강한 유연한 호스로 만들어 진다. 내구성이 강한 유연한 호스는 콘크리트의 이동에 상당한 저항성을 가지고 있기 때문에 강관만큼 우수하게 거동하지는 않는다. 그러나 곡선 구간에서는 강성 라인으로 구성시킬 수 있고, 유연성이 요구되는 상황이나 이동식 기중기와 함께 사용할 때 매우 바람직하다. 일반적으로 내경이 125 mm 이상인 유연한 호스는 취급이 어렵기 때문에 사용되지 않지만 내경이 200 mm 이상인 강관은 통상적이

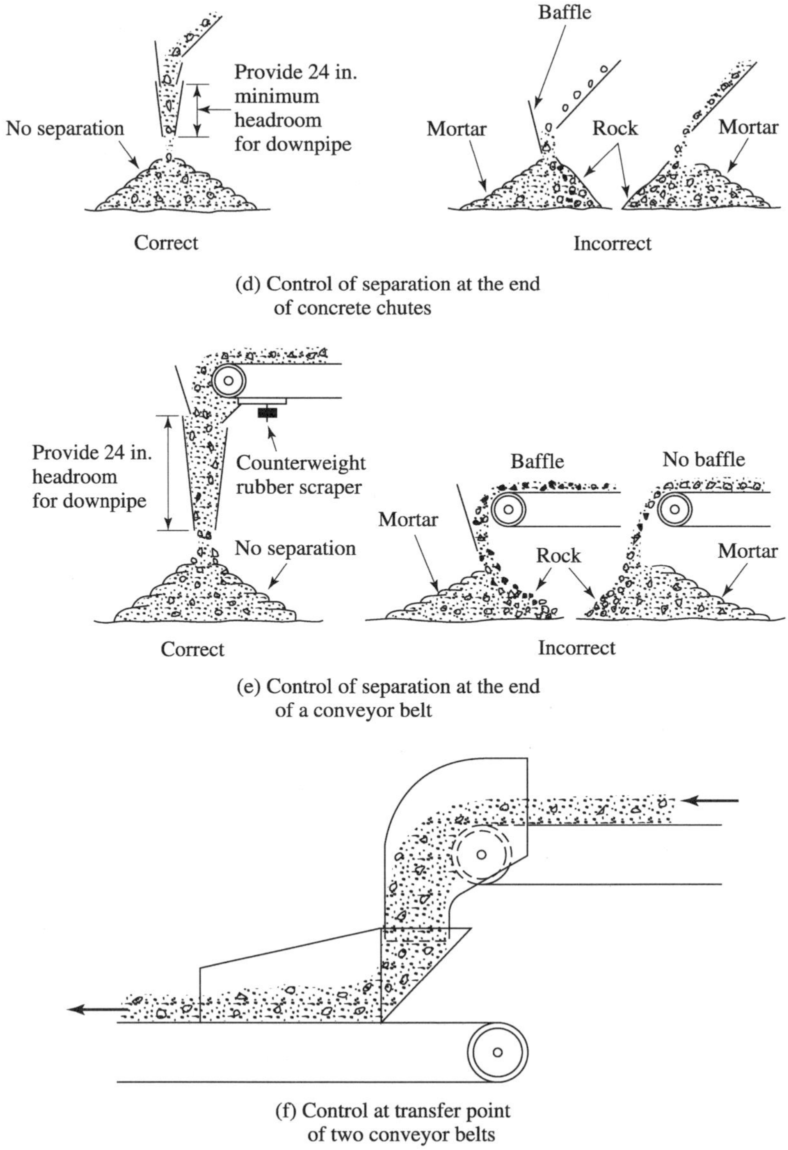
Provide 24 in.
minimum
headroom
for downpipe
No separation
Correct
Baffle
Mortar
Rock
Mortar
Incorrect
(d) Control of separation at the end
of concrete chutes
Provide 24 in.
headroom
for downpipe
Counterweight
rubber scraper
No separation
Correct
Baffle
No baffle
Mortar
Rock
Mortar
Incorrect
(e) Control of separation at the end
of a conveyor belt
(f) Control at transfer point
of two conveyor belts

그림 11.3 (d)-(f)

다. 강관은 현장에서 기계적인 방법으로 운반되는데, 소구경 펌프는 한 장소에서 다른 장소로 빨리 이동할 수 있는 이동식 펌핑 장비로 사용되고 있으며 상대적으로 적은 량의 콘크리트를 편리하게 다룰 수 있다. 이러한 장비는 수직 및 수평 타설을 위하여 유압으로 작동되는 기중기에 항상 장착되어 있다. 이 장비는 내경 100~125 mm의 관으로 수평으로는 360 m까지 그리고 수직으로는 90 m까지 시간당 30~60 m^3의 콘크리트를 운반할 수 있다.

관과 호스의 재료는 마모와 침식에 저항성이 있어야 하고, 꽤 가벼워야 하고, 콘크리트와 반응하면 안 된다. 따라서 알칼리와 반응을 하는 알루미늄은 만족할 만한 성능이 입증되지 않는 한 파이프라인의 재료로 사용하지 말아야 한다. 파이프 간의 결합부는 방수가 되어야 하고, 파이프의 취약한 지지부 및 설치 불량으로 인하여 발생할 응력에 충분히 저항할 수 있도록 강하고, 콘크리트의 흐름에 장애 요소가 없고, 쉽게 연결 및 해체가 될 수 있어야 한다.

펌프 압송 거리(Pumping Distances) 콘크리트가 펌프 압송될 수 있는 거리는 많은 작업조건에 즉 (1) 펌프 용량, (2) 파이프라인의 직경, (3) 균일 흐름에 대한 방해 요소의 수, (4) 펌핑 속도, (5) 콘크리트 특성 등에 좌우된다. 펌프는 콘크리트와 관 내부 표면 사이의 마찰력을 이겨낼 수 있는 충분한 압력을 가할 수 있어야 한다. 주어진 운반 속도에 대한 펌프 용량은 실제의 마찰 손실량을 사용하여 종래의 유압이론으로 계산할 수 있다. 파이프라인이 굽어지고 직경이 감소되면 마찰 손실 량은 상당히 증가되며, 콘크리트를 수직으로 압송할 때 콘크리트의 무게 중력을 극복하고 수직으로 상승시키기 위하여 약 23 kPa/m(1 lb/in^2/ft)의 추가 압력이 필요하다. 관과 결합부에 대한 적절한 유지관리는 마찰손실을 최소화하기 위하여 필요하다.

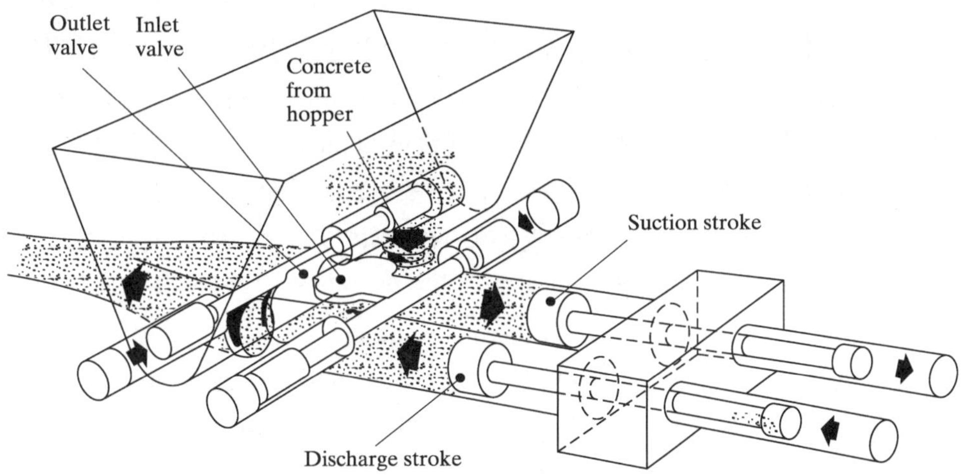

그림 11.4
콘크리트 펌프. [T.H.Cooke, *Concrete Pumping and Spraying*, Thomas Telford,London(1990).]

콘크리트는 펌프 압송될 때 모르타르나 그라우트의 얇고 매끄러운 막으로 감싸지면서 파이프 벽체와 분리되는 실린더 형태의 마개처럼 이동한다. 따라서 관은 초기에는 적절히 배합설계된 모르타르로 압송을 시작해야 한다. 보통 콘크리트보다 더 많은 약 60~120 kg/m^3 시멘트를 갖는 콘크리트 또는 굵은골재가 제거된 보통 콘크리트를 사용하여 관을 매끄럽게 할 수 있다. 0.4 m^{3}의 콘크리트로 내경의 150~200 mm인 약 300 m의 수평 관을 매끄럽게 할 수 있고, 이것은 펌프 압송을 지속할 동안 계속 유지된다. 펌프 압송이 끝나면 관을 통하여 압축공기를 불어 넣은 후 물로 세척하면 완전히 깨끗하게 할 수 있다.

배합 설계(Mix Design) 콘크리트를 펌프 압송하고자 할 때는 배합 설계에 특별한 주의를 해야 한다. 압송을 위하여 콘크리트는 근본적으로 다른 것은 아니지만, 성형성과 응집력이 있어야 한다. 거친 배합 혹은 건 배합은 펌프 압송이 잘 되지 않는다. 품질 관리에 대해서 더욱 중점을 두어야 하고, 재료는 공사기간 동안 균일하게 유지해야 한다. 콘크리트를 펌프 압송할 때 발생하는 두 가지 주요 문제점은 큰 마찰 저항과 재료 분리가 발생하는 경향이 있는 것이다. 결론적으로 불량하게 배합 설계된 콘크리트는 더 큰 펌프 용량이 필요하고, 관을 막아버리는 경향이 있다.

관의 막힘 현상을 최소화하기 위하여 가장 작은 파이프 내경에 대한 굵은골재의 최대크기의 비율은 모난 골재의 경우에는 0.33 그리고 원형 자갈의 경우에는 0.4를 초과해서는 안 된다. 굵은골재의 양은 펌프 압송이 되지 않는 배합과 비교하여 약 10% 정도 항상 감소시켜야 하나(표 10.8의 주석 참조), 단순한 파이프라인 배치도와 우수한 품질 관리를 수행하고 있는 우수한 배합 설계의 경우에는 감소시킬 필요는 없다. 잔골재와 굵은골재의 규격별 입도는 ASTM C 33에 주어진 입도한계의 중간범위에 가능한 근접해야 하나, 입도의 균일성이 훨씬 더 중요하다. 다른 크기의 골재를 혼합하는 것이 필요할 수 있으며, 잔골재의 역할은 특히 중요하다. 왜냐하면 잔골재는 굵은골재가 정지되었을 때 펌프 압송 매개체인 유동적인 모르타르를 공급하기 때문이다. 적절한 미립자를 갖는 것에 특별한 주의를 해야 하는데, 125 mm의 작은 관 시스템의 경우 15~20%는 300 μm(No. 50) 체를 통과해야 하고, 5~10%는 150 μm(No. 100) 체를 통과해야 한다. 잔골재 및 굵은 경량 골재는 파이프라인에서 과도한 슬럼프 손실을 피하기 위해 사용하기 전에 확실하게 물에 적셔야 한다. 높은 흡수율 때문에, 파이프라인을 미리 물에 적신 후에도 경량배합의 굵은골재량은 펌프 압송되지 않은 배합과 비교하여 약 1/3 정도 감소시킬 필요가 있다. 그러나 진공포화(vacuum saturation)나 열포화(thermal saturation)가 사용되었다면, 경량배합은 보통 콘크리트와 같은 방법으로 배합 설계할 수 있다. 상용의 펌프 압송 보조물이 이용가능하며, 이들은 물의 점성을 증가시키므로 파이프라인에서 블리딩과 마찰저항을 감소시키는 수용성의 폴리머(water-soluble polymers)이다. 그러한 혼화재료의 효율성은 현장평가로써 입증되어야 한다.

50~150 mm(2~6 in)의 슬럼프를 갖는 콘크리트는 적절히 배합 설계된다면 성공적으로 펌프압

송할 수 있다. 큰 슬럼프는 과도한 블리딩과 굵은골재의 재료 분리를 야기할 수 있으며, 이는 관을 막거나 혹은 매끄러움의 손실을 초래할 수 있다. 슬럼프를 조정하기 위하여 물만을 첨가하는 것은 콘크리트 점착성을 저해시킴으로써 더 많은 문제를 야기할 수도 있다. 바람직한 슬럼프는 적절한 배합비에 의해 얻을 수 있으며, 이는 잔골재량을 일반적으로 증가시키기 때문에 항상 추가의 시멘트가 필요하다. 그러나 무기질의 혼화재료 혹은 감수제는 시멘트 요구량을 줄이기 위해 사용될 수 있다. 공기연행 콘크리트는 비연행 콘크리트보다 더 점착적이고, 잘 반죽되며, 블리딩 및 재료분리가 일어나기 어렵고, 일반적으로 펌프압송이 더 쉽다. 펌프압송은 공기 공극 체계를 변화시킬 수 있기 때문에 콘크리트가 배출될 때 공기량을 측정해야 한다.

11.3 콘크리트 타설 (Placement of concrete)

콘크리트를 거푸집 속에 타설할 때 굵은골재의 재료분리를 방지하도록 적절하게 취급해야 하는데, 이는 곰보 혹은 허니컴(honeycomb) 형태의 콘크리트 발생을 예방하기 위한 것이다. 그림 11.5에 보여 주고 있는 바와 같이 일부 타설 방법은 만족스런 방법이다. 이러한 원칙은 표준 골재(graded aggregate)의 취급 및 믹서에서 타설 현장까지 콘크리트를 운반하는 데 적용할 수 있다.

콘크리트는 수직으로 낙하시켜야 하고, 대부분의 경우 자유낙하는 0.9~1.5 m로 제한하는 것이 바람직하며, 이는 콘크리트 재료가 거푸집 면에서 반발되어 튀어 오르고 철근을 때림으로 인해 골재분리가 증가하는 것을 방지하기 위한 것이다. 그러나 거푸집 내에 장애물이 없어 콘크리트를 방해물 없이 타설할 수 있다면, 골재분리 문제를 발생시키지 않으면서 콘크리트를 45 m 높이에서 자유 낙하시킬 수 있음이 증명되었다. 낙하 슈트(dropchute) 혹은 파이프를 사용하는 것은 낙하되는 콘크리트를 보호한다. 깊고 좁은 거푸집 혹은 굽어진 거푸집에서 펌프 혹은 호스, 낙하 슈트에 의한 콘크리트 타설 방법이 사용될 수 있다. 이들 방법을 위하여 특별히 만들어진 개구부를 통하여 콘크리트는 초기에는 거푸집의 낮은 부분부터 타설되어야 한다. 이 경우에는 콘크리트는 거푸집 안으로 천천히 흘러가게 해야 하며, 콘크리트가 수직에 가까운 경사로 빠르게 흘러가게 해서는 안 된다. 각진 부분에 빠른 속도로 거푸집으로 흘러 들어가서는 안 되고, 콘크리트가 거푸집을 다 채웠을 때 콘크리트는 거푸집의 중앙부보다 바깥부분에 다소 더 높이 타설되어야 한다. 이는 콘크리트가 거푸집 위까지 타설되었을 때 블리딩수가 거푸집 중앙 부분의 낮은 곳으로 흘러가게 하여 쉽게 제거할 수 있게 하기 위함이다.

경사진 경우에는 타설되는 콘크리트는 아래에서부터 다짐이 시작되어야 하며, 이는 중력이 다짐 진행을 방해하기보다는 도움을 주도록 하기 위한 것이다. 경사진 위로 콘크리트를 수직으로 낙하하는 것을 억제시켜야 하며, 이는 타설된 콘크리트의 굵은골재가 바닥으로 굴러갈 가능성이 있기 때문이다. 슬래브를 수평방향으로 혹은 경사방향으로 타설할 때, 콘크리트는 이미 타설된 콘

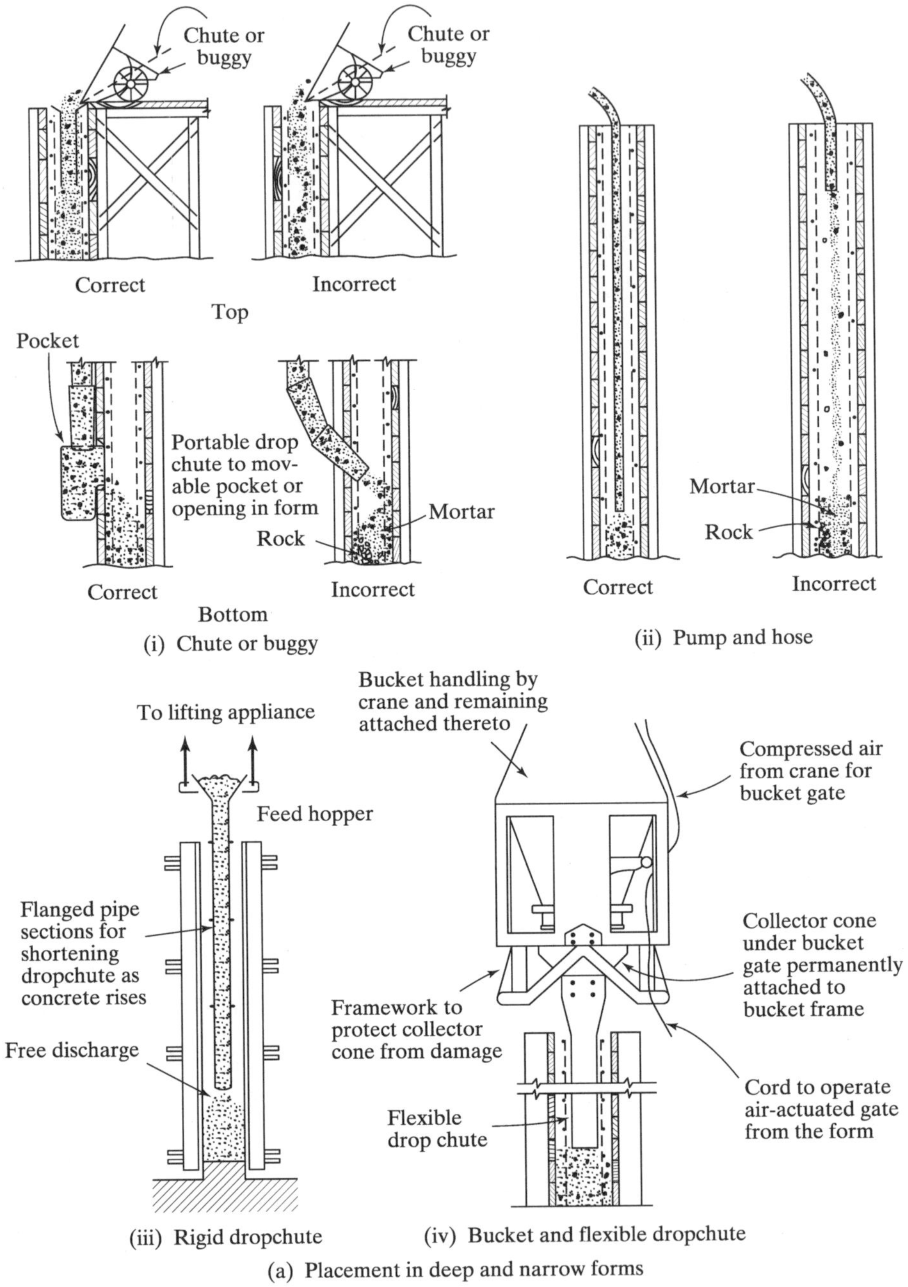

그림 11.5
콘크리트 타설

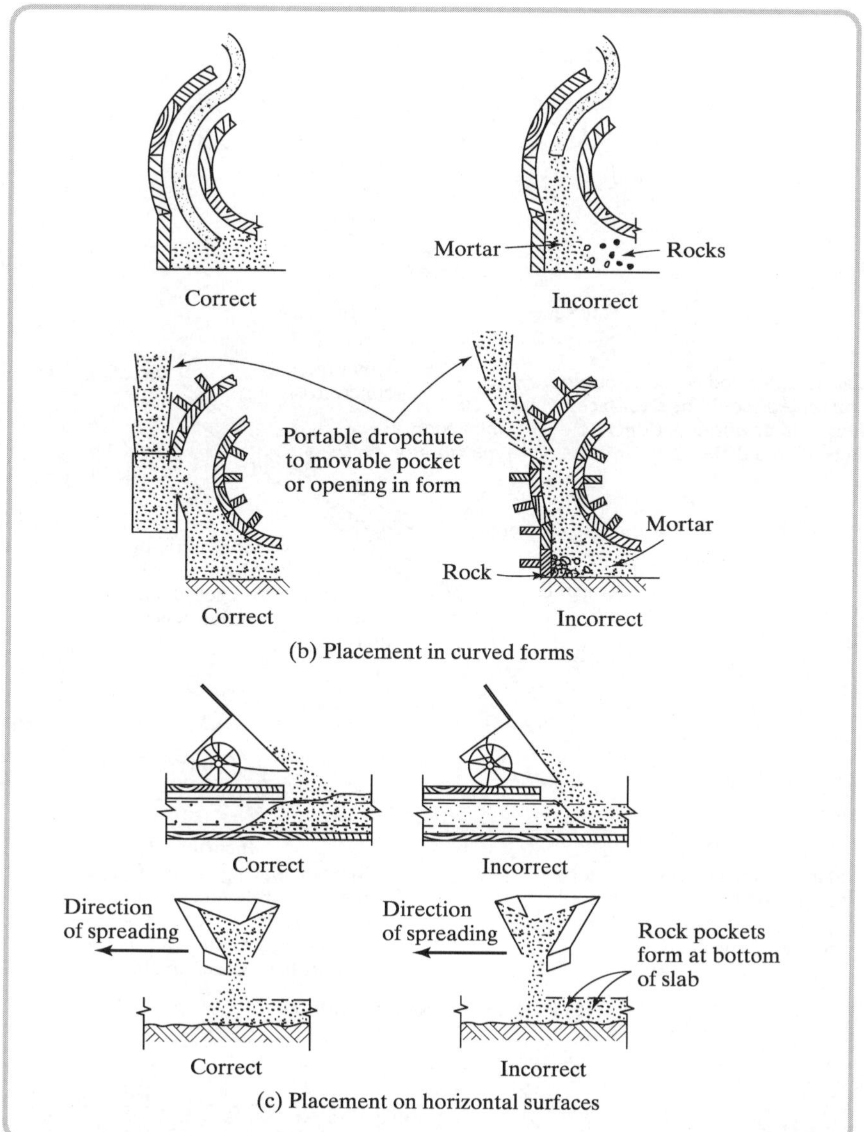

그림 11.5 (b)–(c)

크리트 면으로 타설되어야 한다. 따라서 콘크리트를 타설하는 동안 또는 운반하는 동한 골재분리가 발생한다면, 분리된 골재는 일체의 질량으로 작용할 것이다. 콘크리트는 횡방향으로 과도하게 움직이면 타설 후에 바람직하지 않다. 타설하는 동안 항상 골재분리가 일어나는지를 엄격히 관찰하여야 하고, 골재분리가 일어나면 곧바로 문제를 수정하는 조치를 취해야 한다.

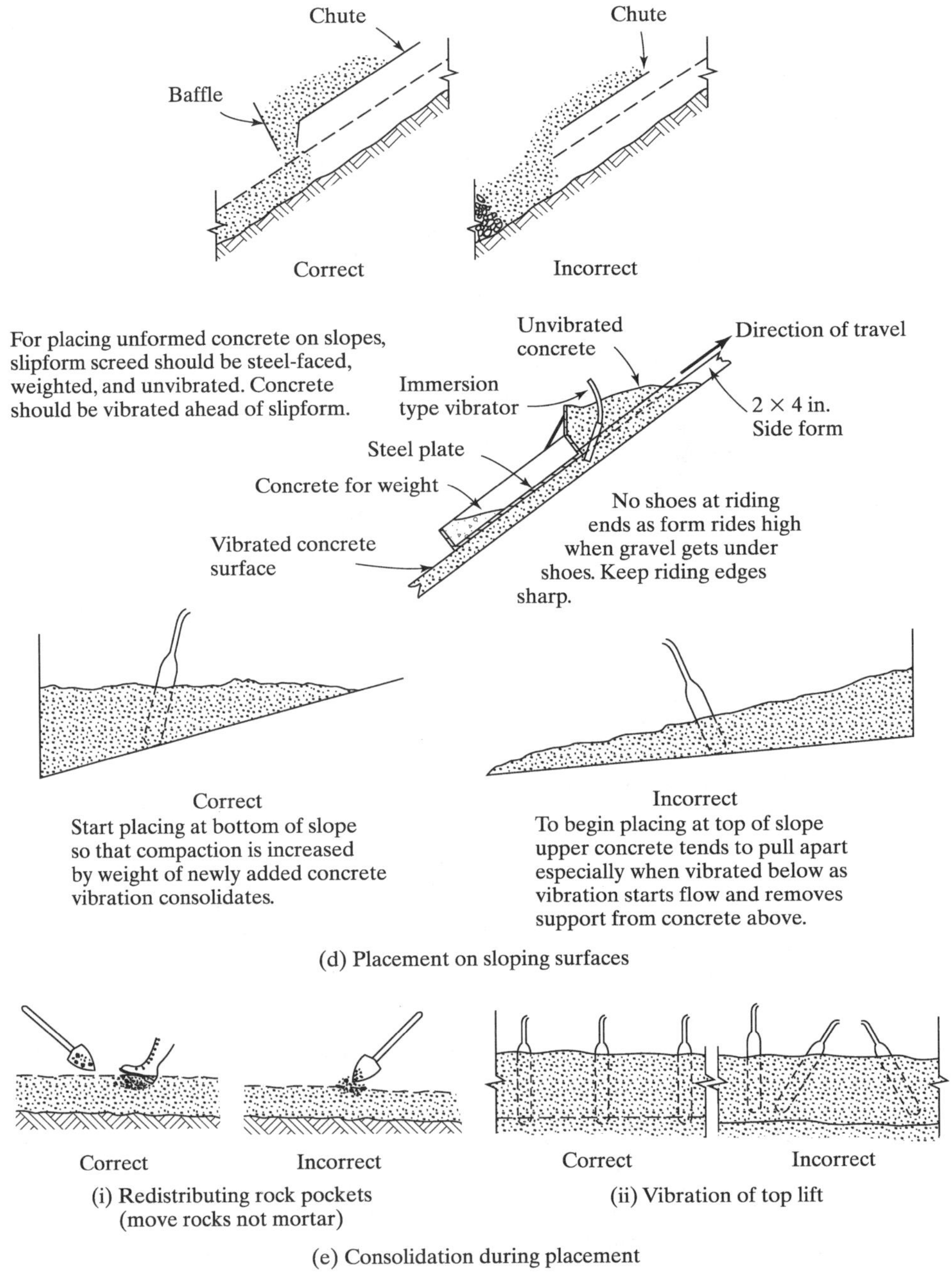

Chute
Baffle
Correct
Chute
Incorrect
For placing unformed concrete on slopes, slipform screed should be steel-faced, weighted, and unvibrated. Concrete should be vibrated ahead of slipform.
Unvibrated concrete
Direction of travel
Immersion type vibrator
2 × 4 in. Side form
Steel plate
Concrete for weight
Vibrated concrete surface
No shoes at riding ends as form rides high when gravel gets under shoes. Keep riding edges sharp.
Correct
Start placing at bottom of slope so that compaction is increased by weight of newly added concrete vibration consolidates.
Incorrect
To begin placing at top of slope upper concrete tends to pull apart especially when vibrated below as vibration starts flow and removes support from concrete above.
(d) Placement on sloping surfaces
Correct
Incorrect
(i) Redistributing rock pockets (move rocks not mortar)
Correct
Incorrect
(ii) Vibration of top lift
(e) Consolidation during placement

그림 11.5 (d)-(e)

특별 타설(Special Placements)

여러 목적을 위한 콘크리트 타설 기술이 다양하게 개발되어 왔다. 여기서 언급할 것들은 슬립폼(slipforming), 롤러다짐 콘크리트(roller-compacted concrete), 프리플레이스트 골재(preplaced aggregate), 숏크리팅(shotcreting), 트레미 방법(tremie method), 수중 타설(underwater placement) 등이다.

슬립폼(Slipforming) 슬립폼 공법은 콘크리트를 연속적으로 타설하고 다짐하는 공법이다. 이 공법은 사일로, 굴뚝, 냉각탑, 해양 플랫폼, 저장 탱크, 일체화된 터널 라이닝(monolithic tunnel linings), 포장 그리고 고층빌딩 등 다양한 콘크리트 구조물의 건설에 사용되고 있다. 현재 실질적으로 거의 모든 포장 공사는 슬립폼 포장기로 공사되고 있으며, 콘크리트 흙손질(strikeoff), 진동, 다짐 그리고 마감을 할 수 있는 자체 동력을 갖춘 포장기로서 압출 성형되는 콘크리트로 이루어지고 있다. 오우거(auger)와 패달(paddle)은 포장기 내부에서 콘크리트를 횡방향으로 배분하고, 콘크리트 방호막 즉, 도로차선 분할구조물과 연석은 슬립폼으로 만들어진다.

수직 슬립폼은 거푸집 자체와 타설된 콘크리트를 지탱하기 위한 강도를 충분히 얻을 때까지 콘크리트를 구속할 수 있는 거푸집이 필요하다. 거푸집은 평균 200~300 mm/hr 속도로 콘크리트 타설 방향으로 이동되나, 600 mm/hr의 속도로 가동되는 것도 있다. 거푸집은 유압, 공기압, 전기식, 또는 수동식의 재킹 시스템으로 움직인다. 횡방향 부재의 설치를 위한 수평철근은 배치할 부분을 구멍(block out)을 두어 시공할 수 있으며, 구멍 설치를 위한 거푸집은 나중에 제거하고 횡방향 철근을 끼워 넣는 것이다. 철근을 집중하여 복잡하게 배치하는 것은 콘크리트를 타설할 때 어렵기 때문에 피해야 한다. 고층건물을 건설할 때 각 층의 배치도는 대개 같기 때문에, 벽체와 기둥의 규격을 일정하게 하는 것이 이상적이다. 콘크리트의 타설이 중단되지 않기 위해서는 거푸집을 이동시키기 전에 철근은 이미 시공된 철근과 연결시켜야 한다. 슬립폼으로 만들어진 구조물의 좋은 사례는 캐나다 토론토에 있는 CN Tower로서, 겨울에 약 100일 만에 460 m(1500 ft)의 높이를 시공한 바 있다(그림 11.6).

슬립폼 공사의 성공은 재료와 생산 제품에 대한 세심한 품질관리와 적절하게 강도가 발현되도록 계획된 실험 프로그램에 좌우된다. 콘크리트는 매우 균질해야 하며, 배합은 적당한 워커빌리티와 조기 강도 발현을 나타내면서 점착력이 있어야 한다. 50~75 mm의 슬럼프는 보통 수직타설 콘크리트에 사용되는 반면에 25~50 mm의 슬럼프는 포장 콘크리트에 사용된다. 슬립폼 공법은 특별한 장비가 필요하지만, 높은 생산성과 고품질의 마감콘크리트는 초기의 높은 투자비용 이상을 상쇄시킬 수 있다.

수직 슬립폼 공법의 변형은 점프폼 기술이다. 거푸집을 연속하여 이동하지는 않지만, 연직방향으로 콘크리트를 타설할 때 타설되는 매 단계별로 거푸집을 다시금 설치하는 것이다. 따라서 점

그림 11.6
CN 타워, 캐나다 토론토

프폼(jumpforming)은 슬립폼과 유사한 장점을 가지고 있으나 특수한 장비를 위한 많은 투자가 필요하지 않다.

롤러다짐 콘크리트(Roller-Compacted Concrete) 롤러다짐 콘크리트(RCC)는 통상적인 공법의 콘크리트보다 20~30% 정도 저렴하게 시공할 수 있고, 매스 콘크리트와 포장 콘크리트에 사용된다. 매스 콘크리트는 암석 채움(rock fill)과 흙 이동 장비를 사용하여 무 슬럼프의 콘크리트로 타설한다(그림 11.7). 반면에 포장 콘크리트는 롤러다짐 콘크리트(RCC) 공법을 위하여 특별히 제작한 다짐과 진동 설비를 갖춘 대형 포장장비를 사용하여 타설한다(그림 11.8). 콘크리트 다짐은 내부보다는 외부적으로 수행하고, 항상 진동롤러(vibratory rollers)를 사용하여 시공된다. 콘크리트는 롤러와 스프레딩(spreading) 장비를 지지할 수 있는 반죽질기를 가져야 하고, 롤러에 의해 다짐할 수 있는 골재입도와 시멘트 풀 함유량을 가져야 한다. 다양한 골재 등급과 일정 범위의 단위시멘트양이 사용된다. 매스콘크리트와 같이 다층으로 타설할 경우 각 층의 재료들은 함께 부착될 수 있도록 시공되어야 한다.

매스 콘크리트의 경우, 골재의 최대 치수는 보통 75 mm로 제한되는데, 이는 더 큰 치수의 골재를 사용하는 것은 배합 비용과 골재 분리 문제를 증가시키기 때문이다. 그러나 매스 콘크리트를 시공할 때 150 mm골재를 사용하는 것은 75 mm골재를 사용한 같은 품질의 콘크리트 생산에 필요한 시멘트를 대략 15% 정도 줄일 수 있다. 리프트(lift) 두께는 굵은골재의 최대치수의 3배 이상은 되어야 한다. 포장 콘크리트의 경우, 골재의 최대치수는 보통 19 또는 9.5 mm(3/4 또는 3/8 in)이다.

그림 11.7
롤러다짐 매스 콘크리트 시공

롤러다짐 콘크리트의 배합을 위하여 많은 방법들이 사용되어 왔다. 이 방법들은 반죽질기, 경제성을 최대로 하기 위한 시험 배합, 그리고 지반다짐 개념에 근거를 하고 있다. 굵은골재들은 이상적인 입도를 얻기 위하여 종종 혼합되고, 배합비는 골재의 공극, 표면적, 그리고 입자 형태의

그림 11.8
롤러다짐 콘크리트 포장공사

복합적인 영향에 따라 변한다. 롤러다짐 매스 콘크리트는 통상적인 콘크리트의 대표적 단위시멘트양보다 더 낮은 단위시멘트양(50～190 kg/m^3)을 가지고 있다. 반면에 롤러다짐 포장 콘크리트는 통상적으로 타설되는 콘크리트의 단위시멘트양과 유사한 단위시멘트양을 가지고 있다. 롤러다짐 콘크리트의 높은 골재량 때문에, 배합수에 미치는 골재의 영향으로 골재 품질은 압축강도에 매우 중요한 영향을 미친다. 같은 시멘트양의 배합임에도, 고품질의 골재 대신 저품질의 골재를 사용할 경우 50% 정도로 강도가 감소할 수 있다. 롤러다짐 콘크리트는 물에 의한 침식에 대한 저항력이 매우 좋은 것으로 입증된 바 있으며, 매우 가혹한 노출 조건을 제외하고는 동결융해에 대한 내구성이 우수한 것으로 보인다.

RCC 포장은 항상 하나의 리프트로 타설될 수 있지만, 매스 시공은 넓은 지역에서 다층의 리프트로 타설된다. 이 때 콘크리트 타설 공사는 거의 연속적이고 시공 속도도 보통의 콘크리트 시공속도보다 빠르기 때문에, 댐 시공과 같이 다층으로 타설되는 공사는 시작되기 전에 많은 양의 골재가 야적되어야 한다.

북미에서 매스 RCC 공사의 다짐 리프트 두께는 일반적으로 약 300 mm 이다. 그러나 일본에서는 다짐 리프트 두께를 0.5~1.0 m로 시공하고 있다. 콘크리트는 운반되어 현장에 직접 투입되기 때문에, 각 리프트의 콘크리트는 다짐 공정이 시작되기 전에 몇 개의 층으로 쌓아 올려지는데, 컨베이어 벨트 그리고 흙 운반 장비가 종종 사용된다. 콘크리트는 다짐 전에 충분한 리프트 두께에 도달할 때까지 불도저와 같은 트럭 탑재 장비를 사용하여 다수의 층으로 타설된다. 그런 후에 콘크리트는 진동롤러로서 다져진다. 콘크리트가 타설된 후 가능한 빨리 다짐이 완료되어야 하며, 통상적으로 최대 허용 시간 10분 이내에 다져져야 한다. 초기 배합부터 다짐 완료까지의 총시간은 40분으로 제한된다. 시간이 많이 지체되거나 콘크리트가 손상을 입은 경우에도, 롤링 작업 후에는 만족스럽게 보일 수도 있다. 그러나 적절하게 다져진 롤러다짐 콘크리트와는 달리, 부적절하게 다져진 콘크리트는 공기 호스로서 쉽게 제거할 수 있다. 그래서 고압 공기는 부실 여부의 시험이나 부실시공 콘크리트를 제거하여 적절하게 다져진 콘크리트로 대체 시공하기 위한 작업에 효과적인 수단이다.

시공이 상당 시간 동안 중단되었을 때 매스 콘크리트에서 발생할 수 있는 수평 줄눈은 지수조처를 하여야 한다. 이는 다음에 타설하는 최초의 리프트 콘크리트를 보통 높은 워커빌리티 재료를 사용하여 만들어 쓰면 된다. 첫 리프트 콘크리트는 바닥 모르타르의 얇은 층 혹은 많은 양의 모래를 포함하고 있는 보통 콘크리트가 될 수 있다. 만약 첫 리프트 콘크리트가 너무 유동적이라면, 넓은 지역에 콘크리트를 살포하여 매우 얇은 층으로 시공하고 그 위에 된 반죽의 롤러 압축 콘크리트를 타설함으로써 조절할 수 있다. 매끄러운 표면을 위하여 롤러다짐 콘크리트는 특수 거푸집 혹은 프리캐스트 콘크리트 거푸집을 사용하여 시공할 수 있다. 다짐 장비를 적절히 지탱하고 거푸집이나 전면의 부재들이 손상되지 않도록 타설 공사 마무리 때에는 세심한 다짐 관리가 수행되어야 한다. 이를 위하여 작은 다짐 장비의 사용을 요구할 수도 있다.

모든 콘크리트의 품질은 공사 기간 동안에 수행되는 현장 관리에 좌우되지만, 롤러다짐 콘크리트의 품질은 보통 재료로서 매우 빠르게 시공할 수 있는 타설 속도 때문에 특히 현장관리에 의하여 좌우된다. 저 품질의 콘크리트는 낮은 강도가 관측되기 전에는 재료에 대한 많은 수치 자료에 의해서 감추어질 수 있기 때문에, 시험 공시체 결과는 유일한 사실 기록일 수 있다. 타설하는 동안의 단위시멘트양은 특히 중요하다. 시멘트가 적은 롤러다짐 콘크리트는 보통의 빈배합과 특별한 차이점을 보이지 않으며, 롤러다짐 콘크리트는 빈배합 콘크리트와 유사한 방법으로 다루기와 다짐을 하지만 강도는 매우 낮다.

보통 콘크리트와 같이, 롤러다짐 콘크리트는 양생해야 하고 외기로부터 보호되어야 한다. 공사장비 차량들이 콘크리트 표면으로부터 습기를 침투시키지 않거나 또는 인접한 운송도로로부터 진흙을 갖고오지 않는 한, 약한 비는 문제가 되지 않는다. 콘크리트 시공은 표면이 포화 표면건조 상태로 돌아가는 즉시 계속 작업할 수 있다. 다져진 콘크리트는 고인 물이 없는 습한 상태로 유지되어야 한다. 표면이 침식되지 않도록 비닐 등으로 덮거나 적은 물을 살포 분사하는 것은 효과적인 양생방법으로 입증된 바 있다. 마지막으로 타설한 콘크리트는 적어도 14일 동안 양생되어야 하고, 양생제(curing compound)는 전 표면이 거칠게 되기 쉽고, 또 매스 콘크리트 자체의 습윤 양생 고유의 장점 때문에 권장되지 않는다.

프리플레이스트 골재(Preplaced-aggregate) 이 공법은 좋은 입도의 굵은골재를 거푸집에 충전하는 작업과 골재 사이의 공극을 채우기 위하여 모르타르(또는 그라우트)를 주입하는 작업을 수반한다. 이 공법은 수중 콘크리트 타설, 기존 구조물의 보수, 지진 또는 다른 용도로 과도하게 철근이 배근되어야 하는 단면과 같이 보통 방법의 콘크리트 타설이 매우 어려운 경우에 대하여 사용할 수 있다. 왜냐하면 골재가 일반 콘크리트보다 더 조밀하게 채워지므로, 더 적은 양의 시멘트 풀이 사용되어 콘크리트의 부피 변화가 적어지기 때문이다. 그러나 이 방법은 공극을 완전히 채울 수 있는 기술과 경험이 필요하다. 이 공법은 ASTM C 33(입도는 제외)에 규정된 고품질의, 좋은 입도의, 깨끗한 골재를 사용하고, 강도 발현이 우수한 유동성과 점착성이 있는 모르타르를 사용함으로써 우수하게 시공할 수 있다. 굵은골재는 가능한 한 낮은 공극률을 갖도록 입도가 좋아야 하고, 모르타르에 사용된 모래는 보통의 경우보다 미세해야 한다. 어떤 종류의 포틀랜드시멘트도 사용될 수 있으나, 혼화재료는 요구된 그라우트 특성을 얻기 위해 일반적으로 필요하다. 알루미늄 분말은 굵은골재 입자사이의 공극을 채우고 공극사이에서 팽창되기 위해 일반적으로 그라우트재료에 첨가된다(제 20장). 프리플레이스트 골재로 만들어진 콘크리트는 골재 입자들의 직접적인 접촉이 있을 수 있으나, 일반적인 방법으로 만들어진 콘크리트에서는 일어나지 않는다. 이것은 콘크리트의 탄성 특성뿐만 아니라 파괴에도 영향을 미칠 수 있다.

숏크리팅(shotcreting) 콘크리트는 압축공기를 이용하여 노즐로부터 분사하는 공법으로 타설된다. 이 방법은 숏크리팅(shotcreting) 또는 거니팅(guniting) 이라 알려져 있다. 후자의 용어는 유럽에서 보편적으로 사용되고 있으나, 20세기의 초반에 상업적 용도로 처음 이 공법을 개발한 Allentown Pneumatic Gun 회사의 등록 상표로 남아있다. 숏크리트는 건비빔 또는 습식 비빔 공정으로 적용된다. 건비빔 공정의 경우, 재료는 분사하기 전에 혼합되며, 노즐로부터 분출되기 직전에 물이 첨가된다. 물의 양은 노즐 관리인에 의해 조절된다. 즉 너무 질거나 너무 건조하지 않은 배합을 만들기 위해서는 상당한 경험이 필요하다. 건비빔용 총과 노즐의 개략적인 그림이 그림 11.9에 나타나 있다. 습식 공정에서는 물을 포함한 모든 재료는 운반 장비 안으로 들어가기 이전에 혼합

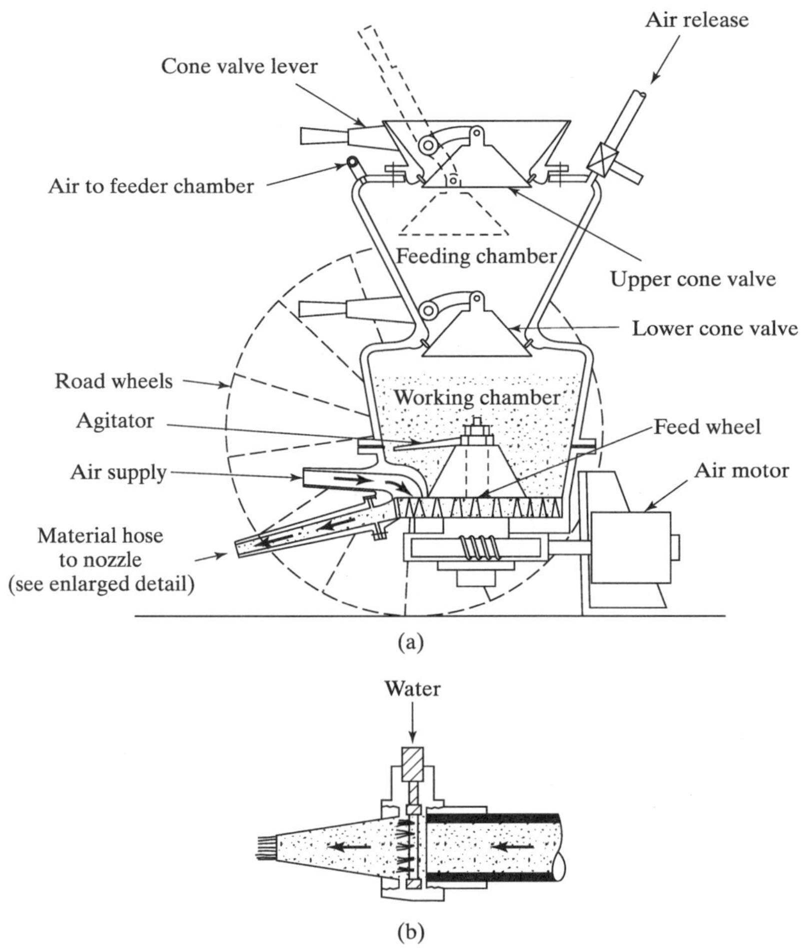

그림 11.9
건식 숏크리팅 장비 개요도. [J.R Illingworth, *Movement and Distribution of Concrete*, McGraw-Hill Co.(U.K) Ltd.,(1972).]

된다. 노즐 안의 압축공기는 분사할 표면을 향해 재료들을 분출한다. 습식 숏크리트는 레미콘 트럭에 의해 대개 운반된다. 습식 배합 노즐의 개략적인 그림이 그림 11.10에 나타나 있다. 건식 배합 숏크리트보다는 습식 배합 숏크리트의 품질이 노즐 관리인에 다소 영향을 작게 받는다. 숏크리팅에 사용되는 콘크리트는 일반적으로 매우 가는 골재로 만들어지는데, 즉, 최대 20 mm 크기의 골재를 사용할 수 있지만 콩자갈(최대 크기 10 mm)과 모래를 사용한다. 섬유보강 콘크리트도 숏크리트로 할 수 있다.

콘크리트를 표면에 잘 압착시키기 위하여 콘크리트는 매우 빠른 속도로 노즐로부터 분출된다. 따라서 낮은 물-시멘트 비를 갖는 고밀도 콘크리트는 40~50 MPa의 28일 압축강도를 얻을 수 있고, 철근과 지지층에 우수한 부착력을 형성한다. 습식 배합 숏크리트는 보편적으로 높은 물-시멘트 비를 갖고 있으며, 현장 타설 콘크리트(cast-in-place concrete)와의 유사성이 건식 숏크리트보다 더 크다. 두 공법 모두 재료의 약 1/4~1/2 정도는 분사표면에 충돌할 때 리바운드되어서 표면 위에 남지 못한다. 이것의 대부분이 굵은골재로서 남아있는 숏크리트는 원래보다 부배합이 된다. 혼화제는 종종 숏크리트에 사용되는데, 가장 보편적인 것이 리바운드량을 감소시키기 위한 그리고 시간적으로 매우 빠르게 강도 발현을 하게 하는 급결 혼화제이다. 포졸란은 건식과 습식 숏크리트에 사용되며, 두꺼운 층으로 만들 수 있게 점착력이 매우 강화된 재료를 생산한다. 건식

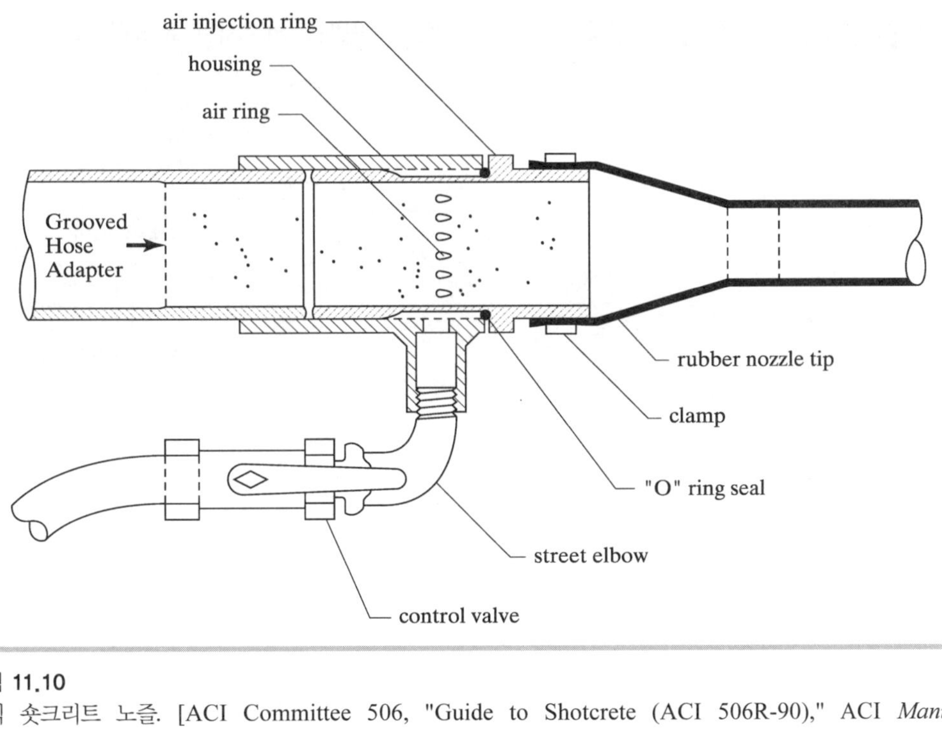

그림 11.10
습식 숏크리트 노즐. [ACI Committee 506, "Guide to Shotcrete (ACI 506R-90)," ACI *Manual of Concrete Practice*, Part 5. American Concrete Insititute,Farmington Hill, MI(2001)]

숏크리트에 실리카퓸을 사용할 때, 밀도가 높지 않은 형태로 미리 혼합될 때 가장 좋은 결과를 얻을 수 있다. 보통의 콘크리트와 같이, 실리카퓸을 습식 숏크리트에 사용할 때 고성능감수제가 필요하다.

숏크리팅은 콘크리트를 수직면이나 급경사면에 타설할 때 가장 이상적인 방법이다. 숏크리팅은 표면에 반복적으로 분사함으로 여러 층으로 만들 수 있고, 철근을 콘크리트에 사용할 수도 있다. 숏크리팅은 터널 라이닝을 건설하거나, 암반 표면을 안정화시키거나, 거푸집을 사용하지 않고 표면 지지력을 제공하거나, 그리고 일반적인 거푸집을 사용하기 어려운 어떤 상황에서 이용하여 왔다. 그러나 가장 적절하게 이용하는 것은 아마도 기존 구조물을 보수하거나 복구하는 데 사용하는 것이다. 숏크리팅은 손상된 부재에 구조적 일체성을 회복시킬 수 있고, 목재나 벽돌 같은 다양한 재료들에 새로운 코팅을 할 수 있다. 숏크리팅 공사 이전에, 대부분의 표면은 파손된 재료를 제거하는 등 약간의 준비 작업이 필요하다. 구조용 혹은 보강용 철근의 표면은 좋은 부착력을 이루기 위해 분사 공법으로 깨끗하게 해야 한다.

트레미 콘크리트(tremie concrete) 트레미 타설 공법은 수중에서 콘크리트를 치기 위해 사용된다. 콘크리트는 깔때기 모양의 호퍼를 갖는 단단한 수직 파이프(트레미)를 통하여 중력에 의해 운반된다(그림 11.11). 트레미 공법은 갇힌 공기 및 공극 발생을 최소화하도록 설계되어 있으며, 표면 교란을 최소화하는 장점이 있다. 특히, 표면 교란은 콘크리트와 물의 상호 접촉면이 있을 때 매우 중요한 역할을 한다. 성공적인 트레미 타설 공법을 위해서는 콘크리트는 트레미 파이프를

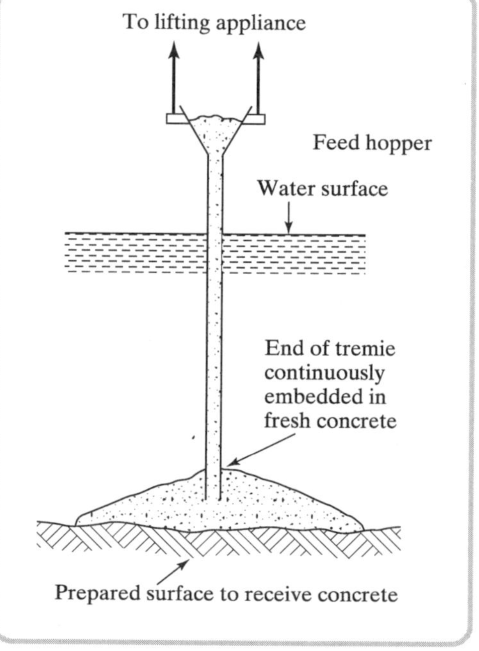

그림 11.11
수중콘크리트 타설의 트레미 관

통하여 연속적이고 안정된 흐름이 유지되어야 하며, 또한 타설된 콘크리트로의 봉합이 항상 유지되어야 한다. 파이프 막힘 현상이 공사 지연을 야기시킬 수 있다. 이 때는 트레미 관을 교체하여 타설을 다시 시작해야 한다. 타설을 시작할 때는 트레미 관은 고데빌(go-devil) 혹은 피그(pig)라 불리는 마개로 봉인시켜야 하고, 따라서 파이프 안의 물이 콘크리트로 교체될 때 콘크리트가 교란되지 않도록 콘크리트 타설은 아래 방향으로 진행되어야 한다. 대안으로 파이프의 하단부는 단판(endplate)로 봉합하고, 콘크리트를 타설하기 전에 파이프를 배수시켜야 한다. 일단 타설이 시작되는 즉시 트레미 관은 굳지 않는 콘크리트 안으로 1~1.5 m 정도 매입해 넣는다. 만약 봉인이 파손되거나 혹은 트레미 관이 수평으로 이동되어야 하면, 타설을 중단하고 트레미 관의 하단부를 다시금 봉인하고 굳지 않은 콘크리트에 잘 매입한 트레미 관과 함께 타설을 다시금 시작한다. 고데빌(go-devil)은 타설을 다시 시작할 때 트레미로부터 배수된 물이 콘크리트를 씻어 내거나 침식할 경우에는 사용하지 않아야 한다.

콘크리트는 지정된 곳으로 흘러들어가야 하기 때문에, 골재 분리나 블리딩의 성향이 없는 높은 슬럼프 150~250 mm를 갖는 콘크리트로 설계해야 한다. 유동적이고 어느 정도 점성을 가진 콘크리트를 만들기 위해서는 높은 비율의 모래 즉 전체 골재 체적의 45~55%의 모래를 사용하는 것이 필요하다. 결과적으로 배합은 높은 단위시멘트양을 가질 것이다. 감수제, 공기연행제, 포졸란 그리고 수중불분리 혼화제는 트레미 콘크리트를 설계할 때 좋게 이용할 수 있다. 최대 20 mm의 굵은골재는 철근콘크리트에 적합하고, 40 mm는 무근콘크리트를 위한 것이다. 200~300 mm의 직경을 갖는 파이프는 앞에 기술한 골재를 갖는 콘크리트에 사용할 수 있다.

높은 워커빌리티 때문에 트레미 콘크리트는 수평으로 약 20 m만큼 이동될 수 있다. 그러나 4.5 m 간격의 파이프가 보통 최적조건으로써 제시되고 있다. 만약 파이프가 수평으로 이동되어야 한다면, 타설을 중단시키고, 파이프를 제거하고, 다시 봉인하고, 새로운 위치에 다시금 투입한 후 타설을 다시 시작해야 한다.

수중타설(underwater placement) 트레미 타설 공법에서 고려해야 할 사항들이 다른 공법에도 적용되지만, 트레미 타설 공법은 수중 콘크리트를 타설하는 데에 유일하게 적용되는 공법이다. 수중에서 타설하기 위하여 트레미를 대신하여 펌프를 사용할 수 있고 또는 프리플레이스트 공법을 또한 사용할 수 있다. 수중에서 타설하기 위하여 특별히 하부 개방 버켓(bottom-dump buckets)이 사용되고 있다(그림 11.12). 이런 버켓은 콘크리트를 배출하면서 주위의 물로부터 콘크리트를 보호하기 위하여 아래로 내려오는 스커트(skirts)가 있다. 다른 공법들은 수중 콘크리트 타설, 다이아프램(diaphragm) 혹은 슬러리 벽체 시공에 특별히 고안한 섬유질 거푸집을 사용한다. 다이아프램 혹은 슬러리 벽체는 콘크리트를 트렌치(trench) 내부에 타설하나 상부 표면은 수중에 있는 것이다.

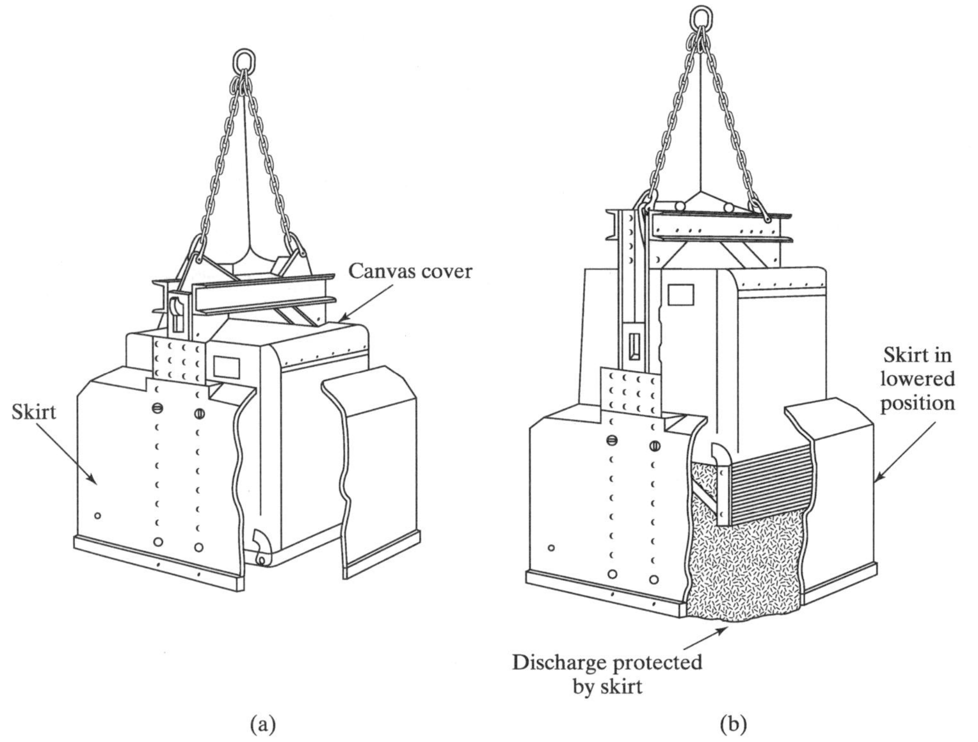

그림 11.12
하부 개방 버켓을 이용한 타설; (a) 채워진 상태, (b) 배출

다짐(consolidation)

콘크리트는 타설 후에 공극과 갇힌 공기를 제거하고, 철근 주위와 거푸집의 구석구석까지 다져지도록 해야 한다. 콘크리트는 대부분 진동으로 다짐된다. 적절한 진동은 된 반죽의 콘크리트를 사용할 수 있게 하며, 일반적으로 더 나은 다짐과 최상의 마감을 가능하게 한다. 이 경우 콘크리트의 슬럼프 값을 손으로 다짐하는 콘크리트의 슬럼프 값보다 약 1/3 정도로 작게 할 수 있다. 그러나 진동 장비와 시간이 콘크리트의 특성에 적합하도록 선택되면 모든 콘크리트(고슬럼프, 고유동화 콘크리트)들도 진동 다짐의 장점을 기대할 수 있다. 50 mm 슬럼프 값보다 낮은 콘크리트의 적절한 다짐은 진동을 필요로 한다. 과다 진동은 표면에 과다한 시멘트 풀을 가져오며, 블리딩 현상을 증가시키고, 연행 공기의 손실을 초래한다(그림 11.13).

콘크리트 진동기(Concrete Vibrators) 진동기는 편심을 가지고 회전하는 질량에 의해서 콘크리트에 주기적으로 힘을 작용시키는 것이다. 이 힘은 처음에는 콘크리트를 가라앉히면서 수평으로 하게 한 후 콘크리트의 갇힌 공기를 밖으로 내보낸다. 콘크리트는 진동을 동반하는 전단력에 의

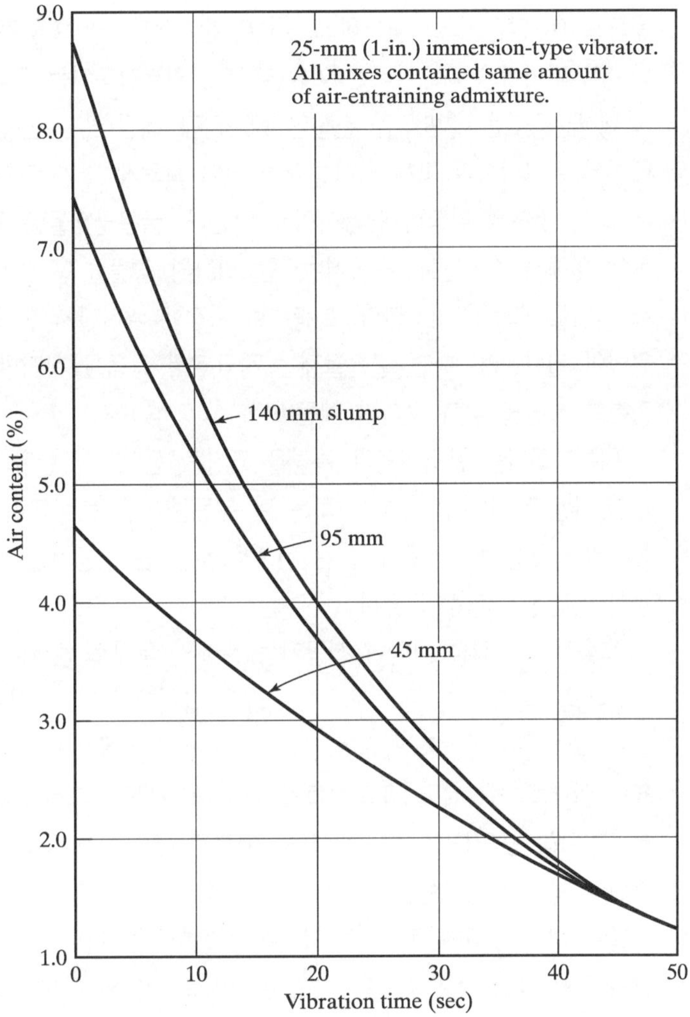

그림 11.13
슬럼프, 진동시간 및 공기량의 관계 [R.S. BREWSTER, *Effect of Vibration Time upon Loss of Entrained Air from Concrete Mixes*, Materials Lab, Rep.No.C-461, Research and Geology Division, Bureau of Reclamation, Denver, Nov. 25(1949). Cited in Design of Concrete Mixes, 6th Canadian ed., Canadian Portland Cement Association, Ottawa, Ontario(1995)]

해 흐르면서(액상화되면서), 진동기로부터 떨어진 콘크리트는 다져진다. 내부 혹은 매입 진동기(종종 가래형 진동기(spud 혹은 poker)라 불림)는 5500~15000 rev/min(90~250 Hz) 범위의 진동수로 작동되고, 반면에 외부 진동기는 일반적으로 1000~12000 rev/min(16~200 Hz)의 진동수로 움직인다. 콘크리트의 반응은 콘크리트의 워커빌리티뿐만 아니라 진동기의 진폭과 진동수에 좌우된다.

내부진동기를 적절하게 사용하는 것이 가능하지 않을 때인 복잡하게 철근이 배치된 곳, 폭이 좁은 공간, 곡선 모양의 단면 또는 슬림폼 거푸집의 경우에는 외부진동기를 거푸집에 고정시킬 수 있다. 진동 막대기 혹은 팬형 진동기는 대체로 평면의 공사 특히 슬립폼 포장공사에 사용된다.

진동 테이블 위의 다짐은 프리캐스트 공사에 이용된다. 외부진동기는 거푸집에도 에너지가 전달됨으로 더 많은 힘이 필요하고, 내부진동기보다 덜 효율적이다. 거푸집은 단단하고 강해야 하며 방수가 되어야 한다. 이러한 이유 때문에 외부진동기는 금속제의 거푸집으로 사용한다.

내부진동기는 일반적인 건설현장에 가장 적당하다. 진동기의 헤드에 의해 가해지는 에너지는 배합된 콘크리트의 고체 입자를 자극하여 흐르게 하는 것이다. 그러나 콘크리트는 그림 11.14에서 보는 것처럼 일정하게 움직이지 않는다. 굵은골재들은 큰 질량 때문에 우선적으로 진동기 헤드에 의해서 추진된다. 운동에너지는 입자의 충돌을 통하여 전달된다. 그러면 모르타르는 굵은골재 사이를 흐르기 시작한다. 불충분한 다짐은 과다한 갇힌 공기를 남게 하여 빈번한 곰보 현상의 원인이 된다. 왜냐하면 굵은골재는 자극되어 운동을 하지만, 모르타르는 같은 정도로 흐를 만큼 충분한 시간을 갖지 못하기 때문이다.

내부진동기는 콘크리트의 특성을 근거로 선택해야 한다. 일반적으로, 최대 치수의 굵은골재를 많이 사용한 된반죽의 콘크리트는 더 유동성이 있는 콘크리트나 혹은 더 작은 굵은골재를 사용한 콘크리트보다 적은 진동수와 큰 진폭을 갖는 큰 진동기를 필요로 한다. 표 11.3은 진동기 선택에 관한 지침을 보여주고 있다.

효율적인 다짐을 위하여 진동기는 자체의 무게로 콘크리트 안으로 가라앉게 하며, 적어도 150 mm 정도 굳지 않은 콘크리트의 아래로 삽입해야 한다. 빠른 삽입은 콘크리트를 위로 그리고 밖으로 밀어내는 경향이 있으며, 이로 인하여 처음에는 공기를 빠져 나가게 한다. 굵은골재 입자가 표면 아래로 정착되고, 모르타르가 위로 올라오고, 그리고 진동기의 활동 반경이내의 콘크리트에서 더 이상 큰 기포가 나오지 않을 때까지, 진동기는 고정시켜 놓아야 한다. 시멘트 풀이 진동기 주위에 보이기 시작할 때 진동 다짐은 끝나는 것이다. 그 후에 진동기는 제거될 때, 콘크리트가 진동기 헤드 주위에 몰릴 수 있도록 천천히 빼어야 한다. 대체 방법으로써 진동기가 삽입할 때 그리고 제거되는 동안에 진동기를 콘크리트 내에서 상하로 움직이면서 삽입 또는 빼낸다. 적절한 다짐에 필요한 시간은 콘크리트와 진동기에 따라 다양하지만, 대체로 5~20초 정도가 일반적이다. 과다 다짐은 배합의 바람직하지 않은 재료 분리 현상을 야기하는데, 많은 모르타르양을 갖는 큰 슬럼프 값을 나타내는 배합은 특히 민감하다. 그러나 공사현장에서 과소 다짐이 과다 다짐보다 훨씬 일반적 현상이다.

그림 11.5e에서 보는 것처럼, 진동기에 의해서 영향을 받는 콘크리트의 범위가 뚜렷하게 중첩되도록 진동기는 수직으로 일정한 간격으로 삽입해야 한다. 활동 반경의 약 1.5배의 간격이 대개 적당하다(전형적으로 300~400 mm). 활동반경은 철근 콘크리트가 무근 콘크리트보다 더 작다. 얇은 두께의 슬래브에서는 진동기 헤드가 콘크리트 안으로 완전하게 매입되기 위하여 진동기를 비스듬히 넣어야 한다. 그러나 지면 위에 있는 슬래브는 진동기가 하부 지반과 접촉하지 않도록 해야 하며, 이는 하부 지반에 의해서 슬래브 콘크리트가 오염될 수 있기 때문이다. 좋은 진동기

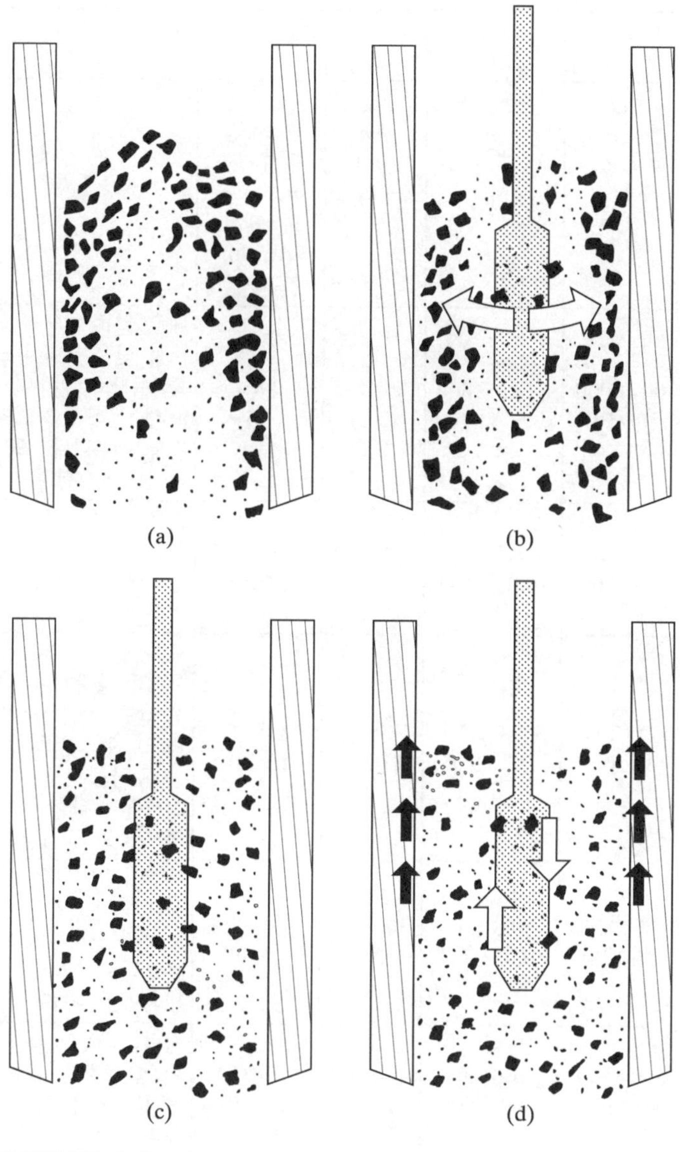

그림 11.14
콘크리트 다짐의 고진동수 진동기의 개념도. [*Concrete Construction*, Vol. 17 No. 11, Concrete Constructoin Publications, Inc. pp. 536-538 (1972).]

의 기술이 뒷받침되면, 철근 콘크리트구조물의 경우, 진동기는 콘크리트에 손상 없이 그리고 철근과 콘크리트 사이의 부착력에 손상없이 철근과도 접촉할 수 있다. 만약 슬래브가 틸트업(tilt-up) 건설(슬래브가 벽체가 되는 것임)에 사용되든가 혹은 슬래브 바닥면이 건축적인 표면적 역할을 하게 하면, 진동기는 거푸집 바닥면과 접촉시키지 않아야 한다. 거푸집 안의 콘크리트를 횡방향으

표 11.3 내부진동기의 특성, 성능, 적용의 범위

Column 1	2	3	4	5	6	7
그룹	*헤드의 직경, mm (in.)*	*1분당 진동수 (Hz)*	*평균진폭, mm (in.)*	*작동반경 mm (in.) (근사값)*	*진동기당 콘크리트 타설속도, m^3/h per vibrator (yd^3/h) (근사값)*	*적용*
1	20-40 (0.75-1.5)	9000-15000 (150-250)	0.4-0.8 (0.015-0.03)	80-150 (3-6)	0.8-4 (1-5)	매우 얇은 부재와 국한된 장소에 사용되는 소성 및 유동화 콘크리트. 특히 케이블, 덕트 등으로 인하여 밀집된 형태를 보이는 프리스트레스 작업의 경우에는 더 큰 진동기를 사용한다. 또한 실험실의 실험체 제작에도 사용한다.
2	30-60 (1.25-2.5)	8500-12500 (140-210)	0.5-1.0 (0.02-0.04)	130-250 (5-10)	2.3-8 (3-10)	얇은 벽체, 기둥, 보, 프리케스트 파일, 얇은 슬래브, 시공조인트에서 사용되는 소성 콘크리트. 국한된 장소에서는 더 큰 진동기를 사용한다.
3	50-90 (2-3.5)	8000-12000 (130-200)	0.6-1.3 (0.025-0.05)	180-360 (7-14)	4.5-15 (6-20)	벽체, 기둥, 보, 프리스트레스 파일, 넓고 두꺼운 슬래브와 같은 일반 공사에 사용되는 굳은 소성콘크리트(80 mm보다 작은 슬럼프). 매스콘크리트와 포장의 형틀 주위에는 추가로 진동이 필요하다. 포장슬래브의 전체폭에 대한 내부진동을 제공하기 위하여 무리로 장착될 수 있다.
4	80-150 (3-6)	7000-10500 (120-180)	0.8-1.5 (0.03-0.06)	300-500 (12-20)	11-31 (15-40)	대형시공(발전소, 대형교량 교각 기초)에서 상대적으로 열린 거푸집형태에서 사용되는 3 m^3의 양까지의 0~50 mm 슬럼프의 매스콘크리트. 댐시공 거푸집, 철근, 매설물 주위에서는 추가로 진동이 필요하다.
5	130-180 (5-7)	5500-8500 (90-140)	1.0-2.0 (0.04-0.08	400-600 (16-24)	19-38 (25-50)	중력댐, 대형 교각, 대형 벽체에 사용되는 매스콘크리트. 3 m^3(4 yd^3) 이상의 콘크리트를 동시에 타설하기 위해서는 두 개 이상의 진동기가 필요하다.

Column 3 – 콘크리트에서 진동기가 작동하는 동안
Column 4 – 공기중에서 작동할 때, 최대 진폭 (최대에서 최대까지의 값의 절반)
Column 5 – 콘크리트가 완전히 다짐이 되는 거리
Column 6 – 삽입거리가 작동거리의 1.5배이며, 콘크리트가 타설되는 시간의 2/3동안 진동기가 작동하는 것으로 가정한다.
Column 5 and 6 – 이 범위는 진동기의 성능을 반영할 뿐만 아니라 배합의 시공연도의 차이, 희망하는 공기저감정도, 다른 시공조건을 반영한다.
[ACI Committee 309, "Guide for Consolidation of Concrete (ACI 308R-96)," *ACI Manual of Concrete Practice*, Part 2, American Concrete Institute, Farmington Hills, MI (2001).]

로 움직이게 하기 위하여 진동기를 사용해서는 안 되며, 이는 재료 분리를 야기하기 때문이다.

연속으로 타설되는 콘크리트를 일체화하기 위해, 콘크리트를 초기에 다짐한 후 1~2시간 만에

재 진동이 필요할 수도 있다. 재 진동은 유익할 수 있는데, 이는 연이어 타설된 콘크리트의 침하 또는 철근 혹은 매입 재료 주위에서의 블리딩에 의해 발생하는 취약한 부분, 거푸집의 결함에 의한 수분손실 현상, 공극, 균열을 제거함으로 콘크리트의 다짐을 향상시키는데 사용될 수 있기 때문이다.
일반적으로 초결 이전에 재진동을 할 때, 재 진동은 슬럼프가 높은 콘크리트에서 상부 철근의 콘크리트와의 부착력을 향상시키고, 75 mm 이상의 슬럼프 값을 갖고 타설되는 콘크리트의 상부 부분(윗부분)에 가장 효과적이다. 그러나 재진동은 보편적으로 이로운 방법은 아니다. 왜냐하면 재진동은 침하나 블리딩에 의한 영향을 받지 않는 철근의 부착강도, 즉 슬럼프 값이 작은 콘크리트의 상부철근과 슬럼프 값이 크고 작은 모든 경우의 콘크리트의 하부철근의 부착강도를 감소시키기 때문이다.

진공 탈수(Vacuum Dewatering) 진공 탈수 방법은 굳지 않은 콘크리트의 표면에 진공을 적용하는 다짐 방법이다. 이 방법은 특히 상당한 마모가 예상되는 수평 표면의 다짐에 특히 유용하다. 슬래브의 경우에는 밀봉하기 위해 고무 매트를 표면 위에 올려놓고, 매트 안을 진공으로 하여 콘크리트로부터 물을 빨아들이는 것이다(그림 11.15). 필터 패드는 물과 함께 미세 입자들이 제거되는 것을 방지한다. 이 방법은 슬래브의 윗부분 150~200 mm에 함유된 물의 15~25%는 제거할 수 있다(취급길이에 좌우됨). 콘크리트 표면 가까이에는 40% 정도의 물을 제거할 수 있다. 낮은 물-시멘트 비와 콘크리트의 효율적인 다짐은 강도와 내구성에 대하여 매우 큰 향상을 가져올 수 있다(그림 11.16). 블리딩으로 인하여 물-시멘트 비가 슬래브 표면에서는 더 커지는 경향이 있으므로, 전체적인 물-시멘트 비의 변화량에 근거하여 간략히 계산한다면, 성능 향상 정도는 훨씬 크다고 할 수 있다. 이 방법은 어떤 콘크리트에도 적용 할 수 있으나, 가장 좋은 결과는 단위시멘트양 및 미립분이 적으며, 낮은 모래 함유량, 굵은 모래를 포함하고 있는 콘크리트에서 얻을 수 있다.

진공 탈수는 콘크리트가 진동되고 교반된 후에 시작한다. 탈수는 마감 작업을 가속화시킬 수 있으므로 정상적인 마감 작업을 즉시 시작할 수 있으나, 표면이 단단함으로 마감 작업은 동력이 필요하다. 탈수에 의해서 발생한 다소의 울퉁불퉁한 면들은 계획한 디스크로 제거한 후 흙손 마감이 이어져야 한다.

거푸집 내부의 콘크리트 압력을 줄이고 그리고 조기에 거푸집을 탈형하면 진공 방법은 경사지고, 수직인 콘크리트 표면에도 적용할 수 있다. 이 방법은 콘크리트의 강도와 내구성을 증가시킬 뿐만 아니라, 물과 함께 표면공극을 제거하기 때문에 콘크리트의 표면이 개선된다.

리프트 타설(Casting in Lifts) 가능한 시공 이음부 사이의 콘크리트는 일체로 타설하는 것이 바

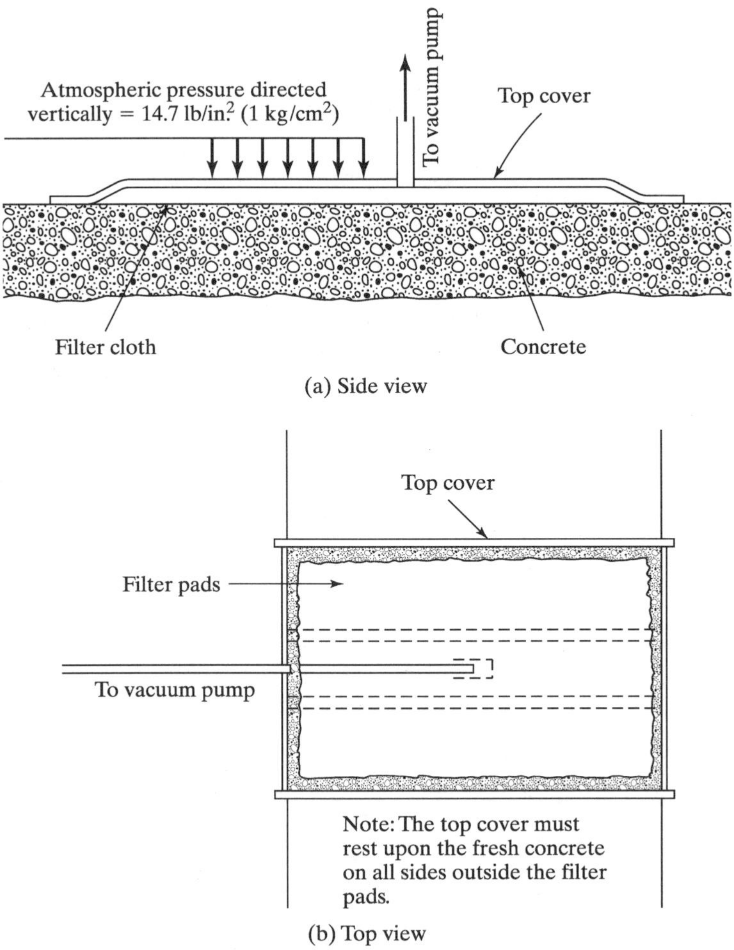

그림 11.15
진공 배수개념도. [H. Wenander, *Concrete Construction*, Vol.20, No.2, Concrete Constructoin Publications, Inc,pp.40-42(1975). Produced herein with permission, Copyrighted 2001 by Hanly-wood, LLC, 426 South Westgate St., Addison, IL 60101.]

람직하다. 경사진 표면의 발생을 가능한 피하기 위하여 깊은 구조물은 연속적으로 수평 층으로 혹은 리프트로 타설해야 한다. 인접한 리프트들은 내부진동기가 하부 리프트 속으로 약 150 mm(6 in)정도 삽입되어 서로 함께 결합되도록 하여야 한다. 연속한 리프트들은 두께가 약 500 mm(20 in)보다 커서는 안 되며, 외부진동기를 사용한다면 단지 몇 cm 이어야 한다. 만약 하부 층 리프트에 과도한 진동이 발생하지 않는다면, 리프트 사이의 불연속은 없을 것이다. 콘크리트의 슬럼프 값은 상부 리프트 층에서는 보다 적어야 한다. 왜냐하면 잘 설계된 콘크리트도 침하로 인하여 발생하는 블리딩 현상은 상부 리프트 층의 물 함유량을 증가시킬 것이기 때문이다.

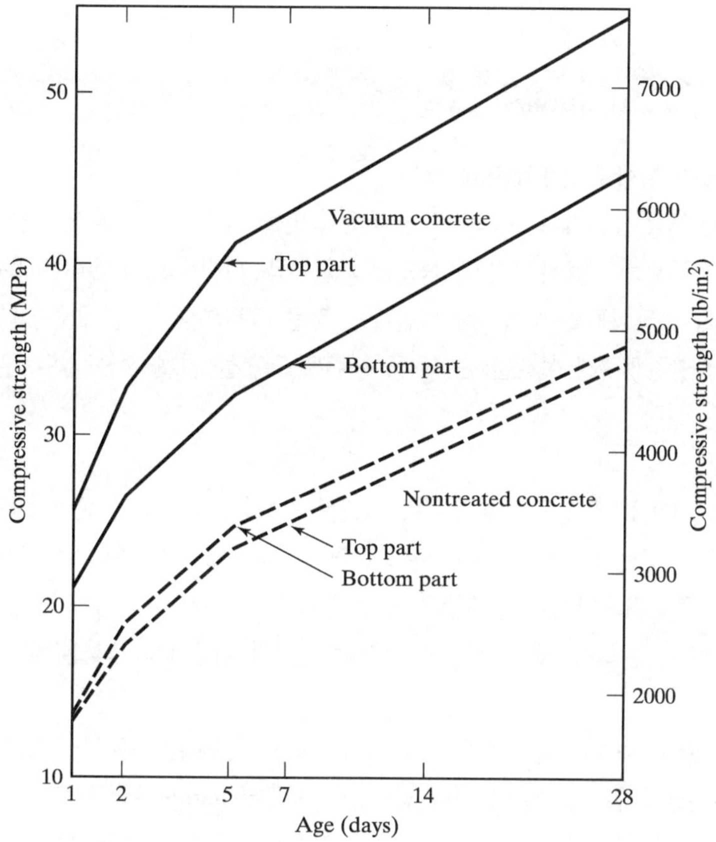

그림 11.16
콘크리트 강도에 대한 진공 배수 영향.
[H. Wenander, *Concrete Construction*, Vol.20, No.2, Concrete Constructoin Publications, Inc,pp.40-42(1975). Produced herein with permission, Copyrighted 2001 by Hanly-wood, LLC, 426 South Westgate St., Addison, IL 60101.]

상부 리프트가 타설되기 전에 하부 리프트의 콘크리트가 경화하면, 콜드 조인트(cold joint) 혹은 시공 조인트(construction joint)가 발생하여, 두 층은 더 이상 함께 다져질 수가 없다. 이와 같은 조인트의 취약함은 적절한 공정 순서로 최소화시킬 수 있다. 즉, 마지막 리프트 층의 표면은 좋은 물리적 부착을 위해 거친 상태로 남겨 두어야 한다. 다음 리프트의 타설 전에 표면의 레이턴스를 제거하기 위하여 표면을 거칠게 하여야 하며(9.1 절 참조), 물-공기 분사, 와이어 마무리, 또는 샌드브라스팅(sand-blasting) 등을 사용할 수 있다. 콘크리트를 축축하게 하고, 모르타르 층을 둠으로써 콘크리트 표면과 잘 일체화시킬 수 있다. 이는 굳은 콘크리트와 굳지 않은 콘크리트 사이의 좋은 부착을 확실하게 하고, 상부 리프트의 하부면의 갇힌 공기와 곰보균열의 가능성을 감소시킨다.

11.4 마감 콘크리트 (Finishing Concrete)

마감 평탄작업(Finishing Flatwork)

바닥 구조체와 포장 구조체의 콘크리트 슬래브 표면을 마감하는 특별한 기술들이 개발되어 왔다. 이러한 기술의 목표는 사용성 조건에 적합한 조밀하고, 다져지고, 적절히 마무리된 표면을 만드는 것이다. 양질의 콘크리트를 적절하게 마감하는 것은 유지보수가 필요없는 표면을 확실하게 만들 수 있게 하나, 불완전하게 설계된 콘크리트 본래의 결함을 없앨 수는 없다. 일반적인 마감작업의 순서는 다음과 같다.

평탄작업(Screeding) 표면을 적절한 품질로 만들기 위하여 여분의 콘크리트를 제거한다. 이 작업은 기계적으로 혹은 손으로 할 수 있다. 평탄 막대(screed)를 콘크리트 위를 앞뒤로 움직이며 전진시키면서, 콘크리트의 일부를 채워지지 않은 곳을 채우기 위해 앞으로 남겨 놓는다. 진동 평탄 막대(screed)는 콘크리트를 마감하는 것뿐만 아니라 다짐에도 도움을 줄 수 있다.

대형 나무 흙손질(Bullfloating) 평탄 작업(screeding) 이후에는 즉시, 표면으로 블리딩수가 올라오기 전에 굵은골재 입자를 밀어넣거나 남아있는 돌출부(bumps)나 오목한 부분(hollows)을 제거하기 위하여 대형 나무 흙손질을 한다. 이 긴 자루의 도구는 바닥판 위에 나무흙손을 끌고 가면서 상대적으로 넓은 지역에 사용된다. 다소 적은 면적의 슬래브와 비좁은 구역에서는 다아비(darby)로 이와 같은 작업을 수행하며(다아빙(darbying)이라 불림), 다아비는 슬래브 표면에 원의 동작으로 작업한다.

직선자 작업(Straightedging) 평탄성의 높은 규정을 만족시켜야 하는 슬래브의 경우 평탄 작업(screeding) 후 즉시 사용하는 대형 나무 흙손 대신에 고속도로용의 1.8~3.6 m(6~12 ft)길이의 직선자를 사용한다. 이 과정은 평탄 작업(screeding)동안에 남겨진 고르지 못한 부위들을 드러나게 하는데, 이러한 부분은 여분의 블리딩수가 표면으로 나오기 전에 완료되어야 한다.

흙손질(Floating) :콘크리트는 모든 블리딩수가 사라지기 전까지 경화되며, 콘크리트는 5 mm 이상의 패인자국을 남기지 않는다면 위로 걸어다닐 수 있다. 그 후 표면을 평평한 나무나 금속 흙손으로 흙손질한다. 수작업이나 기계로 수행되는 이 작업을 통해 견고하게 골재를 밀어넣고, 표면을 다지고, 남아 있을 수 있는 모든 결함을 제거하게 된다. 흙손질은 시멘트와 물을 표면으로 나오게 하는 경향이 있다. 따라서 흙손질을 너무 일찍 혹은 너무 오래 동안 하는 것은 높은 물-시멘트비를 가진 시멘트 풀을 형성하게 하여 표면을 약화시키거나 손상을 줄 수 있다.

쇠흙손질(Troweling) 흙손질이 종료된 후에, 매끄럽고, 조밀하고, 마모 저항력이 있는 표면이 요구된다면 표면을 다시금 쇠로 흙손질할 수 있다. 흙손질처럼 쇠흙손질(troweling)은 수작업이나 기계로써 이루어질 수 있다. 이 단계에서의 목적은 다짐이고 표면의 결함을 보수하는 것은 아니다. 쇠흙손 칼날에 시멘트 풀이 남지 않을 때, 콘크리트는 쇠흙손질을 할 수 있는 단계이고, 쇠흙손은 표면 위를 작업할 때 특유의 울리는 소리가 난다. 너무 이른 쇠흙손질은 콘크리트 표면에 손상을 줄 수 있고, 각도가 너무 크게 칼날을 사용하는 쇠흙손질은 표면에 수포를 만들 수 있다. 그리고 필요하다면 한번 이상의 쇠흙손질을 할 수 있다.

무늬 입히기(Texturing) 잘 쇠흙손질 된 표면은 매끄럽고, 반들반들하고, 특히 젖어 있을 때 미끄러운 경향이 있다. 무늬가 있는 표면은 마찰 저항력으로 필요할 수도 있다. 쇠빗, 거친 섬유빗, 인조 잔디, 또는 금속 빗살 등으로 콘크리트 표면에 선을 긋는 작업은 통상적인 일이다. 표면을 마대로 끌어당기는 것으로도 무늬를 만들 수 있다. 이러한 무늬 입히기 작업은 대형 나무 흙손질, 직선자 작업 후에 수행되고, 이것이 마지막 마감 공정이다.

흙손질과 쇠흙손질 작업 다음에, 굳지 않은 콘크리트 위에 고르게 분포된 골재를 교란한 후, 다아비(darby)로 골재를 견고하게 밀어넣는 특수 마모 저항 골재 다듬기 작업이 종종 시행되기도 한다. 노출 마감을 위한 장식용 골재도 이러한 방법으로 시공된다. 흙손질 후, 표면 위의 과도한 시멘트 풀은 골재를 노출시키기 위하여 가벼운 세척과 빗질로 제거시킬 수 있다.

경화(Hardening) 내구성 또는 마모저항성이 의심스러울 때, 이러한 특성들은 콘크리트 표면을 화학성분으로 처리함으로써 개선되어 질 수 있다. 이러한 처리방법은 표면 근처의 구멍 속으로 불용해되는 화합물들이 침전되어 더 강하고 조밀한 층을 만드는 것이다. 규산나트륨 또는 플루오로실리케이트(fluorosilicate)를 기본으로 형성되는 것이 가장 일반적이다. 시멘트 풀에서 수산화칼슘과의 반응은 추가적인 C-S-H를 형성한다. ACI Committee 302, Construction of Concrete Floor는 결함을 보수하기 위한 긴급한 조치방안으로서만 이러한 재료의 사용을 추천하고 있다.

기계적 마감(Mechanical Finishes)

콘크리트가 경화된 후, 기계적 마감 작업이 수행되며, 수평 및 수직 표면 모두에 사용될 수 있다. 이 기술은 종종 건축적인 콘크리트 구조물에 사용된다. 기계적 마감은 연마작업(샌드브라스팅과 그라인딩)과 다듬질등이 있다. 샌드브라스팅은 경화된 시멘트 풀을 우선적으로 연마하기 때문에 골재 노출 마감 공사에 사용할 수 있다. 가벼운 샌드브라스팅은 노출되는 골재없이 표면을 약간 거칠게 해주거나(그림 11.17a) 또는 12 mm 정도의 깊이에 골재를 노출시키는데 사용된다(그림 11.17b). 연마 깊이는 모래알 크기, 콘크리트 재령 그리고 처리시간 등에 좌우된다. 콘크리트의 특정 부분을 보호하기 위하여 고무 형판을 사용하면 원하는 결과를 얻을 수 있다(그림 11.17).

또한 표면을 갈고 윤택하게 할 수 있다. 테라조는 시멘트(일반적으로 흰색)와 대리석 조각으로 만들어진 표면을 갖는 장식용 마감이다. 테라조가 경화되어 졌을 때, 골재를 노출시키기 위하여 표면은 거칠게 갈아야 한다. 공극은 시멘트 풀로 채워지고, 표면은 곱게 갈리고 연마되어야 한다. 타설후 2~7일 만에 수행되는 조기의 동력 그라인딩은 유럽에서 슬래브에 사용되는 대체 마감 기술이다. 작업은 미끄럼 저항 표면을 만드는 저속의 연마기를 사용한다.

콘크리트 표면에 무늬를 만들기 위하여 다양한 도구들이 사용될 수 있다. 표면 박리(scaling)는 표면에 고운 무늬를 만든다. 스케일러(scaler)는 충격 때에 회전하고 콘크리트에 균열을 발생시키는 공기압으로 작동하는 3가지의 끌을 가지고 있다. 도드락 망치질(bush hammering)은 종종 평탄한 콘크리트 표면에 골재를 노출시키는 데 사용되어진다. 이는 대부분의 시멘트 풀이 제

(a)

(b)

그림 11.17
샌드브라스팅에 의한 무늬 장식 사례

거되었기 때문이다. 도드락 망치는 연속적으로 표면을 때리어 고기를 부드럽게 만드는 것과 닮은 면이 있다. 시멘트 풀 뿐만 아니라 굵은골재가 부수어질 만큼 콘크리트가 충분히 강할 때, 소형 착암기(Jack hammering) 또는 끌(chisel)이 사용된다. 이러한 방법들로부터 다양한 효과를 얻을 수 있다. 하나의 일반적인 방법은 거푸집 라이너를 사용하여 콘크리트 표면에 리브(ribs) 혹은 리드(reeds)를 만드는 것이며, 이러한 리브를 마모시키거나, 도드락 망치질하거나, 또는 홈을 내어 효과를 낼 수 있다(그림 11.18).

11.5 콘크리트 취급의 특별 사항 (Special Aspects Of Handling Concrete)

계절별 콘크리트 시공(Seasonal concreting)

여름 혹은 겨울 동안에 발생할 수 있는 극심한 날씨 조건에서 콘크리트를 타설할 때, 콘크리트 시공에 여러 불리한 문제가 있을 수 있으므로 콘크리트의 품질을 보장하기 위한 특별한 예방책이 필요하다. 여기서는 콘크리트의 배합과 타설의 문제점에 대한 것을 이야기하고, 12장에서는 특별한 양생 방법에 대한 것을 설명한다.

서중 콘크리트 시공(Hot Weather Concreting) 더운 날씨에서 콘크리트를 시공할 때 주요 문제점들은 높은 콘크리트 온도, 콘크리트 타설과 마감 작업동안 수분의 손실이다. 높은 콘크리트 온도

그림 11.18
도드락 망치에 의한 면직 리브 무늬

는 계획된 슬럼프를 유지하기 위하여 필요한 물의 양을 증가시키고, 응결시간이 줄어들어 타설, 다짐, 마감 작업을 위한 시간을 감소시키며, 한편, 소성수축의 위험성을 증가시키고, 극한강도를 저하시킨다. 최적의 콘크리트 온도는 10~15°C 정도이고, 온도 균열의 위험성이 큰 매스 콘크리트의 경우는 더 낮은 온도로 시공해야 한다. 서중 콘크리트는 인공적인 냉각 장치가 없으면 여름에는 이러한 조건을 만족시키기가 어렵다. 콘크리트 온도는 30~33°C를 초과하지 않아야 하며, 가능한 낮은 온도로 유지해야 한다.

계획된 슬럼프를 유지하기 위해 요구되는 물의 양에 미치는 콘크리트 온도의 영향은 그림 11.19에 도시되어 있다. 75 mm의 슬럼프를 유지하기 위하여 콘크리트 온도가 5°C 상승하면 3.3 kg/m^3의 물이 더 필요하다. 계획된 콘크리트 슬럼프를 유지하기 위하여 콘크리트 온도의 증가에 대한 대처 방안이 물의 양을 증가시키는 것이라면, 35 MPa의 압축강도를 갖는 콘크리트의 온도가 20°C에서 30°C로 상승하면 약 2.5 MPa의 강도 손실이 발생하는 것으로 볼 수 있다. 불행히도, 실험실에서 콘크리트 배합을 20°C로 설계하는 것은 일상적이 아니며, 온도 상승에 대한 대처 방안으로 수년간 함수량의 변화만을 고려하였다. 지연제(retarder)와 감수제(water reducer)는 수화 속도를 줄이거나(따라서 콘크리트 온도를 감소함) 또는 물-시멘트 비를 증가시키지 않고 슬럼프를 증가시킴으로써 문제들을 완화시킬 수 있다. 이들 혼화제가 효과적일 동안의 시간도 콘크리트 온도가 증가하면 단축된다.

콘크리트 온도는 재료 성분의 온도를 제어함으로써 조절할 수 있다. 각 재료의 기여도는 그 재료의 온도, 비열과 중량에 의해 결정된다. 이를 근거로 다음과 같은 식을 세울 수 있으며, 이

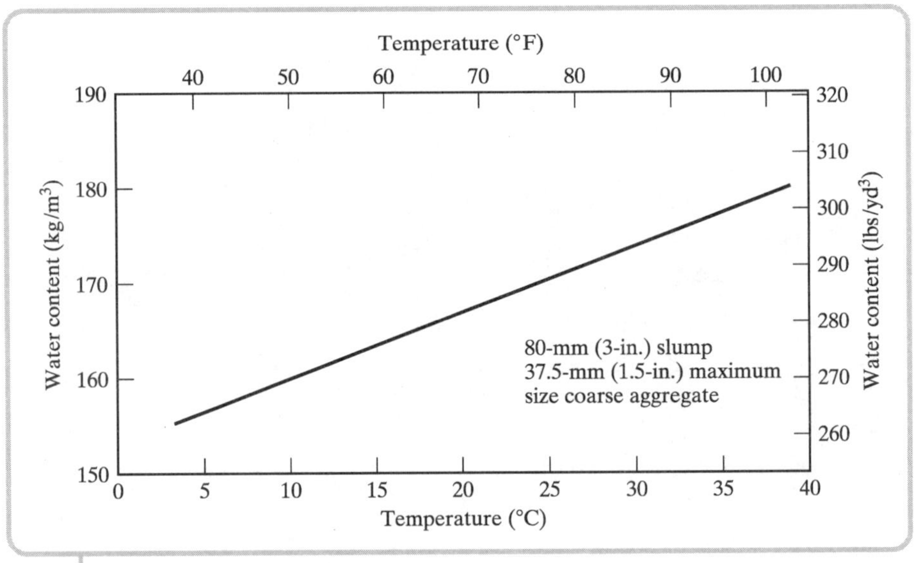

그림 11.19
온도에 대한 콘크리트 배합의 물 소요량. [Adapted from *Concrete Manual*, 8th ed., U.S. Bureau of Reclamation, Denver, CO(1975).]

식으로 콘크리트의 온도를 °C 또는 °F 로 모두 계산할 수 있다.

$$T_{\text{concrete}} = \frac{0.22(T_a W_a + T_c W_c) + T_a W_{wa} + T_w W_w}{0.22(W_a + W_c) + W_{wa} + W_w} \tag{11.1}$$

여기서, W_a, W_c, W_{wa},와 W_w은 각각 골재, 시멘트, 골재의 수분, 배합수의 무게이고, T_a, T_c, T_w는 각각 골재(골재의 수분을 포함), 시멘트, 배합수의 온도이다. 이 식으로부터 냉각수를 사용하는 것이 콘크리트 온도를 낮추는 제일 효과적인 수단이며, 골재 온도를 낮추는 것보다 더 쉽다는 것을 알 수 있다. 물의 높은 비열은 물의 기여도가 골재의 기여도와 거의 같도록 골재의 온도를 변화시킬 수 있다. 이 때 얼음이 녹으면서 열을 흡수하기 때문에 얼음을 사용하면 더 효과적이다. 따라서 이 경우 식 (11.1)은 다음과 같이 된다.

$$T_{\text{concrete}} = \frac{0.22(T_a W_a + T_c W_c) + T_a W_{wa} + T_w W_w - F_i W_i}{0.22(W_a + W_c) + W_{wa} + W_w + W_i} \tag{11.2}$$

여기서 W_i는 얼음의 무게이고, F_i는 잠재적인 융해열, 비열과 물의 동결 온도(SI단위인 경우는 76.6°C이고, 미영 단위로는 112°F이다.)의 함수이다. 얼음은 배합이 완료되기 전에 완전히 녹아야 한다. 다른 방안은 모든 재료의 온도를 가능한 낮게 유지해야 하는 것이다. 이를 테면, 재료를 그늘이나 시원한 저장소에 보관하며, 골재에 물을 뿌려 주거나 또는 빛을 반사하는 하얀 시트로 덮든가, 물탱크와 배관을 흰색으로 도색하는 것이다. 시멘트의 비열과 중량은 낮기 때문에 시멘트의 온도는 문제가 되지 않는다. 9°C의 시멘트 온도 변화는 1°C의 콘크리트 온도 변화를 일으키며, 공장에서 더운 상태로 시멘트가 운반되는 경우만 문제를 발생시킨다. 정상적으로는 시멘트는 공장에서 운송되기 전에 식혀져야 하나 때때로 여름 기간에 시멘트의 수요가 최고일 때 시멘트가 생산되자마자 운송되기도 한다.

현장에서의 방안은 콘크리트를 서늘하게 유지하도록 하는 것이다. 콘크리트는 최소한의 시간 동안에 배합되어야 하고, 운반 및 타설 동안에는 가능한 직사광선을 피하도록 해야 한다. 실제적인 콘크리트 시공은 이른 아침이나 늦은 저녁으로 제한하는 것이 좋다. 그리고 콜드 조인트 발생 가능성을 줄이기 위해 보통보다 더 얇은 층으로 낮은 온도에서 콘크리트를 다지는 것이 바람직하다. 거푸집, 보강철근, 그리고 하부 지반은 타설되기 직전에 철저하게 적셔야 한다. 이것은 콘크리트 타설 현장을 서늘하게 할 뿐만 아니라, 소성수축 균열을 일으킬 수 있는 흡수나 증발에 의한 콘크리트의 수분 손실을 최소화할 수 있다. 증발의 속도를 높이고 더욱이 소성수축 균열의 원인이 되는 건조한 바람으로부터 콘크리트는 보호해야 한다. 그림 11.20은 대기온도, 상대습도, 콘크리트 온도와 바람의 속도를 기본으로 증발의 속도를 평가하는 방법을 나타낸다. 1.0 $kg/m^2/h$ 이상의 증발 속도는 보호 방안을 강구해야 한다. 특히 포졸란이나 연행공기를 내포하고 있는 콘

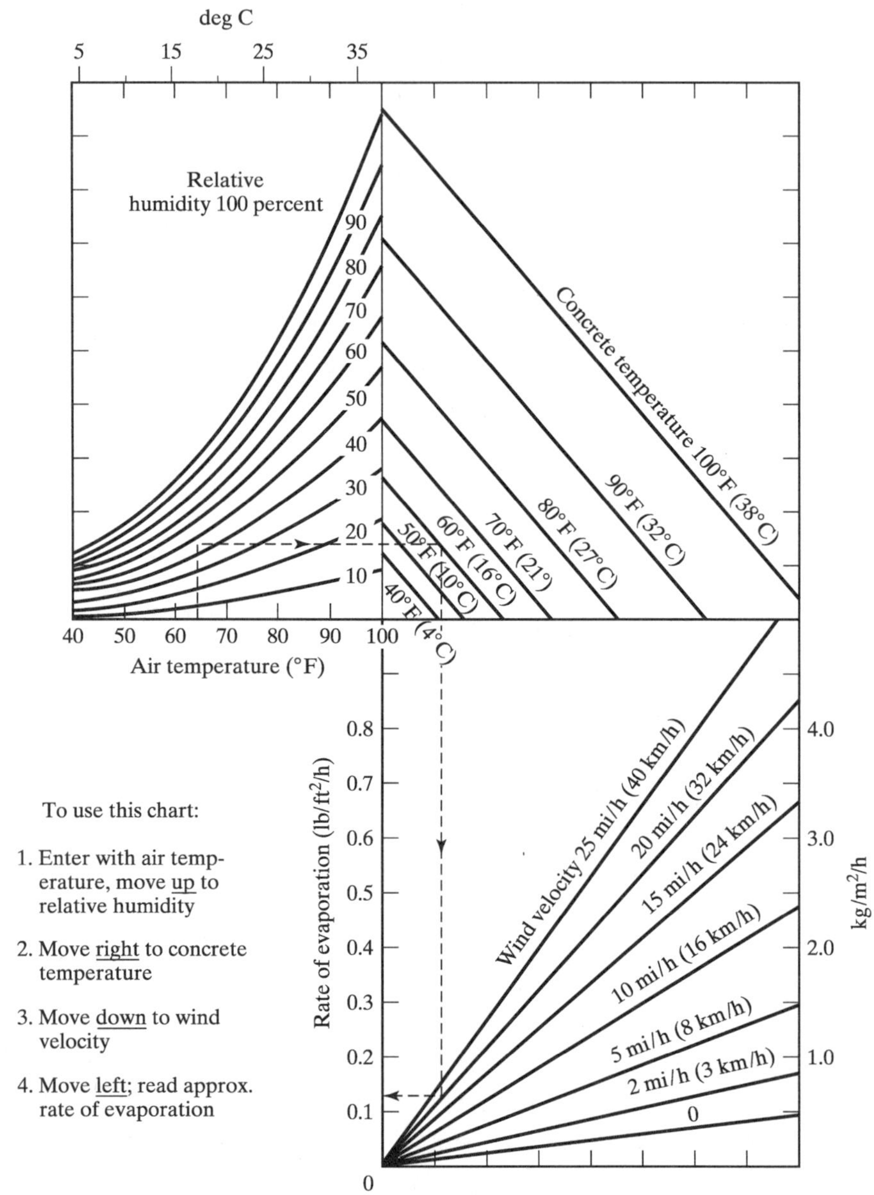

그림 11.20
굳지 않은 콘크리트의 물의 증발속도 계산 그래프. [*Design and Control of Concrete Moxurtes*, 13th ed., Portland Cement Association, Skokie, IL(1994).]

크리트는 감소된 블리딩률로 인한 낮은 증발률에서도 소성수축 균열을 발생하므로, 0.5 kg/m^2/h (0.1 lb/ft^2/h)의 증발률에서 보호 방안을 강구해야 한다. 콘크리트의 소성균열은 바람막이로 바람 속도를 감소시키고, 콘크리트의 온도를 낮추고, 그리고 시공여건이 허용하면 콘크리트의 응결 속도를 증가시키면서 제어할 수 있다. 당연하고 가장 효과적인 제어 방법은 콘크리트 표면이 마무리되고 통상적인 양생이 시작될 때까지 콘크리트 표면을 축축하게 유지하게 하는 것이다. 증발 속도를 제한하기 위하여 임시로 젖은 덮개로 씌우는 것, 방수 시트로 싸는 것, 안개 분무하는 것들은 적절한 방법이다. (소성수축 균열은 16.1절에서 더 자세히 논한다.)

소성수축 균열 이외에도 빠른 증발은 슬래브의 윗면을 딱딱하게 굳게 하는 현상(crusting)을 일으키며, 이는 슬래브가 마감 작업에 대한 적절한 준비가 되기도 전에 준비가 다 된 것처럼 보이게 한다. 콘크리트는 표면에 국부적인 패임없이 변형되며, 이는 슬래브 표면이 평탄하지 않도록 한다. 이러한 문제는 증발 속도가 블리딩수에 의해 대체되는 것보다 그리고 슬래브가 충분히 응결되기 전보다 더 빨리 표면수를 제거할 경우의 모든 온도(한중 날씨 포함)에서 발생할 수 있다. 소성수축 균열을 제한하기 위한 유사한 방안이 딱딱하게 굳는 현상(crusting)을 제한하는데 도움을 줄 것이다.

한중 콘크리트 시공(Cold Weather Concreting) 겨울 공사에 주의할 점은 정반대이다. 즉 콘크리트를 알맞은 온도로 유지하는 것과 콘크리트가 초기 얼마동안 결빙하는 것을 방지하기 위한 것이다. 권장하는 콘크리트의 최소 온도는 표 12.1에 나타내었으며(12.1절), 이들은 환경의 냉각효과를 참작한 것이다. 콘크리트를 냉각하는 것과 유사한 방안이 콘크리트를 보온하는 데 고려되지만, 정반대로 적용해야 한다. 뜨거운 물을 사용하는 것은 콘크리트 온도를 높이는데 가장 쉬운 방법이다. 골재를 더운 것으로 싸서 보관하는 것처럼, 골재를 덥히는 것도 도움이 된다. 결빙된 골재를 사용하는 것은 배합할 때의 어려움과 함수비 변화를 증가시키기 때문에 바람직하지 않다.

표 12.1에 제시된 온도는 최소 값이지만, 21°C 이상의 온도는 다음과 같은 이유로 바람직하지 않다. 즉 더 높은 온도는 서중 콘크리트에서 겪는 문제를 일으키며, 그리고 만약 충분히 보호된다면, 낮은 온도에서 타설된 콘크리트는 적은 수분량과 향상된 수화작용 때문에 우수한 장기적인 특성을 가지기 때문이다. 4°C에서 배합되고 21°C에서 양생된 콘크리트는 더 높은 온도에서 배합된 콘크리트보다 더 큰 장기 강도를 나타내고 있음을 표 12.2c는 보여주고 있다. 온도를 상승시키면 이런 개선될 특성을 줄일 수도 있다.

낮은 온도의 콘크리트는 계획된 슬럼프를 위해 적은 양의 물을 필요로 하지만, 슬럼프를 더 오랫동안 유지하고, 더 장시간의 블리딩 현상과 응결에 더 많은 시간(이는 평탄 마감작업을 할 때 주요 문제임.)이 필요하다. 높은 온도의 콘크리트와 다른 이러한 문제를 극복하기 위해서는 낮은 온도의 콘크리트는 작은 슬럼프로 배합하고, 블리딩수가 있을 때 콘크리트에 과도한 작업이 행해지지 않도록 주의해야 한다. 만약 여분의 블리딩 수분이 슬래브의 표면에 남아 있다면, 이는 콘크리트 표면 위에 호스를 설치하여 제거시킬 수 있다.

서중 콘크리트처럼, 만약 블리딩이 많은 공기량이나 포졸란의 사용량에 의해 적게 일어나거나 또는 건조한 환경이라면, 슬래브의 표면은 딱딱하게 굳을 수도 있고, 또는 슬래브의 마감 작업을 하기에 적절하지도 않은데 작업을 할 수 있는 것처럼 보일 수도 있다. 조기의 마감 작업은 슬래브 표면을 미리 봉하게 되어, 추가의 블리딩수가 배출되는 것을 막을 수도 있다. 이로 인하여 슬래브 바로 아래 부분이 취약해지고, 높은 물-시멘트 비의 시멘트 풀로 구성될 수 있다. 또한 이는 굵은골재를 슬래브의 마모 표면에서 떨어지게 할 수 있다.

콘크리트는 결빙된 지반 위에 절대 타설하지 말아야 한다. 콘크리트로부터 열이 손실되어 슬래브의 하부를 얼게 만들며, 부등 침하나 추후에 발생할 융해는 균열을 발생시킬 수 있다.

적당한 양생 공정(제 12장에서 언급함)이 세심하게 이루어져야 한다. 낮은 온도의 콘크리트는 조기에 천천히 강도를 회복하기 때문에, 구조물의 콘크리트 강도는 거푸집이나 동바리를 제거하는 것이 안전한지 그리고 새로운 콘크리트가 구조물의 시공 하중을 안전하게 지지하는가를 판단하기 위하여 관찰해야 한다. 주요 실패 사례는 낮은 온도가 콘크리트 강도 회복 속도에 미치는 영향을 무시할 때 일어난다. 제 14장에서 논의될 성숙도 개념은 강도 회복 속도를 설명하기 위한 아주 훌륭한 방안을 제시하고 있다. 콘크리트는 타설 후 1~2일 동안은 동결로부터 보호되어야 한다. 만약 굳지 않은 콘크리트가 언다면 이 콘크리트는 완전히 손상된 것이고, 추후의 양생 공정은 콘크리트의 특성을 복원시키지 못한다. 굳은 콘크리트는 결빙에 노출되기 전에 최대한으로 보호하여 부분적으로 건조시켜야 한다. 구조물은 사용되자마자 결빙에 노출되지는 않을지라도, 굳은 콘크리트가 현장에서 결빙에 노출되어야 하면, 공기 연행 콘크리트를 사용해야 한다.

거푸집(Formwork)

거푸집 공사는 콘크리트 시공에서 매우 중요한 공정이다. 이 장에서는 거푸집 주제로서 다룰 만한 충분한 여유가 없기 때문에 여기서는 상세하게 다루지 않았다. 거푸집에 대해서 설명하는 전문 서적이 있으므로 참조하고, 또한 이 장 마지막의 저서 목록에서 추천된 책들을 참조하기 바란다. 그럼에도 불구하고, 거푸집의 설계와 시공은 성공적인 건설 공사의 설계 및 경제성 실현에 매우 중요한 사항이다. 거푸집은 굳지 않은 콘크리트의 유일한 지지대이고, 굳지 않은 콘크리트에 의한 횡압력뿐만 아니라 재료 및 장비의 영향을 포함하는 시공 동안의 구조적인 하중을 지지하도록 설계해야 한다. 건설 붕괴 사고의 가장 큰 원인은 콘크리트 거푸집의 구조적인 붕괴에 의한 것이 많으며, 현재 미국 여러 주에서 구조 기술자가 거푸집을 설계하도록 요구하고 있다. 거푸집은 방수가 되어야 하고 튼튼해야 하며 알맞게 정렬되어야 한다.

거푸집 재료는 오로지 비용과 요구 표면 마감 상태에 의해 선택, 결정된다. 재사용 가능한 조립식 거푸집은 효율적 비용으로 이용할 수 있는 방법으로서, 그 사용이 증가 추세에 있다. 다른 방법으로는 외부 표면에 영구 거푸집을 사용하는 것도 유용하다.

콘크리트 검사(Inspection of Concrete)

콘크리트 작업을 자주, 그리고 철저하게 검사하는 것은 모든 공사에서 가장 중요한 작업이다. 우수한 검사관은 콘크리트와 콘크리트 공사에 대한 훌륭한 배경지식을 가지고 있고, 공사 시방서에 정통하며, 많은 상식을 가지고 있으며, 사람들과 잘 어울려야 한다. 계약자와 엔지니어의 불편한 관계는 양질의 콘크리트를 생산할 수 없을 것이므로, 문제점은 반드시 상호 협동을 통하여 해결해야 한다. 검사관은 시험결과를 해석할 때 그리고 시방서와의 일치를 확인할 때 현명한 판단을 내려야 한다.

검사는 콘크리트 시공의 모든 상황을 포함해야 하고, 배치 플랜트와 배치 플랜트의 가동에 대한 검사부터 시작해야 한다. 현장에 콘크리트가 운반되자마자, 콘크리트는 균질한 품질인지 그리고 시방서에 일치하는 것인지를 확신하기 위한 시험을 해야 한다. 특별한 시험 방법이 명시되어 있지 않다면, 표준 시험방법이 사용되어야 한다. 콘크리트를 타설하기 전에, 검사자는 거푸집이 도면에 따라 만들어 졌는지, 적절하게 정렬이 잘 되었는지, 콘크리트 압력에 견딜 수 있게 튼튼하고 방수가 잘 되는지, 깨끗하고 견고한 재료로 만들어 졌는지 등을 확실하게 검사해야 한다. 또한 검사자는 철근이 정확한 위치와 간격으로 배치되어 있는지, 겹침 철근은 요구 겹침이음 길이로 배근되었는지, 그리고 녹이 없는지를 검사해야 한다. 타설하는 동안에는 콘크리트의 재료분리의 가능성이 있는지, 다짐은 적절히 되고 있는지, 현장 상황에 적절한 특별한 예방책들이 준비되어 있는지를 확신할 수 있도록 정기적으로 감시 관리하는 다양한 작업이 있어야 한다. 마지막으로 검사자는 콘크리트가 적절하게 양생이 되고 있는지를 확인해야 한다.

참고문헌

일반(General)

ACI Committee 304, Guide for Measuring, Mixing, Transporting, and Placing Concrete (ACI 304R-00), *ACI Manual of Concrete Practice*, Part 2, American Concrete Institute, Farmington Hills, MI (2001).

ACI Committee 304, Guide for the Use of Volumetric-Measuring and Continuous-Mixing Concrete Equipment (ACI 304.6R-91), *ACI Manual of Concrete Practice*, Part 2, American Concrete Institute, Farmington Hills, MI (2001).

ACI Committee 305, Hot Weather Concreting (ACI 305R-99), *ACI Manual of Concrete Practice*, Part 2, American Concrete Institute, Farmington Hills, MI (2001).

ACI Committee 306, Cold Weather Concreting (ACI 306R-88), *ACI Manual of Concrete Practice*, Part 2, American Concrete Institute, Farmington Hills, MI (2001).

ACI Committee 309, Guide for Consolidation of Concrete (ACI 309R-96), *ACI Manual of Concrete Practice*, Part 2, American Concrete Institute, Farmington Hills, MI (2001).

Klieger P., and J. F. Lamond, eds., *Significance of Tests and Properties of Concrete and Concrete-Making Materials*, ASTM STP 169C, American Society for Testing and Materials,

West Conshohocken, PA (1994).

Kosmatka, S. H., W. C. Panarese, K. D. Gissing, and N. F. Macleod, *Design and Control of Concrete Mixtures*, 6th Canadian ed., Canadian Portland Cement Association, Ottawa, ON (1995).

Kosmatka, S. H., B. Kerkhoft, and W. C. Panarese, *Design and Control of Concrete Mixtures*, 14th ed., Portland Cement Association, Skokie, IL (2002).

Murdock, K. J., K. M. Brook, and J. D. Dewar, *Concrete Materials and Practice*, 6th ed, Edward Arnold, London, UK (1991).

Waddell J. J., and J. A. Dobrowolski eds., *Concrete Construction Handbook*, McGraw-Hill, Inc., New York (1993).

특별 타설(Special Placement)

ACI Committee 207, Roller Compacted Mass Concrete (ACI 207.5R-99), *ACI Manual of Concrete Practice*, Part 1, American Concrete Institute, Farmington Hills, MI (2001).

ACI Committee 302, Guide for Concrete Floor and Slab Construction (ACI 302.1R-96), *ACI Manual of Concrete Practice*, Part 2, American Concrete Institute, Farmington Hills, MI (2001).

ACI Committee 304, Guide for the Use of Preplaced Aggregate Concrete for Structural and Mass Concrete Applications (ACI 304.1R-92), *ACI Manual of Concrete Practice*, Part 2, American Concrete Institute, Farmington Hills, MI (2001).

ACI Committee 304, Placing Concrete by Pumping Methods (ACI 304.2R-96), *ACI Manual of Concrete Practice*, Part 2, American Concrete Institute, Farmington Hills, MI (2001).

ACI Committee 304, Placing Concrete with Belt Conveyors (ACI 304.4R-95), *ACI Manual of Concrete Practice*, Part 2, American Concrete Institute, Farmington Hills, MI (2001).

ACI Committee 309, Guide to Consolidation of Concrete in Congested Areas (ACI 309.3R-92), *ACI Manual of Concrete Practice*, Part 2, American Concrete Institute, Farmington Hills, MI (2001).

ACI Committee 325, Guide for Construction of Concrete Pavements and Concrete Bases (ACI 25.9R-91), *ACI Manual of Concrete Practice*, Part 2, American Concrete Institute, Farmington Hills, MI (2001).

ACI Committee 325, State-of-the-Art Report on Roller-Compacted Concrete Pavements (ACI 325.10R-95), *ACI Manual of Concrete Practice*, Part 2, American Concrete Institute, Farmington Hills, MI (2001).

ACI Committee 325, Texturing, Concrete Pavements (ACI 325.6R-88), *ACI Manual of Concrete Practice*, Part 2, American Concrete Institute, Farmington Hills, MI (2001).

ACI Committee 506, Guide to Shotcrete (ACI 506R-90), *ACI Manual of Concrete Practice*, Part 5, American Concrete Institute, Farmington Hills, MI (2001).

ACI Committee 506, Specification for Materials, Proportioning, and Application of Shotcrete (ACI 506.2-95), *ACI Manual of Concrete Practice*, Part 5, American Concrete Institute, Farmington Hills, MI (2001).

Concrete Construction, Vol. 41, No. 6 (1996). (Issue on Floor Construction.)

Cooke, T. H., *Concrete Pumping and Spraying*. Thomas Telford, London, UK (1990).

Garber, G., *Design and Construction of Concrete Floors*. Halsted Press, New York (1991).

Hansen K. D., and L. K. Guice, eds., *Roller-Compacted Concrete II*, American Society of Civil Engineers, New York (1988).

Hansen K. D., and F. G. McLean, eds., *Roller-Compacted Concrete III*, American Society of Civil Engineers, New York (1992).

Riser, B., "Understanding Slipform Pavers," *Concrete Construction*, Vol. 40, No. 6, pp. 521, 523525, 527, 528 (1995).

Warner, J., "Understanding ShotcreteThe Fundamentals," *Concrete International*, Vol. 17, No. 5, pp. 5964 (1995); "Understanding ShotcreteIts Application," *Concrete International*, Vol. 17, No. 6, pp. 3741 (1995).

검사(Inspection)

ACI Committee 311, Batch Plant Inspection and Field Testing of Ready-Mixed Concrete (ACI 311.5R-97), *ACI Manual of Concrete Practice*, Part 2, American Concrete Institute, Farmington Hills, MI (2001).

ACI Committee 311, Guide for Concrete Inspection (ACI 311.4R-00), *ACI Manual of Concrete Practice*, Part 2, American Concrete Institute, Farmington Hills, MI (2001).

ACI Manual of Concrete Inspection, 8th ed., SP-2, American Concrete Institute, Farmington Hills, MI (1999).

거푸집(Formwork)

ACI Committee 347, Guide to Formwork for Concrete (ACI 347R-94), *ACI Manual of Concrete Practice*, Part 2, American Concrete Institute, Farmington Hills, MI (2001).

Concrete Construction, Vol. 39, No. 11 (1994). (Issue on Forming and Shoring.)

Hurd, M. K., *Formwork for Concrete*, 6th ed., SP-4, American Concrete Institute, Farmington Hills, MI (1995).

문제

11.1. 콘크리트를 효율적으로 배합하는 것이 중요한 이유를 기술하라.

11.2. 중앙식 혼합 콘크리트와 트럭 비빔 콘크리트의 장단점을 비교하라.

11.3. 배치 플랜트로부터 먼 거리에 있는 현장에 콘크리트를 운반하려면 어떤 방안을 취해야 하는가?

11.4. 콘크리트 배합에 현장에서 재료를 첨가하는 것을 어떤 때에 허용되는가?

11.5. 현장에서 벨트 컨베이어를 사용하여 콘크리트를 운반할 때 어떤 방안을 취해야 하는가?

11.6. 펌핑하여 콘크리트를 타설할 때 배합 설계에 관한 특별한 요구 사항은 무엇인가?

11.7. 현장에서 콘크리트의 재료분리에 대해서 어떻게 대처하겠는가?

11.8. 슬립폼 공사의 장단점은 무엇인가?

11.9. 수중에서 콘크리트를 타설하는 방법을 특별한 요구사항 및 대처 방안을 함께 인용하면서 설명하라.

11.10. (a)불충분한 진동다짐과 (b)과도한 진동다짐의 영향은 무엇인가?

11.11. 콘크리트의 워커빌리티가 감소함에 따라 다짐 방법이 어떻게 달라져야 하는가?

11.12. 콜드 조인트(cold joint)와 시공 줄눈(construction joint)의 차이점은 무엇인가?

11.13. 평탄한 콘크리트 마감 작업에서 사용되는 시공단계의 목적을 설명하라.

11.14. 콘크리트에서 곰보는 무엇이며, 발생하는 원인은 무엇인가?

11.15. (a)하절기와 (b)동절기에 콘크리트 사용 재료들의 온도를 제어하는 목적이 무엇인가?

11.16. 현장에서 감리의 역할은 무엇인가?

CHAPTER 12

양 생

Curing

콘크리트는 제대로 양생이 되어야 최적의 성능이 발현된다. 요구되는 강도 및 내구성을 얻을 수 있는 수준으로 공극을 줄이고, 또한 건조수축으로 인한 부피 변화를 최소로 유지하기 위해서는 수분을 적절하게 공급해서 수화반응이 충분하게 일어나도록 해야 한다. 콘크리트 구조물은 설계 강도가 발현되지 않아서 파괴가 일어나는 경우는 매우 드물며, 오히려 거푸집을 탈형할 당시의 강도가 모자라면 문제가 생길 수 있다. 동절기 공사 중에 습윤 양생을 너무 일찍 중단하고 거푸집을 제거하여, 제 강도가 발현되지 않은 콘크리트에 하중이 가해져서 사고가 난 적이 여러 번 있었다. 좋은 양생을 하더라도 콘크리트가 강도를 발현하는 데는 시간이 필요하므로, 거푸집을 제거하기 전에 강도를 검토해야 한다. 부적절한 양생으로 인해서 장기적인 내구성이 저하되는 것이 더 보편적이고도 드러나지 않는 문제라 할 수 있다. 왜냐하면 이로 인해서 유지관리가 불필요한 구조물의 사용수명이 줄어들기 때문이다. 따라서 콘크리트의 표층부("covercrete")에 대한 양생을 적절하게 수행하는 것이 필수적이다. 왜냐하면 이 부분이 외부 환경 및 물리화학적 침식에 직접적으로 노출되어 있기 때문이다. 이런 점을 인식하여 양생을 단순히 시공 중 하나의 과정이 아니라 별도의 작업으로 관리하는 기관도 있다.

12.1 대기 온도에서의 양생 (Curing at Ambient Temperatures)

양생에 영향을 미치는 요소

앞에서 언급한대로, 시멘트의 수화반응에는 물이 필요하다. 굵은 시멘트 입자들의 표면은 두꺼운 C-S-H층으로 둘러싸여 수화반응이 방해받기 때문에 실제로는 시멘트 풀이 전부 완전하게 수화가 되진 않지만, 적절한 비용 범위 내에서 수화가 가능한 한 많이 일어나게 하는 것이 양생의 목적이다. 또한 고강도 콘크리트처럼 낮은 *w/c*비의 시멘트 풀에서는 수화반응 중에 자기건조(self desiccation)가 일어나서, 외부에서 수분이 공급되더라도, 수화반응이 진전되지 않는다(제 4장 참조). 이론적으로는 *w/c*비가 0.42 이상이면 추가적인 수분 공급 없이 완전하게 수화반응이 일어날 정도로 수분이 충분하다. 그러나 실제로는 대기 중으로 증발하거나 골재, 거푸집, 하부 지반 등에 흡수되어 시멘트 풀로부터 수분이 빠져 나간다. 흡수로 인한 수분의 손실을 줄이기 위해서는 거푸집과 하부 지반은 타설 전에 습윤상태로 있도록 물로 축여야 한다. (골재가 흡수하는 수분의 양에 대해서는 제 10장에서 설명한다.) 수분의 증발이나 자기건조로 인해서 콘크리트 내부의 상대 습도가 80% 이하로 떨어지면 수화반응은 중지되고 더 이상 강도가 발현되지 않는다. 따라서 콘크리트는 목표 강도가 발현되지 않는데, 고강도 콘크리트(낮은 물-시멘트비)의 경우가 낮은 강도의 콘크리트(높은 물-시멘트비)에서보다 강도 감소량이 더 크다. 그러므로 최대의 수화반응을 이끌어내기 위해서는 양생 중에 추가로 수분을 공급하는 것이 바람직하다.

그림 12.1은 제한적인 습윤 양생이 콘크리트의 압축강도에 어떤 영향을 미치는지 보여준다. 습윤 양생을 중단하면 수분이 콘크리트에서 빠져나가면서 강도 발현이 느려지고, 곧 더 이상 강도가 증가하지 않는다. 3일 동안 습윤 양생을 수행하면 연속적으로 습윤 양생을 수행할 때 얻을 수 있는 28일 강도의 75~80% 정도만 얻을 수 있다. 더구나 28일 이후 더 증가될 수 있는 25~30% 정도의 추가적인 강도 증가를 얻을 수 없다.

양생의 중단 외기에 노출된 콘크리트는 수명 동안 반복적인 건-습 환경에 노출되어 있기 때문에 수화가 계속 일어날 수 있는 기회가 아직 있다. 비록 수분이 재공급되면 콘크리트의 수화가 재개되는 것은 사실이지만, 습윤 양생이 중단되지 않고 계속된 경우만큼 강도가 발현되지 않는다. 더구나 장기간 물에 담그지 않는 한 콘크리트를 완전히 습윤 상태로 만드는 것은 쉽지 않기 때문에 추가로 수화되는 양은 편차가 있고 예측하기도 어렵고 또한 매우 적을 수도 있다. 특히 초기 재령 콘크리트에 대한 양생의 중단은 바람직하지 못하다. 지금 설명한 내용 외에도 습윤 양생이 끊기면 건-습 환경에 놓이게 되어 콘크리트가 아직 약한 시기에는 건조되는 과정에서 발생될 수 있는 인장 응력이 콘크리트에 영향을 줄 수 있다. 여름에 양생이 중단되면 콘크리트는 온도에 의한 길이 변화가 일어나 이로 인하여 균열이 발생할 수 있다.

상대 습도의 영향 콘크리트는 완전 습윤 상태가 아니더라도 수화가 일어난다. 이것은 100% RH 아래에서도 수분이 표면 장력에 의해서 큰 모세관 공극에 갇혀있기 때문이다. 시멘트는 이 저장된 수분을 사용해서 수화를 진전시킬 수 있지만, 시멘트 풀 내의 상대습도가 낮아짐에 따라 수화반응도 더 느려진다. 모세관 공극이 일부 비워지면 공극 내의 수분의 이동이 방해 받는다. 시멘트의 수화반응을 위해서 시멘트 풀 내의 가까운 곳에 있는 수분을 사용하며, 수화반응이 빠르게 일어나는 부분(예를 들어서 가는 시멘트 입자가 존재하는 곳)에서는 수분이 부족하게 된다. 완전 포화 상태에서는 이 부분으로 수분이 빠르게 이동하지만 포화 상태가 아니면 훨씬 느리게 이동하게 되어, 이것이 수화반응의 속도를 좌우하게 된다. 따라서 밀봉 양생된 콘크리트는 연속적으로 수중 양생한 콘크리트보다 수화 및 강도 발현이 느리다. 물이 밀봉된 콘크리트 안으로 들어가지 못하므로 수화반응으로 수분이 소모되면 내부의 상대 습도가 낮아지고 수화 속도가 느려진다. 습도가 80% RH 이하가 되면 수화가 완전히 멈추는데, 이것은 밀봉된 낮은 *w/c*비의 콘크리트에서 일어날 수 있다. *w/c*비가 0.3 미만이면 콘크리트의 투수성이 매우 낮기 때문에 수중 양생한 콘크리트에서도 이러한 현상이 일어날 수 있다. 외기의 상대 습도가 낮은 경우에도 이러한 현상이 발생할 수 있다.

외기의 상대 습도는 콘크리트의 건조와 관련이 되므로 초기 강도 발현에 가장 큰 영향을 미친다. 콘크리트의 건조는 굳지 않은 콘크리트에 가장 큰 영향을 미치는데, 자세한 내용은 제 16장에서 다룬다. 콘크리트의 건조 속도는 습윤 양생이 중단된 이후 증가되는 강도의 크기에 약간의 영향을 미친다. 콘크리트의 두께와 마찬가지로 표면의 온도, 풍속, 상대 습도 등이 모두 영향을 크게 미친다.

온도의 영향 그림 12.1은 일정한 21°C에서 양생한 콘크리트를 나타내고 있지만, 온도는 강도 발현 속도에 영향을 미치며, 따라서 요구되는 양생 기간에 영향을 미치게 된다. 그림 12.2a는 양생 온도와 1일 및 28일 강도의 관계를 표시한 것이다. 온도가 높을 때 초기 강도가 높게 나오는 것은 시멘트의 수화반응이 더 빠르게 일어나기 때문이다. 그러나 후에 강도가 작아지는 현상에 대해서는 설명하기 쉽지 않다. 수화 온도가 약 45°C까지는 수화 생성물의 물리화학적 구조가 급격하게 변한다고는 생각되지 않는다. 다만 수화 생성물이 균질하게 분포되지 않아서, 시멘트 내에

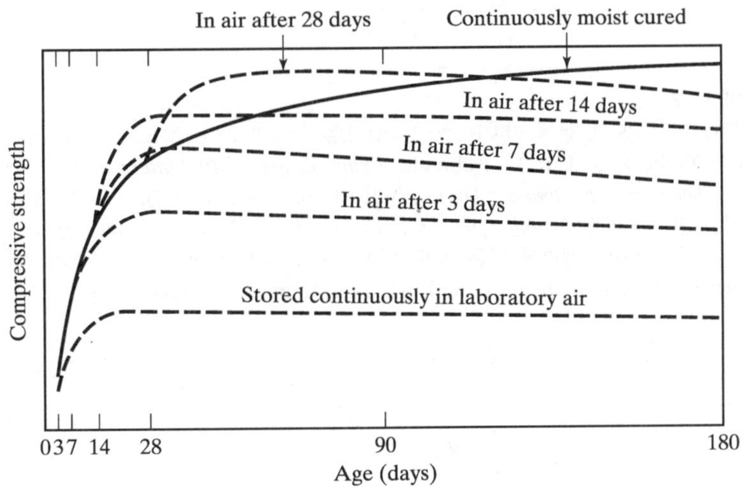

그림 12.1
초기 습윤 양생 후 실험실 외기 양생한 콘크리트의 압축강도에 대한 개념도 [*Concrete Manual*, 8th ed., U.S. Bureau of Reclamation, Denver, CO(1975); W.H.Price, *Journal of the American Concrete Institutue*, Vol. 47, No. 6, pp. 417-432(1951).]

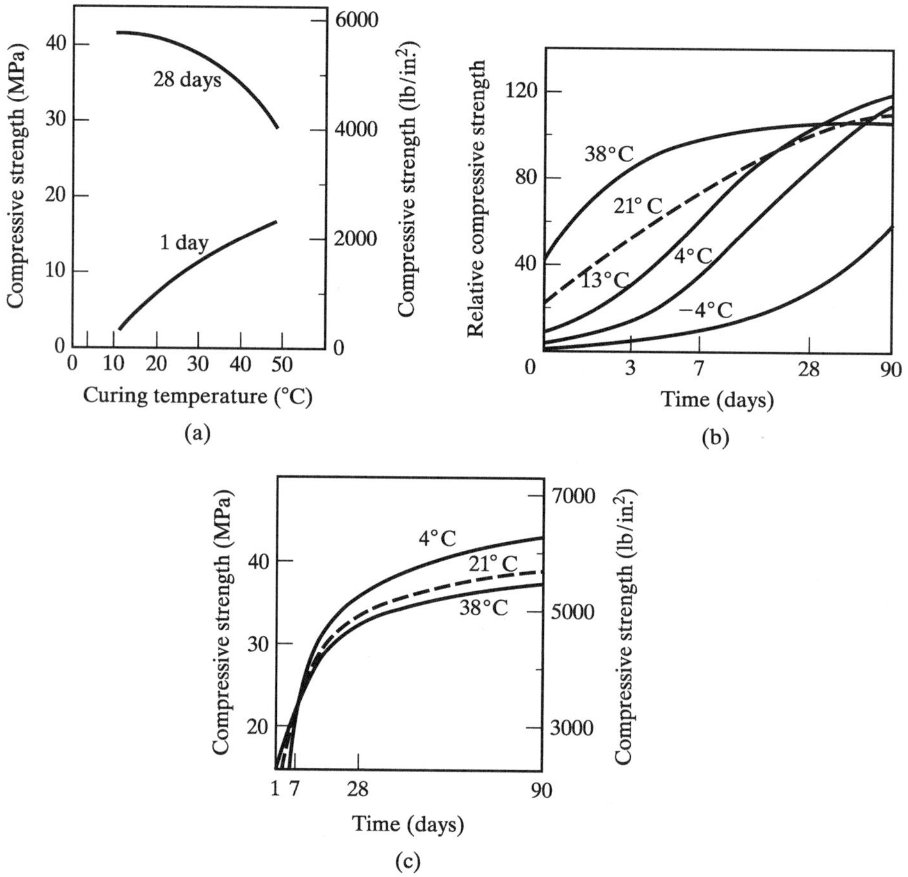

그림 12.2

온도가 압축강도 발현에 미치는 영향: (a) 1일 강도와 28일 강도의 비교(일정한 양생 온도). [G.J. Verbeck and R.A. Helmuth, *Proceedings, Fifth International Symposium on the Chemistry of Cement*, Toyko, Vol. 3, pp. 1-32 (1968).] (b) 양생온도가 일정하게 유지된 경우의 재령에 따른 강도 변화. (c) 양생온도는 21°C로 일정하지만 초기 콘크리트 온도가 다른 경우의 재령에 따른 강도 변화. [Adapted from W.H. Price, *Journal of the American Concrete Institute*, Vol. 47, No. 6, pp. 417-432(1951).]

콘크리트의 강도에 직접적인 영향을 미치는 약한 부분이 형성되기 때문으로 보인다. 그림 12.2b는 양생 온도가 강도 발현에 미치는 영향을 재령 90일까지 표시한 것으로, 서로 다른 온도에서 주어진 강도를 얻는데 요구되는 양생 기간의 상대적인 크기를 보여준다. 그림 12.2c는 서로 다른 온도에서 타설한 후 양생 기간 동안 일정하게 21°C를 유지한 경우인데, 높은 온도가 미치는 영향을 바로 알 수 있다. 수화는 약 -10°C 이상에서 일어난다. 낮은 온도에서 양생을 하면 초기에는 강도가 낮더라도 최종 강도는 높아진다는 점에 유의해야 한다. 따라서 일반적으로 콘크리트의 초기 온도가 높을수록 나중에 강도는 낮아진다. 그림 12.2c에 나타나 있듯이 28일 강도를 기준으로 1종 시멘트를 기준으로 하면 최적의 초기 온도는 약 4°C이다. 일반적으로 양생 조건은 인장강도에도 유사한 영향을 미친다.

습윤 양생 기간

콘크리트가 설계기준 압축강도를 나타낸 이후라도 가능한 한 오래 계속해서 습윤 양생을 하는 것이 가장 이상적일 것이다. 물론 이것은 비현실적이므로, 시공 기간을 적절하게 주고 비용을 최소화하는 방향으로 타협을 해야 한다. 그림 12.1에 나타나 있듯이 7일 정도 습윤 양생을 실시하면 종국적으로 28일간 습윤 양생했을 때의 강도를 얻을 수 있다. ACI Standard Practice for Curing Concrete(ACI 308)는 일반적인 구조 콘크리트에 대해서 7일 및 설계기준 압축강도(혹은 휨강도)의 70%가 발현되는 기간 중에서 작은 날만큼 습윤 양생을 하도록 제안하고 있다. 철근으로 보강되지 않은 매스콘크리트에서는 최소 양생 기간이 더 길어야 한다. 즉, 포졸란이 사용된 경우는 2주 혹은 3주간 양생해야 한다. 저발열 시멘트와 시멘트-포졸란 반응의 강도 발현이 느리므로 이러한 더 오랜 양생 기간이 필요하다.

이와 같은 제안들은 4°C 이상의 온도에서 타설되고 양생된 경우에 해당한다. 더 낮은 온도에서는 수화반응이 느리게 일어나므로 7일간 양생을 하더라도 강도가 너무 낮을 것이다. 양생기간과 온도가 복합적으로 수화속도, 곧 강도 발현에 미치는 영향은 성숙도(maturity) 개념으로 추정할 수 있다(제 14장 참조).

낮은 온도에서는 항상 콘크리트가 동결될 위험이 있다. 콘크리트가 일정 강도(약 3.5 MPa)를 발현할 때까지는 동결되도록 해서는 안 된다. 일반적으로 단열재없이 4°C에서 24시간 동안 습윤 양생하는 것으로는 충분하지 않다. 단열재를 사용하면 초기의 콘크리트 온도 및 수화열을 보존해서 위험에서 벗어날 수 있을 것이다. 더 온도가 낮은 경우에는 열을 추가로 공급해 주어야 한다.

이산화탄소의 영향

프리캐스트 부재(예, 콘크리트 블록)를 제작하는 동안 제품을 상당한 양의 이산화탄소에 노출시키면 강도가 증가할 뿐만 아니라 제품의 치수도 더 정확히 유지할 수 있다. 이러한 양생법은 콘크리트가 비교적 다공질이고 단면이 얇아서 이산화탄소가 콘크리트 사이를 충분히 통과할 수 있는 경우에만 유효하다.

양생 방법

콘크리트의 습윤 양생을 위해서 사용할 수 있는 방법 및 재료는 여러 가지이다. 이들을 두 가지로 나눌 수 있다.

1. 수중 양생 - 추가적인 수분을 공급할 뿐만 아니라 수분 손실을 막는 방법

2. 밀봉 양생 - 수분 손실을 막기만 하는 방법

습윤 양생 수분을 콘크리트에 공급하기 위해서는 물에 적시거나(ponding) 물을 뿌리거나 젖은 덮개로 씌울 수 있다. 그러나 어느 방법을 사용하든 잠재기(induction period)가 끝나기 전에 수중 양생을 시작해야 한다(제 4장); 즉, 초결(initial set, ASTM C 403) 보다 한 시간 정도 빨라야 한다. 콘크리트 속의 수분(간극수)을 연속적인 체계로 유지하기 위해서는 이렇게 해야 한다. 그러면 자기건조(self-desiccation)로 인해서 비어가고 있는 큰 모세관 공극 안으로 외부의 수분이 쉽게 들어가게 할 수 있다. 수중 양생이 늦어져서 모세관 공극 안에 수분 곡면(meniscus)이 형성되면 수분은 더 이상 쉽고도 완벽하게 콘크리트 내로 침투할 수 없다. 이렇게 되면 국부적으로 자기건조 및 자기수축(autogenous shrinkage)이 발생할 수 있다(제 16.2절). 이것은 초기의 *w/c*비가 낮을수록 더욱 중요한 문제이다. (물론 늦게라도 수분을 공급하는 것이 양생을 아예 하지 않는 것보다는 낫다.) 플라이애쉬나 슬래그가 사용되었다면 강도 발현이 더 늦으므로 수중 양생을 더 오랫동안 지속해야 포졸란반응에 필요한 물을 충분히 공급할 수 있다.

폰딩(Ponding)은 수평면을 양생하는데 완벽한 방법이며, 흙 또는 모래 차단벽을 이용해서 표면에 수분 층을 유지한다. 이 방법은 비교적 일손이 많이 가고 주의 깊게 관리해야 한다. 물이 충분하고 또한 넘쳐흘러도 별 문제가 안 되면 물을 뿌려서 콘크리트의 수분을 유지하는 것도 또 다른 좋은 방법이다. 이 방법은 수직면과 수평면 모두에서 사용될 수 있다. 잔디에 물 주는 스리링클러나 흙을 축이도록 고안된 호스 등과 같은 미세한 분무기를 이용해야 한다. 계속해서 물을 분무하는 것이 이상적이지만 간헐적으로 물을 뿌릴 경우에는 중간에 콘크리트가 마르지 않도록 주의해야 한다. 콘크리트 표면이 침식될 수 있으므로 물을 너무 세게 뿌리지 않도록 한다. 따라서 분무에 의한 양생도 주의 깊은 관리가 필요하다. 수분의 증발을 막기도 하고, 자체가 수분을 머금을 수 있는 덮개를 사용하는 것도 수중 양생의 한 방법이다. 덮개로는 올이 굵은 삼베(burlap)나 기타 흡수성의 재질이 널리 사용되고 있으며 수평면과 수직면에 모두 적용할 수 있다. 예전에는 젖은 흙, 모래, 짚, 톱밥 등이 수직면에 많이 사용되었지만 일손이 많이 가지 않는 양생법으로 많이 대체되었다(다음 절 참조). 이러한 재질 위에 마른 것을 더 추가로 덮어서 동절기에 단열재로도 이용할 수 있다. 마르지 않게 하기 위해서 주기적으로 수분을 공급해야 하므로 역시 정기적인 관리가 필요하다. 사용 재질에서 용해성 유기 화학물질이 녹아나오면 콘크리트 표면에 얼룩을 생성시킬 수 있으며, 이로 인해서 콘크리트 표면에서의 응결과 경화가 지연되는 경우도 있다.

밀봉 양생 밀봉 양생에 가장 많이 사용되는 재질은 방수지, 플라스틱 시트, 그리고 양생막(curing membrane)이다. 편리하고 일손이 많이 가지 않기 때문에 많은 경우에서 전통적인 수중 양생 방법 대신에 자주 쓰인다. 거푸집도 증발을 방지하지만, 목재 거푸집의 경우는 양생 기간 동안 젖어 있지 않으면 콘크리트로부터 수분을 흡수한다.

방수지 혹은 플라스틱 시트는 콘크리트 표면이 손상을 입지 않을 정도로 경화되면 바로 덮어주는데, 그 전에 완전히 물을 뿌려준다. 플라스틱 시트는 잘 접혀지므로 복잡한 모양을 덮는데 사용하기 편리하다. 플라스틱 필름은 흡수성 재질에 부착시킬 수 있으므로 증발해서 덮개에 모이는 수분을 모아서 다시 콘크리트에 재공급할 수 있다. 이렇게 하면 수분을 다시 콘크리트에 보낼 수 있어서 양생이 좋아진다. 여름에는 흰색의 종이나 플라스틱을 사용하면 햇볕을 반사하므로 열의 흡수를 줄일 수 있고, 겨울에는 검은색을 사용해서 열의 흡수를 늘일 수 있다. ASTM C 171에는 시트의 재질에 관한 규정이 주어져 있다. 액체막 형성 양생 복합제(liquid membrane-forming curing compounds)는 콘크리트 포장 및 바닥의 양생에 매우 많이 사용되고 있으며 수직면에도 사용할 수 있다. 콘크리트의 관점에서 보면 이러한 복합제는 수분 증발을 완전히 막아주지 못하기 때문에 가장 비효과적인 양생법이다. 복합제는 얼마간 초기 습윤 양생을 수행한 후에 적용하는 것이 가장 좋다. 그러나 요즘 포장 시공에서는 포장기(slipform paver, 슬립폼 페이버) 다음에 양생 복합제를 바로 공급한다.

액막 형성 복합제는 지방족 알코올(aliphatic alcohols), 수지(resin), 왁스, 혹은 합성 고무를 휘발성 용제에 녹이거나 물에 유상화(emulsify)시켜서 제조한다. 용제를 증발시키면 거의 불투수성의 막이 표면에 형성되며 콘크리트에서 수분이 손실되는 것을 막아준다. 안료를 첨가해서 제조할 수 있는데, 여름에는 흰색을 첨가해서 열의 흡수를 줄이며, 겨울에는 회색이나 검은색을 첨가한다. 안료를 첨가하면 완전히 도포되었는지가 바로 보이기 때문에 추천할 만하다. 치장 표면처리나 덧씌움이 이어질 경우나 표면에 페인트를 칠할 경우엔 양생 복합제를 사용해선 안 되는데, 이는 부착을 방해하기 때문이다. 가을에 포장 공사를 하면 제빙 소금에 곧 노출되게 되므로 양생 복합제를 사용하면 안 된다. 이는 액막이 대기 건조를 지연시켜서 콘크리트의 염해 표면 박리(salt scaling)에 대한 저항성을 떨어뜨리기 때문이다. ASTM C 309에 액막 양생 복합제에 대한 기준이 제시되어 있다.

양생법 비교 앞에서 언급한 대로, 습윤 양생이 자기건조를 막아주므로 밀봉 양생보다 나은 방법이다. *w/c*비가 낮은 콘크리트(*w/c* < 0.40)에서는 자기건조가 빠르게 일어날 수 있기 때문에 특히 중요하다. 밀봉 양생의 효과는 덮개의 두께와 보전상태에 많이 영향을 받는다. 각 덮개쉬트가 잘 포개지고 이음새가 밀봉되어서 수분 손실이 생기지 않도록 주의해야 한다. ASTM C 156에 의해서 밀봉 양생에 사용할 재료를 평가할 수 있다.

자기건조가 바로 일어날 수 있는 상황에서는 양생법을 주의 깊게 선택해야 한다. 수화 중에 에트린자이트의 형성으로 많은 수분을 필요로 하는 팽창 시멘트의 양생의 경우에서 명확히 나타난다. 그림 3.11(3.3절)에서 볼 수 있듯이, 양생법이 부적절하면 팽창이 충분히 이루어지지 않고 따라서 건조수축에 의한 균열을 줄이지 못한다. 이러한 사례는, 좋은 막을 사용하여 효과적으로 밀봉할 수도 있겠지만, 수분 증발을 막는데 있어서 플라스틱 쉬트보다는 양생 복합제가 다소 비효율적이라는 점을 보여준다.

특수 상황에서의 양생

매스 콘크리트 매스 콘크리트(mass concrete)의 양생에서는 수분을 조절하는 것만큼이나 온도를 조절하는 것도 중요하다. 타설 후 가능한 한 일찍부터 매스 콘크리트 내의 온도를 일정하고 균일하게 유지하는 것이 중요하다. ACI 308, Standard Practice for Curing Concrete에 따르면 내부 온도는 주변의 연간 평균 기온보다 11~14°C 이상 높아서는 안 된다. 따라서 필요하면 내부 냉각 장치를 사용할 수도 있다. 일반적으로 저발열 시멘트를 사용하므로 습윤 양생을 하는 기간을 더 늘려야 한다.

서중 콘크리트(hot-weather concrete) 자주 볼 수 있는 고온 건조한 기후는 새로 타설된 콘크리트에게는 큰 손상을 입힐 수 있으므로 특별한 주의를 요한다. 과도한 소성수축은 반드시 피해야 한다. 콘크리트가 마르게 두지 말아야 하고, 햇볕과 바람에 직접 노출되지 않게 하고, 마감이 끝나고 습윤 양생을 시작하기 전에도 일시적으로 덮어두어야 한다. 콘크리트의 온도가 너무 높아지지 않도록 햇볕을 반사할 수 있는 재질을 사용해야 한다. 습윤 양생이 가장 바람직하며, 건-습이 반복되거나 따뜻한 콘크리트의 표면에 차가운 물이 닿으면 응력이 발생할 수 있기 때문에 수분을 콘크리트에 항상 유지할 수 있도록 주의를 기울여야 한다. ACI Report 305R에는 서중 콘크리트와 관련된 특별한 문제점들이 기술되어 있다.

한중 콘크리트(cold-weather concrete) ACI Report 306R에 약술된 대로 추운 날씨에서는 양생에 특히 주의해야 한다. 4°C 이하의 기온과 관련된 문제는 다음과 같다:

1. 강도가 낮은 콘크리트의 완전습윤(saturated) 상태에서의 동결
2. 느린 강도의 발현
3. 주변 온도로 내려가면서 생기는 열응력(굳지 않은 콘크리트를 가열 양생했을 경우)

1, 2의 문제를 줄이기 위해 타설할 때의 콘크리트의 온도가 너무 낮아서는 안 된다(표 1.21 참조). 만일 주변 온도가 그렇게 낮지 않다면, 거푸집 및 노출 표면에 대한 단열을 실시하면, 수화열로 초기 동결은 방지할 수 있을 것이다. 매스 콘크리트에서는 열손실이 더 작기 때문에 더 낮은 콘크리트 온도가 규정될 수 있다. 21°C 이상의 콘크리트 온도는 동결에 대한 더 큰 도움이

되지 않는다. 이것은 운반 및 타설 과정에서 열 손실도 더 크기 때문이다. 또한 온도가 높아지면 소요 수량이 더 많아지고, 주어진 작업 시간도 짧아진다. 1종 시멘트를 사용할 경우는 2일간 보호해야 하고, 3종 시멘트를 사용하거나 촉진제를 사용할 경우는 1일을 보호해야 한다. 솜, 담요를을 이용해서 보온할 수 있다. 마른 짚도 효과적이다.

온도가 너무 낮으면 단열만으로는 적절한 강도 발현과 동결 방지에 필요한 온도를 유지하기에는 충분하지 않다. 이러한 경우에는 외부의 열원을 통해서 가열을 해 주어야 한다. 거푸집을 직접 가열하거나, 콘크리트와 거푸집을 둘러싸는 구조를 만들고 그 내부를 가열한다. 흐르는 물로 가열하면 수분도 공급되므로 최선이라 할 수 있지만, 일반적으로는 히터를 이용해서 가열한다. 히터를 이용해서 가열할 때는 외부로 통풍을 시켜야 한다. 콘크리트의 표면이 마르지 않도록 특히 주의해야 한다. 외부 열원을 통해서 가열 양생 한 후에는, 열 충격(thermal shock)의 위험이 있으므로, 낮은 외기에 직접 노출시켜서는 안 되며 온도가 점진적으로 내려 갈 수 있도록 해야 한다; 처음 24시간 내의 온도 강하는 표 12.1에 주어진 양을 초과해서는 안 된다.

표 12.1 한중 콘크리트 시공에서 콘크리트 온도에 대한 추천값(°C)[a]

타설 및 양생 조건	*단면의 크기*		
	얇은 단면	*보통 단면*	*두꺼운 단면*
배합시 주변 외기 온도에 따른 굳지 않은 콘크리트의 최소 온도:			
외기 온도가 0°C 이상	16	13	10
외기 온도가 -18~0°C	18	16	13
외기 온도가 -18°C 이하	21	18	16
타설시 최소 온도	13	10	7
보양(protection) 후 처음 24시간 동안의 콘크리트 온도의 하강에 대한 최대 허용값	28	22	17

[a] ACI Committee 306, "Cold Weather Concreting (ACI 306R-88)," *ACI Manual of Concrete Practice*, Part 2, American Concrete Institute, Farmington Hills, MI (2000).

12.2 고온에서의 양생 (Curing at Elevated Temperatures)

저압 증기 양생(low-pressure steam curing)

대기압에서 증기 양생을 하면 콘크리트의 강도 발현 속도가 매우 빨라진다. 증기 양생은 주로 조적 블록, 파이프, 프리스트레스트 보, 벽 패널 등과 같은 프리캐스트 콘크리트 제품에 주로 사용하지만 에워싼 현장 타설 구조물에도 적용할 수 있다. 프리캐스트 콘크리트 업계의 입장으로는 증기 양생을 하면 몰드나 거푸집을 빠르게 재사용할 수 있으므로 생산성을 높일 수 있고, 출하 혹은 프리스트레싱 도입 전 양생 기간을 줄일 수 있으며, 취급할 때 제품 손상도 줄일 수 있다.

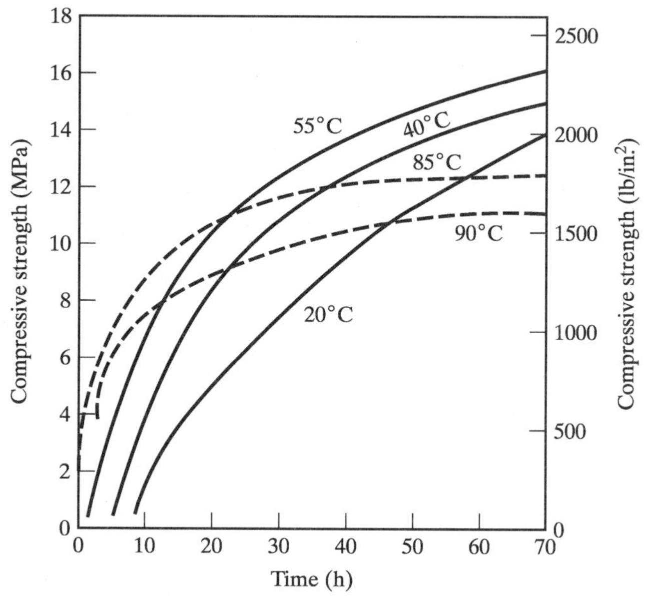

그림 12.3
저압 증기 양생이 초기 강도 발현에 미치는 영향. 이 자료는 타설 후 바로 증기 양생한 콘크리트에서 얻은 것이지만 몇 시간 지난 뒤 증기 양생을 하는 것이 바람직하다; 본문 참조.
[*Concrete Manual*, 8th ed., U.S. Bureau of Reclamation, Denver, CO(1975).]

최대 양생 온도는 40에서 100°C 사이이면 되나, 최적의 온도는 65에서 80°C 범위이다. 앞에서 살펴보았듯이 초기 온도가 높을수록 최종 강도는 낮아지기 때문에 강도 발현 속도와 최종 강도 사이에서 절충해야 한다(그림 12.3). 최적의 온도는 적용 대상에 따라서 결정된다. 즉, 낮은 온도를 사용하면 더 긴 양생 기간이 필요하지만 최종 강도는 더 높아진다.

여기서 주의해야 할 점이 있는데, 고온 양생(100°C까지)을 한 콘크리트는 후에 일반적인 외기에서 습기에 노출되면서 성능저하가 발생할 수도 있다. 이러한 현상은 지연 에트린자이트 생성(delayed ettringite formation)이라고 부르며(18.3절 참조), 이것은 골재 입자 주변에 간격이 생기는데 이 간격에는 흔히 에트린자이트가 밀도 높게 채워져 있다(제 4장). 이러한 문제는 SO_3와 Al_2O_3의 비가 0.5보다 큰 시멘트를 사용했을 경우에 주로 발생한다.

양생 주기 전체 양생 기간 동안 가열과 냉각시간을 제어하여야 한다. 통상적인 양생 순서가 개념적으로 그림 12.4에 주어져 있다. 콘크리트는 타설 후 증기 양생을 하기 전에 실온에 일정 시간 두어야 하는데, 그러면 초기 수화반응이 일어날 수 있고, 제품의 안정성도 증가시킬 수 있다; 나중에 강도도 증진된다. 최적의 양생 전 지연 시간은 일반적으로 2~6시간이다; 시멘트의 종류, 최대 양생 온도 등에 따라 달라지므로 경우에 따라 그때마다 정해야 한다.

가열 속도 및 전치기간(증기 양생 전 지연 시간)은 서로 상관이 있다. 만일 전치기간(pre-steaming period)이 있으면 상당히 빠른 가열 속도(33°C/h까지)를 사용할 수 있지만, 그렇지 않으면 11°C/h를 초과해서는 안 된다. 일반적으로는 양생의 편리성과 경비를 고려하여, 가열 속도

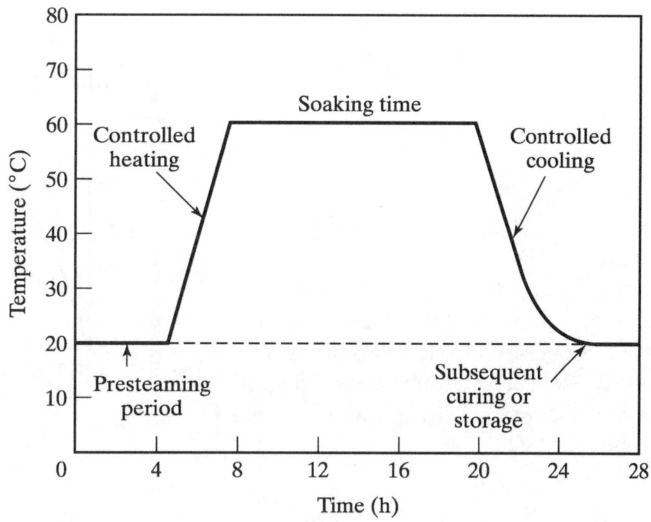

그림 12.4
저압 증기 양생의 일반적인 순서

를 가능한 한 느리게 하는 것이 바람직하다.

가장 높은 온도가 지속되는 시간인 습윤기간("soaking" time)이 양생 기간 동안의 강도를 결정한다. 강도는 시간-온도의 곱 혹은 성숙도(maturity)와 관련지을 수 있다(제 14장 참조); 따라서 최대 양생 온도가 높을수록 양생 시간은 짧아진다. 이미 언급한 바와 같이 수화 속도가 빠를수록 최종 강도는 더 낮아진다. 그림 12.3에 나타나 있듯이 80°C 이상에서는 높은 양생 온도가 강도에 미치는 영향이 3일 이전에 나타난다. 그러나 증기 양생 전 지연 시간을 최적화하고 빠른 가열 속도를 피하도록 해서, 일반적인 콘크리트의 28일 압축강도가 3일 이후에 발현되도록 하는 것이 좋다.

양생의 마지막 단계에서 굳어진 콘크리트는 굳지 않은 콘크리트에 비해서 열 충격에 의한 영향을 훨씬 적게 받기 때문에 냉각 속도를 조절하는 것은 가열 속도를 조절하는 것만큼 중요하지는 않다. 그렇지만 냉각 속도를 22~33°C/h 범위에 두는 것이 좋다. 가끔은 증기 양생의 주기가 제품 취급시 안전할 정도의 콘크리트 강도만 발현되도록 설정될 경우가 있는데, 이 경우에는 실온에서 추가적인 습윤 양생(2차 양생)이 필요하다. 추가 시간 동안은 분무실에 두거나 방수포 등을 이용해서 습윤 상태에 유지하면 된다. 소요 강도가 나오면 출하 전까지 건조시킨다. 대기 건조하거나 뜨거운 공기를 이용해서 건조를 촉진시킬 수도 있으며, 조적 블록은 종종 이런 식으로 건조시킨다; 함수량을 줄이면 규격치수에 대한 안정성(dimensional stability)이 좋아지고 압축강도도 약간 높아진다.

콘크리트의 성질 저압 증기 양생한 콘크리트의 성질은 일반적인 대기 양생한 콘크리트와 비교해서 많이 다르지 않다. 시멘트 화합물의 수화가 더 빠르게 일어나지만(100°C에서 C_3S는 3일 안

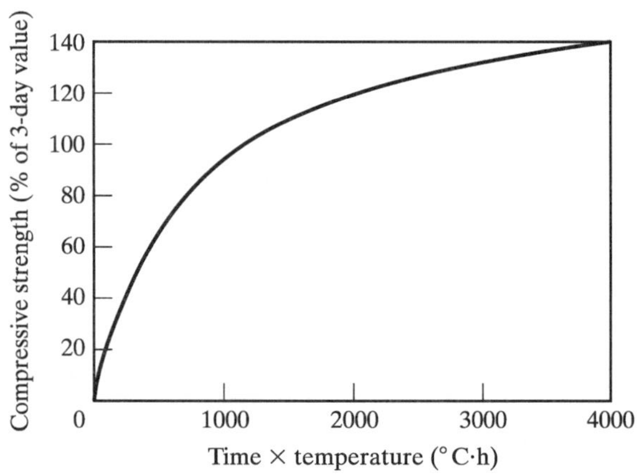

그림 12.5
저압 증기 양생한 제품의 강도 발현에 시간-온도 곱이 미치는 영향. (R.W. Nurse, *Building Research Congress*, 1951, Division 2, Part D, p. 89, Building Research Establishment, Garston, Watford, U.K. British Crown Copyright, HMSO.)

에 완전히 수화된다), 기본적으로 동일한 수화반응이다. C-S-H의 구성비는 양생 온도에 따라서 달라지지만, 마찬가지로 비결정질 재료이다. 높은 온도에서는 칼슘 설포알루미네이트(calcium sulfoaluminate)가 불안정해지는 경향이 높아지고 C-S-H에 더 많은 황산염(sulfate)과 알루미나(alumina)가 들어간다. ASTM에서 정의된 모든 종류의 포틀랜드시멘트는 증기 양생에 사용될 수 있다. 첨가한 포졸란과 슬래그의 반응도 양생 온도가 높을수록 더 빨라진다. 공기연행제, 감수제, 응결 조절제도 증기 양생에서 사용할 수 있다.

최종 강도가 줄어드는 것은 초기 수화 속도가 매우 빨라서 시멘트 풀 속의 수화 생성물이 균일하게 형성되지 않아서 생긴 결과로 보인다. 이로 인해서 공극의 크기별 분포가 달라지는데, 지름이 0.01 μm 이상인 큰 모세관 공극에서 특히 그러하다. 투수성도 약간 높아지지만 큰 차이는 아니며 내구성도 별 영향을 받지 않는다. 저압 증기 양생으로 제조한 콘크리트는 일반적으로 더 작은 크리프 변형률 및 건조수축 변형률을 보인다(약 1/3 정도가 줄어든다).

고압 증기양생(high-pressure steam curing)

100°C 이상에서 양생하려면 밀봉해서 포화 증기압을 가해야 한다. 사용되는 압력 용기를 오토클레이브(autoclave)라고 부르며, 오토클레이브 양생(autoclaving)이라고 하면 고압 증기 양생과 같은 의미이다. 오토클레이브 양생에서 사용되는 양생 온도 범위는 증기압 6~20 atm에서 160~210°C 정도이다. 이 조건 하에서는 수화반응에서 화학반응이 달라지므로 100°C 이하에서 양생한 경우와 비교해서 콘크리트의 성질이 상당히 다르다. 가장 중요한 장점은

1. 제품을 24시간 내에 사용할 수 있다 - 일반적으로 대기 양생한 경우의 28일 강도와 비슷하다.
2. 크리프와 건조수축이 상당히 줄어든다.
3. 황산염에 대한 저항성이 좋아진다.

4. 백화(efflorescence)가 없어진다(제 20장 참조).
5. 양생 후 함수율이 낮다.

고압 증기 양생은 프리캐스트 콘크리트 제품에만 사용될 수 있다. 경량 기포 콘크리트와 석회사 고압 벽돌과 같은 특별한 제품을 제조할 때 유용하다.

양생 주기 양생 주기는 저압 증기 양생에서와 비슷한데, 전치 기간, 습윤 기간, 가열 및 냉각속도를 제어하는 구간이 있다. 습윤 기간이 끝나는 부분에서 압력을 낮추는 속도도 제어되어야 한다. 전치 기간은 배합 설계, 양생 온도, 및 기타 요소에 영향을 받는다. 약 3시간이 걸려서 최고 온도에 도달하도록 온도 및 압력을 올리는 속도를 맞추어야 한다. 가끔은 오토클레이브 양생 전에 저압 증기 양생을 수행하는데(두 단계의 절차), 이 경우엔 압력을 더 빨리 올릴 수 있다. 마찬가지로 습윤 기간의 길이는 최대 양생 온도와 소요 강도에 따라 정해진다: 일반적으로 175°C에서 8시간이다. 습윤 기간이 끝난 후 압력은 상당히 빨리 내려야 하는데, 20~30분 내에 완전히 끝내야 한다. 그러면 습기가 빠르게 증발하므로 냉각에 도움이 된다. 저압 증기 양생과 마찬가지로 양생 주기는 만족한 만한 성능이 발현되도록 하는 것과 비용을 절충해서 결정해야 한다.

오토클레이브 양생 만일 결합재로 시멘트만 들어있는 경우에 오토클레이브 양생을 하면 얻게 되는 강도는 매우 낮다. 만족할 만한 강도를 얻으려면 그림 12.6에서 보듯이 반응성 규산질 재료를 넣어야만 한다. 왜냐하면 고온 고압에서는 수화반응과 관련된 화학반응이 상당히 달라지기 때문이다. 처음에는 보통의 수화반응처럼 C-S-H가 생성되지만 다음과 같은 반응이 일어나면서 빠르게 α-규산 이석회 수화물(α-dicalicium silicate hydrate) 결정체로 바뀐다.

$$\underset{\text{포틀랜드시멘트}}{(C_3S+C_2S)} \xrightarrow{H} \underset{\text{C-S-H}}{C_3S_2H_8} + \underset{\text{수산화칼슘}}{CH} \rightarrow \alpha\text{-}C_2SH \tag{12.1}$$

C-S-H가 α-C_2SH로 바뀌면서 밀도는 높아지고 고형물의 부피는 줄어들면서 공극이 증가한다. 이러한 변화는 칼슘 알루미네이트 시멘트(calcium aluminate cements)에서 궁극적으로 강도 저하를 불러오는 반응과 유사하다.

반응성 실리카를 첨가하면 다음과 같이 수화반응의 순서가 바뀐다.

$$\underset{\text{포틀랜드시멘트}}{(C_3S+C_2S)} + S \xrightarrow{H} \text{C-S-H} + CH + \underset{\text{실리카}}{S} \rightarrow \text{C-S-H} \rightarrow \underset{\text{토버모라이트}}{C_5S_6H_5} \tag{12.2}$$

실리카가 있으면 불완전하게 결정화된 C-S-H의 형성이 촉진되지만, 보통의 수화반응 때보다 석

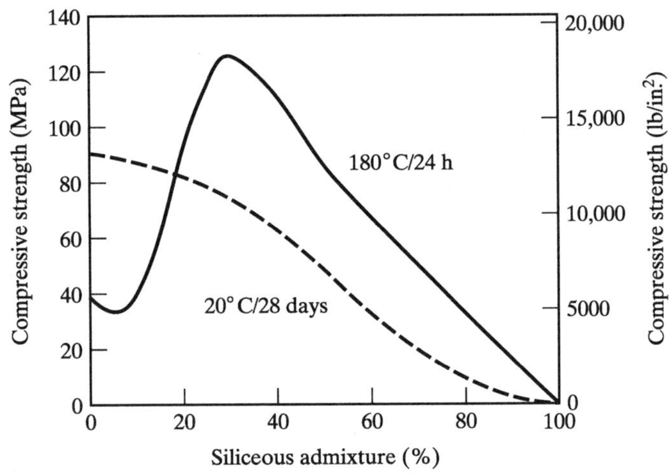

그림 12.6
오토클레이브 양생에서 실리카의 첨가가 콘크리트의 강도 발현에 미치는 영향.
[C.A. Menzel, *Journal of the American Concrete Institute*, Vol. 31, No. 3, pp. 125-148 (1934).]

회(산화칼슘, CaO)의 양이 적다. (따라서, $C_3S_2H_8$이라고 쓰지 않는다.) 이 석회가 적게 포함된 겔을 계속 가열하면 토버모라이트(tobermorite)라 불리는 또 다른 결정질 수화물로 변환된다. 이 변화에서 밀도는 크게 변하지 않으며, 따라서 전 오토클레이브 주기 동안 초기 강도가 그대로 유지된다. 식 (12.2)에는 반응성 실리카와 석회 사이의 포졸란 반응이 있으며, 플라이애쉬 혹은 천연 포졸란 같은 포졸란 재료를 실리카 공급원로 사용할 수 있다. 그러나 이러한 고온에서는 반응성이 약한 형태의 실리카도 역시 포졸란으로 반응을 하므로 분말규사(silica flour: 실리카 가루)도 실리카 공급원으로 사용될 수 있다. 팽창 혈암 블록(expanded shale block)의 경우처럼 잔골재도 반응성 실리카를 공급하며, 따라서 첨가 실리카의 필요량은 줄어든다. 석회 벽돌(sand-lime brick)처럼 소석회(hydrated lime)를 포틀랜드시멘트 대신에 사용할 수 있다.

이러한 고온에서는 칼슘 설포알루미나 수화물(calcium sulfoaluminate hydrate)은 생성되지 않는다. 황산염과 알루민산(aluminate)은 확실하게 C-S-H 및 토버모라이트 구조 내에 들어간다. 알루미나(alumina)는 토버모라이트의 결정화 속도를 증가시킨다고 한다. C_2AH_6도 가끔 관찰되기는 하지만 미세한 양이다.

오토클레이브 양생 제품의 성질 α-C_2SH가 생성되지 않을 때에 최고의 강도가 발현되며 이것은, 사용 시멘트의 성분에 따라, 30~40%의 실리카를 첨가할 때이다. 토버모라이트를 생성하는데 필요한 양 이상의 실리카는 반응이 일어나지 않으며, 단지 채움재로서 작용하므로 집적 정도에 따라서 강도의 저하를 가져 온다. 그러므로 그림 12.6에 나타난 바와 같이 실리카 양에 대한 최적의 값이 존재한다. 포졸란 반응은 높은 온도에서 더 빠르게 진행되므로 양생 시간은 더 짧아진다. 180°C 이상의 온도에서 오토클레이브 양생을 계속하면 규산 칼슘 수화물(calcium silicate hydrate) 결정체가 생성되면서 강도저하가 수반된다. 완전히 토버모라이트로 변환되는 것도 바람직하지 않으며, 최대강도를 일으킬 수 있는 비결정질 재료 대 결정질 재료의 최적의 비가 존재하는 것으로 믿어진다.

오토클레이브 양생된 콘크리트의 건조수축은 외기 양생한 콘크리트의 1/3 정도이다. 이것은 결정질 토버모라이트에서는 수분이 제거되어도 물리화학적인 변화가 없지만 비결정 C-S-H에서는 변화가 발행하기 때문이다(제 16장 내용 참조). 아직 모세관 공극이 형성되어 있으므로 건조가 일어날 때 표면 장력이 발생하므로 약간의 건조수축이 관찰된다; 그러나 이것은 대부분 회복이 가능하다. 발생하는 건조수축의 크기는 비결정 C-S-H의 구성비와 공극의 크기 분포에 따라 결정된다; 알루미나가 있으면 건조수축이 줄어드는데, 이것은 토버모라이트의 생성에 영향을 미치기 때문인 것으로 보인다. 콘크리트의 크리프도 유사하게 줄어든다.

매트릭스 안에 칼슘 설포알루미나 수화물(calcium sulfoaluminate hydrates)이 없으므로 황산염 침식에 대한 저항성은 현저하게 좋아진다. 석회가 남아 있지 않기 때문에 오토클레이브 양생한 제품에서는 백화가 거의 생기기 않는다.

제대로 양생을 한 오토클레이브 제품은 고른 엷은 색을 띠므로 안료와 같이 사용하기에 매우 적합하다. 저압 증기 양생이나 일반적인 외기 양생으로 생산한 제품에 비해서 색이 더 안정적이다. 재료의 품질이 좋지 않거나 유해한 불순물로 인해서, 사용 중보다는 오토클레이브 양생 중에 결함이 발생할 수 있으므로 이는 사용 전에 폐기한다.

기술적인 이유로 오토클레이브 양생을 적용할 수 있는 제품의 종류에 제한이 있고 또한 설비비가 많이 드는 것 이외에도 몇 가지 단점이 있다. 일반적으로 콘크리트와 철근 사이의 부착 강도가 훨씬 낮고(50% 정도), 일반적인 콘크리트보다 더 취성적인 성질을 띤다.

참고문헌

ACI committee 308, Standard Practice for Curing Concrete, (ACI 308-92), *ACI Manual of Concrete Practice*, Part 2, American Concrete Institute, Farmington Hills, MI (2001).

Aitcin, P.-C., *High-Performance Concrete*, Chapter 12, E & FN Spon, London and New York, pp. 311-336 (1998).

Bonneau, O., and Aitcin, P.-C., Importance of Water Curing to Control the Initial Shrinkage Cracking and Durability of High Performance Concrete (HPC) Structures, *Proceedings, Third International Conference on Concrete Under Severe Conditions*, Vol. II, (N. Banthia, K. Sakai, and O. E. Gjorv, ed.), The University of British Columbia, Vancouver, Canada, pp. 1271-1278 (2001).

Kosmatka, S. H., B. Kerkhoft, and W. C. Panarese, K. D. Gissing, and N. F. MacLeod, *Design and Control of Concrete Mixtures,* 6th Canadian ed., Canadian Portland Cement Association, Ottawa, Ontario (1995).

Kosmatka, S. H., B. Kerkhoft, and W. C. Panarese, *Design and Control of Concrete Mixtures,* 14th ed., Portland Cement Association, Skokie, IL (2002).

Meeks, K. W., and Carino, N. J., Curing of HPC: Report of the State-of-the-Art, *NIST Report*, National Institute of Standards and Technology (1999).

Menzel Symposium on High Pressure Steam Curing, SP-32, American Concrete Institute, Detroit, MI (1972).

Orchard, D. F., *Concrete Technology*, Vol. 2, *Practice*, 3d ed., John Wiley & Sons, Inc., New York (1973).

Taylor, H. F. W., Steam Curing of Portland Cement Products, in *The Chemistry of Cements*, ed. H. F. W. Taylor, Vol. 1, pp. 417-432. Academic Press, Inc. (London) Ltd., London (1964).

문제

12.1. 양생에 영향을 미치는 요소에는 어떤 것들이 있는가?

12.2. 양생의 중단과 재 양생이 반복되면 콘크리트의 품질에 나쁜 영향을 미치는가?

12.3. 콘크리트는 반드시 100%RH에서 양생해야 하는가?

12.4. 강도 및 내구성을 측면에서 최적의 양생 조건은 무엇인가? 그것은 가장 경제적인 조건이 될 수 있는가?

12.5. 양생 복합제(curing compounds)의 장점 및 단점은 무엇인가?

12.6. 여름에 콘크리트를 타설할 때 특히 주의할 점은 무엇인가?

12.7. 동결이 아주 초기 재령의 콘크리트에 미치는 영향은 무엇인가? 어떻게 하면 동결을 방지할 수 있는가?

12.8. (a) 저압 증기 양생과 (b) 고압 증기 양생의 장단점은 각각 무엇인가?

12.9. 오토클레이브 양생하는 콘크리트에 실리카를 첨가해야 하는 이유는 무엇인가?

12.10. 고압 증기 양생 주기에서 가열 및 냉각시키는 속도를 제어해야 하는 이유는 무엇인가?

콘크리트 *Concrete*

CHAPTER 13

콘크리트의 역학적 거동

Response of Concrete to Stress

콘크리트는 매우 복잡하고 균질하지 않은 재료이다. 응력에 대한 콘크리트의 반응은 각 구성재료의 거동뿐만 아니라 구성재료들 사이의 상호작용에도 영향을 받는다. 그림 13.1에서 이러한 복잡한 상호작용을 확인할 수 있으며, 각 곡선은 콘크리트, 모르타르, 시멘트 풀, 굵은골재에 대한 전형적인 압축응력-변형률의 관계를 표시한다. 굵은골재는 선형탄성적인 취성재료이고, 강도는 콘크리트보다 훨씬 크다. 시멘트 풀은 탄성계수는 작지만 압축강도는 콘크리트나 모르타르보다 크다. 시멘트 풀에 잔골재를 섞어서 모르타르를 만들면 탄성계수는 증가하지만 강도는 감소한다. 모르타르에 굵은골재를 추가하면 탄성계수에는 별 영향이 없지만 압축강도는 추가로 줄어든다. 전반적으로, 콘크리트의 거동은 그것을 이루는 모르타르 성분의 거동과 유사하며, 콘크리트 및 모르타르의 거동은 시멘트 풀이나 골재의 거동과는 확연히 다르다.

그림 13.1에서 응력-변형률 곡선은 콘크리트가 복합재료라는 것을 확실히 보여주고 있다. 즉, 둘 이상의 개별 재료가 입체적으로 결합하며, 각 재료는 일정 경계면으로 구분되어 있다. 이러한 복합재료는 각 재료가 보이는 원래의 고유 성질과는 다른 성질을 보이며, 콘크리트가 바로 그런 재료이다. 거시적 관점에서는 콘크리트는 모르타르 매트릭스와 굵은골재로 구성되며, 또 이 모르타르는 자세히 보면 수화된 시멘트 풀 매트릭스와 모래 입자로 구성된다. 미시적 관점에서는 수화된 시멘트 풀은 비결정의 C-S-H와 결정 수산화칼슘으로 구성되어 있으며, 수분으로 채워져 있거나 비어 있는 광범위한 모세관 공극 망으로 이루어져 있다. 또한 수화되지 않은 시멘트 입자 및 미세한 칼슘 설포알루미나 수화물 결정체(calcium sulfoaluminate hydrate crustals)가 포함되어 있다. 더 작은 미시적인 관점에서는 C-S-H는 여러 가지 모양 및 화학적인 성분으로 이루어진 불완전한 결정 입자의 혼합물이며, 어느 정도 연속적으로 분포된 겔 공극 시스템으로 이루어져 있는데, 이것도 수분으로 일부 혹은 전부가 채워져 있거나 비어 있다. 일반적으로 골재 자체도 복합 재료로 여러 광물의 혼합체이며 공극의 모양은 명확하다. 마지막으로 골재 입자와 만나는 경계에서의 시멘트 풀의 성분 구조는 시멘트 풀로만 이루어진 부분과는 다르며, 계면변화영역(interfacial transition zone; ITZ)을 형성한다. ITZ는 골재를 포함한 경우의 시멘트계 재료에서 강성, 강도, 그리고 투수성에 영향을 미치는데, 그것은 일반적인 시멘트 풀과 비교해서 밀도 및

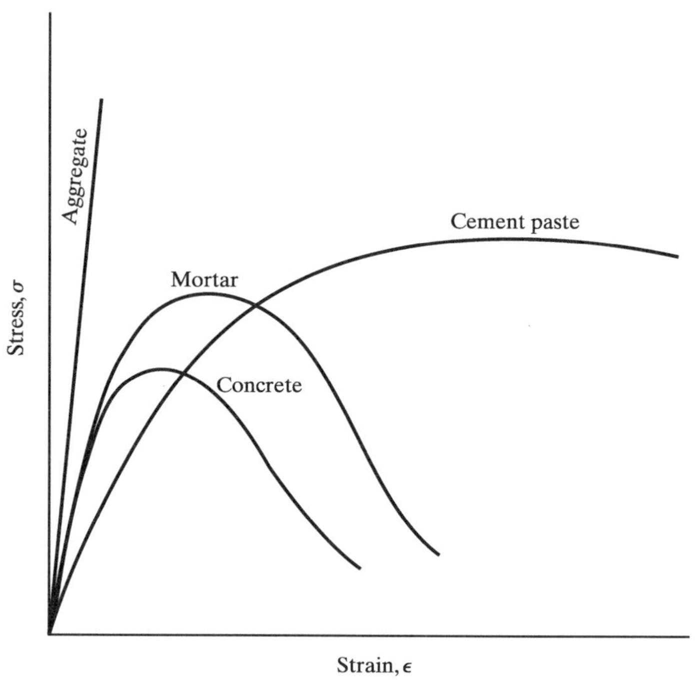

그림 13.1
골재, 시멘트 풀, 모르타르, 콘크리트에 대한 전형적인 응력-변형률 곡선

강도가 더 낮기 때문이다. ITZ는 종종 콘크리트 내의 "약한 연결고리"(weak link)로 불리는데, 이에 대한 내용을 13.1절에서 자세히 다룬다.

이 장에서는 하중을 받을 때의 콘크리트의 거동에 대해서 주로 다루며, 이에 대한 이론적 및 응용적 측면에서의 논의도 함께 한다. 주로 정적 하중을 받을 때, 즉, 표준화된 일반적인 실험 조건에서 사용되는 재하속도를 기준으로 설명한다. 그러나, 이러한 조건이라 하더라도 콘크리트의 거동은 구속의 정도, 함수량, 재하 속도 등 실험의 성격에 매우 민감하게 반응하는데, 이는 궁극적으로 모든 콘크리트의 역학적인 거동은 이러한 조건에 영향을 받기 때문이다.

13.1 계면변화영역 (interfacial transition zone, ITZ)

전통적으로 콘크리트를 두 가지 재료로 구성된 복합재료로 모델링하여왔다. 즉, 상당히 넓은 입도 분포를 가지며 반응성이 없는 골재 입자가 균일한 형태의 수화된 시멘트 풀 매트릭스 안에 포함되어 있는 구조이다. 그리고 보통 골재 및 콘크리트에 대해서, 그 역학적인, 그리고 전달(확산, 투수성) 관련 성질은 주로 *w/c*비와 관련이 있다고 여겨져왔다. 이러한 모델은 일반적인 공학적인 목적에서는 충분히 정확한 모델이라고 할 수 있으나, 콘크리트의 실제 구조를 지나치게 단순화한 것이다. 골재 입자 주변에는 얇은 영역이 있는데, 이 부분의 시멘트 풀은 형태, 구성, 밀도 등이

이곳 경계에서 떨어져 있는 시멘트 풀과는 매우 다르다. 이 영역은 20~40 mm의 두께이며 계면 변화영역 혹은 ITZ(interfacial transition zone)라고 부른다. 제 4장에서 살펴보았듯이 ITZ는 다음과 같은 면에서 시멘트 풀과 차이가 있다:

- 수화되지 않은 시멘트의 양이 적다.
- 공극률이 높다(따라서 밀도가 낮다). 보통의 영역에 있는 시멘트 풀에서보다 일반적으로 공극이 더 크다.
- C-S-H가 적게 들어있다.
- 크고 방향성이 있는 수산화칼슘 결정이 존재한다.
- 에트린자이트가 일반적으로 더 밀집되어 있다.

그림 13.2는 ITZ에 대한 두 개의 개념적인 모델을 보여주고 있다.

비록 ITZ 자체는 매우 얇지만 시멘트 풀 내에서 상당한 부분을 차지한다. 보통의 콘크리트에서 골재 입자 간격의 평균값은 75에서 100 μm이다. ITZ의 두께를 40 μm로 가정한다면 ITZ가 시멘트계 매트릭스 전체 부피의 20~40% 정도를 차지한다.

ITZ가 역학적인 성질에 미치는 영향

ITZ의 강도, 그리고 골재 입자와 ITZ 간의 부착강도를 측정할 수 있는 표준화된 시험법은 아직

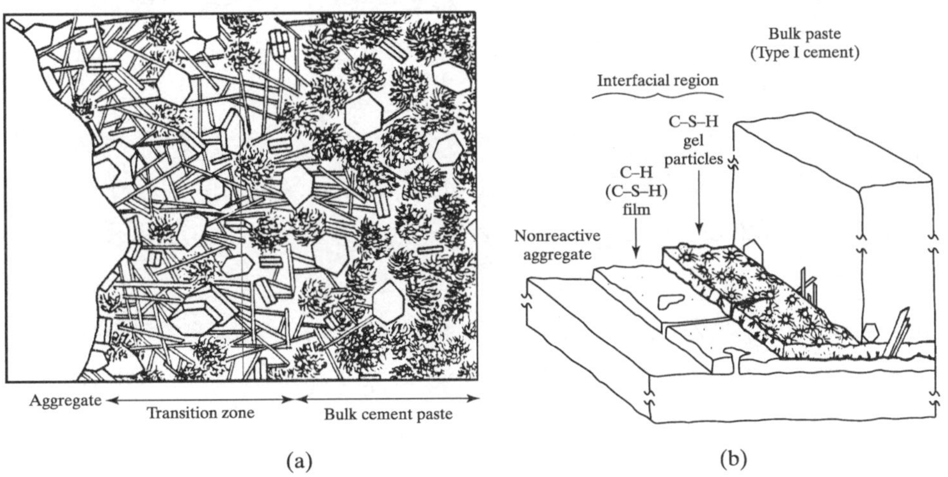

그림 13.2
ITZ의 두 모델; (a) 도해적인 표현 [P.K. Mehta and P.J.M. Monteiro, *Concrete, Structure, Properties, and Materials*, 2nd ed., Prentice-Hall, Englewood Cliffs, NJ (1993).]; (b) ITZ의 개념도 [C.A. Langton and D.M. Roy, *7th International Congress on the Chemistry of Cement*, Editions Septima, Paris (1980).]

없다. 부착 강도는 골재의 표면 특성(거칠기), 블리딩 정도, 화학적인 부착(경우에 따라서), 그리고 시편 제조에 관련된 특정 기법 등에 영향을 받는데 그 값은 측정하기 매우 어려워서, 보고된 다양한 연구결과를 통합하는 것이 불가능하다. 그렇지만 일반적으로 시멘트 풀과 골재의 부착 강도가 증가하면 콘크리트의 강도도 역시 증가하는데, 인장, 휨, 압축 모두에서 그러하다. 증가량은 5~40% 정도인데, 압축보다는 인장에서 더 높은 증가율을 보인다.

보통의 콘크리트에서 ITZ는 골재나 수화된 시멘트 풀보다 균열에 대한 저항 능력이 떨어진다. 따라서 파괴는 ITZ 내에서 일어나고, 이것이 콘크리트 내에서 약한 연결고리(weak link)를 형성하게 된다. 그렇지만 상당한 수준의 고강도 콘크리트[>70 MPa]를 만들려면 시멘트 풀 매트릭스의 강도뿐만 아니라 시멘트 풀과 골재 사이의 부착강도를 증가시켜야 한다. 불행하게도 w/c비를 줄이면 시멘트 풀-골재 사이의 부착강도보다는 매트릭스 강도에 미치는 영향이 훨씬 더 크며,. 따라서 ITZ 자체의 강도를 증가시키는데 초점을 맞추어야 한다. 왜냐하면 일반적으로 파괴는 경계면 바로 위가 아니라 ITZ 안쪽으로 10~20 μm 위치에서 일어나기 때문이다. ITZ를 보강하는 가장 효과적인 방법은 시멘트 중량의 10~15%에 해당하는 실리카퓸(silica fume)을 첨가하는 것이다. 실리카퓸(제 5장 참조)이 적절한 이유는 다음과 같다:

- ITZ 내의 많은 큰 공극을 없애서 ITZ의 구조를 더 균일하게 만든다.
- 수산화칼슘이 자라는 것을 막거나 포졸란 반응을 통해서 수산화칼슘(calcium hydroxide)을 C-S-H로 변환시킨다.
- 채움 효과(filler effect)를 통해서 굳지 않는 콘크리트의 유동성을 변화시켜서 내부 블리딩을 줄이고 시멘트 풀-골재 간의 부착강도를 향상시킨다.

현재까지 ITZ의 밀도를 높이는 가장 효과적인 방법은 실리카퓸을 사용하는 것이다. 그러나 콘크리트 배합에 계면 활성제 혹은 물유리(water glass, sodium silicate) 등의 시약을 사용하는 방법도 연구되었다. 이런 식으로 하는 것이 부착을 향상시키는데 궁극적으로는 더 경제적인 방법이 될 수 있다.

보통콘크리트에서 ITZ(혹은 부착 강도)를 향상시키더라도 콘크리트의 거동에 큰 변화가 생기는 것은 아니다. 시멘트 풀-골재의 부착이 좋아져서 강도가 다소 증가하지만 콘크리트의 취성이 높아지는 부분과 서로 상쇄된다고 할 수 있다. 그렇지만 초고강도 콘크리트[>100 MPa], 고강도 섬유보강 콘크리트(제 22장)와 같은 고성능 콘크리트, 혹은 제대로 입도가 분포된 스테인리스 스틸과 같은 특수한 골재를 사용하는 경우에는 사용재료가 성능을 다 발휘하도록 하려면 ITZ의 성질을 향상시켜서 높은 부착강도를 얻도록 하는 것이 중요하다.

13.2 탄성계수 (Modulus of Elasticity)

콘크리트는 인장과 압축 모두에서 비선형 비탄성적인 재료이다; 따라서 탄성계수(modulus of elasticity)라는 용어를 사용하는데 주의를 기울여야 하는데, 선형 탄성 재료와는 달리 하나의 값을 말하는 것이 아니기 때문이다. 오히려 그림 13.3에서 보듯이 응력-변형률 곡선 위의 여러 점에서의 재료적 거동을 표현하는데 사용된다. 진정한 탄성적인 거동에서 말하는 탄성계수와 가장 가까운 근사값은 초기접선 탄성계수(initial tangent modulus)인데, 곡선의 원점에서의 기울기에 해당한다. 이 계수는 아주 작은 응력 및 변형률에만 해당되기 때문에 콘크리트 구조물의 설계에는 이용되지 않는다. 동탄성계수(dynamic modulus of elasticity)가 초기접선 탄성계수에 가까운 값이라 할 수 있다. 왜냐하면 동탄성계수를 구할 때는 시편의 고유진동수로부터 구하는데(제 14장), 이때는 재료의 매우 작은 변위로부터 구하기 때문이다. 좀 더 실용적인 것은 초기할선 탄성계수(secant modulus of elasticity)인데, 이는 원점과 응력-변형률 곡선 위의 한 점을 잇는 할선의 기울기이다. 따라서 초기할선 탄성계수에는 비선형적인 영역이 포함되며, 그 값은 선택된 응력의 크기에 따라 결정된다. 이를 이용하면 단면 성질을 계산하는 것이 간단해지기 때문에 설계에서 흔히 이용된다. 사용하중 범위까지는 초기할선 탄성계수가 선형적인 거동과 비교해서 큰 차

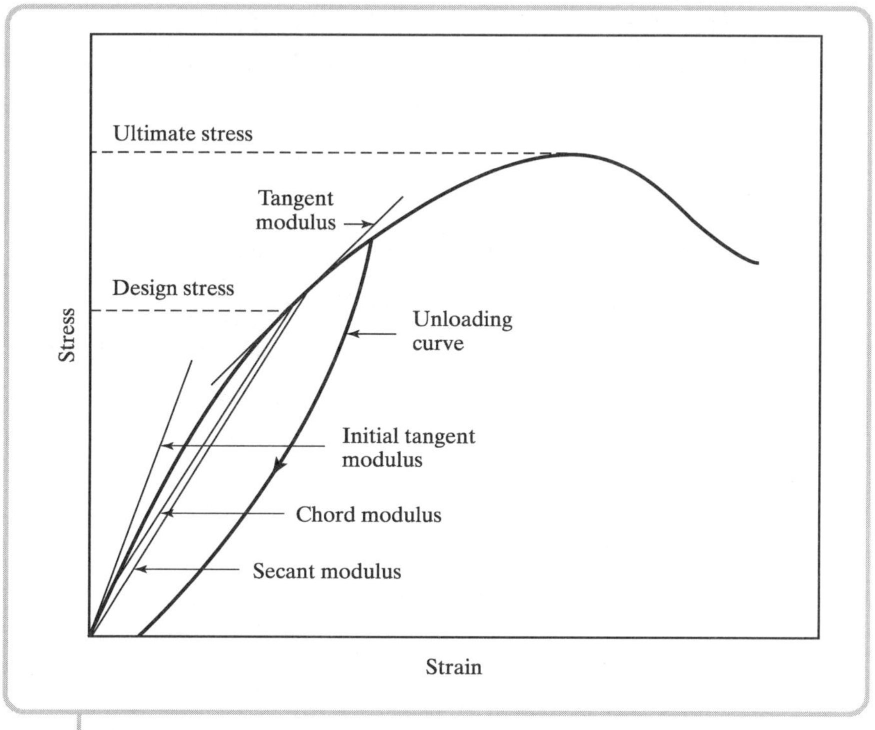

그림 13.3
여러 탄성계수 값을 보여 주는 전형적인 콘크리트의 응력-변형률 관계

이가 없기 때문에 이를 이용해도 별 문제가 없다.

초기접선 혹은 초기할선 탄성계수를 구하는 것이 그렇게 쉬운 것은 아니다. 왜냐하면 실험 초기에 시편이 재하장치와 닿아 자리를 잡아야 하고, 또한 기존의 균열이 있으면 하중이 가해지면서 닫히기 때문에 측정 오차가 발생하기 때문이다. 이러한 경우는 할선 탄성계수(chord modulus) (ASTM C 469, 제 14장)를 이용하는데, 이것은 응력-변형률 곡선 위의 두 점을 잇는 직선의 기울기이다. 초기접선 탄성계수는 일반적으로 변형률 0.00005일 때의 곡선의 접선 기울기에 해당한다. 응력-변형률 곡선의 초기 부분의 오차를 피하기 위하여, 이 변형률 값이 할선 탄성계수에서의 하한 변형률 값으로 사용되는 값과 같다. 압축강도의 40%에 해당하는 할선 탄성계수와 초기할선 탄성계수를 계산하면 할선 탄성계수가 좀 더 정확하기는 하지만 큰 차이가 없다. 할선 탄성계수는 초기접선 탄성계수보다 더 안전측의 값이고 실험을 통해서 구하기도 더 쉽다. 반면에 할선 탄성계수는 콘크리트에 압축강도의 40% 이상의 하중이 가해졌을 때 발생하는 추가적인 변형률의 크기를 너무 적게 평가하게 된다. 그런 경우에는 해당 지점에서 측정한 접선 탄성계수가, 비교적 작은 응력의 증가에 대한 콘크리트의 거동을 판단하는데 더 나은 기준이 된다.

복합재료로서의 거동

콘크리트의 탄성계수를 표현할 때 구성 재료의 성질을 포함한 함수로 나타내면 응력에 대한 재료 거동의 본질을 더 잘 이해할 수 있다. 복합모델을 이용하면 콘크리트 전체의 거동 중에서 각 재료가 기여하는 상대적인 중요성을 판단할 수 있다. 기본적인 이해를 위해서 콘크리트를 2상(two phase) 재료, 즉, 시멘트 풀 매트릭스 속에 골재가 들어있는 모델, 또는 여기에다 계면변화영역을 추가시킨 3상(three phase) 재료로 종종 모델링한다(13.1절 참조). 이 모델에서는 골재 및 시멘트 풀은 일반적으로 균질하고 등방성인 재료로 간주된다. 각 구성재료의 성질을 안다면, 이 모델들을 이용해서 콘크리트의 역학적인 거동을 잘 묘사할 수 있다.

연속적인 매트릭스 안에 하나 이상의 분산 입자가 포함되어 있는 시스템을 완전히 묘사하기 위해서는 모양, 입도 분포, 집중도, 방향, 공간에서의 분포, 분산 입자의 구성, 연속 매체의 구성, 연속 매체와 분산입자 사이에 있는 경계 영역의 성질 등을 고려해야 한다.

콘크리트와 같은 기하학적인 모양을 가진 시스템을 이러한 변수를 이용해서 간단하게 표현하는 것은 쉽지 않다. 그러므로 두 극단적인 매체의 배치를 고려해 보는 것이 좋다. 그림 13.4a 및 13.4b는 각각 병렬시스템(Voigt system, parallel system)과 직렬시스템(Reuss system, series system)으로 나타낸 것이다. 병렬시스템은 두 매체에 동일한 변형률이 가해지며, 탄성거동 변수의 상한해(upper bound solution)에 해당한다. 직렬시스템은 두 매체가 동일한 응력을 받으며, 이는 하한해(lower bound solution)에 해당한다. 이 두 모델을 이용하여 탄성계수를 계산하면 표 13.1의 첫 두 식을 구할 수 있다. 여기서 E_c, E_p, 그리고 E_a는 각각 콘크리트, 시멘트 풀,

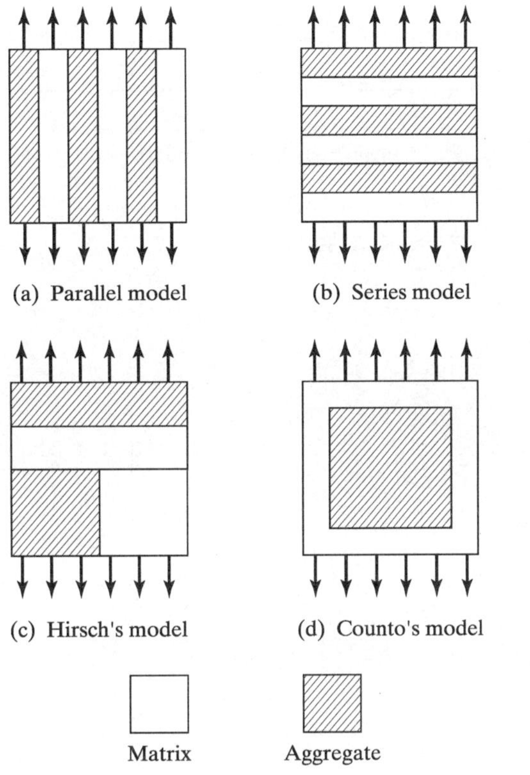

그림 13.4
콘크리트 구조 모델: (a) 병렬(Voigt, 일정 변형률) 모델; (b) 직렬(Reuss, 일정 응력) 모델; (c) Hirsch의 모델 [T.J. Hirsch, *Journal of the American Concrete Institute*, Vol. 59, No. 3, p. 427 (1962).]; (d) Counto의 모델 [V.J. Counto, *Magazine of Concrete Research*, Vol. 16, No. 48, p. 129-138 (1964), British Cement Association, formerly Cement and Concrete Association.]

그리고 골재의 탄성계수를 나타내며, V_p 및 V_a는 각각 시멘트 풀과 골재의 부피를 나타낸다.

물론 콘크리트에 하중에 가해지면 각 요소에 일정한 응력 및 변형률이 발생하지 않으므로 어느 모델도 옳다고 할 수 없다(제 13.4절의 그림 13.24 참조).

Hirsch는 병렬시스템과 직렬시스템을 조합한 모델을 제안했다. 그림 13.4c가 Hirsch의 모델을 나타낸 것이며, 표 13.1의 세 번째 식에 해당한다. x 및 $(1-x)$는 상한해와 하한해에 해당하는 재료의 상대적인 비율을 나타낸다. 대부분 이 값은 0.5 정도이다.

직렬모델과 Hirsch모델에서 E_a=0이면 E_c=0이 되는데, 이것은 사실과 다르다. 따라서 Counto가 그림 13.4d 및 표 13.1에 설명된 또 다른 모델을 제안했다. 이 모델과 다른 세 모델을 비교한 것이 그림 13.5이다.

Hashin-Shtrikman모델(H-S bounds)은 두 매체로 구성된 재료를 더욱 복잡한 행태로 표현한 것이다. 표 13.1에서 보듯이 H-S모델은 구성 재료의 체적 탄성계수 K와 전단 탄성계수 G를 이용해서 표현한다. E, G, K, 포아송비 ν의 관계도 표 13.1에 주어져 있다. 그림 13.5에서 보듯이 Hirsch 및 Counto모델과 마찬가지로 Hashin-Shtrikman모델도 병렬모델과 직렬모델로 주어지는 상한값 및 하한값 범위 내에 놓인다. Hirsch 및 Counto모델뿐만 아니라 Hashin-Shtrikman모델을 이용해서 계산한 탄성계수 혹은 Hirsch 및 Counto모델을 이용해서 계산한 E_c는 모든 콘크리트는 아니더라도 많은 콘크리트에서 상당히 잘 맞는다.

표 13.1 2상(two-phase) 복합재료에 대한 탄성계수

병렬(Voigt) 모델(parallel model)

$$E_c = v_p e_p + V_a E_a$$

직렬(Reuss) 모델

$$\frac{1}{E_c} = \frac{V_p}{E_p} = \frac{V_a}{E_a}$$

Hirsch 모델

$$\frac{1}{E_c} = x\frac{1}{(V_p E_p + V_a E_a)} + (1-x)\left(\frac{V_p}{E_p} + \frac{V_a}{E_a}\right)$$

Counto 모델

$$\frac{1}{E_c} = \frac{1-\sqrt{V_a}}{E_p} + \frac{\sqrt{V_a}}{(1-\sqrt{V_a})E_p + \sqrt{V_a}E_a}$$

Hashin-Shtrikman 모델(Bounds)

$$K = K_m + \frac{V_n}{\frac{1}{K_n - K_m} + \frac{3V_m}{3K_m + 4G_m}}$$

$$G = G_m + \frac{V_n}{\frac{1}{G_n - G_m} + \frac{6(K_m + 2G_m)V_m}{5G_m(3K_m + 4G_m)}}$$

상한값인 $K_{(+)}$, $G_{(+)}$를 계산할 때는 m=2, n=1; 하한값인 $K_{(-)}$, $G_{(-)}$를 계산할 때는 m=1, n=2; 여기서 K_2=max (K_p, K_a), K_1=min (K_p, K_a); G_2=max (G_p, G_a); G_1=min (G_p, G_a).

탄성계수, 포아송비, 체적 탄성계수, 전단 탄성계수 간의 관계

$$E = \frac{9KG}{3K+G} = 2G(1+v) = 3K(1-2v)$$

$$\frac{9K_{(-)}G_{(-)}}{3K_{(-)} + G_{(-)}} \le E_c \le \frac{9K_{(+)}G_{(+)}}{3K_{(+)} + G_{(+)}}$$

$$\frac{3K_{(-)} - 2G_{(+)}}{6K_{(-)} + 2G_{(+)}} \le V_c \le \frac{3K_{(+)} - 2G_{(-)}}{6K_{(+)} + 2G_{(-)}}$$

측정한 E_c(특히 H-S모델에서 아래 범위보다 낮은 측정값)와 이러한 모델을 이용해서 계산한 값 사이에 차이가 있는 것은 제 3의 매체로 작용하는 계면변화영역 때문이라고 보고 있다. 표 13.2는 3개 매체구성의 탄성계수를 계산하는 모델 두 가지를 보여준다. 둘 중에 좀 더 간단한 모델은 로그 혼합 모델(logarithmic mixture rule)인데, ITZ의 탄성계수 E_i 및 부피비 V_i를 알아

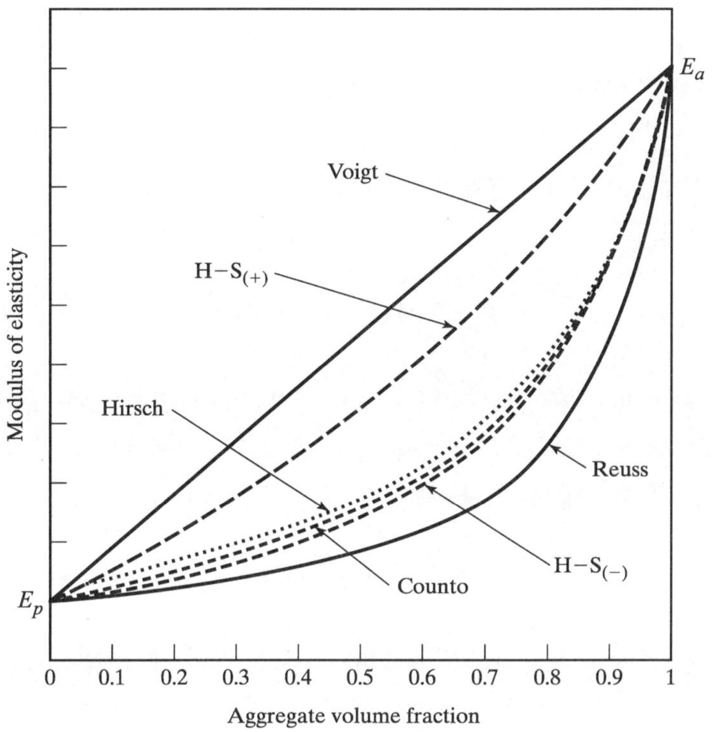

그림 13.5
표 13.1에 주어진 구조 모델을 이용한 콘크리트의 탄성계수와 골재의 부피비의 관계(Hirsch모델에서 x=0.5이고, Hashin-Shtrikman모델에서 ν=0.2이다.)

야 한다. 더 복잡한 모델은 Hashin모델(Hashin bounds)인데, ITZ의 체적 탄성계수 K_i, 전단 탄성계수 G_i, 그리고 ITZ의 두께와 골재 입자를 나타내는 (가상의) 구형 입자에 대한 등가 반지름의 비 t_r을 알아야 한다. 동탄성계수(제 14장 참조)를 측정하고 로그 혼합 모델을 이용해서 해석한 결과 E_i와 E_p의 비는 ITZ의 두께를 얼마로 가정하느냐에 따라서 0.15와 0.74 사이의 값인 것으로 나타났다. 비슷한 콘크리트에서 실리카퓸을 포함하면 이 비는 0.50과 0.88 사이에 존재한다. 이것은 콘크리트에 실리카퓸을 사용하면 ITZ의 밀도가 높아진다는 것을 의미한다. 같은 연구에서 실리카퓸이 없으면 G_i/G_p 비는 0.09에서 0.65 사이의 값이고, 실리카퓸이 있으면 0.30에서 0.81 사이의 값이라는 것이 밝혀졌다. 다른 연구에 의하면 E_i/E_p와 G_i/G_p는 0.5와 0.7 사이의 값이라고 한다.

계수의 예측방법

표 13.1, 13.2에 있는 식을 이용해서 계산한 재료 계수는 주로 콘크리트의 재료적 거동을 더 잘 이해하기 위해서 사용된다. 구조 설계를 위해서는 콘크리트의 강도, 밀도 등 바로 얻을 수 있는 값을 이용해서 탄성계수를 계산할 수 있어야 한다. 이러한 값과 탄성계수의 관계는 제 14장에서 설명한 방법대로 많은 실험을 통해서 도출되었다. ACI Building Code(ACI 318)에서 사용된 식은 다음과 같다.

$$E_c = 0.043 w_c^{1.5} \sqrt{f_c'} \quad \text{MPa} \tag{13.1}$$

여기서 E_c는 할선 탄성계수(압축강도의 약 45%에서), w_c는 콘크리트의 단위 중량(kg/m^3), 그리고 f_c'는 150×300 mm 표준 원주공시체를 이용한 압축강도(MPa)이다. 보통중량 콘크리트의 중량을 2320 kg/m^{3}으로 가정하면, 다음과 같이 된다.

$$E_c = 4730\sqrt{f_c'} \quad \text{GPa} \tag{13.2}$$

E_c에 대한 다른 표현들, 특히 고강도 콘크리트에 대한 식이 제 19장에 설명되어 있다.

포아송비, v는 설계에서 자주 요구되지는 않지만, 일축 압축 실험을 통해서 직접적으로 변형률을 측정해서 쉽게 구할 수 있다(ASTM C 469). 혹은 식 (14.11)을 통해서(14.4절 참조) 동적으로 측정할 수 있다. 습윤 상태의 콘크리트에 대한 포아송비는 0.2에서 0.3 사이의 값이지만, 건

표 13.2 3상(three-phase) 복합재료에 대한 탄성계수

로그 혼합 모델(Logarithmic mixture rule)

$$\log E_c = V_p \log E_p + V_a \log E_a + \log E_i$$

또는 $E_c = E_p^{V} E_a^{V} E_i^{V_i}$

Hashin 모델 (Hashin Bounds)

$$\frac{1}{K_{(-)}} = \frac{V_p}{K_p} + \frac{V_a}{K_a} + \frac{3V_a t_r}{K_i + 4G_i/3}$$

$$K_{(+)} = V_p K_p + \frac{V_a K_a}{1 + \dfrac{3K_a t_r}{K_i + 4G_i/3}}$$

$$\frac{1}{G_{(-)}} = \frac{V_p}{G_p} + \frac{V_a}{G_a} + 0.4V_a t_r\left(\frac{2}{K_i + 4G_i/3} + \frac{6}{G_i}\right)$$

$$G_{(+)} = V_p G_p + \frac{V_a G_a}{1 + \dfrac{2.5G_a t_r}{(K_i + 4G_i/3) + 2G_i}}$$

t_r=경계면 두께와 구형 입자에 대한 등가 반지름의 비. 탄성계수, 포아송비, 체적 탄성계수, 전단 탄성계수의 관계는 표 13.1을 참조.

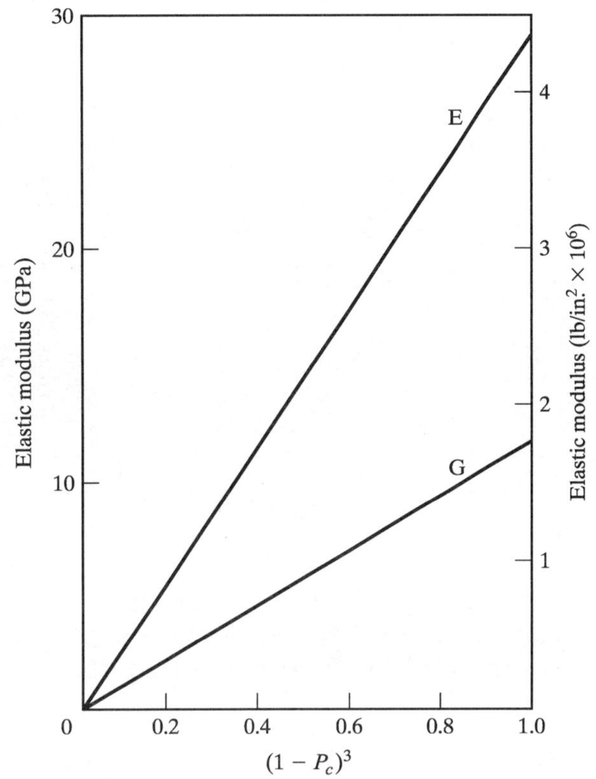

그림 13.6
시멘트 풀의 공극률과 탄성계수의 관계. [G.J. Verbeck and R.A. Helmuth, *Proceedings, Fifth International Symposium on the Chemistry of Cement*, Tokyo, Vol. 3, pp. 1-32 (1968).]

조시키면 0.18 정도가 된다. 다시 습윤 상태로 만들어도 이 값은 완전히 환원되지는 않는다. 여러 콘크리트에서 포아송비는 일반적으로 0.15에서 0.2 사이의 값을 보이지만 이 값에 영향을 주는 콘크리트의 성질은 불명확하다. 동적으로 결정하면 이 값은 0.24 정도로 약간 더 높게 나오는데, 이 값이 탄성거동에 좀 더 가까운 값이라 할 수 있다.

탄성계수에 영향을 미치는 요소들

식 (13.1)의 실험식에서 나타나 있듯이 탄성계수는 압축강도와 밀도에 관련이 있다. 따라서 강도에 영향을 주는 요소는 탄성계수에도 비슷하게 영향을 미친다. 영향을 미치는 주된 요소는 공극률이며, w/c비가 증가함에 따라 계수는 급격하게 감소한다. w/c와 관련한 공극률의 변화는 전적으로 시멘트 풀 내에서 일어나므로 콘크리트 응력-변형률 관계가 변하는 이유는 시멘트 풀의 거동이 변하기 때문이다.

시멘트 풀의 탄성계수 E_p는 대략 겔 공극비(gel/space ratio)의 세제곱에 비례한다는 것이 밝혀졌으며(제 4장 참조), 모세관 공극을 이용해서 관계를 다음과 같이 나타낼 수 있다.

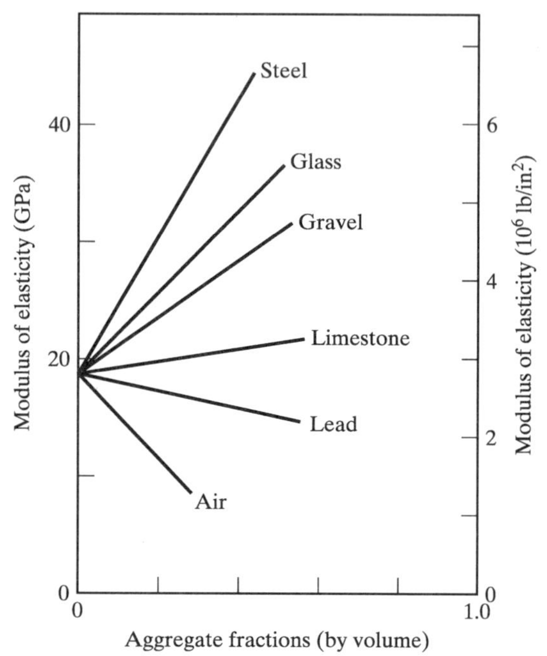

그림 13.7
골재가 콘크리트의 탄성계수에 미치는 영향. [O. Ishai, *Journal of the American Concrete Institute*, Vol. 59, No. 9, pp. 1365-1368 (1961).]

$$E_p = E_g(1-P_c)^3 \tag{13.3}$$

여기서 E_g는 공극률 0인 굳은 시멘트 풀의 탄성계수, P_c는 모세관 공극률이다. 전단 탄성계수 G에 대해서도 비슷한 관계가 성립한다(그림 13.6). 보통 포틀랜드시멘트에 대해서 E_g는 29 GPa 정도이고, G_g는 12 GPa 정도이다.

강도와 탄성계수의 관계에서 일관성이 없는 것 중의 하나는 이 두 성질과 함수량과의 관계이다. 습윤 상태의 콘크리트 강도는 건조 상태의 콘크리트 강도보다 낮지만 탄성계수는 그 반대이다. 그러나 그림 13.7에서 보듯이 콘크리트의 탄성계수는 함수량보다는 골재의 양과 특성에 훨씬 더 민감하다. 그림에서와는 달리 일반적으로 사용되는 두 골재인 자갈과 석회석의 상대적인 영향을 일반적으로 정의하기는 어렵다. 왜냐하면 그림에 나타난 값은 여기서 사용된 특정 골재에만 해당하기 때문이다(즉, 자갈을 사용할 때보다 콘크리트의 강성을 더 증가시키는 석회석 종류도 많다). 팽창 점토, 팽창 혈암과 같이 다공질 경량 골재는 탄성계수가 훨씬 낮고, 이는 콘크리트의 탄성계수에 큰 영향을 미친다. 경량 콘크리트의 E_c는 보통 중량 콘크리트의 40~80% 정도이다(표 13.3 참조). 경량 콘크리트의 응력-변형률 거동을 보면 보통 중량 콘크리트보다 훨씬 넓은 응력의 범위에서 거의 선형적인 거동을 보인다. 식 (13.1)은 보통 중량 콘크리트 및 경량 콘크리트 모두에 적용된다. 그러나 제 19장에서 설명하듯이, 강도가 40 MPa을 넘는 콘크리트에 적용되는 더 정확한 식들이 있다. 응력-변형률 곡선과 그에 관계된 탄성계수는 실험 조건에 영향을 받

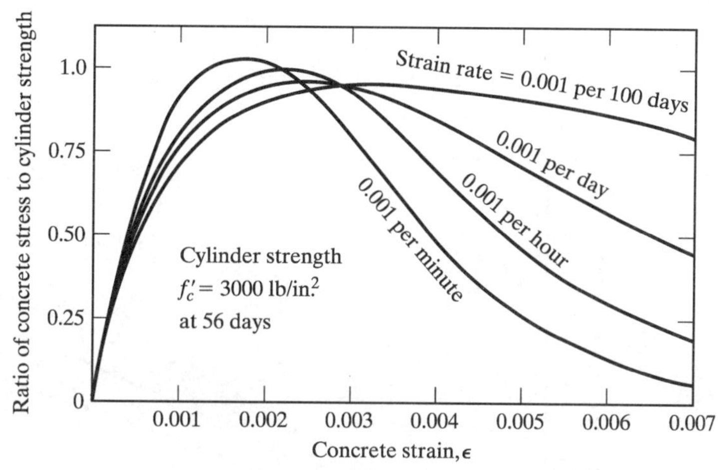

그림 13.8
압축하중을 받을 때 재하 속도에 따른 응력-변형률 곡선.
[H. Rüsch, *Journal of the American Concrete Institute*, Vol. 57, No. 1, pp. 1-23 (1960).]

는데, 중요한 영향인자는 재하속도이다(그림 13.8). 제 16장에서 나타난 바와 같이 재하속도가 빠를수록 강도 및 탄성계수는 높아진다. 다행스러운 것은 일반적인 실험시간(2~10분)에서는 그 영향이 매우 작다. 동탄성계수를 측정해서 E_c가 실험조건에 얼마나 민감한지 알아 볼 수 있는데, 동적 실험에서는 콘크리트에 가해지는 변형률은 매우 작다; 따라서 그 반응도 할선 탄성계수보다 초기접선 탄성계수에 관련이 더 깊다. 결과적으로 동탄성계수는 정적인 측정값보다 콘크리트의 강도에 따라서 20~30% 정도 더 높다. 동탄성계수는 내구성 실험(제 18장)에서 콘크리트의 안정도를 평가할 때나 현장 시험에서 주로 사용된다. 그러나 콘크리트가 동하중(예를 들어 지진, 충격)을 받는 구조물에 사용될 때 더 적절한 값이 될 것이다.

표 13.3 콘크리트와 그 구성요소들에 대한 탄성계수 (GPa)

	보통중량	*경량*
골재	70~140	14~35
시멘트 풀	7~28	7~28
콘크리트	14~42	10~18

전단 탄성계수 G는 전단응력이 작용할 때의 거동을 지배하는 값인데, 직접적으로 응력-변형률을 측정해서는 쉽게 구할 수 없다. 콘크리트의 비틀림 진동의 공진 주파수를 사용한 동적인 방법을 이용해서 구하는 것이 가장 적절하다(제 14장 참조).

13.3 인장 및 파괴 (Tension and Fracture)

콘크리트의 인장강도는 압축강도보다 훨씬 작은데, 그 이유는 인장이 작용할 때 균열이 쉽게 전파되기 때문이다. 일반적으로 설계에서 콘크리트의 인장강도는 고려되지 않는다(많은 경우 0으로

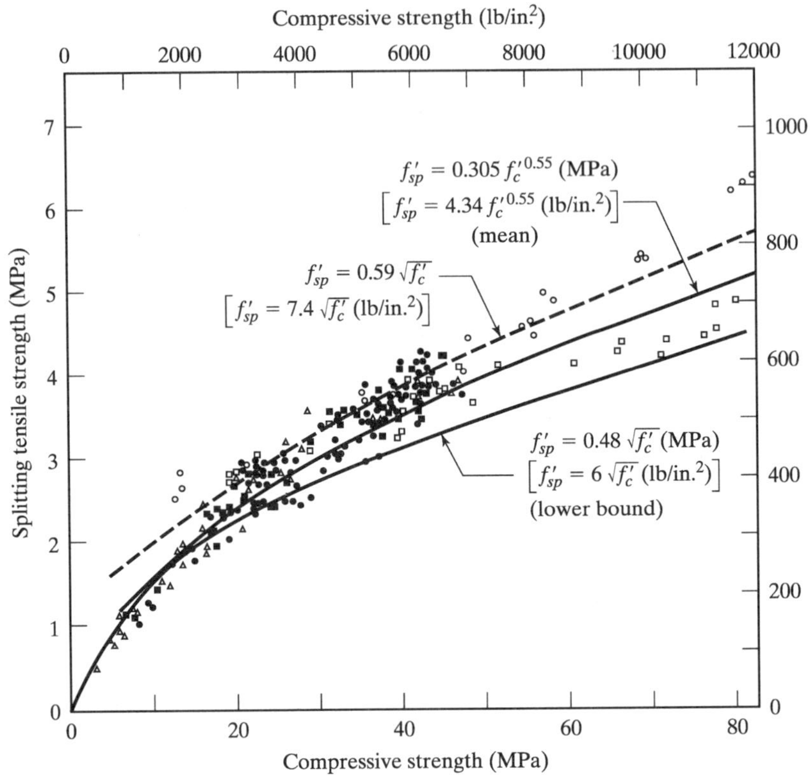

그림 13.9
보통 중량 콘크리트에 대한 쪼갬 인장강도와 압축강도의 관계. [S. H. Ahmad and S. P. Shah, *PCI Journal*, Vol. 30, No. 6, pp. 92-119 (1985).]

간주된다). 그러나 콘크리트의 균열은 대부분 재하 중에 발생하는 인장응력 혹은 환경의 변화에 기인하기 때문에 중요한 콘크리트의 구조 성능이라고 할 수 있다. 인장으로 인한 콘크리트의 파괴는 시멘트와 골재 입자 사이의 경계면과 연관된 미세균열에 의해 큰 영향을 받는다(ITZ, 13.1절 참조).

인장강도

제 14장에서 설명하겠지만 콘크리트의 인장강도는 흔히 무근 콘크리트에 휨 모멘트를 가하는 휨 실험을 통해서 측정하거나 혹은 원주공시체를 옆으로 눕혀서 지름 방향으로 압축을 가해서 횡방향 인장을 유도하는 쪼갬 인장 실험을 통해서 측정한다. 북미에서는 콘크리트의 직접 인장강도를 측정하는 표준 시험법이 없다; 인장응력을 받을 때 콘크리트의 파괴 거동을 측정하기 위한 많은 시편(표준 시편은 없지만)이 존재한다.

인장 균열이 콘크리트 내에서 전파되면서 균열의 선단부에는 복수의 미세균열이 생성되는데

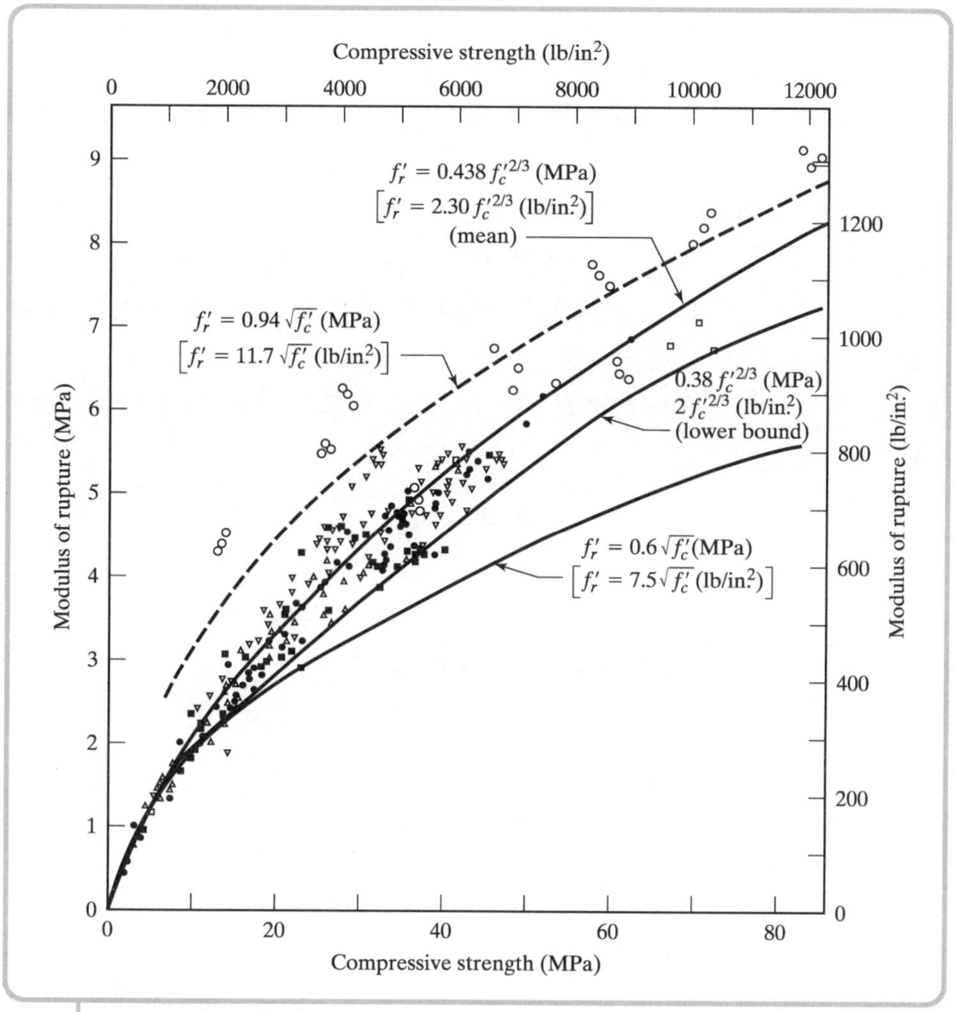

그림 13.10

보통 중량 콘크리트에서 파괴계수와 압축강도의 관계. [S. H. Ahmad and S. P. Shah, *PCI Journal*, Vol. 30, No. 6, pp. 92-119 (1985).]

이 균열은 인장 변형이 증가함에 따라 하나의 주균열로 합쳐진다. 모르타르, 골재, 그리고 ITZ에 해당하는 인장강도의 상대적인 크기에 따라서 파괴면의 모양은 매끄럽게 혹은 거칠게 나타난다. 골재의 강도와 ITZ 강도의 비가 작으면 파괴면이 비교적 매끄럽게 형성된다. 골재의 강도가 상대적으로 커지게 되면 파괴면은 점점 불규칙하게 되며, 인장강도는 커지고 파괴 특성도 향상된다. 압축강도가 콘크리트의 주요한 재료적 성질이므로 인장강도와 압축강도의 관계가 중요하다.

그림 13.9 및 13.10에서 보듯이 재령과 강도가 증가할수록 인장강도에 대한 압축강도의 비 (f_t'/f_c')는 일반적으로 감소한다. 또한 쇄석을 사용하면 압축강도보다는 인장강도가 더 증가하는 경향을 보이기 때문에, f_t'/f_c'비는 골재의 종류에도 관련이 있다. 습윤양생과 비교해서 외기양생을

수행하면 압축강도에 비해서 인장강도가 더 줄어든다는 것이 밝혀졌다. 이것은 건조수축 균열의 영향으로 보인다. 따라서 f_t'/f_c'비는 습윤양생한 경우보다 외기양생한 콘크리트의 f_t'/f_c'비가 더 작다. 반면에 다짐이나 공기 연행이 불충분하면 인장강도보다는 압축강도에 더 큰 영향을 미친다.

직접 인장강도와 압축강도의 비는 일반적으로 0.07~0.11 정도다. 쪼갬 인장강도(f_{sp}')는 직접 인장강도보다 약간 더 큰 경향이 있으므로 f_{sp}'/f_c'비도 역시 약간 더 커서 0.08~0.14 정도의 값이다. 휨 실험의 결과는 직접 인장실험의 결과보다 상당히 더 크다. 휨 인장강도(혹은 파괴계수(modulus of rupture), f_r')와 압축강도의 비(f_t'/f_c')는 0.11~0.23 정도이다.

휨 강도와 압축강도 사이의 관계를 표현하는 식들이 많이 개발되었는데, ACI에서 사용하는 관계식은 다음과 같다.

$$f_r' = 0.6\sqrt{f_c'} \quad \text{MPa} \tag{13.4}$$

그러나 많은 자료를 분석한 결과 쪼갬 인장강도 및 휨 인장강도 모두를 가장 잘 표현하는 식은 지수가 1/2보다 큰 아래와 같은 f_c'의 지수 형태이다.

$$f_{sp}' = 0.305 f_c'^{\,0.55} \quad \text{MPa} \tag{13.5}$$

$$f_r' = 0.438 f_c'^{\,2/3} \quad \text{MPa} \tag{13.6}$$

식 (13.4)~(13.6)의 관계식이 다른 식들과 함께 그림 13.9 및 13.10에 표시되어 있다. 그림에서 보듯이 실제 인장강도 및 압축강도의 관계식은 서로 상당히 차이가 있고, 데이터도 편차가 심하다.

콘크리트의 인장 거동의 본질을 이해하려면 파괴 메커니즘을 이해해야 한다. 그러나 그것을 자세하게 논하기 전에 파괴 역학에 대해서 간단하게 설명하는 것이 필요하다.

선형탄성 파괴역학(linear elastic fracture mechanics)

선형탄성 파괴역학 혹은 LEFM은 탄성적이고 균질하고 등방성인 재료의 균열 선단에서, 또한 특히 불안정한 균열이 진전(혹은 파괴)될 때의, 응력과 변형에 관한 관계라고 정의할 수 있다. 이러한 개념은 비탄성적인 거동이 제일 작은 취성적인 재료에 적용할 수 있다. 먼저 고전적인 파괴역학에 대해서 살펴본 후 콘크리트와 같은 복합재료에 어느 범위까지 그러한 개념을 적용할 수 있을지 알아본다.

이론적인 점착 응력(cohesive stress) 이상적으로, 고체의 강도는 그것의 원자 결합력에 의해서

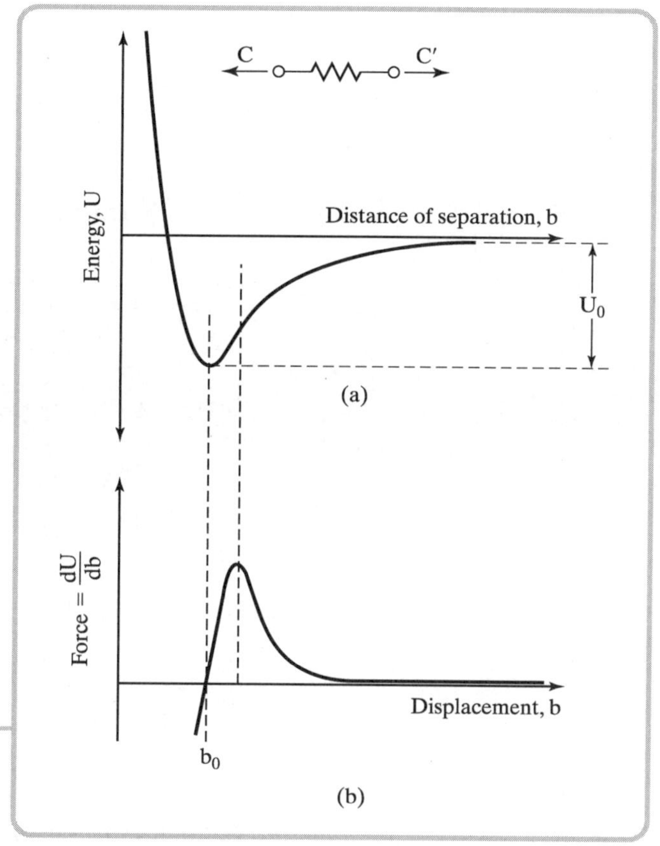

그림 13.11
(a) 떨어진 거리의 함수로 표현한 결합 에너지; (b) 힘-거리 곡선

결정된다. 따라서 파괴강도에 대한 같은 자릿수 범위 내의 근사값을 구하려면 두 원자 사이의 상호작용에 대해서 알아보아야 한다. 그림 13.11은 두 원자 사이의 상호작용 에너지와 떨어진 거리 사이의 전형적인 관계를 나타낸 것이다. 이 에너지는 평형 원자 간격(equilibrium atomic spacing), b_0에서 최소값이다. 이 원자를 완전히 분리하는데 필요한 총 에너지는 U_0이다. 그렇지만 파괴의 결과로 파괴면을 따라서 새로운 면이 생기므로, 파괴에 관련된 일(work)의 양은, 결합이 끊어지면 두 개의 새로운 면이 생성되므로, 새로 생성된 표면에 대한 표면 에너지, γ_s의 두 배가 된다.

에너지-거리 곡선의 도함수를 구해서 그림 13.11b와 같은 힘-변위 곡선을 구할 수 있다. 평형 원자 간격에서의 힘은 0이다; 이 곡선의 초기 기울기는 탄성계수 E에 비례한다. 실제로 힘-변위 곡선은 응력-변형률 곡선으로 변환될 수 있는데 이는 근사적으로 그림 13.12와 같은 하프 사인(half sine)으로 표현된다. 이 곡선 아래 부분의 면적은 파괴를 일으키는 일, $2\gamma_s$를 나타내며, 초기 기울기는 E이다. 응력 σ와 변위 x 사이의 관계는

$$\sigma = \sigma_{\max} \sin \frac{2\pi x}{\lambda} \tag{13.7}$$

따라서 파괴를 일으키는 일을 다음과 같이 나타낼 수 있다.

$$2\gamma_s = \int_0^{\lambda/2} \sigma_{\max} \sin\frac{2\pi x}{\lambda} dx \frac{\lambda \sigma_{\max}}{\pi} \tag{13.8}$$

그러나 변위가 작은 경우엔 후크의 법칙(Hooke's law)이 성립하므로

$$\sigma = E\varepsilon = E\frac{x}{b_0} \tag{13.9}$$

작은 변위에 대하여 $\sin x \approx x$이므로, 식 (13.7)에서

$$\sigma_{\max} = \frac{\lambda E}{2\pi b_0} \tag{13.10}$$

따라서 식 (13.8)과 (13.10)에서 λ를 소거하면

$$\sigma_{\max} = \left(\frac{E\gamma_s}{b_0}\right)^{1/2} \tag{13.11}$$

여기서 $\sigma_{\max}$는 이론적인 점착 강도(cohesive strength)이다. 보통의 γ_s와 b_0에 대해서 고체에 대한 이론적인 점착 강도는 $E/10$ 정도이다. 콘크리트에 대해서는 이론적인 값이 2100 MPa 정도가 된다.

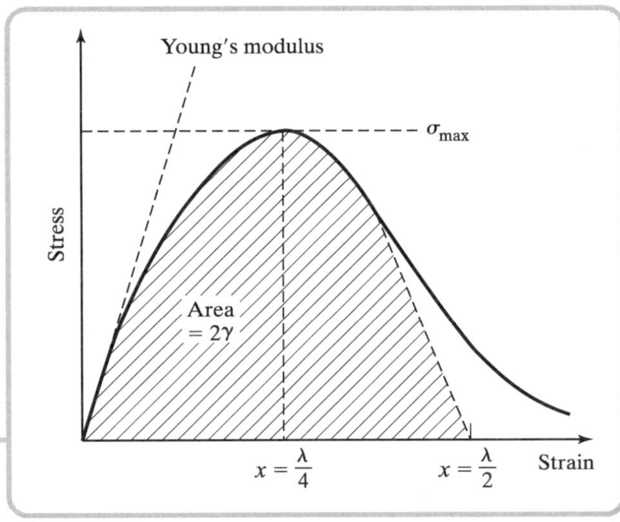

그림 13.12
원자 응력-변형률 곡선

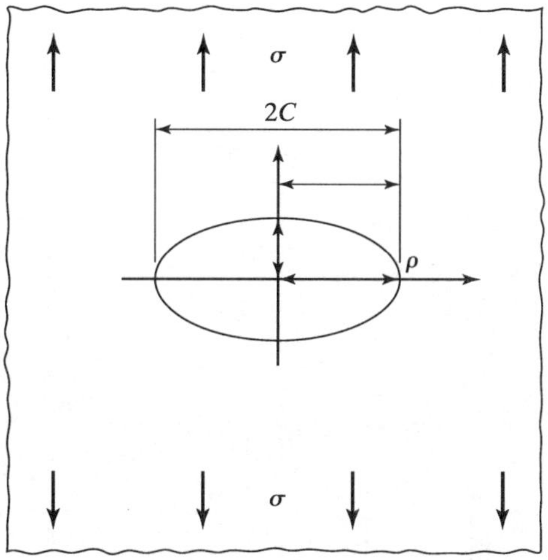

그림 13.13
인장응력을 받는 무한 평판 위의 타원형 구멍

Griffith 이론(Griffith Theory) 열역학(thermodynamic)을 이용하여 Griffith도 비슷한 이론적인 점착 강도를 얻었다. 탄성체에 균열이 있고 외부 응력이 작용할 때 시스템의 총 자유에너지(free energy)가 최소로 되는 조건을 계산하였다. 시스템의 총 에너지는

$$U = (-W_L + U_E) + U_s \tag{13.12}$$

여기서 W_L=외력에 의한 일, U_E=시스템에 저장된 변형 에너지, 그리고 U_s=새로운 균열면을 생성하는 자유표면에너지(free surface energy)이다. 그러면 $dU/dc < 0$이면 균열이 진전될 것이다. 이 이론을 이용해서 이론적인 파괴 강도에 대한 Griffith방정식을 유도할 수 있다.

$$\sigma_f = \left(\frac{2E\gamma_s}{\pi C} \right)^{1/2} \tag{13.13}$$

여기서 C는 균열 길이의 반이다. σ_f에서 $C \approx b_0$이다. 이 식은 매우 다른 방식으로 유도되었음에도 불구하고 식 (13.11)과 매우 유사하다.

여기서 한 가지 문제점이 있는데, 식 (13.11) 혹은 (13.13)을 이용해서 계산한 이론적인 강도와 실제 측정값은 그 값이 2, 3 자리수 정도는 서로 다르다. 이 질문에 대한 답은 1920년에 Griffith에 의해 제안되었다. 그는 모든 실제 재료는 흠, 미세균열, 혹은 다른 결함이 있어서 이에 응력이 집중되는 효과가 있기 때문에 시편 내 아주 작은 국부적인 영역에서는 응력이 이론적인 점착 응력에 도달한다고 결론지었다. 이후 가해진 응력에서 파괴가 일어날 때까지 균열은 계속 진전된다. 균열에 응력이 집중되어 국부적으로 매우 높은 응력을 발생시킨다는 것을 보이는 것은

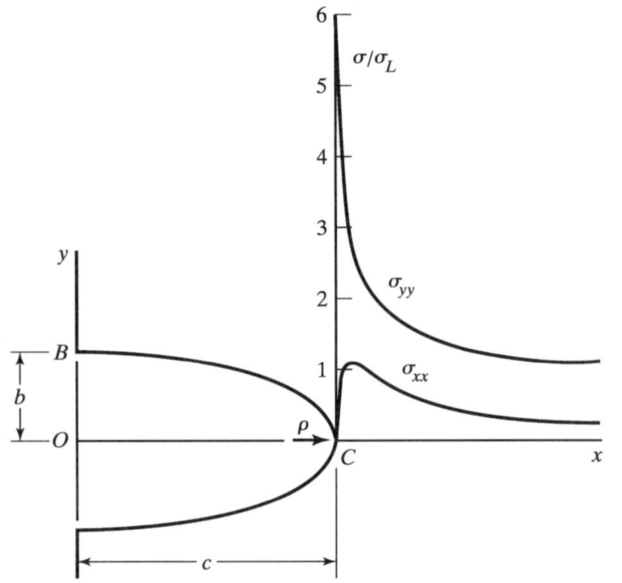

그림 13.14
타원형 구멍 c=3b에서의 응력 집중. 응력은 선단에서 $c \approx c$ 내에 국부적으로 집중되며, 선단에서 $c \approx \rho$ 내에서 높은 응력 구배를 보인다.

어렵지 않다. 그림 13.13처럼 일정한 인장응력을 받는 판에 타원형의 구멍(극단적인 모양에선 균열이 될 것이다.)이 있다고 하자. 그러면 균열 선단에서의 응력을 다음과 같이 표현할 수 있다.

$$\sigma_{\max} = \sigma\left(1 + 2\sqrt{\frac{C}{\rho}}\right)^{1/2} \tag{13.14a}$$

여기서 ρ는 균열 선단의 반지름이다. 또는 이 식은 다음과 같이 표현할 수 있다.

$$\frac{\sigma_{\max}}{\sigma} = 2\sqrt{\frac{C}{\rho}} \quad \text{for } C \gg \rho \tag{13.14b}$$

$C \gg \rho$ 즉, 매우 뾰족한 균열에 대해서는 이 계수가 매우 커질 수 있다. 균열 앞 부분에서의 응력의 분포는 그림 13.14와 같은 형태이다.

응력 확대 계수(stress intensity factor) 균열 변위에 관련된 모드(mode)는 세 가지(그림 3.15)가 있지만, 취성적인 재료와 관련해서는 개구 모드(crack opening, Mode I)가 가장 중요하다. 그림 13.16에 보인 뾰족한 균열 근처에서의 응력은 다음과 같이 표현된다.

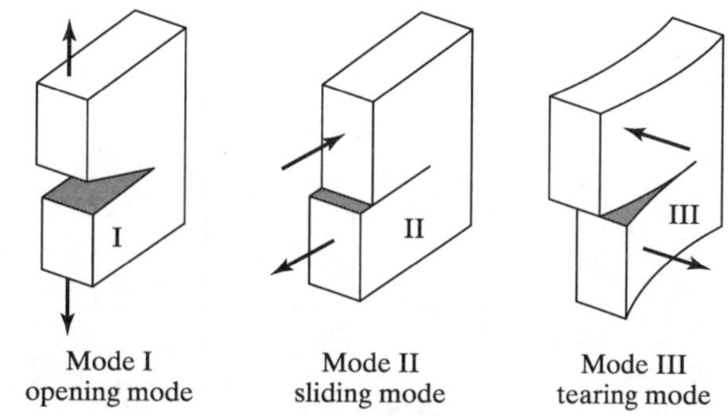

그림 13.15
균열의 세 가지 모드

$$\begin{Bmatrix} \sigma_x \\ \sigma_y \\ \tau_{xy} \end{Bmatrix} = \frac{K_{\mathrm{I}}}{(2\pi r)^{1/2}} \begin{Bmatrix} \cos\left(\frac{\theta}{2}\right)\left[1-\sin\left(\frac{\theta}{2}\right)\sin\left(\frac{3\theta}{2}\right)\right] \\ \cos\left(\frac{\theta}{2}\right)\left[1+\sin\left(\frac{\theta}{2}\right)\sin\left(\frac{3\theta}{2}\right)\right] \\ \sin\left(\frac{\theta}{2}\right)\cos\left(\frac{\theta}{2}\right)\cos\left(\frac{3\theta}{2}\right) \end{Bmatrix} \tag{13.15}$$

$$\sigma_z = \nu(\sigma_x + \sigma_y) \qquad \tau_{xy} = \tau_{xy} = 0$$

여기서 ν는 포아송비다. 응력 확대계수 K_{I}은 무한 고체에서는 $K_{\mathrm{I}} = \sigma\sqrt{\pi C}$의 형태를 띤다. 유한한 크기를 가진 시편에 대해서는 이 값은 $K_{\mathrm{I}} = Y\sigma\sqrt{\pi C}$가 된다. 여기서 Y는 시편의 형상을 고려하는 보정계수이다. K_{I}의 차원(dimension)은 응력$\times\sqrt{\text{길이}}$이고, 단위는 N·m$^{3/2}$인데, 균열 선단 영역에서의 응력장 및 변위장을 나타내는 단일 매개변수로 간주할 수 있다. 근본적인 가정은 응력 확대계수가 어떤 임계값에 도달하면 불안정한 파괴가 일어난다는 것이다. 이것이 임계 응력 확대계수(critical stress intensity factor)라고 하며, $K_{\mathrm{I}c}$로 표시한다. 이것을 파괴 인성(fracture toughness)이라고도 한다. 이것은 근본적인 재료 특성이며, 측정 방법에 무관하게 같아야 한다.

K_{I} 대신에 변형률 에너지 방출률(strain energy release rate), G_{I}[1])을 이용해서 파괴 거동을 설명할 수도 있다. G_{I}이 임계 변형률 에너지 방출률, $G_{\mathrm{I}c}$에 도달하면 균열이 불안정하게 진전된다. $G_{\mathrm{I}c}$는 $K_{\mathrm{I}c}$와 다음과 같은 관계가 있으므로 이 식도 파괴 기준을 표현하는 동일한 방법이다.

1) 이 절에서 사용되는 기호 K와 G는 13.2절에서 사용된 체적 탄성계수 K와 전단 탄성계수 G와는 다르며, 아무런 관련도 없다.

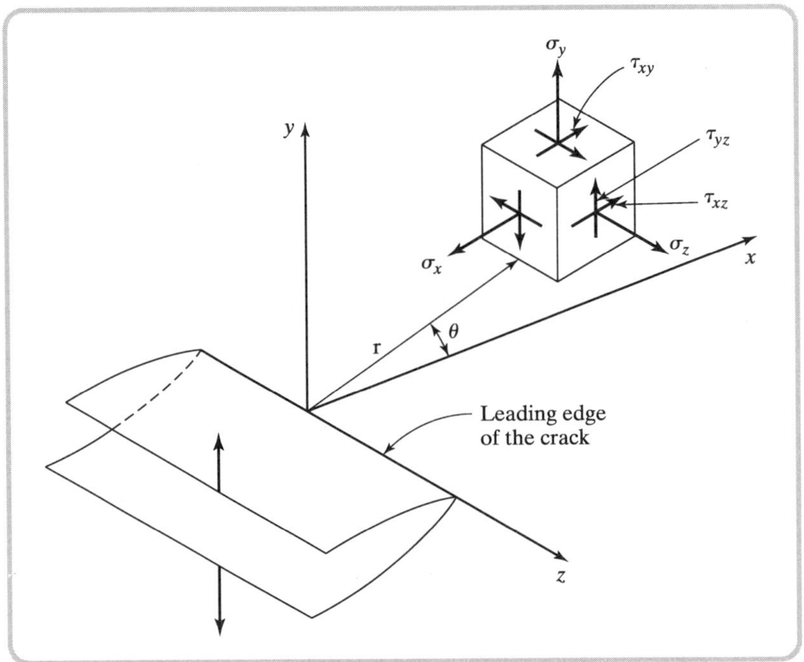

그림 13.16
균열 선단의 앞 부분에서의 좌표계와 응력 성분 (Mode I 변위)

$G_{\mathrm{I}c} = 2\gamma_s$라는 것도 증명할 수 있다.

$$G_{\mathrm{Ic}} = \frac{K_{\mathrm{Ic}}^2}{E} \qquad \text{평면 응력}$$
$$G_{\mathrm{Ic}} = \frac{K_{\mathrm{Ic}}^2}{E(1-\nu^2)} \qquad \text{평면 변형률} \tag{13.16}$$

지금 설명한 파괴 기준을 콘크리트에 적용한다면 콘크리트에 대한 γ_s를 계산할 수 있어야 한다. 아니면 적어도 굳은 시멘트 풀에 대해서라도 계산할 수 있어야 한다. 그러나 계산을 해 보면 γ_s는 시멘트 풀의 표면에너지(surface energy)보다는 적어도 자릿수가 하나 정도 더 큰 값을 얻게 된다. 이것은 이상에서 설명한 단순한 파괴역학 이론은 시멘트나 콘크리트에는 적용할 수 없다는 것을 뜻한다.

γ_s의 값에 차이가 많은 데는 여러 이유가 있다. K_{Ic}(혹은 G_{Ic})를 계산하는 데는 균질하고 등방성의 선형 탄성 재료를 가정한다. 그러나 이러한 가정은 콘크리트에는 맞지 않다. (콘크리트 댐과 같이 단면이 매우 커서 골재의 최대 치수보다 훨씬 더 큰 경우엔 선형 탄성 파괴역학을 성공적으로 적용할 수 있다.) 또한 콘크리트에서는 균열이 항상(Griffith가 가정한대로) 일직선으로 진전되지는 않는다. 대신에 골재 입자 주위로 또한 시멘트 풀 자체 내에서도 상태에 따라서 꼬불꼬불

한 경로를 통해서 진전된다. 그리고 또한 균열이 여러 개일 수도 있고 균열 선단에서 나눠질 수도 있으며, 파괴 진행 영역(fracture process zone)이라고 불리는 미세균열이 산재한 영역이 균열 선단에 앞서 존재한다. 따라서 비선형 파괴인자(nonlinear fracture parameter)를 사용하는 것이 이제는 더 일반적이며, 이로써 파괴의 진행을 더 잘 설명할 수 있다.

비선형 파괴역학(Nonlinear Fracture Mechanics)

비선형 파괴역학에 대해서 자세히 설명하는 것은 이 책의 범위 밖이다. 따라서 주요 모델 몇 가지에 대해서만 간단하게 설명한다.

점착균열 모델(Cohesive Crack Models) 점착균열 모델에서는 균열이 닫히는 방향으로 균열면에 작용하는 일련의 응력을 사용해서 파괴영역을 표현한다. 이 응력은 균열 선단에서의 K_{Ic}와 G_{Ic}의 크기를 감소시키므로 콘크리트의 인성을 더 크게 만드는 경향이 있다. 이 응력은 소정의 방법을 통해 콘크리트의 재료 인자와 연결될 수 있다. 이 응력은 섬유의 물림작용(bridging action)(제 22장 참조)이나 균열 선단을 가로지르는 골재 입자를 나타내는데도 종종 사용된다. 콘크리트의 거동을 완전히 묘사하기 위해서 점착균열 모델은 콘크리트에 균열이 생기기 전의 거동을 묘사하는 다른 모델과 합해져야 한다; 균열이 발생하기 전의 콘크리트는 일반적으로 선형 탄성 재료로 가정된다.

R-곡선 모델(R-Curve Models) 선형 탄성 재료에 대해서는 파괴에 저항하는 능력 R은 에너지 방출률 G와 동일하고 또한 시편의 크기와 모양에 무관한 재료 상수로 가정된다. 비선형 재료에서는 그렇지 않으며, R은 균열의 길이가 커짐에 따라 증가한다. R과 균열 길이 사이의 관계를 나타내는 재료의 R-곡선(R-curves)을 만드는 것이 가능하다; 이 R-곡선은 재료의 특성을 나타내는데 사용될 수 있다. 완전하게 취성적인 재료 거동에서는 균열의 길이가 증가해도 R은 근본적으로 일정하다. 콘크리트와 같은 재료에서는 R은 계속 증가해서 점차 수평으로 접근한다. 이것은 시편이 최후에 갑작스런 파괴가 일어나기 전에 일정량의 안정적인 파괴가 진행된다는 것을 의미한다. R곡선은 구조 요소의 파괴 해석에 사용될 수는 있지만 불행하게도 진정한 재료 상수라고 할 수 없고 구조 요소의 형상에 영향을 받는다.

Two-Parameter 파괴 모델(Two-Parameter Fracture Model) Two-parameter 파괴 모델(TPFM)은 재료의 특성을 나타내기 위해서 두 독립적인 매개 변수를 사용한다;

1. K_{IC}, 임계 응력 확대계수(critical stress intensity factor), 그리고

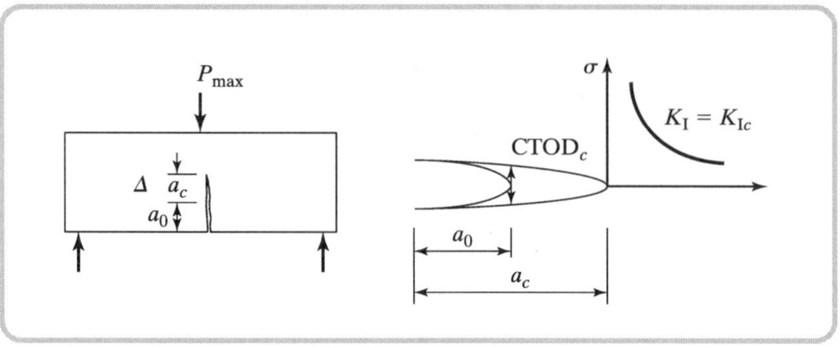

그림 13.17
콘크리트의 Two-parameter 모델 파괴 기준

2. $CTOD_C$, 임계 균열 선단 개구 변위(critical crack tip opening displacement).

다음 두 조건이 동시에 만족되면 파괴가 일어난다(그림 13.17).

$$K_I = K_{Ic} \text{ 및 } CTOD = CTOD_c \tag{13.7}$$

파괴 에너지 모델(Fracture Energy Models) R곡선 모델과 two-parameter 파괴 모델의 목적은 불안정한 균열 진전의 시작을 예측하는 것이다. 다른 모델들은 취성 재료의 인장 거동을 완전하게 묘사하기 위해서 만들어졌다. 대표적인 것 중 하나가 파괴 에너지 모델인데, 여기서 주요 매개 변수는 인장강도, 파괴 에너지 G_f, 그리고 형상 계수이다. 재료는 $f_t' = \sigma_t'$에서는 더 이상 응력을 받을 수 없고, 파괴 에너지는 완전히 분리된 새로운 균열면을 형성하는데 필요한 총 에너지이며, 균열 선단에서의 변위가 증가함에 따라 응력이 변하는 것을 표현하는 것이 형상 계수이다. 이러한 종류의 모델은 인장응력이나 재료의 파괴 특성이 거동을 지배하는 철근콘크리트 부재에서 콘크리트의 완전한 비선형 거동을 표현하는데 성공적으로 사용되어 왔다. 제 19장에서 논의하겠지만 파괴 에너지는 굵은골재의 강도에 관련이 깊고, 콘크리트의 압축강도, 재령, 혹은 *w/cm* 비에는 크게 관련이 없다.

다른 좀 더 복잡한 비선형 파괴 모델도 개발되었지만 여기서 더 이상 설명은 하지 않는다. 아직까지 ACI나 ASTM에 표준적인 파괴 역학 시험법이 기술되어 있지는 않지만 현재 개발 중이다.

압축에서의 파괴 콘크리트는 주로 압축을 받지만 지금까지는 인장응력만 고려했다. 압축은 콘크리트를 구성하는 분자를 서로 더 가깝게 붙이는 힘인데, 순수한 압축은 그 자체로 "압축 파괴"를 일으킬 수 없다. 13.4절에서 자세히 설명하듯이 오히려 압축력을 가해서 유도된 이차적인 인장응력이 실제로 파괴를 일으킨다. 그렇지만 Griffith의 해석을 확장해서 일축 압축 및 이축 응력 상태도 설명할 수 있다.

Griffith는 이축 압축 응력이 작용하면, 응력 성분의 크기가 같지 않은 한, 결함 부분의 가장

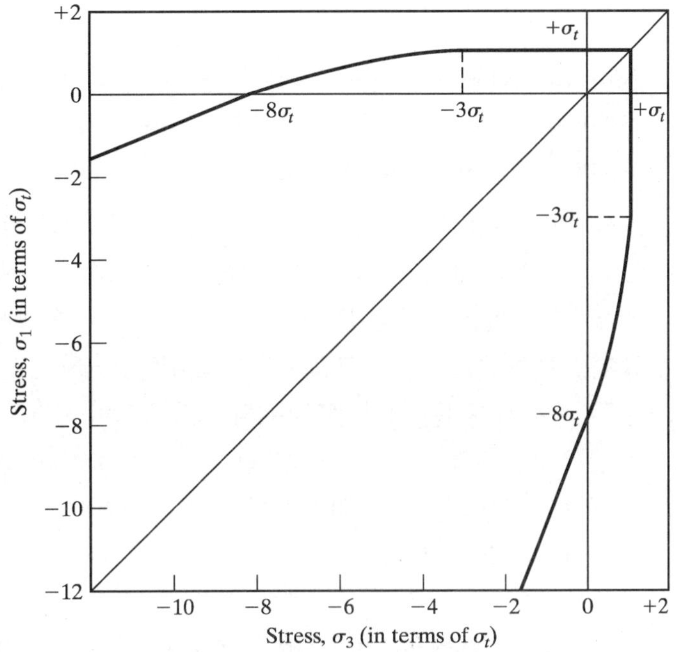

그림 13.18
이축 응력 상태(인장이 양(+))에 대한 Griffith의 파괴 기준

자리 어느 위치에서 인장응력이 발생한다는 것을 보였다. $\sigma_1 > \sigma_2 > \sigma_3$이고 인장응력을 양(+)으로 두면 Griffith의 기준은 다음과 같다.

$$\sigma_1 = \sigma_t \quad \text{if } 3\sigma_1 + \sigma_3 > 0 \tag{13.18}$$

그리고

$$(\sigma_1 - \sigma_3)^2 + 8\sigma_t(\sigma_1 + \sigma_3) = 0 \ \text{ if } 3\sigma_1 + \sigma_3 < 0 \tag{13.19}$$

여기서 σ_t는 일축 인장강도이다. 이것을 그림으로 표현한 것이 그림 13.18이다. 이 기준에 의하면 콘크리트의 압축강도는 인장강도의 8배이며, 이는 실제 측정값에 상당히 가까운 값이다. 이 파괴 기준은 인장-압축 영역에서는 실험 데이터와 잘 맞지만, σ_2 재하(unloading)가 일어나는 방향에 수직인 방향으로 쪼개지는 압축-압축 영역에서는 잘 맞지 않는다. 하지만 하중의 형태와 관계없이(정수압(hydrostatic compression)은 예외로 함) 국부적인 인장응력으로 인해서 미세균열이 전파되면서 콘크리트에 파괴가 일어난다는 것은 확실하다.

반면에 파괴는 인장응력이 아니라 $1 \sim 2 \times 10^{-4}$ 정도의 인장변형률에 의해서 결정된다는 이론도 나왔다. 이것으로 압축응력을 받는 원주공시체의 파괴에 있어서 횡방향 변형률이 그런 한계값에 도달하면 쪼갬 파괴가 일어난다고 설명할 수 있다. 콘크리트의 파괴 기준으로 응력 및 변형률 모두의 한계값으로 규정하는 것이 바람직할 수 있다.

적용상의 어려움 1959년에 파괴 역학을 콘크리트에 처음 적용한 이래 여러 연구가 수행되었다. 하지만 아직까지 표준 시험법이나 표준 시편이 개발되지 않았기 때문에 상반된 실험 결과가 종종 나오며 이 경우 어떤 판단을 내리기도 어렵다. 시편의 크기, 그리고 골재로 인한 이질성(heterogeneity)이 가장 중요한 문제이다. 뾰족한 노치가 있을 경우 그로 인해서 단면적이 줄어서 생기는 영향 이상으로 인장강도 혹은 압축강도가 감소하는 재료를 노치 민감 재료(notch sensitive material)라 말한다. 지금까지의 논의에 비추어 파괴 역학을 적용하기 위해서는 재료가 노치에 민감해야 한다. 시멘트 풀, 모르타르, 콘크리트는 노치에 민감한 것으로 일반적으로 알려져 있다. 콘크리트에 대해서는 균열 선단에서의 교란 영역이 시편의 작은 크기에 비해서 상대적으로 큰 것이 문제이다. 콘크리트에 파괴 역학적 연구가 유효하려면 시편의 깊이가 최소한 250 mm가 되어야 한다는 주장도 있다. 파괴의 진행은 골재 때문에 더 복잡해지는데, Griffith 균열이 골재 입자를 만나거나 혹은 시멘트 풀과 골재의 경계면이 파괴되면서 균열 선단이 무뎌지면 균열은 진행을 멈추게 된다.

구체적인 파괴 메커니즘이 어떻든 간에 콘크리트의 파괴를 설명하기 위해서는 비선형 파괴 역학을 이용한 접근이 필요하다. 그러나 콘크리트 종류별로 파괴 매개변수의 값 자체에도 불확실한 면이 있지만 변수의 값을 어떤 방법으로 구할지 조차에 대해서도 아직 불확실한 면이 많다.

다른 파괴 기준도 있지만 콘크리트의 파괴 거동을 만족할 만하게 설명하지는 못하고 있다. 콘크리트의 파괴 기준은 에너지 개념을 이용한 기준이 되어야 할 것으로 보인다. 그 이유는 균열 생성과 관련된 에너지는 명확하게 정의할 수 있기 때문이다. 그러나 현재로서는 Newman[2]이 지적한 대로 파괴에 관한 두 가지 기준은 고려해야 할 것으로 보인다:

1. 불연속(discontinuity)에 관한 기준 혹은 구조의 상당한 분열 없이는 가해진 하중을 더 이상 견딜 수 없을 때 콘크리트의 파괴가 시작된다는 기준
2. 강도에 관한 기준 혹은 여러 조합 응력을 받을 때 콘크리트가 견딜 수 있는 최대 하중에 관한 기준

13.4 압축 (Compression)

압축강도는 인장강도보다 훨씬 크기 때문에 일반적으로 압축강도는 콘크리트의 가장 중요한 성질

2) K. Newman, The Structure of Concrete, ed. A.E. Brooks and K. Newman, Cement and Concrete Association, London, pp. 255-274 (1968).

로 간주된다. 이 절에서는 압축응력에 대한 콘크리트의 물리적인 반응 및 그 결과인 응력-변형률 곡선, 그리고 이에 영향을 미치는 실험 조건에 대해서 논의한다. 물리적 반응의 본질과 실험 조건이 미치는 영향을 이해하는 것은 압축 실험 결과를 해석하거나 콘크리트가 하중을 받을 때의 거동을 이해하는 데 도움이 된다.

거동의 본질

콘크리트의 응력-변형률 거동은 일반적으로 콘크리트 원주공시체 혹은 각주공시체에 한 방향으로 하중을 가하는 일축 압축 시험을 통해서 구한다. 제 14장에서 자세히 다루듯이, 이에 관한 북아메리카의 표준 시험법에서는 높이와 직경의 비가 2인 원주공시체를 두 재하판 사이에 두고 하중을 가한다. 재료적 성질의 차이 때문에 포아송 효과로 인한 횡방향 변형률이 재하판에서 보다는 콘크리트가 더 크다. 따라서 시편과 재하판 사이에 마찰력이 발생하여 시편의 단부는 삼축 압축 상태에 놓이게 된다. 이로 인해서 그림 14.2a(14.3절)에서 보듯이 시편의 단부에 원뿔 모양의 영역이 형성된다. 재하판에 약간의 윤활제를 가하면 마찰을 줄일 수 있으므로 그림 14.2c에서 보듯이, 그리고 앞 절에서 논의했듯이, 압축파괴에 있어서 인장 거동이라는 진정한 현상을 확인할 수 있다.

진정한 일축 응력 상태를 얻기 위해서 시편과 재하 장비 사이의 접촉면에 윤활제를 칠하는 것 이외의 다른 수단도 사용한다. 그중 하나는 솔형 재하판인데, 강체의 재하판 대신에 여러 개의 작은 기둥 모양의 솔형으로 구성된 재하판을 사용하여 압축응력을 가할 수 있지만, 횡방향 변위

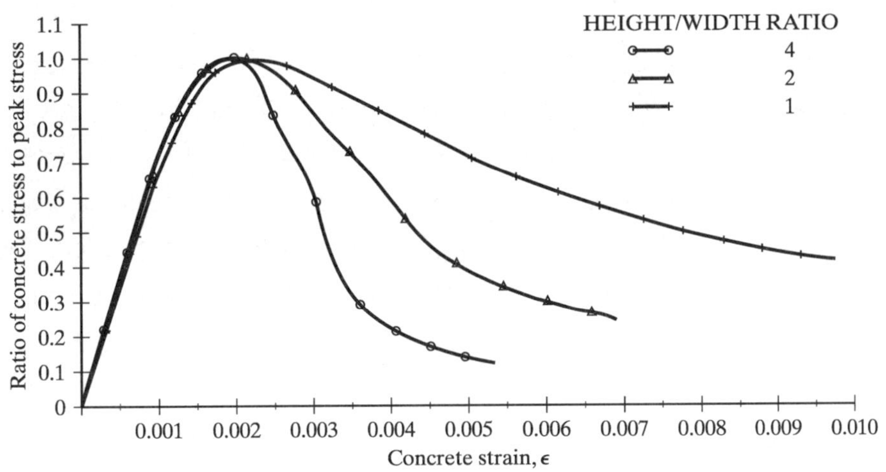

그림 13.19
솔형 재하판(brush bearing platen)을 사용한 경우, 시편의 형상비(aspect ratio)가 콘크리트의 일축 응력-변형률 곡선에 미치는 영향. [J.G.M. van ZMier, Strain Softening of Concrete Under Multiaxial Loading Conditions, Eindhoven University of Technology, Eindhoven, The Netherlands (1984).]

가 일어나면 솔이 횡방향으로 움직이게 된다. 이러한 시험법은 기본적인 재료 연구에 널리 사용되었지만 재하판과 시편이 만나는 면에서의 변형에 대한 해석 결과 "솔"의 횡방향 변형으로 인해서 시편의 표면에 일정하지 않은 압축응력이 가해진다는 것이 밝혀졌다(응력은 시편의 중앙에서 가장 크고 가장자리로 갈수록 작아진다). 그림 13.19에서 보듯이 콘크리트에 일축에 가까운 응력을 가하면(즉, 솔형 재하판을 이용해서), 높이-지름비(height-to-width ratio)는 응력-변형률 곡선의 상승 영역(ascending portion)이나 압축강도에는 거의 영향을 미치지 않지만 곡선의 하강 영역(descending portion)에 많은 영향을 미친다. 이는 시편의 반응이 본질적으로 시편의 구조적 특성을 나타내는 것을 보여준다.

일정한 일축 응력을 얻는 더 간단한 방법은 압축 시편의 형상비를 늘려서 높이가 직경의 약 3배가 되게 하는 것이다. 유한요소해석에 의하면 이런 시편의 중앙부는 거의 일정한 일축 압축을 받는다.

반응의 물리적 본질 이 장의 앞 부분에서 설명하였듯이 콘크리트는 궁극적으로 선형 재료인 골재와 매우 비선형적인 재료인 시멘트 풀로 구성되어 있는 복합재료이며, 이 두 상태는 약한 연결고리인 계면변화영역으로 분리되어 있다. 그림 13.1에서 보듯이 보통중량 골재의 탄성계수는 시멘트 풀보다 훨씬 더 크다. 콘크리트의 균질하지 못한 구조는 13.2절에서 보았듯이 낮은 하중에서의 거동에 영향을 미치지만, 사실 모든 응력 수준에서 콘크리트의 거동을 결정한다.

압축을 받는 콘크리트 거동에 관한 물리적인 본질은 초기에 관찰되는 미세균열을 통해서 잘 설명된다는 것이 증명되었다. 이러한 미세균열은 시멘트 풀과 골재사이의 경계에서 형성되고, 압축 변형이 증가하면 모르타르를 관통한다. 하중이 가해지기 이전부터 내부에 균열과 결함이 존재한다. 이들 중 일부는 재료분리와 블리딩 때문에 발생하는데, 특히 굵은골재나 철근의 아래에 형성된다. 그러나 대부분의 미세균열은 계면변화영역에서의 부착균열인데, 이는 굳은 시멘트 풀과 골재 간의 탄성계수의 차이 때문만은 아니고 열 팽창 계수의 차이, 함수량의 변화에 따른 거동의 차이 등에 의하여 발생한다. 탄성계수가 다르면, 수화반응이 진행되면서 발생하는 체적 변화의 차이, 온도 구배, 건조수축 등으로 인해서 상당한 크기의 응력집중이 발생할 수 있다. 계면변화영역의 강도는 시멘트 풀 매트릭스의 강도보다 작기 때문에 균열이 그 영역 내에서 형성된다.

그림 13.20에 나타난 바와 같이 가해진 변형률과 미세균열 생성 정도 사이에는 밀접한 관계가 있다는 것이 밝혀졌다. 하중이 가해지기 전에는 앞에서 설명한대로 부착균열이 존재한다. 극한값의 약 30%에 해당하는 응력까지는 추가적인 미세균열이 거의 발생하지 않는다(그림 13.21). 부착균열은 압축강도의 30~40% 정도에서 증가하기 시작한다. 압축강도의 70% 정도에서 골재 입자 위의 각 부착 균열이 이어지면서 모르타르 내에 균열이 형성되기 시작한다. 최고 응력에 가까이 가면서 부착 균열 및 모르타르 균열이 점점 더 많이 생성된다. 변형률이 최고 응력에 해당하

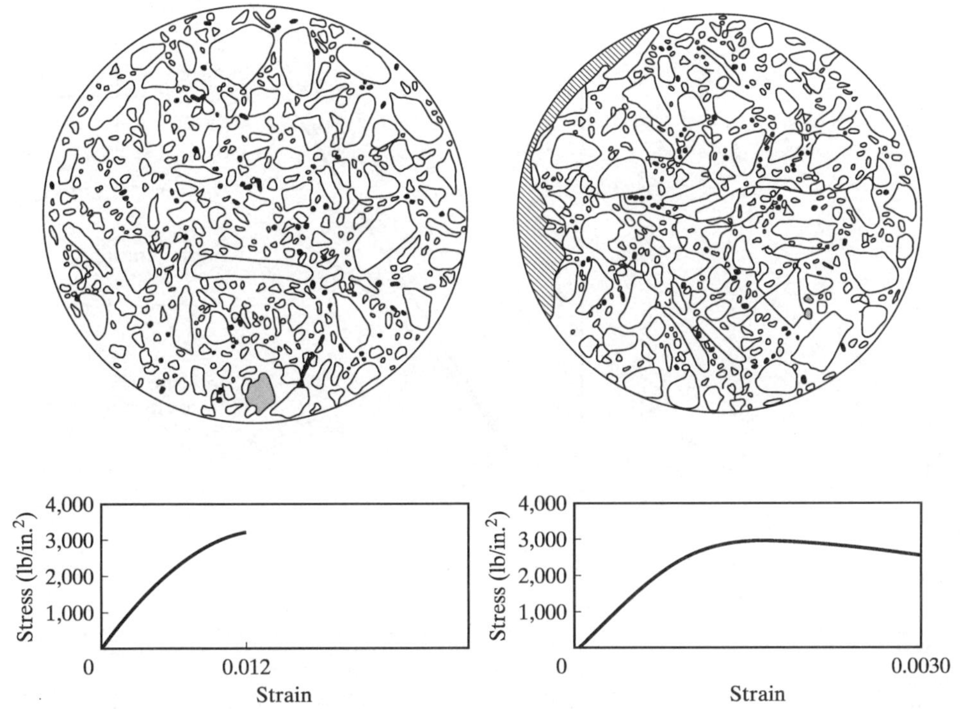

그림 13.20
일축 압축을 받는 콘크리트의 균열 그림 및 응력-변형률 곡선. [S.P. Shah and F.O.Slate, in *The Structure of Concrete*, eds. A.E.Brooks and K.Newman, Cement and Concrete Association, London, p.82-92 (1968).]

는 변형률을 넘어가면 미세균열 중 일부는 육안으로 볼 수 있으며 부착 균열 및 모르타르 균열은 계속 생성된다. 그림 13.22a에 나타난 바와 같이 부착 균열과 모르타르 균열의 밀도는 압축 변형률이 증가함에 따라 점점 더 높아지며, 특히 응력-변형률 곡선의 하강 영역에 해당하는 변형률에서는 더 분명히 나타난다.

다른 연구에 의하면 시멘트 풀에 발생하는 미세균열도 콘크리트에 발생하는 것과 매우 흡사하며 단지 규모가 훨씬 작을 뿐이다. 시멘트 풀 내에서는 기질(groundmass) 혹은 UDP(undesignated product)는 (초기생성 C-S-H을 가리킨다. 제 4장 참조) 매트릭스로 작용하고, 더 강도가 높은 수화되지 않은 시멘트 입자 및 수산화칼슘은 미세 골재로 작용한다. 하중을 가하기 전에도 UDP 내에, 그리고 UDP와 더 강도가 높은 부분 사이에서 미세균열을 볼 수 있다. 압축응력이 가해짐에 따라 균열은 그림 13.23에서 보듯이 약한 부분 내에서 우선적으로(여기서만은 아니지만) 생긴다. 그림 13.23에 보인 것과 같은 형태의 미세균열의 밀도는 그림 13.20과 같은 부착미세균열 혹은 모르타르 미세균열의 밀도보다 훨씬 높다. 이것은 그림 13.22b에 나타나 있다. 콘크리트 내

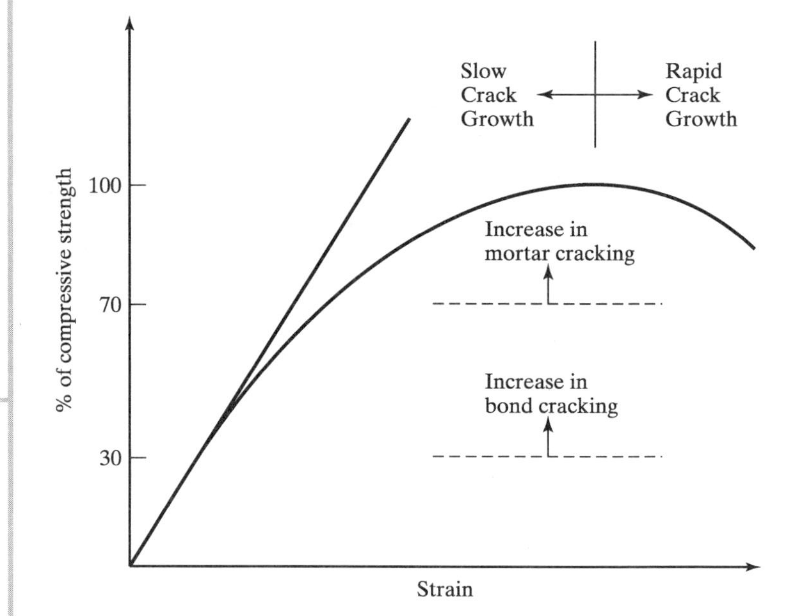

그림 13.21
압축응력에서 콘크리트의 개략적인 응력-변형률 곡선.
[ACI Committee 224, *Journal of the American Concrete Institute*, Vol. 69, No. 12, pp. 717-753 (1972).]

의 더 큰 부착균열 혹은 모르타르 균열과 마찬가지로 시멘트 풀 내의 미세균열의 밀도도 압축 변형률에 따라서 커진다. 이 때 밀도의 증가율은 큰 변형률보다는 작은 변형률에서 더 빠르다. 콘크리트는 매우 비균질한 본성을 가지고 있기 때문에 국부적인 응력과 변형률은 가해진 평균 응력 및 변형률과 많이 다르다. 이것은 그림 13.24에서 볼 수 있는데, 압축을 받는 콘크리트 시편의 표면에서 광탄성 코팅을 이용한 연구에서 얻은 것이다. 국부적인 변형률은 평균 변형률의 4.5배까지 더 클 수 있고, 국부적인 응력은 평균 응력보다 2배 이상 더 클 수 있다. 가장 큰 변형률은 시멘트 풀과 골재의 경계 영역에서 발생하는데 초기 부착균열의 형성을 설명할 수 있다.

그림 13.25는 콘크리트가 압축응력을 받을 때에 골재 입자 하나의 둘레에 발생하는 응력을 이상화한 것이다. 입자가 매트릭스보다 강성이 큰 일반적인 경우에서 응력 해석을 수행해 보면 다음 순서로 파괴가 일어난다: (1) 인장 부착 파괴, (2) 전단 부착 파괴, (3) 인장 매트릭스 파괴, (4) 때때로 발생하는 골재 파괴. 골재로 인한 이러한 작은 규모에서의 이방성 성질은 콘크리트의 변형특성 및 파괴 특성을 설명할 수 있다(수화되지 않은 시멘트 입자와 수산화칼슘을 미세골재로 본다면 시멘트 풀의 파괴도 설명할 수 있다.). 따라서 압축을 받더라도 골재 입자의 주변에는 인장응력이 발생하는 영역이 존재한다. 응력이 재료의 인장강도에 도달하면 균열이 진전되기 시작하며, 재하 방향에 대체로 평행하게 균열이 점진적으로 형성된 후에 압축 파괴가 일어난다. (물론 이것은 앞에서, 그리고 제 14장에서 설명하듯이 특정 압축 실험의 단부 조건에 따라 영향을 많이 받는다.) 결국 파괴는 재료의 미세구조가 파괴되어서 생기는 횡방향 인장 응력으로 인해서 주로

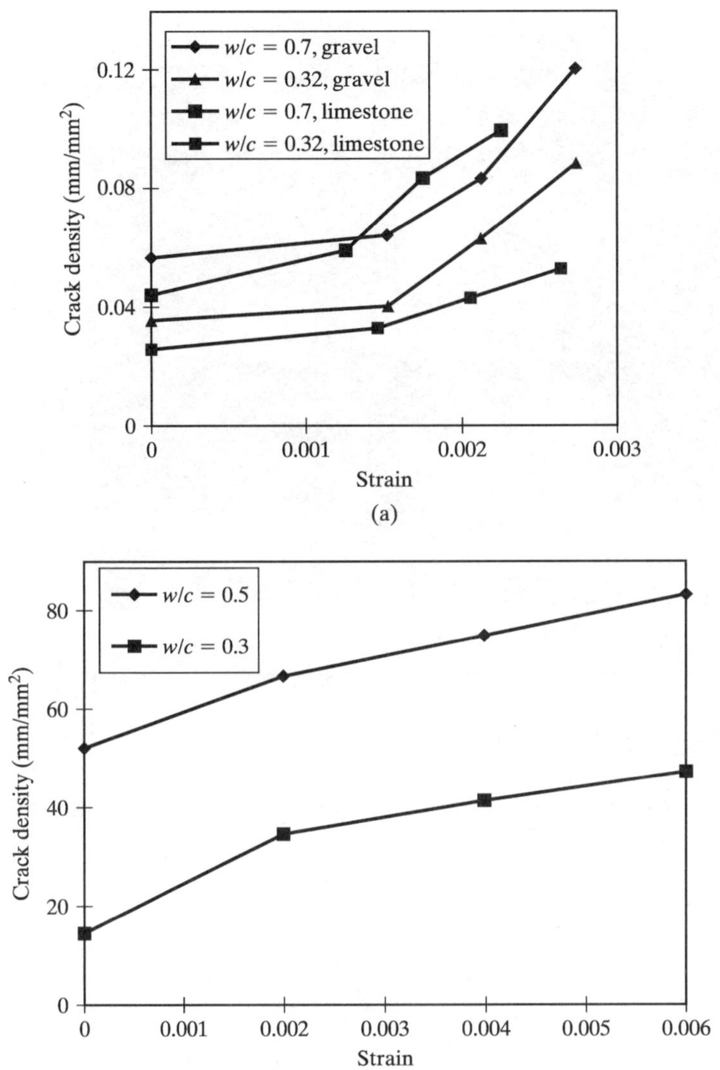

그림 13.22
미세균열과 압축 변형률과의 관계 (a) 콘크리트 [R.L.Carrasquillo, F.O.Slate, and A.H.Nilson, *Journal of the American Concrete Institute*, Vol. 78, No. 3, pp. 179-186 (1981), (b) 순수 시멘트 풀 [M.N. Abou-Zeid, *Microstructural Analysis of Cement Paste in Compression*, Ph.D. Thesis, University of Kansas, Lawrence (1994).]

발생한다. 거시적으로 보아서 콘크리트에서 파괴는 상당히 넓은 영역에 걸쳐서 분포한다. 이것은 시편의 크기에 비해서 굵은골재가 크기 때문이다. 반면에, 시멘트 풀 시편에서 거시적인 파괴 영역은 훨씬 더 국부적이고 몇 개의 종방향 균열로 이루어진다.

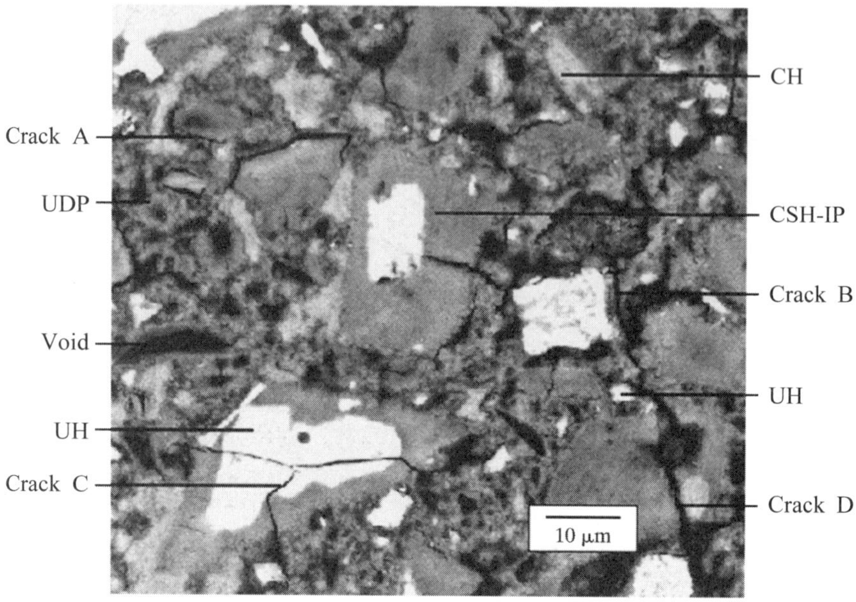

(a)

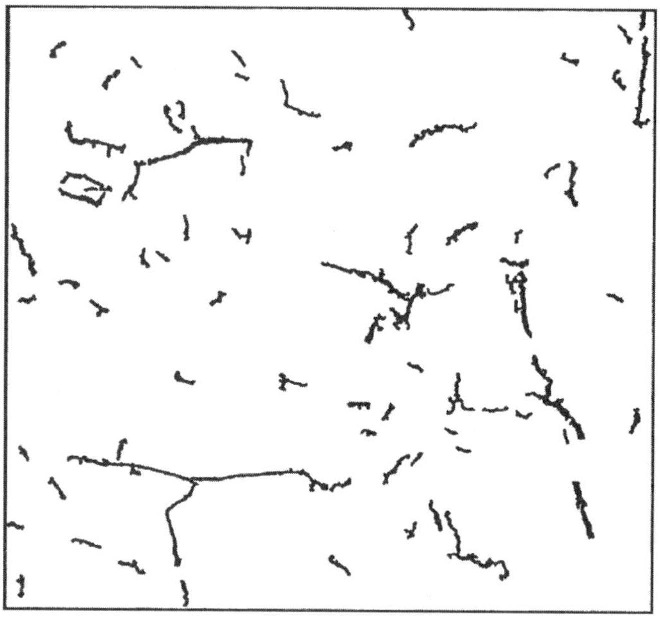

(b)

그림 13.23
순수 시멘트 풀 속의 미세균열로 *w/c*=0.5이고 압축 변형률 0.006까지 재하: (a) 후방산란 전자(backscattered electron) 검출 이미지 (UH=수화되지 않은 시멘트, CSH-IP=내부 생성물(inner product); (b) 균열 그림. (D.Darwin, M.N.Abou-Zeid, and K.Ketcham, *Cement and Concrete Research*, Vol. 25, No. 3, pp. 605-616 (1995).]

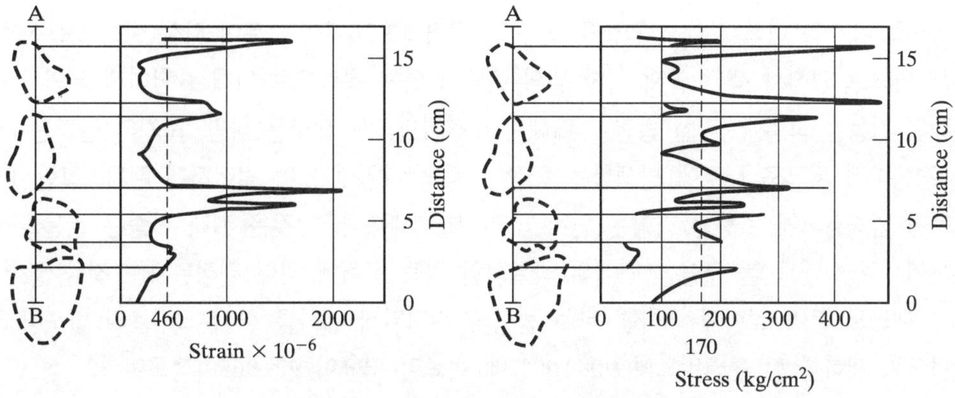

그림 13.24
일축 압축을 받는 콘크리트 시편 내의 모르타르와 골재 영역에서의 변형률 및 응력의 분포. 점선이 평균값을 나타낸다. 굵은 점선은 골재 입자를 표시한 것이다. [P.Dantu, *Annales de L'Institut Technique du Bâtiment et des Travaus Publics*, Vol. 11, No. 121, pp. 55-77 (1958).]

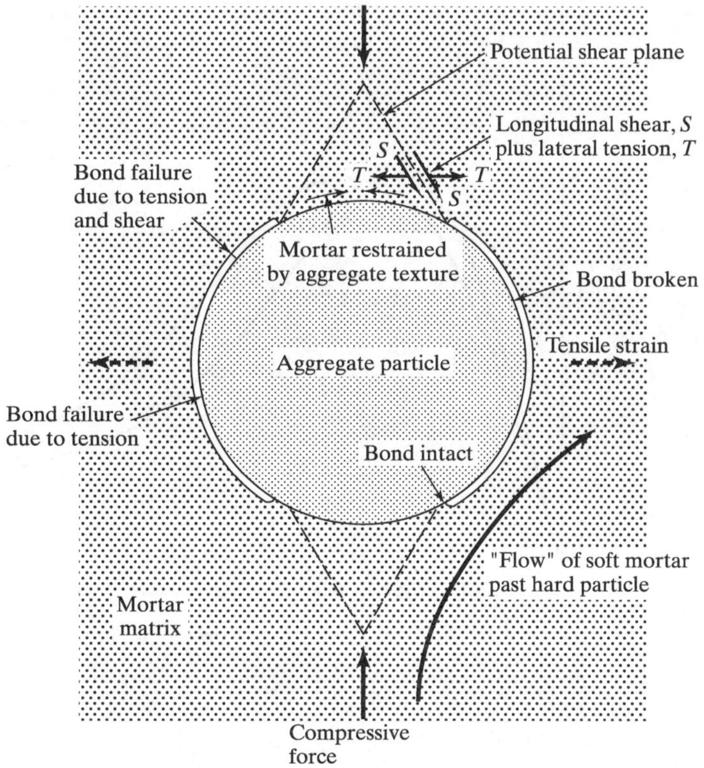

그림 13.25
골재 입자 주변의 응력을 이상화한 그림.
[G.W.D.Vile, *The Structure of Concrete*, ed. A.E.Brooks and K.Newman, Cement and Concrete Asosciation, London, pp. 275-288 (1968).]

콘크리트의 일축 압축 거동은 재료 특성에 의해서 영향을 받지만 타설 방향을 기준으로 어느 방향으로 재하를 하느냐 에도 영향을 받는다. 그림 13.26에서 보듯이 타설 방향으로 재하를 하면 블리딩으로 인해서 생긴 골재 입자 밑의 공극이 압축 응력으로 인해서 닫히게 되면서 좀 더 연성적인 거동을 보인다. 타설 방향에 대해서 수직방향으로 재하를 하면, 초기의 결함은 재하 방향과 평행하게 되므로 내부에 발생하는 인장 응력으로 인해서 더 벌어지게 된다. 그림 13.26에서 보듯이 압축강도에 미치는 영향은 단지 몇 %에 불과하다. 이것은 최대 하중은 굵은골재와 닿는 부분에서의 시멘트 풀 구성성분 내의 국부적인 압축 응력에 의해 결정된다는 것을 말해준다. 그러나 대규모 코어 실험에 의하면 타설 방향과 수직되게 재하를 한 콘크리트의 압축강도는 타설 방향으로 재하를 한 콘크리트의 90~100%에 이르며 평균이 92~96% 정도이다.

계면변화영역의 강도가 압축강도에 미치는 영향은 인장 거동에 미치는 영향보다는 작지만 무시할 수는 없다. 그림 13.27에서 ITZ가 압축강도에 미치는 영향을 볼 수 있다. 그림 13.27a는 굵은골재 입자 표면을 얇은 플라스틱 층으로 씌운 후 실험을 수행한 결과이다. 코팅은 골재 입자

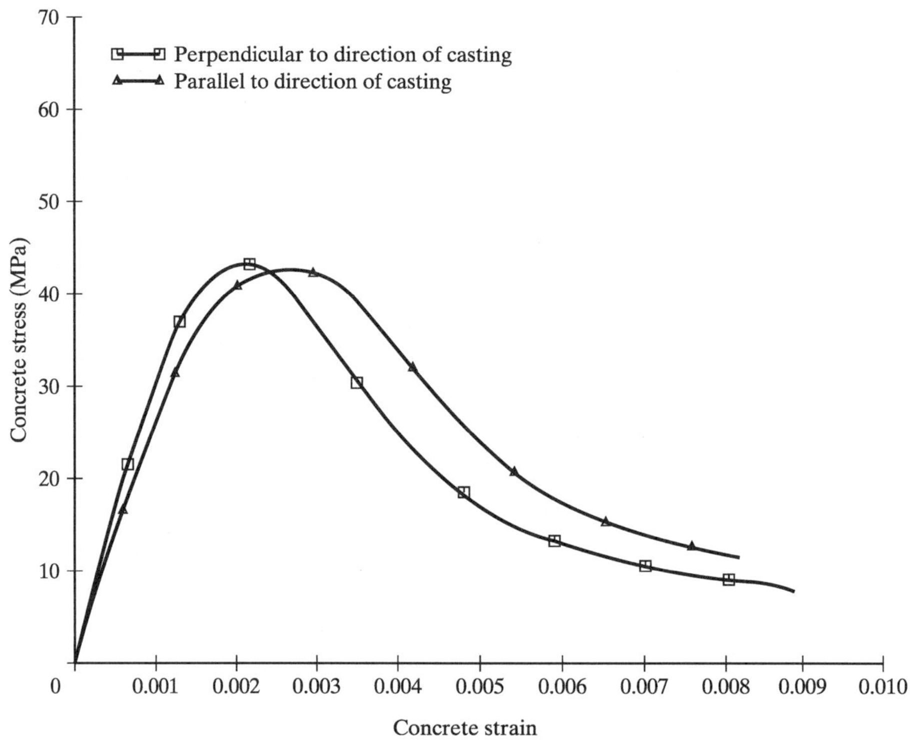

그림 13.26
초기 이방성이 일축 압축 응력-변형률 곡선에 미치는 영향. [J.G.M. van Mier, *Strain-Softening of Concrete Under Multiaxial Loading Conditions*, Eindhoven University of Technology, Eindhoven, The Netherlands, (1984).]

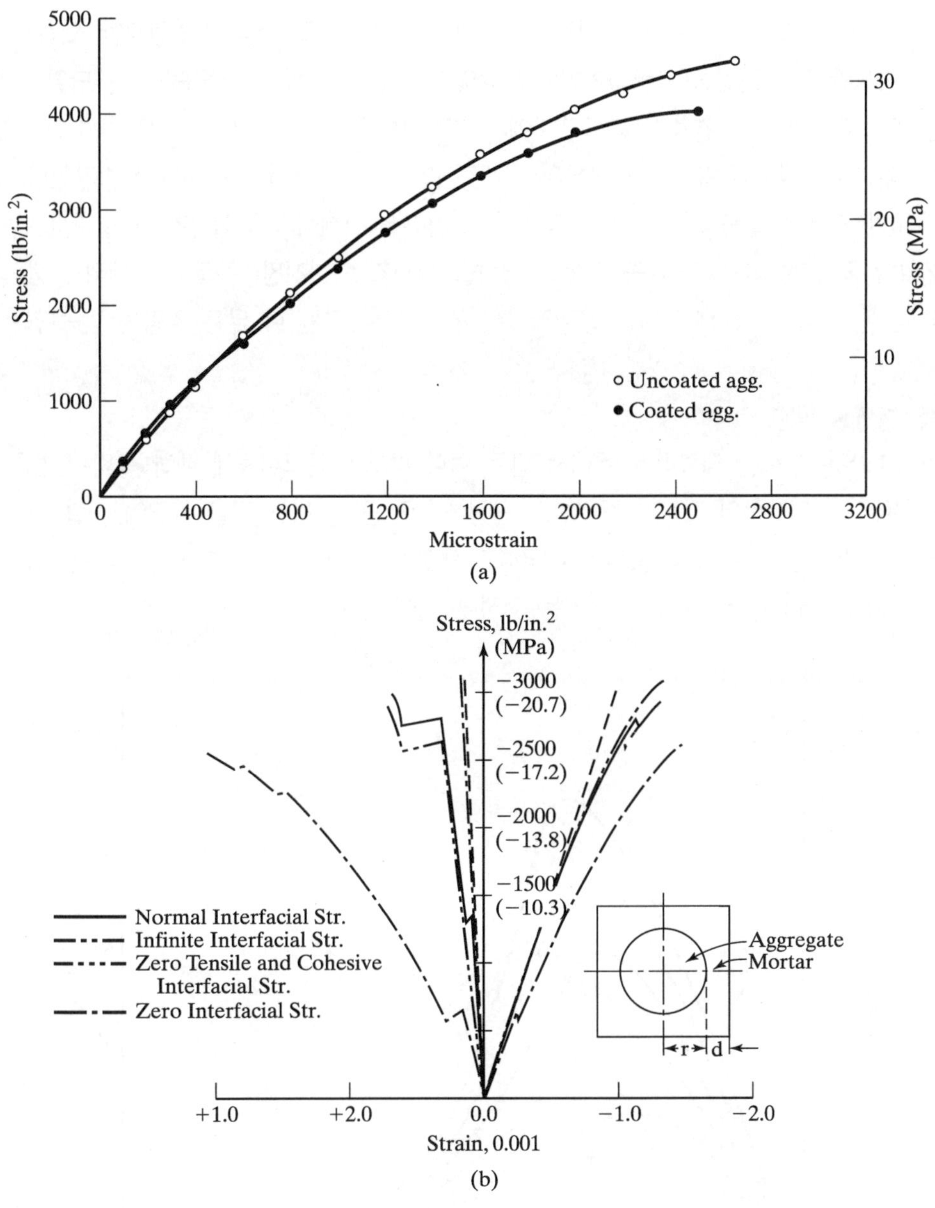

그림 13.27

(a) 일반 골재와 코팅 처리한 골재를 각각 사용해서 얻은 콘크리트의 응력-변형률 곡선. [D.Darwin and F.O.Slate, *Journal of Materials*, ASTM, Vol. 5, No. 1, pp. 86-98 (1970).] (b) 유한요소해석으로 구한 모르타르-골재 간의 부착강도의 크기에 따른 콘크리트의 응력-변형률 곡선. [A. Maher and D. Darwin, *Proceedings, First International Conference on mathematical Modeling*, St. Louis, Vol. III, p. 1705-1714 (1977).]

의 탄성계수에는 거의 영향을 미치지 않지만 시멘트 풀과 골재의 경계에서 부착 강도를 현저하게 떨어뜨린다. 그림에서 보듯이 시멘트 풀-골재 사이의 강도가 많이 줄었지만 압축강도는 단지 10% 정도만 줄어들었다. 그림 13.27b에 요약되어 있는 해석적인 연구에서는 단일 골재 입자와 주변 모르타르 사이의 경계층 강도가 0에서부터 완벽한 부착에 이르기까지 변화한다. 완벽한 부착의 경우엔 모델의 압축강도가 보통의 경계층 강도와 비교해서 단지 4%만 증가했다. 경계층 강도가 0인 경우엔 압축강도가 11% 정도만 감소했다. 전체적으로 볼 때 이 결과가 말하는 것은 ITZ의 강도가 콘크리트의 압축 거동에 영향을 미치기는 하지만, 콘크리트 내의 시멘트 풀과 골재의 성질, 그리고 복합재료의 비균질적 특성에 의해서 훨씬 더 많은 영향을 받는다는 것이다.

응력-변형률 곡선

그림 13.28은 유사한 재료를 사용해서 만든 여러 강도의 콘크리트에 대한 응력-변형률 곡선이다. 13.2절에서 설명했듯이 강도가 증가하면 탄성계수도 증가한다는 것을 그림에서 알 수 있다. 또한 강도가 증가하면 최대 압축 응력에 해당하는 변형률도 따라서 증가하고, 응력-변형률 곡선의 하강 영역(descending branch) 기울기는 점점 더 급해진다.

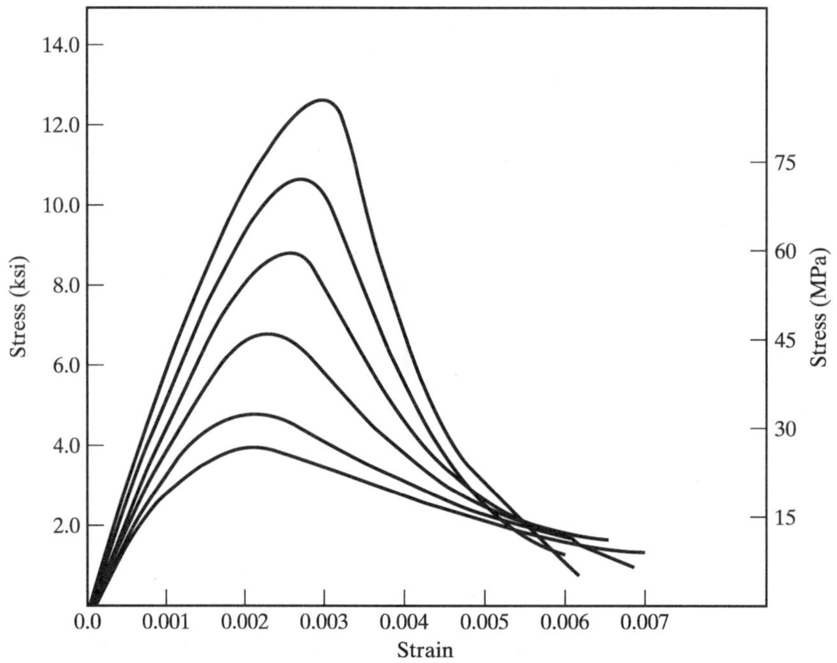

그림 13.28

여러 강도에 따른 콘크리트의 응력-변형률 곡선 [S.H. Ahmad and S.P. Shah, *Journal of the American Concrete Institute*, Vol. 82, No. 5, pp. 634-647 (1985).]

일반적인 비교적 강성이 낮은 시험 장비를 사용하면 콘크리트가 최대 하중에 도달하면 바로 압축 파괴가 일어나기 때문에 응력-변형률 곡선의 하강영역을 측정하는 것이 불가능하다. 하강영역은 강성이 높은 장비를 사용해야 구할 수 있다. 이 장비는 (1) 많은 양의 에너지를 흡수하여 시편이 최대 응력에 도달한 이후에 그 에너지를 시편에 되돌리지 않아야 하고, (2) 시편에서 오는 응력 제어가 아닌 변형률 제어 피드백 신호에 반응하여 하중을 감소시킬 수 있어야 한다 (closed-loop test).

같은 물-시멘트비를 가진 콘크리트와 시멘트 풀의 응력-변형률 곡선 모양을 비교해 보는 것은 도움이 된다. 그림 13.29는 *w/c*비 0.5와 0.7에 대한 시멘트 풀과 콘크리트의 응력-변형률 곡선이다. 이 그림에서 응력은 강도를 기준으로 정규화한 것이다. 이 곡선에서 보면 콘크리트보다는 시멘트 풀이 훨씬 더 연성적인 거동을 보이고, 높은 응력에 해당하는 영역도 더 넓다. 그러나 콘크리트와는 다르게 시멘트 풀의 경우엔 *w/c*비가 낮아지고 강도가 높아지면 최고 응력에 해당하는 변형률의 크기는 감소한다. 콘크리트와 시멘트 풀의 거동이 서로 차이가 나는 것은 이 절의 앞부분에서 설명한 여러 요인 때문이다. 즉, 골재 입자 주변에서의 높은 응력 집중으로 인해서 콘크리트에 가해진 응력보다 훨씬 더 높은 응력이 시멘트 풀의 일부에서 발생하며, 또한 콘크리트가 더 균일하지 않기 때문에 횡방향 인장응력이 더 크다.

미세균열의 형성은 압축을 받는 콘크리트의 횡방향 변형률 및 체적 변형률에 큰 영향을 미친다. 모르타르에 미세균열이 발생하는 시점과 포아송비가 크게 증가하는 시점이 일치한다. 이는 그림 13.30에서 응력 σ_A 이상에서 ε_3대 ε_1의 비가 빠르게 증가하는데서 볼 수 있다. 모르타르에 미세균열이 형성되면 압축을 받는 콘크리트의 체적도 증가하기 시작한다. 물론 이것은 균열이 크게 증가하기 때문이다. 이러한 거동은 역시 콘크리트의 복합재료적인 성질과 밀접한 관련이 있다고 할 수 있다. 굳은 시멘트 풀에만 압축을 가해보면 파괴가 일어날 때까지 부피가 계속해서 감소한다.

13.5 반복하중 (Cyclic Loading)

인장이든 압축이든 콘크리트에 반복하중을 가하면, 각 주기(cycle)가 반복될 때마다 콘크리트에 추가적인 변형률 및 변위가 누적된다. 그림 13.31a는 압축강도의 67.5%에 해당하는 최대 응력을 가한 콘크리트의 응력-변형률 곡선의 일부분이다. 그림 13.31b는 반복하중을 가할 때에 매 5회 째의 최대 하중을 다른 하중보다 더 증가시킨 실험을 통해서 하중과 균열 개구 변위(crack mouth opening displacement; CMOD) 거동 사이의 관계를 구한 것이다.

반복 압축 하중을 가하면 응력-변형률 곡선의 모양이 바뀌는데, 그림 13.31a에서 볼 수 있듯이 처음에는 아래쪽으로 오목한 모양이지만 이는 위쪽으로 오목한 모양으로 변한다. 이렇게 되면

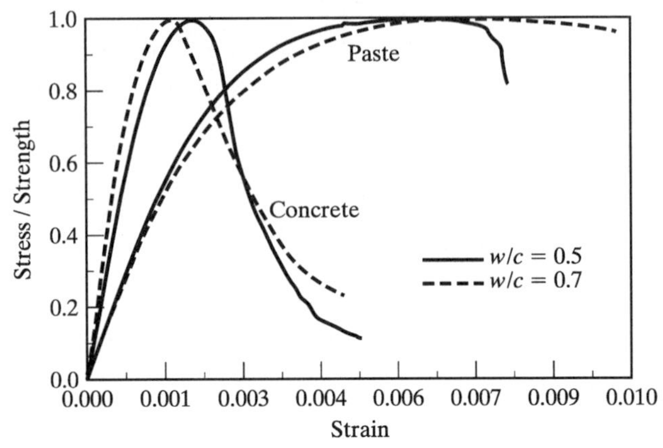

그림 13.29
같은 *w/c*비를 가진 콘크리트와 순수 시멘트 풀에 대한 정규화된 응력-변형률 곡선. [J.L. Martin, D. Darwin, and R.E. Terry, *SM Report*, No. 31, University of Kansas Center for Research (1991).]

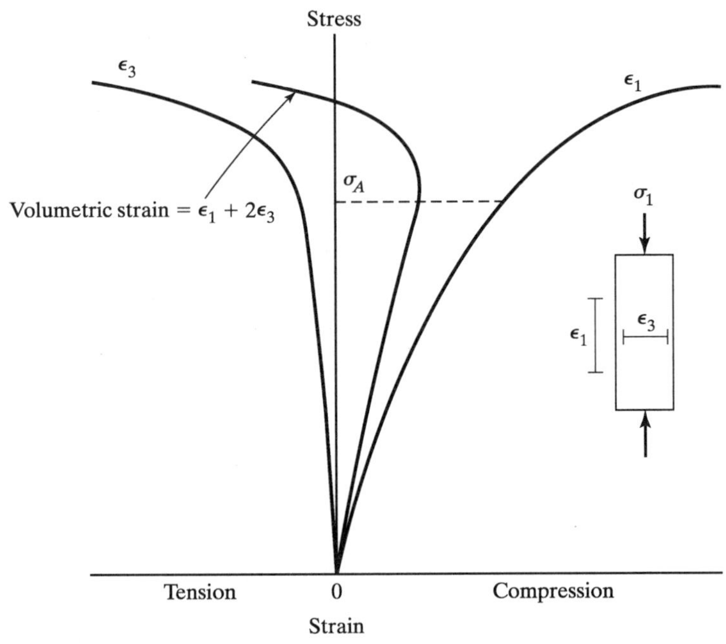

그림 13.30
일축 압축을 받는 일반적인 콘크리트에 대한 응력-변형률 곡선. [K. Newman and J.B. Newman, *Structure, Solid Mechanics, and Engineering Design*, ed. M. Te'eni, John Wiley and Sons, Limited, pp. 963-995 (1971).]

그림 13.32a에서 보듯이 할선 탄성계수가 줄어든다(반복 응력 및 변형률의 최대 값에 따라서). 변형률은 그림 13.32b에서 보듯이 초기 주기에서 빠르게 누적되고, 중간 단계의 주기에서는 느려

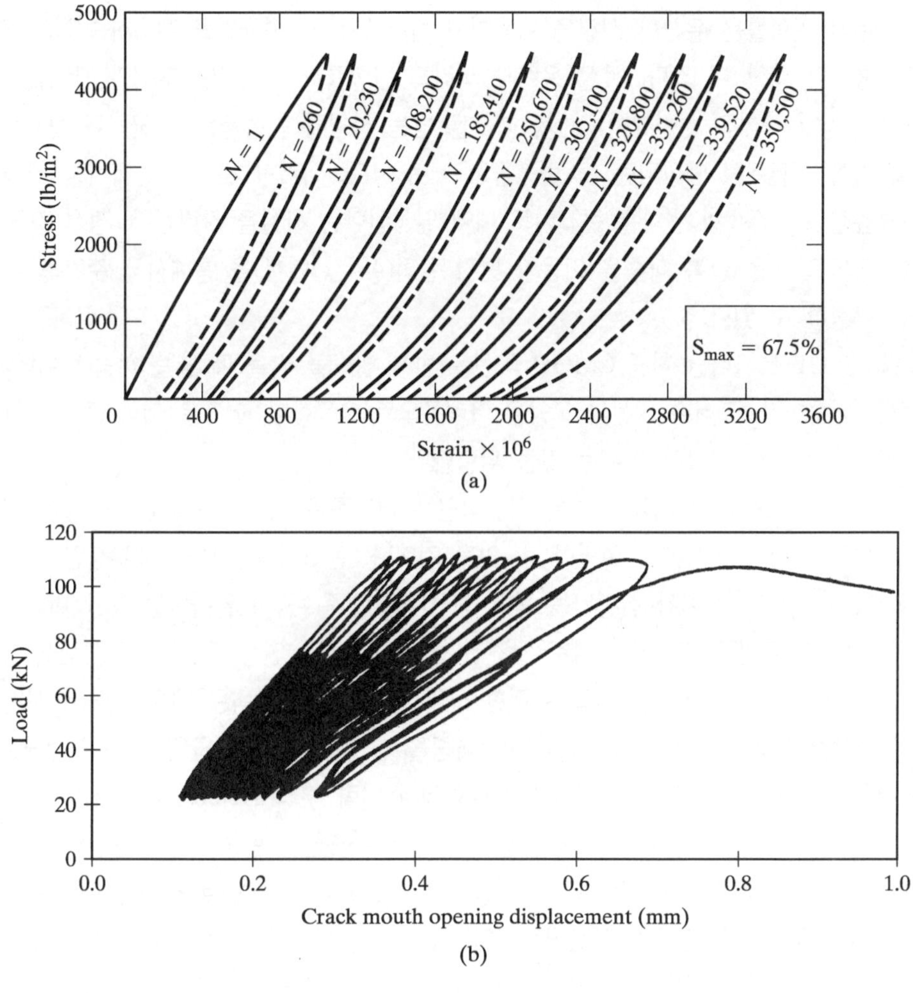

그림 13.31
(a)반복 회수에 따른 압축 응력-변형률 곡선의 변화. [E.W. Bennett and M.K. Razu, *Structure, Solid and Mechanics, and Engineering Design*, Part 2, ed. M. Te'eni, John Wiley and Sons, Limited, pp. 1089-1102 (1971).] (b) 반복하중을 가한 파괴 시편에서 하중과 균열 개구부 변위(crack mouth opening displacement)의 관계. [V. Slowik, G.A. Plizzari, and V.E. Saouma, *ACI Materials Journal*, Vol. 93, No. 3, pp. 272-283 (1996).]

지다가, 파괴 직전의 최종 주기 동안에는 다시 빠르게 증가한다. 압축 응력 주기가 증가함에 따른 응력-변형률 곡선의 모양은, 횡방향 미세균열(across microcracks)과 같은 내부의 면이 초기 주기하중에서는 서로 접해 있다가 후속 주기하중에서의 재하 구간 동안 점점 더 분리된다는 사실을 가리키고 있다. 후속 주기에서 하중이 증가하면, 이러한 면들이 더 많이 접하게 되어 콘크리트의 강성이 더 증가한다(그리고 응력-변형률 곡선의 경사는 급해진다). 반복 압축 하중을 가한 경우의 누적 변형률은 유사한 시편을 이용해서 반복 하중의 평균값을 지속하중으로 재하해서 얻은 변형률보다 항상 더 크다. 사실 응력과 크리프 변형률 사이의 비선형적인 관계를 고려하더라도(높은 응력이 가해진 시편에서), 반복 하중을 받는 시편의 변형률은 (평균보다 큰) 등가의 지속 응력을 가한 시편에서 예상되는 총 변형률보다 더 크다. 이러한 사실은 반복하중 자체가 손상과 점성 흐름같은 구조적인 변화를 콘크리트 내에 일으킨다는 사실을 가리킨다. 정적 강도의 40%에 불과할 정도로 작은 반복 하중을 이용한 단기 실험(4시간 이하)을 통해서도 추가로 발생하는 변형률을 측정할 수 있다.

그림 13.31b에 나타난 하중-CMOD 곡선은 반복 압축을 받을 때 얻는 하중-변위 곡선과 일반적으로는 비슷하다. 그러나 곡선의 모양은 아래쪽으로 오목한데, 이것은 제하 중에는 균열이 닫힌 채로 균열면이 서로 맞닿아 있다는 것을 의미한다.

반복하중을 받을 때 파괴에 관련된 근본적인 메커니즘은 이 장의 앞에서 설명한 응력 집중과 파괴 역학의 개념을 이용해서 설명할 수 있을 것이다. 콘크리트는 여러 내부적인 결함과 균열을 가지고 있는데, 이는 수화가 진행되는 동안 형성되고 건조수축이 일어나는 동안 더욱 광범위해진 것이다. 이러한 균열은 ITZ에서 자주 발견된다. 콘크리트가 인장 혹은 압축을 받으면, 콘크리트 내의 공칭 응력은 상당히 낮더라도, 이러한 균열 선단에서의 응력은 매우 커져서 시멘트 풀이나 ITZ의 점착강도보다 더 커질 수 있다. 반복하중을 받을 때 이러한 균열은 더 진전될 것이다. 이러한 내용은 그림 13.31에서 두 반복하중 실험에서 이력 루프(hysteresis loop)를 통해서 보여주었다. 하중-변위 곡선에서 각 루프 안의 면적은 회복되지 않는 변형 에너지를 나타내는데, 일부는 균열면에서의 미끄러짐에 해당하고 다른 일부는 균열을 확장하는데 사용된 에너지에 해당한다. 그림 13.31에서 볼 수 있듯이 처음에는 하중 주기가 진행되면서 이력 루프 안의 면적이 감소하다가 파괴가 일어나기 전에 증가하기 시작한다. 처음에는 균열이 진전이 느리고, 또한 점성 흐름도 있을 것이다. 골재와 상호작용하는 미세균열의 발전은 형성되는 더 큰 균열을 안정화하는 경향이 있다. 그러나 반복하중에 의해서 공급되는 에너지로 인해서 결국 균열 선단에서의 손상이 증가하게 되고, 균열은 파괴가 일어날 때까지 계속 진전하게 된다.

피로

피로(fatigue)는 한 번 가해서는 파괴가 일어나기엔 부족한 하중을 반복적으로 가해서 재료에 파괴를 일으킬 수 있는 현상을 말한다. 바로 앞에서 설명한 바와 같이, 반복하중을 받을 때는 콘크리트 내에 점진적이고 영구적인 구조적 변화가 일어난다는 것을 의미한다. 피로 손상(fatigue damage)이라고 부를 수 있는 이러한 변화는 미세균열의 진전 및 점성 흐름(혹은 크리프)과 관련

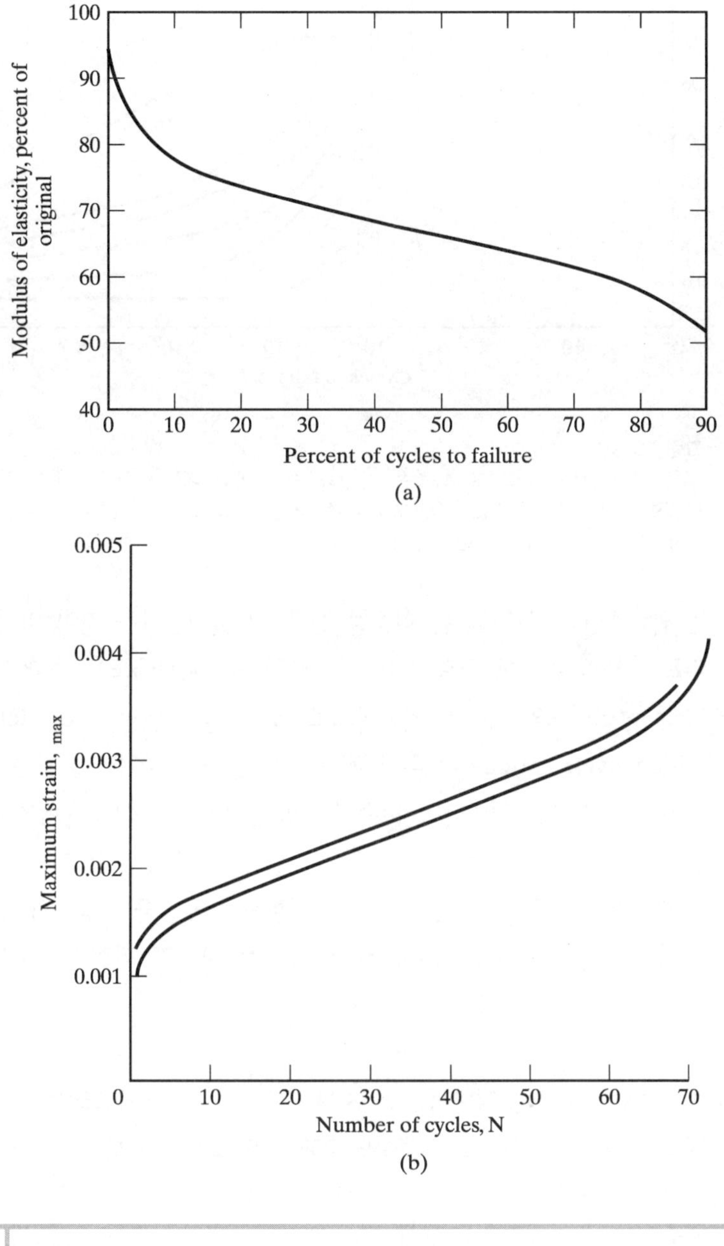

그림 13.32
(a) 반복 하중에 따른 할선 탄성계수의 감소. [D.A. Linger and H.A. Gillespie, "A Study of the Mechanism of Concrete Fatigue and Fracture," *Highway Research News*, No. 22, pp. 40-51, (February 1966). Highway Research Board, National Research Council, Washington, D.C.] (b) 모르타르에 반복 압축 하중을 가할 때 최대 변형률 값의 변화 추이. [A. Maher and D. Darwin, SM Report No. 5, University of Kansas Center for Research (1980).]

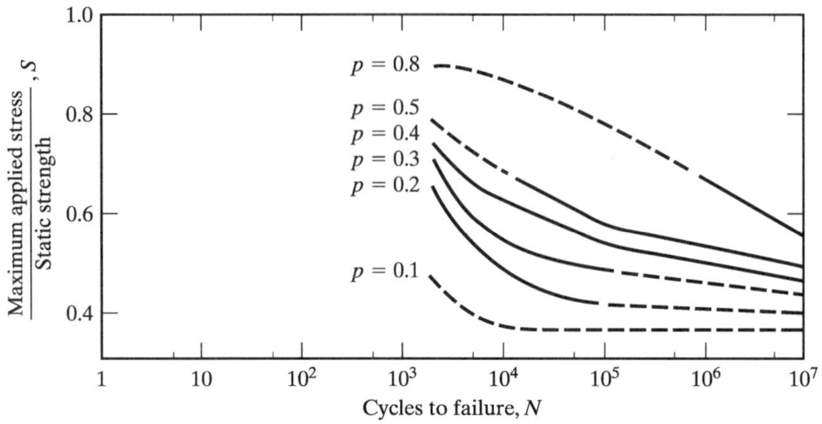

그림 13.33
무근 콘크리트에 반복 휨 하중을 가했을 경우 파괴 확률에 따른 피로 곡선의 일반적인 형태. [J.T. McCall, *Journal of the American Concrete Institute*, Vol. 55, No. 2, pp. 233-245 (1958).]

이 있다. 피로는 압축, 인장, 그리고 휨 하중을 받을 때 발생한다는 것이 알려져왔다. 금속과 마찬가지로 콘크리트도 정적 강도에 영향을 미치는 요인들이 피로에도 비슷한 영향을 미친다.

반복하중을 받는 콘크리트의 거동은 일반적으로 저주기 피로(low cycle fatigue)에 의한 거동과 고주기 피로(high cycle fatigue)에 의한 거동으로 분리한다. 이러한 구분은 사실적이라기 보다는 실용적인 구분 방법이다. 왜냐하면 저주기 피로는 비교적 높은 응력에서 발생하고 고주기 피로는 낮은 응력에서 발생하기 때문이다. 저주기 피로는 지진에 의한 하중과 같이 주요한 외력에 의해서 발생하는 하중을 말하며, 반면에 고주기 피로는 구조물의 생애에 걸쳐서 작용하는 주기에 의한 재료 거동을 말한다. ACI Committee 215는 고주기 피로를 100회 이상이 가해져야 파괴가 일어나는 하중으로 정의하고 있다.

피로 강도 피로에 관한 자료는 일반적으로 'S-N 곡선'을 이용해서 표현한다. 이것은 반복 응력 S(응력비 즉, 정적 강도에 대한 비로 표현)와 파괴를 일으키는 반복 횟수(대수(logarithm)로 표현) N 사이의 관계 그래프이다. 대부분의 금속과는 달리 콘크리트는 하중의 반복 횟수가 적어도 10^7까지는 피로한계(fatigue limit)를 보이지 않는다. 즉, S-N 곡선이 수평이 되지 않는다. 피로 강도(fatigue strength)는 주어진 반복 횟수에서 파괴를 일으키는 응력을 말한다. 반복 횟수 10^7에서는 피로 강도는 정적 강도의 55% 정도이다. 이는 압축, 인장, 휨 모두에서 그렇다. 그러나 하나의 S-N 곡선으로 피로 거동을 설명하는 것은 부적절하다; 콘크리트의 피로 실험 결과에서 볼 수 있는 심한 편차도 고려해야 한다. 따라서 그림 13.33에 보인 것처럼 피로 데이터를 파괴

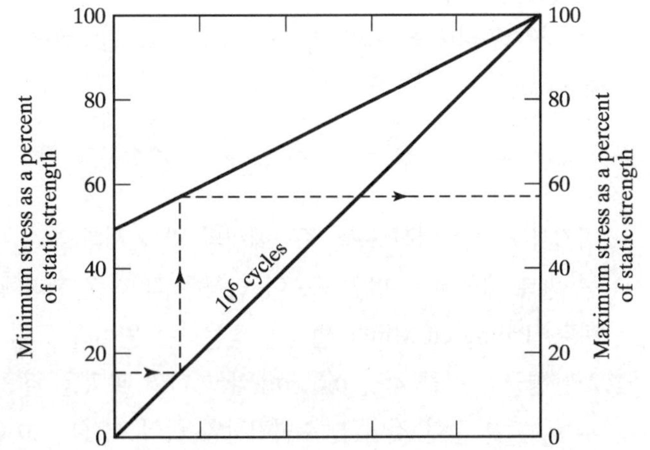

그림 13.34
인장, 압축, 휨을 받을 때 무근 콘크리트의 피로 강도.
[ACI Committee 215, "Considerations for Design of Concrete Structures Subjected to Fatigue Loading (ACI 215R-74) (Revised 1992)," *ACI Manual of Concrete Practice*, Part 1, American Concrete Institute, Farmington Hills, MI (2001).]

확률, p로 나타내는 것이 훨씬 더 유용하다. 일반적인 S-N 곡선은 p=0.5에 해당한다.

정적 강도의 약 75% 이하의 응력에서는 피로 강도는 하중의 종류에 무관할 뿐만 아니라 구체적인 배합비에도 무관한 듯이 보인다. 시멘트, 모르타르, 그리고 콘크리트는 S-N 곡선이 대략 같으며, 재령, w/c비, 골재, 공기량이 달라져도 크게 바뀌지 않는다. 응력이 정적 강도의 75%를 넘으면 (저주기 피로에 해당), 시멘트 풀의 피로 수명은 같은 w/c비의 모르타르나 콘크리트보다 더 길다.

구체적인 배합비에는 민감하지 않지만 반복 응력의 범위(응력의 최고값과 최저값의 차이)에는 매우 민감하다. 응력의 범위가 작아지면 일정 피로 수명 동안 받을 수 있는 응력의 최고값은 증가한다. 이것이 그림 13.34에 표현되어 있으며, ACI Committee 215는 이것을 인장 및 압축을 받는 무근 콘크리트의 설계에 사용하도록 추천하고 있다. 이 그림으로 주어진 최소 응력에 대해서 반복 재하 횟수 10^6에서 콘크리트가 견딜 수 있는 응력의 최대 값을 구할 수 있다. 최소 응력이 0이면 반복 횟수 10^6에 해당하는 최대 응력(따라서 전체 응력 범위)은 정적 강도, f_c'의 50% 정도이다. 최소 응력이 증가할수록(응력의 범위 감소), 최대 응력은 증가한다. 그림에서 보인 예에서 반복 횟수 10^6에서 최소 응력이 0에서 $0.15f_c'$로 증가하면, 응력의 범위는 $0.425f_c'$, 그리고 최대 응력은 $0.575f_c'$가 된다.

최대 응력이 정적 강도의 약 75% 이하인 한, 반복 하중의 진동수는 피로 강도에 거의 영향을 미치지 않는다. 이보다 더 높은 응력에서는 변형률 속도(즉, 재하속도)가 빨라지면 피로 강도도 커지고, 반복 재하 속도가 느려지면 크리프의 영향으로 피로 강도가 작아진다.

재하 이력 재하 이력(loading history)은 높은 응력범위 및 낮은 응력 범위 모두에서 피로 강도에 영향을 미친다. 고주기 피로에서는 근사적인 값을 구하는데 Palmgren-Miner 법칙을 이용하는 것이 편리하다. 이에 의하면 다음 식을 만족하면 파괴가 일어난다.

$$\sum_i \frac{n_i}{N_i} = 1 \tag{13.20}$$

여기서 n_i는 주어진 응력 조건에서의 반복 재하 횟수, 그리고 N_i는 같은 조건에서 파괴를 일으키는 반복 재하 횟수이다. 즉, 이 법칙은 각 하중 재하에 의한 손상이 선형적으로 누적된다고 가정한다. Palmgren-Miner 법칙을 적용하는 방법을 그림 13.35를 통해서 설명한다. 재하 조건 1과 2의 평균 응력을 각각 σ_{m1}, σ_{m2}라고 하면 파괴를 일으키는 수명기간(life fraction)의 합은 n_1/N_1과 n_2/N_2를 합한 것이다. 수명기간의 합이 식 (13.20)을 만족하면 파괴가 일어난다. 이러한 가설은 항상 안전측 결과를 주는 것은 아니므로 사용에 주의를 기울여야 한다.

Palmgren-Miner법칙은 하중 이력에 의한 영향을 설명할 수 없다. 예를 들어 피로 시험 중간

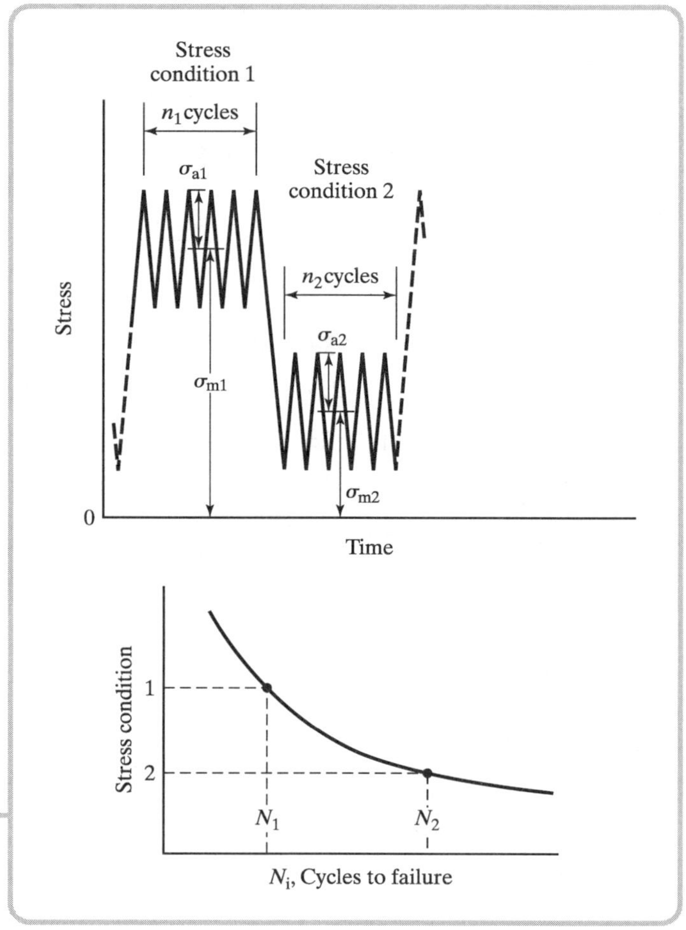

그림 13.35
하중 조건이 변하는 경우 재료의 피로 파괴를 예측하는데 적용된 Palmgren-Miner 법칙

에 잦은 휴지기가 있으면 피로 강도가 증가한다는 것이 밝혀졌다. 이러한 효과가 일어나는 휴지기의 길이는 최고 5분까지이다. 그림 13.36에서 이러한 효과를 볼 수 있는데, 이 그림은 반복 재하 횟수 매 4,500회마다 서로 다른 휴지기의 기간을 적용해서 얻은 것이다. 휴지기간 동안에는 반복 하중 크기 중 하한값을 유지한다. 이러한 효과는 아마 휴지기간 동안에 응력 이완(relaxation)이 일어나기 때문일 것이다. 고주기 응력을 잠시 가한 뒤 낮은 응력을 가해서 파괴에 도달하게 하면, 낮은 응력을 계속 가한 경우보다 피로 수명이 훨씬 더 증가한다.

또한 단조하중(monotonic loading)이나 피로 한계 이하의 반복 하중(즉, 반복 횟수가 10^7을 넘어야 파괴를 일으키는 하중보다 더 작은 하중)에서는 피로 및 정적 강도가 5~15% 정도 증가하는 경향이 있는데, 구조가 치밀해지면서 그렇게 되는 것으로 보인다. 연구에 따르면 이러한 이점을 볼 수 있는 반복 하중의 최대 값은 정적 강도의 40%이다. 그림 13.31b의 파괴 시편에 가해진 하중처럼 주기적으로 높은 하중을 가해주면 손상의 속도는 더 빨라지고 피로 수명은 짧아진다. 그림 13.31b의 경우에서 보면 높은 하중이 반복적으로 가해진 이후에는 시편의 컴플라이언스(compliance)가 훨씬 빠르게 증가하였다.

응력 구배도 피로 수명에 큰 영향을 미친다는 것이 밝혀졌다. 균일하지 않은 응력을 가한 보 시편의 피로 강도는 균일한 응력을 가한 시편의 피로 강도와 비교해서 15% 정도 더 높다. 유사한 효과가 정적 재하에서도 발생하는데, 편심 하중은 미세균열의 진전을 더디게 만든다. 또한 횡방향 구속압을 가하면 피로 강도가 증가한다는 것도 밝혀졌다.

13.6 다축 응력 상태 (Multiaxial States of Stress)

지금까지는 주로 일축 인장 혹은 압축 응력이 가해질 때의 콘크리트의 거동을 중심으로 설명했다. 그러나 실제로는 콘크리트에 일축 응력만 가해지는 경우는 드물며 일반적으로 압축, 인장, 그

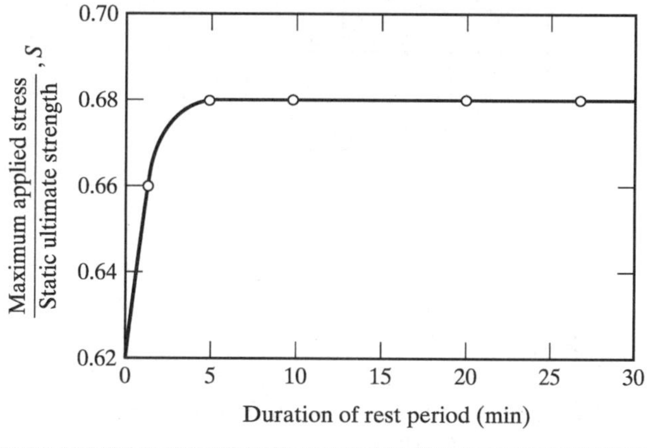

그림 13.36
천만번 반복 횟수에서 휴지기간(rest period)이 피로 강도에 미치는 영향 [H.K. Hilsdorf and C.E. Kesler, *Journal of the American Concrete Institute*, Vol. 63, No. 10, pp. 1059-1076 (1966).]

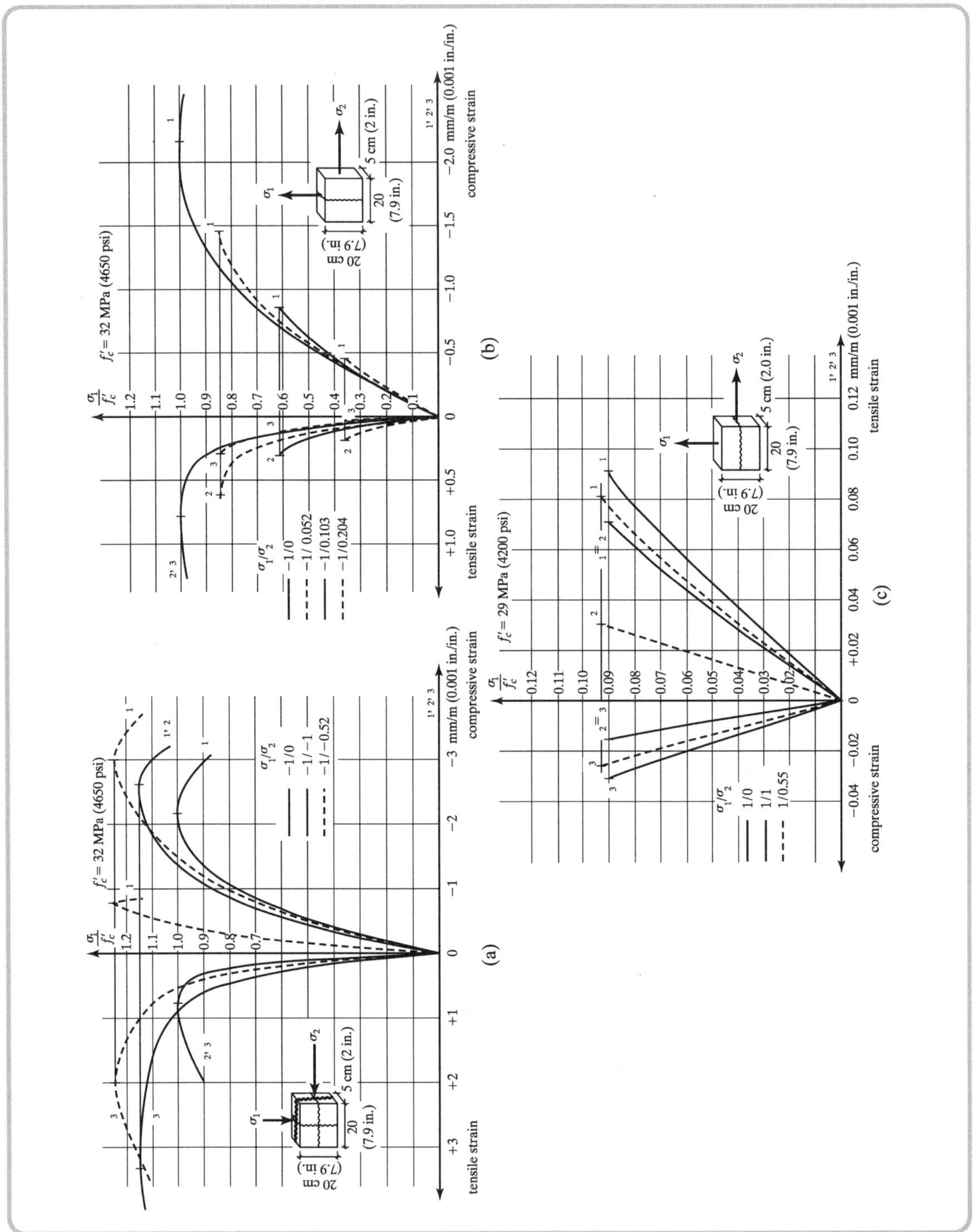

그림 13.37

(a) 이축 압축, (b) 인장 및 압축, 그리고 (c) 이축 인장이 작용할 때 콘크리트의 응력-변형률 관계 [H. Kupfer, H.K. Hilsdorf, and H. Rusch, *Journal of the American Concrete Institute*, Vol. 66, No. 8, pp. 656-666 (1969).]

리고 전단 응력이 동시에 작용한다. 불행하게도 이런 복합적인 응력이 작용하는 경우에서의 콘크리트의 거동은 아직 완전히 밝혀지지 않았다. 따라서 몇몇 실험적 혹은 이론적 파괴 기준이 제안되기는 했으나, 보편적으로 인정되는 콘크리트 파괴 기준은 아직 개발되지 않았다. 다축 응력을 받을 때 무근 콘크리트의 거동에 관한 대부분의 연구는 주응력 축이 고정된 실험을 기준으로 하고 있다.

이축 재하

이축 재하 실험 중에 가장 유용한 것은 콘크리트 판이나 각주(prism) 시편을 이용해서 서로 직각인 면에 하중을 가한 실험이다. 재하판과 시편 사이에는 마찰로 인해서 횡방향 구속이 발생하게 되는데, 이를 감소시키기 위해서 솔형 재하판(이 장의 앞부분 참조)을 사용한다. Kupfer, Hilsdorf, 그리고 Rüsch가 수행한 고전적인 연구가 가장 유용한 결과 중 하나이다. 그림 13.37a는 각각 이축 압축, 인장-압축, 이축 인장에 대한 콘크리트의 응력-변형률 곡선을 나타낸 것이다. 그림 13.38은 이축 응력 상태에서 콘크리트의 전체적인 강도를 표시한 것으로, 강도의 범위는 18.6~57.6 MPa이다.

그림 13.37a에서 보듯이 이축 압축 응력을 가하면 최대 응력에 해당하는 변형률이 증가한다.

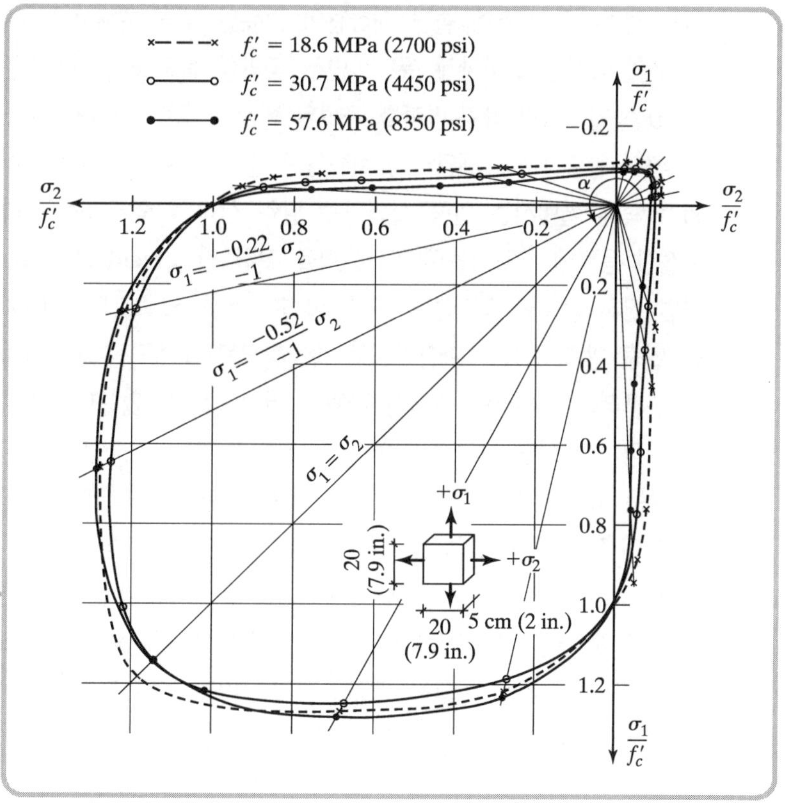

그림 13.38
콘크리트의 이축 강도. [H. Kupfer, H.K. Hilsdorf, and H. Rüsch, *Journal of the American Concrete Institute*, Vol. 66, No. 8, pp. 656-666 (1969).]

강도는 이축 강도비가 약 0.5에서 가장 큰 값을 보이며(그림 13.38), 이축 압축 응력이 비슷해질수록 감소한다. 이축 압축-인장에서는 그림 13.37b에서 보듯이 인장 응력(σ_2)과 압축 응력(σ_1)의 비가 증가할수록(부호를 고려함), 최대 압축 및 인장 응력에 해당하는 변형률과 더불어 강도는 감소한다. 이축 인장(그림 13.37c)에서 콘크리트의 인장강도는 다축 응력 상태에 의해서 영향을 받지 않는다(그림 13.38 참조).

이 장의 앞부분에서 설명했듯이, 이축 응력을 받을 때 파괴 형태는 가해진 응력에 대한 콘크리트의 미시적인 반응과 관련이 있다. 이축 압축을 받을 때의 주된 파괴 형태는 인장이며, 이축 응력이 가해지는 면에 평행하게 균열이 발생한다. 인장-압축 응력을 받을 때 파괴로 연결되는 균열은 이축 응력이 작용하는 면에 직각이고 또한 주인장 응력 방향에 직각방향이다. 이축 인장을 받을 때는 주 인장 응력에 직각인 방향으로 균열이 형성되는데, 이축 인장 응력의 크기가 같을 경우엔 특별한 방향성을 보이지 않는다.

삼축 재하

철근 등의 보강에 의해서 구속된 콘크리트는 삼축 구속 상태에 놓이게 된다. 콘크리트의 삼축 실험은 주로 원주공시체를 이용하는데, 횡방향으로 구속압을 가하고 원주공시체의 축방향으로 주 압축응력을 가한다. 이러한 실험 중의 하나가 ASTM C 801에 설명되어 있다. 일부 삼축 실험에서는 입방체의 시편에 솔형 재하판이나 유압 막을 통해서 하중을 가한다.

구속 응력은 일정하게 유지하면서 축방향 응력을 증가시키는 삼축 압축 실험을 통해서 얻을 수 있는 일반적인 응력-변형률 곡선의 형태가 그림 13.39이다. 구속 응력이 증가할수록 압축강도 및 최대 압축응력에 해당하는 변형률은 증가한다. 일축 실험에서는 최대 압축응력 이후에는 응력이 빠르게 떨어지는 일축 실험과는 달리 삼축 압축에서는 응력-변형률 곡선의 하강영역이 거의 일정한 응력에 도달하는데, 이 응력을 잔류 강도(residual strength)라고 한다. 구속 응력이 증가하면 잔류 강도도 증가한다. 구속 압력이 일축 압축강도의 15%에 이르기까지는 주된 파괴 형태는 일축 압축 실험과 마찬가지로 종방향으로 쪼개지는 모양이다. 구속 응력이 커지면 손상은 고루 분포되고 국부적인 형태의 파괴가 거의 생기지 않는다. 그림 13.40은 전형적인 삼축 파괴 및 잔류 강도 곡선을 나타낸 것이다.

같은 *w/c*비에서는 골재량이 증가할수록 다축 압축 효과로 인한 강도 증가량은 더 커진다. 이것은 이축 및 삼축 압축 두 경우 모두 그렇다. 인장 및 압축 두 경우 모두에서 시멘트 풀보다는 콘크리트의 강도가 다축 응력 상태의 영향을 더 많이 받는다. 해석적인 연구에 따르면, 매트릭스(시멘트 풀 혹은 모르타르)가 이축 응력 상태에 영향을 받지 않도록 모델링하더라도, 골재를 추가하면 복합체의 강도는 그림 13.38 및 13.40에 보인 것과 같은 영향을 받는다. 다축 응력 상태에서 수행된 여러 실험에 따르면, 콘크리트의 압축 파괴는 시멘트 풀의 강도에 의해서 결정되고,

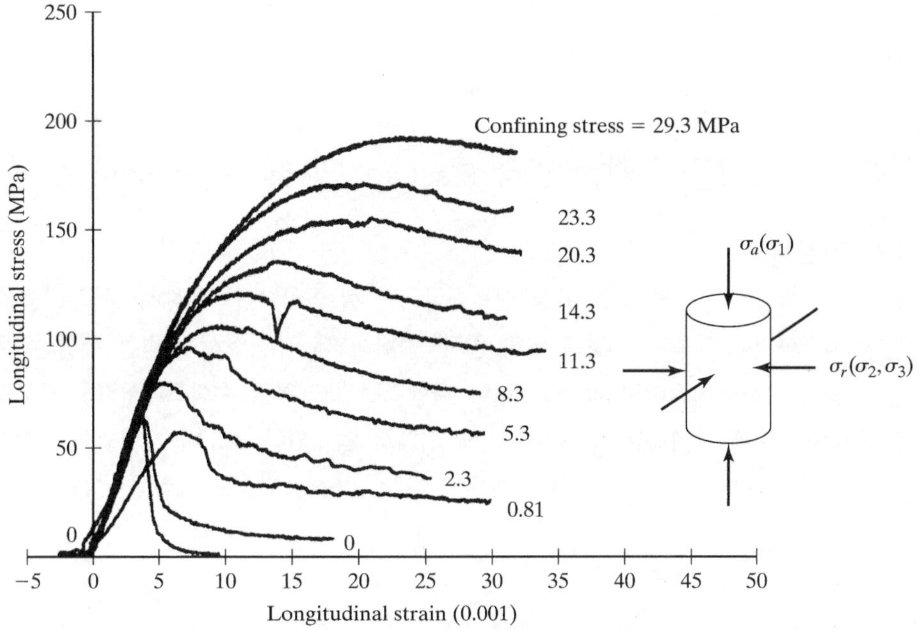

그림 13.39
삼축 압축을 받는 콘크리트에서 축방향 응력과 축방향 변형률의 관계 [J. Xie, A.E. Elwi, and J.G. MacGregor, *ACI Materials Journal*, Vol. 92, No. 2, pp. 135-145 (1995).]

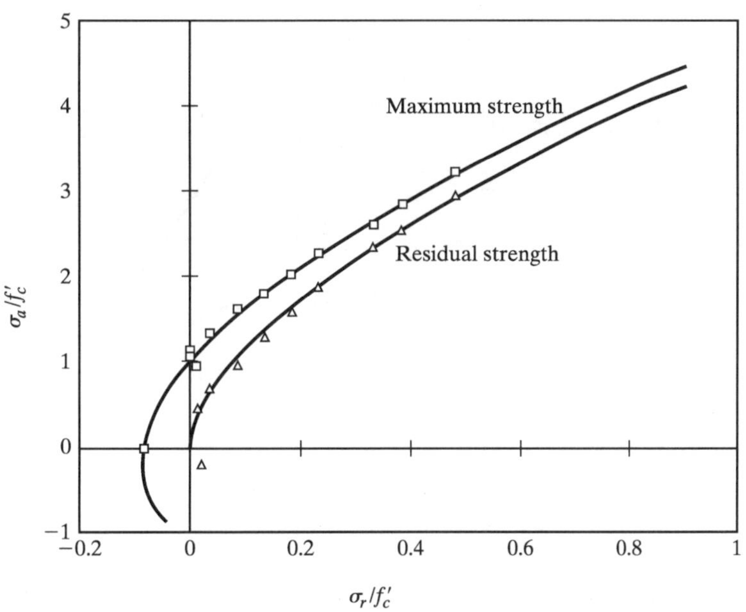

그림 13.40
삼축 압축을 받는 콘크리트의 최대 강도 및 잔류 강도 (σ_a=축방향 응력, σ_r=방사 방향 응력(radial stress)).
[J. Xie, A.E. Elwi, and J.G. MacGregor, *ACI Materials Journal*, Vol. 92, No. 2, pp. 135-145 (1995).]

인장 파괴는 주로 계면변화영역의 강도에 의해서 결정된다. 응력 이력의 중요성, 재하 속도, 그리고 응력이 가해지는 순서 등을 포함하여, 다축 응력을 받을 때 콘크리트의 거동에 관해서 알아야 할 부분이 아직도 많이 남아 있다.

13.7 강도에 영향을 미치는 인자 (Factors Affecting Strength)

물-시멘트비

콘크리트의 강도가 시멘트 풀의 모세관 공극이나 겔 공극 비에 의해서 주로 영향을 받지만 그 영향을 측정하거나 예측하는 것은 쉽지 않다. 따라서 제 10장에서 설명한 배합설계에 이러한 개념을 적용하기에는 적절하지 않다. 그러나 다행스럽게도 어떤 수화도에서라도 적절하게 다짐이 된 콘크리트의 모세관 공극은 물-시멘트비에 의해서 결정된다. *w/c*비가 임의의 수화도에서 굳은 시멘트 풀의 공극에 미치는 지대한 영향을 그림 4.13b(4.4절) 및 그림 18.2(18.1절)에서 볼 수 있다. 따라서 실제로는 특정 재령에서 적절하게 다짐이 된 콘크리트의 강도는 *w/c*비의 함수로 결정할 수 있다. 에이브럼의 *w/c*비 법칙(제 10장)은 콘크리트의 수화도 및 공기량, 골재의 영향 등을 고려하지 않으므로 사실 "법칙"이라고 말할 수는 없지만, 실제 사용되는 *w/c*비 범위 안에서는 충분히 정확하기 때문에 매우 유용한 방법이라고 할 수 있다. *w/c*비는 주로 압축강도에 관련이 있

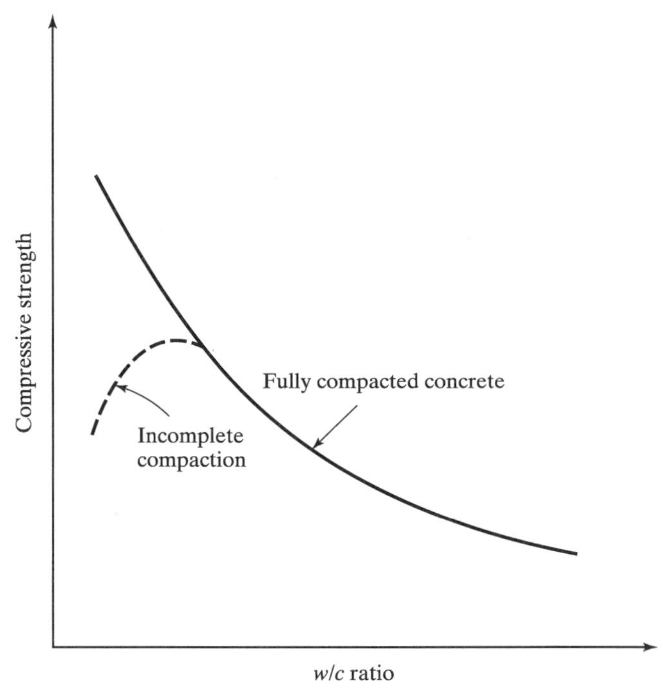

그림 13.41
압축강도와 *w/c*비의 관계

지만 *w/c*비가 감소하면 인장강도도 증가한다.

일반적으로 일컫는 *w/c*비 법칙은 실제 상황을 단순화한 것이다. *w/c*비 법칙의 한계를 나타내는 하나의 예가 그림 13.41에 주어져 있다. 적절하게 다짐이 되지 않은 콘크리트에는 큰 공극이 존재하고 이로 인해 공극률이 증가한다. 따라서 낮은 *w/c*비에서는 완전한 다짐이 어려우므로 에이브럼의 법칙은 성립하지 않는다. 이러한 일이 일어나는 시점은 다짐 방법에 달려있다. 이런 측면에서 복잡한 다짐 방법(주로 프리캐스트 작업에서 사용)과 고성능감수제를 사용하여 보통의 시멘트로도 고강도 콘크리트를 만드는 것이 가능하다. 즉, 완전한 다짐이 가능하다면 에이브럼의 법칙은 매우 낮은 *w/c*비에서도 성립한다.

Gilkey는 *w/c*비가 강도에 미치는 영향을 다음과 같이 잘 설명하고 있다:

주어진 시멘트와 적절한 골재를 사용해서, 시멘트, 골재, 그리고 물을 혼합한 후 적절하게 타설하면 강도가 발현되는데, 그 강도는 다음에 의해서 영향을 받는다: (a) 시멘트-배합수비 (b) 시멘트-골재비 (c) 골재 입자의 입도, 표면 조직, 모양, 강도, 그리고 강성 (d) 골재의 최대 치수.

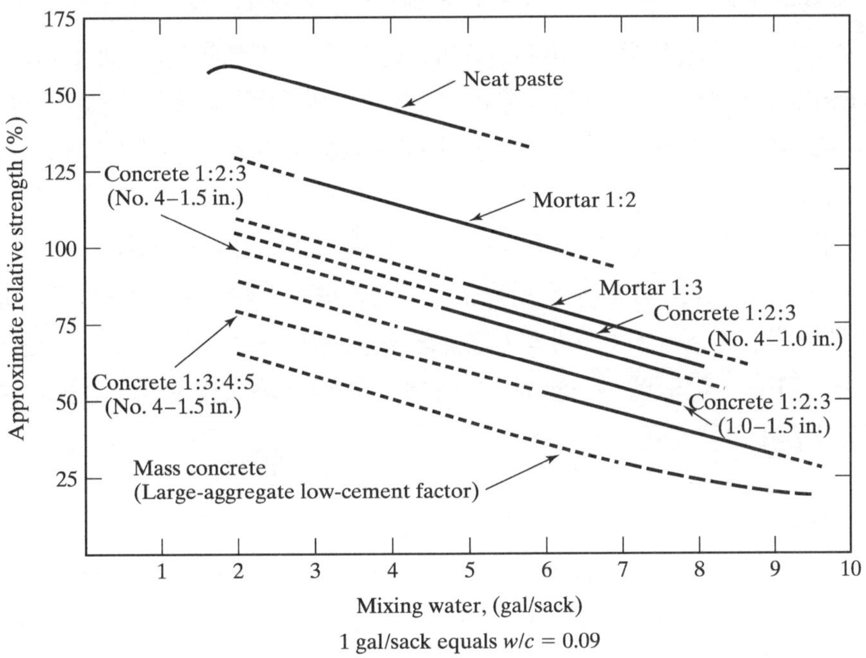

그림 13.42
물-시멘트비 곡선; 몇 가지의 다른 배합과 굵은골재의 입도에 대한 근사적인 최대 작업가능 범위. [H. J. Gilkey, *Journal of the American Concrete Institute*, Vol.57, No. 10, pp. 1287-1312(1961).]

따라서 사실 *w/c*비 법칙은 그림 13.42에서 보듯이 여러 배합비 사이의 관계를 설명한 것인데, 시멘트 풀에 점점 더 많은 양의 골재를 첨가하면 비균질성이 증가되는 효과가 있다는 것을 보이고 있다. *w/c*비 법칙을 일반적인 구조 콘크리트[적절한 입도분포를 가지고 최대 치수가 40 mm까지]에는 다 적용할 수 있다고 생각되지만, 골재의 최대 치수나 골재량이 일반적인 경우와는 많이 다른 경우, 즉 니트 시멘트 풀(neat paste), 모르타르 혹은 매스 콘크리트 배합 등에는 적용하기 어려울 것이다. 단순하게 *w/c*비에 의존해서 "일반적이지 않은" 콘크리트 배합을 설계하면 심각한 오류가 생길 수 있다.

주어진 배합 및 양생 조건에서, 총 공극을 나타내는 *w/c*비가 콘크리트 내의 시멘트 풀의 강도를 주로 결정하지만 공극의 크기 분포와 같은 공극에 대한 구체적인 내용도 콘크리트의 강도에 상당한 영향을 미친다는 연구 결과가 있다. *w/c*비를 줄이고 실리카퓸을 첨가하면 총 공극률이 줄어들 뿐만 아니라 굳은 시멘트 풀 내에서 측정되는 최대 공극의 크기도 줄어든다. 13.3절에서 설명했듯이 공극(시멘트 풀의 구조 내에서 균열로 작용)의 크기가 줄어들면 균열이 처음으로 진전하는데 필요한 응력의 크기도 증가한다.

비록 배합 설계에서 *w/c*비가 일반적으로 명시되지만 콘크리트가 타설될 때의 실제 *w/c*비에 대해서는 상당히 불확실한 면이 많다. 실무에서는, 골재로부터 혹은 타설을 쉽게 하기 위해서 의도적으로 물을 첨가한 결과로 나타나는 잉여 배합수가 존재하는지를 확인하는 데는 슬럼프 시험을 이용하는 것이 일반적이다. 따라서 *w/c*비 기준을 전혀 정하지 말고, 성능 기준(performance standards)에 근거해서 배합설계를 수행하자는 제안이 있어왔다. 실무에서는, 내구성 실험을 지속적으로 수행하기엔 시간과 비용이 너무 많이 들기 때문에, 이러한 방법은 강도를 기준으로 콘크리트를 규정하는 것이 된다. 불행하게도 강도의 변화와 내구성의 변화는 서로 잘 일치하지 않기 때문에 이러한 방법을 사용하는 것은 퇴보라고 할 수 있다. 더구나 분말도가 높은 시멘트, 혼화제, 그리고 특수한 양생 방법 등을 사용하면, 진정한 콘크리트의 품질과 무관한 7일 혹은 28일 강도가 발현된다. 현장에서 콘크리트의 성능을 규정하는데 사용될 수 있는 더 믿을만한 방법이 개발되기 전까지는 강도 및 내구성 양쪽 모두에서 콘크리트의 만족할만한 성능을 보증하는 데는 *w/c*비가 여전히 가장 좋은 기준이다.

재령

강도가 모세관 공극에 의해서 결정된다는 것을 알지만, 제 12장에서 설명했듯이 수화 속도는 사용된 시멘트 종류 및 양생 방법에 영향을 받기 때문에, 임의의 재령에서 콘크리트의 강도를 예측하기에 이것만으로는 충분하지 않다. 강도 발현 속도는 초기 *w/c*비에도 영향을 받는데, 그림 13.43에서 보듯이 그리고 제 19장에서 설명하듯이, *w/c*비가 낮은 배합은 *w/c*비가 높은 배합보다 강도 발현 속도가 더 빠르다. 이것은 강도는 대략 모세관 공극의 부피에 좌우되고, *w/c*비가 낮은 경우에는 시멘트의 많은 부분이 수화되지 않은 채로 남기 때문이다. 수화되지 않은 시멘트 입자는 수화가 시작되면 초기 강도 발현에 기여를 하지만, 시멘트 풀 중 수화물을 형성하지 않는 부분이기 때문에 시간이 지나도 추가적인 강도를 발휘하지는 않는다. 또한 다음 두 가지의 추가적인 문제가 실질적으로 논의될 필요가 있다.

1. 어떻게 서로 다른 재령에서의 강도를 기본이 되는 28일 강도와 연결 지을 것인가?
2. 콘크리트에 수분이 공급되면 강도는 거의 계속해서 증가하는데, 28일 이후에 발현된 강도를 설계에 사용할 것인가?

실제로는 28일 압축강도 뿐만 아니라 7일 압축강도도 측정하는 것이 일반적이다. 따라서 7일(혹은 다른 날의)강도로부터 28일 강도를 추정해 보는 것이 매우 유용하다. 물론 이것은 시멘트의 종류와 양생 온도에 영향을 받는다. 28일 강도와 7일 강도의 비는 일반적으로 1.3~1.7 이지만 대체로 1.5보다 작다. 일반적으로 처음 3일간 초기 강도 발현 속도가 빠르면 7일 강도와 28일 강도의 비는 더 크다. 특정 배합에 대한 자료가 축적되면, 특정 시공 프로젝트와 관련해서, 강도의 비를 유용하게 사용할 수 있을 것이다. 제 19장에서 지적하고 있듯이 고강도 콘크리트의 경

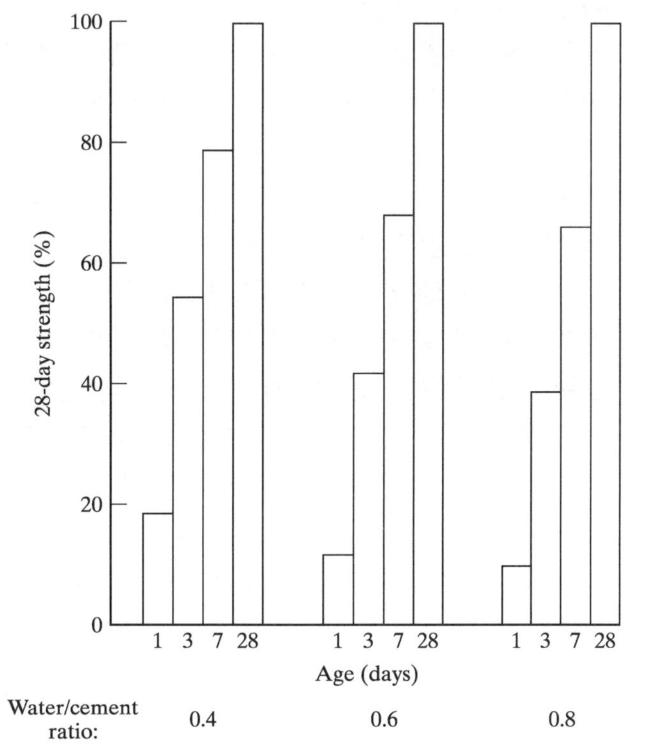

그림 13.43
여러 물-시멘트비에서 콘크리트의 재령에 따른 상대적인 강도 발현 (1종 시멘트).
[A. Meyer, *Betonstein Zeitung*, Vol. 29, No. 8, pp. 391-394 (1963).]

우는 첫 4주간의 양생 이후에도 상당히 강도가 증가하는 이점을 이용하기 위해서 56일 혹은 91일을 기준으로도 종종 설계한다. 제 14장에서 설명하는 숙성도 개념은 시간과 콘크리트 온도를 모두 고려하는데, 양생 조건을 고려해서 콘크리트의 강도를 추정하는 좋은 방법이다.

시멘트

포틀랜드시멘트가 콘크리트의 강도에 영향을 미치는 것은 시멘트의 화학적인 성분 및 분말도를 통해서다. 제 3장에서 설명했듯이 굳은 시멘트 풀의 강도는 주로 C_3S(초기 강도) 및 C_2S(추후의 강도)에서 오고, 이것이 콘크리트의 강도로 이어진다. C_3S의 함량이 높으면 콘크리트의 강도 발현은 빠르지만, 결국 나중엔 약간 더 낮은 강도의 콘크리트가 될 것이다. 5 종류의 표준 포틀랜드시멘트를 이용해서 얻은 상대적인 강도가 그림 3.7(3.2절)이다. 비록 약 한 달까지는 강도 발현에 있어서 서로 상당한 차이가 있지만, 나중에는 5 종류의 표준 포틀랜드시멘트 간의 차이가 크지 않다. 시멘트의 성분, 양생 조건, 혼화제 등의 영향으로 수화가 더 느리게 일어나는 시멘트의 최종 강도는 더 커지는 경향이 있다.

시멘트의 분말도(fineness)가 콘크리트의 강도에 미치는 영향도 상당하다. 그림 13.44에서 보듯이 분말도가 증가하면 수화속도가 증가하여 강도 발현 속도도 빨라진다. 일반적으로 입자의 최대 크기는 약 50 μm인데, 10~15% 정도는 5 μm보다 작고, 아마 3% 정도는 1 μm보다 작다. 분명한 것은 지름이 3 μm보다 작은 입자가 1일 강도에 가장 큰 영향을 미치고, 28일 강도는 3~30 μm 정도의 크기를 가지는 입자에 의해서 가장 많은 영향을 받는다. 그러나 분말도가 높은 시멘트에서 강도 발현이 빠르기는 하지만 너무 높은 분말도는 피해야 한다. 분말도가 너무 높으면 w/c비가 높은 국부적인 영역에서 과도하게 덩어리가 응집될 수 있다. 반면에 지름이 60 μm 이상인 입자는 강도에 별로 기여를 못한다는 증거도 있다. 최근의 경향을 보면 생산되는 포틀랜드시멘트의 분말도는 높아지고 있다.

시멘트의 품질에서 편차가 심하면 그로 인해 콘크리트의 강도에서도 편차가 있으므로 더 높은 평균 콘크리트 설계강도가 요구된다는 점을 인식해야 한다(제 15장 참조). 같은 ASTM 종류로 분류된 시멘트라도 공장마다 차이가 있고, 또한 같은 공장에서 생산된 것이라도 원재료, 소성 조건 등에 따라서 시멘트의 성질이 바뀐다. 이러한 시멘트 품질에서의 차이로 인해서 콘크리트 강도가 5% 정도 차이가 나는 것으로 추정된다. 제 19장에서 설명하듯이 시멘트의 차이가 콘크리트의 강도에 미치는 상대적인 영향은 보통강도 콘크리트보다는 고강도 콘크리트에서 더 크다. ASTM C 917은 특정 공장에서 생산되는 시멘트간의 차이를 평가할 수 있는 방법을 설명하고 있다.

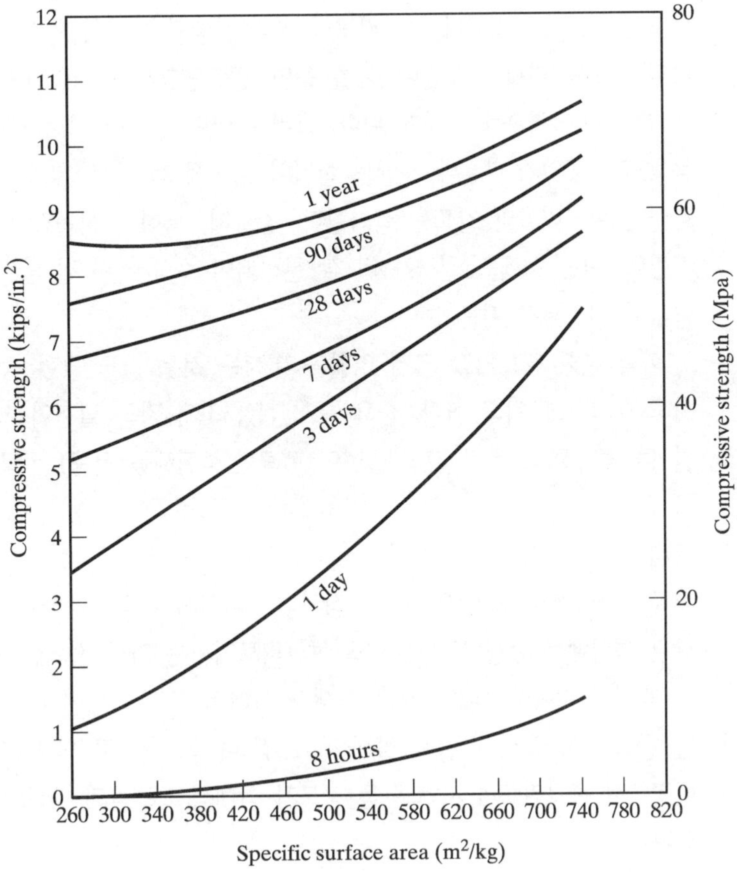

그림 13.44
시멘트의 분말도가 강도에 미치는 영향; *w/c*=0.4. [E.W. Bennett and B.C. Collings, *Proceedings of the Institution of Civil Engineers*, Vol. 43, pp. 443-452 (1969).]

광물계 혼화재

광물계 혼화재를 사용하면 굳은 시멘트 풀의 구조를 변화시키는데, 계면변화영역 내에도 변화가 생기는 것으로 보인다. 보통강도 콘크리트에서 플라이애쉬와 고로슬래그 같은 광물계 혼화재는 강도에 별 영향을 미치지 않고 포틀랜드시멘트와 대체해서 사용할 수 있다. 이 경우 제 5장에서 설명하듯이 초기 강도 발현 속도는 줄어들지만 장기 강도는 증가한다. 다른 주된 포졸란 재료인 실리카퓸은 강도를 높이는데 주로 사용되는데, 같은 *w/c*비에서도 강도가 증가한다. 실리카퓸은 C_3S와 C_2S의 수화작용으로 생성되는 수산화칼슘과 결합할 뿐만 아니라 시멘트 입자 사이의 공극을 메워서 균열 진전을 유발하는 결함의 크기도 줄인다. 이러한 실리카퓸의 포졸란 효과 및 채움 효과로 인해서 강도는 증가하고, 실리카퓸을 사용하지 않은 경우와 비교해서 계면변화영역에서의 공극률은 크게 감소한다. 광물계 혼화재가 콘크리트의 강도에 미치는 영향에 관한 추가적인 내용이 제 5장 및 제 19장에 기술되어 있다.

화학적 혼화제

화학 혼화제가 *w/c*비나 콘크리트의 공극에 영향을 미치는 것 외에 그 자체는 콘크리트의 강도에 거의 영향을 미치지 않는다. 예를 들면, 공기연행제는 그림 13.45에서 보듯이 공극률이 증가함으로써 강도에 영향을 미치게 된다. 그러나 이런 경우라 하더라도 공기연행제를 사용해서 배합수량을 줄일 수 있기 때문에 시멘트 함량이 비교적 적은 콘크리트에서는 워커빌리티를 일정하게 유지한다면 콘크리트의 강도는 증가한다. 감수제, 특히 고성능감수제는 *w/c*비가 같더라도 강도가 증가한다. 이는 시멘트 입자가 더 잘 분산되어 수화가 더 잘 일어나고, 내부 결함으로 작용하는 큰 공극이 제거되기 때문이다.

화학 혼화제가 가장 크게 영향을 미치는 것은 강도 발현 속도이며, 시멘트 수화 속도를 높이기도 하고 늦추기도 한다. 중요한 사항은, 초기 강도 발현이 느리면 일반적으로 장기 강도는 약간 더 높아지고, 초기 강도 발현이 빠르면(촉진제를 사용) 콘크리트의 장기 강도는 감소한다.

골재

비록 *w/c*비가 강도에 영향을 가장 많이 미치지만 골재의 특성도 무시할 수 없다. 특히 인장 및 파괴 특성에서 그렇다. 보통강도 콘크리트에서는 가장 중요한 골재의 특성은 형상, 표면결, 그리고 최대 치수이다. 일반적으로 골재가 시멘트 풀보다 훨씬 더 강하기 때문에 골재의 강도 자체는 덜 중요하다. 그러나 경량 골재(제 20장)나 고강도 콘크리트(제 19장)의 경우엔 골재의 강도와 비교해서 콘크리트의 시멘트 풀 강도가 상대적으로 높기 때문에 골재의 강도가 훨씬 더 중요하게 된다.

골재의 표면거칠기는 천연 자갈처럼 매끈한 것과 부순 자갈처럼 표면이 거칠고 모난 것으로

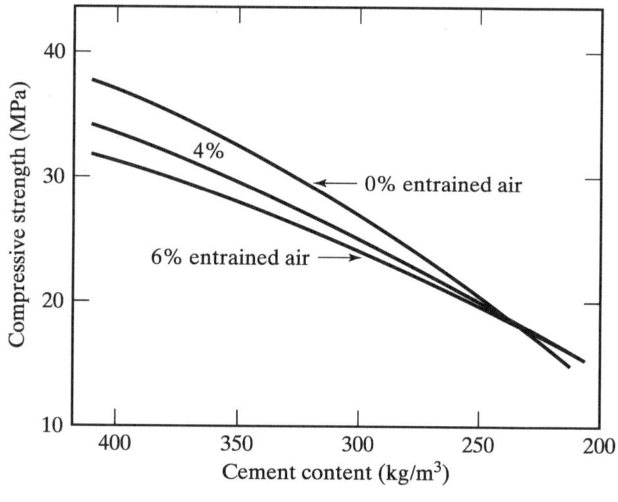

그림 13.45
공기량에 따른 압축강도와 시멘트 함량 사이의 관계. [W.A. Cordon, *Properties, Evaluation, and Control of Engineering Materials*, McGraw-Hill Book Co MPany, New York (1979).]

구분된다. 표면거칠기는 미세균열이 발생하는 응력과 부착에 영향을 미친다. 따라서 표면거칠기는 응력-변형률 곡선의 형상에 영향을 미칠 수는 있지만 콘크리트의 압축강도에는 거의 영향이 없다. 반면에 표면거칠기는 콘크리트의 인장 및 휨강도에 영향을 미치기 때문에 그림 13.46에 보인 것처럼 휨 강도와 압축강도의 비는 골재의 종류에 영향을 받는다. 그림 19.9(19.3절)에서 보듯이 골재의 종류는 강도의 크기를 불문하고 파괴 거동에 지배적인 영향을 미친다.

낮은 *w/c*비에서는, 부순 자갈이 기계적 부착이 더 좋기 때문에 콘크리트의 강도가 더 높아지지만, *w/c*비가 증가하면 이런 효과는 사라진다. 그러나 같은 워커빌리티를 기준으로 생각한다면 이런 차이는 별로 중요하지 않다. 왜냐하면 매끈한 골재를 사용하면 물이 적게 들어서 시멘트 풀의 *w/c*비가 낮아지게 되므로, 낮은 부착 능력을 만회하게 되기 때문이다.

최대 치수가 큰 골재를 사용하면 여러 가지로 강도에 영향이 있다. 압축 하중을 받을 때는 큰 골재의 입자가 더 큰 응력 집중을 일으키는 경향이 있고, 이로 인해서 압축강도가 감소한다. 또한 큰 골재 입자는 시멘트 풀 내에서 일어나는 부피 변화를 더 많이 구속하므로 시멘트 풀 내에 추가적인 응력을 발생시켜서 콘크리트를 약하게 만들 수 있다. 그림 13.47은 세 종류의 *w/c*비에 대해서 골재의 최대 치수가 콘크리트의 강도에 미치는 영향을 보인 것이다. 그림에서 보인 배합을 기준으로 하면 굵은골재의 크기가 증가함에 따라 콘크리트의 워커빌리티도 증가한다. 그러나

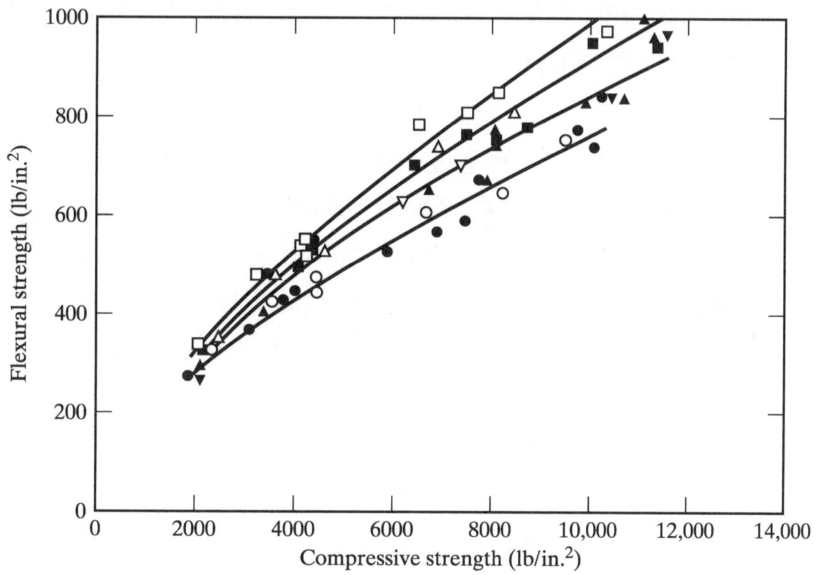

그림 13.46
서로 다른 골재를 기준으로 한, 콘크리트 보의 휨강도와 입방공시체의 압축강도 사이의 관계 [R. Jones and M.F. Kaplan, *Magazine of Concrete Research*, Vol. 9, No. 26, pp. 89-94 (1957).]

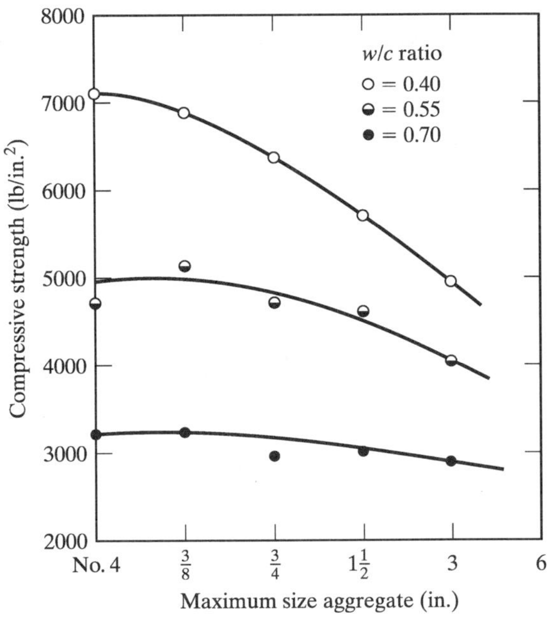

그림 13.47
세 가지 *w/c*비에 대해서 골재의 최대 치수가 콘크리트의 강도에 미치는 영향. [W.A. Cordon and H.A. Gillespie, *Journal of the American Concrete Institute*, Vol. 60, No. 8, pp. 1029-1052 (1963).]

굵은골재의 크기가 증가해서 생기는 강도에 대한 부정적인 면은 시멘트 함량을 일정하게 유지하시멘트 함량이 작은 배합에서 콘크리트의 강도가 오히려 증가하고, 더 부배합(rich mixes)인 경우에만 감소한다. 입자가 큰 골재를 사용한 콘크리트가 더 큰 가변성을 보이는데, 이는 약간의 재료 분리 경향 때문인 것으로 보인다.

일반적으로 사용하는 골재 함량의 범위에서는 콘크리트의 강도를 결정하는데 있어서 정확한 골재 부피는 부차적인 문제일 뿐이다. 그러나 그림 13.42에서 보듯이 시멘트 함량과 비교해서 상대적으로 골재량에 큰 변화 (또한 굵은골재의 치수)가 있으면 압축강도에 상당한 영향을 미칠 수 있다. 그러나 워커빌리티를 일정하게 한다면, 골재의 크기가 증가할수록 소요 배합수량이 줄어들기 때문에, 콘크리트의 압축강도는 기본적으로 시멘트 함량에 의해서 영향을 받는다(그림 7.3). 이것은 공기 연행 콘크리트와 비연행 콘크리트 양쪽 모두 그렇다. 굵은골재의 크기와 양이 증가하면 균열 물림효과(crack bridging)가 크게 나타나고 골재 입자 주위를 지나가는 균열 경로가 길어지기 때문에 압축강도와는 다르게 인장강도 및 파괴에너지는 일반적으로 증가한다. 그러나 파괴(fracture) 측면의 경우에는 골재의 역학적 특성이 이런 요인들보다 더 중요하다. 골재의 강도가 높을수록 파괴 특성이 향상된다(그림 19.9).

계면변화영역

이 장의 첫 부분에서 설명했듯이 계면변화영역의 강도가 콘크리트의 압축강도에 미치는 영향을 측정할 수는 있지만 작은 편이고, 콘크리트의 인장 및 파괴 특성에 주로 큰 영향을 미친다. 그림 13.27a와 b에서 보듯이 계면변화영역의 강도에서 상당한 변화가 생기면, 압축강도는 10~15%까지 영향을 받는다. 그러나 13.1절과 13.3절에서 설명하듯이 계면변화영역의 강도에 변화가 있으면 인장강도에는 40%까지 영향을 미칠 수 있다. 골재의 거칠기가 증가하는 것과 계면변화영역의 강도가 증가하는 것은 콘크리트의 강도에 유사한 영향을 미친다.

재하 속도

재하 속도가 증가하면 콘크리트의 인장 및 압축강도는 모두 증가한다. 압축 거동에 미치는 영향을 그림 13.8에서 볼 수 있다(13.2절). 콘크리트가 재하 속도에 영향을 받는 정도는 콘크리트의 포화도(degree of saturation)와 밀접한 관련이 있는데, 건조된 콘크리트가 젖은 콘크리트보다 재하 속도에 훨씬 덜 민감하다. 콘크리트의 시간 의존적인 거동은 제 16장에서 자세히 설명한다.

참고문헌

계면변화영역(Interfacial Transition Zone)

Interfacial Transition Zone in Cementitious Composites, *Proc. of the International RILEM Conference*, eds. A. Katz et al., RILEM Proceedings 35, E & F N Spon, London, UK (1998).

Microstructure of Cement-Based Systems/Bonding and Interface in Cementitious Materials; eds. S. Diamond et al., Materials Research Society Symposium Proceedings, Vol. 370, Pittsburgh, PA (1995).

Mindess, S., Interfaces in Concrete, *Materials Science of Concrete I*, ed. J. Skalny, American Ceramic Society, Westerville, OH, pp. 163-180 (1989).

Mindess, S., and M. Alexander, Mechanical Phenomena at Cement/Aggregate Interfaces, *Materials Science of Concrete IV*, eds. J. Skalny and S. Mindess, American Ceramic Society, Westerville, OH, pp. 263-282 (1995).

탄성계수(Modulus of Elasticity)

Cohen, M. D., T.F. F. Lee, and A. Goldman, A Method for Estimating the Dynamic Moduli of Cement Paste-Aggregate Interfacial Zones in Mortar, in *Microstructure of Cement-Based Systems/Bonding and Interface in Cementitious Materials*, eds. S. Diamond et al., Materials Research Society Symposium Proceedings, Vol. 370, Pittsburgh, PA, pp. 407-412 (1995).

Lutz, M. P., and P. J. M. Monteiro, Effect of Transition Zone on the Bulk Modulus of

Concrete, in *Microstructure of Cement-Based Systems/Bonding and Interface in Cementitious Materials*, eds. S. Diamond et al., Materials Research Society Symposium Proceedings, Vol. 370, Pittsburgh, PA, pp. 413-418 (1995).

Monteiro, P. J. M., A Note on the Hirsch Model, *Cement and Concrete Research*, Vol. 21, No. 5, pp. 947-950 (1991).

Nilsen, A. U., and P. J. M. Monteiro, Concrete: A Three Phase Material, *Cement and Concrete Research*, Vol. 23, No. 1, pp. 147-151 (1993).

Simeonou, P. I., and S. H. Ahmad, Interface Transition Zone and the Elastic Modulus of Cement-Based Computers, in *Microstructure of Cement-Based Systems/Bonding and Interface in Cementitious Materials*, eds. S. Diamond et al., Materials Research Society Symposium Proceedings, Vol. 370, Pittsburgh, PA, pp. 397-406 (1995).

인장 및 파괴(Tension and Fracture)

Ahmad, S. H., and S. P. Shah, Structural Properties of High Strength Concrete and Its Implications for Precast Prestressed Concrete, *PCI Journal*, Vol. 30, No. 6, pp. 92-119 (1985).

Bazant, Z. P., and J. Planas, *Fracture and Size Effect in Concrete and Other Quasibrittle Materials*, CRC Press, Boca Raton, FL (1997).

Cotterell, B., and Y. M. Mai, *Fracture Mechanics of Cementitious Materials*, Blackie Academic and Professional (an imprint of Chapman and Hall), Glasgow, UK (1996).

Shah, S. P., S. E. Schwartz, and C. Ouyang, *Fracture Mechanics of Concrete: Applications of Fracture Mechanics to Concrete, Rock, and Other Quasi-Brittle Materials*, Wiley, New York (1995).

압축(Compression)

Attiogbe, E. K., and D. Darwin, Strain Due to Submicrocracking in Cement Paste and Mortar, ACI Materials Journal, Vol. 85, No. 1, pp. 3-11 (1988).

Attiogbe, E. K., and D. Darwin, Submicroscopic Cracking in Cement Paste and Mortar, *ACI Materials Journal*, Vol. 84, No. 6, pp. 491-500 (1987).

Cook, D. J., and P. Chindaprasirt, Influence of Loading History upon the Compressive Properties of Concrete, *Magazine of Concrete Research*, Vol. 32, No. 111, pp. 89-100 (1980).

Darwin, D., Concrete in Compression, *Concrete International*, Vol. 21, No. 8, pp. 82-85 (1999).

Darwin, D., The Interfacial Transition Zone: 'Direct' Evidence on Compressive Response, in *Microstructure of Cement-Based Systems/Bonding and Interface in Cementitious Materials*, eds. S. Diamond et al., Materials Research Society Symposium Proceedings, Vol. 370, Pittsburgh, PA, pp. 419-427 (1995).

Darwin, D., and F. O. Slate, Effect of Paste-Aggregate Bond Strength on Behavior of Concrete, *Journal of Materials*, ASTM, Vol. 5, No. 1, pp. 86-98 (1970).

Hsu, T. C., F. O. Slate, G. M. Sturman, and G. Winter, Microcracking of Plain Concrete and the Shape of the Stress-Strain Curve, *Journal of the American Concrete Institute*, Vol. 60, No. 2, pp. 209-224 (1963).

Microstructure of Cement-Based Systems/Bonding and Interface in Cementitious Materials, eds.

S. Diamond et al., Materials Research Society Symposium Proceedings, Vol. 370, Pittsburgh, PA (1995).

Perry, C., and J. E. Gillott, The Influence of Mortar-Aggregate Bond Strength on the Behavior of Concrete in Uniaxial Compression, *Cement and Concrete Research*, Vol. 7, No. 5, pp. 553-564 (1977).

Spooner, D. C., The Stress-Strain Relationship for Hardened Cement Pastes in Compression, *Magazine of Concrete Research*, Vol. 24, No. 79, pp. 85-92 (1972).

Spooner, D. C., and J. W. Dougill, A Quantitative Assessment of Damage Sustained in Concrete during Compressive Loading, *Magazine of Concrete Research*, Vol. 27, No. 92, pp. 151-160 (1975).

반복 하중(Cyclic Loading)

ACI Committee 215, Considerations for Design of Concrete Structures Subjected to Fatigue Loading - ACI 215R-74 (Revised 1992), *ACI Manual of Concrete Practice*, Part 1, American Concrete Institute, Farmington Hills, MI (2001).

Karsan, I. D., and J. O. Jirsa, Behavior of Concrete under Compressive Loading, *Journal of the Structural Division*, ASCE, Vol. 95, No. ST12, pp. 2543-2564 (1969).

Maher, A., and D. Darwin, Mortar Constituent of Concrete in Compression, *Journal of the American Concrete Institute*, Vol. 79, No. 2, pp. 100-109 (1982).

Martin, J. L., D. Darwin, and R. E. Terry, Cement Paste, Mortar and Concrete under Monotonic, Sustained and Cyclic Loading, *SM Report* No. 31, University of Kansas Center for Research (1991).

Slowick, V., G. A. Plizzari, and V. E. Saouma, Fracture of Concrete under Variable Amplitude Fatigue Loading, *ACI Materials Journal*, Vol. 93, No. 3, pp. 272-283 (1996).

다중 응력 상태(Multiaxial States of Stress)

Kupfer, H., H. K. Hilsdorf, and H. Rusch, Behavior of Concrete under Biaxial Stresses, *Journal of the American Concrete Institute*, Vol. 66, No. 8, pp. 656-666 (1969).

Nelissen, L. J. M., Biaxial Testing of Normal Concrete, *Heron* (Netherlands), Vol. 18, No. 1 (1972).

Tasuji, M. E., F. O. Slate, and A. H. Nilson, Stress-Strain Response and Fracture of Concrete in Biaxial Loading, *Journal of the American Concrete Institute*, Vol. 75, No. 7, pp. 306-312 (1978).

van Mier, J. G. M., *Strain-Softening of Concrete under Multiaxial Loading Conditions*, University of Technology, Eindhoven, The Netherlands (1984).

Xie, J., A. E. Elwi, and J. G. MacGregor, Mechanical Properties of Three High-Strength Concretes Containing Silica Fume, *ACI Materials Journal*, Vol. 92, No. 2, pp. 135-145 (1995).

강도 영향 인자(Factors Affecting Strength)

Aitcin, P. C., and P. K. Mehta, Effect of Coarse-Aggregate Characteristics on Mechanical Properties of High-Strength Concrete, *ACI Materials Journal*, Vol. 87, No. 2, pp. 103-107 (1990).

Cordon, W. A., and H. A. Gillespie, Variables in Concrete Aggregates and Portland Cement Paste which Influence the Strength of Concrete, *Journal of the American Concrete Institute*, Vol. 60, No. 8, pp. 1029-1052 (1963).

Gilkey, H. J., Water-Cement Ratio versus Strength Another Look, *Journal of the American Concrete Institute*, Vol. 57, No. 10, pp. 1287-1312 (1961).

Price, W. H., Factors Influencing Concrete Strength, *Journal of the American Concrete Institute*, Vol. 47, No. 6, pp. 417-432 (1951).

Walker, S., and D. L. Bloem, Effects of Aggregate Size on Properties of Concrete, *Journal of the American Concrete Institute*, Vol. 57, No. 3, pp. 283-298 (1960).

문제

13.1. 제 4장에서 설명한 바 있는데, 계면변화영역(ITZ)의 구조는 전체적인(bulk) 시멘트 풀의 구조와 어떤 점이 다른가?

13.2. 표 13.1에 주어진 5개의 모델을 이용해서 콘크리트의 탄성계수를 계산하라. 포아송비 $v = 0.2$, $E_p = 20$ GPa, $V_p = 0.20$, $V_a = 0.80$, 그리고 $E_a =$ (a) 100 GPa; (b) 20 GPa; (c) 4 GPa.

13.3. 표 13.2에 주어진 두 모델을 이용해서 콘크리트의 탄성계수를 계산하라. 재료적 특성은 문제 13.2와 동일하며 $V_i = 0.05$(V_p의 값을 이만큼 줄인다), $E_i = 0.5E_p$, $v_i = 0.2$, $t_r = 0.01$이다.

13.4. 콘크리트의 압축강도가 30 MPa이고 밀도가 2300 kg/m^{3}일 때, 탄성계수를 계산하라.

13.5. 골재의 함수량, 골재량, 골재의 성질이 콘크리트의 탄성계수에 미치는 영향을 설명하라.

13.6. 취성 파괴에서 Griffith이론의 기본 가정을 설명하라.

13.7. 압축 하중을 받는 콘크리트의 파괴 진행 과정을 설명하라.

13.8. 순수 인장이 작용하는 경우의 파괴 진행은 문제 13.7의 답과 어떻게 다른지 설명하라.

13.9. G_{Ic}의 중요성에 대해서 설명하라.

13.10. 콘크리트의 응력-변형률 곡선이 비선형적인 이유를 설명하라.

13.11. 골재가 콘크리트의 파괴에 미치는 영향은 무엇인가?

13.12. 다음 문장을 설명하라: “시멘트 풀과 골재의 계면 부분이 콘크리트의 약점이다.”

13.13. (a) 반복 압축 그리고 (b) 반복 인장이 작용할 때 콘크리트에서 일어나는 손상의 특성에 대해서 설명하라.

13.14. 콘크리트의 피로 수명을 증가시키는 영향 인자는 무엇인가?

13.15. 콘크리트에 (a) 이축 인장 그리고 (b) 이축 인장-압축이 작용하면 콘크리트의 인장강도는 어떻게 변하는가?

13.16. 콘크리트에 (a) 이축 압축 그리고 (b) 삼축 압축이 작용하면 콘크리트의 압축강도는 어떻게 변하는가?

13.17. 콘크리트의 압축강도에 영향을 미치는 요인으로 *w/c*비 외에 어떤 것이 있는가?

13.18. 콘크리트 내의 정확한 *w/c*비를 말하기 어려운 이유는 무엇인가?

13.19. 콘크리트의 7일 강도와 28일 강도 사이의 상대적인 크기는 *w/c*비에 따라서 어떻게 변하는가?

13.20. 주어진 시멘트 함량과 슬럼프에서 연행 공기를 첨가하면 콘크리트의 강도에 어떤 영향을 미치는가? (a) 시멘트 함량이 많은 경우, 그리고 (b) 시멘트 함량이 적은 경우.

콘크리트 *Concrete*

CHAPTER 14

굳은 콘크리트의 시험

Testing of Hardened Concrete

굳은 콘크리트에 대한 시험을 수행하는 데는 여러 이유가 있다.

1. 콘크리트의 역학적 거동을 지배하고 있는 물리법칙을 조사하기 위하여, 기본적인 수준에서 시험을 수행할 수 있다. 그런 시험은 콘크리트 구성 요소의 물리적, 역학적 특성과 그러한 재료로부터 제조된 콘크리트의 탄성적인 성질 및 강도 특성 간의 관계(제 13장에서 기술)를 추론하고 검증하는 것을 돕기 위해 사용될 것이다.
2. 많은 경우 이러한 물리법칙들이 완전하게 연구되지 않았거나, 제대로 이해되지 않을 수도 있다. 이러한 경우 두 번째 유형의 시험법이 사용된다. 이것은 특정 부분에 사용하는 특정 콘크리트에 대한 역학적인 특성을 결정하는데 사용된다. 이 경우엔 사용되는 특정 조건에 가능한 한 가깝게 모사해서 콘크리트를 시험하면서, 콘크리트의 성능을 관찰한다. 이렇게 얻은 결과는 다른 사용조건 혹은 다른 콘크리트에 적용하는 것이 가능하지 않기 때문에 얻어지는 결과가 근본적인 값이라 할 수 없다.
3. 콘크리트의 거동을 지배하고 있는 물리적 법칙은 알려져 있으나, 법칙에 포함된 탄성계수와 같은 물리적 상수를 결정해야 할 때, 더 단순한 수준의 세 번째 유형의 시험을 수행할 수 있다.
4. 마지막으로, 가장 보편적으로는, 콘크리트의 품질에 대한 통상적인 정보가 필요할 때이다. 이러한 유형의 시험은 일반적으로 품질관리(quality control) 시험이라 불린다. 이 경우 높은 정밀도보다는 오히려 시험에 걸리는 시간과 용이성이 시험법을 선택하는 기준이 될 것이다.

비록 이 장에서 서술되는 시험이 품질관리 시험 차원에서 행해지는 것이지만 언급한 다른 세 가지 목적을 위해서도 종종 사용된다. 콘크리트 시험법에 대해서 자세히 설명하기 전에 두 가지 중요한 개념에 대해서 먼저 설명하고자 한다.

14.1 "표준" 시험의 필요성 (Need for "Standard" Tests)

콘크리트의 강도, 내구성 및 다른 역학적 특성을 "기본적"이거나 "고유의" 재료 특성으로 생각해서는 안 된다. 시료의 형태, 시료 준비, 함수량, 온도, 재하속도, 시험설비의 종류와 같은 변수들이 모두 측정된 역학적 거동에 영향을 끼친다. 따라서 상이한 시험 절차는 상이한 결과를 줄 것이며, 경험적으로도 이것을 알고 있다. 따라서 압축강도와 같은 역학적 특성을 정의할 때는 강도를 결정할 때 사용할 시험 방법도 지정하는 것이 필요하다. 문제를 더욱 복잡하게 만드는 것은 서로 다른 방법을 통해서 측정한 물리적 성질의 결과값은 서로 일정한 관계를 보이지 않는다는 것이다. 예를 들면, 원주공시체와 입방공시체를 사용하여 콘크리트의 압축강도를 측정하면, 원주강도 대비 입방형 강도는 일정한 값을 가지지 않고 콘크리트의 종류에 따라 달라진다.

따라서 사람들이 서로 다른 방법을 사용할 때 생기는 혼란을 최소화하기 위하여 여러 가지 표준시험 방법들이 제안되었다. 한국에서 가장 일반적으로 사용되는 표준시험 방법들은 KS에 의해 규정된다. 그러나 한국콘크리트학회 등의 일부기관에서도 다소 다른 과정들의 표준시험 방법을 제안하고 있으며 미국이나 유럽 등 세계 대부분의 국가에는 그들 고유의 국가표준시험법이 있다. 유럽의 RILEM에서 제안한 시험방법들은 유럽에서 광범위하게 사용되고 있다.

유의할 점은 시멘트 및 콘크리트 기술이 발전함에 따라 시험방법도 변하고 있다는 것이다. 오래된 시험 방법들은 폐기되거나 개정되고 새로운 시험방법들이 매년 개발되고 있다. 예를 들어서 ASTM 시험법의 1/3이 매년 개정되고 있다. 그러나 콘크리트의 충격강도와 같이 일부 콘크리트 특성을 평가할 수 있는 시험방법은 아직까지 개발되어 있지 않다. 설계에서 그러한 성질이 중요한 부분이 되면, 그 값을 결정하기 위해서 완전히 새로운 시험법을 정립해야 할 것이다.

14.2 시험의 의미 (Significance of Tests)

콘크리트 시험에서 강조되어야 하는 것은 일반적으로 구조물을 통해서 콘크리트를 시험하는 것이 아니라 구조물 내의 콘크리트의 품질을 대변하는 작은 견본인 시험체를 사용한다는 것이다. 불행하게도 이것은 많은 혼돈을 야기할 수 있다. 일반적으로 우리가 콘크리트의 강도 또는 다른 물리적 특성들을 언급할 때는 특정 재령에서의 구조물 내의 콘크리트 강도를 말하지만, 실질적으로는 작은 공시체의 강도를 측정하는 것이다. 많은 연구결과에 의하면 표준 시험법을 이용해서 측정한 강도와 실제 구조물 내의 콘크리트 강도 사이에는 좋은 상관관계가 없다. 상관관계가 적은 것은 측정에 사용된 여러 변수에서 차이가 있기 때문이다. 표준 시험법을 이용한 시험에서 콘크리트 품질에 대한 정보를 얻기는 하지만, 시험체에서는 양호한 결과를 얻었는데도 실제 구조물에서의 콘크리트는 품질이 더 낮고 거동도 상당히 다른 문제도 있었다. 반대로 표준 시험법을 통해서 구한 결과가 만족스럽지 못해서, 완전히 양호한 구조물을 보수한 경우도 있다.

실제 성질과 측정된 성질 사이에 차이가 발생할 수 있다는 것을 보이기 위해서 압축강도를 예로 들어보자. 표준 원주공시체는 구조물 내의 콘크리트와는 다른 다짐이 이루어지며, 구조 부재와 비교해서 크기가 매우 작고, 양생할 때 온도와 상대습도가 다르며, 원주공시체는 압축강도 시험 전까지 아무런 하중을 받지 않지만 구조 부재는 하중을 받고, 하중을 받으면 구조물 내의 콘크리트는 철근이나 다른 구조 요소에 의하여 적어도 일부 구속이 발생한다. 이런 관점에서 볼 때, 원주공시체 강도가 실제 구조물 내의 콘크리트의 강도와 정확하게 일치한다면 오히려 놀랄 일이다.

따라서 작은 시편을 사용해서 수행하는 표준 시험은 콘크리트의 품질을 보증하지 않는다. 오히려 콘크리트 설계는, 콘크리트가 구조물 내에 적절하게 타설되고 다짐되고 양생된다면, 그리고 시험 결과가 만족스럽다면, 구조물 내의 재료는 적절하게 거동할 확률이 다만 매우 높다고 할 수 있다. 이것은 구조물 내의 콘크리트의 역학적인 성질을 실제로 안다고 일반적으로 가정하는 것과는 상당히 다르다. 더구나 설계에서 사용되는 재료적 성질은 표준 시험에서 얻는 것인데, 여러 나라가 서로 다른 표준 시험법을 가지고 있으므로, 사용하는 설계 방법에서도 약간의 조정이 필요하다. 아니면 적어도 설계식에서 서로 다른 재료 상수를 사용해야 한다.

여기서 다음과 같은 질문을 던질 수 있다. 만약 측정된 성질이 구조물 내의 콘크리트를 대표하는 것이 아니라면 왜 구태여 콘크리트에 대한 시험을 수행해야 하는가? 이에 대한 답은 매우 정당한 이유가 몇몇 있지만, 구조물 내에서 콘크리트의 성질을 정확하게 측정하기 위한 것은 아니며, 이유는 다음과 같다.

1. 시험은 콘크리트가 적절하게 혼합되었다는 것을 확인하는데 도움이 된다. 즉, 적절한 재료가 적절한 비율로 사용되었고, 실험실 배합설계가 적절했다는 것을 확인할 수 있다.
2. 제조된 콘크리트의 성질에서의 편차를 통계적으로 알 수 있다. 편차가 크면 콘크리트의 제조 방법이 나쁘다는 것을 알 수 있다(품질관리에 관해서는 제 15장에서 자세히 다룬다).
3. 재료 혹은 환경이 바뀌어서 생긴 문제를 표시해 준다.
4. 대규모적인 시험과 점검 시스템은 콘크리트의 생산에서부터 운반, 타설에 관련된 사람들이 부주의하게 일을 하지 않게 만든다.
5. 모든 조치들에도 불구하고 만일 구조상의 문제가 발생하면, 적절하게 실행되고 정리된 시험 보고서가 문제들을 정확히 찾아내는데 도움이 된다.
6. 현장에서 공사를 진행시키기 위해서 시험결과가 필요하다. 예를 들어 거푸집 해체 시기를 결정하는데 강도시험을 사용할 수 있다.

14.3 압축강도 시험 (Tests for Compressive Strength)

콘크리트에서 수행되는 가장 일반적인 시험은 압축강도 시험이다. 여기에는 몇 가지 이유가 있다: (1) 콘크리트의 가장 중요한 특성들이 압축강도와 직접적으로 관계가 있다고(적어도 정성적으로) 일반적으로 가정한다(비록 종종 사실이 아니지만). (2) 극히 낮은 인장강도를 지닌 콘크리트는 주로 압축을 받는 재료로 사용된다. 따라서 공학적으로 실제 중요한 것이 압축이다. (3) 구조설계기준은 주로 콘크리트의 압축강도에 의거한다. (4) 압축강도 시험은 수행하기 용이하고 비교적 싸다. 그리고 압축강도 시험 결과에 영향을 미치는 변수들에 대해서 자세하게 설명되어 있다. 압축강도로 설명되는 실험적 변수들은 콘크리트의 다른 역학적 특성에도 유사한 영향을 미친다는 것이 알려져 있다.

KS 시험(원주공시체)

앞 절에서 설명했듯이 압축강도에 대한 시험은 절차 상 차이에 매우 민감하므로, 표준시험 절차를 따라서 엄격하게 수행해야 다른 실험실(혹은 같은 실험실일지라도)에서 나온 결과와 서로 비교할 수 있다. 따라서 시험법에 대해서 자세하게 설명한다. 한국에서의 일반적인 압축강도 시험에서는 직경 150 mm, 높이 300 mm인, 직경에 대한 높이비가 2:1(l/d)인 공시체를 사용한다.

공시체의 종류 사용할 수 있는 몰드는 콘크리트와 반응하지 않고, 방수가 되며, 사용 중에 과도하게 변형하지 않을 만큼 충분히 단단하면 콘크리트 몰드로서 사용할 수 있다. 몰드에 대한 ASTM(ASTM C 470) 기준에서는 몰드 재료에 관해서는 제한하지 않는다. 크게 두 가지 종류가 있다.

1. 재사용 가능 몰드: 일반적으로 중량(重量)의 강재나 단단한 재질의 플라스틱으로 만든다.
2. 일회용 몰드: 보통 박판 금속, 왁스칠을 한 마분지 또는 얇은 플라스틱으로 만든다.

일반적으로, 일회용 몰드를 사용하면 표준 편차는 높고 강도도 약간 낮은 값(~3% 정도)을 얻게 될 것이다. 이것은 일회용 몰드의 위쪽 단면 모양이 약간 타원형이기 때문이기도 하고, 또한 봉다짐 또는 진동다짐을 할 때 콘크리트가 다져지는 대신 몰드가 변형되기 때문이다. 일회용 몰드를 사용해서 콘크리트 강도가 다소 낮게 나타나는 것이 일반 콘크리트에서는 별로 중요하지 않지만, 100 MPa 이상의 고강도 콘크리트에서는 중요할 수 있다.

공시체 제작 (KS F 2403) 몰드는 흔들리지 않고, 표면이 수평이고, 진동이 없는 곳에 둔다. 콘크리트를 대표하는 시료를 채취해서(제 15장 참조) 각 다짐 방법에 따라 층으로 채운다. 만일 슬럼프가 75 mm 이상이면 콘크리트는 다짐봉을 사용해서 다짐하며, 슬럼프가 25 mm 미만이면 콘크리트는 진동기를 사용해서 다짐한다. 슬럼프가 25와 75 mm 사이이면 공시체는 어느 방법으로 다짐해도 좋다. 다짐의 방법이 여러 가지인 이유는 제대로 다져지지 않으면 제대로 다져진 공시체보다 낮은 강도를 주기 때문이다. 된배합(stiff mix)의 경우는 다짐봉으로는 충분하게 다져지지 않으므로 현장에서 항상 진동기를 사용해서 다짐하게 된다. 또한 묽은 배합(wet mix)에서는 진동기를 사용하면 재료분리가 발생할 수 있다.

직경 150 mm, 높이 300 mm인 공시체를 봉다짐할 경우, 공시체를 100 mm 높이로 층을 세 개로 나눠 채워야 한다. 각 층을 반구경의 끝단을 가진 직경 16 mm의 강봉으로 25회 다짐한다. 상층을 다짐할 때는 다짐봉이 하층으로 약 25 mm 정도까지 더 관입되도록 다져야 한다. 각 층을 봉다짐한 후 남아있는 빈틈을 없애기 위하여 몰드의 측면을 10~15회 가볍게 두드린다. 또한 진동기를 사용해서 다짐할 때는 2개의 동일 층으로 나눠 채워 다짐한다. 내부 진동 혹은 외부 진동 어느 쪽을 사용해도 좋다. 다짐 후 흙손 또는 다짐봉으로 공시체의 표면을 마무리한 후 필요하면 시멘트 풀로 얇게 캡핑한다.

양생 공시체는 주로 3가지 이유로 만든다. (1) 배합의 채택 여부 혹은 품질관리 차원에서 실험실 배합설계가 주어진 배합강도를 만족하는지 검증하기 위해서 (2) 거푸집을 안전하게 제거할 수 있는 시기를 결정하기 위해서 (3) 구조물을 사용할 수 있는 시기 또는 프리스트레스트 콘크리트 부재에 인장을 가하는 시기를 결정하기 위해서. 또한 공시체를 현장 시험결과와 비교해서 현장 양생과 보호가 적절한지를 결정한다. 공시체의 양생조건은 공시체를 만든 목적에 따라 달라진다.

만일 공시체를 이유 (1)때문에 만들었다면 수분 손실을 방지하면서 24~48시간 동안 23±2˚C에서 저장해야 한다. 이 후 공시체를 탈형한 후 시험 전까지 표준 양생실 혹은 석회수(lime water)에 23±2˚C의 온도에서 양생한다. 실험실에서 공시체를 타설한다면 (ASTM C 192) 타설할 때부터 23±2˚C의 온도를 유지해야 한다. 만일 거푸집 제거 시기 혹은 콘크리트가 적절하게 보호되는지를 결정하기 위하여 공시체를 만든다면, 공시체는 구조물에 최대한 가까이 두고 구조물과 동일한 방법으로 양생하여야 한다. 이 공시체들을 거푸집을 제거하기 전에 시험해야 한다. 구조물을 사용해도 좋은 시기를 결정하거나 또는 현장 시험결과와 비교하기 위하여 사용하는 공시체는, 거푸집을 제거할 때 공시체도 같이 탈형해서 공시체의 습윤조건을 구조물의 습윤조건에 가깝게 만들어야 한다.

공시체의 캡핑 공시체의 면(특히 윗면)은 거칠며 평평하지 않고 아랫면과 평행하지도 않다. 만일 이 상태에서 시험하면 응력 집중이 생겨서 콘크리트의 측정 강도는 상당히 감소된다. 볼록한 단부는 오목한 경우보다 더 낮은 강도를 보이는데 이것은 응력 집중이 더 심하기 때문이다. 시편의 단부를 0.050 mm 이내로 평평하게 만들어야 한다. 시편을 평평하게 만드는 한 가지 방법은 단부를 연마하는 것이다. 연마는 좋기는 하지만 비싸고 시간이 많이 걸린다. 일부 실험실에서는 모든 콘크리트에 항상 이 방법을 사용하지만, 대부분은 고강도 콘크리트에서 이 방법을 사용한다. 단부를 평평하게 만드는 가장 일반적인 방법은 적절한 재료를 사용해서 공시체의 단부를 캡핑하는 것이다. 세 가지 다른 캡핑재가 허용된다. 단단한 포틀랜드시멘트 풀 박막을 새로 성형하는 공시체 위에 사용할 수 있다. 굳은 공시체에서는 고강도 석고 플라스터(반죽)나 유황 모르타르를 사용할 수 있는데 후자가 훨씬 더 일반적이다. 약 130°C까지 유황 모르타르를 가열하고 나서, 그것을 얇게 기름이 칠해진 철제 캡핑판에 쏟는다. 캡 끝단의 두께가 약 3 mm가 되도록 하고, 공시체의 축의 직각 방향과 캡의 편차가 0.5° 미만이 되도록 유황 위에 공시체를 정렬한다. 공시체는 캡핑한 후 시험할 때까지 습윤 상태로 보관해야 하며, 보통 캡핑 후 바로 시험한다. 유황은 사용할수록 강도와 유동성이 저하하기 때문에 유황 용기 내에서 재료가 오래 머물면서 5회 이상은 사용하지 말아야 한다. 콘크리트 강도 50 MPa까지는 캡핑 재료의 강도는 적어도 35 MPa이어야 하고, 그 이상의 고강도 콘크리트에 대해서는 캡핑 재료의 강도는 적어도 콘크리트 공시체 강도 정도 되어야 한다. (또는 시멘트 풀로 캡핑하거나 연마된 공시체의 압축강도의 98% 이상에 해당하는 강도를 나타내야 한다) 그러나 캡핑하면 연마하는 경우보다 표준 편차가 더 커진다.

캡핑이나 연마가 필요 없는 방법도 있다. ASTM C 1231에서는 비접착식 캡핑(unbonded caps)이 제시되어 있다. 기본적으로 탄성 패드를 금속링 안에 설치하고 그것을 공시체 단부 위에 올려 놓는다. 패드는 공시체 단부의 형상을 따르지만 금속링은 패드가 횡방향으로 변위가 생기는 것을 막는다. 이렇게 하면 공시체 단부에 균일하게 재하된다. 패드는 최대 100회 정도 사용할 수 있으며, 패드를 사용하여 구한 강도는 캡핑이나 연마를 해서 얻은 강도보다 약간 낮다(2% 정도).

압축강도의 결정 (ASTM C 39, KS F 2405) 공시체의 캡핑이 끝나면 시험 준비가 된 것이다. 시험은 임의의 적합한 장비를 이용한다. 2개의 재하판을 이용하는데, 아래쪽에 공시체를 올려놓으며, 위쪽은 시편과 닿는 반대편이 둥근 모양을 하고 있다. 재하판은 0.025 mm내로 평평해야 한다. 직경 150 mm 공시체에 대해서 위쪽의 재하판은 최대 직경이 255 mm이다. 재하판의 최대 직경과 공시체의 직경의 비가 ASTM C 39에 주어진 값을 초과하지 않도록 주의를 기울여야 한다. 재하판이 너무 커지면 압축강도가 너무 커진다. 강도는 재하속도에 영향을 받기 때문에, 유압 장비를 이용할 경우는 0.15~0.35 MPa/s 정도의 속도로, 그리고 기계적인 장비를 이용할 경우는 1 mm/min의 변위 속도를 이용해서 파괴가 일어날 때까지 재하한다. 그리고 최대 하중과 파괴 형태를 기록한다.

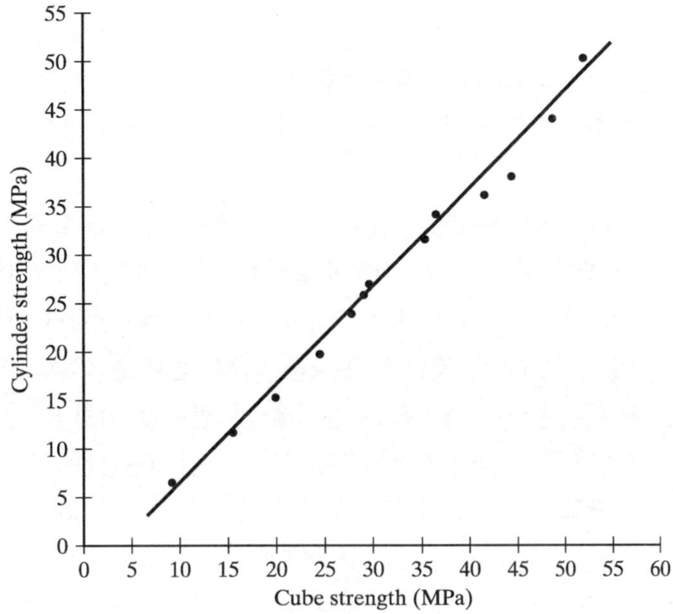

그림 14.1
원주공시체와 입방공시체의 강도 상관관계. [R. H. Evans, "The Plastic Theories for the Ultimate Strength of Reinforced Concrete Beams," *J. Inst. Civil Engineers*, Vol. 21, pp. 120-138 (1943-44).]

입방공시체의 시험

입방공시체는 영국, 독일 및 일부 유럽국가에서 사용되고 있다. 영국 기준에 의하면 150 mm의 입방공시체를 3층으로 나누어 각 층별로 25 mm의 정사각형 다짐봉으로 35회 다짐하여 제작한다. 혹은 진동에 의하여 다짐할 수도 있다. 공시체의 보관온도가 20±1°C인 것을 제외하면 원주공시체와 유사하게 취급한다. 공시체는 타설방향과 직각방향으로 재하한다. 다시 말하면 타설할 때 강재 몰드의 옆면이 닿는 면과 재하판과 접한다는 것이다. 따라서 재하면은 캡핑이나 연마가 필요 없을 정도로 평평하다. 이것이 주요 이점이라 할 수 있다. 그리고 0.25 MPa/s의 재하속도로 파괴가 일어날 때까지 재하한다.

입방공시체가 가지는 주된 단점은 재하판과 공시체 표면사이에서 발생하는 마찰이 원주공시체의 경우보다 훨씬 더 큰 구속력(3축 압축 상태)을 만든다는 것이다. 따라서 입방공시체를 사용해서 측정하면 원주공시체를 사용하는 경우보다 더 높은 강도를 얻게 된다. 원주공시체에 비하여 입방공시체가 1.25배 정도 더 큰 강도를 나타내기는 하지만, 사실 이 비는 일정하지 않아서, 강도가 낮은 콘크리트의 경우는 1.3배 정도, 그리고 강도가 높은 콘크리트의 경우는 1.04배 정도이다(그림 14.1 참조).

측정된 압축강도에 영향을 미치는 요인

위에서 언급한 콘크리트의 압축강도 시험은 단순하게 따르면 되는 것처럼 생각되지만, 시험결과는 꽤 많은 요인들에 의해 영향을 받을 수 있다. 표준 시험법을 통해서 구한 결과를 제대로 이해하려고 한다면 영향 인자에 의해서 압축강도가 어떻게 영향을 받는지 자세하게 살펴볼 필요가 있다.

공시체 내의 응력분포 압축강도 시험에서는 순수한 일축 압축 상태를 가정한다. 그러나 공시체와 재하판 사이의 마찰로 인하여 실제로는 그렇지 않다. 강재와 콘크리트는 탄성계수 및 포아송비가 서로 다르고, 이로 인해서 자유롭게 변형이 일어난다면 재하판의 횡방향 변형률이 콘크리트의 횡방향 변형률보다 훨씬 적기 때문에, 재하판과 콘크리트 사이에 마찰이 발생한다. 따라서 이러한 마찰을 통해서 재하판은 공시체 양 단부의 횡방향 변형을 구속하게 되고, 단부 근처에서 횡방향 구속압력을 발생시킨다. 이 구속 압력(전단응력도 발생시킨다)은 공시체의 양 단부에서 가장 크고 단부에서 멀어질수록 점차 줄어들어 $(\sqrt{3}/2)d$(공시체의 지름) 정도의 지점에서 없어진다. 정확한 응력분포는 공시체와 재하판의 접촉 유형에 따라서 달라진다. 이러한 횡방향 구속 압력의 결과로 인해서, 그림 14.2a에서 보는 바와 같이, 시편이 파괴된 후에 비교적 손상을 입지 않은 원뿔형의 콘크리트가 남게 된다. 따라서 l/d = 2.0인 표준 공시체에서는 공시체 중앙의 작은 부분만 진정한 일축 압축 상태가 되고 다른 부분은 삼축 압축 상태가 된다. 이러한 구속 효과로 인해서 분명히 실제 강도보다 더 높은 강도를 측정하게 된다.

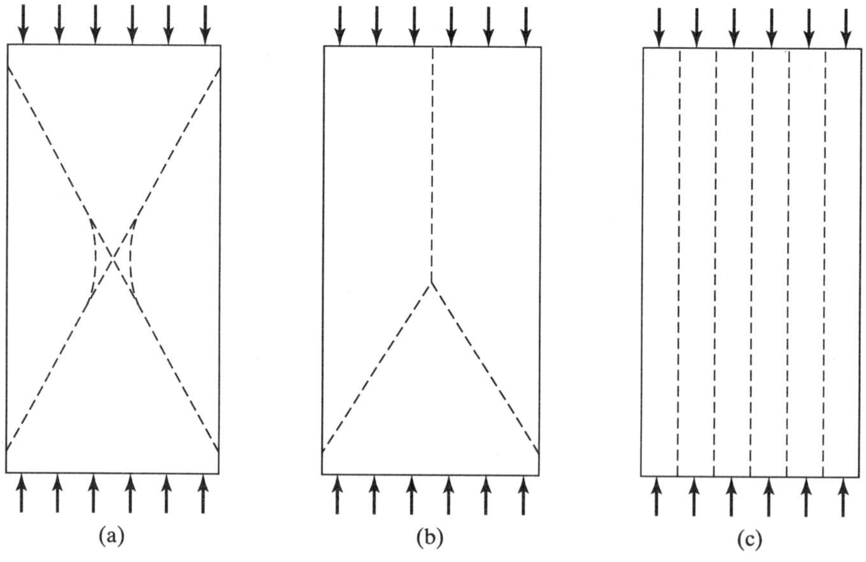

그림 14.2
압축에 의한 원주공시체의 전형적인 파괴 형상. (a) 양면이 구속된 경우, (b) 한쪽 면이 구속되고 다른 면에서는 쪼갬 파괴가 일어나는 경우, (c) 양면에서 쪼갬 파괴가 일어나는 경우

시편에서 횡방향 구속을 받는 부피가 상대적으로 커지면 측정 강도는 증가한다. 이것으로 *l/d*가 2.0보다 작은 경우에 공시체의 강도가 더 커지는 현상이 설명된다. 또한 일반적으로 입방공시체가 원주공시체보다 강도가 높은 이유도 설명될 수 있는데, 단부 구속이 사라질 만큼 충분히 길지 않기 때문이다. 특정 시편 형상에 대해서 구속 압력이 높을수록 측정 강도는 더 높아진다(제 13장). 반대로 만일 마찰을 없애기 위해서 매우 부드러운 재료를 공시체의 단부와 재하판 사이에 넣는다면, 재료가 압력을 받아서 바깥으로 밀려나가면서 공시체의 단부에 횡방향 인장 응력이 발생할 수 있다. 이것은 강도를 감소시키고 공시체는 수직 방향으로 쪼개지면서 파괴될 것이다. 그러나 일반적으로 마찰을 줄여주는 재료들이 구속효과를 완전히 없애주지는 못한다.

좀 더 근본적으로 말해서 콘크리트(혹은 다른 대부분의 재료도 마찬가지로)에서 "압축" 파괴라는 용어 자체가 옳지 않다. 압축은 전자 및 분자를 더욱 가까이 밀착시키기 때문에 순수한 압축이 어떻게 파괴를 일으킬 수 있는지 이해하기 어렵다. 그러나 압축시험에서는 시편 내에서 공시체의 축과 직각 방향으로 인장력이 부수적으로 발생한다. 콘크리트가 인장에 약하기 때문에 이로 인해서 균열 및 파괴가 발생한다. 콘크리트의 인장 파괴는 0.0001~0.0002 정도의 변형률에서 발생한다고 보고되고 있다. 보통의 콘크리트에서 포아송비는 약 0.2 정도이므로 그 정도의 횡방향 변형률은 상당히 낮은 압축력에서도 발생하며, 그림 14.2c에서 보듯이 이로 인해 파괴가 일어날 수 있다. 이것이 아마도 순수한 압축력을 받을 때의 파괴 형태가 될 것이다. 단부 구속으로 인한 응력이 그림 14.2a에 보인 바와 같은 원추형 파괴를 발생시킬 것이다.

시험 기기 공시체의 양 단부는 평평해야 하고 또한 공시체의 축에 수직이어야 한다. 정확하게 수직이 될 수 있게 하기 어렵기 때문에 재하판 윗부분은 장비에 둥글게 안착시킬 수 있는 형태를 사용한다. 이렇게 하면 공시체의 양면이 완전히 평행이 되지 않더라도 강도에 영향을 주지 않을 것이다. ASTM C 39는 그 구형면은 전통적인 오일(유압 그리스 대신에) 형태의 윤활제를 사용해야 한다고 명시하고 있다. 그 경우 재하판이 시편에 완전히 밀착되고 나면 더 이상 돌아가지 않는다. 재하판의 구형면에 사용되는 윤활제의 양에 따라 강도가 달라질 수 있다.

또한 재하판의 종류에 따라서도 결과가 달라진다. 재하판이 강재로 만들어져 있다 하더라도 하중을 받으면 약간의 변형이 발생하므로 재하판의 강성에 따라서 시편 단부에 가해지는 응력 분포가 달라진다.

일축 압축 상태를 가장 잘 만들 수 있는 재하판은 '솔형 재하판(brush platen)'일 것이다. 이것은 5×3 mm 정도의 필라멘트를 횡단면에 서로 0.2 mm의 간격을 유지하도록 배치한 형태이다. 이렇게 하면 콘크리트가 거의 구속을 받지 않고 횡방향으로 변형을 일으킬 수 있다. 물론 이런 재하판을 사용하면 보통의 강재 재하판을 사용하는 경우보다 강도가 더 낮게 측정된다.

시험 장비 자체도 강성이 상당히 큰 것부터 비교적 작은 것까지 차이가 있다. 이러한 차이가 강도에 미치는 영향은 무시할 만큼 적다. 그러나 강성이 매우 큰 장비를 사용하면 하중-변위 곡선의 하강역(descending branch)도 일부 측정할 수 있다.

***l/d* 비의 영향** 비록 공시체 내에 상당한 양의 횡방향 구속이 있다하더라도 표준 원주형공시체의 높이-지름(*l/d*)비는 2.0이다. 다른 *l/d*비의 공시체를 사용한다면 앞에서 설명한 단부 효과로 인해서 강도가 달라진다. *l/d*비가 강도에 미치는 영향을 그림 14.3에서 볼 수 있다. 그러나 정확한 곡선의 모양은 단부 조건과 콘크리트의 종류에 따라서 어느 정도 달라진다. 고강도 콘크리트에서의 *l/d*비 영향은 일반 콘크리트에서보다 작은 것으로 알려져 있다. 일반적으로 말해서 단부가 구속된 경우 *l/d*비가 3.0 정도면, 공시체가 세장해서 생기는 문제도 없고, 진정한 일축압축 응력상태(공시체의 중앙 부분에서)를 만들 수 있다. 현장에서 채취한 코어 공시체에 대하여 시험할 경우 *l/d* 비의 영향은 매우 중요한데, 코어 공시체는 일반적으로 *l/d*비가 2.0 미만이다. 이 경우에는 표 14.1에서 제시하고 있는 보정계수를 고려하여 강도값을 조정해야 한다. 만일 *l/d*비가 2.0을 넘으면 절단한 후 시험할 수 있다.

공시체의 형상 원주형 혹은 입방형 등 공시체의 형상에 따라서 강도가 달라지면 어떤 형상의 공시체가 최선일까? 분명한 것은 캡핑이 필요 없는 입방공시체가 시험하기는 쉽다. 그러나 콘크리트의 강도를 원주공시체가 더 잘 대표한다는 느낌이 있기 때문에, 특히 연구에서는, 원주공시체가 선호된다. 그러나 앞서 살펴본 바와 같이 작은 콘크리트 시편이 구조물 내의 콘크리트 강도를 정확하게 대표할 수는 없으며, 단지 비교할 수 있는 자료만을 제시한다. 따라서 일관성 있게 사용하기만 하면 어떤 형상의 공시체를 사용하든지 별 차이 없다.

공시체의 크기가 증가할수록 콘크리트의 압축강도 및 압축강도의 편차는 감소한다. 일반적으로

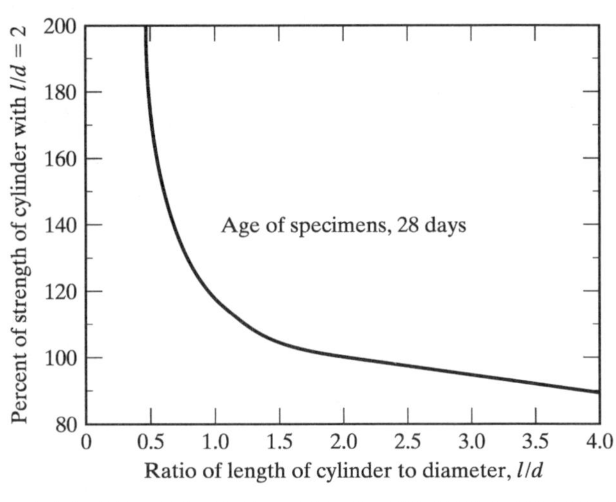

그림 14.3
*l/d*비에 따른 압축강도비. [W. H. Price, *Journal of the American Concrete Institute*, Vol. 47, No. 6, pp. 417–432 (1951).]

표 14.1 *l/d*비와 압축강도와의 관계[a]

*l/d*비	보정계수
2.00	1.00
1.75	0.98
1.50	0.96
1.25	0.93
1.00	0.87

[a] ASTM C 42

'가장 취약한 연결고리(weakest link)' 이론에 의해 이 현상을 설명한다. 즉, 콘크리트 공시체의 강도는 공시체 내에서의 가장 취약한 부분에 의하여 결정된다고 가정할 수 있으며, 공시체의 크기가 증가할수록 작은 하중에 파괴가 일어나는 취약한 부분을 더 많이 포함하게 된다. 일반적으로 그런 약한 부분은 제 13장에서 설명한 콘크리트 내의 결함들이다. 그러나 공시체의 크기가 증가함에 따라 공시체 내의 결함 분포의 차이는 적어져서 변동성이 줄어든다. 그림 14.4는 *l/d*=2.0에서 원주공시체의 지름의 차이에 따른 강도의 변화를 보인 것이다.

재하 속도 일반적으로 재하 속도가 빠를수록 강도도 높게 측정된다(16.3절). 그 이유는 아직까지 명확하게 밝혀지지 않지만, 재하 속도가 느릴수록 작은 균열이 더 발전하게 되고, 이로 인해 더 큰 균열이 형성되면서 파괴 하중이 낮아지게 될 것이다(제 13장 참조). 다른 한편으로는 재하 속도가 느릴수록 더 많은 크리프가 발생하여 같은 하중에서도 변형량은 더 늘어나 변형률이 한계에

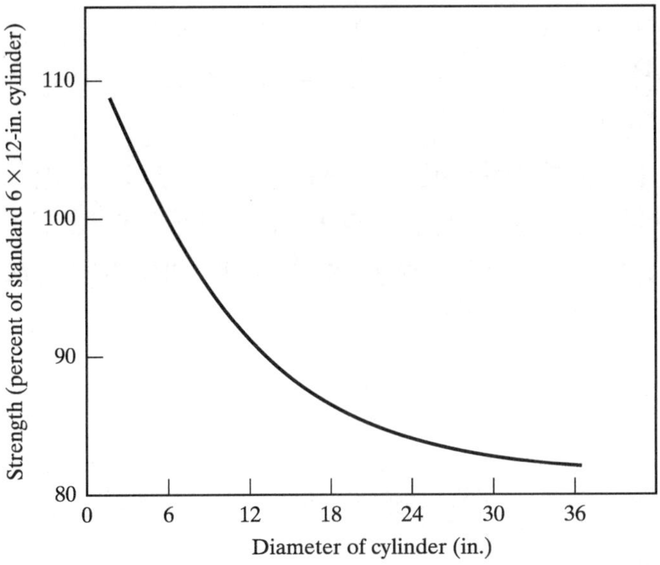

그림 14.4
원주공시체의 크기에 따른 콘크리트의 압축강도. (*l/d*=2.0 고정)

도달하면 파괴가 발생할 것이기 때문이다. 사실 이 외에 다른 요인들도 재하 속도에 관한 효과에 영향을 미치는 것으로 보인다. 극단적인 경우인 정적 피로(static fatigue)에 관해서는 제 16장에서 설명한다. 확실한 것은 서로 비교할 수 있는 결과를 얻기 위해서는 실제 사용하는 재하 속도를 상당히 좁은 범위 내로 한정해야 한다는 것이다.

함수율 ASTM C 39를 비롯해서 대부분의 기준을 보면 콘크리트 공시체는 습윤 상태를 기준으로 양생하고 시험하도록 되어있다. 콘크리트를 건조시키면 강도는 증가한다. 그 이유가 완전하게 이해되고 있지는 않지만 건조하면서 C-S-H의 구조가 변해서든가 아니면 크게 봐서 내부 마찰과 점성이 변하기 때문일 것이다. 즉 수분은 윤활 효과가 있어서 입자들이 전단력을 받을 때에 서로 더 쉽게 미끄러지기 때문이다. 또한 습윤 상태의 콘크리트는 하중이 가해지면 내부 공극압이 생겨서 압축강도가 낮아질 수도 있다. 오븐에서 건조한 공시체의 강도는 10~15% 정도 증가하며, 이러한 강도의 증가는 가역적(reversible)이어서 다시 습윤 상태로 만들면 처음의 습윤 상태 강도로 돌아간다.

그러나 실험에서는 다소 모순된 결과나 나타나며 특히 인장강도 및 휨강도에서 그렇다. 콘크리트는 상당히 낮은 확산속도를 가지고 있고 외부로만 건조가 일어나기 때문에 완벽하게 건조시키거나 반대로 완전히 포화상태로 만들기 매우 어렵다. 따라서 건조 정도는 공시체의 크기와 형상에 따라 좌우된다. 또한 너무 빠른 속도로 건조시키면 공시체가 균일하게 건조되지 않아서 (따라서 건조수축의 차이로 인해서) 인장 균열이 발생할 수도 있다. 이러한 균열은 압축강도에는 큰 영향을 미치지 않지만, 휨강도 및 인장강도의 측정 결과에는 영향을 미친다. 반면에 천천히 건조시키면 균열 발생이 방지되어 휨강도 및 인장강도가 증가한다. 건조된 시편을 다시 포화시키면 비슷한 영향이 관찰된다. 함수량이 강도에 미치는 영향은 코어 공시체를 시험할 때는 매우 중요하게 고려되어야 한다.

시편의 함수량을 고려하기 위해서는, ASTM C 42에서 권고하기로는, 현장 콘크리트와 가장 가까운 함수율이 되도록 만들어야 한다. 그러나 기준에 따라서 코어를 건조시키면 시편의 외측에서 내부로 가면서 함수량 분포에서 구배가 발생할 것이다. 이로 인해서 균일한 함수 상태의 공시체보다 낮은 강도가 측정된다.

시험 온도 시험 온도가 강도에 영향을 미치는 이유는 완전히 규명되지 않았지만, 그림 14.5에서 보는 바와 같이 시험 온도는 강도에 영향을 미친다. 표준 조건에서 동일하게 양생된 콘크리트라 할지라도 온도가 증가할수록 강도는 낮아진다. 높은 온도에서 수분 손실이 발생하는 것도 약간은 영향이 있는 것 같다.

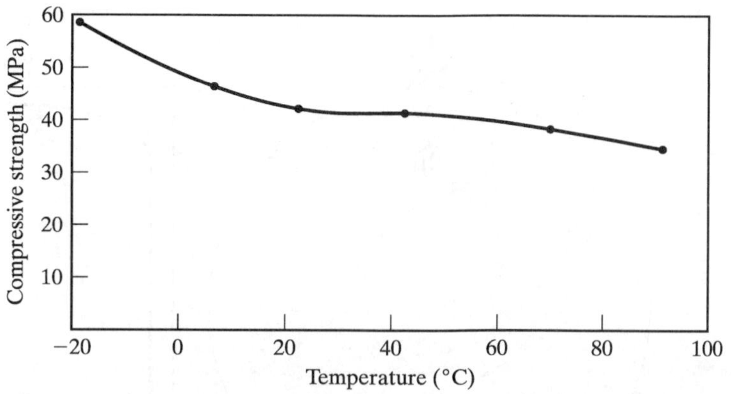

그림 14.5
시험 온도에 따른 콘크리트 압축강도. [J. C. Saemann and G. W. Washa, *Journal of the American Concrete Institute*, Vol. 54, No. 5, pp. 385-389 (1957).]

결과 해석

앞에서 살펴 본 바와 같이 콘크리트의 압축강도는 근본적인 특성이거나 고유하게 정의될 수 있는 특성이 아니고, 그 값은 측정 방법에 따라 현저하게 달라진다. 따라서 압축강도 결과는 기본적으로 서로 비교하기 위한 값이므로 표준 시험법을 엄격하게 따라야 한다.

14.4 기타 콘크리트 시험 (Other Concrete Tests)

인장강도

콘크리트의 인장강도를 직접적으로 측정하는 시험법은 아직까지 KS 규격으로 제정되어 있지 않다. 시편의 그립(grip) 부분에서 발생하는 부차적인 응력 때문에 시험결과를 해석 혹은 재현하기가 어렵다. 그러나 RILEM에서는 콘크리트의 직접 인장시험방법을 품질관리 목적보다는 연구 목적으로 사용하기 위해서 추천안을 마련했다. 이 방법은 원주형 혹은 입방공시체의 단부에 재하판을 접착제로 붙여 직접 인장을 가하는 방법이다. 시편의 단부는 타설이나 진동으로 생길 수 있는 단부 효과(end effect)를 제거하기 위해서 잘라서 버려야 한다. 이 때 단부는 시편의 축과 1/4° 내의 오차로 직각을 유지해야 한다. 더구나 전체 면에서 접착제가 골고루 잘 묻도록 단부를 잘 닦아야 한다. 파괴가 일어날 때까지 0.05 MPa/s의 속도로 재하한다. 아직까지는 이 시험법이 유용한지 평가하기엔 경험적 자료가 부족하다. 미 국토개발국(Bureau of Reclamation)도 단부 재하판을 접착시키는 방식의 직접 인장시험법(Procedure 49A)을 정하고 있다.

그러나 콘크리트의 인장강도를 간접적으로 추정하는 일반적인 시험법이 있다. 쪼갬인장시험(splitting tensile test)에서는 그림 14.6a에서 보는 바와 같이, 표준 원주공시체를 옆으로 뉘여 상하 방향에서 재하한다. 이 때 수직 방향 단면은 다음과 같은 응력을 받는다.

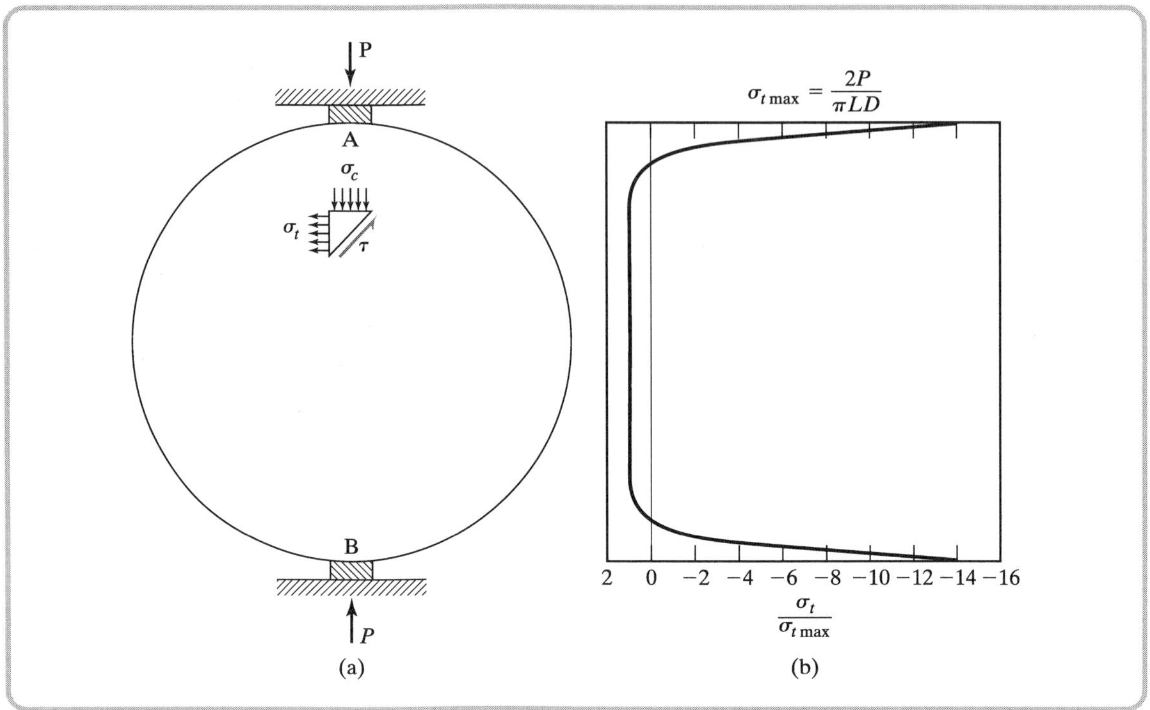

그림 14.6
쪼갬인장강도 시험에 의하여 원주공시체에 가해지는 응력 분포.

$$\text{수직방향 압축 } f_c = \frac{2P}{\pi LD}\left[\frac{D^2}{r(D-r)} - 1\right] \tag{14.1}$$

$$\text{수평방향 인장 } f_t = \frac{2P}{\pi dD} \tag{14.2}$$

여기서 P는 가해진 압축하중, L은 원주공시체의 길이, D는 직경, 그리고 r은 공시체의 윗부분에서부터 떨어진 거리이다.

시편의 상하에 진정한 선하중(line loading)을 가하는 것은 매우 어려운데, 이것은 면이 매끈하지도 않고, 선하중 주변에 매우 높은 압축 응력이 발생하기 때문이다. 그림 14.6b는 공시체의 직경을 통과하는 수직선을 따라 발생하는 인장응력 분포를 나타낸 것이다. 즉, 직경의 양단 부분은 매우 높은 압축 응력이 발생하고, 중앙 2/3 부분은 거의 일정한 인장응력이 발생한다. 콘크리트는 압축보다는 인장응력에 매우 약하기 때문에 압축으로 시편이 파괴되기 전에 훨씬 작은 하중에서 인장으로 쪼갬파괴가 발생한다. 따라서 이 값을 기준으로 콘크리트의 인장강도를 평가할 수 있다.

KS F 2423(2006년)에서는 공시체와 재하판 사이에 아무 것도 삽입하지 않고 공시체를 직접 재하판으로 재하하도록 규정하고 있으며, ASTM C 496에서는 넓이 25 mm, 두께 3 mm의 긴 합판 재질의 조각판을 삽입하도록 규정하고 있다. 시편을 장비에 정렬시키고, 하중을 0.06±0.04

MPa/s(ASTM은 690~1380 kPa/min) 속도로 가해서, 쪼갬인장 파괴가 일어날 때까지 재하시킨다. 쪼갬인장강도는 식 (14.2)를 이용해서 구한다. 또한 입방공시체를 이용하여 쪼갬인장강도를 구하는 것이 가능한데, 양쪽 면의 중앙선을 따라서 반구형의 봉을 이용해서 재하한다. 원주공시체와 비슷한 결과를 얻는데, 다음 식을 이용해서 횡방향 인장응력을 계산한다.

$$f_t = \frac{2P}{\pi a^2} \tag{14.3}$$

여기서 a인 입방공시체에서 한 변의 길이이다.

쪼갬인장으로 구한 인장강도와 직접인장으로 구한 인장강도 사이에 단순한 관계식이 성립하지는 않는다. 일반적으로 쪼갬인장강도가 직접인장강도에 비하여 5~12% 정도 더 큰 것으로 간주되지만 항상 그렇지는 않다. 최근의 연구결과에 의하면 쪼갬인장강도와 직접인장강도와의 차이는 매우 적으며 어떤 경우에는 직접인장강도가 더 큰 경우도 있었으며 이는 콘크리트의 강도 수준, 굵은골재의 최대치수에 의하여 영향을 받는다. 또한 최근의 심도있는 해석결과에 의하면 쪼갬인장강도를 진정한 재료적 특성으로 생각해서는 안 된다는 것이다. 즉, 시험 결과는 공시체의 크기 및 조각판의 종류 및 넓이에 따라 영향을 받는다.

휨강도

콘크리트의 휨강도는 KS F 2408에 규정되어 있는 것처럼 다음의 절차에 의하여 구한다. 공시체의 단면 치수는 150 mm×150 mm이며, 공시체의 길이는 단면 치수의 3배보다 80 mm 이상 더 긴 것으로 한다. 다짐봉을 이용하여 다져 넣는 경우에는 2층 이상의 거의 같은 층으로 나누어 채우며 100 mm^{2}에 1회의 비율로 다지도록 한다. 표준 양생을 수행한 후, 휨강도는 그림 14.7에서 보는 바와 같이, 3등분점 재하 장치를 이용하여 시험한다. 공시체는 콘크리트를 몰드에 채웠을 때의 옆면을 상하면으로 하며, 베어링 너비의 중앙에 놓고 경간의 3등분점에 상부 재하 장치를 접촉시켜 가장자리 응력의 증가율이 0.06±0.04 MPa/s가 되도록 재하속도를 조정하고, 최대 하중이 도달할 때까지 그 증가율을 유지하도록 한다. (ASTM C 78은 150 mm×150 mm×500 mm의 시편을 사용하고, 재하속도는 860~1200 kPa/min을 사용한다.) 이론적으로 인장강도 혹은 파괴계수(modulus of rupture, R, 혹은 f_r')는 단순보에 대한 3점 재하에 해당하는 다음 식을 이용해서 구한다.

$$R = f_r' = \frac{Pl}{bd^2} \tag{14.4}$$

여기서 P는 최대 하중이고, l은 경간, b는 공시편의 폭, d는 공시편의 높이이다. 식 (14.4)는 공시체가 두 재하점 사이(보의 중앙 1/3 영역)에서 파괴가 일어났을 경우에만 유효하다. 보가 3등

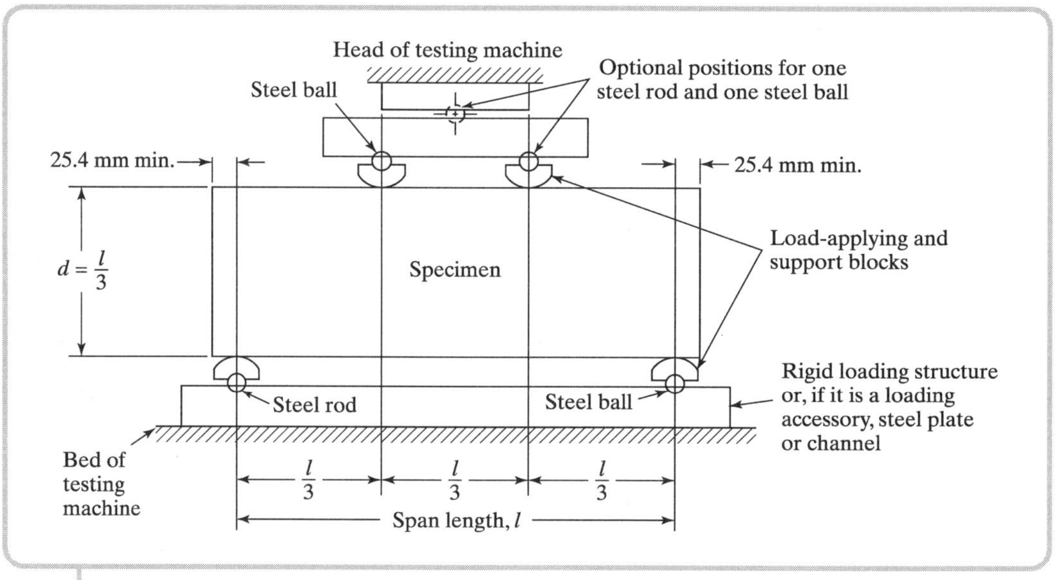

그림 14.7
휨강도시험을 위한 3등분점 재하 장치. 장치를 뒤집어서 사용할 수도 있다. (ASTM C 78)

분점의 바깥쪽에서 파괴된 경우는 그 벗어난 정도가 전체 보의 길이의 5%를 넘지 않으면 식 (14.4) 대신에 다음 식을 사용해서 구한다.

$$R = f_r' = \frac{3Pa}{bd^2} \tag{14.5}$$

여기서 a는 파괴가 일어난 위치에서 가장 가까운 받침부까지의 평균 거리이다. 파괴가 이보다 더 받침부에 가까운 곳에서 발생하면 시험 결과는 무효로 한다.

이 시험은 인장강도를 50% 정도 과대 평가하는 경향이 있는데, 이는 주로 식 (14.4)의 간략한 식이 보의 단면에서 응력이 선형적으로 변한다고 가정하기 때문이다. 콘크리트는 비선형 응력-변형률 곡선을 보이기 때문에 그러한 가정은 옳지 않다. 특히 파괴하중 근처에서는 그림 14.8에서 보듯이 응력 분포가 삼각형이 아니라 포물선이다. 그럼에도 불구하고 이 시험법은 매우 유용한데, 그 이유는 콘크리트 부재는 축방향 인장이 아니라 휨인장을 주로 받기 때문에 휨시험을 통해서 구한 값이 실제 콘크리트의 성질을 더 잘 대변하기 때문이다. 이 시험은 도로, 공항 활주로의 품질 관리면에서 압축강도보다 더 유용한 정보를 제공하기 때문에 널리 사용된다.

또한 KS F 2408 부속서(ASTM C 293도 유사)에는 중앙점 재하법에 따른 콘크리트의 휨강도 시험방법이 설명되어 있다. 중앙점 재하법은 3등분점 재하법만큼 좋지 않으므로 3등분점 재하법을 대체하기 위한 것은 아니다. 3등분점 재하법(third-point loading)에서는 경간의 중간 1/3 부분은 전단력이 없이 순수한 모멘트가 걸린다. 반면에 중앙점 재하법(center-point loading)에서

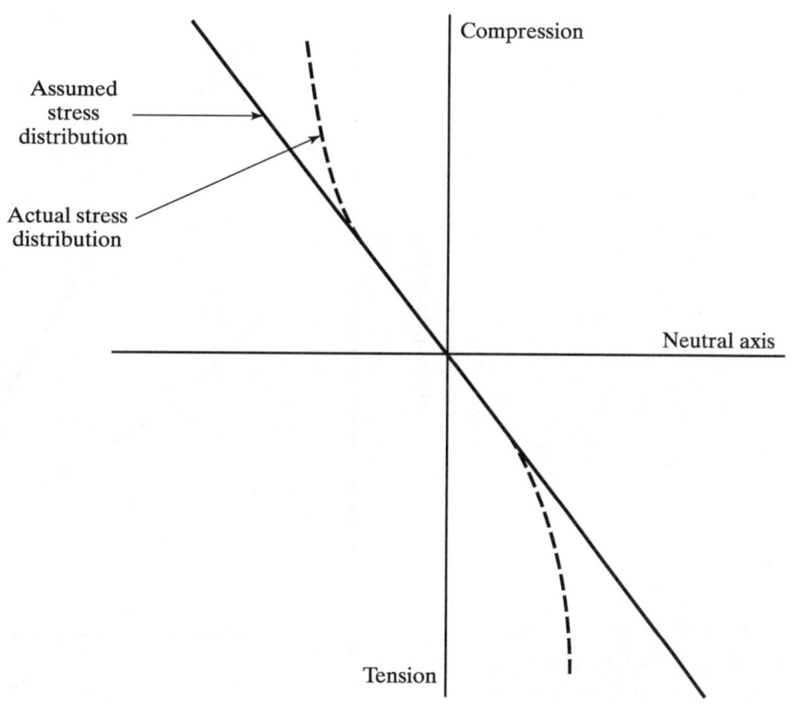

그림 14.8
콘크리트 공시체가 휨 응력을 받을 때의 응력 분포.

는 상당한 크기의 전단력과 더불어 크기를 알 수 없는 응력이 재하점에 집중되는데, 이들이 파괴가 일어나는 선을 따라서 작용한다. 중앙점 재하법으로 구한 휨강도가 3등분점 재하법으로 구한 것보다 더 크다.

압축강도 시험의 경우와 마찬가지로 시험 영향인자가 강도에 큰 영향을 미친다. 특히 크기효과(size effect)는 매우 중요하다. 직접 인장시험보다 휨시험에서 더 큰 값이 나오는 또 다른 이유는 직접 인장시험에서는 공시체가 전체적으로 응력을 받지만 휨시험에서는 부재의 아랫면 근처에 있는 작은 부분에서만 높은 응력을 받기 때문이다. 따라서 만약 '가장 취약한 연결고리'이론이 옳다면 휨시험에서는 충분히 약한 콘크리트 요소를 찾을 가능성이 낮아진다. 이것으로 중앙점 재하법에 의하여 구한 휨강도가 3등분점 재하법에서 구한 값보다 더 큰 것도 설명된다. 재하점 사이의 간격을 벌릴수록 강도는 더 줄어든다. 그림 14.9에서 공시체 크기의 영향을 볼 수 있다. 그러나 공시체의 크기가 커질수록 변동계수는 줄어들기 때문에 3등분 재하법에 의한 휨강도가 중앙점 재하법에 의한 휨강도에 비하여 편차가 적다. 압축시험과 마찬가지로 재하속도가 증가할수록(16.3절) 측정되는 휨강도는 증가하며, 온도가 미치는 영향은 앞에서와 유사하다.

탄성계수

제 13장에서 자세히 살펴본 바와 같이, 콘크리트의 응력-변형률 곡선은 선형이 아니다. 그러나

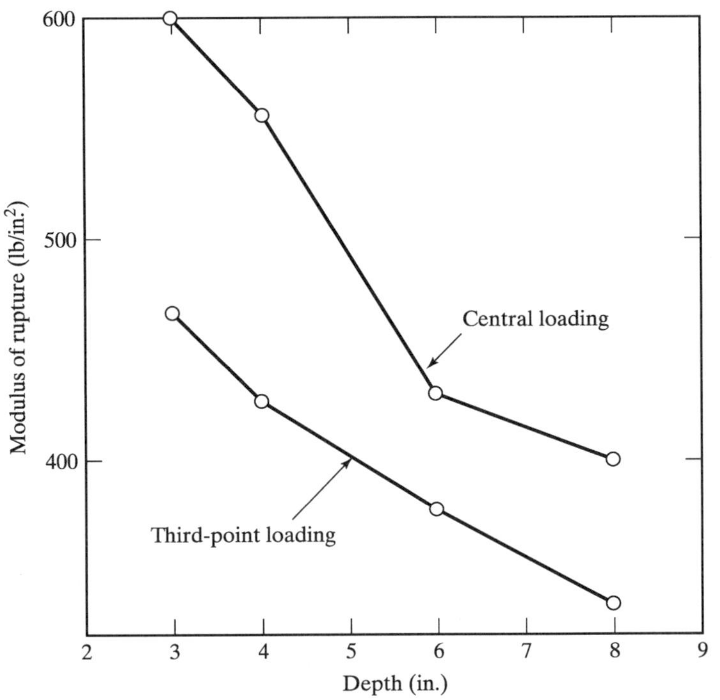

그림 14.9
공시체의 높이가 콘크리트의 파괴계수에 미치는 영향. [P. J. F. Wright, *Magazine of Concrete Research*, Vol. 4, No. 11, pp. 67-76 (1952).

구조 부재의 강성이나 처짐을 구하기 위해서는 탄성계수, E를 알아야 한다. 비선형 응력-변형률 곡선을 가진 재료에 대한 탄성계수는 다양한 방법으로 결정할 수 있지만(13.2절 참조), 콘크리트의 경우에는 KS F 2438에 따라 결정되는 할선 탄성계수(E_c)가 가장 일반적으로 사용된다. 표준 원주공시체에 변형률 측정 장치를 부착하고, 약간의 하중을 가한 후 다시 이를 제거하여 변형률 게이지가 제대로 안착되도록 한다. 그 후에는 공시체에 천천히(0.25±0.035 MPa/s의 재하 속도) 압축력을 가하여, 응력-변형률 곡선을 구한다. 할선 탄성계수는 다음 식을 사용하여 계산한다.

$$E_c = \frac{S_2 - S_1}{\varepsilon_2 - 0.000050} \tag{14.6}$$

여기서 S_2는 극한하중의 40%에 해당하는 응력, S_1은 축방향 변형률 ε_1이 50×10^{-6}일 때의 응력, 그리고 ε_2는 S_2에 의한 변형률을 나타낸다. 같은 실험으로부터 포아송비, v를 다음과 같이 계산한다.

$$v = \frac{\varepsilon_{t_2} - \varepsilon_{t_1}}{\varepsilon_2 - 0.000050} \tag{14.7}$$

여기서 ε_{t_2}와 ε_{t_1}은 각각 응력 S_2와 S_1이 작용할 때 공시체의 중앙 높이에서 발생하는 횡방향 변형률이다.

전단탄성계수, G는 직접적으로 측정하지 않고 다음 탄성 관계를 사용하여 계산하는 것이 일반적이다.

$$G = \frac{E}{2(1+v)} \tag{14.8}$$

동탄성계수

지속적으로 작용하는 화학적 침식, 반복적인 동결융해 작용, 노화 등의 요인에 의해 재료가 점진적으로 변하는 것을 측정하기 위한 목적으로, 비파괴 시험이 필요한 경우가 종종 있다. 이러한 목적으로 동탄성계수(dynamic modulus of elasticity)를 측정하는 것이 매우 편리하다. 그 이유는 동탄성계수 측정이 비파괴 시험이고, 또한 탄성계수와 압축강도 사이에 일반적인 관계식이 존재하기 때문이다.

표준 시험법은 콘크리트 공시체를 고유 진동수를 사용해서 진동시켜 동탄성계수, E_d를 측정하는 것이다. 자세한 시험법은 ASTM C 215(KS F 2437)에 기술되어 있으며, 시험 장치의 구성은 그림 14.10에 보인 바와 같다. 기본적으로 공시체에서 진동의 파절(nodal point)에 받침부를 설치하기 때문에 공시체는 별다른 구속이 없는 자유단-자유단 조건에 놓이게 된다(즉, 횡방향 진동의 경우에는 공시체의 양단에서 각각 공시체 길이의 0.224배 떨어진 위치에 받침부를 설치하고, 종방향 혹은 비틀림 진동의 경우에는 공시체의 중앙에 받침부를 설치한다). 발진기(driver or impactor)와 픽업 회로(pickup unit)의 설치 위치는 그림 14.10c에 나타난 것과 같다. 강제 공명 시험(forced resonance test)(그림 14.10a)은 공시체를 여러 주파수로 진동시키고 이 중에서 최대 출력 값을 보이는 주파수가 기본 주파수(fundamental frequency)가 된다. 충격 공명 시험(impact resonance test, 그림 14.10b)은 공시체에 충격을 가하고 경량 가속도계를 사용해서 공시체의 반응을 계측한 후, 이를 파형 분석기(waveform analyzer)나 주파수 계수기(frequency counter)로 분석하여 기본 주파수를 구한다. 결과의 비교를 위해 모든 공시체는 동일한 시험법을 사용하여 분석해야 한다.

횡방향 혹은 종방향 주파수를 이용하여 E_d를 구할 수 있다.

$$E_d = KMn^2 \quad \text{MPa} \tag{14.9}$$

여기서 M은 공시체의 질량(kg), n은 기본 진동주파수(Hz), 그리고 K는 진동의 종류(횡방향 혹은 종방향), 공시체의 크기, 공시체의 모양에 따라 결정되는 상수이다.

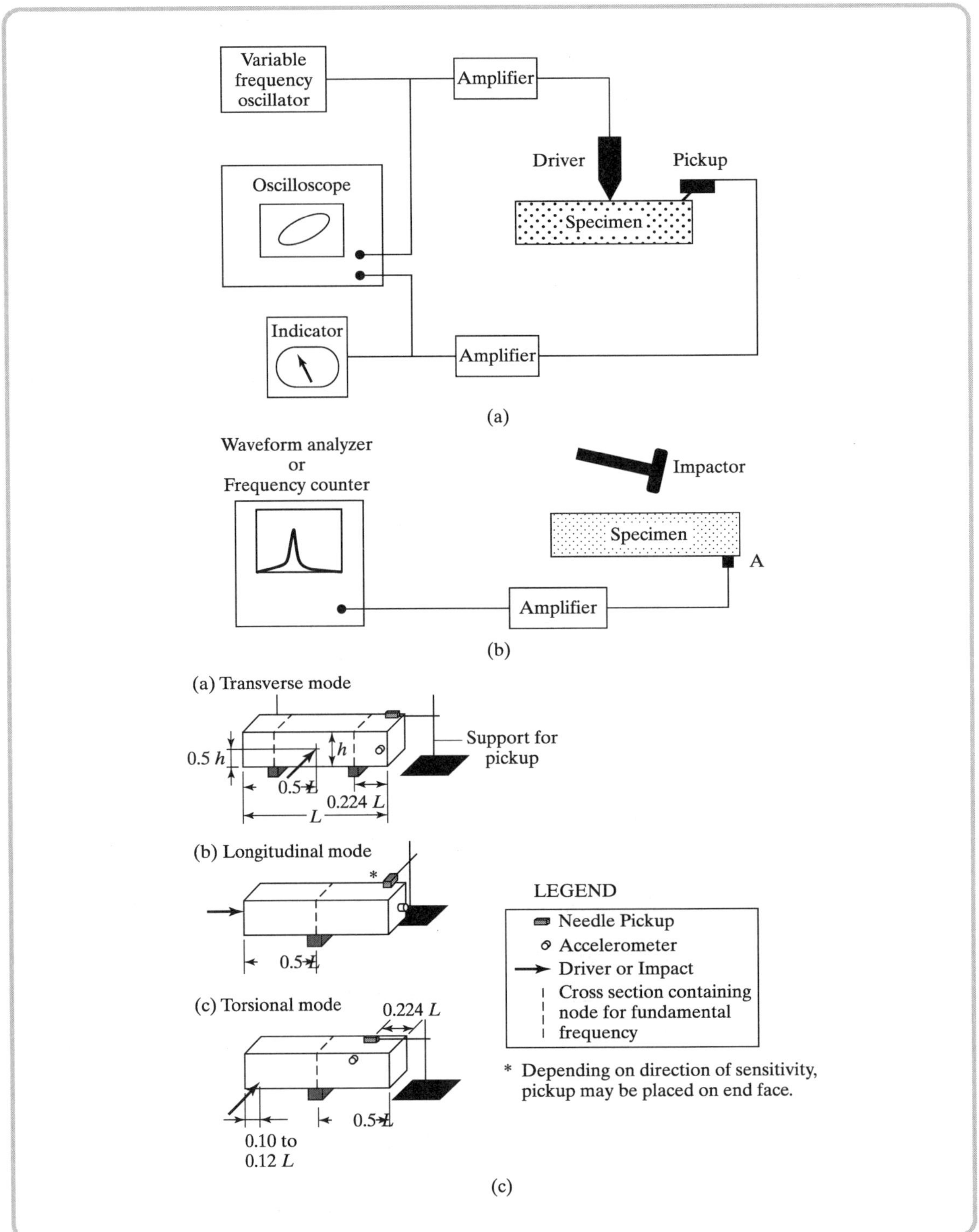

그림 14.10
시험장치의 개략도. (a) 강제 공명 시험. (b) 충격 공명 시험. (c) 구동단자와 픽업 회로. [ASTM C 215]

이와 유사하게, 동전단탄성계수(dynamic shear modulus), G_d는 다음 식을 사용하여 계산된다.

$$G_d = BMn^2 \quad \text{MPa} \tag{14.10}$$

여기서 B는 공시체의 모양과 크기에 따라 결정되는 상수이다. 공시체 형태에 따라 K와 B를 구하는 수식은 ASTM C 215에 주어져 있다.

마지막으로, 동포아송비, v_d는 다음 식을 사용하여 계산한다.

$$v_d = \frac{E_d}{2G_d} - 1 \tag{14.11}$$

일반적으로 이렇게 측정한 동탄성계수가 정탄성계수보다 훨씬 더 큰 값을 보이는데, 이는 동탄성계수가, ASTM C 469(KS F 2438)에 따라 결정되는 할선 탄성계수라기보다는, 초기 접선 탄성계수(제 13장 참조)와 거의 비슷한 값을 가지기 때문이다.

촉진 시험

표준 압축 시험에 대한 규격은 1921년에 처음으로 제정되었으며, 당시의 건설 작업은 현재보다 훨씬 여유 있게 진행되었다. 당시에는 입자가 굵고, C_3S의 함유량이 적어 강도 발현이 느린 시멘트가 일반적으로 사용되었으므로, 재령 28일의 강도를 기준으로 판정 시험을 수행하는 것이 그리 불합리한 것은 아니었다. 그러나 슬립폼과 같은 현대적 시공 기술의 발전으로 인해 콘크리트의 타설 속도가 빨라졌으며, 분말도가 높고 C_3S의 함유량이 많아져서 오늘날의 시멘트는 예전보다 훨씬 빨리 강도가 발현된다. 게다가 표준 공시체의 강도가 실제 구조물 내의 콘크리트 강도를 나타내는 것은 아니라는 사실을 알게 되었다. 따라서 기술자가 타설 후 수 시간 이내에 콘크리트의 잠재 28일 강도(따라서 품질도)를 예측할 수 있도록 이에 관한 많은 연구들이 수행되어 왔다.
이를 위해서는 어떤 방법을 사용하여 콘크리트의 양생 속도를 증가시켜야 하는데, 일반적으로 열을 가하는 방법이 사용된다. 콘크리트의 강도 발현은 양생 시간과 양생 온도의 함수이므로 짧은 시간 동안 높은 온도에서 양생한 콘크리트의 강도와 28일 표준 강도 사이의 관계를 설정하는 것이 가능할 것이다. 그러나 1일 강도(심지어 3일 강도조차)는 28일 강도를 예측하는데 사용될 수 없다는 점에 주의해야 하는데, 초기 강도는 시멘트의 분말도, 타설 직후 수 시간 동안의 양생 온도, 혼화제 사용 유무 등에 민감하게 영향을 받기 때문이다. 열을 가하는 것과 더불어 방법에 따라서는 촉진제를 넣거나 압력을 가하기도 한다. 그러나 여러 촉진 시험법 중에서 규격(ASTM C 684)에 명시된 것은 다음의 4가지 뿐이다.

1. 온수 양생법(warm water method). 일반적인 방법을 사용하여 원주공시체를 제작하고, 이를 35±3°C의 물에 담근다. 23.5시간 후 탈형한 후 캡핑해서 재령 24시간±15분에 압축 시험을 수행한다.
2. 비등수 양생법(boiling water method). 여기서는 우선 공시체를 21±6°C 습윤 상태에서 23시간동안 양생한다. 그 후 공시체를 끓는 물에 넣고 3.5시간이 지난 후 꺼낸다. 꺼낸 공시체를 1시간동안 식힌 후 캡핑하고 재령 28.5시간±15분에 시험을 수행한다.
3. 자기 양생법(autogenous method). 이 방법은 양생을 가속시키기 위해서 시편의 수화열을 사용한다. 완전히 단열된 용기 안에 표준 공시체를 48시간 동안 넣어둔다. 이 기간 동안 콘크리트의 최대 및 최소 온도도 측정한다(이로부터 이상이 생기면 알 수 있다). 그 후에 공시체를 캡핑하고 재령 49시간±15분에 시험을 수행한다.
4. 고온고압 양생법(high temperature and pressure method). 이는 특별한 용기를 사용하여 공시체에 고온(150°C)과 고압(10.3 MPa)을 동시에 가하는 방법이다. 총 양생 기간은 5시간이며, 양생 종료 후 15분 이내에 압축 시험을 수행한다.

촉진 양생 결과의 판단 촉진 시험의 목적은 짧은 시간 내에 콘크리트의 잠재 강도를 알아내는데 있다. 이 시험은 일반적으로 설계의 기준이 되는 28일 강도를 알아내기 위해서 사용된다. 촉진 시험도 일반 시험과 비슷한 정도의 불확실성을 가지고 있다. 따라서, 비록 측정된 강도를 적절하게 변환해야 하긴 하지만, 촉진 시험 결과를 설계에 직접 사용하지 못할 이유는 없다. 4가지 촉진 시험을 통해 얻은 강도는 서로 동일하지 않다는 점에 주의하여야 한다. 4가지 결과 중 어느 것도 실제 28일 강도와 동일하지 않으며, 일반적으로 약간 작은 값을 가진다. 이 값들은 단순히 콘크리트의 품질을 예측하기 위한 숫자들에 불과하다. 또한 촉진 시험 결과로부터 실제의 28일 강도를 예측할 수 있는 보편적인 관계식도 존재하지 않는다. 28일 강도를 예측하기 위해서 촉진 시험을 수행할 때는 동일한 재료를 사용해야 한다. 단위 시멘트양이 많을수록, 그리고 최초 배합 온도가 높을수록 28일 강도 대비 촉진 강도의 크기가 증가한다.

14.5 콘크리트의 품질 평가 (Assessment of Concrete Quality)

코어 시험

지금까지는, 구조물 내의 콘크리트를 나타낸다고 여겨지는, 콘크리트 시편에 대한 시험방법에 대해서만 논의하여 왔지만, 콘크리트 시편의 강도가 반드시 구조물의 콘크리트 강도를 나타내지는 않는다. 그러나 실제 구조물 내의 콘크리트 강도를 측정해야 할 경우도 있다. 특히 공시체 제작을 잘못해서 공시체의 강도가 낮게 나왔을 것으로 의심되는 경우에 그렇다. 균열이나 손상의 징

후가 관찰될 경우에도 콘크리트의 강도조사는 필요하다. 더구나 처음 설계된 것보다 더 높은 응력을 받아야 하는 상황이라면(즉, 구조물에 작용하는 허용하중을 더 높이려고 할 때), 콘크리트의 강도 및 철근의 위치, 철근의 굵기 등에 관한 조사가 필요할 것이다.

구조물의 콘크리트 강도를 측정하는 가장 일반적인 방법은 회전식 다이아몬드 드릴을 이용해서 코어를 채취하는 것이다. 채취된 코어를(철근도 일부 포함할 것이다) 표준 습윤 상태로 만들고, 캡핑을 한 다음, 일반적인 방법을 이용해서 강도를 측정한다. 앞에서 언급하였듯이, 코어의 길이/지름(l/d)비가 2 이하이면, 적절한 보정계수를 이용해서 코어의 강도를 수정해야 한다. 비록 이것이 콘크리트의 품질을 평가하는 확실한 방법인 것처럼 생각되지만, 측정된 강도를 분석하는 것과 관련해서 몇 가지 문제점이 있다.

1. 현장에서는 콘크리트를 건조되도록 놔둔 상태이고, 또한 온도 변화도 있으므로 현장에서 양생된 콘크리트는 습윤 양생실에서 양생된 콘크리트에 비해 강도 발현이 좋지 않아서 강도가 일반적으로 더 낮게 나온다. 또한, 콘크리트 코어를 채취하는 동안 드릴의 진동에 의해서 코어에 손상이 생길 수도 있다. 그러나 구조물의 설계는 구조물 내의 콘크리트에 대한 실제 강도보다는 표준 원주공시체의 강도에 근거해서 이루어지기 때문에, 콘크리트 코어 강도가 낮다는 사실이 얼마나 중요한지 명확하지 않다(물론 코어 강도가 설계기준압축강도보다 높다면 문제가 없지만).
2. 콘크리트 코어와 표준 원주공시체의 강도비는 일정하지 않다. 원주공시체의 강도가 20 MPa일 경우에는 강도비가 약 1.0이지만, 원주공시체의 강도가 60 MPa일 경우에는 강도비가 약 0.7이다. 즉, 콘크리트의 강도가 증가할수록 콘크리트 코어와 원주공시체의 강도비는 감소한다.
3. 구조물에서 채취된 코어의 위치에 따라 코어의 강도는 다르다. 일반적으로, 구조부재의 윗부분에서 코어를 채취할 경우(혹은 층의 윗부분), 블리딩이나 굵은골재의 침하 때문에 아랫부분에서 채취한 코어에 비하여 강도가 낮다.
4. 블리딩으로 인해서 골재 입자의 밑면에서 시멘트-골재의 부착이 약하기 때문에 콘크리트는 이방성(anisotropic) 재료이다(9.1절, 그림 9.7). 그림 14.11에서 보인 바와 같이, 중력의 영향 때문에 콘크리트 타설 방향에 직교 방향으로 약한 면이 생긴다. 따라서 시편의 타설 방향과 재하방향이 동일한 경우(그림 14.11a)는 약한 면이 재하방향과 수직이고, 시편의 타설 방향과 재하방향이 수직인 경우(그림 14.11b)는 약한 면이 재하방향에 평행이 된다. 재하방향과 수직한 균열이 있을 경우에는 압축 하중보다는 인장 하중에 영향을 미치고, 재하방향과 수평한 균열이 있을 경우에는 반대로 인장 하중보다는 압축 하중에 영향을 미친다. 따라서 블리딩으로 인한 약한 면은(그림 14.11a과 같은 경우에는 인장 하중을 크게 감소시

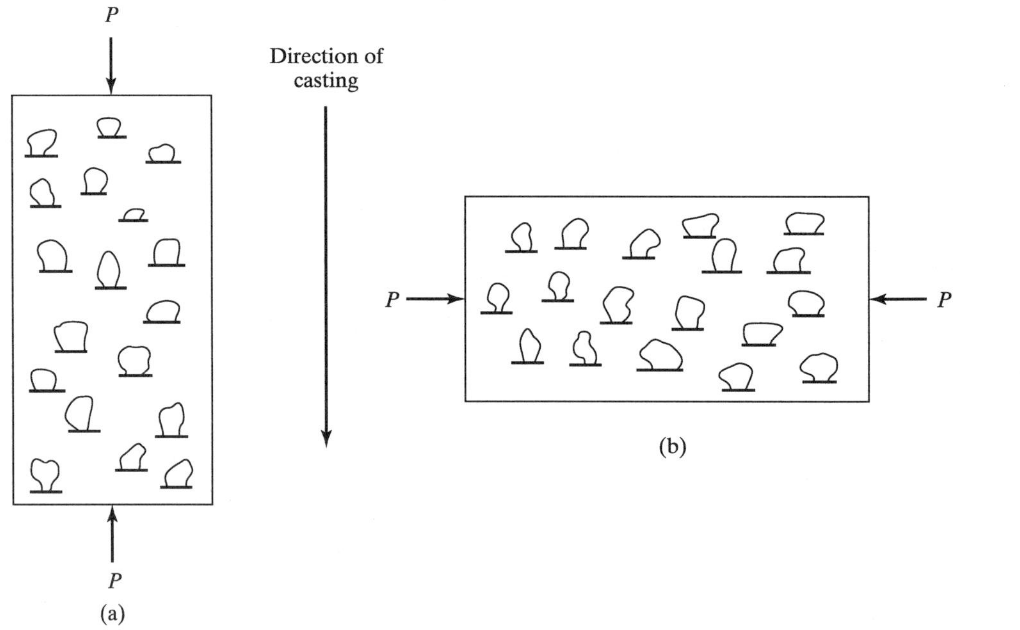

그림 14.11
블리딩 때문에 생긴 약한 면. (a) 시편의 수직방향으로 하중이 가해지는 경우, (b) 시편의 수평방향으로 하중이 가해지는 경우

키고, 그림 14.11b와 같은 경우에는 압축 하중을 크게 감소시킨다. 13.4절(그림 13.26)에서 언급하였듯이, 시편의 타설 방향과 재하 방향이 동일한 경우에는, 타설 방향과 재하 방향이 수직한 경우에 비하여 압축강도가 평균적으로는 4~8% 그리고 최대 10%까지 더 크다는 사실이 실험적으로 밝혀졌다. 이 값은 배합에는 무관한 듯이 보인다. 따라서 코어를 채취해서 콘크리트의 강도를 알아내고자 할 때는, 벽이나 기둥처럼 코어가 수평 방향에서 채취되는 경우에는 이런 영향을 고려해야 한다.

5. 코어의 강도는 함수량 및 시편의 표면과 내부 사이의 함수 구배(moisture gradient)에 의해서 영향을 받는다. ASTM C 42에 나와 있는 함수비 조절 기간은 48시간에서 7일 정도이지만, 코어 내에서 수분이 균등해지는데는 너무 짧은 기간이다. 예를 들어, 7일 동안 기건 상태에 있던 코어의 압축강도는 방금 채취된 코어에 비해서 5~9% 정도 더 크다.

구조물에서 통계적으로 의미가 있도록 시편을 채취하기 위해서는 코어를 고루 많이 채취해야 한다. 따라서 결과를 해석하는 문제 외에도 코어 채취에는 비용과 시간이 많이 든다는 것과 채취된 구멍을 보수해야 한다는 문제점이 있다.

비파괴 시험

1940년대 후반부터 신뢰할만하고 신속하고도 비파괴적인 방법으로 콘크리트의 품질을 평가할 수 있는 방법에 대한 연구가 많이 진행되었다. 많은 방법들이 제안되었지만 모두가 결과를 분석하는 데 있어서는 아직 어려움이 있다. 콘크리트 품질을 평가하기 위한 신뢰성이 매우 높은 현장시험법을 개발하는 것은 어려운 목표지만, 몇몇 시험법은 유용하게 사용되고 있으며, 그 이유는 다음과 같다: (1) 비파괴 시험은 품질관리를 위한 도구로써 사용될 수 있다, (2) 거푸집 제거 시기를 결정하는데 도움이 된다, (3)기존 구조물에서 콘크리트의 건전성(soundness)을 평가하는데 도움이 된다(예를 들어 구조물이 화재로 인해서 손상을 입었을 경우). 그러나 이 후에 언급하는 시험들은 콘크리트의 강도를 측정하는 것이 아니라 다른 특성과 연계시켜서 콘크리트의 강도를 추정한다는 사실을 기억해야 한다. 불행하게도 일반적인 콘크리트 시험의 경우와 마찬가지로, 콘크리트의 비파괴 시험도 골재의 형태, 크기, 재령, 함수량, 배합설계 및 기타 요인 등 수 많은 인자에 의해 영향을 받는다. 따라서 측정된 성질과 강도 사이의 상관관계는 콘크리트마다 서로 다르므로, 문제가 되는 특정 콘크리트를 기준으로 상관 관계를 결정해야 한다. 시험은 주로 구조물에서 위치에 따라 콘크리트의 품질에서 차이가 있으면 그것을 알아내는 데 유용하다. 시험은 구조물에서 더 자세히 조사해야 하는 부분을 알려주므로 이를 근거로 코어를 채취하든가 광물 분석 등을 수행하게 된다.

현장에서 적용 가능한 비파괴 시험은 여러 종류가 있다. 이 중 몇 종류만이 기준에 포함되어 있지만, 이들이 다른 시험법보다 더 낫다든가 더 정확하다든가 하는 의미는 아니다. 이것은 단지 시험법이 기준으로 제안되고 채택되는 속도보다 더 빠르게 새로운 시험법이 개발된다는 것을 의미한다.

반발 경도(rebound hardness) 아마 가장 일반적인 비파괴 시험은 슈미트 해머(Schmidt rebound hammer)를 사용하는 반발 시험일 것이다. 이 장치(그림 14.12a)는 1948년에 고안되었고 사용법이 간단하기 때문에 매우 보편화되었다. 반발 시험에서는 스프링을 사용하여 경화강(hardened steel) 해머를 콘크리트에 타격시키고 그 반발률을 측정한다. 반발도와 콘크리트 사이에 이론적인 연관이 없지만, 그림 14.12b와 같은 반발도와 콘크리트의 강도 사이의 실험적인 상관관계를 얻을 수 있다. 이 방법은 ASTM C 805(KS F 2730)에 자세히 나타나 있으며, 다음과 같은 변수에 의해서 반발도가 영향을 받는다.

1. 시험이 수행되는 콘크리트 면의 마감. 흙손을 이용해서 마감한 경우가 거푸집에서 뗀 표면보다 반발도가 더 크다. 표면을 연마한 경우와 그렇지 않은 경우를 비교할 수 없다.
2. 콘크리트의 함수량. 건조한 콘크리트는 젖은 콘크리트보다 반발도가 더 크다.

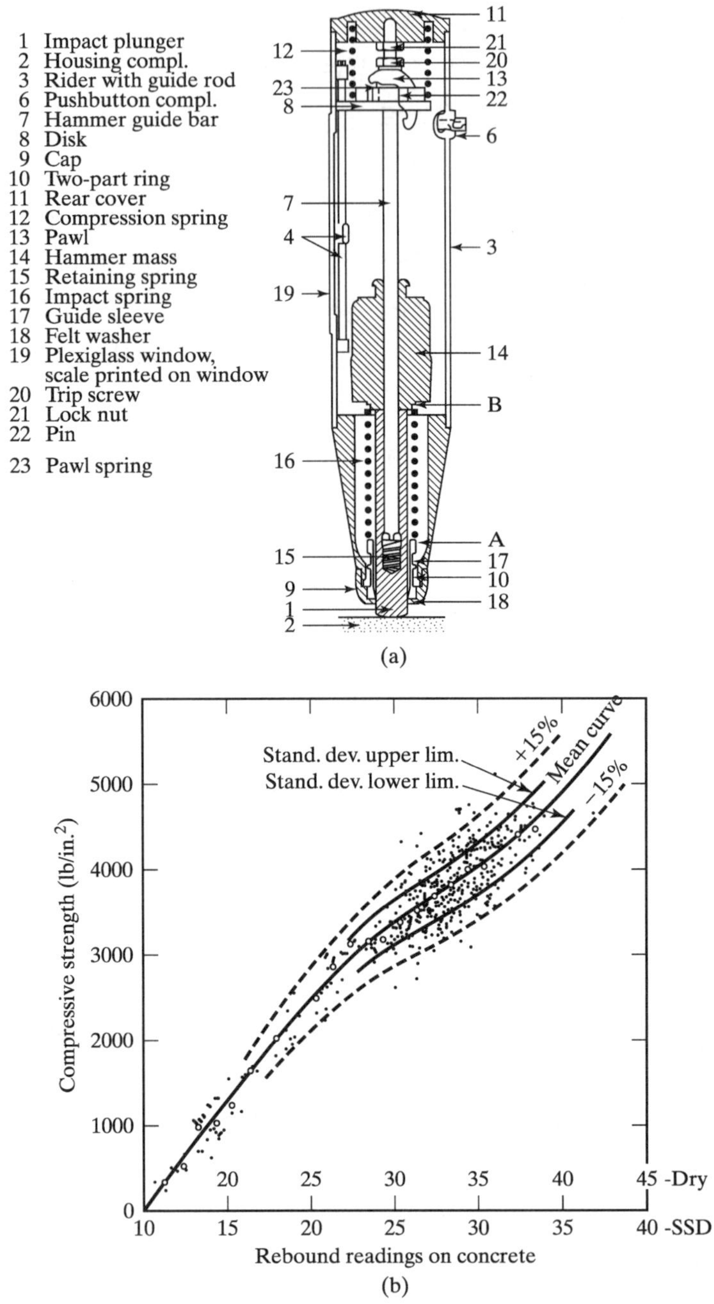

그림 14.12

슈미트 해머. (a) N형 콘크리트 시험용 해머의 종단면, (b) 쇄석 석회석과 모래로 배합된 콘크리트에 대한 보정 도표. 재령 28일에 ϕ 150×300 mm 공시체 500개에 대하여 시험됨. 해머는 수평방향에 대하여 보정 후에 시험에 사용됨. [N. Zoldners, *Journal of the American Concrete Institute*, Vol. 54, No. 2, pp. 161-165 (1957).]

3. 온도. 동결된 콘크리트는 반발도가 매우 높기 때문에 시험을 하기 전에 해동시켜야 한다; 해머의 온도도 반발도에 영향을 미친다.
4. 부재의 강성. 부재의 강성이 클수록 반발도가 크다.
5. 탄산화. 표면이 표면의 탄산화로 인해서 반발도가 50%까지 증가할 수 있다.
6. 타격 방향. 중력이 해머의 질량이 움직이는 거리에 영향을 미치므로 해머의 방향(위쪽, 아래쪽, 수평 혹은 임의의 각도)이 영향을 미친다.

슈미트 해머를 사용하는 많은 사용자들은, 반발 시험이 콘크리트의 균일성을 검사하고 다른 콘크리트와 비교하는 데는 유용하지만, 콘크리트 강도 자체는 대략적인 값이라는 데 인식을 같이 하고 있다.

관입 저항 관입 저항 시험은 KS F 2733에 언급되어 있듯이, 콘크리트 구조물에 강철 탐침(probe)을 일정 에너지로 관입시킬 때 굳은 콘크리트의 저항성을 측정하는 것이다. 관입 저항 시험의 가장 일반적인 장치는 그림 14.13의 강철 탐침(Windsor probe)이다. 이것은 화약 타정식 관입 저항시험으로 화약을 폭발시켜 탐침을 콘크리트에 관입시키고, 이 때 관입 깊이를 측정하여(실제는 뒤에 남은 길이) 그 값을 콘크리트 강도와 연계시킬 수 있다. 이 시험법은 관입 깊이가 상당히 깊기 때문에 반발 시험에 비해서 표면의 거칠기와 탄산화에 영향을 덜 받지만, 여전히 배합설계와 재료의 특성에는 영향을 많이 받기 때문에 관찰하는 재료를 기준으로 측정값을 조정해야 한다. 골재의 경도가 높을수록 관입 저항값은 더 높다. 또한 스프링 타정식 관입 저항 시험은 스프링의 힘으로 강철 핀을 관입시키는 원리로 되어있다.

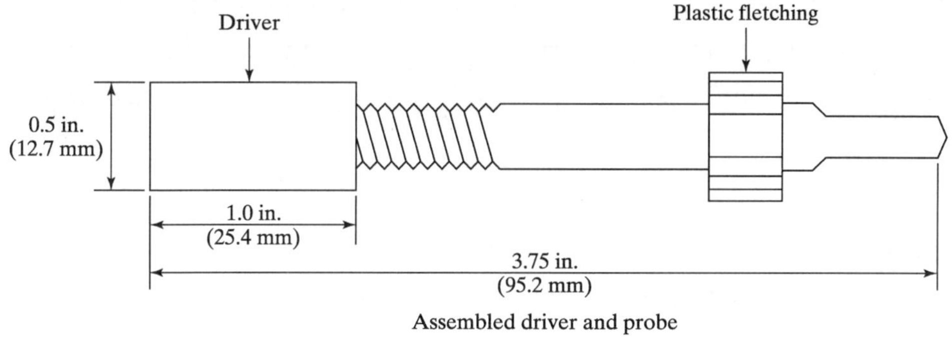

그림 14.13
강철 탐침(Windsor probe). 드라이버와 강철 침으로 구성. [V. M. Malhotra, Department of Energy, Mines and Resources, Mines Branch Investigative Report IR-71-3 (1971).

인발 시험 인발 시험(pull-out test)은 그림 14.14와 같이 타설 중에 매립되거나 그림 14.15와 같이 타설 후에 설치된 볼트를 인발하는데 필요한 하중을 측정하는 시험이다. 인발 시험 장치에 대해서는 ASTM C 900(KS F 2732)에 자세히 나와 있다. 파괴면의 형태를 원뿔꼴이라고 가정한다면, 공칭 인발 응력 f_n는 다음의 식으로 계산할 수 있다.

$$f_n = (P/A)\sin\alpha \tag{14.12a}$$

$$\sin\alpha = (d_3 - d_2)2s \tag{14.12b}$$

$$A = \pi S(d_3 - d_2)/2 \tag{14.12c}$$

$$S = \sqrt{h^2 + ((d_3 - d_2)/2)^2} \tag{14.12d}$$

여기서 f_n = 공칭 인발 응력, MPa
P = 인발 하중, N
α = 인발 하중의 작용 방향과 파괴면이 이루는 각 $= \tan^{-1}(d_3 - d_2)/2h$
A = 파괴된 면적, mm^2
d_2 = 관입 헤드의 지름
d_3 = 지지링(bearing ring)의 내측 지름
h = 원뿔형의 높이, mm
S = 원뿔형 경사면의 길이, mm

근본적으로 인발 시험은 콘크리트의 전단강도를 측정하는 것이다. 그리고 특정 방법을 정해서 콘크리트의 압축강도와 연계시킬 수 있다.

인발 시험은 시험 후 생긴 구멍을 보수해야하긴 하지만, 경제적이고 시험하는데 시간도 많이 들지 않는다. 이 방법은 시험 깊이도 더 깊고 시험되는 콘크리트의 부피도 더 많기 때문에 앞에서 설명한 방법보다 더 나을 것이다. 물론 현장 타설 시험(신규 구조물)에서는 볼트 장치를 매립할 수 있도록 미리 타설 계획을 세워야 한다. 반대로 기존 구조물을 평가하는 경우에는 나중에 장치를 설치하여야 한다.

초음파 속도법(ultrasonic pulse velocity) 이 방법은 콘크리트에서 압축파의 속도, V와 탄성적인 성질 사이에 다음과 같은 관계가 존재한다는 사실에 바탕을 두고 있다.

$$V = \sqrt{\frac{E_d(1-\nu_d)}{\rho(1+\nu_d)(1-2\nu_d)}} \tag{14.13}$$

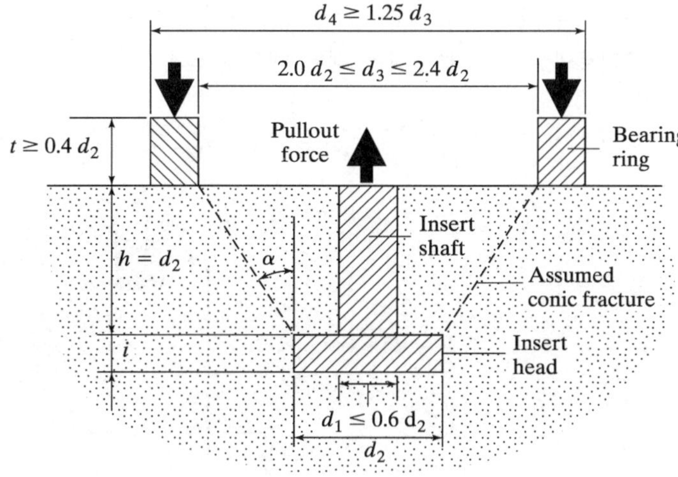

그림 14.14
현장 타설(신규 구조물) 인발 시험의 개괄적인 단면도. (ASTM C 900)

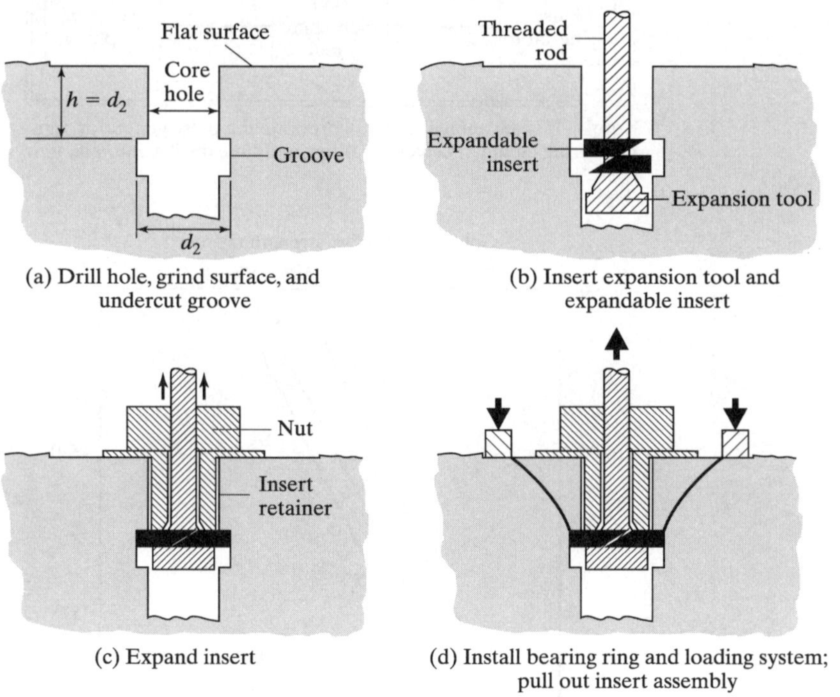

그림 14.15
나중에 설치하는 경우(기존 구조물)의 인발 시험 절차
(a) 구멍을 뚫고 표면을 연마하고 내부에 홈을 만든다. (b) 팽창 장치(expansion tool) 및 확장할 수 있는 삽입물(expandable insert)을 넣는다. (c) 삽입물을 팽창시킨다. (d) 지지링(bearing ring)과 재하 시스템을 설치한다. 삽입 장치를 인발한다(ASTM C 900).

여기서 E_d = 동탄성계수, ν_d = 동포아송비, 그리고 ρ = 밀도이다.

파동 속도는 재료의 탄성적인 성질에만 관련이 있고 기하학적 형상에 영향을 받지 않으므로 콘크리트의 품질을 평가하는 데는 매우 편리한 기법이다. 그림 14.16a에 개념적으로 그려진 것과

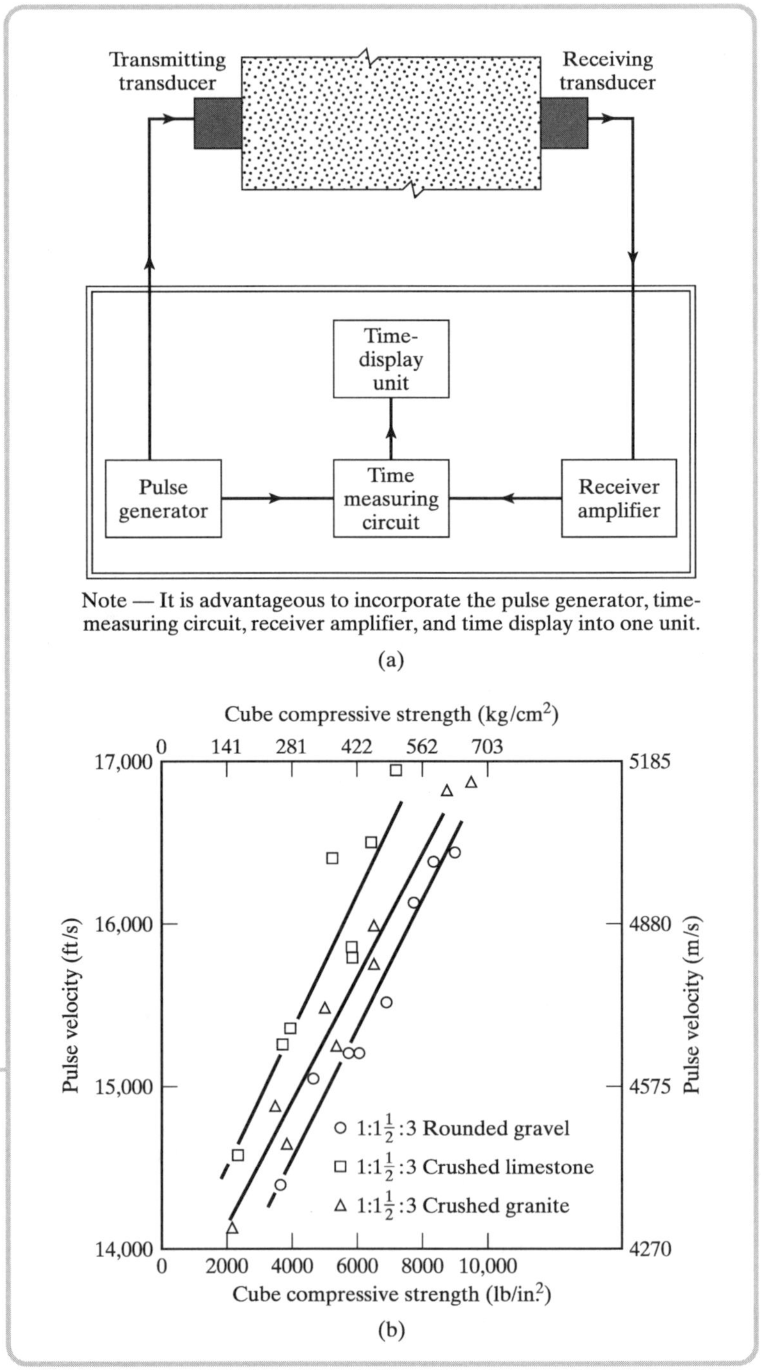

그림 14.16
(a) 파동 속도 측정 회로도. (ASTM C 597)
(b) 파동 속도와 압축강도의 관계. [R. Jones, *Non-destructive Testing of Concrete*, Cambridge University Press, Cambridge, England, (1962).]

같은 장치를 이용해서, ASTM C 597에 제시된 것과 같은 절차에 따라, 두께를 알고 있는 콘크리트의 파동 속도를 측정한다. 약 ±1% 측정 정밀도를 가지는 상용제품이 많이 나와 있다.

재료에 기계적인 충격을 가하면 3가지 종류의 파동 즉, 종파(압축), 횡파(전단), 그리고 레일리파(표면파, Rayleigh wave)이 생성된다. 종파는 가장 빠르고 시험 목적에 가장 부합하는 파이다. 파동의 속도를 품질관리 수단으로 직접 사용할 수 있으나, 그림 14.16b에 제시된 것과 같이 강도와 연관 짓는 것이 더 일반적이다. 그러나 최근의 연구에 따르면 이러한 상관관계가 잘 성립하지 않는 것으로 나타났다. 파동 속도는 그림 14.17에 제시된 것과 같이 여러 방법으로 측정할 수 있는데, 방법 A가 가장 좋은 결과를 주지만 파동 속도는 여러 가지 요인에 영향을 받는다.

1. 접촉면의 거칠기. 표면이 충분히 매끄럽지 않다면 매끄럽게 연마해야 한다; 그리스(grease)와 같은 표면 처리재를 사용하여 변환기(transducer)와 콘크리트 사이의 접촉을 좋게 만들어야 한다.
2. 경로 길이. 파동의 속도는 경로의 길이가 증가할수록 다소 감소한다.
3. 온도. 파동의 속도는 5°C에서 30°C 범위 내에서는 온도의 영향을 별로 받지 않는다. 그러나 이보다 온도가 더 높으면 줄어들고, 빙점 이하로 내려가면 증가한다.

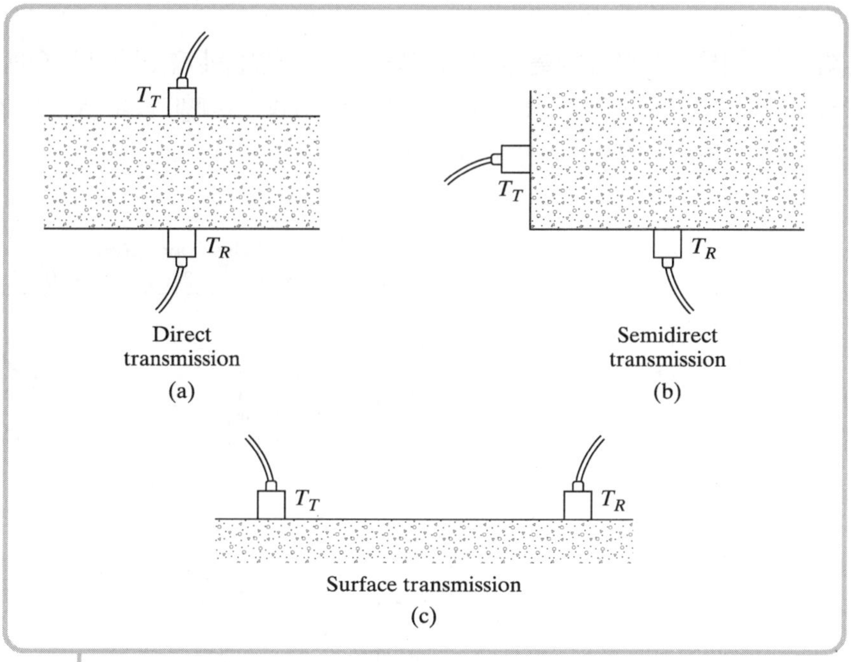

그림 14.17
콘크리트 내부의 파동 속도를 측정하는 방법.
(a) 직접 전달법(direct transmission method), (b) 반직접 전달법(semidirect transmission method), (c) 표면 전달법(surface transmission method)

4. 습도. 파동 속도는 함수량이 증가할수록 증가한다.
5. 철근. 철근이 있으면 파동 속도는 증가한다.
6. 콘크리트 강도. 콘크리트의 압축강도가 동일한 경우 재령이 증가할수록 파동의 속도는 감소한다(그림 14.18 참조).

이러한 어려움에도 불구하고 파동의 속도를 측정하는 방법은 콘크리트의 품질을 평가하는데 일반적으로 사용되고 있다. 이 방법은 균일성 검토, 품질 관리, 강도 추정, 응결 특성, 내구성, 그리고 부재에서 균열 발생 정도를 평가하는데 사용될 뿐만 아니라 탄성계수를 결정하는데도 사용된다.

충격반사파법 충격반사파법(impact-echo method)은 콘크리트 구조물의 결함을 찾는데 충격파(transient stress waves)를 이용한다. 간단히 말하면, 콘크리트 표면에 기계적으로 충격을 가하면 소밀파(dilatational wave: P파), 찌그러짐파(distortional wave: S파), 그리고 레일리파(Rayleigh wave)가 콘크리트 속으로 전파된다. P와 S파는 부재의 경계나 내부 결함에서 반사되어 퍼지기 때문에 이러한 응력파에 의해 야기되는 변위를 측정하면 부재 두께(혹은 길이)나 구조물 내부에서 결함의 위치 및 불연속적인 부분을 찾을 수 있다. 이 기법은 아직 개발 중이며, ASTM C 1383에 자세히 기술되어 있다.

기타 방법 콘크리트에 대한 정보를 얻을 수 있는 여러 기법들이 연구되었다. 이에 대해서 자세히 설명하는 것은 이 책의 범위를 벗어나는 것이므로 간단히 소개만 한다. X선과 감마선은 콘크리트 내부로 어느 정도 침투할 수 있다. X선은 실험실에서 균열, 골재의 분포 등과 같은 콘크리

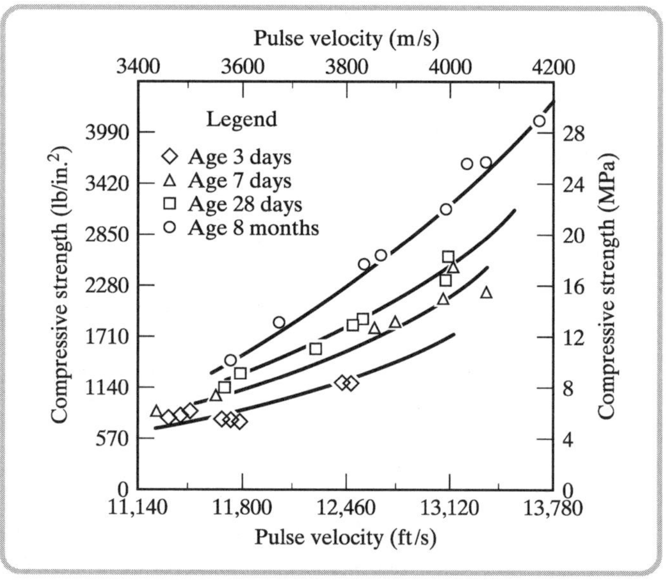

그림 14.18
파동 속도와 강도의 관계에 콘크리트 재령이 미치는 영향.

트 내부 구조를 조사하는데 주로 사용된다. 감마선은 철근의 위치를 찾고 콘크리트의 밀도와 두께를 측정하는데 사용된다. 중성자 후방산란(neutron backscattering)은 습도 분포를 측정하는데 사용되어 왔으며 중성자 활성 분석(neutron activation)은 시멘트양을 조사하는데 사용되어 왔다. 철근의 위치나 피복두께는 자기(magnetic) 장치를 사용하여 측정할 수 있다.

굳은 콘크리트에 대한 분석

가끔은 콘크리트가 지정된 배합에 맞게 제조되었는지 알고 싶을 때가 있다. 이 경우 콘크리트의 성분을 알아낼 수 있는 방법이 있으면 좋다. 그러나 콘크리트는 여러 재료가 혼합되어 만들어진 것이기 때문에 이것은 매우 어렵다. 원칙적으로 (1) 시멘트양과 시멘트 종류, (2) 물-시멘트비, (3) 골재량과 입도, (4) 혼화재료의 양과 종류, 그리고 (5) 공극구조 시스템을 결정할 수 있으면 바람직하다.

제 8장에서 굳은 콘크리트에서 공극의 크기와 간격을 결정할 수 있는 절점산정법(point-count법)을 소개하였다. 이 방법은 콘크리트 시편을 표면 연마하여 현미경으로 관찰함으로써 조사할 수 있다(ASTM C 457). 이 방법은 굵은골재, 잔골재, 시멘트 풀의 상대적인 양을 결정하는 방법으로 확장될 수 있다(ASTM C 856). 재료의 구성 부피는 평면에 일정하게 배열된 점과 각 성분이 만나는 횟수를 조사함으로써 구할 수 있다. 따라서 앞의 (3), (4)의 일부, 그리고 (5)는 어느 정도 추정할 수 있다.

그러나 혼화제의 종류나 양을 결정할 수 있는 신뢰할 수 있는 방법은 아직 개발되어 있지 않다. 따라서 초기의 배합을 알아내는 일은 비용이 많이 들고 어려운 일이다. 더 어렵게 만드는 것은 타설과 시험 수행 시점 사이에 황산염 침식으로 침출되거나 탄산화를 받는 경우도 있을 수 있다는 것이다.

일반적으로 말해서, 구조물 내의 콘크리트의 품질을 평가하는데 하나의 방법만으로는 충분하지 않고, 특정 환경에 따라 반발 경도 시험, 코어 시험, 그리고 광물 성분 분석시험과 같은 다양한 방법들을 사용할 수 있을 것이다. 구조물의 안전 및 부정확한 분석의 결과를 고려하면서도 가장 경제적으로 필요한 정보를 얻는 것이 목표다. 이러한 콘크리트 기술은 아직 불확실한 면이 많기 때문에 미숙련자에 의해서 가볍게 다루어져서는 안 된다.

성숙도 개념(maturity concept)

시멘트의 수화 반응은 시간과 온도에 매우 큰 영향을 받기 때문에 콘크리트의 강도 발현 또한 이 두 가지 인자에 의해 크게 좌우된다. 이러한 이유로 콘크리트의 강도를 양생 시간과 양생 온도의 함수로 나타내고자 하는 연구가 많았다. 물리적인 시험 없이 콘크리트의 강도를 예측하는데 이러한 연구 결과를 사용할 수 있다. 이러한 연구를 통해서 콘크리트의 성숙도(maturity) 개념이 도출되었는데, 이것은 양생 시간(t)과 양생 온도(T)의 곱으로 나타낸 함수[즉, 성숙도$= f(T \times t)$]로 정의되거나, 특정 온도를 기준으로 양생한 등가 재령으로 나타내진다. 그러고 나서 특정 배합에서 성숙도가 같으면, 콘크리트가 해당 성숙도에 이르기까지의 시간과 온도의 조합에 무관하게, 강도가 동일하다고 가정한다. 성숙도를 계산하고 콘크리트 강도를 예측하는 과정은 ASTM C 1074와 C 918에 각각 설명되어 있다.

첫 번째 성숙도 개념을 적용하기 위해서는 시간이 지나도 콘크리트의 강도가 발현되지 않는 기준 온도를 먼저 정해야 한다. 연구자들은 여러 기준 온도를 제시하였는데, 그 값들의 범위는 5 °C에서 -20°C 사이이나, 일반적으로 0°C와 -10°C 사이의 값이 많이 이용된다. 수 년 동안 여러 성숙도 함수가 제안되었다.

콘크리트의 강도를 잘 예측하는 성숙도 함수식은 다음 Nurse-Saul식이다.

$$M(t) = \sum (T_a - T_0) \Delta t \tag{14.14}$$

여기서, $M(t)$는 시간 t에 따른 성숙도, Δt는 날(day)나 시간(hour)으로 표현되는 시간 구간, T_a는 각 시간 구간에서의 평균 콘크리트 온도(°C 혹은 °F), 그리고 T_0는 기준 온도(°C 혹은 °F)이다. 몇몇 경우에 대해서 이 식은, 그림 14.19와 같이, 성숙도와 압축강도뿐만 아니라 성숙도와 탄성계수 사이에 좋은 관계를 보인다.

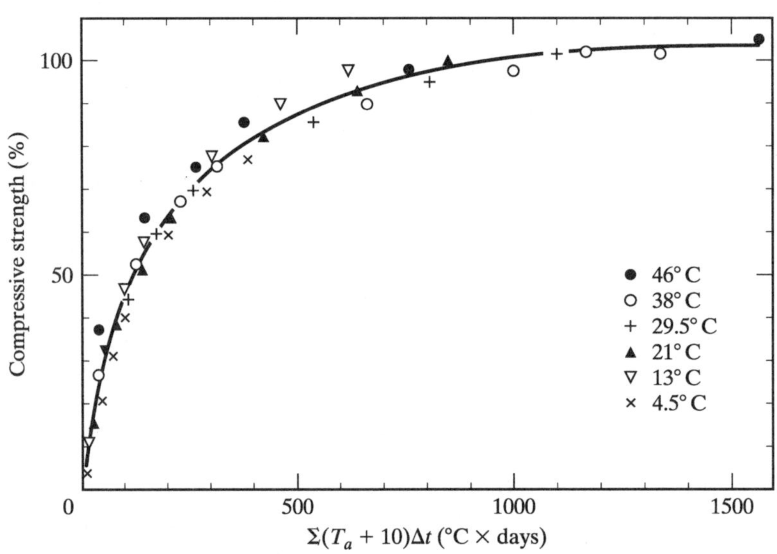

그림 14.19
재령과 온도의 곱으로 나타낸 함수로 표현한 퍼센트 압축강도(23°C에서 28일간 양생한 압축강도가 100%). [S. G. Bergstrom, *Magazine of Concrete Research*, Vol. 5, No. 14, pp. 61–66 (1953).]

두 번째 성숙도 개념에서는 성숙도를 특정 온도 T_s(단위는 일 혹은 시간)에서의 등가 재령 t_e로 표현한다. 온도에 따른 화학 반응률의 관계식인 Arrhenius 방정식에 근거하여 Freiesleben Hansen과 Pederson은 다음과 같은 식을 제안하였다.

$$t_e = \Sigma e^{-Q\left(\frac{1}{T_a}-\frac{1}{T_s}\right)}\Delta t \tag{14.15}$$

여기서, Q는 활성화 에너지를 가스 상수로 나눈 값으로 단위는 °K이며, T_a는 양생 시간 구간 Δt 동안의 콘크리트의 평균 온도로 단위는 °K, 그리고 T_s는 °K (°K=°C+273) 단위로 표현한 특정 온도이다. 활성화 에너지 값은 시멘트 혼화재료와 물-결합재비에 따라 달라진다. 1종 시멘트인 경우 활성화 에너지가 40,000~45,000 J/mol(가스 상수는 8.31J/°K-mol) 사이에 있을 때 Q 값은 대략 5000°K이다. 특정 온도 T_s의 값은 일반적으로 20°C나 23°C를 사용한다. 성숙도 개념을 나타내는 식 (14.14)와 식 (14.15)는, Plowman이 식 (14.16)으로 제안한 것처럼 성숙도-강도 식과 결합할 수 있다.

$$S_m = a + b\log m \tag{14.16}$$

여기서 S_m은, 식 (14.14)에서 $M(t)$로 표현되고 식 (14.15)에서 t_e로 표현되는, 성숙도 m에서의 콘크리트의 압축강도를 나타낸다.

m이 등가재령 t_e로 표현되면 a는 특정 온도가 T_s인 날짜의 압축강도를 의미한다. m이 $M(t)$로 표현되면 a는 물리적 의미는 없으며, a와 b는 배합비와 사용된 재료에 따라 달라진다. 주어진 재료에 대해 a는 물-결합재비에 민감한 반면, b는 그렇지 으며, 상수 a와 b는 현장에서 사용되는 재료를 이용해서 실험실에서 구할 수 있다. 그러고 나서 a는 현장에서 제작한 원주공시체의 초기 재령 강도를 기준으로 다시 계산할 수 있다. 따라서 현장에서 측정된 콘크리트의 강도를 기준으로, 임의의 시간 후의 강도 S_M은 다음 식 (14.17)과 같이 표현된다.

$$S_M = S_m + b(\log M - \log m) \tag{14.17}$$

여기서, M은 임의의 재령에서의 성숙도이고 S_M은 성숙도 m에서의 강도이다.

식 (14.14)와 식 (14.15)에서 온도 T_a는 콘크리트 속에 설치한 열전대(thermocouple)나 서미스터(thermistor)를 이용해서 측정할 수 있다. 성숙도 측정기와 같은 자동 측정 시스템은 시간에 따른 온도나 등가재령 t_e에 따른 온도를 측정한다. 기준 온도 T_0와 Q 값을 결정하는 실험과정은 ASTM C 1074에 설명되어 있다.

Plowman은 식 (14.14)와 식 (14.16)을 조합해서 사용하는 것은 적어도 1년까지 유효하며, 양생 온도가 38°C 이하인 경우에 유효하다고 언급했다. 또한 그는 서로 다른 여러 가지 강도의 콘크리트에 대해 a와 b 값을 제안하였다. 식 (14.16)과 식 (14.17)에 따라 강도와 $\log_{10}$(성숙도)의 관계는 그림 14.20과 같이 선형적이다.

불행하게도 콘크리트의 강도를 예측하기 위해서 성숙도 개념을 사용하는 데는 다음과 같은 많은 제약이 있다.

1. 일반적으로 사용되고 있는 성숙도 함수는 양생 기간 동안의 함수 상태를 고려하지 못한다. 그러나 그림 12.1(12.1절)을 통해서 알 수 있듯이 양생 기간 동안의 함수 상태는 무시할 수 없는 주요 고려 대상이다.
2. 성숙도 개념은 양생 기간 동안 온도 변화가 심한 경우에는 별로 유효하지 못한데, 그 이유는 초기에 낮은 온도로 양생되다가 보통 온도로 양생되는 경우의 콘크리트 강도는 전체 양생 기간에 걸쳐 보통 온도로 양생된 경우에 비해 더 높게 나타나며, 이와 반대로 높은 온도로 양생되다가 보통 온도로 양생되는 경우에는 나쁜 영향을 미칠 것이기 때문이다. 이러한 현상은 그림 12.2c(12.1절)에서 볼 수 있는데, 각 곡선에 해당하는 온도는 콘크리트의 초기 온도이고 그 후에는 21°C에서 양생되었다.
3. 이 장의 앞부분에서 설명한 촉진 강도 시험에서 성숙도와 강도 사이에 어떠한 관계가 있다고는 하지만, 촉진 양생된 시편을 이어서 냉각시켜 차갑게 만들고 습윤 양생하면 이러한 관계가 더 이상 성립하지 않는다.

최고의 정확성을 위해서는 기준 온도나 활성화 에너지 그리고 식 (14.16)의 상수들을 실험(ASTM C 918과 C 1074)을 통해서 측정해야 하는데, 그 이유는 이러한 값들이 수화속도에 영

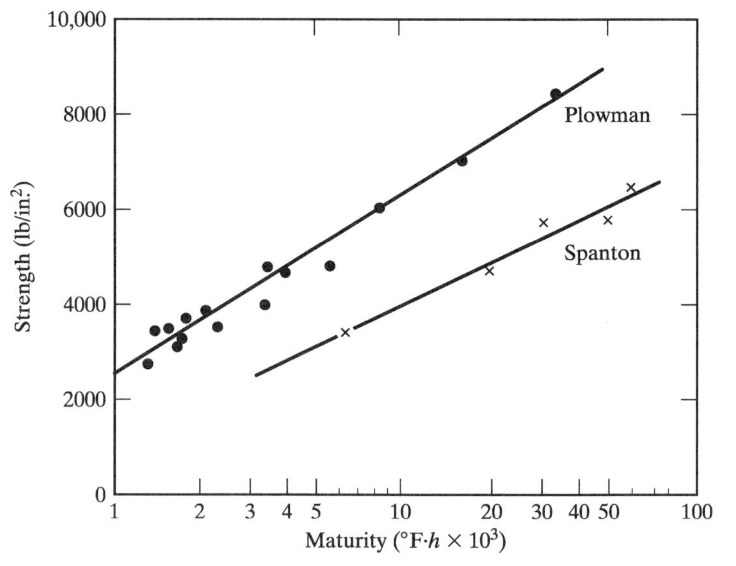

그림 14.20
강도와 성숙도의 로그값.
[J. M. Plowman, *Magazine of Concrete Research*, Vol. 8, No. 2, pp. 13-22 (1956).]

향을 미치는 시멘트 및 혼화재료의 화학 성분, 시멘트의 분말도, 물-결합재비에 의해서 영향을 받기 때문이다.

일부 연구에 의하면 성숙도 개념은 넓은 범위의 기간, 온도, 그리고 콘크리트 배합에 대해서 콘크리트의 강도를 예측하는 데 사용될 수 있다고 한다. 다른 연구에 의하면 성숙도 관계는 매우 좁은 시간 및 온도 범위에서만 성립하거나, 혹은 전혀 성립하지 않는다고 한다. 일반적으로 식 (14.15)의 등가재령 개념이 식 (14.14)의 시간-온도 관계보다 더 나은 결과를 준다고 생각되고 있다. 어떠한 경우라도 콘크리트의 강도 발현은 매우 복잡하여 일반적으로는 앞서 설명한 것과 같은 간단한 식으로는 표현할 수 없다. 특히 이러한 식들은 물리적 법칙으로 간주되어서는 안 된다.

성숙도 개념은 아마도 지금까지 설명한 불확실성으로 인해서 널리 사용되지는 않고 있지만, 콘크리트 공학자라면 그 모든 한계와 더불어 강도를 예측하는 방법을 알고 있어야 한다. 이러한 한계에도 불구하고, 성숙도 개념은 구조물 내의 콘크리트의 과거의 강도를 예측하는데 유용할 것이다. 이것은 임의의 시간 후에 코어 강도를 측정하고 성숙도 함수식 중에 하나를 사용하여 이전 시간의 강도를 예측함으로써 가능하다. 또한 성숙도 개념은 온도가 보통보다 낮은 경우에 거푸집 해체시기를 결정하는 데 사용될 수도 있다.

참고문헌

Bartlett, F. M., and J. G. MacGregor, Effect of Moisture Condition on Concrete Core Strengths, *ACI Materials Journal*, Vol. 91, No. 3, pp. 227-236 (1994).

Carino, N.J., Prediction of Potential Concrete Strength at Later Ages, *Significance of Tests and Properties of Concrete and Concrete Making Materials*, eds., P. Klieger and V. F. Lamond, STP 169C, American Society for Testing and Materials, West Conshohocken, PA, pp. 140-152 (1994).

Concrete Manual, Part 2, A Water Resources Technical Publication, Eighth Edition (revised), US Bureau of Reclamation, Denver, CO (1975).

Freiesleben Hansen, P., and E. J. Pederson, Maturity Computer for Controlled Curing and Hardening of Concrete, *Nordisk Beton*, Vol. 1, No. 19, 1977.

Malhotra, V. M. (ed.), *In Situ/Nondestructive Testing of Concrete*, ACI SP-82, American Concrete Institute, Farmington Hills, MI (1984).

Malhotra, V. M., and N. J. Carino (eds.), *Handbook on Nondestructive Testing of Concrete*, CRC Press, Boca Raton, FL (1991).

Price, W. H., Factors Influencing Concrete Strength, *Journal of the American Concrete Institute*, Vol. 47, No. 6, pp. 417-432 (1951).

Significance of Tests and Properties of Concrete and Concrete-making Materials, ASTM STP 169C, American Society for Testing and Materials, 100 Barr Harbor Drive, West Conshohocken, PA 19426, 1994.

Waddell, J. J., *Concrete Manual*, International Conference of Building Officials, Whittier, Ca (1989).

문제

14.1. 굳은 콘크리트에 대해 시험을 수행하는 이유는 무엇인가?

14.2. 표준 시험법에서 상세한 기준을 정해 놓은 목적은 무엇인가?

14.3. 원주공시체와 입방공시체에서 압축강도를 서로 비교하라.

14.4. 재하속도를 증가시키면 측정 강도가 증가하는 이유는 무엇인가?

14.5. 콘크리트 공시체는 왜 캡핑을 해야 하는가?

14.6. (a) 그림 (1), (2), 그리고 (3)에서 보인 균열 방향이 측정된 압축강도에 미치는 영향은 무엇인가?
(b) 이 균열들은 인장강도에는 어떠한 영향을 미치는가?

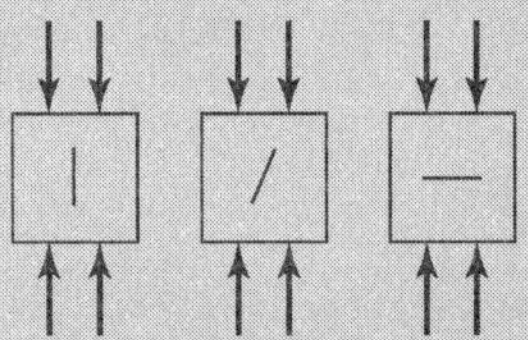

(1) (2) (3)

14.7. *l/d* 비가 콘크리트 압축강도 시험에서 민감한 변수가 되는 이유는 무엇인가?

14.8. 콘크리트 시험체의 함수 상태가 강도에 영향을 미치는 이유는 무엇인가?

14.9. 콘크리트 인장강도를 측정하기 위해 사용하는 (a) 직접 인장시험, (b) 쪼갬 인장시험, 그리고 (c) 휨 인장시험을 비교하라.

14.10. 촉진 압축강도 시험이 유용한 이유는 무엇인가?

14.11. 콘크리트 구조물에서 채취한 코어의 압축강도를 평가하는 것과 관련된 문제점은 무엇인가?

14.12. 비파괴 시험법을 사용하는 이유는 무엇인가?

14.13. 비파괴 시험법이 강도에 대한 정확한 값을 주는가? 설명하라.

14.14. 콘크리트의 내부 균열을 찾아내기 위해서는 어떤 시험 방법을 사용할 수 있는가?

CHAPTER 15

품질관리

Quality Control

지금까지 고품질의 콘크리트 생산과 관련된 여러 요소들 즉, 구성 재료, 배합, 취급과 타설, 양생, 그리고 시험에 대해 설명하였다. 따라서 다른 공학 재료와 마찬가지로 콘크리트도 근본적으로 변화가 많은 재료인 것이 당연하다. 즉 동일한 콘크리트를 사용한 시험이라 할지라도, 그로부터 얻어지는 역학적 특성은 공시체마다 약간 다르다. 콘크리트에 관련된 시방서 규정을 작성할 때는 이러한 특성의 차이를 고려해야 한다.

이와 같은 차이를 가져오는 요인을 다음과 같이 분류할 수 있을 것이다.

1. 구성 재료. 시멘트 자체의 차이와 골재의 입도, 함수량, 광물 구성, 물리적 성질, 입형에서의 차이, 그리고 사용 혼화재료의 차이가 있다.
2. 생산. 생산과 관련한 변동성은 배치 플랜트와 장비의 종류, 현장까지 콘크리트를 운반하는 방법, 콘크리트를 제조하고 타설하는 과정과 인부의 숙련도 등으로부터 올 수 있다.
3. 시험. 시료 채취 과정, 공시체를 제작하고 양생하는 과정, 그리고 시험 과정에서 오는 변동성이 있다.

물론 이 세 개의 그룹 중 어느 요소가 더 중요한가를 평가하는 것은 어려운 일이다. 왜냐하면 각 지역 또는 건설 프로젝트에 따라 각각이 미치는 영향의 중요성이 변할 수 있기 때문이다. 콘크리트 품질에 미치는 변동성은 이 세 그룹의 변동성과 어느 정도 관련이 있으므로 어느 하나라도 콘크리트 생산에 있어서 무시될 수 없다.

'품질승인(quality assurance)'이라는 용어가 건설 산업에서 널리 사용되고 있다. 품질승인은 콘크리트가 사용기간 동안 만족스럽게 거동할 것이라는 적절한 확신을 줄 수 있도록 모든 생산 단계에 통합적으로 적용된다. 품질관리(quality control)는 콘크리트 혹은 그 구성요소의 성질을 측정하고 그것이 주어진 시방 기준을 만족하도록 조절하기 위해서 사용되는 개별적인 작업을 말한다.

15.1 변동성 계산 (Measurement of Variability)

품질관리를 설명하기 전에 변동성의 개념을 보다 상세히 설명하고자 한다. 일반적으로 콘크리트 강도는 대략 정규분포(Gaussian distribution)로 가정할 수 있는 것으로 알려져 있다. 이러한 분포는 2개의 변수, 즉 평균값 μ와 표준편차 s로 정의될 수 있으며, 정규분포의 수식은 다음 식 (15.1)과 같다.

$$y = \frac{1}{s\sqrt{2\pi}} \exp\left[\frac{-(x-\mu)^2}{2s^2}\right] \tag{15.1}$$

평균값은 단순히 모든 값의 산술적인 평균이며, 콘크리트 강도를 x라고 하면 평균값 μ는 다음 식 (15.2)와 같다.

$$\mu = \frac{\Sigma x}{n} \tag{15.2}$$

표준편차는 모든 값의 분산정도 또는 변동성을 나타내며, 다음 식 (15.3)에 의해 계산된다.

$$s = \sqrt{\frac{\Sigma(x-\mu)^2}{n-1}} \tag{15.3}$$

식 (15.3)을 다음과 같이 표현하면 s 값을 보다 쉽게 계산할 수 있다.

$$s = \sqrt{\frac{\Sigma x^2 - (\Sigma x)^2/n}{n-1}} \tag{15.4}$$

변동(variance)은 s^2으로 정의되고, 변동계수 V(coefficient of variation)는 다음 식 (15.5)을 사용해 계산할 수 있다.

$$V = \frac{s}{\mu} \times 100\% \tag{15.5}$$

그리고 다음 식을 대입해서 식 (15.1)을 '정규화(normalize)'할 수 있다. 즉 물리적인 단위와 무관하게 만들 수 있다.

$$z = \frac{x-\mu}{s} \tag{15.6}$$

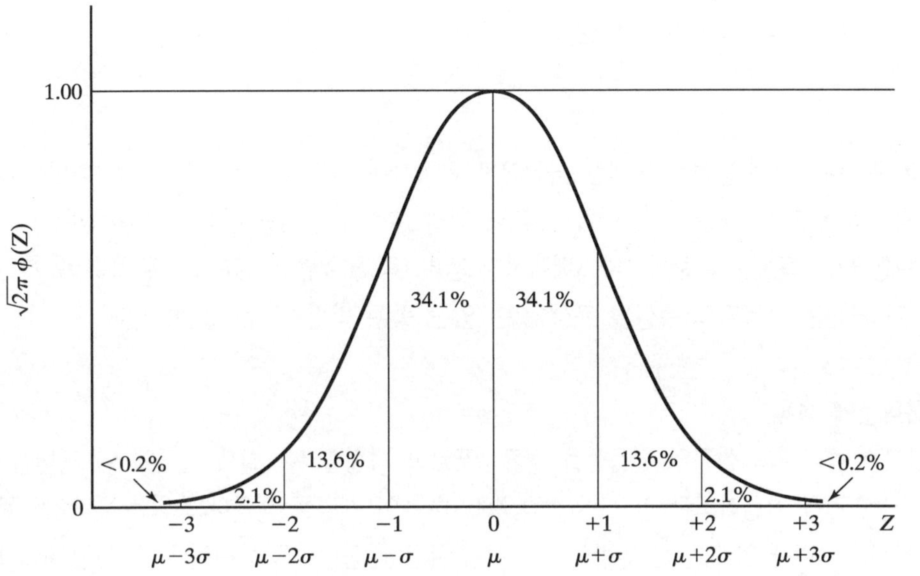

그림 15.1
정규분포 아래 면적.

여기서 z값은 단순히 어느 x가 평균값 μ로부터 표준편차 s의 몇 배나 떨어져 있는지를 나타내며, 식 (15.1)은 다음 식 (15.7)과 같이 표현된다.

$$y = \frac{1}{s\sqrt{2\pi}} e^{-z^2/2} \tag{15.7}$$

식 (15.1)과 식 (15.7)을 그래프로 나타내면 그림 15.1에 나타낸 바와 같이 흔히 볼 수 있는 벨 형태의 곡선이다. 이 곡선은 다음과 같은 특성을 갖고 있으며, 증명 방법은 확률이론을 다루는 참조서에 나와있다.

1. $z = 0$ (또는 $x = \mu$)일 때 y값이 최대가 된다.
2. 곡선은 $z = 0$을 중심으로 대칭이다.
3. 변곡점은 평균값으로부터 표준편차 만큼 떨어진 곳, 즉 $z = \pm 1$ (또는 $z = \mu \pm s$)인 곳이다.
4. 정규분포 곡선 아래 부분 면적의 합은 1이다.
5. 임의의 두 점 사이의 정규분포 곡선 아래의 면적은 두 점 사이 값들이 일어날 확률이다. 즉 평균값으로부터 표준편차만큼 떨어진 범위 내의 경우 68.27%이고, 표준편차의 2배만큼 떨어진 범위의 경우 95.45%, 그리고 3배의 경우 99.73%이다.

6. 전체 표준편차에 영향을 미치는 모든 요소의 표준편차 s_1, s_2, $\cdots$, s_n을 안다면 전체 표준편차 s는 다음 식 (15.8)과 같다.

$$s^2 = s_1^2 + s_2^2 + \cdots + s_n^2 \tag{15.8}$$

실제 콘크리트의 변동성을 이러한 곡선으로 완벽하게 나타낼 수는 없다. 왜냐하면 이 곡선은 양과 음으로 무한대로 가기 때문이다. 그러나 만약 우리가 실제로 관심이 있는 범위라고 가정할 수 있는 평균값으로부터 표준편차의 3배까지인 범위, 즉 일어날 수 있는 기대값이 99.73%까지만 보면, 이 곡선은 콘크리트 특성을 규정할 수 있는 좋은 방법이라고 볼 수 있다.

콘크리트에 적용

지금부터 콘크리트 성질의 변동성을 정규분포라고 가정할 때, 실제 문제에 이 개념을 어떻게 적용 가능한가를 설명하고자 한다. 일반적으로 많이 이 개념을 적용하고 있는 압축강도를 기준으로 설명한다. 그러나 이 개념은 일반적인 것이기 때문에 정량적으로 나타낼 수 있는 *w/c* 비, 휨강도, 탄성계수 등의 콘크리트의 성질에도 적용할 수 있다.

콘크리트 강도의 통계적 분포가 이와 같은 분포곡선을 따른다고 가정하면 다음과 같은 중요한 여러 가지 사항을 알 수 있다.

1. 콘크리트 구조물을 식 (15.2)에 나타낸 평균강도로 설계할 수 없다. 만약 평균값으로 설계한다면 타설된 콘크리트의 반은 설계강도 이하가 되어 설계상 받아들일 수 없다. 또한 타설된 모든 콘크리트 강도를 항상 설계강도 이상으로 할 수도 없다. 왜냐하면 콘크리트 강도는 정규분포되어 있어 그것은 불가능하기 때문이다. 따라서 '최소(minimum)' 설계강도 아래로 떨어지는 공시체 수의 확률을 얼마로 할 것인가를 정하는 것이 필요하다. 이 확률과 콘크리트 강도에 대한 표준편차를 알거나 가정하면, 콘크리트 배합 설계에 있어서 요구되는 콘크리트의 평균강도를 결정할 수 있다.
2. 콘크리트에 대한 시험을 수행할 때, 한정된 공시체 수를 갖고서 구조물에 사용된 모든 콘크리트에 대한 강도 분포를 평가하고자 한다. 물론 구조물의 콘크리트를 확실히 대표할 수 있을 정도의 공시체를 취하여 충분한 시험 값을 취하여야 한다. 그러나 공시체 강도와 실제 구조물의 콘크리트 품질과는 관계가 결코 일치하는 것은 아니기 때문에(제 14장 참조), 구조물의 콘크리트 강도를 기껏해야 추정하는 것 밖에 되지 못한다.
3. 콘크리트 강도의 변동성은 배합의 변동성뿐만 아니라 시료를 채취할 때의 변동성도 있기 때문에 다음 두 가지 '위험(risk)' 사이에 균형이 필요하다. 즉 만족스러운 콘크리트가 거부되기도 하는 '생산자 입장에서의 위험(producer's risk)'과 품질 나쁜 콘크리트가 허용되기

도 하는 '소비자 입장에서의 위험(consumer's risk)'이다. 사실 시험이 충분히 이루어지지 않으면 소비자 입장에서의 위험은 커질 수 있다.

4. 콘크리트가 시방서의 규정을 만족하지 못하는 경우, 취할 수 있는 행동 지침이 있어야 한다.

그러나 콘크리트 공시체의 일정 부분이 설계기준 강도 이하가 되어도 실제 생각하는 것보다 그렇게 위험하지 않은데, 그 이유는 다음과 같다.

1. 각 배치로부터 온 콘크리트는 거푸집 속으로 콘크리트가 타설되면 서로 섞이게 되어 강도가 평균적으로 되는 경향이 있다.
2. 대부분의 시험 강도는 28일 강도이나 콘크리트는 이 시간 이후에도 계속 강도가 발현되므로 콘크리트가 실제 사용 상태에 이를 때는 어느 정도 강도 증가가 일어난다.
3. 철근콘크리트 구조물의 경우 배근의 영향으로 구조물 내에서 상당히 큰 응력 재분배가 일어난다.
4. 아마도 가장 중요한 것은 많은 기간 동안 경험에 의하면 이 개념에 의해 건축된 구조물이 만족스럽게 거동하고 있다는 것이다.

15.1.2 변동성에 대한 ACI 접근법

ACI는 각 시험에서 소요평균강도 및 허용 기준을 정해서 변동성을 고려한다.

소요평균강도 (requird average strength) ACI committee 214 (Evaluation of Results of Tests Used to Determine the Strength of Concrete)의 접근법은 콘크리트 강도는 근본적으로 변동성을 갖고 있기 때문에 소요평균강도를 설계기준 압축강도보다 충분히 크게 취하여 설계기준 압축강도 이하가 될 확률이 적게 되도록 하는 것이다.

즉, 소요평균강도는 다음 식 (15.9)의 형태를 갖도록 하고 있다.

$$f'_{cr} = f'_c + ts \tag{15.9}$$

여기서 f'_{cr}는 소요평균강도이고, f'_c는 설계기준 압축강도이며, t는 표 15.1에 보인 바와 같은 f'_c 이하로 허용된 비율에 관계되는 상수이다. 그리고 s는 예측된 표준편차이다. 이 식의 신뢰성은 s를 평가하는데 사용된 공시체의 수에 좌우되며, 최소한 30개 이상을 요구하고 있다. 또 그림 15.2에 의해 소요평균강도를 구할 수도 있다.

표 15.1 식 (15.9)에 사용된 t 값[a]

시험결과가 범위 $\mu \pm ts$ 내에 들 확률	*하한 이하로 떨어질 확률*	t
40	10개 중 3개	0.52
50	10개 중 2.5개	0.67
60	10개 중 2개	0.84
68.27	6.3개 중 1개	1.00
70	10개 중 1.5개	1.04
80	10개 중 1개	1.28
90	20개 중 1개	1.65
95	40개 중 1개	1.96
95.45	44개 중 1개	2.00
98	100개 중 1개	2.33
99	200개 중 1개	2.58
99.73	741개 중 1개	3.00

[a] ACI 214.

이 식에 의하면 매우 다양한 소요강도 값을 얻을 수 있다. 즉 구조물의 종류, 경제적 문제 또는 파괴 확률에 근거하여 기준압축강도보다 낮은 강도를 나타낼 여러 확률값을 선택하는 것에 따라 다양한 소요강도를 선택할 수 있다. 그러나 Committee 214는 설계기준 압축강도 f_c' 보다 떨어질 확률이 약 1/10보다 크지 않을 확률로 구조용 콘크리트 강도를 관리하도록 추천하고 있다. 그러나 ACI committee 318 (ACI Building Code Requirments for Structural Concrete)는 좀 더 엄격한 규정을 두고 있다. 이 경우는 소요평균강도 계산에서 두 가지 사항을 고려하도록

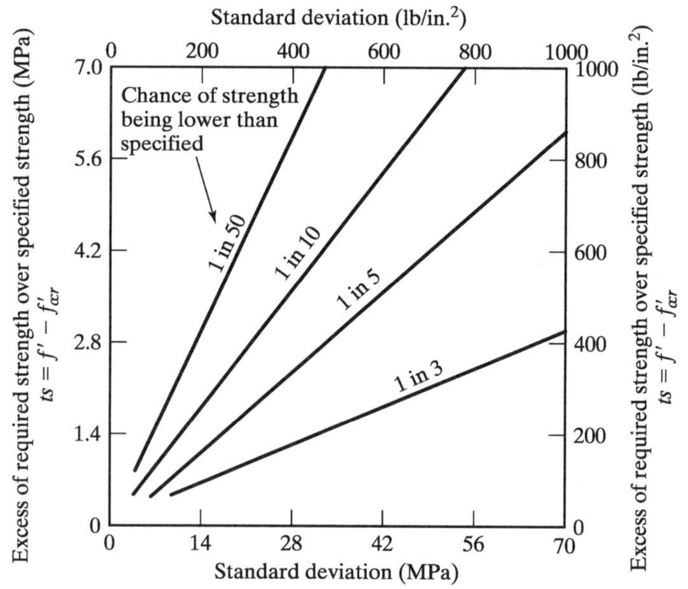

그림 15.2
여러 표준편차 값과 설계기준 압축강도 이하로 떨어질 확률 값에 따른 소요평균강도 f_{cr}'와 설계기준 압축강도 f_c'와의 차이. [*Recommendation Practice for Evaluation of Strength Test Results of Concrete*, ACI 214-97]

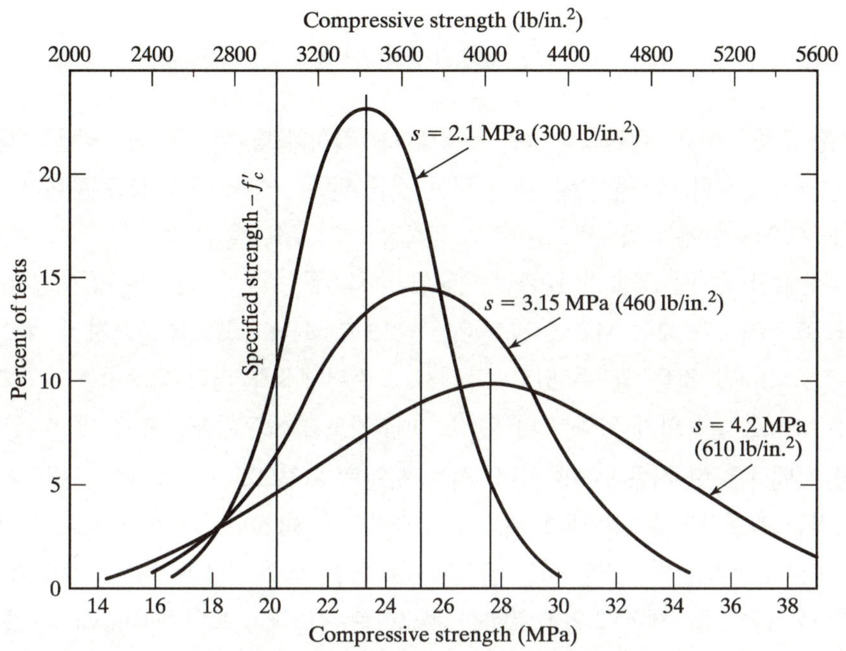

그림 15.3
표준편차가 2.1 MPa, 3.15 MPa, 그리고 4.2 MPa인 정규분포 곡선.
(*Recommend Practice for Evaluation of Strength Test Results of Concrete*, ACI 214-97)

하고 있다.

1. 세 번의 연속 시험 값의 평균이 f_c' 이하로 될 확률이 1%를 초과하지 않도록 규정하고 있으며, 이를 수식으로 표현하면 다음과 같다.

$$f_{cr}' = f_c' + \frac{2.33s}{\sqrt{3}} = f_c' + 1.34s \tag{15.10}$$

2. a. $f_c' \leqq 35$(MPa) (5000 psi)인 콘크리트의 경우 설계기준 압축강도 f_c' 보다 3.5 (MPa) (5000 psi)이상 떨어질 확률이 1%를 초과하지 않도록 규정하고 있으며, 다음 식 (15.11)과 같이 표현된다.

$$f_{cr}' = f_c' + 2.33s - 3.5 \quad \text{(MPa)} \tag{15.11}$$

b. $f_c' > 35$(MPa) (5000 psi)인 콘크리트의 경우 $0.9f_c'$ 보다 더 작은 강도가 될 확률이

1%를 초과하지 않도록 규정하고 있으며, 다음 식 (15.12)와 같이 나타내고 있다.

$$f'_{cr} = 0.90 f'_c + 2.33s \tag{15.12}$$

어떠한 규정을 적용하더라도 가능한 품질제어를 철저히 할 때, 즉 가장 낮은 표준편차 값을 가질 때 상당한 경제적 이익을 가질 수 있다는 것을 알 수 있다. 그림 15.3은 여러 표준편차 값을 갖는 정규분포 곡선에서 동일한 설계기준 압축강도 21 MPa을 확보하기 위해, 이 기준 값 이하로 공시체 값이 떨어질 확률이 10%인 다양한 소요평균강도 f'_{cr} 을 나타내고 있다.

만약 표준편차가 2.1 MPa이라면 $f'_{cr} = 23.7$ MPa이고, 표준편차가 4.2 MPa이라면 $f'_{cr} = 27.8$ MPa인 것을 알 수 있다. 그래서 표준편차 s가 커지면 동일한 설계기준 압축강도 $f'_{cr} = 21$ MPa을 확보하기 위해서 더 큰 소요배합강도가 요구된다는 것을 알 수 있다. 이것은 결국 비싼 시멘트를 더 사용하여야 하며, 현재 시멘트 가격으로 $s = 2.1$ MPa 대신에 $s = 4.2$ MPa에 해당하는 배합강도를 나타내기 위해서 추가적으로 $8.50/m^{3}의 비용이 더 발생한다. 앞으로 에너지 비용이 증가하면 이러한 나쁜 품질제어로 인한 소요 비용은 더욱 증가될 것이다. 뿐만 아니라 이러한 나쁜 품질제어로 인한 불량한 콘크리트는 결국 강도의 '낭비(waste)'를 가져온다. 반면 이러한 비용은 콘크리트 품질 관리를 양호하게 함으로써 절감할 수 있을 것이다.

식 (15.10) 또는 식 (15.11)을 사용할 때 통계적으로 확실성을 확보할 수 있을 정도의 충분한 시험결과 값이 없으면, 즉 최소한 29회 이하의 시험 결과만 있는 경우 ACI 318은 표 15.2에 따라 표준편차 s값을 수정하도록 하고 있다. 더욱이 시험 결과 값이 14회 이하인 경우 표 15.3에 주어진 규정에 따라야 한다.

작업장과 설비에 따라 다른 수준의 변동성이 나타날 것은 명백하지만, 허용 수준을 결정하는 것은 쉬운 일이 아니다. 그러나 수많은 강도 시험에 근거하여 표 15.4에 따르면 어느 정도 허용될 수 있는 품질제어 표준이 될 수 있을 것이다.

표 15.2 30개 미만의 시험회수인 경우 표준편차에 대한 보정계수[a]

시험회수[b]	*표준편차의 보정계수*
15회 미만	표 15.3을 사용
15회	1.16
20회	1.08
25회	1.03
30회 이상	1.00

[a] ACI 318.
[b] 중간값은 보간.

표 15.3 표준편차를 산정하는데 충분한 시험 회수가 확보되지 못한 경우의 소요평균압축강도[a]

설계기준 압축강도 f_c', *MPa*	*소요평균 압축강도* f_{cr}', *MPa*
20 미만	$f_c'+7.0$
20~35	$f_c'+8.5$
35 초과	$1.1f_c'+5.0$

[a] ACI 318.

표 15.4 콘크리트 관리 기준[a]

	전체적인 편차				
	콘크리트 품질에 따른 표준편차, MPa				
작업 환경	*우수함*	*매우 좋음*	*좋음*	*보통*	*나쁨*
현장 실험	2.8 이하	2.8-3.5	3.5-4.2	4.2-4.9	4.9 이상
실내 실험	1.4 이하	1.4-1.8	1.8-2.1	2.1-2.5	2.5 이상
	시험 내 편차				
	품질에 따른 변동계수				
작업 환경	*우수함*	*매우 좋음*	*좋음*	*보통*	*나쁨*
현장 실험	3.0 이하	3.0-4.0	4.0-5.0	50-6.0	6.0 이상
실내 실험	2.0 이하	2.0-3.0	3.0-4.0	4.0-5.0	5.0 이상

[a] ACI 214.

허용기준 압축강도가 설계기준 압축강도 f_c' 미만으로 떨어질 확률을 제어하기 위한 소요평균강도 f_{cr}'에 대한 기준 외에도 ACI 318은 콘크리트의 허용에 대한 두 가지 기준을 제시하고 있다. 이 기준들도 f_{cr}'를 선정하는데 같은 근거에 의해 제시하고 있다.

현장 콘크리트를 실험실에서 양생한 공시체에 대하여;

1. 임의의 세 개의 연속적 시험의 모든 산술적 평균값은 설계기준 압축강도 f_c' 이상이어야 하고,
2. 어떠한 개개 시험 결과 값(개개 시험이란 2개 원주공시체의 평균 값)도 $f_c' \le 35$ MPa인 경우 f_c'값보다 3.5 MPa 이상 작지 않아야 하고, $f_c' > 35$ MPa인 경우 f_c' 값보다 0.1 f_c' 이상 작지 않아야 한다.

이 두 가지 기준 중에서 어느 하나라도 만족시키지 못하면 콘크리트 강도를 증가시키기 위하여 시공 과정을 수정하여야 한다. 만약 두 번째 기준을 만족시키지 못한다면 구조물 내의 콘크리트 강도를 조사하여야 하며, 구조물 자체의 강도 평가가 필요하다(제 15.3절 참조).

시료의 수 위에서 설명한 통계적 분석을 수행하기 위해서 충분한 수의 시료가 필요하다. 또한 시료를 채취함으로써 계속적으로 콘크리트의 품질관리가 가능하다. ACI는 적어도 하루에 한 번 이상, 또한 매 110 m^3 마다 한 번 이상, 또한 타설 표면적 기준으로 매 450 m^2 마다 한 번 이상 채취하도록 하고 있다. 이와 같은 시료 채취는 사용되는 모든 종류의 콘크리트에 대하여 이루어져야 하고, 또한 각 종류의 콘크리트에 대하여 5개 이상의 시료 채취가 이루어져야 한다. 만약 사용되는 콘크리트량이 40 m^3 미만의 콘크리트 공사인 경우 책임기술자의 허가를 받아 시험을 수행하지 않을 수 있다(굳지 않은 콘크리트에서 시료를 채취하는 방법은 제 9장을 참조).

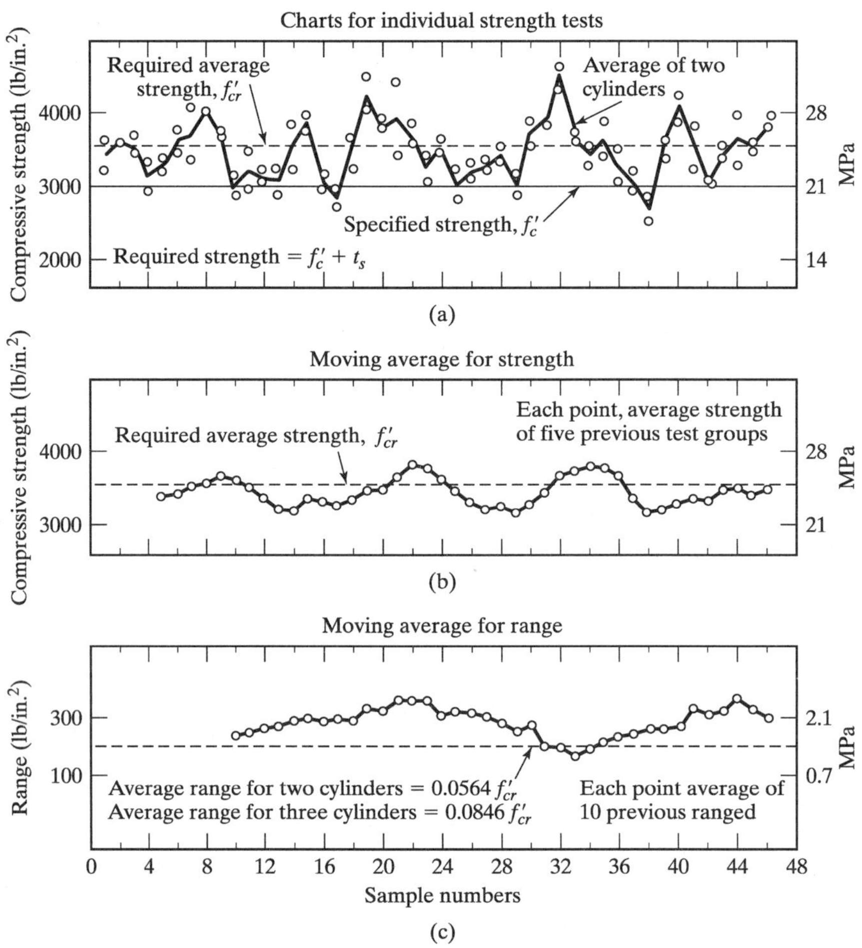

그림 15.4
콘크리트에 대한 품질관리 도표. [*Recommended Practice for Evaluation of Strength Test Results of Concrete*, ACI 214-77 (Reapproved 1997), American Concrete Institute, Farmington Hills, MI (1997).]

통계처리 기법에서 기술되었듯이 무작위 채취를 위해서 공사 프로젝트가 수행되기 이전에 미리 채취 계획을 세워야 한다. 채취는 계획에 따라 이미 지정된 배치로부터 취한다. 슬럼프 값이 낮거나 높은 배치에서만 채취하거나, 감독자에게 대표적 시료로 보이는 곳에서만 채취하는 것을 피해야 한다. 왜냐하면 이렇게 하면 콘크리트의 품질이나 균질성을 정확하게 대표할 수 없기 때문이다.

15.2 품질관리 도표 (Quality-Control Charts)

품질관리를 제대로 하려면 콘크리트의 품질과 품질의 변화를 가능한 빨리 결정할 수 있도록 통계원리들을 효율적으로 적용하여야 한다. 예를 들어 평균 설계강도는 만족하지만 표준편차가 예상한 것보다 큰 경우 배합을 수정하여 평균 강도를 증가시켜야 한다. 반면에 예상한 표준편차보다 작은 경우 평균 강도를 줄일 수 있다. 평균 강도나 표준편차의 이러한 변화는 원자재(예를 들어 골재의 함수 상태 등), 배합 장비, 또는 다른 다양한 이유에 기인한 것이며, 시공 과정 중 어느 단계에서나 발생할 수 있다. 관리자는 이러한 변화가 발견되는 즉시 적절한 조치를 취해야 한다. 이것은 콘크리트 강도가 연속적으로 평가되어야 한다는 것을 의미하며, 그림 15.4와 같은 품질관리 도표를 사용하여 효율적으로 관리할 수 있다. 3가지 종류의 도표를 사용할 수 있으며 각각의 경우 가로축은 시료 수를 나타낸다.

1. 그림 15.4a는 각각의 강도 값을 나타낸다. 소요평균강도 f'_{cr} 은 시험에 의해 측정된 강도가 설계강도 f'_c 보다 작은 시험체의 개수를 바탕으로 만들어진 식 (15.9)를 사용하여 계산된

표 15.5 연속적인 하한 강도 시험 결과 평가[a]

	지정한 값보다 작은 평균[b]		*f'_c 보다 작을 확률 (%)*
	f'_{cr} 을 결정하는 기준		
연속으로 평균한 시험 수	*f'_c 이하인 것이 10개 중 1개인 경우* *주어진 s에 대하여*	*$f'_c - 3.5$ MPa 이하인 것이 100개 중 1개인 경우* *주어진 s에 대하여*	*f'_c 이하인 것이 10개 중 1개인 경우*
1	$f_c'' - 0.77s$	$f_c'' - 3.5 + 0.76s$	10.0
2	$f_c'' - 0.17s$	$f_c'' - 3.5 + 0.88s$	3.5
3	$f_c'' + 0.17s$	$f_c'' - 3.5 + 1.14s$	1.3
4	$f_c'' + 0.17s$	$f_c'' - 3.5 + 1.30s$	0.5
5	$f_c'' + 0.10s$	$f_c'' - 3.5 + 1.41s$	0.2
6	$f_c'' + 0.10s$	$f_c'' - 3.5 + 1.49s$	0.1

[a] ACI 214.
[b] 집단의 평균이 f'_{cr}과 같고 표준편차나 변동계수가 가정한 값과 같다면 평균이 여기서 정한 값보다 낮을 확률은 약 2%이다.

다. 이 도표를 통하여 소요평균강도보다 작게 측정된 공시체의 수와 분산 정도를 쉽게 확인할 수 있으나 콘크리트 품질 변화는 관찰하기 어렵다.

2. 그림 15.4b는 강도에 대한 이동 평균(moving average)을 나타낸다. 각각의 점은 이전 5개 시험 그룹에서 얻은 강도 값들을 평균한 값이며, 5개 각각의 강도 값은 하나의 시험 그룹 즉, 일반적으로 2개나 3개의 공시체에 대한 강도시험 결과를 평균한 값이다. 이 도표는 변동량의 변화(chance variations)를 줄이기 때문에 계절에 따른 변화, 절차(procedures)상의 변화 등에 따른 영향을 관찰하는데 적합하다. 물론 하나의 이동 평균값을 구하기 위한 시험 그룹의 수는 요구 조건에 따라 달라진다. 예를 들어, ACI Building Code에서는 3개의 연속적인 시험을 통한 평균값이 f_c' 보다 작을 확률이 1% 미만이어야 하기 때문에 이동 평균에 사용되는 시험 그룹의 수는 3이 적당하다. 표 15.5는 각각의 시험 결과나 연속적인 시험 결과의 평균 강도가 작으면 안되는 콘크리트 강도에 대한 규정이다(가정한 통계적 이론으로부터 이러한 규정을 만족하는 경우 설계강도보다 작을 확률이 1/50이다.). 그림 15.4b와 같은 도표는 f_c' 를 하한값으로 두고 있다. 도표의 한계값을 만족하는데 실패하면 낮은 강도, 큰 변동성, 정밀하지 못한 시험 기법에 의하여 소요평균강도 f_{cr}' 를 만족하지 못하게 된다.
3. 그림 15.4c는 범위(한 세트 내에서 가장 큰 값과 가장 작은 값의 차이)의 이동 평균을 나타낸다. 이 도표에서 하나의 점은 이전 10개 시험 그룹의 범위를 평균한 값을 나타낸다.

이 도표는 시험 절차의 적합성을 점검하는데 적당하다. 만약 시험 절차가 적절하지 못한 것으로 나타나면, 시험 절차를 바로 잡아야 한다. 강도 시험으로 구성되는 한 쌍의 공시체들 사이의 범위에 의해 나타나는 시험 절차의 적합성은 다음과 같이 표현될 수 있다.

$$\bar{R}_M = f_{cr}' v_1 d_2 \tag{15.13}$$

여기서, $\bar{R}_M$는 평균 범위, v_1은 시험 내의 변동계수(the within-test coefficient of variation), d_2는 시험한 공시체의 수와 관련된 상수이다. 품질 관리가 좋은 경우 v_1의 값이 5%를 넘지 않기 때문에 최대 평균 범위는 다음과 같다.

2개의 공시체에 대하여;

$$\bar{R}_M = (0.05 \times 1.128) f_{cr}' = 0.0564 f_{cr}' \tag{15.14a}$$

3개의 공시체에 대하여;

$$\bar{R}_M = (0.05 \times 1.693) f_{cr}' = 0.08465 f_{cr}' \tag{15.14b}$$

15.3 요구 조건을 만족하지 못하는 경우 (Failure to Meet Specified Requirements)

이 장에서 기술된 통계적으로 고려되어야 할 사항들과 허용 기준은 상대적으로 간단명료하다. 만약 이러한 통계적 고려사항을 바탕으로 콘크리트가 시방서(specification)를 만족하면 콘크리트 공급자, 도급자, 시험 대리인, 발주자를 모두 만족시키게 된다. 그러나 이러한 규정을 만족하지 않는 경우에도 대처할 수 있는 합리적인 절차가 있다.

이러한 절차는 많은 비용이 들고 시간이 걸리지만 구조물의 사용 승인 여부를 판단하는데 필요한 충분한 정보를 얻을 수 있다. 제안된 절차는 RILEM의 "Recommended Principles for the Control of Quality and the Judgment of Acceptiability of Concrete"를 바탕으로 하고 있으며, 그림 15.5에 나타난 바와 같이 보다 엄밀한 순서대로 기술되어 있다.

가장 간단하면서 먼저 점검해야 할 사항은 시험 과정이 적당하지 않거나 장비를 사용할 때 검정(calibration)을 정확히 하지 않는 등과 같이 가장 많이 실수할 수 있는 시료 채취와 시험 기법이다. 이와 같은 실수가 발견되고 다른 이유가 없는 것으로 판단되면, 몇 가지 현장 타설 콘크리트 시험이 필요하다.

이와 유사하게 사용된 재료가 지정한 재료와 일치하는가를 확인하고 배치 장비가 설정한 배합에 맞는 콘크리트를 생산하는가와 배합설계 자체가 적당한가를 확인하기 위하여 재료와 배치플랜트도 조사하여야 한다. 공급자에게 실수가 발견되면, 즉시 원인을 파악하고 최소한 차후 콘크리트를 생산하기 전까지 배합설계를 다시 하거나 조사/제어를 주의 깊게 하는 등 적절한 조치를 취해야 한다.

그러나 적절하지 못한 콘크리트 품질이 발생한 원인을 정확히 파악하는 것이 종종 어렵기도 하고, 원인을 파악하였더라도 이미 타설된 콘크리트의 품질을 평가해야 하는 문제가 있다. 따라서 이 단계에서는 구조물 내의 콘크리트 품질을 평가해야 한다. 가장 중요한 것은 구조물의 내하력을 평가하는 것이다. 또한 보수하는데 필요한 비용을 적절히 산정하기 위해서는 콘크리트가 규정에 맞지 않게 된 원인을 밝히는 것이 바람직하다.

이러한 목적들을 위하여 제 14장에 기술된 코어 채취, 경도 시험 등과 같은 현장 시험 방법을 사용할 수 있으며 대부분의 기준들은 구조물에서 코어를 채취하도록 요구하고 있다. 콘크리트 강도가 낮은 것으로 나타난 부분이 구조물의 내부에 위치할 수도 있다. 그렇지 않으면 이러한 위치는 경도 시험이나 초음파 시험을 통하여 종종 찾아낼 수 있다. 어떠한 경우라도 통계적으로 유효한 결과를 얻으려면 충분한 수의 코어를 채취해야 한다. ACI와 CSA는 실내양생 공시체 시편에 대한 각각의 강도시험 결과에 대해서 강도값이 $f_c' - 3.5$ MPa 보다 작거나 ($f_c' \leq 35$ MPa인 경우) 혹은 $f_c' - 0.1 f_c'$ 보다 작으면 ($f_c' > 35$ MPa인 경우) 최소한 3개의 코어를 채취하도록 규정하고 있다. 이 3개의 평균 강도가 $0.85 f_c'$ 보다 크고 어느 하나의 강도도 $0.75 f_c'$ 보다 작지 않으면 콘크리트는 적당한 것으로 규정하고 있다. 여러 자료에 비춰볼 때 이러한 구조물은 충분한 구조 성

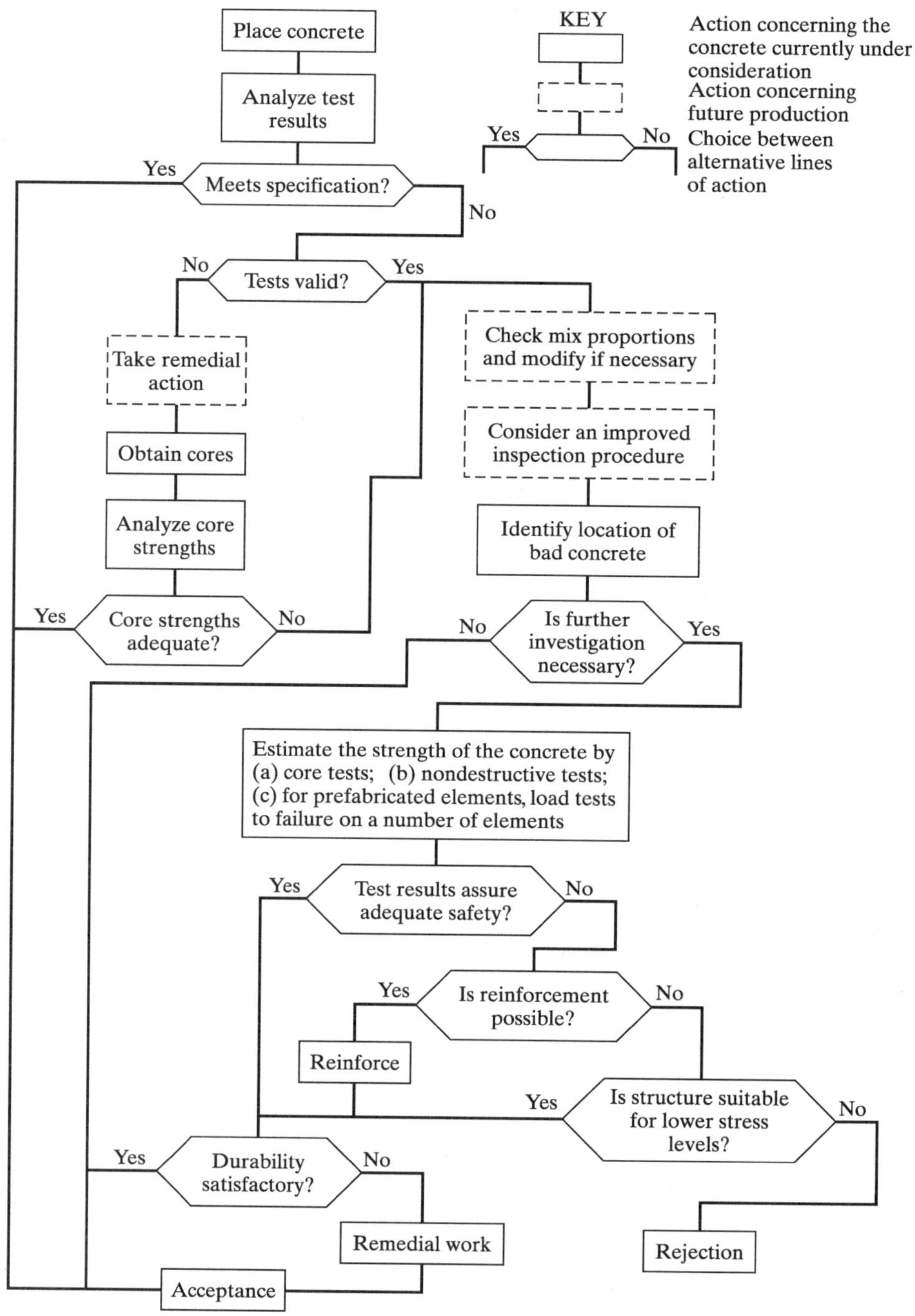

그림 15.5
규정에 만족하는지 여부의 판단과 그에 따른 조치에 대한 흐름도. [*Materials and Structures (Paris)*, Vol. 8, No. 47, pp.387-403 (1075).]

능을 확보하고 있다고 할 수 있다. 그러나 코어 강도와 내구성 사이의 관계를 잘 나타낼 수 있는 상관관계가 아직 없다(제 14.5절, "코어 시험" 참조).

구조 안전성

그래도 콘크리트가 아직 부적당하다고 판단되면, 구조물의 안전성과 내구성을 평가하기 위하여 콘크리트 강도(코어 시험으로부터) 뿐만 아니라 철근의 위치와 크기를 알아내는 등의 추가적인 조사가 필요하다. 철근의 위치와 크기를 알아내려면 콘크리트 피복을 없애거나 자기 장치(magnetic indicators)를 사용할 수 있다. 일단 콘크리트 강도와 철근 상세에 대해 알게 되면 설계 단계보다 높은 정확도로 구조물의 내하력을 분석적으로 결정할 수 있다. 이 분석을 통하여 구조물이 특정 기능을 수행하는데 적합 여부나 활하중의 재하 수준을 낮추어야 하는지를 평가할 수 있다. 이러한 방법들이 구조물의 안전성을 보장하지 못하고 구조 부재를 보수/보강할 수 없다면 구조물은 본래의 역할을 할 수 없다. 만약 구조 안전성이 확보되더라도 콘크리트의 내구성을 향상시키기 위하여 보수를 고려할 필요가 있을 수도 있다.

만약 구조물의 분석적 평가가 비실용적이라면 ACI 318에 기술되어 있는 항목에 따라 구조물이나 구조 부재에 정적 재하 시험을 수행할 수 있다. 그러나 이것은 비용이 많이 들고 위험할 뿐만 아니라 해석 과정이 필요하기 때문에 마지막 수단으로 사용하는 것이 바람직하다. 분석적인 방법과 마찬가지로 재하 시험을 통해서도 내구성에 대한 정보를 얻을 수 없기 때문에 내구성은 별도로 평가해야 한다.

실무에서는 앞서 말한 절차를 항상 따르는 것은 아니다. 조사에는 비용 및 시간이 많이 소모되고 또한 본질적인 불확실성이 있으므로 마지막엔 엔지니어적인 판단에 의해 결정된다. 그러나 품질이 좋은 콘크리트를 생산하기 위한 원리가 잘 알려져 있다면 이러한 엔지니어적 판단에 의한 경우를 더 자주 사용할 수 있다.

품질이 나쁜 콘크리트가 만들어지는 것을 완전히 막을 수는 없지만, 현재의 허용 절차는 적당하지 않다. 왜냐하면 이러한 절차들은 제 14장에 기술되어 있듯이 28일 강도를 기준으로 하고 있기 때문이다. 더 빨리 콘크리트의 품질을 평가할 수 있는 방법이 널리 사용된다면 품질이 나쁜 콘크리트를 찾아내는 어려움의 많은 부분을 해결할 수 있을 것이다. 굳은 콘크리트에 대한 촉진 시험법이 널리 사용된다면 도움이 될 것이다.

참고문헌

AbdunNur, E.A., and T.S. Poole, "Techniques, Procedures and Practices of Sampling Concrete and Concrete-Making Materials," *Significance of Tests and Properties of Concrete and Concrete-making Materials*, eds. P. Klieger and J. F. Lamond, STP 169C, American Society of Testing and Materials, West Conshohocken, PA, pp. 15-22, (1994).

ACI Committee 217, "Practice for Evaluation of Concrete in Existing Massive Structures for Service Conditions," *Concrete International: Design and Construction*, Vol. 1, No. 3, pp. 47-61 (1979).

Building Code Requirements for Structural Concrete, (ACI 318-99), American Concrete Institute, Farmington Hills, MI (1999).

Malhotra, V. M., "Contract Strength RequirementsCores versus *in situ* Evaluation," *Journal of the American Concrete Institute*, Vol. 74, No. 4, pp. 163-172 (1977).

Recommended Practice for Evaluation of Strength Test Results for Concrete, ACI 214-77, (Reapproved 1997). American Concrete Institute, Farmington Hills, MI (1997).

"Recommended Principles for the Control of Quality and the Judgment of Acceptability of Concrete," *Materials and Structures (Paris)*, Vol. 8, No. 47, pp. 387-403 (1975).

Steele, G.W., Statistical Considerations in Sampling and Testing, *Significance of Tests and Properties of Concrete and Concrete-making Materials*, eds. P. Klieger and J. F. Lamond, STP 169C, American Society of Testing and Materials, West Conshohocken, PA, pp. 23-30 (1994).

Taerwe, L., and Lambotte, H. (eds.), *Quality Control of Concrete Structures*, Proceedings of the International Symposium, Ghent, Belgium. E&FN Span, London (1991).

Teychenne, D. C., "Recommendations for the Treatment of the Variations of Concrete Strength in Codes of Practice," *Materials and Structures (Paris)*, Vol. 6, No. 34, pp. 259-268 (1973).

문제

15.1. 콘크리트가 변동적인 재료인 이유는 무엇인가?

15.2. 규모가 큰 시공 현장의 프로젝트 엔지니어로서 8개 공시체의 압축강도를 측정한 결과 1개의 압축강도가 설계기준 압축강도보다 작게 측정되었을 때 어떻게 하여야 하는가?

15.3. 설계기준 압축강도가 30 MPa이고, 10개 공시체 중 1개만 설계기준 압축강도보다 작게 측정되도록 하려면 평균 압축강도를 얼마로 정해야 하는가? 이 때 다음에 주어진 표준편차에 따라 계산하라. (a) 1.5 MPa; (b) 3 MPa; (c) 6 MPa.

15.4. 경험이 없는(즉, 각 변수들에 대한 정보가 없음) 곳에 시공되고 있는 구조물의 콘크리트에 대한 규정(specification)을 책임지고 있는 엔지니어라면 콘크리트에 대한 각종 변수들을 어떻게 추정해야 하는가?

15.5. 표준편차가 4 MPa로 알려진 콘크리트 강도를 95% 이상 40 MPa 이상이 되도록 하려면 배합강도를 얼마로 규정하여야 하는가?

15.6. 콘크리트 품질관리에서 콘크리트의 내구성은 어떻게 고려되고 있는가?

콘크리트 *Concrete*

CHAPTER 16

시간 의존적 변형

Time-Dependent Deformation

콘크리트는 사용하는 동안 외력, 함수량의 변화와 온도 변화 등으로 인해 부피가 변한다. 이러한 요인에 의해 콘크리트는 복잡한 변형거동을 보이는데, 일부는 회복되며 일부는 회복되지 않는 것도 있다. 또 시간에 따라 변형이 변하는 것도 있다. 이 장에서는 다음과 같은 주된 세 가지 형태의 변형에 대해 다룬다.

1. 수분 손실에 의한 수축 현상
2. 빠른 재하 속도에 의한 변형
3. 응력이 지속적으로 작용할 때 발생하는 시간 의존적인 변형, 즉 크리프(creep)

이러한 변형은 길이 방향의 변형률을 계속 계측하여 얻을 수 있으며, 거의 유사한 단위의 크기의 값들이다. 재료시험에서 전형적인 재하속도에 따른 변형률과 탄성계수는 제 13장에서 이미 다루었으나, 이러한 경우에도 시간 의존적인 요인이 일부 관계된다. 한편 온도 변화에 의한 변형률은 제 17장에서 다룬다.

16.1 소성수축 (Plastic Shrinkage)

굳지 않은 콘크리트의 경우 외부로 손실되는 수분을 막지 않으면 균열을 일으킬 수 있다. 가장 흔히 일어나는 현상은 콘크리트 표면으로부터 물이 증발되어 표면 균열을 일으키는 것이다. 이외에도 지표면이나 거푸집 재료가 콘크리트로부터 물을 흡수함으로써 균열을 일으키기도 하는데, 이러한 현상은 표면 증발로 의한 영향을 더 악화시킨다. 굳지 않은 콘크리트의 경우 각 구성입자 사이는 완전히 물로 채워져 있다. 그러나 표면에서 증발 등과 같은 외부 환경의 영향으로 시멘트 풀로부터 물이 없어지면 복잡한 양상을 보인다. 다시 말하면 모세관 부압력을 발생시켜 시멘트 풀의 부피를 수축시키는 원인이 된다. 모세관 압력은 계속 상승하여 특정한 임계압력(P_c)에 이르게 되는데, 이 압력에 이르면 시멘트 풀에서 더 이상 수분분포가 균일하지 않으며 공극 사이의 수분이 불연속적인 양상을 보인다. 소성수축은 모세관 압력이 이 특정 임계압력에 도달하기 직전에 대부분 일어나며 이후에는 약간의 추가적인 수축이 발생한다.

골재가 소성수축에 미치는 영향은 그림 16.1에 나와 있다. 소성수축은 이론적으로는 시멘트 풀을 치밀하게 하므로 유익한 현상이다. 그러나 실제로는 소성수축의 영향이 전체에 걸쳐 균일하지 않으며 이로 인한 부등 체적 변화가 인장응력을 유발시키면서 균열을 초래하게 된다. 소성수축으로 인한 균열(그림 16.2)은 수분증발이 급격하게 발생하는 도로포장이나 바닥 슬래브의 수평면에서 발생하는 것이 대부분이며, 이러한 균열에 의해 표면 부위가 파괴되고 내구성이 저하된다. 이러한 현상은 풍속이 높고, 상대습도가 낮으며, 외부 공기 및 콘크리트의 온도가 높은 경우에 더욱 악화된다. 이러한 악화 조건은 대부분 여름철에 해당되는 것이지만 그 외의 경우에도 발생 가능성이 있다. 표면의 수분 증발률이 0.5 $kg/m^2/h$를 초과하게 되면, 수분의 손실이 블리딩 수가 표면에 도달하는 것보다 빠르게 진행되어 모세관 부압력이 발생함으로써 소성수축이 일어난다. 블리딩 현상을 줄이기 위해 콘크리트에 혼화재료를 투입한 경우는 소성수축이 발생할 가능성이 더욱 높다.

16.2 건조수축 (Drying Shrinkage)

'건조수축'은 일반적으로 굳은 콘크리트에서 사용되는 용어이며, 경화된 재료에서 수분 손실로 인해 발생하는 변형률을 의미한다. 콘크리트에서 수화 반응이 진행될 때 자기건조로 인해 발생하는 자기수축은 건조수축의 특별한 경우에 해당된다. 수화 반응이 끝난 시멘트와 대기 중의 이산화탄소가 반응하여 발생하는 탄화수축(carbonation shrinkage)도 건조수축의 특별한 경우이다. 수축은 시멘트 풀만의 특성이며, 콘크리트 속의 골재는 시멘트 풀 내부에서 발생하는 체적 변화를 저지하는 방향으로 영향을 미친다.

건조수축에 영향을 미치는 인자들

굳은 콘크리트의 건조수축은 이미 기술한 대로 매우 중요한 현상이다. 설계나 시공 단계에서 건조수축의 영향을 충분히 고려하지 않으면, 수축할 때 발생하는 구속력으로 인해 부재에서 균열이나 뒤틀림이 발생할 수 있다. 도로포장이나 바닥 슬래브를 시공할 때 수축 줄눈(contraction joint)의 필요성에 대해 강조하는 이유는 바로 여기에 있다. 이러한 줄눈은 임의로 불규칙하게 발생하는 수축 균열을 방지하며, 외부 물질의 유입을 막기 위해 시공한 봉합재로 채워진 부위에 원하는 방향으로 균열이 발생하도록 제한하는 역할을 한다. 수분 손실로 인한 시멘트 풀의 수축은 골재의 유무와 콘크리트 부재 형상에 따라 영향을 받는다. 심지어는 줄눈이 잘 시공된 경우에도 바닥 슬래브 상부에서 일어나는 수분 손실에 의해 부등 수축이 발생하여 모서리 부위가 뒤틀리기

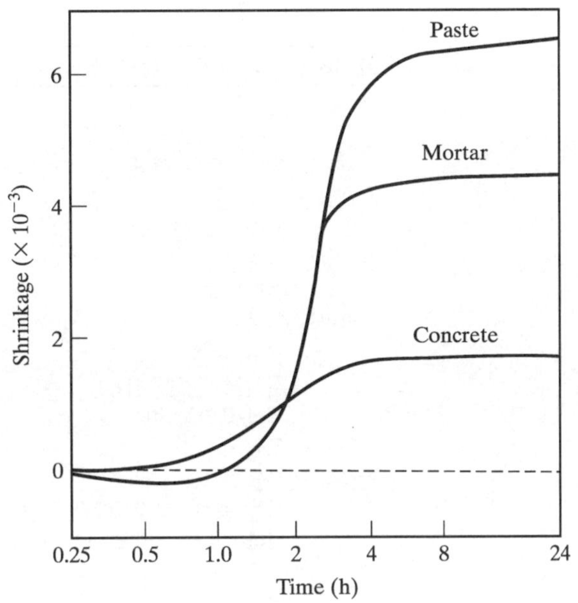

그림 16.1
소성수축에 대한 골재의 영향. [R. G. L'Hermite, *Proceedings, Fourth International Symposium on the Chemistry of Cement*, Washington, DC, Vol. II, pp. 659–694 (1960).]

도 한다. 따라서 서로 다른 실험 인자들이 콘크리트의 건조수축에 미치는 영향을 이해하는 데는 경화된 시멘트 풀에 대한 연구가 적합하다.

그림 16.2
콘크리트 포장에서 발생한 소성수축 균열. (Portland Cement Association.)

수축에 영향을 미치는 인자들은 표 16.1에 나와 있다.

표 16.1 건조수축과 크리프에 영향을 미치는 인자들

페이스트 인자들	
	공극률 (*w/c*와 수화도)
	페이스트의 재령 (*w/c*와 수화도)
	양생 온도
	시멘트 조성
	수분량
	혼화재료
콘크리트 인자들	
	골재 강성
	골재량 (시멘트양)
	체적-표면적 비
	두께
환경적 인자들	
	작용 응력 (크리프에만 영향)
	재하 기간 (크리프에만 영향)
	상대습도
	건조율
	건조 기간

시멘트 풀의 거동 이 절에서 논의되는 결과들은 비교적 작은 단면을 가지는 시멘트 풀 실험체로 수행된 실험실 연구를 바탕으로 한다. 만약 그런 실험체가 사용되지 않은 경우는 실험체에서 외부로의 수분 확산 속도가 평형 상태를 이루기 어려우므로 자료의 해석을 까다롭게 만든다. 시멘트 풀과 콘크리트의 건조수축을 이해하는데 중요한 한 가지 사실은 총 수축량 중에서 초기 건조 시점에 발생하는 수축량은 회복되지 않는다는 것이다(그림 16.3을 참조). 따라서 초기 건조에 뒤이어, 수분 공급이나 건조로 인해, 발생하는 체적 수축량과 팽창량은 더 적다. 일반적으로 실험 변수들은 총 수축량 뿐만 아니라 비회복 수축량에도 어느 정도 영향을 미친다. 초기 건조 이후에 더 좋아진 치수변화에 대한 안정성은 프리캐스트 콘크리트 제품의 장점이 될 수 있다.

수분 손실은 건조수축의 근원적인 원인이므로 둘 사이의 관계에 관심을 가져야 한다. 그림 16.4는 시멘트 풀의 전형적인 수축-무게 손실 곡선을 다섯 개의 구간으로 나누어서 보여 주고 있다. 구간 1은 큰 모세관 공극에서 수분의 손실이 발생한 탓이다. 구간 2는 중간 크기의 모세관 공극과 작은 모세관 공극에서 동시에 수분 손실이 일어나는 경우로서 미세한 모세관 공극과 C-S-H 공극 모두에서 수분이 손실되는 경우이다. 구간 2의 끝부분에 이르면 공극 시스템에 들어 있는 모든 수분이 제거된다. 구간 3과 4사이에서는 고체 표면에 흡수된 수분이 제거되며, 특히 구간 4에서는 C-S-H 겔 층의 수분 또한 제거된다. 이러한 모든 수분은 일반적인 실내 온도에서 모두 제거될 수 있으며, 105°까지는 더욱 빨리 제거될 수 있다. 이 온도 이상에서는 C-S-H 겔이 해체되면서 구간 5에서 보듯이 추가적인 수축을 발생시킨다. 그림 16.5는 수축과 상대습도 사이

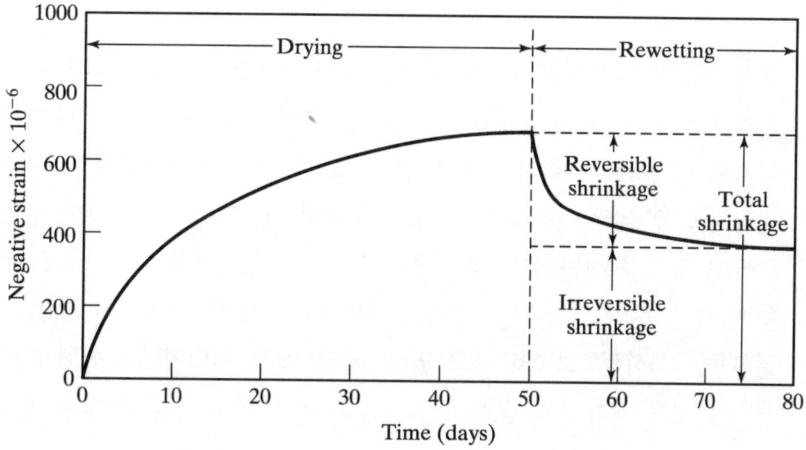

그림 16.3
건조 및 재습윤 과정에서 발생하는 일반적인 콘크리트의 거동.

의 밀접한 관계를 나타내고 있으며 다양한 구간 사이의 차이점을 강조하고 있다. 대부분의 콘크리트 구조물에서 콘크리트가 사용기간 중에 매우 낮은 상대 습도에 노출되는 경우는 없으므로 보다 높은 범위의 상대 습도에 대해서만 고려하면 된다. 구간 4와 5에서 일어나는 수축은 화재에

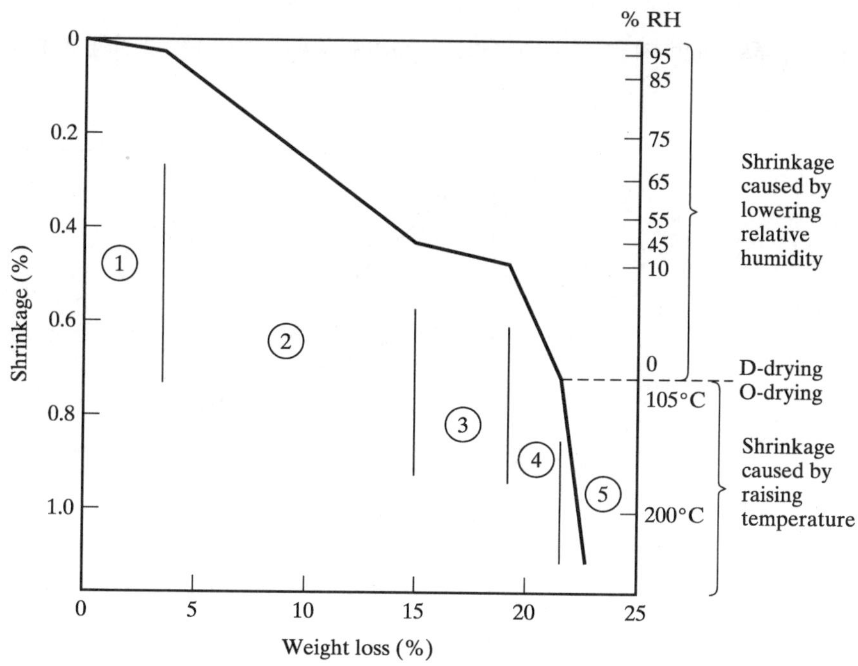

그림 16.4
시멘트 풀의 수축-수분 손실 관계에 대한 개략적인 설명.

노출된 콘크리트에서 발생한다.

회복 가능한 수축의 메커니즘 시멘트 풀의 전체적인 부피 수축은 세 가지 현상 즉, 모세관 응력, 분리 압력(disjoining pressure), 그리고 표면 자유 에너지의 변화에서 기인한 것으로 생각된다. 이러한 현상들은 수화된 시멘트 풀의 특별한 성질에 기인하는데, 이러한 성질로는 작은 모세관 공극들이 연결되어 만들어진 높은 다공성, C-S-H 겔의 강한 반데르 발스 결합력, 그리고 C-S-H 겔이 가지는 넓은 표면적과 미세 다공성 등이다. 그러므로 순(net) 선형 수축은 모세관 응력 P_{cap}, 분리 압력 P_{dis}, 그리고 표면 자유 에너지 변화 P_{sfe}의 함수이다. 그림 16.6은 이러한 영향들을 도식적으로 보여주고 있다. 일반적으로 실험에서는 선형 수축을 측정하지만, 실제로 발생하는 것은 체적 수축이다. P_{cap}, P_{dis}, 그리고 P_{sfe}는 상대습도와 온도에 따라 좌우된다.

모세관 응력 작은 모세관 공극 안의 수분은 부분적으로 공극 내벽에서 발생하는 표면 상호작용의 영향을 받는다. 그러므로 상대습도(RH)가, 공극 반지름(r)으로 표현된 다음 식의 크기로 낮아지지 않으면 증발로 인해서 수분은 제거되지 않는다.

$$\ln(\mathrm{RH}) = K\left(\frac{2\gamma}{r}\right) \tag{16.1}$$

여기서 γ는 수분의 표면 자유 에너지(표면 인장)이며, K는 상수이다. 공기와 수분의 계면(메니스

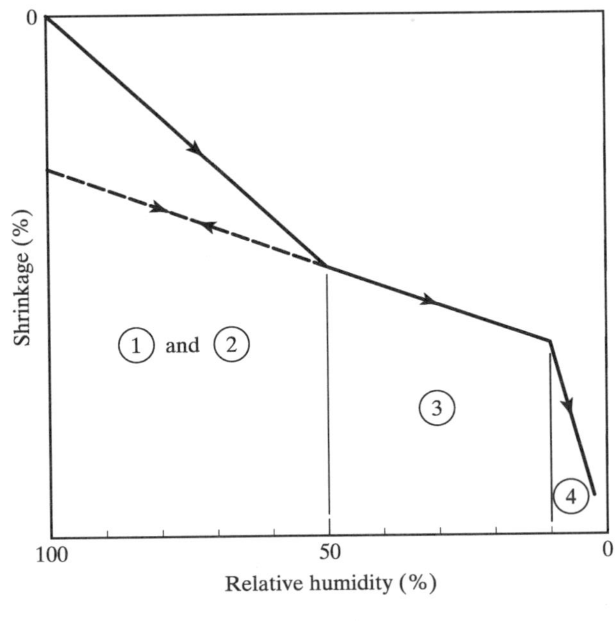

그림 16.5
시멘트 풀의 건조수축에 대한 개략적인 설명.

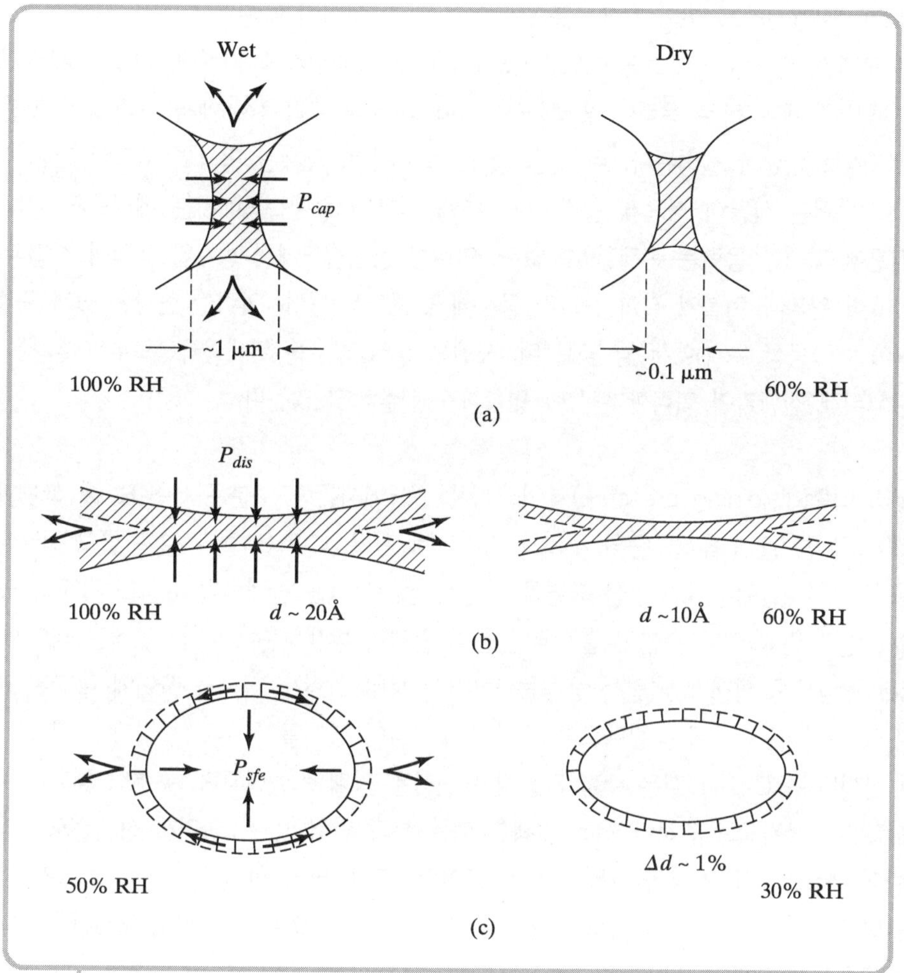

그림 16.6
시멘트 풀에서 발생하는 건조수축의 원인에 대한 제안된 메커니즘들. (a) 모세관 압력, (b) 분리 압력, (c) 표면 장력

커스, meniscus)이 생성될 때 에너지가 요구되며, 이 때만 수분손실이 발생할 수 있다. 공극 내 벽과의 상호작용의 결과로 메니스커스는 곡면을 형성하며, 수분은 정수압 인장(P_{cap}) 상태에 놓이게 된다.

$$P_{cap} = \frac{2\gamma}{r} \tag{16.2a}$$

$$= \frac{\ln(RH)}{K} \tag{16.2b}$$

수분은 고체 골격 구조에 이에 상응하는 정수압 압축을 발생시키며, 만약 내부 입자의 재배열이 일어나게 되면(시멘트 풀의 경우) 공극의 일부는 더 작아지게 된다.

큰 모세관 공극은 상대습도 95% 정도에서 내부가 비워지게 되는데, 비교적 체적-표면적 비가 크기 때문에 매우 작은 응력이 발생한다. 그림 16.4와 그림 16.5에서 구간 1과 구간 2 사이의 차이가 이로 간단히 설명된다. 더 낮은 상대습도에서는, 모세관 공극의 체적이 훨씬 작아진다 하더라도, 응력은 상당히 빠르게 증가한다. 45% 이하의 상대습도에서는 메니스커스가 불안정해지기 때문에 모세관 응력은 존재할 수 없다. 이러한 상대습도에서 정수압 응력이 소멸되면 고체 내부의 응력 완화와 더불어 길이 증가가 동시에 발생하게 된다. 이러한 현상은 골격 구조가 견고한 재료(예로 다공성 유리)에서 발견되는데, 시멘트 풀의 경우는 미세공극으로부터 발생하는 수분 손실이 느리게 진행되어 이러한 현상이 명확하게 관찰되지 않는다.

분리 압력(disjoining pressure) 어느 상대습도에서든지 수분은 C-S-H 겔 표면에 흡수되며 상대습도가 증가할수록 겔 층의 두께도 증가하게 된다. C-S-H 겔과 같은 콜로이드 입자체는 인접한 입자들을 끌어당기고 인접 표면을 가깝게 접촉시키는 반데르발스 힘을 가지고 있다. C-S-H 겔에서 면과 면 사이에 수분이 흡착되면 분리 압력이 발생하는데, 이는 흡착된 막에서 물 분자가 일정한 방향으로 향하게 되면서 생기는 것이다. 분리 압력은 입자들 사이에 흡착된 수분의 두께에 따라 증가하는데, 이는 반데르발스 힘을 초과하여 입자들이 서로 분리되어 팽창이 발생할 때까지 진행된다. C-S-H 겔은 수화 과정에서 팽창된 상태로 형성되며, 수분이 채워지는 공간은 미세공극이다. 그러므로 건조가 처음 발생할 때는 분리 압력이 감소하면서 상대습도가 낮아지게 되어 반데르발스 힘에 의해 입자들이 서로 끌어당겨지게 되고 전체적인 체적 감소가 발생한다. 분리 압력은 상대습도가 45% 정도로 내려가는 경우에만 중요한 인자이며, 모세관 응력과 마찬가지로 상대습도와 상관이 있다.

표면 자유 에너지 상대습도가 45% 이하로 떨어져서 모세관 응력과 분리 압력이 더 이상 작용하지 않을 때, 수축은 표면 에너지의 변화로 설명될 수 있다. 가장 강력하게 흡착된 수분(분자 한 두 층 정도의 두께에 해당)이 제거되면 고체의 표면 자유 에너지는 급격히 증가하게 된다. 소량의 액체가 표면장력(표면 자유 에너지)에 의해 정수압 상태에 놓이게 된다는 것은 잘 알려진 사실이다. 이 압력은 식 (16.3)과 같이 나타낼 수 있는데 이는 이러한 소량의 액체가 메니스커스와 접하고 있기 때문이다. 고체 입자는 다음과 같은 평균 압력을 받는다.

$$P_{sfe} = \frac{2\gamma S}{3} \qquad (16.3)$$

여기서 γ은 J/m^2 단위를 가지는 표면 에너지이고 S는 m^2/g으로 나타내는 고체의 비표면적이다.

C-S-H 겔의 경우 S가 크므로(~400 m^2/g), P_{sfe}도 큰 값을 가지게 되어 고체 내에 압축력을 유발시킨다. γ 값이 변하면서 발생하는 고체의 체적 변화는 다른 재료에서도 나타나는 현상이며 Bangham이 석탄 분말을 대상으로 한 실험에서 최초로 측정되었다. 이러한 체적 변화는 아래 Bangham의 식과 같이 표현될 수 있다.

$$\frac{\Delta l}{l} = k\Delta\gamma \tag{16.4}$$

여기서 $\Delta l/l$는 측정된 상대적인 길이 변화이고, $\Delta\gamma$은 흡착 과정에서 일어나는 표면 에너지의 변화이며, k는 비례 상수이다. $\Delta\gamma$는 $\ln(RH)$ 값에 따라 달라지는데, 상대습도가 20%와 45% 사이일 경우는 대략적으로 선형적인 변화를 보인다. γ의 변화는 상대습도가 20% 이하에서 그 영향이 가장 크며, 45% 이상이면 무시할 수 있을 정도이다.

비회복성 수축(Irreversible Shrinkage) 그림 16.3은 메커니즘 상으로는 회복성 거동을 예측해 볼 수 있다고 하더라도 최초로 건조될 때 관찰되는 길이 변화의 상당 부분이 비회복성이라는 사실을 나타내고 있다. 그림 16.5는 비회복성 수축은 최초로 건조될 때만 발생하며, 계속적인 습윤 건조 과정에서 발생하는 변형은 반드시 회복가능하다는 사실을 의미한다. 일부 혼화재의 사용으로 인해 발생하는 건조수축량의 증가가 회복성 수축이 아니라 비회복성 수축의 증가 때문이라는 것은 잘 알려진 사실이다. 그림 16.7은 최초로 건조될 때 발생하는 전체 수축량이 시멘트 풀의 공극률이 증가함에 따라 증가한다는 사실을 보여주고 있다. 재습윤 과정에서 발생하는 팽창을 측정하면 비회복성 수축만이 공극률에 영향을 받는다는 사실을 알 수 있다. 물 시멘트 비와 수화도는 공극률과 상관있는 변수이므로 이러한 두 변수들 역시 비회복성 수축에 영향을 미칠 것이다. 이러한 사실들은 시멘트 풀 내의 공극 분포의 변화로서 일부 설명될 수 있다. 최초로 건조가 시작되면 시멘트 풀의 투과성이 거의 두 배로 증가하게 되는데, 이것은 모세관 공극이 연속적인 네트워크를 형성한다는 사실을 뒷받침해주는 증거로 생각되고 있다. 또한 이 과정에서 모세관 응력의 발현은 많이 줄어든다.

양생 온도 역시 시멘트 풀의 건조수축에 영향을 미친다. 습윤양생 기간 동안 시멘트 풀이 높은 온도에 노출되면 비회복성 수축은 감소하지만 회복성 수축은 영향을 받지 않는다. 수축량의 감소는 시멘트 풀이 노출된 최대 온도에 따라 좌우되는데, 예를 들면 65°C(150°F)인 경우는 비회복성 수축량은 2/3 정도 감소하며 전체 수축량은 약 1/3 감소한다. 이러한 수축량의 감소는 모세관 공극에서 거시공극(macropore)으로 형성된 부분이 많아짐과 동시에 C-S-H의 미세공극률이 감소하여 발생한다. 온도에 의한 수축 감소의 효과는 시멘트 풀이 높은 온도에 노출된 시간의 길이에 따라 달라진다. 그러나 수축이 감소하는데 필요한 높은 온도에 노출된 시간은 비교적 짧은

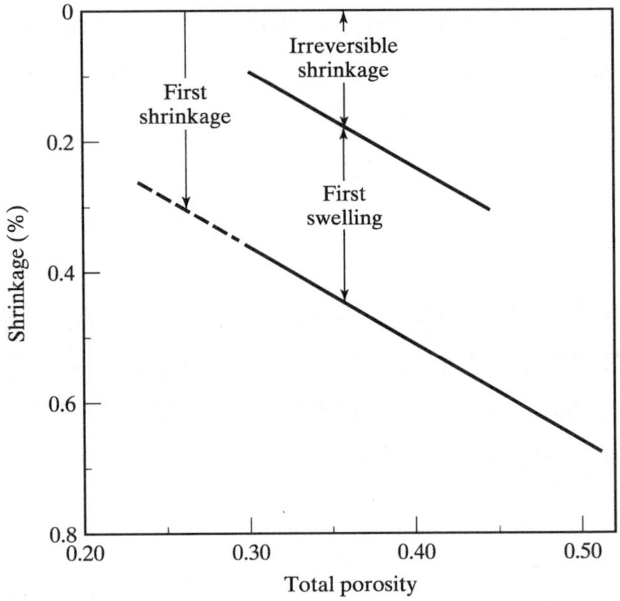

그림 16.7
시멘트 풀의 비가역성 건조수축에 대한 공극률의 영향. [After R. A. Helmuth and D. H. Turk, *Journal of the Portland Cement Association, R & D Laboratories*, Vol. 9, pp. 8-21 (1967).]

시간일 수 있으며, 총 표준 양생시간보다 적을 수 있다. 양생이 끝난 후 높은 온도에 노출된 경우에도 비회복성 수축이 감소될 수 있다.

또한 비회복성 특성은 시멘트가 건조된 과정에 따라 큰 영향을 받게 된다. 시멘트 풀이 매우 낮은 상대습도에서 느린 속도로 건조될 경우의 총 수축량은 낮은 상대습도 상태에서 곧바로 건조된 경우보다 작다. 수분확산이 수분손실률을 결정하는 두꺼운 부재의 경우엔 콘크리트에서 건조가 천천히 일어나므로 이것은 중요한 내용이다. 시멘트 풀이 낮은 상대습도에 노출된 기간도 비회복성 수축에 큰 영향을 미친다(그림 16.8 참조). 부재에서 모든 수분이 제거되었을 때 총 수축은 천천히 그리고 지속적으로 발생하며, 이는 거의 대부분 비회복성 수축의 증가로 인한 것이다(그림 16.9 참조).

비회복성 변형률이 발생하는 원인은 C-S-H 겔의 불안정한 비결정성으로 설명될 수 있다. 미세공극에서 수분이 제거되면서 C-S-H 입자들의 조직에 모세관 응력이 가해지게 되면, 입자들 사이의 결합에서 재배열이 발생한다. 이러한 변화로 인해 겔 층 사이의 결합이 바뀌거나(예로 새로운 겔 층이 발생하거나) 미세공극의 붕괴로 인한 새로운 중간크기의 공극이 만들어 진다(또는 중간 크기의 공극이 확대된다). 이러한 변화들은 연장된 수화반응이나 높은 양생온도 등의 영향으로 일어나는 현상과 유사하며, 건조로 인해 C-S-H 겔의 재령이 가속화되었다고 볼 수 있다. 물-시멘트 비를 변화시키는 경우나 화학적 또는 광물계 혼화재료를 첨가하는 경우에도 C-S-H 겔의 형성에 영향을 주게 되어 겔 입자 사이의 밀도를 변화시킨다. 이러한 현상은 차례로 겔 층 사이의 결합에 영향을 미치고, 중간 크기의 공극을 분산시켜 건조로 인한 재령의 영향을 보이게 한다.

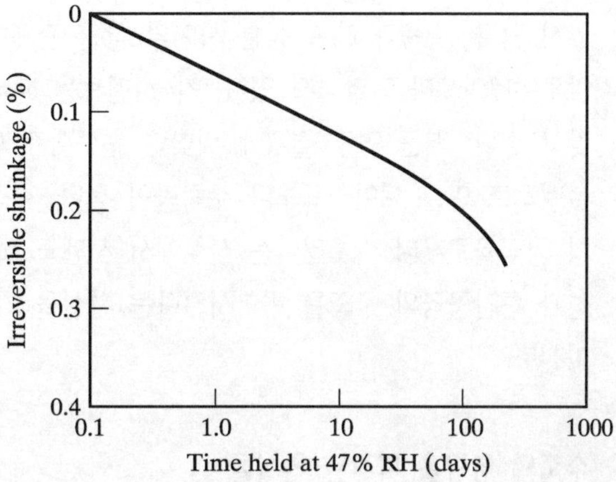

그림 16.8
시멘트 풀의 비가역성 건조수축에 대한 건조 시간의 영향. [Based on data by R. A. Helmuth and D. H. Turk, *Journal of the Portland Cement Association, R & D Laboratories*, Vol. 9, pp. 8-21 (1967).]

높은 온도에서 양생하는 경우 C-S-H 겔 입자 사이의 화학적 결합력은 상당한 양이 증가한다. 수화반응과는 독립적인 재령 현상은 시간과 온도에 따라 달라지며, 수분 손실로 인한 변형을 줄이기 위해 C-S-H 겔 층을 안정화시킨다. 미세구조에서 발생하는 이러한 기본적인 변화 외에도 미세균열 또한 비회복성 변형률의 원인이 될 수 있다. 건조 과정에서 일어나는 습도 구배는 부등건조수축을 야기시키며, 부재 표면에 인장응력을 발생시킨다. 이러한 현상들은 특히 콘크리트에 적용할 수 있으며, 이후에 논의될 것이다.

시멘트 성분 시멘트 성분은 시멘트 풀의 수축에 영향을 주게 되어 결과적으로 콘크리트의 수축

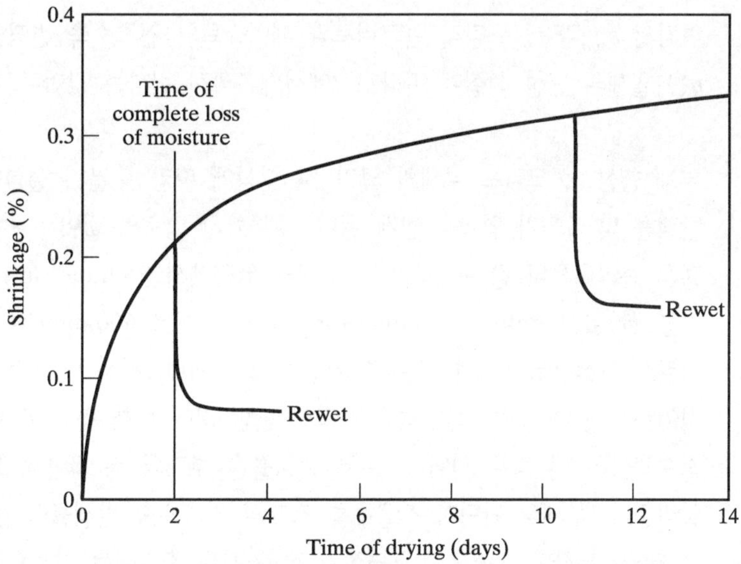

그림 16.9
건조 시간에 따른 전체 수축과 비가역성 건조수축의 증가.

에 영향을 주게 되는데 그 영향은 크지 않으며, 시멘트 성분과 수축 간의 상관 관계는 잘 알려져 있지 않다. 수축과 C_3A 성분 사이의 상관 관계에 대한 연구로부터 수축에 기여하는 성분은 설포알루미네이트라고 알려져 있다. 각 시멘트는 최소한의 수축을 발생시키기 위한 최적의 석고 양을 갖고 있다. 최근 연구 결과에 의하면 순수하게 C_3S와 C_2S로 구성된 시멘트 풀의 경우 포틀랜드 시멘트로 만든 페이스트보다 수축량이 적다. 수축할 때 발생하는 부피변화는 C-S-H 겔과 겔 층의 공극률로부터 비롯된다는 사실에서 시멘트 풀 내부의 기타 성분의 존재가 C-S-H 겔 층의 특성과 중간공극의 구조를 변화시킨다는 사실을 가정할 수 있다. 수산화칼슘은 수축에 적은 영향을 미친다.

수축에 영향을 미치는 인자들

골재의 영향 건조수축은 시멘트 풀보다 콘크리트에서 적게 발생하는데, 그 이유는 골재의 구속 영향 때문이다. 아주 드문 경우를 제외하면, 수분 함량 조건에 대한 골재의 부피 변화는 안정적이다. 골재로 인한 구속의 크기는 콘크리트 속의 골재량(그림 16.10), 골재의 강성(그림 16.11), 그리고 굵은골재의 최대 치수에 영향을 받는다. 건조수축에 의해 페이스트와 골재 계면에서 발생하는 응력은 골재의 최대 치수가 증가함에 따라 증가한다. 이러한 내부의 높은 응력으로 인해 골재 계면에서 균열 양이 증가하게 된다. 경량 골재는 부피 변화에 안정적이지만, 탄성계수가 낮기 때문에 경량 골재 콘크리트는 일반 콘크리트에 비해 더 많은 건조수축 변형률이 발생한다. 골재 함량과 강성의 복합적인 효과는 다음과 같은 실험식으로 표현될 수 있다.

$$\varepsilon_{con} = \varepsilon_p (1 - V_a)^n \tag{16.5}$$

여기서 ε_{con}과 ε_p는 각각 콘크리트와 페이스트의 건조수축 변형률이다. V_a는 골재의 체적비이며 n은 골재의 탄성 성질에 따라 1.2에서 1.7까지 변하는 값이다.

부재 형상 콘크리트 부재의 크기 및 형상에 따라 수분 손실률이 달라지며 이로 인해 건조수축 발생률 및 크기가 영향을 받게 된다. 수분확산 경로의 길이는 수분 손실률에 강한 영향을 끼친다. 매스 콘크리트의 경우 콘크리트 부재의 표면에서 75 mm(3 in.) 깊이까지 수분이 평형상태가 되려면 한 달이 걸리며, 225 mm(9 in.)의 경우 1년, 600 mm(24 in.)의 경우 10년이 걸리게 된다. 따라서 체적 대 표면적 비는 중요한 요소가 되며, 체적 대 표면적 비가 높을수록 건조수축 양이 적어지게 된다. T형 보의 경우 사각형 단면 보에 비해 건조 과정이 더 빨리 진행되지만, 극한 건조수축량은 더 적은 편이다. 수분 손실률은 부재의 총 표면적과 평균 확산 경로의 길이에 따라 달라진다. 부재의 단면이 작을수록 초기의 건조수축 발생률이 큰 편이지만 이후의 건조수축량은 더 적다. 유사한 개념으로 표면적이 작을 경우 초기에는 건조수축량이 작지만 극한 건조수축량은

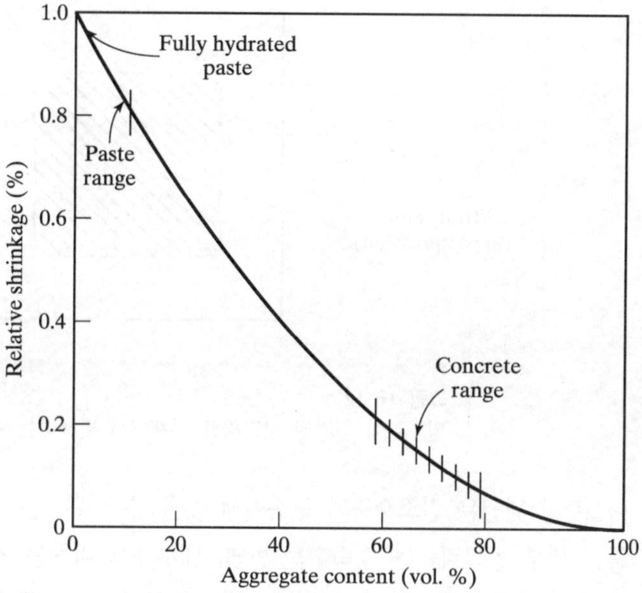

그림 16.10
콘크리트의 건조수축에 대한 골재량의 영향.

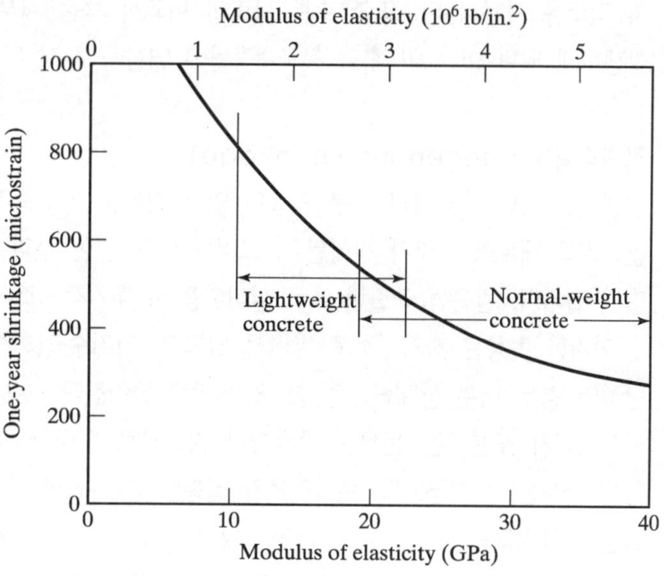

그림 16.11
콘크리트의 건조수축에 대한 골재의 탄성계수의 영향.

커지게 된다. 따라서 초기 건조수축 발생량과 극한 건조수축량 사이에는 반비례 관계가 성립한다고 볼 수 있다.

위에서 언급한 사항들은 시멘트 풀에서 흔히 나타나는 현상과는 정반대이다. 이러한 모순된 현상은 부분적으로는 건조가 천천히 발생하는 부재에서 수화현상이 증가하는 데 그 원인이 있으

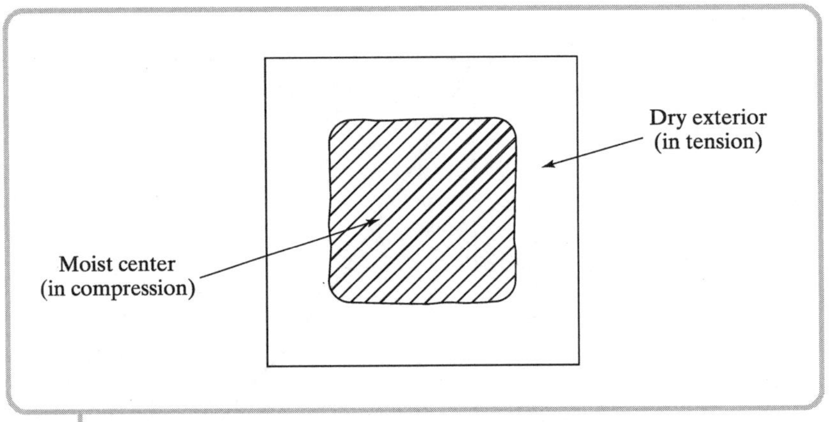

그림 16.12
일부분이 건조된 콘크리트 부재에서 발생하는 수축의 구속.

나, 주된 원인은 건조수축의 구속에서 찾을 수 있다. 콘크리트 부재는 건조과정에서 건조가 진행 중인 외부 콘크리트는 수축하는 반면, 내부 콘크리트는 건조되지 않은 내부 수분으로 인해 여전히 수축이 발생하지 않는다. 이로 인해 외부에서는 인장응력이 발생하고 인장 크리프에 의해 응력 이완이 충분히 일어나지 않으면 미세균열이 발생하게 된다. 크리프나 미세균열은 겉보기 수축의 감소를 가져 온다. 또한 수분 함량이 비교적 높은 내부의 경우 압축응력 상태에서 크리프가 발생하게 되며 이는 이 후의 건조수축량에 영향을 주게 된다.

자기수축 (autogenous shrinkage)

양생기간 동안 추가적인 수분 공급이 없는 경우는 외부로의 수분유출이 없어도 수화반응에 의해 콘크리트 내부에 건조가 진행된다. 그러나 이로 인한 부피 수축은 물시멘트가 낮은(<0.3) 경우에만 관찰되며, 반응성 포졸란(예로 실리카퓸)이 추가적으로 배합되는 경우에 증가한다.

이러한 현상은 자기건조로 알려져 있으며, 자기수축(화학적 수축의 하나인)으로 규정된다. 극단적인 경우 내부 상대습도는 75~80%까지 떨어진다. 수분이 제거되는 방식이 물리적인가 또는 화학적인가 구분하는 문제는 중요하지 않으므로 이러한 수축은 건조수축의 특별한 경우(비슷한 양을 가지는)로 취급된다. 콘크리트가 밀봉된 경우나 물-시멘트비가 낮고 실리카퓸이 혼입되어 밀실한 콘크리트인 경우는 자기수축만 발생할 것이다(그림 16.13 참조). 콘크리트가 밀실한 경우는 양생 과정에서 수분이 공급되더라도 어느 정도 자기건조가 발생하게 되는데, 그 이유는 외부에 존재하는 수분이 콘크리트에 관입되는 것은 쉽지 않기 때문이다. 그 외의 경우 자기건조의 영향은 에트린자이트의 생성이나 자유 MgO 성분의 수화반응과 관련된 팽창에 의해 잘 드러나지 않는다.

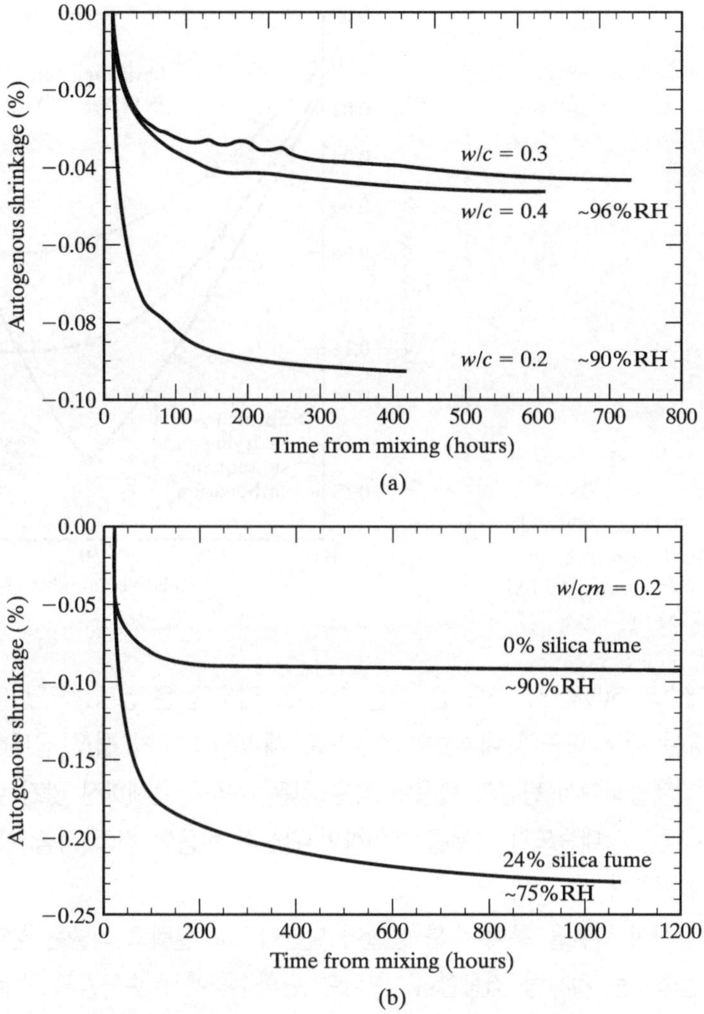

그림 16.13
시멘트 풀의 자기수축. (a) *w/c*의 영향, (b) 첨가된 실리카퓸의 영향. [Based on data by H. Ai, Ph.D. Thesis, University of Illinois at Urbana-Champaign (2000).]

탄화수축(carbonation shrinkage)

경화된 시멘트 풀은 이산화탄소와 화학적인 반응을 일으킨다. 대기 중에 존재하는 이산화탄소의 양(~0.04%)은 시멘트 풀과 화학적 반응을 일으킬 만큼 충분하며 이러한 반응은 매우 오랜 기간 동안 지속된다. 그러나 이러한 반응은 비가역성 수축을 동반하게 되므로 탄화수축으로 불려진다. 시멘트 풀이 이산화탄소와 반응하여 자기수축이 발생하게 되는 양은 상대습도의 함수로 나타낼

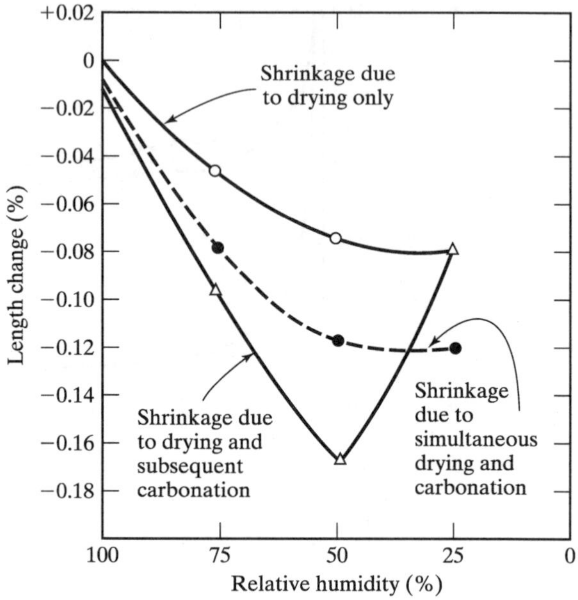

그림 16.14
탄산화가 진행되는 동안 모르타르 시편에서 발생되는 수축. [After G. J. Verbeck, in *Papers on Cement and Concrete*, ASTM STP 205, pp. 17-36 (1958).]

수 있으며, 상대습도 50%에서 가장 큰 값을 가진다. 매우 높은 상대습도일 때는 탄산화 반응이 작은데, 그 이유는 내부 공극의 대부분이 수분으로 채워져 CO_2가 쉽게 침투하지 못하기 때문이다. 매우 낮은 상대습도에서 탄산화 반응이 작은 것은 수막이 존재하지 않기 때문이라고 보고 있다. 탄화수축은 낮은 상대습도인 경우를 제외하면 탄산화 반응이 건조 과정 이후에 진행될 때 가장 많은 양이 발생한다.

콘크리트는 탄산화 반응을 통해 수분 손실이 발생하므로 실제로 노출된 상대습도보다 더 낮은 상대습도에서 건조되는 것처럼 거동한다. 이러한 탄화수축에서 수축량과 수분 손실과의 관계는 일반적인 건조수축에서의 경우와 유사하다. 탄화수축은 발생한 양이 전부 비가역적이다. CO_2가 C-S-H와 반응하게 되면 C/S의 비가 감소하면서 수분 손실이 발생한다.

$$\text{C-S-H} + \bar{\text{C}} \rightarrow \text{C-S-H} + \text{C}\bar{\text{C}} + \text{H} \tag{16.6}$$

C-S-H의 탄산화는 재료의 결합 특성을 변화시켜 비가역성 수축의 원인이 된다. 따라서 탄산화는 C-S-H의 변화를 증진시킨다고 볼 수 있으며, 이러한 현상은 일반적으로 매우 낮은 상대습도에서만 발생한다. 수산화칼슘 또한 대기 중의 CO_2와 반응하여 탄화칼슘을 생성한다.

탄화수축은 실제적인 측면에서 중요하게 취급될 수 있다. 프리캐스트 콘크리트의 경우 이러한 비가역적 특성이 이점으로 작용할 수 있다. 예를 들어 다공질의 콘크리트 블록을 CO_2가 풍부한 대기에 노출시키면(탄산화 반응을 가속화하기 위해) 지속적인 흡수와 건조로 인한 부피 변화에 대해 안정적인 모습을 보인다. 반면 현장타설 콘크리트의 경우 이러한 탄산화의 영향이 유해할 수 있다. 현장타설 콘크리트는 콘크리트 블록에 비해 투과성이 낮기 때문에 탄산화 반응이 건조가 가장 많이 발생하는 외부에서만 발생하게 된다. 따라서 탄화수축이 건조수축과 더불어 발생하게 되면 최대량이 발생하며 심각한 수축균열을 유발시킨다. 겨울철에 밀폐된 공간에서 오일 버너를 사용하여 콘크리트를 양생하는 경우 CO_2 배기출구를 적절히 마련하지 않으면 높은 CO_2 농도로 인해 탄산화 피해를 입게 된다. 또한 이 경우 높은 상대습도가 유지되지 않으면 급격한 건조로 인해 소성수축이 유발되어 표면에서 미세균열이나 분진이 발생하게 된다. 밀폐된 주차장과 같이 CO_2의 농도가 다소 높은 곳에서는 오랜 기간을 걸쳐 탄산화 피해가 발생할 수 있으며, 염화물 침투량이 증가하게 된다. 탄산화는 얇고 표면적이 넓은 부재에서 큰 문제가 될 수 있으며, 이때 탄화수축은 총 수축량의 상당한 부분을 차지하게 된다.

16.3 변형률 속도의 영향 (Strain-Rate Effects)

인장과 압축을 동시에 받는 콘크리트의 거동은 재하율에 따라 달라진다. 그러므로 응력-변형률 관계는 변형 속도와 함께 고려하여야 한다. 콘크리트가 변형 속도에 따라 그 거동이 달라지는 이유(그림 16.15 참조)는 다음과 같은 두 가지 원인에서 찾을 수 있다. 우선 시멘트 풀은 내부 공극에서 자유수가 시간에 따라 이동하는 점탄성 재료라는 점이며 다른 하나는 재하율과 관련된 균열 성장이 시간 의존적이라는 사실이다. 그러나 콘크리트의 변형률 속도가 그 거동에 미치는 영향을 주제로 한 많은 연구들에서 수분과 관련된 사항이 충분히 고려되지 않고 있어 연구 결과에서 편차가 크다. 변형률 속도가 콘크리트나 모르타르 그리고 시멘트 풀에 미치는 영향은 재료가 완전한 습윤 상태일 때 가장 크게 나타나며, 반대로 건조된 경우는 그 영향이 매우 적다. 이러한 사실이 그림 16.15에서 두 곡선으로 나타나 있다. 그림에서 보듯이 건조된 콘크리트의 경우 변형률 속도에 대한 민감도가 매우 작은 편인데 매우 높은 변형률 속도(실제 대부분의 구조물에서 발생하지 않는)인 경우는 달라질 수 있다.

균열 성장은 변형률 속도와 거동의 관계에서 중요한 역할을 하게 되는데, 그 이유는 균열이 성장하는 데는 일정 시간이 소요되기 때문이다. 균열 진전속도는 변형률 속도가 증가함에 따라 증가하지만, 콘크리트의 응력파 속도에 비하면 매우 작다. 높은 재하속도에서 균열 진전속도가 작용 응력에 비해 매우 더디게 전파될 때, 균열 발생 경로가 변경되어 균열 길이가 짧아지게 되는데, 이러한 현상이 하중 재하속도가 증가할 때 압축, 인장 그리고 파괴 특성이 향상되는 이유이다. 변형률 속도가 콘크리트와 그 구성 요소들에 미치는 영향을 살펴볼 때 주의할 점은, 재하 기준을 하중제어로 하느냐 변위 제어로 하느냐에 따라 그 영향이 달라질 수 있다는 점이며, 이는 재료가 가지는 비선형적인 응력-변형률 거동 때문에 발생한다. 그러나 일반적인 경우 재하속도의 단위가

10배 혹은 그 이상이 차이가 나는 경우가 아니면 이러한 영향은 작은 편이다(예로 압축강도에서 10~15%의 차이가 발생한다.).

압축

습윤한 콘크리트에 압축력을 가하면 변형률 속도가 10 sec^{-1}에 이를 때까지 변형 속도가 10 배 증가할 때마다 7~27% 정도 압축강도가 증가한다(그림 16.15b 참조). (변형률은 단위가 없기 때문에 변형률의 변화는 sec^{-1} 단위를 사용하여 나타낸다.) 그림 16.16에서 나타난 것처럼 콘크리트를 구성하는 요소인 시멘트 풀이나 모르타르에서 발생하는 변형률 속도에 대한 민감도를 이와 유사한 관점으로 볼 수 있다(변형률 속도에 대해 로그 스케일을 사용한다는 점에 주의). 건조된 콘크리트의 경우는 변형률 속도가 10배 증가할 때마다 강도의 증가 범위가 5% 이하로 일정하다. 변형률 속도가 10 sec^{-1}을 상회하면 변형률 속도에 대한 민감도가 증가하다가 평평하게 수렴하게 되는데, 그 예로 시멘트 풀에 대한 경우가 그림 16.17에 나타나 있다.

압축강도 시험에서 최대 응력에 대한 변형률을 구해보면 재하속도가 제일 낮은 경우에 최대값을 가지게 되는데 이는 크리프의 영향 때문이다. 최대 응력에 대한 변형률은 처음에는 감소하지만(크리프의 영향이 감소함에 따라) 변형률 속도가 증가하면서 같이 증가하게 된다. 이러한 거동 특성은 시멘트 풀의 점탄성적인 성질과 미세균열에 대한 변형률 속도의 영향으로 설명될 수 있으며 모르타르인 경우에 대해서 그림 16.18과 같이 나타난다. 10^{-6} sec^{-1} 이하의 낮은 변형률 속도에서는 콘크리트를 구성하는 시멘트 풀이 시간에 따라 크리프가 발생함과 동시에 변형하게 된다. 변형률 속도가 높은 경우는 수분 이동의 영향이나 크리프와 관련된 사항들의 영향으로 인해 변형이 급격한 속도로 감소하는데, 이 때 콘크리트를 구성하는 시멘트 풀은 선형 탄성 거동을 보이며 취성 재료적 특성을 보인다. 재하율이 높아질수록 변형률의 대부분은 미세균열로 인해 발생하게 된다고 본다. 굵은골재와 모르타르사이에 발생하는 부착균열이 변형률 속도에 관계없이 크게 변하지 않는 반면 모르타르 내부에서 발생하는 균열이나 미세균열의 경우 변형률 속도가 증가함에 따라 증가하게 된다.

그림 16.18과 16.19에서 보는 것처럼 변형률 속도가 증가함에 따라 탄성계수 또한 증가한다. 변형률 속도가 10배 증가할 때 약 7% 정도의 증가를 보이며, 압축강도에 대한 증가율의 절반 정도이다. 포아송비의 경우도 압축강도의 80% 수준까지는 변형률 속도의 증가에 따라 증가하다가 더 높은 응력을 받으면 감소한다.

변형률 속도에 대한 콘크리트 특성의 민감도는 골재 특성에 따라 달라진다. 콘크리트에 사용된 골재의 형상이 각지고 거칠며 강성이 낮을수록 이러한 민감도가 커지게 되며, 반대로 사용된 골재가 둥근 형상으로 표면 상태가 매끄러우며 강성이 높은 경우는 민감도가 작아진다. 초기 재령의 콘크리트는 낮은 변형률 속도일 때 그 민감도가 낮으며 높은 변형률 속도일 때 민감도가 커

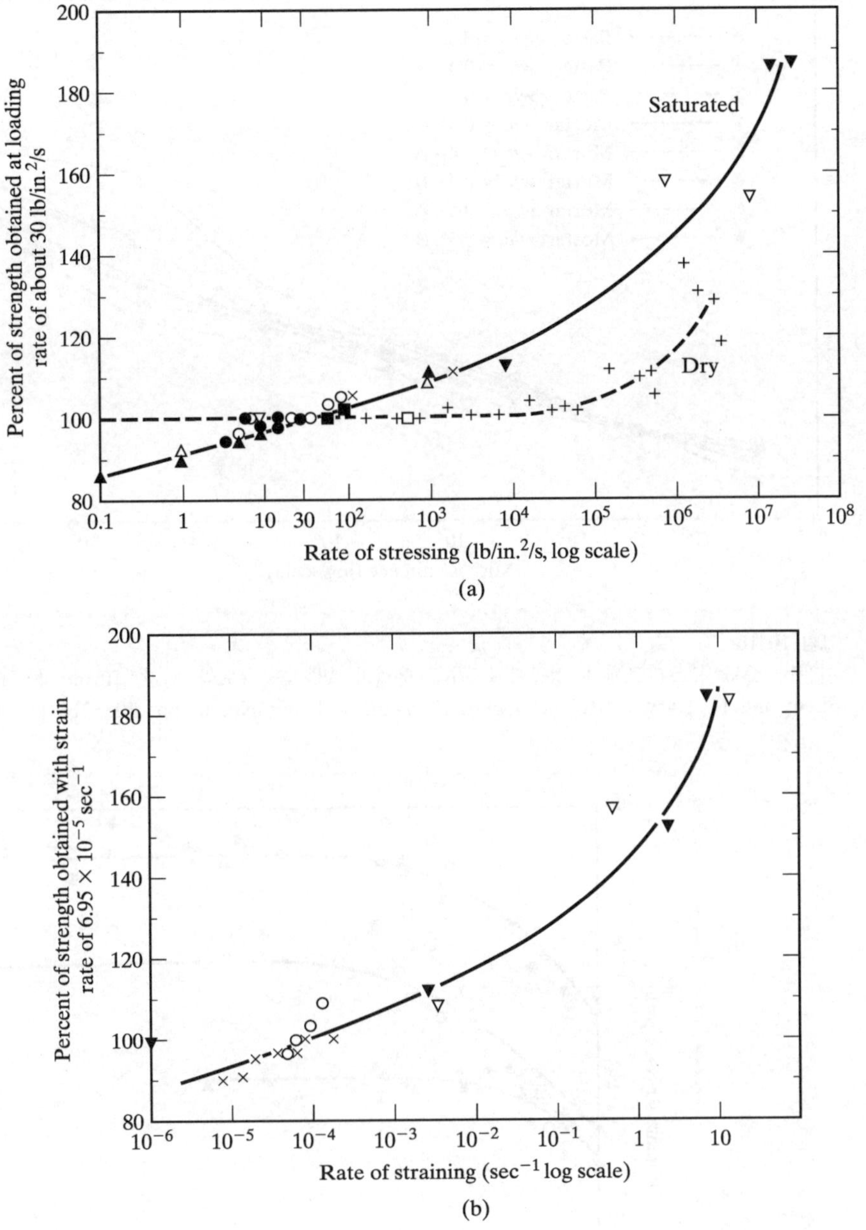

그림 16.15
콘크리트 압축강도에 대한 (a) 재하율과 (b) 변형률 속도의 영향. [From D. McHenry and J. J. Shideler, in *Symposium on Speed of Testing of Nonmetallic Materials*, ASTM STP 185, pp. 72-82 (1955).]

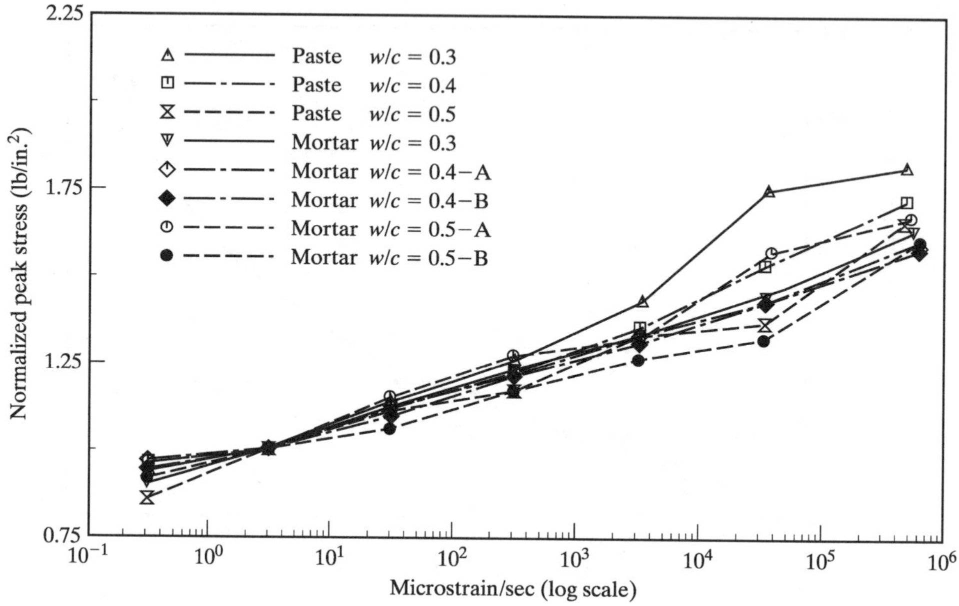

그림 16.16
시멘트 풀과 모르타르에서 정규화된 최대 응력과 변형률 속도의 관계. [From S. Harsh, Z. Shen, and D. Darwin, *ACI Materials Journal*, Vol. 87, No. 6, pp. 508-516 (1990).]

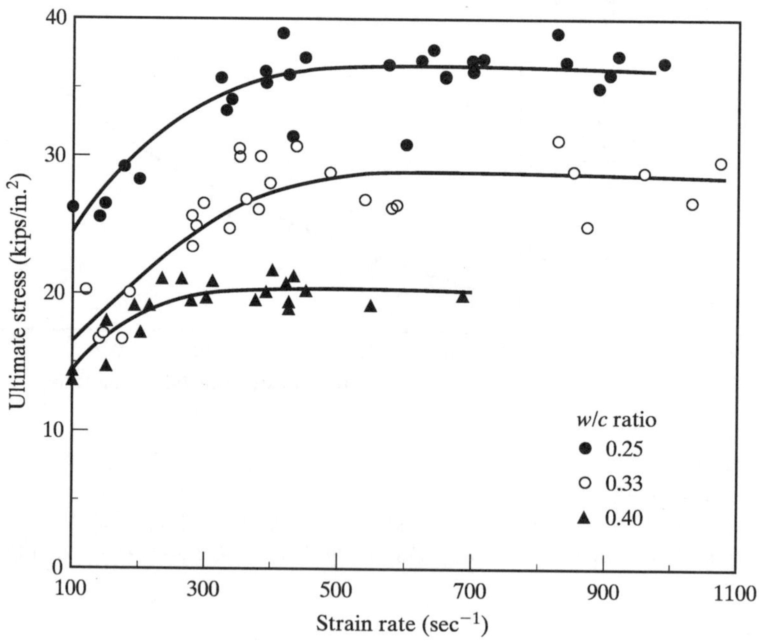

그림 16.17
높은 변형률 속도인 경우 28일 재령의 시멘트 풀에서 극한 응력과 변형률 속도의 관계.
[From I. Jawed, G. Childs, A. Ritter, and S. Winzer, *Cement and Concrete Research*, Vol. 17, No. 3, pp. 403-440 (1987).]

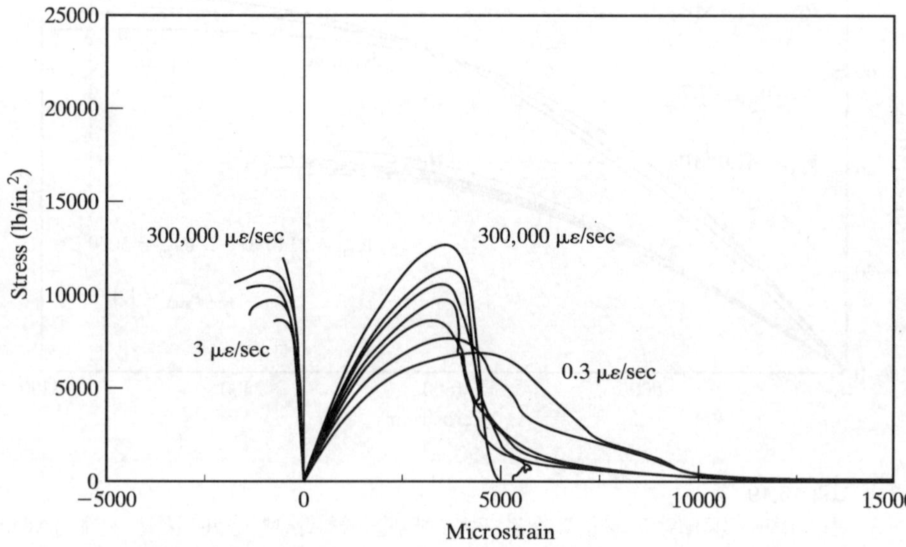

그림 16.18
변형률 속도가 0.3~300,000 $\mu\varepsilon$/sec인 경우 *w/c*가 0.4인 시멘트 풀에서 응력, 종방향 변형률 그리고 횡방향 변형률의 관계. [From S. Harsh, Z. Shen, and D. Darwin, *SM Report*, No. 22, University of Kansas Center for Research, Lawrence, KS (1989).]

지게 되는데, 이는 높은 재령의 콘크리트인 경우도 마찬가지이다. 초기 재령 콘크리트가 낮은 변형률 속도에서 비교적 낮은 민감도를 보이는 이유는 초기 재령에서 시멘트 풀이 수분 이동을 보다 쉽게 하기 위해 공간을 확보하려는 성질을 보이기 때문이다. 초기 재령 콘크리트가 높은 변형률 속도에서 높은 민감도를 보이는 이유는 자유 수량이 많아져서 변형률 속도가 높아짐에 따라 많은 영향을 주기 때문이다.

정적 피로 (static fatigue)

압축강도의 25~30%에 이르기까지 초기의 낮은 변형률 속도를 사용하고, 이후 높은 변형률 속도를 사용하면, 최종적으로 더 높은 압축강도를 보이게 된다. 이러한 관찰 결과는 제 13장에서 논의된 사항과 잘 맞는 부분이며 오랜 기간 동안 낮은 응력 수준이 가해지면 결과적으로 콘크리트의 강도가 증가함을 의미한다. 반면에 하중이 오랜 기간 동안 천천히 가해지게 되면 압축강도 시험에서 얻은 값보다 더 낮은 강도에서 파괴가 발생한다. 이러한 현상은 정적 피로로 알려져 있다. 그림 16.20에서 보듯이 콘크리트가 단기 압축강도의 75% 혹은 그 이상의 지속하중을 받는 경우 종국에는 파괴에 이르게 된다. 지속하중을 받을 때 콘크리트를 구성하는 시멘트 풀이 계속적으로 변형하며 미세균열 또한 계속적으로 성장한다. 결국 이러한 균열들이 한계값에 이르게 되면 파괴

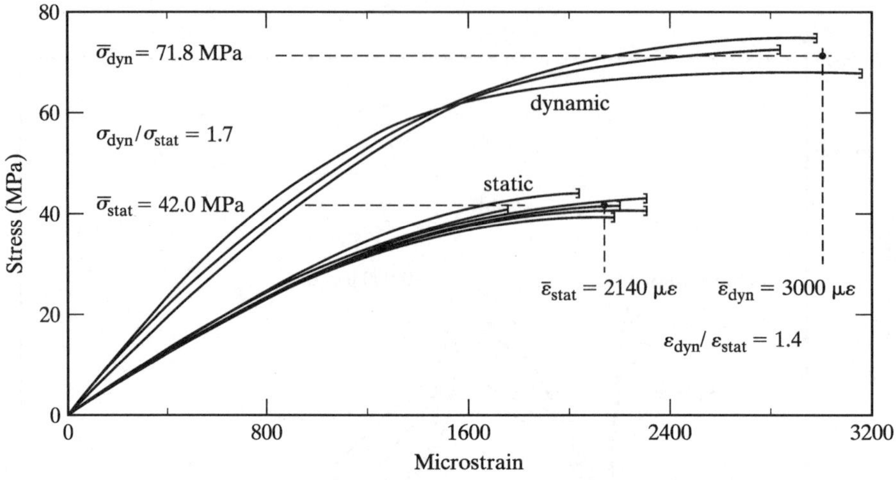

그림 16.19
콘크리트에 정적 압축 하중과 동적 압축 하중을 재하할 때 응력-변형률 관계. [Adapted from M. Cyrback and J. Eibl in *International Conference on Recent Developments in Fracture of Concrete and Rock*, Elsevier Applied Science Press, London and New York, pp. 193-202 (1989).]

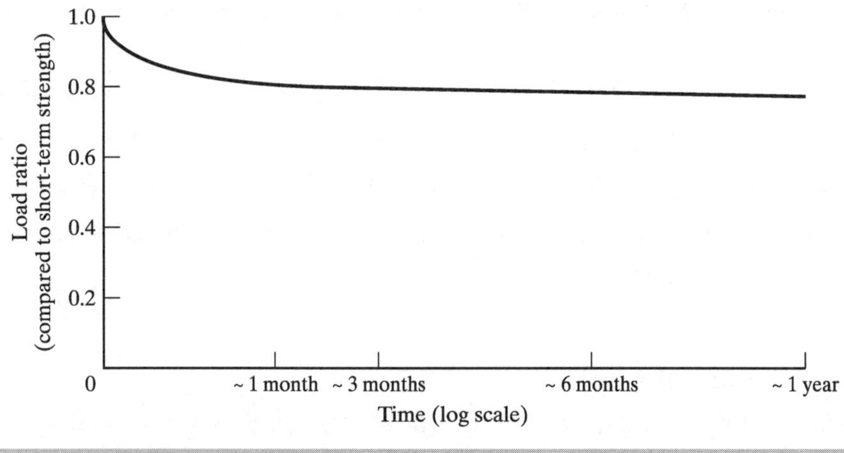

그림 16.20
콘크리트의 정적 피로(개략도).

가 발생한다. 이런 종류의 하중을 받을 때 파괴 시점에서 발생하는 변형률이 단기 하중 시험에서 발생하는 변형률보다 더 높은데 그 이유는 시멘트 풀의 변형 증가와 더불어 균열 양이 증가하기 때문이다. 낮은 지속하중에서는, 발생하는 균열은 시멘트 풀의 압밀과 강도 증가로 인해 보상된다. 지속하중을 받을 때 발생하는 균열 증가는 수분의 존재에 민감하다. 그 결과 지속하중에서는, 건조된 콘크리트 시편이 수분포화 상태의 콘크리트 시편보다 파괴에 이르기까지 더 많은 시간이 소요된다.

인장

콘크리트의 인장 거동은 초기에 균열이 있거나 혹은 없는 부재의 거동과 관련이 있다. 두 경우 모두에 있어 최대 하중에서 변형률 속도에 대한 민감도는 압축강도의 경우와 유사하다. 단면 내의 인장강도는 Mihashi와 Wittmann의 거듭제곱 모델(power model)[1]에 의해 예측될 수 있다.

$$\frac{f_t}{f_{t0}}=\left(\frac{\dot{\sigma}}{\dot{\sigma}_0}\right)^{\frac{1}{1+\beta}} \tag{16.7}$$

여기서 f_{t0}는 낮은 응력 변화율 $\dot{\sigma}_0$에서 측정된 유사 정적 인장강도이고, f_t는 응력 변화율 $\dot{\sigma}$에 대한 인장강도이며, β는 재료 변수이다(구조용 콘크리트에 대해 19~27까지의 값을 가진다). $\beta=23$인 경우 응력 변화율 $\dot{\sigma}$가 10배 증가함에 따라 10%정도 증가한다. 이러한 수치는 변형률 속도가 10^{-6} sec^{-1}에서 1 sec^{-1}사이까지 증가함에 따라 샤르피 시편 시험에서 얻어지는 파괴 계수가 100% 증가하는 사실과 매우 잘 부합된다. 그림 16.21은 CMOD 변화율이 1000단위 차이가 나는 두 파괴 시편에 대한 하중 대비 균열 개구 변위(CMOD) 곡선을 보여준다. 이러한 재하율의 증가는 34%의 최대 하중 증가를 발생시키며, 재하율이 10배 증가할 때마다 10%의 강도 증가를 발생시킨다. 응력 변화율의 범위가 $0.1\sim3.0\times10^4$ MPa/s일 때 수행되는 인장 시험의 경우 인장강도가 33~134% 범위로 증가한다. 이러한 시험에서 가장 낮은 응력 변화율을 받으면 균열이 골재 주위를 돌아서 진전되지만 응력 변화율이 $3.0\times10^3\sim3.0\times10^4$ MPa/s인 범위일 때는 균열 진전이 직선적이어서 다수의 골재를 통과하여 진전되기도 한다. 응력 변화율이 증가하면 파괴 시점의 응력이 더 높아지는데 이는 균열 진전이 높은 저항성의 보다 짧은 경로로 발생하기 때문이다. 이러한 현상은 최대 인장응력에 해당하는 변형률의 증가를 가져오는데 그 주요한 원인은 미세균열량의 증가에 있다. 그림 16.22는 파괴 변형률과 변형률 속도와의 관계를 나타내고 있다. 균열 거동 측면에서 보면 재하율의 변화는 균열 선단의 파괴 진행 영역의 크기에 영향을 미친다. 이러한 파괴 진행 영역은 유사 정적 하중 조건(변형률 속도가 10^{-6} sec^{-1}인)으로 재하되는 시편에서 그 크기가 가장 큰 값을 보이며 높은 재하율과 크리프가 발생하는 재하조건에서는 감소한다.

압축에서의 경우와 마찬가지로 인장인 경우도 고강도 콘크리트에 비해 저강도 콘크리트가 변형률 속도에 더 민감하다. 이러한 사실은 인장강도에 대해 그림 16.23과 같이 그리고 임계 응력 확대 계수에 대해 그림 16.24와 같이 나타낼 수 있다. 사실 K_{Ic}(정적하중을 받을 때)는 고강도 콘크리트가 일반 콘크리트보다 더 높은 반면, K_{Id}(동적하중을 받을 때)는 그림 16.24에서 보이는

1) H. Mihashi and F. H. Wittmann, "Stochastic Approach to Study the Influence of Rate of Loading on Strength of Concrete," *Heron*, Vol. 25, No. 3 (1980).

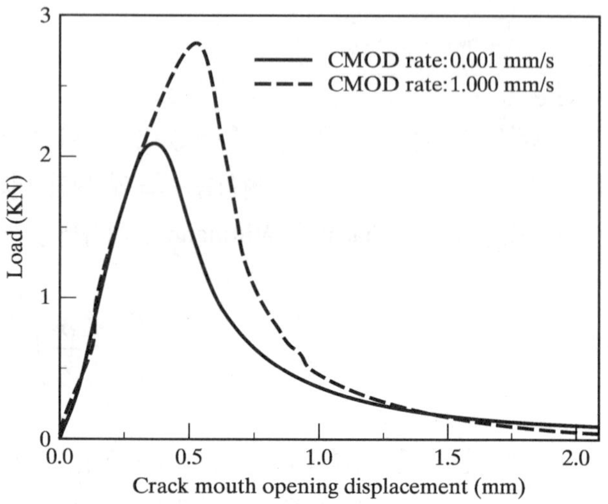

그림 16.21
다른 재하 속도에 대한 하중과 균열 개구변위의 관계.
[From V. Slowik, G. A. Plizzari, and V. E. Saouma, *ACI Materials Journal*, Vol. 93, No. 3, pp. 272-283 (1996).]

재하율이 높은 자중 낙하 충격 시험에서 일반 콘크리트가 고강도 콘크리트보다 더 큰 값을 가진다. 또한 압축의 경우와 마찬가지로 인장의 경우에도 젖은 콘크리트의 탄성계수는 변형률 속도가 증가함에 따라 증가한다. 한 연구에 의하면 변형률 속도가 4.9×10^{-4}~0.24 sec^{-1}까지 증가함에 따라 탄성계수가 50%가량 증가한다고 한다.

16.4 콘크리트의 크리프 (Creep of Concrete)

모든 재료가 재하 상태에서 시간 의존적인 변형을 일으킨다고 하지만, 세라믹이나 금속의 경우 상온에서 발생하는 크리프는 무시할 수 있는 수준이다. 콘크리트에서 크리프가 발생하는 근본적인 원인은 앞서 말한 두 재료와는 명백히 다른데, 그 이유는 상온에서 상당한 양의 체적변화가 발생하며 재료가 함유하는 수분의 존재가 중요한 역할을 수행하기 때문이다. 여기서는 축력을 받을 때 발생하는 압축 크리프 변형률에 대해 집중적으로 다루며, 휨, 인장, 그리고 비틀림 크리프에 대한 것은 간단히 언급하기로 한다.

크리프와 건조수축 사이의 관계

일반적으로 크리프와 건조수축은 서로 밀접한 관계가 있다고 이해되는데, 그 이유는 둘 사이에 수많은 유사성이 발견되기 때문이다. 변형률-시간 곡선이 매우 유사하고, 실험 변수가 크리프에 끼치는 영향도 건조수축의 경우와 같으며, 변형률의 양도 같고, 둘 다 비가역적인 부분이 많은 부분을 차지한다는 점도 공통점이다. 건조수축과 마찬가지로 크리프도 시멘트 풀의 특성에 따라 좌우되며, 콘크리트 속의 골재가 구속 역할을 한다. 크리프의 원인은 C-S-H의 응력에 대한 반응

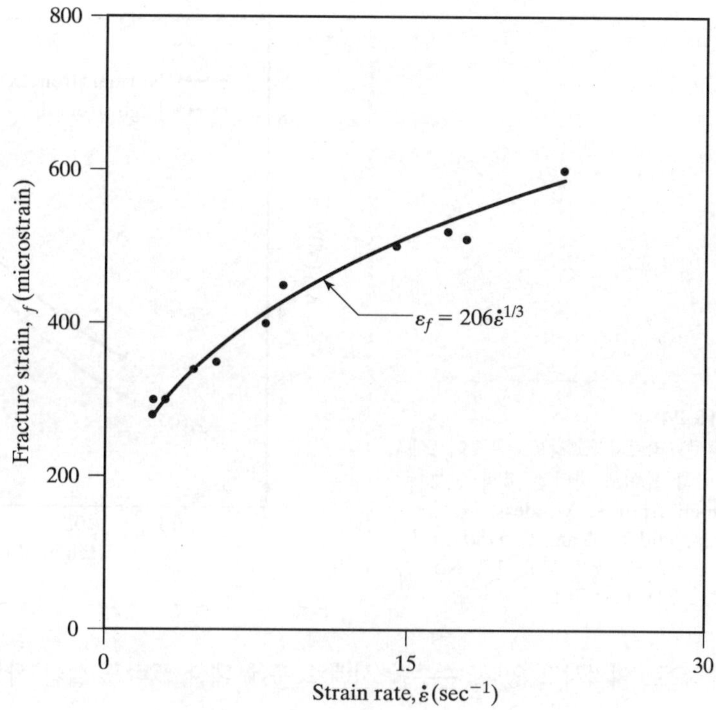

그림 16.22
인장에 의한 파괴 변형률과 변형률 속도와의 관계. [Based on data from D. L. Birkimer and R. Lindemann cited in *Journal of the American Concrete Institute*, Vol. 68, No. 1, pp. 49–57 (1971).]

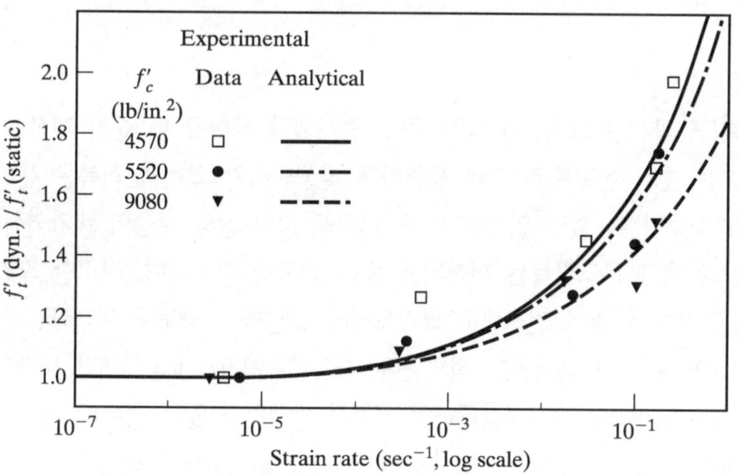

그림 16.23
콘크리트의 인장강도에 대한 변형률 속도의 영향. [Adapted from R. John and S. P. Shah in *Proceedings of SMIRT-9 Post Conference Seminar*, Impacts, Lausanne, Switzerland (1987).]

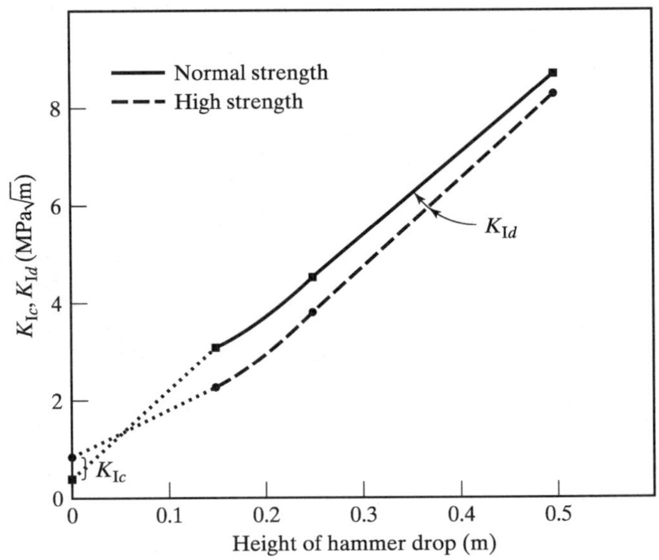

그림 16.24
보통 콘크리트와 고강도 콘크리트에서 해머 낙하 높이로 나타낸 파괴 인성. [Adapted from S. Mindess, N. Banthia, and C. Yan, *Cement and Concrete Research*, Vol. 17, No. 2, pp. 231–241 (1987).]

으로 여겨지고 있다. 순수한 시멘트 풀에 대한 크리프 실험 자료가 매우 부족하므로 실험 변수들의 영향을 파악하려면 콘크리트에 대한 실험 자료를 참고할 필요가 있다. 표 16.1은 크리프에 영향을 미치는 여러 가지 실험 변수들을 나열하고 있으며, 이러한 변수들은 건조수축에 영향을 미치는 인자들과 동일하다.

용어의 정의

전형적인 크리프 곡선은 그림 16.25와 같다. 공시체가 제하될 때 순간 회복은 처음 하중이 재하될 때 발생하는 순간 변형률과 거의 동일하게 발생하지만 크리프 회복은 전혀 다르게 발생하며 크리프 진행속도보다 더 빨리 일어난다. 총 크리프 양의 상당 부분이 비가역적(비회복적)이다. 일반적인 사용조건에서 콘크리트는 재하되는 동안 건조가 발생하며, 이러한 조건에서 발생하는 크리프 변형량은 재하에 앞서 건조된 콘크리트에서 발생하는 양보다 더 크다. 이러한 사실을 고려하여 그림 16.26과 같이 용어들이 정의된다. 자유 수축량(ε_{sh})(공시체가 비재하 상태에서 건조되는 경우)과 기본 크리프(ε_{bc})(재하상태에서 건조가 발생하지 않는 경우)의 양을 합하면 그 합한 양은 건조와 재하가 동시에 일어날 때 측정된 총 변형률(ε_{tot})보다 작다. 이 초과분의 변형을 건조 크리프(ε_{dc})라고 한다. 총 크리프 변형률(ε_{cr})은 ε_{bc}와 ε_{dc}의 합이다. 그러나 흔히 실제적인 면에서는 이러한 구분을 무시하고 크리프를 재하상태에서 자유 수축량을 제외한 나머지 부분으로 고려하고 있다.

크리프는 종종 다음과 같이 크리프계수(creep coefficient)라는 용어로 설명된다.

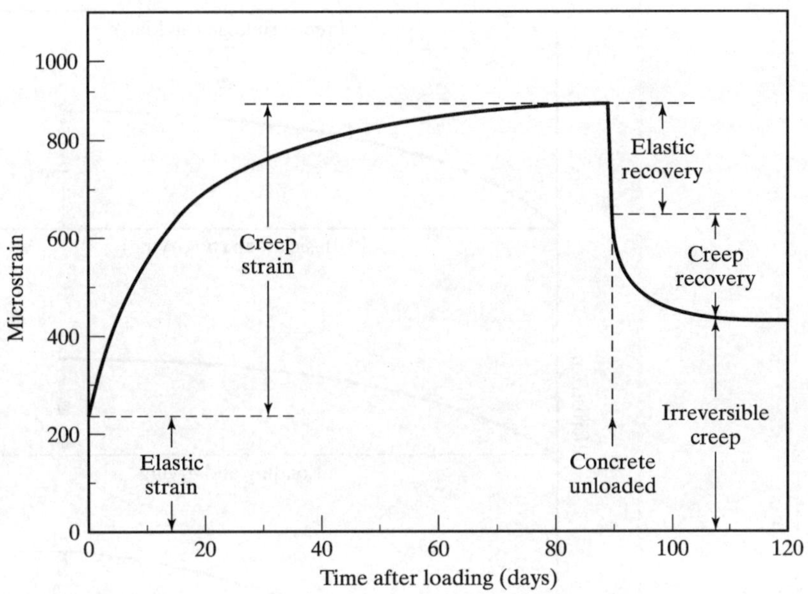

그림 16.25
무근 콘크리트의 일반적인 크리프 곡선.

$$C = \frac{\varepsilon_{cr}}{\varepsilon_e} \tag{16.8}$$

여기서 ε_{cr}과 ε_e는 각각 재하되는 하중에 대한 크리프 변형률과 순간 변형률을 의미한다.

크리프에 대한 영향인자

작용 응력 일반적으로 크리프 변형률은 콘크리트의 극한강도의 50% 수준까지는 작용 응력에 대해 선형적으로 발생한다고 가정할 수 있다. 그러나 최근 연구결과에서 드러난 시험 자료에 따르면 둘 사이에 비선형 관계가 존재한다고 한다.

$$\varepsilon_{cr} = C \sinh\left(\frac{V\sigma}{RT}\right) \tag{16.9}$$

위 식은 열 촉진 반응을 의미한다(C는 상수이고, V는 촉진 반응이 일어나는 부피이며, R은 가스 상수, T는 절대 온도, σ는 작용 응력을 의미한다). 이 식을 그래프로 나타내면 그림 16.27과 같고 크리프-응력 관계는 모든 응력 구간에서 비선형 관계에 있다는 것을 알 수 있으나 일반적으로 적용되는 응력 범위일 때 대략적으로 선형 관계이다. 그림에서 나타내고 있는 직선은, 이 범위에

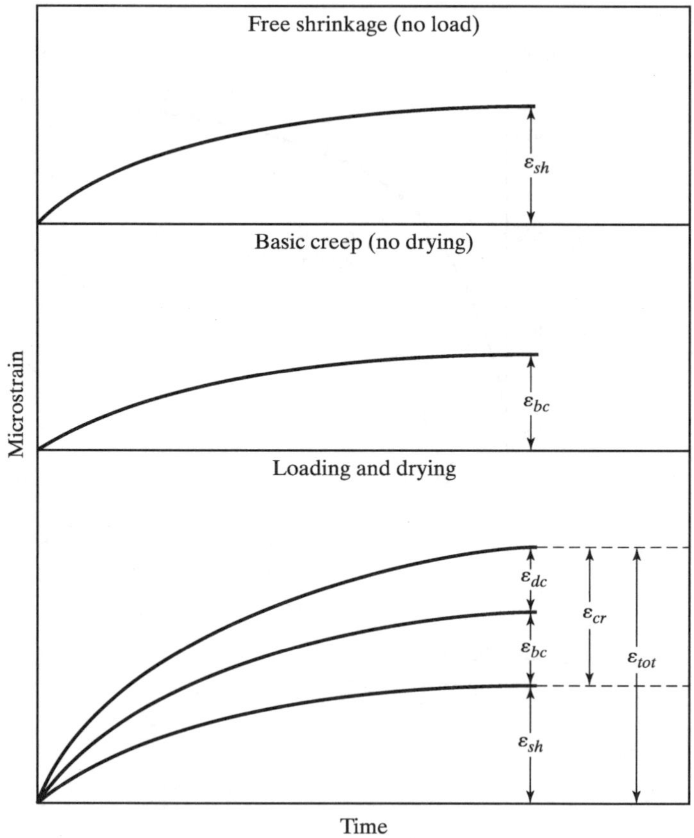

그림 16.26
재하와 건조가 동시에 일어나는 콘크리트의 크리프.

서 크리프가 엄밀히 말하면 작용응력에 대해 비례하지 않는다는 것을 뜻한다. 그러나 실제적인 이유로 인해 선형적인 비례관계를 종종 사용하며 이것은 비크리프(specific creep)라는 개념으로 정의된다.

$$\text{specific creep}(\phi) = \frac{\varepsilon_{cr}}{\sigma} \tag{16.10}$$

비크리프를 사용하여 다른 작용 응력 수준에 있는 다른 종류의 콘크리트에서 발생하는 크리프 양을 서로 비교할 수 있으며, 일반적인 값은 150×10^{-6}/ MPa 이다.

물시멘트 비 여러 논문에서 제시하고 있는 크리프에 대한 w/c비의 영향은 서로 상충되는 결과를 보이고 있다. 이러한 사실은 크리프 자료를 분석하는 것이 얼마나 어려운 일인지를 잘 시사하고 있는데, 이러한 어려움은 한 가지 변수를 다른 변수로부터 독립적으로 분리하기 어렵다는 점에서 비롯된다. 콘크리트의 w/c비의 변화는 곧 시멘트 성분과 콘크리트 강도의 변화를 의미한다. 이러

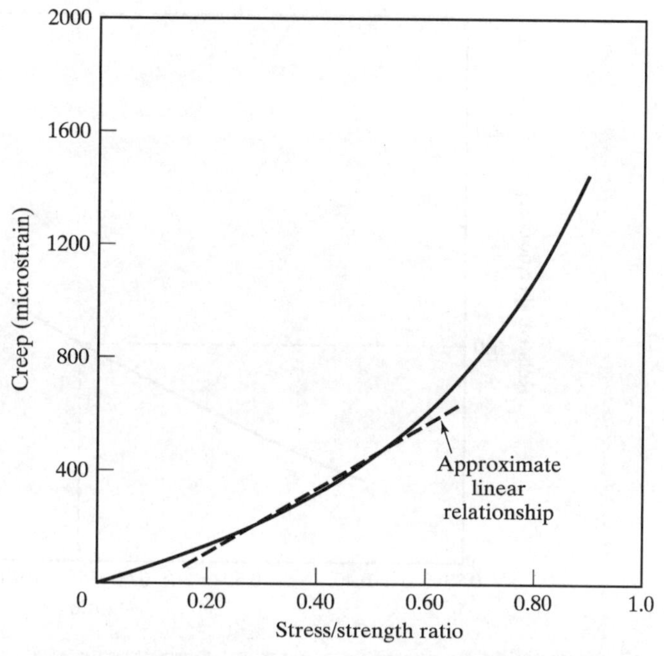

그림 16.27
콘크리트의 크리프와 응력 관계.

한 변수들을 고려할 때 비크리프는 *w/c*비가 증가함에 따라 같이 증가하게 된다(그림 16.28 참조). 따라서 콘크리트의 비크리프는 압축강도의 함수라고 생각할 수 있으며 이는 관련된 특성들이 *w/c*비에 강한 영향을 받기 때문이다. 극한 비크리프와 콘크리트 압축강도 사이에는 역함수의 관계가 존재한다.

양생 조건 재하 시점에서 콘크리트의 습윤양생 기간은 크리프의 양에 영향을 미친다(그림 16.29를 참조). 이러한 결과는 짧은 양생기간에서 수화도가 낮으며, 따라서 시멘트 풀의 공극률은 높아지기 때문이다. 그러나 이러한 재령 효과는 공극률과 강도가 시간에 따라 크게 변하지 않는 더 숙성된 콘크리트인 경우에도 계속 나타난다. 이러한 현상은 작용 응력에 대한 저항성을 증가시키는 C-S-H의 재령 효과에 기인한다. 몇몇 연구자들은 여전히 수화반응이 빠른 속도로 일어나는 동안 콘크리트에 하중이 가해지면 숙성 크리프(maturing creep)가 발생한다고 가정하고 있다. 양생온도가 증가하면 기본 크리프와 건조 크리프가 감소한다. 감소되는 양은 온도와 그 지속시간에 따라 다르지만 높은 온도가 매우 짧은 시간동안 지속된 경우라도 상당한 양의 크리프가 감소한다. 측정되는 감소량은 주로 비가역성 크리프에 해당되며, 이는 동일한 조건에서 발생하는 건조수축의 감소량과 유사한 크기이다. 이러한 측정 결과는 높은 온도가 C-S-H의 재령을 앞당긴다고 가정함으로써 설명될 수 있다.

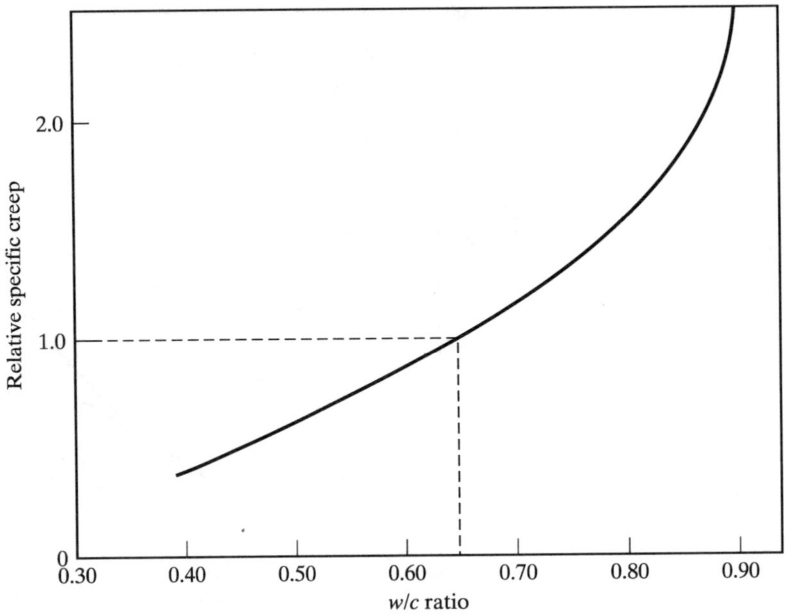

그림 16.28
콘크리트 크리프에 대한 *w/c*비의 영향. [Adapted from A. M. Neville, *Creep of Concrete: Plain, Reinforced and Prestressed*, North-Holland Publishing Company, Amsterdam (1970).]

온도 콘크리트가 재하되는 동안 높은 온도로 유지되면 상온에서 발생하는 양보다 더 많은 양의 크리프가 발생한다(그림 16.30 참조). 크리프는 주위 온도의 세 배 정도가 되는 80°C까지는 온

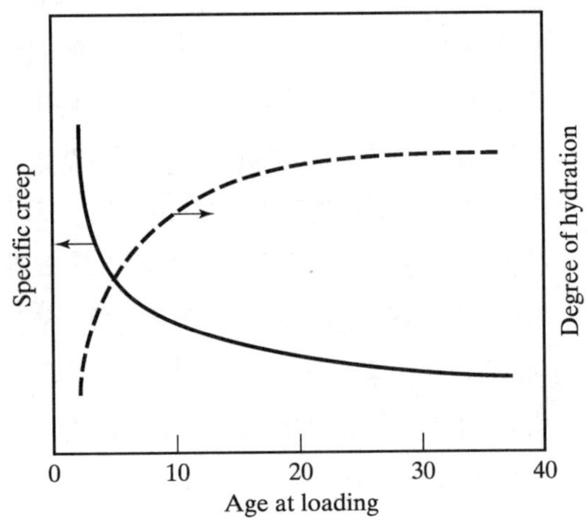

그림 16.29
크리프에 대한 재령의 영향.

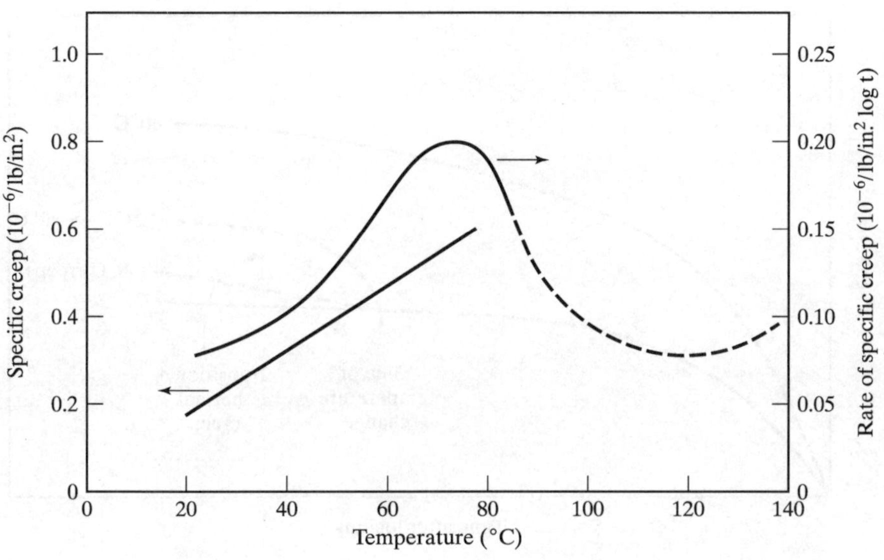

그림 16.30
크리프율에 대한 온도의 영향.

도에 대해 비교적 선형적으로 증가한다. 그러나 80°C 이상인 경우 명확한 관계가 밝혀져 있지 않다. 일부 연구자들은 선형 관계가 계속된다고 보기도 하고, 또 다른 연구자들의 경우 70~80°C에서 최대 값을 가진다고 생각하고 있다. 증가된 크리프 양은 크리프율의 증가로 인해 발생되는 것이며(그림 16.30 참조), 대다수의 연구자들은 최대 크리프율이 50~90°C에서 발생한다고 보고 있다. 이렇게 실험 자료들이 상충된 결과를 보이고 최대 크리프율 발생 시점에 대한 의견이 분분한 것은 각각의 실험에서 재하 과정에 이르기까지 온도 변화가 달랐기 때문이다. 크리프가 높은 온도로 인해 가속화된다고 하지만 장기 크리프의 양은 재령의 영향으로 인해 더 작아지게 된다. 콘크리트가 재하되는 동안 온도가 증가하면 추가적인 크리프 변형률이 발생하게 되는데, 이를 전이 온도 크리프(transitional thermal creep)라고 한다(그림 16.31을 참조).

수분 콘크리트 내의 자유수의 존재는 크리프 발생에 필요조건이다. 외부 하중을 가하기 전 낮은 상대습도를 유지시키는 경우 크리프 양이 감소한다. 따라서 크리프는 콘크리트 내의 증발수(건조나 105°C로 가열될 때 손실되는 수분)의 함수이며 증발수가 존재하지 않으면 0까지 떨어진다. 수분이 모세관 공극에서 손실되어 상대습도가 40%가 될 때까지 건조되면 증발수가 최대로 감소되어 크리프 양도 최대로 감소된다. 따라서 크리프에 대한 수분 함량의 관계는 *w*/*c*에 따라 달라진다(그림 16.32 참조).

건조와 재하가 동시에 일어나는 콘크리트에서 발생하는 크리프 양은 그림 16.33에서 보듯이

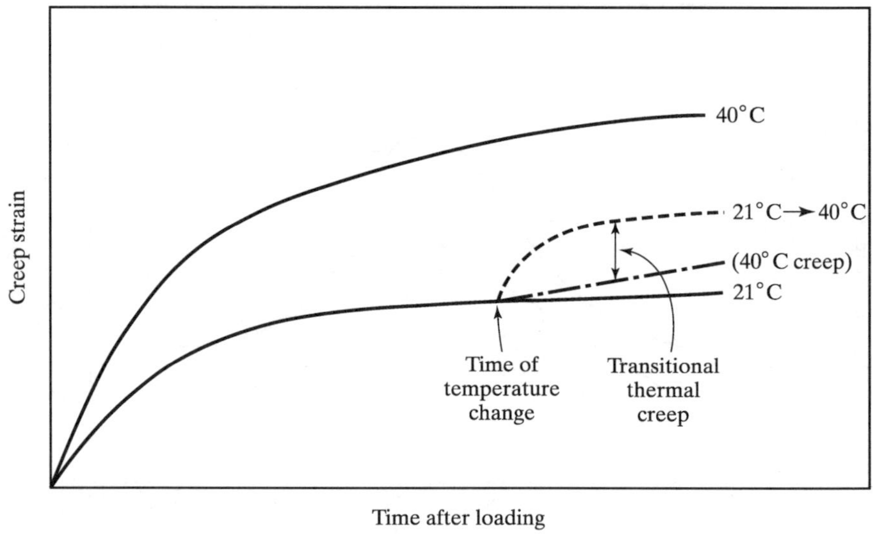

그림 16.31
크리프에 대한 온도와 온도 변화의 영향.

상대습도와 경과시간에 따라 달라진다. 건조 크리프 변형률은 기본 크리프 변형률에 비해 상당히 클 수 있다. 크리프는 수분 이동의 방향과 상관없이 수분량의 변화에 따라 발생한다. 따라서 건조된 상태의 콘크리트는 재하되는 동안 다시 습윤상태가 될 때부터 크리프가 발생하기 시작하는데 이러한 현상이 가시적으로 측정되려면 상대습도가 40% 이상이어야 한다. 건조 크리프와 마찬가지로 습윤 크리프도 상대습도의 변화에 따라 달라지며 콘크리트가 완전한 습윤상태가 될 때 최대 값에 이른다. 높은 상대습도에서 C-S-H 입자가 수막으로 분리되게 만드는 분리 압력(disjoining pressure)은 크리프에 중요한 영향을 미친다고 보고 있다.

시멘트 조성 포틀랜드시멘트의 조성과 크리프 사이의 관계는 건조수축에서 발견되는 관계와 유사하다. C_3A 양이 증가하거나 C_3S 양이 감소하면 크리프가 증가하는 경향이 있다. 1종 시멘트 콘크리트는 3종 시멘트 콘크리트보다 크리프 양이 더 많다. 그러나 다른 종류의 시멘트에 대해 수행된 크리프 실험 자료가 언제나 서로 비교 가능한 것은 아니므로 정확한 관계는 잘 알려져 있지 않다. 순수한 C_3S와 C_2S 규산염 성분으로 구성된 시멘트 풀의 크리프는 1종 시멘트 풀보다 크리프 양이 적으므로 C-S-H 성분이 적고 AFm 상(AFm phase)이 존재하면 크리프에 중대한 영향을 미친다고 볼 수 있다. 각각의 시멘트에는 크리프 양이 최소로 되는 최적의 석고 함량이 존재한다. 이러한 최적 석고 함량은 건조수축을 최소로 만드는 석고 함량에 비해 더 높은 편이다. 근사적으로, 동일한 응력-강도비에서 비교가 수행되는 한, 광물계 혼화재의 첨가는 크리프에 큰 영향을 미치지 않는다.

화학적 혼화제 일반적으로 건조수축을 증가시키는 혼화제는 크리프도 증가시킨다고 알려져 있다.

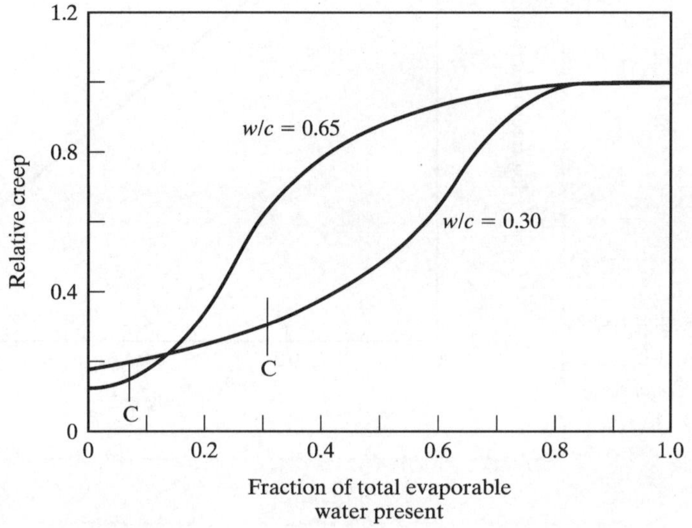

그림 16.32
비증발수량의 함수로 나타낸 크리프. 모든 수분이 증발수량인 콘크리트에 대해 정규화시킴. (*C*는 모든 모세공극의 수분이 제거되는 개략적인 위치를 나타냄.) [Adapted from W. Ruetz in *The Structure of Concrete*, ed. A. E. Brooks and K. Newman, Cement and Concrete Association, London, pp. 146-153 (1968).]

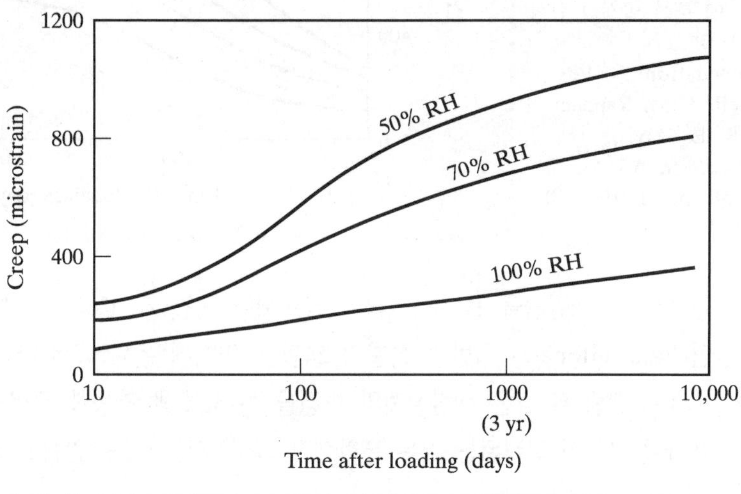

그림 16.33
하중이 작용하는 동안 상대습도가 변하는 경우에 발생하는 콘크리트의 크리프
[Adapted from G. E. Troxell, J. M. Raphael, and R. E. Davis, *Proceedings*, ASTM, Vol. 58, pp. 1101-1120 (1958).]

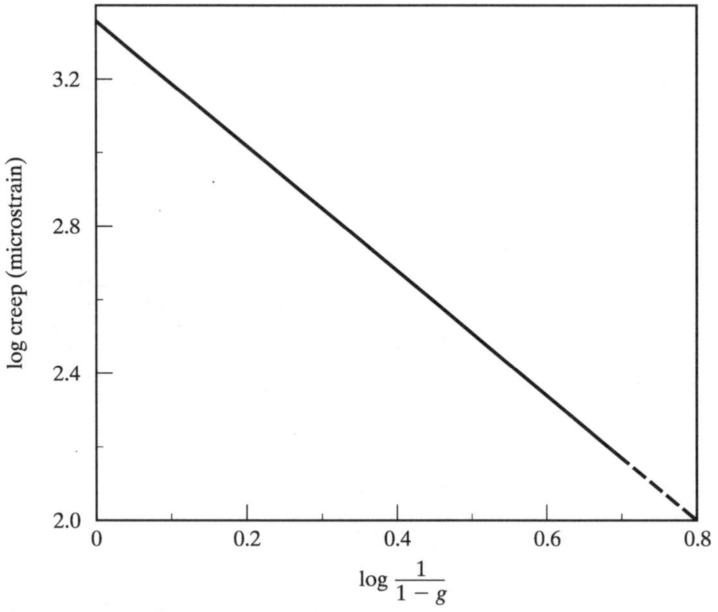

그림 16.34
크리프에 대한 체적당 골재량(g)의 영향. [Adapted from A. M. Neville, *Magazine of Concrete Research*, Vol. 16, No. 46, pp. 21–30 (1964).]

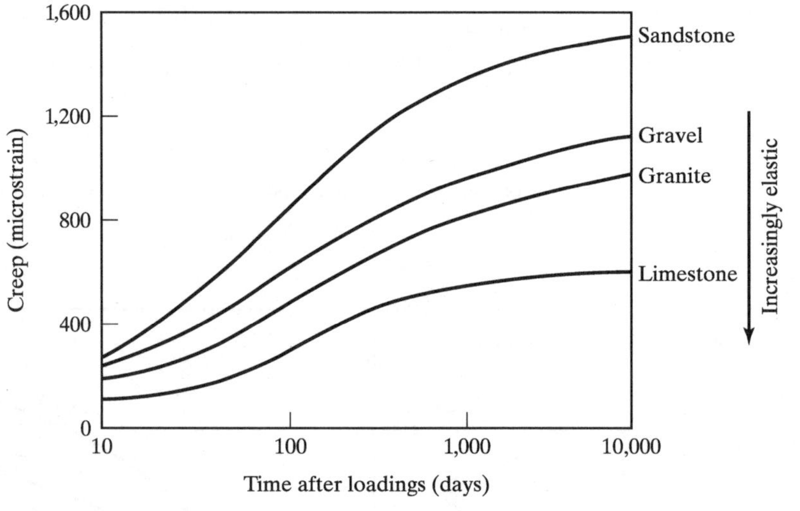

그림 16.35
크리프에 대한 골재의 탄성계수의 영향.
[Adapted from G. E. Troxell, J. M. Raphael, and R. E. Davis, *Proceedings*, ASTM, Vol. 58, pp. 1101–1120 (1958).]

한 예로 염화칼슘을 들 수 있으며 감수제나 응결 지연제도 영향을 미칠 수 있는데 특히 리그닌산(lignosulfonate) 기반의 성분이 영향을 미치게 된다. 그러나 감수제의 사용(낮은 *w/c*나 낮은 시멘트 함량)과 같은 배합설계의 변경을 통해 발생 가능한 크리프 양을 상쇄시킬 수 있다. 크리프가 중요하게 고려되는 경우 혼화제가 크리프에 미치는 영향을 파악하기 위한 실험이 수행될 필요가 있다.

골재의 영향 크리프에서 골재의 역할은 건조수축의 경우와 유사하다. 골재는 시멘트 풀의 잠재적인 변형을 줄여주는 구속재와 같은 역할을 한다. 그러므로 골재의 함량(그림 16.34 참조)과 탄성계수는 콘크리트의 크리프에 있어 가장 중요한 영향 인자들이다. 골재 크기, 입도, 그리고 표면 거칠기는 영향이 적다. 골재와 크리프 사이의 관계는 실험적으로 건조수축의 경우와 유사하게 관찰된다(식 (16.5)).

공시체 형상 재하되는 동안 건조가 발생하면 공시체 크기나 형상과 같은 요소들이 중요한 변수가 된다. 그러므로 체적-표면적 비와 공시체 두께는 건조수축의 경우와 마찬가지로 총 크리프 양에 영향을 미친다(그림 16.36 참조).

크리프 회복

콘크리트가 제하(unloaded)되면 총 크리프 변형률 중에 작은 부분만이 회복 가능한데, 예를 들면 200일 동안 재하된 경우는 총 크리프 변형률의 10~20%만이 회복가능하다. 그러므로 비가역성 크리프가 크리프 거동을 지배한다고 볼 수 있으며, 다양한 응력 상태에 놓인 콘크리트의 거동을 예측할 때 이 비가역성 크리프가 중요하다. 크리프 회복은 시간, 온도, 그리고 상대습도에 강한 영향을 받는다. 비가역성 크리프가 차지하는 비율은 재하상태에서 경과된 시간에 따라 증가한다. 실험 자료에 의하면 재하후 30일 이후에는 추가적인 크리프 변형률의 대부분이 비가역성이다(그림 16.37 참조). 재하되기 전 충분한 재령이 흐른 콘크리트에서 총 크리프 양이 감소하는 것은 비가역성 크리프가 감소하기 때문인데, 크리프 회복에는 그다지 영향을 미치지 않는다. 이와 유사하게, 높은 온도에 노출된 시멘트 풀에서 크리프가 감소하는 것은 비가역성 크리프만의 감소로 인한 것이다. 그러므로 비가역성 크리프는 응력이 작용하는 동안 재령의 증가에 따른 결과로 볼 수 있으며, 만약 C-S-H가 빨리 숙성되도록 양생을 한 경우라면 이후의 재령효과는 감소될 것이다. 건조 크리프와 전이 온도 크리프 또한 비가역성이며, 이것들 또한 빨리 숙성시킴으로써 재령에 대한 증가를 감소시킬 수 있다. 작용하는 응력을 증가시키면 비가역성 크리프가 증가하지만 크리프 회복은 변하지 않는다. 이러한 사실로부터 일반적으로 외부 영향인자는 주로 비가역성 요소에 영향을 미친다고 볼 수 있다. 그러나 크리프 회복은 물-시멘트비나 골재 함량과 같은 배합 관련 요소에 따라 달라진다.

다양한 응력에 대한 크리프

수분 상태나 온도 변화에 따라 변화되는 응력에 의해 발생할 수 있는 균열을 산정하는 경우는 인

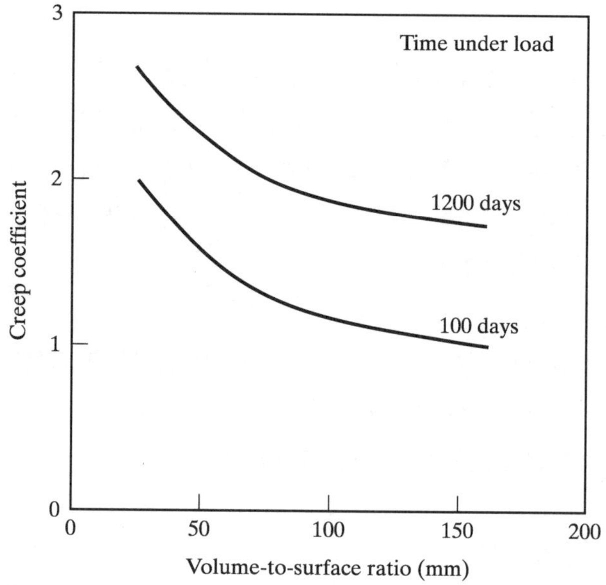

그림 16.36
콘크리트 부재의 크리프에 대한 체적-표면적 비의 영향.
[Adapted from T. C. Hansen and A. H. Mattock, *Journal of the American Concrete Institute*, Vol. 63, No. 2, pp. 267–290 (1966).]

장상태에서 크리프가 중요한 고려 대상이 된다. 인장 크리프로 인해 인장응력이 감소되면 불투수성이 요구되는 댐 구조물이나 얇은 벽체의 지붕에서 발생하는 균열을 감소시킬 수 있다. 그러나 콘크리트의 인장강도가 낮기 때문에 정확하게 측정하는 것은 어려우므로 압축과 인장으로 인한 크리프를 서로 정량적으로 비교하는 것은 어렵다. 초기 크리프 증가율은 인장에서 더 큰 양상을

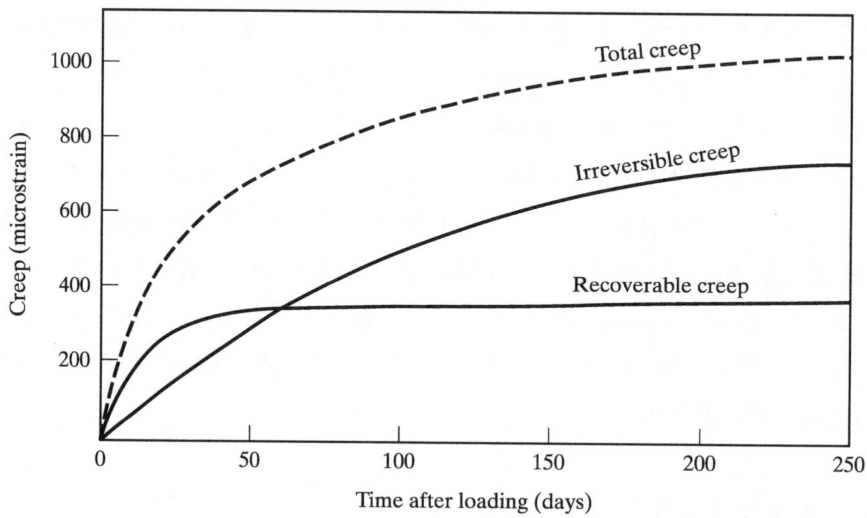

그림 16.37
크리프와 크리프 회복에 대한 시간의 영향.

보이므로, 비교적 짧은 기간 동안 하중이 재하되는 경우는 인장 크리프가 더 크게 나타나고, 재하기간이 길어지는 경우는 그 반대가 된다. 인장 크리프는 압축 크리프와 마찬가지로 실험 변수에 영향을 받는다. 휨응력을 받는 콘크리트 부재의 경우 일부는 인장력을 받고 일부는 압축력을 받으므로 휨 크리프는 그 양상이 복잡해지고 인장부와 압축부에서 발생하는 크리프는 그 양이 동일하지 않으며 건조로 인해 영향을 받는 정도도 다르다.

동적으로 하중을 재하하는 경우에도 크리프는 발생하는데 이런 경우 크리프로 인해 발생하는 시간 의존적인 변형률과 응력 변화로 인해 미세균열이 진전되어 발생하는 변형률(피로 파괴로 이어진다.)을 구분하는 것은 어렵다. 최대 응력이 동일할 경우 동적 크리프는 정적 크리프에 비해 더 크게 나타난다. 크리프 변형률은 응력 범위, 재하 진동수, 그리고 동적하중 재하 기간에 따라 달라진다.

일축 압축 응력을 받을 때 횡방향의 크리프도 발생한다. 크리프에 대한 포아송 비는 순간 재하에서 발생하는 것과 거의 동일하지만 이와 동시에 발생하는 수축을 고려하지 않을 경우 더 작게 나타난다. 다축 응력으로 인해 발생하는 크리프가 서로 독립적으로 발생하는가, 다시 말하면 중첩될 수 있는가 하는 사실은 중요한 관심사이다. 다축 응력을 받을 때 발생하는 크리프의 포아송 비는 일축 압축상태에서 발생하는 것보다 더 작게 나타난다. 횡방향 응력이 구속된 축방향 크리프는 포아송 크리프가 허용되도록 구속되지 않은 경우보다 더 작다. 체적 크리프(volumetric creep)와 평균 수직응력 $[(\sigma_1+\sigma_2+\sigma_3)/3]$ 사이에는 선형적인 관계가 있다는 사실이 밝혀졌다. 더욱이 정수압 상태인 경우 상당한 양의 크리프가 발생한다.

크리프의 메커니즘

시멘트 풀과 콘크리트의 크리프를 설명하기 위해 수많은 이론들이 전개되어 왔다. 모든 이론들을 다 살펴보기는 무리가 있으므로 미시구조에서 크리프의 발생 메커니즘과 관련된 이론들만 다루기로 한다.

온도에 의한 활성화 이 접근방법의 이론적 배경은 시간의존적인 변형률이 온도 변화로 인해 발생된다는 가정에 있다. 이 이론은 다른 재료들을 분석할 때 사용하는 이론과 매우 유사한데, 예를 들면 시멘트 풀과 금속의 차이점은 온도 변화로 인한 내부 진행 과정이 다르다는 데 있다고 보는 것이다. 크리프 변형률은 페이스트에서 크리프 센터(creep center)라고 불리는 미소체적 부분의 변형으로 인해 발생하게 된다. 크리프 센터는 외적 요인으로 인해 시스템에 더해지는 에너지의 영향으로 낮은 에너지 상태로 변형이 진행된다. 이러한 변형은 크리프 센터가 높은 에너지 상태인 중간 단계의 형태로서 에너지 경계(그림 16.38)를 지날 때만 발생할 수 있다.

하나의 크리프 센터가 이러한 경계를 넘을 것인지에 대한 사항은 에너지 경계의 높이와 더불

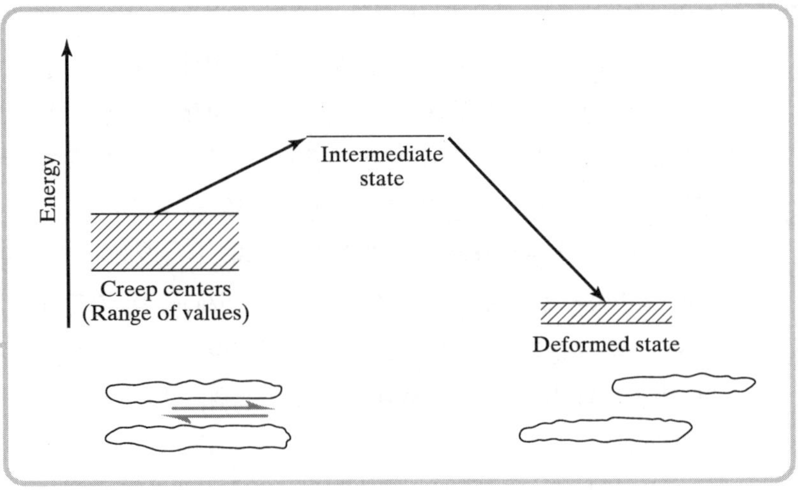

그림 16.38
시멘트 풀에서 크리프 센터의 온도 의존적 변형에 대한 개략적인 설명.

어 온도, 응력(변형률 에너지), 수분 함량의 변화, 그리고 온도 변화와 같은 외부 요인들로 인해 내부로 유입되는 에너지의 양에 따라 달라진다. 에너지 경계를 지나면 크리프 센터의 수가 감소되는데 이로 인해 시간의존성이 발생한다. 식 (16.11)은 이러한 과정을 나타내는 수학적 표현이며, 여기서 C는 크리프 센터의 수와 안정된 상태로 변형되면서 크리프 센터가 소멸되는 비율의 함수이다. V_a의 크기는 nm^3 단위로 측정되며, 이는 C-S-H 겔의 한 단면의 크기와 관계가 있다. 하나의 활성화 과정은 비율을 나타내고 있으므로, 식 (16.11)은 크리프 속도에 적용되어야 하며 더 나아가 하중이 재하되는 동안 콘크리트의 수분함량과 온도 변화 그리고 시간을 포함할 수 있도록 확장될 수 있다.

$$\frac{d\varepsilon}{dt} = Ct^n \sin\text{h}\left(\frac{V_a}{RT}\right)\cos\text{h}\left(\frac{E\Delta X_i}{RT}\right) \tag{16.11}$$

여기서, t는 시간, n은 정수, ΔX_i는 매개변수 i(수분 손실, 온도 등등)의 변화, R은 가스 상수, T는 온도(K), 그리고 E는 활성화 에너지이다.

이러한 미소 변형 관점은 자연히 크리프 센터의 비가역적인 소멸을 의미하게 되는데, 그럴 경우 '가역적인 과정은 어떻게 일어나는가?'하는 의문이 일어난다. 응력이 제거되면 재료는 마치 반대 방향의 응력이 발생하는 것처럼 거동할 수 있다. 이러한 새로운 응력 변화는 새로운 크리프 센터를 활성화시키며 반대 방향으로 변형을 유발시킨다. 그러나 전체적인 변형은 더 작아지는데 이는 응력 분배가 영이 되는 이완이 발생하기 때문이다. 따라서 관찰되는 크리프 회복은 원래의 크리프보다 더 작게 나타난다.

흡수된 수분의 역할 크리프 센터의 본질은 무엇이며 어떠한 과정이 진행되는가? 가장 많이 받아

들여지고 있는 이론은 전단응력에 의해 인접한 C-S-H 겔 입자 사이에 미끄럼이 발생한다는 것이다. 미끄럼의 정도는 입자간의 인력(당기는 힘)에 따라 달라진다. 만약 입자들이 화학적으로 결합되어 있다면 미끄럼은 발생하지 않으며, 반데르 발스 상호작용만이 발생할 때만 이론적으로 가능하다. 측정할 수 있을 만큼 큰 미끄럼이 발생하려면 입자 사이에 충분한 두께의 수분 층이 존재해야 한다. 입자 사이의 수분은 윤활제와 같이 작용하여 반데르 발스 힘을 감소시켜 줌으로써 미끄럼이 더 쉽게 발생하게 한다.

크리프는 그림 16.39에서 개략적으로 나타나 있듯이 응력을 받을 때 미세공극 내의 물의 확산으로 인해 발생할 수도 있다. 이것은 이 장에서 다루었던 분리 효과(disjoining effect)이다. 흡수된 수분 막 층은 C-S-H 겔 입자를 분리시키며, 이러한 수분 층의 두께는 시스템이 평형 상태를 이루고 있는 상대습도에 따라 달라진다. 포화 상태에 놓인 페이스트(100% RH)인 경우 평형 두께(t_e)가 거의 물 분자 두께의 다섯 배이다(1.3 nm). 만약 인접한 두 C-S-H 겔 입자 사이의 거리가 $2t_e$보다 더 가까워지면 두 입자를 분리시키지 않고서는 평형 상태에 이를 수 없다. 만약 입자들이 고정되어 있다면 분리 압력(disjoining pressure)이 발생한다. 이러한 현상은 '지연된 흡착(hindered adsorption)'이라고 하며, 미세공극에서만 발생한다. 그러므로 미세공극의 수분 평형 상태는 응력과 두께의 조합에 의해 결정된다(고체 표면과의 상호 작용).

외부에서 응력이 작용하면 미세공극 내부의 수분에 작용하는 응력이 증가한다. 평형 상태를 유지하기 위해서 흡수된 수분 층의 두께가 감소해야 하는데, 이는 이전에 발생한 분리 압력(disjoining pressure)의 증가를 보상하기 위한 것이다. 그러므로 수분은 미세공극에서 응력이 작용하지 않는 모세공극으로 확산하면서 부피 변형을 발생시킨다(16.2절 참조).

확산에 의해 재분배되는 수분의 양은 전체 수분의 양 중에서 매우 작은 부분이므로 외부로의 수분 유출이 전혀 없는 포화상태의 공시체에서도 크리프가 발생한다. C-S-H 겔 입자 사이에 재배열이 발생하면 C-S-H 겔 내부 층이 형성되는 것과 같이 입자간의 결합력이 증가된다. 따라서

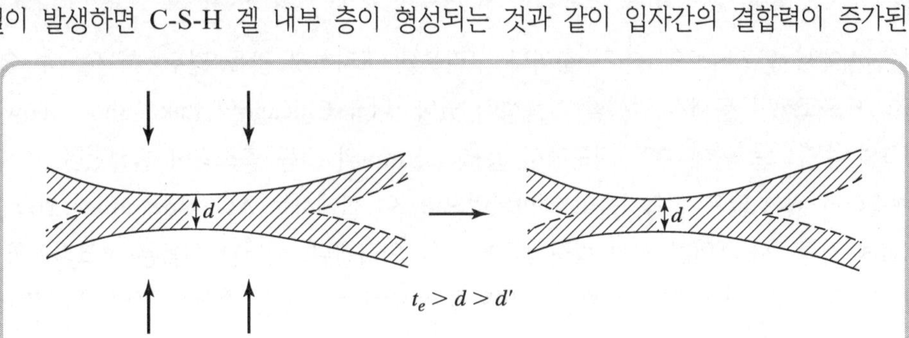

그림 16.39
분리 압력의 변화로 인한 크리프에 대한 개략적인 설명.

크리프는 응력으로 인해 재령에 따라 미세공극이 제거되는 현상이라고 볼 수 있다.

수분 이동은 외부 상대습도가 낮을 경우에도 발생하므로 이러한 이론적 관점은 크리프와 수축 이론을 통합한다고 볼 수 있다. 건조 크리프(stress-induced shrinkage)는 미세 공극수의 감소가 응력 작용보다는 건조에 의해 훨씬 더 급격하게 발생한다는 사실로부터 설명된다. 따라서 압축된 수분의 체적에서 일시적인 감소가 발생하며 이는 수분이 확산할 때 발생하는 유효 응력을 증가시킨다. 수분뿐만 아니라 고체의 확산도 발생할 수 있다고 한다. 예를 들면 수산화칼슘은 국부 응력과 이러한 국부 응력이 작용하지 않는 구역으로 재분배됨에 따라 용해될 수 있다. 작용하는 응력이 높으면 내부 미세균열이 발생할 수 있으며, 이는 추가적인 비가역적인 변형률을 발생시킨다.

프리스트레스의 손실

이 장에서 크리프는 시간 의존적인 변형률 문제로 다루고 있지만 한편으로는 응력 이완으로 설명될 수도 있다. 크리프(그리고 수축)는 콘크리트에서 프리스트레스로 인해 야기된 압축응력을 감소시킴으로써 균열 발생 가능성을 높인다. 사실 초기에 크리프가 정확히 규명되지 않아 프리스트레스 공법을 도입하기가 어려웠다. 합리적인 잔류 프리스트레스를 확인하려면 크리프와 수축으로 인한 프리스트레스의 손실량을 예측하는 것이 필수적이다. 크리프와 수축이 프리스트레스 손실에 미치는 자세한 영향은 이 책의 범주를 벗어나므로, 프리텐션의 경우 초기재령에서 프리스트레스가 적용되면 더 많은 양의 크리프와 수축이 발생한다는 정도만 언급하기로 한다. 반면 포스트텐션의 경우 비교적 재령이 많이 지난 콘크리트에 적용되며 건조과정을 거치게 된다. 이런 경우 크리프와 수축으로 인한 프리스트레스의 손실은 더 작아진다.

16.5 건조수축과 크리프의 예측 (Prediction of Shrinkage and Creep)

설계 단계에서 콘크리트의 건조수축이나 크리프를 고려하지 않을 경우, 허용할 수 없는 크기의 균열이나 구조적인 문제가 발생할 가능성이 있다. 미국 Chicago의 Lake Shore Towers의 경우 크리프와 수축으로 인해 수직 기둥에서 층당 2.5 mm의 기둥 축소량이 발생했다. 수축과 크리프를 예측하기 위해 많은 실험식들이 개발되었으며, 이 절에서는 ACI Committee 209와 우리나라 구조설계 기준에서 제안한 구성 방정식들에 대해 언급한다. 이러한 식들은 콘크리트의 거동에 영향을 미치는 서로 다른 매개 변수들의 영향을 반영하는 간편한 수학적 표현이다. 컴퓨터를 사용하여 보다 정확한 예측을 할 수 있도록 더 복잡한 식들이 제안되었으며, 이러한 식들은 보다 정밀한 예측이 요구되는 경우 사용될 수 있다. ACI 식의 장점은 식들이 매우 단순하며 대부분의 구조물에 적합한 높은 정확성을 가진다는 점이다.

건조수축

기본식 ACI 209의 이 기본식은 시간에 따른 수축 곡선의 형상을 표현하며 쌍곡선 함수로 나타내고 있다.

$$(\varepsilon_{sh})_t = \frac{t}{\phi + t}(\varepsilon_{sh})_u \tag{16.12}$$

여기서 $(\varepsilon_{sh})_t$는 t일 동안 건조가 된 후 발생한 수축, $(\varepsilon_{sh})_u$는 극한 건조수축, 그리고 ϕ는 실험 상수이다. 식 (16.12)는 7일 동안 습윤양생되고, 상대습도가 40%에서 건조된 콘크리트에 적용될 수 있다. ϕ 값은 20~120일 사이이며, 상온에서 7일 동안 양생을 거친 일반적인 콘크리트에 대한 ϕ 값으로 35일을 사용한다. 이와 유사하게 $(\varepsilon_{sh})_u$는 415×10^{-6}에서 1070×10^{-6} 사이의 값을 가진다. 단기간의 실험으로부터 극한 수축량을 결정하는 경우 오차가 발생하기 쉽다. 만약 측정된 값이 적합하지 않은 경우 780×10^{-6}을 사용할 수 있다. 그러므로 식 (16.12)의 일반적인 형태는 다음과 같다.

$$(\varepsilon_{sh})_t = \frac{t}{35 + t} 780 \times 10^{-6} \tag{16.13}$$

보정 계수들 식 (16.12)는 수축에 영향을 미치는 다른 요소들을 고려하기 위해 수정될 수 있다. 이러한 수정 방법들은 여러 가지가 있으며, 가장 간편한 방법 중에 하나는 (1) ϕ 값을 보정하는 방법이며, 다른 하나는 (2) $(\varepsilon_{sh})_u$을 보정하는 방법이다.

ϕ 값을 수정하는 방법 1일에서 3일까지 증기양생을 하여 수축량이 감소된 경우(프리캐스트 콘크리트) ϕ 값을 $\phi = 55$로 수정하여 보정할 수 있다. 공시체의 형상과 크기로 인한 영향은 다음과 같이 ϕ 값을 수정하여 고려할 수 있다.

$$\phi = 26 \exp[0.0142(V/S)] \tag{16.14}$$

여기서, V/S는 체적-표면적 비이다.

$(\varepsilon_{sh})_u$을 보정하는 방법 이러한 접근법은 $(\varepsilon_{sh})_u$의 값에 서로 다른 매개변수의 곱으로 구성된 보정 계수 γ_c을 곱함으로써 보정하는 방법이다.

$$\gamma_c = \gamma_{rh}\gamma_{mc}\gamma_{cp} \tag{16.15}$$

여기서, γ_{rh}는 중요한 보정 계수로서 노출된 상대습도에 대해서 다음과 같이 주어진다.

$$40\% \le \mathrm{RH} \le 80\% : \gamma_{rh} = 1.40 - 0.01(\mathrm{RH}) \tag{16.16a}$$

$$\mathrm{RH} > 80\% : \gamma_{rh} = 3.00 - 0.03(\mathrm{RH}) \tag{16.16b}$$

γ_{mc}는 7일을 제외한 서로 다른 습윤양생 기간에 대한 보정 계수이며, 이 값의 범위는 건조 전 하루 동안의 습윤양생에 대한 값인 1.2부터 90일 동안의 습윤양생에 대한 값인 0.75까지이다. γ_{mc}는 양생 시간의 log 값에 반비례로 변한다. γ_{cp}는 배합 설계의 변화(시멘트 함량, 공기량, 잔골재 함량 등등)를 고려하기 위한 보정 계수이며 대부분 무시될 수 있다.

한편 우리나라 설계기준에서는 ACI식의 모순점이 많이 개선된 CEP-FIP 모델식(1990년)을 근거로 다음과 같은 기본식이 제시되고 있다.

$$\varepsilon_{sh}(t,t_s) = \sqrt{\frac{(t-t_S)}{0.035h^2 + (t-t_S)}}\ \varepsilon_{sho} \tag{16.17}$$

이와 관련된 자세한 내용은 콘크리트구조설계기준 제 2장 2.2.2 (6)에 설명되어 있다.

크리프

기본식 ACI 209의 이 기본식은 크리프와 시간과의 관계를 다음과 같이 나타낸다.

$$C_t = \frac{t^{0.6}}{D + t^{0.6}} C_u \tag{16.18}$$

여기서, C_t는 재하로부터 t일 후의 크리프 계수, C_u는 극한 크리프, 그리고 D는 상수이다. 식 (16.18)은 40%의 상대습도에서 재하되기 전에 7일 동안 습윤양생한 콘크리트에 적용된다. D 값의 범위는 6일에서 30일까지이며 재하되기 전 7일 동안 습윤양생한 보통 콘크리트의 경우 D 값으로 10일이 사용된다. 이 값은 증기양생된 콘크리트에도 사용될 수 있다. C_u 값을 어떻게 산정할 것인가가 문제이며, 대략적으로 값의 범위는 1.30에서 4.15까지이다. 일반적인 값으로 2.35를 사용하여 식 (16.18)을 다음과 같이 나타낸다.

$$C_t = \frac{t^{0.6}}{10 + t^{0.6}} 2.35 \tag{16.19}$$

보정 계수들 다른 조건에서 크리프 거동의 변화는 식 (16.15)와 같이 C_u에 대한 보정 계수를 도입함으로써 고려할 수 있다. 다음은 가장 중요한 보정 계수들이다. 40%를 제외한 상대습도에 대해서는 다음 식을 사용할 수 있다.

$$\gamma_{rh} = 1.27 - 0.0067(\text{RH}) \tag{16.20}$$

재하 시점의 재령에 대한 영향은 다음과 같이 고려될 수 있다.

$$\text{습윤양생 된 콘크리트 : } \gamma_{la} = 1.25t^{-0.118} \tag{16.21a}$$

$$\text{증기양생 된 콘크리트 : } \gamma_{la} = 1.13t^{-0.094} \tag{16.21b}$$

배합설계의 변화에 대한 영향은 적으며, 일반적으로 무시된다. 콘크리트 부재의 크기와 형상의 변화에 대한 보정은 건조수축에서 언급한 방법과 유사하게 시행할 수 있다.

한편 크리프에 대한 우리나라 설계기준의 기본식은 다음과 같다.

$$\phi(t, t') = \left[\frac{(t - t')}{\beta_H + (t - t')} \right]^{0.3} \phi_o \tag{16.22}$$

이 식의 β_H 와 ϕ_o에 대한 상세한 내용은 콘크리트구조설계기준 제 2장 2.2.2(5)에 규정되어 있으므로 참조하기 바란다.

제한 사항들 ACI 식들에 대한 주요한 제한 사항은 재하되는 동안의 온도 변화를 무시한다는 점이며, 가역성 요소와 비가역성 요소를 분리하기 위한 고려사항도 없다는 점이다. 이러한 영향을 고려하려면 예측식들을 수정하여 사용할 수 있다. ACI 식들은 매우 단순하므로 재하되는 하중의 변화(예를 들면 반복하중), 상대습도, 그리고 건조수축과 크리프가 발생하는 온도 등이 서로 복잡하게 미치는 상호 작용을 예측할 수 없다. 사용 중의 성능이 정확히 예측되어야 하는 경우(예를 들면 원자력 구조물)에는 컴퓨터를 이용하여 이러한 영향들을 고려할 수 있는 방법들이 제안되고 있다.

참고문헌

소성수축과 자기수축(Plastic and Autogenous Shrinkage)

Persson, B., and G. Fagerland, eds., *Self-Desiccation and its Importance in Concrete Technology*, Report TVBM-3075, Lund University of Technology (1997).

Tanazawa, E., ed., *Autogenous Shrinkage of Concrete*, E & FN Spon, London, UK (1999).

Wittmann, F. H., "On the Action of Capillary Pressure on Fresh Concrete," *Cement and*

Concrete Research, Vol. 6, No. 1, pp. 49-56 (1976).

수축과 크리프(Shrinkage and Creep)

ACI Committee 209, Prediction of Creep, Shrinkage and Temperature Effects, ACI 209R-92, *ACI Manual of Concrete Practice*, Part 1, American Concrete Institute, Farmington Hills, MI (2001).

Bazant, Z. P., *Mathematical Modelling of Creep and Shrinkage of Concrete*, Wiley, London (1988).

Geymayer, H. G., Effect of Temperature on Creep: a Literature Review, in *Concrete for Nuclear Reactors*, SP-34, Vol. 1, American Concrete Institute, Detroit, MI, pp. 547-564 (1972).

Hansen, W., and J. F. Young, "Creep Mechanisms in Concrete," in *Materials Science of Concrete II*, eds. J. Skalny and S. Mindess, American Ceramic Society, Westerville, OH, pp. 185-200 (1991).

Wittmann, F. H., "Creep and Shrinkage Mechanisms," in *Creep and Shrinkage in Concrete*, eds. Z. P. Bazant and F. H. Wittmann, Wiley, London, pp. 163-258 (1982).

Xi, Y., and H. M. Jennings, "Relationships between Microstructure and Creep and Shrinkage of Cement Paste," in *Materials Science of Concrete III*, ed. J. Skalny, American Ceramic Society, Westerville, OH, pp. 37-70 (1992).

변형률 속도 영향(Strain Rate Effects)

Darwin, D., and E. K. Attiogbe, "Effects of Loading Rate on Cracking of Cement Paste," in *Cement-Based Composites: Strain Rate Effects on Fracture*, ed. S. Mindess and S. P. Shah, Vol. 64, Materials Research Society, Pittsburgh, PA, pp. 167-180 (1986).

Harsh, S., Z. Shen, and D. Darwin, "Strain-rate Sensitive Behavior of Cement Paste and Mortar in Compression," *ACI Materials Journal*, Vol. 87, No. 5, pp. 508-516 (1990).

Jawed, I., G. Childs, A. Ritter, and S. Winzer, "High-Strain-Rate Behavior of Hydrated Cement Pastes," *Cement and Concrete Research*, Vol. 17, No. 3, pp. 433-440 (1987).

Kaplin, S. A., "Factors Affecting the Relationship between Rate of Loading and Measured Compressive Strength of Concrete," *Magazine of Concrete Research*, Vol. 32, No. 111, pp. 79-88 (1980).

McHenry, D., and J. J. Shideler, "Review of Data on Effect of Speed of Mechanical Testing of Concrete," in *Symposium on Speed of Testing of Nonmetallic Materials*, ASTM STP 185, pp. 72-82 (1955).

Ross, C. A., D. M. Jerome, J. W. Tedesco, and M. L. Hughes, "Moisture and Strain Rate Effects on Concrete Strength," *ACI Materials Journal*, Vol. 93, No. 3, pp. 293-300 (1997).

Zielenski, A. J., and R. W. Reinhardt, "Stress-Strain Behavior of Concrete and Mortar at High Rates of Tensile Loading," *Cement and Concrete Research*, Vol. 12, No. 3, pp. 309-319 (1982).

문제

16.1. 재하속도의 증가는 (a) 콘크리트 강도; (b) 최대 응력에서의 변형률에 어떠한 영향을 미치는가?

16.2. 콘크리트는 왜 16.1의 답과 같이 거동하는가?

16.3. 수분의 양은 변형률 속도가 증가할 때 콘크리트 강도와 강성 응답에 어떠한 영향을 미치는가?

16.4. 28일 재령에서 원주공시체의 압축강도가 31 MPa인 콘크리트 기둥이 압축강도의 0.3배에 해당하는 압축력을 받고 있다. 1년 후의 크리프 계수가 1.85인 경우 기둥의 변형률을 구하라. 이 때 비크리프는 얼마인가?

16.5. 콘크리트 슬래브가 타설된 지 7일 후에 75%의 상대습도에 노출되었다. (a) 60일; (b) 180일 후의 건조수축 변형률을 구하라.

16.6. 프리캐스트 콘크리트 패널(3.6 m × 2.4 m)이 24시간 동안 증기양생 된 후, 건축물에 설치되기 전에 30일 동안 상대습도가 85%인 곳에서 보관되었다. 이 콘크리트 패널이 건축물에 설치될 시점에서 실제 치수는 어떻게 되는가? 건축물에 설치된 후에 노출된 평균 상대습도가 70%라면 설치된 후 1년 동안 발생 가능한 자유 수축량은 얼마인가?

16.7. 증기양생 된 프리캐스트 보에 압축강도가 24 MPa가 되는 24시간 뒤에 프리스트레스 하중을 가하였다. 가해진 프리스트레스는 7 MPa이다. 이 보가 70%의 상대습도에 노출된 경우, 1년 동안 일어날 수 있는 자유 변형률은 얼마인가?

콘크리트 *Concrete*

CHAPTER 17

콘크리트의 기타 특성

Other Properties of Concrete

17.1 열적 특성 (Thermal Properties)

다른 재료와 마찬가지로 콘크리트의 성질도 온도변화에 영향을 받는다. 이 장에서는 극한온도에 노출될 경우 콘크리트 거동에 대한 일반적인 고찰과 함께, 열팽창, 열전도율, 비열 등의 콘크리트의 열적 특성에 대하여 다룬다. 이러한 열적 특성은 다음과 같은 구조물의 설계에 특히 고려된다. (1) 콘크리트가 온도응력이나 장기적으로 높은 온도에 노출된 구조물 (2) 콘크리트가 단열목적을 위하여 사용되는 구조물 (3) 내화를 위하여 사용되는 경우 (4) 저온고 또는 냉동고를 위하여 사용되는 구조물. 콘크리트의 열적 특성은 다른재료보다 더 복잡한 경향을 나타내는데, 그 이유는 콘크리트는 열 특성이 서로 다른 재료로 이루어진(표 17.1 참조) 복합구조일 뿐만 아니라 수분함량과 공극에 따라서 그 성질이 영향을 받기 때문이다.

열팽창

열팽창은 교량과 도로에 대한 태양열과 같은 자연적인 영향 또는 원자로구조 또는 화로와 같은 사용조건의 영향으로부터 온도차가 발생하는 모든 구조물에서 중요한 요소이다. 열팽창을 허용하지 않거나 또는 비등성 팽창에 의한 온도응력을 허용하지 못하면 파괴에 이를 수 있다. 시멘트 풀과 골재 사이에 일어날 수 있는 비등성 팽창은 높은 내부응력을 일으킬 수 있으며, 이는 큰 온도변화가 있는 경우에 치명적일 수 있다.

시멘트 풀 -10°C에서 100°C 사이의 열팽창계수는 일정한 값이 아니며, 페이스트 내부의 수분함량(그림 17.1 참조), 물-시멘트비, 그리고 페이스트의 재령에 따라 다르다. 중간정도의 상대습도에서 열팽창계수가 상승하는 흔치 않는 습도의 의존도가 관찰된다. 이는 전체적인 수분의 변화없이 콘크리트내의 수분이 모세관공극과 겔공극사이에서 내부적인 이동이 일어나는 현상으로 설명되어 왔다. 이러한 현상을 수분 열팽창(hygrothermal expansion)이라고 부르며, 페이스트의 공극 특성을 결정하는 요소인 물-시멘트비와 재령에 따라 다르게 나타나고, 다음과 관계가 성립한다.

표 17.1 콘크리트 구성요소의 열적 특성

	열전도율 W/m·K (Btu/ft·h·°F)		비열 J/kg°C(Btu/lb·°F)	열팽창계수 10^{-6}/°C(10^{-6}/°F)	
골재					
화강암	3.1	(1.8)	800(0.19)	7-9	(4-5)
현무암	1.4	(0.8)	840(0.20)	6-8	(3.3-4.4)
석회암	3.1	(1.8)	-	6	(3.3)
백운석	3.6	(2.1)	-	7-10	(4-5.5)
사암	3.9	(2.3)	-	11-12	(6.1-6.7)
석영	4.3	(2.5)	-	11-13	(6.1-7.2)
대리석	2.7	(1.6)	-	4-7	(2.2-4)
시멘트 풀[a]					
w/c=0.4	1.3	(0.75)	-	18-20	(10-11)
w/c=0.5	1.2	(0.7)	-	18-20	(10-11)
w/c=0.6	1.0	(0.6)	1600(0.38)	18-20	(10-11)
콘크리트	1.5-3.5	(0.9-2.0)	840-1170 (0.2-0.28)	7.4-13	(4.1-7.3)
물	0.5	(0.3)	4200(1.0)	-	-
공기	0.03	(0.02)	1050(0.25)	-	-
강재	120	(70)	460(0.11)	11-12	(6.1-6.7)

[a] 포화상태 기준

$$\alpha_{\text{actual}} = \alpha_{\text{solid}} + \alpha_{\text{hygro}} \tag{17.1}$$

여기서 α_{actual}는 측정된 열팽창을 나타내며, α_{solid}는 수분 열팽창이 없는 경우 측정된 값으로서 다른 재료와 같이 분자의 움직임에 의하여 나타난다. 그리고 α_{hygro}는 수분 열팽창계수이다. α_{solid}는 페이스트의 성질과 무관하며, 평균적으로 10×10^{-6}/°C이다.

만약 습윤페이스트의 온도가 상승한다면, 습도의 감소로 인하여 건조수축이 일어난다. 일어날 수 있는 건조수축의 양은 온도상승의 시간경과, 페이스트의 투수성, 시험체의 두께와 관계가 있다. 섭씨 100°C 이하에서는 수분감소에 의한 건조수축은 낮은 수분양에서 열팽창계수의 증가에 의하여 상쇄되며, 따라서 부피가 전체적으로 증가할 수 있다(그림 17.2). 그러나 높은 온도에서는 모든 습기가 페이스트로부터 빠져나갈 때까지 부피의 수축이 관찰된다. 동일한 수분감소일 때 100°C 이하보다 이상에서 훨씬 큰 건조수축이 관찰된다. 이는 높은 온도에서 내부적으로 수화물 구성의 파괴가 발생하기 때문이다.

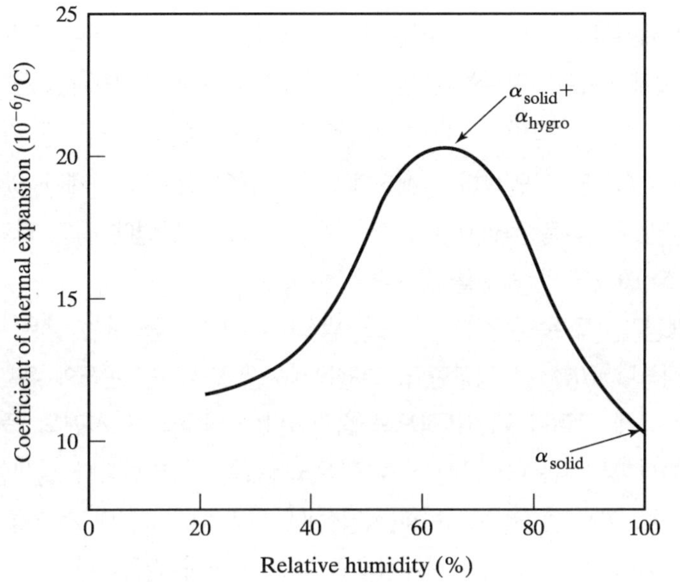

그림 17.1
시멘트 풀의 습기량에 따른 열팽창계수의 변화.
[N.G. Zoldners, *Temperature and Concrete*, SP-25, American Concrete Institute, Detroit, MI, pp, 1-31 (1971).]

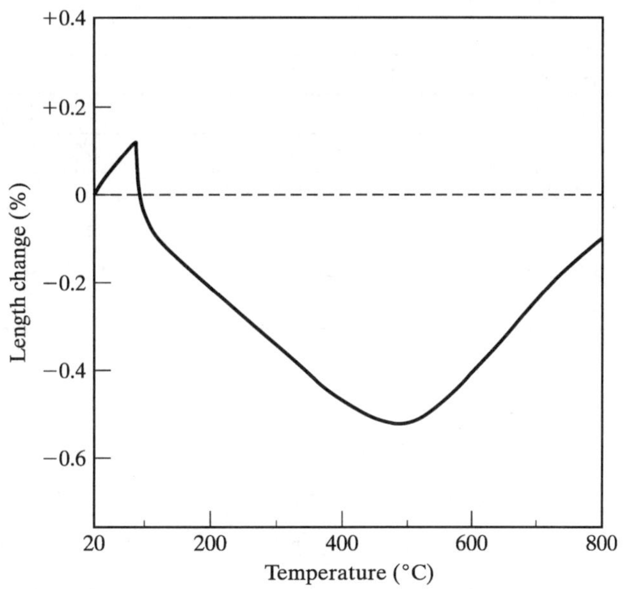

그림 17.2
온도상승에 따른 시멘트 풀의 길이 변화.
[Adapted from N. G. Zoldners, in *Temperature and Concrete*, SP-25, American Concrete Institute, Detroit, MI, pp. 1-31 (1971).]

골재 표 17.1로부터 일반적인 암석의 열팽창계수는 그 조성에 따라 변화한다는 것을 알 수 있다. 각 암석의 종류내에서 각 계수의 범위는 화학적 조성, 구조, 공극률에 따라 변화한다. 즉, 암석 그 자체도 복합재료이다. 대부분의 암석의 평균계수는 6~8×10^{-6}/°C이며, 이는 시멘트 풀의 α_{solid} 보다 작고, α_{actual} (그림 17.1) 보다 상당히 작다. 석영이 광물 중 가장 큰 열팽창계수를 가지며(12×10^{-6}/°C) 많은 암석의 열팽창계수는 석영의 함량과 관계가 있다. 많은 석영 함량을 갖는 암석(석영암, 사암)은 석영과 비슷한 계수를 갖으며, 반면에 석영 함량이 없는 암석(석회석, 대리석)은 약 5×10^{-6}/°C의 계수를 갖는다.

암석의 열팽창계수도 수분함량의 영향을 받으나 시멘트 풀보다는 낮은 수준이다. 건조된 암석은 습윤의 암석보다 10% 더 팽창한다. 열팽창계수(표 17.2)는 온도에 의하여 큰 영향을 받으며, 온도에 따라서 크게 그러나 비선형적으로 증가한다. 대조적으로 시멘트 풀의 팽창계수는 온도에 따라서 크게 변화하지 않는다. 그러나 높은 온도에서는 다른 변화가 발생할 수 있다. 암석이 화학적 분해(석회석, 현무암) 또는 상변화(석영석)에 의하여 일체성이 저하될 수 있다. 사장암은 가장 좋은 온도 안정성을 나타내며, 상대적으로 1000°C까지 안정하다.

콘크리트 콘크리트의 열팽창계수는 배합설계와 사용하는 골재의 형태에 따라 변화하는 성질이다. 골재가 콘크리트의 많은 부분을 차지하기 때문에 골재의 특성이 콘크리트의 특성을 주로 결정하는 요소이다. 모르타르의 열팽창계수는 모래와 시멘트양에 선형함수로 나타난다(그림 17.3a). 콘크리트의 열팽창계수는 모르타르와 굵은골재의 부피로부터 평가될 수 있다(그림 17.3b). 시멘트 풀은 높은 팽창계수를 나타내기 때문에 골재의 변경에 따른 영향만큼 크지 않으나 콘크리트 팽창계수에 영향을 미친다.

표 17.2 골재의 평균 열팽창계수에 대한 온도의 영향

온도범위 (°C)	*암석의 종류*			
	사암	*석회암*	*화강암*	*사장암*
20~100	10	3	4	4
100~300	15	9	14	9
300~500	22	17	26	10
500~700	25	33	48	13

열전도율

열전도율은 열흐름 대 온도변화율의 비로 정의할 수 있다. 열전도계수 *k*는 단위온도 차이를 받는 단위면적을 갖는 두개의 면사이에서 재료의 단위 두께를 통과하는 일정한 열의 흐름을 나타낸다. 이 계수는 콘크리트의 열 침투율과 그에 따른 온도변화의 크기와 온도응력을 결정하므로 열에 노출된 콘크리트의 설계에서 중요한 특성이다. 콘크리트의 열전도율은 시멘트 풀과 골재의 계수 그

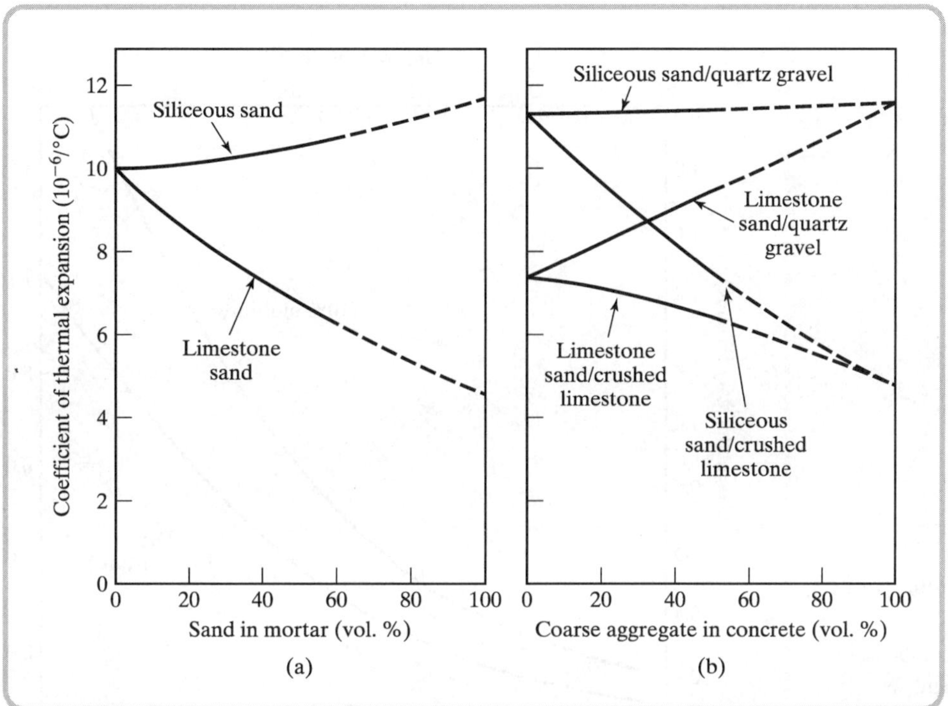

그림 17.3
열팽창에 대한 골재량의 영향. (a) 모르타르, (b) 콘크리트 (점선은 실험자료에 근거하여 유추한 결과임). [Adapted from N. G. Zoldners, in *Temperature and Concrete*, SP-25, American Concrete Institute, Detroit, MI, pp. 1–31 (1971).]

리고 상대적인 배합비에 의하여 결정될 것이다. 시멘트와 골재의 열전도율은 공극률, 수분함량에 크게 영향을 받으며 따라서 콘크리트도 동일한 영향을 받는다. 공극에 채워져 있는 물질이 열전달에 기여하므로 이러한 현상은 크게 놀랄 일이 아니다. 표 17.1을 보면 물과 공기의 열전도율은 매우 다른 것으로 나타나며, 두 경우 모두 고체 재료의 값보다는 매우 작다.

좋은 시멘트 풀의 열전도율은 물-시멘트비에 따라서 1.0~1.5 W/m·K 범위의 값을 나타낸다(표 17.1). 수분함량이 공극률보다는 매우 큰 영향을 미친다. 모든 공극수가 건조된 상태에서는 열전도율의 값이 포화상태의 페이스트의 절반까지 떨어진다. 대부분의 암석의 열전도율은 약 3.0 W/m·K이다(표 17.1). 이에 대한 예외적인 암석은 석영과 백운석이다. 또한 수분 양도 암석의 열전도율에 큰 영향을 미친다.

열전도율은 콘크리트의 밀도와 관계가 있다(그림 17.4). 높은 공극률을 가진 경량 콘크리트는 큰 기공체적으로 인하여 매우 낮은 열전도율을 나타내며, 이는 경량 콘크리트의 좋은 단열성능을 나타낸다. 공극이 경량 골재에 존재하든, 페이스트 내부에 존재하든 단열성능에는 크게 영향을 미치지 않는다. 시멘트 풀과 골재 모두 열전도율은 수분포화정도와 관계가 있으므로, 콘크리트의 경우도 동일하다(그림 17.4). 함수량의 변화가 열전도율에 미치는 실제적인 영향은 콘크리트의 초

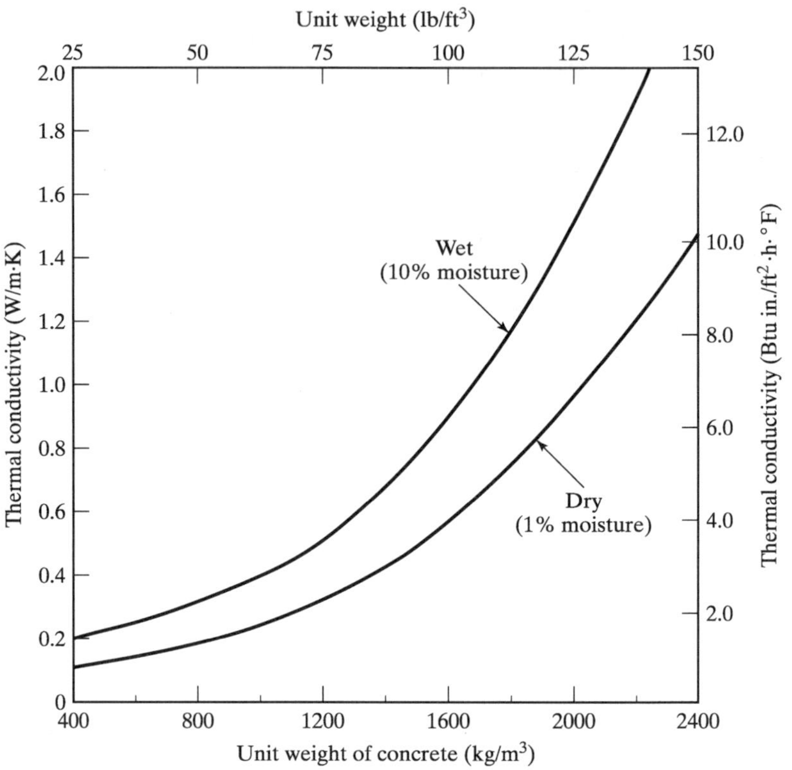

그림 17.4
밀도와 습기량의 함수인 열전도율.
[Based on data from A. Short and W. Kinniburgh, *Lightweight Concrete*, 3rd ed., Applied Science Publishers, Ltd., London (1978).]

기포화정도와 관계가 있다. 상온에서는 페이스트, 골재, 콘크리트의 열전도율은 온도와 무관하다. 그러나 100°C 이상에서는 온도에 따라서 선형으로 감소하는데(그림 17.5) 이는 건조에 의한 함수율의 변화 때문이다.

비열(Specific Heat)

비열은 골재의 종류에 크게 영향을 받지 않는데, 그 이유는 암석의 비열은 광물의 종류에 따라 크게 변화하지 않기 때문이다. 그러나 시멘트 풀의 비열은 공극률(물-시멘트비), 수분함량, 온도에 크게 영향을 받는다(표 17.3). 또한 콘크리트의 비열도 이러한 변수의 영향을 받는다. 콘크리트 비열의 범위는 800~1200 J/kg·°C이다.

열확산율(Thermal Diffusivity)

열확산율은 콘크리트에서 일어나는 온도변화의 정도를 나타내며, 열전도율과 비열의 함수로 정의된다.

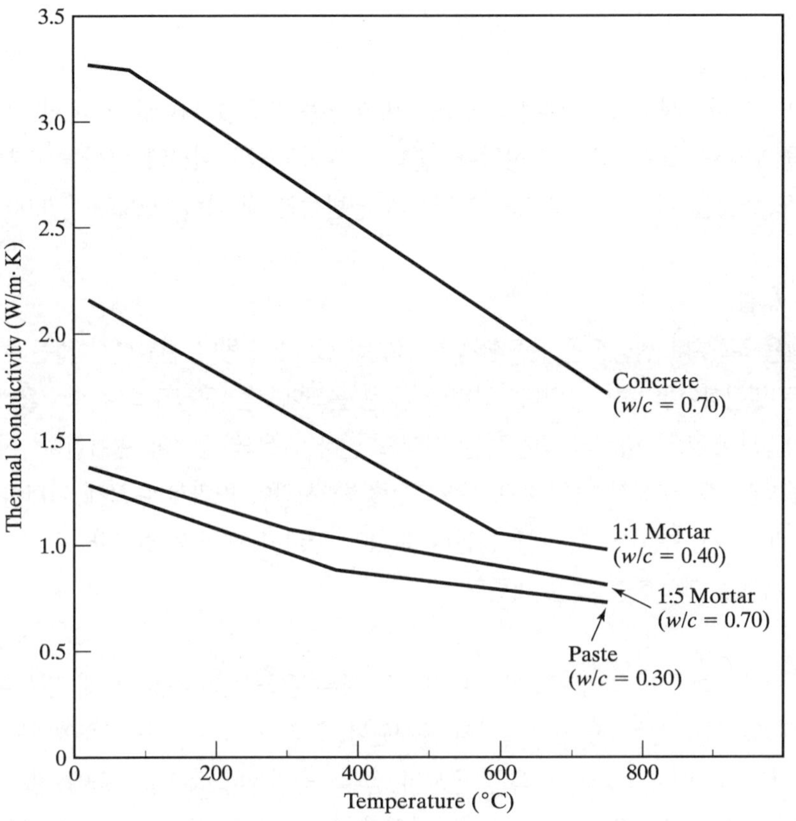

그림 17.5
온도에 따른 열전도율의 변화. [Based on data from T. Harada et al., in *Concrete for Nuclear Reactors*, Vol. I, American Concrete Institute, Detroit, MI, pp. 377-406 (1972).]

표 17.3 시멘트 풀, 콘크리트, 모르타르의 비열

재료	*a/c*	*w/c*	*온도* (°C)	*비열* (J/kg·°C)
페이스트	-	0.25	21	1140
	-		65	1680
	-	0.60	21	1600
	-		65	2460
모르타르	1:1	-	21	1720
	1:2	-	21	1180
	1:6	-	21	1100
콘크리트	-	-	-	800-200

$$D = \frac{k}{c\rho} \tag{17.2}$$

여기서 D는 열확산계수, k는 열전도율, c는 비열, p는 밀도를 나타낸다. 확산율은 흔히 열전달률의 결정을 위하여 실험적으로 측정된다. 명확히 열전도율과 비열에 영향을 미치는 요소는 또한 확산율에도 영향을 미친다. 콘크리트 확산율의 일반적인 범위는 0.002에서 0.007 m^2/h이다.

고온에의 노출

앞서의 내용으로부터 정상적인 온도환경의 범위에서는 함수율이 변화하지 않는 한 콘크리트의 온도 특성은 일정하다고 볼 수 있다. 그러나 높은 온도에서는 콘크리트의 함수율 변화 때문에, 그리고 페이스트와 일부 골재의 점진적인 해체로 인하여 온도 특성이 변화한다. 이러한 변화는 온도에 노출조건, 즉, 온도상승률, 최대 온도, 노출경과시간에 따라서 다르게 나타난다. 또한 콘크리트의 반응도 초기 특성과 그 구성 성분의 특성에 따라서 변화할 것이다. 따라서 높은 온도에서 콘크리트 거동을 예측하는 것은 어렵다.

강도 큰 온도변화율이 일어나지 않는다면, 즉 빠른 온도상승이 일어나지 않는다면, 고온에서의 콘크리트의 압축강도는 보통 300°C까지 유지된다. 그러나 그 이상의 온도에서는 큰 감소가 일어날 수 있다(그림 17.6). 감소의 폭은 골재의 성질, 공시체의 초기함수량에 관계가 있다. 강도와 탄성계수의 변화는 경화페이스트의 분해, 골재의 손상, 응력 집중과 미세균열을 일으키는 페이스트와 골재사이의 온도차의 복합작용에 의하여 일어난다. 휨강도에 대한 영향이 보다 명확히 나타나는데 이는 휨강도가 온도변화에 의하여 일어날 것으로 예상되는 미세균열에 보다 민감하기 때문이다. 콘크리트가 다시 이전의 상온으로 식었을 때 강도는 온도가 올랐을 때의 강도보다는 작다. 그 이유는 부분적으로 온도응력이 추가되고, 부분적으로 탈수 반응되었던 수화물의 재수화반응으로 인하여 부피팽창이 발생하기 때문이다.

만약 콘크리트가 수분감소를 방지하도록 밀봉된 상태에서 또는 수분감소가 서서히 일어나는 상태에서 온도가 상승된다면 시멘트 풀은 고온 증기양생 상태가 된다. 짧은 시간내에는 시멘트의 부가적인 수화반응으로 인하여 강도가 약간 증가하지만 종국적으로는 규산 칼슘 수화물의 생성으로 인하여 공극이 증가하고 강도가 크게 감소한다.

변형 탄성계수는 온도에 의하여 감소하며(그림 17.6) 그 변화는 강도보다 크게 나타난다. 그 감소는 결합에너지의 변화로부터 추정되는 값보다 크며, 페이스트-골재 계면에서 발생하는 내부 미세균열이 탄성계수 변화에 영향을 미치는 것으로 생각된다.

앞서 언급한 바와 같이 콘크리트가 고온으로 가열될 때 시멘트 풀로부터 수분의 감소로 인하여 건조수축이 일어난다(그림 17.2). 100°C에서 건조수축은 동일한 조건에서 21°C 값의 4배이다. 보다 높은 온도에서 수화물의 구조분해가 지속됨에 따라서 건조수축이 계속하여 증가하며(그림 17.7), 그 대부분은 회복되지 않는다. 건조수축의 정도는 콘크리트의 수분감소의 정도와 관계가 있으며, 따라서 물시멘트비, 골재량, 공시체의 형상, 표면의 건조조건에 영향을 받는다.

크리프도 온도증가에 따라서 증가한다. 50~140°C 범위에서 비크리프(specific creep)와 크리프의 증가율 크기에 대하여 모순된 실험결과들이 존재한다(제 16장 참조). 더 높은 온도에서는 크리프 증가율이 증가될 것으로 예상할 수 있으나 크리프의 양은 콘크리트의 수분감소량에 따라 다르게 나타난다.

내화 성능 구조용 강재에 비하여 콘크리트는 월등한 내화 성능을 가지고 있으며, 흔히 화재로부터 강재를 보호하기 위하여 사용된다. 콘크리트는 강재보다 낮은 열전도율과 더 높은 비열을 가지고 있으며, 사실 이러한 특성은 세라믹 계통 재료들의 일반적인 성질이다. 그러나 앞서 언급한 바와 같이 콘크리트는 높은 온도에 대한 노출에 의하여 손상을 받으며, 따라서 강도의 저하, 균열, 탈락이 발생할 수 있다. 화재 노출에 대한 콘크리트의 장점은 다음과 같다.

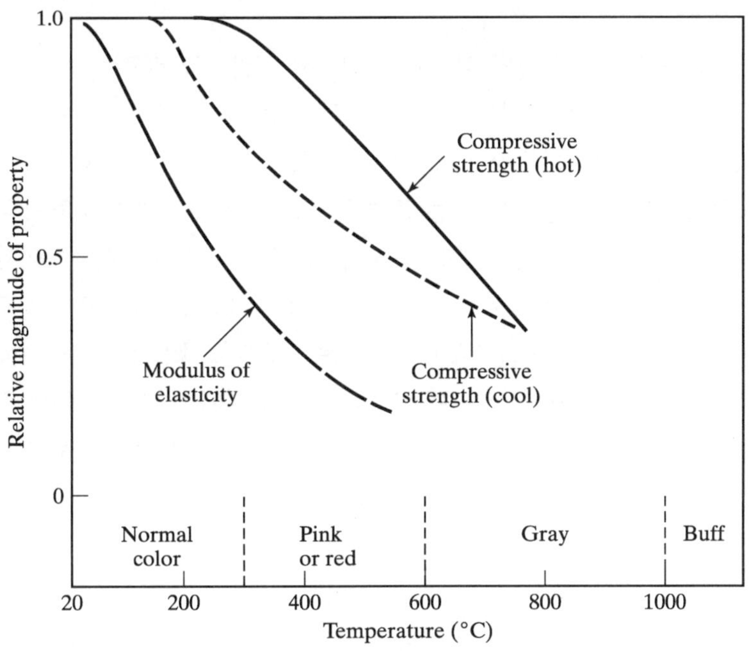

그림 17.6
콘크리트의 강도와 탄성계수에 대한 온도의 영향.

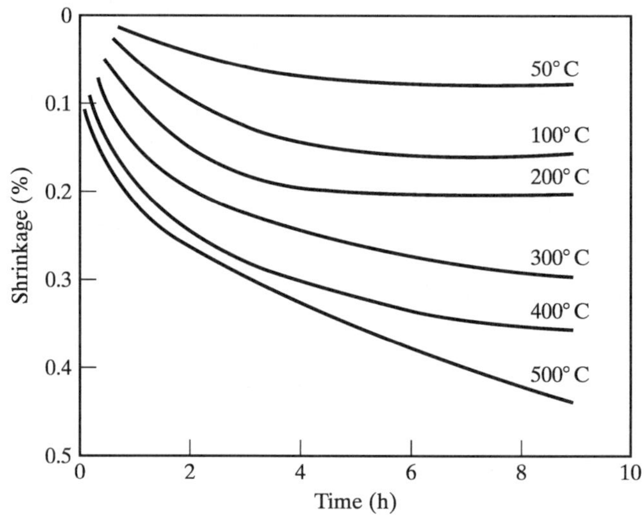

그림 17.7
건조수축의 크기와 속도에 대한 온도의 영향. [Adapted from N. G. Zoldners, in *Temperature and Concrete*, SP-25, American Concrete Institute, Detroit, MI, pp. 1-31 (1971).]

1. 낮은 침투율
2. 노출이 심하지 않은 경우 강도의 유지
3. 화재로 인한 독성가스 발생이 없음

낮은 열침투율은 낮은 열전도율의 결과이다. 따라서 경량 콘크리트는 보통콘크리트보다 더 좋은 내화 성능을 나타낸다. 그러나 다른 요소들도 콘크리트에서 온도의 상승을 저감시킬 수 있다. 물은 높은 비열을 갖고 있으며, 따라서 증발에 많은 열량을 소비한다. 따라서 습윤 콘크리트는 보다 천천히 온도가 올라간다. 다만, 수반되는 표면 건조로 인한 수축이 표면 탈락과 균열을 일으킬 수 있다. 어떠한 조건에서는 골재는 내화성능을 향상시킬 수 있다. 예를 들어서 백운석질의 골재(dolomitic aggregate)는 600°C까지 가열될 때 이산화탄소를 방출하며, 이 작용은 열을 소비하고, 또한 내부의 콘크리트의 단열효과를 나타내는 다공질의 소성재료층을 형성한다.

석회석이나 규소골재로 만들어진 콘크리트들은 가열될 때 색 변화를 일으킨다(그림 17.6). 이 색의 변화는 냉각에서도 유지되므로 화재 손상의 정도를 파악하는데 사용될 수 있다. 핑크색 이상의 색조를 나타내는 콘크리트는 손상이 심각한 수준이다.

시험 방법

재료의 열특성을 결정하는데는 많은 다른 시험 방법이 존재한다. 단열콘크리트의 열전도율을 측정하는데는 두 가지 시험(ASTM C 177과 C 135)을 사용할 수 있다. 미공병대(the U.S. Corps of Engineers)는 'Handbook for Cement and Concrete'에서 비열과 열확산율에 대한 표준실험을 정의하고 있다. ASTM E 199는 콘크리트의 내화 성능을 위한 유일한 공인된 실험 방법이다. 다만, 다른 특별한 실험들이 특별한 목적을 위하여 사용되고 있다. ASTM E199는 시료를 가열하기 위하여 사용되는 화로에 대하여 고정된 시간-온도 곡선을 요구한다(그림 17.8 참조). 이 실험은 건축물에 사용되는 구조 또는 비구조재의 다양한 시험체에 적용될 수 있다. 시험체의 합격여부는 다음과 같은 기준의 모두 또는 일부를 만족하는가에 달려 있다. 즉, 지속적인 재하 능력, 화염이나 가스가 시험체를 통과하지 못하게 하는 능력, 열에 노출되지 않는 표면의 최대 온도 등이다. 내화 성능은 시험조건에서 기준을 만족시키는 지속시간으로 표현된다. 화재 시험은 특성화된 시험으로서 북미주에서 오직 2~3개 실험실만이 그 설비를 갖추고 있다 특별한 요구사항에 대해서는 그에 적절한 실험이 사용될 수 있다.

극저온 적용

콘크리트는 액화 프로판가스의 저장탱크와 같은 극저온 상태에서도 사용될 수 있다. 만약 콘크리트가 서서히 냉각되고 반복적인 온도변화에 노출되지 않는다면, 콘크리트는 만족할 만한 성능을 나타낸다. 모세관 수분의 결빙되면 잘 양생된 콘크리트의 강도를 상온 강도의 3~4배 이상으로 증가시킨다(그림 17.9). 건조된 콘크리트는 결빙되면 약간의 강도증가만 발생한다. 탄성계수도 낮

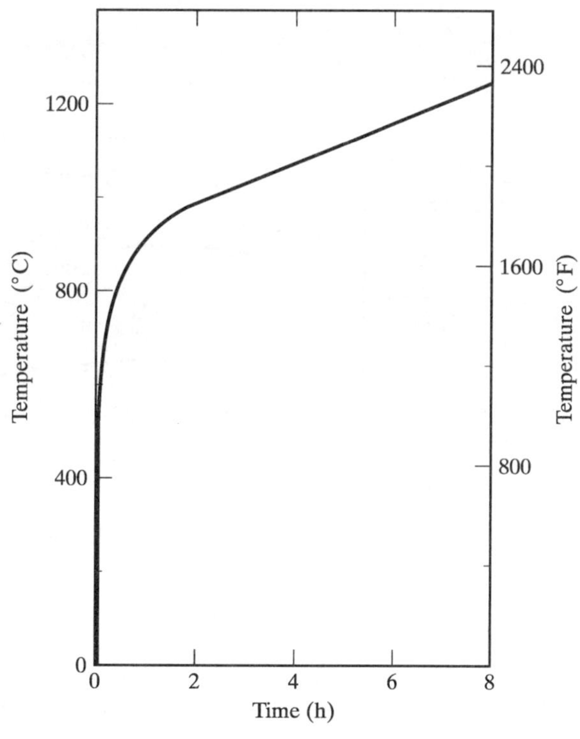

그림 17.8
ASTM E 119에서 규정한 표준 시간-온도 곡선. [ASTM INTERNATIONAL]

은 온도에서 증가하며, 반면에 온도팽창계수는 약간 감소된다. 콘크리트는 한번 또는 두번의 매우 낮은 온도(-70˚C 이하)로 냉각과 상온으로의 해동의 냉각 주기를 거치면 강도에서 회복되지 않는 매우 큰 강도 감소가 나타난다. 그러나 만약 콘크리트가 냉각되기 이전에 건조 상태가 되면 그 강도의 감소가 상대적으로 적다는 실험결과가 있다.

17.2 내마모성 (Resistance to Wear)

어떤 경우에는 콘크리트 표면의 심한 마모는 사용성에 문제를 발생시킬 수 있다. 마모는 세 가지 특징적인 형태로 구분되어 왔다.

1. 마모(abrasion): 반복적인 마찰로 인한 마모로서, 이 용어는 도로나 공장 바닥의 자동차로 인한 마모에 관련된 용어로 사용된다.
2. 침식(erosion): 물의 흐름에 의한 마모를 나타내며, 용수로, 지하관로, 파이프, 하수도, 댐의 방수로 등에서 발생한다.
3. 공동 손상(cavitation): 큰 속도의 물의 흐름에 의하여 발생하는 충격 손상을 말하며, 댐과 관개 시설의 방수로, 수문로에서 일어난다.

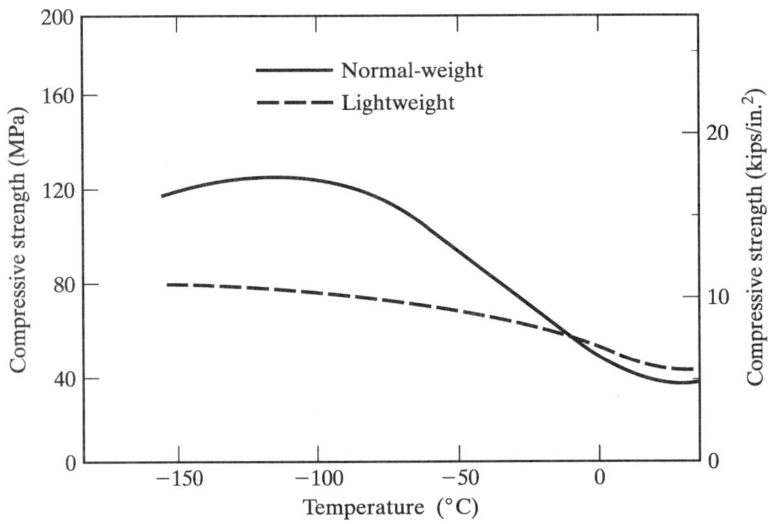

그림 17.9
콘크리트강도에 대한 저온의 영향. [Adapted from H. Woods, *Durability of Concrete Construction*, Monograph No. 4, American Concrete Institute, Detroit, MI, (1968).]

내마모성(abrasion resistance)

시멘트 풀 자체는 좋은 내마모 성능을 갖고 있지 않으며, 따라서 콘크리트의 성능은 사용되는 골재의 경도에 의존한다. 특히 금강사(emery)또는 철쇼트(iron shot)와 같은 특수 경도의 골재는 공장 바닥에 내마모 피복에 사용되어 왔다. 물-시멘트비가 낮은 고강도 콘크리트는 골재의 종류에 덜 영향을 받으며, 낮은 물-시멘트비를 사용하고 마감을 잘한다면, 내마모성이 좋은 밀실하고 강한 콘크리트를 제조할 수 있다(그림 17.10). 밀실한 피복을 확보하기 위해서는 표면이 흙손으로 잘 마감이 되어야 하며, 한 번 이상 손질되어야 한다. 부가적으로 표면을 강화하기 위하여 특별한 화학물질이 사용될 수 있다. 그러한 화학약품 처리를 통하여 페이스트의 공극에 경화된 재료를 채우기 위하여 화학반응을 일으키는 표면재와 용액을 침투시킨다. 많은 물질은 C-S-H를 형성하기 위하여 규산염을 기반에 둔 수산화칼슘 또는 불용성 불소 규산 칼슘(calcium fluorosilicate)을 형성하기 위하여 수용성 불소규산에 기반하고 있다.

마모에 의한 손상 작용은 그 원인에 따라 다르기 때문에 콘크리트의 내마모성을 정확히 평가하는 것은 어렵다. 도로와 바닥 슬래브의 마모는 마찰 손상 뿐만 아니라 긁힘 손상과 충격하중에 의한 것도 있다. 각각 다른 종류의 마모에 대한 몇 가지의 시험 방법이 있으나 하나의 시험으로서 모든 마모의 조건을 평가할 수는 없다. 사실 마모 시험에서 가장 어려운 부분은 시험결과의

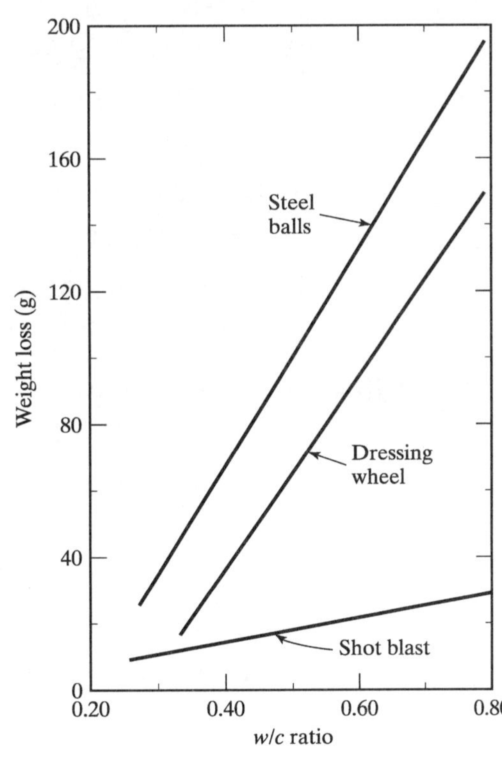

그림 17.10
콘크리트의 마모 저항에 대한 물-시멘트비의 영향.

해석이다. ASTM C 779는 콘크리트 평면의 내마모성을 시험하기 위한 3가지 가능한 방법을 제시하고 있다. 강재공 마모 시험(steel-ball abrasion test)은 하중을 강재공을 담은 회전헤드에 가하며, 마모되는 재료의 표면은 물로 씻어낸다. 드레싱휠시험(Dressing wheel test)은 회전강재바퀴를 통하여 하중을 가한다. 회전강판시험(revolving disk test)은 실리콘 카바이드 마모규석(silicon carbide abrasive grit)으로 처리한 평면 강판을 회전시킨다. 각 시험에서는 일정한 시간 후에 마모의 깊이를 측정하며, 무게 감소도 공통적으로 측정된다. 이러한 시험들은 차량과 많은 사람 통행에 의한 마모를 모사하며, 실제 일어날 수 있는 충격 및 끌림과 함께 다양한 크기의 마찰을 가한다. 모래 분사 시험(sandblast test ASTM C 418)은 마모 시험으로서도 사용할 수 있지만, 주된 목적은 침식에 대한 콘크리트의 저항성을 측정하는 것이다. 이 시험은 콘크리트의 저항성이 낮은 구성 물질을 더 심하게 마모시키는 경향이 있다. 추가적으로 제 7장에서 언급하였던 로스엔젤레스 마모 시험(Los Angeles Machine test)과 같은 골재의 내마모성을 위한 시험방법이 있다. ASTM C 944의 회전절단시험(rotating cutter method)은 포장도로의 품질관리를 위하여 사용된다. 이 시험 방법은 드레싱휠시험과 비슷하지만 ASTM C 799 또는 C 418에서 사용하기에는 너무 작은 면적을 갖는 코어와 같은 시험체를 위하여 개발되었다.

골재를 위한 특별한 시험이 필요할 수 있다. 예를 들어서 도로의 미끄러짐 저항력은 매우 중요한 고려요소이다. 골재가 점진적으로 매끄럽게 깎이면 미끄러지기 쉬운 부드러운 표면이 될 수 있다. 매끄럽게 깎이기보다는 파단이 발생하는 경도가 크고 부서지기 쉬운 골재가 미끄러짐 저항 표면을 유지하는데 더 바람직할 지 모른다. 깎이는 정도가 다른 광물로 구성된 골재도 보다 나은 미끄러짐 저항 표면을 제공할 수 있다. 콘크리트를 포함하는 도로 표면의 미끄러짐 저항을 측정하기 위한 다양한 ASTM 시험방법이 있다. ASTM E 274와 E 303은 현장 시험을 위하여 제정되었다. ASTM E274는 규정된 실제 크기의 타이어를 사용하는 반면에 ASTM E303은 특별히 고안된 고무면을 사용한다. 시험실에서는 ASTM E303 또는 E510이 사용될 수 있으며, 두 가지 방법 모두 ASTM E 451과 함께 도로 포장의 마모 특성을 연구하는 데 사용될 수 있다.

침식 저항(Erosion Resistance)

콘크리트의 침식 저항은 대체로 떠다니는 부유물의 양과 성질에 관계가 있다. 침전물이 없는 물에 의한 침식은 화학적 침식이 없는 한 크지 않다. 침식에 대한 저항력은 콘크리트의 압축강도(또는 물시멘트비)에 의하여 결정된다. 큰 골재의 사용은 보다 유리하다. 마모의 경우와 마찬가지로 침식을 받는 부분은 콘크리트의 표면이다. 따라서 콘크리트를 타설할 때, 표면의 품질이 잘 나오도록 특별한 관리가 필요하다. 모래 분사 시험이 사용될 수 있으나, ASTM C 1138은 수중입자에 의한 마모를 모사하기 위하여 설계되었다. 이 시험 장치는 콘크리트 표면 위에 설치된 철재 실린더 안에 물을 움직이도록 하는 회전날로 구성된다. 다양한 크기의 강구가 물에 의하여 콘크리트 표면에 부딪친다. 내침식성은 제거된 재료의 양과 침식깊이에 의하여 측정된다.

공동 손상(Cavitation Damage)

공동에 의한 손상은 침식보다 훨씬 심각한 문제이며 심지어 좋은 품질의 콘크리트도 심한 침식을 받을 수 있다. 공동 현상은 빠른 유속의 물이나 기타 액체가 방향이나 유속에 큰 변화가 있는 경우에 발생한다. 공동은 변화가 발생하는 하류 표면에 낮은 압력의 영역을 형성하는데, 이 낮은 압력은 수포를 발생시키며, 이 수포는 낮은 수압의 영역을 벗어나면서 파열되는데, 이 때 콘크리트 표면에 국부적인 큰 에너지 충격을 발생시킨다. 수포의 파열에 의한 충격은 700 MPa 만큼의 높은 압력을 발생시키는데, 이 정도의 압력은 높은 강도의 강재에 영향을 줄 만큼 크다. 따라서 콘크리트는 심하게 영향을 받을 수 있다. 공동 현상에 대한 가장 좋은 대처 방법은 설계할 때 이의 발생 가능성을 제거하도록 노력하는 것이다. 유속의 비정형성 또는 12 m/s가 넘는 유속을 방지하는 것이 도움이 된다. 고의적으로 물속에 공기방울을 넣는 것은 이러한 공동 현상의 충격을 완화하고 손상을 줄이는데 도움이 된다고 알려져 있다.

공동 현상이 항상 방지될 수는 없으나 손상을 최소화하기 위해서는 고품질의 재료를 사용하여야 한다. 과거의 경험에 의하면 고강도, 직경 20 mm 미만의 작은 골재를 사용하는 낮은 물시멘트비의 콘크리트는 페이스트-골재 부착 등이 좋은 저항력을 발휘한다. 폴리머 콘크리트(고강도와 좋은 부착성능)와 섬유보강 콘크리트(좋은 내충격성)의 사용이 공동 손상을 방지하기 위하여 권장되어 왔으며, 이러한 새로운 재료들이 현재 연구 중에 있다.

17.3 기타 성질 (Other properties)

방사능 차단

콘크리트는 방사능 차단 재료로서 유용한 성능을 가지고 있다. 가장 눈에 띄는 적용 예는 원자로를 위한 프리스트레스 콘크리트 압력구조물이다. 방사능 차단을 위하여 보통 콘크리트가 사용될 수 있지만 과도한 두께가 요구된다. 적절한 재료의 선택은 방사능의 감소율을 향상시키고 요구되는 두께를 감소시킬 수 있다. 방사능 차단의 설계에서 고려될 필요가 있는 주요 방사선은 중성자와 감마선이다.

감마선은 X선보다 짧은 파장을 가지는 높은 침투성과 전기자기의 방사선이다. 감마선은 주로 전자와의 탄성 충돌(Compton scattering effect)에 의하여 감소된다. 높은 조밀도의 재료가 좋은 감쇠재로서 사용될 수 있으며, 따라서 특수 고밀도 골재의 사용이 바람직하다. 빠른 중성자의 감소는 높은 밀도를 요구하지만, 수소원자는 중간과 느린 속도의 중성자가 흡수되도록 한다. 보통밀도 콘크리트에 대하여 무게비 0.45%의 수소양이 요구되며, 이는 콘크리트가 4%의 물을 포함하

표 17.4 방사선 차단을 위한 골재의 종류

골재종류	비중	차단성능
자연골재		
보크사이트 (Bauxite)	~2.0	고속중성자 (H)[a]
사문석 (Serpentine)	~2.5	고속중성자 (H)
침철광 (Goethite)	~3.5	고속중성자 (H)
갈철광 (Limonite)	~3.5	고속중성자 (H)
붕개석 (Borocalcite)	~2.5	중성자 (B)[b]
코레마나이트 (Colemanite)	~2.5	중성자 (B)
중정석 (Barite)	~4.2	감마선
자철광 (Magnetite)	~4.5	감마선
티탄 철광 (Ilmenite)	~4.5	감마선
적철광 (Hematite)	~4.5	감마선
인공골재		
중량이 있는 슬래그 (Heavy slags)	~5.0	감마선
페로포스포러스 (Ferrophosphorous)	~6.0	감마선
규소철 (Ferrosilicon)	~6.7	감마선
스틸펀칭 및 샷 (Steel punching or shot)	~7.5	감마선
철붕합금 (Ferroboron)	~5.0	중성자 (B)
탄화 붕소 (Boron carbide)	~2.5	중성자 (B)
보론 프릿 (Boron frit)	~2.5	중성자 (B)

[a] (H) 수소에 의한 경감
[b] (B) 붕소에 의한 경감

는 경우에 달성될 수 있다. 완전 건조된 콘크리트는 충분한 물을 포함하지 않으므로 얼마간의 수소를 포함하는 골재가 바람직하다(표 17.4). 수소가 느린 중성자를 흡수할 때 높은 에너지의 감마선이 만들어지며, 이것도 감쇠되어야 한다. 붕소는 중성자의 효과적인 흡수제이며, 더 쉽게 차단될 수 있는 더 낮은 에너지를 가진 감마선을 만들어 낸다. 따라서 붕소를 포함한 골재는 중성자 차단을 위하여 유용하다. 그러나 수용성 붕소화합물의 첨가는 바람직하지 않다. 그 이유는 시멘트의 수화작용을 지연시키기 때문이다. 실리카 골재는 높은 산소 비율을 가지고 있는데, 산소는 중성자를 느리게 하는데 도움을 준다. 방사선 차단을 위한 골재는 ASTM C 637과 ASTM C 638에 나와 있다. 중량골재는 비싸고 타설과 배합설계에 대하여 특별한 고려사항이 필요하므로 공간상 콘크리트 두께의 제약이 있을 때 사용되는 것이 바람직하다. 중량골재는 마감 표면이 거칠고 분리되는 경향이 있으므로 보통 때 필요한 것보다 더 미세한 골재가 요구된다. 미세한 모래와 높은 시멘트양의 사용은 유동성이 좋고 점착성있는 콘크리트를 만들어 낸다(중량 콘크리트에 대한 추가적인 논의는 제 20장 참조).

방사능 손상 콘크리트의 성능은 일반적인 경우에서는 감마선과 중성자에 노출됨에 의하여 영향을 받지 않는다. 이러한 언급은 방사선의 영향과 온도의 영향을 구별하기 어렵기 때문에 애매할 수 있다. 흡수된 방사선의 에너지는 열로 전환되어 100°C 이상의 상당한 온도의 증가를 일으킨다. 원자로 차단막의 콘크리트의 온도는 열을 제거하여 온도를 낮추기 위하여 조치가 취해지지 않는다면 수백도로 증가할 수 있다. 안전한 사용 온도는 많은 요소에 영향을 받으며, 골재의 온도안정성, 온도주기의 존재(일정한 온도보다 더 손상을 입히는), 온도변화의 크기, 그리고 최소 방사능 차단요건 등이다.

음향 성능(Acoustic Properties)

건물 재료는 두 가지 음향 성능이 관심거리이다. 즉, 음 흡수와 음 전달이다. 음 흡수는 주로 방안에서 소음 수준을 제어하는데 관계가 있다. 음흡수계수는 공극률과 관계가 있다. 따라서 경량 콘크리트는 보통중량 콘크리트에 비하여 우수한 음흡수 성능을 나타낸다. 그러나 또한 면거칠기가 중요하다. 비규칙적이고 연결된 기공을 갖는 경량 골재로 만들어진 콘크리트는 독립 기공을 갖는 동일한 공극률의 기포콘크리트보다 더 좋은 음흡수 성능을 나타낸다.

음전달에 영향을 주는 주요한 요소는 벽의 단위면적당 밀도이다. 사용되는 재료의 형태는 덜 중요하다. 낮은 밀도의 콘크리트는 좋은 음흡수와 전달 성능을 나타낸다. 따라서 만약 높은 흡수율과 낮은 전달이 동시에 요구된다면 어떤 해결책이 찾아지거나 타협이 되어야 한다. 공동의 존재는 음전달 감소를 증가시켜서 공동 벽체의 사용이나 조밀한 내부를 갖는 샌드위치 패널이 가능한 해결책을 제시할 수 있다. 음전달은 음의 진동수와 관계가 있다. 음전달의 감소는 일련의 진동수에 대하여 ASTM E 90에 따라서 측정된다. 이 측정으로부터 음전달 성능이 ASTM E 413에 따라서 결정된다. 얇은 벽이 사용되는 경우에는 벽의 휨강성이 중요하고, 일정한 조건에서는 벽에 작용하는 공중파 진동수가 벽의 구조 공진진동수와 같게 되고 이 조건은 음전달을 증가시킨다.

전기적 성능

전기 전도성(Electrical Conductivity) 건조된 콘크리트는 약 10^{13} ohm·m의 저항성을 가진 좋은 절연체이다. 그러나 습기가 있는 콘크리트는 반도체의 범위인 약 10^{6} ohm·m의 낮은 저항성을 가진다. 전도성의 증가는 용해된 염을 포함하여 전해질로 작용하는 모세관공극의 물 때문이다. 따라서 콘크리트의 저항 성능은 전해질 용액의 농도에 의하여 결정된다. 농도를 증가시키는 요소는 시멘트의 알칼리양(공극 용액에 많은 알칼리염), 염화칼슘과 같은 전해질 혼화제, 수화반응의 정도와 물-시멘트비에 의하여 결정되는 모세관수의 양이다. 이들의 영향은 표 17.5에 나타나 있다.

위에 기술한 내용은 교류에 적용된다. 직류에 대한 저항성은 더 큰 극효과로 인하여 다르게 나타난다. 콘크리트는 철근으로 들어가거나 나가는 전류 흐름에 큰 저항을 나타낸다. 이는 극효과 때문인 것으로 보인다.

표 17.5 알칼리양이 콘크리트 저항성에 미치는 영향

Na_2O양	w/c비	저항성 (at 1000 Hz, 4 V)		
		7일	28일	90일
0.2%	0.4	103,000	117,000	157,000
	0.5	79,000	88,000	109,000
	0.6	53,000	70,000	76,000
1.0%	0.4	123,000	136,000	166,000
	0.5	82,000	95,000	120,000
	0.6	72,000	73,000	79,000

[G. E. Monfore, *Journal of the Portland Cement Association*, R & D Laboratories, Vol. 10, No. 2, pp. 35-48 (1968).]

기타 성능 콘크리트의 정전용량은 재령과 진동수의 증가에 따라서 감소한다. 콘크리트의 전도체 강도(dielectric strength)는 습기량과는 명백히 무관하지만 콘크리트와 같은 복합재료에서는 재료의 미세구조와 관계가 있다. 시멘트 풀의 전도체 특성은 무선주파수 범위에서 연구되어 왔으며, 단파 흡수성은 시멘트 풀에 있는 물의 거동을 연구하기 위하여 사용되어 왔다.

시멘트 풀과 콘크리트의 교류저항(Impedance)은 공극수를 통과하는 평행전도성과 고체의 수반되는 성능의 결과이다. 그 효과는 AC에서 주파수에 따라서 변화하며 하나의 교류저항 스펙트럼을 만든다. 스펙트럼의 결과는 재료의 전달 성능에 대한 유용한 정보를 주며, 콘크리트의 성능을 예측하기 위한 실험의 기본이 미래에 될 수도 있다.

참고문헌

Behavior of Concrete Under Temperature Extremes, SP-39, American Concrete Institute, Detroit, MI (1973).

Christensen, B., R. T. Coverdale, R. Olson, S. Ford, E. J. Garboczi, H.M. Jennings, and T. O. Mason, "Impedance Spectroscopy of Hydrating Cement-Based Materials: Measurement, Interpretation, and Application," *Journal of the American Ceramic Society*, Vol. 77, No. 11, pp. 2789-2804 (1994).

Concrete for Nuclear Reactors, SP-34, Vol. 1. American Concrete Institute, Detroit, MI (1972).

Hilsdorf, H. K., J. Kropp, and H. J. Koch, "The Effects of Nuclear Radiation on the Mechanical Properties of Concrete," in SP-55, *Douglas McHenry International Symposium on Concrete and Concrete Structures*, American Concrete Institute, Detroit, MI, pp. 223-251 (1978).

Litvan, A., and H. W. Belliston, "Sound Transmission Loss through Concrete and Concrete Masonary Walls," *Journal of the American Concrete Institute*, Vol. 75, No. 12, pp. 641-646 (1978).

Liu, T. C., "Abrasion Resistance," in *Significance of Tests and Properties of Concrete and Concrete-Making Materials*, eds. P. Klieger and J. F. Lamond, STP 169C, American Society of Testing and Materials, West Conshohocken, PA, pp. 182-191 (1994).

Refractory Concrete, SP-57. American Concrete Institute, Detroit, MI (1978).

Rostasy, F. S., U. Schneider, and G. Wiedemann, "Behavior of Mortar and Concrete at Extremely Low Temperatures," *Cement and Concrete Research*, Vol. 9, No. 3, pp. 36-576 (1979).

Scanlon, J. M. and J. C. McDonald, Thermal Properties, in *Significance of Tests and Properties of Concrete and Concrete-Making Materials*, eds. P. Klieger and J. F. Lamond, STP 169C, American Society of Testing and Materials, West Conshohocken, PA, pp. 229-239 (1994).

Smith, P., Resistance to Fire and High Temperature, in *Significance of Tests and Properties of Concrete and Concrete-Making Materials*, eds. P. Klieger and J. F. Lamond, STP 169C, American Society of Testing and Materials, West Conshohocken, PA, pp. 282-295 (1994).

Temperature and Concrete, SP-25. American Concrete Institute, Detroit, MI (1977).

Whiting, D., A. Litvin, and S. E. Goodwin, "Specific Heat of Selected Concretes," *Journal of the American Concrete Institute*, Vol. 75, No. 7, pp. 299-305 (1978).

문제

17.1. 콘크리트에서 골재와 시멘트 풀의 열팽창계수가 서로 다르다는 사실이 지니는 중요성은 무엇인가?

17.2. 왜 경량 콘크리트는 단열성능이 우수한가?

17.3. 구조물이 화재에 노출된 후 구조적인 손상을 입었는지를 어떻게 판단할 수 있는가?

17.4. 구조용 강재보다 콘크리트의 내화성이 더 우수한 이유는 무엇인가?

17.5. 콘크리트의 내마모성에 영향을 주는 요소는 무엇인가?

콘크리트 *Concrete*

CHAPTER 18

내구성
Durability

콘크리트는 본질적으로 내구적인 재료이다. 만약 노출환경에 대하여 적절히 설계되고 좋은 품질 관리로 생산된다면 콘크리트는 극한 부식환경이 아니면 보호코팅을 하지 않아도 수십년간 유지관리가 필요없는 성능을 발휘할 수 있다. 그러나 콘크리트는 적절한 조치가 취해지지 않는다면 다른 다양한 노출(표 18.1)에 취약하다. 콘크리트의 손상은 3가지 주요성분(골재, 페이스트, 철근) 중에서 어느 하나의 열화에 의하여 발생하며, 이는 화학적 또는 물리적 원인에 기인할 수 있다. 어느 특정한 환경요인이 손상을 일으키면, 다른 요인이 이 상황을 더 악화시킬 수 있다.

내구성을 연구하는데 있어서 가장 어려운 점은 단기적인 실험에 근거하여 장래 수십년간의 콘크리트 거동을 예측하는 것이다. 따라서 내구성은 실제 현장 문제에 대한 실제적인 연구를 통하여 이해할 필요가 있다. 현대 콘크리트 기술이 직면한 주요한 도전은 다양한 사용조건에서 콘크리트의 내구성을 더 정확히 예측하는 것이다.

18.1 콘크리트의 침투 성능 (Permeability of Concrete)

내구성에 가장 큰 영향을 미치는 단일 요소는 *w/c*(또는 *w/cm*)비이다. *w/c*비가 감소하면서 페이스트의 공극률이 감소하며, 콘크리트는 더 불침투성이 된다(그림 18.1). *w/c*비의 변동성이 침투성에 미치는 영향은 겔 공극보다는 큰 모세관 공극에 의하여 지배된다. 모세관 체적에 대한 *w/c*비의 영향은 그림 18.2에 나타나 있다. 이 그림은 밀봉된 완전 수화된 포틀랜드시멘트 풀의 물리적인 조성을 나타낸다. 밀봉된 페이스트의 조건(혼합 이후에 더 이상의 물을 추가하지 않은)은 고품질 콘크리트 구조물의 내부공간으로 대표된다. 그림에 나타난 바와 같이 모세관 체적은 0.42보다 큰 *w/c*비에서 크게 증가한다.

콘크리트의 침투성은 내구성에 중요한 역할을 한다. 그 이유는 침투성이 공격적인 화학물질을 포함하는 습기의 침투와 동결융해가 일어나는 동안 물의 이동을 제어하기 때문이다. 낮은 *w/c*비는 콘크리트강도를 증가시키고 따라서 좋지 않은 작용에 의하여 발생할 수 있는 내부응력에 의한 균열에 대한 저항성을 향상시키므로 *w/c*비는 2가지 역할을 한다.

표 18.1 콘크리트의 내구성
화학적 침식
침출과 백화 현상(P)
황산염 침식(P)
알칼리 골재 반응(A) (제 7장)
산과 알칼리(P)
금속 부식(R)
물리적 침식
동결과 융해(P, A)
습윤과 건조(P) (제 16장)
온도 변화(P, A) (제 17장)
마모(P, A) (제 7장, 17장)

괄호 안의 영문자는 가장 영향을 많이 받는 콘크리트의 구성 요소를 순서대로 표현한 것이다. A는 골재, P는 시멘트 풀, R은 철근이다.

콘크리트의 침투성은 콘크리트 슬래브를 관통하는 흐름의 속도를 결정하여 측정될 수 있다. 콘크리트의 공극률은 페이스트에 의하여 결정되므로 콘크리트의 침투성은 페이스트에 의하여 결정된다. 그러나 페이스트-골재 계면의 내부 균열에 의하여 크게 영향을 받는다. 콘크리트를 통한 물의 흐름은 내구성과는 별개로 건설공사에 관심거리인데, 불침투 콘크리트는 수처리 구조물과 지하공사에 필요하다. 건설산업에서 흔히 사용되는 용어인 수밀성(watertightness)은 불침투성과 같은 의미이다. 시멘트 풀을 통한 물의 흐름은 공극재료를 통한 흐름에 대한 *D'Arcy's*의 법칙을 따른다. 즉,

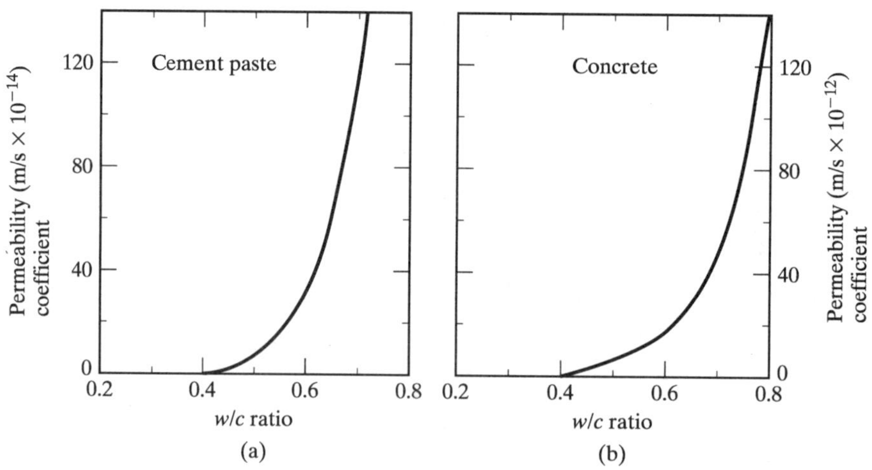

그림 18.1
침투성에 대한 *w/c*비의 영향. (a) 시멘트 풀 [T. C. Powers, L. E. Copeland, J. C. Hayes, and H. M. Mann, *Journal of the American Concrete Institute*, Vol. 51, No. 3, pp. 285–298 (1954)], (b) 콘크리트 [adapted from *Concrete Manual*, 8th ed., U.S. Bureau of Reclamation, Denver, CO (1975).]

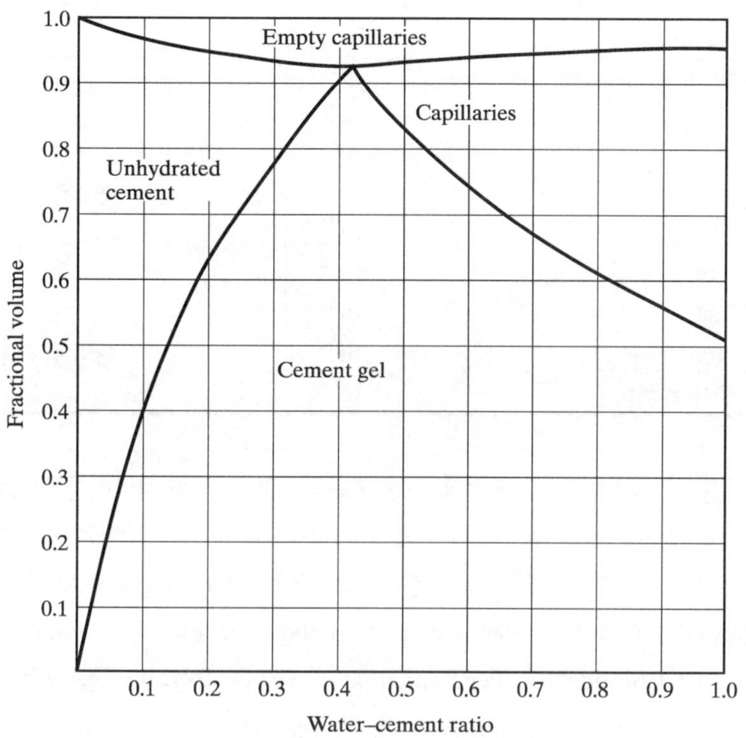

그림 18.2
밀봉된 완전 경화 포틀랜드시멘트 풀의 조성. [T. C. Hansen, *Materials and Structures*, Vol. 19, No. 114, pp. 423-436 (1986).]

$$\upsilon = K_p \frac{h}{x} \tag{18.1}$$

여기서 v = 물의 유속, h = 수두(수압), x = 시험체의 두께, K_p = 침투계수이다. K_p는 시멘트 풀에서 일정하지 않으며, 표 18.2에 나타난 바와 같이 w/c비와 페이스트의 재령에 따라 다르다. 이는 K_p가 w/c비와 수화정도에 의하여 영향을 받는 페이스트의 모세관 공극률에 밀접히 관계가 있기 때문이다. 표 18.2와 그림 18.1로부터, K_p는 몇 백배 만큼의 차이를 보인다. 콘크리트는 물과 같은 액체보다는 기체에 대하여 10~100배의 침투성을 보인다.

침투성을 측정하는 시험은 3가지로 구분된다. 두 가지는 콘크리트를 통한 물의 이동에 관련된 것이며, 세 번째는 전기장의 이동과 관련이 있다. 전통적인 방법에서는 콘크리트 슬래브가 높은 수압을 받은 후 콘크리트를 통과한 흐름이 측정된다. 측정이 가능한 일정한 유속을 얻기 위하여 높은 수두(수압)이 흔히 사용되는데, 이 방법의 단점은 수압이 증가하면서 K_p가 감소한다는 점이다. 보다 현실적인 K_p값을 얻으려면 침투성능 시험이 시험체 두께에 따라 최소 압력 변화율을 가지고 수행

표 18.2 재령에 따른 시멘트 풀의 투수계수 변화 ($w/c = 0.51$)

재령(일)	$K_p(m/s)$	
굳지 않은 페이스트	10^{-5}	w/c비에 무관
1	10^{-8}	연결된 모세관 공극
3	10^{-9}	
4	10^{-10}	
7	10^{-11}	
14	10^{-12}	
28	10^{-13}	
100	10^{-16}	단절된 모세관 공극
240 (최대 수화)	10^{-18}	

되어야 한다(이는 일정한 유속에 도달하기 위하여 필요한 시간을 상당히 증가시킨다). 변화율의 감소는 콘크리트를 관통하는 유속이 있다는 것을 나타낸다. 세 번째 방법은 직접방법에 의하여 침투성을 측정하는 것이다. 대부분 흔히 염소 침투 시험 또는 RCPT(rapid chloride permeability test)라고 부른다(ASTM C 1202 "Standard Test Method for Electrical Indication of Concrete's Ability to Resist Chloride Ion Penetration"). 이 시험은 수산화나트륨 용액과 염화나트륨 용액을 콘크리트 시험체 양쪽에 두고 양 면사이에 전기볼트를 작용시키며, 6시간동안 흐른 총 전류양이 침투 성능의 측정값을 나타낸다. 그림 18.3에 나타난 바와 같이 0.4-0.75의 w/c비를 갖는 콘크리트에 대하여 RCPT는 일반적인 두 가지의 압력시험 방법의 결과와 그리고 총 공극률과 잘

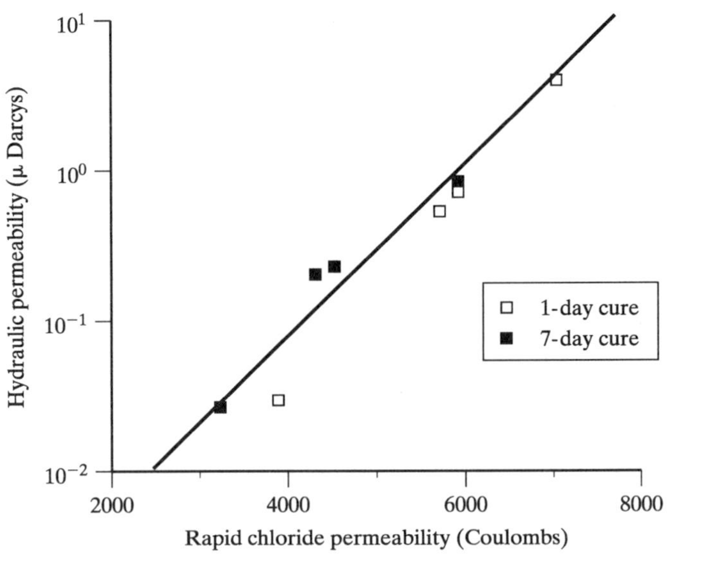

그림 18.3
수압침투 시험과 염소침투 시험(RCPT) 결과 사이의 관계.
[D. Whiting in Permeability of Concrete, SP-108, *American Concrete Institute*, Detroit, MI, pp. 195–222 (1988).]

일치한다. 그러나 RCPT는 실제로 시험체를 통과하는 전류양을 측정하기 때문에 실험결과는 신중히 평가되어야 한다. 저침투 콘크리트는 6시간동안 거의 일정한 전류를 나타내는데 비하여 고침투성 콘크리트는 지속적으로 증가하는 전류를 나타낸다. 이는 전도성을 증가시키는 초기 높은 전류에 의하여 나타나는 열 때문이다. 따라서 초기 30분간 통과하는 초기 전류가 총 6시간의 시험 결과보다 더 객관적인 결과를 가져온다. 실리카퓸을 포함하는 저침투성콘크리트는 실리카퓸이 없는 비슷한 콘크리트보다 상당히 낮은 RCPT값을 나타낸다. 그러나 이 비교에서, RCPT 측정값은 실제 염소침투에 의한 시험에서 측정된 측정값보다 수 배나 더 큰 측정값을 나타낸다.

모든 침투 성능 측정 방법은 큰 변동률(30에서 50%의 변동계수)을 나타내므로 고강도 콘크리트와 부가적인 결합재를 포함하는 콘크리트처럼 낮은 침투율($K_p \leq 10^{-15}$ m/s) 을 갖는 콘크리트는 정량적인 데이터를 얻기가 힘들다.

숙성된 시멘트 풀에서 총 공극률이 높다고 하더라도 낮은 공극률의 암석과 같은 정도로서 침투계수는 매우 작다. 따라서 물이 매우 작은 겔공극을 따라서 쉽게 이동할 수 없으며, 침투율은 모세관공극의 연결된 네트워크에 의하여 결정된다. 수화작용이 진행되면서 모세관 네트워크는 점점 굴곡이 심하게 되며, C-S-H의 형성에 의하여 연결된 공극이 막힌다. 이는 지속적인 K_p의 감소를 가져오며, 모세관공극이 완전히 막히는데 소요되는 시간은 w/c비의 함수이다(표 18.3). 0.7보다 큰 w/c비의 콘크리트에서는 지속적인 습윤양생에도 모세관공극의 완전한 단절이 이루어지지 않으며, 콘크리트는 상대적으로 높은 침투율을 보인다. 모세관공극이 C-S-H와 겔공극에 의하여 완전히 단절되었다고 하더라도 K_p는 지속적으로 감소된다. 이는 모세관사이에 있는 C-S-H의 두께가 증가할 뿐만 아니라 수산화칼슘이 지속적으로 남은 모세관공극에서 발전하여 불침투영역을 만들기 때문이다. K_p의 한계값은 모든 모세관공극이 제거될 때 일어나며, 이는 10^{-22} m/s보다 작은 값으로 판단된다.

연결된 모세관 시스템의 크기가 K_p의 크기에 영향을 미친다. K_p는 수은 침투시험(4.3절 참조)에 의하여 결정되는 유효공극직경(d_c)과 실험적으로 깊은 관계가 있다. d_c값은 침투 곡선의 최대 침투율($dV/d\,\log d$)과 관련이 있다. 컴퓨터 시뮬레이션을 이용하여 계면 공극의 연결을 예측할 수

표 18.3 단절된 모세관 공극이 생성되는 양생 기간(연속적인 습윤양생에서)

w/c 비	*양생시간(일)*
0.40	3
0.45	7
0.50	28
0.60	180(6개월)
0.70	365(1년)
> 0.70	불가능

있으며, 이는 수은 침투에 의하여 실험적으로도 관측되었다. 계면공극과 관계된 d_c가 증가하면 10~100 배만큼 K_p 값도 증가된다.

앞서 언급한 내용은 지속적으로 습윤양생되고, 잘 다짐된 페이스트에 관한 것이다. 만약 페이스트가 건조되고 다시 수분이 흡수된다면 침투계수는 더 높게 된다. 이는 건조수축에서 공극크기 분배의 변화가 발생하여 모세관공극이 부분적으로 다시 연결되기 때문이다. 이 영향은 페이스트-골재 계면에서 균열이 물의 흐름을 더 높여주기 때문에 콘크리트에서 더 명확히 일어난다. 양생기간이 중요한데, 3개월 재령에서 7일간 습윤양생된 콘크리트의 침투율은 하루 습윤양생된 콘크리트 침투율의 1/5에 지나지 않는다.

지속적으로 습윤상태의 콘크리트에서도 블리딩을 일으키는 불완전한 압밀 또는 과도한 재료의 분리에 의하여 투수성이 증가한다. 연행된 공기량의 1% 증가는 물-시멘트비 0.03 증가와 같은 효과로 나타났다. 그러나 공기연행으로 인한 시공연도의 증가는 수량의 감소를 가져온다. 따라서 이러한 물-시멘트비의 감소는 공기연행으로 인한 골재분리와 블리딩의 감소와 함께 전체적인 침투성을 감소시킨다.

실리카퓸과 같은 시멘트 계통의 혼화재의 혼입은 투수성을 크게 감소시키며, 이는 *w/cm*비에 의해서 얻을 수 있는 효과보다 더 크다. 이는 전체 공극률과 공극의 크기가 감소하기 때문이다. 전자현미경을 이용한 연구는 실리카퓸이 1~10 μm 직경의 공극의 수를 크게 감소시킨다는 것을 보여주며, 수은 침투 공극 계측은 실리카퓸이 0.010~1.0 μm 사이의 직경을 갖는 공극의 숫자를 줄이는 것을 보여준다.

페이스트와 골재사이 경계면에서의 균열 또는 분리는 투수성에 대한 최대 굵은골재 최대치수의 영향에 의하여 나타난다. 그림 18.1b를 위하여 사용된 자료에 따르면, 물-시멘트비가 0.5이고, 최대 골재 크기가 37.5에서 115 mm로 증가될 때 콘크리트의 투수성이 2.4×10^{-12} m/s에서 6.8×10^{-12} m/s로 증가한다. 댐에 사용되는 매스콘크리트는 높은 물-시멘트비로 일반적으로 타설되어 $8\sim35\times10^{-12}$ m/s 사이의 투수성을 갖는다. 미 국토개발국(Bureau of Reclamation) 에서는 최대 침투성능으로서 $K_p = 15\times10^{-12}$ m/s를 채택해 오고 있다.

18.2 화학침투 (Chemical Transport)

대부분의 콘크리트는 모세관수를 가지고 있다. 따라서 화학침투는 공극수와 화학성분의 상호작용에 의하여 영향을 받는다. 산은 시멘트 풀과 몇몇의 골재들의 성분을 용해시켜서 콘크리트의 투수성과 확산계수를 증가시킨다. 몇몇의 유기성분은 칼슘염을 만들어서 투수성을 감소시키는 역할을 한다. 그러나 대부분의 탄화수소는 콘크리트와 반응하지 않는다. 염화나트륨과 염화칼슘과 같은 무기물의 염은 동결융해 손상을 심화시키거나 철근을 부식시켜서 콘크리트의 물리적 침식을 가져오며, 황산염을 포함하는 다른 것들은 화학침식으로 인한 심한 손상을 일으킬 수 있다.

유기물 용액의 침투에 대한 수분함량의 영향이 그림 18.4에 나타나 있다. 이 경우 건조 콘크리트(위 곡선)에 대한 부틸알코올(butanol)의 침투는 무게 기준으로 2%의 수분을 함유한 콘크리트(아래 곡선)에 대한 침투보다 2~2.5배 크다.

수분량은 대체로 콘크리트에 대한 화학물의 침투 방식과 속도로 결정한다. *D'Arcy*의 법칙에 따라서 물이 압력에 따라 흐를 때 용해이온이 함께 이동한다. 물에 노출된 건조 또는 반건조 콘크리트에서 모세관 흡입압력 σ는 포화 콘크리트에 2.4 MPa의 압력과 같은 영향을 물의 흐름에 미친다. *D'Arcy*의 법칙은 또한 다른 액체의 침투에도 적용되며, K_p에는 액체의 점도가 포함되어 있으므로 변화할 수 있다.

수압이 작용하지 않는 거의 포화된 콘크리트에서, 한 농도 변화에 대한 확산(diffusion)은 물질 이동의 주요한 방법이다. 그리고 대부분의 경우에 이 확산은 Fick 제2법칙에 의해서 정의될 수 있다.

$$\frac{\partial C}{\partial t} = K_d \frac{\partial^2 C}{\partial x^2} \tag{18.2}$$

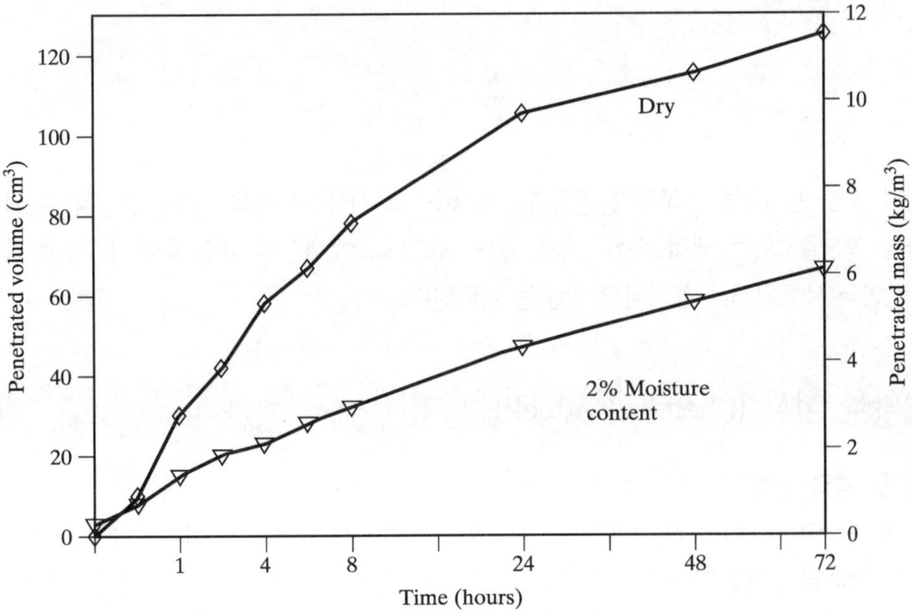

그림 18.4
함수비에 따른 콘크리트의 부틸알코올 흡수량. [Adapted from H. W. Reinhardt in *Materials Science of Concrete III*, ed. J. Skalny, pp. 209-242 (1992). Reprinted with permission from the American Ceramic Society, Westerville, OH]

여기서 C = 농도, t = 시간, K_d = 확산계수, x = 위치이며, 반무한(semi-infinite) 슬래브에 대한 이 식의 해는 다음과 같다.

$$C(x,t) = C_o\left[1 - \text{erf}\left(\frac{x}{2\sqrt{K_d t}}\right)\right] \tag{18.3}$$

여기서 $C(x,t)$ = 위치 x, 시간 t 에서의 염소농도, C_o = 표면에서 염소농도, erf = 오차함수이다.

예를 들어 그림 18.5와 같이 염소침투는 Fick의 법칙을 근사적으로 따르고 있다. 식 (18.3)에 대한 해는 확산에 의한 화학물질의 침투깊이는 $\sqrt{t}$ 에 비례한다는 것을 보여준다. 이 관계는 염화물과 많은 다른 화학 물질 뿐만 아니라 탄산화의 깊이 예측에도 잘 맞는다.

연구에 따르면 확산율이 Nernst-Einstein 식에 의하여 전기 전도성과 관계가 있음을 보여주고 있다.

$$\frac{K_d}{K_o} = \frac{\kappa}{\kappa_o} \tag{18.4}$$

여기서 K_o와 κ_o는 공극수의 확산율과 전도율이며, K_d와 κ는 콘크리트에 대한 값으로서, 다음과 같은 관계가 있다.

$$\frac{\kappa}{\kappa_o} = \beta\phi \tag{18.5}$$

여기서 ϕ는 콘크리트의 모세관 공극률이며, β는 모세관공극 네트워크의 굴절성계수이다. 전기전도율이 확산율보다는 직접 측정하기가 쉽다. K_o와 κ_o는 확산에 대한 화학적 기여도를 나타내며, $\beta\phi$는 공극 네트워크의 물리적 저항성을 나타낸다.

18.3 화학적 침식 (Chemical Attack)

침출 및 백화 현상

백화 현상(efflorescence)은 물이 콘크리트를 지속적으로 또는 간헐적으로 침투하거나, 콘크리트 표면이 건조와 습윤환경에 반복적으로 노출될 때 흔히 나타난다. 백화는 콘크리트로부터 침출된 물이 건조되거나 공기중의 이산화탄소와 반응하여 결정화된 침전염으로 구성된다. 침전물들은 나트륨, 칼륨, 또는 칼슘의 황산염과 탄산염으로서 주요한 성분은 칼슘탄산염이다.

백화 그 자체는 내구성의 문제라기 보다 외관상의 문제지만, 이는 콘크리트 내에 상당한 침출

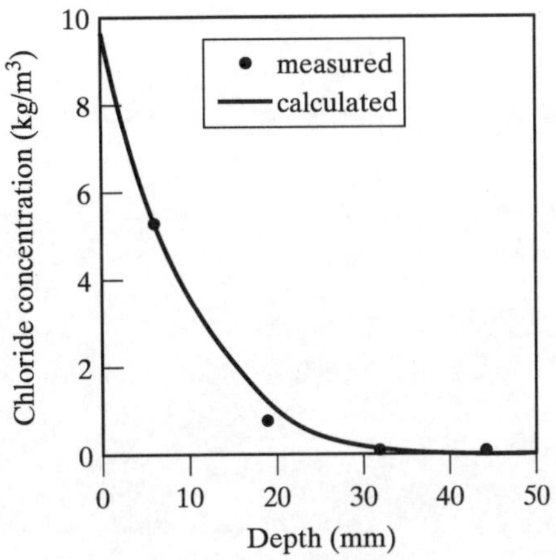

그림 18.5
미국 북중부 주차장에서 측정된 Fick의 2법칙을 따르는 염소농도 분포. [N. S. Berke and M. C. Hicks in *Techniques to Assess the Corrosion Activity of Steel Reinforced Concrete Structures*, ASTM STP 1276, pp. 41–57 (1996). Copyright ASTM INTERNATIONAL.]

현상이 발생하고 있다는 것을 의미한다. 지나친 침출 현상은 공극을 증가시키고, 콘크리트의 강도를 감소시키며, 침투율을 증가시켜 화학물질에 대한 내구성을 감소시킨다. 수산화칼슘은 콘크리트로부터 가장 쉽게 침출되는 수화물이다. C-S-H는 기본적으로 불용해성이며, 오랜 기간 침출환경에 노출될 경우에만 분해가 된다. 따라서 많은 수산화칼슘을 가지고 있는 시멘트 풀이 침출과 백화에 보다 취약하며, 해로운 환경에서 내구성이 저하될 가능성이 크다. 침출의 정도는 침출수에 포함된 용해염의 양과 관련이 있다. 빗물과 같은 연수(soft water)가 가장 위험하며, 많은 양의 칼슘이온을 포함하고 있는 경수(hard water)는 위험성이 적다. 수산화칼슘은 찬물에서 더 용해가 잘되므로 물의 온도도 영향을 미친다. 침출 현상은 압력에 의하여 물이 콘크리트를 관통하여 흐를 때 주로 발생한다. 물리적 침식이 일어나지 않는 한 표면에 흐르는 물에 의해서는 침출(leaching)현상이 크게 발생되지 않는다.

황산염 침식

가장 다양하고 일반적인 화학적 침식은 황산염 침식(sulfate attack)이다. 황산염은 지반에 진흙의 함유량이 많은 지하수에 주로 존재하며, 바닷물의 주요 성분이기도 하다. 산업폐기물 인근의 지하수는 특히 황산염의 농도가 높다. 산성비나 식물의 성장으로부터 생산되는 황산염으로 인해 지상에 위치한 콘크리트도 서서히 내구성이 저하될 수 있다.

황산염 침식의 메커니즘 황산염 침식은 포틀랜드시멘트에서 생성되는 모든 수화물과 관련된 복잡한 현상이다. 황산염 피해로 인해 시멘트 풀의 약화, 분리뿐만 아니라 콘크리트의 균열과 팽창도 발생될 수 있다.

실험실의 연구와 현장에서 일어나는 현상에 따르면 시멘트의 C_3A 함량이 황산염 침식과 가장

그림 18.6
황산염 침식에 의하여 손상된 지표면의 콘크리트 기둥.

밀접한 관련이 있는 것으로 나타났다. 제 4장에서 논의한 바와 같이 C_3A 함량이 높은 시멘트는 모노설포알루미네이트로부터 에트린자이트(ettringite)가 형성되는 설포알루미나 침식(sulfoaluminate corrosion)을 받는다.

$$C_4A\bar{S}H_{12} + 2C\bar{S}H_2 + 16H \rightarrow C_6A\bar{S}_3H_{32} \quad (4.5)$$

이는 페이스트의 부피를 55% 증가시켜 팽창에 의한 균열을 발생시킨다. 부피팽창은 에트린자이트가 미소 결정형태로 있을 때는 물을 흡수하여 더 증가할 수 있다.

설포알루미나 침식은 황산 이온과 수산화칼슘의 반응으로 시작된다.

$$CH + SO_4^{2-}(aq) \rightleftarrows C\bar{S}H_2 + 2OH^-(aq) \quad (18.6)$$

이 반응은 약 120%의 부피팽창을 가져오므로 석고 부식(gysum corrosion)이라고 표현되기도 한다. 높은 황산염 환경에 10년 정도 노출된 경우, 식 (4.5)의 침식과 비교했을 때 석고 부식은 2차적 피해로 간주할 수 있다. 그러나 오랜기간 황산염에 노출되는 경우에는 낮은 알루미나 농도를 갖는 시멘트에 대해서도 주요한 손상의 원인이 될 수 있다. (식 (18.6)에 의한 부피증가율이 식 (4.5)에 의한 부피증가율보다 매우 크지만, 기본적으로 monosulfoaluminate의 부피가 크기 때문에 식 (4.5)의 부피 증가가 식 (18.6)의 부피증가보다 크다.) 식 (18.6)의 중요성은 낮은 황산염에서 이 반응이 황산이온의 콘크리트 침투를 유도하고 이를 모노설포알루미네이트와 직접 반응을 일으킬 수 있는 형태로 만든다는 데 있다. 황산염이 언제나 큰 부피팽창을 동반하는 것은 아니며, 현장 관찰에 의하면 대부분의 경우 C-H-S가 분리되면서 시멘트 풀이 반죽과 같은 상태가 된다. C-S-H에 대한 침식은 특정한 황산염과 관계가 있다.

다른 황산염들의 영향 황산염 농도가 낮은 경우에는 양이온의 존재가 황산염 침식 과정에 영향을 미치지 않는다. 모든 경우에 황산염 침식 정도는 황산염 농도와 선형보다 낮은 관계를 가지고 있기는 하지만, 황산염의 농도가 증가하면 양이온이 황산염 침식에 영향을 미친다. 중간의 농도 (1000에서 2000 ppm)에서 황화칼슘(calcium sulfate)은 더 빠른 석고 부식으로 인하여 더 해로울 수 있으나, 석고의 낮은 수용성 때문에 그 영향은 제한적이다. 보다 수용성의 황산염에 의해 농도가 높은 경우, 석고 부식의 위험성이 더 커진다. 황산마그네슘은 마그네슘의 추가적인 침식반응 때문에 더 해롭다. 마그네슘 이온은 C-S-H와 칼슘황화알루미늄(calcium sulfoaluminates) 모두를 분해할 수 있다.

$$C_3S_2H_3 + 3M\bar{S}(aq) \rightarrow 3C\bar{S}H_2 + 3MH + 2SH_x \tag{18.7}$$

$$C_4A\bar{S}H_{12} + 3M\bar{S}(aq) \rightarrow 3C\bar{S}H_2 + 3MH + AH_3 \tag{18.8}$$

식 (18.7)과 같이 형성된 실리카겔은 느리게 MH(brucite)와 반응하여 접착 특성을 가지지 않는 마그네슘실리케이트 결정체를 만든다. $MgSO_4$ 농도가 매우 높을 때는 설포알루미나 부식대신 마그네슘 부식이 발생된다.

식 (18.7)과 (18.8)은 수산화마그네슘의 불용성 때문에 발생한다. 또한 MH의 침전은 석고 부식을 증가시키고 공극수의 pH를 감소시킨다.

$$CH + M\bar{S}(aq) \rightarrow C\bar{S}H_2 + MH \tag{18.9}$$

부피의 증가는 식 (18.6)보다 식 (18.9)가 더 크다. 그러나 MH는 파괴적인 팽창없이 기존의 공극에서 흔히 발생한다. 낮은 물-시멘트비의 콘크리트에서 이 반응이 발생하는 경우에는 콘크리트의 공극을 줄여 황산염의 침투를 방해할 수 있다.

황산염 침식은 대체적으로 다음 세 단계의 과정을 통해서 발생한다.

1. 첫 단계는 콘크리트 공극을 통한 황산염의 확산 과정으로, 이는 공극률(K_p)와 황산염의 확산계수(K_d)에 의하여 결정된다.
2. 첫 단계에서 석고 부식은 오히려 유리한 작용을 할 수 있다. 그 이유는 석고가 수산화칼슘보다 더 수용성이어서 그 수용성 결정화 반응은 팽창없이 석고가 먼저 결정화되도록 허용하기 때문이다. 이는 C_3A가 없거나 적은 시멘트 풀에서 황산염 침식이 몇 년이 아닌 몇 십년이 소요되는 이유가 설명된다. 석고 형성의 정도는 콘크리트를 통과하는 물(이 경우에는 석고가

침출됨.) 또는 다른 불수용성 화합물로 침전에 의한 수산화이온의 제거 여부에 달려있다.

3. 설포알루미네이트 부식이 내부 균열을 일으킴에 따라서 유효 K_p가 증가되며, 그로 인하여 더욱 황산염 침식이 가속화된다. 황산염 침식을 받는 C_3A함량이 낮은 시멘트에 대해서도 비슷한 거동을 예상할 수 있다. 그러나 CH와 C-S-H에 대한 침식으로 인하여 팽창이 일어나는 시간은 C_3A함량이 높은 시멘트에 비하여 증가한다.

공극수에서 황산염 농도가 낮은 경우, 에트린자이트가 용해된 후, 큰 공극, 균열에서 큰 결정체로 재결정화될 수 있다. 이 재결정은 보통 콘크리트에서 지속적으로 일어나며, 반드시 황산염 침식이 발생하고 있다는 것을 의미하지는 않는다.

해수의 작용 수산화마그네슘의 보호작용은 왜 해수가 일반적인 염분 농도에서 예상되는 것보다 낮은 침식을 일으키는지에 대한 하나의 이유가 된다(표 6.2, 6.2절 참조). 다른 이유는 석고와 에트린자이트가 해수의 다른 주요한 성분인 염소이온을 함유하는 용액에 더 잘 용해되기 때문으로, 이는 파괴적인 팽창을 감소시킨다. 따라서 콘크리트의 강도는 서서히 감소되지만 온전한 상태로 남아있게 된다. 해수에 의한 침식은 부가적인 침식이 발생되는 비말대에서 가장 크게 발생한다. 반복적인 건조와 습윤환경은 황산염 침식의 영향을 심화시키고, 해수염의 결정화에 의해 추가적인 팽창력이 발생된다. 동해에 의해 추가적인 손상이 생길 수 있으며, 파도나 부유물의 충격에 의하여 손상이 가속화된다. 또한 해수의 염소이온은 철근의 부식을 일으킨다.

쏘머사이트(Thaumasite)의 생성 황산과 탄산염의 존재에 의한 C-S-H의 파괴와 쏘머사이트($C_3S\overline{CS}H^{15}$)의 생성은 아직 논의되지 않았다. 쏘머사이트는 에트린자이트와 비슷한 결정구조를 가지고 있으며, 15°C의 낮은 온도와 습윤환경에서 형성되어 20°C 이상으로 온도가 올라가면 분해된다. 많은 연구에 의하면 탄산이온은 콘크리트 탄산화의 결과이거나, 석회석 골재를 포틀랜드시멘트에 사용할 때 나타나는 것으로 알려져 있다. 쏘머사이트는 C_3A의 함량과 함께 증가하는 것으로 관찰되어 왔다. 포틀랜드시멘트 또는 25~40%의 플라이애쉬를 포함한 포틀랜드시멘트가 좋지 않은 성능을 보이는 환경에서도 70~90%를 고로슬래그로 대체한 포틀랜드시멘트는 좋은 성능을 보인다.

황산염의 조절 황산염 침식에 대해 콘크리트를 보호하기 위해서는 높은 품질의 콘크리트와 C_3A함량이 낮은 시멘트를 사용해야 한다. ACI 건축기준의 요구사항을 요약한 표 10.7(10.3절)에 나타난 바와 같이, 상세한 기준은 노출환경의 수준에 따라 결정된다. 만약 황산염의 양이 토질에서 0.1% 또는 물에서 150 ppm 이하인 경우에는 특별한 조치가 필요하지 않다. 해수에 노출되거나,

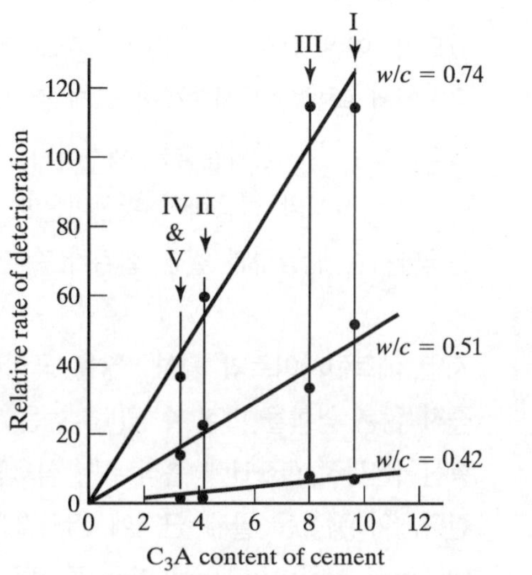

그림 18.7
*w/cm*비와 평균 C_3A함량이 황산토양에 의한 손상에 미치는 영향. [Adapted by G. Hill from G. J. *Verbeck in Performance of Concrete*, ed. E. G. Svenson, Univ. of Toronto Press, pp. 113-124 (1969).]

0.1~0.2%의 수용성 황산염을 가진 토양, 그리고 150~1500 ppm의 황산염농도를 가진 물에 노출된 중간 황산염 노출환경에서는 C_3A함량이 8% 이하인 시멘트를 사용하여야 한다. 이를 위하여 물-시멘트비는 0.5로 제한되어야 하고 압축강도는 적어도 28 MPa 이상이어야 한다. 높은 황산염 노출환경에서는 5종의 황산염저항시멘트(5% 이하의 C_3A)또는 5종 시멘트와 포졸란이 사용되어야 한다. 물-시멘트비와 압축강도 요구사항도 그에 따라 변화되어야 한다. 표 10.7에 나타나 있듯이, 포졸란과 슬래그 또는 이들을 포함한 시멘트는 황산염 저항성을 증가시킨다.

시멘트 재료를 고를 때는 다음 사항을 만족시켜야 한다. (1) 식 (4.5)의 반응이 일어나지 않도록 콘크리트의 초기재령에서 C_3A를 에트린자이트로 전환시킨다. (2) 식 (18.6)과 (18.7)의 반응이 발생되지 않도록 CH를 C-S-H로 전환한다. C_3A함량이 낮은 시멘트(2종 또는 5종)나 K종 시멘트(팽창시멘트, 제 3장 참조)를 사용하면 첫 번째 조건을 만족시킬 수 있다. 에트린자이트는 안정된 설포알루미나 수화물로 유지되므로, 포졸란이나 고로슬래그를 사용하면 두 번째 조건을 만족시킬 수 있다.

내황산염시멘트는 황산염 침식을 조절하는데 매우 중요하지만, 콘크리트가 큰 침투성을 가지고 있다면, 그러한 시멘트의 사용이 내황산염 성능을 보장하지는 않을 것이다. 식 (18.6)~(18.9)에서 나타난 바와 같이, 물이 시멘트페이스에 쉽게 접촉할 수 있다면, CH와 C-S-H가 침식에 노출된다. 낮은 투수성을 갖기 위해서는 낮은 물-시멘트비(그림 18.7), 올바른 다짐, 철저한 양생, 그리고 균열방지를 위한 설계가 요구된다. 사실, 그림 18.7에 나타난 바와 같이 황산염 침식을 조절하는 데는 C_3A함량 보다 낮은 물-시멘트비가 더 중요하다.

콘크리트를 황산염 침식으로부터 보호할 수 있는 다른 방법은 프리캐스트 부재에만 적용할 수 있다. 한 연구에 따르면 6시간동안 175°C에서 증기양생하면 황산염 저항성을 크게 증가시킬 수 있으며, 이런 방식으로 양생된 콘크리트는 17년동안 큰 황산염피해를 받지 않았다. 그러나 낮은 온도에서 양생하면 저항성이 크게 증가하지 않았다. 실리카 첨가물과 함께 증기양생은 수화된 페이스트로부터 수산화칼슘을 제거하며, 칼슘 설포알루미나는 더 이상 안정된 상태가 아니다. 알루미나는 C-S-H와 반응하여 황산이온에 보다 큰 저항성을 나타내는 C_3AH_6를 형성한다. 더 높은 온도에서는 안정적인 칼슘 실리카 수화물 결정체가 생성된다.

지연 에트린자이트의 형성 많은 프리캐스트공장에서 사용되는 고온양생(70~88°C)은 황산염에 좋지 않은 영향을 미칠 수 있다. 높은 양생온도는 에트린자이트를 파괴하여 알루미나뿐만 아니라 황산이온까지 C-S-H에 흡착되며, 식으면서 황산이 다시 에트린자이트를 형성하여 부피를 증가시킨다. 이 팽창은 골재 근처에 거시결정구조를 형성한다. 지연 에트린자이트의 형성 또는 DEF (delayed ettringite formation)로 알려진 이러한 황산염 피해는 앞서 언급된 것과는 크게 다르다. DEF는 시멘트의 SO_3 대 Al_2O_3의 비율이 0.5 이상이고 콘크리트가 지나친 습윤상태에 노출될 때 발생한다. DEF의 상세한 메커니즘은 완전히 알려지지 않았지만 다른 원인(ASR 또는 온도변화)에 의한 초기 손상이 DEF가 피해적인 팽창을 일으키는 필요 요인인 것으로 알려져 있다. DEF 손상은 시멘트의 성분을 조절하거나(즉, 포졸란, 공기연행을 사용하거나), 최대양생온도를 70°C로 제한하고 습기의 노출을 줄이는 방법으로 감소시킬 수 있다.

황산염 침식 실험 콘크리트의 내황산 성능을 측정하는 방법으로 두 가지의 ASTM 시험법이 있다. 그러나 이 방법들은 빨리 측정 결과를 얻지 못하기 때문에 다른 많은 방법들이 사용되어 왔다. 연구목적만을 위하여 사용되는 ASTM C 452(3.5절)는 내황산 성능을 측정하기 위하여 시멘트에 비정상적으로 많은 석고를 사용하는데, 이 방법은 시멘트에 대한 시험 방법이고 콘크리트에 대한 것은 아니다. 이 방법은 일상적인 검증방법으로는 시험이 너무 느리고, 콘크리트의 거동이 반드시 모르타르의 거동과 일치하지 않으며, 실제적인 노출조건을 만들어 낼 수 없다는 단점이 있다. 이 시험 방법은 포틀랜드시멘트에만 적용하며, 포졸란과 슬래그를 혼합한 시멘트의 거동을 평가하지는 못한다. ASTM C 1012는 포틀랜드시멘트, 포졸란 또는 슬래그와 혼합한 포틀랜드시멘트, 혼합수경성시멘트로 만들어진 콘크리트와 모르타르의 내황산 성능을 평가하기 위하여 고안되었다. 이 방법에서 모르타르는 황산나트륨 용액, 또는 황산나트륨과 황산마그네슘의 혼합용액에 노출된다. 시간에 따라 팽창량을 측정하며, 6개월에 대한 값이 혼합시멘트(ASTM C 595)의 내황산 성능 기준으로 사용된다. 내황산성을 조기에 측정하기 위해서는 아직 많은 연구가 필요하다.

산과 불순물의 피해

수화된 시멘트 풀은 알칼리성 재료이다. 따라서 다른 알칼리성 재료에 의한 피해는 일반적으로 발생하지 않는다. 산업공정상 콘크리트와 접촉하는 높은 농도의 알칼리 성분들은 수산화이온과의 직접적인 반응이 아닌 다른 작용에 의하여 침식을 발생시킨다. 콘크리트와 같은 기본재료에 직접적인 피해를 가하는 산성용액의 경우에는 상황이 완전히 다르다. 일반적으로 자연상태에서 산성의 지하수가 발생하는 것은 흔하지 않다. 산성수는 매립지역, 광산지역 또는 그 인근에서 발생되며, 농업과 산업폐기물, 특히 음식물과 동물 처리시설에도 높은 산성환경이 존재할 수 있다. 수소이온은 수산화칼슘의 침식을 가속시킨다.

$$Ca(OH)_2 + 2H^+ \rightarrow Ca^{2+} + 2H_2O \quad (18.10)$$

만약 이온의 농도가 높다면, C-S-H도 공격을 받아 실리카겔을 형성한다.

$$3CaO \cdot 2SiO_2 \cdot 3H_2O + 6H^+ \xrightarrow{H_2O} 3Ca^{2+} + 2(SiO_2 \cdot nH_2O) + 6H_2O \quad (18.11)$$

수소이온과 음이온이 동시에 작용하면 더욱 상황을 악화시킨다. 황산과 탄산은 산성수의 일반적인 성분으로서, 황산은 황산 침식에 기여하므로 특히 해롭다. 탄산은 수용성의 탄산칼슘(calcium bicarnonate)을 형성하므로 매우 침식성이 강하다.

$$Ca(OH)_2 + H_2CO_3 \rightarrow Ca(HCO_3)_2 + H_2O \quad (18.12)$$

비슷한 방법으로 수용성 칼슘염을 형성하는 모든 산성물질은 매우 해롭다. 반면에 산이 불수용성 칼슘염을 형성하는 경우에는 산성 침식동안 생성된 침전물이 추가적인 공격에 대하여 콘크리트를 보호한다.

산은 아니지만 설탕이 작용하는 경우에는 수산화칼슘만 있는 경우보다 더 침식성이 강하며 C-S-H와 칼슘알루미나 수화물이 서서히 공격을 받는다. 이런 이유로 용해된 설탕은 콘크리트에 매우 해로우므로 장기간에 걸쳐 직접 접촉되지 말아야 한다.

염의 결정화

이제까지는 콘크리트에 대한 화학적 침식에 관하여 다루었으나, 염은 결정화되면서 발생하는 팽창압으로 콘크리트에 물리적인 손상을 입힌다. 이런 종류의 침식은 콘크리트가 상당한 양의 용해된 물질을 함유한 물과 접촉할 때 발생된다. 이러한 염은 콘크리트에 침투한 후 수분이 증발되면서 염분의 농도가 높아지면 공극에서 결정을 형성하는데, 이러한 현상이 반복되면 염의 침전물이 균열을 일으킬 정도로 성장한다. 이러한 문제는 수위가 변하는 영역, 특히 해수환경의 비말대에서

표 18.4 콘크리트에 대한 산 침식 (acid attack)

산	*화학식*	*발생원*
	수용성 칼슘염을 형성하는 해로운 산	
염산(hydrochloric acid)	HCl	화학공장
질산(nitric acid)	HNO_3	비료공장
초산(acetic acid)	CH_3CO_2H	발효공정
포름산(formic acid)	$H\cdot CO_2H$	식품공정과 염색
유산(lactic acid)	$C_2H_4(OH)\cdot CO_2H$	낙농산업
타닌산(tannic acid)	$C_{76}H_{52}O_{46}$	제혁산업
	불수용성 염을 형성하는 산	
아인산(phosphoric acid)	H_3PO_4	비료공정
주석산(tartaric acid)	$[CH(OH)\cdot CO_2H]_2$	와인공정

주로 발생하며, 또한 염이 풍부한 지하수와 접촉하는 콘크리트에도 발생된다. 이러한 경우, 모세관 현상으로 인해 염분이 포함된 물이 수면보다 몇 백 밀리미터 이상 높은 위치까지 상승할 수 있다. 만약 수면이 지표면에 가깝다면 모세관 현상으로 수분이 지표면 위까지 도달하여 증발이 매우 쉽게 발생되기 때문에 손상이 일반적으로 지표면 위에서 발생된다. 이런 종류의 손상은 염분의 농도가 높고, 증발 속도도 빠른 중동의 특정지역에서 심각한 것으로 알려져 있다. 또한 미국 남부 캘리포니아에서는 이 문제로 인해 몇몇 가옥의 바닥슬래브가 심하게 손상되었는데, 이곳의 토양은 높은 농도의 염분, 특히 황산염(sulfate)을 함유하고 있었으며, 기초나 벽체하부에서 관찰되는 일반적인 황산염 침식보다는 염의 결정화 침식으로 인한 지표면 위의 손상이 더 컸다. 또한 슬래브의 C_3A 함유량은 적었으나 손상된 슬래브들의 물-시멘트비는 보통 0.5 이상이었다.

염의 결정화 침식을 줄이는 가장 좋은 방법의 하나는 낮은 물-시멘트비의 침투성이 낮은 콘크리트를 사용함으로써 수분의 침투를 제한하는 것이다. 콘크리트를 밀봉하여 수분의 침투를 막고 증발을 방지하여 이 문제를 방지하는 방법도 있으며, 모세관 현상을 방지하기 위하여 차단막을 구조물에 설치할 수도 있다. 지하의 콘크리트에 염이 접근하는 것을 막을 수 있도록 불투수성 진흙으로 콘크리트를 감싸는 방법도 있다. 일부에서는 노출된 표면에 희생 모르타르층을 두어 하부의 콘크리트보다는 모르타르에 손상을 집중시키고 손상된 모르타르층을 후에 교체하는 방법을 사용한다.

하수관의 침식

콘크리트 하수관은 심각한 부식환경에 노출된다. 지하수에 있는 물질(황산, 염산)뿐만 아니라 하수 자체도 심각한 침식을 유발한다. 더구나 하수관은 두께가 얇기 때문에 짧은 기간에 심각한 침식작용이 발생된다. 불균형 수압이 존재하면, 관벽의 두께가 300~400 mm 이하인 경우에 침식 또는 염 침전의 문제가 발생된다. 콘크리트의 물-시멘트비도 중요한 영향을 미치는 요인이다. 철근을 적절히 보호한다면 일반가정의 하수와 동물의 분료는 콘크리트에 문제를 일으키지 않는다. 앞서 언급한 바와 같이 산업폐기물의 산과 유기화합물은 문제를 일으킬 수 있다. 그러나 하수관의 가장 큰 문제는 박테리아에 의한 침식으로서, 많은 박테리아의 대사작용은 콘크리트에 해로운 산을 생성한다. 그러나 하수에서 박테리아의 가장 위협적인 작용은 혐기성 박테리아(anaerobic bacteria)에 의한 황화물의 환원으로 황화수소가 생성되는 것이다. 황화수소 가스는 공기가 있는 관의 상부에서 물표면으로 용해되어 호기성 박테리아에 의하여 황화물로 산화되며 이로 인해 황산이 국부적으로 농축되어 관의 상부를 빠르게 부식시킨다. 따라서 산을 중화시키는 특징이 있는 석회석 골재로 만들어진 콘크리트의 수명이 실리카 골재로 만들어진 콘크리트보다 몇 배 더 길다.

하수관 표면을 보호처리하여 수명을 연장시킬 수 있으며, 표면보호 재료로는 역청, 타르, 레진, 칼슘알루미나시멘트 등이 사용되어 왔다. 콘크리트 표면을 화학적으로 처리할 수도 있는데, 몇몇 물질들은 콘크리트와 접촉했을 때 불용성염을 생성하여 공극을 채우거나 표면 보호막을 형성한다. 물유리(sodium silicate), 불수용성 비누, 불소염(fluoride salts), 철화합물 등이 이러한 물질의 예다. 이산화탄소 가스 또는 4불화규소 증기(silicon tetrafluoride vapor(Okrat 방식))로 표면 처리하는 방법도 있다. 이들 가스는 표면을 보호하는 불수용성 C_3CO_3 또는 CaF_3를 각각 형성한다. 장기간의 보호를 위해서는 두꺼운 라이닝(polyvinyl chloride sheets) 또는 코팅(epoxy resin mortars)이 사용된다. 그러나 대부분의 경우에는 염소처리를 하여 황산의 형성을 막고 석회를 혼입하여 pH를 높이고, 슬라임과 실트를 제거하며, 관에 환기를 하고 하수의 유속을 증가시켜 하수를 처리하는 것이 가장 효과적이다.

금속의 부식 특정한 노출환경이 아니면 철근이 부식되지 않으나 콘크리트 도로와 주차장 구조물의 경우에는 철근 부식이 내구성에 관한 가장 중요한 문제가 된다. 부식이 발생하면 녹이 형성되면서 팽창하여 피복 콘크리트의 균열과 탈락을 유발한다. 다른 금속의 부식도 마찬가지로 중요한데, 여기서 간단하게 설명하고자 한다.

부식의 메커니즘

부식반응은 전류를 필요로 하는 전기화학적 과정이다. 철근이 부식되기 위해서는 철근의 주요 성분, 산소, 습기가 필요하다. 철근의 특정 위치에서는 철이 산화되고 다른 곳에서는 물이 환원되어 OH^- 이온이 만들어진다. 양극(anode)에서는 산화반응이 발생되어 두 개의 전자와 철 이온이 생성된다.

$$Fe \rightleftarrows 2e^- + Fe^{2+} \tag{18.13a}$$

음극(cathode)에서는 환원반응이 발생된다.

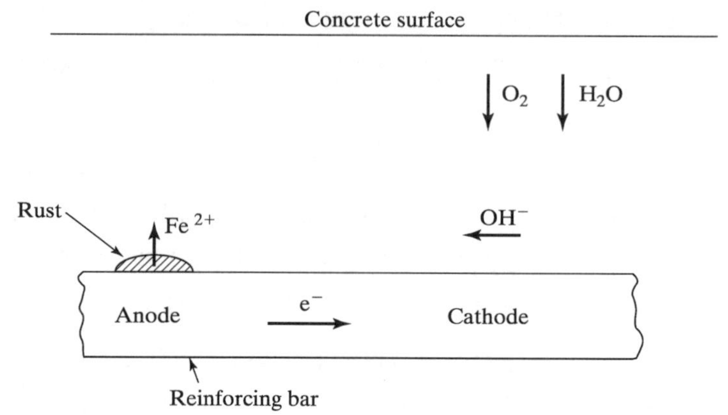

그림 18.8
콘크리트 내부 철근의 부식.

$$\frac{1}{2}O_2 + H_2O + 2e^- \rightleftarrows 2OH^- \tag{18.13b}$$

그림 18.8에 나타난 바와 같이 콘크리트에서 철근이 부식되려면 양극에서 음극으로 철근을 통해서 전자가 이동하고 음극에서 양극으로 OH^-이온이 이동하여야 한다. 철근을 통한 전류는 콘크리트를 통한 이온전류와 균형을 이룬다.

다음과 같이 양극에서 먼저 산화철(ferrous hydroxide)이 생성된다.

$$Fe^{2+} + 2(OH)^- \rightarrow Fe(OH)_2 \tag{18.14a}$$

이어서 산화작용에 의하여 빠르게 녹(hydrated ferric oxide)으로 변환된다.

$$2Fe(OH)_2 \xrightarrow{O_2,\,H_2O} 2Fe(OH)_3 \rightarrow Fe_2O_3 \cdot nH_2O \tag{18.14b}$$

철이 부식되면 부피가 크게 증가하여 콘크리트의 균열과 탈락을 일으킨다. 완전히 침수된 영역과 같이 산소가 제한적인 경우에는 식 (18.14a)에서 반응이 중단되어 녹색이나 검은색의 녹이 발생되는데 이러한 경우 철근은 콘크리트 피복의 균열 없이 완전히 부식될 수 있다. 그림 18.8에 나타난 바와 같이 철근의 위치에 따라 서로 다른 전기화학적 전위값(산화경향)으로 인해 활성영역이 생성되어 양극과 음극의 쌍(갈바닉 전지)이 형성되는데, 부식은 국부적으로 양극에서 발생한다. 양극과 음극영역의 생성은 다양한 조건, 철 순도의 차이, 잔류 변형률의 차이, 철과 접촉된 산소의 농도 또는 전해질의 차이에 의하여 발생한다. 그림 18.8은 단일 철근에 의하여 발생하는 마이크로셀(microcell) 부식을 보여준다. 교량 바닥판과 같은 콘크리트 구조물에서는 전체 철근층이 양극(상부근) 혹은 음극(하부근)으로 작용하여 부식 속도가 크게 증가하는 마크로셀

(macrocell)이 생성될 수 있다.

금속은 종류에 따라 부식성향이 다르다. 아연, 마그네슘, 알루미늄과 같은 금속들은 철보다 더 활성이며(active), 크롬이나 납 등은 덜 활성이다. 두 개의 금속이 연결된다면, 더 활성인 금속이 양극이 되어 음이온을 제공하여, 덜 활성인 금속(음극)이 부식되는 것을 보호한다. 산소와 습도를 제한하면 음극에서 전해질이 생성되는 것을 막아 부식반응이 억제된다.

특정 금속이 주어진 환경에서 부식되는 경향을 반쪽전지전위(half-cell potential)라고 부르며, 구리-구리 황산염 전극(copper-copper sulfate electrode, CSE) 또는 포화된 칼로멜 전극(saturated calomel electrode, SCE)과 같은 표준전극에서 측정된 볼트로 표현된다. 이러한 측정법은 실험실과 현장에서 모두 이루어질 수 있으며, 철근에 전기를 연결하고 주위 매개체(콘크리트)는 포화상태여야 한다. 철근과 표준전극 사이의 전위 차이를 부식전위(corrosion potential)라 부른다. 그러나 부식전위 그 자체는 부식률에 대한 정보를 주지 않는다. 예를 들어 산소가 부족한 경우에는 고부식성이더라도 부식률이 낮을 수 있다. 부식전위 시험은 철근콘크리트 교량 바닥판과 같은 구조물의 상태를 평가하는데 종종 사용된다.

콘크리트 내부의 철근 부식 적절한 콘크리트 피복이 확보되고 다른 이온이 없는 일반적인 환경에서는 콘크리트 내부의 철근이 부식되지 않는다. 그 이유는 콘크리트 내의 높은 알칼리성으로 인해서(공극수에 있는 KOH와 NaOH로 인하여 pH가 13 이상이다.) 양극(anode)에서 형성되는 $F_2(OH)_2$가 옥시수산화철(γ-ferric hydroxide)로 산화되기 때문이다.

$$2Fe(OH)_2 + \frac{1}{2}O_2 \rightarrow 2\gamma\text{-}FeOOH + H_2O \tag{18.15}$$

γ-FeOOH는 철근의 표면에 불활성 산화막을 형성하여 산소와 습기의 접근을 막아 부식을 방지한다. 이 보호작용은 공기 중에서 알루미늄의 산화막이 부식을 막는 원리와 동일하다. 그러나 pH가 11.5 이하로 떨어지면 불활성 산화막이 파괴되고 다공성의 산화막(녹)이 생성된다. pH의 저하는 공기 중의 이산화탄소에 의하여 알칼리와 수산화칼슘이 탄산으로 바뀌면서 발생한다. 낮은 물-시멘트비를 갖는 잘 양생된 콘크리트는 탄산화 깊이가 25 mm를 초과하지 않으므로 콘크리트 피복이 25~40 mm 정도만 되어도 대부분의 경우에 부식에 대해 안전하다. 해로운 환경에 노출된 경우에는 콘크리트 피복을 적어도 50 mm 이상 확보하여야 한다. 침투성이 높은 콘크리트의 경우에는 50 mm의 피복으로도 충분치 못할 수 있다. 이산화탄소의 침투는 내외부 응력으로 인해 생성된 콘크리트의 미세균열에 의하여 가속된다. 균열이 없는 콘크리트에 대한 이산화탄소의 침투 속도는 Fick의 제2법칙(식 (18.2), (18.3))을 따르며, 침투 깊이는 시간의 제곱근에 비례한다.

알칼리성을 잃어버린 완전히 탄산화된 콘크리트도 침투성이 낮다면, 철근의 부식이 문제가 되지 않는다. 칼슘알루미나시멘트 또는 실리카퓸, 슬래그, 플라이애쉬와 같은 포졸란 혼화재가 첨가되어 pH가 감소한 콘크리트도 마찬가지다. 이러한 경우에는 철근 표면에 도달하는 산소와 습기가 부식률을 결정한다. 낮은 침투성을 갖는 콘크리트는 산소의 확산을 억제하여 부식 속도를 제한한다(일반적으로 실리카퓸을 함유한 낮은 물결합재비를 갖는 콘크리트는 동일한 물결합재비를 가진 실리카퓸이 없는 콘크리트보다 월등한 부식 저항성을 보인다). 콘크리트의 공극이 수분으로 포화되면, 산소의 확산이 크게 감소되므로 매우 낮거나 높은 함수량은 부식을 제어하는데 도움이 된다. 반면에 중간 정도의 함수량은 위험할 수 있다.

모든 철근콘크리트 구조물에는 균열이 있으며 이러한 균열은 부식에 큰 영향을 미친다. 하중에 의한 균열이 철근의 직각방향으로 발생하는 경우, 균열의 폭은 부식에 큰 영향을 미치지 않는다. 물론 균열폭이 클수록 초기에 활성화되는 양극의 면적이 더 크다. 그러나 시간이 흐를수록 부식률은 콘크리트에 의하여 보호되어 음극으로 작용하는 철근에 의하여 결정된다. 만약 콘크리트 피복이 적절한 두께와 낮은 침투성을 가진다면 철근으로의 산소와 습기 확산이 제한되어 부식률이 크게 감소한다. 따라서 하중으로 인한 폭 0.1~0.4 mm의 균열은 일반적으로 크게 문제가 되지 않는다. 그러나 만약 철근과 평행한 균열이 발생하는 경우, 예를 들어 콘크리트 교량 바닥판의 상부철근에서 침하균열이 발생하는 경우에는 문제가 심각해 진다. 침하균열은 철근의 전체 길이에 산소와 습기를 노출시키므로 주위 콘크리트에 의한 보호작용이 크게 감소되며, 특히 염소이온이 존재하는 경우에는 피해가 더 심각하다.

염소이온의 영향

염소이온은 높은 알칼리 상태에서도 철근의 부동태피막을 파괴하는 특별한 성질을 가지고 있다. 이러한 문제는 수용성 철-염소 복합물의 생성으로 발생되며, 이는 다공성 녹의 침전을 유발하고 염소이온을 다시 활성화시켜 계속적인 공격을 유발한다.

$$Fe^{2+} + Cl^{-} \rightarrow [FeCl\ complex]^{+} \tag{18.16a}$$

$$[FeCl]^{+} + 2OH^{-} \rightarrow Fe(OH)_2 + Cl^{-} \tag{18.16b}$$

산소가 없는 경우에 염소이온은 부피가 팽창되지 않는 철-염소 부식물을 생성한다. 부식을 일으키는데 필요한 염소이온의 양은 철과 접촉하는 용액의 pH와 관계가 있는데(그림 18.9), 비교적 적은 양으로도 포틀랜드시멘트의 염기성(basicity)이 상쇄된다. 염소는 주로 경화촉진제로서 첨가되는 $CaCl_2$, 도로에 사용되는 제빙염, 그리고 해수 또는 해수방울로 인해 콘크리트로 침투된다. 프리스트레스트 부재는 적절한 보호없이 염소에 노출되어서는 안 된다. 그 이유는 (1) 고강도 철근의 사용으로 인하여 철근의 단면적이 작기 때문에 철근의 중량 감소에 더욱 취약하다. (2) 철근이 인장력을 받고 있는 경우에는 부동태 피막이 부분적으로 파괴되어 부식이 더욱 빠르게 진행되

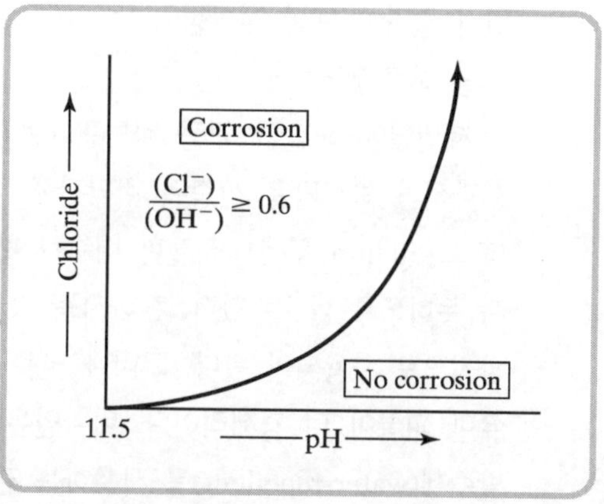

그림 18.9
철근 부식에 대한 염소이온 농도와 pH의 영향. [G. J. Verbeck in *Corrosion of Metals in Concrete*, SP-49, American Concrete Institute, Detroit, MI, pp. 21-26 (1975).]

며, 응력 부식(stress corrosion)이 발생할 수 있다. 즉, 일반적인 경우보다 낮은 염소이온 농도에서 부식을 가속시킬 수 있다(제 8장 참조).

북미주에서는 정기적으로 살포되는 제빙염으로 인해 교량 바닥판의 철근이 부식되는 문제가 빈번하게 발생하고 있다. 제빙염은 NaCl과 $CaCl_2$의 혼합물이며, 염분의 대부분이 콘크리트의 공극으로 침투되어 서서히 철근까지 확산된다. 두 가지 염분 중에 공극수의 pH를 낮추는 $CaCl_2$가 더 큰 영향을 미치며, NaCl은 pH에 큰 영향을 미치지 않는다. 콘크리트에 유입된 염소는 거의 소실되지 않기 때문에 철근 주위에서 임계농도(0.6~1.2 $kgCl^-/m^3$ of concrete)에 이를 때까지 염소가 지속적으로 누적된다. 해수나 염분에 노출된 구조물 내부의 철근 부식은 다른 심각한 문제를 초래한다. 해수는 염소이온 농도가 높기 때문에 고품질 콘크리트에서도 피복두께 이상으로 염소가 침투한다. 심각한 부식의 발생 여부는 철근 표면의 산소 존재 유무, 해수에 의해 발생될 수 있는 다른 열화의 정도와 관계가 있다.

부식에 대한 보호 식 (18.13a)와 (18.13b) 그리고 그림 18.8로부터 철근의 부식을 방지하는 방법은 산소와 습기를 제한하고, 양극에서 음극으로 전류가 흐르는 것을 방지하는 것임을 알 수 있다. 따라서 부식 방지법을 다음 4가지로 분류할 수 있다. (1) 콘크리트 투수성의 감소, (2) 콘크리트 표면의 보호막, (3) 철근의 보호 피막, (4) 전기화학작용의 억제.

낮은 물-시멘트비와 적절한 피복두께를 갖는 고품질, 비투과성 콘크리트의 사용은 문제를 감소시키는데 큰 역할을 한다. (적절한 피복이란 보통 추가적인 피복을 말한다. 철근 위치의 변동을 고려하여 90% 이상의 확률로 피복이 50 mm 이상이 되도록 하기 위해서는 65 mm의 피복이 필요하다.) 포졸란, 특히 실리카퓸 그리고 고밀도 콘크리트 피복은 콘크리트의 침투성을 크게 감소시킨다. 즉, 제빙염과 해수에 정기적으로 노출된 콘크리트에 염소이온이 지속적으로 침투한다 하더라도 침투깊이가 크게 감소되며, 산소 확산계수도 감소되고, 심지어 임계 염소이온 농도에 도달하더라도 부식률을 제한할 수 있다. 더구나 낮은 물-시멘트비의 콘크리트는 강도가 높기 때문에 균열과 탈락에 대한 저항성이 더 크다. 유기물질의 부식방지제는 콘크리트의 침투율을 감소시켜 철근을 보호한다.

제빙염에 노출된 교량 바닥판에는 보호막이 효과적으로 사용되어 왔다. 교량 바닥판에 가장 효과적인 보호막은 신축된 바닥판에 직접 시공하고, 그 위에 아스팔트 콘크리트를 덮는 것이다(최소 50 mm 두께). 적절한 배수가 확보되면 보호막이 피복 콘크리트의 상면에 제빙염이 도달하지 못하도록 할 수 있다. 흔하지는 않으나 폴리머 콘크리트나 폴리머 라텍스 조정 콘크리트도 효과적으로 사용되어 왔다. 그러나 낮은 슬럼프-낮은 물-시멘트비의 콘크리트 피복과 실리카퓸을 함유한 피복이 더 경제적이다. 아마인유(linseed oil), 등유(kerosene), 아스팔트 에멀션 등과 같은 발수제(water-repellent)를 사용하는 전통적인 표면처리 기법은 교통에 의하여 마모되어 파괴되므로 부식에 거의 보호역할을 할 수 없으며, 충전재(sealant)를 삽입하는 방법은 부식방지 목적으로는 자주 사용되지 않는다.

경험에 의하면 철근을 보호하는 가장 효과적인 방법은 철근 표면을 에폭시로 코팅하는 것이다. 코팅이 철근에 완전히 부착되면 에폭시는 양극의 생성을 방지하며, 철근이 음극으로 작용하는 것을 방지하여 코팅이 파괴된 곳의 부식률을 제한한다. 북미의 교량 바닥판에 에폭시 코팅 철근이 사용되기 시작한 것은 1970년대 말과 1980년대 초로서 그 이후 교량 바닥판의 내구성 저하가 크게 감소되었다. 이렇게 널리 사용되고 있지만 에폭시 철근에 문제가 없는 것은 아니다. 코팅이 부적절하게 부착되면 코팅 아래에서 매우 적은 산소에도 고농도의 염소이온에 의하여 부식이 발생하는 틈새 부식(crevice corrosion)이 발생될 수 있다. 따라서 코팅을 견고하게 부착시키는 것이 무엇보다 중요하다. 코팅의 성능은 철근 생산, 운반, 구조물의 설치, 그리고 사용기간 동안 일체성을 유지하는가에 크게 좌우된다. 심지어 적절히 부착된 경우에도 포화상태에서 사용된 코팅은 시간에 따라서 내구성이 저하된다는 관찰결과가 있다.

에폭시 코팅 철근의 한계로 인해 에폭시 성능의 개선, 스테인레스 철근과 스테인레스 피복 철근 등의 다른 철근 개발에 대한 지속적인 노력이 이루어져 왔다. 구리와 니켈과 같은 다른 피복재료들이 연구되어 왔으나 오래 지속되지는 못하였는데, 구리는 철근 주위 시멘트 페이스트의 수화반응을 지연시키는 것으로 알려져 있으며, 아연코팅 철근의 사용은 논쟁의 여지가 있는 상태다. 섬유보강 폴리머와 같은 비철 보강근도 연구 중이다.

음극보호(cathodic protection)와 비유기물 부식 방지제를 사용해서 전기화학적으로 철근의 부식을 억제할 수 있다. 음극보호는 보수작업에는 흔히 사용되지만 신축구조물에는 드물게 사용되는데, 불활성 또는 희생양극을 사용하여 강제로 전류를(전기적으로 연결된) 철근 부식의 전류방향과 반대방향으로 흐르도록 하는 방법이다. 만약 전류가 충분히 세다면, 철은 음극이 되어 부식을 방지할 수 있다(아연 피복철은 산소와 수분을 철로부터 떨어뜨리는 코팅작용 뿐만 아니라 아연이 희생양극으로 먼저 부식되어 철에 음이온을 전달하는 작용을 한다). 아연이나 마그네슘과 같은 희생양극은 콘크리트 교량 바닥판에 설치되거나 구조물 근처에 매입된다. 강제전류가 사용되는 경우에 (불활성 양극을 사용해 직접 전류를 흘리는 방법) 요구되는 전력은 생각보다 매우 적다. 음극보호는 철근으로부터 염소이온을 분리시키고 철근의 알칼리성을 증가시키는 부가적인 장점이 있다. 단점으로는 철근 주위 페이스트의 공극률을 증가시켜 철근과 콘크리트의 부착강도를 감소시킨다.

철근의 부식을 방지하는 여러가지 화학물질이 알려져 있는데 앞서 언급된 유기 부식방지제는 콘크리트의 투과성을 감소시켜 철근에 산소와 습기가 접근하는 것을 제한하고, 비유기 부식방지제는 전기화학적 작용을 억제하는데 도움을 준다. 가장 흔히 사용하는 비유기 부식방지제인 질산칼슘(촉진제, calcium nitrite)은 산화철을 옥시수산화철(γ-ferric hydroxide, 감마 수산화철)로 변화시키며, 이는 철근의 표면에 재침전되어 표면의 부동태를 유지시킨다.

$$Fe^{2+} + OH^{-} + NO_2^{-} \rightarrow NO\uparrow + \gamma\text{-}FeOOH \tag{18.17}$$

위 반응에 의해 질산이 소모되므로 장기간의 보호를 위해서는 염소의 농도가 높을수록 높은 질산칼슘이 필요하다.

다른 금속의 부식 알루미늄은 높은 알칼리에서 불활성 피막이 파괴되기 때문에 습윤한 콘크리트에 지속적으로 노출되는 경우에 심하게 부식될 수 있다. 부식의 결과 수산화알루미늄과 수소가스가 발생한다.

$$Al + 2OH^{-} + 2H_2O \rightarrow Al(OH)_4^{-} + H_2\uparrow \tag{18.18}$$

알루미늄의 부식은 염소이온이 존재하는 경우나(철의 경우처럼) 알루미늄이 철근과 접촉하는 경우(희생양극으로 작용하기 때문)에 더 심해지며 그 결과로 콘크리트가 탈락되거나 알루미늄관이 파괴된다. 식 (18.18)에 나타난 화학반응은 팽창 그라우트를 만드는데 유용하게 사용된다. 그 이유는 알루미늄 파우더로 인해 발생되는 수소가스가 기계기초 하부처럼 좁은 공간에서 그라우팅 재료를 팽창시켜 빈 공간을 채우도록 만들기 때문이다(20.4절 참조). 알루미늄과 마찬가지로 납이나 아연도 콘크리트에서 부식되며, 아연의 부식에 대한 저항성이 더 크다. 부식 실험에서 구리피복 철근의 성능이 좋은 것으로 나타나지만, 철근 주위 0.25~0.50 mm 내에 위치한 콘크리트에 대해 시멘트의 경화를 지연시키는 것으로 관찰되었다.

18.4 물리적 침식 (Physical Attack)

동결과 융해

습기가 있는 다공질 재료는 반복적인 동결(freezing)과 융해(thawing)에 의한 손상에 취약하다.

높은 공극률을 가진 경화된 시멘트 풀은 그러한 조건에 특히 취약하며, 콘크리트는 북반구 날씨에서 한 번의 겨울철에도 파괴될 수 있다. 제 8장에 언급된 바와 같이 공기연행이 동결융해로부터 콘크리트를 보호하는 효과적이고 신뢰성 있는 수단이라는 사실이 증명된 바 있다.

시멘트 풀의 동결 습윤포화된 콘크리트가 0°C 이하로 내려갈 때 시멘트 풀 내의 물이 즉각적으로 동결되는 것은 아니다. 페이스트는 다양한 크기의 공극을 포함하고 있어서 열역학적으로 온도가 공극의 직경에 따른, 좀 더 정확히는 공극의 가장 작은 직경에 따라 결정되는 크기만큼 0°C 이하로 내려가지 않는 한 공극수는 얼지 않는다. 예를 들어서 10 nm 직경의 공극수는 −5°C 이하까지 얼지 않으며, 3.5 nm 직경의 공극수는 −20°C까지 얼지 않는다. 또한 공극수의 알칼리성은 약 1°C만큼 결빙 온도를 감소시킨다. 결빙온도에 도달하더라도 얼음이 만들어지기 위한 얼음핵이 생성되기 전에는 콘크리트 내의 공극수 대부분이 초냉각 상태에 있게 된다. 얼음핵은 콘크리트 외부와 콘크리트 내의 큰 공극에서 발생하여 온도가 내려가면서 시멘트 풀 내로 침투한다. 얼음결정은 쉽게 작은 공극으로 침투하지 못하고, 온도가 0°C 이하로 떨어질 때만 침투한다. 마지막으로, 공극의 표면을 형성하고 페이스트에 미세공극을 형성하는 C-S-H의 표면에 흡착된 수분은 얼음이 형성된 모세관으로 이동하더라도 얼지않는다. 적절히 보호되지 않은 페이스트는 결빙으로 인한 팽창때문에 내부에 인장응력과 균열이 발생한다. 공기연행 페이스트는 팽창이 거의 일어나지 않으며 냉각동안 상당한 수축이 발생한다.

동해의 메커니즘 다음과 같은 과정들이 페이스트의 동결거동에 영향을 미친다. 얼음 형성에 의한 수압, 동결위치 인근 공극수의 용질농도 증가에 의한 삼투압, C-S-H로부터의 물 분리, 그리고 얼음의 분리 등이다. 물이 얼음으로 변하면서 부피가 9% 증가하지만, 이것은 시멘트 풀과 콘크리트의 팽창을 설명하기에는 부족하다. 초기 동결에서 일어나는 팽창의 일부분은 아마도 미세균열에서 얼음이 직접 팽창하였기 때문일 것이며, 동결과 융해가 반복되어 점진적인 미세균열이 발생된다면 팽창이 더 증가할 것이다.

그러나 주요한 팽창은 시멘트 풀 내에 다른 작용에 의한 것이다. T.C. Powers가 제시한 바와 같이 팽창에 대한 주요한 요인은 오랜기간 동안 수압인 것으로 믿어져왔다. 그에 따르면 모세관에서 얼음이 형성되면서 부피팽창이 주위 수분에 압축을 가하고 이 압축력으로 인해 결빙이 되지 않은 공극으로 물이 확산된다. 그러나 만약 물이 확산되기 위한 경계가 너무 멀리 떨어져 있으면 모세관이 팽창하고 주위 재료는 압축을 받게 되며, 결국에는 인장파괴가 일어난다. 온도가 점차로 낮아지면 모세관 속의 더 많은 물이 얼게 되며, 수압이 증가하고 그로 의한 미세균열과 팽창도 증가한다.

후에 Powers는 수압이 손상의 주요한 원인이 될 수 없음을 증명하였다. 그에 따르면 부분 건

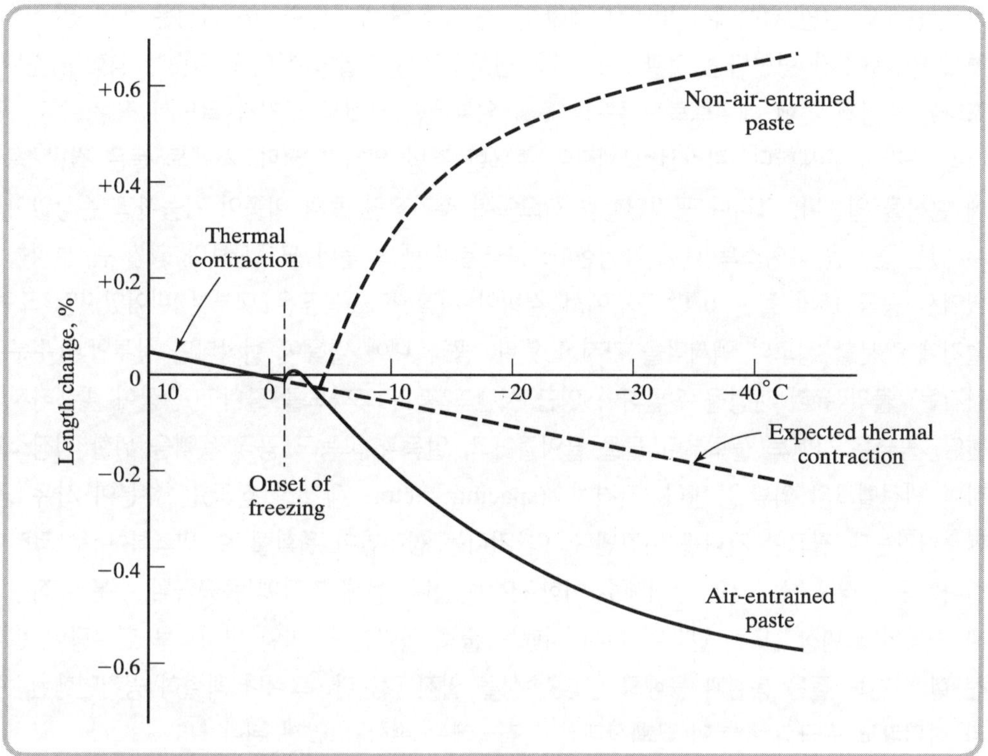

그림 18.10
온도 저하에 따른 시멘트 풀의 체적 변화. [Adapted from T. C. Powers and R. A. Helmuth, "Theory of Volume Changes in Hardened Portland Cement Paste During Freezing," *Proceedings of the Highway Research Board*, Thirty-Second Annual Meeting, pp. 285-297 (1953). Copyright by the Highway Research Board, National Research Council, Washington, DC.]

조된 비공기연행 페이스트가 결빙될 때 처음에는 수축하다가 그 후에 9%의 부피팽창을 수용할 정도로 큰 부피의 공극이 생성될 만큼 건조된 뒤에도 팽창하였다. 그 팽창은 온도가 일정한 경우에도 계속해서 발생했다. 반면에, 같은 조건에서 공기연행된 시멘트 풀은 지속적으로 수축하였다. 더구나 결빙으로 팽창하지 않는 액체에 의해서도 결빙손상이 발생하였는데, 이러한 관찰은 물이 결빙 위치로부터 빠져나오는 것이 아니라 오히려 결빙 위치로 모인다는 사실을 나타낸다. 이 거동에 대해서는 두 가지 설명이 가능하다. 먼저, 공극의 얼음이 공극수로부터 결빙핵을 이루며, 지속적으로 결빙 위치 인근 액체의 용질 농도를 증가시키고 이로 인한 삼투압작용으로 즉각적으로 얼지 않은 주위 페이스트에 있는 더 묽은 용액으로부터 물을 끌어들인다. 즉, 얼음이 형성되면 삼투압 작용으로 물이 집중되며, 이로 인해 주위 페이스트에 균열이 발생된다. 두 번째는 얼음 형태에서 물의 화학적 에너지는 얼지 않은 공극에 있는 초냉각수에 비하여 낮은데, 이로 인해 증기압이 특히 낮아진다. 결과적으로 결빙 위치의 유효 상대습도가 감소하고 평형을 유지하기 위하여 결빙 위치로 물이 이동한다. 이 작용으로 C-S-H로부터 물이 분리되며, 결빙 위치에서 팽창되는 와중에도 결빙 위치에서 떨어진 페이스트는 오히려 수축한다. 이 과정은 비록 미소하지만 흙에서 얼음렌즈가 형성되는 것과 유사하다. 삼투압과 증기압의 차이도 비슷한 영향을 준다.
포화된 비공기 연행 페이스트는 콘크리트의 외부에만 그것도 크기가 크면서 작은 수의 공극에만 자유 공간이 존재한다. 따라서 모세관이 주요한 결빙 위치가 되며, 시멘트 풀은 결빙 즉시 심하게 손상을 입는다. 그러나 공기연행을 함으로써 추가적인 물의 이동이 가능하고 손상없이 결빙할 수 있는 공간을 페이스트 내에 제공한다. 공극은 시멘트 풀의 모세관보다 훨씬 큰 부피를 가지고 있어서 공극 내의 물은 0°C 근처에서 결빙이 시작된다. 공극은 대부분 비어있지만 표면부에는 얼기에 충분할 정도의 액체막을 가지고 있다. 공극 내에 얼음이 형성되면 삼투압과(수분이 빠져나가는) 물의 유리 과정을 유발하여 인근 시멘트 풀의 포화도를 줄이고 손상이 발생되지 않도록 한다. 공극은 시멘트 풀로부터 물을 끌어들이고, 얼음과 고농도 공극 용액을 위한 저장소로 작용하여 안전밸브의 역할을 한다. 간격계수(spacing factor, 제 8장 참조)는 수분이 자유 공간으로 빠져나가는데 필요한 거리를 나타낸다. 이 거리는 삼투압이 완화될 수 있도록 너무 크지 않아야 한다. 즉 간격계수는 위험 간격계수 이하이어야 한다. 융해 기간에는 공극의 수분이 작은 모세관과 공극의 표면장력으로 인하여 다시 시멘트 풀로 돌아간다. 이런 방식으로 함수량이 변하지 않는 한 시멘트 풀은 동결과 융해로 인한 손상을 입지 않는다. 그러나 적절히 공기연행된 콘크리트라 하더라도 공극의 수분이 포화상태라면 결국에는 손상을 입게 된다.

위에서 언급한 메커니즘에 따르면, 동결융해에 대한 저항성은 침투성, 페이스트의 포화 정도, 결빙될 수 있는 수분의 양, 결빙 속도, 페이스트의 한 지점으로부터 얼음이 안전하게 형성될 수 있는 자유 공간까지의 최대 거리에 따라 결정된다. 부분적으로 건조된 콘크리트는 큰 모세관이 비어 있어서 필요한 공간을 제공하기 때문에 동결융해 손상을 겪지 않는다. 따라서 공기연행은 포화에 가까운 환경에서 결빙하는 콘크리트의 보호를 위해서 필요하다. 연행된 공극은 콘크리트가 오랜 기간 동안 침수된 경우를 제외하고는 물로 잘 채워지지 않는다. 그러나 일단 공극이 물로 채워지면 콘크리트 내부에 결빙할 수 있는 수분양이 증가하여 결빙 손상을 받기 쉽다.

구조물의 특정한 위치에 큰 크기로 얼음이 형성되면 그것이 주요한 원인은 아니더라도 콘크리트의 결빙 손상을 심화시킬 수 있다. 이러한 얼음렌즈의 형성은 흙에서 발생하며 결빙 솟음의 원인이 된다. 골재 분리와 부실한 다짐에 의하여 철근 또는 굵은골재 하부에 공극 또는 미세균열에 의한 공극이 존재하며 물이 공급되어 공극으로 흘러 들어가면 콘크리트에서 얼음렌즈가 발생된다.

콘크리트의 강도는 결빙 손상을 견딜 수 있을 정도로 커야 한다. (초기재령 콘크리트는 공기연행이 되더라도 동결에 의하여 손상을 받을 수 있다.) 물-시멘트비 0.36 이하인 페이스트가 완전히 경화된다면, 결빙 가능한 물이 거의 존재하지 않기 때문에 공기연행이 필요하지 않다. 그러나 실험에 따르면 공기연행이 필요하지 않으려면 물-시멘트비가 0.24 이하가 되어야 한다.

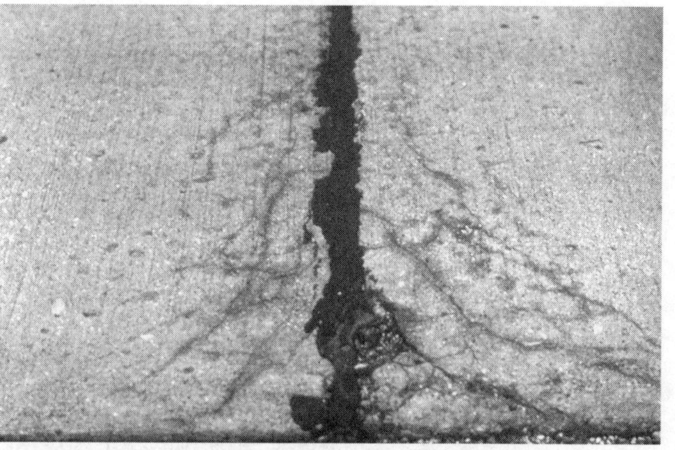

그림 18.11
콘크리트 포장의 D-균열(Photograph courtesy of Portland Cement Association.)

골재의 동결 동결융해의 손상에 취약한 골재가 사용되면, 콘크리트에 손상을 입힐 수 있다. 암석의 공극은 크기가 시멘트 풀의 것보다 크며, 물로 채워져 있기 때문에 수압의 개념을 암석에서도 마찬가지로 적용할 수 있다. 즉, 골재가 파쇄될 수 있는 위험크기(critical size)가 존재한다. 이 위험크기는 수압을 완화하기 위하여 물이 외부 표면에 도달하는데 필요한 최대거리로 표현된다. 그 크기는 동결속도, 포화정도, 침투성, 인장강도와 관계가 있다(시멘트 풀에 대한 영향인자와 같음). 대부분의 암석에 대하여 위험크기는 굵은골재의 최대치수보다 크며, 대부분의 암석(대리석과 고품질의 석회암 등)은 공극률이 매우 작고 침투율이 낮기 때문에 콘크리트 내에서 쉽게 포화되지 않는다. 따라서, 암석들은 수압을 완화하기 위하여 필요한 만큼의 내부 공극을 가지고 있는 경우가 대부분이다. 사암이나 인조 경량 골재와 같이 공극이 매우 많은 암석도 쉽게 포화되지 않으며 쉽게 건조된다. 또한 동결이 일어날 때 물이 쉽게 빠져나가므로, 포화도가 높은 것은 중요하지 않다. 가장 위험한 상태는 미세공극과 매우 높은 흡수력(총 공극률), 낮은 침투성을 갖는 암석으로서, 일단 포화되면 암석의 위험크기가 골재 크기보다 작아질 수 있기 때문에 골재의 파쇄가 발생할 수 있다. 이는 몇몇 미세입자를 가진 규질암(chert), 혈암과 같은 암석에서 발생하며, 손상이 발생하면 콘크리트 표면으로 튀어나오는 현상이 발생한다. 이러한 손상은 주로 표면에 발생하는데, 이는 표면의 골재가 더 포화상태에 가깝고 동결융해가 더 자주 발생하기 때문이다. 그러나 미국 중서부의 골재(주로 석회암)를 사용했을 때 나타나는 D-균열(그림 18.11)이 더 심각한 동결융해 손상이다. 이러한 손상은 주로 습기가 모이는 이음부와 가까운 슬래브 바닥부분에서 시작되며, 종국에는 전체 슬래브로 진전된다. D-균열이 표면에서 관찰되면 이미 슬래브 하부까지 손상된 것이며, 이러한 손상은 일반적으로 10~15년 안에 일어난다.

골재는 흡수율이 높기 때문에 동결작용에 의하여 손상을 입지 않지만 골재로부터 나온 수분은 골재보다 침투율이 낮은 주위 시멘트 풀에 심각한 손상을 줄수 있다. 연행된 공극만으로는 페이스트-골재 계면에서 만들어진 수압으로부터 시멘트 풀을 보호하기에 충분한 부피를 제공하지 못한다. 따라서 콘크리트가 주기적인 동결융해를 견디기 위해서는 적절히 공기연행된 페이스트와 내구성이 있는 골재가 동시에 사용되어야 한다.

동결융해시험 콘크리트의 장기 동결저항성을 평가하기 위한 다양한 시험방법들이 개발되어 왔다. 이 방법들은 콘크리트를 여러가지 동결융해 주기에 노출시킨 후, 무게감소, 길이변화(증가), 강도감소, 동탄성계수 등을 측정하여 점진적인 내부손상을 측정하며, 동결융해 주기와 시험체의 조건은 시험방법에 따라 다르다. 그러나 모든 시험들은 오로지 한 가지 조건만을 고려하기 때문에 그 결과가 너무 임의적이다. 관찰한 결과에 따르면 동결손상의 정도는 동결속도, 물-시멘트비, 습윤양생시간, 그리고 포화정도와 관계가 있으며, 이 조건들은 실제 사용조건에 따라 크게 달라질 수 있다. 따라서 동결융해시험을 통한 예측값이 실제 사용조건을 항상 잘 모사하는 것은 아니며, 그 결과를 주의깊게 다루어야 한다.

ASTM C 666에 소개된 표준시험방법은 4.4～-17.8°C까지의 동결 융해주기를 2~5시간 안에 마치도록 규정한다. 동결은 포화상태(과정 A) 또는 공기중(과정B)에서 실시할 수 있으나, 융해는 두 경우 모두 물 속에서 이루어진다. 이 시험은 과정A와 B에 대하여 각각 주기시간의 25%와 20% 이내에 융해가 일어나도록 요구하며 반복주기 300회 또는 동탄성계수가 초기값의 60%에 도달할 때 중 먼저 일어날 때까지 지속적으로 또는 간헐적으로 계속된다. 내구성계수 DF는 다음과 같이 계산된다.

$$\mathrm{DF}=\frac{P\times N}{300} \tag{18.19}$$

여기서 P는 반복주기 N회 후에 측정된 동탄성계수의 초기동탄성계수에 대한 퍼센트 값이다. 이 시험에 대해 콘크리트의 합격 유무를 판별하는 명확한 내구성 계수값은 정해져 있지 않다. 과정A를 사용하여 40 이하의 값이 나타나면 해당 콘크리트가 만족스럽지 못하며, 60 이상이면 만족스럽다는 것을 의미하지만 이러한 평가가 항상 정확한 것은 아니다. A, B 두 과정 모두 콘크리트의 내구성뿐만 아니라 굵은골재의 내구성을 평가하기 위한 목적으로 널리 사용되고 있다. 두 과정 중 대부분의 시험체가 결국에는 완전 포화되고 파괴되는 과정A가 더 엄격하다. 현장에서 좋은 성능을 발휘하는 콘크리트라 할 지라도 물에서 주기적인 동결융해를 겪는다면 성능이 저하될 것이다. ASTM C 666의 주요한 단점은 동결속도가 빠르다는 것으로 현장에서는 속도가 3°C/h를 넘지 않는다. ASTM C 671은 이러한 단점을 극복하기 위해 동결융해 주기가 매 2주마다 반복되도록 규정하였다. 동결은 이러한 속도로 진행되며 융해는 빠른 기간에 이루어지도록 한다. 손상은 선형팽창을 측정하여 관찰하며 이는 위험팽창이 일어나는 때(즉, 팽창이 크게 증가할 때) 또는 원하는 주기까지 반복될 때까지 계속된다. 이 시험은 사용자가 예상되는 사용조건과 동일하게 시험체의 양생이력과 노출조건을 규정하는 것을 허용한다. 골재의 동결융해에 대한 ASTM C 682 규정은 제 7장에 언급되었다. 이 시험에서는 시험 대상 골재와 표 10.2의 요구사항을 만족하는 공기량을 가지고 콘크리트 원주공시체를 제작한다. 제작된 공시체는 ASTM C 671에 의하여 시험을 수행하고 그 결과를 분석한다.

염해 표면박리(salt scaling)

동결저항을 위하여 공기연행된 콘크리트도 제빙염의 반복적인 사용에 의하여 손상을 받을 수 있다. 염소염에 의한 철근의 부식 문제는 이미 언급한 바 있으나 적절히 공기연행된 고품질의 콘크리트도 염소를 함유하지 않은 제빙염에 의하여 직접적인 손상을 받을 수 있다. 제빙염에 의하여 손상을 받은 콘크리트는 모르타르가 탈락되어 표면이 거칠어지고 구멍이 발생한다.

박리의 메커니즘 제빙염 박리의 정확한 원인은 잘 알려져 있지 않지만 아마도 한 가지 이상의 메커니즘이 작용하기 때문인 것으로 추정된다. 염분용액은 순수한 물보다 낮은 증기압을 가지고 있어 증발속도가 느리기 때문에 제빙염이 없는 콘크리트보다 높은 포화상태를 유지한다. 제빙염이 사용되면 눈을 녹이면서 열을 소비함으로써 표면 바로 아래 콘크리트의 온도가 빠르게 감소하는데, 이로 인해 급속냉각 또는 온도변형률 차이에 의한 응력이 발생하여 손상을 입힐 수 있다. 또한 어느 경우든 콘크리트 표면에 존재하는 추가적인 수분으로 인해 미세 또는 거시적인 얼음렌즈가 생성된다. 알칼리 공극수에 염을 추가하면 삼투압이 증가한다. 낮은 농도의 염에서 박리는 농도에 비례하여 증가하나 고농도에서는 감소한다. 실내 실험결과에 따르면 플라이애쉬로 만들어진 콘크리트가 다른 콘크리트보다 박리 저항성이 낮은 것으로 나타나지만 실제 현장에서는 그렇지 않은 것으로 관찰되고 있다.

박리손상의 방지 적절한 공기연행, 낮은 물-시멘트비, 침투성이 낮은 콘크리트를 사용하는 것이 염해 표면박리를 방지하는 가장 좋은 방법이다. 공극은 삼투압, 물과 얼음의 증기압 차이로 인해 발생되는 압력을 완화시키며, 낮은 물-시멘트비와 낮은 침투성은 수분과 제빙염의 침투를 제한하고 물론 염해 표면박리에 대한 저항 능력을 높여준다.

과도한 진동다짐을 하거나 너무 일찍 또는 너무 오랫동안 표면손질을 하거나 소성수축이 일어나거나 또는 과도한 블리딩이 일어나면 표면에 박리손상이 발생된다. 그러한 표면은 표면과 표면 바로 하부 페이스트 또는 모르타르가 약하기 때문에 표면용액을 하부로 전달할 수 있는 블리딩 경로 또는 균열을 가진다. 배합설계, 타설, 마감을 주의하면 많은 문제점들을 제거할 수 있다. 제빙염이 사용되기 전에 적절한 습윤양생과 건조기간을 거치면 박리 저항력이 향상된다. 콘크리트 표면의 박리저항 평가는 ASTM C 672가 사용되는데 여기서는 $CaCl_2$용액에 공시체를 넣어 동결융해시험을 하며(여기서 사용되는 동결융해주기는 동결융해 내구성 시험의 주기와 다르다), 매 다섯 주기마다 표면을 관찰한다.

18.5 콘크리트의 균열 (Cracking in Concrete)

이 책은 계속하여 콘크리트의 균열 가능성을 언급한 바 있다. 균열은 많은 요인들에 의해서 발생되며, 작은 응력에 의하여 발생되는 미세균열부터 환경의 영향, 부적절한 시공, 부적절한 구조설계과 상세에 의하여 발생되는 큰 균열까지 다양하게 존재한다. 극단적인 경우에는 콘크리트 구조의 일체성이 심각하게 손상될 수 있다. 그러나 많은 경우에 균열은 콘크리트의 하중저항능력에는 영향을 주지 않으며, 해로운 화학물질을 콘크리트 내부로 쉽게 접근하도록 하여 콘크리트의 내구성에 큰 영향을 미친다. 이 장은 균열의 원인과 균열을 제어할 수 있는 방법을 소개한다.

균열의 원인

표 18.5는 콘크리트 재료와 주위와의 상호작용으로 인하여 발생될 수 있는 균열의 종류를 요약한 것이다. 대부분의 경우에 균열은 내부적으로 발생하고 전체 콘크리트에 걸쳐 미세균열의 네트워크를 형성한다. 표면에서 균열이 관찰될 경우, 이미 내부손상은 심각하게 진행되었을 수 있으며, 습도와 온도변화에 의해서 구조물에 국부적인 큰 균열들이 발생할 수 있다. 균열은 많은 경우에 특징적인 형상을 보이기 때문에 콘크리트 손상의 원인을 판단하는데 도움을 주기도 한다(표 18.6 참조). 콘크리트가 정상적인 환경에서 균열을 견딜 수 있다고 해서 화재와 같은 극단적인 경우에도 일체성이 유지된다고 보장할 수는 없다.

표 18.5 주변 환경과의 상호작용에 의한 콘크리트 균열의 원인

구성 요소	*유형*	*응력 발생 원인*	*환경적 요인*	*제어가 필요한 요소*
시멘트	불안정성	체적 팽창	수분	유리 석회, 마그네시아
	온도 균열	열 응력	온도	수화열, 냉각속도
골재	알칼리 실리카 반응	체적 팽창	수분 공급	시멘트 속 알칼리, 골재 성분
	D형 균열	수압	동결과 융해	골재 흡수, 골재 최대 치수
시멘트 풀	소성수축	수분 손실	바람, 온도, 상대습도	콘크리트 온도, 표면 보호
	건조수축	수분 손실	상대습도	배합설계, 건조율
	황산염 침식	체적 팽창	황산이온	배합설계, 시멘트 종류, 혼화재료
	온도 팽창	체적 팽창	온도 변화	온도 상승, 변화율
콘크리트	침하	철근 주위 소성 콘크리트의 압밀		콘크리트 슬럼프 피복, 철근 지름
철근	전기화학적 부식	체적 팽창	산소, 수분	피복, 콘크리트 투수성

표 18.6 콘크리트 구조물에서 발견되는 균열의 형태

균열 종류	*균열 원인*	*비고*
크고, 불규칙하고, 종종 높이 차이를 보이는 균열	기초 불량, 과하중	바닥 슬래브, 구조용 콘크리트
크고, 규칙적인 간격의 균열	수축 균열, 온도 균열	바닥 슬래브, 구조용 콘크리트, 매스 콘크리트
조악하고 불규칙한 그물형 균열(map cracking)	알칼리 실리카 반응	겔의 분출
미세하고 불규칙한 그물형 균열(map cracking)	과도한 블리딩, 소성수축	너무 이른 마감, 과도한 미장
슬래브 표면에 서로 평행하게 발생하는 미세한 균열	소성수축	바람 방향에 수직
조인트 근처에서 슬래브 변과 평행하게 발생하는 균열 (D형 균열)	과도한 수분량, 다공질 골재	동해로 인한 골재 파괴에 따른 슬래브의 품질 저하
철근 상부에 철근과 평행하게 발생하는 균열	침하 균열	구조 슬래브에서 상부 철근 주위의 소성 콘크리트 압밀
철근을 따라 생긴 균열 (종종 녹 얼룩이 생김)	철근 부식	염화물이 존재하면 악화됨

균열의 제어

균열은 설계와 시공단계에서 가장 잘 제어될 수 있다. 많은 경우에 균열은 예상되는 환경에 대해 평가하고 문제점이 예측되는 경우에 재료를 적절하게 선택함으로써 예방될 수 있다. 예를 들어서 ASTM C 150이 만족된다면 부적절한 시멘트가 만들어질 수 없으며, 지하수에 대한 적절한 실험을 한다면 적절한 배합과 물-시멘트비의 선택을 통하여 심각한 황산염 침투를 방지할 수 있다. 콘크리트에 대한 화학적 공격은 수분이동과 밀접한 관련이 있는데, 수분이동은 해로운 물질을 운반하는 수단이 되어 파괴적 반응에 직접적으로 관여한다. 따라서 배합설계와 시공단계에서 물이 콘크리트로 침투하거나 표면으로 흐르지 못하도록 방지함으로써 내구성을 향상시킬 수 있다. 충분한(그러나 과도하지 않은) 양의 결합재, 낮은 물-시멘트비, 적절한 타설, 다짐과 마감, 그리고 적절한 습윤양생을 수행함으로써 콘크리트의 투수성을 감소시킬 수 있다. 때때로 효과적인 배수, 방수 시공조인트의 사용을 위한 규정이 도움이 될 수 있다.

표면보호 피복 복합제를 적절히 사용하면 해로운 환경에서 많은 이점을 얻을 수 있다. 이는 다음 두 가지로 구분된다.

1. 표면에 사용되어 방수와 불침투 코팅을 형성하는 재료
2. 콘크리트 표면에 침투하여 모세관 공극을 차단하는 재료

첫 번째 형태는 페인트가 대표적이며 아스팔트, 에폭시 레진, 인조고무, 또는 다른 폴리머 재료에 기반한 보다 두껍고 강한 코팅이나 막도 사용된다. 이러한 코팅은 콘크리트의 습기를 유지하여 건조수축을 막기 위한 목적으로 사용될 수도 있다. 코팅 그 자체가 시멘트와 골재를 포함하는 경우도 있는데, 라텍스 조정 모르타르, 폴리머 콘크리트, 아스팔트 콘크리트 등이 그 예다. 모세관을 차단하는 재료는 좋은 품질의 콘크리트 표면을 밀봉하기 위한 목적으로 사용될 수 있으나 저품질 콘크리트에는 효과적이지 않다.

소성 콘크리트에는 보통 두 가지 형태의 균열이 관찰된다. 11.5절에서 논의된 바와 같이 소성수축 균열은 블리딩에 의해 표면에 물이 생성되는 속도보다 표면의 수분 증발속도가 더 빠를 때 발생한다. 온도가 높고 바람이 강하고 상대습도가 낮을 때는 빠른 증발을 방지하기 위하여 시공방법과 슬래브 표면의 보호법에 대한 조정이 필요하다. 콘크리트 표면 근처의 철근에 평행하게 발생하는 침하균열은 부식유발물질이 철근에 도달하는 경로를 제공한다. 침하균열은 슬럼프를 감소시키고, 피복을 증가시키며, 철근 직경을 감소시킴으로써 방지될 수 있다.

일정하지 않은 건조, 온도 증가, 불균형한 구속으로 인한 단면 내부의 변형률 차이에 의해 인장응력이 유발되고 이로 인해 건조수축과 온도팽창에 의한 균열이 발생된다. 따라서 건조와 온도균열은 휨균열과 비슷하며, 철근을 적절히 배치하여 제어될 수 있다. 철근을 사용하여 폭이 큰 단일 균열을 여러 개의 폭이 작은 균열로 제어하는데, 이는 균열폭이 작을수록 내구성 문제가 작기 때문이다. 해로운 노출환경에서는 0.1 mm 이내의 균열폭이 바람직하다.

적절한 위치독립, 수축조인트를 배치함으로써 콘크리트의 팽창과 수축에 의한 응력을 감소시킬 수 있다. 강결된 조인트는 습도와 온도의 변화에 의하여 발생되는 응력을 지탱할 수 있도록 적절히 설계되어야 한다. 벽체와 바닥 콘크리트의 건조수축 균열을 완전히 방지할 수는 없으며 수축조인트의 사용이 필요하다. 균열이 우선적으로 발생할 수 있는 약한 면을 만들기 위해 콘크리트에 홈을 만들거나 경화 후에 톱으로 조인트를 만든다. 이런 방법으로 무작위하게 발생하는 균열을 방지하고 의도적으로 균열을 유발한 후 이를 밀봉하여 습기를 차단할 수 있다. 수축이 얼마나 발생될지 모르므로 실제 필요한 것보다 많은 수축조인트를 설치하여야 하며 균열이 있는 조인트는 정기적으로 유지관리되어야 한다. 이런 이유로 도로포장에 수축조인트를 없애기 위한 방법들이 연구되어 왔으며 팽창시멘트의 사용, 연속된 철근 또는 프리스트레스트 포장의 사용, 섬유보강 콘크리트의 사용이 이러한 방법의 예다.

많은 콘크리트 구조물의 균열 원인은 부적절한 시공 또는 설계와 상세의 오류때문이다. 전자의 예는 높은 물-시멘트비와 부적절한 양생을 사용하는 경우이다. 후자의 경우는 구조벽과 지면 슬래브에 균열폭을 제어하기 위한 철근이나 균열의 위치를 제어하기 위한 적절한 조인트 상세없이 모서리부를 설치하는 것이다(그림 18.12 참조).

만약 환경변화의 크기나 속도가 감소된다면 균열을 제어할 수 있다. 이런 방법으로 인장응력

그림 18.12
구석 부분의 콘크리트 균열 형태. [W. H. Price, *Concrete International*, Vol. 4, No. 1, pp. 40–43 (1982).]

이 감소되고 인장크리프 그리고 콘크리트 초기 강도의 발현에 의하여 추가적으로 인장응력이 더 완화된다(그림 18.13). 콘크리트를 일시적으로 보호하거나 불침투코팅을 적용하여 이러한 환경변화를 만들 수 있다.

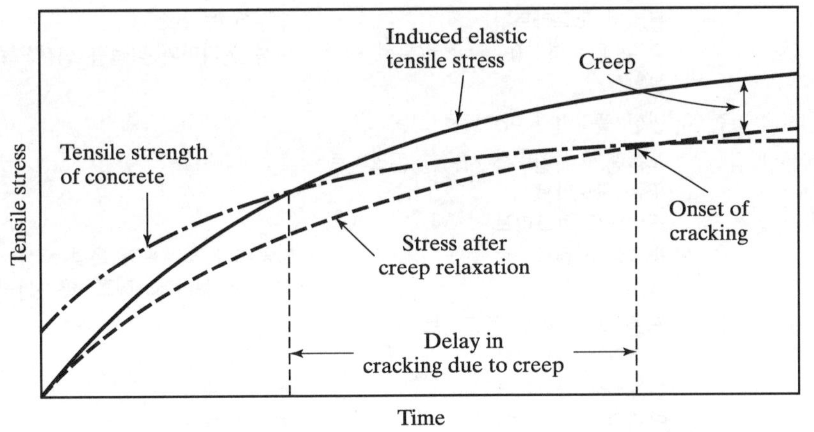

그림 18.13
크리프에 의한 콘크리트 인장응력의 감소 [Adapted from A. M. Neville, *Properties of Concrete*, 4th ed., John Wiley & Sons, Inc., New York (1996).]

18.6 콘크리트의 보수와 유지관리 (Repair and Maintenance of Concrete)

일단 균열이나 명백한 손상이 관찰되면, 콘크리트는 더욱 손상에 취약해지고 종국에는 더 이상 사용이 불가능하게 된다. 유지관리와 보수에는 경제적, 정치적 고려도 중요하나 기술적인 관점에서 보면 콘크리트의 일체성을 유지할 수 있도록 초기에 유지관리를 수행하는 것이 바람직하다. 예방차원의 유지관리(정기적인 검사, 조인트와 배수시스템의 복구 등)가 콘크리트 구조물의 내구성에 중요한 역할을 한다. 균열보수와 방수조인트의 복구 등 조기에 조치하면 후에 보다 큰 비용이 드는 보수를 할 필요가 없어진다. 광범위한 손상이 발생하거나 조기 조치로 문제를 제어할 수 없는 경우에는 조사를 통해 보수 작업의 이유와 작업 사항들을 결정하여야 한다.

보수재료

콘크리트의 보수와 유지관리를 위하여 많은 종류의 재료가 사용된다. 매우 미세한 균열을 보수하기 위한 낮은 점착성의 폴리머, 물이 새는 경우의 보수를 위한 조경시멘트 포틀랜드시멘트, 모르타르, 콘크리트에 피복을 하기 위한 특수 콘크리트 등이 있다. 재료의 선택은 표 18.7에 나타나 있으나 재료의 다양성이 매우 크기 때문에 이 표는 하나의 지침으로서만 사용되어야 한다. 엔지

표 18.7 콘크리트 보수 재료

보수 방식	*재료*	*설명*
미세균열의 봉합	에폭시 수지	수분이 존재해도 우수한 부착성
큰 균열과 조인트의 봉합	포틀랜드 시멘트 모르타르	다짐이 잘 됨.
	시멘트계 그라우트	
	폴리머 모르타르	우수한 부착성
	퍼티(액상 봉합제)와 코크(유성 액상 봉합제)	합성 폴리머와 타르를 성분으로 함
표면의 일반적 봉합	합성 폴리머와 아스팔트 코팅	
표면의 국부 패칭	포틀랜드 시멘트를 사용한 콘크리트 또는 모르타르	
	프리팩트 콘크리트	
	속경성 시멘트	알루미나 시멘트와 응결 조절 시멘트
	폴리머 수지	에폭시; 폴리에스테르; 우수한 부착성
덧씌움과 숏크리팅	포틀랜드 시멘트 콘크리트	급결제
	실리카퓸 콘크리트	낮은 투수성
	섬유보강 콘크리트	균열에 대한 저항성
	라텍스 재질 콘크리트	우수한 부착
	폴리머 콘크리트	우수한 부착
	아스팔트 콘크리트	
보강	내부 혹은 외부 철근 추가	
	페로 시멘트(ferrocement)	
	섬유 보강 폴리머	

니어들이 고를 수 있는 많은 재료들이 있으며, 올바른 평가를 위해서는 전문적인 지식이 요구된다. 최종 재료는 보수동안의 성능, 구조적 성능, 장기내구성, 비용, 현장경험 등을 고려하여 결정하여야 한다.

보수기술

콘크리트의 보수와 복원에 사용될 수 있는 다양한 기술을 모두 소개하기는 어렵지만 다음의 세 가지 사항을 고려하여야 한다는 점은 분명하다. (1) 균열의 원인을 제어할 수 있는 보수방법의 사용, (2) 적절한 재료의 선택, (3) 손상된 콘크리트에 대한 복원 전 준비작업이다. 첫 번째 고려사항은 구조적 또는 재료적 성능, 또는 둘 모두와 관계가 있으며, 문제의 본질에 따라 상세한 구조해석과 설계가 필요하다. 재료의 선택은 앞장에서 기술되었으나 손상된 콘크리트에 대한 준비작업은 여기서 기술될 것이다. 준비작업에는 다음과 같은 점을 주의하여야 한다.

1. 견고한 표면이 드러날 때까지 손상된 재료를 모두 제거하여야 한다.
2. 가능하다면 콘크리트와 보수재료의 부착성능을 높이고 적절한 다짐이 이루어지도록 표면에 구멍을 만들어 준다.
3. 공격적인 재료를 제거하고 이들의 재침투를 방지하여야 하며, 구조물과 손상의 형태에 따라 적절한 보수재료를 선택하기 위한 조치가 필요하다.

균열의 보수

폭이 0.05 mm 정도인 미세균열은 낮은 점착성 폴리머 그라우트의 주입으로 성공적으로 밀봉이 가능하다. 이러한 재료들은 주입 이후 그 위치에서 견고한 폴리머를 형성할 수 있어야 하는데, 에폭시가 가장 많이 사용되며 많은 특수제품들이 판매되고 있다. 매우 미세한 굴곡과 균열에 침투시키기 위하여 압력으로 에폭시를 주입하며, 압력 그라우팅의 성공여부는 모든 균열이 밀봉되도록 적절히 적용되는가에 달려있다. 에폭시 그라우팅은 방수를 위하여 균열을 밀봉할 뿐만 아니라 구조적 일체성을 복원할 수 있다. 그러나 균열이 응력에 의하여 발생되는 경우에는 균열이 발생된 원인을 제거하지 않는 이상 계속해서 새로운 균열이 발생될 것이다. 에폭시는 수중이나 습기가 있는 경우에도 성공적으로 사용되어 왔으나, 적절한 재료의 선택이 중요하다.

큰 균열과 조인트는 시멘트계 모르타르, 그라우트, 초크나 퍼티를 사용하여 채울 수 있으나, 적절한 내구성을 확보할 수 있도록 균열이 깨끗이 청소되어야 하고, 채움재가 잘 시공될 수 있도록 V형 홈을 만들어야 한다. 큰 균열에는 고품질의 포틀랜드시멘트 모르타르를 사용하는 것이 적절하며 또한 경제적이다. 습기가 있는 곳에는 조기경화 혼화재가 사용되거나 조경시멘트(유기물 또는 비유기물)가 사용되어야 한다. 채움재는 그 종류와 특징이 다양하므로 적절한 재료의 선택을 위해서는 하중이나 노출조건 등 실제와 비슷하게 예측된 사용조건을 고려하여야 한다. 균열과 조인트가 보수된 이후에는 일반적인 보호코팅을 하는 것이 성능면에서 유리하고 외관상으로도 바람직한데, 방수가 문제가 되지 않는다면 일반적인 보호코팅이면 충분하다.

국부적인 채움 이 작업은 구멍, 볼트구멍, 프리스트레스 덕트 등을 채우는 것과 관계가 있다. 얕은 구멍에 건식채움 모르타르(dry-pack mortar)를 사용하는 것과 깊은 구멍 또는 철근 주위를 대체 모타르로 채우는 것이 가장 단순한 채움법이다. 모르타르는 다짐과 펌프 작업이 가능한 범위에서 최대한 건조한 것이 좋다. 부착력을 높이고 유지하는 것이 중요한 경우에는 혼화재를 사용하여 유동성을 향상시키고 건조수축을 방지하는 것이 바람직하다.

큰 구멍에는 경제성을 위하여 대체 콘크리트를 사용할 수 있지만, 이것이 여의치 않을 때는 프리팩트 콘크리트(preplaced aggregate concrete, 11.3절)를 사용하는 것이 바람직하다.

포장과 슬래브의 국부적 보수에는 대체 모르타르와 콘크리트, 아스팔트 또는 폴리머 콘크리트 같은 재료가 일반적으로 사용된다.

준비작업이 불충분하여 보수 내구성이 떨어지는 경우가 많은데, 기타설 콘크리트와 채움재 사이의 접착이 중요하기 때문에, 품질이 좋지 않거나 접착성이 떨어지는 부위를 미리 제거하여야 한다. 만약 철근이 부식되었다면 우선 표면의 녹을 제거하고, 새롭게 타설되는 콘크리트가 철근과 완전히 부착될 수 있도록 철근을 완전히 노출시킨 후 채우는 것이 바람직하다. 부식된 철근 영역을 채우는 경우에는 새로운 콘크리트와 염소이온을 함유한 주위 콘크리트 사이의 부식전위 차이 때문에 문제가 발생할 수 있으므로 주의하여야 한다. 면을 거칠게 만들거나 구멍을 만들어 물리적 부착을 향상시킬 수 있으며, 시멘트 모르타르 또는 폴리머 부착제를 도포함으로써 신구 콘크리트 사이에 부가적인 화학적 부착력을 부여할 수 있다. 폴리머 콘크리트 또는 라텍스 콘크리트(latex-modified concrete)를 사용하여 부착을 향상시키는 방법도 있다.

피복 손상이 너무 커서 부분채움으로는 보수가 어려워 피복을 덧씌우는 경우에도 앞서의 고려사항이 마찬가지로 적용된다. 포장과 교량 바닥판의 표면을 재시공하는 것이 이러한 경우에 해당된다. 하부 콘크리트에 피복을 직접 부착시키려면 부착력이 강해야하며, 피복은 그 온도 특성이 하부 콘크리트와 잘 일치하면서 좋은 균열저항 성능을 가져야 한다. 그렇지 않다면, 피복과 하부 콘트리트의 변향 차이로 인하여 피복에 균열이 발생하여 일체성과 보호성능이 파괴된다. 이러한 경우에는 하부 콘크리트와 독립적으로 변형할 수 있는 비부착 피복이 사용되어야 한다.

수직면에는 콘크리트 숏크리트가 흔히 사용되는데, 상당한 구조 손상이 발생하여 부가적인 철근이 필요하거나 필요한 콘크리트의 두께가 큰 경우에는 이 방법이 특히 유용하다. 코팅(stuccos)이 얇은 경우에는 스프레이 혹은 손으로 시공이 가능하다. 특수 조기경화 혼화제가 혼입된 일반

포틀랜드시멘트가 이 목적으로 가장 흔히 사용되지만, 섬유보강 시멘트 또는 라텍스 혼입과 같은 조정된 콘크리트도 많이 사용된다.

보강 콘크리트의 인장강도를 증가시키기 위한 목적으로 보수를 수행하는 경우도 있다. 구멍을 뚫고 그라우팅해서 내부 철근을 설치하거나, 외부 철근(보통 프리스트레스 형태로 설치됨)을 사용해서 이러한 목적을 달성할 수 있다. 촘촘히 배치된 작은 직경의 철망과 시멘트 모르타르로 구성된 페로 시멘트(ferrocement)를 사용해서 보수된 부재 표면의 인장강도를 증가시키는 방법도 있다. 외부 보강으로는 접착제와 볼트로 부착된 강판과 섬유보강폴리머 시트가 사용된다.

참고문헌

일반(General)

ACI Committee 201, *Guide to Durable Concrete* (ACI 201.2R-92), American Concrete Institute, Farmington Hills, MI (1992).

ACI Committee 201, *Guide for Making a Condition Survey of Concrete in Service* (ACI 201.1R-92), American Concrete Institute, Farmington Hills, MI (1992).

Hobbs, D. W., ed., *Minimum Requirements for Durable Concrete*, British Cement Association, Crowthorne, Berkshire, U.K. (1998).

Lea's Chemistry of Cement and Concrete, 4th ed., ed. T. C. Hewlett. Arnold, London (1998).

침투성(Permeability)

Brown, P. W., D. Shi, and J. Skalny, "Porosity/Permeability Relationships," *Materials Science of Concrete II*, ed. J. Skalny and S. Mindess, American Ceramics Society, Westerville, OH, pp. 83-110 (1991).

Darwin, D., M. N. AbouZeid, and K. W. Ketcham, "Cracks and Voids in Cement Pastes with Silica Fume," *Proc. of 16th International Conference on Cement Microscopy*, Duncanville, TX, pp. 52-68 (1994).

Garboczi, E. J. and D. P. Bentz, "Fundamental Computer Simulation Models for Cement-Based Materials," *Materials Science of Concrete IV*, eds. J. Skalny and S. Mindess, American Ceramic Society, Westerville, OH, pp. 249-278 (1991).

Ion and Mass Transport in Cement-Based Materials, ed. R. D. Hooton et al., American Ceramic Society, Westerville, OH (2001).

Reinhardt, H. W., "Transport of Chemicals through Concrete," *Materials Science of Concrete III*, ed. J. Skalny, American Ceramic Society, Westerville, OH, pp. 209-241 (1992).

Reinhardt, H. W., ed., *Penetration and Permeability of Concrete: Barriers to Organic and Contaminating Liquids*, RILEM Report 16, E & FN Spon, London (1997).

화학적 침식(Chemical Attack)

Collepardi, M., "Damage by Delayed Ettringite Formation," *Concrete International*, Vol. 21, No. 1, pp. 69-74 (1999).

Day, R. C., *The Effect of Secondary Ettringite Formation on the Durability of Concrete: A Literature Analysis*, RD108T, Portland Cement Association, Skokie, IL (1992).

Ettringite, The Sometimes Host of Destruction, eds. B. Erlin, J. Skalny and G. Hill, SP-177, Amerrican Concrete Institute, Farmington Hills, MI (1999).

Famy, C., K. L. Scrivener and H. F. W. Taylor, "Delayed Ettringite Formation," *Structure and Performance of Cements*, 2nd ed., eds. J. Bensted and P. Barnes, Arnold London, pp. 282-294 (2002).

Fu, Y., and J. J. Beaudoin, "Mechanisms of Delayed Ettringite Formation in Portland Cement Systems," *ACI Materials Journal*, Vol. 93, No. 4, pp. 327-333 (1996).

Hime, W. G., "Delayed Ettringite FormationA Concern for Precast Concrete," *PCI Journal*, Vol. 41, No. 4, pp. 26-30 (1996).

Lawrence, C. D., "Delayed Ettringite Formation: An Issue?" *Materials Science of Concrete IV*, ed. J. Skalny and S. Mindess, American Ceramic Society, Westerville, OH, pp. 113-154 (1995).

Materials Science of Concrete: Sulfate Attack Mechanisms, ed. J. Marchand and J. Skalny, American Ceramics Society, Westerville, OH (1999).

Mehta, P. K., "Sulfate Attack on ConcreteA Critical Review," *Materials Science of Concrete III*, ed. J. Skalny, American Ceramic Society, Westerville, OH, pp. 105-130 (1992).

Odler, I., and I. Jawed, Expansive Reactions in Concrete, *Materials Science of Concrete II*, ed. J. Skalny and S. Mindess, American Ceramic Society, Westerville, OH, pp. 221-248 (1991).

Skalny, J., J. Marchand and I. Odler, *Sulfate Attack on Concrete*, Spon Press, London (2002).

침식 부식(Corrosion of Reinforcement)

ACI Committee 222, *Corrosion of Metals in Concrete* (ACI 222R-96), American Concrete Institute, Farmington Hills, MI (1996).

Bentur, A., S. Diamond, and N. S. Berke, *Steel Corrosion in Concrete*, E & FN Spon, London (1997).

Techniques to Assess the Corrosion Activity of Steel Reinforced Concrete Structures, ASTM STP 1276, ed. N. S. Berke, E. Escalante, C. K. Nmai, and D. Whiting, American Society for Testing and Materials, West Conshohocken, PA (1996).

물리적 침식(Physical Attack)

Marchand, J., R. Pleau, and R. Gagné, "Deterioration of Concrete due to Freezing and Thawing," *Materials Science of Concrete IV*, ed. J. Skalny and S. Mindess, American Ceramic Society, Westerville, OH, pp. 283-354 (1995).

Pigeon, M., and R. Pleau, *Durability of Concrete in Cold Climates*, E & FN Spon, London (1995).

Powers, T. C., "Freezing Effects in Concrete," in *Durability of Concrete*, SP-47, American

Concrete Institute, Detroit, MI, pp. 1-12 (1975).

균열 및 보수(Cracking and Repair of Concrete)

ACI Committee 224, *Causes, Evaluation and Repair of Cracks in Concrete Structures* (ACI 224.1R-93), American Concrete Institute, Farmington Hills, MI (1993).

ACI Committee 224, *Control of Cracking in Concrete* (ACI 224R-90), American Concrete Institute, Farmington Hills, MI (1990).

ACI Committee 546, *Concrete Repair Guide* (ACI 546R-96), American Concrete Institute, Farmington Hills, MI (1996).

ACI Committee 546, *Guide for Repair of Concrete Bridge Superstructures* (ACI 546.1R-80, Reapproved 1997), American Concrete Institute, Farmington Hills, MI (1997).

문제

18.1. 침투성은 내구성에 어떤 영향을 미치는가?

18.2. 콘크리트에 확산되는 화학물질의 침투 깊이와 시간의 관계는 무엇인가?

18.3. 구조물의 표면에 백화현상이 생겼다면 이는 무엇을 의미하는가?

18.4. 콘크리트가 많은 공극을 포함하지만 비교적 침투성이 작은 이유는 무엇인가?

18.5. 콘크리트에 대한 황산염 침식의 메커니즘을 기술하라.

18.6. 황산염 침식을 방지하기 위해서 사용할 수 있는 전략은 무엇인가?

18.7. 동일한 농도의 황산이온에 대하여 바닷물이 지하수보다 덜 해로운 이유는 무엇인가?

18.8. 프리캐스트 공장에서와 같이 높은 온도에서 콘크리트를 양생하는 경우 발생할 수 있는 손상은 어떤 것이 있는가?

18.9. 왜 산은 콘크리트에 손상을 주는가?

18.10. 철근이 부식하기 위해서는 어떤 조건이 만족되어야 하는가?

18.11. 콘크리트 교량 바닥판의 철근 부식을 방지하기 위해서는 어떠한 전략이 필요한가?

18.12. 제빙염은 왜 콘크리트 교량 바닥판에 심각한 손상을 주는가?

18.13. 콘크리트가 반복적인 동결융해에 의하여 손상되는 이유는 무엇인가?

18.14. 공기연행이 동결융해의 영향을 감소시키는 원리는 무엇인가?

18.15. 일부 골재가 반복적인 동결융해로 인해 손상을 입는 이유는 무엇인가?

18.16. 콘크리트에 균열이 생기면 어떤 문제가 초래되는가?

18.17. 균열을 어떻게 보수할 수 있는가?

CHAPTER 19

고강도 콘크리트

High-Strength Concrete

일반 기술로 고강도 콘크리트를 만들기가 점차 쉬워짐에 따라서 고강도 콘크리트의 정의가 바뀌어왔다. 따라서 옛날에는 고강도로 간주되던 것들이 지금은 보통강도가 되었다. 1920년대에는 21 MPa 이상을 고강도로 간주하였으며 1950년까지는 35 MPa이 고강도였다. 1970년 후반에는 40 MPa이 고강도였으며 최근에는 60 MPa도 고강도의 낮은 영역에 속한다. 주요 도시에서는 100~130 MPa의 압축강도 콘크리트가 상용으로 사용되고 있다.

강도의 급속한 변화는 콘크리트 강도가 60~70 MPa에 불과하던 1980년대 초에 행해졌던 고강도 콘크리트에 대한 선도적인 기반 연구의 결과이다. 콘크리트 강도의 급격한 증가는 주로 고유동화재의 개발과 광물 혼화재 특히 실리카퓸의 사용에 의해서 이루어졌다. 고강도 콘크리트는 콘크리트 생산량의 일부에 불과하나, 고강도 재료의 사용으로 작은 단면을 사용할 수 있어서 중요한 공학적, 경제적 이점을 얻을 수 있게 되었다.

고강도 콘크리트는 상업적으로는 고층 건물의 기둥에 최초로 적용되었는데, 증가된 압축강도는 기둥의 단면을 감소시켜 더 많은 가용 건축 면적을 확보할 수 있기 때문이다. 대부분의 구조물에는 보통콘크리트가 사용되지만 기둥에 고강도 콘크리트를 사용하는 것이 장점이 매우 크기 때문에 구조형식이 강구조에서 철근콘크리트로 변경시켰다. 고강도 콘크리트가 없다면 많은 경우에 철근콘크리트 공사는 고려대상이 되지 못할 것이다. 시간이 지남에 따라서 고강도 콘크리트의 적용이 더욱 일반화되어 건물의 전단벽, 내력벽, 교량의 거더, 특히 플랜지의 두께가 콘크리트의 강도에 의하여 결정되는 장경간의 교량에 사용되고 있다. 후자의 경우에는 자중이 감소하여 고가의 고강도 콘크리트가 더 경제적일 수 있다. 바닥슬래브와 보에 대해서는 고강도 콘크리트가 비경제적인데 그 이유는 고강도여도 부재의 단면을 줄일 수 없기 때문이다. 때로는 고강도 콘크리트에 의하여 얻어지는 강도보다 탄성 강성의 증가가 설계시 주요한 재료의 성능으로 고려되기도 한다. 고속도로 교량과 주차장의 바닥과 같은 극한 상황에 노출된 구조물에 고강도 콘크리트가 점점 많이 사용되고 있는데 이는 고강도 콘크리트를 만들기 위하여 낮은 물시멘트비를 사용하면 추가적으로 높은 내구성(주로 낮은 침투성에 의한)의 이점을 얻을 수 있기 때문이다.

19.1 재료의 선택과 배합 (Materials Selection and Proportioning)

고강도 콘크리트의 설계와 생산을 위한 방법은 보통강도 콘크리트와는 다르다. 이는 주로 사용되는 재료와 시공법에 따라서 고강도 콘크리트의 강도가 크게 변하기 때문이다. 일반적으로 고강도 콘크리트의 배합설계를 위해서는 재료와 배합 비율에 대한 더 많은 연구가 필요하며, 보통강도 콘크리트에 사용되는 것보다 많은 수의 시험배합이 필요하다. 실험실의 시험배합에는 현장콘크리트에 사용되는 것과 동일한 재료가 사용되어야 하며, 현장에서 사용되는 것과 동일한 배합과 배합장비를 사용해서 수행되어야 한다. 북미에서는 포틀랜드시멘트와 플라이애쉬를 포함하는 고강도 콘크리트의 배합을 위하여 ACI 211.4R이 지침으로 개발되었지만, 고강도 콘크리트의 배합을 위한 일반적인 방법은 아직 없다. 일반적인 방법은 없지만, 고강도 콘크리트배합을 위한 많은 지침들이 있다.

고강도 콘크리트는 높은 슬럼프에도 보통강도 콘크리트보다 매우 낮은 물-시멘트비와 단위수량을 갖는다. 고강도 콘크리트에서는 항상 광물계 혼화재가 사용되기 때문에 물-시멘트비(w/c)보다는 물-결합재비(w/cm)가 배합설계에 사용된다. 흔히 사용되는 w/cm비는 0.20에서 0.35 사이이며, 물의 양은 비연행 보통강도 콘크리트의 180~200 kg/m^{3}에 비해 낮은 125~135 kg/m^{3}이 사용된다. 낮은 w/cm비의 배합은 고유동화제의 사용이 요구되며, 이를 통해 180~230 mm 슬럼프를 나타내는 고강도 콘크리트의 생산이 가능하다.

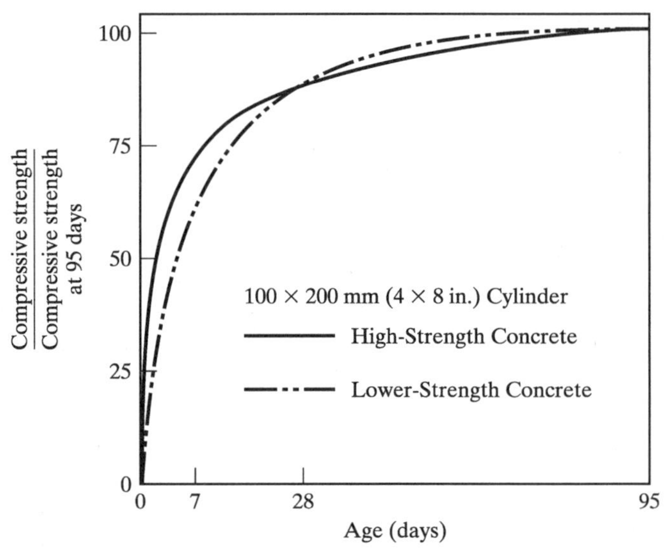

그림 19.1
습윤양생 고강도 콘크리트와 보통강도 콘크리트에서 재령에 따른 강도발현. [R. L. Carrasquillo, A. H. Nilson, and F. O. Slate, *ACI Journal*, Vol. 78, No. 3, pp. 171-178 (1981).]

설계 고려 사항

보통강도 콘크리트의 설계와 마찬가지로 고강도 콘크리트의 설계에는 소성상태의 특성과 경화된 상태의 특성이 모두 고려되어야 한다. 고강도 콘크리트는 종종 낮은 투과성을 위하여 설계되는데, 예를 들어서 염소이온의 침투를 억제하여 철근 부식을 방지하기 위하여 사용되지만, 이 때에도 주요한 고려사항은 콘크리트 강도이다. 콘크리트 강도의 기존은 7일 또는 28일 강도이지만 실제 고강도 콘크리트가 사용되는 것은 56일, 91일과 같은 시간경과가 일어난 후의 일이다. 91일 내에 구조물이 완성되는 경우는 거의 없으며, 이 경우 시공기간 동안에는 목표한 콘크리트 강도가 필요하지 않기 때문에 실제 구조물에서의 콘크리트 강도를 산정할 때 91일 이후의 지속적인 경화작용으로 인하여 얻을 수 있는 추가적인 강도를 고려하는 것이 좋다.

고강도 콘크리트의 배합을 개발하는데 있어서 발현 속도와, 실험실과 현장에서 얻을 수 있는 콘크리트 강도의 차이에 주의해야 한다. 고강도 콘크리트는 그림 19.1에서 보듯이 장기 강도에 대한 초기 강도의 비가 보통강도 콘크리트의 경우에 비해 높게 나타난다. 초기 강도 상승이 더 높은 이유는 결합재를 사용하고, 낮은 *w/cm*비와 포졸란 특히 실리카퓸을 사용함에 따라 시멘트풀 매트릭스의 밀도가 매우 크기 때문이다. 고강도 콘크리트 배합에서는 시멘트의 상당한 부분이 수화되지 않은 채로 남아 있다. 이 미수화시멘트는 조기 강도에는 기여하지만 장기적인 강도의 증가에는 기여하지 못한다.

고강도 콘크리트의 장기적인 강도 증가속도가 보통강도 콘크리트보다 낮은 것은 사실이지만, 강도 증가의 절대값은 고강도 콘크리트가 더 높다. 예를 들어서 7일에 20 MPa 강도인 콘크리트는 92일에 35 MPa의 강도를 얻는다. 여기서 15 MPa의 차이는 75%의 강도 증가를 의미한다. 이에 반하여, 7일에 64 MPa 강도인 콘크리트는 91일에 92 MPa의 강도를 보인다. 이 강도 증가는 44%에 불과하지만, 28 MPa 강도 증가는 보통강도 콘크리트의 강도 증가보다 훨씬 큰 것이다. 이러한 높은 강도증가로 인하여 평균요구강도 f'_{cr}의 선택과 콘크리트의 허용기준에 대한 규정이 수정되었다(제 15장과 이 장의 나머지 부분을 참조).

고강도 콘크리트가 고층건물의 내부에 사용되는 경우에는 내구성이 크게 문제가 되지 않는다. 그러나 고강도 콘크리트가 외부에 노출된 부재에 사용되는 경우에는 동결융해과 화학성분에 의한 열화를 견딜 수 있는가에 대해서 검토가 이루어져야 한다. 제 18장에서 언급한 바와 같이 *w/cm*비를 감소시키면 콘크리트의 내구성을 향상시킬 수 있다. 낮은 *w/cm*비를 사용하면 동결가능한 물의 양을 줄일 수 있지만 *w/cm*비가 0.24 이하가 아닌 한 동결융해에 저항하기 위하여 그리고 표면박리 현상을 피하기 위하여 적당량의 공기연행이 필요하다. 그러나 공기연행은, 특히 고강도 콘크리트의 경우, 강도발현에 좋지 않은 영향을 미칠 수 있다. 그 이유는 고강도 콘크리트에 사용되는 낮은 *w/cm*비에서는 공기연행에 의한 강도감소를 보정하기에 충분한 만큼 물의 양을 줄일 수 없기 때문이다. 그러나 동결보호를 위하여 필요한 공기량은 보통강도 콘크리트보다 적다.

제 13장에서 언급한 바와 같이 콘크리트 강도의 증가가 반드시 콘크리트 인장 성능의 증가로 이어지지는 않는다. 따라서 많은 경우에 고압축강도를 달성하기 위하여 작은 굵은골재가 필요하다 하더라도, 고강도 콘크리트의 인장과 파괴 특성을 향상시키기 위하여 큰 굵은골재와 굵은골재량의 증가가 필요할 수 있다. 고강도 콘크리트 배합설계에는 콘크리트의 워커빌리티, 골재분리 방지를 위한 점성 유지, 배합, 타설, 마감에 필요한 시간, 다짐을 위한 방법, 수화열 등의 영향을 고려하여야 한다.

시멘트

시멘트의 선택은 보통강도 콘크리트에 대해서보다 고강도 콘크리트에 대해서 더 주의를 요구한다. 그 이유는 ASTM C 150의 포틀랜드시멘트 기준에서 규정되거나 평가되어 있지 않은 시멘트 특성

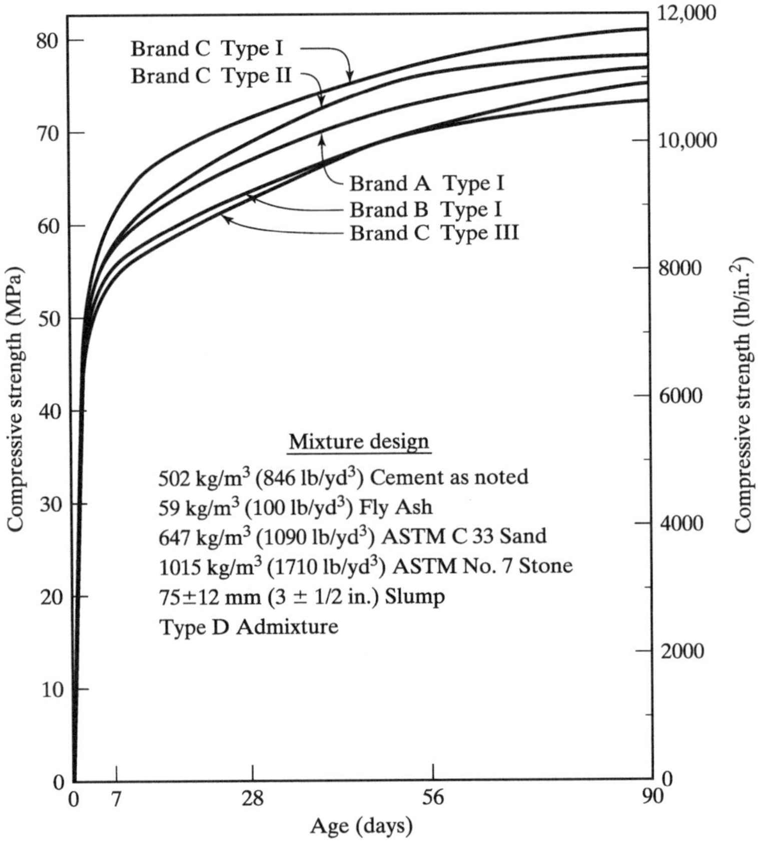

그림 19.2
시멘트의 종류가 고강도 콘크리트의 압축강도에 미치는 영향. [*Task Force Report* No. 5, Chicago Committee on High-Rise Buildings, p. 9 (1977).]

이 고강도 콘크리트에 많은 영향을 미치기 때문이다. ASTM C 150은 대략 0.5 정도의 *w/cm*비와 유동화제가 없는 상태를 기준으로 하기 때문에 낮은 *w/cm*비와 고유동화제가 사용되는 고강도 콘크리트의 경우와는 다른 시멘트 풀을 규정하고 있다. 그림 19.2에 나타난 바와 같이 높은 *w/cm*비에서 시멘트 종류의 차이는 강도와 유동성에 큰 영향을 미치지 않으나, 낮은 *w/cm*비에서는 시멘트 종류에 따른 강도의 차이가 크게 나타난다. 따라서 최상의 시멘트를 선택하기 위해서는 필수적으로 많은 시험배합을 요구한다. 고강도 콘크리트에 사용되는 시멘트는 분발도뿐만 아니라 C_3S, C_3A, 그리고 황 성분을 포함하고 있어야 한다. 높은 C_3A는 낮은 단위수량에서 유동성을 저해한다. 고강도 콘크리트는 시멘트 성질에 매우 민감하기 때문에 시멘트 혼화물 구성이 매우 균질해야 한다. ASTM C 917의 조항에 규정된 성분의 변화량은 C_3S의 경우 4%, 고열에서의 소실에 대해 0.5%, 황 성분에 대하여 0.2%, 그리고 블레인 분말도(Blaine fineness)에 대해 375 cm^2/g이다.

시멘트 분말도가 크면 초기 반응속도는 증가하지만, 분말도가 너무 크면 필요한 단위수량을 증가시키고 주어진 시멘트양에서 얻을 수 있는 유동성과 장기 강도에 부정적인 영향을 줄 수 있으므로 바람직하지 않다. 이와 비슷하게, 3종 시멘트의 사용은 높은 조기 강도가 요구되는 경우가 아니라면 바람직하지 않다.

고강도 콘크리트를 위한 시멘트를 고를 때에는 시멘트와 혼화제(주로 고유동화제)가 서로 적합한지를 판단하는 것이 중요하다. 적합성은 시험배합 이전에 유동성 검사를 통해 확인할 수 있다. 보다 쉽게는 콘크리트의 시험배합에 대한 슬럼프 검사를 통하여 확인할 수 있다.

보통강도 콘크리트에서처럼, 목표하는 강도를 얻을 수 있으면서 가장 적은 시멘트양으로 고강도 콘크리트의 시멘트양을 결정하는 것이 바람직하다. 고강도 콘크리트는 특히 이러한 시멘트양 결정방법이 매우 중요한데, 그 이유는 *w/cm*비를 낮추기 위하여 시멘트양을 증가시키는 것은 효과가 크지 않기 때문이다. 높은 시멘트양에서 얻어진 증가된 표면적은 궁극적으로 많은 물양을 요구하며, 그 증가된 시멘트양 자체는 추가적인 수화열을 발생시킨다. 고강도 콘크리트를 위한 일반적인 시멘트양은 390~560 kg/m^3이다. 이 범위를 벗어나는 시멘트 사용은 바람직하지 않으며, 실제로 600 kg/m^3 이상의 시멘트양을 갖는 콘크리트는 경제적으로 현실성이 없다. 보통강도 콘크리트에서 사용되는 것보다 높은 굵은골재량과 고유동화제를 사용하여 적절히 배합을 함으로써, 시멘트양과 혼화재의 양을 위에서 제시된 범위의 50% 정도만 사용해도 고강도 콘크리트를 만들 수 있다.

광물계 혼화재

광물계 혼화재는 장기적으로 같은 양의 시멘트보다 더 높은 강도를 발현시킬 수 있기 때문에 시멘트의 일정부분을 대체하기 위하여 사용될 수 있다. 플라이애쉬, 고로슬래그, 자연포졸란, 실리카퓸이 고강도 콘크리트에 광물계 혼화재로 사용된다. 앞선 3개의 재료는 포틀랜드시멘트보다 초기 수화작용이 늦게 발현되어서 장기간 동안 유동성이 유지될 수 있도록 한다. 항상 그런 것은 아니지만, 플라이애쉬가 사용되면 단위수량을 줄이면서도 광물계 혼화재가 없는 콘크리트나 실리카퓸을 사용하는 콘크리트에 비하여 유동성을 확보하기 위하여 필요한 고유동화제의 양을 줄일 수 있다. 반대로, 실리카퓸의 높은 표면적은 물 요구량을 증가시키고 그 결과 목표하는 슬럼프를 유지하기 위하여 많은 양의 고유동화제가 필요하다. 표 19.1에 나타난 바와 같이 대체되는 시멘트의 양은 광물계 혼화재에 따라 다르다. 고로슬래그에 대해서는 질량비율 65%로서 높으며, 실리카퓸에 대해서는 5% 정도로 낮다.

표 19.1 광물계 혼화재의 추천양

혼화재	*치환율(질량 %)*	*비고*
F등급 플라이애쉬*	15~25	강열감량 ≤3%
C등급 플라이애쉬	20~35	강열감량 ≤3%
슬래그	25~65	
자연포졸란	15~40	
실리카퓸	5~15	많은 양의 고성능감수제가 필요

*ACI 211.4R.

제 5장에서 언급된 바와 같이 포졸란은 포틀랜드시멘트에서 규산 칼슘의 수화물에 의하여 생산되는 수산화칼슘과 반응하여 시멘트 풀의 강도를 증가시킨다. 그리고 슬래그는 그 자체가 결합재 특성을 가지고 있다. 고분말도의 실리카퓸은 채움재로서 작용하여 시멘트 풀의 공극을 줄임으로써 추가적인 강도 증진을 꾀할 수 있다. 그 결과 실리카퓸을 포함하는 고강도 콘크리트는 일반적으로 실리카퓸이 없는 콘크리트보다 높은 초기 강도를 나타낸다. 다른 3개의 광물계 혼화재를 포함하는 콘크리트는 낮은 초기강도 발현의 속도를 나타낸다. 실리카퓸과 슬래그 또는 플라이애쉬는 고강도 콘크리트의 초기와 장기강도를 향상시키기 위하여 함께 사용되어 왔다. 예를 들어서 몬트리올에서는 1년 강도가 137 MPa(28일 강도 114 MPa, 91일 강도 126 MPa)인 콘크리트가 (60% 고로슬래그, 10% 실리카퓸, 30% 포틀랜드시멘트, 총 결합재량 542 kg/m^3) 생산되어 왔다. 광물계 혼화재 중에서는 실리카퓸이 고강도 콘크리트와 가장 밀접한 관계에 있는데 그 이유는 실리카퓸이 포틀랜드시멘트에 대해 같은 치환율에서 가장 큰 강도증가를 나타내기 때문이다. 실리카퓸은 흔히 60~65 MPa만큼 낮은 콘크리트 강도를 발현하는데도 사용되나 90 MPa 이상 강도의 콘크리트에 대해서는 실리카퓸의 사용이 필수적이다. 실리카퓸은 가장 비싼 광물계 혼화재로서 포틀랜드시멘트의 7~10배만큼 비용이 든다. 따라서 실리카퓸으로 시멘트의 10~15%를 대체하면 결합재의 비용이 2배로 증가한다. 대조적으로 플라이애쉬와 고로슬래그는 포틀랜드시멘트보다 싸다.

골재

보통강도 콘크리트를 위한 고품질 골재를 정의하는 특성들이 고강도 콘크리트에도 똑같이 적용된다. 그러나 높은 시멘트양과 잘못 분류된 또는 저품질의 골재로 만들어질 수 있는 보통강도 콘크리트와는 달리, 고강도 콘크리트는 일반적으로 고품질의 골재를 요구한다. 고강도 콘크리트의 시멘트 풀이 자연골재보다 강도가 높을 가능성이 있기 때문에 콘크리트의 강도가 높아짐에 따라서 골재의 강도가 중요한 요소가 된다. 골재 입자 특히 굵은골재 입자는 콘크리트가 하중을 받을 때 취성파괴를 일으키는 연약한 계면을 가지지 않도록 하는 것이 바람직하다. 유동성에 도움을 주기 위하여 골재의 입자는 가능한 한 구형이나 육면체에 가까운 모양이 좋다. 일반적으로 페이스트와 골재의 부착강도를 증가시키기 위해서는 모난 굵은골재가 바람직하지만, 잔골재는 유동성에 도움을 주기 위하여 그리고 작은 입자를 둘러싸는데 필요한 페이스트의 양을 줄이기 위하여 둥근 것이 좋다.

바람직한 역학적 물리적 성능을 가지고 콘크리트가 외부에 노출되었을 때 동결융해 손상을 방지할 수 있도록, 고강도 콘크리트에서 사용되는 골재는 내구성이 높아야 한다. 또한 고강도 콘크리트는 흔히 강도의 측면보다는 높은 내구성 때문에 사용되는 경우가 흔하기 때문에 화학적 열화에 높은 저항력을 가진 골재를 사용하여야 한다. 감소된 *w/cm*비로부터 발생되는 낮은 침투성으로 인하여 알칼리 골재 반응 또는 알칼리 탄산 반응에 취약한 골재를 사용해도 된다고 생각하는 것은 오산이다.

잔골재 보통강도 콘크리트보다 고강도 콘크리트에서는 높은 결합재의 양과 높은 굵은골재량으로 인하여 잔골재량이 더 적다. 잔골재 입자를 둘러싸는 페이스트양을 감소시키기 위해서는 ASTM 분류의 최소 한계값(7.1절 표 7.4)인 300 μm(No. 50)과 150 μm(No. 100)체를 통과한 매끈하고 둥근 입자의 모래가 좋다. 고강도 콘크리트의 경우 많은 양의 결합재가 사용되므로 상대적으로 시멘트 풀 성분이 많아 유동성이 크다. 따라서 2.5~3.2, 일반적으로 3.0 이상의 조립률(fineness modulus) 값을 가진 거친 모래가 고강도 콘크리트에 적합하다. 2.5 이하의 조립률을 가진 모래는 페이스트와 물량을 증가시키고 콘크리트의 유동성을 감소시키기 때문에 바람직하지 않다. 주어진 조립률에서는 공극률이 낮을수록 유동성이 높아지는데, 공극률과 유동성의 관계는 공극률과 골재의 모난 정도와 연관이 있다. 모난 정도가 감소하면 공극률이 감소하여 유동성이 증가된다.

굵은골재 고강도 콘크리트의 배합설계에서도 보통강도 콘크리트에서 사용되는 양 이상으로 굵은 골재량을 증가시키면서 높은 결합재량과 유동화제 첨가를 통해 유동성을 증진시키는 것이 가능하다. ACI 211.4R의 지침이 표 19.2에 주어져 있다. 표 10.8(10.3절)에서와 같이 표 19.2는 건조된 콘크리트 단위체적당 건조된 굵은골재의 체적을 제안하고 있으며, 2.5~3.2의 조립률을 가진 잔골재에 대하여 최대크기가 9.5 mm~25 mm인 굵은골재에 대한 값들을 제시하고 있다. 그 체적들은 보통강도 콘크리트에 대한 값보다 매우 높다. 예를 들어서 9.5 mm 골재에 대하여 제안된 체적비는 2.8의 조립률에 대하여 보통강도에 대해서는 0.46인데 비하여 고강도에서는 0.65이다. 25 mm 골재에 대한 체적비는 보통강도와 고강도에 대하여 각각 0.67과 0.75이다.

그림 19.3에 나타난 바와 같이 굵은골재의 크기가 증가할수록 고강도 콘크리트의 압축강도가 감

표 19.2 포틀랜드시멘트와 플라이애쉬를 포함하는 고강도 콘크리트에 대한 콘크리트 단위부피당 굵은골재의 부피[a]

2.5 ~ 3.2의 조립률을 가진 잔골재에 대한 콘크리트 단위부피당 건조 굵은골재의 부피				
골재의 최대치수 mm(in)	9.5(3/8)	12.5(½)	19(¾)	25(1)
부피비	0.65(0.46)[b]	0.68(0.55)[b]	0.72(0.62)[b]	0.75(0.67)[b]

[a] ACI 211.4R

[b] 조립률 2.8인 보통강도 콘크리트에 대한 부피비

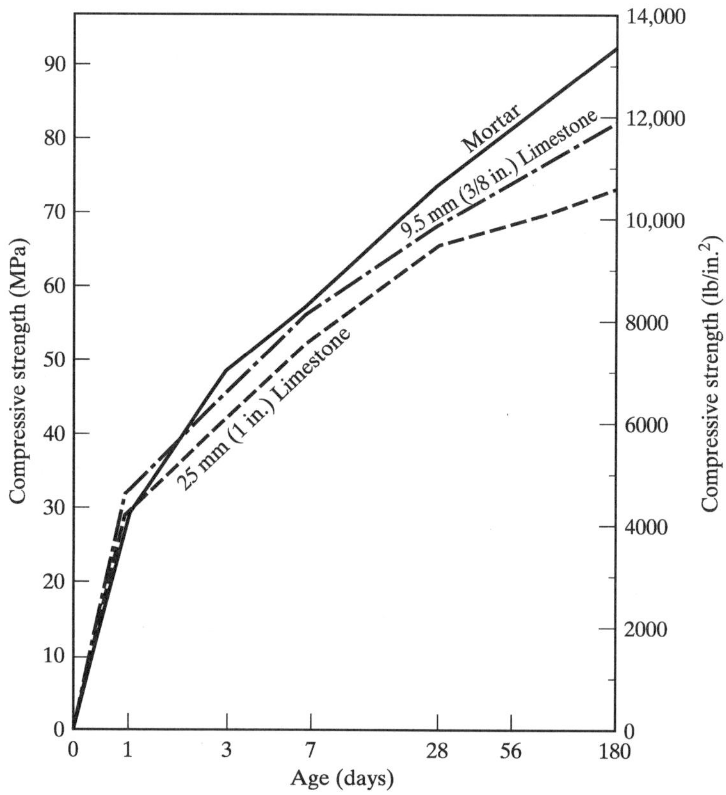

그림 19.3
두 가지 크기의 굵은골재를 가진 모르타르와 콘크리트에서 재령에 따른 압축강도, *w/cm*= 0.32. [J. E. Cook, *Concrete International*, Vol. 11, No. 10, pp. 67-75 (1989).]

소하는 것이 일반적이다. ACI 211.4R에 따르면 최대크기 19 또는 25 mm의 굵은골재는 60 MPa까지의 압축강도를 갖는 콘크리트에 사용될 수 있으며, 그 이상의 강도를 갖는 콘크리트에 대해서는 최대크기 9.5 또는 12.5 mm의 골재가 사용되어야 한다. 그러나 경험에 의하면 더 큰 골재를 사용하여 100 MPa 강도의 콘크리트도 만들 수 있다는 것이 알려져 있다. 19.3절에서 언급한 바와 같이 총 굵은골재량이 증가하고(최대 골재크기를 증가시켜서 쉽게 얻을 수 있다.) 골재가 높은 품질이라면 콘크리트의 인장과 파괴강도를 향상시킬 수 있는 장점이 있다. 따라서 높은 인장, 전단, 부착강도가 요구되는 경우에는 굵은골재의 양을 증가시키는 배합설계가 바람직하다.

화학적 혼화제

고강도 콘크리트의 생산에는 화학 혼화제가 필수적이다. 시멘트의 높은 표면적 때문에 감수제 또는 유동화제를 사용하지 않고 낮은 *w/cm*비에서 유동성있는 배합을 얻기는 불가능하다(8장 참조). 시멘트양이 많으면 콘크리트의 가격이 상승하고 수화열이 높아진다. 따라서 유동성을 증가시키고, *w/cm*비를 감소시키며, 시멘트양을 감소시키기 위하여 화학 혼화제의 사용이 필요하다.

북미의 실무에서는 1970년대에 유동성이 높은 고강도 콘크리트를 얻기 위해 낮은 *w/cm*비에서 감수제와 지연제를 사용하였다. 그러나 현재는 실제적으로 모든 고강도 콘크리트에 원하는 유동성과 *w/cm*비를 얻기 위하여 고성능감수제(superplasticizer)를 사용한다. ASTM C 494 Type F 혼화제는 보통 감수제(Type A), 지연제(Type B), 감수제와 지연제의 혼합(Type D) 그리고 유동화제와 지연제의 혼합(Type G)으로 분류된다. 배합설계 과정에서 혼화제 내의 물도 *w/c*비와 *w/cm*비의 계산에 포함되어야 한다. 모든 고유동화제가 같은 방식으로 작용하지는 않으며, 각 고유동화제의 개별적인 특성 또는 다른 혼화제와 혼합했을 때의 특성은 혼화제의 비율(그림 19.4) 그리고 시멘트의 성분(특히 C_3A, C_4AF 그리고 황)에 따라서 다르다. 촉진제(ASTM C 494 Type C 혼화제)는 고강도 콘크리트의 제조에 적합하지 않다.

혼화제의 일부는 최초의 혼합을 돕기 위하여 콘크리트가 배합될 때 사용되어야 한다. 이 때에는 물량을 감소시키거나 경화를 지연시키기 위하여 사용되는 모든 혼화제를 사용할 수 있다. 고강도 콘크리트에 사용되는 첨가량은 일반적으로 제조사가 추천하는 첨가량을 초과한다. 최초 혼합시 감수제 또는 고유동화제의 사용은 낮은 *w/cm*비에서 적절한 혼합을 위하여 필요하다. 현장에서 고유동화제의 추가적인 혼입은 타설을 위한 유동성 증진에 도움을 줄 뿐만 아니라, 고유동화제는 시멘트가 젖은 후에 더 효율적이기 때문에 필요한 혼화제의 양을 감소시킬 수 있다. 시멘트-혼화제의 배합률에 따라 콘크리트의 특성이 민감하게 변하므로, 최적의 배합률을 결정하기 위해서는 시험배합이 필요하다. 만약 콘크리트의 유동성이 현장타설동안 저하된다면, 유동성을 회복시키기 위하여 고유동화제를 추가할 수 있다. 표 19.3에 나타난 바와 같이 고유동화제를 추가하면 보통 강도가 증가한다.

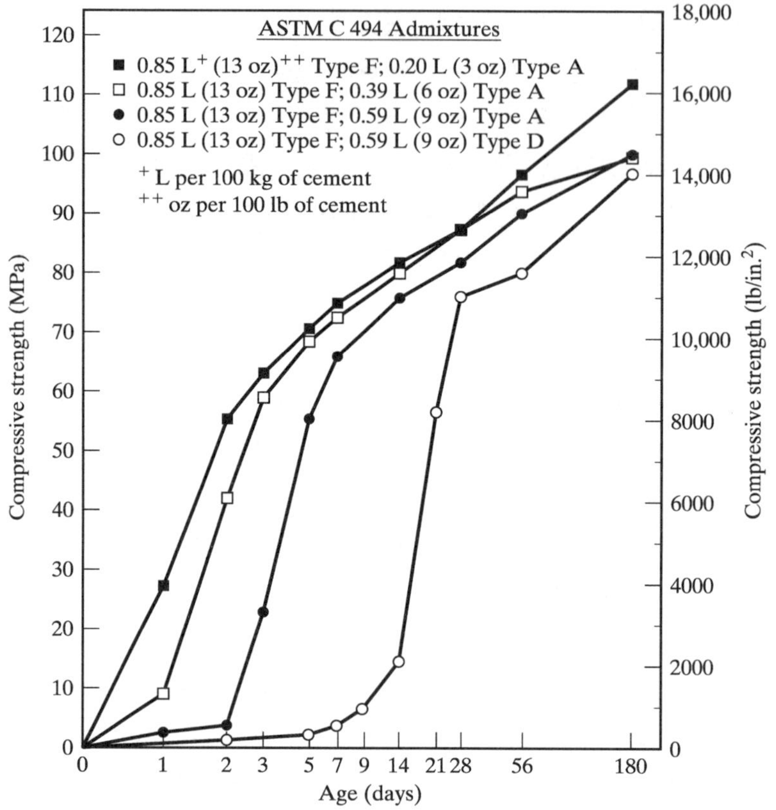

그림 19.4

일정한 고성능감수제와 서로 다른 함량의 감수제와 지연제를 사용한 고강도 콘크리트에서 재령에 따른 콘크리트의 압축강도. [J. E. Cook, *Concrete International*, Vol. 11, No. 10, pp. 67–75 (1989).]

표 19.3 고성능감수제의 추가적인 첨가에 따른 영향[a]

총 혼화제의 양 L/m^3	*3.95*	*7.59*
재령 (일)	압축강도 MPa	
1	41.2	42.3
3	53.8	65.7
7	60.9	76.4
28	76.1	89.6
56	78.8	97.0
180	85.9	103.0

[a] J.E. Cook, Concrete International, Vol. 11 No. 10, pp.67-75(1989)

소성 콘크리트의 특성

소성상태의 고강도 콘크리트는 보통강도 콘크리트와 다르게 거동한다. 높은 결합재량, 낮은 *w/cm* 비 그리고 고유동화제의 사용으로 인하여 소성 고강도 콘크리트의 시멘트 풀은 일반적으로 점착성이 있고 꿀과 같은 반죽질기를 나타내며, 일반 콘크리트보다 점성이 높은 배합이 된다. 이는 높은 슬럼프에서도 마찬가지이다. 실리카퓸이 사용되는 경우에 콘크리트는 매우 낮은 블리딩을 나타내므로 콘크리트 표면에서 증발을 막기 위한 특별한 조처가 취해지지 않는다면 소성수축 균열에 취약해진다. 배합의 점성은 슬럼프 시험에서 확인할 수 있는데, 슬럼프 콘을 올리면, 콘크리트가 몇 초 동안 서서히 침하되는 것을 볼 수 있다. 이러한 콘크리트의 점성은 타설 표면의 마감을 어렵게 할 수 있다.

포틀랜드시멘트와 플라이애쉬를 섞은 고강도 콘크리트에 대하여 ACI 211.4는 고유동화제를 섞기 이전에 25~50 mm의 슬럼프를 권장하고 있으며, 고유동화제가 사용되지 않는다면 50~100 mm 슬럼프를 권장한다. 그러나 많은 경우에 권장되는 슬럼프에 필요한 양보다 매우 적은 양의 물의 사용되기 때문에 초기 혼합을 위하여 감수제 또는 고성능감수제를 사용한다. 고강도 콘크리트에는 50~100 mm 슬럼프가 흔히 사용되지만, 0.2~0.35 범위의 *w/cm*비를 가진 콘크리트를 타설할 때에는 180~200 mm 슬럼프를 사용하는 것이 더 일반적이다. 높은 슬럼프는 다짐에 좋을 뿐만 아니라 고강도 콘크리트의 생산에 중요한 완벽한 혼합을 보장하는데도 도움을 준다. 초고강도 콘크리트는 유동성을 확보하기 위하여 고성능감수제를 사용하기 때문에 배합설계과 시공과정에서 초기 슬럼프 감소에 대한 가능성에 대처하여야 한다. 슬럼프 감소율은 많은 요소에 의하여 영향을 받기 때문에 배합비로부터 예측하기 어렵다. 따라서 현장에서 문제가 발생되지 않으려면, 실험실과 현장실험을 통하여 미리 슬럼프 감소 경향에 대해 예측하여야 한다.

적절한 수준으로 혼합되면 고유동화제가 골재분리를 증가시키지 않지만, 과도하게 혼합하면 콘크리트의 과도한 분리와 경화지연을 가져올 수 있다. 이러한 문제는 콘크리트가 경화되기 시작할 때까지 몇 시간이 걸릴지는 모르지만 혼합과정을 지속하여 극복할 수 있다.

단위수량과 물-결합재비

단위수량 적절한 시멘트양을 가지고 고강도를 달성하기 위해서는 낮은 물-결합재비와 낮은 단위수량 모두가 요구된다. 포틀랜드시멘트와 플라이애쉬를 포함하는 콘크리트에 대하여 ACI 211.4는 보통강도 콘크리트를 위한 표 10.2와 유사하게 표 19.2의 사용을 제안하고 있다. 표 19.4의 단위수량은 동일한 굵은골재 최대치수와 슬럼프에 대하여 표 10.2에 제안된 값보다 15~35 kg/m^{3}만큼 적다. 그럼에도 불구하고 표 19.4의 단위수량을 사용하면, 강도 60 MPa을 초과하는 콘크리트에 대해서는 결합재의 양이 지나치게 많아진다. 더 높은 강도에 대해서는 단위수량을 145 kg/m^3 이하로(125~135 kg/m^{3}이 바람직 함.) 크게 감소시킴으로써 효율적으로 배합설계를 할 수 있다.

표 19.4 포틀랜드시멘트와 플라이애쉬를 포함하는 고강도 콘크리트에 대한 골재의 최대치수와 슬럼프에 대한 배합수와 공기량 기준[a]. 35% 공극의 잔골재 사용[b]

슬럼프		*굵은골재 최대치수에 대한 콘크리트의 배합수, kg/m³(lb/yd³)*			
mm	*in.*	*9.5 mm(⅜ in.)*	*12.5 mm(½ in.)*	*19 mm(¾ in.)*	*25 mm(1 in.)*
30-50	1-2	185 (310)	175 (295)	170 (285)	165 (280)
50-80	2-3	190 (320)	185 (310)	175 (295)	170 (290)
80-100	3-4	195 (330)	190 (320)	180 (305)	180 (300)
갇힌 공기량		3	2.5	2	1.5
		(2.5)[c]	(2.0)[c]	(1.5)[c]	(1.0)[c]

[a] ACI211.4R
[b] 공극률이 35%가 아닌 경우에 배합수의 양은 5(V-35) kg/m³에 의하여 조정
[c] 고성능감수제를 포함하는 배합

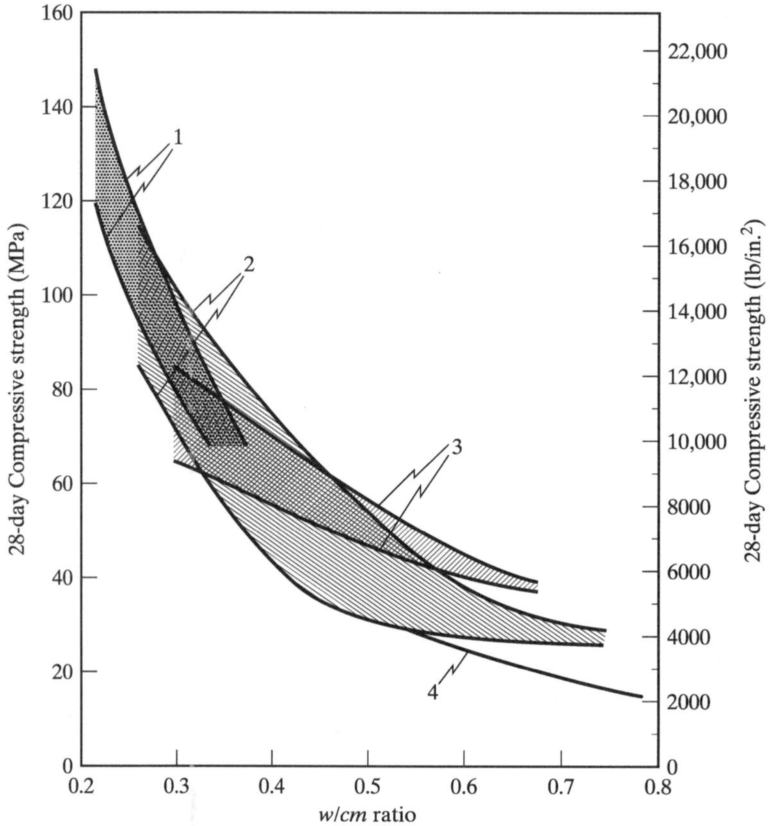

그림 19.5
다양한 콘크리트에 대한 압축강도와 물-결합재비의 관계. [Adapted from S. Mindess, in *High-Performance Concrete: Properties and Applications*, eds. S. P. Shah and S. H. Ahmad, McGraw-Hill, Inc., New York, p. 14 (1994).]

물-결합재비 고강도 콘크리트의 생산은 낮은 *w/cm*비의 사용을 요구한다. 요구되는 *w/cm*비는 목표하는 강도, 강도가 발현되는 시점뿐만 아니라 시멘트-혼화재 배합과 골재의 품질, 배합, 최대치수 등 콘크리트에 사용되는 재료 배합의 강도발현 성질과 관계가 있다. 목표강도에 따른 *w/cm*비는 0.22~0.50 범위에 있다. 그림 19.5에 나타난 바와 같이 강도와 *w/cm*비의 변동성으로 인하여 시험배합이 필요하다. 예를 들어 사용재료에 따라서 *w/cm*비 0.3에서 28일 압축강도가 65 MPa에서 100 MPa까지 변화할 수 있다. Actcin과 Neville은 현재의 시멘트와 혼화제에 대하여 0.22의 *w/cm*비가 최적이며, 0.22 이상에서는 *w/cm*비가 결정적이고, 0.22 이하에서는 현재의 타설과 다짐방법에서는 충분히 조밀한 시멘트-페이스트 매트릭스가 만들어지지 않는다고 지적하였다. ACI 211.4R은 고유동화제를 사용하는 콘크리트를 위한 최대 *w/cm*비를 제안하였다(표 19.5). *w/cm* 비가 0.4 이하일 때는 제 4장에서 언급한 바와 같이 공간의 제약으로 인하여 시멘트가 완전히 경화되지 않는다. 그러나 모세관 공극을 감소시키기 위해서는 가능한 한 최대로 수화반응이 일어나도록 해야 한다. 조밀한 미세구조는 내부로 물이 침투하지 못하도록 하기 때문에 수화반응이 최대로 일어나도록 하기 위해서는 더 긴 양생기간이 필요하다.

공기연행

앞에서 언급한 바와 같이 만약 콘크리트가 주기적인 동결융해를 견딜 수 있어야 한다면, 0.24보

표 19.5 포틀랜드시멘트와 플라이애쉬, 그리고 고성능감수제를 사용한 고강도 콘크리트에 대한 물-결합재비의 최대값에 대한 추천값[a]

평균 요구강도 f'_{cr} *MPa(lb/in.²)*		*w/cm*			
		굵은골재 최대치수, mm (in.)			
		9.5 (*3/8*)	*12.5* (*½*)	*19* (*¾*)	*25* (*1*)
48	28일	0.50	0.48	0.45	0.43
(7000)	56일	0.55	0.52	0.48	0.46
55	28일	0.44	0.42	0.40	0.38
(8000)	56일	0.48	0.45	0.42	0.40
62	28일	0.38	0.36	0.35	0.34
(9000)	56일	0.42	0.39	0.37	0.36
69	28일	0.33	0.32	0.31	0.30
(10,000)	56일	0.37	0.35	0.33	0.32
76	28일	0.30	0.29	0.27	0.27
(11,000)	56일	0.33	0.31	0.29	0.29
83	28일	0.27	0.26	0.25	0.25
(12,000)	56일	0.30	0.28	0.27	0.26

[a] ACI211.4R

다 큰 *w/cm*비를 가진 배합에 대해서는 공기연행이 필요하다. 높은 시멘트양과 고성능감수제를 포함하는 배합에서 안정된 공극시스템을 만드는 것은 매우 어려운 일이다. 배합설계 과정에서 공극의 간격과 총 공기량 면에서 공기연행제와 고유동화제 사이의 적합성을 평가하여야 하며, 공기연행제의 양은 보통콘크리트에 사용되는 양보다 매우 많아야 한다. 그러나 낮은 *w/cm*비로 인하여 고강도 콘크리트는 보통강도 콘크리트보다 동결가능한 물의 양이 적기 때문에 총 공기량이 작아도 만족스러운 동결저항을 확보할 수 있다. 고강도 콘크리트에 공기연행을 시켰을 때 나타나는 단점으로 강도의 감소를 들 수 있는데, 공기량 1% 증가에 5% 강도가 감소된다. 일반적으로 시멘트양이 더 많을수록 *w/cm*비를 감소시켜서 줄어든 강도를 보상하는 것이 더 어려우므로, 고강도 콘크리트는 시멘트양이 큰 공기연행으로 인한 상당량의 강도 감소를 피하기 어렵다.

배합방법

표 19.2, 19.4, 19.5를 포함하여 이 장에서 주어진 정보는 초기 배합비를 결정하는 지침으로 활용될 수 있다. ACI 211.4R은 각 광물계 혼화재에 대하여 시멘트만 포함하는 배합, 시멘트와 적어도 두 개의 다른 비율로 대체한 광물계 혼화재의 배합을 사용하도록 제안하고 있다. 다양한 종류의 시멘트와 포졸란들을 평가하는 것이 바람직한데, 그 이유는 그 형태와 원료가 대체 시멘트의 최적양뿐만 아니라 배합비에 영향을 미치기 때문이다. 초기 배합비는 제 10장에서 언급한 바와 같이 절대부피로 계산되어야 한다. 시험배합은 먼저 작업성을 위주로 하고(고성능감수제로 조절), 궁극적으로는 강도를 기준으로 조정한다. 하나 이상의 고성능감수제를 평가하는 것이 바람직하며, 배합이 거칠거나 모래가 많은 경우에는 굵은골재량을 조정하여야 한다.

설계강도를 위하여 요구되는 양생기간에 덧붙여서 7일과 28일 강도를 평가하는 것이 바람직하다. 강도가 부적절하다면 *w/cm*비를 감소시키거나, 포졸란 대체제의 비율을 조정하거나, 다른 포졸란이나 시멘트를 사용하거나, 또는 다른 굵은골재를 사용함으로써 시험배합을 조정하여야 한다.

일반적으로(보통강도 콘크리트와 마찬가지로) 가장 좋은 전반적인 성질과 최적의 경제성은 타설과 다짐이 가능한 최대 골재크기를 사용하면서 굵은골재량을 늘리고 설계강도를 만들 수 있는 범위에서 최소의 결합재를 사용하여 달성될 수 있다. 콘크리트 시공의 모든 면과 마찬가지로 오직 하나의 최적배합은 없으며 목표로 하는 특성을 제공하는 실제적이면서 상대적으로 경제적인 여러 개의 배합이 있을 수 있다. 이러한 배합들을 결정하고 현장적용을 위하여 배합을 고르는 것은 요구강도가 증가할수록 더 큰 노력을 필요로 한다.

압축강도의 평가

고강도 콘크리트를 위한 콘크리트 원주공시체의 준비와 실험은 보통강도 콘크리트의 원주공시체보다 더 특별한 주의를 요한다. 주요 주의사항은 시험체의 크기, 거푸집 재료, 단부조건, 평균강도를 결정하기 위하여 사용되는 표준편차 등이다. 일반적으로 150×300 mm의 원주공시체가 콘크리트의 압축강도를 결정하는 표준으로 사용되지만, 고강도 콘크리트로 만들어진 이 크기의 공시체는 표준 실험실 압축 시험장비의 성능을 초과하는 강도를 나타낼 수 있다. 이러한 단점을 극복하기 위하여 고강도 콘크리트 공시체는 흔히 100×200 mm 공시체로 만들어진다. 이는 ASTM C39를 만족시키지만 150×300 mm 공시체보다 좀 더 높은 강도를 나타낸다. 동일한 재료에 대한 강도시험 결과에 의하여 작은 원주공시체는 큰 원주공시체보다 1~4% 정도 강도 증가를 보인다. 따라서 100 mm 공시체를 사용하는 경우에는 150 mm 공시체의 강도를 나타내기 위하여 안전측으로 압축강도를 4% 감소시켜야 한다. 시방서는 압축강도 f_c' 를 측정하기 위하여 사용되는 원주공시체의 크기를 명확히 규정하고 있어야 한다.

거푸집의 변형은 보통강도 콘크리트보다 고강도 콘크리트일 때 콘크리트의 강도에 더 큰 영향을 미친다. 강재 거푸집은 플라스틱 또는 카드보드(card board) 거푸집보다 더 큰 강도와 보다 일정한 강도를 나타내며, 따라서 보다 바람직하다. 일회용 플라스틱 거푸집이 만족스런 결과를 가져오지만 40 MPa 이상의 콘크리트 강도에 대해서는 카드보드 거푸집은 바람직하지 않다.

공시체에 매끈한 가압 표면을 만들기 위해서는 황화합물로 단부를 캐핑(capping)한다. 그러나 콘크리트의 강도가 증가할수록, 황화합물의 강도가 점점 더 큰 역할을 한다. 고강도 콘크리트에 대한 시험방법에 대한 평가결과를 보면 단부 캡의 두께가 1.5~3 mm이고 단부를 씌우기 전에 모든 표면의 비정형성이 제거된다면 100 MPa까지의 콘크리트 압축강도에 황화합물 캡이 사용될 수 있다. 공시체에 평평한 가압 표면을 만드는 다른 방법으로는 좋은 품질의 시멘트 풀로 초기 재령에 단부를 캐핑하거나(이후에는 원주공시체와 같이 양생한다.) 가압 표면을 연마하는 방법을 사용할 수 있다. 90 MPa 콘크리트 강도에 대해서는 연마하는 방법이 황으로 캡을 씌우는 방법으로 측정한 강도보다 6% 정도 높은 강도를 나타낸다. 14.3절에서 지적한 바와 같이 비부착형 단부 캡은 80 MPa 이상의 강도에 대해서는 사용되지 말아야 한다. 시험 장비의 특성은 보통강도 콘크리트보다 고강도 콘크리트에 대해 더 중요한 역할을 한다. 낮은 횡방향 강성을 가지는 장비나 하중이 작용할 때 구형 재하판이 지속적으로 회전하는 경우에는 강도가 크게 감소할 수 있다.

압축강도의 변동성 제 15장과 이 장의 앞에서 언급된 바와 같이 현장적용을 위하여 콘크리트의 평균 소요강도를 결정하는 과정은 설계 압축강도와 그 현장 콘크리트 강도의 표준편차에 따라 결정된다. 통상 콘크리트 압축강도의 표준편차는 기본적으로 압축강도 자체와는 무관하다고 가정한다. 그러나 고강도 콘크리트의 경우 그러한 가정은 표준편차를 과소평가할 수 있으며, 표준편차는 압축강도와 재령에 모두 관계가 있는 것으로 나타나고 있다. 좋은 품질관리 절차가 사용되는 경우에 표준편차는 대체로 콘크리트 강도가 증가하면서 증가한다. 그러나 표준편차의 증가가 압축강도의 증가와 비례하는 것은 아니며, 일반적으로 변동계수는 강도가 증가하면서 감소한다. 고강도 콘크리트에 사용되는 레미콘에서 100 MPa 콘크리트의 표준편차는 35 MPa 콘크리트 표준편차보다 10~20% 더 크다.

제 15장에서 언급된 바와 같이 f'_{cr}을 결정하기 위하여 ACI에서는 두 가지 기준이 사용된다. 기준 중의 하나는 f'_{cr} MPa에 대하여 각 실험이 $f'_{cr} - 3.5$ MPa보다 작을 확률이 1%인 경우로서 이에 대한 요구사항은 다음과 같다.

$$f'_{cr} = f'_c + 2.33s - 3.5 \quad \text{MPa} \tag{15.11}$$

여기서 f'_{cr}은 기준 압축강도이고 s는 압축강도의 표준편차이다. 식 (15.11)에서 3.5 MPa는 20~35MPa 강도를 가진 콘크리트에 근거한 것이며, 여기서 3.5 MPa는 압축강도의 10%를 나타낸다. 보통강도 콘크리트에 비하여 고강도 콘크리트에서는 장기강도와 강도의 표준편차가 더 크므로 식 (15.11)을 다음과 같이 조정하여야 한다.

$$f'_{cr} = 0.90 f'_c + 2.33s \tag{15.12}$$

이 식은 각 실험결과가 $0.90f_c'$ 이하가 되는 확률이 1%가 되도록 한다.

f'_{cr}을 정의하는데 사용되는 두 번째 기준은 3개의 연속된 실험의 평균이 f'_c 보다 작을 확률이 1%인 경우로서 모든 콘크리트에 적용될 수 있다. 이에 대한 요구사항은 다음과 같다.

$$f'_{cr} = f'_c + 1.34s \tag{15.10}$$

고강도 콘크리트에 대해서는 식 (15.10) 또는 (15.12)보다 더 큰 f'_{cr}값을 사용한다.

실험실 배합으로부터 소요평균강도를 결정하고자 하는 경우에는 실험실에서 생산된 콘크리트 강도보다 현장에서 만들어진 콘크리트의 강도가 더 낮다는 사실을 고려해야 한다. 그림 19.6에 나타난 바와 같이 현장에서 만들어진 고강도 콘크리트의 강도는 평균적으로 실험실 강도의 약 90%이다. ACI 318 기준은 실험실 강도로 평균 요구강도를 결정할 경우에는 $f'_c < 20$ MPa인 경우에는 7 MPa, f'_c이 20~35 MPa인 경우에는 10 MPa, $f'_c > 35$ MPa인 경우에는 $0.1f'_c + 5$ MPa만큼 f'_{cr} 이 f'_c를 초과하도록 요구하고 있다. (15.1절, 표 15.3 참조)

평균 소요강도를 결정하기 위한 식 (15.11)과 (15.12)에 사용한 것과 같은 개념을 사용하면서, ACI 318은 f'_c 보다 낮은 강도를 갖는 콘크리트의 사용을 인정하기 위한 방법으로 더 낮은 한계를 사용한다. f'_c <350 MPa인 경우에는 각 개별실험의 강도가 $(f'_c - 3.5)$ MPa보다 낮지 않도록 규정하고 있으며, $f'_c > 35$ MPa인 경우에는 $0.9f'_c$ 보다 낮지 않도록 규정하고 있다. 어떤 경우든 3개의 연속된 모든 실험에 대한 평균값이 f'_c과 같거나 더 커야한다.

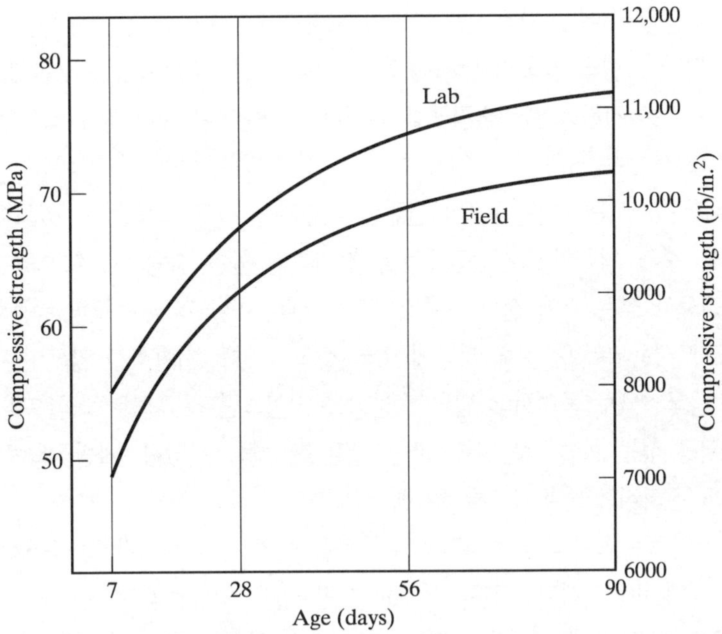

그림 19.6
62 MPa 콘크리트에 대한 실험실 콘크리트강도와 레미콘 강도의 비교.
[R. L. Blick, C. F. Petersen, and M. E. Winter, in *Proportioning Concrete Mixes*, SP-46, American Concrete Institute, Detroit, MI, p. 163 (1974).]

19.2 시공 (Construction)

고강도 콘크리트에 대한 고품질 시공은(제 11장에서 언급된) 보통강도 콘크리트에 대한 고품질 시공에 사용되는 절차와 같다. 그러나 더 높은 결합재의 양과 고성능감수제의 사용으로 인하여 철저한 혼합, 적절한 다짐, 마감, 양생을 제공하기 위하여 몇 가지의 시공과정을 강조할 필요가 있다.

배치와 배합(batching and Mixing)

고강도 콘크리트는 사용 재료에 매우 민감하기 때문에 변동성이 작은 균질한 재료를 공급받는 것이 특히 중요하다. 시멘트의 균질성은 ASTM C 917에 따라서 평가되어야 하며, 광물계 혼화재는 각각이 ASTM 기준을 만족하여야 한다. 잔골재 입도의 변동성은 보통콘크리트에 적용되는 것과 같이 조립률에서 ±0.2의 차로 제한된다.

배치에 앞서서, 모든 골재를 습윤포화시키고 그 후에 배치 무게에서 표면 자유수를 고려하는 것이 가장 좋다. 포화 골재는 배합과 타설동안 추가적인 슬럼프의 감소를 방지하며, 골재 공극의 물은 시멘트가 응결 후에 수화작용을 위한 여분의 물을 제공할 수 있다. 골재에 의한 물의 지속적인 흡수로 인한 슬럼프 감소의 방지는 특히 고강도 콘크리트에서 중요한데, 그 이유는 고성능 감소제는 매우 짧은 기간동안만 슬럼프를 유지하기 때문이다. 현장에서 고성능감수제를 첨가하기 위한 기준이 필요할 수 있다.

배치와 배합의 순서는 모든 재료의 완전한 배합과 섞임을 보장할 수 있도록 계획되어야 한다. 섞는데 도움을 주기 위하여 고성능감수제를 첨가하여 높은 슬럼프를 확보할 수 있다. 대부분의 혼화제는 시멘트가 젖은 후에 첨가하는 것이 더 효과적이나 어느 정도의 유동화제는 물과 시멘트의 초기 혼합에 사용되어야 한다. 처음에 어느 정도의 양을 사용하지 않으면 낮은 수량으로 인해서 시멘트가 공모양으로 뭉쳐서 작업의 효율성을 떨어뜨린다. 모르타르 성분을 완전히 혼합한 이후에 굵은골재를 섞는 방법으로 만족스러운 결과를 얻을 수 있다. 일반적으로 혼합 시간은 같은 양의 보통강도 콘크리트와 비교해서 두 배 정도이다.

고강도 콘크리트는 보통강도 콘크리트보다 타설 중의 온도 제어가 더 중요하며, 보통 15~20°C로 타설하는 것이 바람직하다. 고온에서 타설하면, 높은 시멘트양과 온도상승으로 인해 고성능감수제의 유효시간이 줄어 응결시간이 크게 감소할 수 있다. 10°C 이하에서는 나프탈렌계 고유동화제가 점성을 나타내면서 물에 잘 섞이지 않고 과도한 지연효과가 일어날 수 있다. 필요하다면 타설하는 동안 고성능감수제를 추가 투입하여 슬럼프가 유지되도록 한다. 이렇게 추가로 고성능감수제를 사용하면 작업성을 회복시킬 수 있고 표 19.3에 나타난 바와 같이 압축강도가 증가한다.

타설, 마감, 양생

고강도 콘크리트는 작업성이 빨리 감소하므로 모든 시공과정에서 타설속도가 중요하다. 대부분 고강도 콘크리트의 점성은 평평한 마감작업을 어렵게 한다. 고속도로 교량과 주차장의 덧침과 같은 평평한 마감에서 실리카퓸을 섞은 고강도 콘크리트를 사용하면 특히 마감이 어렵다. 블리딩이 줄어들면 표면수가 증발하면서 그 아래의 수분으로 채워지지 않으므로, 고강도 콘크리트는 소성수축 균열에 특히 취약하다. 그러한 경우에는 타설면적을 제한하고 마감을 하고 소성수축 균열이 발생하기 전에 덮개를 씌워서 보호한다. 증발률을 감소시키기 위하여 물안개 혹은 탈수 지연제를 사용하는 것이 크게 도움이 된다.

고강도 콘크리트에 사용되는 낮은 *w/cm*비에서는 수화작용이 완전히 일어날 수 없지만 이것이 양생이 중요하지 않다는 의미는 아니다. 그 이유는 자기건조에 표면건조로 인한 문제가 더해지지 않아야 하기 때문이다. 폰딩(ponding)이 양생을 위한 가장 좋은 방법이며, 이후에 올이 굵은 삼베와 같은 물을 머금은 재료로 덮고 플라스틱 재질로 씌워 수분 손실을 방지한다. 최소 7일 정도의 초기 양생 후에 외기에서 계속 양생을 수행하면 대부분의 경우 적절한 강도가 발현되는데, 이는 낮은 투과성으로 인해서 콘크리트가 초기의 수분을 내부에 유지하고 있기 때문이다.

19.3 특성 (Properties)

고강도 콘크리트는 높은 밀도, 높은 균질성, 시멘트 풀의 낮은 공극률면에서 보통강도 콘크리트와는 다르다. 주위 수화물보다 더 강한 비수화 시멘트입자는 추가적으로 강도를 증가시키며, 페이스트의 투과성을 감소시킨다. 강도가 증가하면서 페이스트 구성요소의 강성이 점차 골재의 강성에 근접한다. 실리카퓸이 사용되면 시멘트 풀과 골재 사이의 계면 구조가 조밀해져서 부착이 증가하고 투과성은 감소한다. 궁극적으로 이러한 변화는 고강도 콘크리트의 역학적 특성에 영향을 미친다.

압축거동

콘크리트의 압축강도가 증가하면 그림 13.28에 나타난 바와 같이 최대 응력에 해당하는 변형률이 증가할뿐만 아니라 응력-변형률 곡선의 상승영역(ascending branch)과 하강영역(descending branch)의 기울기도 증가한다(13.4절). 하강영역에서 기울기가 증가한다는 것은 콘크리트가 더 취성적(brittle)이라는 것을 의미한다.

탄성계수 13.2절에서 설명한 바와 같이 압축강도와 탄성계수 사이에는 일반적인 상관관계가 존재한다. ACI에서 사용되는 식은 고강도 콘크리트에 대해서는 탄성계수를 과대평가할 수 있다(그림 19.7).

$$E_c = 0.043 w_c^{1.5} \sqrt{f_c'} \quad \text{MPa} \tag{13.1}$$

21~83 MPa의 압축강도에 대하여 ACI committee 363에 의하여 제안된 다소 안전측의 식은 다음과 같다.

$$E_c = 3320\sqrt{f_c'} + 6900 \quad \text{MPa} \tag{19.1}$$

콘크리트 특성의 근본적인 변동성과 더불어 식 (13.1)과 (19.1)은 일반화하기 어렵다는 것을 그림 19.8에서 확인할 수 있다. 높은 탄성계수(61~69 MPa)를 지닌 굵은골재를 포함한 콘크리트에 대해서는 식 (13.1)과 (19.1) 모두 콘크리트의 탄성계수를 크게 과소평가할 수 있다는 것을 알 수 있다. 그림 19.8에 표현한 가장 잘 맞는 식은 다음과 같다.

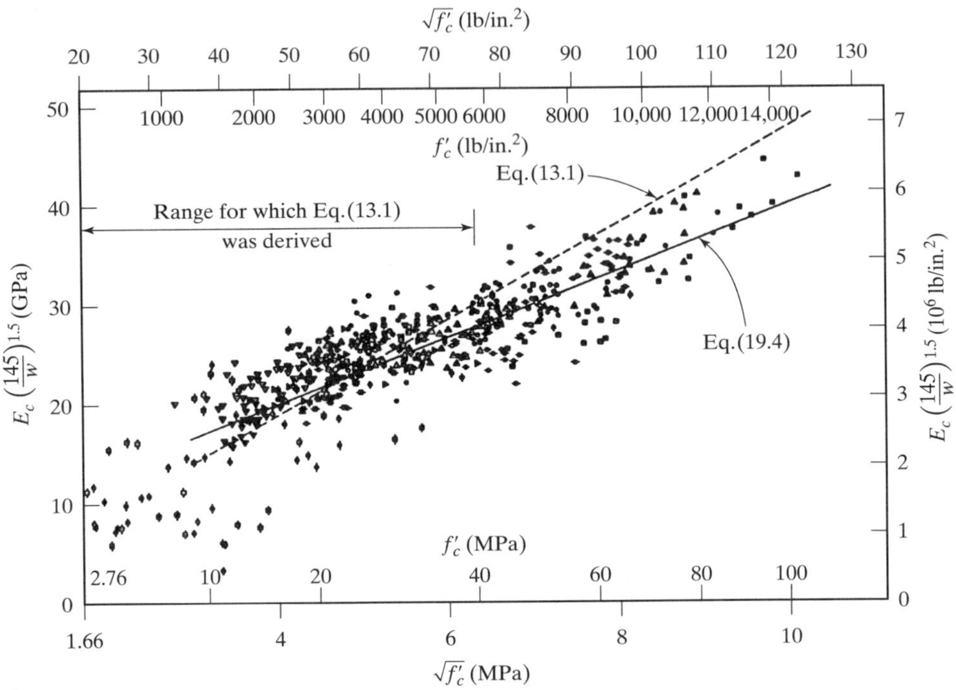

그림 19.7
탄성계수와 압축강도의 관계. [Adapted from S. Martinez, A. H. Nilson, and F. O. Slate, *Research Report*, No. 82-9, Dept. of Structural Engrg., Cornell University (1982).]

$$E_c = 2.8 \times 10^{-5} w^{2.55} f_c^{'0.315} \quad \text{MPa} \tag{19.2}$$

제한된 비교결과이긴 하나 포아송비는 압축강도와 별로 관계없는 것으로 알려져 있다.

미세균열 고강도 시멘트 풀과 콘크리트의 미세균열에 대한 연구에 따르면 주어진 변형률에서 보통강도재료보다 더 적은 미세균열을 나타낸다. 고강도 시멘트 풀에서 미세균열은 주로 C-S-H를 관통하여 그리고 C-S-H와 더 단단한 구성재료 사이의 경계면에서 발생한다. 경화되지 않은 시멘트 입자를 관통하는 균열은 거의 발생하지 않는다. 고강도 콘크리트에 대한 미세균열 연구결과에 따르면 보통강도 콘크리트에 비하여 페이스트-골재 경계면에서 더 적은 미세균열이 발생한다.

인장과 파괴거동

제 13장에 언급한 바와 같이 콘크리트의 인장강도와 파괴 영향인자는 압축강도에 비례하여 증가하지 않는다. 쪼갬인장강도와 파괴계수에 대한 ACI committee 363에서 제안된 관계는 21~83

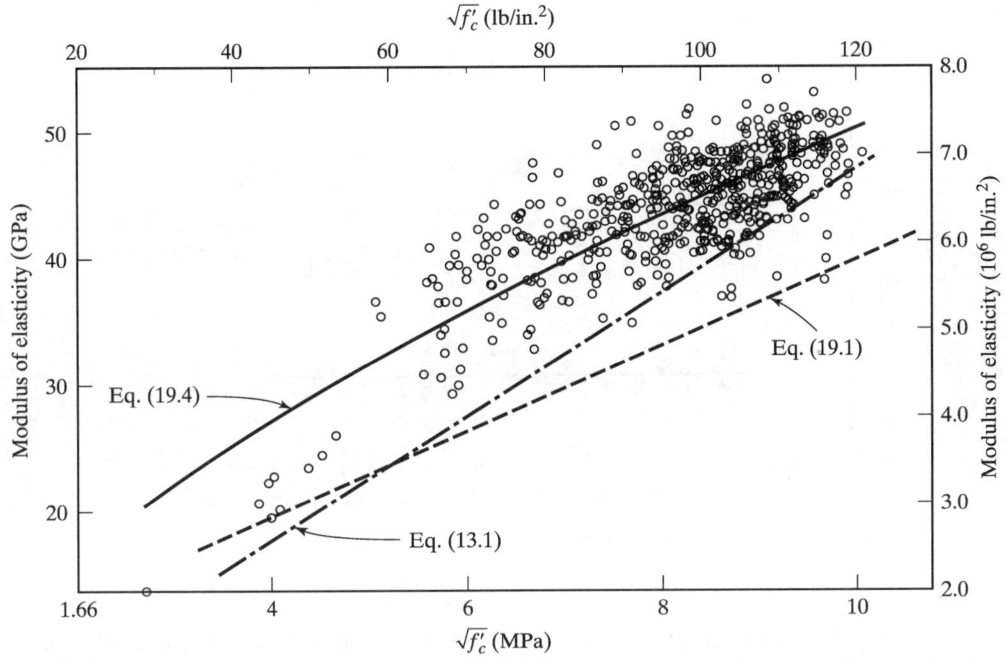

그림 19.8
보통중량 콘크리트에서 탄성계수와 콘크리트 강도의 관계. 위쪽 곡선은 높은 탄성계수를 지닌 굵은골재의 영향을 보여준다. [Adapted from J. E. Cook, *Concrete International*, Vol. 11, No. 10, pp. 67–75 (1989).]

MPa 강도의 콘크리트에 대하여 식 (19.3)과 (19.4)에 주어져 있다.

$$f_{sp}' = 0.59\sqrt{f_c'} \quad \text{MPa} \tag{19.3}$$

$$f_r' = 0.94\sqrt{f_c'} \quad \text{MPa} \tag{19.4}$$

그러나 13.3절에 언급한 바와 같이 넓은 범위의 자료에 대한 분석에 의하면 가장 잘 맞는 식은 다음과 같다.

$$f_{sp}' = 0.305 f_c'^{\,0.55} \quad \text{MPa} \tag{13.5}$$

$$f_r' = 0.438 f_c'^{\,0.23} \quad \text{MPa} \tag{13.6}$$

쪼갬인장강도에 대한 식 (19.3)과 (13.5) 그리고 파괴계수에 대한 식 (19.4)와 (13.6)를 비교한 것이 그림 13.9와 13.10(13.3절)에 각각 주어져 있다.

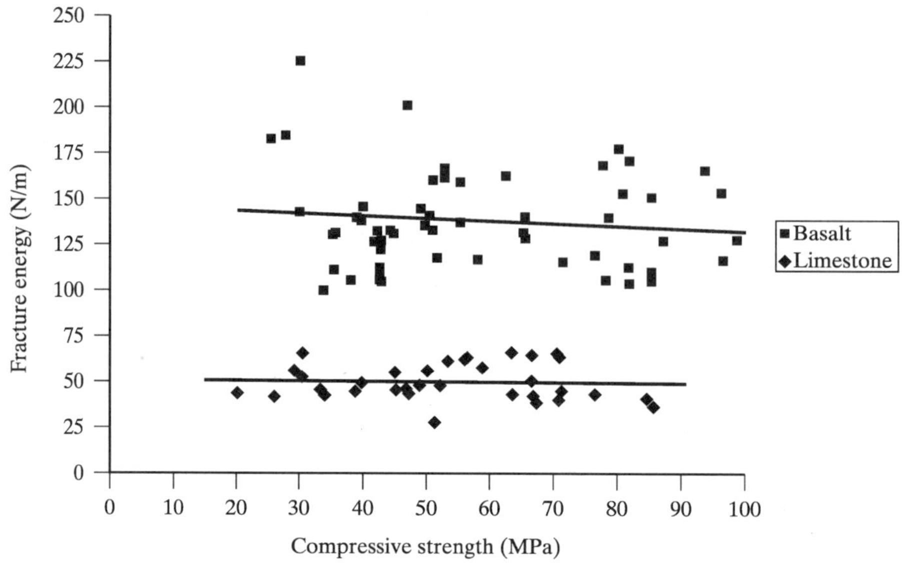

그림 19.9
파괴에너지와 압축강도. [D. Darwin, S. Barham, R. Kozul, and S. Luan, "Fracture Energy of High-Strength Concrete," *ACI Materials Journal*, Vol. 98, No. 5, pp. 410–417 (2001).]

파괴 영향인자 임계응력확대계수(critical stress intensity factor) K_{IC}와 파괴에너지(fracture energy) G_f와 같은 파괴 영향인자들은 인장강도보다 훨씬 낮은 비율로 증가한다(식 (13.5, 13.6, 19.3, 19.4)). 어느 연구에 의하면 콘크리트의 압축강도가 33에서 86 MPa로 160 % 증가하는 동안 K_{IC}는 단지 25%, G_f는 단지 12%가 증가하였다. 만약 이들 계수가 f_c'의 제곱근에 비례하여 증가한다면 61%가 증가하여야 한다. 여러 다른 연구에 따르면 20~99 MPa 사이의 압축강도에 대해서는, 7일에서 180일 재령의 압축강도뿐만 아니라, 재령 및 w/cm비에 관계없이 G_f도 기본적으로 변하지 않는다. 보통강도 콘크리트에 대한 연구에 따르면 파괴 영향인자는 굵은골재의 최대치수에 매우 민감한데, 25 mm에서 5 mm로 굵은골재의 크기가 감소됨에 따라 압축강도는 33 MPa에서 40 MPa로 증가되었음에도 불구하고 파괴에너지는 49% 감소되었다. 고강도 콘크리트에 대한 연구에 따르면 만약 골재가 고강도라면 굵은골재의 체적이 증가함에 따라서 인장강도와 파괴에너지도 증가한다. 그러나 파괴에너지에 가장 큰 영향을 주는 것은 굵은골재 자체의 강도이며 저품질 골재를 고품질 골재로 대체하면 파괴에너지가 100%에서 300%까지 증가한다. 그림 19.9를 통해 이러한 사실과 파괴에너지가 압축강도와 무관함을 확인할 수 있다.

건조수축과 크리프

건조수축 건조수축에 대한 자료 중에는 고강도 콘크리트가 보통강도 콘크리트보다 더 많이 수축

한다는 자료와 그렇지 않다는 자료가 혼재되어 있다. 이에 대한 이유의 일부는 그림 19.10에서 설명될 수 있다. 이 그림은 골재량이 콘크리트 체적의 60, 70, 80%인 경우에 대하여 건조수축 변형률을 *w/cm*비의 함수로 보인 것이다. *w/cm*비의 증가는 건조수축의 증가를 일으키고 그 영향은 골재 부피가 감소함에 따라 점차적으로 증가한다. 그러나 전반적으로 그림 19.10에 따르면 건조수축을 제어하는 것은 콘크리트 내부의 총 비골재(nonaggregate) 비율이다. *w/cm*비의 감소와 연계하여 높은 시멘트양을 사용하고 굵은골재량을 감소시키며 수행된 연구들은(초기 고강도 콘크리트 연구) 콘크리트의 비골재 비율의 증가로 건조수축의 증가가 예상되곤 하였다. 반면에 더 긴 양생기간의 효과와 마찬가지로 고성능감수제는 건조수축을 감소시키는 것으로 나타났다. 실리카퓸을 포함한 콘크리트는 실리카퓸을 포함하지 않은 콘크리트보다 더 높은 건조수축을 나타낸다. 더 낮은 단위수량과 낮은 재료의 투과성으로 인하여 종국에는 고강도 콘크리트가 더 작은 변형률을 보일 것으로 예상할 수도 있지만, 전반적으로 고강도 콘크리트와 보통강도 콘크리트는 비슷한 건조수축 변형률을 나타낸다.

크리프 고강도 콘크리트는 보통강도 콘크리트에 비하여 수화 생성물과 자유수의 부피가 작기 때문에, 자기수축으로 인해서 고강도 콘크리트의 상대습도가 보통강도 콘크리트의 상대습도보다 더 낮은 경향을 보인다.

미세구조와 함수량의 차이로 인해서 고강도 콘크리트의 크리프는 비크리프(specific creep)(단위응력에 대한 크리프 변형률)와 크리프계수(초기 변형률에 대한 크리프 변형률의 비율)로 표현될 때 보통강도 콘크리트보다 크게 작으며 이러한 경향은 그림 19.11, 19.12에 나타나 있다. 그

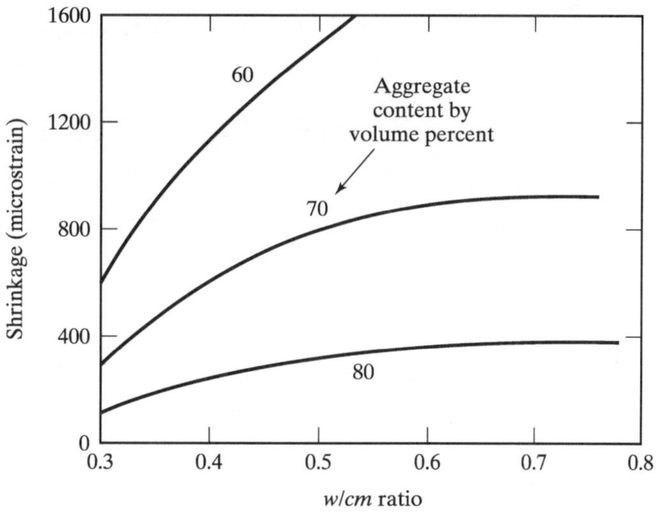

그림 19.10
물-시멘트비와 골재량이 건조수축에 미치는 영향.
[S. T. A. Ödman, RILEM/CEMBUREAU Intl. Colloquium on the Shrinkage of Hydraulic Concretes, Madrid, Vol. 1 (1968).]

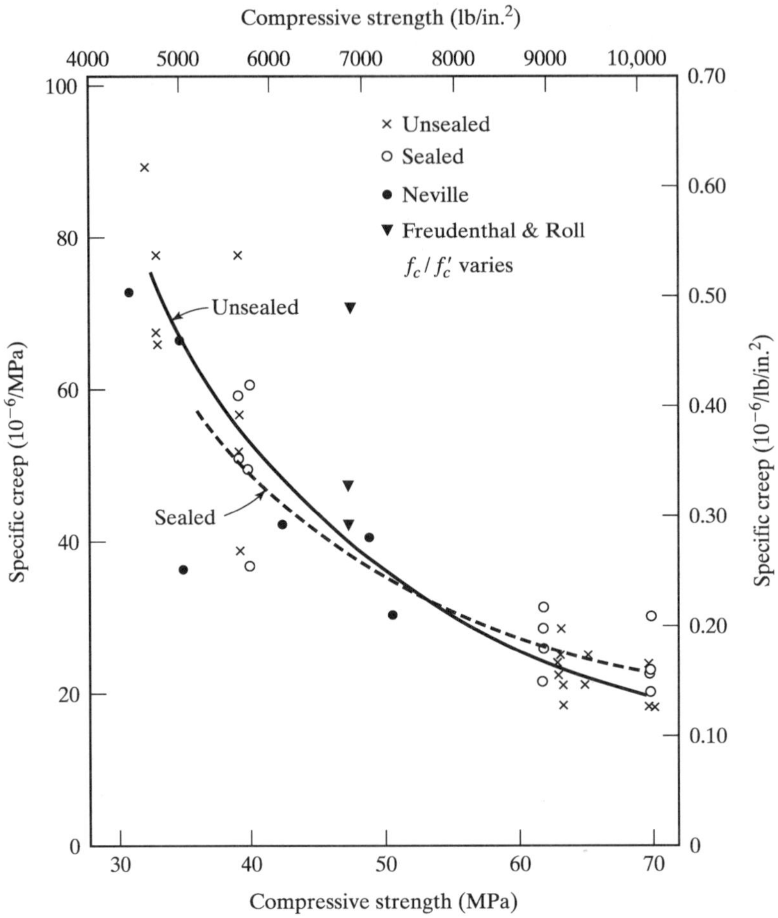

그림 19.11
60일간 하중을 받은 콘크리트에 대한 비크리프와 압축강도의 관계. [Adapted from A. S. Ngab, A. H. Nilson, and F. O. Slate, *ACI Journal*, Vol. 78, No. 4, pp. 255-261 (1981).]

림 19.11은 강도가 30~70 MPa인 콘크리트의 강도에 따른 비크리프를 나타낸 것이다. 보통강도 콘크리트에 대한 고강도 콘크리트의 비크리프 비율은 0.2~0.35 범위이다. 그림 19.12는 20.9~65.4 MPa 범위의 콘크리트 강도에 대하여 크리프계수를 응력-강도비의 함수로 표현한 것이다. 콘크리트 강도가 증가하면서 크리프계수는 감소하며, 크리프계수가 일정하게 나타나는 범위가 응력-강도비와 무관하게 늘어난다. 그림에 나타난 바와 같이 55~65 MPa 강도를 가진 콘크리트는 20~25 MPa 강도를 가진 콘크리트의 크리프계수의 1/3에 불과하며, 빌딩공사에서 고강도 콘크리트 기둥의 면적은 그것이 대체하는 보통강도 콘크리트 기둥 면적의 약 1/3이다. 따라서 총 크리프 변형률은 보통강도 콘크리트 기둥과 비교해서 비슷하거나 약간 더 적다.

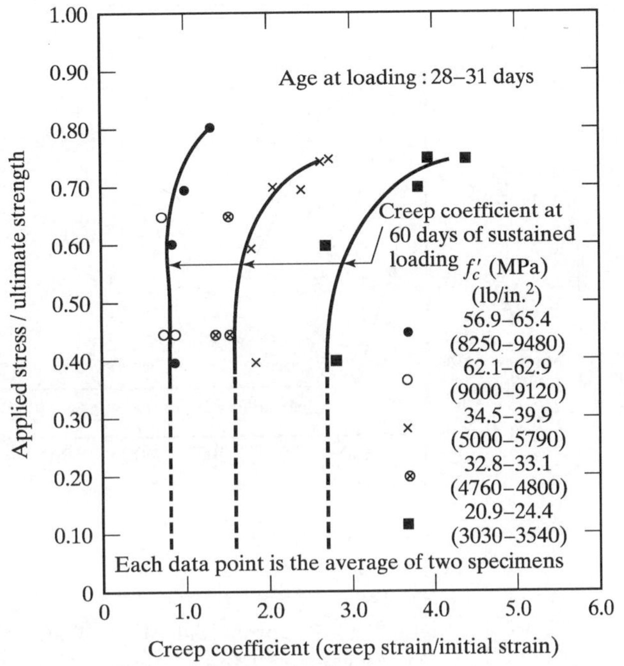

그림 19.12
압축을 받는 고강도, 보통강도, 저강도 콘크리트에 대한 응력-강도비와 크리프 계수의 관계. [M. M. Smadi, F. O. Slate, and A. H. Nilson, *ACI Materials Journal*, Vol. 84, No. 3, pp. 224-234 (1987).]

내구성

거의 모든 환경에서 고강도 콘크리트는 낮은 *w/cm*비와 시멘트를 부분적으로 대체하는 실리카퓸에 의하여 얻어지는 낮은 침투성으로 인하여 보통강도 콘크리트보다 훨씬 우수한 내구성을 가진다. 고강도 콘크리트의 시멘트 풀의 조성은 보통강도 콘크리트보다 더 균질하고 공극률이 낮다. 포졸란을 사용하면 수산화칼슘(수용성 수화물)이 C-S-H로 변환되고, 칼슘-실리카 비율이 감소함에 따라서 다른 알칼리와 알루미늄이 시멘트 풀 매트릭스에 포함된다. 더 조밀한 매트릭스로 인해서 결빙수(freezable water)의 양이 적어지므로 이온이 콘크리트에 침투하는 것이 더 어렵게 되며, 만약 적절한 양의 포졸란이 사용된다면 알칼리-골재반응에 대한 저항력이 향상된다.
실리카퓸은 시멘트 풀과 골재 사이 변화영역의 구조를 변화시켜서 높은 공극률과 많은 CH가 있는 부분을 조밀한 C-S-H 매트릭스로 바꾼다. 변화계면이 더 조밀해지면 침투성은 더 낮아진다.

동결융해 저항성 일반적으로 *w/cm*비가 감소하면 반복적인 동결융해에 대한 저항력이 향상된다. 이론적으로 만약 *w/cm*비가 충분히 낮다면 콘크리트에 손상을 일으킬만한 충분한 결빙수가 없다. 고강도 콘크리트의 동결융해 저항성에 대한 연구에 따르면, *w/cm*비가 0.24 이하인 경우에는 공기연행이 필요하지 않다. 그러나 이보다 높은 *w/cm*비에 대해서는 동결융해 저항성을 제공하기 위하여 공기연행이 요구된다. 그림 19.13은 ASTM C 666 Procedure A(18.4절에서 논의된)로

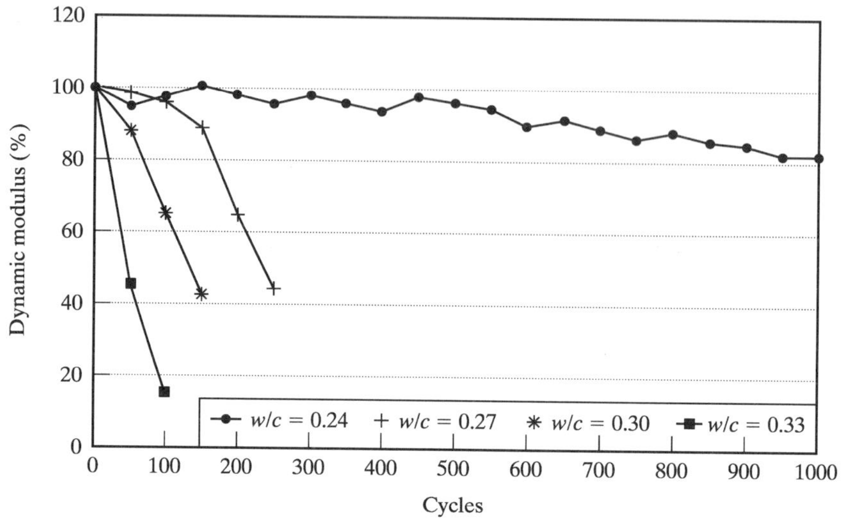

그림 19.13
실험전 14일간 양생한, 실리카퓸이 없는 비연행 콘크리트의 동결융해 내구성.
[Y. Li, B. W. Langan, and M. A. Ward, in *High-Performance Concrete*, ed. V. M. Malhotra, SP-149, American Concrete Institute, Detroit, MI, pp. 545-560 (1994).]

구한, 동결융해 주기가 증가함에 따른 비연행 콘크리트의 동탄성계수 변화를 보여준다. 평가된 4개의 콘크리트(*w/cm*비 = 0.24, 0.27, 0.30, 0.33) 중에서 0.24의 *w/cm*비를 갖는 콘크리트만이 큰 손상없이 150회 반복된 동결융해를 견뎌낼 수 있었다. 이 낮은 물-시멘트비의 콘크리트는 1000회 반복된 동결융해시험에서 동탄성계수의 감소가 20% 이하였다. 그림 19.14는 0, 5, 10%의 실리카퓸을 함유한 *w/cm*비 0.24의 콘크리트에 대해서 비슷하게 비교한 것이다. 1000회 반복 이후에 0%와 10% 실리카퓸을 함유한 콘크리트는 동적계수가 5% 이하로 감소한 반면 5% 실리카퓸을 함유한 콘크리트는 동적계수가 19% 감소하였다. 모든 경우에서 성능은 상당히 만족스러웠다.

다른 연구에 따르면, 동결융해에 저항하는 비연행 고강도 콘크리트의 능력에는 적절한 양생이 매우 중요하다. 연구에 따르면 *w/cm*비 0.27인 비연행 콘크리트는 ASTM C 672에 따른 염해에 의한 표면박리(salt scaling) 시험에 대하여 좋은 성능을 나타냈다. 그러나 대체로 비연행 콘크리트가 동결융해 주기를 견디기 위해서 0.24보다 작은 물-시멘트비가 요구된다.

화학적 침식 화학적 침식에 대한 저항력은 주로 *w/cm*비가 감소되면서 투과성이 감소하여 크게 향상된다. 포졸란의 사용은 수용성 CH의 비율을 줄이며, 실리카퓸은 황산염과 약산에 의한 침식을 견디는데 도움을 주는 것으로 알려져 왔다. 적절한 양을 사용하면 모든 포졸란은 알칼리-골재

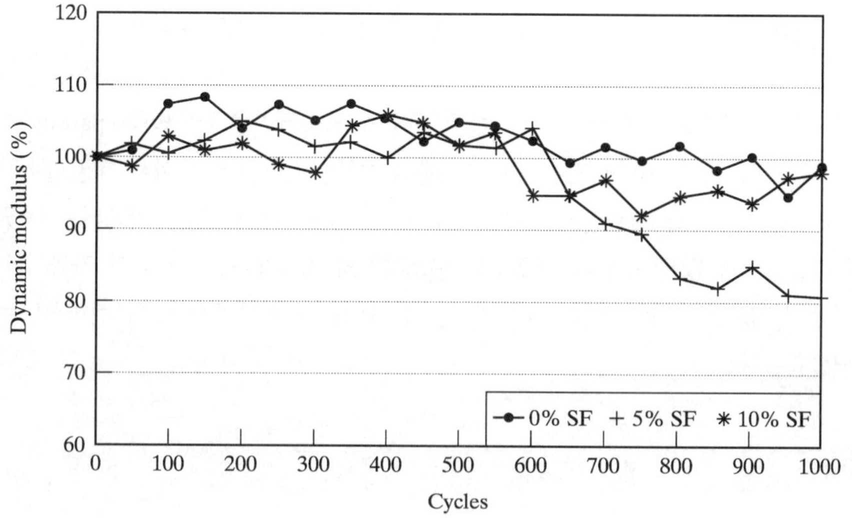

그림 19.14
실험전 28일간 양생하고, 물-결합재비가 0.24인 비연행 콘크리트의 실리카퓸 양에 따른 동결융해 내구성. [Y. Li, B. W. Langan, and M. A. Ward, in *High-Performance Concrete*, ed. V. M. Malhotra, SP-149, American Concrete Institute, Detroit, MI, pp. 545–560 (1994).]

반응을 줄이는데 도움이 된다.

마모 표면 마모와 물에 의한 침식(erosion)을 저항하는 콘크리트의 능력은 콘크리트의 강도가 증가하면서 향상된다. 실리카퓸을 포함하는 콘크리트는 입형 재료의 이동으로 영향을 받는 저장 시설와 타이어 마찰을 받는 콘크리트의 마모저항력을 향상시키기 위하여 사용되어 왔다. 미군 공병에서는 큰 유수 마모와 공동마모(cavitation wear)를 받는 저수조의 라인에 실리카퓸을 포함한 콘크리트를 사용해왔다. 실리카퓸은 얼음 마모(ice wear)에 대한 저항능력을 향상시키기 위해서도 사용되었다. 보통강도 콘크리트와 마찬가지로 고강도 콘크리트의 마모 저항력도 시멘트 페이스트의 성분뿐만 아니라 마모 저항성이 높은 견고한 골재의 사용 여부에 많은 영향을 받는다.

부식 제 18장에서 언급한 바와 같이 콘크리트에서 철근은 콘크리트의 높은 pH와 철근에 산소와 수분이 접근하는 것이 제한됨으로써 부식으로부터 보호된다. 낮은 *w/cm*비로 인한 침투성의 감소는 산소와 수분의 접근을 제한할 뿐만 아니라 탄산화 속도를 감소시키고 염소의 접근을 감소시킴으로써 그러한 보호작용을 향상시킨다. 고강도를 얻기 위하여 포졸란을 사용하면 공극수의 pH를 감소시켜 철근의 불활성을 감소시킨다는 단점이 있다. 그러나 더 조밀한 시멘트 페이스트 매트릭스로부터 얻어지는 콘크리트의 투과성 감소 및 저항 증가로부터 이 부분은 보상되고도 남는다.

앞서 언급한 바와 같이 실리카퓸을 함께 사용할 때는 소성수축 균열이 발생하여 유효피복이 감소하고 염화물이 철근에 도달하는 경로가 제공되지 않도록 특별한 주의가 요구된다.

화재 고강도 콘크리트는 화재와 같은 높은 온도에 노출되었을 때, 박락(spalling)에 대하여 보통 콘크리트보다 더 취약하다. 이것은 아마도 콘크리트의 침투성이 낮아서 비결합수가 쉽게 팽창하지 못하기 때문인 것으로 판단된다. 또한 투과성이 낮은 콘크리트는 건조되는 속도가 더 느리기 때문에 비결합수의 많은 부분이 보통강도 콘크리트의 경우보다는 더 표면 가까이에 존재한다. 이러한 점은 실리카퓸의 양이 증가해서 투과성이 줄어들면 화재손상에 더 취약하다는 관찰에 의해서도 뒷받침된다.

참고문헌

ACI Committee 211, "Guide for Selecting Proportions for High-Strength Concrete with Portland Cement and Fly Ash ACI 211.4R-93," *ACI Manual of Concrete Practice*, Part 1, American Concrete Institute, Farmington Hills, MI (2001).

ACI Committee 363, "State-of-the-Art Report on High-Strength Concrete ACI 363R-92," *ACI Manual of Concrete Practice*, Part 1, American Concrete Institute, Farmington Hills, MI (2001).

Aitcin, P.-C., *High-Performance Concrete*, E & FN Spon, London, UK (1998).

Aitcin, P.C., and A. Neville, "High-Performance Concrete Demystified," *Concrete International*, Vol. 15, No. 1, pp. 21-26 (1993).

Concrete International, Vol. 16, No. 10 (1994). (Issue on High-Performance Concrete.)

Cook, J. E., "10,000 $lb.^2$ Concrete," *Concrete International*, Vol. 11, No. 10, pp. 67-75 (1989).

Darwin, D., Barham, S., Kozul, R., and Luan, S., "Fracture Energy of High-Strength Concrete," *ACI Materials Journal*, Vol. 98, No. 5, pp. 410-417 (2001).

Gettu, R., Z. P. Bazant, and M. E. Karr, "Fracture Properties and Brittleness of High-Strength Concrete," *ACI Materials Journal*, Vol. 87, No. 6, pp. 608-618 (1990).

High-Performance Concrete: From Material to Structure, ed. Y. Malier. E & FN Spon, London, UK (1992).

High-Performance Concrete: Properties and Applications, eds. S. P. Shah and S. H. Ahmad. McGrawHill, NY (1994).

문제

19.1. 고강도 콘크리트가 유용하게 사용될 수 있는 부재와 그렇지 않은 부재에 대해서 논하라.

19.2. 보통강도 콘크리트를 대신해서 고강도 콘크리트를 사용할 때의 공학적인 이점과 단점에 대해서 논하라.

19.3. 보통강도 콘크리트보다 고강도 콘크리트에서 장기강도의 많은 부분이 일찍 발현되는 이유는 무엇인가?

19.4. 기준강도가 90 MPa이고 표준편차가 4.8 MPa인 경우 평균 소요강도 f'_{cr}은 얼마인가?

19.5. 모든 1종 시멘트는 고강도 콘크리트의 제조시 동일한 성능을 나타내는가? 이에 대하여 논하라.

19.6. 고강도 콘크리트를 제조할 때 보통강도 콘크리트보다 낮은 물시멘트비를 사용하는 이유는 무엇인가?

19.7. 고강도 콘크리트 제조에서 잔골재에 요구되는 특성은 무엇인가?

19.8. 보통강도 콘크리트 배합에 비하여 고강도 콘크리트 배합에 사용되는 굵은골재의 크기와 양은 어떻게 다른가?

19.9. 90 MPa 이상의 고강도 콘크리트 제조에서 실리카퓸을 사용하는 이유는 무엇인가?

19.10. 고강도 콘크리트에 사용되는 화학 혼화제의 용도는 무엇인가?

19.11. 소성상태 고강도 콘크리트의 거동은 소성상태 보통강도 콘크리트의 거동과 어떻게 다른가?

19.12. 반복적인 동결융해에 노출된 고강도 콘크리트에 공기연행이 필요한 이유를 설명하라.

19.13. 콘크리트의 압축강도를 측정하는 표준시험법이 고강도 콘크리트에도 수정없이 그대로 적용될 수 있는가? 설명하라.

19.14. 고강도 콘크리트로 시공할 때 강조되거나 변경되어야 하는 부분이 있는가?

19.15. 압축응력을 받을 때, 고강도 콘크리트와 보통강도 콘크리트가 강도 차이 이외에 어떻게 다른가? 인장응력을 받을 때는 어떠한가?

19.16. 건조수축과 크리프의 관점에서 고강도 콘크리트와 보통강도 콘크리트를 비교하라.

19.17. 내구성 측면에서 고강도 콘크리트는 보통강도 콘크리트보다 장점이 있는가? 설명하라.

콘크리트 *Concrete*

CHAPTER 20

특수용도 콘크리트

Concretes for Special Applications

20.1 경량 콘크리트 (Lightweight Concretes)

경량 콘크리트는 구조용 경량 콘크리트와 비구조목적으로 사용되는 초경량 콘크리트로 구분된다. ACI Committee 213은 강도와 단위중량에 따라서 3종류로 분류한다(그림 20.1). 즉, 단열을 위하여 사용되는 저밀도 저강도 콘크리트, 콘크리트 블록이나 어느 정도의 유효한 강도가 요구되는 다른 경우에 사용되는 보통강도 경량 콘크리트, 그리고 구조용의 경량 콘크리트로 분류한다.

다양한 형태의 경량 골재가 제 7장에 언급되어 있으며 그림 20.1에 요약되어 있다. 그러나 경량 콘크리트는 다른 방법으로도 만들 수 있다. 저밀도는 콘크리트 내부의 높은 공극률에 의하여 달성되며, 이 공극이 골재에 국한될 필요는 없다. 기포화된(포화된 또는 셀형태의) 콘크리트는 페이스트와 모르타르를 통하여 균일한 기포의 분포를 가지고 있으며, 무잔골재 콘크리트(no-fines concrete) 또는 가볍게 다짐된 콘크리트는 큰 비정형 기포를 포함하고 있다. 기포콘크리트는 이 장에서 논의되며, 무잔골재 콘크리트는 불연속 입도 콘크리트(gap-graded concrete)의 특별한 종류로서 이 장에서 후에 논의된다. 표 20.1에 다양한 경량 콘크리트들을 소개한다.

미국의 경량 콘크리트 사용은 1900년대 초로 거슬러 올라간다. 팽창 진흙과 혈암(shales)이 S.H. Hyde에 의하여 상업적으로 개발되었으며, 1차 세계대전동안 배의 건조를 위하여 사용되었다. St. Louis소재 The Park Plaza Hotel은 1920년대의 초기 경량 콘크리트 시공의 예이다. 클링커 골재(clinker aggregate)는 1차 세계대전에 앞서 개발되었으며 대부분 경량블록에 사용되었다. 기포 슬래그는 1920년대 말에 상업적으로 생산되었으며, 1950년대까지는 경량 콘크리트가 고층 건물과 다른 대형 구조물에 사용되어 왔다. 유명한 예들은 Bank of America Corporate Center, Charlotte(그림 20.2a); Watergate Apartments, Washington, D.C.; Lake Point Towers, Chicago; Assembly Hall, University of Illinois at Urbana-Champaign(그림

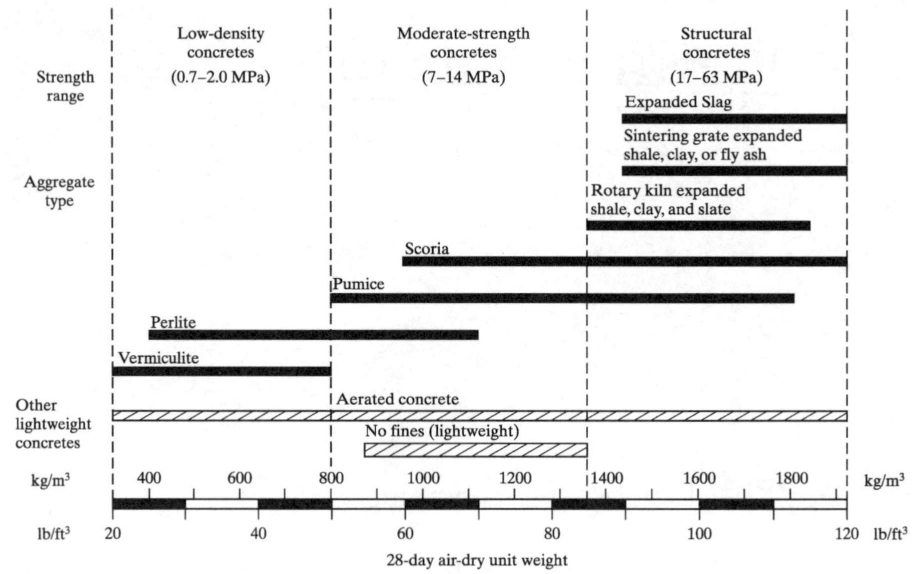

그림 20.1
경량 콘크리트의 분류

표 20.1 여러 경량 콘크리트의 특성

경량 콘크리트의 종류	*골재의 종류*	*골재의 기건 단위 중량 (kg/m³)[a]*	*28일 압축강도 (MPa)[a]*	*콘크리트의 단위중량 (kg/m³)[a]*	*열전도율 (W/m·K)[a]*
기포 콘크리트		-	0.5-24	300-1900	0.05-1.30
부분 다짐 콘크리트	팽창 질석 및 진주암	65-250	0.4-3.0	300-1120	0.07-0.10
	부석	500-900	1.0-3.0	800-1800	0.15-0.30
	팽창 슬래그	500-1000	1.0-4.5	960-1520	0.16-0.42
	플라이애쉬	600-1000	2.0-5.5	1120-1280	0.17-0.30
	팽창 혈암, 점토, 점판암	550-1050	4.5-6.6	960-1200	0.27-0.42
무잔골재 콘크리트	일반 골재	720-1040	1.7-5.5	720-1520	0.22-0.42
	경량 골재	1350-1600	3.0-14	1600-2000	-
구조용 경량 골재 콘크리트	팽창 슬래그	500-1050	2.0-5.5	880-1360	-
	플라이애쉬	500-1000	8.0-50	1440-2080[b]	0.34-0.74
		600-1000	11-63	1440-1900[b]	0.52-1.10
	팽창 혈암, 점토, 점판암	550-1050	11-50	1360-1840[b]	0.51-0.95

[a] (kg/m³)×0.062=lb/ft³; MPa×145=lb/in.², W/m·K× 0.58=Btu/ft·h·°F
[b] 더 조밀한 콘크리트는 경량 잔골재를 자연모래로 대체하여 만들 수 있다.

(a)

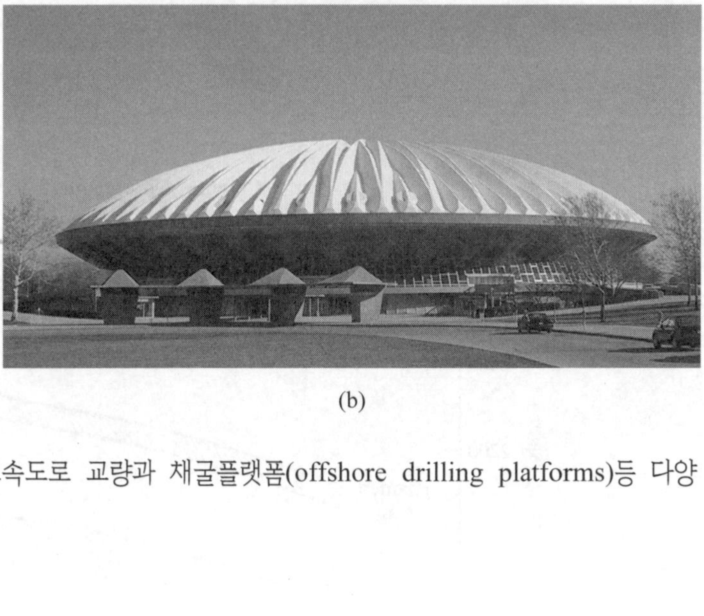

(b)

그림 20.2
(a) Bank of America Corporate Center
(b) Assembly Hall, University of Illinois at Urbana–Champaign.

20.2b)이다. 경량 콘크리트는 고속도로 교량과 채굴플랫폼(offshore drilling platforms)등 다양한 용도에 적용되어왔다.

구조용 경량 콘크리트

구조용 경량 콘크리트는 굵은골재와 잔골재 모두 경량 골재를 사용한다. 그러나 더 높은 강도 콘크리트를 위해서는 모든 또는 일부의 잔골재를 보통중량 모래로 대체하는 것이 일반적인데 이로 인해 콘크리트의 단위중량이 320 kg/m^{3}만큼 증가한다. 인공 경량 골재가 일반적으로 보통중량 골재보다 비싸지만 자중을 줄여서 재료를 전체적으로 절감시키기 때문에, 콘크리트 단위체적당 더 높은 골재 비용을 상쇄하고도 남는다. 하중이 감소하면 지지하는 단면, 기초, 철근이 감소하기 때문이다.

재료 및 구조 성능 경량 콘크리트의 재료 및 구조성능은 배합에 사용되는 재료에 달려 있다. 그림 20.1에 나타난 바와 같이 몇 가지 경량 골재에 대해서는 경량 골재의 큰 공극률과 작은 강도에도 불구하고 50~63 MPa의 콘크리트 강도를 발현하는데 어려움이 없다. 경량 콘크리트에 대해서는 강도와 밀도가 상관관계를 가지고 있지만, 그 관계는 사용하는 골재의 특성과 보통중량 모래의 양에 달려있다(그림 20.3). 높은 강도를 위해서는 낮은 물-결합재비가 필요하지만, 대부분 경량 골재의 큰 흡수성으로 인하여 페이스트의 정확한 물-결합재 비를 계산하기는 어렵다. 따라서 동일한 강도를 갖는 보통중량 콘크리트에 사용되는 양보다 더 많은 시멘트와 광물계 혼화재가 필요하다(표 20.2). 또 그러한 경량 골재의 물리적 특성으로 인하여 좋은 시공성을 유지하기 위해서는 더 많은 페이스트가 필요하다.

경량 콘크리트의 파괴는 일반 콘크리트의 파괴와는 다소 다른데, 파괴는 골재의 주위가 아니라 골재를 관통하여 파괴가 발생한다. 골재와 시멘트 페이스트의 강도가 비슷하며, 고강도 콘크리트에서는 페이스트의 강도가 골재의 강도보다 더 클 수 있다. 경량 콘크리트의 강도는 경량 골재의 부피비에 따라 다르다. 보통중량 모래를 사용하는 콘크리트는 다음과 같은 경험식을 사용할 수 있다.

$$\sigma_c = \sigma_a^n \cdot \sigma_m^{(1-n)} \tag{20.1}$$

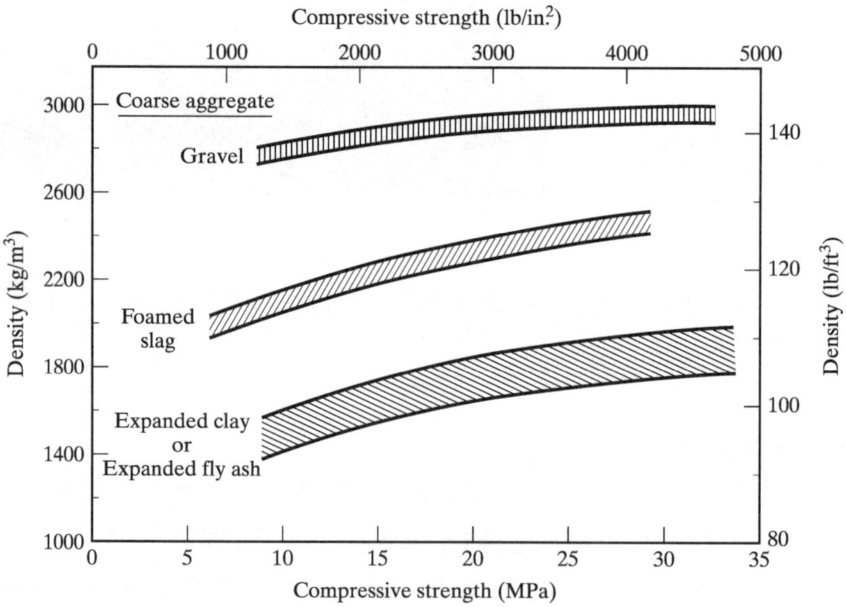

그림 20.3
밀도와 콘크리트 강도의 관계 (150mm 입방공시체)

표 20.2 경량과 보통중량 콘크리트의 결합재량

압축강도 MPa	*결합재량* (kg/m^3)	
	경량	*보통 중량*
17	210-310	210-250
21	240-340	210-300
28	300-400	240-340
35	360-450	300-400
42	410-510	350-460

이 식에서 σ_c, σ_a, σ_m은 각각 콘크리트, 골재, 모르타르의 압축강도를 나타낸다. n은 경량 굵은골재의 부피비를 나타낸다.

경량 골재는 높은 공극률로 인해 탄성계수가 작기 때문에 경량 콘크리트의 탄성계수는 보통중량 콘크리트보다 작다. 일반적으로 그 범위는 10~17 GPa로서 보통중량 콘크리트의 1/3~2/3 수준이다. 정확한 값은 사용되는 골재의 특성에 따르므로 일정한 압축강도에 대하여 그 변동폭이 다소 크다. 탄성계수를 추정하기 위해 ACI 기준에서 사용되는 식(13.2절 식 (13.1))은 ±20% 오차보다 근접하게 실제 값을 추정하지 못할 수 있다. 낮은 탄성강성으로 인하여 건조수축과 크리프와 같은 시간의존 변형에 대한 저항성도 낮아서 평균적으로 경량 콘크리트의 건조수축과 크리프량이 보통중량 콘크리트의 값보다 크다(그림 20.4). 그러나 동일한 밀도의 콘크리트에 대해서도 시멘트양, 페이스트의 물-결합재비, 골재의 탄성계수, 함수율 감소 등에 따라서 큰 변동폭을 나타낸다.

물리적 특성 및 내구성 경량 콘크리트의 열팽창계수는 보통 콘크리트의 것과 거의 같다. 그러나 열전도율은 많은 공극으로 인하여 상당히 낮다(표 20.1). 열전도율은 단위무게에 따라 다르다(17.1절 그림 17.4). 낮은 열전도율로 인하여 경량 콘크리트는 보통중량 콘크리트보다 더 큰 내화성능을 가지고 있다. 경량 골재는 대부분의 암석보다 더 약하기 때문에 일반적으로 심한 마모가 있는 곳에는 적당하지 않다. 그러나 많은 합성골재는 상당히 단단한 표면을 가지고 있어서 심한 마모를 받지 않는 곳에는 보통중량 콘크리트만큼 좋은 성능을 나타낼 수 있다. 천연 모래를 사용하고 압축강도를 높이면 내마모성이 향상된다.

경량 콘크리트의 동결융해 성능은 보통 콘크리트와 비슷하다. 콘크리트가 동결융해에 노출된 경우에는 공기연행이 사용되어야 한다. 골재의 함수율이 중요한데, 그 이유는 골재가 포화되어 있으면 물이 동결되면서 골재 내부의 물을 시멘트 풀로 스며들도록 하기 때문이다. 만약 이러한 과도한 물을 수용할 수 있는 공극이 없는 경우에는 수압으로 인하여 인장파괴가 발생할 수 있다. 이러한 상황을 피하기 위해서 골재는 비비기에 필요한 정도의 낮은 함수율을 가지고 있거나, 콘크리트가 동결융해를 받기 전에 건조되도록 충분한 시간이 경과되어야 한다. 제빙제에 의한 마모에 대한 저항성은 보통중량 콘크리트와 비슷하며 공기연행, 낮은 물-결합재비, 적절한 양생, 사용

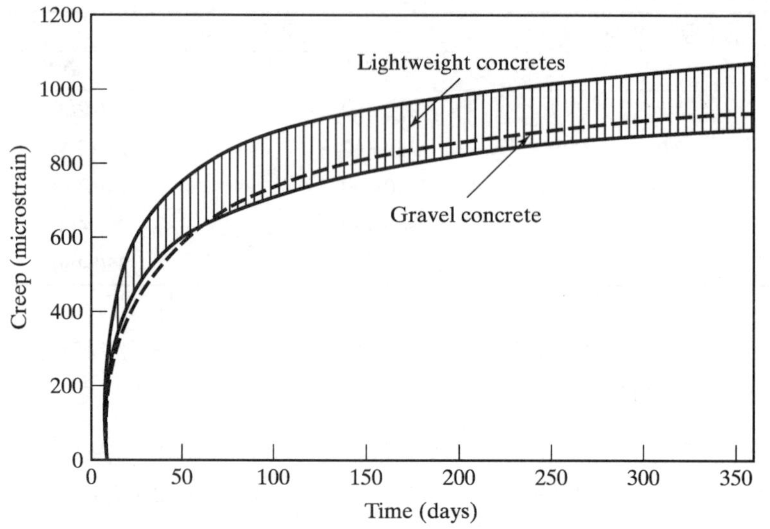

그림 20.4
경량과 보통중량 콘크리트의 크리프 비교. [Adapted from A. Short and W. Kinniburgh, *Lightweight Concrete*, 3d ed., Applied Science Publishers, Ltd., London (1978).]

전 충분한 건조기간을 둠으로써 저항성을 향상시킬 수 있다. 그 외에 경량 콘크리트와 관계된 특별한 내구성 문제는 없다. 큰 흡수성을 나타내는 콘크리트의 특성은 내구성과는 관련이 없다. 큰 흡수성은 다공질의 골재 때문이며, 이것이 콘크리트의 침투성이 높은 것을 의미하지는 않는다. 콘크리트의 침투성은 시멘트 풀의 공극률과 관계가 있다.

굳지 않은 콘크리트의 특성 경량 콘크리트는 굳지 않은 상태에서는 보통중량 콘크리트의 특성과 같으나, 굵은골재의 특성으로 인하여 보통 콘크리트 배합보다는 거칠다. 따라서 워커빌리티를 향상시키기 위하여 공기연행이 필요할 수 있다. 600 μm(No. 30)체를 통과하는 경량골재가 부족한 경우에는 마감성능을 향상시키기 위하여 모래를 추가하여야 할 수 있다. 비비기 후에 골재가 지속적으로 물을 흡수하기 때문에 슬럼프의 감소가 중요한 문제일 수 있는데, 골재를 습한 조건에 두거나, 시멘트와 물량을 맞추기 전에 골재를 2/3의 물과 먼저 혼합함으로써 이러한 상황을 피할 수 있다. 슬럼프가 크면 페이스트보다 더 가벼운 굵은골재가 분리될 수 있기 때문에 슬럼프는 100 mm로 제한하는 것이 바람직하다. 경량 콘크리트는 낮은 밀도로 인하여 주어진 워커빌리티에 대하여 낮은 슬럼프를 가지는 경향이 있다. 콘크리트를 타설하고 마감할 때는 보통중량 콘크리트에 사용하는 것과 마찬가지 방법을 사용하여 재료분리를 방지하여야 한다.

구조용 경량콘크리트의 배합설계 경량 골재의 특성으로 인하여 경량 콘크리트의 배합을 계산하는데는 특별한 고려가 필요하다. 보통중량 콘크리트의 배합을 계산하는 ACI 방법에 근거가 되는 절대부피 방법(absolute volume method)은 경량 콘크리트에 대해서는 신뢰성이 떨어진다. 이는 두 가지 요인 때문이다.

(1) 비중(bulk specific gravity, BSG)의 변동성

(2) 함수율의 변화

표 20.3 일반적인 경량 잔골재의 입도

		잔류량		*누적 잔류량*	
체 크기	*비중(BSG)*[a]	*무게 기준*	*부피 기준*	*무게 기준*	*부피 기준*
4.75 mm (No. 4)	1.40	0	0	0	0
2.36 mm (No. 8)	1.55	22	26	22	26
1.18 mm (No. 16)	1.78	24	25	46	51
600 μm (No. 30)	1.90	19	19	65	70
300 μm (No. 50)	2.01	14	13	79	83
150 μm (No. 100)	2.16	12	10	91	93
150 μm (No. 100) 통과	2.40	10	7	100	100
조립률	-	-	-	3.03	3.23

[a] SSD 기준

보통중량 골재의 비중은 입자의 크기와는 무관하다. 따라서 무게기준으로 결정된(체분석에 의해서) 분류곡선은 부피기준으로 바로 변환이 가능하다. 왜냐하면 실제적으로는 부피 관계이기 때문이다. 그러나 경량 골재에서는 공극의 정도가 입자의 크기에 따라서 변화하기 때문에 BSG가 일정하지 않다. 그 변동성은 특히 잔골재에서 크게 나타나며(표 20.3), 이는 부피기준 분류곡선이 무게기준 분류곡선과 다르다는 것을 의미한다. 표 20.3의 예에서 무게에 의하여 결정된 조립률이 3.03인 반면, 부피에 근거한 조립률은 3.23이다. 따라서 경량모래는 실제 3.03이 가리키는 것보다 더 굵으며, 눈금이 가는 체에 더 많이 남는다. 경량 골재의 과도한 흡수(10 ~ 20%의 흡수율)로 인하여 BSG는 습기량의 변화에 따라서 크게 변화한다. 더구나 비빔 동안 일어나는 흡수량은 정확히 판단하기 어렵다. 골재에 의하여 흡수되는 물의 양은 초기 함수상태와 굳지 않은 상태에서 물에 노출된 시간 모두와 관계가 있다. 따라서 이런 점을 고려하는 설계절차를 채택하여야 한다. ACI Standard Practice 211.1는 초기배합을 산정하는 방법과 후속 배합에서 양을 조절하는 절차를 제공한다. ACI 211.2는 배합을 위하여 두가지 방법을 언급하고 있다. 경량 굵은골재와 보통중량 잔골재를 사용하는 배합을 위하여 질량 또는 무게 방법(보통중량 콘크리트를 위하여 사용되는 질량방법과 비슷하다.)이 사용된다. 모두 경량 골재를 사용하거나 경량과 중량의 혼합골재를 사용하는 배합의 경우에는 부피법이 사용된다.

질량(중량)법을 사용한 초기 양 산정 이 절차는 경량 굵은골재와 보통중량 잔골재로 구성된 소위 모래경량 콘크리트를 위하여 사용된다. 이 절차는 잔골재의 양을 결정하기 위하여 질량법을 사용하는 10.3절에 언급된 배합설계(ACI 방법)를 따른다. 이 절차를 따르기 위하여 표 10.1을 사용하여 슬럼프를 구하며, 제 10장에 언급된 대로 굵은골재 최대치수를 선택한다.

물과 공기량은 표 10.2를 대체하는 표 20.4를 사용하여 예측된다. 물-결합재비는 표 10.3과 10.4를 사용하여 선택한다. 콘크리트 단위체적당 굵은골재 건조체적은 표 10.8을 대체하는 표 20.5에 보여주는 값까지 증가된다.

표 20.4 경량 골재의 최대크기와 슬럼프에 따른 단위수량과 공기량의 변화[a]

슬럼프		*골재 최대치수에 대한 콘크리트의 단위수량 $kg/m^3(lb/yd^3)$*					
mm	*in.*	9.5*mm*	(⅜ *in.*)	12.5*mm*	(½ *in.*)	19*mm*	(¾ *in.*)
		비 공기연행 콘크리트					
30-50	1-2	210	(350)	200	(335)	185	(315)
80-100	3-4	230	(385)	215	(365)	200	(340)
130-150	5-6	235	(400)	220	(375)	210	(350)
비 공기연행 콘크리트 내의 공기량(%)		3		2.5		2	
		공기연행 콘크리트					
30-50	1-2	180	(305)	175	(295)	165	(280)
80-100	3-4	200	(340)	195	(325)	180	(305)
130-150	5-6	210	(355)	200	(375)	185	(315)
		노출정도에 따른 평균 총공기량(%)					
낮은 노출		4.5		4.0		4.0	
중간 노출		6.0		5.5		5.0	
심한 노출		7.5		7.0		6.0	

[a] ACI 211.2

표 20.5 콘크리트 단위체적에 대한 경량 굵은골재의 체적[a b]

골재의 최대치수		*모래의 조립률에 따른 콘크리트단위부피당 노건조 굵은골재[b]의 부피*			
mm	*in.*	*2.40*	*2.60*	*2.80*	*3.00*
9.5	⅜	0.58	0.56	0.54	0.52
12.5	½	0.67	0.65	0.63	0.61
19	¾	0.74	0.72	0.70	0.68

[a] ACI211.2

[b] ASTM C29에 따른 골재의 단위무게당 오븐건조상태의 골재의 부피. 이 부피는 일반적인 철근 콘크리트공사에 적절한 작업성을 갖는 콘크리트를 제조하기 위하여, 경험식에 근거하여 결정된 것으로서, 펌프작업을 위한 반죽질기를 위해서는 10% 정도 감소되어야 한다.

초기 잔골재량은 콘크리트 1 m^3당 추정 무게에 근거한다. 이것은 경량 굵은골재의 상대 밀도에 따르는데, 이는 비중계수(specific gravity factor, SGF)로 알려진 겉보기 비중(체적 비중, bulk specific gravity)의 근사 값으로 표현된다. SGF는 다음과 같이 정의 된다.

$$\text{SGF} = \frac{\text{골재의 무게}}{\text{골재의 유효 부피}} \tag{20.2}$$

SGF는 ASTM C 127과 C 128과 유사한 절차를 사용하여 결정된다(7.1절 참조). ASTM C 127을 이용할 때 부유 골재가 용기 안에 남아있도록 주의해야 한다. 이 절차를 따르면 부피가 측정되기 전에 물이 골재에 흡수된다. 따라서 SGF는 골재에 의한 자유수의 흡수를 보상하도록 하기 때문에 실제 정확한 비중이 아니다. 그렇지만 이것은 체적 관계를 계산할 때도 그대로 사용된다. 경량 잔골재와 굵은골재에 대해 SGF를 계산할 수 있는데, 그 값은 초기 골재의 함수량에 영향을 받는다(그림 20.5). 그 관계는 실제 사용되고 있는 골재를 대상으로 결정해야 하며, 비중병(pycnometer) 또는 용기(suspension basket) 안에 골재를 넣은 후 5, 10, 30분 후에 얻는다. 일반적으로 10분 후에 얻어진 값이 설계를 위해 사용된다.

kg/m^3 단위로 경량 콘크리트 질량의 초기 추정치가 표 20.6에 굵은골재의 비중 계수와 콘크리트의 공기량의 함수로서 주어져 있다. 잔골재량은 표 20.6에 의해 얻어진 추정 질량에서 굵은골재, 물, 그리고 시멘트 재료의 질량을 빼서 구한다.

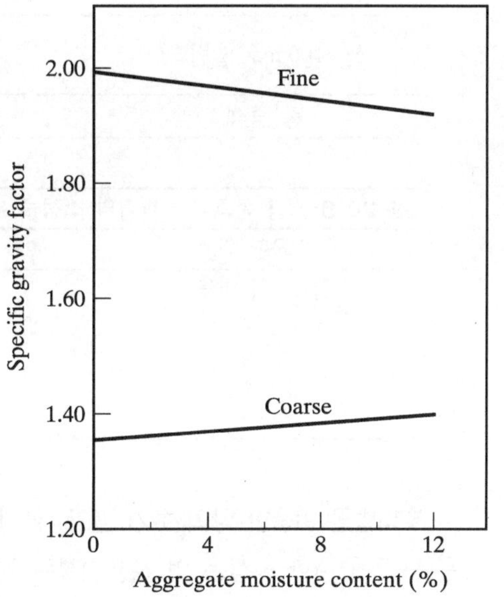

그림 20.5
함수율에 따른 비중계수(specific gravity factor)의 변화.
[ACI Committee 211, "Standard Practice for Selecting Proportions for Structural Lightweight Concrete (ACI 211.2-98)," *ACI Manual of Concrete Practice*, Part 1, American Concrete Institute, Farmington Hills, MI (2001).]

표 20.6 경량 굵은골재와 보통중량 잔골재로 구성된 굳지 않은 경량 콘크리트의 초기중량 추정[a]

비중계수	*경량 콘크리트의 무게 kg/m³* [b] *공기연행콘크리트* 4%	6%	8%
1.00	1595	1560	1520
1.20	1680	1645	1610
1.40	1770	1725	1690
1.60	1850	1810	1775
1.80	1935	1900	1855
2.00	2025	1980	1940

[a] ACI211.2

[b] 보통 반죽 콘크리트 (m^3당 325 kg)와 표 20.4의 80~100 mm의 보통 슬럼프에 대한 값들임. 표 20.4의 값으로부터 배합수가 6 kg차이가 날 때마다 m^3당 무게를 9 kg씩 반대로 조정한다. 시멘트양이 325 kg으로부터 60 kg씩 차이가 나는 경우에는 m^3당 무게를 같은 방향으로 9 kg씩 조정한다

표 20.7 부피법에 의한 첫 시험배치의 추정치

	초기 시험배합 무게 습윤, 무압밀 kg	*조정된 무게 습윤, 무압밀 kg/m³*
시멘트	350	$\frac{350}{1.102}=346$
경량 굵은골재	0.62 × 753=467	$\frac{467}{1.012}=461$
경량 잔골재	0.18 × 821=148	$\frac{148}{1.012}=146$
보통중량 잔골재	0.35 × 1634=572	$\frac{572}{1.012}=565$
물 (100 mm 슬럼프)	180	$\frac{180}{1.012}=178$
총 중량	1717	1696

표 20.8 경량 콘크리트 배합의 조정을 위한 기준

필요한 조정	*조정량*	*콘크리트 m³당 다른 양의 변화*
잔골재의 비율	+1%	+2 kg 물 +1% 시멘트
공기량	+1%	−3 kg 물
슬럼프	+25 mm	+6 kg 물 +3% 시멘트

부피법을 이용한 양의 초기 평가 골재가 전부 경량일 경우 경량 골재들의 광범위한 특성들 때문에 그에 대한 지침은 언급된 것보다 더 일반적이어야 한다. 골재의 공급자가 사용된 특정 골재에 대한 좋은 정보를 줄 수 있다. 부피법을 사용하여, 시멘트양은 요구강도를 기준으로 추정된

표 20.9 시멘트양 변화에 대한 조정[b]

	초기 건조배합[a]	
	$M_c = 0\%$ $S_{c0} = 1.34$	$M_f = 0\%$ $S_{f0} = 1.99$
	(1) *무게 (kg)*	*(2)* *유효부피 (m^3)*
시멘트	415	$\frac{415}{1000 \times 3.15} = 0.132$
공기 (5.5%)	-	0.055
굵은골재	351	$\frac{351}{1000 \times 1.34} = 0.262$
잔골재	549	$\frac{549}{1000 \times 1.49} = 0.276$
추가 단위수량	275	0.275
총계	1590	1.000

	조정된 건조배합		*조정된 습윤배합*	
	$M_c = 0\%$ $S_{c0} = 1.34$	$M_f = 0\%$ $S_{f0} = 1.99$	$M_c = 1.5\%$ $S_{c1\frac{1}{2}} = 1.35$	$M_f = 4\%$ $S_{f4} = 1.97$
	(4) *무게 (kg)*	*(3)* *유효부피 (m^3)*	*(5)* *무게 (kg)*	*(6)* *유효부피 (m^3)*
시멘트	445	$\frac{445}{1000 \times 3.15} = 0.141$	445	0.141
공기량(5.5%)	-	0.055	-	0.055
굵은골재	351	0.262	$351 \times 1.015 = 356$	$\frac{356}{1000 \times 1.35} = 0.264$
잔골재	$0.267 \times 1000 \times 1.99 = 531$	$1000 - 0.733 = 0.267$	$531 \times 1.04 = 552$	$\frac{552}{1000 \times 1.97} = 0.280$
추가단위수량	275	0.275	$1000 \times 0.260 = 260$	$1.000 - 0.740 = 0.260$
총계	1602	1.000	1613	1.000

[a] M_c, M_f = 굵은골재와 잔골재의 함수율, S_{c0}, $S_{c1\frac{1}{2}}$ = 굵은골재의 비중계수, 각각 건조상태와 1.5% 함수율, S_{f0}, S_{f4} = 잔골재의 비중계수, 각각 건조상태와 4% 함수율

[b] 다음과 같은 순서로 계산이 조정된다. 보통배합에서 유효부피(2열)는 배합무게(1열)로부터 계산되며, 시멘트양을 보정하기 위하여 부피에 의하여 조정된다. (3열) 건조상태의 배합무게(4열)는 이 부피로부터 계산되며, 함수율의 변화에 의하여 조정된다. (5열) 유효부피(6열)는 단위수량을 결정하기 위하여 계산된다. (ACI211.2-69)

다. 표 20.2에서 경량 콘크리트에 대하여 주어진 결합재량은 현장경험에 기반한 ACI 211.2의 값을 도표화 한 것이다. 이들 값의 범위를 보면 이 추정 값들이 매우 넓은 범위를 갖고 있으며, 만약 더 정확한 정보가 없다면, 최적의 시멘트양을 결정하기 위하여 일련의 시험배합이 필요하다. 이 방법을 사용하면서 강도는 물-시멘트비로부터 결정되지 않는다. 타설, 다짐, 그리고 골재분리가

없는 마감을 위한 워커빌리티를 제공하고, 요구되는 강도와 부합되도록 충분한 물이 공급된다. 슬럼프 요구사항은(10.3절의 표 10.1) 질량법과 같다. 내구성에 대해서는 요구사항이 없지만, 표 20.4에 명시된 공기량을 가지고 동결융해에 대한 저항성을 확보하기 위해 공기연행제가 사용되어야 한다. 필요한 골재의 전체 부피는 건조된 상태에서 별도로 측정된 굵은골재와 잔골재의 부피의 합으로서 1.04~1.19 m^3/m^3 범위이다. (이 수치는 1 m^3보다 크다. 왜냐하면 이것은 골재가 다짐이 되지 않아서 생긴 추가적인 공간 뿐만 아니라 페이스트가 차지하는 공간을 포함하고 있기 때문이다.) 정확한 부피는 입도, 입형, 표면조직, 그리고 다공성 표면과 관계가 있으며, 입도크기가 고르게 분포하고 입형이 둥글고 낮은 다공성 표면을 갖는 경우 부피가 최소가 될 것이다. 즉, 가장 적은 페이스트가 필요하다. 그러나 이것은 또한 시멘트, 공기, 물의 양에 따라 달라진다. 잔골재의 비율은 일반적으로 일반 중량 콘크리트의 경우보다 다소 높으며, 입도, 입형, 다공성에 영향을 받는다. 이러한 과정을 따르고 일반중량 모래를 사용하면 잔골재의 비율을 줄일 수 있다.

표 20.7은 슬럼프 100 mm와 압축강도 28 MPa인 콘크리트의 초기 시험 배합을 위한 무게를 결정하기 위해서 이 과정을 적용한 것이다. 목적은 기건 상태에서 단위 중량이 1680 kg/m^3를 초과하지 않는 콘크리트를 생산해내는 것이다. 표 20.2부터 350 kg/m^3의 시멘트양이 산정된다. 경량 굵은골재와 잔골재 그리고 일반중량 잔골재는 각각 753, 821, and 1634 kg/m^3의 습윤 단위 중량을 갖는다. 이러한 재료들에 대한 경험으로부터, 콘크리트 1 m^3당 습윤골재의 총 부피는 1.15 m^3이다. 이는 경량 굵은골재 0.62 m^3, 경량 잔골재 0.18 m^3, 일반 중량 잔골재 0.35 m^3로 구성된다. 비빔 후에 실제 시험배합의 단위 중량은 1717 kg/m^3이며, 이 때 부피는 공기량 6.1%를 포함하여 1.012 m^3이다. 그 양에 대한 최종 조정 값은 표 20.7에 나타나 있다.

배합 조정 성공적인 시험배합이 완성되었다면, 콘크리트의 특성을 변화시키거나 재료의 차이(함수량 등)를 보정하기 위하여, 현장이나 실험실에서 조정이 필요할 지도 모른다. 설계에서 질량 방법이 사용될 때는, 보통중량 콘크리트에서와 같은 방법으로 수정한다. 슬럼프 25 mm를 증가시키거나 감소시키기 위해서는 물을 6 kg/m^3가 증가시키거나 감소시킨다. 공기량을 1% 증가시키거나 감소시키기 위해서는 물을 3 kg/m^3 감소 혹은 증가시킨다. 잔골재는 실제의 콘크리트 단위 중량에 기반하여 조정하거나, 각 구성재료들의 양의 조정량을 기초로 한 배합의 절대 부피가 유지되도록 계산한다. 절대 부피의 변화를 기초로 조정하는 방법은 부피법을 기초로 해서 설계를 수정할 경우에도 잘 맞는다.

ACI 211.2에는 배합의 조정에 대한 부가적인 지침이 있다. 만약 조정량이 작다면, 표 20.8에 주어진 값이 콘크리트의 다른 특성에 영향을 미치지 않고 조정할 수 있는 양을 나타낸다. 이런 값들은 단지 방향을 알려주는 근사값이며, 조정량이 정해지면 최종 부피가 같도록 골재량을 조정해야 한다.

콘크리트 배합에서 시멘트양을 조정하는 예가 표 20.9에 주어져 있다. 이 예에서 시험 배합의 강도가 너무 낮아서 시멘트양을 415에서 445 kg/m^{3}로 상향 조정하였다. 이 계산에서 일반적인 방법으로 유효 부피를 계산하기 위하여 시멘트의 겉보기 비중(BSG)이 사용되었고, 마찬가지로 적절한 함수량을 기준으로 한 잔골재의 비중계수(SGF)가 사용되었다.

잔골재량을 조정해서 건비빔을 기준으로 산출물의 양을 일정하게 유지시킨다. 실제 사용재료의 함수량을 반영해서 조정할 때, 비중계수(SGF)의 변화 때문에 굵은골재와 잔골재 모두의 유효체적은 변한다. 그러고 나서 물의 양은 산출량을 일정하게 유지시키기 위해 조정된다. 골재의 무게는 함수량에 민감하게 영향을 받기 때문에, 골재의 수분함유량의 변화에 대해서 조정하기 위하여, 레미콘 공장과 현장에서 경량 콘크리트 배합의 산출물의 양과 단위 중량을 자세히 관찰하는 것은 중요하다.

중간 강도 경량 콘크리트(Moderate-Strength Light-Weight Concretes)

이 분류는 구조적 경량 콘크리트와 단열 콘크리트의 중간에 속한다. 이런 콘크리트는 어느 정도 유용한 강도와 추가적인 단열성능을 모두 갖는다. 경량 콘크리트 블록에 이런 종류의 콘크리트를 일반적으로 사용한다. 경석(pumice), 암재(scoria), 팽창 점토 또는 혈암을 주로 골재로 사용한다. 단열성능을 높이기 위해서 구조용 경량 콘크리트에서 사용되는 골재보다는 단위중량이 더 낮은 골재를 선택 혹은 제조해서 사용한다. 일반 중량 또는 경량 골재들을 사용하는 무잔골재 콘크리트도 이 범주에 속하지만, 그것은 불연속 입도 콘크리트(gap-graded concrete)에서 같이 논의한다.

초경량 콘크리트

이 분류에는 단위 중량이 1100 kg/m^3 보다 작고 압축강도가 약 7 MPa 이하인 콘크리트가 포함된다. 초경량 콘크리트는 강도의 요구가 최소이고, 단열 혹은 경량과 같은 다른 특성이 필요할 때 사용된다. 이러한 콘크리트는 주로 지붕데크, 메탈데크 또는 바닥, 지하수로 보호층, 내화벽, 구조용 콘크리트 위 무하중 채움 위의 단열 채움재 등으로 사용된다. 압축강도와 열전도율은 그림 17.4와 그림 20.6에 나타난 바와 같이 콘크리트 밀도에 영향을 받는다.

질석 및 진주암 콘크리트 미국에서는, 팽창 질석과 팽창 진주암이 단열 콘크리트의 골재로 가장 일반적으로 사용된다. 팽창 재료들은 매우 내구적이고 시멘트 풀과 화학적인 상호작용은 없으나, 이 골재들의 높은 흡수율 때문에 콘크리트는 많은 물을 필요로 한다. 강도는 시멘트양과 일반모래의 사용에 따라 달라진다. 부배합은 7 MPa정도의 강도를 갖지만 적은 시멘트를 가지는 배합보다 밀도가 크며(그림 20.6) 높은 열전도율을 갖는다. 이 콘크리트는 취급이 용이하고 좋은 마감성을 유지하기 위해서 높은 슬럼프와 높은 공기량(25~30%)을 갖게 만들어진다. 높은 공기량은

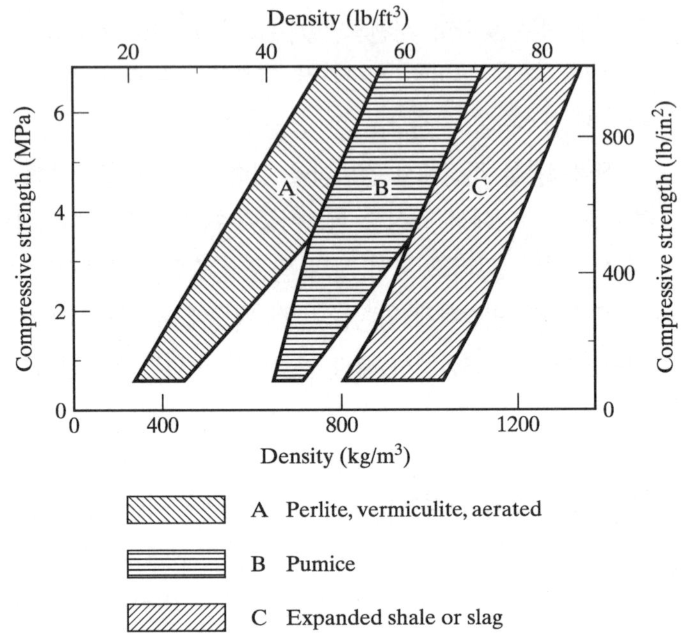

그림 20.6
단열 콘크리트의 강도에 대한 밀도의 영향. [Adapted from S. H. Kosmatka, B. Kerkoff, and W. C. Panarese, *Design and Control of Concrete Mixtures*, 14th ed., Portland Cement Association, Skokie, IL (2002).]

재료분리를 막고, 높은 슬럼프로 인하여 매끈한 표면을 위하여 마감손질만 필요하다. 열전도율은 수분 함유량에 크게 의존하므로 단열 콘크리트는 밀봉되기 전에 양생 후에 건조시켜야 한다. 질석과 펄라이트 기반 단열재료들은 각각 ASTM C 196과 ASTM C 610에 규정되어 있다.

기포 콘크리트 사용 가능한 골재 중에 가장 가벼운 종류는 공기이며, 이는 기포(aerated) 또는 다공성(cellular) 콘크리트의 기반이 된다. 여기서 골재는 모르타르나 시멘트 풀의 매트릭스를 통해 분포된 기포들의 일정한 다공성 구조 형태이다. 따라서 콘크리트라고 부르는 것이 엄밀히 말해서 정확하지는 않다. 질석과 진주암이 사용되는 기포콘크리트는 미국보다는 영국과 유럽에서 많이 사용된다. 기포콘크리트는 현장 타설 또는 프리캐스트 제품으로 만들어질 수 있다. 후자의 경우에는, 고압 증기 양생이 사용될 수 있어서 보다 강도가 높고 체적 안정성이 더 좋은 제품을 만들어 낼 수 있다.

공극 구조의 본질은 연행공기(불연속적이고 구형에 가까운 공기방울)와 유사하다. 다만, 눈으로 충분히 보일 정도로 직경이 크다(0.1~1 mm). 따라서 비록 강도는 낮지만, 동결에 대한 저항성이 좋다. 또한 기공이 서로 연결되어 있지 않기 때문에 빠른 흡수가 일어나지 않는다. 공극 시스템은 페이스트 또는 모르타르에 기 생성된 기포를 혼합하여 만들거나 콘크리트를 비빔하는 사이에 기포를 생성하는 두 가지 방법으로 형성된다. 기 생성된 기포는 일반적으로 가수분해된 단백질 혹은 합성세제로 만들어진 농축액을 압축공기로 휘저어서 만든다. 거품 생성기가 일정한 속도로 거품을 공급하고, 이것을 시멘트 슬러리와 물과 섞어서 제품을 만든다. 또한 고속의 혼합기 안에 시멘트 슬러리와 농축액을 첨가하여 섞는 것도 가능하며, 높은 전단 작용으로 인해서 거품이 발생한다.

어떠한 방법을 사용하든, 거품은 다루는 동안부터 콘크리트가 굳을 때까지 충분히 안정된 상태로 남아있어야 한다. 비빔하는 동안 거품을 발생시키는 다른 방법으로는 화학작용을 이용해서 가스를 형성하여 거품을 만드는 방법이 있다. (따라서 "gas concrete"라는 용어가 사용된다.) 다른 화학약품들도 제안되었지만 일반적으로 사용되는 재료는 미세한 알루미늄 분말이다(가끔은 아연 가루를 사용하기도 함). 알루미늄은 시멘트 슬러리 안의 용해된 알칼리와 반응하여 작은 수소 거품을 생성시킨다.

$$Al + 2OH^- + 2H_2O \rightarrow Al(OH)_4^- - + H_2 \uparrow \tag{20.3}$$

수소 생성양과 속도는 공극 시스템의 양과 특성을 결정한다.

상업적으로 생산되는 단열 기포 콘크리트의 일반적인 특성은 밀도 300~1,100 kg/m^3, 압축강도 0.3~7.0 MPa, 열전도율 0.1~0.3 W/m·K 정도이다. 대부분 이런 것들은 비구조적 단열 콘크리트로 적합한 낮은 밀도와 낮은 강도의 재료이지만 기포 콘크리트로부터, 중간 강도 콘크리트를 만드는 것도 가능하다. 강도가 크면 공극량이 작고 결합재로써 모르타르를 사용한다. 질석 또는 진주암 콘크리트와 같은 범위에서는 밀도와 열전도율은 단위 중량의 함수이다. 골재가 기공이기 때문에 콘크리트는 매우 낮은 탄성계수와 높은 건조수축을 나타낸다.

20.2 중량 콘크리트 (Heavyweight Concretes)

세계적으로 중량 콘크리트(heavyweight concrete)는 방사능 물질에서 나오는 중성자와 감마선의 피해로부터 근로자를 보호하기 위한 차폐 재료로 가장 많이 사용된다. 공간의 제약이 없는 곳에서는 일반 밀도의 콘크리트를 사용하는 것이 경제적이지만 높은 밀도의 콘크리트(3,200 kg/m^3)가 감쇠효과가 우수하여 얇은 단면으로도 동일한 차폐효과를 얻을 수 있다. 중량골재의 장점과 콘크리트를 통한 방사선 감소 영향 요소에 대해서 제 7장과 17장에서 각각 소개하였다. 이 절에서는 중량 콘크리트의 일반적인 특성과 배합, 그리고 원자로용 콘크리트에 대한 특별한 요구사항에 대하여 소개한다.

제 10장에서 논한 것 같이, 중량 콘크리트는 일반중량 콘크리트를 대상으로 만들어진 절대 부피 방법인 ACI 방법을 사용하여 배합을 할 수 있다. 따라서 굵은골재와 잔골재의 비중(BSG)과, 잔골재의 조립률, 굵은골재의 단위 중량과 최대치수를 결정하는 것이 필요하다. 시멘트, 물, 그리고 굵은골재의 양을 선택하는 것은 일반중량 콘크리트와 같다. 그러나 중량 골재는 그들의 입형

과 표면거칠기 때문에 거친 배합이 되는 경향이 있다. 따라서 낮은 조립률을 갖는 잔골재를 사용하거나 굵은골재에 비하여 잔골재의 비율을 높게 하는 것이 바람직하다. 따라서 시멘트양이 일반적으로 상당히 높으며, 350 kg/m^3 이상이다. 이는 페이스트의 높은 결합수량으로 인하여 콘크리트의 차폐 성질이 좋아진다.

중량콘크리트를 펌프압송할 수 있으나 중량콘크리트의 높은 밀도 때문에 일반중량 콘크리트보다는 짧은 거리로 제한된다. 또한, 거푸집에 작용하는 공사에서 압력이 더 크기 때문에 거푸집은 그에 따라 시공되어야 한다. 높은 밀도 때문에 재료 분리는 더욱 현저해진다. 따라서 필요 이상의 재료분리를 최소화하기 위하여 잔골재와 굵은골재 모두 높은 밀도의 재료를 사용하는 것이 바람직하다. 골재의 프리팩트 방법이 재료분리의 문제를 피하고, 균등한 밀도의 콘크리트를 만들기 위해서 자주 사용된다. 프리팩트 방법은 철근 배근이 다소 밀집되거나 많은 요소가 콘크리트 내부에 있어 타설이 어려운 곳에 도움을 된다.

중량콘크리트의 특성은 일반중량 콘크리트와 매우 유사하다. 강도는 동일한 물-결합재비의 관계로부터 산정할 수 있다. 강재 펀칭이나 매끄러운 입방형의 조각으로부터 만들어진 프리팩트 콘크리트의 압축강도는 21 MPa를 거의 초과하지 않는다. 전단된 보강 철근으로 만들어진 프리팩트 콘크리트는 일반 콘크리트 강도를 발휘할 수 있다. 중량콘크리트의 물리적인 특성은 일반적으로 골재들의 특성에 영향을 많이 받는다. 열전도성은 자철광(magnetite)을 사용했을 때, 일반중량 콘크리트와 거의 같지만, 중정석(barite)을 골재로 사용한다면 열전도성이 50%까지 감소된다. 강재 골재를 사용한다면 더 높아진다.

원자로용 콘크리트 핵발전을 위한 프리스트레스트 콘크리트 원자로 압력구조(prestressed concrete reactor pressure vessels, PCRV)는 다른 형태의 방사선 차폐보다 더 높은 성능의 중량콘크리트를 요구를 한다. 압력용기 구조물은 일반적인 구조물보다 더 높은 온도와 높은 응력에서 운용된다. 따라서 콘크리트는 상당한 열과 습기의 변화에 놓인다. 콘크리트는 이러한 심한 환경 상태에서 장기간과 단기간 항상 일체성을 유지하여야 한다. 따라서 콘크리트의 열에 대한 특성이 설계에서 중요한 고려사항이다.

PCRV는 70°C 정도의 온도에서 다축응력상태에서 운용될 것으로 예상될 수 있으며 운용기간 동안 여러 번의 주기적 온도변화를 받을 수 있다. 크리프와 건조수축 같은 비탄성 변형들은 콘크리트의 미세균열과 프리스트레스의 손실의 원인이 되므로 최소화 되어야 한다. 마찬가지로, 특히 주기적 온도변화가 발생한다면, 골재와 시멘트 풀 사이에서 온도에 의한 변형 차이에 의하여 콘크리트 속에서 미세균열이 발생한다. 미세균열은 프리스트레스와 압력에 대한 용기구조물의 반응을 예측하기 어렵게 만들 뿐 아니라, 콘크리트 강도를 감소시키고 투과성을 증진시킨다.

많은 경우에, 복잡한 조건에서 콘크리트 고유의 특성에 대한 지식이 불충분하여 적절한 해석을 수행하기 어려우며, 따라서 높은 온도와 주기적 온도변화에서 다축응력을 받는 콘크리트의 거동에 대한 정보를 알기 위하여 많은 연구가 수행되어 왔다. 그러나 선택과 절충을 하는데 필요한 콘크리트에 대한 정보는 충분하며, 이에 대한 내용이 표 20.10에 요약되어 있다.

표 20.10 원자로 콘크리트를 위한 재료특성

재료	*특성*	*콘크리트 성능*
시멘트	높은 함유량 낮은 함유량	좋은 작업성 낮은 크리프와 건조수축, 낮은수화열
물	낮은 함유량 높은 함유량	고강도, 낮은 크리프와 건조수축, 낮은 투수성 좋은 작업성, 좋은 차단효과
골재	높은 밀도 높은 탄성계수 높은 열팽창 잔은 열팽창	좋은 차단효과 낮은 크리트와 건조수축 낮은 내부응력 낮은 열팽창

콘크리트 강도는 장기간 적절한 강도가 유지되도록 일반콘크리트보다 높아야 한다. 예를 들어서, 원주공시체 압축강도가 45 MPa일 때, 21 MPa의 장기 구조강도가 얻어질 수 있다고 제시되어 왔다. 높은 강도를 위해서는 낮은 물-결합재 비가 바람직하지만 많은 철근량으로 인하여 콘크리트의 타설과 다짐을 위하여 높은 워커빌리티가 요구된다. 따라서 높은 시멘트양이 요구되는데, 만약 수화열 조절을 위한 조치가 없다면, 온도균열이 발생할 수 있다. 높은 시멘트양은 바람직하지 않은 크리프나 건조수축이 커질 수 있다. 이것은 페이스트의 변형을 억제하는 높은 탄성계수의 골재를 사용하여 최소화 할 수 있다.

낮은 열팽창 콘크리트는 열응력을 최소화하기 위해서 필요하다. 반면에 일반적인 온도에서 발생하는 응력의 손실은 주로 부착파괴를 일으키는 굵은골재와 시멘트 풀 사이의 온도변위차에 의한 부착 균열 때문인 것으로 믿어진다. 높은 규산질 성분을 갖는 골재는 온도팽창계수를 증가시켜서 페이스트의 팽창계수와 더 가까워지지만 전체적으로 콘크리트의 열팽창을 증가시킨다.

사용상태에서 수분의 손실은 부등수축 변형률과 내부응력을 발생시키므로 원자로 설계에 중요한 고려요소이다. 또한 콘크리트의 열전도성을 감소시켜서 주기적 온도변화 동안 온도응력을 악화시킨다. 더구나 콘크리트의 물의 양은 차폐성능에 영향을 주는데, 그 이유는 물이 느린 중성자에 대한 좋은 감쇠재료이기 때문이다. 수분을 함유한 골재가 중성자 차단성능을 향상시키기 위해서 사용되는 경우에는 골재의 탈수를 피하기 위해 최대 사용온도를 제한해야 한다.

높은 강도를 얻기 위해서 낮은 물-결합재를 사용하는 것은 낮은 침투성을 갖는 콘크리트를 생산하는데도 유리하다. 이것은 압력 용기구조물에 사용되는 불침투성 라이너 파손시 누출을 최소화하는데 도움이 된다. 낮은 투과성은 또한 수분 손실률을 감소시키고, 이로 인하여 건조수축 변형도 감소시킨다.

초기 PCRV에 대한 콘크리트 사용은 제한된 콘크리트의 지식을 갖고 이루어졌다. 그 후 운용되는 구조물에 대한 연구와 현장평가로 인하여 지식이 많이 넓어졌지만, 아직도 재료에 대한 많은 지식이 필요하다. 원자로 압력 용기에서의 중량 콘크리트의 사용은 상당한 범위의 사용요구사항을 만족해야 하는 매우 흥미로운 과제이다.

20.3 치장 콘크리트 (Architectural Concrete)

콘크리트의 장점 중 하나는 건물을 만드는 재료일 뿐만 아니라 치장재료로 사용할 수 있는 다양성이다. 콘크리트는 여러 복잡한 형태로 타설될 수 있으며, 다양한 마감, 거칠기, 색감이 주어질 수 있고, 조각, 벽화, 그리고 다른 특별한 예술조형에서 사용될 수 있다. 이러한 건축적인 효과는 콘크리트재료, 거푸집재료, 특수타설 공법, 굳은 콘크리트표면의 마감에 대한 적절한 선택을 통하여 이루어질 수 있다. 일반적으로 치장콘크리트는 일반구조용 콘크리트보다 비싸지만 만약 페인트마감, 벽돌마감 등과 같은 다른 건축적인 처리를 포함해서 비교한다면 실제로는 더 싸질 수 있다. 전체적인 미적 효과를 위해서는 색, 질감, 설계상세에 대한 신중한 관리가 필요하기 때문에 사용재료와 콘크리트의 균질성에 대해서 특히 주의를 기울여야 하며, 제작과정에 대한 엄격한 관리가 필요하다. 이는 더 나은 전체적인 품질관리가 필요하다는 것을 의미하여, 이로 인하여 품질이 향상되고 유지관리가 필요없는 구조물에 대한 성능이 좋아진다.

콘크리트가 제공할 수 있는 무한한 미적 효과에 대하여 제한된 지면에 다 소개하는 것은 불가능하며, 여기서는 특수 효과를 만들기 위해 사용되어 왔던 다양한 재료와 방법에 대하여 소개한다.

착색 콘크리트(Colored Concrete)

색을 변화시키는 것은 건축가가 활용할 수 있는 하나의 전략이다. 특수한 시멘트와 안료 또는 착색 골재를 사용함으로써 콘크리트에 색을 넣을 수 있다. 백색 또는 착색 콘크리트의 건설 비용은, 균질한 색을 얻기 위해서 취급과 다짐에 특별한 주의를 요하기 때문에, 일반 콘크리트보다 비싸다. 이것은 다음 장에서 논의한다.

시멘트 포틀랜드시멘트의 회색은 골재의 색을 돋보이게 하지 않으며, 착색 첨가제를 이용해서 얻은 색을 바꿀 것이다. 그러므로 일반 포틀랜드시멘트보다 상당히 비싸지만, 백색 콘크리트(제 3장)가 흔하게 사용된다. 백색 시멘트는 더 밝고 순수한 색의 착색 콘크리트를 만들 것이며 백색 콘크리트 뿐만 아니라 파스텔 음영을 만드는데 사용될 수도 있다. 그러나 대기오염으로 인해서 백색 또는 착색 콘크리트(특별히 밝은 색)는 금방 변색될 것이며 원래 색을 유지하기 위해서 주기적인 모래 분사 또는 다른 탈색 작업이 필요하다. 어떤 시멘트는 원료의 성질에 따라서 담황색, 황갈색 또는 밝은 회색일 수도 있고 녹색을 띨 수도 있다.

착색 첨가제 일체화된 착색 콘크리트를 만들기 위해 가장 널리 사용되는 방법은 배합 과정에서 착색 안료를 첨가하는 것이다. 하지만 안료가 콘크리트에 충분히 분산되도록 하는 데에는 특별한 관리가 필요하다. 몇몇 시멘트 회사는 공장에서 백색 콘크리트와 안료를 섞어서 여러 가지의 착색 콘크리트를 생산한다. 그러므로 색의 균일성에 대해 양질의 관리가 이루어 질 수 있다. 그렇다 하더라도, 일정한 시간 동안 정확하게 같은 색의 콘크리트를 일정하게 만드는 것은 힘든 일이다. 이것은 착색 콘크리트가 자주 사용되지 않는 이유이기도 하다. 안료는 각 요소들에 정상적인 상태로 노출되었을 때 색이 바래지 않고 영구적인 색을 제공해야 한다. 안료는 특히 탈색이 될 수도 있는 석회의 알칼리 영향에 대하여 저항성이 있어야 한다. 일반적인 안료들이 표 20.11에 나와 있다.

표 20.11 착색 콘크리트에 사용되는 보편적인 안료

색	*안료*	*일반적인 첨가율*[a] *(시멘트의 무게 기준)*
빨강	산화철(적철광)	5%
노랑	산화철	5%
초록	산화크롬	6%
파랑	프탈로시아닌	0.7%
	산화코발트	5%
검정	탄소	2%
	산화철(자철광)	5%
갈색	산화철	5%

[a] 그 이상에서는 색조가 더 이상 증가하지 않는다.

착색 안료들은 비록 다른 광물계 혼화재보다 적게 첨가되지만 광물계 혼화재로 분류될 수 있는 분말 고체이다. 이는 다른 혼화재료들과 함께 사용될 수도 있다. 실제로, 감수제는 레이턴스와 백화를 줄여줄 뿐만 아니라, 안료의 분산이 잘 되게 하고 표면에 뜨려는 성질을 줄여줄 수 있기 때문에 자주 사용된다. 칼슘 염화물의 첨가는 색의 균일성을 해치기 때문에 피해야 하며 실제로 일반 콘크리트조차도 변색시킬 수 있다. 어떤 경우에는, 안료와 그에 맞는 혼화제가 섞인 착색혼화제가 사용되기도 한다. 일체형 착색 콘크리트의 안료는 ASTM C 979에 규정되어 있다.

안료는 직접적으로 표면에 적용되는 제품에 첨가될 수도 있다. 안료들은 모든 단면보다는 겉표면에만 색을 내기 위하여 건조과정의 마무리 단계에서 사용될 수도 있다. 이들은 표면 경화제, 내마모성 표면 처리제 등과 결합하여 마모성 표면에 적용될 수도 있다. 이런 방법의 문제점은 균질한 착색의 적절한 마감을 얻기 어렵다는 것이다. 그러나 이 방법은 안료를 더욱 경제적으로 사용할 수 있으며, 더 짙은 색조를 더욱 쉽게 얻을 수 있는 장점이 있다.

화학적인 얼룩착색방법이 또한 콘크리트 표면에 색을 입히는 데 사용될 수 있다. 이러한 재료들은 금속성 염분의 수성, 산성 용액이다. 염화물질은 알칼리성 콘크리트와 반응하여 공극 내에

수산화물(또는 수산기 염분)을 생성시킬 수 있다. 금속성 염분의 성질에 의해 만들어지는 색은 보통 검정, 초록 또는 다양한 음영의 갈색을 띤다. 산은 얼룩착색이 침투하도록 콘크리트를 살짝 부식시키는 역할을 한다. 일반적으로 골재는 영향을 받지 않고, 시멘트 풀만 얼룩이 입혀진다. 따라서 이 방법은 일체형 착색 콘크리트가 요구되지 않는 노출 골재 콘크리트 또는 다른 표면질감의 이점을 살리기 위해 사용될 수 있다.

골재 효과적인 착색을 위한 콘크리트 골재로 사용될 수 있는 다양한 천연색의 암석들이 있다. 색의 범위는 안료를 통해 얻을 수 있는 것보다 훨씬 광범위하다. 착색된 형태로 얻을 수 있는 암석의 종류는 매우 광범위하며 어느 정도 범위의 색은 거의 어디에서나 구할 수 있다. 가장 대표적인 것은 많은 강자갈에서 얻어질 수 있는 갈색과 황토색과 석영의 순백색이다. 후자는 특히 백색 또는 착색 콘크리트에 사용되었을 때 잔골재(규사)로서 유용하다. 화강암(우수한 콘크리트 골재인)은 분홍, 회색, 검정, 그리고 백색을 제공하는 반면, 대리석은 가장 다양한 색을 제공한다. 천연색의 범위는 착색 유리와 세라믹을 사용함으로써 더 다양해질 수 있다. 하지만, 많은 유리는 알칼리 골재 반응에 취약하다. 착색 골재는 노출 골재 마감 또는 테라조 슬래브에 효과적으로 사용된다. 균일한 색과 질감을 위해 재료들이 주의 깊게 처리되어야 하기 때문에 이는 비싼 형태의 골재이다.

배합 설계와 취급

거푸집 재료, 취급과 다짐, 양생 방법 등 배합 설계는 마감 표면의 색과 질감에 영향을 줄 수 있다. 주요한 문제점들은 표 20.12에 요약되어 있다.

배합설계 치장 콘크리트의 배합 설계 원리는 보통 구조 콘크리트와 다르지 않다. 복잡한 표면마감이 요구될 때, 진동 하에서 정확하고 깔끔한 마감을 만드는 거푸집과의 밀착을 확실하게 하기 위해서 작업성에 특별히 주의를 기울여야 한다. 최대 0.46의 물-시멘트비가 권장된다. 한번의 타설 깊이에 색의 변화를 야기할 수 있는 블리딩의 가능성을 줄이기 위해서 재료의 종류와 배치에 따라서 슬럼프는 가능한 한 작아야 한다. 균일한 색의 표면을 위해서, 높은 함량의 시멘트와 추가적인 잔골재가 권장된다. 노출 골재 마감이 사용될 때에는, 노출 골재의 적절한 밀도를 위해서 보통 이상의 굵은골재 비율이 바람직하다. 좁은 범위를 갖는 불연속 입도 골재의 사용은 노출 골재의 더욱 균일한 분포를 제공할 수 있다. 작업성을 유지하기 위해서 굵은 모래보다는 가는 모래를 사용하는 것이 좋다.

배합, 수송, 타설, 다짐 결점과 흠집 없이 마감된 고품질 콘크리트를 위해서 콘크리트의 적절한

표 20.12 노출마감 콘크리트의 표면 손상

설명	*원인*
변색	재료의 변화 불완전한 배합 타설 시의 분리 배합의 변화
수화반응으로 인한 변색	거푸집 흡수량의 차이 거푸집 누수 거푸집 박리제의 불균등 적용 불균등 양생
골재의 투명성	낮은 모래양 부드럽고 유연한 거푸집 과도한 진동 외부 진동
염료 변색	거푸집 표면의 얼룩 또는 염료 거푸집 도장과의 반응 불순물이 포함된 박리제
갈색 변색	불순물이 포함된 박리제 과도한 박리제 거푸집의 녹
곰보현상	불충분한 분말도 부적절한 압밀 이음부의 누수
기포 구멍	과도한 모래의 배합 비흡수성 거푸집 거푸집 표면의 수분 부족 부적절한 진동
박락	저강도 콘크리트 박리제의 부족 너무 일찍 제거된 거푸집
표면 미세균열	과도한 물 시멘트 비 저흡수성 거푸집 불충분한 양생 너무 일찍 제거된 거푸집

취급은 매우 중요하다. 이는 특별히 백색 시멘트 또는 파스텔 톤의 시멘트를 사용할 때 특히 중요하다. 왜냐하면, 이들은 질감의 차이와 표면의 오염, 불순물을 분명하게 들어낼 것이기 때문이다. 정확한 배합량은 구조적 목적만큼이나 미적 고려를 위해서도 중요하다. 물과 시멘트 함유량의 변화는 콘크리트 색에 상당한 영향을 미친다. 낮은 물시멘트 비는 페라이트 상(C_4AF)이 덜 수화되기 때문에 더욱 어두운 색을 만들어 낸다. 배치 플랜트와 현장에서 제공하는 색 기준은 일관성을 유지하기 위하여 매우 중요하다. 제조 장비와 수송 장비는 오일과 그리스로 인한 오염을 막기 위해서 깨끗하게 유지되어야 한다. 안료가 동일하게 분산되기 위하여 착색이 사용되는 배합은 항

상 정확하게 각 배치에 대해 동일해야 한다. 시멘트와 안료는 미리 섞여 있는 것이어야 하며, 균일한 분포를 위해 배합 시간은 보통보다 길어야 할 것이다.

재료분리를 최소화하기 위해 가능한 한 최종 위치에 가깝게 타설되어야 한다. 표면의 결점을 막기 위해서, 거푸집은 더럽혀져서는 안 된다. 마감이 요구될 때, 다짐은 중요한 고려사항이다. 표면의 질감처리가 나중에 이루어질 때에는 여유가 있으나, 그러한 경우에도 다짐과정에서의 변화는 감추어지지 않는다. 흠집이 없고 깔끔한 모서리 등 균질한 마감을 위해서 적절한 진동은 중요하다. 제 11장에는 진동의 과정과 알맞은 진동을 위한 정확한 절차들이 나타나 있다. 잘 설계된 저 슬럼프의 콘크리트가 사용될 때, 과진동에 의해 악 효과가 야기되지는 않을 것이며, 저진동은 더욱 더 표면 흠집을 야기할 가능성이 있다. 만약 진동이 적절하게 이루어지지 않는다면, 공기가 거푸집 표면으로 완전히 빠져 나오지 않을 것이다. 진동기는 거푸집에 닿는다면 그 부분의 시멘트 풀이 많아져서 질감과 색의 변동을 야기하기 때문에 거푸집을 건드리지 않아야 한다. 노출 골재 마감이 사용될 때, 타설 시 미분 재료의 포켓을 방지하기 위해 진동기는 거푸집 표면으로부터 적어도 75 mm 간격을 유지해야 한다.

거푸집 타설 마감이 요구된다면, 재료 선택(표 20.13 참조)과 시공, 거푸집 준비에 특히 주의를 기울여야 한다. 콘크리트는 정확하게 타설된 표면을 재현한다. 이는 목재에 직접적으로 타설함으로써 나무 입자의 효과를 얻거나(그림 20.7), 고무 또는 플라스틱 거푸집 라이너에 새겨진 질감을 나타내기 위하여 사용될 수 있다. 하지만, 콘크리트는 또한 거푸집 표면의 매듭, 패치, 표면에 요철과 같은 흠집과 결함을 충실히 재현한다. 미처리된 목재, 거푸집 오일, 부식철근에 의해서 얼룩이 발생할 수 있다. 특정한 합판과 섬유판재는 심각한 얼룩을 야기하며, 보호 피복이 요구된다. 얼룩은 특히 백색 콘크리트에서 눈에 띄며, 특별히 무얼룩 박리제가 사용된다.

만약 목재 등 흡수성 거푸집이라면, 콘크리트가 응결하기 전에 수분을 흡수할 것이다. 결과적

표 20.13 치장 콘크리트를 위한 거푸집 재료

거푸집 재료	*설명*	*재사용 횟수*
합판	흡수의 차이로 인한 얼룩을 발생시킬 수 있다. 나무 메움재로 피복	5회 까지
플라스틱 코팅된 합판	이음새가 봉해져야 하며, 얼룩을 야기할 수도 있다.	10
철재	색과 질감 변동을 야기할 수 있음. 부식은 얼룩을 야기할 수 있어 에폭시로 피복	50-100
섬유유리		20-30
거푸집 라이너		
목재	특별한 질감; 다양한 흡수율, 응결 지연을 일으킬수 있다. : 나무 메움재로 피복	1-20
고무, PVC	특별한 질감; 유연성; 균질한 표면	100
유리섬유	특별한 형상과 질감	20-30

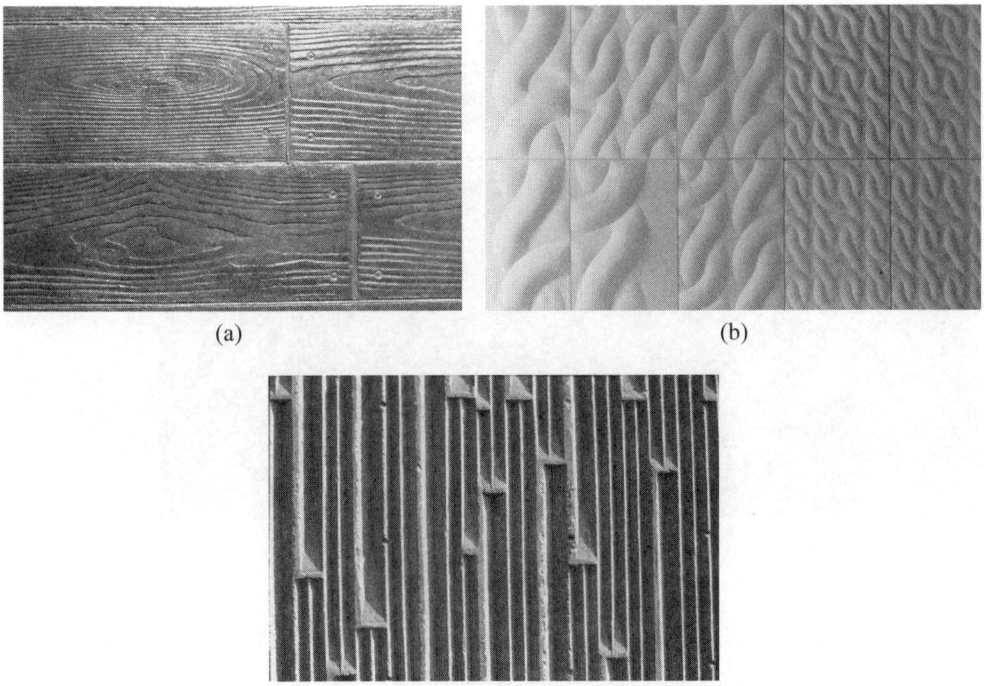

(a) (b) (c)

그림 20.7
거푸집에 의하여 제공되는 면처리의 예; (a) 목재결 (b) 고무판 (c) 플라스틱 줄무늬 (PCA)

으로 수분의 이동은 시멘트 입자들을 표면으로 드러나게 하며, 이전에 설명 했듯이, 높은 흡수성은 어두운 색을 만들어내는 낮은 물-시멘트 비를 야기할 것이다. 이것을 탈수 변색(hydration discoloration)이라고 부르며, 균질한 흡수성 재료를 사용하여 거푸집 표면을 밀봉하거나, 비흡수성 거푸집 재료를 선택함으로써 제거될 수 있다.

플라스틱 시트가 비흡수성 거푸집 라이너로서 사용될 수 있지만, 얇은 플라스틱 막은 주름을 제거하기가 쉽지 않고, 표면에 재현되기 때문에 사용하지 않아야 한다. 비흡수성 표면에 타설된 콘크리트는 더욱 밝은 색을 띤다. 또한, 저흡수성 재료는 기포 구멍(bugholes 또는 blow-holes)의 수와 크기가 증가하는 경향이 있다. 이는 거푸집 표면에서 발생하는 작은 갇힌 기포로서 적절한 진동으로도 완전히 제거하기 어렵다. 모래, 특히 굵은 입자들을 줄임으로써 기포를 줄일 수 있다. 그러나 모래의 함량이 적으면 큰 색의 변동성을 초래할 수 있다. 그러므로 균일한 색과 기포구멍 발생 사이에 적절한 조절이 필요하다. 거푸집 박리제는 기포를 야기시키며, 표면 활성제의 첨가가 권장된다.

골재의 투명성은 콘크리트가 매끈한 비흡수성 거푸집에 타설될 때 일어난다. 모르타르의 매우 얇은 층은 굵은골재를 거푸집으로부터 분리시킨다. 매끈한 표면과 닿았을 때, 수화반응 시 만들어

그림 20.8
거푸집 조인트의 누출의 영향

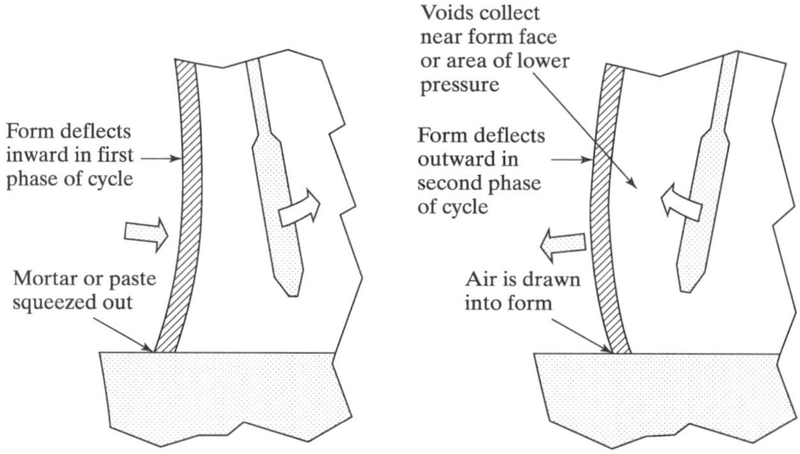

그림 20.9
누출 거푸집조인트에 대한 진동의 영향. [*Concrete Construction*, Vol. 17, No. 11, pp. 536–538 (1972).]

진 수산화칼슘 결정은 골재가 보이는 투명한 코팅을 형성한다. 이는 얼룩덜룩한 외형을 낳는다. 거친 표면이나 흡수성 거푸집과 접촉한 표면 위에서, 수산화칼슘은 규칙적이지 않게 결정화되어 반투명 층을 형성한다. 골재 투명성은 거친 표면을 통해서, 가벼운 에칭이나 문지름으로써, 또는 흡수성 거푸집 라이너를 사용함으로써 고칠 수 있다. 어떤 박리제는 거친 표면을 만들어내기도 한다.

누수 되지 않도록 단단히 짜여진 거푸집은 양질의 마감을 위해 중요하다. 시멘트 풀의 손실은 질감과 색을 변화시키고, 누수 되는 이음부에서의 수분 손실은 수화반응 탈색을 야기할 것이다. 시멘트 풀의 과도한 손실은 허니컴(곰보) 등을 야기한다(그림 20.8). 이음부에서의 누수는 시멘트 풀을 배출시키고 진동 주기 동안 공기를 빨아들임으로써 기포 문제를 악화시킨다(그림 20.9). 가능하다면 언제든지 이음부는 테이프로 봉하거나, 알맞은 코킹 재료로 채워 넣거나, 압축성 개스킷으로 막아야 한다.

표면 마감작업 백색 또는 착색 콘크리트의 흙손질 마감작업은 질감의 미세한 차이를 완화시키고 표면에 더 많은 시멘트(그리고 안료)를 공급함으로써 색의 균일성을 향상시킨다. 이는 더 좋은 색감과 더욱 매끈한 표면을 만들어 낸다. 하지만, 콘크리트가 너무 단단하게 굳을 때까지 흙손질이 늦어지면, "흙손질 버닝(trowel burning)"이 일어난다. 이는 대부분 불균등 다짐에 의해서 발생하는 변색이다. 흙손질 버닝을 피하기 위해서, 콘크리트 표면은 과도한 건조를 막고, 염화칼슘을 피하고, 플라스틱 흙손을 사용해야 한다.

콘크리트 마감 작업에서 얼룩과 변색을 야기하는 다른 많은 요인들이 있다. 예를 들어, 시멘트의 알칼리 함유량, 또는 부적절한 양생 절차는 변색을 야기하거나 악화시킬 수 있다. 페라이트상의 수화 반응량 변화 또는 공극 내의 국부적인 염분 침착에 의해서 얼룩진 표면이 만들어질 수 있다. 어떤 경우에는 반복 세척에 의해서 변색을 제거할 수 있다. 그러나 다른 경우에는 화학적 처리가 필요할 수 있다.

양생 적절한 수화 반응과 강도 발현 뿐만 아니라, 콘크리트 표면의 균질성을 유지하기 위해서 알맞은 양생은 중요하다. 빠르게 건조된 콘크리트는 오래 동안 양생된 콘크리트보다 색이 더 밝다. 충분히 양생되지 않은 시멘트 풀은 물시멘트 비를 증가시킨 것과 같은 효과를 갖기 때문에, 이는 수화반응 탈색과 같은 효과를 갖는다. 그러므로 콘크리트는 균등하게 양생되어야 하며, 그렇지 않으면 수화 반응으로 인한 변색이 일어날 수 있다. 만약 플라스틱 시트가 콘크리트 수분을 유지하는 데에 쓰이면, 콘크리트와의 부분적인 접촉은 얼룩을 발생시킬 수 있으므로 피해야 한다. 방수지는 표면의 얼룩을 발생시키지 않아야 한다. 균등한 수화반응과 강도 발현, 거푸집 제거 시의 손상 완화, 그리고 급속한 건조로 인한 균열과 표면 미세균열을 최소화하기 위해서 콘크리트는 거푸집을 제거하기 전에 며칠 동안 잘 양생되어야 한다. 양생용 화합물은 얼룩이나 변색을 일으킬 수 있으므로 권장되지 않는다.

공기오염으로부터 백색 또는 착색 콘크리트를 보호하는 역할을 위하여 콘크리트 밀봉재가 사용되기도 한다. 그러한 재료의 성능은 다양하다. 어떤 것은 콘크리트의 영구적인 변색을 일으킬 수도 있으므로 일반적으로 극심한 오염 지역을 제외하고는 피해야 한다.

일반적인 세척과 패치 거푸집을 제거하고 난 후, 노출 콘크리트는 균질하고 매끈한 표면으로 세척하고 복원되어야 한다. 볼트 구멍과 결속 봉 구멍을 모르타르로 채우고, 허니컴을 고치고, 돌출부와 얼룩을 제거하고, 표면의 기포와 공극을 메워야 한다. 이러한 보수작업은 거푸집 해체 후 가능한 한 빨리 이루어져야 한다. 만약 콘크리트 타설과 건조가 잘 관리되면, 세척작업을 최소화시킬 수 있다. 그러나 극단적인 경우, 상당한 양의 저품질 콘크리트가 제거되고 고쳐져야 한다. 작은 구멍과 공극은 가능한 한 건조한 모르타르로 채우고, 돌출부는 쪼아내기와 다듬질을 통해서 문질러서 제거해야 한다. 작은 면적의 허니컴은 그라우팅 될 수 있으나, 넓은 면적은 전체적으로 제거되고 대체되어야 한다. 얼룩은 일반적으로 박리제나 녹으로 인해 발생하는데, 이는 단지 표면상의 문제이므로 대부분 가벼운 모래 분사를 통해서 쉽게 제거할 수 있다. 그런 다음 표면은 완전히 건조되어야 하며, 포틀랜드시멘트와 가는 모래를 솔질, 분사, 또는 문지르는 방식으로 표면 전체에 적용해야 한다. 이는 작은 공기 구멍을 채우고, 표면의 패치와 질감과 외관상의 다른 불균질성을 덮어준다. 그라우트는 잘 넘치며, 넘치는 부분은 덜어내야 한다. 표면이 건조된 후, 남은 건조된 그라우트를 제거하기 위해 마대로 문지른다. 건조된 그라우트가 너무 오래 동안 남겨지면(예를 들어 하루 밤), 제거하기가 너무 힘들어 진다. 이 작업이 적절하게 이루어지면 매끈하고 흠집 없는, 균질한 색의 표면이 될 것이다. 패칭 작업에서 정확히 동일한 재료와 배합을 사용하는 것이 중요하다. 원하는 실제 색이 만들어지기 전에 그라우트의 시험 배합을 해보아야 한다. 이와 비슷하게, 허니컴의 수정과 같은 어떠한 부분적인 보수 작업도 고른 색을 얻기 위해서 처음에 사용했던 것과 동일한 재료와 배합을 사용해야 한다.

질감처리된 콘크리트 표면

치장 콘크리트에서 색상은 중요한 요소이지만, 질감과 디자인은 아마 더욱 중요할 것이다. 질감처리된 표면은 그것 자체로도 좋지만, 거푸집 마감표면의 질감과 색의 작은 변동을 가려주는 역할을 한다. 디자인의 세부 사항은 이 책의 범위를 넘어서기 때문에, 질감처리된 마감의 방법들에 대해 논의하는 것이 적절할 것이다. 이 목적를 위해서 세 가지 방법이 있다. 질감처리 거푸집 라이너, 노출 골재 마감, 그리고 기계적 마감이다(후자는 제 11장에서 설명한다).

질감처리 거푸집 라이너 질감처리 거푸집 라이너의 사용은 몇몇 재미있는 효과를 가져온다(그림 20.10). 이는 올록볼록한 단순 반복적인 기하학적 패턴부터 복잡한 벽화 디자인까지 그 범위가 다양하다. 매끈하고, 유연한 라이너는 다양한 질감 패턴을 갖도록 형태가 만들어 질 수 있다. 일반적으로 고무, PVC와 같은 열가소성 물질, 또는 섬유 유리로 만들어지며, 여러 번 반복 사용할 수 있고, 프리캐스트와 현장치기 콘크리트 모두에 적합하다. 특별한 벽화 디자인은 모래판이나 팽창 폴리스틸렌 벽돌에 새겨질 수 있다. 패널은 일반적으로 겉면이 아래로 가게끔 타설된다. 이는

그림 20.10
콘크리트 벽디자인의 예

디자인의 디테일을 더욱 깨끗이 재현할 수 있도록 해준다. 노출 골재 또는 매설 재료가 이러한 디자인에 사용되어 무한한 미적 효과를 발휘할 수 있다. 이어서 기계적으로 무늬를 입혀서 사용할 수 있다.

노출 골재 마감 굵은골재를 콘크리트 표면에 노출시키는 것은 재료의 다양한 색과 형태, 재료의 질감을 살리기 위해 이용된다. 심지어 보통 자갈이나 부순 돌을 노출시키는 것도 효과가 있다. 노출 골재 마감을 사용하기 위한 여러 방법들이 있다.

페이스업 방법은 테라스나 보도에 사용되며, 특별한 표면을 만들어내기 위해 건식 비빔방법을 응용한 것이다. 기초가 되는 보통 콘크리트를 친 다음 흙손으로 편다. 표면은 골재로 균일하게 덮고, 표면에 떠오르면 다시 흙손으로 평평하게 다듬는다. 초결 시간 동안, 얇은 시멘트 풀 층은 물 분사를 통해서 조심스럽게 제거된다. 고압의 물 분사를 사용할 수도 있지만, 만족할 만한 결과물을 위해서는 숙련도와 경험이 필요하다. 이 대신, 흙손질 다음에 응결 지연제를 사용하는 방법이 있다. 약 16시간 후, 나머지 콘크리트가 응결되면 지연된 표면의 시멘트는 쉽게 닦아낼 수 있다. 착색 골재와 백색 또는 착색 시멘트를 이용해서 보통 콘크리트 위에 특별한 치장 표면을 입힐 수도 있다. 큰 크기의 골재는 특별한 패턴으로 손으로 배치할 수 도 있다.

응결 지연제는 또한 거푸집과 닿는 콘크리트의 응결을 지연시키기 위해 거푸집 피복제로 사용할 수도 있다. 응결 지연제를 직접적으로 바를 수도 있고, 또는 지연제를 스며들게 한 헝겊을 거

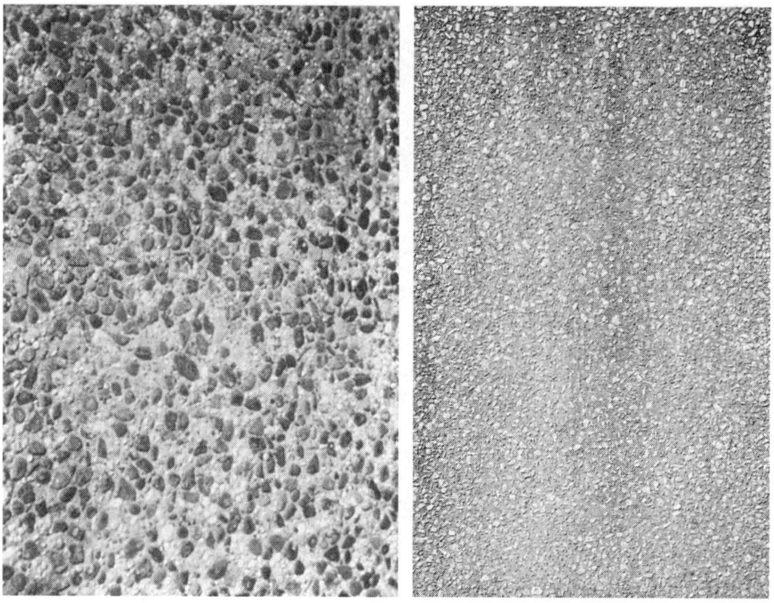

(a) (b)

그림 20.11
노출 골재 마감의 예

푸집면에 사용할 수도 있다. 노출 골재 마감을 위해서 특별한 혼화재료를 이용할 수도 있다. 수평면과 수직면 모두 이 방법으로 타설될 수 있다. 수평면 타설은 프리캐스트 작업에 사용되며 더 큰 다양성을 허용할 수 있다. 패널은 아래에 있는 응결 지연제가 발라진 거푸집 쪽으로 겉면이 아래로 가게끔 하여 타설한다. 페이스업 방법과 같이, 특별한 색, 형상, 무늬로 선택된 골재로 구성된 표면 타설이 이루어질 수도 있다. 굵은골재를 집중시킬 수도 있고, 백색이나 착색 시멘트를 사용할 수도 있다. 그런 다음 통합된 패널을 위해서 보통 콘크리트를 그 위에 타설한다. 이러한 접근은 수직면의 타설에서는 가능하지 않다. 노출될 골재는 콘크리트를 통해서 사용되어야 한다. 프리팩트 골재법은 수직면 타설 시에도 사용될 수 있다.

응결 지연제의 종류와 양은 노출의 깊이에 따라 다르다. 수용성 응결 지연제는 콘크리트에 깊이 스며들어서 큰 노출을 만들어내지만, 비수용성 응결 지연제는 깊이 1.5~3 mm에 적합하다. 노출의 깊이는 입자의 평균 지름의 3분의 1을 넘지 않아야 한다. 그러므로 골재 크기의 선택은 질감의 깊이에 따라 결정된다(그림 20.11). 그리고 이는 질감이 눈에 띄는 거리(그림 20.14)와 전체 타설 면적에 따라 결정되다.

3 mm 이하의 얇은 노출을 하는 경우에는 모래 분사나 산성 에칭을 사용할 수 있다. 모래 분사는 특별한 장비를 요구하고 비용이 크다. 또한 규질한 마감이 어렵고, 연한 골재를 충분히 문질러서 색감을 떨어뜨릴 수 있다. 얼룩이나 타설 층마다 나타나는 색변화 등 미세한 색변화를 최

표 20.14 노출 골재 콘크리트의 가시도 스케일

노출 골재의 크기	*무늬의 가시거리*
6-12 mm (1/4-1/2 in.)	6-9 m (20-30 ft)
12-25 mm (1/2-1 in.)	12-22 m (40-75 ft)
25-50 mm (1-2 in.)	22-40 m (75-125 ft)
50-75 mm (2-3 in.)	40-55 m (125-175 ft)

소화하기 위해서 약한 모래 분사를 이용할 수 있다. 산성 에칭(acid etching)은 표면에 굳은 시멘트 풀을 제거하기 위해 고안되었지만, 작업이 느리고 균일하게 조절하기가 어렵다. 이는 골재가 산성에 의해 침식되어 변색이나 일체성이 떨어질 수 있기 때문에, 탄산염 골재(석회석, 백운석, 대리석)에는 사용할 수 없다. 약한 산성 에칭은 가끔 노출 골재 표면을 깨끗이 하기 위해 사용되기도 한다. 산을 사용하는 것은 위험하며 보호복을 착용해야 한다.

모래 베딩기법(sand-bedding technique)은 굵은골재를 노출 시키거나 평평한 석재 배열과 같은 특별한 효과를 위해서 사용된다. 콘크리트에 사용되는 것과 같은 모래 베드를 깔고, 거기에 골재를 요구되는 깊이만큼 채워 넣는다. 그 다음 다짐을 위하여 수분이 빠지고, 구조 콘크리트가 그 위에 타설된다. 콘크리트가 굳은 후, 패널을 제거하고 과도한 모래는 표면에서 씻어낸다. 이 방법은 화학적 응결 지연제보다 더 깊은 노출(12~50 mm)을 가능하게 한다.

20.4 기타 종류의 콘크리트 (Other Types of Concretes)

불연속 입도 콘크리트(Gap-Graded concrete)

제 7장의 골재에 대한 논의에서, 특정 골재 크기는 생략한 채, 사용되는 불연속 입도에 대해 언급하였다. 불연속 입도 콘크리트는 원래 연속 입도 골재로 만들어진 콘크리트보다 우수하지 않다. 굵은골재의 불연속 입도는 더 우수한 노출 골재 마감을 제공한다. 또한 이는 낮은 모래 함유량 배합의 작업성을 향상시키지만 여전히 재료 분리의 우려가 있다. 사실상, 타설과 다짐 과정에서의 재료 분리는 불연속 입도 콘크리트의 중요한 결점이며, 배합 설계와 처리 과정에서 특별한 주의를 요한다.

무잔골재 콘크리트 (No-Fines Concrete) 잔골재가 완전히 생략되고 균일한 크기의 굵은골재가 사용되는 무잔골재 콘크리트는 불연속 입도 콘크리트의 한 종류이다. 이러한 종류의 콘크리트는 골재 접촉면에서 시멘트 풀로 결속된 굵은골재의 조합으로 볼 수 있다. 이 재료는 높은 공극률과 낮은 시멘트 함량을 지니는 개방된 구조로 되어있다. 그러므로 무잔골재 콘크리트는 낮은 단위 중량, 낮은 강도, 작은 건조수축, 낮은 열전도율(표 20.15)의 특징을 지닌다. 일반적으로 설계 강

도가 크지 않을 때 사용되며, 경량과 단열성 또한 중요한 성질이다. 골재 자체가 경량인 경우, 이는 우수한 단열성능을 지니며 초경량 재료라 할 수 있다.

표 20.15 무잔골재 콘크리트의 특성

a/c비	w/c비	시멘트 함량 kg/m³	단위 무게 kg/m³	28일 압축강도 MPa	열전도율 (W/m·K)	건조수축 (%)
6:1	0.38	259	2000	14.3	-	-
8:1	0.41	193	1915	9.4	-	0.018
10:1	0.45	155	1860	7.0	0.74	0.019
			일반 콘크리트			
6:1	0.40	250	2550	35	1-4	0.035

무잔골재 콘크리트는 매우 다공성이어서 공기와 수분을 잘 투과시키기 때문에, 효과적인 방수처리가 되지 않은 기초에는 사용하지 않아야 한다. 하지만 모세관현상이 거의 없기 때문에, 압력차가 없는 곳(예를 들어 비에 노출된 외벽)에서는 수분이 빠져나가는 경향이 거의 없다. 수분은 오직 수증기의 형태로 이동할 수 있고, 습기 침투는 높은 습도와 공기이동이 없는 조건에서 골재 입자 지름의 두 세배이다.

무잔골재 콘크리트 설계 시, 시멘트 풀 함량은 각각의 골재 입자들을 완전히 피복하기에 충분한 정도여야 한다. 물-결합재 비가 너무 높으면 시멘트 풀이 골재로부터 분리될 것이다. 적절히 설계되었다면, 처리과정에서 시멘트는 쉽게 분리되지 않을 것이다. 그것은 가벼운 봉 다짐으로 타설해야 하며, 진동 다짐을 사용해서는 안 된다. 무잔골재 콘크리트는 높은 다공성이지만 동결을 방지하기 위해 공기 연행되어야 한다.

무슬럼프 콘크리트 (No-Slump Concrete)

많은 경우, 사실상 슬럼프가 없는 즉, 시멘트 풀 요구량이 낮은 매우 단단한 콘크리트는 경제적, 또는 시공 상의 이유로 사용된다. 이러한 콘크리트는 봉 다짐으로 다져질 경우 낮은 작업성을 지니지만, 고주파 진동으로 상당히 수준까지 압밀시킬 수 있다.

슬럼프 시험으로는 다른 무슬럼프 콘크리트들을 구별할 수 없기 때문에, 다른 작업성 시험을 사용해야 한다. 무슬럼프 콘크리트 배합에 대한 ACI 기준(ACI 211.3R)은 베베 장치(Vebe apparatus), 압밀 계수 장치(compacting factor appratus), 또는 타우로우 드롭 판(Thaulow drop table)을 사용할 것을 제안하고 있다(표 20.16). 이러한 시험은 제 9장에서 설명되었다. 베베 장치와 타우로우 드롭 판 시험은 진동 하에서의 무슬럼프 콘크리트의 거동을 더욱 정확하게 계측할 수 있다. 적절한 다짐을 위해서는 많은 진동이 필요하기 때문에 이는 바람직한 특성이다. 무슬럼프 콘크리트는 현장타설에도 사용되지만, 고주파 진동이 더욱 흔히 적용되는 프리캐스트 작업에서 빈번하게 사용된다. 무슬럼프 콘크리트는 특히 콘크리트가 응결되기 전에 그 형상을 유지해야 하는 슬립폼 포장(slip-formed pavement)과 같은 슬립폼 작업에 적합하다. 다른 중요한 예는 제 11장에서 설명하는 롤러 다짐 콘크리트(roller-compacted concrete)이다. 다음에 설명되는 무슬럼프 콘크리트의 배합은 현장타설 콘크리트를 위한 것이다.

배합 ACI 211.3R에 설명되어 있는 절차는 기본적으로 보통의 반죽질기 콘크리트를 된 반죽 콘크리트로 바꾸기 위한 절대 부피법(method of absolute volumes)이다. 물의 양을 줄이고, 굵은골재의 사용을 늘림으로써 작업성이 감소된다(표 20.17). 물-결합재 비는 강도나 내구성 조건에 의해서 선택된다. 강도와 내구성 관련 기준은 보통 콘크리트와 동일하다(표 10.3과 10.4, 10.3절). 각 재료의 중량 계산법은 보통의 배합과 동일하다.

표 20.16 무슬럼프 콘크리트의 작업성[a]

설명	*슬럼프 mm(in.)*	*베베(Vebe) (s)*	*압밀 계수*	*드롭판 (rev)*
		무슬럼프		
매우 건조	-	32-18	-	112-56
매우 된 반죽	-	18-10	0.70	56-28
된 반죽	0-25 (0-1)	10-5	0.75	28-14
		소성		
단단한 소성	25-50 (1-2)	5-3	0.85	14-7
소성	75-100 (3-4)	3-0	0.90	7-0
유동적(매우 습한)	150-175 (6-7)	-	0.95	-

[a] ACI 211.3R

표 20.17 무슬럼프 콘크리트의 단위수량과 굵은골재량[a]

반죽 질기	*상대적 수분함량 (%)[b]*	*상대적인 굵은골재의 함량 (%)[b]*				
		9.5mm (3/8 in.)	*12.5mm (1/2 in.)*	*19mm (3/4 in.)*	*25mm (1in.)*	*37.5mm (3/2in.)*
매우 건조	78	190	170	145	140	130
매우 된 반죽	83	160	145	130	125	125
된 반죽	88	135	130	115	115	120
단단한 소성	100	108	106	104	106	109

[a] ACI 211.3R
[b] 75-100 mm 슬럼프를 달성하기 위한 m^3 당 필요한 재료량의 비

매스 구조물용 콘크리트 (concretes for mass structures)

매스 콘크리트의 특별한 요구 조건에 대해 논의하였다. 이 장에서는 매스 콘크리트의 타설과 허

용될 수 있는 재료의 성질 변화에 관련된 문제점들을 종합하도록 한다. 역사적으로 매스 콘크리트의 대다수는 댐에 타설되었으므로, 이를 첫 번째 주제로 논의하는 것이 적절하다.

댐에 사용된 매스 콘크리트 댐에는, 전체 구조물의 강도 요구량이 높지 않다. 이는 일반적으로 지역적인 골재 원재료가 고품질이 아니어도 사용할 수 있기 때문에 효과적으로 이용할 수 있다. 댐의 심부에서 골재의 내구성 문제는 알칼리 골재 반응을 제외하고는 주요한 문제가 되지 않는다. 미 국토개발국(Bureau of Reclamation)에 의해 지름 150mm까지의 굵은골재가 사용된다. 150mm보다 굵은골재의 사용은 일반적인 콘크리트 타설에 사용되는 장비보다 고성능 장비를 요한다. 매우 큰 돌이나 0.03~0.5 m^3의 조석인 경우, 콘크리트에 개별로 타설되며 총부피의 20~30%를 차지한다. 재료 비용 절감이 추가적인 인건비보다 크고 150 mm 이상의 골재를 사용할 경우 발생하는 열적 효과가 상대적으로 작기 때문에 조석은 더 이상 사용되지 않는다.

굵은골재를 사용하면 댐 내부의 시멘트 함유량을 상당히 낮출 수 있다(150 kg/m^3 이하). 이는 수화 반응으로 인한 열을 줄이는 데 도움이 되며, 저열 포틀랜드시멘트나 포졸란을 사용하여 일부 시멘트를 대체하면 더욱 수화열을 줄일 수 있다. 타설 시 콘크리트 온도가 16°C 이하로 유지된다면 구조물 내부의 발열도 줄일 수 있다. 그렇다 하더라고, 각 리프트 내부에 파이프 쿨링을 실시하여 양생 기간 동안 콘크리트를 냉각시킬 필요가 있다. 온도균열은 발열시가 아닌 열응력이 최대가 되는 냉각 시에 발생한다. 이처럼 발열이 조절될 때에는 적절한 수축줄눈을 두어 불규칙 균열 발생을 방지해야 한다. 구조물이 냉각될 때, 이음부는 방수 봉합재나 시멘트로 채워야 한다.

노출된 면에 사용되는 콘크리트 품질은 더욱 관리가 필요하다. 적절한 내구성을 발현하기 위해서 콘크리트는 높은 시멘트 함유량, 낮은 물-결합재 비, 양질의 골재를 지녀야 한다. 동결을 방지하기 위해 공기 연행이 필요하며, 여수로 부분에서는 마모와 공동 현상에 대해 저항하기 위한 대책이 필요하다. 콘크리트가 새로 타설된 후에는 표면 균열을 방지하기 위해 표면에서의 과도한 수분 손실이나 온도 변화를 막기 위한 특별한 관리가 요구된다.

다른 구조물의 매스 콘크리트 댐이 매스 콘크리트의 적용을 가장 대표적으로 보여주지만, 용어 자체는 '균열을 최소화하기 위해 열 발생과 부피변화에 대처할 수단이 요구되는 충분히 큰' 구조물에 대해 모두 적용할 수 있다. 이는 댐 건설에 적용되는 많은 주의 사항이 교각과 교량, 건물, 발전소의 기초와 같이 최소 0.9 m 이상의 크기를 갖는 구조적 부재에 적용되어야 함을 뜻한다.

그 주의사항은 다음과 같다. 콘크리트 배합 설계는 최소 강도에 대한 것이어야 하고, 포틀랜드 시멘트에 광물계 혼화재료를 사용함으로써 결합재를 최소화하고, 낮은 시멘트 함량에서 강도를 유지하기 위해 수분 함량을 낮추고, 최대 굵은골재 크기를 사용하며, 저온에서 콘크리트를 타설해야 한다.

그라우트(Grout)

그라우트는 불투과성 방어막을 형성하기 위해 균열과 도관, 콘크리트의 틈에 주입하는 시멘트계 슬러리로 정의할 수 있다. 그라우트에 사용되는 결합재는 유기성 또는 무기성 시멘트에 바탕을 두고 있지만, 일반적으로 상당한 강도를 요할 때에는 포틀랜드시멘트가 사용된다. 그라우트는 보통 시멘트와 물 이외에도 다른 재료를 함유하고 있다. 모래는 상대적으로 개방된 구조의 상당한 부피의 공간을 채울 때 사용된다. 플라이애쉬와 벤토나이트와 같은 광물계 혼화재료는 주로 주입 시 재료 분리가 일어나지 않도록 유동성을 향상시키기 위해 사용된다. 벤토나이트는 불활성 물질인 반면, 많은 양의 수분을 흡수하여 부피를 크게 늘림으로써 높은 투과성을 만들어 낸다. 화학 혼화제는 점성을 늘리고, 응결 시간을 조절하기 위해서 유동성 슬러리의 수분 함유량 줄이는 데에도 사용된다. 혼화재료는 또한 그라우트로 인한 건조수축에 대처하기 위해서도 첨가된다. 알루미늄 분말은 보통 콘크리트 응결 시 알칼리 부식으로 생성되는 수소가 팽창하기 때문에 흔히사용된다(식 (20.3)). 설포알루미나기반 팽창제 도 사용될 수 있으며, 이는 양생 초기 며칠 동안 팽창을 야기한다. 이러한 혼화재료는 그라우트가 틈에 충분히 채워지고 건조수축으로 인한 균열을 방지하는 역할을 한다. 그라우트의 중요한 변수는 초기나 최종 응결이 아니며, 주입 시 그라우트가 유체 상태를 유지하는 펌프 압송 시간이다. 이는 보통 초기 응결 시간보다 짧다. 불투수성(또는 방수성)은 강도보다 더 중요한 고려 사항이다. 그라우트의 주요한 목적은 수분의 침투나 철재의 부식을 방지하는 것이므로, 주입 과정에서 전체 공극이 잘 채워질 수 있도록 해야 한다.

그라우트가 중요한 구조적 역할을 하는 하나의 예는 프리팩트 콘크리트의 시공이다. 골재 사이의 공극은 시멘트 모르타르로 채워진다. 이 때, 시멘트 모르타르는 강도와 내구성을 위해 물-결합재 비를 충분히 낮추고, 외부 조건에 따라서는 공기 연행성을 지니도록 해야 한다. 감수제와 포졸란은 적절한 물-결합재 비 조건에서 유동성을 부여해 주다. 포졸란은 또한 블리딩을 최소화하고 동시에 강도와 불투수성을 향상시킨다. 많은 양의 그라우팅은 유정과 가스정을 위한 굴착회사에서 사용된다. 그라우트는 유정 케이싱 근처에 방수막을 형성하기 위해 적용된다. 다행히 그런 그라우트는 높은 강도가 필요하지 않지만, 다른 중요한 요구 사항들이 있다. 깊은 유정에 그라우트를 타설하는 경우 상당한 시간이 필요하며 그라우트는 펌핑할 수 있는 상태를 유지해야 한다. 유정의 온도가 꽤 높을 수 있기 때문에(일반적으로 200°C 이상, 그리고 가장 깊은 유정에서는 400°C 이상), 긴 응결 시간을 갖는 특수한 시멘트가 개발되었다(제 3장). 긴 압송 시간은 주입 시 재료 분리 가능성을 높이며, 따라서 그라우트의 점성에 특히 신경을 써야 한다. 그라우트는 유정이 내려가는 동안 굴착기계를 냉각시키던 드릴링으로 인한 진흙을 대체하기 때문에, 그라우트와 진흙의 혼합은 최소량으로 유지되어야 한다. 일반적으로, 그라우트에 사용되는 잔골재의 조립률은 1.3~2.3으로서 일반 콘크리트를 만들 때 사용되는 것보다 더 미세하다. 시멘트:모래 비는 보통 1:1에서 1:2이다. 그라우트는 특수 고속 믹서에서 비벼지며, 모래는 시멘트-물 슬러리에 추가된다.

내화 콘크리트 (Refractory concretes)

재료를 적절하게 선택함으로써 콘크리트는 고로에서 높은 사용 온도를 충족시키도록, 그리고 복잡한 형태나 일체식 건설이 요구되는 곳에서 내화 벽돌의 대체제로서 만들어진다. 시멘트와 골재 모두 내화 성능(표 20.18)을 위해 선택되어야 한다. 칼슘-알루미네이트 시멘트가 내화 콘크리트로 사용되어야 한다. 고알루미나 시멘트는 CA 뿐만 아니라, 철과 규토를 함유하고 있는 칼슘-알루미네이트의 순수하지 않은 혼합물이다. 매우 고온에서는 오로지 칼슘 알루미네이트(CA, CA_2, $C_{12}A_7$)만 함유하고 있는 더욱 순수한 칼슘-알루미네이트 시멘트가 사용되어야 한다. 골재는 또한 사용 온도가 올라감에 따라서 점점 내화 재료를 사용하여 내화 성능에 따라 선택되어야 한다. 철근배근은 고온에서 탄성변형과 부식이 야기하는 문제들 때문에 사용하지 않거나 강봉보다는 오히려 격자망 형태로 최소화하여 사용해야 한다. 내화 콘크리트는 수경성 부착으로 타설되었을 때 높은 압축강도를 갖는다. 가열하면 이 부착은 800~1000°C 범위에서 파괴되며, 초기값의 약 20%로 강도가 저하된다. 온도가 더 상승하면, 세라믹 부착(ceramic bond)이 형성됨으로 인해 강도는 다시 상승한다.

표 20.18 내화 콘크리트의 종류

종류	사용 온도 한계(°C)	시멘트	골재
구조	300	포틀랜드	보통 암석
내열성	1000	고알루미나	가는 입자의 화성암(각 종 현무암);열처리된 다공성 골재(벽돌, 화산암재, 팽창된 혈암)
보통 내화	1350	고알루미나	내화 벽돌
초 내화	1450	칼슘 알루미네이트	내화 벽돌
	1350-1600	고알루미네이트	내화 재료(마그네사이트, 탄화 규소, 보크사이트, 내화 점토)
	-	칼슘 알루미네이트	내화 재료

참고문헌

경량 콘크리트(Lightweight Concrete)

ACI Committee 211, "Standard Practice for Selecting Proportions for Structural Lightweight Concrete (ACI 211.2-98)," *ACI Manual of Concrete Practice*, Part 1, American Concrete Institute, Farmington Hills, MI (2001).

ACI Committee 213, "Guide to Structural Lightweight Aggregate Concrete (ACI 213R-87, Reapproved 1998)," *ACI Manual of Concrete Practice*, Part 1, American Concrete Institute, Farmington Hills, MI (2001).

Clarke, J. L., *Structural Lightweight Aggregate Concrete*, Blackie Academic and Professional,

London (1993).

FIP Manual of Lightweight Aggregate Concrete, Halsted Press, New York (1983).

중량 콘크리트(Heavyweight Concrete)

ACI Committee 211, "Standard Practice for Selecting Proportions for Normal, Mass, and Heavyweight Concrete, (ACI 211.1-91)," *ACI Manual of Concrete Practice*, Part 1, American Concrete Institute, Farmington Hills, MI (2001).

ACI Committee 304, "Heavyweight Concrete: Measuring, Mixing, Transporting, and Placing (ACI 304.3R-96)," *ACI Manual of Concrete Practice*, Part 2, American Concrete Institute, Farmington Hills, MI (2001).

Concrete for Nuclear Reactors, SP-34, 3 vols. American Concrete Institute, Detroit, MI (1973).

Volkmon, D. E., "Concrete for Radiation Shielding," in *Significance of Tests and Properties of Concrete and Concrete-Making Materials*, ASTM STP 169C, American Society for Testing and Materials, West Conshohocken, Pa, pp. 540-546 (1994).

치장 콘크리트(Architectural Concrete)

ACI Committee 303, "Guide to Cast-in-Place Architectural Concrete Practice (ACI 303R-91)," American Concrete Institute, Detroit, MI (1991).

Architectural Precast Concrete, Portland Cement Association, Skokie, IL (1989).

Color and Texture in Architectural Concrete, Portland Cement Association, Skokie, IL (1995).

Guide for Surface Finish of Formed Concrete, Portland Cement Association, Skokie, IL (1999).

특수 콘크리트(Special Concretes)

ACI Committee 207, "Mass Concrete (ACI 207.1-96)," *ACI Manual of Concrete Practice*, Part 1, American Concrete Institute, Farmington Hills, MI (2001).

ACI Committee 211, "Guide for Selecting Proportions for No-Slump Concrete (ACI 211.3R-97)," *ACI Manual of Concrete Practice*, Part 1, American Concrete Institute, Farmington Hills, MI (2001).

Malhotra, V. M., "No-Fines ConcreteIts Properties and Application." *Journal of the American Concrete Institute*, Vol. 73, No. 11, pp. 628-643 (1976).

Raphael, J. M., "The Nature of Mass Concrete in Dams," in SP-55, *Douglas McHenry International Symposium on Concrete and Concrete Structures*, American Concrete Institute, Detroit, MI, pp. 133-159 (1978).

문제

20.1. 경량 골재 콘크리트의 배합설계시 문제점은 무엇인가?

20.2. 경량 골재로 제조된 콘크리트의 동결융해저항성을 논하라.

20.3. 사용하중상태에서 경량 콘크리트가 보통중량 콘크리트보다 더 큰 변형을 보이는 이유는 무엇인가?

20.4. 보통중량과 중량콘크리트의 특성을 비교하라.

20.5. 중량콘크리트의 타설시 발생하는 특별한 문제는 무엇인가?

20.6. 지역의 마감용 콘크리트의 사용예를 다섯 가지를 들어라. 형태를 설명하고 어떻게 건축적인 효과가 나타났는지 설명하라. 콘크리트나 그 외관에 손상이 있는지에 대하여 설명하라.

20.7. 건축적인 효과를 위하여 사용될 수 있는 특별한 재료가 건설시장에 있는지 조사하라.

20.8. (a)무잔골재 콘크리트 (b)불연속입도 콘크리트에 대하여 설명하라.

20.9. 무슬럼프 콘크리트의 장점과 단점은 무엇인가?

20.10. 매우 큰 구조물에 사용되는 콘크리트에 대한 특별요구사항은 무엇인가?

20.11. 그라우트의 생산과 용도에 대하여 설명하라.

CHAPTER 21

시멘트 폴리머 복합체

Cement-Polymer Composites

콘크리트는 인장에 매우 약한 취성 재료이기 때문에 비교적 인장에 강하고 연성적 거동을 하는 폴리머 계통의 재료를 혼합하여 취성 거동을 개선하는 것이 바람직한 방향으로 여겨졌다. 그러나 실제 적용에 있어서 여러 어려운 점 때문에 섬유보강 콘크리트에 폴리머 계통의 섬유를 혼입하여 사용하여 왔으며, 그 후 두 재료의 특성을 성공적으로 살린 새로운 재료인 MDF(Macro-Defect-Free) 시멘트가 개발되었다. 이 재료에 대해서 이 장 말미에 설명하고자 한다.

현재는 폴리머가 콘크리트의 내구성을 향상시키기 위하여 주로 사용되고 있으며, 다음의 4가지 방법으로 사용되고 있다.

1. 수분 또는 해로운 물질이 콘크리트 내부로 침투되는 것을 방지하기 위하여 콘크리트 표면에 보호 도포제로서 사용
2. 콘크리트 구조의 보수 또는 구조 이음부의 접착을 위한 접착제로 사용
3. 굳은 콘크리트에 모노머를 침투시켜 현장에서 폴리머화 하여 사용
   (폴리머 함침 콘크리트, polymer-impregnated concrete)
4. 콘크리트를 배합할 때 폴리머 라텍스를 시멘트와 함께 결합재의 일부로 사용
   (라텍스 개질 콘크리트, latex-modified concrete)

이 장에서 다루는 내용은 폴리머 함침 콘크리트(PIC)와 라텍스 개질 콘크리트(LMC)이며, 표면 보수 또는 접착 등은 아니다. 그리고 폴리머가 시멘트 중량의 1% 미만으로 소량이 혼화제로서 사용되는 경우는 제 8장에서 다루며, 이 장에서는 다루지 않는다. 폴리머 콘크리트란 결합재로서 폴리머만 사용되는 경우로서 아스팔트 콘크리트와 황산 콘크리트도 이 범주에 속할 수 있으나 이 장에서는 다루지 않는다. 폴리머와 모노머는 통상의 콘크리트 재료에 비하여 매우 비싸기 때문에 폴리머 개질 콘크리트도 훨씬 비싸다. 보통의 콘크리트 가격에 비해 라텍스 혼합 콘크리트는 2~3배, 폴리머 함침 콘크리트는 3~6배, 폴리머 콘크리트는 8~20배 정도 비싸다.

21.1 라텍스 개질 콘크리트 (Latex-Modified Concrete; LMC)

폴리머를 콘크리트에 혼합하는 가장 손쉬운 방법은 비빌 때 함께 넣는 것이며, 이렇게 만든 콘크리트를 라텍스 개질 콘크리트(LMC)라고 한다. 라텍스는 물속에서 약 0.1mm 직경의 콜로이드상이 폴리머 비즈(beads)를 안정시키는 에멀젼(emulsion)이다.

폴리머 라텍스

표 21.1에서 보듯이 대부분의 상용 라텍스는 열가소성(비닐 형태) 폴리머와 탄성체(고무 형태) 폴리머이다. 이들은 상온에서 건조되면 쉽게 필름 형태로 된다. 비즈는 모노머를 에멀젼 폴리머화할 때 생겨난다. 대부분의 라텍스는 6~7%의 수용성 비이온 계면 활성제를 포함한 안정화된 유상액으로 이루어진 45~55%의 고형성분을 갖고 있다(표 21.2 참조). 특히 라텍스는 콘크리트의 고알칼리성 환경에 적합하도록 제조되어 있다. 아크릴레이트(acrylate)와 비닐아세테이트(vinyl acetate)와 같은 재분산성 라텍스는 현재 분무가 가능한 건조된 라텍스로서 이용하도록 시중에 나와 있다. 이러한 라텍스는 계면이 코팅되어 있어 물을 첨가하여 안정화된 라텍스로 다시 분산되도록 해야 한다. 재분산형 라텍스는 높은 습도에 노출되어 있는 콘크리트에 사용되기는 적합하지 않다.

표 21.1 LMC에 사용되는 폴리머 라텍스의 예

폴리머	*종류*	*대표적인 적용*	*습식 강도*
비닐 아세테이트	열가소성	접착제	나쁨
비닐 아세테이트-에틸렌	열가소성	접착제	보통
스티렌-부타디엔	탄성	덧씌움, 패칭	보통
염화 비닐리덴	열가소성	미장(치장 벽토)	양호
아크릴 에스터(아셀레이트)	열가소성	도장, 접착제	보통
에폭시	열경화성	덧씌움	양호

그림 21.1에서는 필름 형성 과정의 개요도를 보여준다. 물이 증발에 의해 제거될 때 라텍스 입자의 침전이 일어나고 수화에 의해 수분이 더 제거될 때 입자들의 유착을 통해 필름이 형성된다. 그러므로 시멘트 콘크리트에 사용되는 습윤 양생이 LMC의 경우에는 득이 되지 않는다. 이 경우, 습윤 양생을 짧게(1~2일) 수행한 후 필름 형성 진행을 위해 콘크리트를 완전히 건조시켜야 한다. 이렇게 형성된 폴리머 필름은 모세관 공극의 표면과 페이스트와 골재 사이의 계면에 형성된다. 그러므로 폴리머 필름은 골재와 페이스트간의 부착력을 향상시키고 모세관 공극을 통한 물의 침투를 제한해주는 역할을 한다(ITZ 공극 포함). 또한, 폴리머 필름은 상대적으로 인장에 대해 강하기 때문에 매트릭스의 미세균열 진행에 필요한 에너지를 증가시켜 균열의 진행을 억제해준다.

표 21.2 콘크리트에 사용되는 폴리머 라텍스의 대표적 성질

	비닐 아세테이트	*에틸렌*	*아크릴레이트*	*스티렌 부타디엔*
고형량	52%	55%	47%	47%
pH	5	5	9	10
평균입자크기(μm)	2.0	0.8	0.2	0.2
유리전이 온도	30˚C	-3˚C	12˚C	5˚C
겉보기 점성(MPa · sec)	1500	1500	150	90

열가소성 라텍스 대신에 에폭시와 같은 수용성의 열경화성 수지를 사용할 수도 있다. 이러한 수지는 굳은 콘크리트 내에서 최종적으로는 폴리머화하는 두 가지 폴리머 성분(레진과 강화제)으로 이루어져 있다.

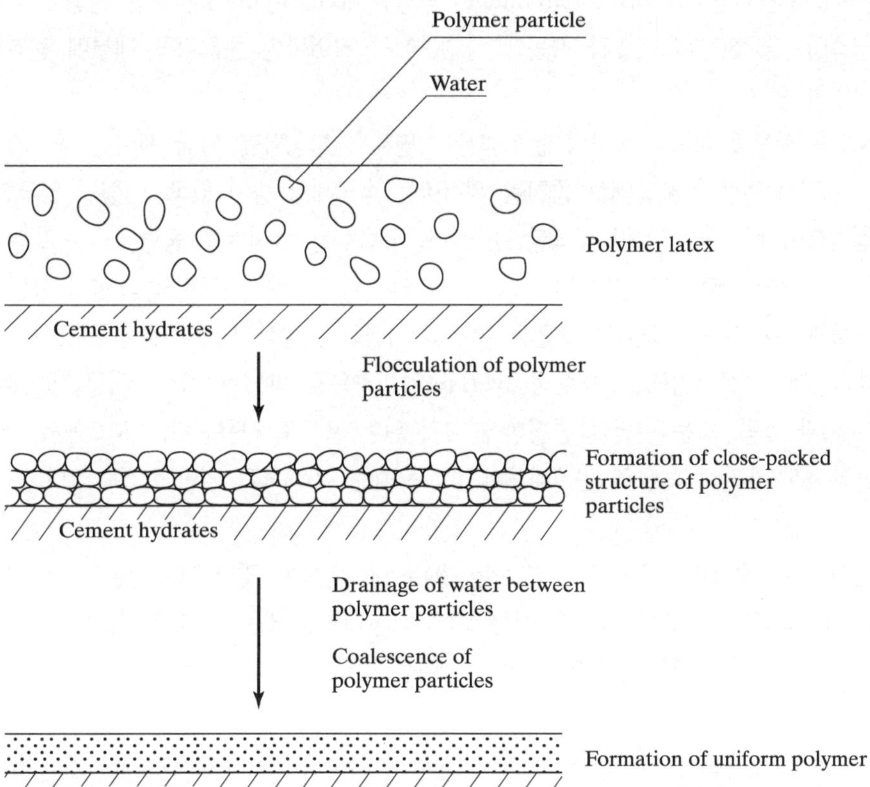

그림 21.1
라텍스 개질 콘크리트에서의 폴리머 필름 형성 개요도

콘크리트 물성에 미치는 영향

굳지 않은 콘크리트와 배합 설계 일반적으로 폴리머 라텍스 첨가는 굳지 않은 콘크리트의 물성을 향상시킨다. 매우 작은 구형의 폴리머 입자가 연행공기와 비슷한 역할을 하여 워커빌리티를 향상시키고 블리딩을 감소시킨다. 계면 활성제 역시 필요 수량을 감소시켜준다. 그러므로 라텍스를 사용할 경우 물-시멘트비를 감소시킬 수 있다. 실험 경험을 통해 일정량의 배합수를 같은 중량의 라텍스로 대체시킬 수 있는 것으로 밝혀졌으며, LMC의 물-시멘트비는 일반적으로 0.3에서 0.4 정도를 가진다.

폴리머 필름은 콘크리트 내부에 형성되어서 화학적으로 안정할 것으로 예상되지만 실제는 부분적으로 높은 pH로 인한 습한 콘크리트 내부에서 일어나는 가수분해로 인하여 폴리머 필름 파괴의 원인이 된다. 폴리비닐 아세테이트는 비록 그 성능이 에틸렌이나 아크릴 에스터(acrylic ester)로 중합되어 향상되었다 할지라도 특히 가수분해가 일어나기 쉽다. 가수분해는 부착강도에 심각한 손실을 준다. 스티렌(styrene)과의 중합으로 성능이 향상되어 보다 안정된 아크릴레이트(acrylate) 타입은 습기에 지속적으로 노출되는 경우라 할지라도 느리게 가수분해가 일어난다. 염화비닐-비닐리덴(vinyl chloride-vinylidene) 공중합체(copolymer)는 현장 상황에서 콘크리트 내부에 염소이온을 천천히 내놓기 때문에 가수분해가 일어나면 콘크리트 내부에 묻혀있는 금속의 부식 원인이 된다.

라텍스를 사용할 때 또 하나의 문제점은 계면제의 활성화에 의해 지나친 공기가 연행된다는 것이다. 그래서 어떠한 제품에는 공기를 제거하는 소포제가 들어 있고, 그렇지 않으면 그러한 성분을 첨가하여 배합하는 것이 필요할 수 있다. 일반적으로 시멘트 중량의 15~20%의 라텍스를 첨가하는데, 만약 라텍스의 양이 너무 많으면 라텍스의 피막이 콘크리트 표면에 형성되며, 이러한 피막은 물과 유착하여 콘크리트 표면을 매우 끈적이고 마감하기 어렵게 만든다.

라텍스 개질 콘크리트가 덧씌움(overlay)에 사용될 때, 라텍스 개질 모르타르는 패칭(patching)과 코팅, 또는 바닥을 평평하게 하기 위한 용도로 사용된다. LMC에서 사용되는 잔골재 비율은 45%까지로 보통의 콘크리트에서 사용하는 40%보다 일반적으로 크다.

굳은 콘크리트 콘크리트 내부에서 분산된 폴리머가 연속된 필름으로 전환될 때 최적의 물성을 가진다. 그러므로 초기 습윤 양생 후에는 50%의 상대습도(또는 외기 상대습도)로 양생하는 것이 바람직하다. 폴리머 필름이 형성된 후에는 상대습도를 95% 이상으로 안정되게 유지해야 한다.

역학적인 성질. 강도는 일반적으로 28일 전까지 지속적으로 높아지기 때문에 건조양생 상황에서 LMC의 압축강도는 라텍스를 혼합하지 않은 콘크리트보다 일반적으로 높다. 이는 폴리머 필름의 발생 뿐만 아니라 폴리머가 LMC로부터 물 손실을 억제하기 때문에 시멘트는 이런 상황에

표 21.3 라텍스 개질 모르타르의 대표적인 역학적 성질 [a]

	무근 콘크리트 [b] *50% RH*	*무근 콘크리트* [b] *100% RH*	*스티렌-부타디엔*	*VC-VC* [c]	*아크릴레이트*	*비닐 아세테이트*	*에폭시*
압축강도							
MPa	30	40	35	60	32	25	50
인장강도							
MPa	2	4	4.5	6.5	6	5	5
휨강도							
MPa	4	7.5	10	13	13	13	11
탄성계수							
GPa	25	-	11	16	-	-	18
전단부착강도							
MPa	0.5-1.5	-	5[e]	>5[e]	>5[e]	>5[e]	-
충격 강도							
m·kg	0.07	0.08	0.22	-	0.25	0.18	-
마모 저항 (% wear)	24	5	2.5	-	1.7	5	-

[a] 모래/시멘트 = 3; 폴리머/시멘트 = 0.02; 50% RH에서 28일간 건조 양생.
[b] 28일 양생.
[c] 염화비닐-염화비닐리덴 공중합체.
[d] 에틸렌과 중합되어 개선된 특성.
[e] 경계면이 아닌 모르타르를 통한 파괴가 발생하는 경우.

서 보다 완벽히 수화할 수 있다. 그러나 상대적으로 보면 휨이나 인장강도의 증가가 훨씬 더 크다(표 21.3 참조). 또한 LMC는 보다 작은 탄성계수와 인장하중에 의해 파괴될 때 더 높은 변형률을 가진다(그림 21.2 참조). 응력-변형률 곡선의 보다 큰 비선형성은 파괴에 앞서 많은 미세균열이 발생함을 나타내는 것이다. 이는 높은 인장강도를 가지는 폴리머 필름이 미세균열의 진전을 억제한다는 것을 알 수 있다. 게다가 파단될 때 필름은 섬유질 형태를 이루기 때문에 응력을 균열 선단 뒤쪽으로 전달해 응력 집중을 감소시키고 균열의 진전을 억제한다.

또한 LMC는 오래된 콘크리트와 보강 철근에 대한 부착력이 좋다. 오래된 콘크리트의 부착 실험겨롸 일반적으로 계면이 아닌 콘크리트 주위를 따라 파괴가 발생하였다. 물-시멘트비의 감소와 함께 페이스트-골재 간 부착강도의 증가는 역학적 강도의 증가로 이어진다.

LCM가 물에 침전된 경우 역학적 강도의 손실이 일어난다(표 21.4 참조). 폴리머 필름에 물이 흡착되면 폴리머 필름의 본래 성능이 약해지게 된다. 만약 높은 pH의 콘크리트 공극수에 의해 폴리머가 화학적으로 파괴되면 폴리머의 성능은 큰 손실을 받는다. 이러한 이유로 대부분의 폴리머는 오랜 기간 물에 침전되거나 접할 수 있는 경우에 사용하는 것은 적합하지 않다. 예를 들어 짧은 기간에 매우 안정한 비닐 염화비닐-염화비닐리덴(vinyl chloride-vinylidene chloride) 공중합체도 느리게 알칼리 가수분해가 일어날 때 계속적으로 염소 이온을 방출한다.

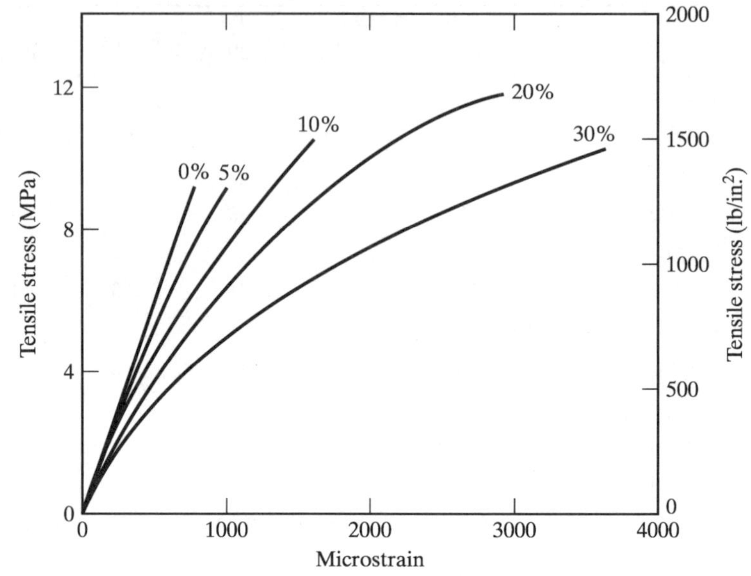

그림 21.2
폴리비닐 아세테이트를 함유한 라텍스 개질 콘크리트의 응력-변형률 곡선 (폴리머 중량은 시멘트 중량의 백분율)
[V.R.Riley and I.Razl, *Composite*, Vol. 5, No. 1, p.28 (1974).]

체적 안정 LMC의 건조수축과 크리프는 폴리머를 혼합하지 않은 일반콘크리트에 비해 작다. 그 이유는 더 작은 물-시멘트비를 사용하기 때문이고, 또 한편은 폴리머 필름으로 인하여 외부에 작용한 응력과 체적 변화로 생긴 응력에 대하여 매트릭스의 저항력을 증가 시켜 주기 때문이다.

내구성 무근 콘크리트와 비교해 LMC의 내구성이 증가하는 이유는 다음 세 가지이다. 첫째, 모세관 공극의 표면을 감싸는 폴리머 필름은 물의 흡착과 투과성, 유해물질의 침투를 방해한다 (표 21.5 참조). 둘째, 향상된 인장 균열에 대한 저항성이 물의 이동에 도움을 주는 미세균열의 발생을 감소시킨다. 균열이 발생될 때 균열에 부착된 폴리머의 섬유질 형성(filament)이 균열의 진전을 막아준다. 셋째로 작은 물-시멘트비가 일반적으로 내구성을 증진시킨다. 라텍스의 연행공

표 21.4 물에 침전된 후 변화되는 라텍스 개질 모르타르의 강도[a]

	강도 MPa							
	압축		*인장*		*휨*		*전단부착*	
	건조 상태[a]	*습윤 상태*[b]	*건조 상태*	*습윤 상태*	*건조 상태*	*습윤 상태*	*건조 상태*	*습윤 상태*
미사용	17	30	1.5	2	4	5	0.3	1
스티렌-부타디엔	35	28	4	2.5	10	6.5	>5[d]	2.5
VC-VC[c]	60	50	-	-	9	7.5	>5[d]	4.5
아크릴레이트	40	28	6	3.5	13	7	>5[d]	2.5
비닐 아세테이트	25	10	5	0.5	13	2	>5[d]	1
에폭시	50	48	5.5	5	11.5	11	-	-

기와 같은 성질이 동해 저항성에도 도움을 준다. 이러한 이유로 LMC는 교량 바닥판이나 주차장 바닥판의 제설제의 침투로부터 보호하기 위한 덧씌움 재료로 광범위하게 사용되고 있다.

표 21.5 폴리머 라텍스 개질 콘크리트와 모르타르에서의 염소이온 확산

첨가 라텍스	*폴리머:시멘트비*	*확산 계수 (m/s)*	
		모르타르	*콘크리트*
미사용	-	6.4×10^{-10}	2.2×10^{-10}
스티렌-부타디엔	0.10	6.4×10^{-10}	1.9×10^{-10}
	0.20	3.9×10^{-10}	0.9×10^{-10}
아크릴레이트	0.10	3.8×10^{-10}	0.6×10^{-10}
	0.20	2.4×10^{-10}	0.6×10^{-10}
에틸렌-비닐 아세테이트	0.10	4.4×10^{-10}	0.8×10^{-10}
	0.20	2.4×10^{-10}	1.0×10^{-10}

적용

LMC가 비용이 높기는 하지만 향상되는 성능이 이를 상쇄한다. LMC는 재료비가 높아도 크게 상관없는, 기존 지지층과의 좋은 부착력이 요구되는 보수 작업에 이상적이다. 가장 좋은 성능을 가지는 LMC는 부식으로부터 보강 철근을 보호하기 위해 교량 바닥판이나 주차장 바닥판에 얇게 덧씌움 하기 위한 재료로 이상적이다. 엘라스토머(elastomer)와 에폭시를 기본으로 한 라텍스가 이러한 용도로 광범위하게 사용된다.

아크릴레이트 라텍스는 마모를 받거나 화학물질에 노출되는 공업용의 바닥판 보수에 주로 사용되고 있다. 또 좋은 부착강도도 아크릴레이트 라텍스의 주요한 성질이다. 아크릴레이트는 스프레이 도장 용도로, 벽 마감 치장 용도로, 그리고 표면(예를 들어 지하실의 벽)의 방수, 보수 작업의 용도로 광범위하게 사용된다. 또 아크릴레이트는 표면의 마감 도장과 주거용 건물의 외부 단열재 보호를 위해 사용되고 있다. 또한 LMC는 패칭, 바닥면의 평탄화, 타일 접착제, 표면의 마찰 저항을 얻기 위한 용도로 광범위하게 사용되고 있다.

21.2 폴리머 함침 콘크리트 (Polymer-Impregnated Concrete; PIC)

콘크리트가 보통의 방법으로 배합되고 양생된 경우, 비록 양생이 잘 된 콘크리트라 하더라도 상당한 모세관 공극이 시멘트 풀에 존재한다. 만약 모세관에 수분이 존재한다면 콘크리트의 강도와 내구성을 크게 향상시키기 위해서 이러한 수분을 제거하거나 견고한 재료로 대체하여 공극을 최대한 줄여 주어야 한다. PIC(polymer-impregnated concrete)는 이를 위하여 개발되었다. 공극 조직 안에 견고한 재료를 투입하는 문제점을 해결하기 위해 액상 모노머(폴리머의 단량체를 구성

하는 단위가 되는 분자량이 작은 물질)를 사용해 콘크리트에 함침하거나, 모노머를 중합시켜 고체 폴리머 형태로 공극 안에 고착시키는 것이다.

재료

콘크리트 재료 어떠한 종류의 시멘트, 혼화재, 골재를 사용하여 제조된 콘크리트라도 성공적으로 함침 시킬 수 있다. 배합설계나 재료의 차이가 크게 되면 손쉬운 함침을 위해 필요한 모노머의 양을 조절해야 한다. 완전한 함침을 위해 필요한 모노머의 양은 물-시멘트비에 의해 결정되는 콘크리트의 공극률, 양생 정도, 골재의 공극률 등의 요인에 기인한다. 다공질의 콘크리트(예를 들어 물-시멘트비가 높은 콘크리트)는 보다 많은 모노머를 필요로 하지만 일반적으로 보다 쉽고 빠르게 함침시킬 수 있다. 완전한 함침이 이루어진 경우 최종적인 PIC의 강도는 초기 콘크리트의 강도와는 상관이 없다. 그러므로 초기 재료는 경제성을 고려하여 선택할 수 있다.

여기서 다루는 것은 부분적으로 함침 시키는 것은 아니다. 왜냐하면 함침 되지 않은 부분의 콘크리트가 또 중요한 문제가 되기 때문이다. PIC의 강도는 여전히 재료의 최종 공극률에 영향을 받는다. 그러므로 경량 골재의 공극이 함침 되지 않으면 경량 PIC 역시 강도가 높아질 수 없다. 이러한 경량 골재의 공극을 완벽히 함침 시키려면 높은 폴리머 압력이 요구된다.

모노머와 폴리머 많은 종류의 모노머들이 PIC 제작에 성공적으로 사용되고 있다. 모노머의 장점으로는 낮은 점성, 상대적으로 높은 비등점, 낮은 유독성, 중합 반응의 용이, 낮은 비용, 유용성을 들 수 있다. 플렉시글래스(plexiglass)와 같은 모노머와 메틸 메타크릴레이트(MMA), 스티렌은 함침용 모노머로서 적합하다. 이것들은 낮은 점성을 가지고 있어, 굳은 콘크리트의 복잡한 공극 체계에서 침투를 매우 용이하게 해주는 이상적인 액체의 물성을 갖고 있다. 폴리에스테르의 경우 점성이 높아 단독으로 사용하기는 어렵지만, 스티렌을 혼합하면 점성이 감소하여 콘크리트의 부분적인 함침에 사용될 수 있다. 다른 함침용 모노머 중 휘발성과 유독성이 높은 비닐 클로라이드의 경우 PIC에 사용되는 것을 배제하고 있다.

공정 기술

PIC의 제작에 필요한 제작 과정은 다음과 같다(그림 21.3 참조): (1) 콘크리트 건조, (2) 모노머에 콘크리트 함침, (3) 모노머의 중합

건조시킬 때 요구사항 프리캐스트 부재에 완전한 함침을 하는 경우, 최적의 성능을 이끌어 내려면 콘크리트를 건조시켜 가능한 많은 양의 수분을 제거(콘크리트 중량의 2~4%)하는 것이 좋다. 일반적인 구조용 콘크리트의 경우 150°C의 온도에서 건조시킨다. 건조 시간은 건조 온도, 물-시

멘트비, 공시체의 두께에 따라 결정되며 예를 들어 100 mm 두께의 콘크리트 파이프의 경우 150 °C의 온도에서 24시간동안 건조시켜야 한다. 빠른 속도로 건조를 시키면 미세균열이 발생하게 되지만 이러한 균열 역시 폴리머에 의해 함침되므로 전혀 문제가 되지 않는다. 그러나 슬래브의 위쪽 면과 같이 부분적인 함침이 요구되는 경우 가열과 냉각 속도를 조절하고 최대 건조 온도를 정해서 균열을 제어할 필요가 있다. 낮은 건조 온도는 부분적인 함침으로 사용하는 경우에 허용될 수 있으며, 현장에서 건조온도는 125°C까지는 가능하다.

함침 콘크리트 공극의 함침(impregnation) 정도는 모노머의 점성, 콘크리트의 공극률과 공극 크기 분포, 정수압, 시간 등에 따라 결정된다. 좋은 품질의 고밀도 콘크리트를 완전히 함침시키려면 콘크리트를 완전히 건조시키고 모노머를 진공 상태의 함침실에 투입시켜 모노머를 70 kPa으로 압입시킨 상태에서 1시간 동안 침전시켜야 한다. 이러한 공정은 프리캐스트 공장에서만 사용하는 방법이다.

부분적인 함침은 미리 진공으로 만들지 않고 대기압 상태에서 적셔주는 것으로도 충분히 이룰 수 있다. 예를 들어 MMA로 70~80%의 부분 함침만 하는 경우 진공으로 하지 않고 하룻밤만 함침 시키면 끝낼 수 있다. 침투 깊이는 침전 시간과 모노머의 점성에 따라 결정되며, 침투 깊이는 시간에 따라 선형의 관계를 가지지 않고 시간의 로그함수나 제곱근함수의 형태를 가지게 된다. 그렇기 때문에 확산 형태의 과정을 보인다. 낮은 점성을 갖는 모노머는 콘크리트에 빠르게 침투하지만 불균일하게 함침되는 경향을 보인다. 예로서 8시간에서 12시간 정도 MMA에 침전시킨 교량 바닥판은 35~50 mm의 다른 깊이로 함침한다. 모노머는 표면에 부착하고 모래층 안에 남아 있음으로써 증발로 인한 손실을 최소화 한다. 현재 현장 함침을 위한 다양한 방법의 가압 함침법이 개발 중에 있다.

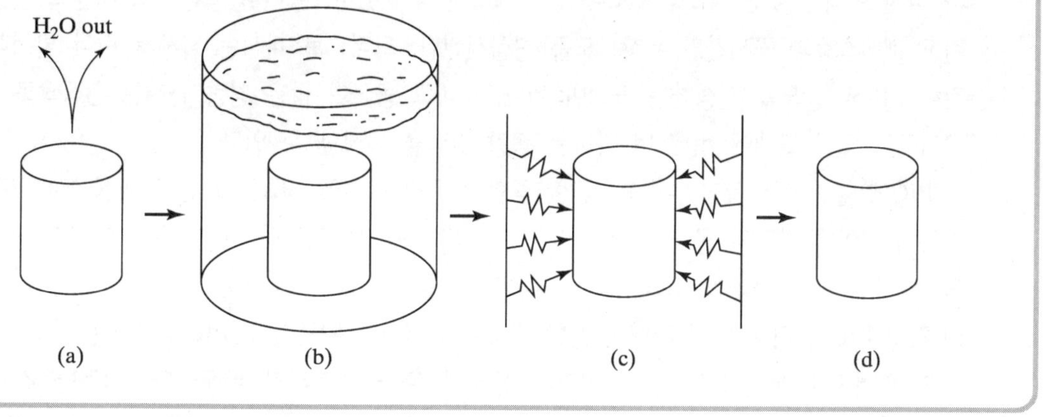

그림 21.3
폴리머 함침 콘크리트의 공정 기술: (a) 가열 및 건조; (b) 모노머 함침; (c) 중합; (d) 최종 제품

중합 반응 적절한 중합 반응(polymerization)이 이루어 져야 전 과정의 궁극적인 성공을 이룰 수 있다. 모노머를 사용한 PIC는 두 가지 방법 즉 (1) 감마선에 노출시키는 방법(예를 들어 코발트-60) 또는 (2) 촉매와 열을 이용하는 방법(열-촉매 중합 반응)으로 중합시킨다. 방사선 유도 중합 반응은 온도에 따라 결정되고 상대적으로 두꺼운 콘크리트 단면을 따라 일정하게 발생하지만 감마선이 주는 건강상의 위험 때문에 현장에서 사용은 배제되고 있다. 대신 촉매로 중합 반응을 시작시켜 중합 반응을 계속하기 위해 촉매-모노머 혼합물은 80~100°C로 가열해 준다. 촉매-모노머 혼합물을 가열하면 촉매가 중합 반응에 필요한 자유 물질(free radical)로 화학 변화를 일으킨다. 또한 상온에서 촉매로 바꿔주는 촉진제로 불리는 화학제가 있다. 하지만 중합 반응이 온도가 올라감에 따라 더욱 빠르게 진행되고 더 예상가능하기 때문에, 열-촉매 중합 반응법을 사용하는 것이 촉진제-촉매 시스템을 사용하는 것보다 더 좋다. 증기, 뜨거운 물, 적외선 열 등이 열 에너지원으로 손쉽게 사용된다. 열-촉매 중합 반응을 사용할 때, 증발로 인한 모노머의 손실을 최소화하기 위해 주의해야 하며, 작은 공시체의 경우 플라스틱 시트나 알루미늄 호일을 사용하여 공시체를 감싸주면 편리하고, 큰 공시체의 경우는 뜨거운 물에서 중합 반응을 시키는 것이 실용적이다. 물은 양생을 위한 열을 제공해주고 증발을 막아준다.

PIC의 특성

역학적 특성 표 21.6을 보면 완전히 함침된 PIC의 압축, 휨, 인장강도가 비함침 콘크리트에 비해 2~4배 정도 높음을 알 수 있다. 하지만 표 21.6에서 보이는 비함침 콘크리트와 PIC의 차이를 비교해 보면 PIC가 보다 더 취성적임을 알 수 있다. 압축에 대한 응력-변형률 곡선을 보면 압축강도의 약 75%가 되는 점까지 직선인 것을 알 수 있다(그림 21.4 참조). 그 결과 압축파괴가 갑작스럽게 발생하고 공시체는 산산조각 나게 된다. 이러한 갑작스러운 파괴는 인장과 휨에 강한 성질을 가진 모노머를 첨가하여 예방할 수 있다. 파괴역학 연구들에서 PIC의 파괴 에너지와 파괴 인성이 무근 콘크리트보다 높은 것으로 밝혀졌다. 폴리머 함침으로 시멘트 풀을 강화시키고 페이스트와 골재간의 부착강도를 향상시킨다. 그러므로 파괴는 골재를 따라 발생하는데 이것이 PIC의 강도를 결정하는 요인이 된다. 약하고 공극이 많은 경량 골재는 함침으로 강화되며, 그러고도 일반 골재에 비해 더 가벼운 중량 잇점을 유지할 수 있다.

PIC에 불완전한 함침이나 불완전한 중합 반응으로 인해, 또 중합 반응 과정에서 약간의 건조수축이 일어나 약간의 공극이 남아 있을 수 있다. PIC의 강도나 탄성계수는 이러한 공극에 영향을 받는다. 방사선-양생 PIC의 경우 열-촉매 중합 PIC에 비해 높은 강도를 가지는데 이는 방사선-양생 PIC의 경우에 더 완벽한 중합 반응이 일어나기 때문이다. PIC의 강도는 온도에 따라 현저히 떨어지게 되는데, 이는 폴리머가 온도에 따라 연화되기 때문이다. 이러한 경우 가교제(cross-linking agent)를 사용하여 성능을 증진시킬 수 있다. PIC에 사용되는 폴리스티렌 가교제

표 21.6 무근 콘크리트와 PIC의 대표적 특성

성질	무근 콘크리트	PIC (메틸 메타크릴레이트)	PIC (스티렌)
압축강도(28일 양생), MPa	40	130	70
인장강도(28일 양생), MPa	3	11	5
휨강도(28일 양생), MPa	5	18	8
탄성계수, GPa	25	45	50
투수계수, m/s	5.0×10^{-13}	1.3×10^{-13}	1.4×10^{-13}
흡수율, (%)	6.4	0.3	0.7
열팽창계수, $10^{-6}/°C$	8.0	9.5	9.0

는 180˚C까지 안전하게 사용할 수 있다.

크리프와 건조수축 PIC의 크리프는 대략 무근 콘크리트의 크리프에 비해 10% 정도로 매우 작다고 알려져 있다. 이는 함침 전에 콘크리트를 강하게 건조시켜 시멘트 풀에서의 크리프의 원인이 되는 자유수를 모두 제거했다는 것을 생각할 때 그다지 놀라운 일이 아니다. 아주 높은 온도에서는 폴리머의 연화로 인해 발생하는 약간의 크리프를 관찰할 수 있다. 또한 콘크리트가 이미 건조되었었기 때문에 건조수축 역시 거의 일어나지 않을 것임을 예상할 수 있다. 중요한 것은 오랜 기간 습기 찬 환경에 노출되어 물이 천천히 매트릭스 안으로 침투할 때 심각한 팽창이 일어날 수 있느냐의 문제이다. 그러나 현장 실험에서 이러한 문제점이 보고된 적은 없다.

내구성 PIC는 역학적 특성의 향상보다 내구성의 증진에 더 유용하다. 콘크리트를 함침 시키면 우선적으로 투과성이 확연히 감소하여 내구성을 크게 향상 시킨다. 모세관 공극이 폴리머와 화학물질로 가득 채워졌기 때문에 콘크리트 외부로부터 깊게 침투하지 못한다. 더욱이 콘크리트의 외부에는 폴리머 막이 존재한다. 역학적인 특성의 증진은 완전한 함침의 경우보다 떨어지지만 부분적인 함침이 콘크리트 표면을 효과적으로 감싸줄 때 콘크리트의 부분적인 함침의 경우도 완전한 함침과 동등한 내구성 증진 효과를 가질 수 있다. 부분적인 함침을 할 경우 균일한 함침 층을 유지할 수 있도록 신경써야 한다.

또한 함침 전 콘크리트의 건조로부터도 일부의 내구성 증진 효과가 있다. 예를 들어, 동결융해 저항성의 증진을 예상할 수 있다. 왜냐하면 건조를 통해 콘크리트 내부에 동결될 수 있을 만한 물이 없기 때문이다. 완전한 함침의 경우 콘크리트 내부의 연행공기의 공극은 대부분 함침 된다. 하지만 부분적인 함침의 경우 연행공기의 공극은 비함침부의 보호를 위해 존재해야 한다. 비록 표 21.7에서 나타나듯 내구성의 향상이 크게 눈에 띄지만 아직 수년간 노출된 경우의 장기간 데이터가 충분하지 못하다. PIC의 보다 나은 내구성 평가를 위해 현장이나 연구실 실험이 지속적

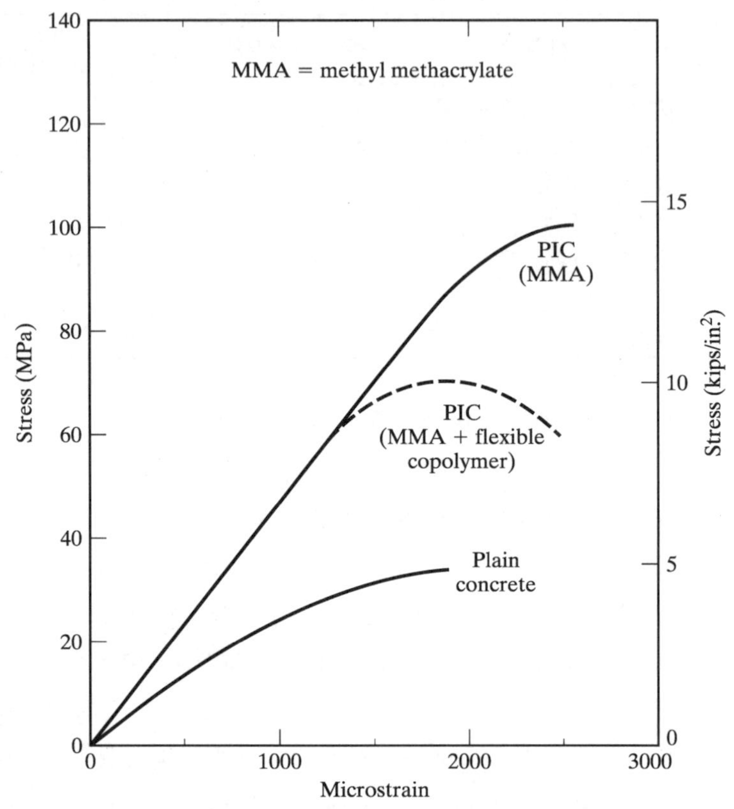

그림 21.4
무근 콘크리트와 비교한 PIC의 응력-변형률 곡선

표 21.7 PIC의 내구성[a]

	무근 콘크리트	*PIC (MMA)*	*PIC (스티렌)*
동결-융해			
반복횟수	740	3650	5440
중량손실(%)	25	2	2
황산염 침투			
팽창(%)	0.466	0.006	0.03
재령(일)	480	720	690
산 저항(15% HCl)			
중량손실(%)	27	9	12
재령(일)	105	805	805
마모 저항[b]			
마모 깊이, mm	1.25	0.38	0.93
공시체의 중량손실(g)	14	4	6

[a] "Polymers in Concrete: First Topical Report", Dept.BNL S0134, Brookhaven National Univesity, (1986)
[b] 샷블래스트 시험(Shot blast test), 발사량(shot) 1000g 기준.

으로 이루어져야 한다.

내화성능 비록 폴리머가 가연성 재료이지만 PIC 내에 분산되어 있을 때는 쉽게 연소하지 않는다. 그럼에도 불구하고 폴리머가 까맣게 타거나 유독가스를 발생시킬 수 있는데, 화재 지연제를 첨가하여 이러한 문제를 줄일 수 있다. 더 심각한 문제는 PIC가 높은 온도에 노출되면 역학적 특성의 저하를 초래할 수 있다. 이것은 PIC를 고강도 재료로 사용하는데 심각한 제약조건이 된다.

용도

PIC의 용도는 대부분 놀라울 정도로 향상되는 내구성에 초점을 맞춘다. 아직까지 PIC는 모노머 화합물과 함침 공정의 높은 비용 때문에 비싸지만 장기간 유지보수없이 사용할 수 있어 이러한 높은 비용을 감당하고서라도 사용한다.

완전한 함침은 프리캐스트 제품에만 사용된다. 이러한 PIC 프리캐스트 제품의 용도로는 콘크리트 하수관, 터널 라이닝용 프리캐스트 세그먼트, 채광 작업을 위한 지하의 지지 시스템, 철도 침목, 부두나 방파제에서 사용하는 프리캐스트 말뚝 등이 있다. 부분적인 함침은 현장에서 사용할 수 있다는 큰 장점이 있다. 현장에서 콘크리트 구조물에 폴리머 함침 공법을 사용함으로써 제설제에 의한 피해를 효율적으로 막을 수 있다. 현장 함침 공법에 대한 기술은 많이 개발되어 있고, 이 공법은 많은 창의적이고 독창적인 분야에 적용가능할 것이다. 예로서, 프리캐스트 PIC 교량 바닥판 시스템 또한 제시되고 있으며, 부식이 일어나기 쉬운 산업 환경에서의 바닥판 함침도 적용 가능한 것으로 제시되고 있다.

PIC는 높은 비용과 유사한 성능을 가지는 대체재의 가격 효율성 때문에 여전히 상대적으로 사용이 제한적이다. 골재와 액상 모노머를 배합한 후 중합시켜 얻은 순수한 폴리머 결합재를 사용하면 유사한 성능을 얻을 수 있다. 비록 더 높은 모노머 용량 때문에 폴리머 콘크리트보다 비용은 비싸지만 공정비용은 훨씬 저렴하다.

21.3 유기 세라믹 (Organoceramics)

가장 최근에 현장에서 개발된 시멘트 폴리머 복합체는 Macro-Defect-Free(MDF) 시멘트로서 1980년대 초에 개발되었다. MDF 시멘트는 플라스틱 산업에서 사용되던 롤 밀링(roll-milling) 기술을 이용하여 제작한다. 이름에서 알 수 있듯이 폴리머는 오직 “macro-defects”를 제거하기 위한 목적으로만 사용된다. 현재 MDF 시멘트는 시멘트와 폴리머 사이의 화학적 물리적 시너지 효과를 통해 세라믹과 같은 특성을 가지는 복잡한 복합 구조를 가지는 것으로 알려져 있다. 이와

표 21.8 유기 세라믹의 조성 (중량 %)		
	CAC-PVA	*CAC-PFR*
시멘트: 칼슘 알루미네이트 시멘트	84.3	79.8
폴리머: 폴리(비닐알코올)	5.9	-
페놀-포말디하이드 레진	-	10.4
나일론 폴리머	-	1.4
가소제: 글리세린	0.6	1.8
용 매: 물	9.3	-
메탄올	-	8.2

는 다르게 LMC나 PIC는 기존의 콘크리트 구조에 약간의 변화만 준다. 이러한 이유로 Macro-Defect-Free(MDF) 시멘트를 속칭 유기 세라믹(organoceramic) 또는 유기 시멘트(organocement)라 칭한다.

재료와 공정

칼슘 알루미네이트 시멘트는 가장 우수한 성질을 보이는데 이는 폴리머와의 반응이 가장 좋기 때문이다. 유기 세라믹은 물 또는 메탄올을 용매로 사용할 수 있다(표 21.8 참조). 구성 재료를 배합해 섞은 후 전단율이 1000 sec^{-1} 이상으로 1~2분 동안 압밀한다. 이 압밀동안 시멘트 입자는 더 촘촘히 압밀되고, 수화에 의해 이온이 방출되어 폴리머의 상호 연계를 향상시킨다. 이로써 최종적으로 요구되는 점성과 양호한 점탄성 특성을 얻을 수 있다. 제품으로는 일반적으로 판 형태를 만든 후 용도별 크기로 자르거나, 또는 압출시켜 특수 형태로 생산된다. 그 후에 유기 세라믹을 가열하여 여분의 용매를 제거하고, 폴리머의 교차 결합을 완료시킨다.

유기 세라믹의 형태는 보기 드문 미세구조이다. 시멘트가 수화되지 않은 채 남아있고 이 입자들이 미소 충전재(microfiller)의 역할을 한다. 사실상 65% 이상의 시멘트가 동일 크기의 불활성 충전재(inert filler)로 대체 가능하다. 그러므로 유기 세라믹은 실제로 마이크로 모르타르(micro

표 21.9 유기 세라믹의 성질			
성질	*CAC-PVA*	*CAC-PER*	*시멘트 풀*
압축강도, MPa	500	300	70
인장강도, MPa	250	190	20
탄성계수, GPa	45	45	45
파괴인성, $MPa/m^{1/2}$	3	3	0.3
밀도, kg/m^3	2500	2200	2700
열팽창계수, $10^{-6}/°C$	10	18	15
흡수율, % (90일간)	4.0	0.7	-
습윤 휨 강도, MPa (90일간 침수)	50	190	20

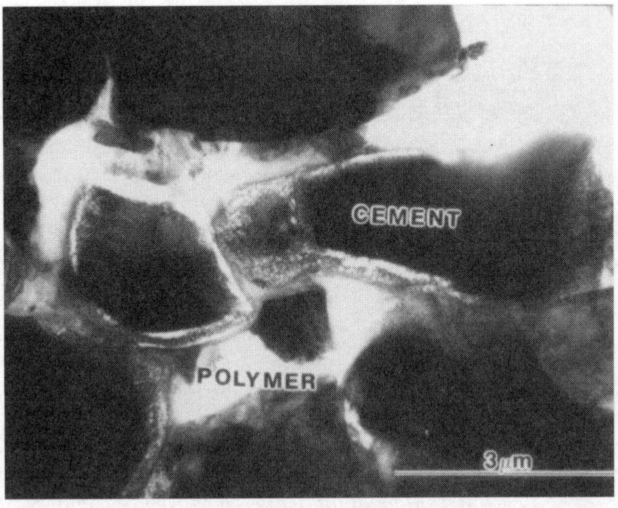

(a)

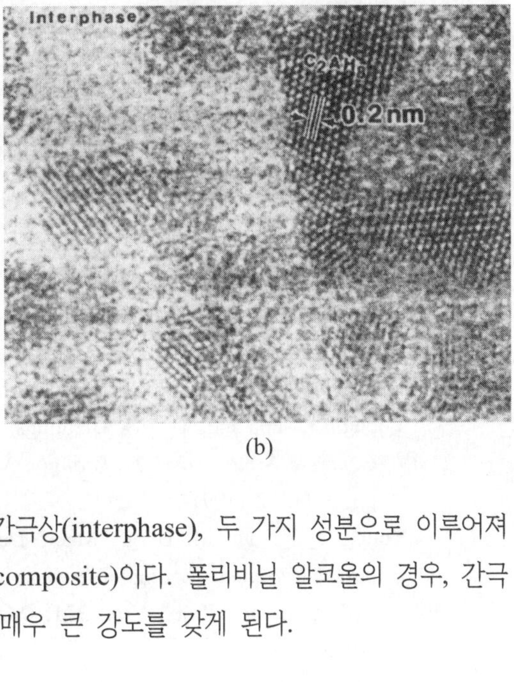

(b)

그림 21.5
투과형 전자현미경으로 관찰한 CAC-PVA 유기세라믹의 미세구조.
(a) 명시야상(bright field image, 일반적인 시각); 화살표로 인터페이스를 표시
(b) 수화시킨 비결정질의 매트릭스의 나노크리스탈에서 보여지는 인터페이스의 고해상도 영상

mortar)이다. 결합재는 교차 결합된 폴리머 상과 간극상(interphase), 두 가지 성분으로 이루어져 있다. 후자가 폴리머와 수화물의 나노복합체(nanocomposite)이다. 폴리비닐 알코올의 경우, 간극상이 폴리머 매트릭스와 연속적으로 서로 엮여서 매우 큰 강도를 갖게 된다.

특성과 용도

유기 세라믹의 가장 주된 특징은 표 21.9에서 볼 수 있듯이 매우 큰 휨강도와 파괴 인성이다. 표 21.9를 통해 폴리머가 유기 세라믹의 효율적인 거동에 도움을 준다는 것을 알 수 있다. 수용성 폴리머로 만들어진 유기 세라믹은 폴리머 매트릭스가 물을 흡수하거나 연화할 때 습기에 보다 민감해진다. 교차 결합이 결국 파괴되면 시멘트는 다시 수화반응이 일어난다. 그러나 유기 세라믹은 높은 습도(상대습도 95% 이상)에 대하여 상당히 안정되어 있고, 표면 처리를 하여 물과의 직접

적인 접촉으로부터 막아주고 있다. 유기 세라믹은 얇은 단면을 가지는 경량 부재에 특히 적합하며, 빌딩의 내장재에 사용된다. 그러나 유기 세라믹이라는 재료가 여전히 생소하고 기존의 건설에서 사용하던 공정과는 상당히 다른 공정을 요구하기 때문에 상업적으로 사용하는 경우는 거의 없다.

참고문헌

일반(General)

ACI Committee 548, "Guide for the Use of Polymers in Concrete, 548.1R-93," *ACI Manual of Concrete Practice*, Part 5, American Concrete Institute, Farmington Hills, MI (2001).

ACI Committee 548, "State-of-the Art Report on Polymer Modified Concrete (548.3R-95)," *ACI Manual of Concrete Practice*, Part 5, American Concrete Institute, Farmington Hills, MI (2001).

Chandra, S., and Y. Ohama, *Polymers in Concrete*, CRC Press, Boca Raton, FL (1994).

Ohama, Y., "Polymer Modified Mortars and Concretes," in *Concrete Admixtures Handbook*, ed. V. S. Ramachandran, Noyes Publ., Park Ridge, NJ, pp. 337-429 (1984).

Ramakrishnan, V., "Latex Modified Concretes and Mortars," *NCHRP Synthesis 179*, Transportation Research Board, Washington, DC (1992).

Walters, P. G., "What are Latexes?" *Concrete International*, Vol. 9, No. 12, pp. 44-47 (1987).

유기세라믹(Organoceramics)

Pushpalal, G. K., D. T. Kobayashi, T. Kawano, and N. Maeda, "The Processing, Properties and Applications of Calcium Aluminate-Phenol Resin Composite," *Cement and Concrete Research*, Vol. 29, No. 1, pp. 121-132 (1999).

Young, J. F., and H. M. Jennings, "Advanced Cement-Based Materials," in *Cement and Concrete Science and Technology*, Vol. 1, Part 1, ed. S. N. Ghose, ABI Books, New Delhi, pp. 346-372 (1991).

Young, J. F., and M. Berg, "Macro-Defect-Free Cement: A Novel Organoceramic Material," in *Better Ceramics Through Chemistry V*, ed. M. J. HamdenSmith, W. G. Klemperer and C. J. Briker, Symp. Proc. Vol. 271, Materials Research Society, Pittsburgh, PA, pp. 609-619 (1993).

Young, J. F., "Recent Advances in the Development of High Performance Cement-Based Materials," in *Materials for the New Millenium*, ed. K. Chong, ASCE, Washington, DC, pp. 1101-1111 (1996).

문제

21.1. 라텍스 개질 콘크리트와 폴리머 함침 콘크리트의 차이점을 설명하라. (a) 공정 기술; (b) 콘크리트 특성

21.2. 서로 다른 종류의 모노머가 PIC의 성능에 어떠한 영향을 미치는가?

21.3. 콘크리트에 있는 기존 공극은 PIC의 특성에 어떠한 영향을 미치는가?

21.4. 교량 구조물에 적용하는 경우, (a) 라텍스 개질 콘크리트와 (b) 폴리머 함침 콘크리트를 사용할 때의 장점은 각각 무엇인가?

21.5. 양생 중과 양생 후에 있어서 수분이 라텍스 개질 콘크리트의 특성에 미치는 영향은 무엇인가?

콘크리트 *Concrete*

CHAPTER 22

섬유보강 콘크리트

Fiber Reinforced Concrete

제 13장에서 설명하였듯이 일반 콘크리트는 매우 낮은 인장강도와 임계인장변형률을 갖는 취성 재료이다. 이러한 단점을 보완하기 위하여 1960년대 후반에 섬유보강 콘크리트를 개발하여 점점 널리 사용되고 있다. 섬유보강 콘크리트란 상대적으로 짧고, 분산된, 불연속적인 섬유를 섞어 만든 콘크리트이다. 일반적으로 약간의 강도를 증대시키지만 콘크리트 강도를 증가시키기 위해 섬유를 첨가하지는 않는다. 섬유의 주된 역할은 섬유보강 콘크리트에 발생하는 균열의 제어이다. 콘크리트 매트릭스가 균열이 발생하기 시작하면 균열을 가로질러 물림작용(bridging)을 일으켜 재료의 거동을 변화시키는 것으로써, 즉 섬유보강 콘크리트의 균열 후 연성 거동을 일으키게 한다.

섬유보강 콘크리트의 사용은 최근에 들어 점점 증가하고 있다. 북미에서는 2001년 7천 6백만 m^3 이상의 섬유보강 콘크리트가 생산되어 주로 지반 위에 직접 시공되는 슬래브에 60%가 사용되었고, 그 외 숏크리트에 25%, 프리캐스트 부재에 5%, 기타 수많은 특수구조부재에 사용되었다. 여러 가지 종류의 섬유가 다양한 섬유보강 콘크리트를 생산하기 위하여 사용되었는데, 가장 널리 사용된 섬유로는 강섬유, 합성섬유(주로 폴리프로필렌), 유리섬유, 탄소섬유, 석면과 셀룰로오스 등이다. 이러한 섬유들은 치수, 특성, 효과 및 가격 측면에서 상당한 차이가 있다. 널리 사용되는 섬유들의 특성은 표 22.1에 나타나 있으며 이러한 섬유의 몇 가지에 대하여 특성을 살펴보면 다음과 같다.

강섬유는 철선 또는 얇은 철판을 절단하여 생산하거나 강철을 압출하여 만든다. 초기의 강섬유는 표면이 거칠지 않았으나, 이러한 경우 시멘트 매트릭스와의 사이에 부착강도를 충분히 일으키지 못하였기 때문에 최근의 강섬유는 시멘트-섬유 부착을 강화시키기 위하여 표면을 이형처리하거나 섬유 끝단에 이형 처리를 하고 있다(그림 22.1). 강섬유가 콘크리트 표면에 노출되는 경우 눈에 띌 정도의 부식이 발생하나 콘크리트 내부에 있을 때는 내구성이 뛰어나다. 때때로 매우 높은 온도, 즉 내열재료를 사용하고자 할 때는 스테인리스 강섬유를 사용하기도 한다. 강섬유의 특성에 대해서는 ASTM A 820(KS F 2564)에 규정되어 있다.

유리섬유는 열이 가해진 백금 탱크나 투관(bushing)에서 용해된 유리를 인발시켜 필라멘트의 형태로 만든다. 일반적으로 204개의 필라멘트를 동시에 인발시키고 그 후 응결시켜 204개의 필

표 22.1 섬유와 시멘트 매트릭스의 대표적 특성

섬유의 종류	*직경 (μm)*	*비중*	*탄성계수 (GPa)*	*인장강도 (GPa)*	*파단할 때의 연신율 (%)*
강섬유	5-500	7.84	200	0.5-2.0	0.5-3.5
유리섬유	9-15	2.60	70-80	2-4	2.0-3.5
석면섬유					
청석면섬유	0.02-0.4	3.4	196	3.5	2.0-3.0
온석면섬유	0.02-0.4	2.6	164	3.1	2.0-3.0
폴리프로필렌섬유	6-200	0.91	5-77	0.15-0.75	15
아라미드섬유	10	1.45	65-133	3.6	2.1-4.0
탄소섬유					
폴리아크릴로니트릴계	7-9	1.6-1.7	230-380	2.5-4.0	0.5-1.5
피치	9-18	1.6-2.15	28-480	0.5-3.0	0.5-2.4
나일론섬유	20-200	1.1	4.0	0.9	13-15
셀룰로오스섬유	-	1.2	10	0.3-0.5	-
폴리에틸렌섬유	25-1000	0.95	0.3	0.08-0.6	3-80
사이잘초	10-50	1.5	13-26	0.3-0.6	3-5
펄프	25-75	1.5	71	0.7-0.9	-
시멘트 매트릭스(비교용)	-	2.5	10-45	0.004	0.02

라멘트를 묶은 가닥을 만든다. 이 가닥은 짤린 섬유 형태로 만들거나 연속 섬유의 형태로 생산되고 있다. 일반적으로 붕규산유리(E-glass)나 실리카유리(A-glass)는 콘크리트의 높은 알칼리에 섬유의 강도가 급속히 감소하므로 콘크리트에 사용하는 것은 부적합하다. 이러한 이유에 의해서 지루코니아(ZrO_2)의 함량이 16~20%인 콘크리트의 높은 알칼리에 저항하는 유리섬유(AR glass

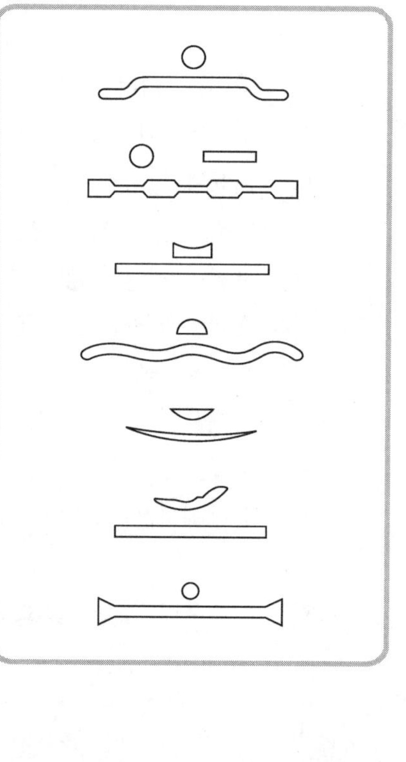

그림 22.1
상용중인 강섬유들의 단면과 형상

fiber)가 개발되었다.

석면섬유는 약 1900년 이후로 석면 시멘트 파이프나 빌딩 부재 및 마감재료 제조에 물과 시멘트를 혼합하여 사용되었다. 석면섬유는 시멘트 매트릭스와의 친화력이 크기 때문에 많은 양을 혼입하여도 분산이 용이하고 경화체에서 섬유-매트릭스의 계면을 강화시키므로, 석면시멘트는 부식과 마모에 큰 저항성을 가지게 된다. 그러나 석면섬유를 생산하고 취급할 때 폐암을 발생할 만큼 건강에 해로운 요인들이 발생한다. 그래서 건강상의 이유와 환경적인 규제로 석면섬유는 셀룰로오스 같은 다른 형태의 섬유로 대체되고 있는 실정이다.

합성섬유는 최근 사용이 증가하고 있다. 대부분의 합성섬유는 콘크리트보다 낮은 탄성계수를 가지고 있다. 합성섬유는 실제 산업 현장에서 상대적으로 낮은 부피비(<0.5%)로 사용되고 있고, 인성과 충격 저항성을 증가시키며 소성수축 균열을 감소시키는데 매우 효과적이다. 비록 나일론 섬유나 폴리에틸렌 섬유도 탄성계수가 낮지만, 폴리프로필렌 섬유는 일반적으로 가장 낮은 탄성계수를 갖는 합성섬유이다. 탄소섬유와 아라미드 섬유는 높은 탄성계수와 인장강도를 갖는 합성섬유이다. 이 섬유들은 섬유보강 콘크리트에서 매우 널리 사용되고 있지만 높은 비용이 사용상의 한계로 지적되고 있다.

사이잘(sisal), 황마(jute), 야자껍질(coir), 부들(elephant grass), 사탕수수 찌꺼기(sugar cane bagasse) 같은 자연적인 유기섬유도 섬유보강 콘크리트에 사용되고 있다. 이 섬유들은 낮은 탄성계수를 가지고 있고 습기가 있는 곳이나 알칼리 환경에서는 탄성계수가 저하되기 쉽다. 개발도상국은 이 섬유를 저 비용의 건자재 제조에 이용하고 있다. 셀룰로오스 섬유는 다른 천연섬유보다 탄성계수와 인장강도가 크기 때문에 석면섬유의 대체용으로 사용되고 있다. 이러한 천연섬유들이 섬유보강 콘크리트에 사용될려면 특별한 전처리 과정이 필요하다.

일반적으로 섬유보강은 보편적으로 사용되는 철근보강과는 개념적으로 서로 다르며 역할도 다르다. 철근은 콘크리트 구조물의 내하력을 증가시키는데 사용되는 반면 섬유는 균열제어에 효과적이다. 섬유는 구조요소들의 성능을 향상시키기 위해서 즉, 콘크리트 구조물에 충격하중이나 지진하중이 작용될 때 철근과 함께 사용되기도 한다.

22.1 정의 (Definitions)

보강섬유의 역학적 특성을 설명하기 전에 먼저 몇 가지 용어에 대한 정의를 하겠다.

1. 형상비 (aspect ratio) = 섬유길이 / 등가섬유직경이다. 여기서 등가섬유직경이란 단면적을 같은 면적의 원으로 치환했을 때의 직경이다. 매트릭스내에서 분산성과 작업성 확보를 위하여 최근에 사용되는 대부분 섬유의 형상비는 대략 50에서 150까지이다.

2. 임계길이(critical length), l_c=매트릭스 균열이 섬유길이 중간 위치에 발생하였을 때 섬유가 뽑혀 나오지 않고 파단이 일어나는 최소 길이이다. 원형섬유에 대해서 표면마찰 전단응력에 의한 임계길이 l_c를 계산하면 다음 식 (22.1)과 같다.

$$l_c = (\sigma_{fu} \cdot r) / \tau_{fu} \tag{22.1}$$

여기서 σ_{fu}는 섬유의 인장강도이고, r은 섬유의 반경, τ_{fu}는 마찰전단강도이다. 그림 22.2에는 전단응력전달에 대한 섬유길이의 영향에 대해서 나타나 있다.

3. 방향계수(orientation factor) 또는 섬유유효계수(fiber efficiency factor)는 임의의 방향으로 배치되어 있는 섬유가 어느 한 방향으로 인장력을 저항할 수 있는 효율을 뜻한다. 이 계수는 적용하는 가정에 따라 달라지며 대략 0.2~1.0의 값을 갖는다.
4. 간격계수(spacing factor)는 만약, 섬유들이 서로 촘촘한 간격으로 있다면 섬유들이 균열단의 응력확대계수를 감소시키기 때문에 복합체의 초기균열강도는 매트릭스의 균열강도보다 크게 되며, 섬유로 인해 파괴가 제어된다. 원주형 섬유에 대한 평균적인 섬유와 섬유사이의 간격은 다음과 같다.

$$S = (Kd) / V_f^{1/2} \tag{22.2}$$

여기서, S는 섬유와 섬유사이의 간격이고 K는 상수, d는 섬유의 지름, V_f는 섬유의 부피

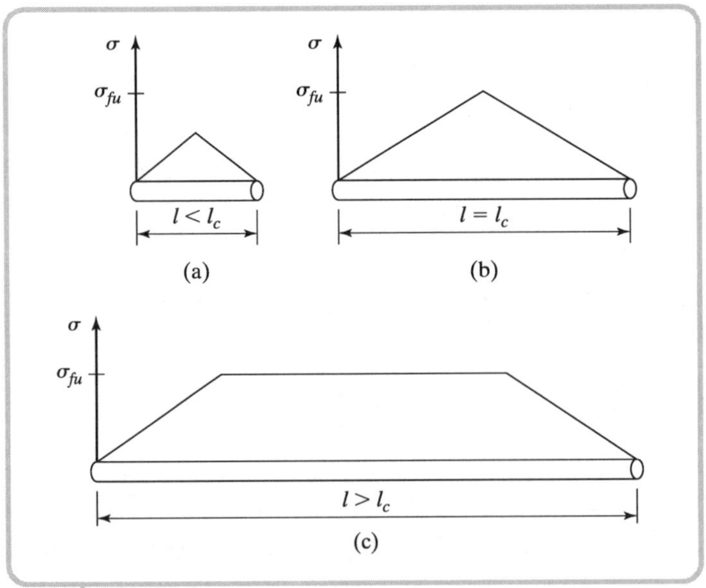

그림 22.2
시멘트 매트릭스내에서 전단응력전달에 대한 섬유길이의 영향

를 나타낸다.

5. 초기균열강도는 섬유보강 콘크리트의 하중-변위 곡선에서 하중이 작용할 때 비선형성이 시작되는 응력을 뜻한다.

22.2 섬유-매트릭스 부착 (Fiber-Matrix Bond)

섬유보강 콘크리트와 같은 합성 구조재료의 역학적 거동은 구성 성분인 섬유와 결합재의 특성에 좌우될 뿐만 아니라 그 두 개의 재료사이의 부착에도 좌우된다. 섬유와 시멘트와의 계면의 성질은 시멘트와 다양한 섬유사이의 화학 반응 등에 의해 특히 복잡하다. 또한 계면의 성질은 시멘트가 수화되고 시간에 따른 부피 변화로 인하여 시간에 따라 변하기도 한다. 일반적으로 굳지 않은 콘크리트의 특성상 섬유 근처의 공간에 물이 생기기 쉽다. 그 이유는 다음과 같다.

1. 섬유 주위의 블리딩에 의해
2. 섬유 표면으로부터 약 50 μm까지 약 10 μm 정도 되는 시멘트 입자들의 불완전한 다짐에 의해

따라서 섬유 표면 가까이에 있는 매트릭스는 섬유에서 떨어져 있는 시멘트 풀보다 많은 공극을 갖는다. 아래 그림 22.3에 모노필라멘트 섬유에 대한 이러한 현상을 보여주고 있다. 섬유의 가닥들이 촘촘히 묶여서 다발을 이루고 있는 다발 섬유(bundled fibers)의 경우는 시멘트 입자들이 각각의 섬유가닥에 침투할 수가 없다. 이러한 재료의 다발섬유 내부는 매트릭스에 부착되어 있지 않으며 바깥 부분의 필라멘트만이 매트릭스에 부착되어 있다.

섬유보강 콘크리트의 배합을 적절히 설계하려면 섬유보강 콘크리트의 주된 파괴가 섬유의 인발에 의해 이루어져야 한다. 왜냐하면, 섬유가 인발될 때가 섬유가 파단될 때보다 큰 에너지를

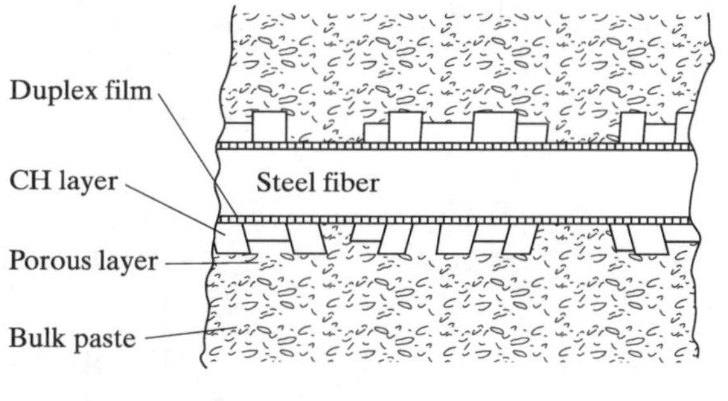

그림 22.3
강섬유보강 콘크리트에서 섬유와 콘크리트의 계면의 모식도

소모하게 되고 이러한 것이 섬유를 더 유용하게 이용하는 것이기 때문이다. 일반적으로 섬유와 매트릭스의 부착은 섬유의 종류에 따라서 다르다고 알려져 있다. 강섬유의 경우 부착은 점착, 마찰, 역학적인 맞물림 작용의 조합으로 되어 있다. 유리섬유의 경우는 여기에 시멘트와 유리사이의 화학적 작용이 더해지며, 화학작용에 의해 발생된 알칼리는 알칼리 저항성 유리섬유에는 덜 하지만, 일반적인 유리섬유를 약하게 만든다. 유기섬유의 경우 부착은 주로 역학적인 맞물림 작용에 의해 이루어진다.

22.3 섬유보강 역학 (Mechanics of Fiber Reinforcement)

앞 절에서 언급하였듯이, 섬유의 주된 역할은 복합체의 변형률이 취성 매트릭스의 최대 변형 능력을 초과할 때 발생되는 균열의 가교역할을 하는 것이다. 섬유의 부피비가 1% 미만인 섬유보강 콘크리트의 응력-변형률 곡선은 그림 22.4와 같다. A는 매트릭스에 균열이 발생하는 초기균열강도를 나타낸다. 일반적으로 초기균열강도는 무근 콘크리트에서 균열이 발생하는 응력과 거의 동일하므로, 무근 콘크리트와 섬유보강 콘크리트의 선분 OA는 같다. 그러므로 섬유는 섬유보강 콘크리트의 강도에는 큰 영향을 미치지 않지만 최고 하중 이후의 인성과 내하력을 상당히 증가시킨다. 균열 후, 섬유는 균열 면에서 하중을 전달함으로써 매트릭스의 강도 이상으로 섬유보강 콘크리트의 강도를 증가시킬 수도 있다. 균열 면에서 물림작용을 하고 있는 섬유가 점차적으로 부착력이 저하되거나 인발되는 과정을 통하여 에너지를 흡수함으로써 복합체의 인성이 증가된다. 섬유보강 콘크리트에서 진전된 균열 주위의 응력장을 그림 22.5에 도식적으로 나타내었다. 그림 22.5의 무 인장저항영역(traction-free zone)은 모든 섬유가 인발될 만큼 충분히 넓은 균열 폭을 갖는 영역, 섬유물림영역(fiber-bridging zone)은 응력이 섬유의 마찰 미끄러짐에 의해서 전달되는 영역, 그리고 미세균열 진행 영역(microcracked matrix process zone)은 골재의 맞물림 작용

표 22.2 매트릭스에서 섬유의 인발강도

매트릭스	*섬유*	*인발강도 MPa*
시멘트 풀	석면섬유	0.8-3.2
	유리섬유	6.4-10.0
	다결정의 알루미나 섬유	5.6-13.6
	강섬유	6.8-8.3
모르타르	강섬유	5.4
콘크리트	강섬유	3.6 (초기균열)
		4.2 (파괴)
	나일론섬유	0.14
	폴리프로필렌섬유	1.0

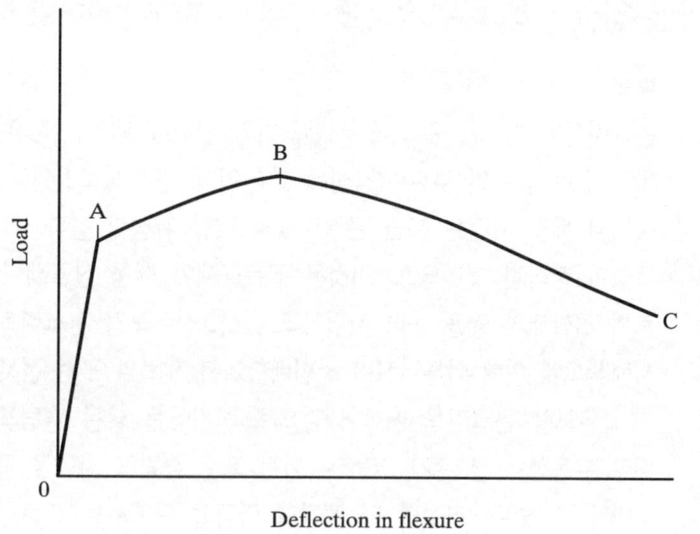

그림 22.4
휨이 작용할 때의 섬유보강 콘크리트의 하중-변위 곡선

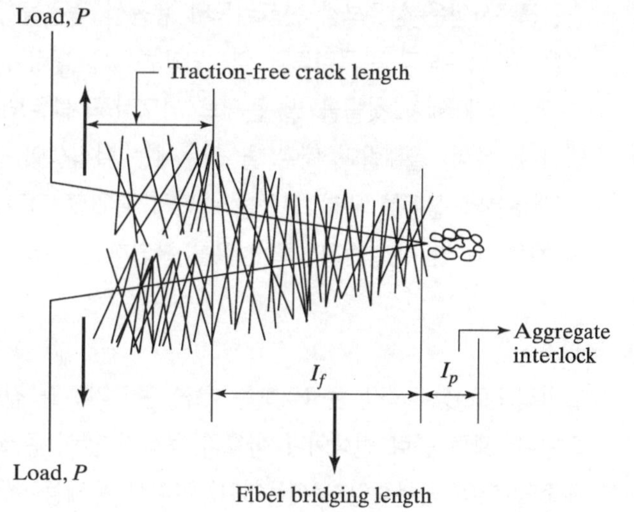

그림 22.5
균열면에서의 섬유물림작용에 대한 모식도

에 의해서 매트릭스 내의 응력이 전달되는 영역을 나타낸다. 응력-변형률 곡선이 감소하는 초반부에는 섬유의 응력이 섬유의 항복응력 이하이므로 섬유의 항복이 발생하지 않는다. 그러나 섬유가 부착을 유지할 만큼 길이가 길면 응력-변형률 곡선의 끝부분 같이 변형률이 높은 구간에서 항복이나 파괴에 의해서 섬유가 끊어질지도 모른다.

22.4 섬유보강 콘크리트의 제조 (Fabrication of FRC)

배합

콘크리트의 특성은 주로 물-시멘트비와 단위 시멘트양에 의해 좌우되므로 현재 실용적으로 사용되고 있는 섬유의 부피비(강섬유 1% 이하, 폴리프로필렌섬유 0.5% 이하)에 대한 섬유보강 콘크리트의 배합 과정은 무근 콘크리트의 배합 과정과 같다. 그러나 섬유를 추가하면 콘크리트의 유동성이 저하될 것이므로, 이것은 굵은골재에 대한 잔골재비를 높이거나 포졸란 재료를 첨가함으로써 결합재의 양을 늘려 해결하고 있다. 섬유보강 콘크리트의 배합은 무근 콘크리트의 배합처럼 시행착오에 의해 이루어지며 시험배합에서 재료의 구성 성분을 적절히 조절하여 배합하여야 한다.

섬유보강 콘크리트 배합이 겉으로 보기에는 낮은 슬럼프 값을 갖더라도 현장에 적용할 때는 매우 유동성이 클 수가 있는데, 이는 표준 슬럼프 시험을 통하여 유동성이 적절하지 못한 배합을 찾아낼 수 있다. 타설할 때 적당한 다짐을 위해서는 진동을 주어야 하기 때문에, 섬유보강 콘크리트를 배합할 때 진동이 주어지는 유동성 시험이 슬럼프 시험보다 유동성 측정에 더 적절하다. 그래서 유동성 시험에는 베베시험과 역슬럼프콘시험(inverted slump cone test)이 사용된다. 역슬럼프콘시험은 섬유보강 콘크리트의 유동성 측정을 위해 특별히 개발되었으며, 내부에서 진동이 있을 때 섬유보강 콘크리트가 역슬럼프콘으로 흘러나오데 걸리는 시간으로 결정된다.

유동성에 대한 것들을 별 문제로 하더라도 섬유보강 콘크리트의 다짐에 대한 것이 더 어려운 일이다. 특히, 골재량이 매우 클 경우에는 다짐성이 급격히 감소한다.

대부분의 섬유를 외부 진동을 주면서 혼입할 지라도 이 방법을 현장에 적용할 때는 실용적이지 못할 수 있다. 일반적으로 섬유를 혼입하면 콘크리트의 블리딩이 감소하고 점착력이 증가한다.

제조

일반적으로 섬유보강 콘크리트는 무근 콘크리트와 같은 장비를 사용하고 같은 절차에 의해서 제조된다. 재료 분리 현상이나 섬유의 뭉침이 없이 콘크리트에 균일하게 섬유를 분산시키는 것들이 제조할 때의 근본적인 문제들이다. 이러한 문제들은 섬유의 형상비, 섬유의 부피비, 골재의 최대 크기가 증가할수록 커진다. 강섬유는 뭉치기가 쉽기 때문에 섬유가 뭉쳐지지 않을 배합 상태에서 투입되어야 한다. 트럭 비빔 콘크리트는 콘크리트가 묽은 상태일 때 강섬유를 투입해야 하고 섬유를 분산시키기에 적당한 드럼의 속도는 30~40회이다. 또한 컨베이어 벨트를 이용하여 배합에 골재가 투입되는 과정에서 섬유는 컨베이어 벨트의 골재 위에 투입될 수도 있다. 일반적으로 나란한 판상강섬유(collated steel fibers)가 사용되는데 이 섬유는 물에 녹는 분산제를 갖고 있어서 배합하는 동안 이 분산제가 녹으면서 섬유의 뭉침을 없애준다. 폴리프로필렌 섬유를 0.2% 이상 콘크리트에 첨가하는 것은 유동성 문제 때문에 어려운 일이다. 그러나 단상 형태의 합성섬유는 적어도 부피비 0.5% 이상은 첨가될 수 있다.

섬유보강 콘크리트는 무근 콘크리트와 유사한 방식으로 타설될 수 있다. 비록 배합이 매우 된 비빔이 될지라도 배합설계를 적절히 하고 진동을 준다면 유동성을 갖게 될 것이다. 또한 펌프 압송에 의한 타설도 충분히 가능하다. 최근에는 터널 라이닝이나 표면 보수에 주로 사용되는 섬유보강 숏크리트에 강섬유가 사용되고 있다. 특히 터널 라이닝을 할 때 이 기술의 장점은 작업자의 안전을 위해서 로봇을 이용하여 타설할 수 있고, 지지층에 철망을 대고 타설하는 무근 숏크리트와는 달리 철망 없이 타설 할 수 있다. 부피비 3% 이상의 섬유를 투입하려면 압출 기술을 사용하여야 하고, 이러한 기술로 만들어진 복합체는 고강도, 고인성을 가진다.

얇은 판 형태의 유리섬유보강 콘크리트를 만들기 위하여 스프레이법이 사용되었다. 특별히 제조된 펌프나 스프레이건을 사용하여 섬유를 절단하여 시멘트 슬러리와 동시에 혼합해 형틀 내에 뿜어 붙인다. 이 방법은 탄소섬유나 다른 합성섬유에도 사용될 수 있다. 이 기술을 사용하면 부피비 10% 이상의 섬유도 투입할 수 있다. 연속섬유나 필라멘트를 사용하는 감는 방법(filament winding)은 섬유를 방향성을 갖고 배열시키기에 효과적이다. 이 방법은 섬유를 시멘트 슬러리에 통과시키고 원하는 두께를 얻기 위해서 슬러리 및 짧게 절단된 섬유를 추가하여 그 위에 뿜어 붙인다. 이 방법으로는 부피비 15% 이상의 섬유를 혼입할 수 있다.

부피비 5% 이상의 섬유가 혼입된 섬유보강 콘크리트를 제조하기 위한 두가지 이상의 기술들이 있다. SIFCON(slurry infiltrated fiber concrete)은 거푸집내에 먼저 섬유를 분산하여 뿌려두고 거기에 미분말의 모르타르 슬러리를 투입시켜 제조된다. SIMCON(slurry infiltrated mat concrete)은 시멘트 슬러리에 강섬유 매트를 투입시켜 제조된다. 이 두 가지 재료는 매우 큰 휨강도와 인성을 얻을 수 있지만, 섬유 비용이 고가인 것이 단점이다. 그러나 특별한 보수나 폭발하중에 견딜 필요가 있는 경우에는 이 재료를 이용하는 것이 훨씬 효과적이다.

22.5 섬유보강 콘크리트의 특성 (Properties of Fiber Reinforced Concrete)

강도

일반적으로 사용되는 섬유의 부피비 범위 내인 경우에는 강도는 크게 차이가 나지 않는다. 섬유를 혼입하면 강도가 증가되기도 한다고 보고되고 있기는 하지만 일반적으로 섬유보강에 의해 강도는 크게 증가하지 않는다. 이것은 압축에 대한 그림 22.6과 휨에 대한 그림 22.7에 잘 나타나 있다. 직접 인장이 작용할 때는 섬유를 혼입하면 강도가 크게 증가하고, 부피비 1.5%의 강섬유를 혼입하면 강도가 약 30% 정도 증가한다는 것이 그림 22.8에 나타나 있다. 만약 강도를 증가시키기 원한다면 물-시멘트비를 감소시키는 방법으로 배합설계를 다시 하면 된다.

또한 섬유는 콘크리트의 전단강도나 비틀림강도에 크게 영향을 미치지 않고, 탄성계수에도 특별

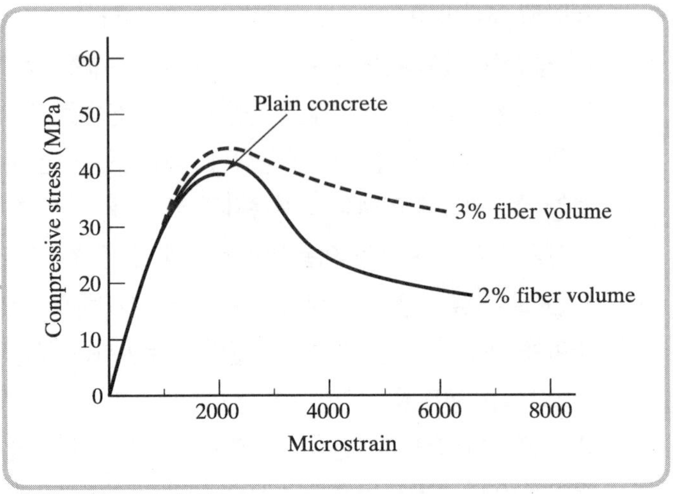

그림 22.6
강섬유보강 콘크리트에서 압축이 작용할 때의 응력-변형률 곡선
[RILEM Technical Committee 19-FRL, *Materials and structures (Paris)*, Vol.10, No.56, pp.103-120(1977).]

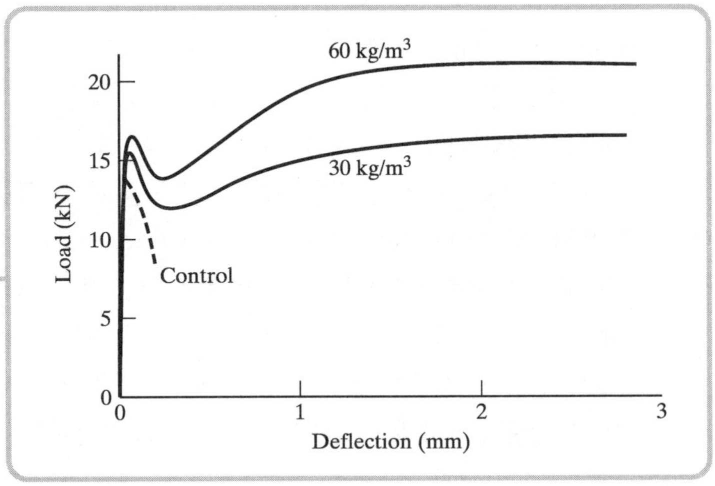

그림 22.7
섬유혼입률에 따른 하중-변위 곡선: 끝단이 이형 처리된 50 mm 길이의 섬유 사용
[P. N. Balaguru and S. P. Shah, Fiber-Reinforced Cement Composites, McGraw-Hill (1992).]

한 영향이 없다.

인성(toughness)

섬유의 주된 역할은 콘크리트의 진전된 균열 면에서 가교역할을 하는 것이다. 만약 섬유가 충분한 강도와 강성을 가지고 있고 매트릭스와 충분히 부착되어있다면 균열 폭을 작게 유지하려고 할 것이고, 변형률 연화 구간에서 섬유보강 콘크리트가 큰 응력을 가지게 될 것이다. 그래서 섬유는 균열 후에 상당한 연성을 유지시켜준다. 다시 말해 섬유는 섬유보강 콘크리트의 인성을 증가시킨다. 여기서 인성은 실험체의 정적 실험에 의해서 얻어지는 하중-변위 곡선의 아래면적을 의미하고, 이 면적으로 섬유보강 콘크리트의 에너지 흡수 능력을 측정할 수 있다.

그림 22.6, 22.7, 22.8에서 알 수 있듯이 섬유의 첨가는 콘크리트 강도를 크게 증가시키지는

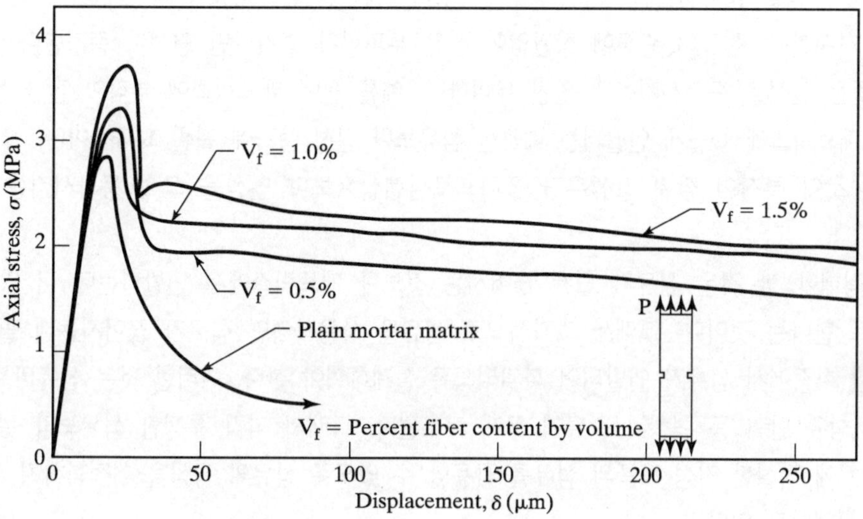

그림 22.8
직접인장이 작용할 때의 모르타르와 강섬유보강 콘크리트의 응력-변위 곡선 [ACI Committee 544, Fiber Reinforced Concrete, ACI 544.1R-96, American Concrete Institute, Farmington Hills, MI (1996).]

Schematic	Fiber	Material	Geometry	Length, mm	Cross section	Tensile strength, MPa	Elastic modulus, GPa
	F1	Polyolefin	Undeformed	50	Circular	365	2.6
	F2	Polypropylene	Sinusoidal crimping	30	Circular	450	3.5
	F3	Polypropylene	Sinusoidal crimping	50	Circular	450	3.5
	F4	Steel	Flat-ended	30	Circular	1198	200

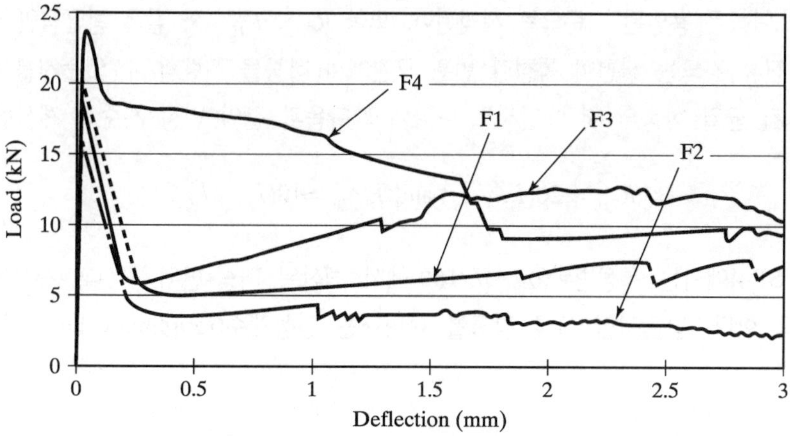

그림 22.9
다양한 섬유로 만들어진 섬유보강 콘크리트의 휨거동 특성 [V. Bindiganavile and N. Banthia, "Polymer and Steel Fiber-Reinforced Cementitious Composites under Impact Loading -Part I: Bond-Slip Response," ACI Materials Journal, Vol. 98, No. 1, pp. 10-16 (2001).]

않지만, 인성을 증가시키는 데는 효과적이다. 증가된 인성은 하중-변위 곡선의 연화 구간이 대부분을 차지한다. 섬유의 종류에 상관없이 섬유 부피비가 증가하면 인성이 증가한다. 그러나 어떤 섬유들은 인성을 증가시키는데 훨씬 유리하다. 예를 들어 매트릭스에 부착이 잘 되는 이형 섬유들은 매트릭스에서 쉽게 인발되는 매끈한 섬유보다 인성 증가에 훨씬 효과적이다. 그림 22.9에서 나타나듯이 부착이 잘된 강섬유가 폴리프로필렌섬유보다 인성을 크게 증가시키는 것을 알 수 있다.

명심해야 할 것은 섬유가 쉽게 끊어지는 것보다 매트릭스에서 인발되는데 더 많은 에너지를 필요로 한다는 것이다. 그래서 효과적으로 섬유를 사용하려면 섬유가 끊어지는데 필요한 하중과 유사한 하중에서 섬유가 인발되어 파괴되도록 설계하여야 한다. 이러한 것은 섬유의 길이, 표면거칠기, 섬유 단면 등 형상과 종류에 크게 좌우된다. 그래서 각각 특정한 섬유보강 콘크리트에 대해서 그에 적절한 기성 제품의 섬유를 사용할 수 있도록 섬유의 특성을 최적화하기 위한 많은 연구가 진행되고 있다.

섬유보강 콘크리트는 주로 휨하중에 저항해야 할 부재에 사용되므로 인성은 일반적으로 휨하중이 작용할 때 측정된다. 휨 인성과 잔류 강도를 측정하는 대표적인 방법(KS F 2566)은 ASTM C 1018(그림 22.10a)와 일본 토목학회 지침 JSCE SF-4(그림 22.10b)에 나타나 있다. 두 가지 시험법에서 몰드로 만들어지거나 절단하여 만든 시편[일반적인 시편의 치수는 100×100×350 mm]에 4점 휨시험법 혹은 3점 휨시험법으로 하중이 천천히 가해지고, 하중과 중앙부의 변위가 정확히 측정된다. 추가적으로 ASTM C 1399에는 섬유보강 콘크리트의 잔류 강도를 측정할 수 있는 시편들에 대한 규정이 되어 있다.

ASTM C 1018의 I_5, I_{10}, I_{20}과 같은 인성지수들은 그림 22.10a와 같이 계산되고, 이 지수들 중에 하나 이상은 용인된 기준으로 지정된다. 또한 $R_{5,10}$, $R_{10,20}$과 같은 평균적인 균열 후 하중을 나타내는 잔류 강도는 시편이 특정한 변위 구간에서 하중을 지탱할 수 있는지를 나타낸다. 잔류 강도는 초기 균열 하중의 몇 %인지로 나타내고 다음과 같이 인성 지수로 계산될 수 있다.

$$R_{5,10} = 20(I_{10} - I_5) \text{ and } R_{10,20} = 10(I_{20} - I_{10}) \tag{22.3}$$

JSCE SF-4에서는 특정변위($\delta_{tb} = L/150$)에서 계산된 하중-변위 곡선의 계산된 아래 면적을 인성이라고 한다. 평균적인 잔류 강도를 나타내는 인성계수(toughness factor)는 다음과 같이 계산된다.

$$\text{toughness factor} = \text{toughness} \times L/(BH^2 \times \delta_{tb}) \tag{22.4}$$

여기서 기호들은 그림 22.10b에 정의되어 있다.

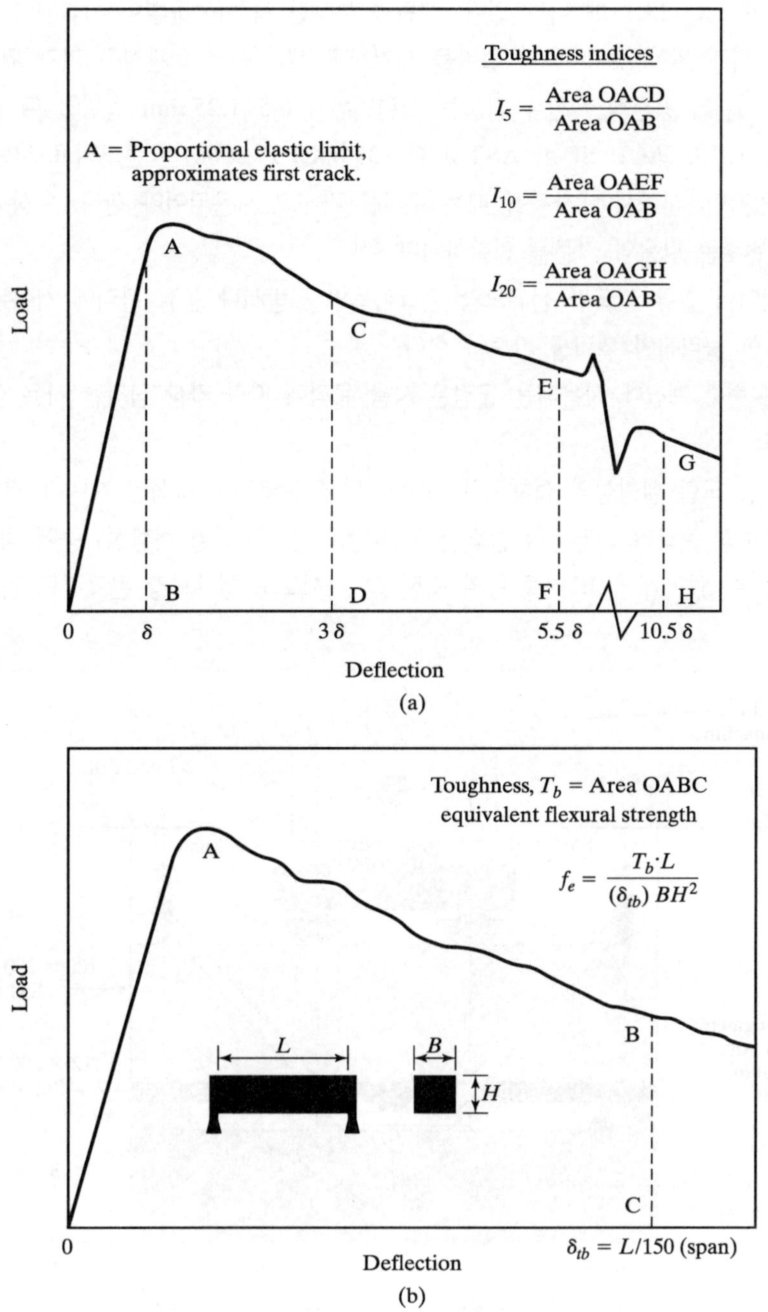

그림 22.10

하중-변위 곡선에서 (a) ASTM C 1018과 (b) JSCE SF-4에 따른 인성변수들에 대한 정의

ASTM C 1399에서는 콘크리트 시편에 철판을 부착하여 휨을 가하여 균열을 발생시키는 표준 시험법이 그림 22.11에 나와 있다. 철판을 부착한 목적은 균열이 시작되었을 때 시편의 완전한 파괴를 막기 위한 것이다. 이 철판을 제거하고 재하중-처짐 관계를 얻기 위하여 시편에 다시 재하한다. 시편의 평균적인 잔류 강도는 시편변위가 0.5~1.25 mm 범위일 때 값으로 계산한다. ASTM C 1018, JSCE SF-4, ASTM C 1399(KS F 2566)는 콘크리트 시방서를 쓸 때는 사용될 수 있지만, 시방서에 사용될 때는 주의를 가지고 사용되어야 한다. 이상적으로는 인성이나 잔류강도 변수는 다음의 기준을 만족하여야 한다.

1. 인성이나 잔류 강도가 섬유보강 콘크리트의 시방서나 품질 관리에 사용된다면 기본적으로 중요한 물리적인 의미를 가져야 한다.
2. 인성 변수 계산에 사용되는 끝점은 사용 목적에 따라 가장 심각한 사용 상태를 반영하여야 한다.
3. 배치별 또한 실험실의 정확도의 차이에 따른 콘크리트 특성은 차이가 거의 없어야 한다.
4. 섬유보강 콘크리트 거동의 중요한 특성(강도, 인성, 균열 저항성) 중에 적어도 하나가 정량화될 수 있어야 하고 하중-변위 곡선 그 자체로도 섬유보강 콘크리트 거동의 특성이 반영

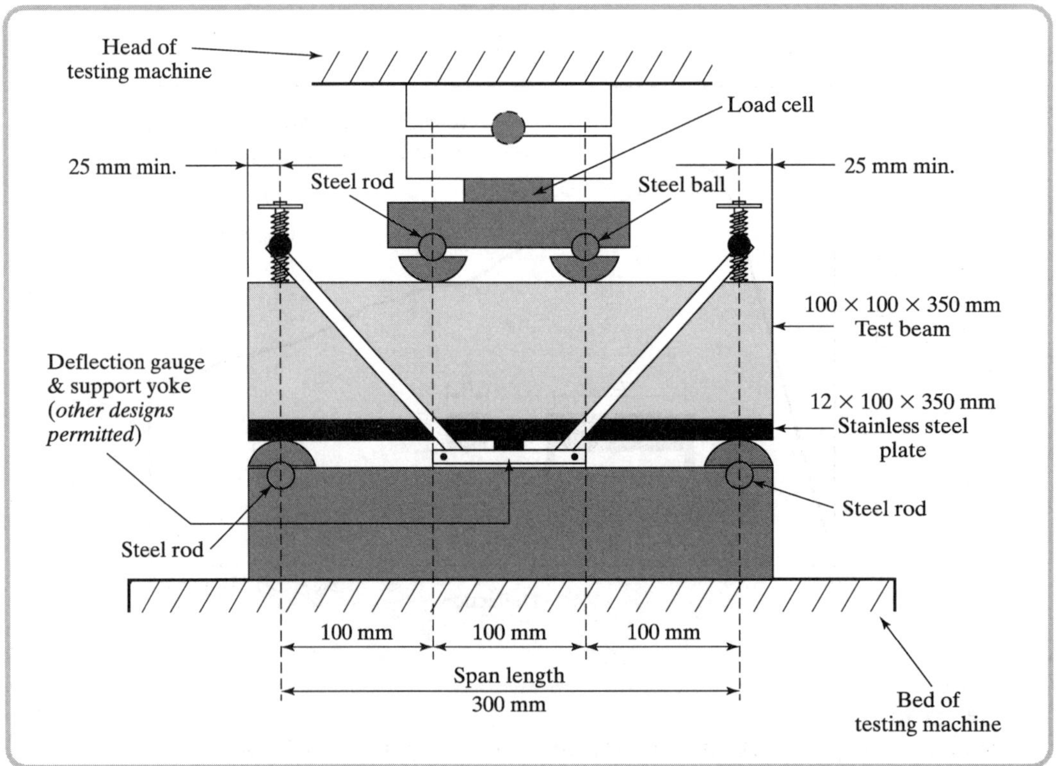

그림 22.11
ASTM C 1399에 따른 섬유보강 콘크리트의 잔류강도 측정 장치

되어야 한다.

5. 시편의 크기와 치수에 좌우되지 않아야 한다.

ASTM과 JSCE의 인성 시험은 이 기준들을 다 만족시키지는 못할 수도 있고, 이러한 시험법을 사용할 때 여러 가지 어려운 문제에 부딪힐 수 있다는 것을 이해할 필요도 있다.

ASTM C 1018의 한계점

1. 하중-변위 곡선은 인성지수들의 계산에 사용되므로 정확히 측정되어야한다. 초기 균열이 발생하는 점의 변위는 매우 작기 때문에 실험체가 놓여있는 받침점이나 기계의 변형 때문에 발생하는 외적인 변형이 보상되어야 한다. 만약 외적인 변형을 보상하지 않으면, 인성지수를 잘못 계산할 수 있다. 외적인 변형은 특별한 재하 장치(JSCE SF4에서 "Japanese yoke"라고 불리는 장치)를 이용하거나 시편의 중앙에 설치된 다이얼게이지의 변위에서 실험체의 받침점 부분에 설치된 다이얼게이지의 변위를 빼서 보정할 수 있다. 삼점 휨시험에 대한 초기균열 변위가 정확한 지를 신속하게 검토하려면 초기균열에 대하여 탄성거동을 한다고 가정하여 계산된 값과 비교할 수도 있다. 변위는 다음과 같이 계산할 수 있다.

$$\delta = \frac{23PL^3}{1296EI}\left[1+\frac{216D^2(1+v)}{115L^2}\right] \qquad (22.5)$$

   여기서 P는 초기 균열 하중이고, L은 경간, E는 섬유보강 콘크리트의 탄성계수, I는 단면 2차모멘트, D는 시편의 깊이, v는 포아송비를 나타낸다. 만약 측정된 변위 값과 계산된 값이 수 % 이상 차이가 나면 변위 측정에 문제가 있었다는 것을 의미한다.

2. 인성 변수들은 초기 균열이 발생된 점을 어떻게 결정하는가에 의해 좌우된다. 그러나 특히 고인성 섬유보강 콘크리트의 경우 초기 균열이 발생된 점을 명확하고 정확하게 결정하는 것은 어려운 일이다.
3. 인성이 낮은 섬유보강 콘크리트에 대하여 변위제어시스템이나 굉장히 강성이 큰 만능시험기를 사용하지 않고 하중-변위 곡선을 측정하면 불안정 상태가 발생하기도 한다. 이러한 경우 측정된 인성 지수 I_5, I_{10}, I_{20}과 잔류 강도계수들은 쓸모가 없게 되고, 위와 다른 재하시스템을 사용하면 계산된 값과 크게 차이가 날 것이다.
4. 인성 변수들은 시편의 치수에 따라 변한다.
5. ASTM 인성변수들은 초기 균열 발생점을 결정하는 방법이 다양하고 앞에서 언급한 불안정 상태에 의해서 발생되는 어려운 점 때문에, 섬유의 혼입량과 종류에 따라서 구분지을 수 있을 만큼 정확도를 갖지 못하는 경우도 있다.

JSCE SF-4의 한계

1. 인성 변수는 시편의 치수에 따라 달라진다.
2. 이 시험 방법은 인성변수들을 계산하는 분산 접근법(smeared approach)을 제시하기 때문에 변수들은 하중-변위 곡선에서 균열 전 거동과 균열 후 거동이 다르더라도 인성변수의 차이를 나타낼 수는 없다. 즉 하중-변위 곡선이 매우 다른 섬유보강 콘크리트 배합에서도 JSCE에 의해 계산된 변수들은 유사하게 나타날 수도 있다.
3. 시험에 사용된 고정 단부($L/150$)는 하중-변위 곡선의 특성을 반영하지 못하고, 서로 다른 변위/사용성 조건에서 사용할 수 없다.
4. 변수들은 약 재령 60일까지는 재령에 따라 변한다.
5. 반면에, 재하 시스템 또는 받침점 변위 등과 같은 외부의 변위 등은 JSCE에 의한 변수값에 거의 영향을 미치지 못한다. 그리고 앞에서 언급했던 하중-변위 곡선의 불안정도 계산 결과에 약간의 영향을 미칠 뿐이다.
6. 더욱이 서로 다른 섬유량이나 섬유 종류에 따른 JSCE 변수값들은 ASTM 변수값들보다 보통 더 민감하게 반응한다.

ASTM C 1399의 한계

1. 섬유보강 콘크리트의 종류에 따라, ASTM C 1399의 재하 시스템으로 얻는 기존균열(precrack)은 어느 정도 길이에 따라서 다를 수 있다. 따라서 서로 다른 섬유보강 콘크리트 보에서 잔류 내하력을 비교하기가 어렵다.
2. 간단한 보 이론은 균열단면의 강도를 계산하는데 사용하기가 적절하지 않다. 그래서 ASTM에 의해서 결정된 잔류강도가 의미하는 바가 명확하지 않다.

   그러므로 어떠한 경우, ASTM 또는 JSCE 시험 방법으로 구한 결과들을 해석하는 것은 어려운 일이다.

템플릿(Template) 접근법. 섬유보강 콘크리트를 규정하는데 사용하는 템플릿 접근법을 제안한다. 이 방법을 사용해서, 100×100×350 mm의 표준 시험체를 사용하는 휨 실험에 대해 표 22.3에 나타난 것처럼 인성 성능수준을 정의할 수 있다. 이러한 인성 성능수준은 그림 22.12와 같이 그래프로 표현할 수 있다. 그렇게 되면 인성 성능수준 I, II, III과 IV는 성능 수준이 증가함을 나타낼 것이다. 또한, 섬유보강 콘크리트가 필요한 인성 성능수준을 만족하는지 아닌지를 알기 위해서 템플릿 접근법과 실제 하중-변위 곡선을 비교하기만 하면 될 것이다. (물론, 설계자는 원한다면 자신들만의 템플릿 접근법을 만들 수 있다.) 이 방법의 장점은 하중-변위 곡선에서 0.5 mm 변위를 넘어서는 곡선의 정확한 형태를 고려하지 않기 때문에 첫 번째 균열의 위치, 외부 받침점

표 22.3 템플릿(template) 접근법을 사용하는 인성 성능수준 [100×100×350 mm 시편]

인성 성능수준	*변위에 대한 잔류 휨강도 (설계 휨강도에 대한 비율)*	
	경간의 1/600(0.5 mm)	*경간의 1/150(2.0 mm)*
0	섬유보강을 하지 않았을 때	
I	15%	5%
II	30%	15%
III	50%	30%
IV	70%	45%

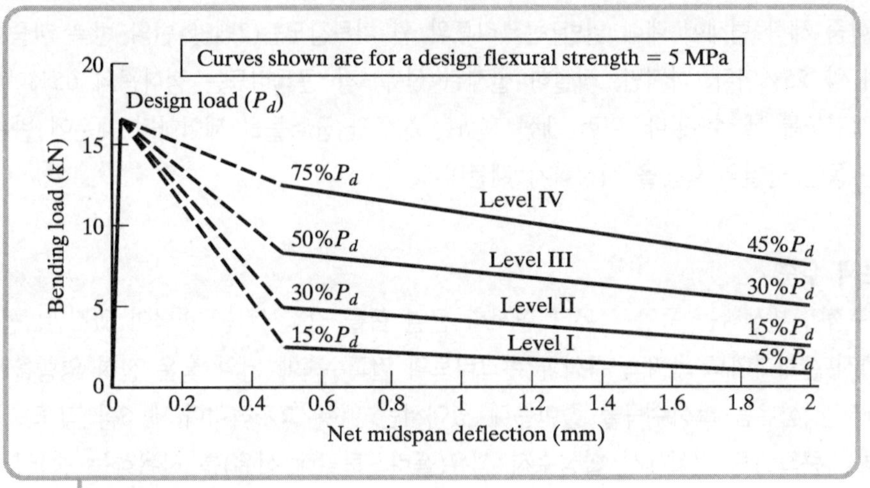

그림 22.12
잔류강도로 인성을 예측하는 템플릿(template) 접근법

등에서 변위의 발생 또는 측정된 하중-변위 곡선의 정확성에 민감하지가 않다는 것이다.

지금도 섬유보강 콘크리트의 인성을 어떻게 정의해야 하고 어떻게 측정해야 하는지에 관한 중요한 논쟁이 계속되고 있다. 따라서 독자들은 이러한 지수들을 구하기 전에 최근의 실험 기준과 섬유보강 콘크리트의 특성들을 충분히 고려하여야 한다.

충격 저항성(Impact Resistance)

일반 콘크리트의 충격 저항성은 매우 작지만, 섬유를 첨가함에 따라 급격하게 수십 배 이상으로 증가될 수 있다. 강섬유와 탄소섬유는 이런 점에서 합성섬유보다 더 효과적이지만, 모든 섬유들은 파괴에너지와 충격을 받을 때의 최고 하중(peak load), 이 두 가지 값 모두를 증가시킨다. 아직까지 섬유보강 콘크리트에 대하여 "표준" 충격시험 방법은 없지만, 샤르피 충격시험(Charpy pendulum test), 낙중시험(drop-weight)과 폭발 재하 실험(explosive loading tests)과 같은 여러 가지 실험들이 비슷한 결과를 나타내고 있다. 충격 실험의 경우 정적인 실험처럼 몇 분 내에 파괴되는 것이 아니라 몇 천분의 1초 내에 파괴가 발생한다. 이런 충격 실험과 유사하게 빠른 재하속도에서 실험을 하면 대부분의 섬유가 인발되는 것이 아니라 끊기는 현상이 많이 일어난다. 이것은 섬유들의 부착 특성과 관계가 있는데 현재 충격 하중이 작용할 경우에 대한 최적의 섬유 형상을 알아내기 위한 수많은 연구들이 수행되고 있다.

충격 저항성과 관련하여 일반적으로 섬유의 혼입으로 마모 저항성과 패임 손상에 대한 콘크리트의 저항성 역시 개선할 수 있다고 알려져 있다.

피로(Fatigue)

모든 하중 재하 형태에 대해 일반 콘크리트의 휨 피로강도는(2백만 번의 반복 하중 이상)정적인 강도의 약 55%이다. 하지만, 적절히 설계된 섬유보강 콘크리트는 정하중의 65%에서 90%까지의 피로강도를 낼 수 있다. 이런 개선 효과는 섬유가 균열들을 제어하기 때문에 반복 하중이 작용하는 동안 균열의 확장을 저지하기 때문이다.

크리프와 수축

비록 수축이 발생하는 동안 섬유가 현저히 균열 폭을 감소시키는 경향이 있지만, 섬유의 부피를 1% 까지 혼합하여도 크리프 특성과 콘크리트의 건조수축에 거의 혹은 전혀 영향을 미치지 못한다. 하지만 섬유는 소성수축을 줄이는데 있어서는 매우 효과적이다(제 6장 참조). 이것은 최근 섬유보강 콘크리트 건설에서 합성수지 섬유(폴리프로필렌 섬유)를 사용하는 중요한 이유이기도 하다.

내구성

콘크리트를 어떤 특정한 목적을 위해 사용하고자 할 때, 이 콘크리트가 적합한 지를 결정하는 요소 중에서 강도만큼 내구성도 중요하다. 일반적으로 내구력이 있는 콘크리트는 조밀하여 침투하기 힘들어야 한다. 비록 침투 저항 능력의 증가 정도는 전체적인 콘크리트의 내구성에 현저한 영향을 가질만큼 충분히 크진 않지만, 제조가 잘 된 섬유보강 콘크리트는 순수한 콘크리트보다 침투 저항 능력이 다소 크다고 알려져 있다.

합성섬유는 부식에 영향을 받지 않는다. 물론, 강섬유는 부식을 한다. 하지만 좋은 품질의 섬유보강 콘크리트에 일어나는 부식은 콘크리트의 "표면"에 국한된다. 이는 콘크리트 내부의 섬유는 염기성 환경에서 보호되기 때문이다. 그러므로 부식은 강섬유조차 단지 표면에서만 영향을 준다. 만일 특정 적용 상황에서 표면의 부식도 문제가 된다면, 비록 가격은 상당히 상승하지만 스테인리스섬유를 사용할 수 있다.

이 장의 앞에서 언급하였듯이 보통의 E-glass(붕규산유리)는 알칼리 환경에서 해를 입으며, 알칼리 저항 유리섬유로 만들어진 섬유보강 콘크리트도 시간이 지남에 따라 어느 정도 성능이 감소되는 경향을 보이고 있다. 자연적인 유기섬유는 알칼리 박테리아, 진균류에 의해 해를 입기가 쉽기 때문에 섬유보강 콘크리트의 재료로 사용하려면 섬유에 특별한 처리 과정이 필요하다.

22.6 섬유보강 콘크리트의 적용 (Applications of FRC)

비록 섬유는 콘크리트의 많은 특성들을 향상시킬 수 있지만, 불실한 콘크리트에 대한 만병통치약은 아니다. 부실한 섬유보강 콘크리트는 불실한 일반 콘크리트보다 더 좋지 않다. 그것은 단지 조금 더 비쌀 뿐인 것이다. 그 뿐 아니라, 섬유가 사용되기 전에 배합설계(예를 들면, 물-시멘트비 감소)나 시공 순서를(예를 들면, 콘크리트의 양생기간 연장) 변화시켜 요구되는 콘크리트의 특성을 충분히 향상시킬 수 있는지를 검토하여야 한다. 비용이 증가됨에도 불구하고, 섬유는 최근 콘크리트 기술에 중요한 역할을 한다. 강섬유보강 콘크리트는 포장도로와 고속도로, 항공 활주로 덧씌움 등의 분야에서 두께와 균열을 줄이는데 광범위하게 사용되고 있다. 또한 강섬유 섬유보강 콘크리트는 점차적으로 터널 라이닝(섬유 숏크리트로 적용)과 보수에도 보편화되고 있다. 폴리프로필렌 섬유보강 콘크리트는 소성수축에 의한 균열을 감소시키고, 물에 잠겨있는 구조물의 방수성과 콘크리트의 인성을 향상시킬 목적으로 많이 사용되고 있다. 다른 종류의 섬유도 특별한 목적으로 사용되고 있다.

섬유보강 콘크리트의 구조부재에 적용

섬유는 단순히 콘크리트에 이때까지 사용되고 있는 철근 대신으로 사용될 수는 없다. 그러나 철근과 같이 사용하여 철근콘크리트 구조물과 구조물 부재의 성능 향상을 가져온 사례들이 많다. 섬유는 균열물림 역할 뿐 아니라 철근과 콘크리트사이의 부착을 증가시키므로 철근과 같이 효과적 역할을 한다. 예를 들면, 섬유는 철근콘크리트 구조물이 지진하중에 대한 저항력을 향상시키는데 사용되어 왔다. 또한, 섬유는 보와 기둥의 전단 거동을 향상시킬 수 있다.

불행히도 2002년까지 섬유는 실용적인 구조물 응용에 사용된 적이 거의 없다. ACI 318과 같은 대부분 구조설계기준들이 콘크리트 강도를 설계의 기준으로 정했기 때문이다. 현재의 설계기준은 단순히 인성만을 다룰 수 없으며, 균열 후 거동보다 구조물이 받을 수 있는 최대하중을 고려하고 있다. 섬유는 균열 후 거동 상태에서 가장 효과적인 역할을 하므로, 섬유가 철근과 같이 구조물 설계에 사용될 때에는 설계기준의 큰 변화가 필요하다. 섬유보강 콘크리트 설계기준에 대한 분야는 더욱 많은 연구와 발전이 필요한 분야이다.

참고문헌

ACI Committee 544, "Fiber Reinforced Concrete, ACI 544.1R-96," *ACI Manual of Concrete Practice*, Part 5, American Concrete Institute, Farmington Hills, MI(2001).

Balaguru, P.N., and S.P.Shah, *Fiber Reinforced Cement Composites*, McGraw-Hill, Inc.(1992).

Bentur,A., and S.Mindess, *Fiber Reinforced Cementitious Composites*, Elsevier Applied Science, London and New York(1990).

Structural Applications of Fiber Reinforced Concret, eds. Banthia, N.,C.MacDonald, and P.Tatnall, ACI SP-182, American concrete Institute, Farmington Hills, MI(1999).

문제

22.1. 콘크리트에 섬유를 혼합하는 이유는 무엇인가?

22.2. 다음 (a)~(d)의 경우에서, 섬유는 콘크리트의 강도에 어떠한 영향을 미치는가? (a) 인장이 작용할 때, (b) 압축이 작용할 때, (c) 휨이 작용할 때, (d) 충격하중이 작용할 때

22.3. 섬유보강 콘크리트에서 균열이 진전할 때 섬유는 어떠한 작용을 하는가?

22.4. 섬유보강 콘크리트에 혼합된 섬유는 어떠한 메커니즘에 의하여 콘크리트의 인성을 증가시키는가?

22.5. 섬유의 형상비가 중요한 이유는 무엇인가?

22.6. 섬유보강 콘크리트를 제조할 때 어려운 점은 무엇인가?

22.7. 콘크리트에 유리섬유를 혼합할 경우, 문제점은 무엇인가?

22.8. 섬유보강 콘크리트에서 탄성계수가 높은 섬유(강섬유, 탄소섬유)를 사용할 경우와 그에 비해 탄성계수가 낮은 섬유(합성섬유)를 사용할 경우의 차이점은 무엇인가?

22.9. 콘크리트에 섬유를 혼합할 경우, 콘크리트의 (a) 소성수축과 (b) 건조수축에 미치는 영향은 무엇인가?

22.10. 어떠한 경우에 철근과 섬유가 같이 사용될 수 있는가?

22.11. 섬유가 특정한 용도에 사용되려면 섬유의 특성을 어떻게 최적화해야 되는가?

22.12. 만약 섬유생산자가 당신에게 새로운 제품의 섬유를 보내온다면, 이 섬유의 특성을 어떻게 평가할 것인가?

Solutions to Numerical Problems

CHAPTER 3

3.1 (a) C_3S = 46.6, C_2S = 27.5, C_3A = 8.0, C_4AF = 11.0;
(b) C_3S = 50.4, C_2S = 23.2, C_3A = 8.0, C_4AF = 11.0;
(c) C_3S = 42.6, C_2S = 30.6, C_3A = 11.5, C_4AF = 8.0;
(d) C_3S = 42.3, C_2S = 34.3, C_3A = 0, C_4AF = 18.4 (case B)

3.2 (a) 258.1 J/g; (b) 189.2 J/g

3.3 (a) Type III; (b) Type I; (c) Type V; (d) Type IV

CHAPTER 4

4.9 (a) $V_{hp} = 0.54\ cm^3/g$; (b) $P_c = 0.21\ cm^3/g$; (c) $X = 0.77$

4.10 (a) $V_{hp} = 0.40\ cm^3/g$; (b) $P_c = 0.28\ cm^3/g$; (c) $X = 0.62$

4.11 (a) $V_{hp} = 0.51\ cm^3/g$; (b) $P_c = 0\ cm^3/g$; (c) $X = 1$

4.12 (a) $V_{hp} = 0.54\ cm^3/g$ for each case;
(b) $P_c = 0.02, 0.16, 0.26, 0.34\ cm^3/g$;
(c) $X = 0.98, 0.83, 0.72, 0.64$

CHAPTER 7

7.3 (a) 1.96; (b) 3.52

7.4 (a) 2.91; (b) 2.73

7.5 2.72

7.6 W_{SSD} = 1007 g; EA = 0.7%

7.7 2.59

7.8 W_{SSD} = 490 g; MC = 1.9%

7.9 1.52%
7.10 TM = 0.81%; EA = 0.71%
7.11 1.01%
7.12 TM = 2.88%; SM = 1.87%
7.13 8 kg less
7.19 27.8%

CHAPTER 8

8.12 Assume that the largest capillary pore in well-cured concrete has a diameter of 1 μm. Then the pressure required for water to enter the capillary is given by

$$P = \frac{-2\gamma\cos\theta}{r} = \frac{-2.72\cos 120°}{0.5\times 10^{-6}} = \frac{+2.72(-0.5)\times 10^{-3}\text{mJ/m}^3}{0.5\times 10^{-6}}$$
$$= 144 \times 10^{-3}\ \text{J/m}^3$$

Pressure of raindrops = $V \times 1.4 \times 10^{-3}$ J/m^3
Therefore, V = 100 km/h (~60 mph)

CHAPTER 10

10.2 w/c = 0.37, σ = 44.7 MPa; 0.42, 40.3 MPa; 0.47, 36.3 MPa; 0.54, 31.4 MPa; 0.61, 27.2 MPa; 0.69, 23.0 MPa; 0.79, 18.7 MPa; 0.41, 5970 lb/in.^{2}; 0.48, 5160 lb/in.^{2}; 0.57, 4280 lb/in.^{2}; 0.68, 3400 lb/in.^{2}; 0.82, 2540 lb/in.^{2}

10.3

Sieve size, mm	q = 0.33	q = 0.5	q = 0.67
0.15	18%	8%	3%
0.3	23%	11%	5%
0.6	29%	15%	8%
1.18	37%	22%	13%
2.36	46%	31%	21%
4.75	58%	44%	33%
9.5	73%	62%	52%
12.5	80%	71%	63%
19.5	92%	88%	85%
25	100%	100%	100%

10.4 100-mm slump, air = 3%; w/c = 0.39. Cement Type I.
Cement = 449 kg/m^3, water = 159 kg/m^3, fine aggregate = 692 kg/m^3, coarse aggregate = 1142 kg/m^3

10.5 Cement = 449 kg/m^3, water = 163 kg/m^3, fine aggregate = 679 kg/m^3, coarse aggregate = 1148 kg/m^3.

10.6 Cement = 382 kg/m^3, fly ash = 67 kg/m^3, water = 175 kg/m^3, fine aggregate = 650 kg/m^3, coarse aggregate = 1145 kg/m^3

10.7 4-in. slump, air = 6.0%, *w/c* = 0.44. Cement Type V (see Table 10.7). Cement = 693 lb/yd^3, water = 256 lb/yd^3, fine aggregate = 1062 lb/yd^3, coarse aggregate = 1831 lb/yd^3

10.8 Cement = 693 lb/yd^3, water = 293 lb/yd^3, fine aggregate = 1091 lb/yd^3, coarse aggregate = 1804 lb/yd^3

10.9 Cement = 624 lb/yd^3, fly ash = 53 lb/yd^3, water = 305 lb/yd^3, fine aggregate = 1031 lb/yd^3, coarse aggregate = 1813 lb/yd^3

10.10 (a) 0.983 m^3; (b) cement 415 kg/m^3, water = 166 kg/m^3, fine aggregate = 664 kg/m^3, coarse aggregate = 1035 kg/m^3, air-entraining agent = 0.31L/m^3; (c) cement = 420 kg/m^3, water = 168 kg/m^3, fine aggregate = 632 kg/m^3, coarse aggregate = 1018 kg/m^3, air-entraining agent = 0.40L/m^3

10.11 (a) 26.46 ft^3; (b) cement = 585 lb/yd^3, water = 281 lb/yd^3, fine aggregate = 1272 lb/yd^3, coarse aggregate = 1691 lb/yd^3, air-entraining agent = 8.2 fl. oz/yd^3; (c) cement = 602 lb/yd^3, water = 289 lb/yd^3, fine aggregate = 1223 lb/yd^3, coarse aggregate = 1657 lb/yd^3, air-entraining agent = 13.7 fl.oz/yd^3.

CHAPTER 13

13.2 (a) Voigt 6.50 × 10^6 lb/in.^{2}, Reuss 4.57 × 10^6 lb/in.^{2}, Hirsch 5.37 × 10^6 lb/in.^{2}, Counto 5.34 × 10^6 lb/in.^{2}, H-S$_{(+)}$ 6.14 × 10^6 lb/in.^{2}, H-S$_{(-)}$ 5.27 × 10^6 lb/in.^{2};
(b) 2 × 10^6 lb/in.^{2} for all;
(c) 0.88 × 10^6 lb/in.^{2}, 0.62 × 10^6 lb/in.^{2}, 0.72 × 10^6 lb/in.^{2}, 0.77 × 10^6 lb/in.^{2}, 0.71 × 10^6 lb/in.^{2}, 0.76 × 10^6 lb/in.^{2}

13.3 (a) Voigt 84.0 GPa, Reuss 55.6 GPa, Hirsch 66.9 GPa, Counto 66.5 GPa, H-S$_{(+)}$ 78.6 GPa, H-S$_{(-)}$ 65.7 GPa;
(b) 20 GPa for all;
(c) 7.2 GPa, 4.8 GPa, 5.7 GPa, 6.2 GPa, 4.6 GPa, 6.1 GPa

13.4 Logarithmic mixture rule: 5.46 × 10^6 lb/in.^{2}, 1.93 × 10^6 lb/in.^{2}, 0.63 × 10^6 lb/in.^{2} Hashin bounds: 6.07 × 10^6 to 4.71 × 10^6 lb/in.^{2}, 1.88 × 10^6 to 2.03 × 10^6 lb/in.^{2} (*Note*: lower bound solution > upper bound solution), 0.77 × 10^6 to 0.62 × 10^6 lb/in.^{2}

13.5 Logarithmic mixture rule: 70.0 GPa, 19.3 GPa, 5.3 GPa
Hashin bounds: 77.6 to 57.3 GPa, 18.8 to 20.2 GPa (*Note*: lower bound solution > upper bound solution), 6.2 to 4.8 GPa

13.6 4.7 × 10^6 lb/in.^{2}

13.7 15.0 GPa

CHAPTER 15

15.3 (a) 31.9 MPa; (b) 33.8 MPa; (c) 37.7 MPa
15.5 46.6 MPa

CHAPTER 16

16.4 653 $\mu\varepsilon$, 0.48 × 10^{-6}/lb/in.^{2} (70 × 10^{-6}/MPa)
16.5 (a) 320 $\mu\varepsilon$; (b) 424 $\mu\varepsilon$
16.6 11.998 ft (143.98 in.) × 7.999 ft (95.99 in.); 0.049 in. and 0.033 in.
16.7 1058 $\mu\varepsilon$ after application of prestress

CHAPTER 19

19.4 96.4 MPa, 13,940 lb/in.^{2}

APPENDIX

Tests and Specifications for Concrete and its Constituents

ASTM stands for American Society for Testing and Materials.
CSA stands for Canadian Standards Association.

This is not an exhaustive list. All specifications refer to the latest editions.

Designation	ASTM	CSA
Cements and Mortars		
Specifications		
Blended cements	C 595	A362
Blended cement, performance	C 1157	
Cementitious slag		A363
Expansive cement	C 845	
Portland cement	C 150	A5
Masonry cement	C 91	A8
Mortar cement	C 1329	
Tests		
Air content of mortar	C 185	
Autoclave expansion of cement (soundness test)	C 151	A5
Bleeding of cement pastes and mortars	C 243	
Cement strength uniformity	C 917	
Chemical analysis of cement	C 114	A5

Designation	ASTM	CSA
Compressive strength of mortars (cube test)	C 109	A5
Compressive strength of mortars (prism test)	C 349	
Density of cement by air permeability	C 188	
Drying shrinkage of mortar	C 596	

Designation	ASTM	CSA
Early stiffening of hydraulic cement (paste method)	C 451	
Expansion of mortar bars stored in water	C 1038	
Fineness of cement by the 45-μm (No. 325) sieve	C 430	A5
Fineness of cement (air permeability)(Blaine)	C 204	
Fineness of cement (Wagner turbidimeter)	C 115	
Flexural strength of mortars	C 348	
Flow of mortar	C 1437	A5
Flow table	C 230	
Heat of hydration of cement	C 186	A5
Length change of mortars exposed to sulfates	C 1012	
Normal consistency of cement	C 187	A5
Mechanical mixing of cement pastes and mortars	C 305	A5
Optimum SO_3 in portland cement	C 563	
Phase determination of clinker using x-ray powder diffraction analysis	C 1365	
Phase determination of clinker using microscopical point-count procedure	C 1356	
Potential sulfate expansion of mortars	C 452	A5
Restrained expansion of expansive cement mortar	C 806	
Sampling of cement	C 183	A5
Time of setting by Gillmore needles	C 266	
Time of setting by Vicat needle	C 191	A5
Time of setting of mortar by Vicat needle	C 807	
Aggregates		
Specifications		
Aggregate for radiation-shielding concrete	C 637	
Concrete aggregate	C 33	A23.1
Lightweight aggregates for structural concrete	C 330	
Tests (sampling aggregates)	D 75	A23.2-1A
Abrasion resistance (Micro-Deval apparatus)		A23.2-23A A23.2-29A

Designation	**ASTM**	**CSA**
Abrasion resistance (Los Angeles machine)	C 131 C 535	A23.2-16A A23.2-17A
Clay lumps and friable particles	C 142	A23.2-3A
Degradation of fine aggregate due to attrition	C 1137	

Flat and elongated particles		A23.2-8A
Evaluation of frost resistance of coarse aggregate in air-entrained concrete	C 682	
Iron staining materials in lightweight aggregates	C 641	
Lightweight particles	C 123	A23.2-4A
Materials finer than 75-μm (No. 200) sieve	C 117	A23.2-5A
Organic impurities, effect on strength	C 87	A23.2-8A
Organic impurities in fine aggregates	C 40	A23.2-7A
Petrographic examination of aggregates for concrete	C 295	
Potential alkali reactivity of aggregates (mortar-bar method)	C 1260	A23.2-25A
Potential alkali reactivity of cement-aggregate combinations (mortar-bar method/prism)	C 227	A23.2-14A
Potential alkali reactivity of carbonate rocks	C 586	A23.2-26A
Potential alkali-silica reactivity of aggregates (chemical method)	C 289	
Potential volume change of cement-aggregate combinations	C 342	
Reducing samples of aggregate to testing size	C 702	
Sieve analysis	C 136	A23.2-2A
Soundness of aggregates	C 88	A23.2-9A
Specific gravity and absorption of coarse aggregate	C 127	A23.2-12A
Specific gravity and absorption of fine aggregate	C 128	A23.2-6A
Surface moisture content of fine aggregate	C 70	A23.2-11A
Total moisture content	C 566	
Uncompacted void content of fine aggregate	C 1252	
Unit weight and voids in aggregate	C 29	
Sulfate ion content in groundwater	D 516	A23.2-2B
Total or water-soluble sulfate ion content soil		A23.2-3B

Chemical Admixtures

Specifications

Admixtures for shotcrete	C 1141	
Air-entraining admixtures	C 260	

Designation	**ASTM**	**CSA**
Chemical admixtures	C 494	
Chemical admixtures for flowing concrete	C 1017	

Tests		
Air-entraining admixtures	C 233	
Mineral Admixtures		
Specifications		
Fly ash and calcined natural pozzolans	C 618	
Ground granulated blast-furnace slag	C 989	
Silica fume	C 1240	
Supplementary cementing materials		A23.5
Tests		
Fly ash and natural pozzolans	C 311	
Hydraulic activity of ground slag by reaction with alkali	C 1073	
Mineral admixtures or ground blast-furnace slag effectiveness in preventing excessive expansion due to alkali-silica reaction	C 441	
Water		
Tests	C 94	
Fresh Concrete		
Specifications		
Concrete made by volumetric batching and continuous mixing	C 685	
Fiber reinforced concrete and shotcrete	C 1116	
Ready-mixed concrete	C 94	
Tests		
Air content (pressure method)	C 231	A23.2-4C
Air content (volumetric method)	C 173	A23.2-7C
Bleeding of concrete	C 232	
Consistency and density of roller-compacted concrete using a vibrating table	C 1170	

Designation	ASTM	CSA
Density of unhardened and hardened concrete by nuclear methods	C 1040	

Test	ASTM	CSA
Flow of freshly mixed concrete	C 1362	
Flow of fiber-reinforced concrete	C 995	
Making and curing test specimens in the field	C 31	A23.2-3C
Making and curing test specimens in the laboratory	C 192	A23.2-2C A23.2-3C
Making and curing test specimens of no-slump concrete		A23.2-12C
Sampling	C 172	A23.2-1C
Slump	C 143	A23.2-5C
Temperature	C 1064	
Time of setting by penetration resistance	C 403 C 1117	
Unit weight, yield, and air content (gravimetric)	C 138	A23.2-6C

Hardened Concrete

Tests

Test	ASTM	CSA
Abrasion resistance	C 418 C 779 C 944 C 1138	
Absorption		A23.2-11C
Bond of epoxy-resin systems by slant shear	C 882	
Bond of latex systems by slant shear	C 1042	
Break-off number	C 1150	
Capping cylindrical concrete specimens	C 617	
Cement content	C 1084	
Chloride content (acid-soluble)	C 1152	
Chloride content (water-soluble)	C 1218	A23.2-4B
Compressive strength	C 39	A23.2-9C
Compressive strength, accelerated testing	C 684	A23.2-10C
Creep in compression	C 512	
Critical dilation due to freezing	C 671	
Density, absorption, and voids	C 642	
Density of unhardened and hardened concrete by nuclear methods	C 1040	
Drilled cores and sawed beams	C 42	A23.2-14C
Electrical indication of concrete's ability to resist chloride ion penetration	C 1202	

Designation	ASTM	CSA
Estimating concrete strength by maturity method	C 1074	
Evaluation of frost resistance of coarse aggregates in air-entrained concrete	C 682	
Examination and sampling of hardened concrete in constructions	C 823	
Flexural strength (center-point loading)	C 293	
Flexural strength (third-point loading)	C 78	A23.2-8C
Flexural toughness and first crack strength of fiber-reinforced concrete	C 1018	
Fundamental transverse, longitudinal, and torsional resonant frequencies	C 215	
Half-cell potentials of uncoated reinforcing steel in concrete	C 876	
Impact-echo method	C 1383	
Length change due to alkali-carbonate reaction	C 1105	
Length change of drilled or sawed specimens	C 341	
Length change of hardened mortar and concrete	C 1573	
Measuring early age compressive strength and projecting later age strength	C 918	
Mechanical properties under triaxial load	C 801	
Parameters of air-void system by microscopical determination	C 457	
Penetration resistance	C 803	
Petrographic examination	C 856	
Pullout strength	C 900	
Pulse velocity	C 597	
Rebound number	C 805	
Resistance to rapid freezing and thawing	C 666	
Restrained expansion of shrinkage-compensating concrete	C 878	
Scaling resistance of surfaces exposed to deicing chemicals	C 672	
Splitting tensile strength	C 496	A23.2-13C
Static modulus of elasticity and Poisson's ratio	C 469	
Unbonded caps for cylindrical concrete specimens	C 1231	
Unit weight of lightweight concrete	C 569	
Volume change potential of cement-aggregate combinations	C 342	
Water-soluble chloride content	C 1218	

찾아보기

ㅋ

ㅌ

G

H

I

T

역 자 소 개

· **정 영 수**

서울대학교 공과대학 토목공학과, 공학사

미국 Columbia University, 공학석사/공학박사

(현) 중앙대학교 건설대학 토목공학과 교수

(현) 한국콘크리트학회 회장

· **김 진 근**

서울대학교 공과대학 건축학과, 공학사

서울대학교 대학원 건축학과, 공학석사

미국 Northwestern University, 공학박사

(현) KAIST 공과대학 건설 및 환경공학과 교수

· **최 석 환**

서울대학교 공과대학 토목공학과, 공학사

서울대학교 대학원 토목공학과, 공학석사

미국 Northwestern University, 공학박사

(현) 국민대학교 공과대학 건설시스템공학부 부교수

· **하 재 담**

칠레 칠레대학교 공과대학 토목공학과, 공학사

칠레 칠레대학교 대학원 토목공학과, 공학석사

스페인 마드리드공과대학교 대학원 토목공학과, 공학박사

(현) 쌍용양회공업(주) 기술연구소 콘크리트연구실 수석연구원

· **박 홍 근**

서울대학교 공과대학 건축학과, 공학사

서울대학교 대학원 건축학과, 공학석사

미국 The University of Texas at Austin, 공학박사

(현) 서울대학교 공과대학 건축학과 부교수

콘크리트 Concrete-Second Edition 정가 32,000원

인 쇄 2008년 9월 1일 초판 1쇄
발 행 2008년 9월 10일 초판 1쇄
저 자 Sidney Mindess, J. Francis Young, David Darwin
역 자 정영수·김진근·최석환·하재담·박홍근
발행인 정우용
발행처 도서출판 **동화기술**
경기도 파주시 교하읍 문발리 파주출판도시 500-13
Tel (031)955-4211~6 donghwae@kornet.net
Fax (031)955-4217 www.donghwapub.co.kr
(등록) 1977년 12월 19일/9-16호

Printed in Korea
ISBN 978-89-425-1343-7